国家重点基础研究发展计划（973计划）2010CB428400项目

气候变化对我国东部季风区陆地水循环与水资源安全的影响及适应对策

“十三五”国家重点图书出版规划项目

气候变化对中国东部季风区陆地水循环与
水资源安全的影响及适应对策

中国陆地水循环演变与成因

罗 勇 姜 彤 夏 军 等 著

科 学 出 版 社
北 京

内 容 简 介

本书以我国长期观测的水文气象数据和最新气候模式为基础，采用国际上先进的诊断分析、检测分析等方法，按照一级水文分区对中国陆地水循环要素（大气通量、降水、径流、实际蒸发、土壤水分、地下水变化等）和水资源态势的演变进行了诊断分析和检测分析，阐述了其时间和空间变化规律，以及未来演变特征；通过区域气候模式进行数值模拟，揭示了陆地水循环要素和水资源格局的主要控制因素及其演化趋势，辨识了气候变化和人为活动因素对陆地水循环格局和水资源态势影响的相对贡献；对我国主要江河流域水文-气候数据序列进行了均一性等分析。

本书的出版深化了对我国陆地水循环要素变化和未来发展趋势的科学认识，为气候变化影响的归因和检测提供科学方法支撑，也为我国参加气候变化国际评估和国家评估提供科学支持，为区域水资源脆弱性与适应对策等相关研究提供基础科学信息。

本书适合与气候变化和水资源有关的政府部门、高等院校和科研院所从事教学、研究的人员以及相关专业研究生、本科生等阅读。

图书在版编目（CIP）数据

中国陆地水循环演变与成因／罗勇等著．—北京：科学出版社，2017.9

（气候变化对中国东部季风区陆地水循环与水资源安全的影响及适应对策）

“十三五”国家重点图书出版规划项目

ISBN 978-7-03-048097-2

Ⅰ.①中…　Ⅱ.①罗…　Ⅲ.①陆地-水循环-演变-研究-中国 ②陆地-水循环-成因-研究-中国　Ⅳ.①P339

中国版本图书馆 CIP 数据核字（2016）第 085549 号

责任编辑：李　敏　周　杰／责任校对：彭　涛

责任印制：肖　兴／封面设计：铭轩堂

科学出版社 出版

北京东黄城根北街 16 号

邮政编码：100717

http://www.sciencep.com

北京汇瑞嘉合文化发展有限公司 印刷

科学出版社发行　各地新华书店经销

*

2017 年 9 月第　一　版　开本：787×1092　1/16

2017 年 9 月第一次印刷　印张：34 3/4　插页：2

字数：830 000

定价：238.00 元

（如有印装质量问题，我社负责调换）

《气候变化对中国东部季风区陆地水循环与水资源安全的影响及适应对策》丛书编委会

《中国陆地水循环演变与成因》
撰写委员会

课题负责人　罗　勇

承担单位　国家气候中心

参加单位　国家气象信息中心

中国科学院大气物理研究所

山西省气候中心

河南省气候中心

安徽省气候中心

清华大学地球系统科学系

南京信息工程大学

中国气象科学研究院

中国科学院新疆生态与地理研究所

水利部水利信息中心

武汉大学

参加人员　罗　勇　姜　彤　夏　军　苏布达

唐国利　王永光　高学杰　许红梅

刘绿柳　李修仓　翟建青　张建松

张冬峰　常　军　刘春蓁　张艳武

吴　佳　石　英　曹丽娟　陈鲜艳

孙赫敏　罗岚心　温姗姗　蹇东南

邓汗青　黄金龙

序

经过多年的潜心研究和充分准备，罗勇教授、姜彤研究员和夏军院士等撰写的专著《中国陆地水循环演变与成因》即将付梓出版。谨向作者团队表示热烈的祝贺！

自2010年以来，由国家气候中心等单位组成的研究团队承担了国家重点基础研究发展计划（973计划）项目“气候变化对我国东部季风区陆地水循环与水资源安全的影响及适应对策”第一课题“季风区陆地水循环要素演变规律分析与成因辨识”的研究。课题组以增强应对气候变化对我国水资源安全影响与适应性对策的基础科学支持能力为目标，发挥课题承担单位掌握全国长期、动态、连续水文气象观测资料以及长期研究基础积累的优势，通过对气候变化背景下过去50年或更长时间的我国东部季风区主要流域水循环要素观测的事实分析与陆地水循环演变规律的深入研究，提出气候变化背景下我国东部季风区主要流域水循环变化的完整图像，正确辨识已经发生的人为因素和气候变化对陆地水循环各分量的影响，为科学认识气候变化下水循环响应机理，发展未来气候变化对水资源影响的概率预估与风险评估方法以及气候变化背景下“水文–气候双向耦合”模拟技术和水资源脆弱性评价理论与方法做出了重要贡献。这些成果可为应对气候变化对我国水资源安全的影响与适应对策的制定及南水北调等重大调水工程科学设计和安全运营提供科学基础信息和事实依据。

该书以该课题研究成果为基础，介绍了陆地水循环研究的数据基础，阐明了陆地水循环变化特征，估算了中国蒸散发量的变化，研究了陆地水循环要素极值的变化，揭示了陆地水循环要素变化的成因，还给出了陆地水循环要素预估及其不确定性。在此基础上，该书深入认识了过去50年或更长时间中国东部季风区主要流域水循环变化和水资源格局演变的完整图像，揭示了气候变化对中国水资源分布的格局（如“南涝北旱”）已经产生了哪些显著影响。

另外，该书还阐明了气候变化背景下我国极端旱涝等气候水文事件导致风险加剧的程度和概率，包括气候变化下南方调水区和北方受水区丰枯遭遇问题的严重性。上述结果能清楚地阐述我国水资源系统面临的气候变化与区域人类活动（经济社会发展）的双重影响，可为我国更好地适应气候变化对水资源的不利影响，加强适应性管理，趋利避害，提供有力的基础事实和科学依据。

该书是在气候变化与水循环和水资源研究领域最新的成果，适合与气候变化和水资源有关的政府部门、高校和研究所从事教学和研究的人员，以及研究生和本科生等阅读。愿《中国陆地水循环演变与成因》早日出版，使更多感兴趣的读者能从本书的阅读中获得收益。

丁一汇

中国工程院院士

2016 年 9 月

前　　言

水循环是气候系统的大气圈、水圈、岩石圈、冰冻圈和生物圈各个圈层之间相互作用中最活跃且最重要的枢纽，在地球能量平衡中扮演着重要的角色，在全球气候和生态环境变化中发挥着至关重要的作用。近百年来，随着全球地表平均温度的升高，全球尺度降水、蒸发、水汽及土壤湿度和径流的分布、强度和极值都发生了变化，显示出气候变暖已对全球尺度水循环产生了一定程度的影响。由于存在着较大的时空分异，陆地水循环演变与成因以及未来变化预估的研究仍然存在相当大的不确定性。气候变化与水循环研究是地球系统科学与水科学的国际前沿。

本书是在国家重点基础研究发展计划（973 计划）项目“气候变化对我国东部季风区陆地水循环与水资源安全的影响及适应对策”（2010CB428400）第一课题“季风区陆地水循环要素演变规律分析与成因辨识”（2010CB428401）的研究成果基础上总结完成的。本课题以全球气候变化背景下我国东部季风区陆地水循环要素（水汽、降水、蒸发、土壤水分、径流和地下水）时空演变特征为研究对象，利用中国气象局和水利部的长期气象和水文观测资料，开展陆地水循环格局和水资源情势的时空演变规律和变化过程的检测及诊断研究；揭示陆地水循环要素和水资源格局的主要控制因素及其演化趋势，辨识气候变化和人为活动因素对陆地水循环格局和水资源情势影响的相对贡献，为建立大尺度陆地水循环模拟和数据同化系统、实现“陆地水文-区域气候”双向耦合模拟以及研究区域水资源脆弱性与适应对策提供基础科学信息。

本书研究了我国东部季风区及主要江河流域陆地水循环气候要素各种时间尺度的变化和变异，包括年代际变化、周期、突变和趋势；研究了我国东部季风区的主要流域地表和地下径流的年代际变化、周期、突变和趋势特征；进行了东部季风区及主要江河流域近 50 ~100 年极端气候与水文事件变化特征分析；在已有的降雨径流系数、降雨蒸发系数、大尺度水汽收支诊断、水循环强度指数以及时间序列的突变、周期和趋势统计分析和非线性动力学分析方法等的基础上，发展改进应用适合于我国东部季风区水循环变化特点的分析检测诊断理论方法。通过研究，更新了对我国东部季风区与主要流域水汽-降水-径流水量平衡及其年代际演变规律的科学认识，建立了季风区陆地水循环格局和水资源情势演变的完整图像；全面系统分析比较了我国东部季风区各主要流域潜在蒸散发和实际蒸散发的年代际时空变化规律与成因，有助于科学解决蒸发悖论问题；揭示了人类活动和自然强迫对我国区域气候变化的相对贡献，辨识出我国东部地区降水和水资源情势的“南涝北旱”特征可能主要由自然强迫所主导。

本书共分7章。第1章引言，对中国陆地水循环演变与成因的研究进展进行综述，由张建松、罗勇和张艳武执笔。第2章陆地水循环数据基础，由唐国利、吴佳、石英、曹丽娟、翟建青和陈鲜艳执笔。第3章陆地水循环变化特征，由翟建青、孙赫敏、罗岚心、李修仓和姜彤执笔。第4章中国蒸散发变化特征及其成因，由李修仓、姜彤、温姗姗和蹇东南执笔。第5章陆地水循环要素极值变化，由苏布达、孙赫敏和黄金龙执笔。第6章陆地水循环要素变化成因，由王永光、张冬峰、高学杰、常军、邓汗青、刘春蓁、许红梅和夏军执笔。第7章陆地水循环要素预估及其不确定性，由许红梅、刘绿柳、高学杰、翟建青、苏布达和温珊珊执笔。全书由罗勇、姜彤、夏军统稿。

在本课题研究和本书撰写的过程中，得到了项目咨询专家组孙鸿烈院士、徐冠华院士、秦大河院士、刘昌明院士、郑度院士、丁一汇院士、陆大道院士、李小文院士、傅伯杰院士、王浩院士、周成虎院士、崔鹏院士等的精心指导。项目工作专家组夏军院士、王明星研究员、沈冰教授、蔡运龙教授、刘春蓁教授级高工、任国玉研究员、李原园研究员、戴永久教授、林朝晖研究员和姜文来研究员等提供了悉心帮助。项目首席夏军院士、其他课题组长段青云教授、谢正辉研究员、莫兴国研究员和刘志雨教授级高工也给予了大力支持。丁一汇院士为本书作序。参与本书编辑与绘图等工作的人员还有翟建青、秦建成、陈雪、周建、秦景秀和杨鹏等。科学出版社的周杰编辑对本书的编辑、出版付出了辛勤劳动。在此一并向他们表示衷心的感谢！

由于在全球气候变化背景下中国陆地水循环演变与成因科学问题复杂，本领域的科学研究正处于快速发展过程中，虽然作者在编写过程中投入了大量精力和时间，书中仍难免存在缺点和不足，恳请读者批评指正。

作　者

2016年3月

目　录

第1章 引 言

本章基于联合国政府间气候变化专门委员会（Intergovernment Panel on Climate Change，IPCC）第五次评估报告和《第三次气候变化国家评估报告》对中国乃至全球气候变化的主要科学认识进行了简要介绍；总结了国际科学界与全球水循环相关的主要研究计划；梳理了全球水循环的大气过程、陆面过程以及陆-气相互作用的耦合等全球水循环变化的主要研究领域及其研究现状；对气候变化对水循环与水资源的影响研究进展进行了归纳分析，给出了全球水循环变化的主要研究结论，包括观测到的气候变化对水循环的影响和归因以及水文循环要素的情景预估等。本章从水汽水平输送、降水、径流、蒸散发和极值变化等方面综述了中国陆地水循环演变的总体态势，对观测到的演变成因进行了分析，对未来的可能变化进行了预估。最后，本章还介绍了一些与气候变化、水循环相关的重要概念。

1.1 全球及中国的气候变化

1.1.1 全球气候变化

全球气候变化是指全球气候平均值和离差值中的一个或二者同时在持续较长时间段（一般为10年或更长时间）内出现的统计学意义上的显著变化。平均值的升或降，表明气候平均状态发生的变化；而离差值增大，表明气候状态不稳定性增加，气候异常越发明显。全球气候变化既包括由自然原因造成的变化，还包括由于人类活动引起的变化。《联合国气候变化框架公约》中提到的气候变化则特指人类间接或直接活动导致气候发生的变化。

虽然全球气候变化目前已经成为人们普遍接受的事实，但是对全球气候变化问题的认识却经历着一个较缓慢的过程。经典的气候理论认为某地区长期的温度、湿度和气压的平均值是这个地区的气候状态。自20世纪80年代以来，现代气候理论提出了气候系统的概念，它是指一个由大气、水圈、冰冻圈、生物圈和岩石圈组成的高度复杂的系统。这些圈层内部存在着复杂的物理、化学和生物过程，各个圈层之间也不是独立的，而是存在着明显的相互作用。气候系统概念的提出，是现代气候理论的一个重要里程碑。20世纪90年代后，人们开始意识到不同时间尺度上发生的气候系统变化，其原因是不同的，这是一个重要的科学观念。总的来说，人为因素造成的气候变化比自然因素造成的气候变化更受重视，因为应对人为因素造成的气候变化既有减缓的问题，也有适应的问题；而对于自然因素造成的气候变化，只有适应问题。

联合国政府间气候变化专门委员会在其第五次评估报告（AR5）中指出，1880～2012年全球平均地表温度上升了0.85℃（0.65～1.06℃），且陆地增温大于海洋，高纬度地区大于中低纬度地区，冬半年大于夏半年。在水循环变化、海洋变暖、冰冻圈退缩、海平面上升和极端天气气候事件变化等诸方面，已能够检测到人类活动的贡献。为此，有更充分的理由确信近百年来人类活动对气候变暖发挥着主导作用。最新的科学认知是，人类活动导致了20世纪50年代以来全球一半以上的地区气候变暖，这一结论的可信度超过95%。

不同时期、不同季节全球地表温度的增加速率存在明显差异。通过对不同时段的增温趋势进行分析发现，1910～1945年和1976～2000年两个时期的增温速率相对较大，其中后一个时期的增温速率最大；而1945～1976年，北半球大部分地区的年平均温度存在着下降趋势；1976～2000年，全球地表冬季平均温度升高最为显著，特别是以北半球中高纬度地区更为明显；春季的增温幅度次之；而秋季的增温幅度最弱，某些地区还表现出降温趋势。总体上看，近百年来的地表年平均温度在全球绝大多数地区均表现为增高趋势。

全球气候变化已经并将继续对全球自然系统和人类系统产生深远影响，而且有些影响将会是难以逆转的，尤其是那些对气候变化特别敏感及脆弱的地方来说，气候变化的影响更加强烈。目前，尽管人们还不能全面预估气候变化带来的可能后果与风险，但已有学者对全球气候变化的影响进行了大量研究，其科学认识更加清晰。

气候变暖对人类赖以生活的水环境产生了巨大的影响，如全球水资源分布改变、极端自然灾害频繁发生、海平面上升以及淡水资源短缺等。研究表明，20世纪全球陆地上的降水增加了2%左右，但显然各个地区实际的变化并不一致。北半球中高纬度大陆地区降水的增多更明显，北纬陆地降水量的平均增幅为7%～12%，且以秋冬季节最为显著。北美洲大部分地区20世纪降水增幅为5%～10%，欧洲北部地区在20世纪后半叶降水明显增多。但是，在北半球的副热带陆地地区，年降水量却明显减少。

气候变暖加剧了旱灾的次数和程度，尤其是干旱的非洲，许多地处干旱和半干旱地区的发展中国家异常脆弱。1997年在马拉喀什举行“第一届水资源论坛”，发表的公报中指出，“人类正面临水资源危机”。国际水文地质学家协会主席米歇尔·奈特指出，世界地下水资源有一半正在受到污染，缺水现象会影响到80个国家和全世界40%的人口。国际水资源管理研究所在一项关于水资源日益紧缺的报告中指出，21世纪初世界1/4以上的人口将生活在严重缺水的地区。据预测，到2025年出现缺水的大部分地区位于非洲和中东地区，但是印度、中国的部分地区及秘鲁、英格兰和波兰也将会受到缺水的影响。有专家认为，21世纪水资源危机将取代能源危机，成为人类所面临的最严重问题。

对全球海平面变化的研究表明，全球平均海平面正在以每年1.0～2.0mm的速度上升，过去100年中，全球海平面上升的最佳估算值为10～20cm。根据第五次耦合模式比较计划（CMIP5）的气候预估以及对冰川和冰盖贡献的分析，与1986～2005年相比，2081～2100年全球平均海平面上升区间可能为0.26～0.82m。

全球气候变化研究的目标是描述和认识全球气候变化的过程以及导致全球气候变化的

驱动力，通过对全球气候变化信息的提取与分析，揭示全球气候变化规律及其对人类社会的影响，预估未来的全球气候变化。全球气候变化研究建立在对地球各圈层研究的基础上，同时又超越各分支学科的界限，从地球系统的观点出发综合研究系统中所有导致全球气候变化的过程和机制。全球气候变化研究又是多时间尺度的，跨越了从季节内到年代际，甚至百年以上不同的时间尺度。对全球气候变化的研究不仅揭示了过去的全球气候变化规律，更主要的是深刻认识现代气候变化，以采取有效措施控制全球气候变化对人类的负面影响。

1.1.2　中国气候变化

最新的《第三次气候变化国家评估报告》指出，过去100年来中国平均增温0.9～1.5℃。1950～2010年，全国年平均气温每十年上升0.21～0.25℃。从区域上看，中国区域增温北方大于南方，冷季大于暖季，夜间大于白天。据预估，未来中国区域气温将继续上升，到21世纪末，可能增温幅度为1.3～5.0℃。

中国近100年和近60年平均年降水量均未见显著的趋势性变化，但具有明显的年代际变化与区域分布差异，东北南部、华北地区、华中西部和西南地区降水减少，华南地区、东南地区、长江下游地区降水增加，青藏高原和西北地区降水量也增加。有研究显示，未来东亚地区夏季风将明显增强，到21世纪末全国降水平均增幅达5%～14%。

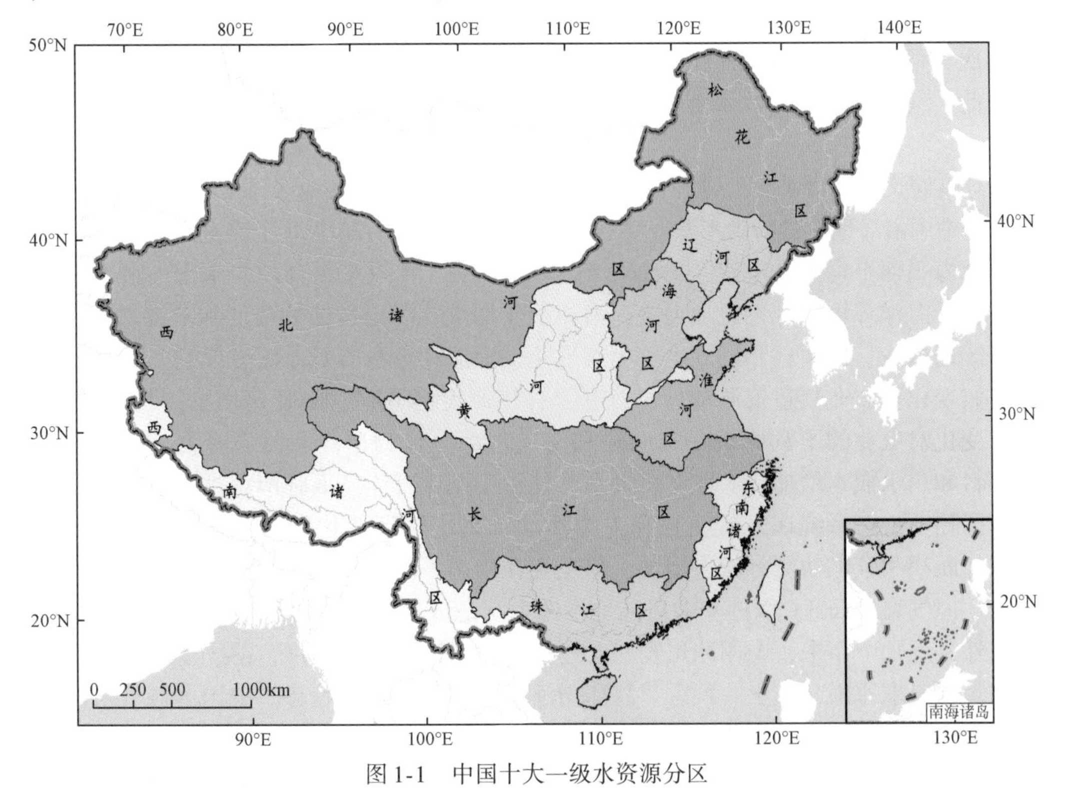

图1-1　中国十大一级水资源分区

过去100多年，在人类活动和气候变化的共同影响下，中国主要江河的实测径流量整体呈减少态势。1961～2012年，中国十大一级水资源分区（图1-1）径流总量除东南诸河、西南诸河和西北内陆河表现出增加趋势外，其余流域均表现为减少趋势。20世纪80年代以来，北方地区水资源量明显减少。河川实测径流量，海河流域减少了40%～60%，黄河中下游减少了30%～60%。1980～2010年相比1951～1979年，多数流域水资源量减少，进一步增大了水资源的供需矛盾。气候变化导致水循环过程改变，人类活动与气候变化因素综合作用，引起了水资源及其空间分布变化。总体而言，人类活动是目前北方径流量减少的主要原因，气候变化的绝对影响量有增加趋势。

气候变化导致中国洪涝和干旱发生的范围和频率也发生了变化。1951～2010年中国干旱持续时间、旱灾发生范围、极端干旱发生频率均呈增加趋势。干旱强度和范围增加，给中国的粮食安全和供水安全带来不容忽视的影响。近年来，中国洪涝呈突发、常发的趋势，范围趋大，强度趋强，洪涝事件发生的概率进一步增加。

未来气候变化将导致水资源格局的进一步变化。在RCP4.5排放情景下，2021～2050年中国水资源较基准期（1961～1990年）可能总体减少5%；各区域存在较大差异，东北地区水资源量可能增加，西北大部分地区则可能减少。除黄河中游，海河、辽河及松花江流域的径流深呈略微增加趋势外，其他流域的径流大部分都呈减少趋势。其中，西南地区径流减少最为显著，减少幅度有可能达5%以上。气候变化对区域水资源的时空分布均会产生重要影响，然而，中国水资源南多北少的空间分布格局不会因气候变化而发生根本性改变，但气候变化导致暴雨、洪涝、强风暴潮、高温热浪、大范围干旱等极端天气事件发生的频次和强度增加，极端气候条件的区域性水资源短缺及洪涝灾害可能会进一步加剧。不仅如此，气候变化将导致水资源需求量进一步增加，中国水资源供给的压力将进一步加大。

全球变暖产生的海平面上升和台风风暴潮变化，将增加沿海地区风暴潮灾害的风险，进一步恶化中国沿海地区的防洪形势。中国沿海海平面1980～2012年上升速率为2.9mm/a，高于全球海平面平均上升速率，2012年海平面为1980年以来最高位。未来中国海平面将继续上升。海洋环境问题也愈加突出，海洋酸化加重、海岸侵蚀的强度和范围增大、海岸带滨海湿地减少、红树林和珊瑚礁等生态退化，渔业和近海养殖业深受影响。

气候变化使农业热量资源增加，有利于种植制度的调整，中晚熟作物播种面积增加，但气候变化对农业的不利影响更加明显和突出，部分作物单产和品质降低、耕地质量下降、肥料和用水成本增加、农业灾害加重，使得中国粮食生产面临严峻挑战。

中国陆地生态系统在气候变化和人类活动双重影响下变化显著，总体受益于气候变化，森林面积和碳汇功能有较大增加，但也存在诸多不利影响。未来气候变化将以不利影响为主，但气温升高3℃以内不会对陆地生态系统造成不可逆转的影响。

此外，近几十年来，中国冰川萎缩、厚度减薄，冰川径流增加，冰湖溃决突发洪水的风险加大。未来冰川、冻土、积雪、海冰与河湖冰都呈现减少趋势。中国区域气溶胶变化已对温度、环流、降雨、东亚季风等产生显著影响，但其气候效应还有很大不确定性。气候变化已对城市产生显著影响，其引发的城市内涝给社会经济的交通、基础设施和居民生活等造成了极大的危害和影响，制约城市发展。中国的气候变化还对“南水北调”“三峡工程”“青藏铁路”和“三北防护林工程”等重大工程产生影响。未来，气候变化的不利影响将进一步加大。

1.2 全球水循环变化

水循环是联系大气水、地表水、地下水和生态水的纽带，其变化深刻地影响着全球水资源系统和生态环境系统的结构和演变，影响着人类社会的发展和生产活动。全球水循环概况如图1-2所示。

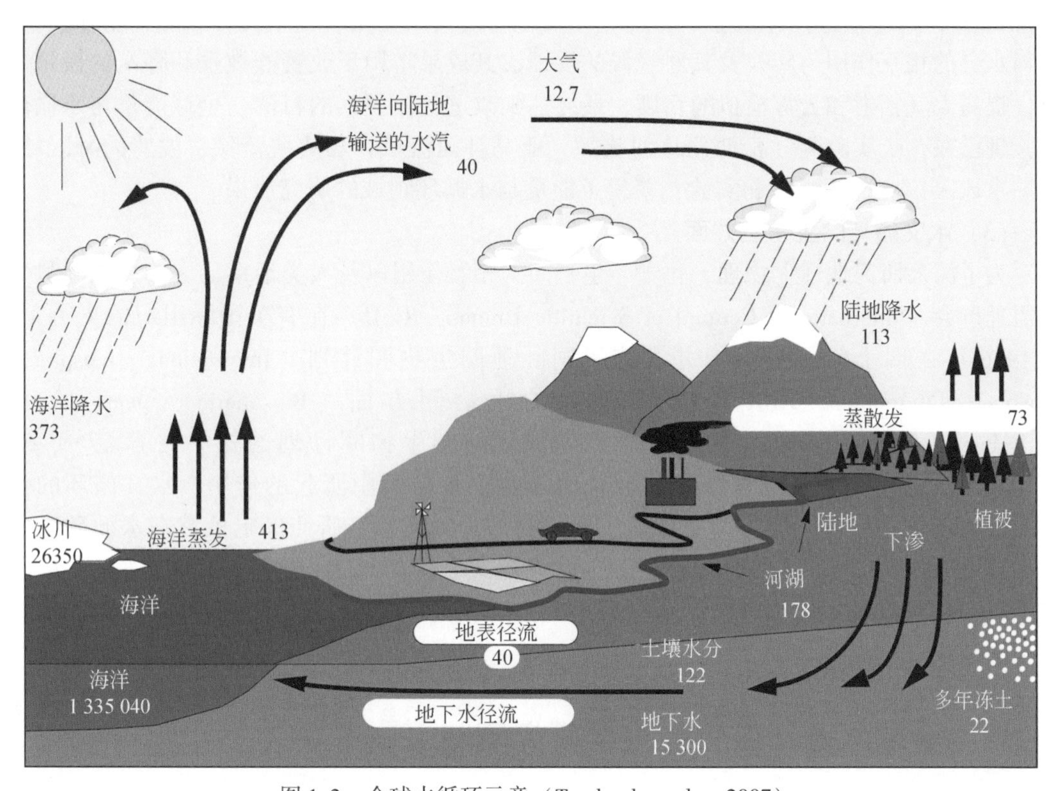

图1-2　全球水循环示意（Trenberth et al.，2007）

1.2.1 全球水循环的主要研究计划

20世纪60年代以来，在世界面临资源与环境等全球问题的背景下，联合国教育、科学及文化组织（UNESCO）和世界气象组织（WMO）等国际机构，组织和实施了一系列重大国际科学计划。例如，国际水文计划（IHP）、世界气候研究计划（WCRP）及其子计划全球能量与水循环实验（GEWEX）、国际地圈生物圈计划（IGBP）及其子计划水文循环的生物圈方面（BAHC）等。在这些科学计划中，水循环在全球气候和生态环境变化中所起的作用受到极大重视，成为各项科学计划共同关注的科学问题。

(1) 国际水文计划

1974 年，联合国教育、科学及文化组织批准实施的“国际水文十年”（1965 ~ 1974 年）结束后，“国际水文十年”发展为“国际水文计划”，主要针对气候变化以及人类活动所引起的与水相关的资源环境问题，实施一项跨国的综合研究计划。计划的重点是应用水文学研究水资源的评价、开发利用、管理保护以及人类活动对水资源和水环境的影响，最终目的是帮助解决重大的水资源问题和与水有关的社会经济发展问题。

(2) 全球能量与水循环实验

1988 年，世界气象组织启动了全球能量与水循环试验（global energy and water cycle experiment，GEWEX），旨在基于观测和实验，研究气候变化条件下海洋–大气–陆面间能量与水分的相互作用与转换及其对气候的反馈。其成果将用于改善蒸散发和降水的模拟能力，提高大气辐射和云雾模拟的精度，最终达到改进气候模式的目的。全球能量与水循环实验现已在 5 个实验区（密西西比河流域、亚马孙河流域、马更些流域、波罗的海区域、亚洲季风区）完成了观测和实验，获得了能量与水循环领域的研究成果。

(3) 水文循环的生物圈方面

为了深入研究地球上物理、化学、生物间的相互作用以及人类活动的影响，国际科学联盟理事会（International Council of Scientific Unions，ICSU）在有关国际组织的支持下，于 1986 年在瑞士伯尔尼组织并实施了国际地圈生物圈计划（International Geosphere-Biosphere Programme，IGBP）。水文循环的生物圈方面（Biospheric Aspects of the Hydrological Cycle，BAHC）的专项研究是国际地圈生物圈计划的核心内容之一，于 1990 年正式启动。其主要任务是研究地表植被在水循环中所起的作用。水文循环的生物圈方面着重进行以下两方面工作：①通过野外观测实验，研究确定植被在水循环中的作用，研发不同时空尺度的土壤–植被–大气模式，模拟地表的能量和水汽通量，最终实现与大气环流模式的耦合；②建立必要的生态、气象和水文数据库，试验和验证模式模拟的结果。

1.2.2 全球水循环变化的主要研究领域

以全球变暖为显著特征的气候变化已成为当前世界最重要的环境问题之一。气候变化对水循环与水资源影响的研究越来越引起国内外学者的高度关注和重视。全球水循环变化研究是在传统的全球水循环研究基础上，重点关注气候变化对水循环与水资源的影响。

传统的全球水循环研究主要包括水循环的大气过程、水循环的陆面过程和陆气相互作用的耦合。

(1) 水循环的大气过程

大气中的水分只占全球水循环系统中总水量的 1.53%，但它却是全球水循环过程中最为活跃的成分，是天气和气候系统的关键因子之一。它以相态的转换影响着大气的辐射平衡，并通过云和降水直接或间接地影响着地面和空气的温度以及大气的垂直运动。

水循环的大气过程研究主要包括水汽含量和水汽输送与水汽收支两个要素。随着探空探测技术的进步，大气中的水汽含量得到较为系统的研究，发展了多组全球水汽含量的数据集。在全球尺度方面，Bannon 等（1961）绘制了北半球上空全年的水汽含量和水汽输送通量的分布图，Peixoto（1983）计算了国际地理年（international geophysical year，IGY）期间全球上空水汽输送通量散度场。尤其是 Starr 和 Peixoto（1964）通过对 IGY 资料的计算和分析，提出了北半球涡动水汽输送的大气环流机制，并认为应当将大气中的水汽作为水循环的一个分量进行研究，为水循环系统研究提供了新的概念和思路。近 50 年来，结合 GEWEX 实验，关于水汽输送和水汽收支的研究在区域水分循环研究方面取得了一系列的成果。代表性的有 Ronald Stewart（1998）较为系统地研究了加拿大 Mackenzie 流域的水汽含量及水汽输送特征，为区域水循环的研究提供较好的参考。Roads（2000）计算了密西西比河流域的水汽收支，并比较分析了不同的计算模式对区域水汽收支模拟效果的差别，为选择合适的研究方法提供了参考。

（2）水循环的陆面过程

陆面水文过程作为水分在陆地循环过程的反映，涉及生物、土壤等一系列复杂的子系统及其相互作用的过程，较之水循环大气过程更为复杂。气象学家、生物学家以及水文学家从不同的侧面对此进行了较为深入的研究。戴永久、曾庆存从多孔介质的基本理论出发重构了土壤、雪盖和植被内的水分与能量控制方程，较为全面地考虑了影响陆面水分含量和湿度的各种要素，发展了一种能够与 GCM（general circulation model）模式耦合的陆面过程模式。目前在植被斑块尺度上，已经可用小时甚至秒为单位对水分和能量输送通量进行实际测定，开发的地面边界层中水分和能量输送模型已经相当成熟。可是对于由不同植被构成的中尺度陆地表面而言，如何估算区域的平均能量和水分输送通量仍然十分困难。因此，水循环陆面过程模拟未来发展的方向，应当强调的是研发有效的陆面过程模式，以便更好地模拟水分及能量在地表-植被-土壤间的传输过程。同时，寻求一个合理的或合适的尺度和尺度转换的理论或方法，使其能够与大气模式合理地耦合起来以研究陆-气间的相互作用，也是陆面过程研究一直在探索的关键问题，其中，陆面覆盖非均匀性的描述将仍然是水分循环陆面过程模拟的难点。

（3）陆-气相互作用的耦合

对于以系统的整体行为作为研究对象的水循环系统而言，要揭示水循环系统结构特征及水循环过程的规律，必须研究陆-气间的反馈机制。20 世纪 50 年代，在苏联“干旱区改造自然计划”的推动下，以布德科为代表的水文学家在对苏联领土的水量平衡和大气水分循环研究的基础上，提出了水文内循环的概念和分析方法。研究陆-气相互作用主要是依据水分内循环系数这个反映陆面过程对区域气候影响的定量指标，寻求一些有实际意义的结论。此外，一部分专门从事陆面过程研究的专家，为了实现与大气过程的耦合，也一直在探索陆-气耦合的技术或方法。但是，可与 GCM 模式或区域模式（regional climate models，RCM）耦合的陆面过程模式，只是一种单向嵌套，并非真正意义上的耦合。目前的研究状况是，水循环大气过程描述的多为大尺度过程，以陆面过程为基础的水循环研究局限于小流域尺度的应用。因此，选取何种尺度研究完整意义上的陆-气相互作用下的水循环过程成为水循环研究的难点。

1.2.3 气候变化对水循环与水资源的影响研究

在气候变化的背景下，水循环与水资源的研究有了更多及更新的领域。主要包括如下方面。

（1）水循环要素变化的检测与归因分析

利用长序列历史资料分析各水循环要素演变的趋势、周期以及空间分异等特征是气候变化对区域水资源影响研究的基础，国内外学者对此开展了大量的研究工作。例如，Stockton 和 Boggess 早在 1979 年就通过经验关系法来评价水文因子对气温、降水变化的响应程度。Arnell（2004）对径流变化趋势的研究表明在不同的区域气候变化对径流量的影响不同。尽管对于水循环要素演变规律的研究已经非常多，但人们对这方面的认识还不够全面。多数研究都会分析降水和蒸发等气象因素对径流的影响，但并不能证明这些与气候变化的关联有多大，而且历史资料的长短及质量也限制了水循环要素变化的研究。

（2）气候变化与人类活动对水循环与水资源影响的定量评估

流域水文要素除了受气候因素的影响还与人类活动有着密切的联系，而不同流域内气候变化和人类活动对径流的影响程度是不同的。在过去的研究中，大部分只是单一地针对气候变化或人类活动对水文水资源的影响，而综合分析两者的影响的研究很少，且多数集中在定性研究上。随着气候变化和人类活动对水资源影响的不断加剧，定量区分两者对径流变化的贡献率越来越引起社会的关注，已经成为当前研究的重点内容之一。

（3）未来气候变化情景下水循环与水资源的演变趋势预测

未来气候变化情景下水循环与水资源演变趋势预测是气候变化对水文水资源影响研究中最为主要的一个内容。首先要确定气候变化情景。气候变化情景是建立在一系列科学假设基础之上的，对未来全球气候状况进行连续、内在一致的合理描述。全球气候模式是目前气候变化预估最主要和最有效的工具。目前，基于 GCMs 输出的气候情景已由平衡试验情景和渐变试验情景（IS92）发展到当前的 RCP（典型浓度路径）情景。其次是水文模型。当气候情景选定后，选择合适的水文模型十分关键。当前用于估算气候变化影响的水文模型主要有统计回归模型、水量平衡模型、概念性水文模型以及分布式物理模型。概念性水文模型向分布式水文模型发展将是目前发展的重要趋势之一，研究的空间尺度也正在由流域、大陆尺度向全球尺度发展。目前应用较多的分布式水文模型有 VIC 模型、SWAT 模型、SHE 模型和 DTVGM 模型等。

1.2.4 全球水循环变化的主要研究结论

2014 年，IPCC 第五次评估报告（AR5）第二工作组（WGⅡ）在第 3 章“淡水资源”中总结了 2013 年之前国际气候变化对水资源的影响、适应和脆弱性研究。从观测、理论和气候水文模拟的角度评估气候变化对水资源的影响及其响应和归因。

（1）观测到的气候变化对水循环的影响和归因

与水文相关的气候变化影响主要表现在对降水、蒸发、土壤湿度、多年冻土、冰川和地表径流等方面。

降水和蒸发是影响淡水资源的主要气候因子。20 世纪全球和区域降水由于人类活动发生显著的变化。虽然 1901 ~ 2005 年全球年降水量没有明显的变化趋势，但从区域来看，无论总降水量还是极端降水量，都存在一定的变化趋势，如区域尺度上 20 世纪 90 年代和 21 世纪初出现了自 20 世纪 50 年代以来最严重的干旱和极端强降水事件，多数的区域降水变化或归因于大气环流的内部变化，或受全球变暖的影响；降雪总量的变化目前尚无法确定，但可以确定的是随着全球变暖，北半球降雪季节明显缩短，融雪季节明显提前。伴随着降水、气温日较差、气溶胶等的变化，全球及区域的实际蒸发和蒸发皿蒸发量都表现出稳定的下降趋势。由于干旱日数和暖日数增加，加之干旱期和暖期延长，1950 ~ 2006 年中国有超过 37% 的区域经历了持续时间更长、更严重和更频繁的土壤干旱。

径流的变化则同区域降水和气温密切相关，20 世纪 50 年代以来，地表径流的变化与降水和温度的变化基本一致。1962 ~ 2004 年，欧洲南部和东部的地表径流呈现减少趋势，其余地区特别是北部地区则呈现增多趋势；1951 ~ 2002 年，北美地区密西西比河流域径流呈现增加趋势，美国西北太平洋地区和大西洋至墨西哥湾南部地区的河流径流则呈现减少趋势；1960 ~ 2000 年，中国黄河流域地表径流呈现减少趋势，同时该流域夏季和秋季降水减少 12%；但长江流域年径流量受季风降水增加的影响正呈现出逐年增加的趋势。对世界径流量排序前 200 条河流的研究表明，约 1/3 的河流径流量有明显的变化趋势，其中，45 条为下降趋势，19 条为增加趋势；在季节性积雪区域，有充分证据表明，伴随着 20 世纪 70 年代以来的升温，春季达到最大径流量的日期逐渐提前，冬季则由于越来越多的降雪转化为降雨导致其径流量上升，而夏季径流量的降低则主要归因于积雪储量的减少，这同时加剧了夏季的干旱形势。

（2）水文循环要素的预估

区域乃至全球气候模式的研究结果表明，随着气候变暖，大部分陆地区域的潜在蒸发在更暖的气候条件下极有可能呈现增加的趋势，而这将加速水文循环；对实际蒸发的长期预估则仍存在较大不确定性。基于 6 种不同方法分析均发现全球变暖将会导致潜在蒸发的增加，预计从 20 世纪中叶到 21 世纪末，持续 4 ~ 6 个月的土壤水分干旱范围和发生频率都将翻倍，持续 12 个月以上的干旱发生频率将是 20 世纪中叶的 3 倍。而多年冻土的面积预计在 21 世纪前半叶将持续缩小。此外，所有预估结果均显示，21 世纪冰川将会持续萎缩。

对全球尺度的径流预估表明，年均径流量在高纬度及热带湿润地区将增加，而在大部分热带干燥地区则减少。一些地区径流量的预估结果无论在数量级还是变化趋势上均存在相当的不确定性，尤其在中国、南亚和南美洲的大部分地区，这些不确定性很大程度上是由降水预估的不确定性造成的。对那些冰川融水和积雪融水地区的径流量预估结果显示，绝大多数地区年最大径流量峰值有提前趋势。

对地下水预估结果表明，由气候模式预估的地下水变化范围较大，某一地区地下水的预估结果可能是显著减少或显著增加。而气候变化对水质影响的预估研究则非常少且其不确定性非常高。预估表明，强降水增多和温度升高将导致土壤侵蚀和输沙量发生变化，到21世纪末，气候变化对土壤侵蚀的影响预计是土地利用影响的两倍，但由于土壤侵蚀和降水并非线性关系，同时土壤侵蚀也取决于土地覆盖类型，因此对土壤侵蚀速率的预估可信度较低。

利用多个CMIP5全球气候模式耦合全球水文模式和陆面模式预估得出，全球大约一半以上的地区洪水灾害将增加，但在流域尺度上存在较大的变化（中信度）。预计即使极端气候事件强度保持不变，但由于洪水与干旱暴露度和脆弱性的增加，其影响仍会增加。

1.3 中国陆地水循环演变

根据NCEP/NCAR再分析资料和地面观测数据（图1-3），1961～2013年中国水汽年总输入量为16.2万亿m^3，折合平均水深为1698.5mm，输出量为12.5万亿m^3，折合平均水深为1310.3mm，净收支为3.7万亿m^3，折合平均水深为387.8mm；中国陆地年总蒸发量为4.1万亿m^3，折合平均水深为426.5mm；中国陆地年降水量为5.9万亿m^3，折合平均水深为612.4mm；中国陆地年径流量为2.3万亿m^3，径流深为237.7mm；地下水资源储量为0.5万亿m^3，折合平均水深为51.9mm。

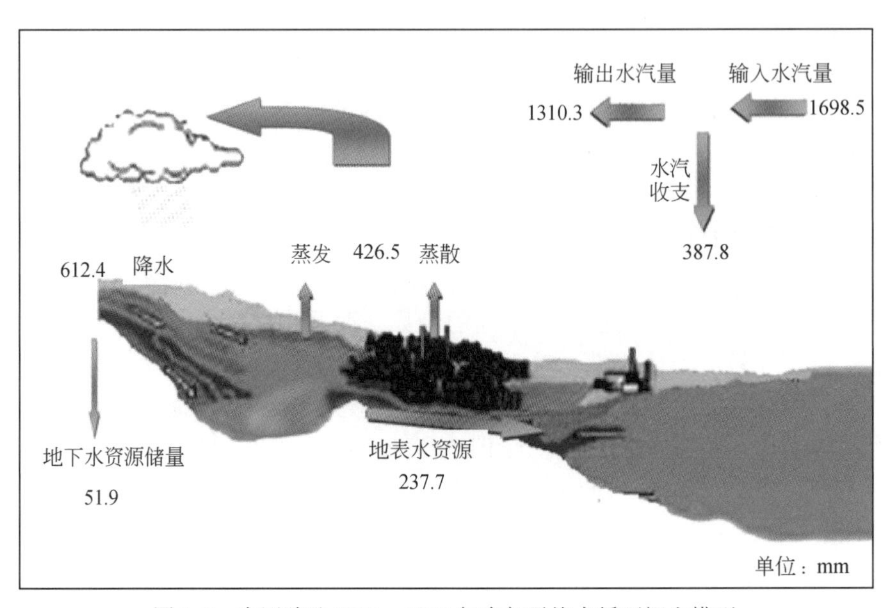

图1-3　中国陆地1961～2013年多年平均水循环概念模型

从中国陆地水循环示意图（图1-4）中可知，1961～1985年，大气中年水汽含量为

4.1 万亿 m^3，大气年可降水量为 0.139 万亿 m^3，年输入水汽量为 17.2 万亿 m^3，年输出水汽量为 13.1 万亿 m^3，年地表水资源为 2.29 万亿 m^3，年地下水资源储量为 0.55 万亿 m^3，年地表总蒸发为 4.04 万亿 m^3，年降水为 5.88 万亿 m^3。1986～2013 年，大气中年水汽含量为 3.4 万亿 m^3，大气年可降水量为 0.136 万亿 m^3，年输入水汽量为 15.3 万亿 m^3，年输出水汽量为 11.9 万亿 m^3，年地表水资源为 2.28 万亿 m^3，年地下水资源储量为 0.46 万亿 m^3，年地表总蒸发为 4.16 万亿 m^3，年降水为 5.9 万亿 m^3。

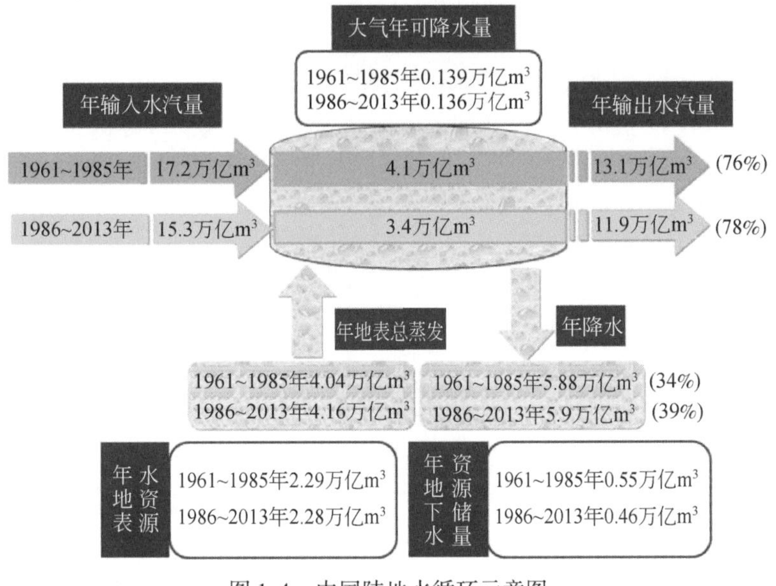

图 1-4　中国陆地水循环示意图

1.3.1　水平输送

1961～2013 年，整个中国为水汽汇。从十大水资源分区来看，松花江、淮河、西南诸河、长江等流域等为水汽汇；辽河、海河、黄河、珠江、东南诸河、西北诸河流域为水汽源。

受气候变化和人类活动共同影响，中国各水资源分区水循环要素的变化非常复杂。1961～2013 年，我国大陆地区的年平均大气可降水量呈显著下降趋势，水汽输入、输出和净收支量均呈下降趋势，其中，四个边界中南边界减少得最多，年内夏季减少量要多于冬季；但中国的降水转化率有弱上升趋势。1986 年以来，与 1961～1985 年相比，整个中国的多年大气可降水量的下降趋势加剧，水汽输入下降趋势减缓，输出的下降趋势增加，水汽净收支由显著下降转变为显著上升趋势。

1961～2013 年大气可降水量除西南诸河流域有弱上升趋势外，其余流域都呈显著下降趋势；年水汽收支量在东南诸河和西北诸河流域显著上升，长江流域也有弱上升趋势，淮河、珠江流域为弱下降趋势，其余流域都为显著下降趋势。1986～2013 年较 1961～1985

年，松花江流域的大气可降水量减少趋势略微减缓，水汽收支减少趋势也略微减缓；辽河流域大气可降水量减少趋势加剧，水汽收支由显著下降减缓为无明显趋势；海河流域大气可降水量减少趋势减缓，水汽收支也由显著下降转变为显著上升趋势；黄河流域大气可降水量减少趋势减缓，水汽收支也由微弱下降转变为显著上升趋势；淮河流域大气可降水量减少趋势增加，水汽收支也由显著下降转变为上升趋势。1986 年以来海河、黄河流域等华北地区由蒸发造成的降水比例在减小，水汽输送造成的降水比例在增加。长江流域大气可降水量减少趋势加剧，水汽收支上升趋势略微增加；珠江流域和东南诸河流域大气可降水量减少趋势加剧，水汽收支由显著下降趋势转变为显著上升趋势。1986 年以来珠江流域降水的下降趋势转为微弱上升趋势可能是水汽净收支量增加造成的；东南诸河流域降水的减少则可能是蒸发减少量要大于水汽增加量；西南诸河流域大气可降水量变化趋势不显著，水汽收支也由弱上升趋势转变为弱下降趋势；西北诸河大气可降水量减少趋势减缓，水汽收支也由显著下降转变为显著上升趋势。

1.3.2 降水

1961 ~2013 年，中国多年平均年降水量为 612.4mm，年降水量呈弱增加趋势，但变化趋势不显著，倾向率为 1.1mm/10a；但在年代际尺度上变化较大，20 世纪 60 年代、70 年代和 2000 ~ 2013 年处于年降水量偏少时期，分别较 1961 ~2013 年多年平均值偏少 3.1mm、4.2mm 和 3.7mm；而 20 世纪 80 年代和 90 年代则为降水偏多时期，降水分别偏多 3.6mm 和 11.0mm；降水最少的年份年降水量仅为 546.8mm（2011 年）；降水最多的年份达 697.3mm（1998 年）。季节尺度上，冬季、春季降水量呈增加趋势，夏季、秋季趋势性变化不明显，但是近 30 年冬春两季降水量的增加速率有所加快，秋季降水量也显现出增加的趋势。

年降水量空间差异比较大，总体呈现出由中国东南向西北逐渐减小的规律。降水最多的江南平原和东南沿海地区，年降水量在 1500 ~ 2000mm，最少的塔里木地区则不足 25mm。以十大水资源分区来看，降水量最小为西北诸河流域，其次为黄河流域、松花江流域、海河流域和辽河流域；淮河流域的降水量较大，达 811.4mm，长江流域则达到了 1151.6mm；最大的为东南诸河流域和珠江流域，多年平均降水量超过了 1500mm。

降水的变化趋势有明显的区域特征，表现为中国西部降水普遍增加，其中新疆大部、内蒙古西部、甘肃中部以及青海西部部分地区降水增加趋势显著，达到了 95% 的信度检验水平，中国东部大部（105°E 以东），除长江中下游，东北北部局部地区、华南局部地区有所增加外，其他地区降水以减少为主，西南地区中部和南部降水减少，其中陕西南部、甘肃东南部、江西南部、广西东部、云南西南部以及西藏中东部局部地区达到了 95% 的信度检验水平。

从不同等级的降水日数来看，中国平均的无雨日数在 1961 ~2013 年里呈显著增加的趋势，线性倾向率为 7.5d/10a，空间分布呈北多南少的趋势，北方大部分地区的年均无降水日数在 200d 以上，南方大部分地区年均无降水日数则小于 180d；小雨日数同期则呈现显著下降趋势，线性倾向率为-3.7d/10a，空间分布正好和无雨日数的分布相反，呈南多北少的趋势；中雨日数和大雨日数分别呈现显著下降趋势和弱上升趋势，空间分布均呈东南向西北逐步减少的分布格局；暴雨日数呈显著上升趋势，空间分布上则是整个青藏高原、西北、内蒙古和东北几乎1d暴雨都没有出现过，东北南部、华北中南部、西南地区以及四川盆地有少量出现，江淮、华南出现的相对较多，其中以珠江地流域暴雨日数最大，年均暴雨日数超过6d。

1.3.3　径流

不考虑人类活动的影响，则大陆地区1961～2013年的多年平均天然径流量为2445.4 km^3，径流深为237.7mm。区域内空间差异较大，长江流域的水资源量最大，多年平均年径流量达10 154亿 m^3，西南诸河流域和珠江流域分别位列第二和第三，多年平均年径流量分别为5026亿 m^3 和4586亿 m^3；其他水资源分区的排名则为东南诸河流域第四，多年平均年径流量为1622亿 m^3，松花江流域第五，多年平均年径流量为998亿 m^3，淮河流域第六，多年平均年径流量为803亿 m^3，黄河流域第七，多年平均年径流量为467亿 m^3，辽河流域第八，多年平均年径流量为408亿 m^3，西北诸河流域第九，多年平均年径流量为271亿 m^3，海河流域119亿 m^3，排名第十。而年径流量变化趋势表现为增加的有：松花江、珠江、东南诸河、西南诸河和西北诸河流域，其中仅西北诸河区增加趋势显著；辽河、海河、黄河、淮河和长江流域则表现为减少趋势，但减少趋势不显著。从1961～1985年（前期）和1986～2013年（后期）两个时段来看，仅有松花江流域、东南诸河流域和西北内陆河流域1986～2013年多年平均径流量较1961～1985年多年平均径流量表现为增加趋势，分别较1961～2013年多年平均径流量增加2.60%、4.57%和10.96%；其余七大水资源分区则表现为下降趋势，其中海河、黄河和淮河流域径流量下降百分率较高，分别达6.73%、6.71%和3.73%。

从两个时期径流深之差的空间分布来看，松花江流域大部后期径流深大于前期径流深，一般在0～10mm，仅有少部地区径流深表现为减少，这是导致松花江流域后期径流量增加的直接原因；辽河区大部径流深后期较前期少0～10mm；海河、黄河流域大部和淮河流域大部径流深都减少了0～10mm，淮河流域山东半岛径流深减少了10～30mm；长江区上游和下游径流深都在增加，而中游大部地区径流深在减少，且大部减少了30mm以上，部分地区在50mm以上；珠江流域径流深都表现为减少，大部减少10mm以上，西部地区减少30mm以上，部分地区减少50mm；而东南诸河、西南诸河和西北诸河流域径流深则表现为增加，尤其东南诸河流域大部径流深增加在10mm以上，东北部地区增加30mm以上。

1.3.4　蒸散发

蒸散发（evapotranspiration，ET）是水循环中最为关键的一个核心过程，其将水文循环、能量收支等紧密联系起来。蒸散发的准确测定或估算，对区域/流域水资源评价、农作物需水和生产管理、农业旱情监测、生态环境问题（如生态需水量）等方面都具有十分重要的应用价值。蒸散发不但可以影响陆面降水，而且与之紧密联系的潜热通量保证了陆面气温的稳定，进而影响到地球气候系统的变化，因此蒸散发研究对于理解气候变化及气候变化的影响也具有重要的意义。

蒸发皿蒸发量是气象站观测的蒸发量，在某种程度上是水面蒸发变化的表征。20 世纪中期以来，中国蒸发皿蒸发量总体上呈显著下降趋势，这与全球蒸发皿蒸发的变化基本一致。十大流域分区中，长江、海河、淮河、珠江以及西北诸河等流域或区域的蒸发皿蒸发量均呈明显减少趋势，特别是海河和淮河流域减少尤为显著。此外，松花江和西南诸河两个区域蒸发皿蒸发量变化趋势不明显。在多数地区，日照时数、平均风速和温度日较差同蒸发皿蒸发量具有显著的正相关性，并与蒸发皿蒸发呈同步减少，是引起大范围蒸发皿蒸发量趋向减少的直接气候因子；地表气温和相对湿度一般在蒸发减少不很显著的地区与蒸发皿蒸发量具有较好的相关性，绝大部分地区气温显著上升，相对湿度稳定或微弱下降，表明其对水面蒸发量趋势变化的影响是次要的。

潜在蒸散发反映了下垫面在充分供水条件下的最大蒸散发量。20 世纪中期以来，除松花江流域外，中国绝大多数流域的年潜在蒸散量和四季潜在蒸散量均呈现减少趋势，南方多数流域或区域年潜在蒸散量和夏季潜在蒸散发减少趋势尤其明显。从原因上看，全国及大多数流域的年潜在蒸散量和四季潜在蒸散量与日照时数、风速、相对湿度等要素关系密切，其中日照时数和风速大多呈现明显下降的趋势，可能是导致大多数地区潜在蒸散量减少的主要原因。

实际蒸散发是自然状态下下垫面（多为非充分供水条件）的蒸散发。本书研究表明，蒸散发互补相关理论适用于中国十大流域分区，经过率定的基于互补相关关系理论的实际蒸散发模型具有很高的模拟精度。分析结果显示，中国多年平均年实际蒸发量为 426. 5mm，以 2000 年左右为界，大致呈现先增后降的变化趋势，空间上呈现由东南向西北递减的特征，最高值一般出现在海南岛和云南南部地区，最低值一般出现在内蒙古西部和新疆的沙漠地区。从变化趋势的空间分布来看，西北和东北地区年实际蒸散发大都呈现显著的增加趋势，其他区域呈现显著的下降趋势。从流域分区来看，珠江、东南诸河、西南诸河、长江、淮河、黄河、海河等流域都呈现不同程度的下降趋势，松花江、辽河、西北诸河等流域/区域呈现不同程度的增加趋势。季节尺度上，实际蒸散发变化的分布格局与年尺度基本一致。不同的是，中国西北和东北地区实际蒸散发增加的趋势在冬季更为明显，其他地区实际蒸散发的下降趋势在夏季更为明显。春秋季节，表现为东南区域实际蒸散发呈现减小趋势的区域范围以及西北、东北区域实际蒸散发呈现增加趋势的区域范围都有所缩小，而增加趋势不明显的区域范围明显增加。综合分析发现，西北、东北半部实际蒸散发的低值区大都有增加的趋势，其他区域实际蒸散发的高值区大都有减小的趋势，即实际蒸散发的东南-西北区域差异呈现缩小的趋势。

本书以珠江、海河和塔里木河 3 个流域作为中国湿润区、半湿润半干旱区和干旱区的典型代表流域，分析了实际蒸散发时空变化的可能原因。敏感性分析结果表明，各流域的实际蒸散发对各气象要素的变化大都具有较高敏感性。相关性分析结果表明，实际蒸散发的辐射能量项大都与日照时数、气温日较差（日最高气温-日最低气温）显著相关，而空气动力学项则主要与平均风速显著相关。珠江流域气温日较差、日照时数下降引起辐射能量项的下降，贡献于实际蒸散发的下降；平均气温、最高气温、最低气温引起空气动力学项的增加，最终也贡献于实际蒸散发的下降；平均风速的下降引起空气动力学项的下降，减缓了实际蒸散发的下降幅度。海河流域气温日较差、日照时数下降引起辐射能量项的下降，贡献于实际蒸散发的下降。塔里木河流域气温（含平均气温、最高气温、最低气温）以及实际水汽压的上升对辐射能量项的增加有较为明显的贡献；日照时数的下降引起辐射能量项的下降，反过来减缓了实际蒸散发的增加幅度；平均风速的下降则贡献于空气动力学项的下降，反过来对实际蒸散发的增加趋势起加强的作用。由于各气象要素实际变化幅度具有明显的差异，因此具体贡献量的差异也较大。研究表明，在珠江、海河、塔里木河3个流域，日照时数的下降贡献了实际蒸散发绝大部分的变化，其他气象要素的贡献相对来说非常弱。从供水条件（以降水量表征）的变化来看，珠江流域降水呈现微弱增加趋势，1961年以来对实际蒸散发的贡献量约有4.3mm的增加，但相对于日照时数等气象要素对实际蒸散发的影响程度来看，这是一个很小的量，无法改变珠江流域实际蒸散发的整体下降趋势和幅度；海河流域1961年以来降水量减少了约102.3mm，是流域实际蒸散发的下降重要原因之一，累积贡献下降幅度为92mm左右；塔里木河流域50年降水平均增加了约32.5mm，这部分降水全部贡献于实际蒸散发的增加。

1.3.5 极值变化

1960～2013年中国有着弱的变湿趋势，从西南到东北有着显著的变干趋势带。松花江、长江、珠江、西南流域在时间上呈现弱的变干趋势；辽河、海河、黄河、淮河流域在时间上呈现显著的变干趋势；东南诸河流域呈现显著的变湿趋势；西北诸河流域呈现显著的变湿趋势。干旱发生数目在中国东南和西北部呈减少趋势，在西南向东北的变干趋势化带上呈现增加的趋势；雨涝发生的频率减少区域主要位于西南向东北的变干趋势化带上，增加区域主要位于中国东南和西北地区。在十大流域的年代际发生干旱和发生雨涝月份数变化上，各流域的年际变化有很大差异。

中国极端降水强度在时间上呈显著上升趋势，极端降水频次在时间上呈弱上升趋势。不论是极端降水的强度还是频次，都有一个西南-东北的减小带，而东南和西北大部分地区都在增加。适用于中国极端降水AM序列的最优函数为广义极值分布函数、广义逻辑分布函数、对数逻辑分布函数和韦克比分布函数。适用于中国极端降水POT序列的最优函数为疲劳寿命分布函数、对数正态分布函数、韦克比分布函数和广义帕累托分布函数。在给定5个重现期（T=10a，20a，50a，100a，500a），4种分布函数所估计的5个重现期日最大降水的空间分布基本一致，均呈现东南向西北减小的分布特征，而且南北差异较大，南方的极端降水可能是北方的两倍甚至两倍以上。

日极端径流强度在长江中下游、珠江流域、淮河流域和西北诸河流域有上升趋势，在西南诸河流域、长江中游、黄河流域、海河流域及松花江流域呈下降趋势。但极端径流的频率有较大不同，在珠江流域、西南和西北诸河流域有下降趋势，其余地区为弱的上升趋势。拟合较优的分布函数为韦克比分布函数和 Johnson SB 分布函数。

随着重现期年限的增大，估算值呈非线性增加，估算的不确定性范围也随之增大，由于选取不同分布函数造成的估算值的不确定性范围最大，三参数函数估计的不确定范围要小于二参数函数；取样方式造成的不确定性最小，但其不确定性范围随重现期的增长较快。故在洪水设计计算中，一定要针对不同特征的时间序列，选取不同的函数综合比对，然后再进行重现期计算，对比分析不同计算结果。

1.3.6 变化成因

积雪对大气环流和天气气候影响的机制主要有两种：一种是积雪反照率反馈机制，另一种是积雪-土壤湿度反馈机制。青藏高原冬春季积雪呈现增加趋势，从而引起高原上空对流层温度降低以及亚洲-太平洋涛动的负位相特征，东亚低层低压系统减弱，西太平洋副热带高压位置偏南，使得中国东部雨带主要停滞在南方，向北移动特征不明显，即东部地区出现“南涝北旱”。对欧亚积雪进行低通滤波，去除南方涛动（ENSO）影响后显示，积雪与亚洲夏季风的负相关更为显著。在非 ENSO 年或者弱 ENSO 年，在积雪水文效应的作用下，积雪与亚洲夏季风反相关更为显著，尤其是西南亚和青藏高原冬春季积雪和印度夏季降水的反相关以及冬季增雪与长江以南降水的反相关关系。

海冰的多寡同样对大气环流和气候有影响。从天气学角度统计分析得出，长江上、下游两个区域降水与北极的白令海区、Ⅴ区（20°W～25°E 区域）乃至整个北极区的海冰面积有密切关系，长江上游汛期降水与北极Ⅴ区的海冰面积有滞后 5 个月左右的负相关关系，而与整个北极海冰面积有滞后 6 个月左右的负相关关系；长江下游汛期降水与白令海区海冰面积有滞后 5 个月的正相关关系，与北极Ⅴ区海冰面积有滞后 7 个月左右的负相关关系。冬季（12 月至翌年 2 月）南极海冰涛动指数和中国汛期（6～8 月）降水存在较好的相关关系，正相关主要在长江流域及其以南地区，其中长江中下游及以南地区的相关系数已超过 0.05 信度，长江流域以北为负相关。

ENSO 对中国气候异常的影响一直为中国气象工作者所关注。ENSO 强度与来年夏季黄河、长江中下游降水呈北正南负的相关关系，与当年秋季降水北正南负相关更明显。厄尔尼诺（El Niño）事件可分成 3 种类型：①西部型，发展年黄河中上游流域降水偏少；在衰减年则相反，黄河中上游流域降水异常偏多；②东部型，发展年和衰减年，其夏季降水没有明显的反位相关系，发展年中国主要以少雨为特征，而多雨区主要集中在黄淮流域；③驻波型，发展年黄河夏季大部降水偏少，衰减年北部降水偏多。厄尔尼诺开始年的春夏季，中国东部地区大范围少雨，秋季到次年夏季，大部分月份降水大都为南多北少的分布型，尤其是在开始年秋季南多北少最典型。秋冬季增暖的厄尔尼诺事件对应次年夏季江淮流域降水偏多，春夏季开始发展的 ENSO 事件对应当年夏季江淮流域降水偏少。

使用区域气候模式 RegCM4.0，单向嵌套一个全球模式所进行的中国及其各主要水文流域气候变化成因的模拟试验表明，在 1961 ~ 2005 年观测的变暖中，自然变率除引起青藏高原等地的气温降低外，在中国大部分地区都起到增温的作用，增温幅度在新疆北部、东北和华北等地区最大，同一时期温室气体排放引起的增温则在青藏高原最大，且其作用在大部分地区大于自然变率，全国平均的增温中 80% 的贡献来源于温室气体排放。在观测中，近几十年中国东部降水呈现“南涝北旱”特征，西北有转湿趋势。对模式结果的分析表明，东部地区的“南涝北旱”可能主要是自然变率起到了主导作用，温室效应的作用实际呈现某种“北涝南旱”的特征。在自然变率情况下，西部地区降水减少，观测中的增加主要是由于人类活动引起的温室气体排放造成的。

1.3.7　变化预估

对中国主要江河流域水文要素的预估结果揭示出了各流域一致性的变暖，变暖的程度因流域地理位置、全球模式和排放情景不同而存在差异，降水和径流的预估结果在各流域之间的差异更大。

未来几十年，松花江流域年平均气温仍呈现一定的增加趋势，年平均降水则无明显变化。佳木斯站年平均流量也没有明显的变化趋势，但呈现年际间的振荡变化特征。其中，气温在 21 世纪 40 年代增温幅度最明显，降水和流量在不同年代际之间的变化并无明显规律。松花江流域季节平均气温均呈增加趋势，且冬季增温幅度大于其他季节；季节降水量和季节平均流量在年内的分配发生一定的变化，其中春季降水和流量呈一定的增加趋势。

不论是单一模式还是多模式集合，海河流域在 2011 ~ 2050 年年平均气温都表现为升温趋势，而降水量则表现出不同的变化趋势，除少数模式和情景下预估的年降水量呈现减少的趋势外，大部分模式和情景下预估的年降水量都表现为增加的趋势。但由于温度升高蒸发量增加，官厅流域 2014 ~ 2040 年年径流量在 SRES A2、A1b 和 B1 3 种情景下皆减少，而滦河流域在这 3 种情景下未来径流量都表现为增加趋势。

SRES A2 和 B2 两种气候变化情景下，黄河上中游地区流域平均的年均最高气温与年均最低气温均呈升高趋势；与 B2 相比，A2 情景下升温更显著，西部升温幅度明显大于东部。SRES B2 情景下，黄河上中游地区年降水量显著减少，其中 21 世纪 20 年代减少最明显；A2 情景仅在 21 世纪 20 年代略有减少。降水季节分配将发生变化，夏季贡献率从 54% 增加到 60% ~ 64%，其他 3 个季节减少。从空间分布看，A2 情景下西北部和东北部地区增加，而源区和中部地区减少；B2 情景下大部分区域降水减少。未来花园口年径流将增加，其中 7 月、8 月径流增加最为显著，枯水期各月径流变化存在较大不确定性。

未来 40 ~ 50 年淮河流域的气温将处于上升的趋势，而降水则会出现不显著的上升或者略微下降的趋势，相对温度变化较小，具体变化幅度因预估方法和排放情景的不同而不同；未来淮河流域的气温、降水在空间上的分布变化较小；未来淮河流域径流的波动变化明显，不确定性较大，季节径流的变化幅度因研究方法不同而有显著差异；未来气候变化下各个排放情景的一级极端洪水发生比例都显著增加，而二、三级极端洪水的发生比例则相对减少。

RCP4.5 情景下，长江流域未来（2011～2040 年）多年平均气温、最高气温、最低气温都将升高，气温表现出全区一致上升，特别是长江源区气温增加较明显。2011～2040 年多年平均降水也将增加，而降水有着较明显的空间差异，降水减少区域主要位于流域的西南部，其余大部分区域降水量有着一定的上升。寸滩站未来（2011～2040 年）多年平均径流量有所增加，但年内呈减少趋势。2011～2040 年未来较极端的流域洪水相对于基准期可能有一定的减弱，但随着时间推移，极端洪水呈增加趋势；而枯水期径流将有一定增加，但在未来时间变化上有着减少的趋势。

21 世纪在 SRES A2、A1b 和 B1 3 种排放情景下西江、东江、北江流域年降水量都将出现枯季更枯、汛期更丰的特点。西江径流季节分配没有显著变化，北江和东江枯季径流比例较基准期降低，汛期来水量将更加集中，特别是 5～9 月。与基准期相比，3 种排放情景下 21 世纪 50 年代、80 年代年降水量和年径流量均有不同程度增加，且长期变化略大于中期变化。集合平均洪水强度呈增加趋势，30 年一遇洪水重现期缩短，但不同预估情景间存在较大不确定性，部分情景显示 21 世纪前期或中期洪水强度可能降低，频率可能减少；但 21 世纪 80 年代年洪水强度和频率增加存在较高一致性。

1.4 重要概念

1.4.1 气候变化

气候变化是指能够使用统计检验等方法识别出的气候系统要素平均值、方差、统计分布等状态的变化，且这种变化能够持续几十年甚至更长的时间。自然因素和人类活动都可以导致气候变化。

1.4.2 水循环

水循环是指地球上的水通过吸收太阳能量改变状态并发生位移的过程。水循环是多环节的自然过程，全球性的水循环涉及蒸发、大气水分输送、地表水和地下水循环以及多种形式的水量储蓄。降水、蒸发和径流是水循环过程的 3 个最主要环节，这三者构成的水循环途径，决定着全球的水量平衡，也决定着一个地区的水资源总量。

1.4.3 辐射强迫

辐射强迫是指由于气候系统的内部变化或外部强迫引起的对流层顶垂直方向上的净辐射变化（用 W/m^2 表示）。辐射强迫一般在平流层温度重新调整到辐射平衡之后计算，而期间对流层性质保持着它未受扰动之前的值。

1.4.4 检测和归因

检测是指揭示气候或被气候影响的系统是否已发生变化的过程，而不揭示这种变化的原因。归因是评估多种影响因素对这种变化的相对贡献的过程。

1.4.5 不确定性

不确定性是对于某一变量（如未来气候系统的状态）未知程度的表示。不确定性可以来自于对已知或可知事物信息缺乏或认识的不统一，主要来源有许多，如从数据的定量化误差到概念或术语定义的含糊，或者对人类行为的不确定预计。因此，不确定性可以用定量估计来表示（如不同模式计算所得到的一个变化范围）或者用定性描述来表示（如反映专家小组的判断）。

1.4.6 极端气候事件

气候的定义从其本质上看与某种天气事件的频率分布有关。当某地天气的状态严重偏离其平均态时，就可以认为是不易发生的小概率事件。在统计意义上，不容易发生的事件就可以称为极端事件。干旱、洪涝、高温热浪和低温冷害等事件都可以看成极端气候事件。某一地区的极端气候事件（如热浪）在另一地区可能是正常的。平均气候的微小变化可能会对极端事件的时间和空间分布以及强度的概率分布产生重大影响。

第2章 陆地水循环数据基础

观测和预估的气象水文数据是分析、诊断陆地水循环要素演变规律及成因，展望未来水资源情势演变趋势和影响的重要基础。只有首先获取大量气象水文数据，通过一定的处理分析才能比较全面、准确地认识陆地水循环要素和水资源格局的时空演变特征及其未来变化趋势。本章介绍了观测的气象水文数据及站点基础数据的质量控制、均一性检验订正方法和处理过程以及站点数据的格点化分析数据和融合了模式模拟结果的再分析数据。同时，也对由全球气候模式和区域气候模式得到的几十年到100年时间尺度的气候变化预估数据进行了比较详细的介绍。

2.1 气象水文数据概述

2.1.1 定义和分类

长期观测的气象水文数据是开展陆地水循环要素演变规律分析和水资源情势演变检测、诊断分析的重要基础。按照一般的定义，气象数据（包括水文数据）是指通过一切可能的观测、探测、遥测等手段收集到的或加工处理得到的，来自地球大气圈及其他相邻圈层的，与其状态规律有关的信息或数值分析结果（赵立成，2011）。气象水文数据是据以判断、分析大气活动和变化特征及陆地水循环要素演变规律的依据材料。只有在获取大量气象水文数据的基础上，才能比较全面、准确地认识陆地水循环要素和水资源格局的时间变化和空间变化规律及其演化趋势与未来演变特征。

按照气候系统圈层的角度划分，气象水文数据可以分为大气数据、海洋数据和陆面数据。其中，大气数据包含地面气象数据、高空气象数据、大气成分数据等；海洋数据包括天气现象、海面温度、海平面气压、风和海冰等；陆面数据包括陆地的水文气象数据、冰雪气象数据、生态气象数据及农业气象数据等。

2.1.2 基本属性

由于气象要素的空间分布和时间变化分别存在不均匀性和脉动性，作为基本的质量要求，气象观测记录必须具有代表性、准确性和比较性（中国气象局，2003）。

代表性是指观测记录不仅能反映测点所在位置的气象状况，还应能反映测点周围一定空间内的平均气象状况。据此要求，观测点周围必须空旷平坦，避免建在陡坡、洼地或距离铁路、公路、工矿、烟囱、高大建筑物、水体等过近的位置；还应避开地方性雾、烟等大气污染严重的地方。观测点四周的障碍物不应遮挡到阳光，并且附近不应有强的光线反射体。

准确性是指观测记录应能真实地反映实际气象状况，其含义是指观测值与真实值的符合程度。在实际观测中通常存在 3 种误差，即系统误差、随机误差和过失误差（幺枕生和丁裕国，1990）。系统误差的产生原因是仪器不良、观测方法不完善等因素，在各次观测中其数值大小和符号基本保持不变，通过仪器校正和改善观测方法即可基本消除。随机误差是多种随机因素共同作用下观测值对真值的误差，如仪器刻度的读数误差，计算各种平均值时的舍入误差等。这种随机误差可以认为是独立的，因此其算数平均值的随机误差将会缩小。过失误差是由于操作不慎等原因造成的错误观测值与真值的误差，一般通过数据的审核、校对就能够发现并消除。

比较性是指同一气象要素同一时间在不同测点的观测值，或同一气象要素同一测点在不同时间的观测值能进行比较，从而能分别表示出气象要素的地区分布特征和时间变化特征。因此，要求气象数据的观测时间、观测仪器、观测方法和数据处理等要保持高度统一。

2.2 观测与再分析数据

2.2.1 气象观测数据

地面气象观测是气象观测的重要组成部分，它对地球表面一定范围内的气象状况及其变化过程进行系统、连续地观察和测定，为天气预报、气象信息、气候分析、科学研究和气象服务提供重要的依据。地面气象观测站按承担的观测任务和作用分为国家基准气候站、国家基本气象站、国家一般气象站三类。图 2-1 是中国 2400 多个国家级地面观测站的空间分布，从图中可以看到中国的地面气象观测站分布总体上较为稠密，基本覆盖了中国大陆全域，仅青藏高原西部区域站点较为稀少。东部季风区站点分布相当密集，其数量远远多于西部地区，这样的分布为东部季风区水循环要素变化趋势规律研究提供了很好的气象数据基础。

截至 2014 年 6 月 30 日，中国共有 2424 个地面气象观测站，其中包括 212 个国家基准气候站、634 个国家基本气象站和 1578 个国家一般站。已有的地面基础数据产品均源自上述站点观测资料，以时间尺度区分，地面基础数据可以分为分钟、小时、日、月和年等不同时间尺度的数据产品。其中气温、降水、土壤湿度和蒸发量等数据作为气象基础数据，均由中国气象局国家气象信息中心研制，免费提供业务、科研用户使用。

1. 站点数据

(1) 气温

地面气温数据按照时间分辨率分为以下多个数据产品，“中国地面基本气象要素定时

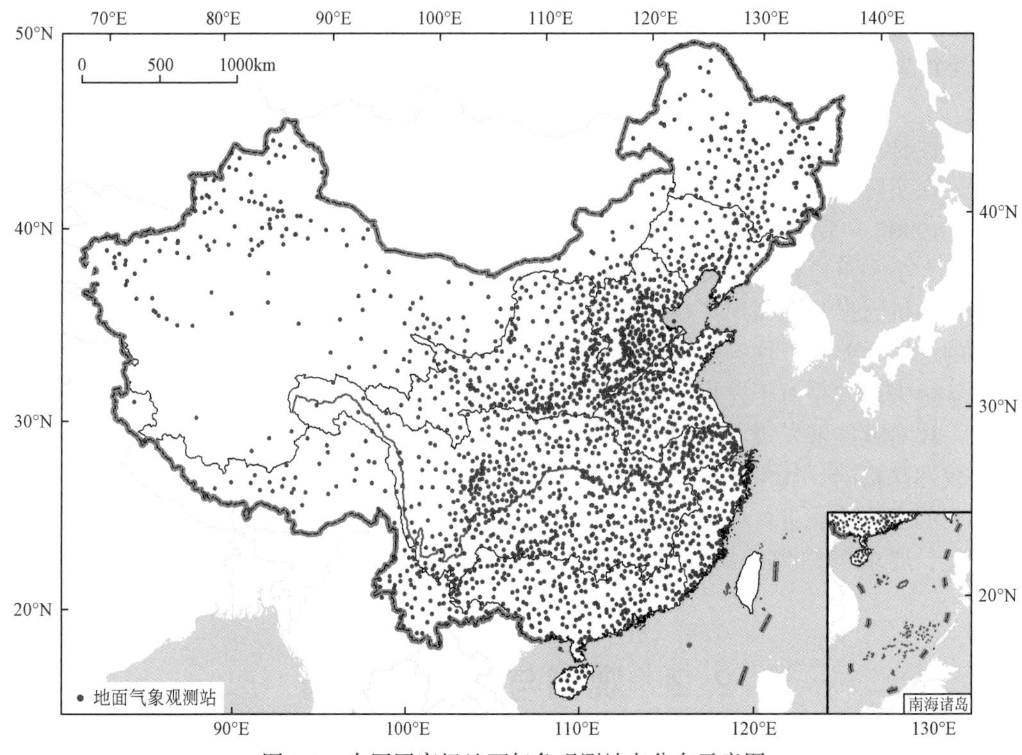

图 2-1　中国国家级地面气象观测站点分布示意图

值数据集（V3.0）”“中国地面基本气象要素日值数据集（V3.0）”“中国地面气象要素月值数据集”“中国地面气象要素候值数据集”“中国地面气象要素旬值数据集”“中国地面气象要素年值数据集”，内容包括 1951 年至最新时间中国地面观测站观测的定时值、日极值气温和日、月、候、旬、年气温统计值，其中定时值为每天北京时间 02：00、08：00、14：00、20：00 的观测值。数据集空间范围为中国 31 个省（自治区、直辖市）以国家级地面观测站为主（不包括台湾、香港、澳门地区）的 2474 个站点（包括历史上撤并的台站数据，下同）。

根据地面月报数据文件统计了历年逐月国家级地面台站量，台站量随时间变化曲线如图 2-2 所示。1951 年有观测台站 182 个，中国青藏高原地区站点数极少，一些边境地区无观测站。1955 年之前，国家级台站数不足 500 个，此后几年站点迅速增加，1961 年增至 2088 个站点。1971 年进一步增加至 2279 个站点，1975 年之后站点数相对比较稳定，维持在 2400 个站点左右，2010 年为 2421 个站点（任芝花，2012）。

气温观测仪器置于离地面 1.5m 的百叶箱中，观测仪器主要包括人工观测使用的干球温度表、自记观测使用的温度计和自动观测使用的铂电阻温度传感器，2002 年之前，使用干球温度表和温度计观测，2002 年全国开始逐步由自动观测代替人工观测，目前，使用铂电阻温度传感器观测气温。气温以摄氏度（℃）为单位，取 1 位小数，数据均经过了严格的质量控制，并标识了质量控制码。气温数据实有率接近 100%。

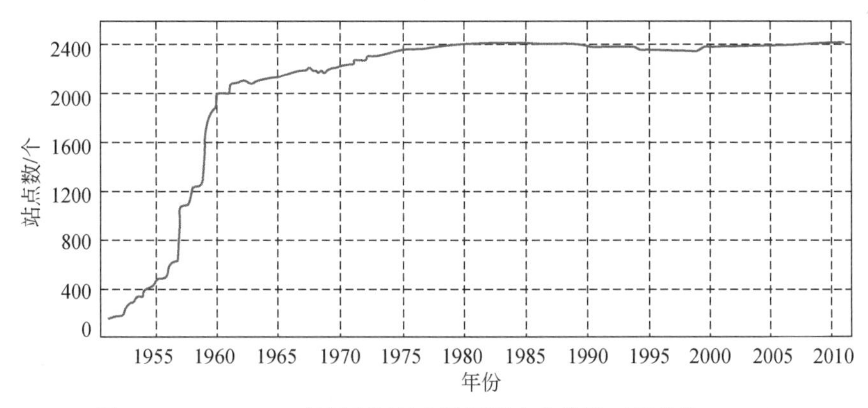

图 2-2　1951 ~ 2010 年国家级站点数逐月变化曲线（任芝花，2012）

（2）降水

降水量数据按照时间分辨率分为多个数据产品："中国国家级地面气象站逐小时降水数据集""中国地面基本气象要素日值数据集（V3.0）""中国地面气象要素月值数据集""中国地面气象要素候值数据集""中国地面气象要素旬值数据集""中国地面气象要素年值数据集"，上述数据集中均包含降水数据，内容包括 1951 年至当前中国 2474 个地面观测站观测的小时降水量、12 小时降水量、日降水量和月、候、旬、年降水量统计值及质量控制码。数据集空间范围为中国 31 个省（自治区、直辖市）以国家级地面观测站为主（不包括台湾、香港、澳门地区）的 2474 个站点。地面台站测量降水的仪器主要为雨量器，每天 08：00 和 20：00 分别量取前 12 小时降水量。

冬季降雪时，待固态降水融化后再量取降水量。20 ~ 20 时日降水量为 20 ~ 08 时降水量与 08 ~ 20 时降水量之和。月、年降水量分别为当月和当年降水量之和。降水量以毫米（mm）为单位，取 1 位小数，数据均经过了严格的质量控制，并标识了质量控制码。

（3）土壤湿度

1）概况。土壤湿度是综合气象观测系统中农业气象观测的重要内容之一。中国目前的农业气象观测站网是在 1981 年正式投入业务运行的，迄今已有三十多年的观测资料积累。由于大部分原始观测资料保存在纸质载体的观测簿和报表上，农业气象观测数据一直没有得到有效的应用，这些记录在纸质载体上的资料对于农牧业生产和气候变化研究都是不可多得的宝贵资源，通过数字化手段对其进行处理，进而获得可编辑的、便于利用的电子数据产品是十分必要的。为此，中国气象局气象档案馆对存档的《土壤水分观测记录年报表》进行了数字化，在此基础上建立数据集"中国农业气象土壤水分数据集（1981 ~ 2010）（V1.0）"（王佳强和赵煜飞，2013），为农业气象业务和土壤水分分析等科学研究提供高质量的、长时间序列的土壤水分观测数据产品。

数据源为中国气象局气象档案馆存档的纸质《土壤水分观测记录年报表》，包含了 1981 ~ 2010 年中国 276 个农业气象观测一级站固定观测地段的 7 个数据项，其中土壤重量含水率观测均采用烘干称重法。各数据项与时间范围见表 2-1，2002 年之前农业气象观测报表并未有凋萎湿度和冻结解冻日期观测，而降水灌溉数据项因在早期工作中没有进行数字化，因此凋萎湿度、降水灌溉、冻结解冻日期 3 个数据项时间范围为 2003 ~ 2010 年。

表 2-1　土壤水分数据各数据项与时间范围

数据项	时间范围	数据项	时间范围
土壤重量含水率	1981 ~ 2010 年	凋萎湿度	2003 ~ 2010 年
地下水位深度		降水灌溉	
田间持水量		冻结解冻日期	
土壤容重			

从全国 276 个农业气象观测一级站空间分布及每个台站的资料长度看，中国东北、华北地区台站较多，且资料长度较长，长江以南地区资料长度大多小于 10 年，西北地区台站稀少。由于部分台站存在迁移和撤销，数据集中所指的 276 个站点为历史上累计投入业务运行的所有台站数。

根据《农业气象观测规范》中有关土壤水分观测的要求，土壤湿度测定设有 3 种观测地段，即固定观测地段、作物观测地段和辅助观测地段，本数据集所包含的 7 个数据项均属于农业气象观测一级站固定观测地段。图 2-3 给出各省土壤水分观测站具有固定观测地段的总站数。由图可知，截至 2010 年全国仅有上海市及海南省无固定观测地段的土壤水分数据。

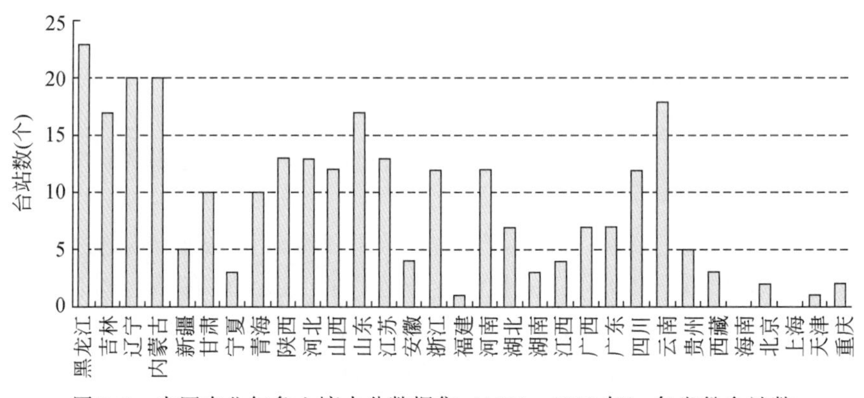

图 2-3　中国农业气象土壤水分数据集（1981 ~ 2010 年）各省份台站数

2）土壤湿度数据分析。2010 年之后，土壤湿度观测站数逐步增加，截至 2013 年全国有 500 余站的土壤水含量逐旬观测记录，以下对其资料状况及土壤湿度状况进行分析。

根据土壤湿度数据情况，分析时段取为 1991 年 9 月至 2013 年 12 月共近 23 年。其中，10cm 土壤湿度数据较为完整，其他层次（20cm、30cm、40cm、50cm、70cm、100cm）数据的有效性较差。与常规的气温、降水等气象要素观测不同，土壤湿度数据有明显的年变化，从 2006 ~ 2013 年（共 7 年）的土壤湿度数据站数的同期比较可以发现，2009 年及以前年份，土壤湿度站点数较少，有效站数不足 200 站，且年份越往前土壤湿度数据观测站数越少。2010 年之后，有效数据站数逐渐增多，2011 年资料站数达到 340 站左右，至 2012/2013 年土壤湿度观测站进一步增多，夏季有效数据可达 510 站。

但土壤湿度数据的有效性也存在年内变化。从季节上看，夏季相对而言为年内有效土壤湿度数据站数最多的季节。冬季，北方地区的土层基本进入封冻期，土壤湿度观测已没有实际意义，因此进入秋季之后土壤湿度数据有效站数逐渐减少，至 12 月，内蒙古及东北地区土壤湿度已基本不再观测并一直持续到次年 2 月，3 月以后北方地区的土壤湿度逐渐恢复观测。

由于土壤湿度的年度一致性和连续性较差，以 2011 年单年的土壤湿度为例分析春、夏、秋 3 个季节的土壤湿度的空间分布。

春季（2011 年 3 ~ 5 月）：全国平均降水量为 1961 年以来历史同期最少，除西藏中部、西北西部、东北中西部等地降水量偏多外，全国其余大部地区接近常年或偏少，其中内蒙古中西部大部、黄淮南部、长江中下游及其以南大部分地区、贵州大部等地降水量偏少 3 ~ 8 成。黄淮、华北南部、西北地区东部等地 10cm 土壤湿度一般为 40% ~60%，甘肃陇东、宁夏南部等地 10cm 土壤湿度在 20% ~40%（图 2-4，图 2-5）。

夏季（2011 年 6 ~ 8 月）：全国大部地区降水量接近常年同期或偏少，华北中东部地区、黄淮等地 10cm 土壤湿度一般为 60% ~80%，华北西部地区 10cm 土壤湿度在 40% ~ 60%。青海、甘肃等地降水较常年略偏多，10cm 土壤湿度在 60% ~80%，部分地区超过 80%（图 2-6）。

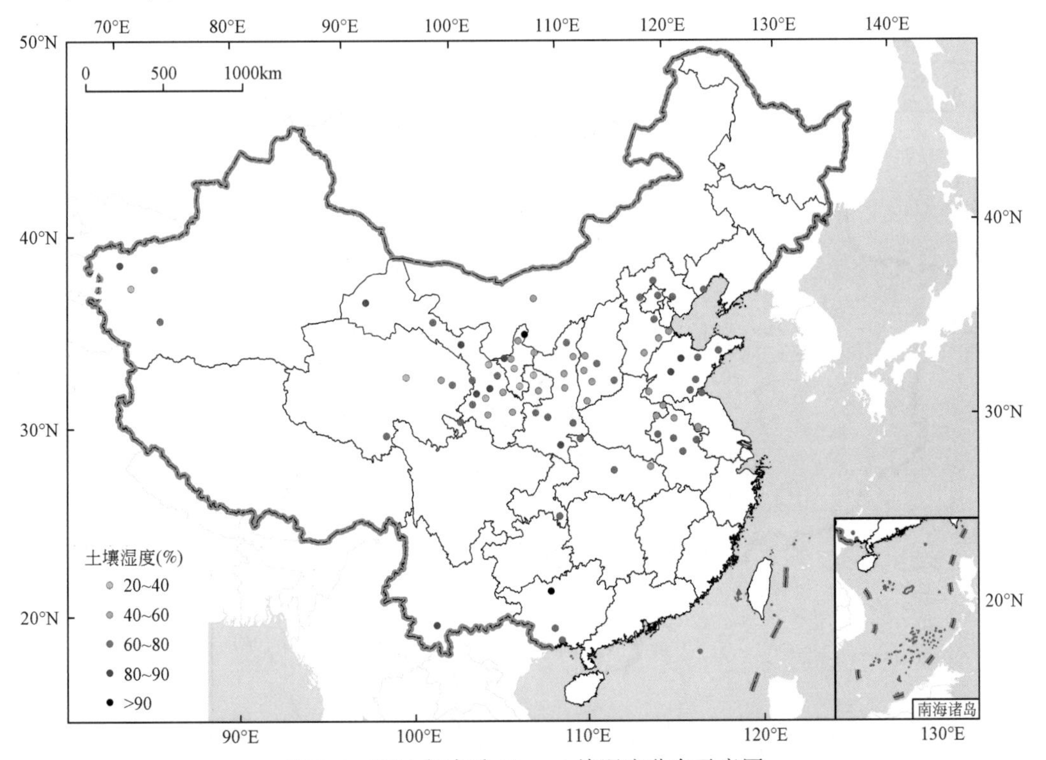

图 2-4　2011 年春季 10cm 土壤湿度分布示意图

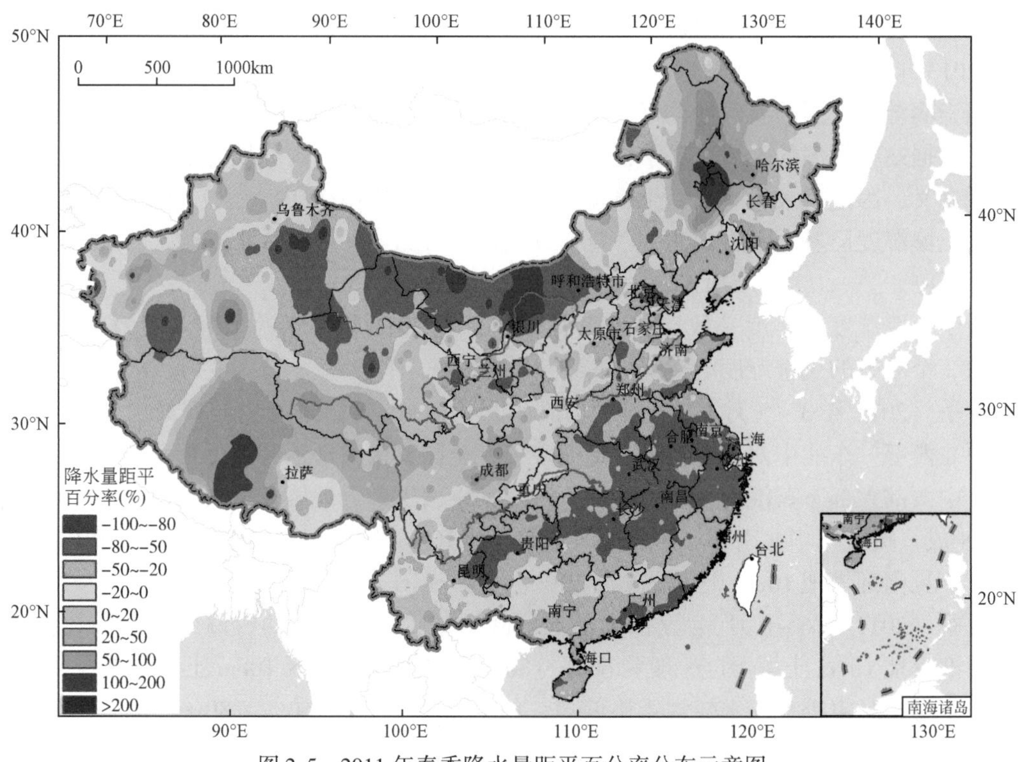

图 2-5　2011 年春季降水量距平百分率分布示意图

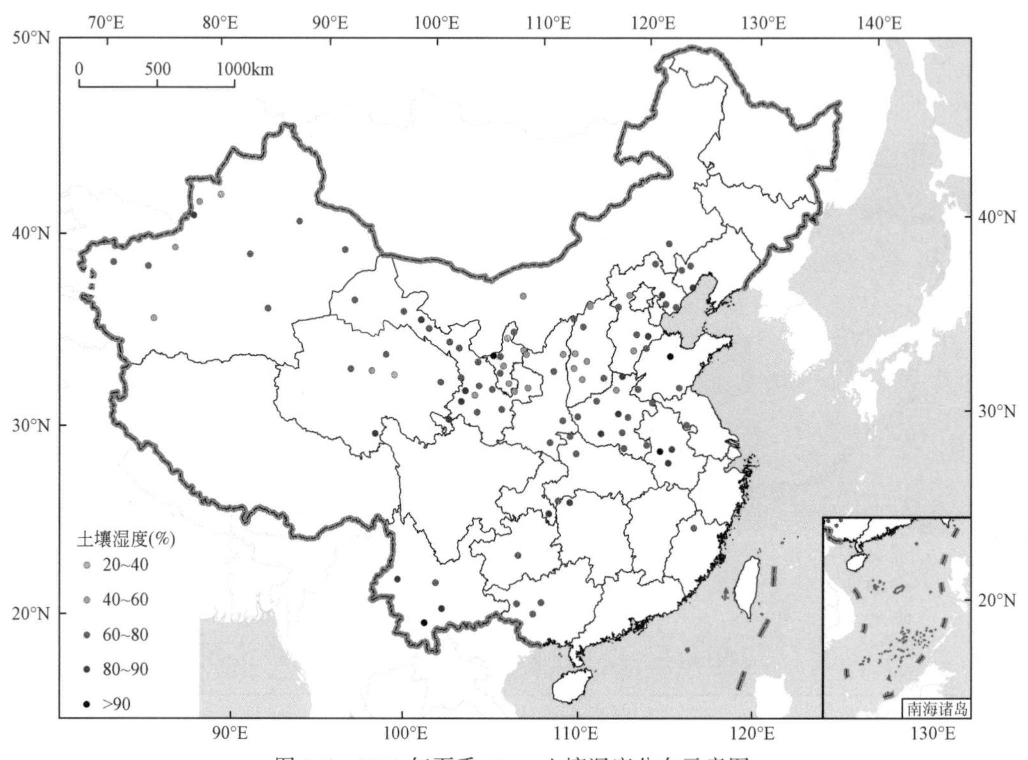

图 2-6　2011 年夏季 10cm 土壤湿度分布示意图

秋季（2011年9~11月）：华北中南部、黄淮大部、西北地区东部、华南东部和西部及内蒙古中南部、青海西南部、新疆西部部分地区等地降水量较常年同期明显偏多，华北南部、黄淮大部地区10cm土壤湿度在80%以上，其中黄淮西部地区10cm土壤湿度在90%以上（图2-7）。

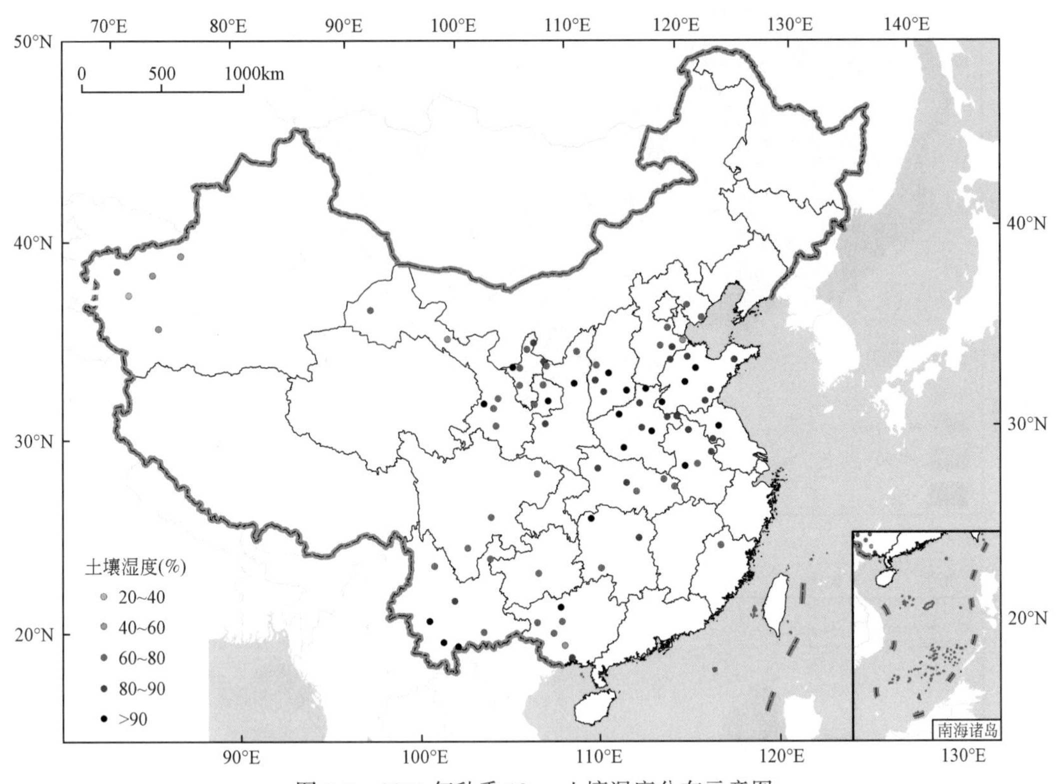

图2-7　2011年秋季10cm土壤湿度分布示意图

土壤湿度数据为多层次数据，目前有效数据集相对较多的为10cm土壤湿度数据，其他层次的数据缺测率和完整性均较差。在日常的气象观测上，土壤湿度数据为逐旬观测，一般每月3日、13日、23日或8日、18日、28日（分别代表上、中、下旬）观测。因此在进行季节平均和逐月平均时采用的是各旬算数平均的方式。例如，仅以单年各旬资料来看，土壤湿度尚存在一定的连续性，但分析季节或年度变化时需要用到历年资料，或多年气候平均值。在实际分析中发现，年度数据间的连续性较差。

因此，以下重点对2011年8~12月10cm土壤湿度进行空间分布的分析。

图2-8为2011年8月上旬和下旬的10cm土壤湿度空间分布图，上旬时中东部大部地区的土壤湿度在60%以上，进入下旬后，华南及江南西部地区因降水偏少土壤湿度降低。

土壤湿度与降水具有密切的相关性。该月，东北地区东南部、黄淮东部、江淮、江南东部及广西南部、海南中部、云南西南部等地月降水量在200mm以上，其中辽宁、江苏、广西局部地区超过300mm；西北地区西部及内蒙古大部、西藏西部、贵州西南部等地不足

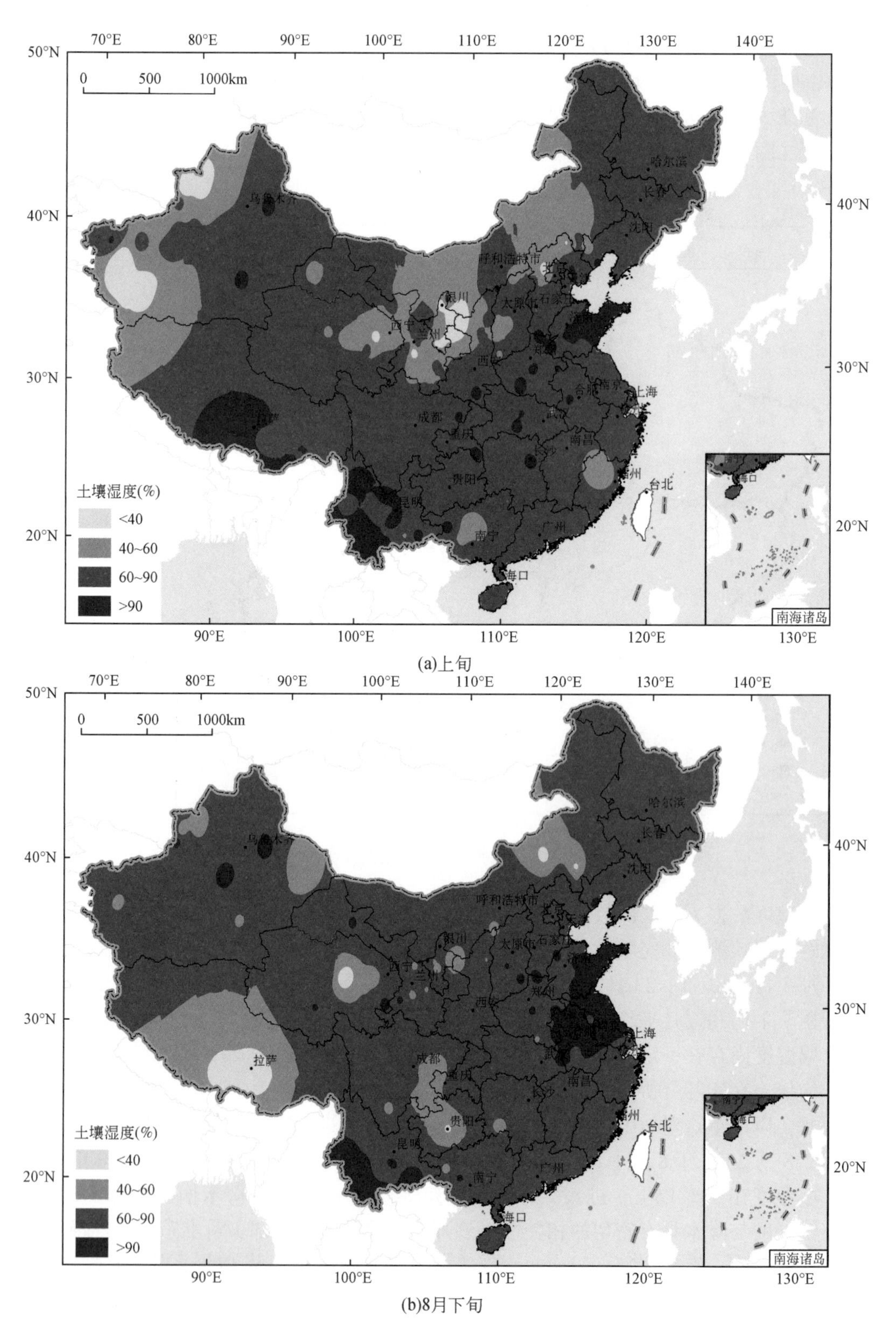

(a)上旬

(b)8月下旬

图 2-8　2011 年 8 月上旬和下旬 10cm 土壤湿度空间分布示意图

50mm；全国其余大部地区在 50 ~ 200mm。月降水量与常年同期相比，江南西南部、华南大部、西南大部、东北中北部以及内蒙古中部和东部、河北北部、宁夏大部、甘肃南部、新疆中南部等地偏少 3 ~ 8 成，局部地区偏少 8 成以上；江南东部、江淮、黄淮东部、东北地区东南部以及内蒙古西部、甘肃河西地区大部、青海中北部和西北部、新疆西北部等地偏多 3 成至 1 倍，局部偏多 1 ~ 2 倍；全国其余大部地区接近常年（图 2-9）。8 月下旬后，降水偏少的华南、江南西部、东北大部地区土壤湿度明显较上旬偏低，内蒙古北部地区土壤湿度小于 40% 的范围进一步扩大。

2011 年 9 月，西北地区东部、华北地区南部、黄淮大部及四川大部、重庆北部、湖北西北部、云南大部、广西南部、海南、广东大部、湖南东南部、江西西南部等地降水量在 100mm 以上，其中陕西中部和南部等地达 200 ~ 300mm；月降水量与常年同期相比，华北中部和南部、黄淮北部和西部、西北地区东部以及青海南部和西部、云南南部、海南等地偏多 3 成至 1 倍，局部地区偏多 2 倍以上。土壤湿度偏多的地区集中在降水较多的华北南部、黄海地区和西北地区东南部，云南南部和海南等地也表现出土壤过湿的现象。这里需要注意的是，由于农业生产的需要，夏季南方农产区会多次灌溉，部分地区也可能产生土壤湿度增多甚至过湿，在反映实际土层的湿度情况时会产生一定偏差（图 2-10）。

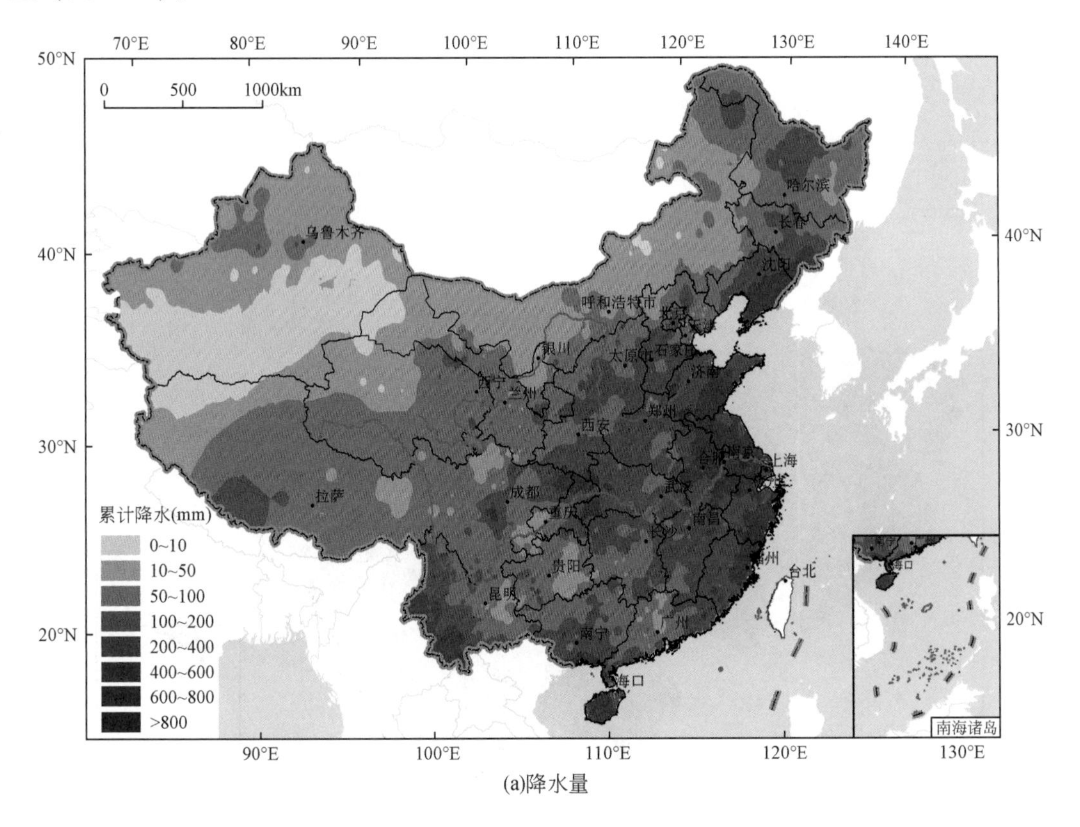

(a)降水量

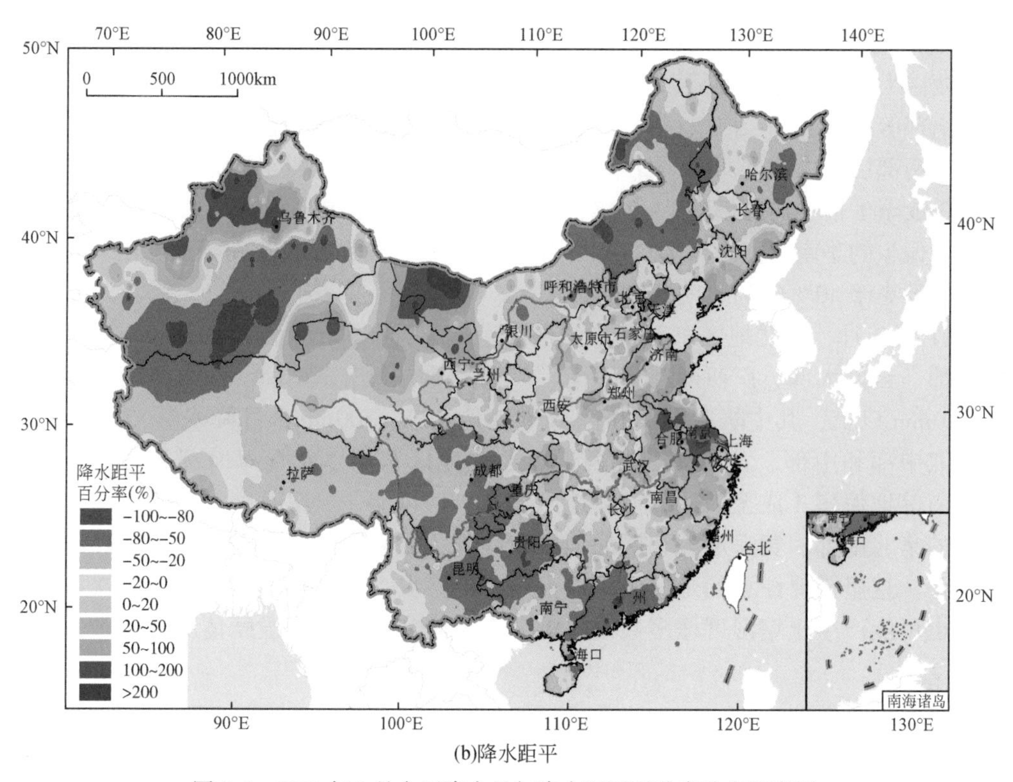

(b)降水距平

图 2-9　2011 年 8 月全国降水量与降水距平百分率分布示意图

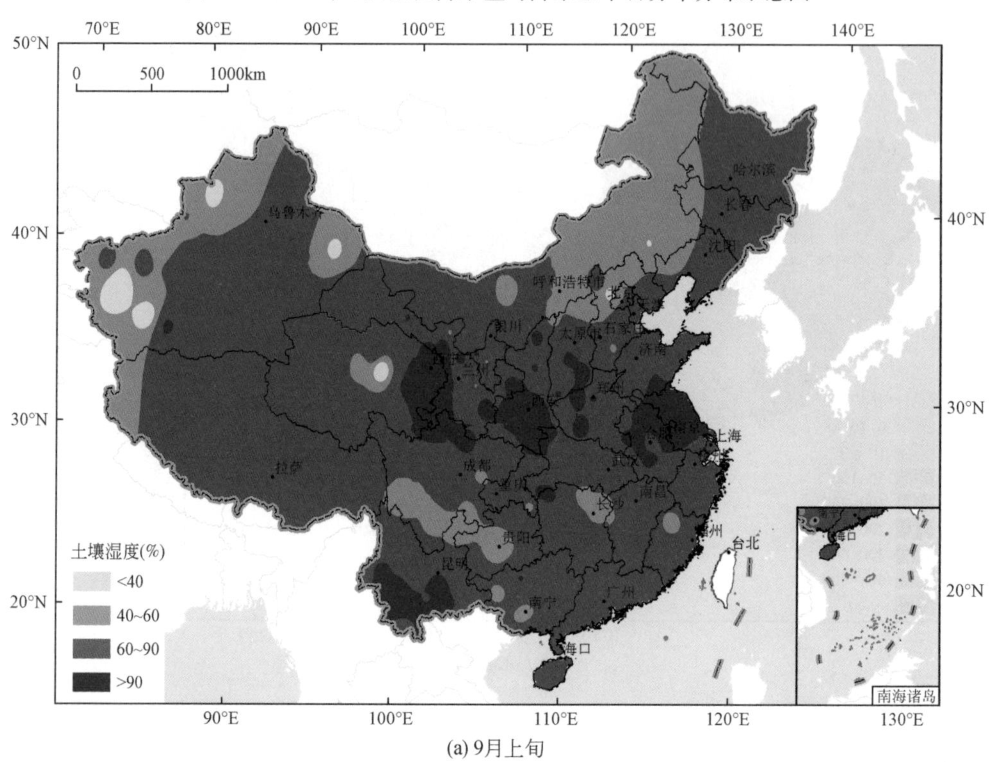

(a) 9月上旬

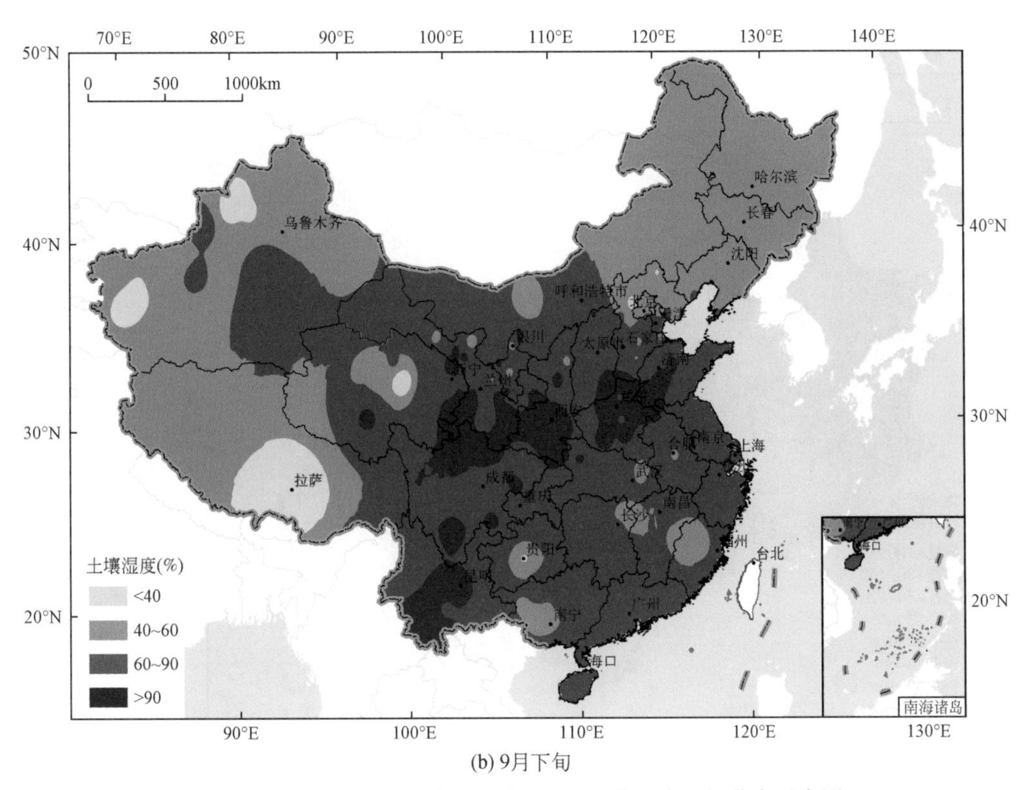

(b) 9月下旬

图 2-10　2011 年 9 月上旬和下旬 10cm 土壤湿度空间分布示意图

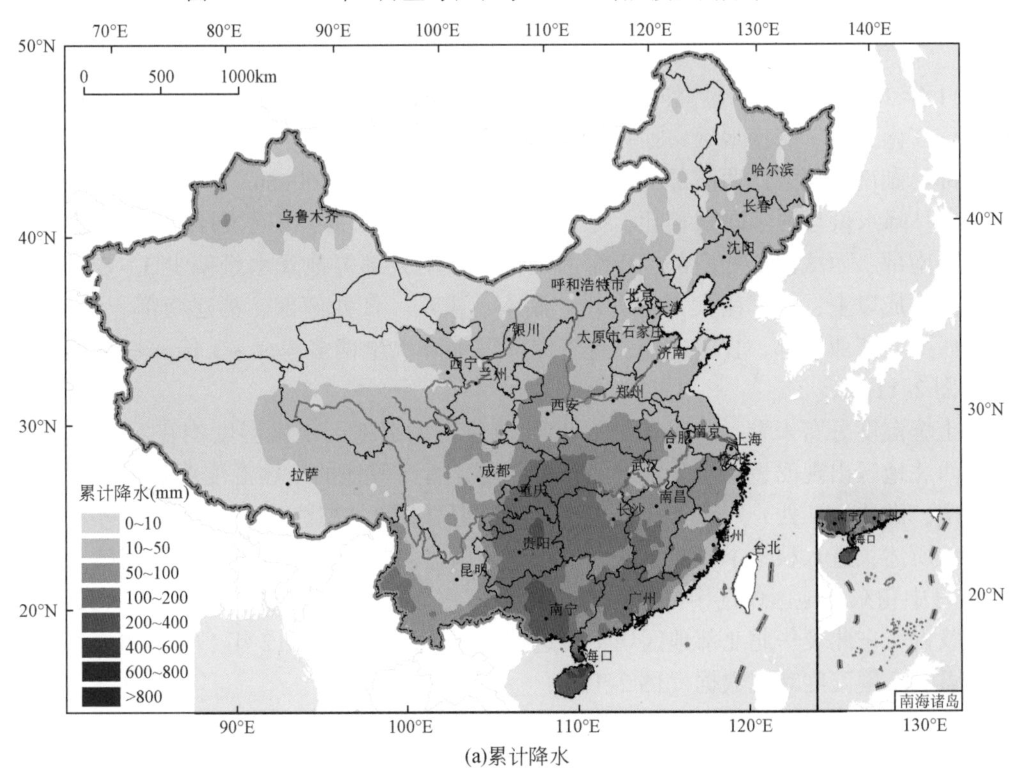

(a)累计降水

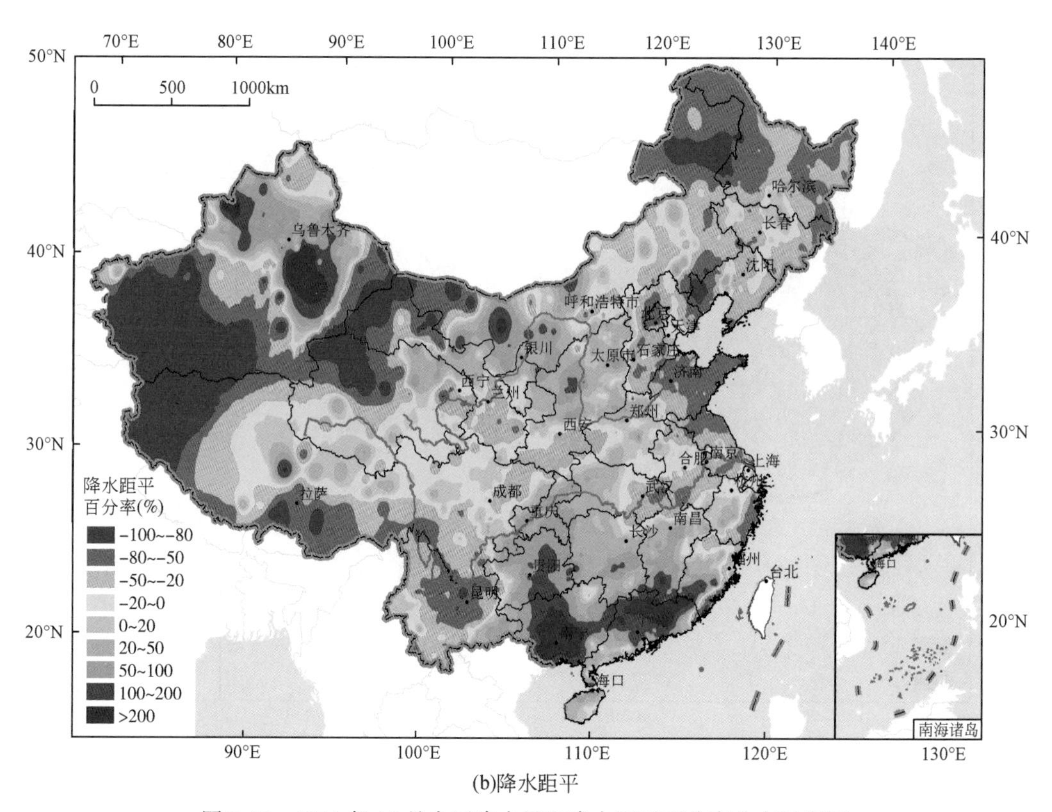

图 2-11 2011 年 10 月全国降水量和降水距平百分率分布示意图

2011 年 10 月全国降水量空间分布显示，西北地区东南部、黄淮西部、江淮西部、江汉地区、江南大部、华南地区、西南地区东部和南部月降水量在 50mm 以上，其中重庆、贵州大部、湖南大部、江西南部、华南地区中部和西部超过 100mm，广西和海南局地超过 200mm。月降水量与常年同期相比，东北大部、内蒙古东部、山东和江苏大部、甘肃北部、新疆南部、西藏西部和南部、青海西北部、云南大部等地降水量偏少 3 ~ 8 成，局部地区偏少 8 成以上；而华南大部、贵州、湖南、重庆、江西南部、福建南部、新疆北部、内蒙古西部、陕西北部、甘肃中部、青海北部等地降水量偏多 3 成 ~ 1 倍，局部偏多 2 倍以上（图 2-11）。

从土壤湿度分布来看，10 月上旬西北及内蒙古大部地区土壤湿度均在 60% 以下，月内后期西北地区出现明显降水天气，西藏、新疆、青海等地的土壤湿度明显增加。四川东部、重庆、湖北、江西、广东等地也出现土壤过湿（图 2-12）。

如前所述，进入秋冬季，北方地区的土层逐渐进入封冻期，土壤湿度观测站点逐渐减少，11 月中旬东北地区仅辽宁部分站点及内蒙古东南部地区有土壤湿度数据，12 月中旬之后内蒙古、东北及华北北部地区均不再进行土壤湿度观测。2012 年 1 月上旬，黄河以北地区不再有土壤湿度观测数据（图 2-13）。

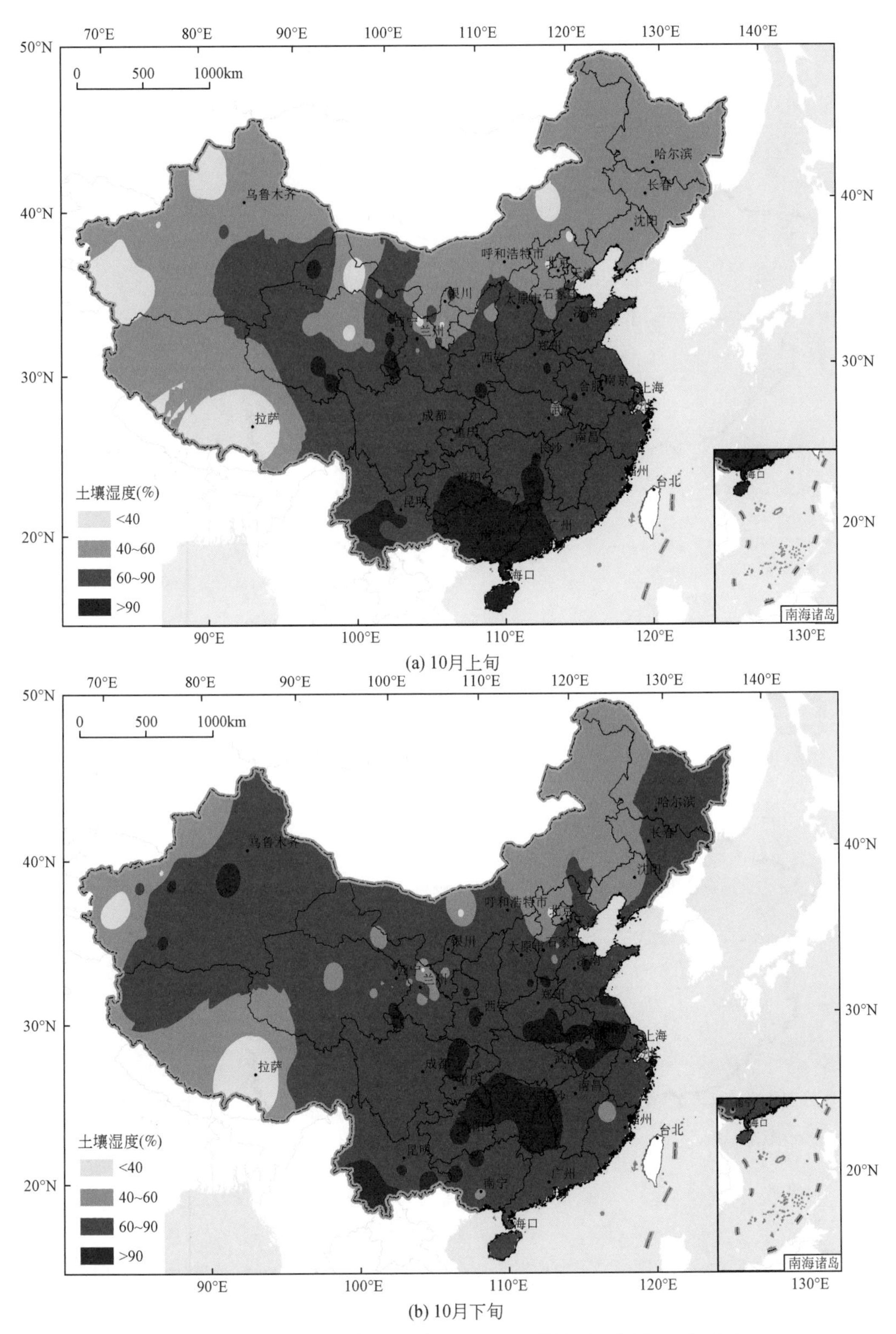

图 2-12　2011 年 10 月上旬和下旬 10cm 土壤湿度空间分布示意图

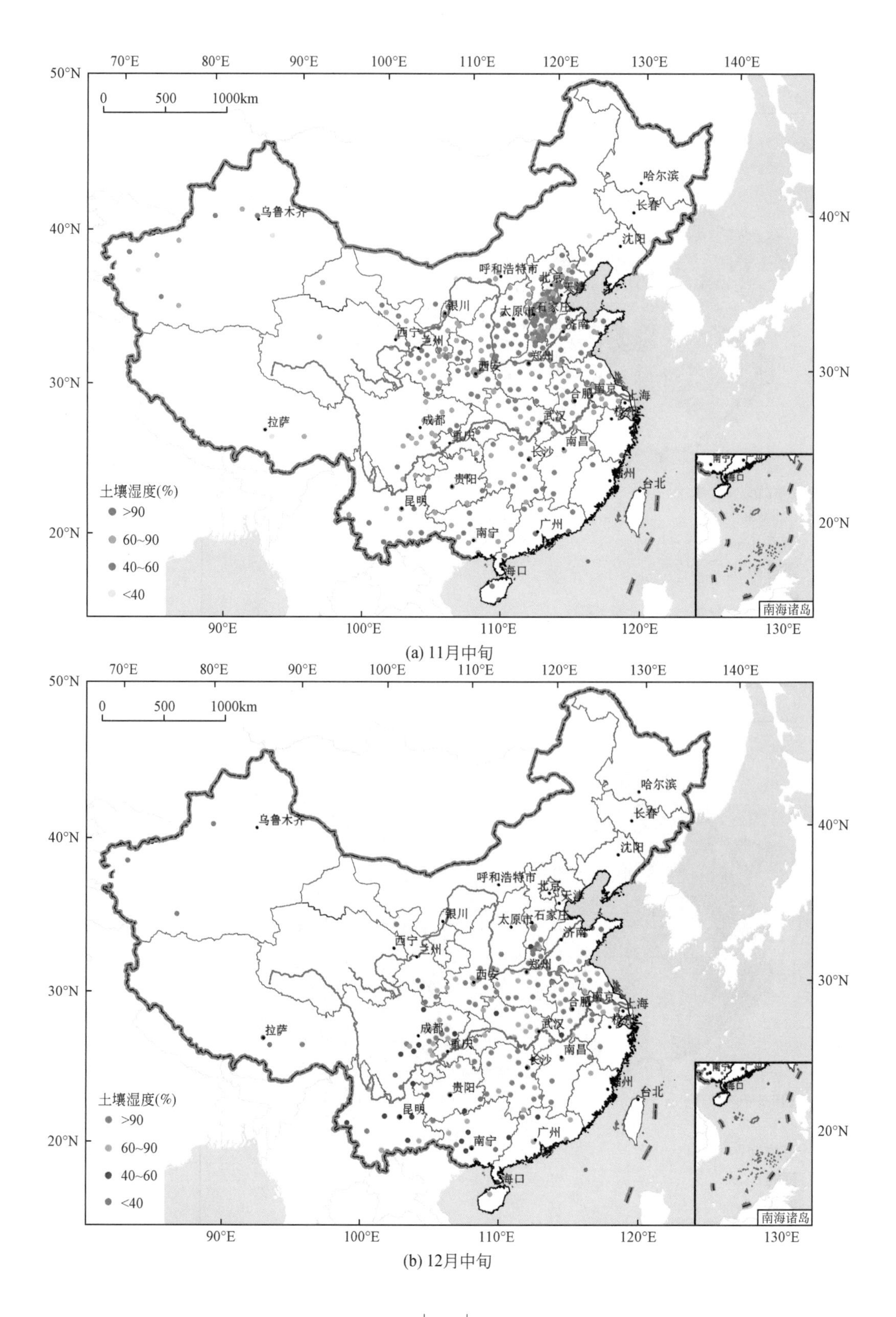

(a) 11月中旬

(b) 12月中旬

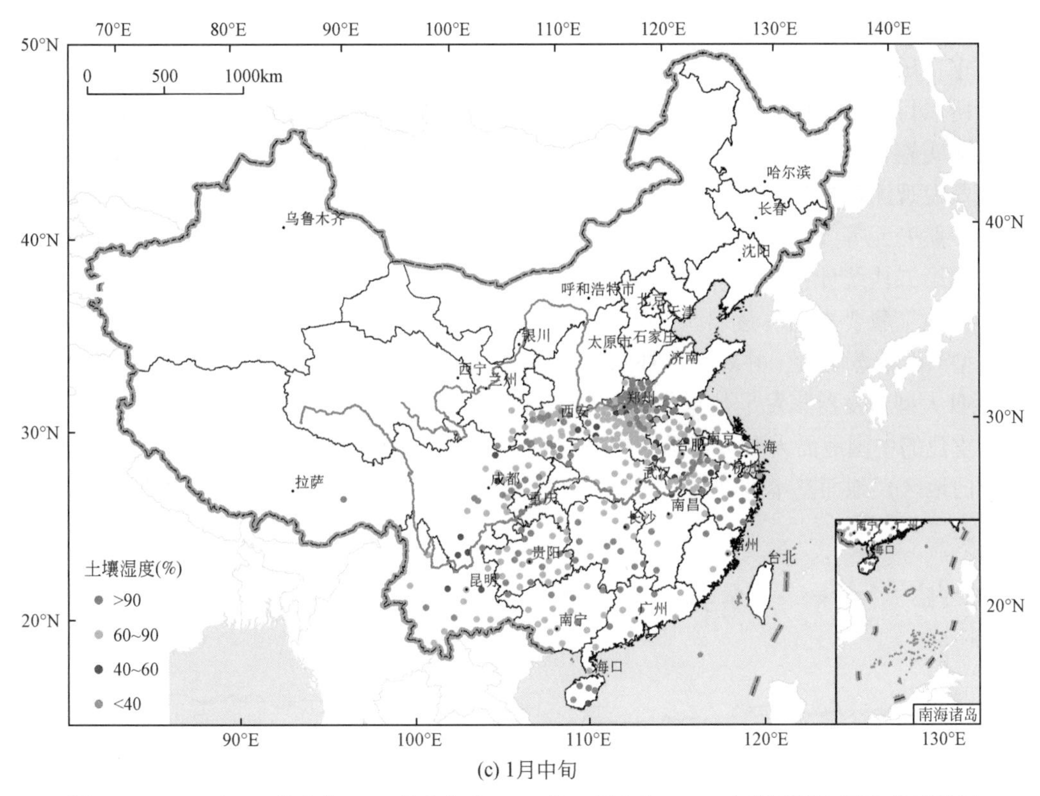

(c) 1月中旬

图 2-13　2011 年 11 月中旬、12 月中旬和 2012 年 1 月上旬 10cm 土壤湿度空间分布示意图

（4）水面蒸发

气象站测定的蒸发量是水面（含结冰时）蒸发量，它是指一定口径的蒸发器中，在一定时间间隔内因蒸发而失去的水层深度。蒸发量数据包括“中国地面基本气象要素日值数据集（V3.0）”“中国地面气象要素月值数据集”“中国地面气象要素候值数据集”“中国地面气象要素旬值数据集”“中国地面气象要素年值数据集”，内容为 1951 年至当前小型蒸发量、大型蒸发量和质量控制码。空间范围为中国 31 个省（自治区、直辖市）的国家级地面观测站为主（不包括台湾、香港、澳门地区），包含了中国基本、基准气象站、一般气象站在内的 2474 个站点。1980 年后，小型蒸发实有测站数变化与台站变化一致，但在 1980 年前小型蒸发实有测站少于总台站数，主要是由于 1980 年前部分台站按规定不观测蒸发。1998 年开始在全国推行观测大型蒸发，所以在 1998 年之前大型蒸发实测站都比较少，从 1998 年开始逐步增加，目前有 700 多站观测大型蒸发，但也不是全年观测，在冬季冻结期仍改为观测小型蒸发。测量蒸发量的仪器有 E-601B 型蒸发器和小型蒸发器，分别用于观测大型蒸发量和小型蒸发量，每天北京时间 20 时进行观测。蒸发量数据以毫米（mm）为单位，取 1 位小数，数据经过了严格的质量控制，并标识了质量控制码。蒸发量数据进过整理和质量控制，可直接提供用户使用，或作为后续进一步处理的基础数据。数据中的 194 个国际交换站数据为全球公开数据，可提供公共用户直接通过共享服务网站检索下载。全部台站数据需要向国家气象信息中心

申请，提供离线下载，共享说明请参见网站说明。

由于在历史上使用了不同的蒸发观测仪器，中国一直缺乏一套时间上均一的蒸发观测序列，所以目前基于中国蒸发器观测数据的研究工作主要利用小型蒸发观测数据，但地面气象观测实施自动观测之后，地面蒸发观测以大型蒸发器为主。为了将中国气象台站的历史地面蒸发观测数据处理成为与当前自动气象站蒸发数据相一致的具有统一度量的蒸发观测序列，熊安元等（Xiong et al. ，2012）利用大型蒸发器和小型蒸发器的平行对比观测数据，使用第二代统计回归技术——偏最小二乘回归（PLS），发展了一套利用小型蒸发观测值和其他气象要素估算逐日大型蒸发量的统计模型，计算获得了中国 751 个气象台站的逐日大型蒸发器蒸发量，并对可插补的部分缺测值进行了插补，重建了一套中国 751 个台站 55 年逐日大型蒸发器蒸发量数据集，在此基础上，计算了逐月、暖季（5 ~9 月）和年的蒸发量。重建的中国地面大型蒸发量数据集包括了 1951 ~2005 年中国范围（不包括台湾、香港、澳门地区）地面基本基准站共 751 个站点的日、月、5 ~9 月、年大型蒸发量数据。

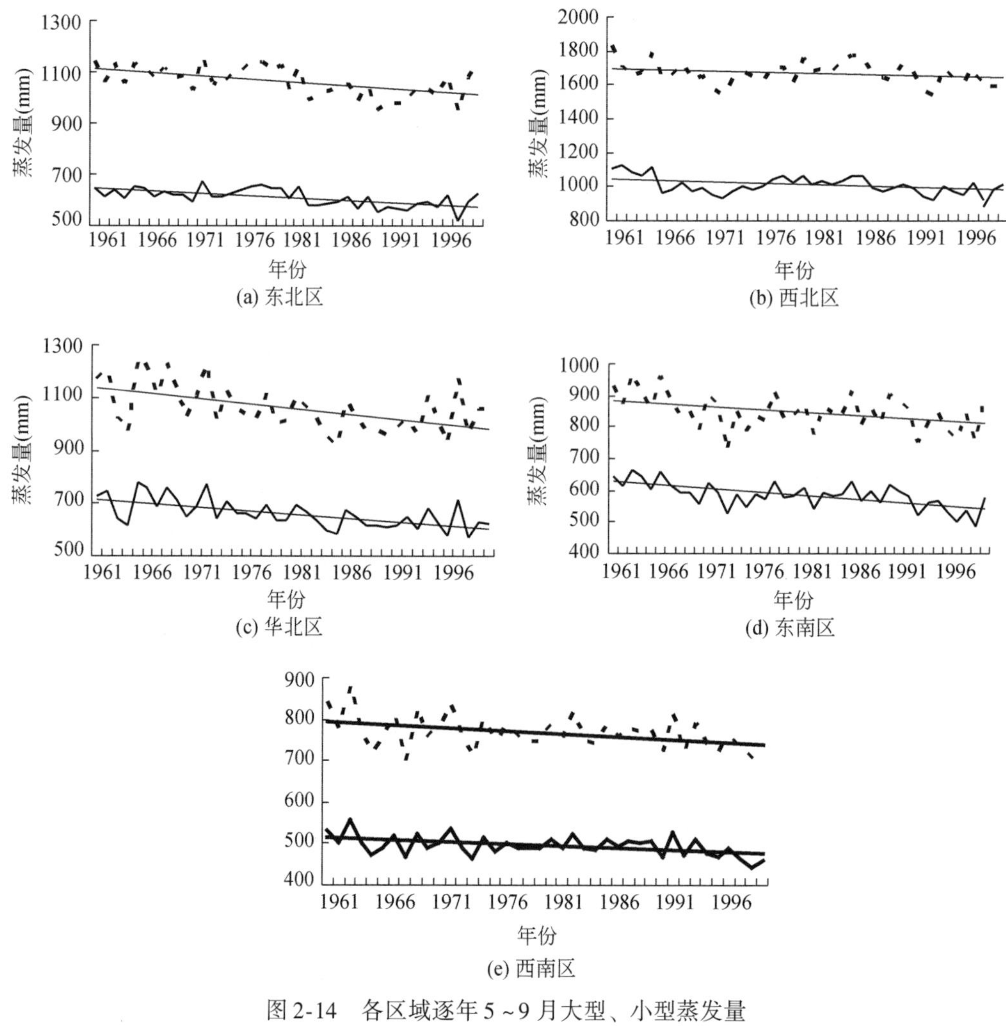

图 2-14　各区域逐年 5 ~9 月大型、小型蒸发量

实线：大型蒸发量；虚线：小型蒸发量

重建的 5 ~ 9 月大型蒸发量与同期观测的小型蒸发量具有完全相同的年际变化和年代际变化趋势（图 2-14），大型蒸发量与小型蒸发量在近 40 年均呈下降趋势，中国各个区域体现的这些特征基本一致。与已有的关于小型蒸发变化趋势的研究结果相比，图 2-16 反映的近几十年蒸发减少的趋势是完全一致的。

2. 数据处理

（1）质量控制

地面气候观测数据是气候与气候变化研究的基础。然而，气候数据的质量可能会受到观测仪器、观测技术以及观测时间、观测方法、测站位置等多种因素的影响。特别的，对于研究中最常使用的历史序列资料而言，其中包含各种非气候因素造成的影响。

由于气象观测数据必须能够准确地反映真实的天气、气候状况，必须具有代表性、准确性和比较性，因此对气象观测数据进行质量控制非常重要。

各种气象观测值在统计意义上都可看作随机变量。在采集时观测值对真值通常会产生误差。根据误差的性质和产生的原因，气象观测数据可能存在 3 类性质完全不同的误差，即系统误差、随机误差和过失误差。

质量控制的目的是确保资料数据符合应用要求，研究所用的数据必须经过严格的质量控制，使数据质量符合标准（刘小宁和任芝花，2005）。

近年来气象数据质量控制技术有了新的进展。一般来说，质量控制方法主要根据气象学、天气学、气候学基本原理，依据气象要素的时间、空间变化规律和各要素间相互联系的规律分析气象数据是否合理。在气候数据的质量控制中应用的方法包括范围检查、极值检查、内部一致性检查、空间一致性检查、气象学公式检查、统计学检查等。另外，除进行数据的范围、气候极端值检查外，还可以使用统计方法，如双权重方差判别方法等。

1）质量控制方法。气候数据的质量控制主要根据气象学原理，依据《地面气象观测规范》的规定（中国气象局，2003），对气象观测数据的合理性进行检验，找出不合理、不正常的错误或可疑记录，达到质量控制的目的。

第一，气候学界限值、要素允许值范围检查。气候学界限值检查是检查气候要素值是否处于其气候学界限值、允许值范围之内。气候学界限值是指从气候学角度不可能出现的临界值，要素允许值范围是指明确规定的气象要素值允许出现的范围。如果数据超出允许的范围，则被视为错误数据。

第二，气候极值检查。气候极值检查是指某气候要素值是否超过该站该要素历史上出现过的最大值和最小值。极值随地理区域和季节不同而不同，具体数值由历史数据获得，对于超出气候极值范围的数据还要进行人工审查、判断，以避免气候极值变化带来的误判。

第三，内部一致性检查。气候要素间的一致性检查是依据气象学原理，对观测数据中某些物理特性关联的气象要素或项目之间是否符合一定规律进行检查。由于每个单项检查都涉及多个要素或项目，检查发现问题时并不能确定是哪一个要素或项目数据有误，因此，只能将相关的数据均作为可疑数据处理。内部一致性检查可分为两种：第一种是同一时刻相同要素不同项目之间的一致性。例如，风向和风速的一致性检查，平均气温、最高气温、最低气温的一致性检查，总云量必须大于等于低云量等。第二种是同一时刻不同要素之间的一致性。各种要素从不同的侧面描述一个测站的天气气候特征，因此同一时刻不同要素之间存在不同程度的相关。例如，气温与湿球温度一致性检查，气温应大于、等于湿球温度。

第四，时间一致性检查。时间一致性检查是指与要素时间变化规律性是否相符的检查。采用下述方法：①连续 24 小时定时观测数据相同，则有关数据可疑。②要素日际变化分布界限值检验。对于具有一定日变化规律的要素来说，各时次要素值的日际变化具有类似的分布特征。据此采用的方法是：用月内某时次前后各 1 个时次内的所有资料组成一个序列，计算统计序列的中值、加权均值和加权标准差，若被检数据与加权均值的绝对差值大于等于 3 倍，加权标准差则认为可疑。

第五，空间一致性检查。经过要素气候界限值、气候极值、内部一致性、时间一致性检查之后还须进行空间一致性检查，对于检出的可疑数据进行人工判断。

第六，综合判断。对气候数据进行气候界限值检查、极值检查、内部一致性检查、时间一致性检查和空间一致性检查之后，根据各项检查的结果对可疑数据进行判断，得到数据正确与否的结论。

2）气候数据的质量控制过程。本书所用数据经过了气候界限值检查、极值检查、内部一致性检查、时间一致性检查和空间一致性检查的质量控制步骤，并且利用国家级、省级资料中心保存的历史报文、报表资料等通过了人工核查，修订了发现的错误数据，具有较好的数据完整性和可靠性。

（2）均一性检验与订正

均一性的气候数据序列是气候变化研究的基础，然而在长期的气象观测过程中，不可避免地存在诸多因素可能破坏观测资料序列的均一性，包括台站迁移、仪器变更、仪器故障、观测时次变化、计算方法改变、观测环境变化等原因均有不同程度的影响。其中台站迁移前后由于观测位置不同，观测数据的均一性往往受到很大影响，尤其是对气温、风速等要素。以中国为例，许多气象观测站都曾因各种原因而迁过站，相当多的观测站迁址次数超过 2 次。据统计，全国基准、基本气象站中 70% ~80% 的站有一次以上迁站记录。台站环境、观测仪器和安装高度、裸露程度、计算方法等对观测记录的均一性也有较大影响。例如，1949 年以来地面气象观测规范多次进行过修改，重大变动有 5 次，在气温、湿度、风向风速、降水等主要气象要素的观测中，观测仪器、仪器安装高度、观测时制、观测次数、计算方法等都有变化。例如，温度表的高度在 1953 年以前为 1. 5m，1954 ~1960 年改为 2. 0m，1961 年以后又改为 1. 5m 等。进入 21 世纪后，地面气象站的主要观测要素又从原来的人工观测改为自动观测，这种改变也会对均一性产生一定影响。

为了消除或降低上述因素的影响，为气候与气候变化业务、科研以及气象应用与服务等领域提供科学、可靠的数据基础，为研究全球变化背景下中国气候的时空变化特征及揭示中国区域地面气候变化趋势和极端气候变化趋势提供基础数据性数据支撑，针对中国 2400 余站气温、降水观测资料开展了均一性检验与订正，对人为因素引起的资料不连续点进行了校正。在此基础上分析了近 60 年中国的气温、降水时空变化特征。

1）基础数据源。研制均一化数据集的基础数据来源于国家气象信息中心“地面基础气象资料建设”专项成果“中国国家级地面气象站基本气象要素日值数据集（V3.0）”。该数据集在原版数据基础上，经过极值检查、内部一致性检查和空间一致性检查等严格的质量控制，并对发现的错误数据进行查证修改，同时增补了部分数据、剔除了无效数据，其数据完整性和数据质量较以往发布的版本均有明显提高。

元数据信息是均一性检验订正的重要依据之一，所用元数据来源于 2013 年国家气象信息中心收集整理的《地面气象台站元数据专题数据集》，其中包括台站迁移、环境变化、观测时制和时间变化、人工转自动观测等沿革信息。

2）气温数据均一化。

第一，均一性检验订正方法。气温数据的均一化采用近年来国内外应用较为广泛的 RHtest 均一化系统（Wang et al.，2007），相关研究成果表明，该系统已被成功地运用于对气候数据的均一化研究。RHtest 方法基于惩罚最大 T 检验（PMT）和惩罚最大 F 检验（PMFT），经验性的考虑了时间序列的滞后一阶自相关，并嵌入多元线性回归算法，能够用于检验、订正包含一阶自回归误差的数据序列的多个变点（平均突变），可用于对年/月/日3 种时间序列的均一性检验。通过应用经验的惩罚函数，使得误报警率和检验能力的非均匀分布问题也大大减少。使用该均一性检验方法，既可以选取一个同基础序列相关性很好的均一性时间序列来作为参考序列，在不能得到均一性参考序列时，使用该方法仍然可以检验突变点，该方法在应用的过程中在不断改进和完善。该方法通过回归检验算法来检验出多个变点，即依次分段找出序列中各段最可能的变点，计算所有变点的统计量，确定第一个变点，寻找该变点位置之后每段最可能的变点，估计其显著性，找出下一个可能的变点，重复该过程，分步找出所有的变点，将变点按照显著性由大到小排列，形成变点列表，判断最小的变点是否显著，当不显著时剔除该变点，再次评估剩余变点的显著性，最终保留都统计显著的变点即为序列检验得到的变点。其公式如下。

PMFT 检验：

假设待检序列均值为 μ，方差为 σ^2，对于时间序列 $\{X_t\}$，要检验在 $t=c$ 时刻是否存在一个平均突变，

原假设：

$$H_0:\ X_t=\mu+\beta t+\varepsilon_t,\ t=1,\ 2,\ \cdots,\ N \tag{2-1}$$

备择假设：

$$H_a:\ \begin{cases} X_t=\mu_1+\beta t+\varepsilon_t,\ t\leqslant c \\ X_t=\mu_2+\beta t+\varepsilon_t,\ c<t\leqslant N \end{cases} \tag{2-2}$$

当 H_a 为真时，$t=c$ 时的点被称作断点。$\Delta=|\mu_1-\mu_2|$ 被称作平均突变的大小，PMFT 方法统计量如下：

$$PF_{\max}=\max_{1\leqslant c\leqslant N-1}[P(c)F(c)]>PF_{\max,\ \alpha}(\hat{\phi},\ N) \tag{2-3}$$

其中，$P(c)$ 是建立的经验性的惩罚因子。

PMT 检验：

假设待检序列均值为μ，方差为σ^2，对于时间序列$\{X_t\}$，要检验在$t=c$时刻是否存在一个平均突变，

原假设：

$$H_0: X_t = \mu + \varepsilon_t, \quad t = 1, 2, \cdots, N \tag{2-4}$$

备择假设：

$$H_a: X_t = \begin{cases} \mu_1 + \varepsilon_t, & t \leqslant c \\ \mu_2 + \varepsilon_t, & c < t \leqslant N \end{cases} \tag{2-5}$$

当H_a为真时，$t=c$时的点被称作断点。$\Delta = |\mu_1 - \mu_2|$被称作平均突变的大小，PMT 方法统计量如下：

$$PT_{\max} = \max_{1 \leqslant c \leqslant N-1} [P(c)T(c)] > PT_{\max, \alpha}(\hat{\phi}, N) \tag{2-6}$$

其中，$P(c)$是建立的经验性的惩罚因子。

第二，参考序列。建立一个均一的、能够代表研究台站所在区域的真实气候变化的参考序列对于均一性检验有着相当重要的意义，然而我们知道真正完全均一的参考序列也不可能得到，对于2400 台站而言，由于台站密度较大，参考序列的选取相对容易。基于参考序列的重要性，要求参考站符合下列两个条件：① 邻近站与待检站的水平距离在350km以内；② 当待检站海拔在2500m 以内时，邻近站与待检站的高度差要小于等于200m；当待检站海拔在2500m 及以上时，邻近站与待检站的高度差应小于等于500m。

对满足上述条件的备选参考站进行均一性检验，应用均一的台站资料序列，同时选取相关系数最大、序列长度与待检站长度最相近的若干个台站资料，求其平均值作为参考序列。对于按照上述原则找不到参考序列的站点，则采用单站检查的方法进行均一性检验。

第三，均一化处理技术思路。均一化数据集研发制作过程中采用统计检验方法和台站历史沿革信息相结合的技术思路，尽可能地减小均一性检验和订正的不确定性。应该利用严格的数理统计方法 RHtest 对气温资料序列进行检验，对于检出的可疑断点依据台站元数据信息，综合考虑台站迁移、环境变化、观测时制和时间变化、仪器变更等翔实的历史沿革信息进行分析查证，对于含有确认断点的非均一资料序列进行订正。

第四，气温均一化结果分析。对于气候分析和气候变化研究而言，非均一的资料序列可能严重影响对气候变化趋势的判断。例如，2000 年贵阳站由市区迁至山顶，迁址距离为 2500m，新址海拔较旧址升高 149.5m，造成该站气温自 2000 年起明显下降（图 2-15），产生了虚假的下降趋势。又如，1981 年青海河南站迁站 60km（图 2-16），导致其原序列的温度变化趋势表现为-0.236℃/10a，但是经过均一化校正后其变化趋势为 0.399℃/10a，可见两者相反的趋势完全是由迁站造成的。本书对类似的非均一站点序列进行了订正，订正后的数据能够更客观、准确地描述中国近 60 年的气候变化趋势以及极端气候变化趋势。

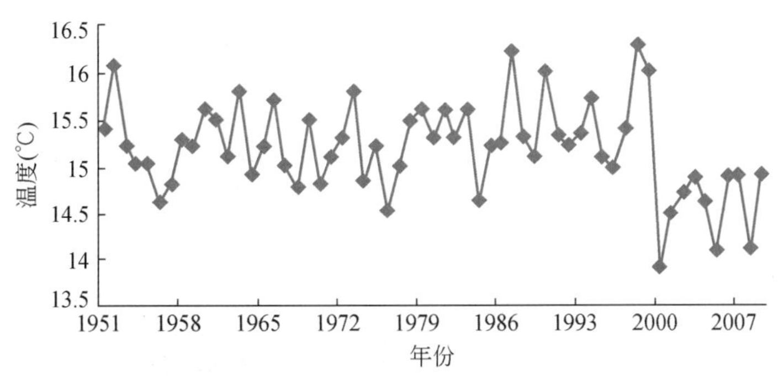

图 2-15　站址迁移对贵阳站气温数据的影响

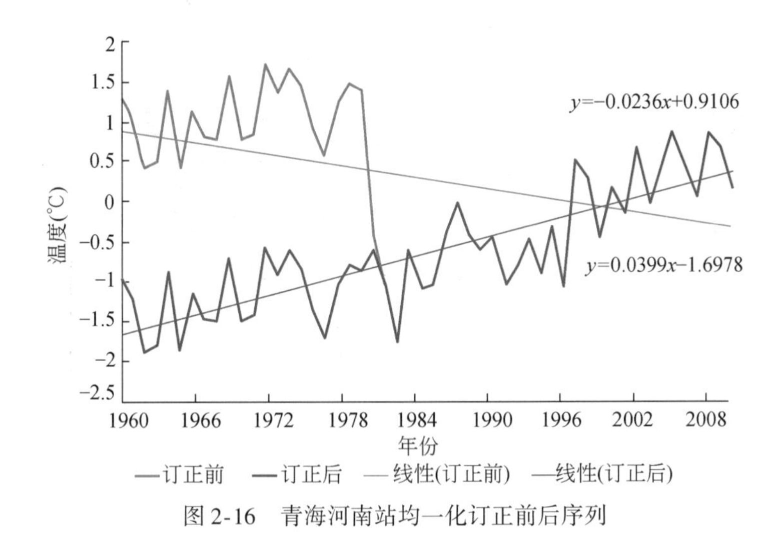

图 2-16　青海河南站均一化订正前后序列

经过对 2400 余站地面温度的检验，共发现不连续断点 3625 个，存在断点的台站数量占台站总数的 34% ~56%，经过对这些不连续的序列进行订正后得到了近 60 年的长序列地面气温均一化数据集。图 2-17 给出了均一性检验与订正的台站分布，其中蓝色为均一的站点，而红色为订正的站点。可见，均一化数据集的台站分布覆盖了全国大部分区域，非均一的台站具有较大的随机性，在全国大部分地区均有分布。原因分析表明，台站迁移、环境变化、观测时间变化及观测方式变化等因素是造成原始资料序列不均一的主要原因。其中，台站迁移和环境变化的影响最为明显，大约占到 70%，而观测时间变化和观测方式变化的影响也都超过了 10%。

3）降水数据均一化。

第一，检验订正方法。降水数据断点检验与订正采用标准正态检验方法（standard normal homogeneity test，SNHT），具体过程采用对年降水量进行均一性检验，检验对象为待检序列与参考序列的比值，将统计意义上显著的年份标示为可疑断点，结合台站历史沿革信息与主观分析确认断点，并采用比值方法订正最终得到订正后日、月、年降水量数据（杨溯和李庆祥，2014）。

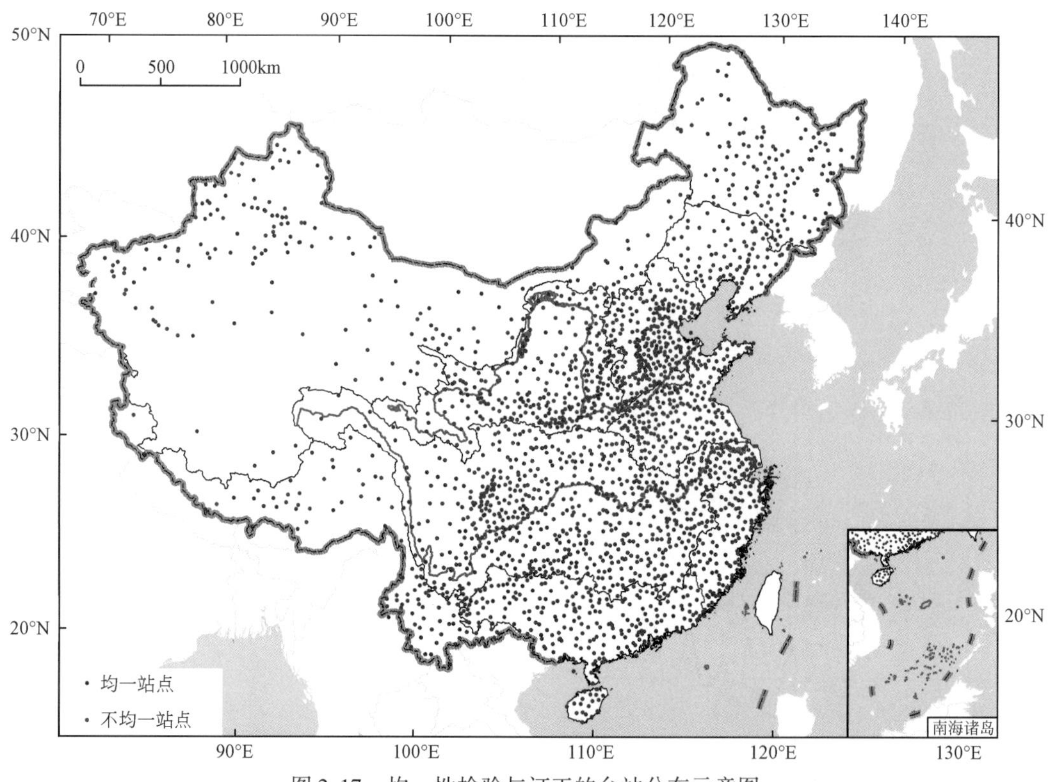

图 2-17　均一性检验与订正的台站分布示意图

蓝色为均一的站点，红色为不均一的站点

一般认为，服从正态分布的气象要素可以直接采用该方法进行检验，而类似月降水等不服从正态分布的气象要素则必须对资料序列进行一定的处理，才能采用本方法。因此首先对数据做了立方根预处理。

构建待检序列与参考序列的比值序列 Z_i，$i = 1, 2, \cdots, n$ 。

如果 Z_i 序列没有不连续点存在，则统计假设检验为：对于任意 i，Z_i 序列服从标准正态分布。如果 Z_i 有一个不连续点 a，则统计假设为

$$\begin{cases} Z_i \in N(\mu_1, 1), & i \in \{1, \cdots, a\} \\ Z_i \in N(\mu_2, 1), & i \in \{a+1, \cdots, n\} \end{cases} \tag{2-7}$$

式中，μ_1，μ_2 分别为假设不连续点 a 前后两个序列的平均值（$\mu_1 \neq \mu_2$）；n 为样本容量；σ 为前后两段的均方差，这里假设前后时段均方差不变。根据最大似然比率的标准技术，通过构造统计量即可作为显著性判据：

$$T^s = a\bar{Z}_1 + (n - a)\bar{Z}_2 \tag{2-8}$$

其最大值

$$T^s_{\max} = \max_{1 \leqslant a \leqslant n-1} T^s = \max_{1 \leqslant a \leqslant n-1} \{a\bar{Z}_1 + (n - a)\bar{Z}_2\} \tag{2-9}$$

式中，$\overline{Z}_1$，$\overline{Z}_2$ 分别表示 a 前后的平均值，这样如果大于选定的显著性水平（临界值与序列长度有关），原假设被拒绝，即存在非均一不连续点。

采用比值序列对检测出不连续点的序列开展订正，比值的两个均值由式（2-10）和式（2-11）计算：

$$\overline{q}_1 = \sigma \overline{Z}_1 + \overline{Q} \tag{2-10}$$

$$\overline{q}_2 = \sigma \overline{Z}_2 + \overline{Q} \tag{2-11}$$

不连续点前后比值均值必然不同，订正的目的是调整不连续点前后的 q，使其达到一致，即 $\overline{q}_1 / \overline{q}_2$ 近似于 1。

第二，参考序列。参考序列是均一性检验最重要的技术手段，目的是消除气候变化信号，突显人为干扰引起的断点，避免断点误判。一般选取待检站周围 300km 范围年降水量相关系数大于 0.7 的邻近站构建参考序列。需要指出，中国各台站降水量观测起始时间不一，迁站、仪器故障等问题引起的数据缺测客观存在，仅考虑年降水量相关性选取邻近站必然造成不同年份所用台站不一致，参考序列本身非均一问题突出。另外，中国气象台站密度相对较低，降水局地性较强，存在大量仅有 1 个邻近站满足要求的情况，此时断点检验完全依赖单个邻近站数据质量，检验的独立性与可靠性被削弱。

已有研究结果显示，所选邻近站的相关系数对均一性检测的影响不大。结合中国站点分布及降水数据现状，本书采用如下方案挑选邻近站：①计算待检站与 300km 范围邻近站年降水量相关系数，依次排序；②从中挑选与待检站同步观测时间达到待检序列长度 85% 以上、缺测年份不大于序列本身 10%、相关系数最高的 5 个邻近站构建参考序列。当某时段缺测邻近站达到 3 个，参考序列对应年份设为缺测。该方案考虑了邻近站相关性、同步观测时间长度和数据完整性，在一定程度上避免因所选邻近站序列长度不一以及所选邻近站缺测较多引起的参考序列非均一问题。

相关系数权重平均（weighted average algorithm，WAA）和一阶差分（first difference method，FDM）是计算参考序列最常用的方法。相对而言，WAA 方法更加关注各时刻的计算精度，而 FDM 方法更多关注序列变化。两种计算方法都会受到缺测、观测时间不一致等问题的干扰，但由于侧重点不同，在面对不同邻近站数据情况时，表现各有优劣。

对于序列长度不一（特别是起始或终止年份附近资料缺测）的站网，FDM 可以利用最多的站点序列构建更为合理的参考序列。当所选取的邻近站降水量差异较大且在计算开始位置出现缺测，两种方法都会低估或高估参考序列值，不同的是，FDM 计算方式将这个误差（高估或低估）传递到此前参考序列每一时间上，而 WAA 方法不会影响此前的序列，此时采用 WAA 参考序列进行断点检验，受缺测的影响较小。

第三，均一化结果分析。对 2342 个国家级台站年降水量开展均一性检验，其中 98 个台站存在断点，占所有检测台站数的 4.2%，迁站、仪器换型是引起降水序列显著不均一的主要原因。从检测出断点台站的空间分布（图略）来看，降水数据非均一的台站主要分布在中部、东部、南部地区，东北、西北及青藏高原分布较少。

采用比值订正法，得到订正后的月、年降水量。在较小时间尺度内，降水具有极强的空间和时间变率，这也是处理降水数据的难点。但就年代际尺度，同一气候区域邻近站的降水量变化趋势具备一定可比性。本书尝试通过比较检测出断点台站非均一性订正前后与邻近站降水量变化趋势差异，评估订正效果。从检测出断点台站订正前、后在1960～2009年的年降水量变化速率看，一定区域内邻近站之间降水变化速率较接近，非均一的台站与邻近站降水量变化趋势差异较大，空间分布较凌乱，西藏、四川、云南、湖北、湖南地区部分台站与邻近站变化趋势相反且变化速率差异很大。订正后台站降水变化趋势的空间一致性有一定改善。

4）均一化数据应用。第一，中国近60年温度变化趋势特征。近百年来全球温度显著上升，1880～2012年全球平均温度上升了0.85℃（IPCC AR5，2013）。在这种背景下，中国的温度也呈显著的上升趋势。根据采用订正后的均一化气温数据，以面积加权平均方法建立的近60年全国平均温度序列(图略)，近60余年来中国温度上升非常明显，其线性趋势为0.249℃/10a，超过了0.01显著性水平，增温幅度达到1.54℃。与全球平均温度相比，两者的变化趋势基本一致。但从气候变化的区域性角度看，中国近60余年的温度上升了1.54℃，高于同期全球平均温度0.67℃的变化。

就中国范围来说气温变化也同样存在着区域差异，利用均一化温度数据计算各台站气温变化趋势（图略）可以看到，全国除西南地区存在少数降温区域外，其余大部地区的气温普遍升高。其中，北方地区和青藏高原升温最为明显，而南方地区的升温趋势弱于北方。

平均而言，近60余年来升温最明显的北方地区和青藏高原地区温度上升幅度为1.57～2.00℃，而南方地区在0.58～1.25℃。从全国范围来看，东北地区升温最为显著，西南地区平均虽然也为上升趋势，但其幅度相对较小。

第二，中国近60年降水变化。从中国不同气候区域降水时间序列分析（图略）看，夏季与年降水序列基本一致，这与中国地处东亚，降水主要受东亚季风影响，雨季集中在6～9月有关。过去60年中国总体降水量没有显著变化趋势，就各气候区域来看，自20世纪70年代以来，西北地区东部、西部、青藏高原地区降水量明显上升，而西南、华南地区在20世纪90年代中期降水量开始减少。1960～2000年华北地区降水量一直在减少，2000年后趋势反转，开始快速增长。与之相反，江淮流域在20世纪60年代中期至90年代末降水量持续增长，此后降水量减少。总的来看，2000年后中国北方地区降水量增加，而南方地区降水量减少。

5）不确定性分析。应该指出的是，对气候资料序列进行均一性检验，由于受到检验方法、元数据信息和分析判断等多种因素的影响，其结果可能存在一定程度的不确定性。目前的各种均一性检验方法主要是根据数理统计原理，在一定的显著性水平下对资料序列的不连续点进行检验；利用符合一定条件的其他台站作为参考序列，因此也会受到参考序列选取和序列自身状况等诸多敏感因素的影响；在对元数据信息以及资料序列合理性进行分析判断过程中，也可能受到信息量不足以及气候合理性分析不确定的影响。因此，在数据集应用过程中应该加以注意。

2.2.2 格点分析数据

1. 研究进展

随着计算机技术的发展，气候模式的分辨率逐渐提高，可更好地模拟和再现当代气候及预估未来气候的变化（Chrisenton et al.，2007），其中如区域气候模式在中国地区气候变化模拟中所使用的分辨率，已达到 20～25 km（石英和高学杰，2008；Gao et al.，2008，2012）。此外，在气候变化问题上，大家对极端事件也越来越关注，使得发展高分辨率的格点化观测数据的必要性逐渐增加。

目前已有的观测数据包括中国地区的日时间尺度观测数据，Xie 等（2007）发展的 0.5°×0.5°的降水数据 EA05，Xu 等（2009）发展的 0.5°×0.5°气温观测数据 CN05，Yatagai 等（2009）发展的 0.25°×0.25°降水数据 APHRO，以及沈艳等（2010）、Chen 等（2010）发展的降水数据等。这些数据在高分辨模式的模拟检验中，得到了广泛的应用（Xu et al.，2009；Gao et al.，2008，2012；高学杰等，2010；Yu et al.，2011；Ju and Lang，2011；Wang and Zeng，2011；Feng et al.，2011）。但它们普遍存在一些问题。一方面，大部分数据的分辨率为 0.5°×0.5°，较难检验更高分辨率模式模拟所得到的空间分布细节；另一方面，在中国范围内，数据基本都是使用中国气象局所属的 700 余个台站（国家基准气候站和基本气象站）观测数据进行的，观测站点相对较少（其中 EA05 额外使用了黄河流域约 1000 个水文站点的数据）。

针对上述问题，本书基于中国气象局所属的 2400 余个台站的观测数据（包括上述基准站、基本站和国家一般气象站），使用和 CN05 同样的方法，制作了一套分辨率为 0.25°×0.25°及 0.5°×0.5°的格点化观测数据集 CN05.1，以满足现阶段高分辨率气候模式检验的需要。数据集目前共包括日平均和最高、最低气温以及降水 4 个变量，时段为 1961～2005 年。第 3 小节和第 4 小节将对此数据集与其他格点数据进行气候平均态和极端事件方面的对比。

2. 方法和数据介绍

气候要素由在空间上分布不规则的站点观测向规则的格点插值，可以使用多种方法，除对各个时次的要素场分别进行插值外，使用更多的是所谓的“距平逼近”方法（anomaly approach）（New et al.，2000），即首先进行气候场的插值，随后进行距平场的插值，最后将两者叠加，得到所需结果。之所以首先进行气候场的插值，是因为一般气候要素，特别是降水等在空间分布上具有较大的不连续性，而气候场则相对连续性较好，对气候场首先进行插值，有利于在一定程度上减少由于这种不连续性带来的分析误差，从而提高插值的准确率。第 1 小节中所述的 CN05、EA05 和 APHRO 均使用这种方法得到，但所使用的插值方法则有所不同。

具体 CN05 气温数据（Xu et al.，2009）是参照 CRU 数据（New et al.，1999，2000）

的插值方法制作的，对于气候场的插值，使用了薄板样条方法，通过 ANUSPLIN 软件实现（Hutchinson，1995，1999）。

ANUSPLIN 是一套 FORTRAN 插值程序包，由澳大利亚国立大学基于平滑样条原理开发而来，通过拟合数据序列计算并优化薄盘平滑样条函数，最终利用优化的样条函数进行空间插值（Hutchinson，1995，1999）。

局部薄盘样条函数 f 的模型（Hutchinson，1995）表述如下：

$$z_i = f(x_i) + \varepsilon_i \quad (i = 1, 2, \cdots, n)$$

式中，x_i 表示地理位置信息，如所处的经纬度、海拔；ε_i 为一个期望为 0 的随机误差协方差矩阵，并假设 $\varepsilon_i = V\sigma^2$，其中 V 代表 $n \times n$ 维正定矩阵，通常是已知的对角阵；σ^2 通常是未知的；函数 f 一般通过最小二乘法使下式的值最小而得到。

$$(z - f)^T V^{-1}(z - f) + J_m(f)$$

式中，$z = (z_1, z_2, \cdots, z_n)^T$；$f = (f_1, f_2, \cdots, f_n)^T$；$T$ 代表转置；$f_i = f(x_i)$；$J_m(f)$ 代表粗糙度，通常由样条函数 f 的 m 阶偏导确定；ρ 为正的光滑参数，需要在曲面粗糙度和数据准确性之间取平衡，通过广义交叉检验（generalised cross validation，GCV）的最小化得到，也可以用最小的最大似然法（generalised max likelood，GML）或真实均方误差（"true" mean square error，MSE）来确定。ANUSPLIN 中同时提供了 GCV 和 GML 两种方法用于平滑参数的判断。ANUSPLIN 具有灵活与可视化特点，最多可以处理维数为 10 的样条（如经度、纬度等），也允许引入协变量子模型，如考虑气温随海拔高度的变化，其结果可以反映气温垂直递减率的变化、降水和海岸线之间的关系以及水汽压随海拔高度的变化可以反映其垂直递减率的变化等。

ANUSPLIN 软件在地理和生态学等研究中经常被用于产生高分辨率的气候要素场（如 1km 等），以满足其特定需求（王军邦等，2009；於琍等，2010；赵志平等，2010）。因此本书采用 ANUSPLIN 软件，以经度和纬度作为薄盘样条函数自变量，以海拔高度作为协变量对气候场（站点数据 1971 ~ 2000 年 365 天的日平均）进行插值。对于距平场（站点数据 1961 ~ 2005 年相对 1971 ~ 2000 年的日距平），则采用的是"角距权重法"（angular distance weighting，ADW）（Shepard，1984；New et al.，2000），格点上的数值以站点数值在考虑其距格点的角度和距离的权重后得到。New 等（2002）曾对比了各种插值方法，结果表明，这两种插值方法得到的最终格点场效果较好。CN05 和 CRU 产生气候场的时段有所不同，前者为 1971 ~ 2000 年，后者为 1961 ~ 1990 年。

EA05 的制作中（Xie et al.，2007），降水的气候场（时段为 1978 ~ 1997 年）及其百分率距平场，均采用的是基于 Gandin（1965）的最优插值方法（the optimal interpolation，OI）。在气候场的计算中，首先对各站点多年观测序列进行傅里叶展开，并选取其前 6 个截断的平均作为气候场，以减少高频噪声。在气候场的插值中应用了 PRISM 模型（parameter-elevation regressions on independent slopes model，Daly et al.，1994，2002）进行地形订正，同时为更好地进行地形订正，气候场和距平场都是首先插值到 0.05°×0.05°的格点上，然后使用面积平均的方法，得到最终所需的 0.5°×0.5°数据。基于 EA05 的方法，沈艳等（2010）建立了"中国逐日格点降水量实时分析系统 V1.0"，并在国家气象信息中心进行业务试运行。

APHRO 数据（Yatagai et al.，2009）的制作方法和 EA05 基本类似，但没有使用黄河流域的水文站点观测数据，同时没有进行 PRISM 的地形订正，最终产生的数据分辨率为 0.25°×0.25°。韩振宇和周天军（2012）曾对这一数据在中国的适用性进行了分析。

在 CN05.1 的制作中，我们沿用 CN05 的做法（Xu et al.，2009），但引入了更多的观测台站数据，此外除日平均及最高最低气温外，增加了降水这一变量，得到的最终格点数据的分辨率为 0.25°×0.25°。观测台站分布情况如图 2-1 所示，其中的填色部分为插值中所使用的地形高度分布，圆点为 CN05 所使用的 751 站观测数据（国家基准气候站和基本气象站），十字标记为新增加的站点（国家一般气象站），两者合计共为 2416 个。这套数据已经过基础的质量控制，包括删除与气候态或周边站点值差别过大的数据等。由图 2-1 可以看到，总体来说中国的气象观测站点偏于东部经济发达地区及平原地带，密度最大可以达几至十几公里一个站，而在西部相对则较少，其中在青藏高原北部至昆仑山北麓，以及新疆的塔克拉玛干沙漠腹地等，则基本没有观测站点的分布，这也决定了这些地区插值所得数据具有相对较大的不确定性。

这里，为方便将 CN05 和 EA05 分别使用双线性方法（使用被插值点周围 4 个邻近点值，通过两个方向上的线性加权平均计算），由原 0.5°×0.5°插值到了和 CN05.1 相同的 0.25°×0.25°格点上，另外 APHRO 0.25°×0.25°数据的格点位置和 CN05.1 不同，同样对其进行了插值处理。选择几个数据集的共有时段 1961～2005 年进行比较。

本书中的极端事件，气温以多年平均每年最高的 3 个日气温值平均 TX3D 和最低的 3 个日气温值平均 TN3D 表示，降水以多年平均每年最大的 3 个日降水量平均 R3D 表示。

3. 气温数据的对比

图 2-18（a）中首先给出基于 CN05.1 绘制的 1961～2005 年中国区域冬季（12 月至翌年 2 月）平均气温分布。其特点基本为东部地区明显受纬度影响，呈现北冷南暖的形势，华南和海南地区气温最高，在 12℃以上，东北的北部地区则达到-24℃以下，为全国最冷。中国西部受地形影响显著，地形较低的塔克拉玛干盆地的气温在-6～-3℃，而天山和阿尔泰山的部分地方则低于-21℃。为比较 CN05.1 与 CN05 的差别，图 2-18（b）给出了两个平均场差值中，达到 99% 统计显著性检验部分的分布（其他差值图同）。可以看到，在东部地形变化平缓的地区，两者的差别较小，数值基本在-0.5～0.5℃之间，差异显著的格点数也较少。两者在地形梯度大的西部地区有显著性差别，如准噶尔盆地，CN05.1 比 CN05 低 3℃以上，而在天山、昆仑山以及青藏高原东麓这些复杂地形过渡地区，CN05.1 比 CN05 偏高 3℃ 以上。这两个数据集区域平均的冬季气温差为 0.48℃。注意到上述差别较大的地方，一般都对应着观测站点稀少或没有的地区（图 2-19），所得格点化数据在这些地区存在较大的不确定性，在实际应用中应予以注意。

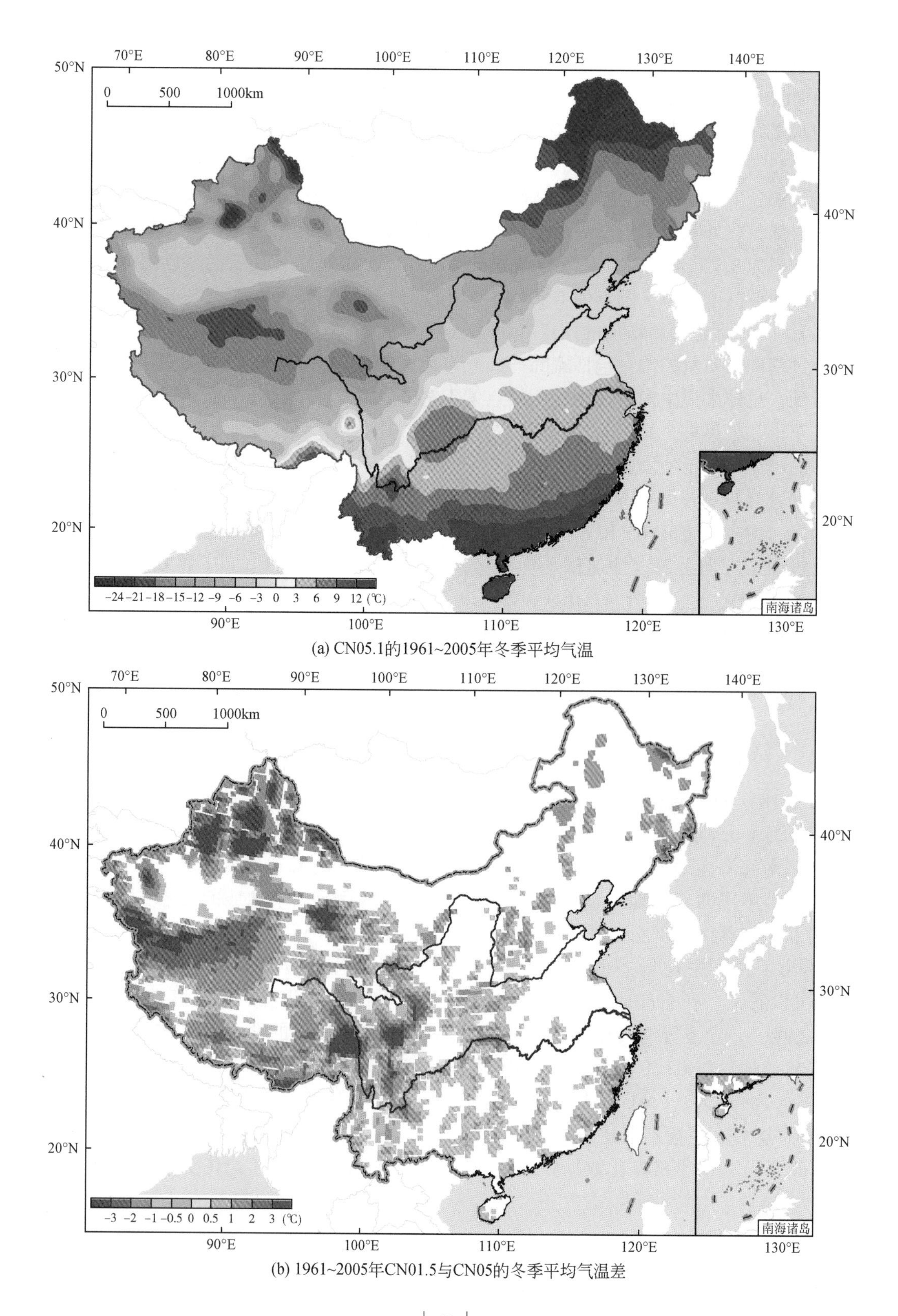

(a) CN05.1的1961~2005年冬季平均气温

(b) 1961~2005年CN01.5与CN05的冬季平均气温差

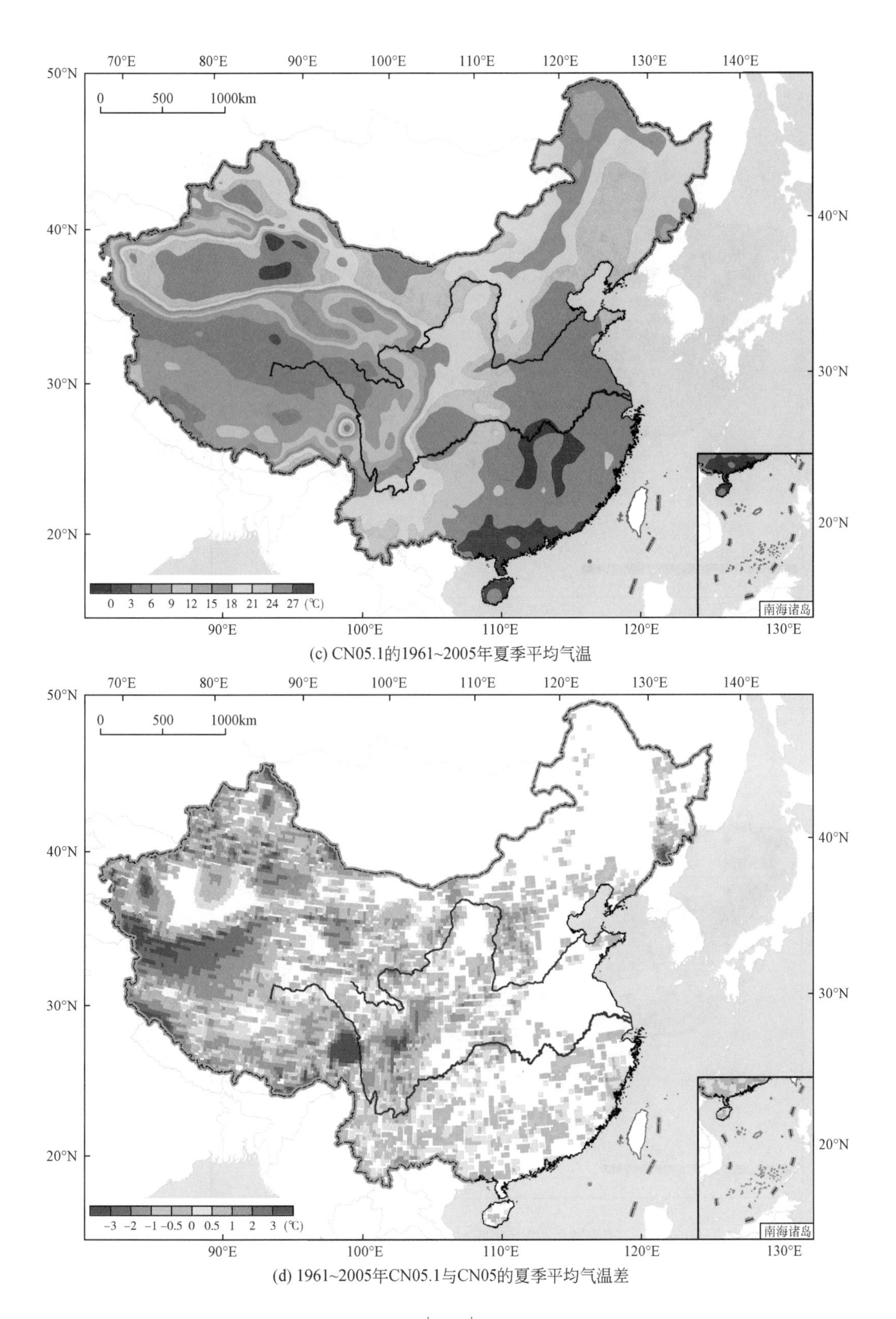

(c) CN05.1的1961~2005年夏季平均气温

(d) 1961~2005年CN05.1与CN05的夏季平均气温差

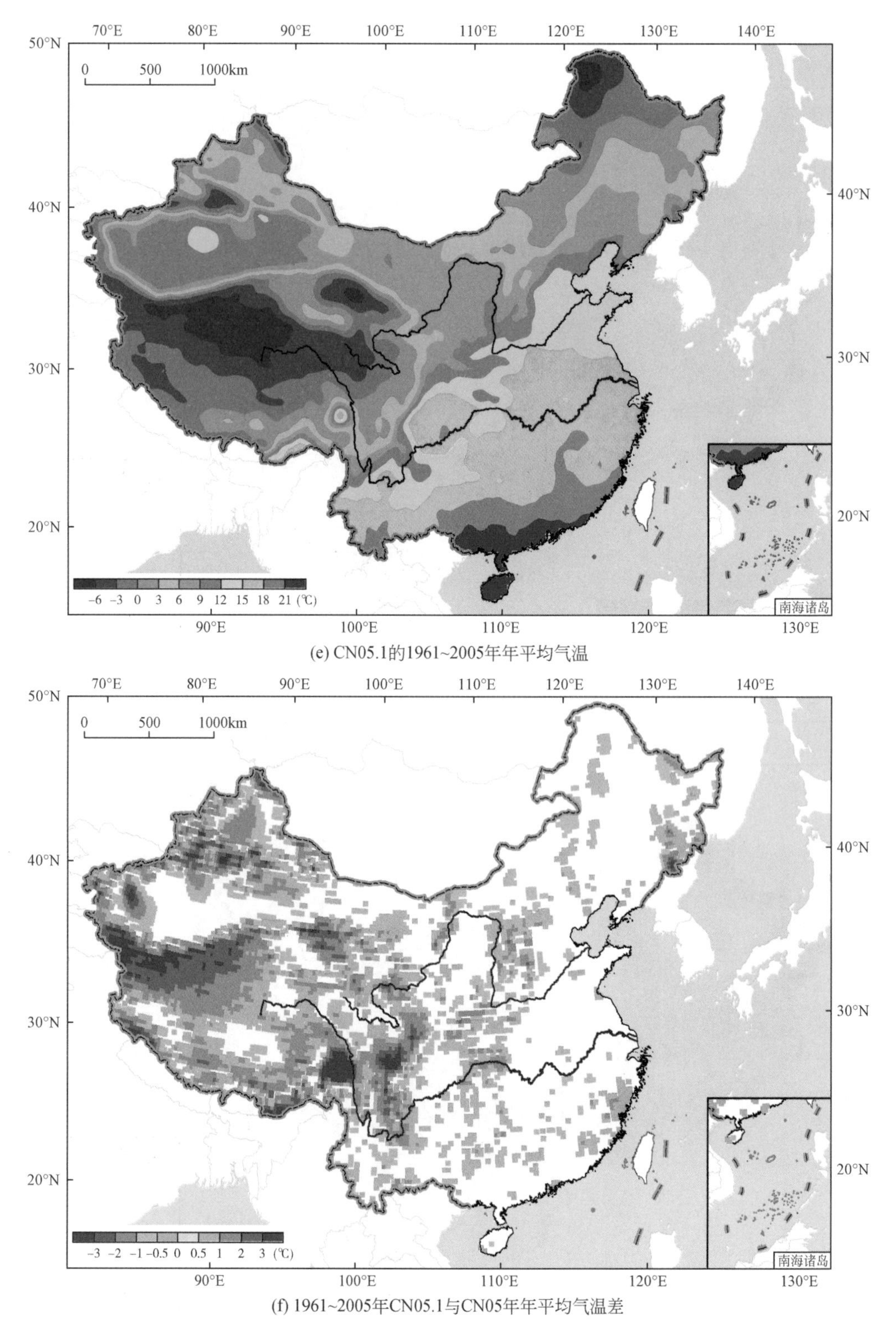

(e) CN05.1的1961~2005年年平均气温

(f) 1961~2005年CN05.1与CN05年年平均气温差

图 2-18　1961 ~ 2005 年 CN05. 1 平均气温分布及其与 CN05 的差

注：b，d，f 的差值中仅给出达到 99% 统计显著检验的地方，余图同

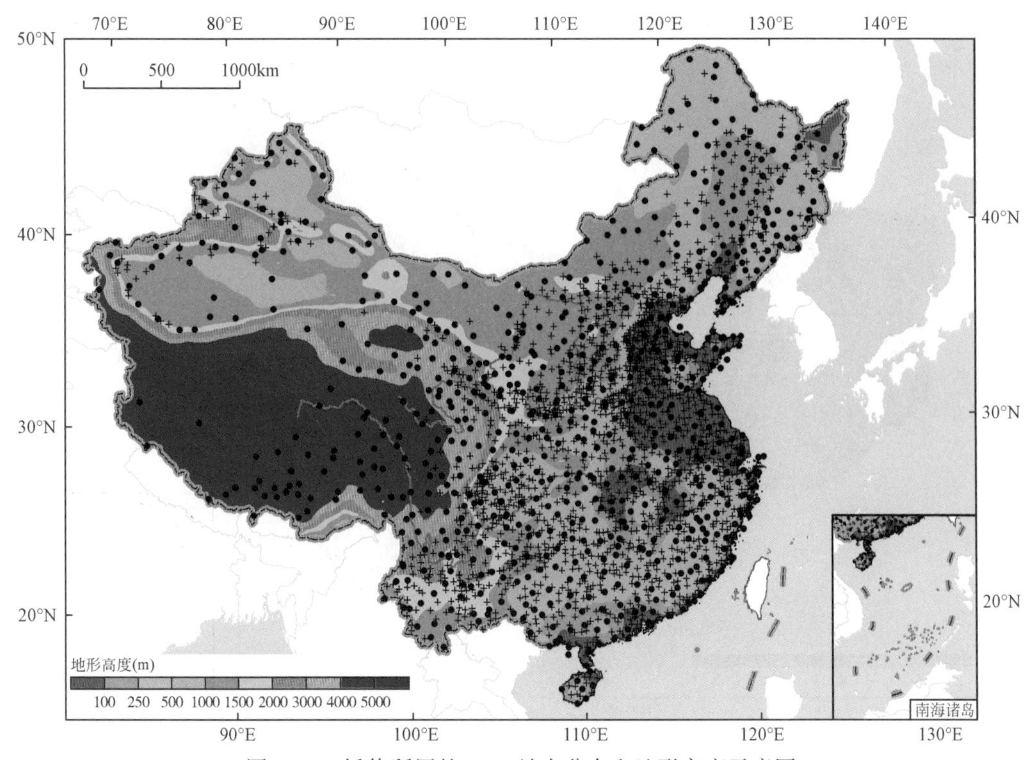

图 2-19　插值所用的 2416 站点分布和地形高度示意图

注：图中的圆点标记为国家基准气候站和基本气象站，十字为国家一般站

图 2-18（c）、图 2-18（d）中分别给出夏季（6～8 月）CN05.1 的分布及其与 CN05 的差。夏季气温在东部地区的纬向分布特征较冬季要弱，中国东部自南方至华北，基本在 24～27℃，而在西北如新疆等地随地形的变化更明显，夏季最低气温出现在青藏高原北部，但一般都在 0℃以上。CN05.1 与 CN05 的差值分布基本上与冬季类似，同样在东部较小，西部较大并在大部分地区的差异显著，但总体数值较冬季要小，两套数据中国区域平均的差值为 0.30°C。图 2-18（e）、图 2-18（f）为年平均气温的情况，其基本特征同样以在东部呈纬向分布，西部受地形影响明显为主，年平均气温在中国南方沿海地区最高，低温中心位于青藏高原和东北北部等地。CN05.1 与 CN05 的差值分布及差异显著性情况总体上和冬季、夏季保持一致，区域平均差值为 0.44℃。

由以上可以看出，整体上 CN05.1 较 CN05 偏暖，偏暖程度在西部较东部更大，此外冬季差别较夏季更大，年平均气温介于冬夏之间。偏差最大的地区位于青藏高原北部至昆仑山西段以南。但总体而言，CN05.1 冬季、夏季及年平均气温与 CN05 的分布类似，两者间的空间相关系数值均达到 0.99 以上。

图 2-20（a）给出了由 CN05.1 数据计算得到的 1961～2005 年平均 TX3D 分布，可以看到 TX3D 极大值中心主要出现在新疆的几个盆地中，数值大于 39℃，除沿海地区外的华北至江南及四川盆地的 TX3D 也较高，一般在 36～39℃。TX3D 低值中心位于青藏高原部

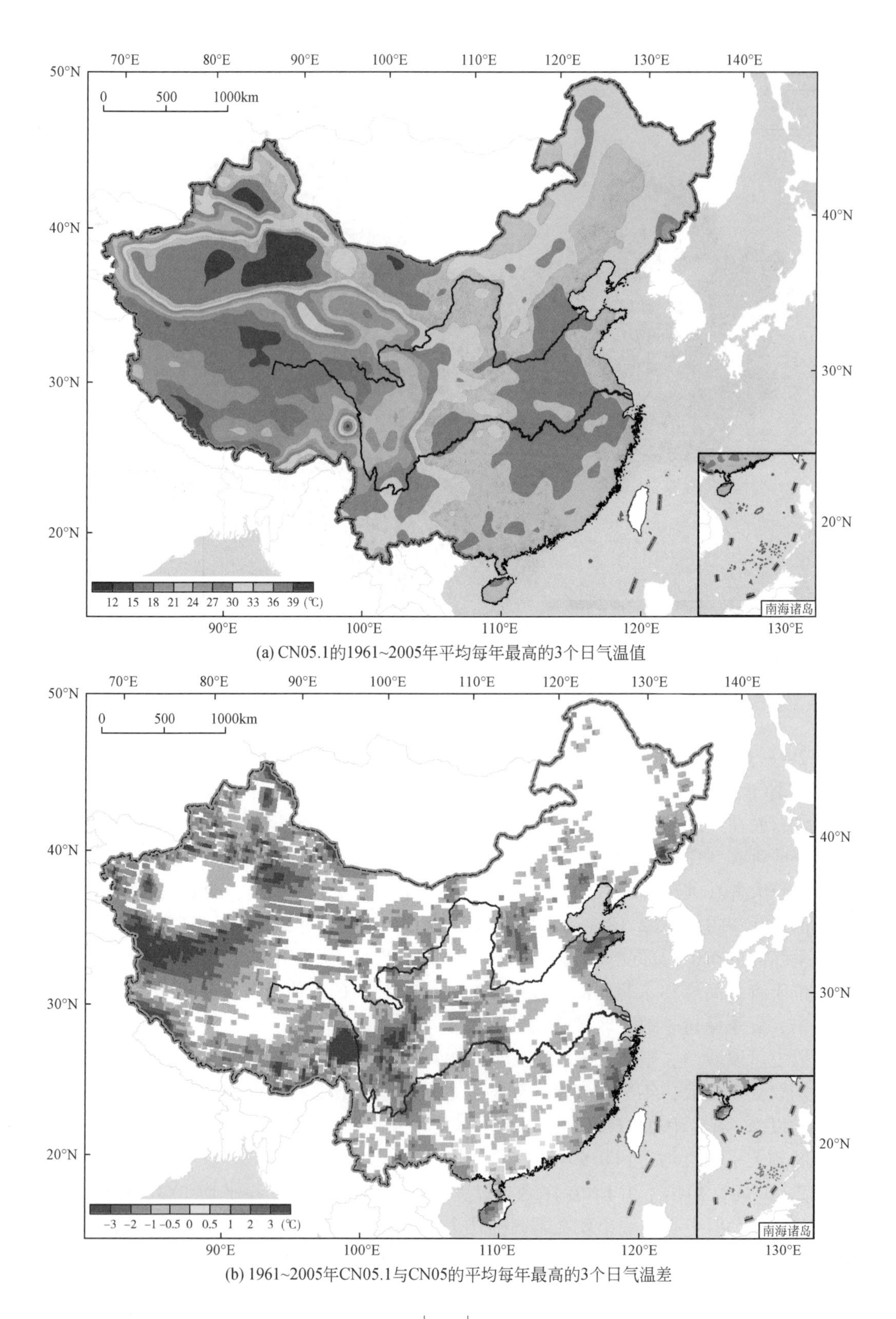

(a) CN05.1的1961~2005年平均每年最高的3个日气温值

(b) 1961~2005年CN05.1与CN05的平均每年最高的3个日气温差

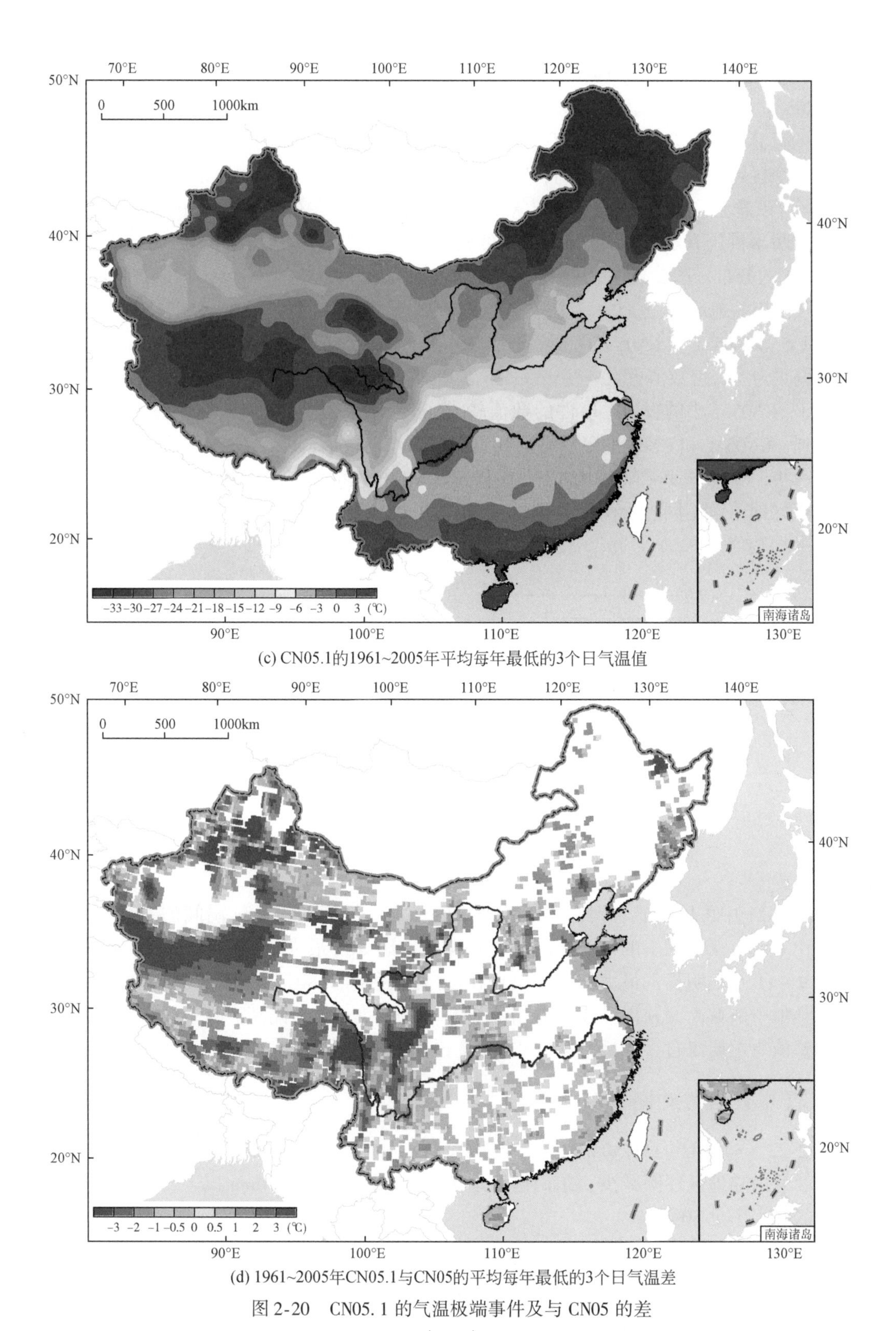

(c) CN05.1的1961~2005年平均每年最低的3个日气温值

(d) 1961~2005年CN05.1与CN05的平均每年最低的3个日气温差

图 2-20　CN05. 1 的气温极端事件及与 CN05 的差

分地区，不到15℃。总的来说 TX3D 的空间分布与夏季平均气温［图2-18（c）］较为一致。CN05.1 与 CN05 的差异［图2-20（b）］在青藏高原与四川盆地、昆仑山与塔里木盆地之间的过渡地带最为明显，差值超过3℃。CN05.1 的 TX3D 除在个别地区较 CN05 偏低外，在整个区域基本上表现为偏高，区域平均偏高值为0.62℃。对比图2-18（d）和图2-20（b）可以看到，尽管 CN05.1 和 CN05 的夏季平均气温在东部差别较小，但由 TX3D 反映的极端暖事件则有所不同，CN05.1 中的暖事件偏强。

TN3D 的分布［图2-20（c）］与冬季平均气温类似［图2-18（a）］，数值在华南和西南的南部及四川盆地最大，在0～3℃或以上，东北大部分和西北部分地区的 TN3D 最小，在-33℃以下。CN05.1 与 CN05 的差异［图2-20（d）］在西部与 TX3D［图2-20（b）］较为一致，以偏暖为主，但数值更大一些；在105°E 以东，与冬季平均气温以偏暖为主不同［图2-18（b）］，CN05.1 中的极端冷事件的数值较 CN05 更低。对比图2-18（b）和图2-20（d）可以看到，CN05.1 和 CN05 的冬季平均气温在东部差别较小，但在 CN05.1 中极端冷事件强度更大一些。CN05.1 和 CN05 中的 TX3D 和 TN3D 的相关系数均在0.99以上。

为更好地了解不同月份两个数据的差别，图2-21给出了各月平均和最高、最低气温的区域平均数值。

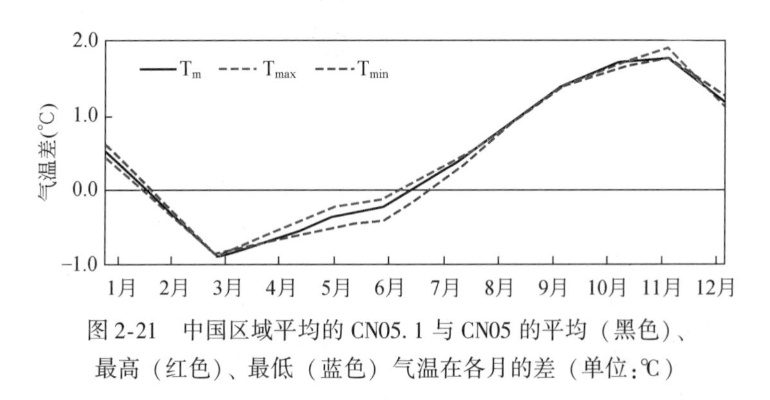

图2-21　中国区域平均的 CN05.1 与 CN05 的平均（黑色）、最高（红色）、最低（蓝色）气温在各月的差（单位：℃）

从图2-21中可以明显看到，两组数据集的平均、最高和最低气温间的差异在各月接近。相比 CN05，CN05.1 的气温在2～6月均偏低，以3月最大（-0.9℃）；7～1月偏高，其中以9～11月最明显，最大偏高值出现在11月，达到1.8℃。总体来说 CN05.1 在春季偏低，其他季节偏高，并以秋季的偏高值最大，年平均表现为偏高。从空间分布上看，这种平均差值更主要来自于东部地区（图略）。

4. 降水数据的对比

图2-22（a）给出了 CN05.1 数据中多年平均降水的分布。其分布特点基本为由东南沿海向西北内陆地区逐渐减少，东南沿海地区降水中心值在1500mm以上，西北的塔里木盆地等的降水不足50mm。

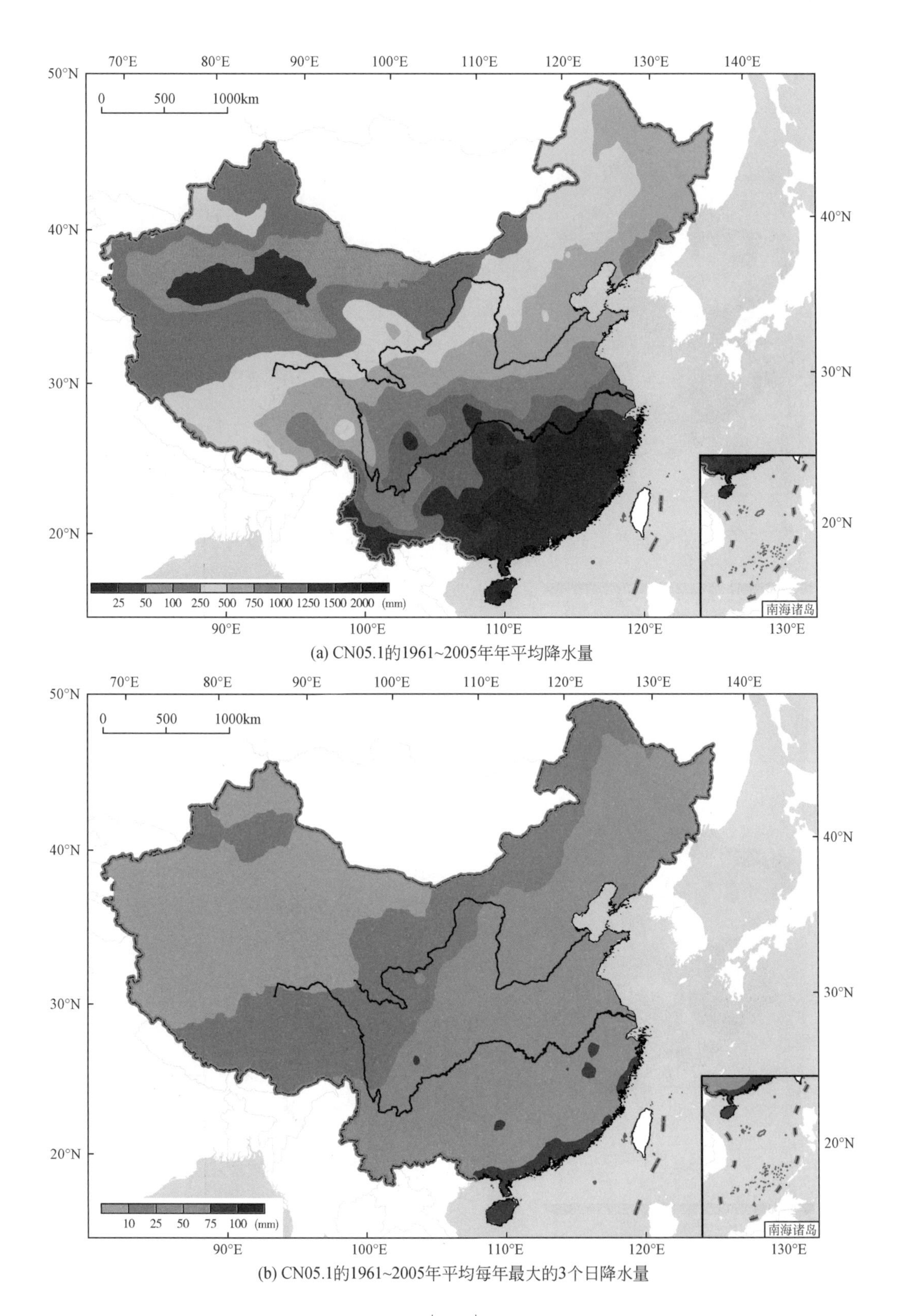

(a) CN05.1的1961~2005年年平均降水量

(b) CN05.1的1961~2005年平均每年最大的3个日降水量

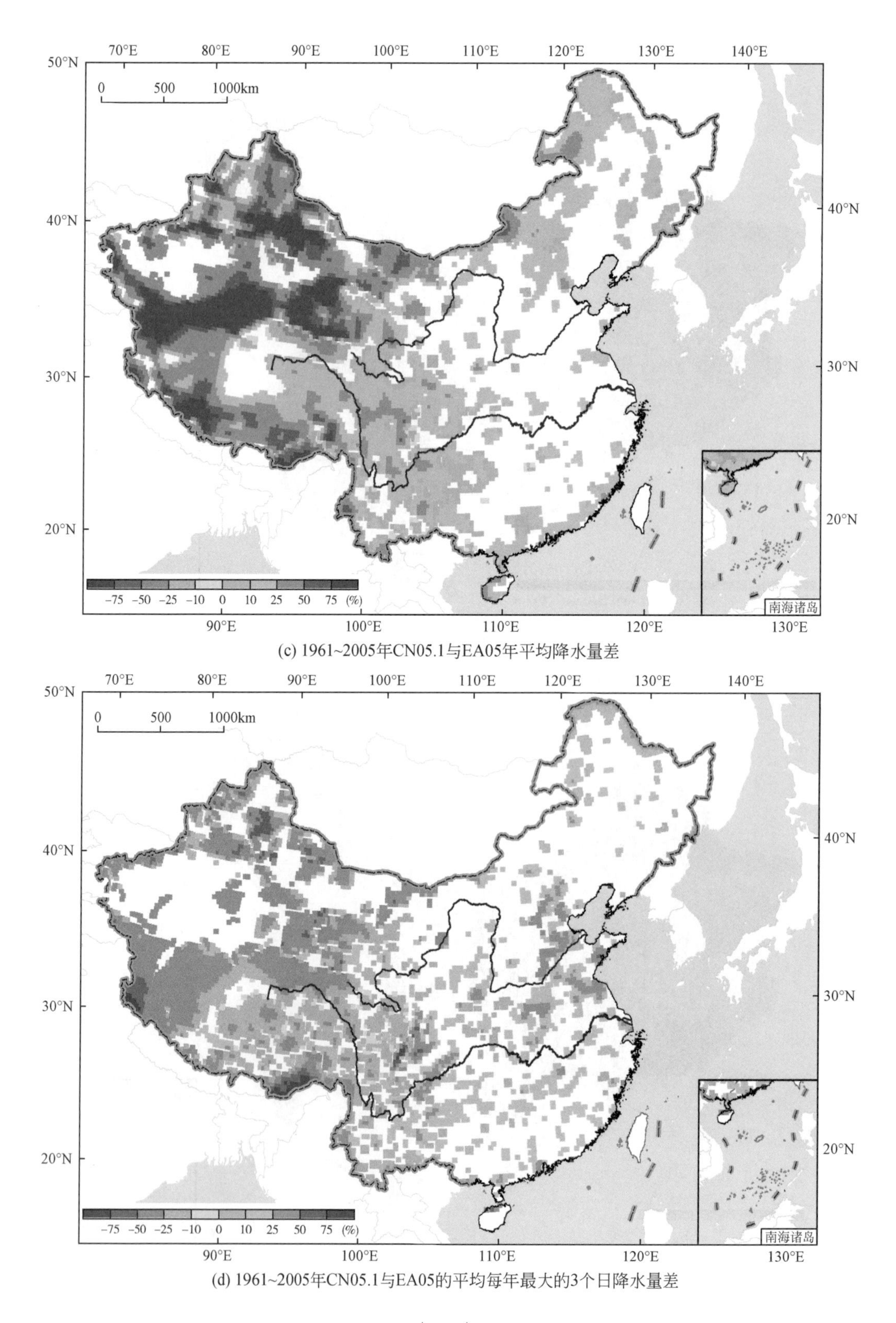

(c) 1961~2005年CN05.1与EA05年平均降水量差

(d) 1961~2005年CN05.1与EA05的平均每年最大的3个日降水量差

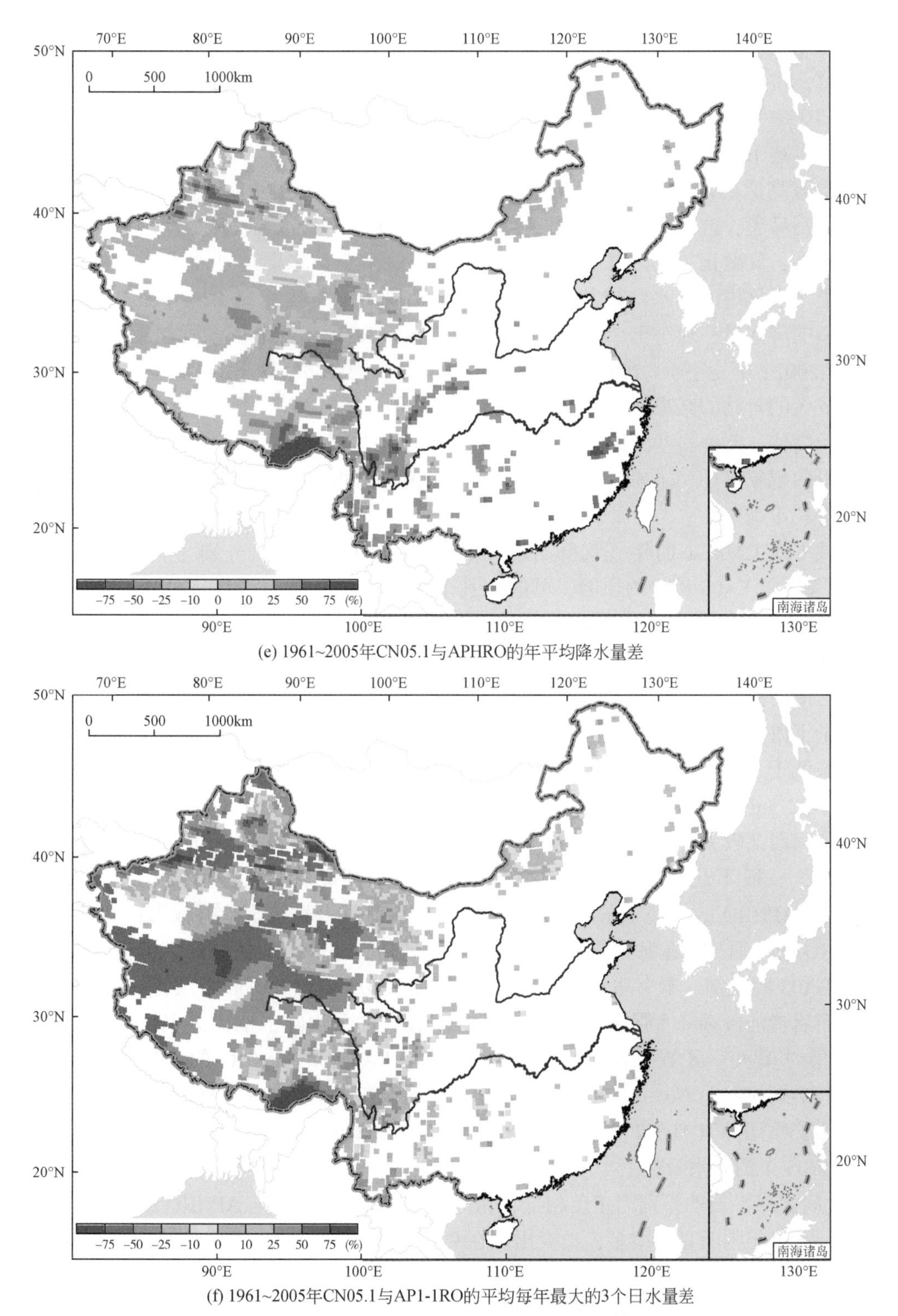

(e) 1961~2005年CN05.1与APHRO的年平均降水量差

(f) 1961~2005年CN05.1与AP1-1RO的平均每年最大的3个日水量差

图 2-22　CN05. 1 的年平均降水和极端降水指数 R3D
及其与 EA05 和 APHRO 数据的差值

图2-22（c）、（e）分别给出了CN05.1的年平均降水与EA05和APHRO的差值。在东部地区，CN05.1的降水量较EA05和APHRO的差别均较小，尤其是相对于前者，差别基本在±10%内，差异达到显著水平的格点数很少，相对于APHRO则偏大一些，部分地区偏大值可达10%～25%，差异显著。

在青藏高原的西北部至昆仑山西段地区，CN05.1中的降水量较EA05和APHRO偏大，特别是后者，这可能和实际气候更符合。这些地区存在的较大降水使得冰川能够在这里稳定存在，其融化并成为塔里木盆地南侧各河流水量的来源（沈永平和梁红，2004）。但在塔里木盆地中的降水则较其他两个数据略微偏大，一般为25%～50%。实际研究表明，这里的降水量一般小于25mm，可以达到10mm以下（《中华人民共和国气候图集》编委会，2002；李生宇等，2006），而这些地区没有观测台站，这里的降水量是由盆地周边降水量较大的台站的结果插值过来的，会导致CN05.1在这里的降水量和EA05、APHRO一样有所高估。此外一些区域气候模式的结果，也报告了降水在昆仑山地区较多，而在盆地中较少的现象（Gao et al.，2012）。但总体来说，所得格点化数据在这些地区的应用中需要注意其不确定性。

区域平均CN05.1的年平均降水与EA05和APHRO的差值分别为6.5%和21.2%。APHRO降水较EA05偏少的原因，可能与其未经过PRISM的地形订正处理有关。计算得到的CN05.1与EA05和APHRO多年平均降水间的空间分布相关系数分别为0.92和0.87。

CN05.1给出的R3D的分布型［图2-22（b）］与年平均降水［图2-22（a）］类似，均为由东南向西北递减。R3D的最大值出现在南方沿海，数值在75mm以上，自华北南部至长江中下游和江南地区、四川盆地等的R3D均在50mm以上，而西北地区则除天山等地外，普遍低于10mm。

图2-22（d）、（f）分别给出CN05.1的R3D与EA05和APHRO的差。两者均在东部差别较小，西部较大。CN05.1的R3D与EA05的相比，在东部除东北部分地区偏少较多并显著外，一般不超过±10%，在西部山区的差别则显著，数值可以达到25%以上。CN05.1与APHRO的差别在东部地区也较小，仅在华北及黄淮等地略偏大；西部CN05.1与APHRO的差别分布在海拔低的地区均为有所高估，在高山地区同样为偏少，但程度远小于与EA05的差别。本书注意到，在中国西部，CN05.1和EA05相比，前者的平均降水偏多，而后者的极端降水强度更大；同时，APHRO的平均降水偏少更多，但极端降水的强度则相对偏大。区域平均CN05.1的R3D与EA05和APHRO的R3D差值分别为-16.9%和-0.6%。CN05.1与EA05和APHRO的R3D间的相关系数分别为0.71和0.90。

图2-23给出了CN05.1中国区域逐月降水与EA05和APHRO的差。由图2-28中可以看出，CN05.1的降水量在上半年的各月较EA05少，下半年各月较EA05多，幅度一般在±10%之间，年平均的差别因正负相抵，相对较小；而CN05.1与APHRO的降水量在上半年接近，下半年则明显多很多，最大出现在9月，达22.0%，年平均差异较大。

在空间分布上，这种逐月偏差主要发生在东部（图略），这是因为东部地区降水量更大造成的。此外，EA05与APHRO相比，各月均小5%左右，其形成原因有待进一步的深入分析。

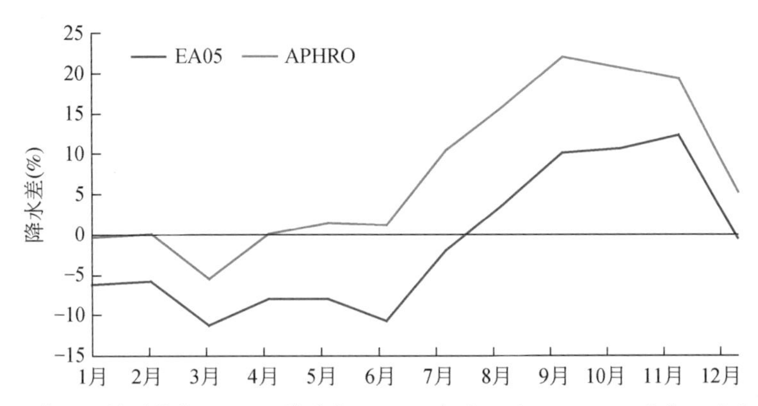

图 2-23　中国区域平均的 CN05. 1 降水与 EA05（红色）和 APHRO（蓝色）在各月的差

5. 小结

本章使用中国 2416 个气象台站的气温和降水观测数据，建立了一套分辨率为 0. 25°×0. 25°的格点化数据集 CN05. 1，并与其他数据进行了比较。结果表明，年平均的 CN05. 1 中的平均、最高、最低气温与 CN05 相比，在东部地区差别较小，西部地区较大（以偏暖为主）。区域平均的差别在各个季节中除春季偏低外均为偏高，以秋季最大。此外 CN05. 1 的 TX3D 也比 CN05 要整体偏大，TN3D 则在东部地区有所偏小，但整体上仍表现为偏大。

CN05. 1 的年平均降水量相对于 EA05 和 APHRO 均偏大，尤其是后者，偏大在西部更明显。逐月平均结果则表明，这 3 种降水数据在冬春季偏差较小，秋季较大。对于 R3D 而言，CN05. 1 较 EA05 在西部偏小明显，与 APHRO 整体上的差异相对较小。

该数据集研制的首要目的在于满足高分辨率气候模式检验的急需，除此之外，该数据集在气候变化的检测与监测、农业、水文、生态等领域的研究中也具有潜在应用价值。但需要指出的是，台站观测数据的格点化是一个非常复杂的工作，以本书为例，尚有不少有待改进的地方，其中包括如下。

1）更多观测数据的搜集。除本书使用的中国气象局所属台站外，中国地区还有为数众多的水文、林业、民航及农垦等部门和系统管理的观测站点，尽量多地搜集这些站点的观测数据，将会在很大程度上提高最终格点化数据的准确性。此外，从本书中看到的不同数据集之间差别较大的地区，一般都是缺少台站观测的地方，这是未来调整台站布局中需要注意到的问题（胡婷等，2012）。

2）原始数据的整理，包括数据的均一化处理（Li and Yan，2010），热岛效应的扣除等（王绍武和龚道溢，2002）。同时研究表明，固态降水观测经常因为风导致的偏小误差（可以达到 10% ~20%）（Adam and Lettenmaier，2003），也需要在针对中国不同地区特点的基础上予以订正（叶柏生等，2008）。

3）一般的观测台站，都位于平原或山区的河谷地带，使得周边高山格点上的插值，需要进行地形方面的订正。在本书中，是通过 ANUSPLIN 软件实现的，所得到的订正系数在整个应用区域内是一个统一的值，这个值在所使用站点数目不同的情况下，会有一定差别，如 CN05.1 中实际使用的温度垂直递减率，较 CN05 低大约 0.1℃/100m（详细分析及图略）。未来可以考虑按照气候特征进行适当的分区后，在不同地区分别进行插值。此外可以尝试使用再分析数据驱动高分辨率区域气候模式，在模拟结果中分析得到随空间和时间变化的地形订正参数，用于观测数据的插值。

2.2.3 水文观测数据

1. 水文数据介绍

（1）水文数据

水文循环指地球上的水在重力作用和太阳辐射作用下，以蒸发、降水和径流等方式周而复始的运动过程。可见，研究水文循环过程中，径流是重要因素之一。径流在水文上有流量和径流总量两个含义，总之是一定时段内通过河流某一断面的水量。单位时间内的流量，如一日、一月和一年等的平均流量，就称为日平均流量、月平均流量和年平均流量。而把某时段内通过的总水量叫径流总量，如日径流总量、月径流总量和年径流总量，径流量的单位以 m^3、万 m^3 或亿 m^3 表示。流域是地表分水线和地下分水线所包围的集水区，且由于地下分水线不易确定，习惯将地表水集水区称为流域。而径流的测量，常常以流域为单元，流域的多年平均径流量就是指该流域多年径流量的算术平均值，以 m^3/s 为单位，多年平均径流量也常常以多年平均径流深度表示，即以多年平均径流量转化为流域面积上多年平均降水深度，以 mm 为单位。

为获取流域水文信息，需要在流域内一定地点或断面按统一标准系统用以观测及搜集河流的水文信息并进行处理，这些在一定地点或断面观测水文要素的站点就是水文测站，简称水文站，水文站所观测的项目一般包括水位、流速、泥沙和水质等，此外水文站还观测诸如气温、降水和蒸发等气象要素。中国把水文站按性质分为基本站和专用站。基本站是水文主管部门为掌握全国各地的水文情况而设立，其主要任务是收集实测数据，提供探索基本水文规律的数据，满足水资源评价、水文计算、水文情报、水文预报和水文科学研究的需要；专用站则是对基本站的补充，是为某种专门目的或用途由各部门自行设立。水文测站一般应布设基线、水准点和各种断面。

水位指河流、湖泊、水库及海洋等水体的自由水面的高程，以 m 为单位。测量水位需要有一个绝对基面将其高程定义为 0m，一般将某一海滨地点平均海水面的高程作为绝对基面，中国曾沿用过大连、大沽、黄海、废黄河口、吴淞、珠江等基面，现在统一将青岛黄海基面规定为绝对基面。水位观测的常用设备有水尺和自记水位计两类。水尺观测时记录水尺读数，水位等于水尺零点高程和水尺读数的和，水尺零点高程指水尺板上刻度起点的高程，可以预先测量出来。水位的观测包括基本水尺和比降水尺的水位，基本水尺的观测是分段定时观测，当水位日变幅在 0.12m 以内时，每日 8 时和 20 时各观测一次（称 2 段制观测，8 时是基本时）；当水位日变幅在 0.06m 以内时，用 1 段制观测，当水位日变幅在 0.12m 以上时，用 4 段制观测，有峰谷出现时，还要加测。比降水尺观测的目的主要用来计算水面比降，分析河床糙率等，其观测时间和次数，视需要而定。观测到的水位需要换算成日平均水位，主要计算方法有算术平均法和面积包围法，前者适用于一日内水位变化缓慢，或水位变化较大，但系等时距人工观测或从自计水位计上摘录水位；后者适用于一日内水位变化较大，且系不等时距观测或摘录情况，用当日0～24小时内水位过程线所包围的面积，除以一日时间求得。

除了水位，水文站最主要观测项目还包括流量与流速，测量流量常用的方法为流速面积法，而测量流速的方法主要有流速仪测流法、浮标测流法和比降面积法等。

流速仪法是用流速仪测定水流速度，并由流速与断面面积乘积来推求流量。其主要原理为将过水断面分为若干部分，计算出各部分面积，然后用流速仪近似地测算出各部分面积上的平均流速，两者的乘积为通过各部分面积的流量，累计各部分面积的流量则为全断面的流量。

从20世纪50年代，中国水文部门开始整编刊印历史积存的水文数据，从1958年起，统一命名为《中华人民共和国水文年鉴》，并按流域、水系统一编排卷册。1964年对卷册进行过一次调整，调整后全国分为10卷74册。其主要内容中正文部分包含水位数据、流量数据、输沙率数据、降水量数据、蒸发量数据等，为水循环研究、水资源评估等科学研究提供了极大的便利。

（2）蒸散发数据

水量平衡和蒸散发的合理评估是水文循环中的一个重要环节。陆面实际蒸散发，是地表与大气之间水热交换的主要方式之一，目前地表水循环过程中实际蒸散发仍然是直接观测最为困难的要素。当前，对实际蒸散发的观测较为公认的方法是基于水量平衡原理的称重式蒸渗仪法，然而，传统的实际蒸散发观测通常由于选址地点、土样深度、观测时间等因素的限制，且仪器架设、观测及运行维护成本较高，无法广泛开展。

而新型蒸渗仪则根据德国Juerlich国家中心设计的Lysimeter设计思路，通过地表气象站、土壤水分水势、小型蒸渗仪和地下水位等独立的观测实验对比，确定陆地表面实际蒸散发过程的有关参数。该系统陆面蒸散发精度达到0.01mm，观测数据采样频次最高可达1分钟，可在线分析观测数据，具有极高的稳定性，造价较为低廉，且非常易于维护，设计观测寿命达10年以上。

该系统可分为三大部分：测量部分、数据传输部分和终端显示部分。测量部分由土壤、钢筒、称重系统平台、称重系统、称重传感器、附属气象因子同步测量仪器组成（图2-24），能够同时对蒸散发、气温、风速、渗漏量、地下水位、地表以下25cm及50cm的土壤含水量等指标进行观测。采用GPRS动态IP解析技术的数据采集器对观测结果记录并进行远距离传输。为使测量的水分运动过程符合实际情况，钢筒中的土壤选择站址附近的原状土，土样体积为1m^3，土样深度为1m，直径约为112.8cm，埋设称重系统后“原状土”回填。该称重系统精度达到0.01mm，因此能够测量包括蒸散发、结露、结霜、微量蒸散发等水量变化。同时，称重仪底部安装有集水装置，通过导管可收集土样的渗漏水量，通过与之相连的翻斗式雨量计，则能够直接测得排出土柱的水量。这与传统的通过土壤含水量换算的方法相比，不仅简便易行，而且概念更加明确，减小了由于测量土样中地下水位及土样空隙度等的差异所带来的误差。土样旁边的地表安装有高度为1m的支架，架设多参数的自动气象站，测量同期的温湿度、风速等气象指标。选择有代表性的原状土壤剖面，根据土壤特性，分别在距离地表25cm处和50cm处安置TDR原理和土壤摩尔热容原理的土壤水分水势传感器，检测两个深度土壤含水量的变化。另外，在距离土样约5m处设置一深度约为3m的系统维护竖井，并由横管将称重仪的电源及数据线与竖井内装置相连，根据地下水流计算，系统安装完成后经过一定时间，地下水充分浸润回填土壤，竖井对称重系统周围地下水流场的影响较小；竖井内安装用于测量土柱渗漏水量的雨量筒，以及用于测量地下水位的竖管，竖管总长为6m，其中探头放置深度为5m，能够测量地表以下8m范围内的地下水位变动情况。同时，竖井内设有数据采集、传输系统，内置的小型存储器（内存为512k）及GPRS通信系统，负责将所采集的数据进行集中存储备份，并进行无线发送。

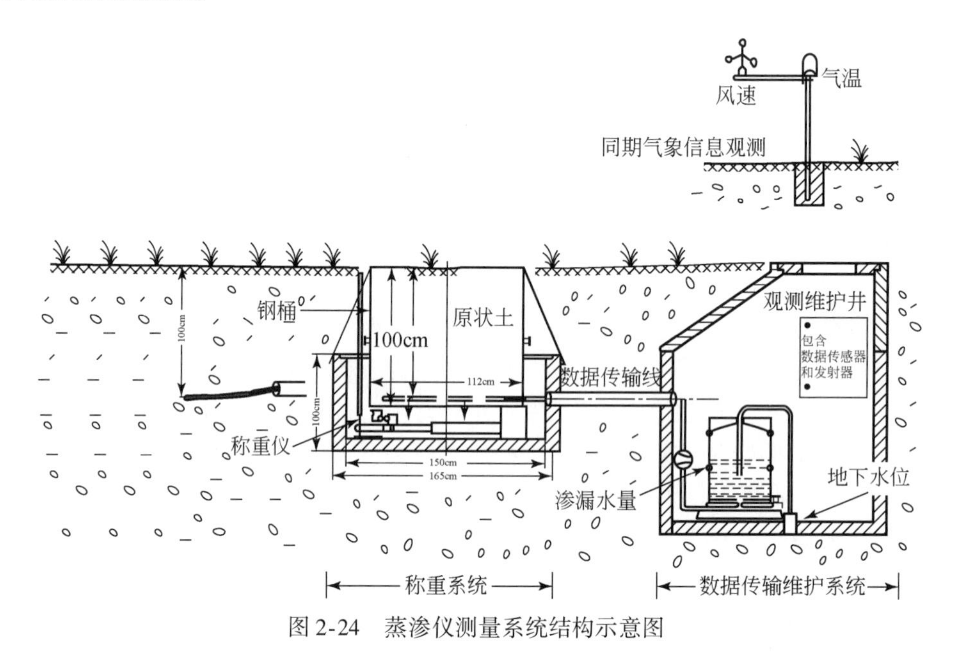

图2-24　蒸渗仪测量系统结构示意图

对于蒸渗仪中被分离的原状土柱，其水量平衡方程为

$$\Delta S = P + I + Q - \Delta R - \mathrm{ET} \tag{2-12}$$

式中，ΔS为分离土柱的土壤蓄水量变化量（折算为mm）；P为降水量（mm）；I为灌溉水量（mm）；Q为地下水流（mm）；ΔR为净地表径流量（mm）；ET为蒸腾蒸发量（mm）。对于蒸渗仪，ΔR一般可忽略，于是式（2-12）可改写为

$$\mathrm{ET} = P + I + Q - \Delta S \tag{2-13}$$

式中，降水量P和灌溉量I很容易由雨量计和水表直接测得。地下水流Q代表由蒸渗仪供排水系统供进和排出土柱的水量。ΔS则通过蒸渗仪的一台高精度称重系统来测定。

不考虑灌溉量，式（2-13）可简化为

$$\mathrm{ET} = P + Q - \Delta S \tag{2-14}$$

上式右侧，降水量可由气象站观测数据获取，渗漏量和 ΔS 由蒸渗仪系统直接测得，从而能够计算出观测时段内的实际蒸散发量。

2. 水文数据的收集整理

(1) 水文站日流量观测记录

根据陆面水循环研究的需要，东部季风区主要江河流域主要控制水文站的日流量观测记录为水文数据之一。搜集、整理的东部季风区主要江河流域的水文数据主要包括 231 个（表 2-2）主要控制水文站的日流量观测记录。水文站位置分布如图 2-25 所示。

表 2-2　231 个主要控制水文站站名

站名	站名	站名	站名
天长	黄壁庄水库	黄桥	后大成
鲁台子	西大洋水库	汉河集	汾河水库
阜阳	滦县	居龙滩	武功
蚌埠	官厅水库	峡江	潼关
王家坝	潘家口水库	石上	灵口
高坦	五陵（原老观嘴）	李家渡	林家村
宣城	南乐	弋阳	华县
漫水河	沙口	梅港	状头
张家坟	商丘	外洲	新店子
洋中坂	长台关	万家埠	白家川
浦南	淮滨	渡峰坑	温家川
石砻	昭平台水库	石门街	安康
竹岐	孟津	湖口	枫围
七里街	花园口	梨树沟	徐家汇
上杭	濮阳	砬子沟	李家湾
连城	黑石关	三岔河	兴隆
岷县	小浪底	小林子	武胜
雨落坪	武陟	巨流河	罗渡溪
折桥	五龙口	福德店	赤水河
兰州	新甸铺	关家屯	泸宁
靖远	东宁	沙里寨	夹江
杂木寺	花脸沟	大河口	三磊坝
昌马堡	大赉	邢家窝棚	双阳
武都	湖北闸	太平沟	拉萨
缸瓦窑	哈尔滨	龙头拐	嘉玉桥

续表

站名	站名	站名	站名
双捷	通河	金门	努努买买提兰干
高要	倭肯	旗下营	同古孜洛克（二）
磁窑	兰西	胡日哈	乌鲁瓦提
三水	伐木场	麦新	卡群
博罗	江桥	梅林庙	且末
麒麟咀	佳木斯	坤都冷	焉耆
潮安	宝泉岭	阿彦浅	阿拉沟
河源	别拉洪	海拉尔	榆树沟
高道	同盟	满归	卡甫其海
犁市	库尔滨	百灵庙	英雄桥
全州（二）	都镇湾	锡林浩特	苇子峡
资源	汉阳	马家河湾	吉勒德
博白	陆水水库	石嘴山	二台
南宁	鹤峰	吉迈	阿克其
贵港	习家口	唐乃亥	阿勒泰
下颜	白莲河	循化	阿拉尔站
大湟江口	兴山	民和	沙里桂兰克站
信都	龙头庵	布哈河口	新渠满站
龙塘	桃源	德令哈（三）	西大桥（合成）站
柳州	马江	哈尔腾	兰干站
思南	桃源	祁连	允景洪
乌江渡（二）	湘潭	直门达	南溪街
天生桥（桠杈）	桃江	利津	李仙江（二）
蔗香	安定	东明	董湖
八茂	黄旗段（二）	岩马水库	姑老河
这洞	珲春	青峰岭水库	戛中
龙塘	五道沟	南村	豆沙关
交河	丰满水库	羊角沟	上桥头
枣林庄	蔡家沟	莱芜	圩仁
新盖房	永兴	卌田水库	柏枝岙
观台	华沂	三门峡	衢州
临洺关	浏河闸	河津	诸暨
东沙埠	范家村	小河坝	

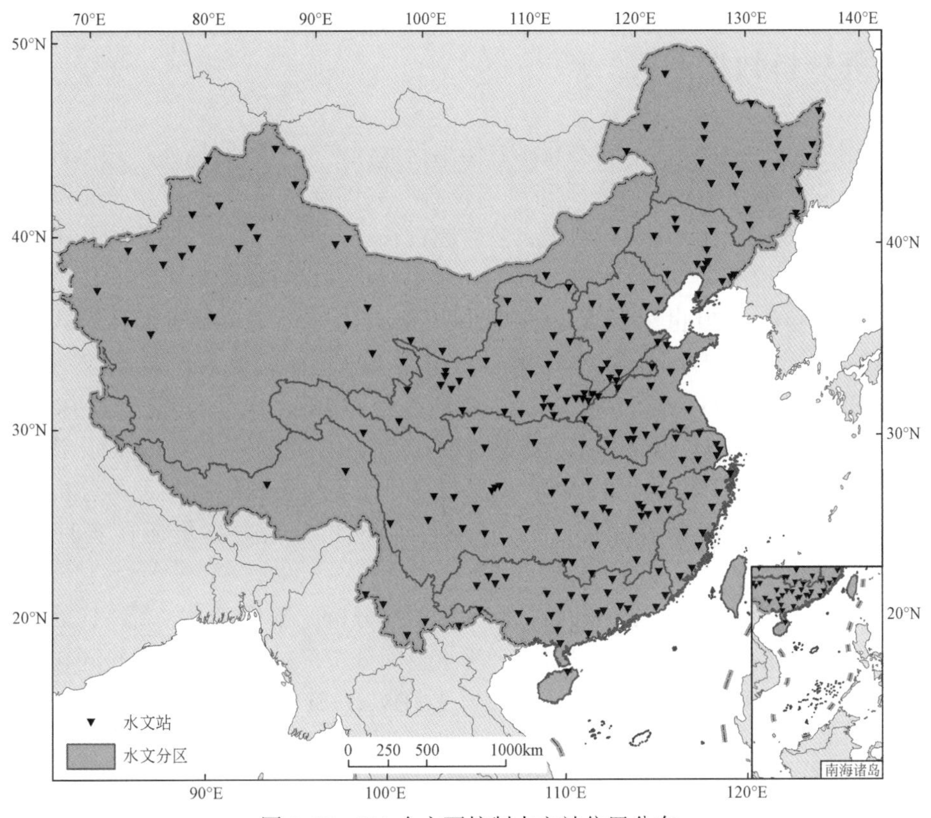

图 2-25 231 个主要控制水文站位置分布

(2) 典型流域地下水位记录

根据陆面水循环研究的需要，另一部分水文数据为典型流域地下水位数据。本章搜集、整理了海河流域 4 个观测点的地下水位数据，其位置分布如图 2-26 所示。

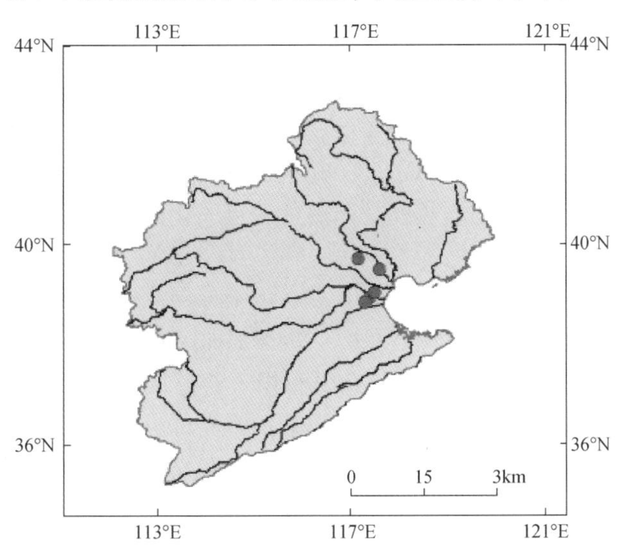

图 2-26 4 个海河流域地下水位观测点的位置分布

2.2.4 再分析数据

气候数据再分析是由模式与观测相结合给出当代气候一个数值描述。它包含不同高度的大气参数估计，如空气温度、气压和风，表面参数如降水量、土壤含水量和洋面温度等。地球上所有位置都产生再分析数据，且跨越很长一段时间，可以回算到几十年甚至百年以上。气候数据再分析产生巨大的数据集，占用海量存储资源。

数据再分析起步在20世纪90年代中期，欧洲与美国基本是同时开展，最早的NASA/DAO与ERA-15数据集时间段都比较短（15年左右）。在此之后，美国建立了NCEP-NCAR（NCEP 1）、NCEP-DOE（NCEP 2），欧洲建立了ERA-40，日本建立了JRA-25等再分析数据集，这几种再分析所用的模式分辨率在1°以上，都使用了3DVar同化技术，可同化地面与探空资料以及TOVS（ATOVS）亮温与卫星云导风资料。这几种再分析数据集无论在理论研究还是业务上都有非常广泛的应用，目前再分析数据集还在实时更新（除ERA-40外）。

最近几年美国、欧盟和日本又开始了新一代的再分析数据集建设，新一代的再分析数据集建设中，采用了耦合模式，模式水平和垂直空间分辨率越来越高；资料同化系统更先进（欧盟和日本从3DVar升级到4DVar，美国从3DVar-SSI升级到3DVar-GSI），并考虑了陆面和海洋资料同化，而且有更多的观测资料被同化，特别是卫星资料。

例如，CFSR是美国新一代的大气再分析数据集，与早期的再分析数据集相比有以下几个特点：①增加了水平和垂直空间分辨率（T382L64约38km）。②初估场由耦合的大气、陆面、海洋、海冰模式得到。③卫星历史观测数据被同化。日本新一代的JRA55与早期的JRA25比较，有以下特点：①增加了水平和垂直空间分辨率（从T106L40约60km到T319L60约120km）。②改进了同化系统，由4DVar代替3DVar；B矩阵原来是不变的，现在是区分有卫星资料之前与之后；原来是离线的卫星辐射率偏差订正，现在是变分偏差订正。③增加了更多的观测资料。

由此可见，国际上新一代大气再分析与早期再分析相比，数值模式在不断改进，水平与垂直分辨率都有很大的提高，而且由单一模式向着耦合模式发展。同化系统技术也在不断更新，体现在由3DVar发展为4DVar，B矩阵处理、偏差订正等方面的不同，同时考虑耦合模式中陆面数据同化与海洋数据同化。另外，可同化的卫星观测资料也越来越多。

1. 陆面数据同化

中国气象局陆面数据同化系统V1.0（CMA Land Data Assimilation System，CLDAS-V1.0）于2013年7月1日在国家气象信息中心投入业务试运行。该系统逐小时实时生成东亚区域大气驱动场和土壤温度、土壤湿度等陆面产品。为满足用户对土壤湿度历史数据的需求，并考虑数据源的一致性，将CLDAS的土壤湿度分析产品回算到了2009年1月1日。利用质量控制后2012年土壤湿度自动站业务化站点观测资料对该分析产品进行了评估。评估结果表明，CLDAS土壤湿度分析产品V1.0与自动站观测资料相关性较高，全国平均相关系数为 0.89；在参与统计的 26 个省份当中，有 16 个省份的相关系数在 0.8 以上，20 个省份的相关系数在 0.7 以上。

陆面数据同化技术是获取高质量土壤湿度数据的有效手段，CLDAS 土壤湿度分析产品（V1.0）采用的数据源包括“CLDAS 大气驱动场 V1.0”数据集和 CLM3.5 地表参数数据集。总体而言，CLDAS-V1.0 土壤湿度产品很好地体现了中国土壤湿度的时空分布特征，土壤湿度的干湿程度变化与观测基本一致。0 ~ 10cm 土壤湿度的分布呈现西北部较干，东部较湿的特点。其中，东北和华东地区比较湿润，华北地区比较干燥，新疆大部，内蒙古的西部和河套地区为土壤的干中心。与观测相比，土壤湿度干湿趋势在分布上和量级上都较为一致。

人工观测和自动观测两种地面观测土壤湿度本身也存在较大的差异，反映出土壤湿度观测与探测的难度大，特别是四川省自动观测土壤湿度比人工观测普遍偏干。

2. 大气再分析

从 20 世纪 90 年代中期开始，美国、欧洲和日本等先后组织和实施了一系列全球大气再分析计划。目前，已经完成了 3 轮的全球大气再分析，再分析的技术水平和产品质量得到了长足的提高。第三代全球大气再分析主要包括 ECMWF 的 ERA-Interim、NCEP 的 CFSR、NASA 的 MERRA，以及 JMA 的 JRA-55。此外，近年来一些有别于单纯大气再分析的再分析数据集（如 20CR、MERRA-AERO 等）也相继生成。最近，美国和 ECMWF 也在酝酿和发展第四代再分析，引入集合信息来表征“流依赖”的背景误差协方差矩阵，并且计划生成多个版本的再分析数据集来满足不同的应用需求。国际上再分析的发展趋势日益明显：时间上向后追溯到更早期，如 19 世纪；数据集的空间分辨率逐渐提高，同化的观测资料（尤其是卫星资料）越来越多；同化方法越来越先进（OI—3DVar—4DVar—混合变分与集合同化方法）；再分析完成后，系统通常会连续运行成为“气候资料同化系统”；耦合大气与其他过程（如陆面、海洋、气溶胶等）的再分析。另外，发展高分辨率的区域再分析数据是当今世界各国气象业务的重要任务与发展方向。例如，北美区域再分析资料（NARR）是 NCEP 全球再分析资料的延伸。美国、德国等还针对某些特定区域开展了再分析的研究工作，如 57 年加利福尼亚区域再分析（CaRD10）、10 年的阿拉斯加区域再分析资料（CBHAR）以及北极地区再分析资料（ASR）等，德国的区域再分析，以及印度和美国 NOAA 正在合作发展的 South America 和 South Asia 区域高分辨率再分析，等等。

目前，已经完成的全球大气资料再分析主要有美国国家环境预测中心（NCEP）和大气研究中心（NCAR）1948 年至今的 NCEP/NCAR 全球大气再分析资料计划（NCEP1），NCEP 与美国能源部（DOE）的 NCEP/DOE 全球大气再分析资料计划（NCEP2），欧洲中期数值预报中心（ECMWF）的 15 年（1979 ~ 1993 年）全球大气再分析资料计划（ERA15）和 45 年（1957 ~ 2002 年）全球大气再分析资料计划（ERA40），ECMWF 新一代的再分析资料（ERA-Interim），日本气象厅（JMA）和电力中央研究所（CRIEP）联合组织实施的 25 年（1979 ~ 2004 年）全球大气再分析资料计划（JRA25）等。其中，NCEP/NCAR 和 NCEP/DOE，ERA40 和 ERA-Interim 以及 JRA25 是目前应用相对较为广泛的再分析数据集。

表 2-3 是国际上几个已完成或计划中的全球大气再分析数据集的基本情况。最近几年美国、欧盟和日本又开始新一代的再分析数据集建设，新一代的再分析数据集建设中，水平和空间分辨率越来越高，同化系统更先进，能够被同化的观测资料更多。

表 2-3　国际上再分析数据集基本情况

百分析	机构	时间	分辨论	同化方法
NASA/DAO	NASA/DAO	1980～1995 年	2×2. 5L20	3D-OI+IAU
ERA-15	ECMWF	1979～1993 年	T106L31	3D-OL
NCER-NCAR	NCER-NCAR	1948 年至今	T62L28	3D-Var SSI
NCEP-DOE	NCEP-DOE	1979 年至今	T62L28	3D-Var SSI
ERA-40	ECMWF	1957 年 9 月～2002 年 8 月	T_L159L60	3D-Var
JRA-25/JCDAS	JMA-CRIEPI	1979 年至今	T106L40	3D-Var
ERA-Interim	ECMWF	1989 年至今	T_L255L60	4D-Var
CFSR	NCEP	1979 年至今	T382L64	3D-Var GSI
MERRA	NASA	1979～2010 年	1/2×2/3deg×L72	3D-Var GSI
20th Century Reanalysis	Noaa-CIRES	1871～2008 年	T62L28	EnKF
JRA-55（ongoing）	JMA	1957 年 12 月～2012 年	T_L319L60	4D-Var
ERA-20C（planned）	ECMWF	Extending back to just after 1900	T_L511	Weak-constraint 4D-Var

2.3　预估数据

2.3.1　全球气候模式

气候变化预估是科学家、公众和政策制定者共同关心的问题，尤其是几十年到 100 年时间尺度的气候变化预估，与各个国家和地区制定长远社会经济发展规划密切相关。目前，在预估未来人类活动造成的气候变化研究方面，主要依靠的计算工具是气候模式。国际上由世界气候研究计划（WCRP）组织的“耦合模式比较计划”（CMIP）已进行多次，参与的模式数量越来越多，在其第五阶段（CMIP5），国际上共有 20 多个研究机构的 40 几个模式参与，包括 5 个中国的模式（Taylor et al.，2012；周天军等，2014），为当前国际上这些主流的模式提供了一个比较、检验和改进的平台。

基于 CMIP5 全球气候模式模式结果，IPCC 第五次评估报告（AR5）预估了在不同排放情景下未来气候的可能变化，可为政策制定者以及多学科领域的研究提供重要参考依据。相比耦合模式比较计划第三阶段（CMIP3），CMIP5 模式变得更加复杂，并在传统的大气-海洋耦合模式的基础上，首次引入了地球系统模式。地球系统模式加入了生物地球化学过程，实现了全球碳循环过程和动态植被过程，能模拟出气溶胶的相互作用、大气化学的变化以及随时间变化的臭氧过程等。此外，多数 CMIP5 模式的水平分辨率有所提高，垂直层数有所增加，物理过程的描述更加细致，耦合模式也不再需要通量调整。同时，模式组还提供了更多变量的输出结果（Taylor et al.，2012）。

CMIP5 模式另一个与 CMIP3 较为明显的不同为采用了新的排放情景，即典型浓度路径（RCPs）。RCPs 主要包括 4 种情景，分别称为 RCP8.5、RCP6.0、RCP4.5 和 RCP2.6。其中前 3 个情景大体与 SRES A2、A1b 和 B1 相对应。RCP8.5 是最高的温室气体排放情景，假定人口最多、技术革新率不高，导致高能源需求即高温室气体排放、辐射强迫上升至 8.5W/m^2，2100 年 CO_2 当量浓度达到约 1370ppm①。RCP6.0 是中等的温室气体排放情景，反映温室气体排放和土地利用、土地覆盖变化，导致到 2100 年辐射强迫稳定在 6.0W/m^2，CO_2 当量浓度稳定在 850ppm。RCP4.5 也是中等的温室气体排放情景，但较 RCP6.0 更低，到 2100 年辐射强迫稳定在 4.5W/m^2，CO_2 当量浓度稳定在 650ppm。RCP2.6 是温室气体低排放情景，辐射强迫在 2100 年之前达到峰值，到 2100 年下降到 2.6W/m^2，CO_2 当量浓度达到 490ppm（图 2-27）。目前，RCPs 为 IPCC AR5 气候模拟、影响评估和政策评价所广泛应用，并已取得一批新成果。

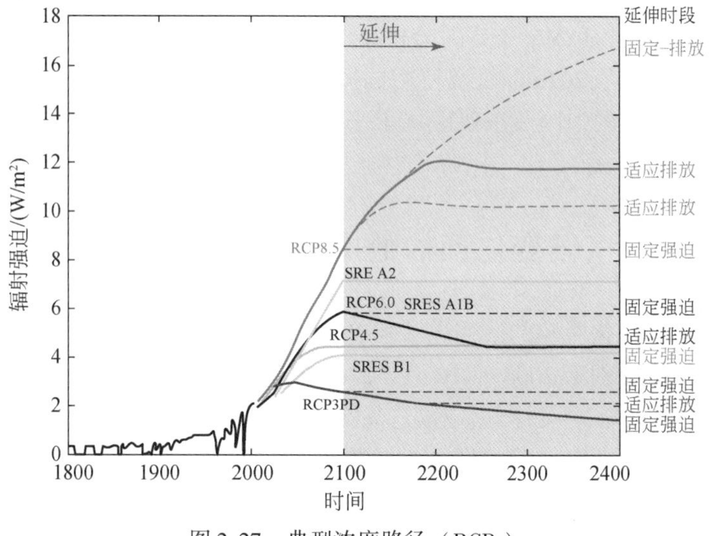

图 2-27　典型浓度路径（RCPs）

2.3.2　区域气候模式

在进行气候变化预估模拟时，全球海气耦合模式由于其复杂性和需要多世纪时间尺度的长期积分，因此对计算机资源的要求很大，所取分辨率一般较低，如参与 IPCC AR5 的

① 1ppm = 1×10^{-6}。

全球模式分辨率一般在100～300km。如要在更小尺度的区域和局地进行气候变化情景预估，有两种解决方案：一是发展更高分辨率的全球模式；二是采用降尺度法。由于提高全球模式分辨率需要的计算量很大，降尺度法成为更为可选的方法。

目前主要有两种降尺度法：一种是统计降尺度法，另一种是动力降尺度法。其中统计降尺度方法通过在大尺度模式结果与观测资料（如环流与地面变量）之间建立联系，得到降尺度结果。这种方法的计算量小，可以得到非常小尺度上的信息，还可以得到一些区域气候模式不能直接输出的变量。但统计降尺度法对观测资料的需求较大，如需要足够长的时间序列以调试和验证模型，在没有当代观测的地方较难进行未来气候变化的预估等。

动力降尺度一般使用区域气候模式进行。它需要观测或者低分辨率全球模式结果作为运行所需的初始和侧边界驱动条件。动力降尺度可以捕捉到较小尺度的非线性作用，所提供的气候变量之间具有协调性，是目前较为常用的降尺度方法之一。近年来中国科研人员使用不同的区域气候模式嵌套不同的全球模式进行了一系列的气候变化模拟，如在美国NCAR/NASA的全球模式FvGCM/CCM3驱动下进行的中国及东亚区域2个30年的数值模拟（石英，2007）；在日本的全球模式MIROC3.2_hires驱动下，使用RegCM3和WRF进行的中国及东亚区域未来气候变化预估（高学杰等，2012；王树舟，2012）；使用PRECIS嵌套英国哈德莱中心的全球模式HadCM3进行的模拟（许吟隆等，2006）；在德国马普气象研究所的全球模式ECHAM5和英国哈德莱中心的HadCM3驱动下，进行的两组气候变化预估模拟试验（吴佳，2012）以及使用国家气候中心的模式BCC_CSM1.1驱动区域气候模式RegCM4.0进行的中国及东亚区域未来不同排放情景下的气候变化模拟（吉振明，2012）。

2.3.3 中国地区气候变化预估数据

为了给从事气候变化影响的研究人员和单位提供一套可靠的用于气候变化影响评估的数据，国家气候中心分别于2008年10月、2009年11月和2012年12月对IPCC第四、第五次评估报告中用到的多个全球气候模式以及多个区域气候模式模拟结果进行加工处理，形成了一系列气候变化业务产品，即预估数据集（1.0版，2.0版，3.0版）。此系列数据集发布后，广泛应用于气候变化对过去和未来水资源影响评估、气候变化对中国农业产量及粮食安全的影响评估、气候变化对中国森林和生态系统的影响等多个方面，此外还被应用到多个省份气候变化应对方案的编写中。

1.《中国地区气候变化预估数据集1.0》简介

对参与IPCC AR4的20多个不同分辨率的全球气候系统模式模拟结果经过降尺度计算，将其统一插值到同一分辨率（1°×1°）下，并对其在东亚地区的模拟效果进行检验，随后利用简单平均方法进行多模式集合，制作成一套1901～2099年月平均数据《中国地区气候变化预估数据集1.0》（以下简称《数据集1.0》），提供给从事气候变化影响研究的科研人员使用。同时考虑到有些影响评估工作对日平均数据的需求，还整理了一套利用德国马普研究所 MPI_ECHAM5 模式计算的逐日平均 1951 ~ 2050 年气候变化数值模拟数据。

《数据集 1.0》提供多模式平均的地面温度、降水月平均数据和日平均数据。其中，月平均数据为多模式的集合平均值，包含 20C3M、SRES A1b、SRES A2、SRES B1 情景预估数据［20C3M 指模式模拟的过去 100 年的试验结果（1901 ~ 2000 年），SRES A1b、SRES A2、SRES B1 分别为 IPCC SRES3 种排放情景下 2001 ~ 2100 年的未来预估结果］。日平均数据则仅提供 MPI_ECHAM5 模式预估数据，包括 20C3M、SRES A1b 情景数据。不同 SRES 情景下，月平均数据模式集合平均值所用模式及其数量见表 2-4。

表 2-4 《数据集 1.0》月平均模式集合平均值所用模式

SRES A1b（17）	SRES A2（17）	SRES B1（18）
CCCMA_3（T47）	BCC_CM1	BCC_CM1
CNRMCM3	BCCR_BCM2_0	BCCR_BCM2_0
CSIRO_MK3	CCCMA_3（T47）	CCCMA_3（T47）
GFDL_CM2_0	CNRMCM3	CNRMCM3
GFDL_CM2_1	CSIRO_MK3	CSIRO_MK3
GISS_AOM	GFDL_CM2_0	GFDL_CM2_0
GISS_E_H	GFDL_CM2_1	GISS_AOM
IAP_FGOALS1.0	GISS_E_R	GISS_E_R
INMCM3	INMCM3	IAP_FGOALS
IPSL_CM4	IPSL_CM4	INMCM3
MIROC3	MIROC3	IPSL_CM4
MIROC3_H	MIUB_ECHO_G	MIROC3
MIUB_ECHO_G	MPI_ECHAM5	MIROC3_H
MPI_ECHAM5	MRI_CGCM2	MIUB_ECHO_G
MRI_CGCM2	NCAR_CCSM3	MPI_ECHAM5
NCAR_CCSM3	NCAR_PCM1	MRI_CGCM2
KMO_HADCM3	UKMO_HADCM3	NCAR_CCSM3
		UKMO_HADCM3

除全球模式的预估结果外，《数据集 1.0》中还包括国家气候中心研究人员使用意大利国际理论物理中心（the Abdus Salam International Centre for Theoretical Physics，ICTP）的区域气候模式 RegCM3 模拟得到的整个中国区域高分辨率气候变化模拟结果。

全球和区域模式数据的范围为60°E～149°E，0.5°N～69.5°N。所提供的月平均和日平均数据包括两个变量，即地面温度（TAS，近地面通常为2m高处的气温，单位：K）和降水（PRE，包括所有类型如降雨、降雪、大尺度降水、对流降水等的总降水量，单位：mm/d）。

此外，德国马普气象研究所逐日平均的1951～2050年气候变化数值模拟数据由ECHAM5/MPI-OM全球海气耦合模式计算获取。ECHAM5/MPI-OM全球海气耦合模式水平分辨率为1.875°×1.875°，垂直方向分31层，试验包括20世纪气候变化的控制试验期（1860～2000年）和3种排放情景即SRES A2、SRES A1b、SRES B1下的模拟（具体内容可参见http：//ncc.cma.gov.cn/cn/）

2.《中国地区气候变化预估数据集2.0》简介

2009年11月中国气象局国家气候中心在《数据集1.0》的基础上，发布了《中国地区气候变化预估数据集2.0》（以下简称《数据集2.0》）。在《数据集2.0》中，对多模式平均的方法进行了改进，由简单平均方法更新为加权平均（reliability ensemble averaging）。加权平均方法的主要原理如下，首先对单个模式对于当代气候的模拟能力进行检验，包括模式对当前气候平均态和气候变率的检验，然后在此基础上，定义一个权重因子系数，对当前气候模拟较好的模式得到的权重系数较大、模拟不好的权重系数较小，对未来预估结果的贡献也就较小。《数据集2.0》中主要包含以下数据。

（1）月平均数据

5个全球气候模式和1个区域气候模式（RegCM3）20世纪和21世纪的模拟预估数据，包括平均温度、最高温度、最低温度、降水、海平面气压、经向地面风速、纬向地面风速7个气候要素。

（2）日平均数据

区域气候模式（RegCM3）20世纪控制试验和21世纪预估试验的高分辨率（0.25°×0.25°）地面温度和降水日平均数据。

第二版本加权平均数据在不同SRES情景下所使用的模式数量与此前发布的第一版本中提供的全球气候模式集合平均一样。数据提供范围与《数据集1.0》一样，但该数据中平均温度单位为℃，降水单位为mm/d。

3.《中国地区气候变化数据集3.0》简介

随着IPCC评估报告的推进，在其第五次评估报告中使用了新的温室气体排放情景-典型浓度路径（representative concentration pathways，RCPs）。《中国地区气候变化数据集3.0》将21个CMIP5全球气候模式的模拟结果，经过插值降尺度计算将其统一到同一分辨率下，利用简单平均方法进行多模式集合，制作成一套1901～2100年Historical和RCP2.6、RCP4.5、RCP8.5情景下的月平均数据，提供给从事气候变化影响研究的科研人员使用（表2-5）。

表 2-5　使用的 21 个全球气候模式的相关信息

模式名称	模式中心或研究组	分辨率
Beijing Climate Center Climate System Model version 1 (BCC-CSM1)	BCC, China Meteorological Administration, China	128 × 64
Beijing Normal University Earth System Model (BNU-ESM)	The College of Global Change and Earth System Science (GCESS), BNU, China	128 × 64
Canadian Earth System Model version 2 (CanESM2)	Canadian Centre for Climate Modelling and Analysis, Canada	128 × 64
The Community Climate System Model version 4 (CCSM4)	National Center for Atmospheric Research, USA	288 × 192
Centre National de Recherches Météorologiques Climate Model version 5 (CNRM-CM5)	CNRM/Centre Europeen de Recherche et Formation Avancees en Calcul Scientifique, France	256 × 128
Commonwealth Scientific and Industrial Research Organization Mark Climate Model version 3. 6 (CSIRO-Mk3-6-0)	CSIRO in collaboration with Queensland Climate Change Centre of Excellence, Australia	192 × 96
Flexible Global Ocean- Atmosphere- Land System Model-grid version 2 (FGOALS-g2)	State Key Laboratory of Numerical Modeling for Atmospheric Sciences and Geophysical Fluid Dynamics, Institute of Atmospheric Physics, Chinese Academy of Sciences, and Tsinghua University, China	128× 60
The First Institution of Oceanography Earth System Model (FIO-ESM)	FIO, State Oceanic Administration (SOA), Qingdao, China	128 × 64
Geophysical Fluid Dynamics Laboratory Climate Model version 3 (GFDL-CM3)	GFDL, National Oceanic and Atmospheric Administration, USA	144× 90
Geophysical Fluid Dynamics Laboratory Earth System Model version 2 with Generalized Ocean Layer Dynamics (GOLD) code base (GFDL-ESM2G)	GFDL, National Oceanic and Atmospheric Administration, USA	144× 90
Geophysical Fluid Dynamics Laboratory Earth System Model version 2 with Modular Ocean Model version 4. 1 (GFDL-ESM2M)	GFDL, National Oceanic and Atmospheric Administration, USA	144× 90
Goddard Institute for Space Studies Model E version 2 with Hycoml ocean model (GISS-E2-H)	GISS, National Aeronautics and Space Administration, USA	144× 90
Goddard Institute for Space Studies Model E version 2 with Russell ocean model (GISS-E2-R)	GISS, National Aeronautics and Space Administration, USA	144× 90
the Met Office Hadley Centre Global Environment Models version 2 with the new atmosphere- ocean component model (HadGEM2-AO)	Jointly with Met Office Hadley Centre and National Institute of Meteorological Research (NIMR), Korea Meteorological Administration (KMA), Seoul, South Korea	192 × 145
Institut Pierre Simon Laplace Climate Model 5A-Low Resolution (IPSL-CM5A-LR)	IPSL, France	96× 96

续表

模式名称	模式中心或研究组	分辨率
Model for Interdisciplinary Research on Climate - Earth System, version 5 (MIROC5)	Atmosphere and Ocean Research Institute (AORI), National Institute for Environmental Studies (NIES), Japan Agency for Marine- Earth Science and Technology, Kanagawa (JAMSTEC), Japan	256× 128
Model for Interdisciplinary Research on Climate-Earth System (MIROC-ESM)	JAMSTEC, AORI, and NIES, Japan	128× 64
Atmospheric Chemistry Coupled Version of Model for Interdisciplinary Research on Climate- Earth System-(MIROC-ESM-CHEM)	JAMSTEC, AORI, and NIES, Japan	128× 64
Max- Planck Institute Earth System Model- Low Resolution (MPI-ESM-LR)	MPI for Meteorology, Germany	192× 96
Meteorological Research Institute Coupled General Circulation Model version 3 (MRI-CGCM3)	MRI, Japan	320× 160
The Norwegian Earth System Model version 1 with Intermediate Resolution (NorESM1-M)	Norwegian Climate Centre, Norway	144× 96

除全球模式的预估结果外，《中国地区气候变化预估数据集 3.0》中还包括国家气候中心研究人员使用意大利国际理论物理中心的区域气候模式 RegCM4 模拟得到的整个中国区域高分辨率气候变化模拟结果。

全球模式数据的范围与《中国地区气候变化预估数据集 1.0》保持一致，为 60°E ~ 149°E，0.5°N ~ 69.5°N，区域模式数据范围为 70°E ~ 140°E，15°N ~ 55°N。所提供的月平均数据均包括 4 个变量，即地面温度（TAS，近地面通常为 2m 高处的气温，单位：K）、最高温度（TAS，近地面通常为 2 m 高处的最高气温，单位：K）、最低温度（TAS，近地面通常为 2m 高处的最低气温，单位：K）和降水（PRE，包括所有类型如降雨、降雪、大尺度降水、对流降水等的总降水量，单位：mm/d）。

2.4 数据产品共享与应用

为进一步满足不同行业、不同部门和领域进行气候变化影响评估的需求，国家气候中心除提供光盘共享服务外还在已发布数据集 1.0 和 2.0 版本的基础上建立了“中国地区气候变化预估数据网站”。该网站提供了可供查看和下载的数据，包括格点化的基于中国境内 700 多个观测站点数据制作的格点化气温（Xu et al., 2009）、降水（Xie et al., 2007）数据，其空间分辨率为 0.5°×0.5°；“中国地区气候变化预估数据集 1.0 和 2.0”中的全球气候模式数据，包括使用算术平均和 REA 加权平均（Xu et al., 2010）方法得到的气温和降水多模式集合结果；RegCM3 和 PRECIS 区域气候模式的多次模拟结果，如 FvCGM-

RegCM3（Gao et al.，2008，即在 FvGCM 全球模式驱动下 RegCM3 区域气候模式的模拟，其余类推），MIROC-RegCM3（石英，2010），HadAM3P-PRECIS（许吟隆等，2005），HadCM3Q0-PRECIS 等。

网站包括数据说明、术语、用户手册、使用协议和用户注册等 8 个部分。用户可以根据自己的需求，随意选择所需的范围和不同的要素，可以直接保存图片，也可以下载数据（图 2-28，网站目前进入测试阶段，网址为：www.climatechange-data.cn）。

图 2-28　中国地区气候变化预估数据网站

第3章　陆地水循环变化特征

地球上的水分在太阳辐射和重力作用下，通过蒸发、水汽输送、降水、入渗、径流等过程在陆地、海洋和大气之间不断发生相变和迁移的过程，称为水循环。受气候变化和人类活动共同影响，中国及其十大水资源分区的水循环要素变化非常复杂。

1961～2013年，中国大陆地区的年平均大气可降水量和水汽净收支量均呈显著下降的趋势，年降水量、降水转化率、蒸发量和径流量等其他水循环要素则有微弱的上升趋势。

同期，从一级水资源分区来看，大气可降水量除西南诸河流域有微弱上升趋势外，其余水资源分区都呈显著下降趋势；年水汽收支量则在东南诸河、西北诸河和长江流域为上升趋势，其中东南诸河和西北诸河流域上升趋势显著，其余水资源分区则为下降趋势，且除淮河和珠江流域外，其余水资源分区都为显著下降趋势；年降水量和径流量变化趋势相似，均为在西北诸河流域为显著上升趋势，松花江、珠江、东南诸河、西南诸河流域为微弱上升趋势，其余水资源分区为微弱下降趋势；年蒸发量在松花江、辽河和西北诸河流域有显著上升趋势，其余水资源分区均为下降趋势。

3.1　概　　述

大气圈、水圈、岩石圈、冰冻圈和生物圈各个圈层之间的相互作用构成了地球系统的基本物理过程，而水循环则是海洋、陆地和大气之间相互作用中最活跃且最重要的枢纽，在全球气候和生态环境变化中发挥着至关重要的作用，在地球能量平衡中扮演着重要的角色。一方面，它对辐射平衡有重要影响：水蒸气是大气中最重要的温室气体；冰、雪影响地表反照率；云影响长波和短波辐射通量。同时，水也是一种重要的能量传输媒介。对大气而言，水汽凝结释放的潜热具有显著热效应。海洋与大气之间的水汽交换对于热量输送也是不可或缺的。另一方面，水循环促进了地球生态环境的形成。水是生命存在的重要因子，水也是地球系统内各种理化过程和物质转化不可缺少的条件。因而，水循环是气候系统的重要组成成分。

水循环包括大循环和小循环，大循环即海陆之间的水循环过程，也称为海陆间循环；小循环即水仅在局部地区（海洋或陆地）内完成的循环过程。水循环还包括两个主要分支，即大气分支和陆地分支。大气中的水汽输送不断改变着全球水汽的时空分布特征，在大气中产生水汽源区和汇区，从根本上决定了源汇区的气候特征，并通过相变产生的潜热交换反过来影响大气环流的形态。陆地分支中地表径流、地下水动态等使得水分及其携带的热量在陆地上发生改变，调节着全球能量和水分的分布。而降水和蒸发，则将大气分支和陆地分支联系在一起，使得它们互为水分和热量的源汇，成为一个整体。

20 世纪 60 年代以来，在世界面临资源与环境等全球问题的背景下，联合国教育、科学及文化组织（United Nations Educational Scientific and Cultural Orgnization，UNESCO）和世界气象组织（World Meteorological Organization，WMO）等国际机构，组织和实施了一系列重大国际科学计划。在这些科学计划中，水循环在全球气候和生态环境变化中所起的作用受到极大重视，成为各项科学计划共同关注的科学问题（陆桂华和何海，2006；储开凤和汪静萍，2007）。在国际上，世界气候计划（World Climate Programme，WCP）于 1988 年实施了一项集观测、试验和研究为一体的科学计划——全球能量与水循环试验计划（global energy and water cycle exchanges project，GEWEX），目的在于观测、理解和模拟大气、地表及表层海洋的水分循环和能量交换过程，并将研究成果用于指导全球、区域和流域气候、水文预测和水资源管理（Stewart et al.，1998；Trenberth and Asrar，2014）。Oki 和 Kanae（2006）及 Trenberth 等（2007）综合了多种观测资料，对全球水循环过程进行了定量评估，形成了全球水循环框架。

资料显示，地壳含水量最多，约为 10^{22}kg。其次为海洋，大约为地壳水量的 1/10。但是，地下深层的水体和其他水体的交换相当缓慢，以至于它们在地表水循环中所起的作用十分微弱。因而一般情况下，全球水循环中可以不予考虑地下水体的作用。另外，还有大量的水主要以冰的形式存在于格陵兰与南极冰盖中。实际上，大气中的含水量极低，如果大气中的含水量全部降落到地表，降水量大约只有 2.5cm。而事实上地表每年的平均降水量为 1m，大气中的水分必然得到了快速的补给，这种补给主要通过海洋的蒸发和陆地的蒸发与蒸腾来实现的。海洋蒸发的水分多数会返回到海洋。类似的，陆地上蒸发和蒸腾的水分多数也会返回到陆地，同时大气会将一部分水分从海洋输送到陆地。值得注意的是，大气输送到陆地上的水分净输送量只相当于陆地全部降水的 35%，这部分水分要通过地表径流（主要为河流）补充给海洋（Goosse et al.，2010）。

近百年来随着气温升高，全球尺度降水、蒸发、水汽及土壤湿度和径流的分布、强度和极值都发生了变化，显示出气候变暖已对全球尺度水循环产生了一定程度的影响（丁一汇，2008）。由于较大的区域差异，并且由于监测网络在空间和时间覆盖范围方面的限制，水文变量的趋势仍然存在相当大的不确定性（Huntington，2006）。

中国地处欧亚大陆东部，西倚青藏高原，东临太平洋，地形多变，海陆分布复杂。最南端位于南海曾母暗沙附近（3°51′N），最北端位于黑龙江省漠河以北的黑龙江主航道中心线（53°43′N），南北纬跨度约为 50°，国土面积约 960 万 km^2，大部分处于中纬度地区，跨越热带、亚热带、温带以及寒带等多个气候带，季风性气候十分明显，且属于大陆型季风气候。与北美和西欧相比，中国大部分地区的气温季节变化幅度要比同纬度地区相对剧烈，很多地方冬冷夏热，夏季中国普遍高温。为了维持比较适宜的室内温度，需要消耗更多的能源。近百年来中国气温总体上呈上升趋势，19 ~ 20 世纪，增加了（0.74 ± 0.180）℃/100a，自 1861 年以来的最暖年都发生在 20 世纪 90 年代，增温主要集中在对流层下层（缪启龙，2010）。1960 ~ 2013 年中国气温距平在 1985 年左右开始由负距平转变为正距平，并且增温趋势加剧。中国降水时空分布不均，多分布在夏季，且地区分布不均衡，年降水量从东南沿海向西北内陆递减。

中国境内地形地貌复杂多变，自西向东大致分为3个阶梯：第一阶梯为青藏高原，平均海拔4000m以上；第二阶梯以高原和盆地相间为主，平均海拔为1000～2000m；第三阶梯则分布着广阔的平原、山地和丘陵，海拔多在500m以下。按气候的区域差异划分，大概分为三大区域：东部季风区、西北干旱气候区和青藏高寒气候区。以中国各地年气温变化为依据，中国气候又被划分为三大类型，即季风气候、温带内陆气候和温带高原气候。

从水循环的主要要素包括水汽、降水、蒸发和径流来分析中国十大水资源分区两个时段（1960～1985年和1986～2013年）的水循环时空变化特征，能够帮助更好的帮助理解中国水循环变化规律。

3.2 数据和方法

根据国家水资源综合规划（水利部水利水电规划设计总院，2004），中国可划分为10个一级水资源分区,包括松花江、辽河、海河、黄河、淮河、长江、珠江以及东南诸河、西南诸河和西北诸河（图1-1）。其中前7个水资源分区由于具有明显的干流河道同时包含水文学意义的分水岭概念，常被作为“闭合流域”来研究（注：闭合流域意义上的珠江流域不包括海南岛水系）。对于另外3个水资源分区，由于没有明显的干流河道，也不具有水文学意义的“闭合”概念，在具体的研究中常常根据不同的河流水系来分别研究，如西南诸河中的雅鲁藏布江流域、澜沧江流域以及西北诸河中的塔里木河流域、石羊河流域、黑河流域等。一般来讲，“流域”不仅仅是地表水产汇流的简单概念，除此之外水资源评价或研究蒸散发、水汽输送以及农业、林业、生态等方面的许多应用都具有因“流域”而异的变化。中国特殊的地理位置特征决定了中国大部分地区呈现显著的季风气候特点，表现为夏季潮湿多雨、冬季干燥少雨；东南沿海多雨、西北内陆少雨，降水分布在时间上和空间上分布极为不均匀。

3.2.1 数据

水循环要素主要有水汽、降水、蒸发和径流，水循环研究所需数据包括基础地理信息数据、气象数据、水文数据和再分析数据。

本章研究的基础地理信息底图数据采用国家基础地理信息地图网发布的中国1∶400万1～5级河网数据及水利部水利水电规划设计总院发布的中国1∶25万1～3级水资源分区数据，以及90m分辨率中国DEM数据（http：//srtm. csicgiar. org）则用于子流域划分及水文站控制区域边界提取。

气象数据是由中国气象局国家气象信息中心整理的1960～2013年逐日气象数据，包括气温和降水量等要素。数据通过了气候界限值检查、台站极值检查和内部一致性检查3种质量检验和控制方法的检验。考虑到记录的完整性和可比性，挑选缺测时间小于5%的台站。通过这种方法，选出有效台站540个，气象站的分布如图3-1（a）所示。可以看出，540个站点的空间分布不均，气象站大多集中在东部和中部地区，特别是东南沿海地区，而西北内陆地区站点密度则十分稀疏。

水文控制站径流数据来自历年《中国水文年鉴》，包括十大水资源分区 231 个水文站 1961 ~2013 年的月径流数据，水文站的空间分布见图 2-31。

探空资料是由国家气象信息中心的中国高空规定层月值数据集，包括中国 137 个探空站标准等压面历年月统计值［图 3-1（b）］，统计要素有气压、高度、温度、温度露点差等。包含层次最多为 17 层：地面、1000hPa、925hPa、850hPa、700hPa、500hPa、400hPa、300hPa、250hPa、200hPa、150hPa、100hPa、70hPa、50hPa、30hPa、20hPa、10hPa。此套数据 1979 年以前资料主要来源于各省、自治区、直辖市气候资料部门逐月上报的“高空压温湿记录月报表”，气象信息中心气象资料室对其进行了数字化，并用卡片格式的高空资料、CARDS 资料对其进行了插补；1980 年以后的资料来源于气象信息中心通过全球通信系统（GTS）接收的实时探空资料。对资料进行的质量控制有：对台站信息和观测时间格式检查、对气候极值检查、要素一致性检查、时间一致性检查、统计学检查、温度递减率检查、静力学检查、标准层与特性层一致性检查、风切变检查、对流层顶检查和最大风层的合法性检查等。但并未对资料进行时间上的均一性检验，所以不能保证该台站的各项统计资料是均一的，累年统计得到的气候标准值可能受台站资料非均一性的影响。

此外，本章还利用了两套再分析数据：NCEP/NCAR 和 ERA-Interim 再分析数据。目

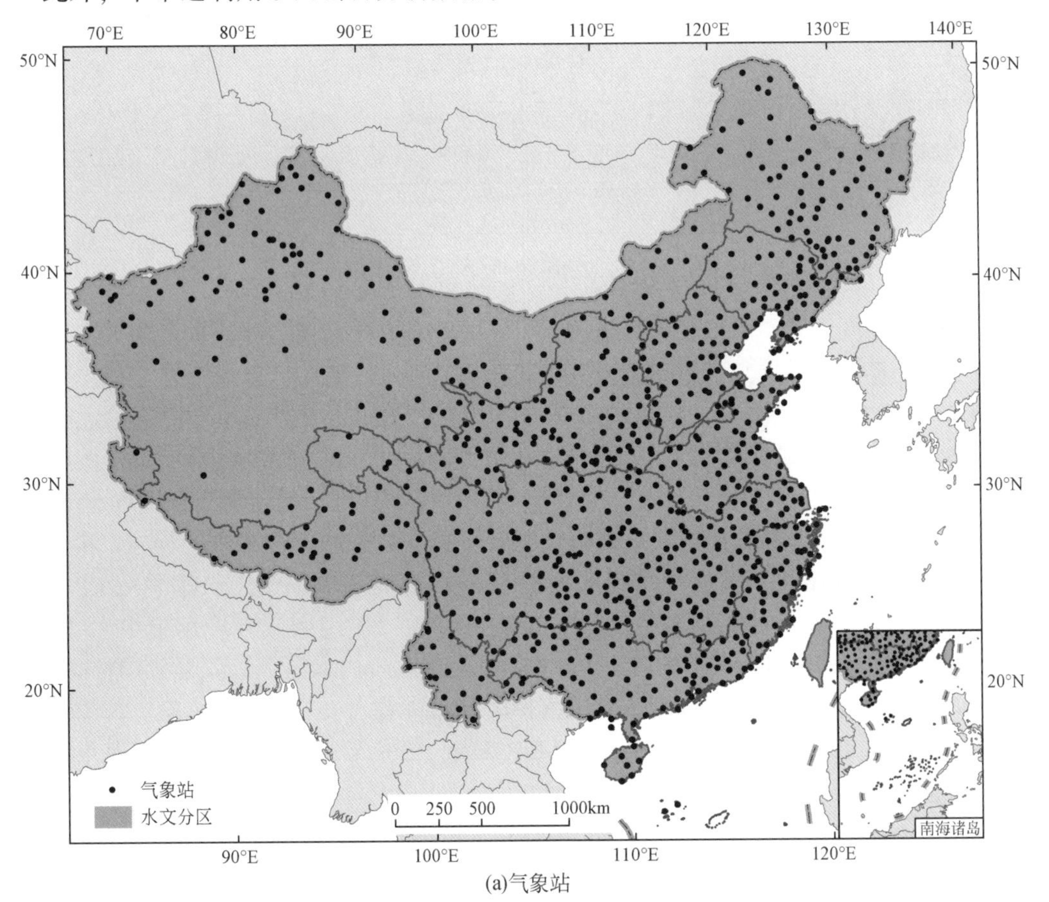

(a)气象站

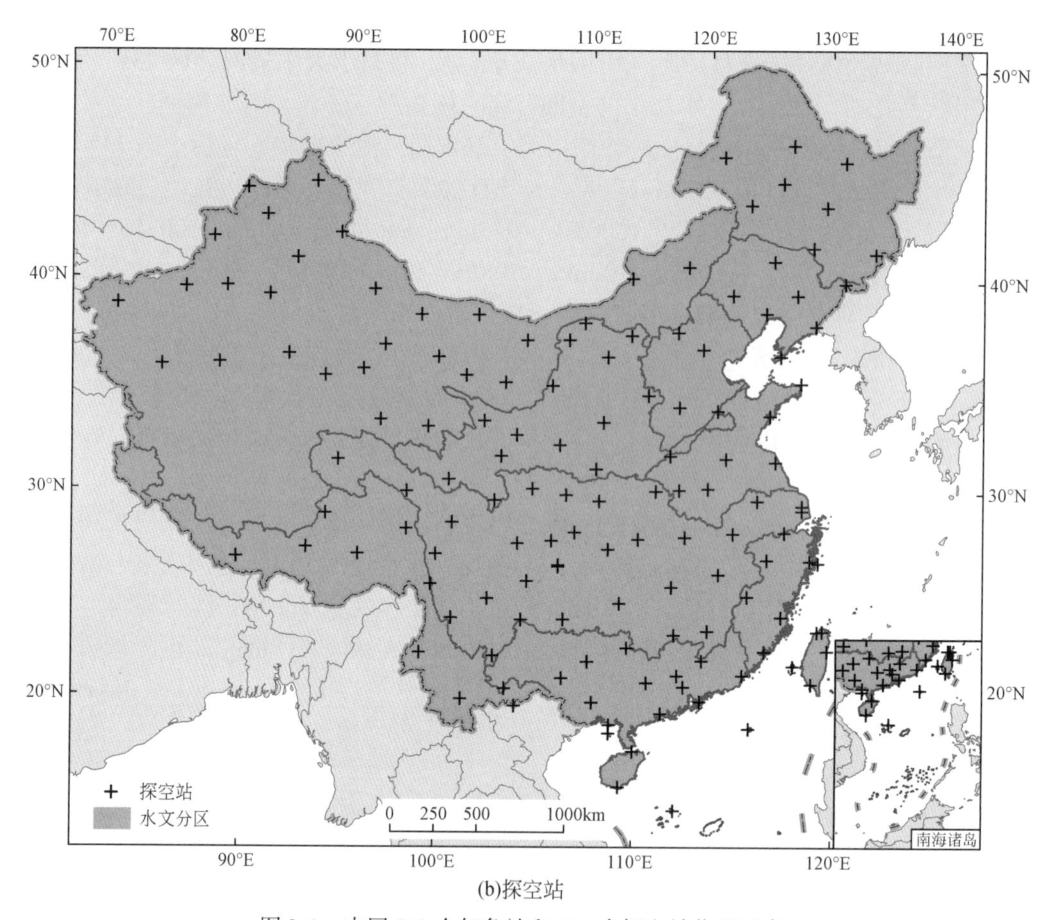

(b)探空站

图 3-1 中国 540 个气象站和 137 个探空站位置示意

前，再分析数据已广泛应用于大气科学研究中。随着对大气物理过程认识的深入，再分析数据的精度正在逐步提高，也逐渐成为分析气候特征及水汽循环过程的重要工具。

NCEP/NCAR 是由美国国家环境预报中心（National Centers for Environmental Prediction，NCEP）与美国国家大气研究中心（National Centre For Atmospheric Research，NCAR）协作，对来源于地面、船舶、无线电探空、探空气球、飞机和卫星等气象观测数据进行同化处理后，研制的全球气象资料数据库。20 世纪 90 年代 NCEP、NCAR 相继发起了“美国国家环境预报中心/美国国家大气研究中心再分析计划”，即“NCEP/NCAR Reanalysis Project（N/N Reanalysis，简称 NCEP-I）”和“美国国家环境预报中心/美国能源部大气模式交互对比计划”，即“NCEP/US Department of EnergyAtmospheric Model Intercomparison Project-Ⅱ Reanalysis-NCEP/DOE AMIP-II Reanalysis（Reanalysis-2，简称 NCEP-Ⅱ)”两大计划。NCEP-Ⅱ采用改进的预报模式和同化系统，修正了 NCEP-I 中的人为误差，被认为是一种通过校正的、较好的全球再分析数据。

ERA-Interim 是欧洲中期天气预报中心（the European Centre for Medium-Range Weather Forecasts，ECMWF）的再分析计划之一，资料长度为 1979 年至今。欧洲中心之前发布的

ERA-40 的同化系统在数值模式的分辨率（T159）和物理过程上要优于 NCEP/NCAR，并且在观测系统上也有长足的改进，主要体现在其同化了更多、更广泛的卫星和地表观测资料（如 ATOVS/AMSU-A、TOMS/SBUV 等卫星遥感资料和地表观测气温、湿度以及雪深等资料），因此，ERA-40 被看作是第二代全球大气再分析数据。ERA-Interim 与 ERA40 相比，在大气质量守恒、水分收支和能量循环等方面有了显著的改善（Berrisford et al.，2011），水平分辨率由 ERA40 的 T159 提升至 T255（由之转换为 N128 即 512×256 的高斯格点网格），水平分辨率接近 79km。采用原始的 60 混合 σ 层，使垂直分辨率也有所提高，并对观测资料的误差进行控制，修正了湿度计算模式方法。利用该套原始网格的再分析数据估算区域水分收支，将避免空间插值所导致的误差，同时也能降低水汽辐合项垂直积分时低层积分的计算复杂程度。

所用要素包括原始模式输出的比湿场（specific humidity）、水平纬向风风场（U wind）、经向风场（V wind）、高度场（geopotential）、地面气压（surface pressure）、12h 预报场的降水（total precipitation）和蒸发（evaporation），水平分辨率为 0.5°×0.5°，垂直从 1000 ~ 1hPa 共有 37 层等压面，时间段为 1979 ~ 2013 年；以及 NCEP/NCAR 的 1960 ~ 2013 年月平均再分析数据，包括比湿场（shum）、水平纬向风场（uwnd）、经向风场（vwnd）、高度场（hgt）、地面气压（pres），水平分辨率为 2.5°×2.5°，其中 uwnd、vwnd 和 hgt 场在垂直方向有 1000 ~ 20hPa 共 17 层，而 shum 场在垂直方向有 1000 ~ 300hPa 共 8 层。

3.2.2 方法

1. 水汽

（1）大气可降水量

大气可降水量 w 是指单位截面积垂直大气柱内所包含的水汽总量。其计算公式为

$$w = \frac{1}{g}\int_{p_s}^{p_t} q dp \tag{3-1}$$

式中，垂直积分范围均是从地面气压 p_s 到 p_t，p_t 取 300hPa；q 为比湿；g 为重力加速度。

（2）水汽通量和散度

水汽通量表示单位时间流经某一单位面积的水汽质量。单位气柱大气水汽输送通量矢量 Q 的计算公式为

$$\vec{Q} = Q_\lambda(\lambda,\ \varphi,\ t) \cdot \vec{i} + Q_\varphi(\lambda,\ \varphi,\ t) \cdot \vec{j} \tag{3-2}$$

式中，纬向水汽输送通量：$Q_\lambda(\lambda,\ \varphi,\ t) = -\frac{1}{g}\int_{p_s}^{p_t} q(\lambda,\ \varphi,\ p,\ t) \cdot u(\lambda,\ \varphi,\ p,\ t) \cdot \mathrm{d}p$；经向水汽输送通量：$Q_\varphi(\lambda,\ \varphi,\ t) = -\frac{1}{g}\int_{p_s}^{p_t} q(\lambda,\ \varphi,\ p,\ t) \cdot v(\lambda,\ \varphi,\ p,\ t) \cdot \mathrm{d}p$

式中，Q 的单位为 kg/(m · s)；λ、φ 为经纬度；u 为纬向风场；v 为经向风场（m/s）。

(3) 边界水汽收支

为了解中国大陆地区水汽的收支情况，将中国地区按再分析数据的格点描述为一个多边形（图 3-2）。区域内的水汽量总收支：

$$Q = Q_{\varphi S} + Q_{\varphi N} + Q_{\lambda W} + Q_{\lambda E} \tag{3-3}$$

区域南边界水汽输送总量：

$$Q_{\varphi S}(\varphi,\ t) = \int_{\varphi_w}^{\varphi_e} Q_{\varphi}(\lambda,\ \varphi,\ t) \cdot a\cos\varphi \cdot \mathrm{d}\lambda \tag{3-4}$$

区域北边界水汽输送总量：

$$Q_{\varphi N}(\varphi,\ t) = -\int_{\varphi_w}^{\varphi_e} Q_{\varphi}(\lambda,\ \varphi,\ t) \cdot a\cos\varphi \cdot \mathrm{d}\lambda \tag{3-5}$$

区域西边界水汽输送总量：

$$Q_{\lambda W}(\lambda,\ t) = \int_{\varphi_S}^{\varphi_N} Q_{\lambda}(\lambda,\ \varphi,\ t) \cdot a \cdot \mathrm{d}\varphi \tag{3-6}$$

区域东边界水汽输送总量：

$$Q_{\lambda E}(\lambda,\ t) = -\int_{\varphi_S}^{\varphi_N} Q_{\lambda}(\lambda,\ \varphi,\ t) \cdot a \cdot \mathrm{d}\varphi \tag{3-7}$$

式中，a 为地球半径。

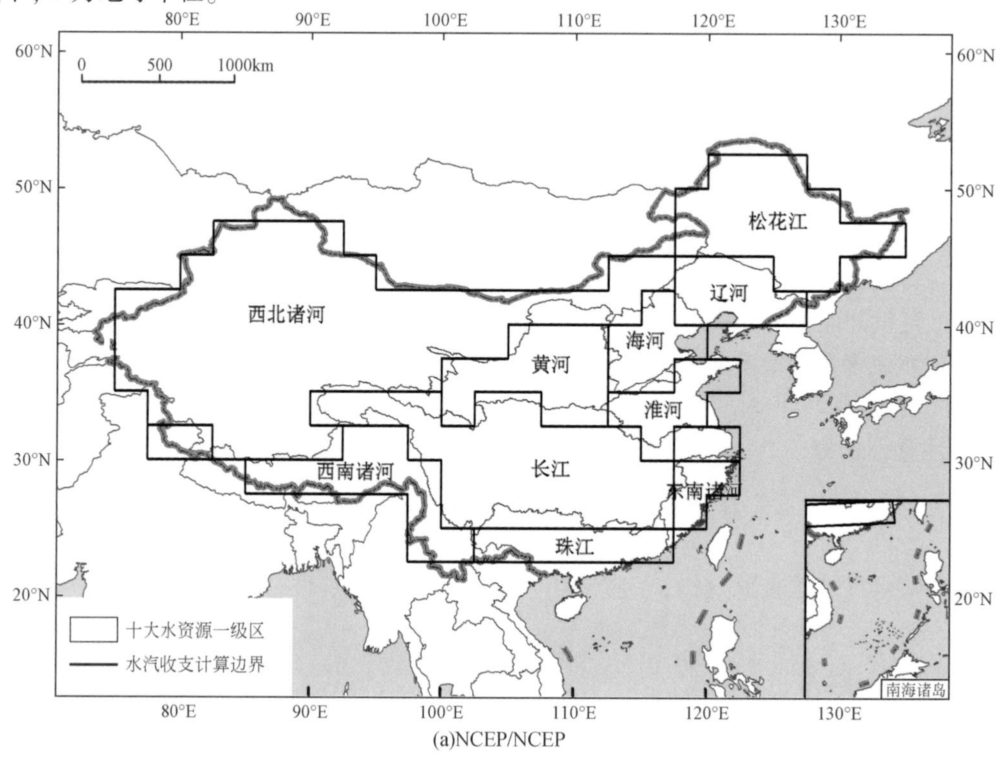

(a)NCEP/NCEP

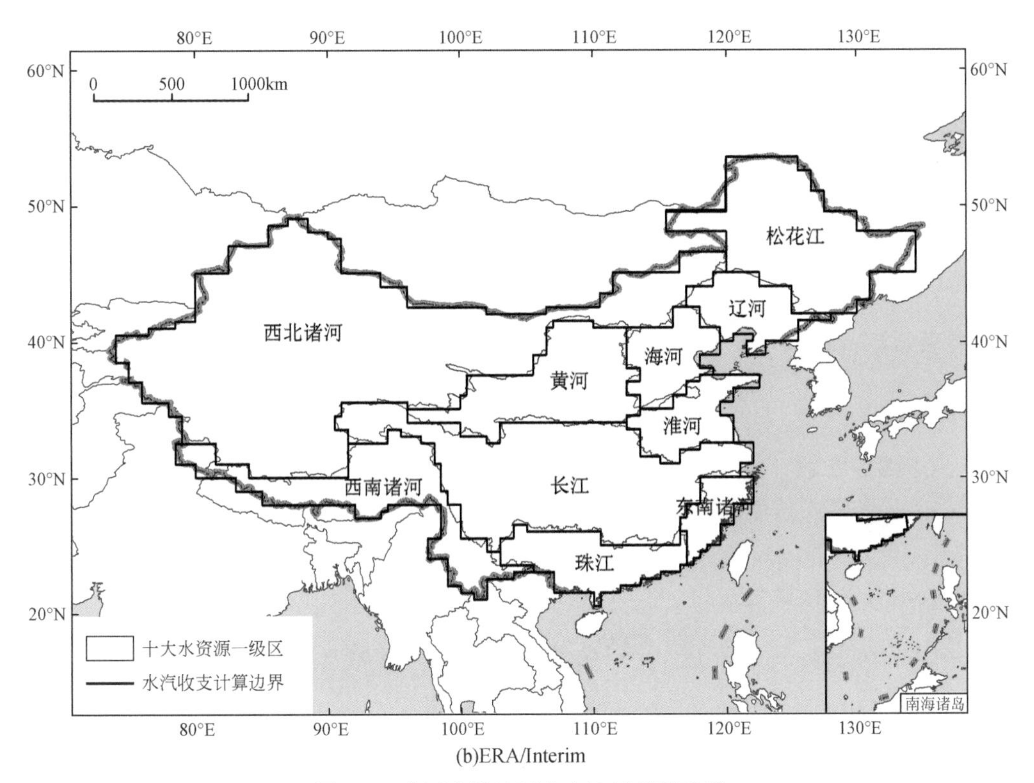

(b)ERA/Interim

图 3-2　中国大陆地区十大流域模拟边界

(4) 降水转化率

由降水量与整层大气可降水量（即整层大气水汽含量）之比，得到整层降水转化率。整层降水转化率表明了整层可降水总量能够转化成降水的比率，其可以大致衡量一个地区一段时间整层水汽转化为降水的效率高低。

2. 实际蒸散发模型

基于互补相关理论的平流-干旱模型（advection- aridity model，简称 AA 模型）由 Brutsaert 和 Stricker 于 1979 年提出，以 Penman 公式作为区域可能蒸散 ET_p 的估算式［式（3-8)］，以 Priestley-Taylor 的平衡蒸散作为湿润环境下陆面蒸散 ET_w 的估算式［式（3-9)］，则实际蒸散发 ET_a 由式（3-10）给出。

$$ET_p = \frac{\Delta(R_n - G)}{\Delta + \gamma} + \frac{\gamma E_a}{\Delta + \gamma} \tag{3-8}$$

$$ET_w = \alpha \times E_e = \alpha \frac{\Delta}{\Delta + \gamma}(R_n - G) \tag{3-9}$$

$$ET_a = 2ET_w - ET_p = (2\alpha - 1)\frac{\Delta}{\Delta + \gamma}(R_n - G) - \frac{\gamma}{\Delta + \gamma}E_a \tag{3-10}$$

式中，ET_a 为实际蒸散发；ET_p 为潜在蒸散发，采用 Penman 公式计算；ET_w 为湿润环境蒸散发，采用 Priestley-Taylor 公式计算；Δ 为温度-饱和水汽压曲线斜率（kPa/℃）；γ 为干湿表常数（kPa/℃）；R_n为地表净辐射（mm/d），其值为净短波辐射R_{ns}和净长波辐射R_{nl}之差；G为土壤热通量（mm/d），相对于净辐射R_n来说，土壤热通量G是很小的量，特别是当地表被植被覆盖、计算时间尺度是10d或更短时，假定$G\approx 0$；E_a为干燥力（mm/d）；α为经验系数，采用水量平衡方法率定。

这里，饱和水汽压斜率Δ由式（3-11）计算：

$$\Delta = \frac{4098 \times \left[0.6108 \times \exp\left(\frac{17.27T}{T + 237.3}\right)\right]}{(T + 237.3)^2} \tag{3-11}$$

干湿表常数γ由式（3-12）计算：

$$\gamma = \frac{c_p P}{\varepsilon\lambda} = 0.665 \times 10^{-3} P \tag{3-12}$$

式中，γ为干湿表常数（kPa/℃）；P为大气压（kPa）；λ为蒸发潜热，其值为2.45MJ/kg；c_p为空气定压比热，其值为1.013×10^{-3} MJ（kg/℃）；ε为水与空气的分子量之比，约为0.622。

净短波辐射R_{ns}计算公式为

$$R_{ns} = (1 - \alpha_R)\left(a_s + b_s \frac{n}{N}\right)\frac{24 \times 60}{\pi} G_{sc} d_r [\omega_s \sin(\varphi)\sin(\delta) + \cos(\varphi)\cos(\delta)\sin(\omega_s)] \tag{3-13}$$

式中，α_R =0.23，为地表反照率；a_s=0.25及b_s=0.5为地球外辐射的透过系数；n和N分别表示日照时数和最大可能日照时数；G_{sc}为太阳常数［0.082 MJ/（m^2·min）］；d_r为日地相对距离；ω_s为日落时角；φ为纬度；δ为太阳倾角。

日地相对距离d_r和太阳倾角δ分别由式（3-14）和式（3-15）计算：

$$d_r = 1 + 0.033\cos\left(\frac{2\pi}{365}J\right) \tag{3-14}$$

$$\delta = 0.409\sin\left(\frac{2\pi}{365}J - 1.39\right) \tag{3-15}$$

式中，J为儒略日（日序），取值范围为1到365或366。

日落时角ω_s由式（3-16）计算：

$$\omega_s = \arccos[-\tan(\varphi)\tan(\delta)] \tag{3-16}$$

纬度φ此处以弧度表示。

最大可能日照时数N采用式（3-17）计算：

$$N = \frac{24}{\pi}\omega_s \tag{3-17}$$

净长波辐射R_{nl}计算公式为

$$R_{nl} = \sigma\left[\frac{T_{max,K}^4 + T_{min,K}^4}{2}\right](0.34 - 0.14\sqrt{e_a})\left(1.35\frac{R_s}{R_{so}} - 0.35\right) \tag{3-18}$$

式中，σ为斯蒂芬-波尔兹曼常数；$T_{max,K}$和$T_{min,K}$分别为日最高、最低温度（K）；e_a为实际水汽压（kPa）；R_s/R_{so}表示相对短波辐射。

干燥力 E_a 采用式（3-19）计算：

$$E_a = f(u_2)(e_a^* - e_a) = 0.35(1 + 0.54u_2)(e_a^* - e_a) \tag{3-19}$$

式中，e_a^* 为饱和水汽压（kPa）；u_2 为 2m 高处的风速（m/s），而中国气象台站的风速测定高度一般都是 10m 高度（u_{10}），需要转换成 2m 高度风速，转换公式采用式（3-20）：

$$u_2 = u_{10} \frac{4.87}{\ln(67.8 \times 10 - 5.42)} \tag{3-20}$$

前述公式中相关变量的计算及经验系数的取值参考了相关文献（Allen et al.，1998）。

3. 水循环

水循环包括 3 个阶段（蒸发、降水和径流）5 个环节（水分蒸发、水汽输送、凝结降落、水分下渗和径流）。水量平衡指任一区域（如某流域）在任一时段（如一年）内，其收入水量等于支出水量和区域内蓄水变量之和：

$$W_{\lambda} = W_{出} \pm \Delta u \tag{3-21}$$

式中，W_{λ} 为收入水量；$W_{出}$ 为支出水量；Δu 为蓄水变量。

在任意给定的时域和空间内，水的运动（包括相变）是连续的，遵循物质守恒，保持数量上的平衡。一个地区的水循环可分解为大气分支与陆地分支两个部分（刘春蓁，2003）。

其中，中国区域大气分支的水汽平衡方程为

$$\iint_A (P - E)\mathrm{d}A = -\iint_A \frac{\partial w}{\partial t}\mathrm{d}A - \iint_A \nabla Q\mathrm{d}A \tag{3-22}$$

式中，P 为降水量（mm）；E 为蒸发量（mm）；t 为时间（s）；∇Q 为水汽水平辐合量[kg/（m·s）]；$\iint_A \mathrm{d}A$ 表示对中国区域面积积分；$\iint_A (P - E)\mathrm{d}A$ 为直接由降水和蒸发求得的中国区域水汽汇，反映了大气与下垫面的水分净交换量；$\iint_A \frac{\partial w}{\partial t}\mathrm{d}A$ 为中国区域局地水汽变化量；$-\iint_A \nabla Q\mathrm{d}A$ 表示中国区域的水汽辐合量。

陆地分支的水汽平衡方程为

$$\Delta S = P - E - R \tag{3-23}$$

式中，R 为出入本区的径流量；ΔS 为下垫面蓄水变量。

3.3 大气水汽的时空变化

水文循环的大气过程主要包括水汽输送、水汽辐合与辐散、水汽收支与水分平衡。大气水循环问题的科学研究开始于 20 世纪 50 年代后期。1958 年，Starr 和 Peixoto 利用有限的探空资料初步计算了北半球水汽的经向输送，讨论了全球大气水分平衡问题。同年，中国也利用 1956 年中国 33 个探空站资料，首次给出了中国东部地区水汽总输送场空间分布，徐淑英（1958）指出，尽管高空测站相对以往大量增加，但数据的空间精度仍然达不到要求，许多数据都采用简化处理，与实际情况有差别。其后，随着探空站点的增多，对水汽的时空分布的认识也随之增加。80 年代，刘国纬（1985）利用中国 100 多个探空站 1961 ~ 1975 年的探空资料，得到中国可降水量总的分布形势由东南沿海向华北和西北递减，其垂直分布很不均匀，约有 90% 集中在 500 hPa 以下，结合水资源评价将中国大陆划分为 6 个水文气候条件不同的区域，系统地计算分析了各区域水汽输送通量散度场及其季节变化等特点以及区域的水汽收支和水文循环大气过程的基本特征（刘国纬和周仪，1985；刘国伟和崔一峰，1991），在此基础上出版了专著《水文循环的大气过程》（刘国伟，1997）。

20 世纪 90 年代后，各种再分析数据不断涌现，资料的时空精度和时空范围都较以往有很大提高。近年来，丁一汇和胡国权（2003）计算了 1991 年江淮暴雨时期的水汽收支和水分循环系数，并对 1998 年大洪水时期全球范围的水汽背景和中国各分区降水过程的水汽收支进行了分析，以期为暴雨和洪水的预报提供有用的证据。柳艳菊等（2005）分析了 1998 年南海夏季风爆发前后大尺度水汽输送的主要特征，表明大尺度水汽条件与季风活动密切相关。刘波等（2012）对长江上游大气可降水量以及各边界水汽通量、水汽收支的变化特征进行分析，建立了长江上游水文循环概念模型。秦育婧和卢楚翰（2013）分析了 2011 年夏季江淮区域水汽汇的演变及各项的贡献，研究了与水汽辐合项有关的水汽输送及相应的月平均环流和天气尺度扰动。

3.3.1　探空资料的检验

近年来，对大气可降水量数据时空分辨率的要求越来越高，再分析数据中具有较高空间分辨率的大气可降水量数据不失为一个好的选择。但是再分析数据毕竟不是真正的观测数据，其质量受到观测系统误差和同化系统误差的影响，要想了解再分析数据是否能够真实反映大气状况，必须对其可信度进行验证。

关于 NCEP/NCAR 再分析数据可信度问题，国内外学者利用各种方法从不同角度对不同的参量进行了分析和比较。对于 NCEP/NCAR 存在的主要问题得出以下结论：1948 ~ 1957 年高层大气观测数据稀缺，使得该时段再分析数据可信度偏低；由于卫星和常规观测数据反演的 1979 ~ 2002 年南半球海洋区域海平面气压数据的方位倒置了 180°，使得再分析数据不适用于该时段南半球副热带地区日变化的分析研究；1948 ~ 1967 年的地表气压和海平面气压的观测数据转化过程中出现错误，不合理地剔除了低于 1000hPa 的地表气压和海平面气压。

前人大多都是将再分析数据同实测资料进行对比，从而比较和分析出不同再分析的可信度。但是全球范围内探空资料稀缺，且探空台站分布极不均匀，因此利用探空资料计算的可降水量来验证再分析数据可降水量不容易实现，而由 GPS 反演得到的可降水量数据集时间序列较短，没有办法进行长时间的对比验证。相对而言，地面水汽压和可降水量的关系式则容易推算，且国内外科研工作者对不同区域地面水汽压和可降水量的关系进行了大量的研究，这也有利于对比验证。因此，可以通过对再分析数据大气可降水量（Q_r）与地面水汽压(e_r) 关系式的比较和分析，来验证再分析数据可降水量数据的可靠性，以便为以后的研究提供一些有用的借鉴和参考。

利用 NCEP/NCAR 再分析数据的水汽压数据，从年代际变化的角度对再分析数据大气可降水量数据进行初步检验，从而对近几十年大气可降水量的年代际变化特征进行初步的分析和描述。中国台站探空资料计算的大气可降水量（Q_o）与地面水汽压(e_o) 存在良好的线性关系，其关系式为 $Q_o = a + b * e_o$(这里将 a 称为截距，b 称为斜率)，因此可以通过对比探空资料 $Q_o - e_o$ 关系式与再分析资料 $Q_r - e_r$ 关系式，来验证中国区域内再分析数据的可信度(杨景梅，2002)。利用 NCEP/NCAR 再分析资料 1981 ~ 2000 年月平均可降水量和地面水汽压数据，得到可降水量与地面水气压散布图（图略），得出数据点集中在一条回归直线附近，再分析资料 $Q_r - e_r$ 的相关系数(R) 非常高，通过了 0.05 显著性检验，表明再分析资料中 $Q_r - e_r$ 同样存在良好的线性关系，同时得出中国代表性台站多年探空资料 $Q_o - e_o$ 关系式为 $Q_o = 1.744e_o$，可以看出 NCEP/NCAR 再分析资料 $Q_r - e_r$ 关系式的斜率为 1.649，与探空资料大气可降水量较为接近。统计的探空资料 $Q_o - e_o$ 关系式截距为 0，从物理学上分析，当地面水汽压为 0 时，可降水量也应该为 0。而其计算的 NCEP/NCAR 再分析资料 $Q_r - e_r$ 关系式截距为 0.0144，接近于 0，计算结果较为合理（张学文，2004）。

3.3.2 大气可降水量

中国面积辽阔、地形复杂，受到海陆分布与大气环流的影响，中国上空的大气可降水量空间差异较大。1961 ~ 2013 年中国上空多年平均大气可降水量的分布状况如图 3-3 所示。

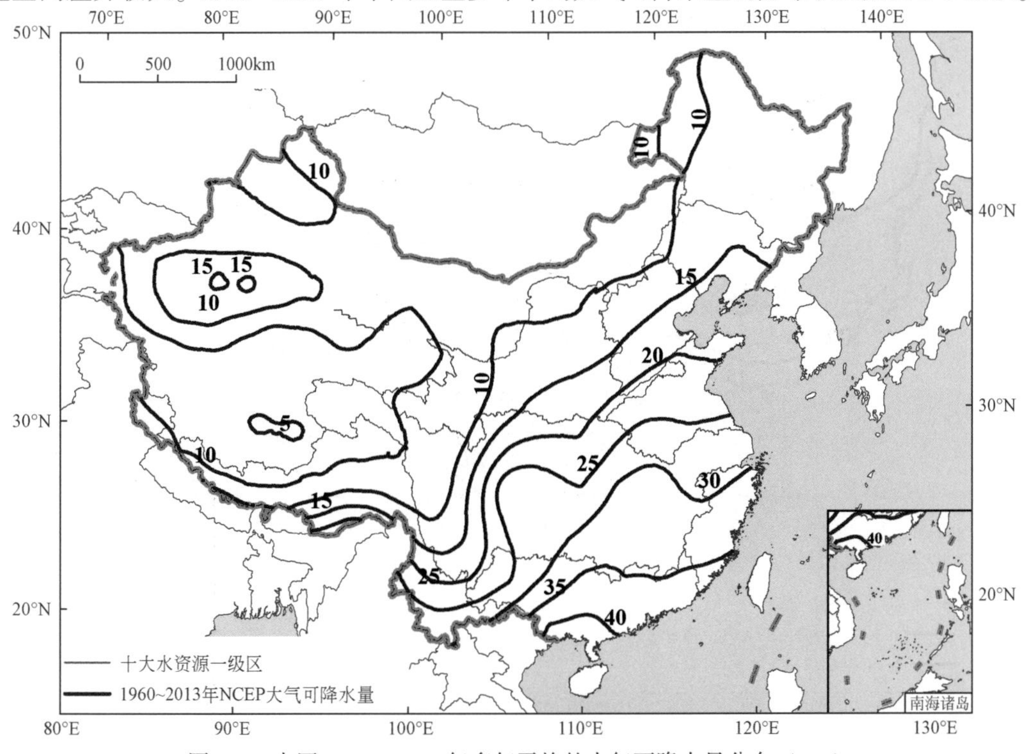

图 3-3 中国 1961 ~ 2013 年多年平均的大气可降水量分布（mm）

青藏高原由于海拔较高，部分等压面的大气可降水量数值为插值资料，误差相对较大，在本章研究中未予讨论。中国其他地区大气可降水量的基本特征如下。

在 108°E 以东，大气可降水量等值线基本呈纬向分布，大气可降水量由东南部沿海的 40mm 向西北递减，到蒙古边界只有不到 10mm，青藏高原和西北地区东部为极小值区，为 5mm 左右，在西北地区西部有个相对高值区，可达 10mm 以上，且该湿区常年存在，只是不同季节其范围和强度有所区别。

受到青藏高原的影响，中国西南地区大气可降水量变化较为剧烈。在四川盆地，也存在一个相对高值区，大气可降水量等值线沿着云贵高原东侧的地势分布。在 100°E ~ 108°E，大气可降水量等值线由纬向分布转换为经向分布，大致沿东偏南 45°方向分布且较为密集，表明东西方向大气可降水量梯度较大，反映出地形与海拔高度的变化对大气可降水量的显著影响。

大气可降水量的空间分布格局与中国降水量的空间分布总体较为吻合，均由东南向西北逐渐减小，但受到再分析数据模拟精度等因素的影响，两者之间仍存在一定的差异。

1961 ~ 1985 年和 1986 ~ 2013 年的大气可降水量空间分布变化不大，1986 ~ 2013 年相对于 1961 ~ 1985 年在东部地略区有南移，尤其在东北地区变化较大，但在西部地区东部有略微的北移增长，这说明在东部相同地区大气可降水量在减少，而在西北略有增加［图 3-4（a）］。

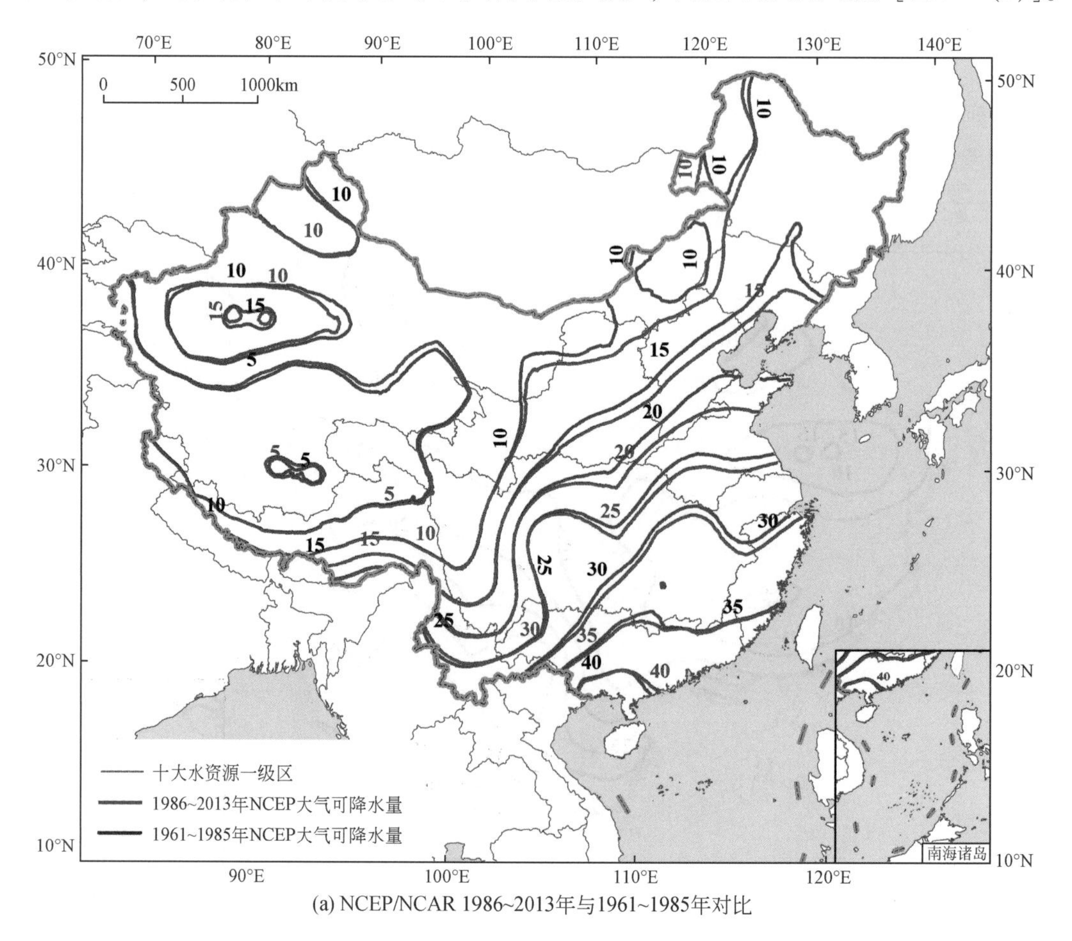

(a) NCEP/NCAR 1986~2013年与1961~1985年对比

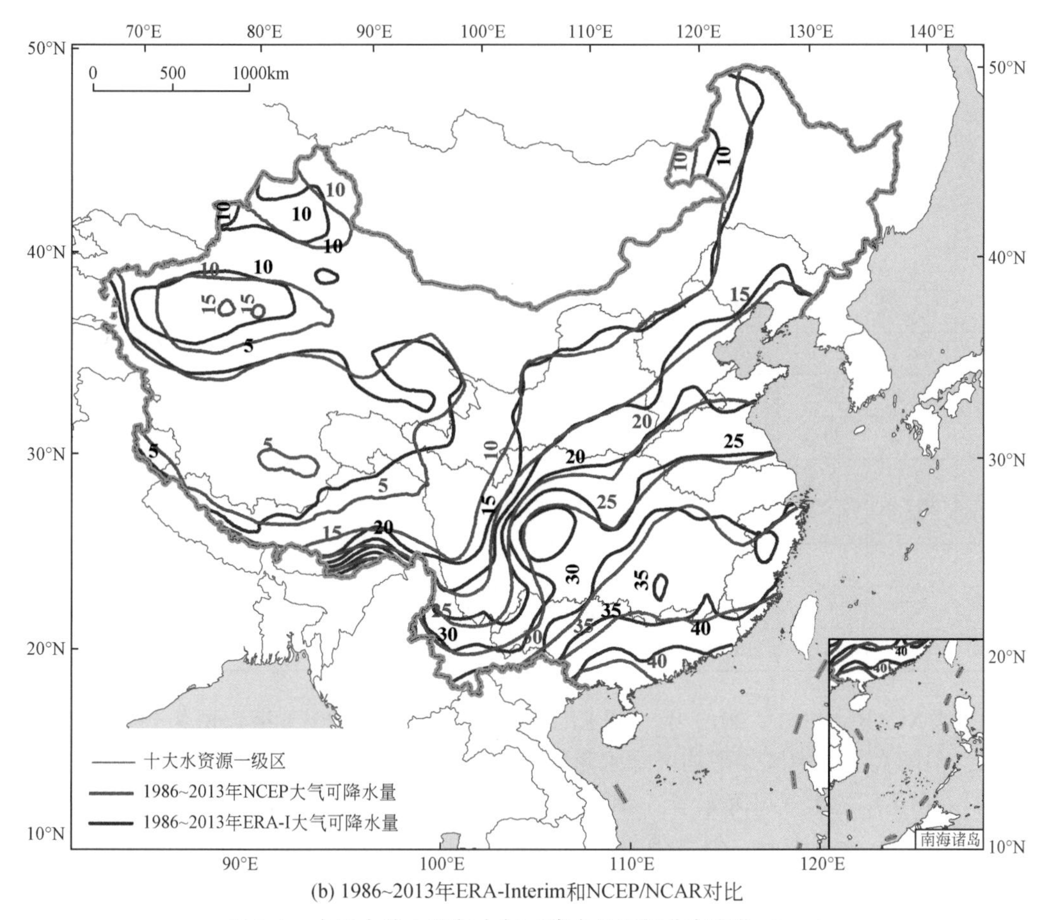

(b) 1986~2013年ERA-Interim和NCEP/NCAR对比

图 3-4　中国大陆上空年大气可降水量空间分布变化（mm）

两套再分析数据的大气可降水空间分布也相差不大，四川盆地地区 ERA-Interim 计算的大气可降水量要略大，在西部地区两套再分析数据的空间分布略有差异［图 3-4（b）］。中国上空大气中的水汽总量为 131.2km^3，折合平均水深 14.3mm。具体来看，中国十大水资源分区的大气可降水量差别也较大（表 3-1）。将各流域水汽总含量折合为平均水深，东北与西北各大流域大气可降水量相对较少，自西北向东南大气可降水量逐渐增加，平均大气可降水量最大为珠江和东南诸河流域，多年平均大气可降水量大于 30mm，但淮河流域的大气可降水量要大于长江流域，在十大水资源分区中占第三位，黄河流域的大气可降水量要小于东北三流域，略大于西南、西北诸河。从大气可降水量的月变化来看，珠江流域在 6 月达到峰值，东南诸河在年内为双峰分布（6 月和 8 月），其余流域大气可降水量的年内最大值都在 7 月，呈单峰分布。可以看出，在 7 月，淮河流域的大气可降水量为十大水资源分区中最大值，虽然淮河流域在 10 月至次年 5 月与长江流域的大气可降水量相近，但6 ~9月的大气可降水量远大于长江流域，这也就造成全年平均的大气可降水量要大于长江流域，在 7 月份长江流域的平均大气可降水量甚至要低于海河流域。

表 3-1　中国十大水资源分区 1961～2013 年多年平均及月平均大气可降水量

（单位：mm）

时间	松花江	辽河	海河	黄河	淮河	长江	珠江	东南诸河	西南诸河	西北诸河
1 月	2.5	3	4.3	3.6	8.6	9.3	19.6	16	3.2	2.9
2 月	2.8	3.5	5.3	4.5	10.5	11	22.7	19.1	3.5	3.2
3 月	4.2	5.1	7.6	6.3	14.1	14.4	27.7	24.2	4.5	4.5
4 月	8	9.1	11.8	9	20.2	19.3	34.8	31.1	6.5	6.3
5 月	13.2	13.9	17.2	12.9	27.2	25.7	43.7	39.2	9.7	8.6
6 月	22.3	23.1	26.2	18.2	37.1	32.7	49.6	47.5	14.5	12.1
7 月	30.8	33.1	37.6	24.7	50.5	35.7	47.8	47	17.1	15.3
8 月	27.4	29.8	35.1	23.8	47.4	34.3	47.7	47.3	16.6	13.9
9 月	16.4	17.6	23.1	18.1	35.1	29.7	43.6	42.1	13.7	9.7
10 月	9	10.3	14.2	11.2	22.4	21.9	36.5	31.6	8.8	6.1
11 月	4.9	6	8.2	6.3	14.7	14.5	27	23.2	5.3	4.2
12 月	3.1	3.7	5.1	4	9.6	10.1	20.3	16.7	3.6	3.3
多年平均	12	13.2	16.3	11.9	24.8	21.6	35.1	32.1	8.9	7.5

NCEP/NCAR（1961～2013 年）和 ERA-Interim（1986～2013 年）两组再分析数据一致表明，中国大部分地区年平均可降水量表现为减少趋势。其中，NCEP/NCAR 再分析数据 1961～2013 年的大气可降水量在华北减少趋势最大，气候倾向率达到了-0.7mm/10a；在西北也有一个减小中心，但数值较低，气候倾向率约为-0.2mm/10a；等值线在东北、华南及 105°E 左右较密集；西南略有增加，气候倾向率为 0.2mm/10a［图 3-5（a）］。NCEP/NCAR 再分析数据 1961～1985 年的变化趋势空间分布与 1961～2013 年类似，数值较大，在华北气候倾向率达到了-2.4mm/10a，西北达气候倾向率到了-0.9mm/10a，且在西南没有了增加地区［图 3-5（b）］。NCEP/NCAR 再分析数据 1986～2013 年的变化趋势在空间分布上与 1961～1985 有很大不同，减小趋势中心位于华南，气候倾向率达到了-0.9mm/10a；西北大部分地区为增加趋势，气候倾向率为 0.3mm/10a［图 3-5（c）］。

ERA-Interim 再分析资料得到的 1986～2013 年大气可降水量变化趋势与 NCEP/NCAR 大体类似，但在西北地区增加趋势中心不同，数值也低于 NCEP/NCAR，气候倾向率为 0.2mm/10a；在华南的增加趋势中心也有不同，气候倾向率只有-0.5mm/10a［图 3-5（d）］。

中国大陆平均大气可降水量 1961～2013 年呈下降趋势。ERA-Inerim 的计算值要比 NCEP 的值大 7% 左右，20 世纪 50 年代中国大气可降水量呈正距平；60 年代，中国大气可降水量仍为正距平，但正距平百分率已经明显减小，这与 1965 年以后中国北方大气明显变干的趋势有关；70～80 年代，中国大部分区域大气可降水量逐渐由正距平百分率转向负距平百分率，80 年代较 70 年代出现负距平百分率的区域扩大；90 年代中国平均大气可降水量年际波动幅度逐渐增大。总之对中国大部分地区而言，大气可降水量存在一个由 50

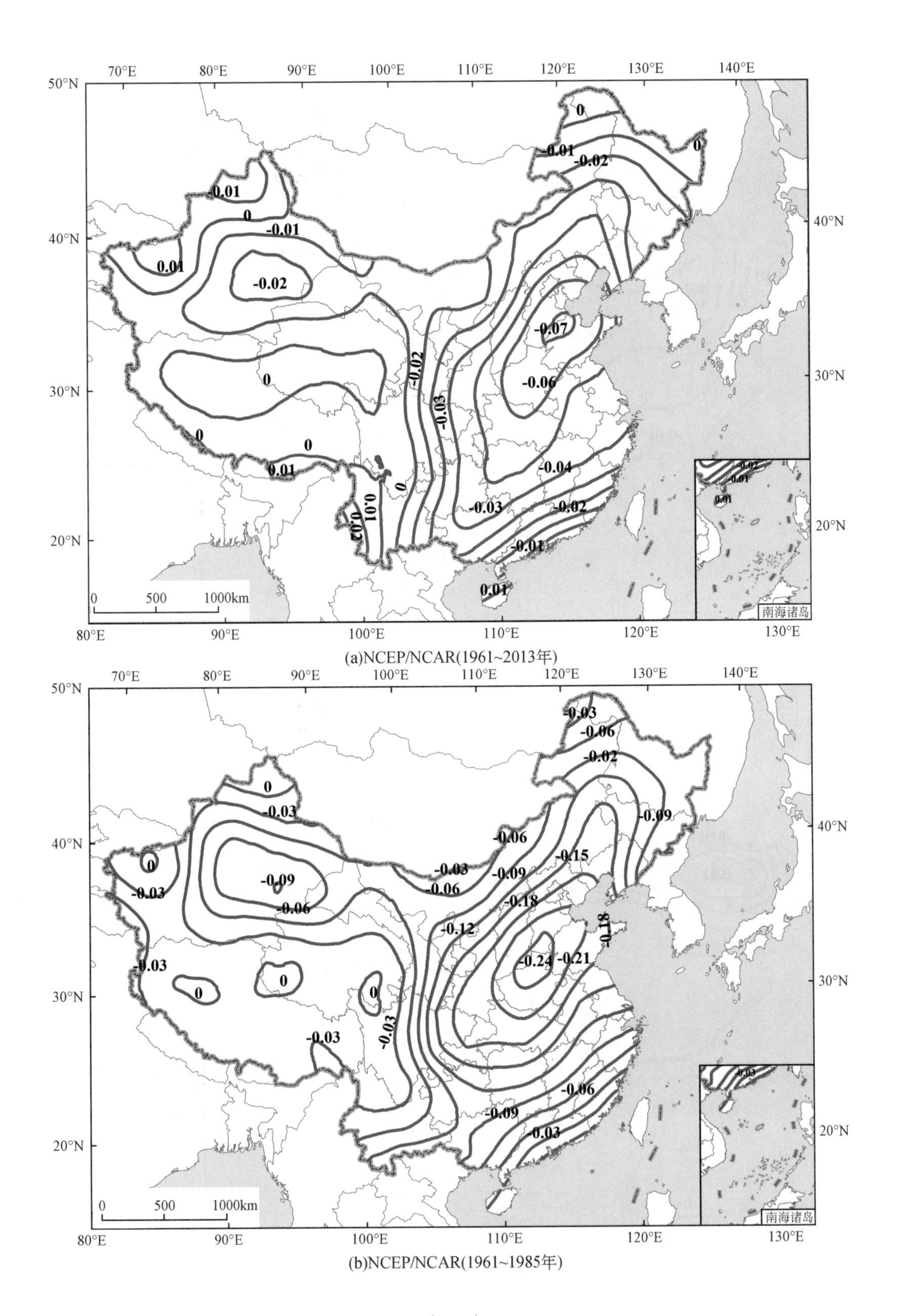

(b)NCEP/NCAR(1961~1985年)

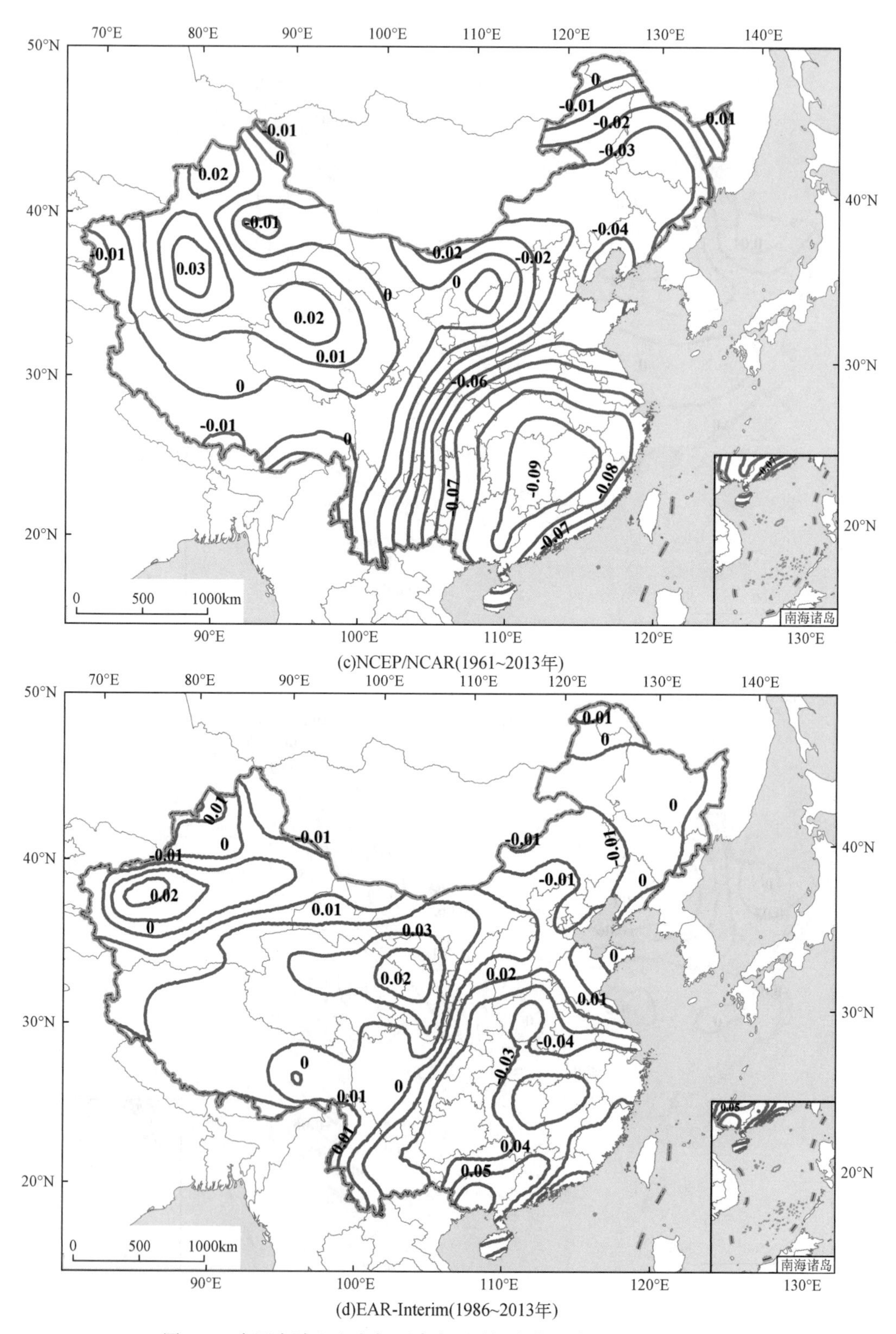

(c)NCEP/NCAR(1961~2013年)

(d)EAR-Interim(1986~2013年)

图 3-5　中国大陆上空大气可降水量时间变化的线性趋势空间分布

年代末到70年代明显减少，90年代以后波动强度增加的年代际变化过程（图3-6）。

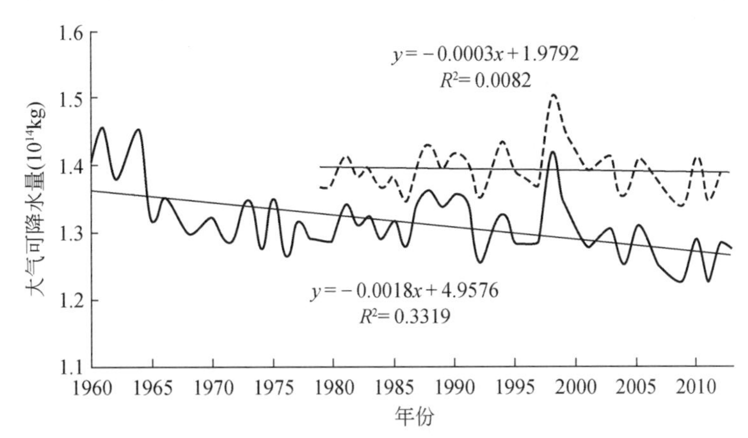

图 3-6　大气可降水量的时间变化趋势

注：实线为 NCEP/NCAR；虚线为 ERA-Interim

各大流域的整层大气可降水量都呈下降的趋势（表3-2），20世纪60～70年代，除东南沿海的珠江和东南诸河流域变化趋势不明显，其余流域都呈显著的下降趋势。北部的松花江、辽河和淮河3个流域变化趋势较为一致，在90年代有个略微增加的趋势，2000年以后又开始减少，但在2010年以后又略有增加，1986～2013年总的趋势仍然是显著下降的，通过了M-K置信度95%的显著性检验。淮河和黄河流域在1961～2013年均呈下降趋势，但下降速度淮河流域由慢变快，黄河流域由快变慢。长江流域在80～90年代有上升趋势，但总体而言仍为下降趋势。东南诸河和珠江流域在2000年前变化趋势不明显，在2000年后开始出现显著下降趋势（图3-7）。

表 3-2　中国东部季风区各流域的整层大气可降水量变化趋势

（单位：mm/10a）

水资源分区	NCEP（1961～2013年）	NCEP（1961～1985年）	NCEP（1986～2013年）	ERA（1986～2013年）
松花江	-3.01↓***	-3.28↓***	-2.55 ↓**	0.23↑
辽河	-4.71↓***	-3.21↓***	-3.20↓***	-0.74↓
海河	-5.46↓***	-2.89↓***	-2.52↓**	-0.31↓
黄河	-4.00↓***	-3.47↓***	-1.39 ↓	1.05↑
淮河	-4.12↓***	-2.30↓**	-3.23↓***	-0.54↓
长江	-3.92↓***	-2.76↓***	-4.30↓***	-1.36↓
珠江	-1.98↓**	-1.14↓	-2.99↓***	-1.16↓
东南诸河	-2.72↓***	-0.81↓	-3.56↓***	-1.28↓
西南诸河	0.15↑	-1.33↓	-0.39↓	1.19 ↑
西北诸河	-1.91↓*	-2.82↓	0.50↑	0.43↑
中国内地	-4.48↓	-3.47↓	-3.35↓	-0.71↓

*表示通过置信度90%检验；**表示通过置信度95%检验；***表示通过置信度99%检验。

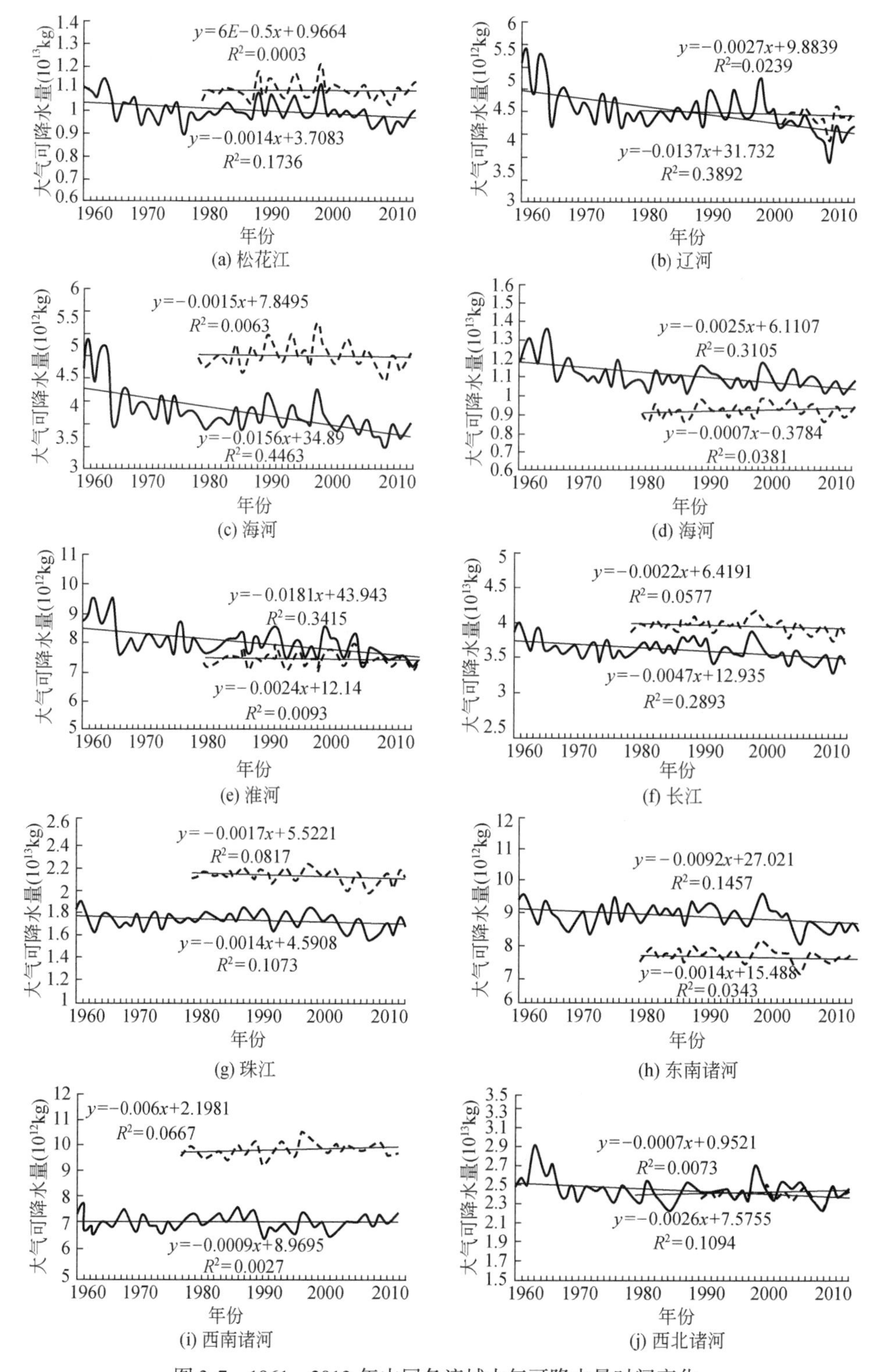

图 3-7　1961 ~2013 年中国各流域大气可降水量时间变化

注：实线，NCEP/NCAR；虚线，ERA-Interim

3.3.3 降水转化率

为了对水汽与降水关系进行定量研究，本章计算了流域整层降水转化率。由降水量与整层大气可降水量（即整层大气可降水量）之比，得到整层降水转化率，表明了整层可降水总量能够转化成降水的比率，其可以大致衡量一个地区一段时间整层水汽转化为降水的效率高低。

中国十大水资源分区的大气可降水量在 1961 ~ 2013 年的变化趋势除西南诸河有不显著的增加趋势外，其余都为减小趋势。但十大水资源分区平均的整层降水转化率都呈微弱上升趋势，以东南诸河和长江的上升趋势较明显，其余流域没有显著性的变化。辽河、海河、淮河 3 个流域大气可降水量减小趋势最大，辽河和淮河流域降水变化趋势不明显，海河流域略有下降，但 3 个流域的降水转化率并没有减小，并且都有微弱的上升趋势，这可能说明大气中低层的主要转化为降水的大气可降水量并未减小，或略有增加，这与气温升高，大气中大气可降水量增加的结论是一致的（图 3-8）。

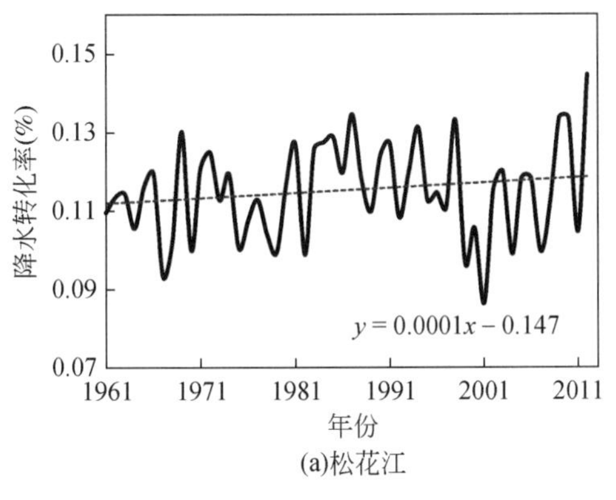

(a)松花江

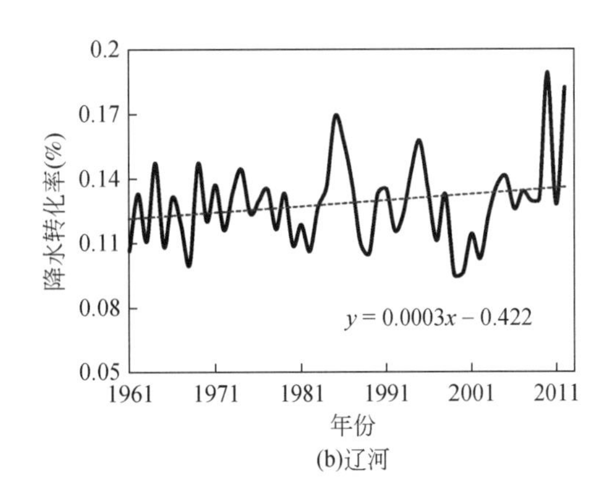

(b)辽河

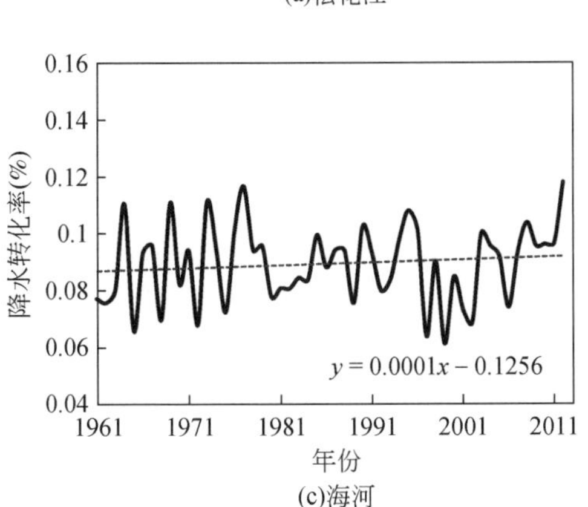

(c)海河

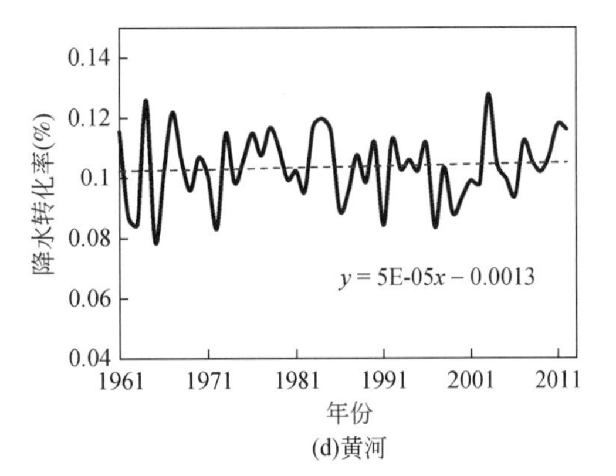

(d)黄河

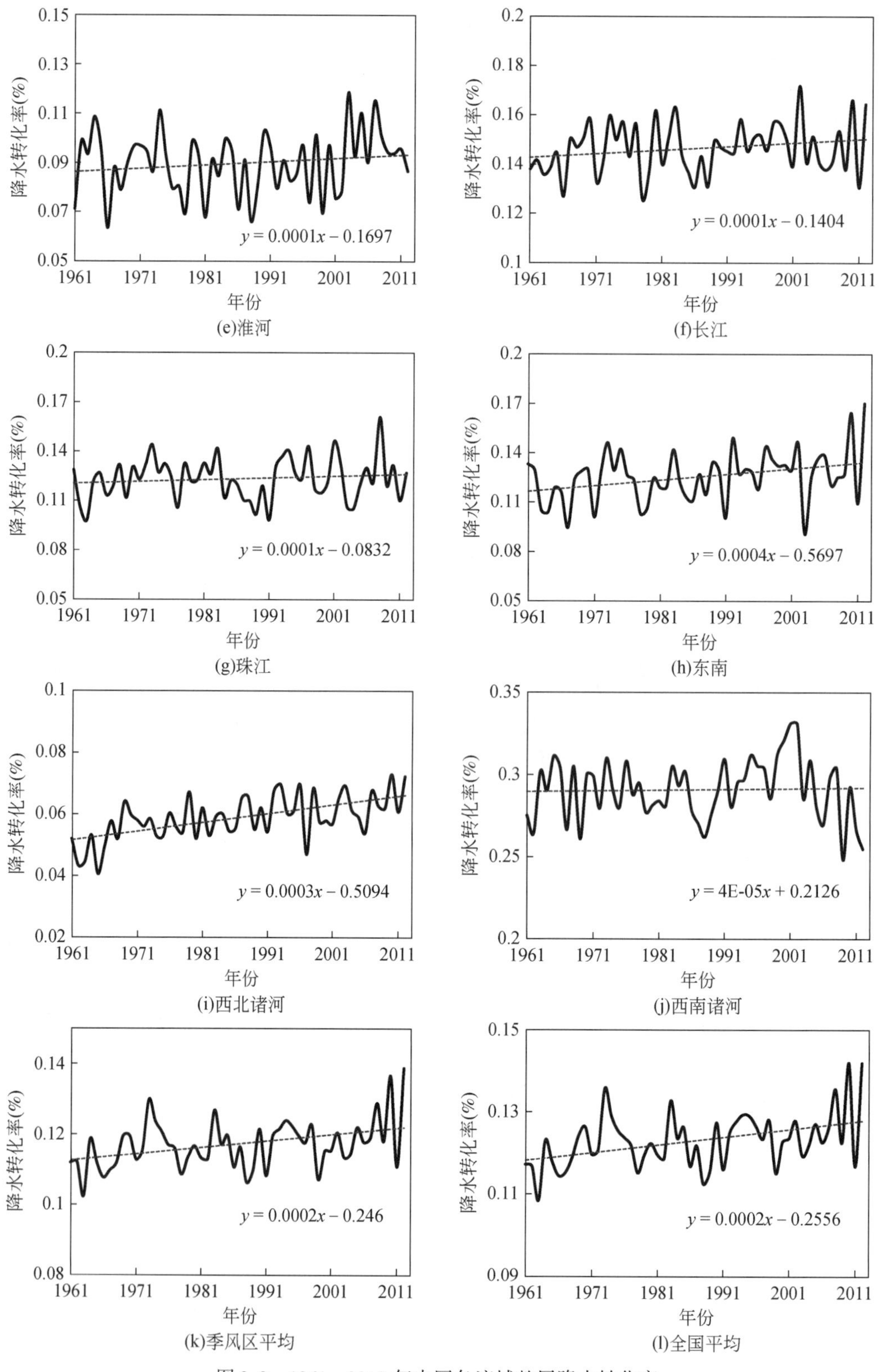

图 3-8　1961 ~ 2013 年中国各流域整层降水转化率

3.3.4 水汽收支

根据图 3-2 中所划定的范围，分别对中国及十大水文分区的边界水汽收支和大气水平衡进行分析，讨论其水汽收支季节和年际变化特征，进而得出中国及十大水文分区之间大气水量交换过程的基本认识，为方便比较，将单位统一为 $10^{12}m^3/a$。

中国为多年平均水汽汇区（图 3-9），1961 ~ 2013 年多年平均水汽净收支为 4.15×10^{12} m^3/a。东边界的西风输出大于西边界的西风输入，南边界水汽输入量为最大，北边界为弱的水汽输入边界，但经向水汽输送量要小于纬向水汽输送量，区域全年平均为水汽辐合区。

松花江流域为多年平均弱水汽汇区，1961 ~ 2013 年多年平均水汽辐合值为 0.06×10^{12} m^3/a，总的来看，松花江流域全年位于平均流西风输送带，东边界的西风输出略大于西边界的西风输入，南北边界均为平均流水汽输入，平均纬向水汽输送形成流域全年平均水汽辐合。辽河流域为多年平均水汽源区，1961 ~ 2013 年多年平均水汽净收支为 -0.15×10^{12} m^3/a，总的来看，辽河流域全年平均为水汽辐散区；东边界的西风输出略大于西边界的西风输入；南边界输入输出量相当，总的为微弱的水汽输出边界；北边界为弱的输入边界，经向水汽输送量要略小于纬向水汽输送量。海河流域为多年平均水汽源区，1961 ~ 2013 年多年平均水汽净收支为 $-0.14\times10^{12}m^3/a$，区域全年平均为水汽辐散区；东边界的西风输出略大于西边界的西风输入；南边界为弱的水汽输入边界；北边界为弱的水汽输出边界，经向水汽输送量要小于纬向水汽输送量。黄河流域为多年平均水汽源区，1961 ~ 2013 年多年平均水汽净收支为 $-0.63\times10^{12}m^3/a$；总的来看，辽区域全年平均为水汽辐散区。东边界的西风输出大于西边界的西风输入；南、北边界为弱的水汽输入边界，经向水汽输送量要小于纬向水汽输送量。淮河流域为多年平均水汽源区，1961 ~ 2013 年多年平均水汽净收支为 $0.06\times10^{12}m^3/a$；总的来看，辽淮河流域全年平均为水汽辐合区。东边界的西风输出略大于西边界的西风输入；南边界为弱的水汽输入边界，北边界为弱的输出边界，经向水汽输送量要略小于纬向水汽输送量。长江流域为多年平均水汽源区，1961 ~ 2013 年多年平均水汽净收支为 $1.24\times10^{12}m^3/a$。东边界的西风输出大于西边界的西风输入；南边界为最大的水汽输入边界，北边界为弱的输出边界，经向水汽输送量要略小于纬向水汽输送量，长江流域全年平均为水汽辐合区。珠江流域为多年平均弱水汽源区，1961 ~ 2013 年多年平均水汽辐合值为 -0.56×10^{12} m^3/a，总的来看，珠江流域全年位于南海季风输送带；东边界的西风输出略大于西边界的西风输入水汽量；南边界水汽输入略大于北边界的南风输出水汽量，平均经向输送在流域的水汽收支中占主要地位，平均纬向和经向水汽输送共同形成流域全年平均水汽辐散。东南诸河为多年平均弱水汽源区，1961 ~ 2013 年多年平均水汽辐合值为 -0.78×10^{12} m^3/a，总的来看，东南诸河全年位于南海季风输送带；东边界的西风输出大于西边界的西风输入水汽量；南边界水汽输入略大于北边界的南风输出水汽量，平均纬向和经向水汽输送共同形成流域全年平均水汽辐散。西南诸河为多年平均弱水汽汇区，1961 ~ 2013 年多年平均水汽辐合值为 1.63×10^{12} m^3/a，总的来看，西南诸河全年位于西南季风输送带，又受青藏高原大地形影响，东边界的西风输出与西边界的西风输入量值接近；南边界也有较大的南风水汽输入；北边界为弱的水汽输出，平均经向水汽输送形成流域全年平均水汽辐合。西北诸河为多年平均水汽源区，1961～2013 年多年平均水汽净收支为$-0.13\times10^{12}m^3/a$，总的来看，辽区域全年平均为水汽辐散区。东边界的西风输出大于西边界的西风输入；南、北边界为弱的水汽输入边界，经向水汽输送量要小于纬向水汽输送量（图 3-9）。

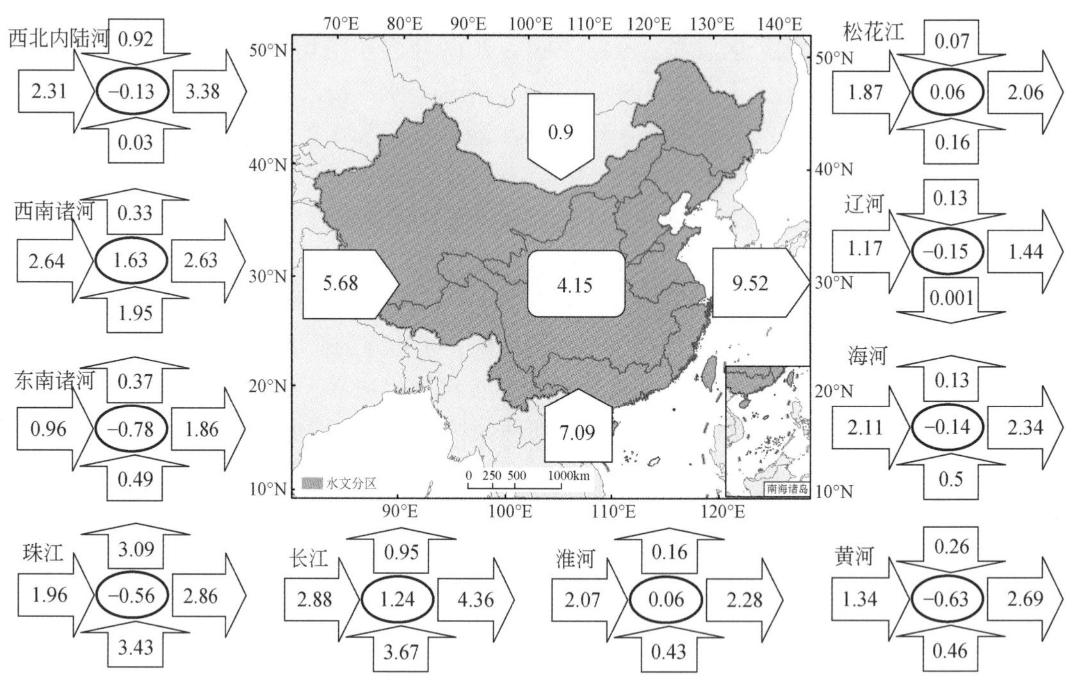

图 3-9 中国大陆及十大水文分区水汽收支示意图（$10^{12}m^3/a$）

中国区域 1961～2013 年水汽输入多年均值为 $15.9\times10^{12}m^3/a$，输出量为 $11.7\times10^{12}m^3/a$，净收支为 $4.2\times10^{12}m^3/a$；其中，前 25 年（1961～1985 年）输入量为 $16.3\times10^{12}m^3/a$，输出量为 $12.2\times10^{12}m^3/a$，净收支为 $4.2\times10^{12}m^3/a$；后 28 年（1986～2013 年）输入量为 $14.4\times10^{12}m^3/a$，输出量为 $11.1\times10^{12}m^3/a$，净收支为 $3.3\times10^{12}m^3/a$。水汽输入、输出和净收支在 1986～2013 年相比 1961～1985 年都有一定的减小，其中输入减少值略大于输出减少值。整个中国边界水汽输入、输出和净收支在时间上均呈显著的下降趋势，其中净收支的下降趋势低于输入和输出的下降趋势［图 3-10（a）］。

每年 2～10 月为中国区域水汽的净收入月份，即为水汽汇区；而在 11 月至次年 1 月，即冬季为水汽的净输出，为水汽源区。水汽净输入与输出体现了明显的季风特征，每年夏季前后，即 5～9 月，水汽总输入与输出均较高，水汽净收支也较高，在夏季整个中国地区为水汽汇。但水汽输入、输出的峰值（7 月）与水汽净收支的峰值相比要晚一个月（6 月）。相对于前 25 年（1961～1985 年），后 28 年（1986～2013 年）中国区域水汽输入和输出均有所减少，尤其是在夏半年（4 月 15 日至 10 月 15 日）减少较多，输入又比输出减少的略多；但水汽净收支整体上变化不大，即使在水汽输入、输出减少最多的月份也没有太大变化。这可能是气候变化以来，季风环流减弱的一个表现［图 3-10（b）］。

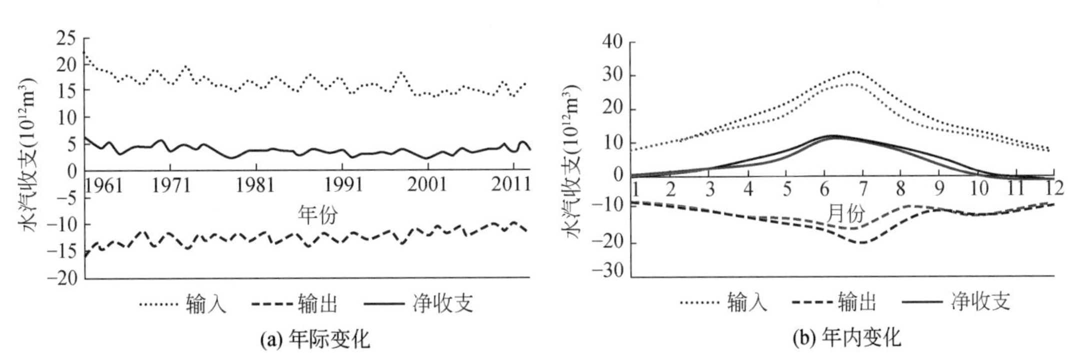

图 3-10　1961～2013 年中国大陆水汽收支时间变化

注：黑线：1961～1985 年；红线 1986～2013 年

就平均流纬向水汽输送而言［图 3-11（a）］，中国区域水汽收支总体上为东边界西风输出，西边界西风输入，纬向水汽净收支全年均为负值，即纬向水汽输出大于输入，纬向特征取决于东边界。东边界的水汽净收支在 7 月达到峰值以后迅速减小，这反映出中国显著的季风区特点；在东边界 7～12 月有弱的水汽输入，其余月份全部为输出，其中，水汽输入 9～10 月达到峰值。西边界全年为西风输入，西边界的季节变化幅度低于东边界，一般在 5～6 月达到峰值，最高和最低值之间差异不大；西边界在 7～9 月有微弱的水汽输出。通过对比 1961～1985 年和 1986～2013 年的水汽纬向特征可以看出，中国区域的纬向水汽收支季节分布与东边界类似，前 25 年与后 28 年相比，西边界的各月份水汽输入变化不大，而东边界的西风输出在 4～10 月减小，体现在整体纬向水汽收支也略微减小，并在 9 月纬向水汽收支转变为为正值，即为水汽辐合。

就平均流经向水汽输送而言［图 3-11（b）］，中国区域水汽收支总体上为北边界北风输入，南边界南风输入，经向水汽净收支全年均为正值，即经向水汽输入大于输出，经向特征取决于南边界。从图［图 3-11（b）］中可以看出，南边界全年都有水汽南风输入和北风输出，水汽净收支在 7 月达到峰值以后迅速减小，这反映出中国显著的季风区特点；到 9～12 月南边界的水汽输出大于输入，南边界水汽收支体现为水汽净输出。北边界全年都有水汽北风输入和南风输出，全年除夏季外，其余 3 个季节北边界水汽收支变化很小；北边界南风输出的值较小，只在夏季会增大超过北风输入，使得北边界 7～8 月的北边界水汽为净输出。通过对比 1961～1985 年和 1986～2013 年的水汽经向特征可以看出，中国区域的经向水汽收支季节分布与南边界类似，前 25 年与后 28 年相比，南、北边界水汽收支均有所减小，南边界的水汽输入在 4～12 月减小明显，体现在整体经向水汽收支也减小明显；北边界除夏季输出减少外，净收支变化不大。

中国地区东边界总的水汽收支 1961～2013 各年均为西风输出，西边界各年为西风输入。中国地区的纬向水汽输送决定于东边界的水汽输出，在 1961～2013 各年均为西风输出［图 3-11(c)］。中国地区南边界总的水汽收支各年均为南风输入，北边界各年主要为北风输入，只有在个别年份（1960 年、1961 年和 1963 年）为南风输出。中国地区的经向水汽输送决定于南边界的水汽输入，在 1961 ~ 2013 各年均为南风输入［图 3-11（d）］。

1961 ~ 2013 年，中国大陆地区的水汽东、西和南边界净水汽收支都呈逐年减小的趋势，北边界自 1964 年开始由水汽净输出转变为水汽净输入，并无明显变化趋势。整个中国东边界净输出量、南边界净输入量呈显著的减少趋势，西边界水汽净输入量呈显著减少趋势，但比东、南边界减小趋势略缓。其中，纬向水汽净收支的下降趋势主要取决于东边界水汽输出的显著减少趋势；经向水汽净收支的下降趋势主要取决于南边界水汽输入的显著减少趋势［图 3-11（c），（d）］。

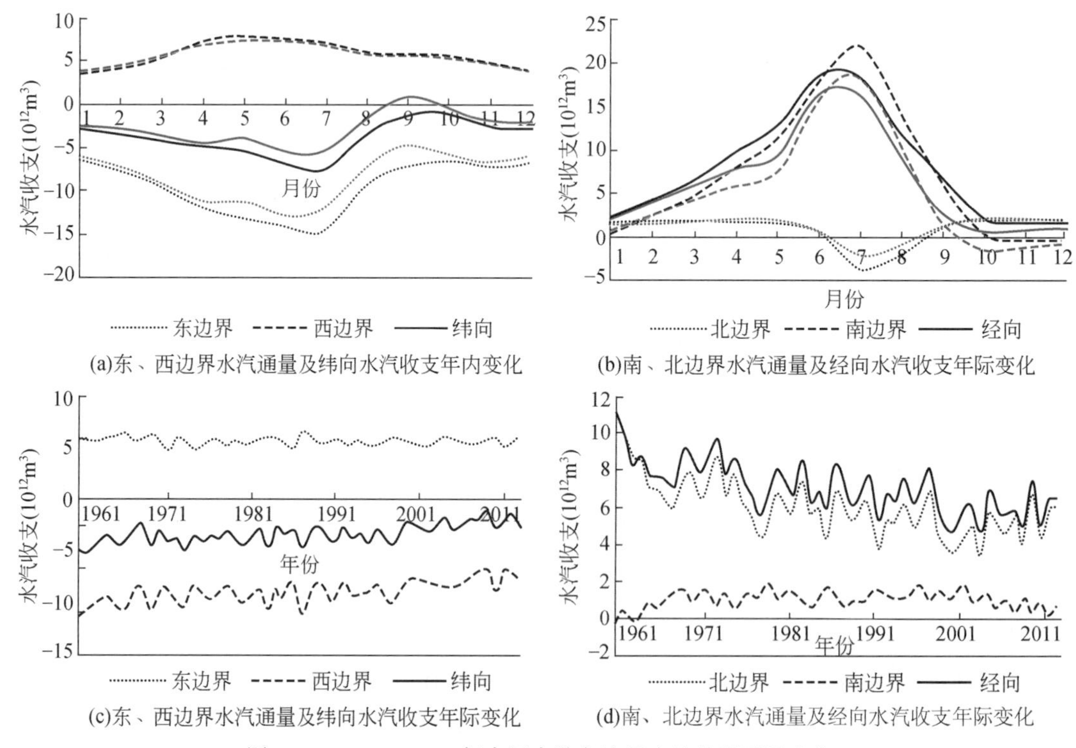

图 3-11　1961 ~ 2013 年中国大陆各边界水汽输送通量变化

注：黑线：1961 ~ 1985 年；红线 1986 ~ 2013 年

（1）松花江流域

1961 ~ 2013 年，松花江流域全年以平均流西风输送为主，但总水汽输入量与总输出量较为接近。松花江流域的 1961 ~ 2013 年水汽输入全年均值为 $2.85\times10^{12}m^3/a$，输出量为 $2.84\times10^{12}m^3/a$，输出和输入的值相当，净收支为 $0.01\times10^{12}m^3/a$。其中，前 25 年输入量为 3 m^3/a，输出量为 $2.96\times10^{12}m^3/a$，净收支为 $0.04\times10^{12}m^3/a$；后 28 年输入量为 $2.72\times10^{12}m^3/a$，输出量为 $2.73\times10^{12}m^3/a$，净收支为 $-0.01\times10^{12}m^3/a$。水汽输入、输出和净收支在 1986 ~ 2013 年相比 1961 ~ 1985 年都有一定的减小，其中输入减少值略大于输出减少的值［图 3-12（a）］。

松花江流域的净水汽收支在 1961 ~ 2013 年呈逐年减小的趋势，各年波动较大，20 世纪 60 年代主要为水汽汇区，70 年代主要为水汽源区，80 年代又主要为水汽汇区，90 年代以后主要为水汽源区。边界水汽输入和输出在时间上也均呈显著的下降趋势，其中输出的下降趋势低于输入和净收支的下降趋势［图 3-12（a）］。

松花江流域夏半年为水汽汇区，平均每年 9 月至次年 3 月为水汽源区，水汽净输入与输出体现了明显的季风区特征，在年内呈双峰型，平均 5 月和 7 月水汽总输入与输出均较高，大气水量交换较为活跃。区域水汽辐合于 7 月达到年最大值，9 月为最大辐散月份，12 月至次年 2 月，辐散逐渐减少，3 月之后变为辐合，之后直到 6 月辐合继续增加，7 月开始迅速减少。相对于前 25 年（1961～1985 年），后 28 年（1986～2013 年）的松花江流域的水汽输入和输出均有所减少，尤其是在夏半年减少较多，输入又比输出减少的略多；但水汽净收支整体上变化不大，即使在水汽输入、输出减少最多的月份也没有太大变化［图 3-12（b）］。

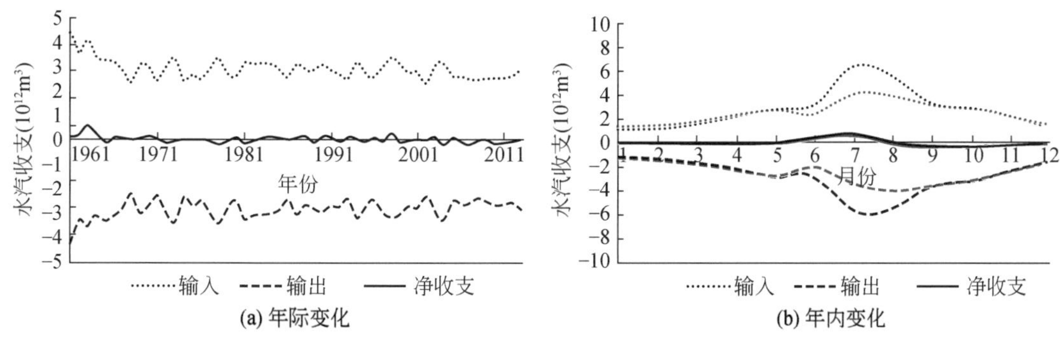

图 3-12　1961～2013 年松花江流域水汽收支时间变化

注：黑线为 1961～1985 年；红线为 1986～2013 年

就平均流纬向水汽输送而言［图 3-13（a）］，流域东边界总的水汽收支全年均为西风输出，西边界全年为西风输入，两者的季节变化幅度接近。东、西边界的水汽收支在年内呈双峰型，水汽总输入与输出在 5 月和 8 月有极大值，并在每年夏季，即 6～10 月形成流域水汽辐散，秋冬季节水汽辐散较为微弱，其他月份则造成区域的纬向水汽辐合。平均流纬向输送造成的水汽辐散于 8 月达到年最大值，之后至 9 月迅速减少。通过对比 1961～1985 年和 1986～2013 年的水汽纬向特征可以看出，松花江流域前 25 年与后 28 年相比，东、西边界的水汽收支在 4～9 月减小较明显，其余月份变动不大，东边界净输出减少的要比西边界净输入减少的值略大；体现在整体纬向水汽收支也略微减小，且流域整体水汽辐散的月份缩减为 8～11 月。

就平均流经向水汽输送而言［图 3-13（b）］，松花江流域水汽收支体现出明显的季风区变化特点，夏季北边界南风输出，南边界南风输入，经向水汽净收支为正值；其余北边界北风输入，南边界北风输出，经向水汽净收支为负值，总体上经向特征取决于南边界。从图［图 3-13（b）］中可以看出，南边界的水汽收支在年内呈双峰型，水汽总输入与输出在 4 月和 7 月有极大值；而经向水汽收支的双峰值分别位于 4 月和 8 月，对比纬向水汽收支和流域内总的水汽收支可以看出，流域内总的水汽收支主要取决于纬向的水汽收支。南边界在 4～9 月有水汽南风输入，输入在 7 月达到峰值，在 9 月至次年 6 月有北风输出，输出在 3 月达到峰值，水汽净收支在 7 月达到峰值以后迅速减小，这反映出中国显著的季风区特点；北边界跟南边界相反，在 4 ~ 9 月有水汽南风输出，输出在 7 月达到峰值，在 9 月至次年 6 月有北风输入，输入在 10 月达到峰值后保持平稳至次年 4 月迅速下降。通过对比 1961 ~ 1985 年和 1986 ~ 2013 年的水汽经向特征可以看出，松花江流域的经向水汽收支季节分布与南边界类似，前 25 年与后 28 年相比，南、北边界水汽收支均有所减小，南边界的水汽输入在 4 ~ 9 月减小明显，体现在整体经向水汽收支也减小明显；北边界减少幅度低于南北界。

松花江流域东边界各年为西风输出，西边界各年为西风输入，两者变化幅度接近。纬向水汽收支波动较大，但大部分年份为水汽输出［图 3-13（c）］。流域南边界总的水汽收支在 20 世纪 70 年代中期以前大部分为南风输入，在之后大部分为北风输出；北边界在 60 年代中期以前为南风输出，之后大部分年份都为北风输入。松花江流域的经向水汽输送在 80 年代以前大部分为南风输入，80 年代以后大部分为北风［图 3-13（d）］。

1961 ~ 2013 年，松花江流域的水汽东、西和南边界净水汽收支都呈显著减小的趋势，北边界水汽净输入呈显著增加趋势，南边界减少趋势最严重。南、北边界水汽净收支变化趋势在 60 年代中期发生转变，60 年代以后变化趋势不明显。其中，纬向水汽净收支的下降趋势主要决定于东边界水汽输出的显著减少趋势，经向水汽净收支的下降趋势主要决定于南边界水汽输入的显著减少趋势［图 3-13（c），（d）］。

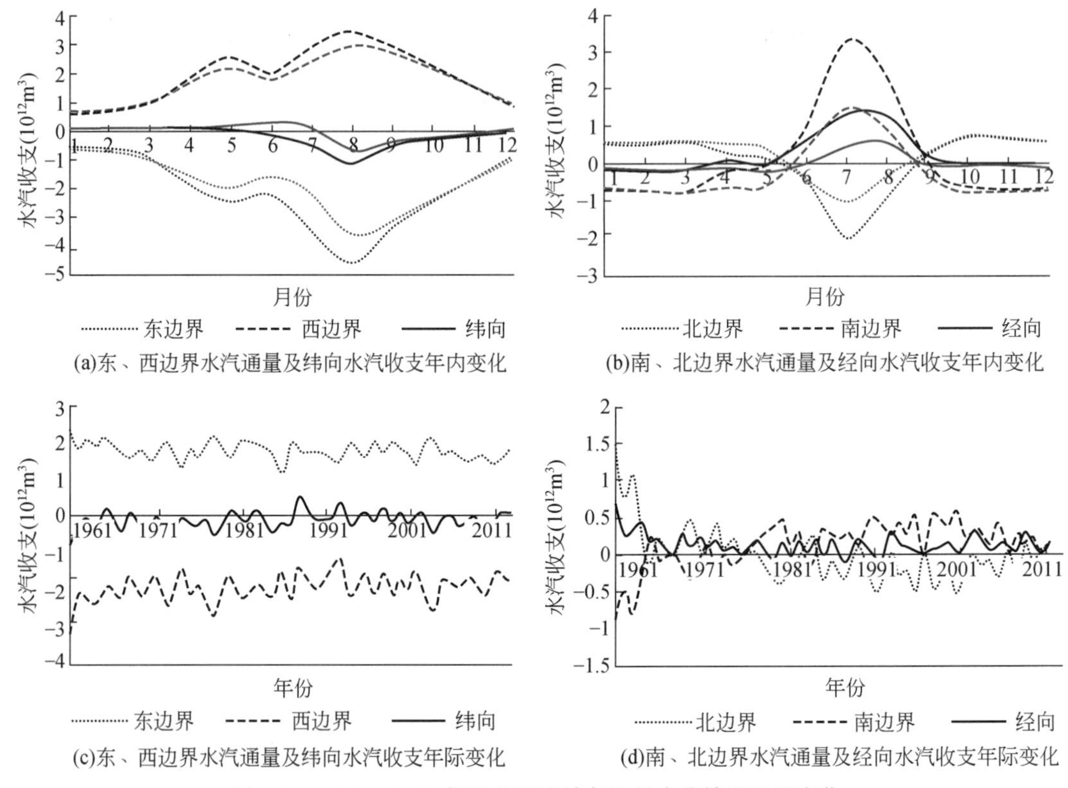

图 3-13 1961 ~ 2013 年松花江流域各边界水汽输送通量变化

注：黑线为 1961 ~ 1985 年；红线为 1986 ~ 2013 年

（2）辽河流域

1961～2013 年，辽河流域全年以平均流东风输出为主，但总水汽输入量与总输出量较为接近。辽河流域 1961～2013 年水汽输入多年均值为 $1.92\times10^{12}m^3/a$，输出量为 $2.07\times10^{12}m^3/a$，输出略大于输入，净收支为 $-0.15\times10^{12}m^3/a$。其中，前 25 年（1961～1985 年）水汽输入量为 $2.16\times10^{12}m^3/a$，输出量为 $2.25\times10^{12}m^3/a$，净收支为 $-0.08\times10^{12}m^3/a$；后 28 年（1986～2013 年）输入量为 $1.71\times10^{12}m^3/a$，输出量为 $1.91\times10^{12}m^3/yea$，净收支为 $-0.2\times10^{12}m^3/a$。水汽输入、输出在 1986～2013 年相较于 1961～1985 年都有一定的减小，其中输入减少值略大于输出减少的值，造成净水汽输出增多［图 3-14（a）］。

辽河流域的水汽输入、输出量在 1961～2013 年都呈显著减小的趋势，其中输出的下降趋势略小于输入的下降趋势，水汽的输入输出在 20 世纪 60 年代下降比较厉害，其后变化趋势较为平缓。水汽净收支多年变化呈显著下降趋势，也存在明显的年代际变化，60～70 年代显著下降，其后变化趋势减缓［图 3-14（a）］。

辽河流域 1961～2013 年多年平均的水汽净收支冬半年（10 月 15 日至翌年 4 月 15 日）为水汽的净支出，即为水汽源区；夏半年为水汽净收入，即为水汽汇区。水汽输入与输出在夏季较高，向前后月份逐渐减少，最大值出现在 7 月，在 6 月有相对极小值。相对于前 25 年（1961～1985 年），后 28 年(1986～2013 年)辽河流域的水汽输入和输出略有所减少，尤其是在 5～9 月减少较多，在 7 月份减少最多；水汽净收支整体上变化不大，但水汽净支出月份增多，净收入月份减少［图 3-14（b）］。

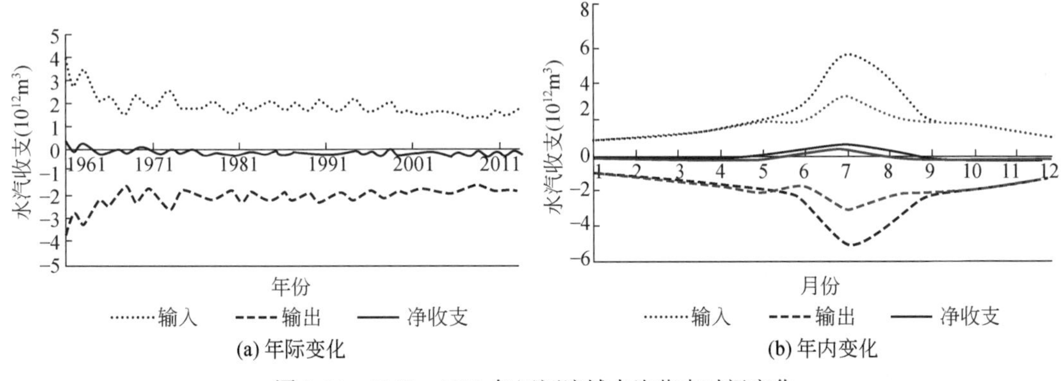

图 3-14　1961～2013 年辽河流域水汽收支时间变化

注：黑线为 1961～1985 年；红线为 1986～2013 年

就平均流纬向水汽输送而言［图 3-15（a）］，辽河流域水汽收支总体上为东边界西风输出，西边界西风输入，纬向特征取决于东边界，净收支为水汽输出。西边界在全年都有水汽的西风输入，年内冬季变化不明显，从春季到夏季逐渐增长，但 6 月略有下降，7 月有极大值，然后开始逐渐下降；东边界全年有西风输出，变化趋势与西边界一致。对比 1961～1985 年和 1986～2013 年的水汽纬向特征可以看出，前 25 年与后 28 年相比，东、西边界的各月份水汽输入、输出均有略微减少，东边界输出量减少率要略小于西边界输入量，这导致水汽纬向净收支在后 28 年的多年平均值输出量略有增大；东、西边界在 7～8

月减少最多，但纬向水汽收支的变化不大。

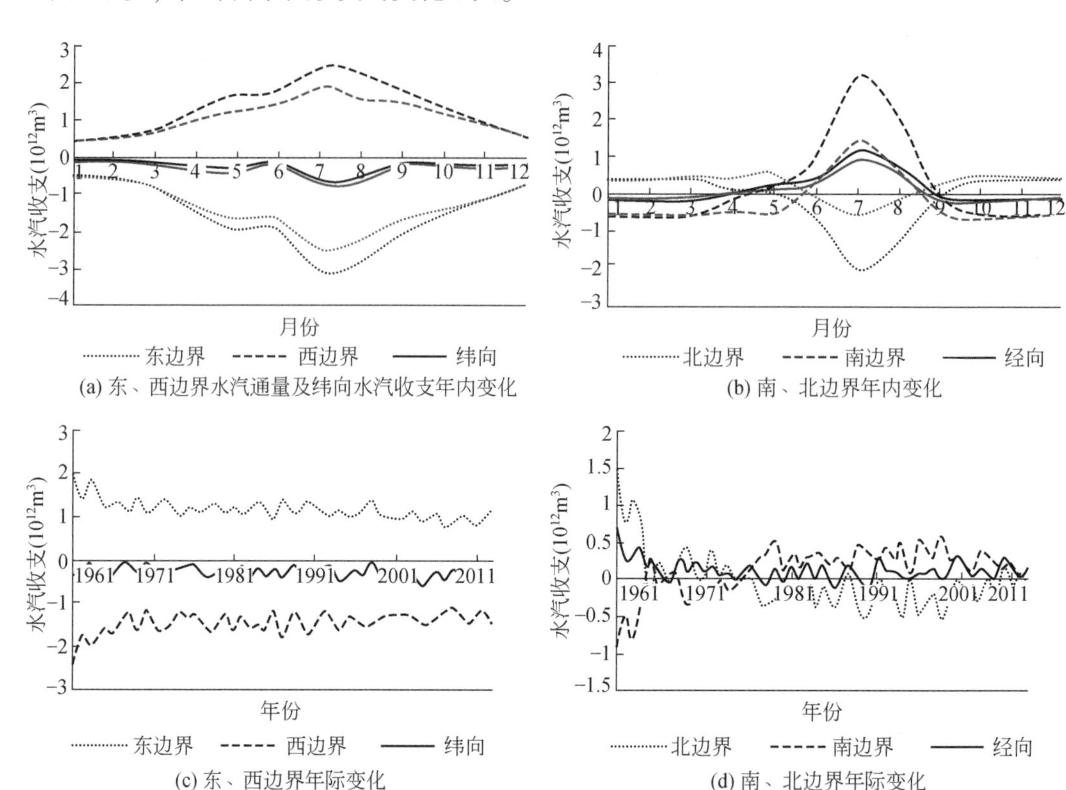

图 3-15　1961 ~ 2013 年辽河流域各边界水汽输送通量的变化

注：黑线为 1961 ~ 1985 年；红线为 1986 ~ 2013 年

就平均流经向水汽输送而言［图 3-15（b）］，辽河流域水汽收支有明显的季风区特点，夏季水汽输入、输出量远大于冬季。南边界只有在夏季有水汽输入，除夏季外其余月份都有北风输出，南边界水汽收支总体上体现为夏季水汽输入，冬半年水汽输出；北边界全年有北风输入水汽，夏季有南风输出水汽，输入、输出的峰值月份位于 7 月。通过对比 1961 ~ 1985 年和 1986 ~ 2013 年的水汽经向特征可以看出，前 25 年与后 28 年相比，南、北边界 4 ~ 10 月水汽收支均有所减小，7 月减少最多，北边界在夏季输出的减少量要小于南边界在夏季输入的减少量，整体经向水汽收支略有减小。

辽河流域东边界总的水汽收支 1961 ~ 2013 年各年均为西风输出，西边界各年为西风输入，辽河流域的纬向水汽输送各年都为西风输出［图 3-15（c）］。流域南边界在 20 世纪 80 年代前主要以南风输入为主，之后以北风输出为主；北边界 60 ~ 70 年代主要为南风输出，80 年代以后多为北风输入，经向水汽收支大部分年份为正值，即有水汽经向流入辽河流域［图 3-15（c）］。

1961 ~ 2013 年，辽河流域的水汽东、西、南边界净水汽收支都呈显著减小的趋势，北边界水汽净输入呈显著增加趋势，纬向水汽和经向水汽净收支都为显著下降趋势，西边界的输入量减少趋势最严重。各边界水汽净收支变化趋势有明显的年代际变化特征，在 20

世纪60年代减少较显著，60年代以后变化趋势减缓，经向水汽收支在90年代以后有略微上升的趋势［图3-15（c），（d）］。

（3）海河流域

1961～2013年，海河流域全年以平均流东风输出为主，但总水汽输入量与总输出量较为接近。海河流域1961～2013年水汽输入全年均值为2.06×10^{12} m^3/a，输出量为2.69×10^{12} m^3/a，输出略大于输入，净收支为0.63×10^{12} m^3/a。其中，前25年（1961～1985年）输入量为2.19×10^{12} m^3/a，输出量为2.87×10^{12} m^3/a，净收支为-0.67×10^{12} m^3/a；后28年（1986～2013年）输入量为1.67×10^{12} m^3/a，输出量为2.16×10^{12} m^3/a，净收支为-0.49×10^{12} m^3/a。水汽输入、输出和净收支在1986～2013年相比1961～1985年都有一定的减小，其中输入减少值略小于输出减少的值［图3-16（a）］。

海河流域的水汽输入量、水汽输出量和净水汽收支在1961～2013年都呈显著减小的趋势，其中输出的下降趋势要高于输入和净收支的下降趋势。水汽的净收支量值较小，有明显的年代际变化，20世纪60～70年代多为正值，即流域水汽净输入，为水汽汇区；80～90年代多为负值，即流域水汽净输出，为水汽源区；21世纪以后又转为水汽汇区［图3-16（a）］。

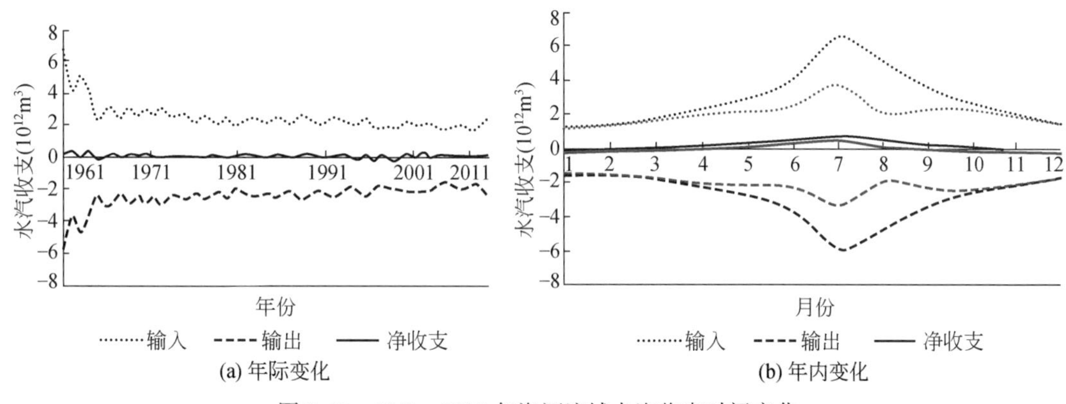

图3-16 1961～2013年海河流域水汽收支时间变化

注：黑线为1961～1985年；红线为1986～2013年

海河流域1961～2013年多年平均的水汽净收支在4～10月为水汽的净收入，其余月份为水汽净支出，全年平均为水汽汇区。水汽输入与输出体现了明显的季风特征，即6～9月，水汽总输入与输出均较高，大气水量交换较为活跃，冬半年水汽总输入输出逐渐减少。1961～2013年多年平均的水汽输入、输出在年内呈双峰型，平均7月、9月为水汽总输入、输出极大值和次大值月份。相对于前25年（1961～1985年），后28年（1986～2013年）海河流域的水汽输入和输出均有所减少，尤其是在夏半年减少较多；但水汽净收支整体上变化不大，即使在水汽输入、输出减少最多的月份也没有太大变化［图3-16（b）］

就平均流纬向水汽输送而言［图3-17（a）］，海河流域水汽收支总体上为东边界西风输出，西边界西风输入，纬向水汽净收支全年均为负值，即纬向水汽输出大于输入，纬向特征取决于东边界。东、西边界及纬向水汽净收支在年内呈双峰型，在 7 月和 9 月有极大值；东边界全年为西风输出，西边界全年为西风输入，西边界的季节变化幅度略低于东边界，但在夏季 7 月左右东边界输出水汽量与西边界输入量之差达到最大，体现在整体纬向收支在 7 月达到最大值。对比 1961 ~ 1985 年和 1986 ~ 2013 年的水汽纬向特征可以看出，海河流域的纬向水汽收支季节分布与东边界类似，前 25 年与后 28 年相比，东、西边界的各月份水汽输入、输出均有所减少，且在夏半年减少较多，东边界的输出减少量要大于西边界输入的减少量，体现在整体纬向水汽收支也略有减小。

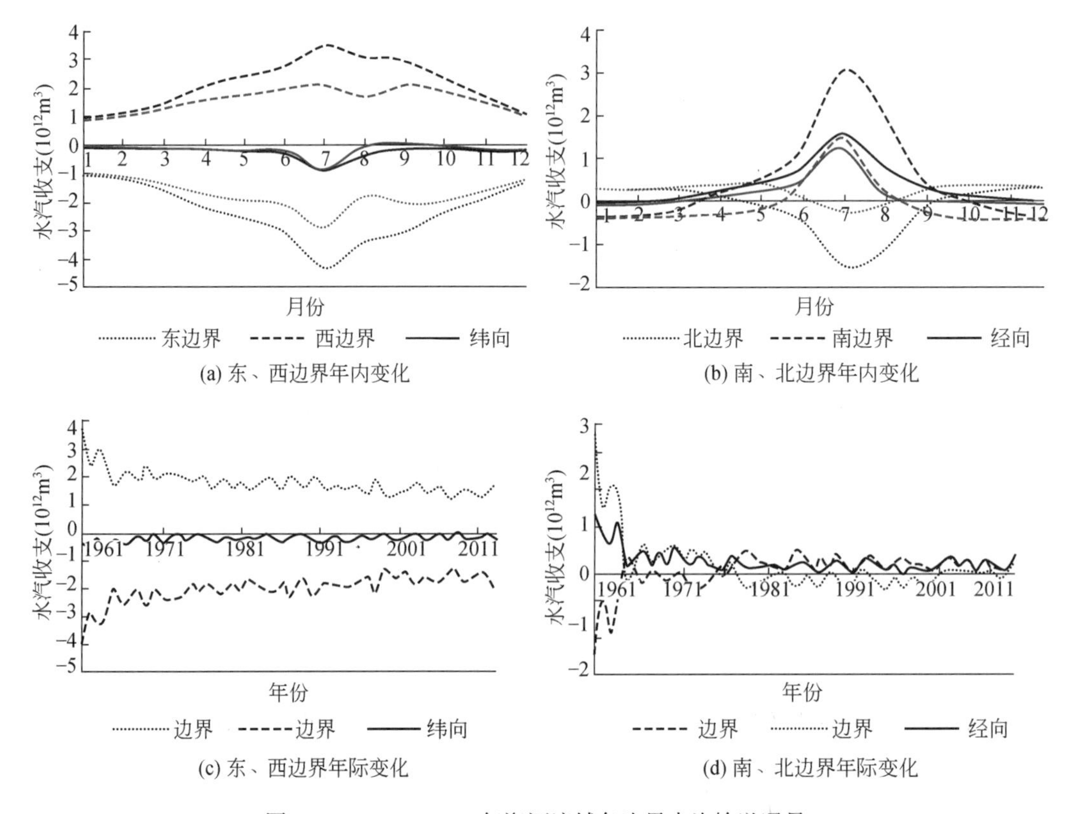

图 3-17　1961 ~ 2013 年海河流域各边界水汽输送通量

注：黑线为 1961 ~ 1985 年；红线为 1986 ~ 2013 年

就平均流经向水汽输送而言［图 3-17（b）］，海河流域水汽收支总体上为冬半年北边界北风输入，南边界北风输出；夏半年北边界南风输出，南边界南风输出，经向水汽净收支在春季、夏季、秋均为正值，只有在冬季为负值，经向特征取决于南边界。南边界除冬季外都有水汽南风输入，除夏季外都有水汽的北风输出，边界水汽净收支在 7 月达到峰值以后迅速减小，南边界水汽收支总体上体现为夏季输入，冬季输出。北边界全年几乎都有水汽北风输入，部分年份夏季月份没有北风输入，为南风输出，北边界夏季为水汽净输出边界，其余 3 个季节为水汽净输入边界。通过对比 1961 ~ 1985 年和 1986 ~ 2013 年的水汽经向特征可以看出，海河流域的经向水汽收支季节分布与南边界类似，前 25 年与后 28 年相比，南、北边界水汽收支均有所减小，夏季减小量较大。

海河流域东边界总的水汽收支1961～2013各年均为西风输出，西边界各年为西风输入。海河流域的纬向水汽输送决定于东边界的水汽输出，在1961～2013年各年均为西风输出［图3-17（c）］。海河流域南边界总的水汽收支有明显年代际变化，在20世纪80年代以前南边界水汽输入量大于输出量，净收支为正值，南边界有净的水汽输入；80～90年代大部分年份有净的水汽输出；21世纪以后又转变为净的水汽输入，这与整个流域的边界水汽净收支的变化趋势类似。北边界在20世纪60年代多为负值，为水汽的净输出，60年代之后转变为水汽的净输入边界。海河流域的经向水汽输送决定于南边界的水汽输入，在1961～2013年各年均为南风输入［图3-17（d）］。

1961～2013年，海河流域地区的水汽东、西、南边界净水汽收支都呈显著减小的趋势，北边界水汽净输入呈显著增加趋势。东、西边界的输送量减少趋势较为严重，各边界水汽净收支变化趋势有明显的年代际变化特征，在20世纪70年代以前减少较显著，70年代以后变化趋势不明显。其中，纬向水汽净收支的下降趋势主要取决于东边界水汽输出的显著减少趋势，经向水汽净收支的下降趋势主要取决于南边界水汽输入的显著减少趋势［图3.17（c），（d）］。

（4）黄河流域

1961～2013年，黄河流域全年以平均流东风输出为主，但总水汽输入量与总输出量较为接近。流域1961～2013年水汽输入全年均值为$2.06\times10^{12}m^3/a$，输出量为$2.69\times10^{12}m^3/a$，输出略大于输入，净收支为$-0.63\times10^{12}m^3/a$。其中，前25年（1961～1985年）输入量为$2.19\times10^{12}m^3/a$，输出量为$2.87\times10^{12}m^3/a$，净收支为$-0.67\times10^{12}m^3/a$；后28年（1986～2013年）输入量为$1.67\times10^{12}m^3/a$，输出量为$2.16\times10^{12}m^3/a$，净收支为$-0.49\times10^{12}m^3/a$。水汽是输入、输出和净收支在1986～2013年相比1961～1985年都有一定的减小，其中输入减少值略小于输出减少的值［图3-18（a）］。

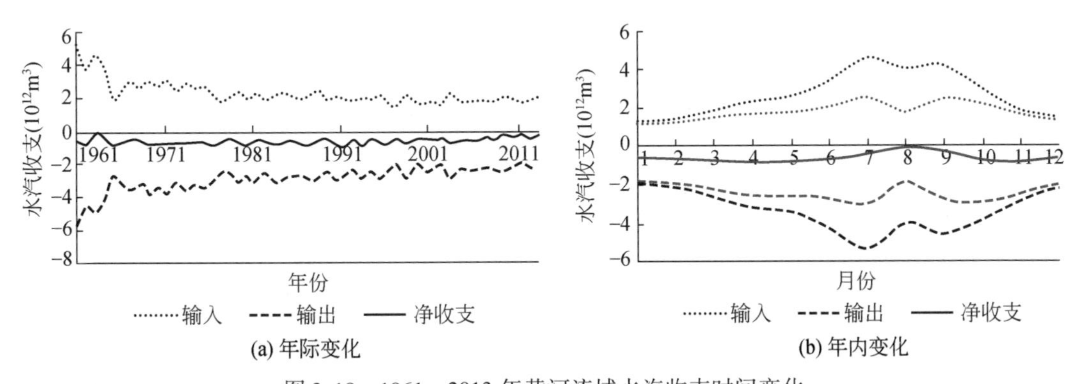

图3-18　1961～2013年黄河流域水汽收支时间变化

注：黑线为1961～1985年；红线为1986～2013年

黄河流域的水汽输入量、水汽输出量和净水汽收支在1961～2013年都呈显著减小的趋势，其中输出的下降趋势低于输入和净收支的下降趋势［图3-18（a）］。

黄河流域1961～2013年多年平均的水汽净收支除了在8月为水汽的净收入外，全年其余月份均为水汽净支出，即为水汽源区。水汽输入与输出体现了明显的季风特征，即6～9月，水汽总输入与输出均较高，大气水量交换较为活跃，冬半年水汽总输入输出逐渐减少。1961～2013 年多年平均的水汽输入、输出在年内呈双峰型，平均 7 月、9 月为水汽总输入、输出极大值月份。相对于前 25 年（1961～1985 年），后 28 年（1986～2013 年）黄河流域的水汽输入和输出均有所减少，尤其是在夏半年减少较多；但水汽净收支整体上变化不大，即使在水汽输入、输出减少最多的月份也没有太大变化。这可能是季风环流减弱的一个表现［图 3-18（b）］。

就平均流纬向水汽输送而言［图 3-19（a）］，黄河流域水汽收支总体上为东边界西风输出，西边界西风输入，纬向水汽净收支全年均为负值，即为纬向水汽输出大于输入，纬向特征取决于东边界。东、西边界及纬向水汽净收支在年内呈双峰型，在 7 月和 9 月有极大值；东边界全年为西风输出，西边界全年为西风输入，西边界的季节变化幅度低于东边界，最高和最低值之间差异不大。对比 1961～1985 年和 1986～2013 年的水汽纬向特征可以看出，黄河流域的纬向水汽收支季节分布与东边界类似，前 25 年与后 28 年相比，东、西边界的各月份水汽输入、输出均有所减少，且在夏半年减少较多，东边界的输出减少量要大于西边界输入的减少量，体现在整体纬向水汽收支也明显减小。

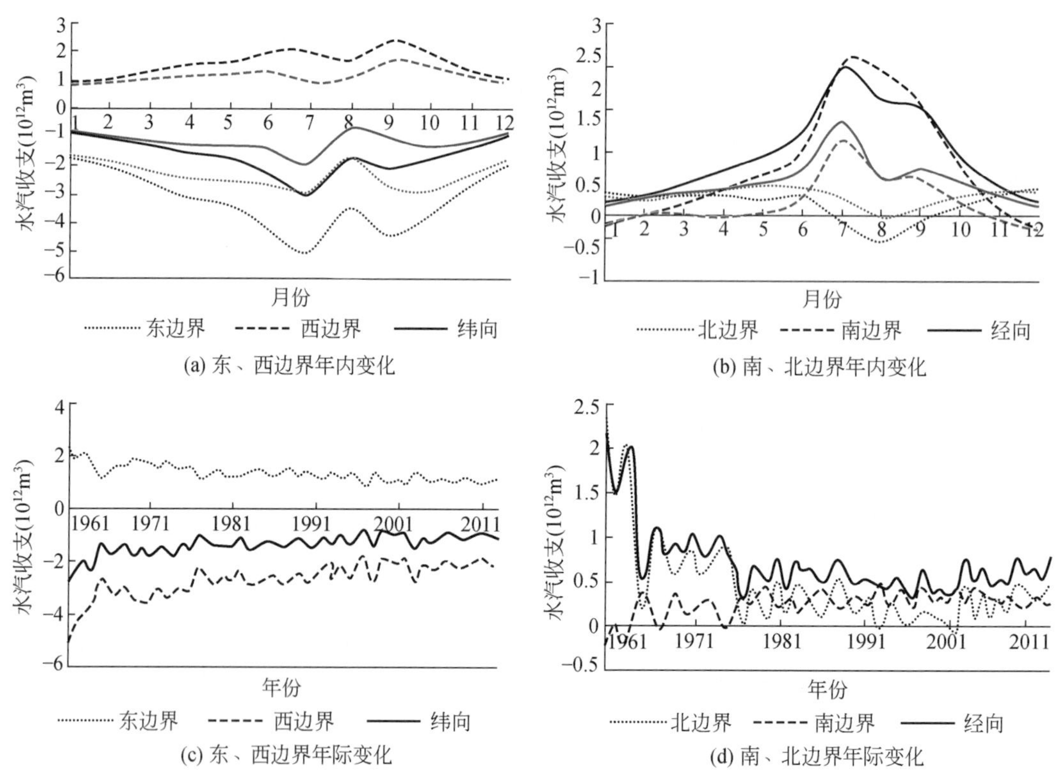

图 3-19　1961～2013 年黄河流域各边界水汽输送通量

注：黑线为 1961～1985 年；红线为 1986～2013 年

就平均流经向水汽输送而言［图3-19（b）］，黄河流域水汽收支总体上为北边界北风输入，南边界南风输入，经向水汽净收支全年均为正值，即为经向水汽输入大于输出，经向特征取决于南边界，有明显的双峰特征。南边界除12月全年都有水汽南风输入和北风输出，边界水汽净收支在7月达到峰值以后迅速减小，南边界水汽收支总体上体现为水汽净输出。北边界全年都有水汽北风输入，在夏季有南风输出，北边界夏季为水汽净输出边界，其余3个季节为水汽净输入边界。通过对比1961～1985年和1986～2013年的水汽经向特征可以看出，黄河流域的经向水汽收支季节分布与南边界类似，前25年与后28年相比，南、北边界水汽收支均有所减小，且年内最大值出现的月份出现延后，最大值出现的月份由原来的7月推迟到了9月，次大值出现的月份由原来的9月推迟到了11月。

黄河流域东边界总的水汽收支在1961～2013年各年均为西风输出，西边界各年为西风输入。黄河流域的纬向水汽输送决定于东边界的水汽输出，在1961～2013各年均为西风输出［图3-19（c）］。流域南边界总的水汽收支大部分年份为南风输入，只有在个别年份（1993年和2002年）为弱的北风输出，北边界各年主要为北风输入，只有在个别年份（1961年、1967年和1975年）为南风输出。黄河流域的经向水汽输送决定于南边界的水汽输入，在1961～2013各年均为南风输入［图3-19（d）］。

1961～2013年，黄河流域的水汽东、西、南边界净水汽收支都呈显著减小的趋势，北边界水汽净输入呈显著增加趋势。东边界的输出量减少趋势最严重，各边界水汽净收支变化趋势有明显的年代际变化特征，在20世纪80年代以前减少较显著，80年代以后变化趋势不明显。其中纬向水汽净收支的下降趋势主要取决于东边界水汽输出的显著减少趋势；经向水汽净收支的下降趋势主要取决于南边界水汽输入的显著减少趋势［图3-19（c），（d）］。

（5）淮河流域

1961～2013年，淮河流域全年以平均流东风输出为主，但水汽总输入量与总输出量较为接近。流域1961～2013年水汽输入多年均值为$3.33\times10^{12}m^3/a$，输出量为$3.27\times10^{12}m^3/a$，输出略小于输入，净收支为$0.06\times10^{12}m^3/a$。其中，前25年（1961～1985年）水汽输入量为$3.76\times10^{12}m^3/a$，输出量为$3.69\times10^{12}m^3/a$，净收支为$0.08\times10^{12}m^3/a$；后28年（1986～2013年）输入量为$2.94\times10^{12}m^3/a$，输出量为$2.89\times10^{12}m^3/a$，净收支为$0.05\times10^{12}m^3/a$。水汽输入、输出和净收支在1986～2013年相比1961～1985年都有一定的减小，其中输入减少值略小于输出减少的值［图3-20（a）］。

淮河流域的水汽输入量、水汽输出量在1961～2013年均呈显著减小的趋势，其中输出的下降趋势略大于输入的下降趋势，水汽的输入输出在20世纪60年代下降比较多，其后变化趋势较为平缓。水汽净收支多年变化不明显，但存在明显的年代际变化，20世纪60～70年代显著下降，21世纪后又略有回升［图3-20（a）］。

淮河流域1961～2013年多年平均的水汽净收支冬半年为水汽的净支出，为水汽源区；夏半年为水汽净收入，为水汽汇区。水汽输入与输出在夏季较高，向前后月份逐渐减少，最大值出现在7月。相对于前25年（1961～1985年），后28年（1986～2013年）淮河流域的水汽输入和输出略有所减少，尤其是在4～10月减少较多，在8月减少最多；但水汽

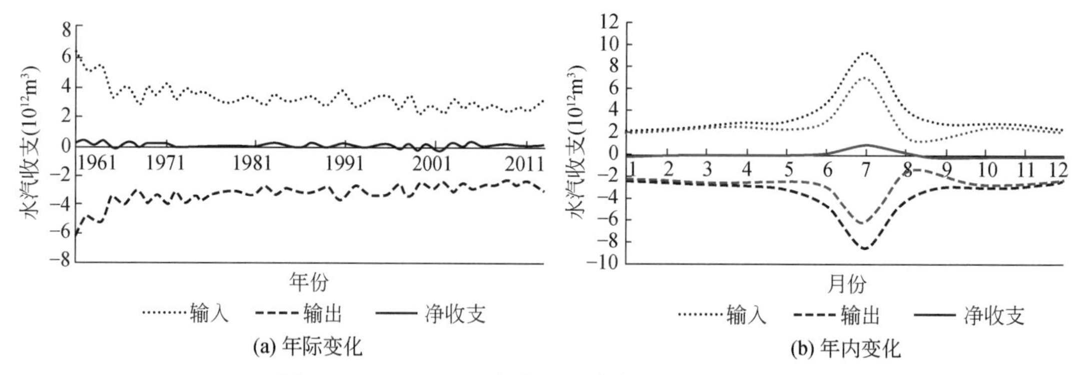

图 3-20　1961 ~ 2013 年淮河流域水汽收支时间变化

注：黑线为 1961 ~ 1985 年；红线为 1986 ~ 2013 年

净收支整体上变化不大，即使在水汽输入、输出减少最多的月份也没有太大变化［图 3-20（b）］。

就平均流纬向水汽输送而言［图 3-21（a）］，淮河流域水汽收支总体上为东边界西风输出，西边界西风输入，纬向特征取决于东边界。西边界在全年都有水汽的西风输入，年内分布呈三峰型，在 4 月、7 月和 9 ~ 10 月有极大值，8 月有极小值；东边界全年有西风输出，只在 8 月左右会有东风输入，年内呈双峰型，在 4 月和 7 月有净水汽输出的极大值，8 月有水汽输出的极小值。对比 1961 ~ 1985 年和 1986 ~ 2013 年的水汽纬向特征可以看出，前 25 年与后 28 年相比，东、西边界的各月份水汽输入、输出均有略微减少，东边界输出量减少率要小于西边界输入量，这导致水汽纬向净收支在后 28 年的多年平均值几乎全部月份都为输出，只有在 9 ~ 10 月略有输入；东、西边界在 9 月减少最多，但净收支在 7 月减小最多；西边界西风输入水汽量的次大峰值由 9 月推迟到 10 月。

就平均流经向水汽输送而言［图 3-21（b）］，淮河流域水汽收支有明显的季风区特点，夏季水汽输出量远大于冬季。南边界 2 ~ 11 月都有水汽南风输入，除夏季 6 ~ 8 月外其余月份都有北风输出，南边界水汽收支总体上体现为夏半年水汽输入，冬半年水汽输出；北边界水汽收支总体上体现为冬半年输入水汽，夏半年输出水汽，输入、输出的峰值月份位于 7 月份。通过对比 1961 ~ 1985 年和 1986 ~ 2013 年的水汽经向特征可以看出，前 25 年与后 28 年相比，南、北边界水汽收支均有所减小，7 月减少最多，北边界在夏季输出的减少量要小于南边界在夏季输入的减少量。

淮河流域东边界总的水汽收支在 1961 ~ 2013 年各年均为西风输出，西边界各年为西风输入，流域纬向水汽输送在 20 世纪 60 年代前期为西风输入，之后大部分年份为西风输出［图 3-21（c）］。淮河流域南边界总的水汽收支除在 90 年代部分年份为水汽支出外，其余各年均为南风输入；北边界 60 ~ 70 年代主要为南风输出，80 ~ 90 年代多为北风输入；21 世纪以后大部分年份又转变为南风输出。淮河流域的经向水汽 60 ~ 70 年代波动上升，其后变化不大［图 3-21（d）］。

1961 ~ 2013 年，淮河流域地区的水汽东、西、南边界净水汽收支都呈显著减小的趋

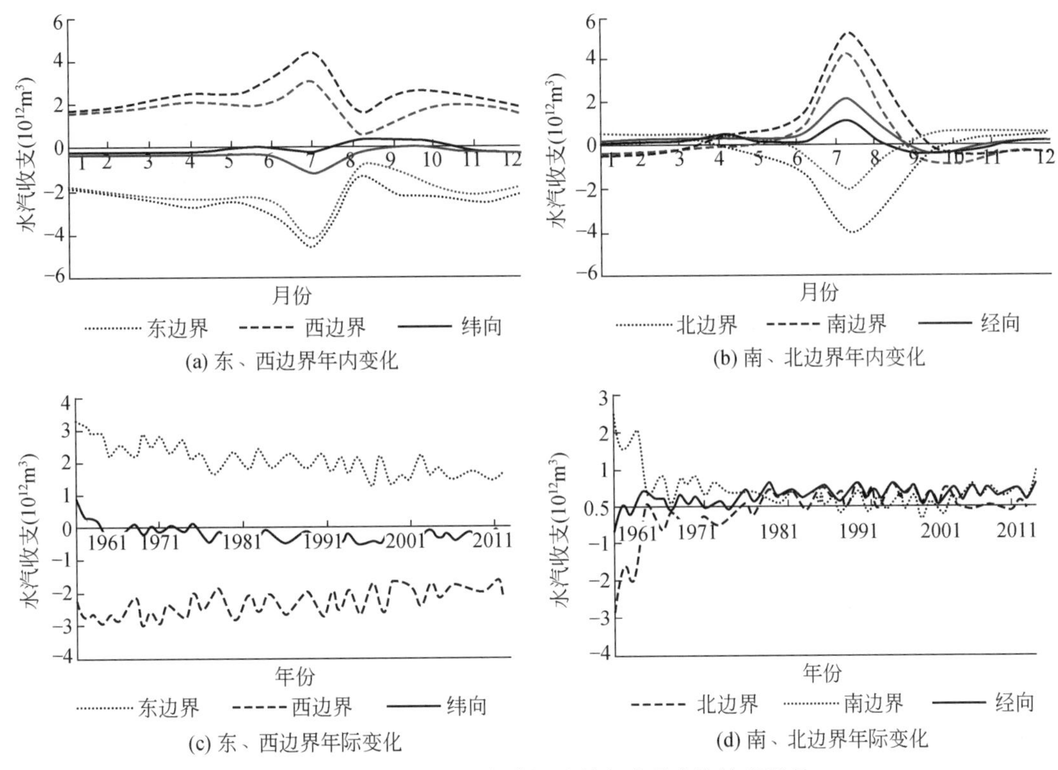

图 3-21　1961～2013 年淮河流域各边界水汽输送通量

注：黑线为 1961～1985 年；红线为 1986～2013 年

势，北边界水汽净输入呈显著增加趋势，纬向水汽收支为显著下降趋势，经向水汽净收支的上升趋势主要决定于北边界水汽输入的显著增加趋势，西边界的输入量减少趋势最严重。南、北边界水汽净收支变化趋势有明显的年代际变化特征，在 80 年代以前减少较显著，80 年代以后变化趋势不明显［图 3-21（c），（d）］。

（6）长江流域

1961～2013 年，长江流域全年以平均流东风输出为主，但总水汽输入量与总输出量较为接近。长江流域 1961～2013 年的水汽输入全年均值为 $7.93\times10^{12}m^3/a$，输出量为 $6.69\times10^{12}m^3/a$，输出略小于输入，净收支为 $1.25\times10^{12}m^3/a$。其中，前 25 年（1961～1985 年）为 $8.61\times10^{12}m^3/a$，输出量为 $7.34\times10^{12}m^3/a$，净收支为 $1.28\times10^{12}m^3/a$；后 28 年（1986～2013 年）输入量为 $7.32\times10^{12}m^3/a$，输出量为 $6.11\times10^{12}m^3/a$，净收支为 $1.22\times10^{12}m^3/a$。水汽输入、输出和净收支在 1986～2013 年相比 1961～1985 年都有一定的减小，其中输入减少值略大于输出减少的值（图 3-22）。

长江流域的水汽输入量、水汽输出量和净水汽收支在 1961～2013 年都呈显著减小的趋势，其中输出的下降趋势远低于输入和净收支的下降趋势。水汽的输入输出在 20 世纪 60 年代下降比较厉害，其后变化趋势较为平缓；净收支存在明显的年代际变化，60 年代上升；70～90 年代下降；21 世纪后又开始上升［图 3-22（a）］。

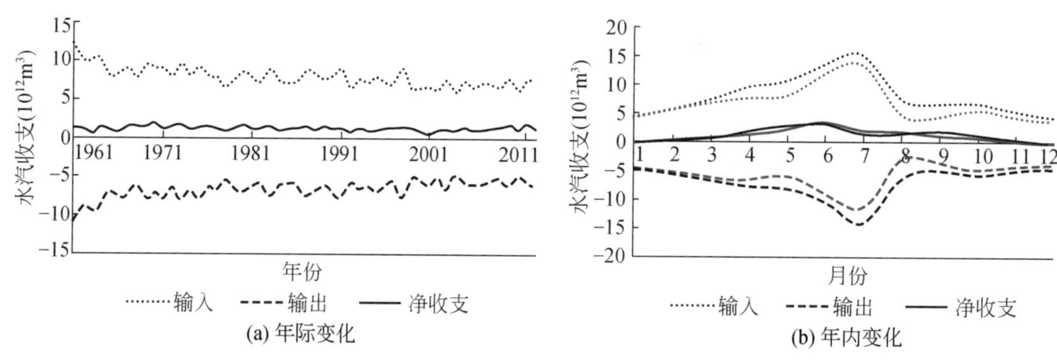

图 3-22　1961～2013 年长江流域水汽收支时间变化

黑线为 1961～1985 年；红线为 1986～2013 年

长江流域 1961～2013 年多年平均水汽净收支除了冬季月份为水汽的净支出外，其余季节都为水汽净收入，为水汽汇区。水汽输入与输出在夏半年较高到冬半年逐渐减少，年内呈弱的三峰型，输入、输出的最大值位于 7 月，但水汽净收支要提前一个月，在 6 月达到最大，另外两弱的峰值在 4 月和 10 月。相对于前 25 年（1961～1985 年），后 28 年（1986～2013 年）长江流域的水汽输入和输出略有所减少，尤其是在 3～10 月减少较多；但水汽净收支整体上变化不大，即使在水汽输入、输出减少最多的月份也没有太大变化［图 3-22（b）］。

就平均流纬向水汽输送而言［图 3-23（a）］，长江流域水汽收支总体上为东边界西风输出，西边界西风输入，纬向水汽净收支 8～10 月为正值，其余月份均为负值，纬向特征取决于东边界。西边界在全年都有水汽的输入，只在 8 月左右会有东风输出，年内分布呈三峰型，在 4 月、6 月和 10 月有极大值，8 月有极小值；东边界全年有西风输出，在 8～10 月由东风输入，年内呈双峰型，在 4 月和 6 月有净水汽输出的极大值，8 月份有水汽输出的极小值。对比 1961～1985 年和 1986～2013 年的水汽纬向特征可以看出，前 25 年与后 28 年相比，东、西边界的各月份水汽输入、输出均有略微减少，东边界 5 月水汽输出量减少较多，导致净的纬向水汽收支在 4 月的峰值变明显，且输出的极小值由 8 月推迟到9 月，导致净的纬向水汽收支极大值有所增大，时间由 8 月推迟到 9 月。

就平均流经向水汽输送而言［图 3-23（b）］，长江流域径向水汽净收支全年为正值，即为经向水汽输入大于输出。南边界全年都有水汽南风输入，除 5～6 月份外，其余月份都有北风输出，南边界水汽收支总体上体现为水汽净输入。北边界全年都有水汽北风输入，除 12 月外，其余月份都有水汽的南风输出。输入、输出的峰值月份位于 7 月，而边界水汽净收支在 6 月达到峰值以后迅速减小。通过对比 1961～1985 年和 1986～2013 年的水汽经向特征可以看出，前 25 年与后 28 年相比，南、北边界水汽收支均有所减小，且在 4 月出现一个弱的峰值。

长江流域东边界总的水汽收支在 1961～2013 年各年均为西风输出，西边界各年为西风输入。流域的纬向水汽输送决定于东边界的水汽输出，在 1961～2013 年各年均为西风输出［图 3-23（c）］。长江流域南边界总的水汽收支各年均为南风输入，北边界各年主要

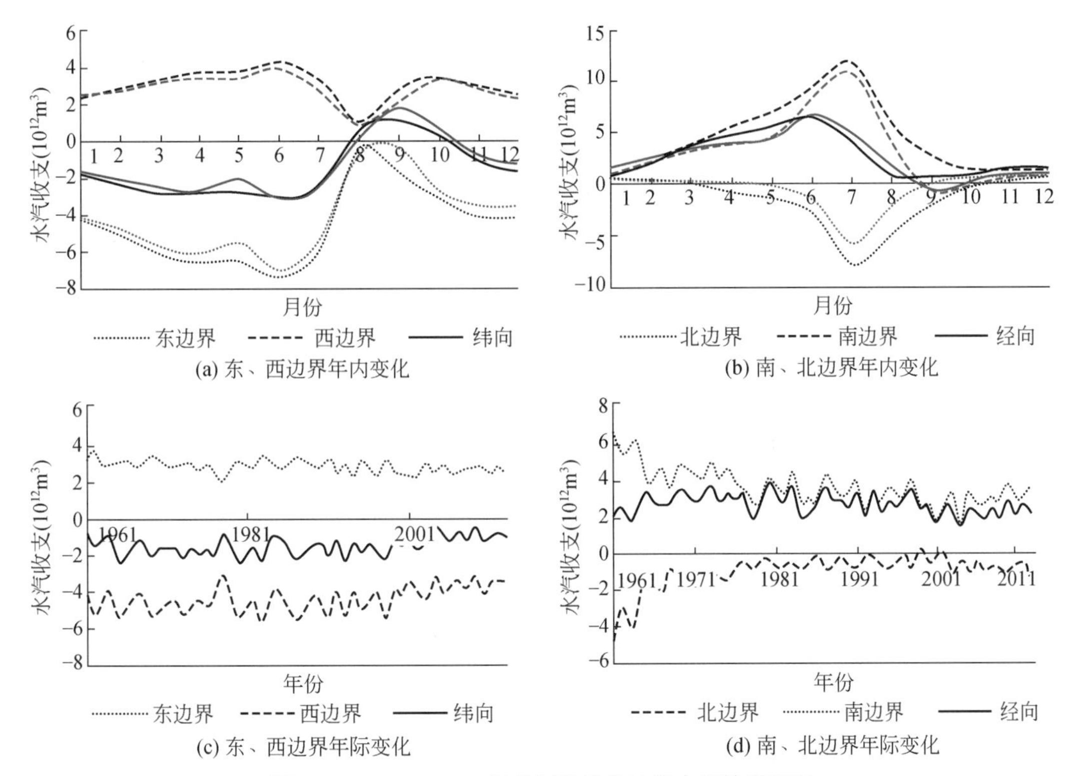

图 3-23　1961 ~ 2013 年长江流域各边界水汽输送通量

注：黑线为 1961 ~ 1985 年；红线为 1986 ~ 2013 年

为北风输入，只在个别年份（1993 年和 2002 年）为南风输出。长江流域的经向水汽输送取决于南边界的水汽输入，在 1961 ~ 2013 年各年均为南风输入［图 3-23（d）］。

1961 ~ 2013 年，长江流域的水汽东、西、南边界净水汽收支都呈显著减小的趋势，北边界水汽净输入呈显著增加趋势。南边界的输出量减少趋势最严重，经向水汽净收支的下降趋势主要决定于南边界水汽输入的显著减少趋势。各边界水汽净收支变化趋势有明显的年代际变化特征，在 20 世纪 80 年代以前减少较显著，80 年代以后变化趋势不明显。纬向水汽净收支在 80 年代前为下降趋势，80 年代后转变为上升趋势；经向水汽收支 80 年代前为上升趋势，80 年代后转变为下降趋势，21 世纪后又略有上升［图 3-23（c），（d）］。

（7）珠江流域

1961 ~ 2013 年，珠江流域全年以平均流西风输送为主，但总水汽输入量与总输出量较为接近。流域 1961 ~ 2013 年水汽输入全年均值为 $6.57\times10^{12}\mathrm{m^3/a}$，输出量为 $7.13\times10^{12}\mathrm{m^3/a}$，输出和输入的值相当，净收支为 $-0.56\times10^{12}\mathrm{m^3/a}$。其中，前 25 年输入量为 $7.16\times10^{12}\mathrm{m^3/a}$，输出量为 $7.72\times10^{12}\mathrm{m^3/a}$，净收支为 $-0.57\times10^{12}\mathrm{m^3/a}$；后 28 年输入量为 $6.05\times10^{12}\mathrm{m^3/a}$，输出量为 $6.6\times10^{12}\mathrm{m^3/a}$，净收支为 $-0.55\times10^{12}\mathrm{m^3/a}$。水汽输入、输出和净收支在 1986 ~ 2013 年相比 1961 ~ 1985 年都有一定的减小，减小的比例相近，输出减少量略大，导致整个流域的水汽净收支也略有减小。珠江流域的水汽净收支在 1961 ~ 2013 年多为水

汽的净输出，只有在 1961 年为水汽的净输入，多年变化趋势不显著，年际波动较大，边界水汽输入、输出在时间上呈显著的下降趋势［图 3-24（a）］。

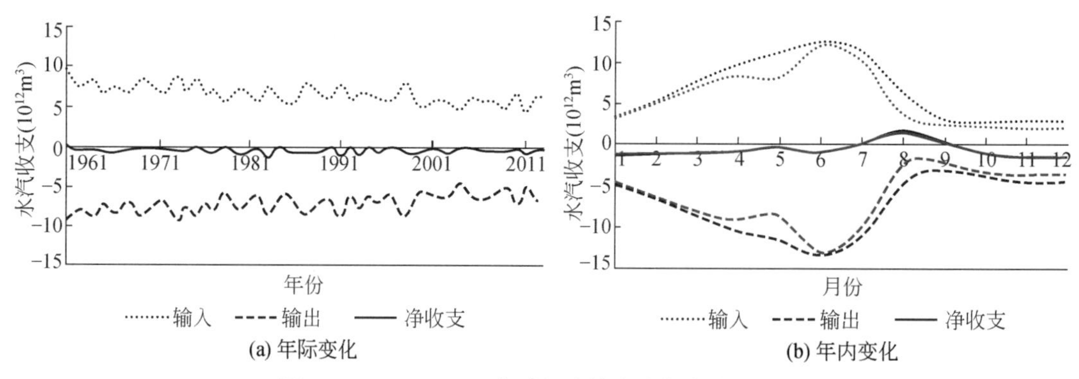

图 3-24　1961 ~ 2013 年珠江流域水汽收支时间变化

注：黑线为 1961 ~ 1985 年；红线为 1986 ~ 2013 年

珠江流域除夏季为水汽汇区外，其余季节都为水汽源区。水汽净输入与输出体现了明显的季风区特征，1 ~ 6 月水汽输入和输出量逐渐增大，6 月达到最大值，然后迅速减小，到 8 月、9 月以后水汽输入量基本不变，但输出量略有增加；水汽的纬向净收支在 8 月达到峰值然后下降，转变为水汽的净输出。相对于前 25 年（1961 ~ 1985 年），后 28 年（1986 ~ 2013 年）珠江流域的水汽输入和输出略有减少，但量值变化不大，水汽净收支整体上也变化不大，但水汽的输入、输出在 5 月减少较多，形成年内另外一个低谷［图 3-24（b）］。

就平均流纬向水汽输送而言［图 3-25（a）］，珠江流域东边界总的水汽收支在夏末秋初的 8 ~ 10 月有水汽的东风输入，其余月份为水汽的西风输出；西边界与东边界类似 8 ~ 10 月有水汽的东风输出，其余月份为水汽的西风输入；平均纬向输送在 8 ~ 10 月为向流域内输送水汽，其余月份为输出水汽。东、西边界的水汽收支在年内呈双峰型，水汽纬向输入与输出在 1 ~ 6 月逐渐增多，其后迅速下降，8 月为年内最小值月份；纬向输送与东边界水汽变化一致。通过对比 1961 ~ 1985 年和 1986 ~ 2013 年的水汽纬向特征可以看出，珠江流域前 25 年与后 28 年相比，东、西边界及纬向的水汽收支变化较小，但在 5 月输入、输出水汽明显减小，出现一个低谷值，东边界水汽输入峰值月份由 8 月推迟到了 9 月。

就平均流经向水汽输送而言［图 3-25（b）］，珠江流域水汽输送年内变化较大，北边界在冬季月份的输入量超过西边界的输入量，全年都有输出，夏季为主要的输出边界；南边界在 3 ~ 8 月没有水汽的输出，全年都有水汽的南风输入。总体上，南边界在 9 月以前水汽的输入量大于输出量，北边界水汽的输出量大于输入量，9 月以后相反；经向水汽收支在 2 ~ 8 月输入流域内的水汽量大于输出的量，其余月份输出量大于输入量。水汽经向输入与输出在 1 ~ 7 月逐渐增多，其后迅速下降，10 月为年内最小值月份，而经向净收支在 1 ~ 5 月缓慢上升，5 月以后迅速增加，6 月达到最大值后缓慢下降。通过对比 1961 ~ 1985 年和 1986 ~ 2013 年的水汽经向特征可以看出，珠江流域的南、北边界和经向水汽收

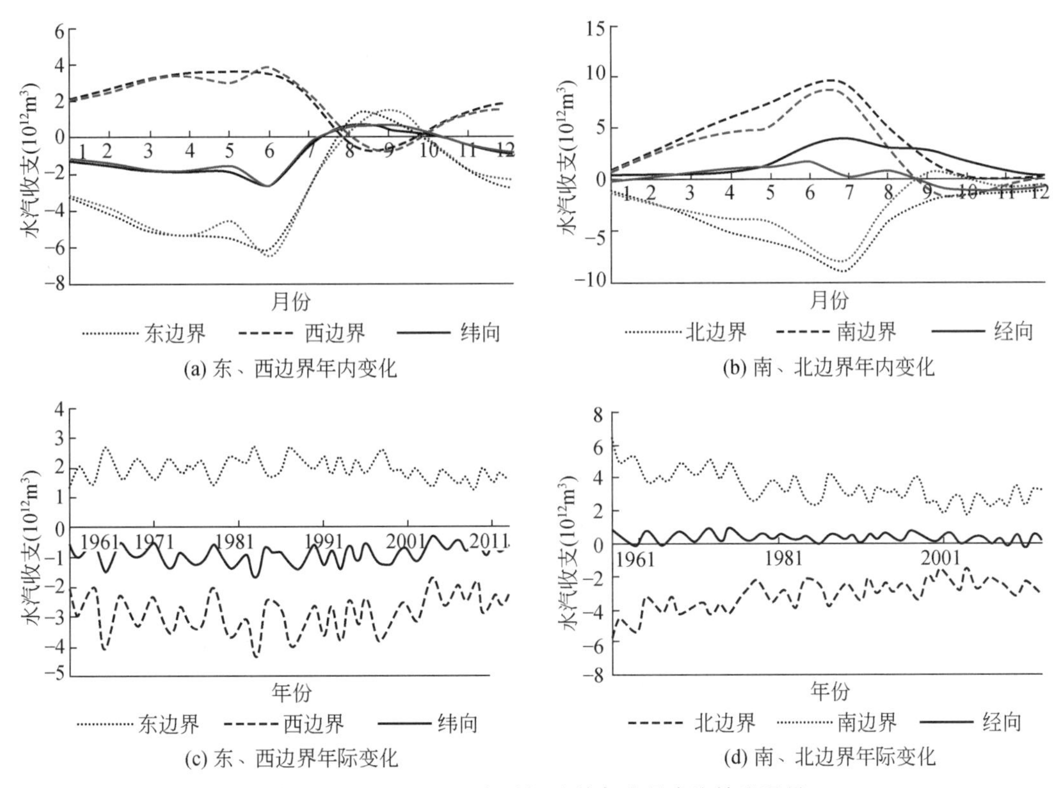

图 3-25　1961～2013 年珠江流域各边界水汽输送通量

注：黑线为 1961～1985 年；红线为 1986～2013 年

支均有所减少，1961～1986 年流域的南边界在全年都为水汽的净输入边界，北边界为净输出边界，1986～2013 年，9 月后南边界有水汽的净输出，北边界有净输入；经向收支在 5 月以前变化不大，5 月以后减少量较大，在 9 月以后转变为水汽的净输出。

珠江流域东边界各年为西风输出，西边界各年为西风输入，东边界输出量大于西边界的水汽输入量，东边界输出水汽量年际波动较大［图 3-25（c）］。珠江流域南边界总的水汽收支在各年均为南风输入，北边界各年均为南风输出，输入、输出量值接近，经向水汽输送净收支量值较小［图 3-25（d）］。

1961～2013 年，珠江流域地区的水汽各边界净水汽收支都呈显著下降的趋势，纬向和经向水汽收支也呈显著下降趋势。其中，东、西边界的水汽收支下降趋势小于南、北边界水汽输出的下降趋势，纬向水汽净收支的年际波动在 20 世纪 60～90 年代较大，21 世纪后纬向水汽净收支略有增加的趋势；经向水汽收支在 20 世纪 60～70 年代中期年际变化较大，70 年代中期至 90 年代变化趋势不明显，21 世纪以后下降较明显［图 3-25（c），（d）］。

（8） 东南诸河

1961～2013 年，东南诸河全年以平均西风输送为主，但总水汽输入量与总输出量较为接近。1961～2013 年东南诸河的水汽输入全年均值为 $2.2\times10^{12}m^3/a$，输出量为-2.99×10^{12}

m^3/a，输出和输入的值相当，净收支为$-0.78\times10^{12}m^3/a$。其中，前25年输入量为$2.32\times10^{12}m^3/a$，输出量为$-3.06\times10^{12}m^3/a$，净收支为$-0.74\times10^{12}m^3/a$；后28年输入量为$2.09\times10^{12}m^3/a$，输出量为$-2.91\times10^{12}m^3/a$，净收支为$-0.82\times10^{12}m^3/a$。水汽输入、输出在1986～2013年相比1961～1985年都有一定的减小，输出减少量略大，导致整个流域的水汽净收支略有增多。东南诸河的水汽净收支在1961～2013年多为水汽的净输出，只有在1961年为水汽的净输入，多年变化趋势为显著上升，边界水汽输入、输出在时间上呈显著的下降趋势［图3-26（a）］。

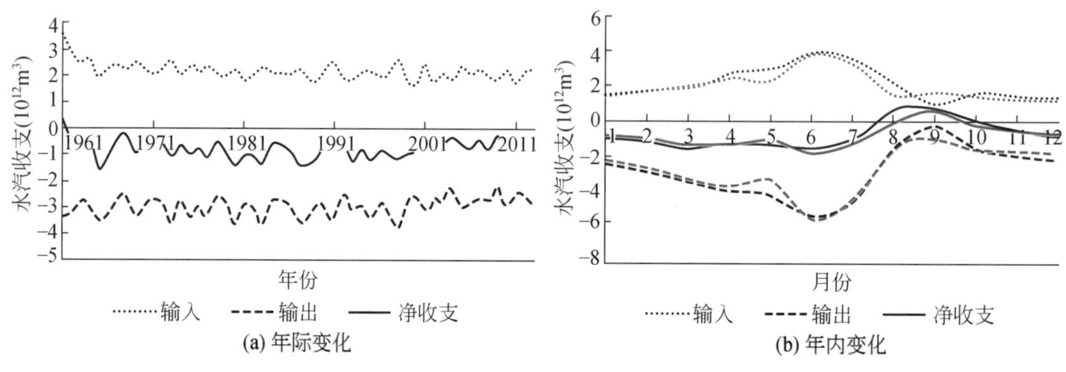

图3-26　1961～2013年东南诸河水汽收支时间变化

注：黑线为1961～1985年；红线为1986～2013年

东南诸河除夏末秋初月份为水汽汇区外，其余季节都为水汽源区。水汽净输入与输出1～6月逐渐增大，6月达到最大值，然后减小，到9月达到最小值，然后水汽输入量又略有回升，尤其输出量增加较多；但水汽的纬向净收支在8～9月达到峰值然后下降，转变为水汽的净输出。相对于前25年（1961～1985年），后28年（1986～2013年）东南诸河的水汽输入和输出略有减少，量值变化不大，水汽输入减少的比率要比输出减少的略大，但水汽的输入、输出在5月减少较多，形成年内另外一个低谷；水汽净收支整体上也变化不大，但峰值月份向后推迟了一个月［图3-26（b）］。

就平均流纬向水汽输送而言［图3-27（a）］，东南诸河东边界总的水汽收支在夏末秋初的8～10月有水汽的东风输入，全年除8～9月外都有水汽的西风输出；西边界与东边界类似，8～9月有水汽的东风输出，全年都有水汽的西风输入；平均纬向输送在8～10月为向流域内输送水汽，其余月份为输出水汽。水汽纬向输入与输出在1～6月逐渐增多，西边界输入水汽量在5月达到峰值，东边界输出水汽量在6月达到峰值，其后迅速下降，8月为年内最小值月份；纬向输送与东边界水汽变化一致。通过对比1961～1985年和1986～2013年的水汽纬向特征可以看出，东南诸河前25年与后28年相比，东、西边界及纬向的水汽收支变化较小，但在5月输出水汽明显减小，出现一个低谷值，纬向水汽净收支峰值月份由8月推迟到了9月。

就平均流经向水汽输送而言［图3-27（b）］，东南诸河水汽输送年内变化较大，北边界在冬半年有水汽的北风输入，1～8月有水汽的南风输出；南边界在1～8月有水汽的南

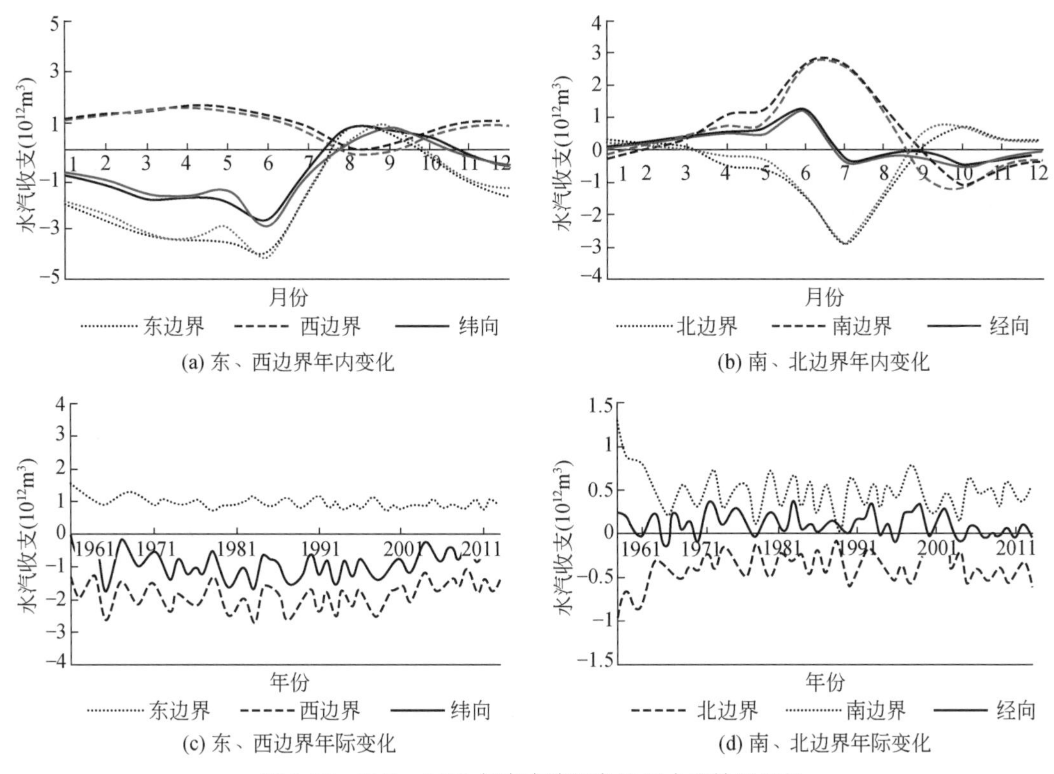

图 3-27　1961 ~ 2013 年东南诸河各边界水汽输送通量

注：黑线为 1961 ~ 1985 年；红线为 1986 ~ 2013 年

风输入，且在夏季为主要的水汽输入边界，在冬半年有水汽的北风输出。总体上看，南边界在冬半年水汽的输出量大于输入量，北边界水汽的输出量小于输入量，夏半年相反；经向水汽收支在 1 ~ 7 月输入流域内的水汽量大于输出的量，其余月份输出量大于输入量。水汽经向输入与输出在 1 ~ 7 月逐渐增多，其后迅速下降，10 月为年内最小值月份，而经向净收支在 1 ~ 5 月缓慢上升，5 月以后迅速增加，6 月达到最大值后迅速下降，7 月以后变化不是很大，10 月有个小的峰值。通过对比 1961 ~ 1985 年和 1986 ~ 2013 年的水汽经向特征可以看出，东南诸河的南、北边界和经向水汽收支变化不大，略有减少，在 4 ~ 5 月和 9 月份减小较多，东边界水汽输入的峰值由 10 月提前到了 9 月。

东南诸河东边界各年为西风输出，西边界各年为西风输入，东边界输出量大于西边界的水汽输入量，东边界输出水汽量年际波动较大［图 3-27（c）］。东南诸河南边界总的水汽收支在各年均为南风输入，北边界各年均为南风输出，经向水汽输送净收支量年际变化较大［图 3-27（d）］。

1961 ~ 2013 年，东南诸河地区的水汽东、西和南边界净水汽收支都呈显著下降的趋势，其中东边界的水汽输出下降趋势小于西边界水汽输入的下降趋势，北边界变化趋势不显著，经向水汽收支也呈显著下降趋势，纬向水汽收支变化趋势不显著。各边界年代际变化较明显，东边界在 20 世纪 60 ~ 70 年代的水汽净输出量有略微增加的趋势，气候开始下降；南、北边界的水汽输入、输出量在60年代下降显著，其后变化趋势减缓；纬向水汽净收支的年代际变化与东边界类似；经向水汽收支在21世纪以前年际波动幅度较大，21世纪后量值较小［图3-27（c），（d）］。

（9）西南诸河

西南诸河全年都为水汽汇区，水汽净输入与输出体现了明显的季风区特征，在年内呈双峰型，6月和9～10月为峰值，大气水量交换较为活跃，8月为低谷，水汽输入、输出流较小，但水汽净收支并未有低谷，输出的次大峰值月份要晚于输入的次大峰值月份。区域水汽辐合于6月达到年最大值，是由于西南季风爆发，流经到西南诸河的水汽迅速增加。相对于前25年（1961～1985年），后28年（1986～2013年）西南诸河的水汽输入和输出变化不大，在4～12月略有减少，水汽净收支整体上也变化不大［图3-28（a）］。

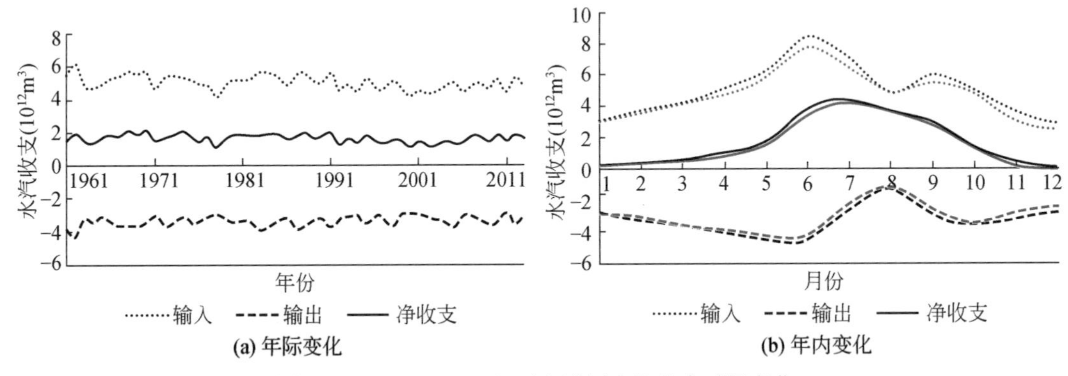

图3-28　1961～2013年西南诸河水汽收支时间变化

注：黑线为1961～1985年；红线为1986～2013年

1961～2013年，西南诸河全年以平均流西风输送为主，但总水汽输入量与总输出量较为接近。西南诸河的1961～2013年水汽输入全年均值为$5.01\times10^{12}m^3/a$，输出量为$3.37\times10^{12}m^3/a$，净收支为$1.63\times10^{12}m^3/a$。其中，前25年输入量为$5.2\times10^{12}m^3/a$，输出量为$3.47\times10^{12}m^3/a$，净收支为$1.73\times10^{12}m^3/a$；后28年输入量为$4.83\times10^{12}m^3/a$，输出量为$3.28\times10^{12}m^3/a$，净收支为$1.55\times10^{12}m^3/a$。水汽输入、输出和净收支在1986～2013年相比1961～1985年都有一定的减小，其中输入减少值略大于输出减少的值。

西南诸河的水汽净收支在1961～2013年呈逐年减小的趋势，21世纪后又略有增加。边界水汽输入、输出在时间上也均呈显著的下降趋势［图3-28（b）］。

就平均流纬向水汽输送而言［图3-29（a）］，流域东边界总的水汽收支全年都有西风输出，8～9月有东风输入水汽；西边界全年都有西风输入，7～8月有水汽的东风输出；平均纬向输送在夏半年为向流域内输送水汽，冬半年为输出水汽。东、西边界的水汽收支在年内呈双峰型，水汽总输入与输出在4～6月都较高，其后迅速下降，8月为年内最小值月份；纬向输送在8月没有显著减小，水汽纬向净输入峰值位于7月，输出峰值位于10月。通过对比1961～1985年和1986～2013年的水汽纬向特征可以看出，西南诸河前25年与后28年相比，东、西边界及纬向的水汽收支变化较小。

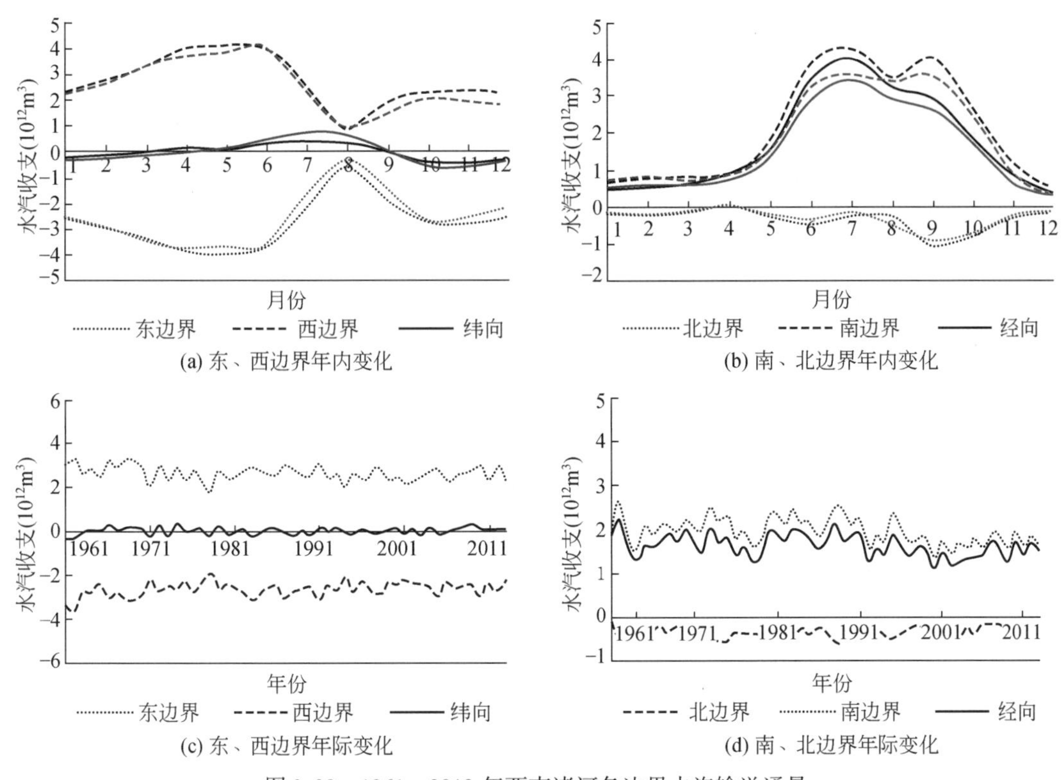

图 3-29　1961 ~ 2013 年西南诸河各边界水汽输送通量

注：黑线为 1961 ~ 1985 年；红线为 1986 ~ 2013 年

就平均流经向水汽输送而言［图 3-29（b）］，西南诸河水汽收支体现出明显的季风区变化特点，南边界和北边界在全年都有水汽的输入和输出，但总体上，南边界水汽输入大于输出，夏半年输入量远大于冬半年，北边界水汽输出量大于水汽输入量，经向水汽收支取决于南边界，全年都体现为输入流域水汽量大于输出流域水汽量。从图中可以看出，南边界的水汽收支在年内呈双峰型，水汽总输入与输出在 7 月和 9 月有极大值，在 8 月也有低谷阶段，却远不如纬向水汽收支减少的程度，虽有减小但输入水汽量仍较大；北边界水汽收支的峰值月份位于 9 月，另外在 6 月也有一个弱的输出峰值；经向水汽收支的双峰值与南边界一致，分别位于 7 月和 9 月；对比纬向水汽收支和流域内总的水汽收支可以看出，流域内总的水汽收支主要取决于经向的水汽收支。通过对比 1961 ~ 1985 年和 1986 ~ 2013 年的水汽经向特征可以看出，西南诸河的经向水汽收支季节分布与南边界类似，前 25 年与后 28 年相比，南、北边界水汽收支均有所减小，南边界的水汽输入在 5 ~ 10 月减小明显，体现在整体经向水汽收支也减小明显；北边界减少幅度很小。

西南诸河东边界各年为西风输出，西边界各年为西风输入，两者变化幅度接近。纬向水汽收支波动较大［图 3-29（c）］。西南诸河南边界总的水汽收支在各年均为南风输入，北边界各年均为南风输出。西南诸河的经向水汽输送取决于南边界的水汽输送变化量，多年与南边界类似［图 3-29（d）］。

1961～2013 年，西南诸河地区各边界的净水汽收支都呈显著减小的趋势，纬向水汽收支呈显著上升趋势，经向水汽收支呈显著下降趋势。其中，东、西、南边界的水汽收支下降趋势接近，北部边界水汽输出的下降趋势略缓，纬向水汽净收支的年际波动在 20 世纪 60～70年代较大，其后年际波动变幅减小，南边界和经向水汽收支在 60～90 年代下降较明显，21 世纪后又有弱的波动上升的趋势［图 3-29（c），（d）］。

（10）西北诸河

1961～2013 年，西北诸河全年以平均流东风输出为主，但总水汽输入量与总输出量较为接近。黄河流域 1961～2013 年的水汽输入全年均值为 $3.96\times10^{12}m^3/a$，输出量为 $4.01\times10^{12}m^3/a$，输出略大于输入，净收支为 $-0.05\times10^{12}m^3/a$。其中，前 25 年（1961～1985 年）输入量为 $4.18\times10^{12}m^3/a$，输出量为 $4.31\times10^{12}m^3/a$，净收支为 $-0.12\times10^{12}m^3/a$；后 28 年（1986～2013 年）输入量为 $3.77\times10^{12}m^3/a$，输出量为 $3.74\times10^{12}m^3/a$，净收支为 $0.02\times10^{12}m^3/a$。水汽输入、输出和净收支在 1986～2013 年相比 1961～1985 年都有一定的减小，其中输入减少值略小于输出减少的值。

西北诸河的水汽输入量、水汽输出量在 1961～2013 年都呈显著减小的趋势，其中输出的下降趋势高于输入的下降趋势，导致水汽的净收支呈显著的上升趋势［图 3-30（a）］。

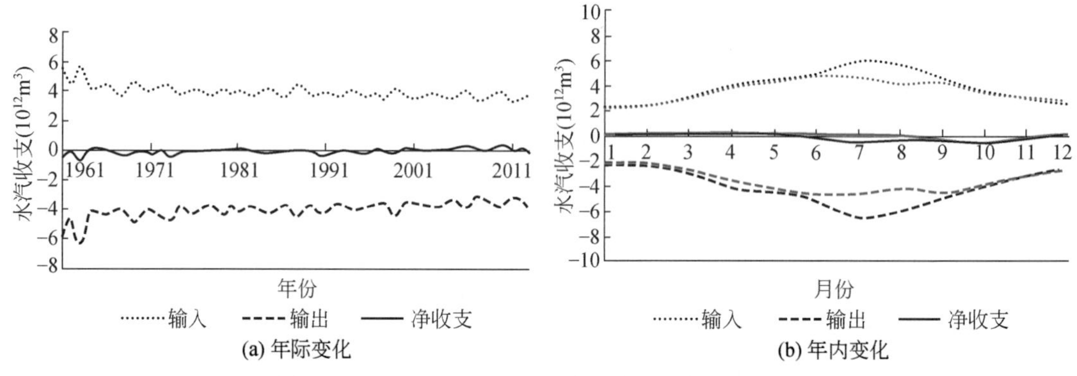

图 3-30　1961～2013 年西北诸河水汽收支时间变化

注：黑线为 1961～1985 年；红线为 1986～2013 年

西北诸河 1961～2013 年多年平均水汽输入与输出量值接近，水汽净收支较小，6～11 月为水汽的净支出，全年其余月份为水汽净收入。水汽输入与输出在夏半年较大，峰值多位于 6～9 月，冬半年水汽总输入输出逐渐减少。相对于前 25 年（1961～1985 年），后 28 年（1986～2013 年）西北诸河的水汽输入和输出在夏半年减少较多，在冬半年减少值较小，11～12 月还略有增加；水汽净收支整体上变化不大，即使在水汽输入、输出减少最多的月份也没有太大变化［图 3-30（b）］。

就平均流纬向水汽输送而言［图 3-31（a）］，西北诸河水汽收支总体上为东边界西风输出，西边界西风输入，纬向水汽净收支全年均为负值，即纬向水汽输出大于输入，纬向特征取决于东边界。东、西边界及纬向水汽净收支在夏半年较大；东边界全年为西风输出，西边界全年为西风输入，西边界的季节变化幅度低于东边界。对比 1961 ~ 1985 年和 1986 ~ 2013 年的水汽纬向特征可以看出，西北诸河的纬向水汽收支季节分布与东边界类似，前 25 年与后 28 年相比，东边界的各月份水汽输出均有所减少，且在夏半年减少较多，西边界的输入变化不大。

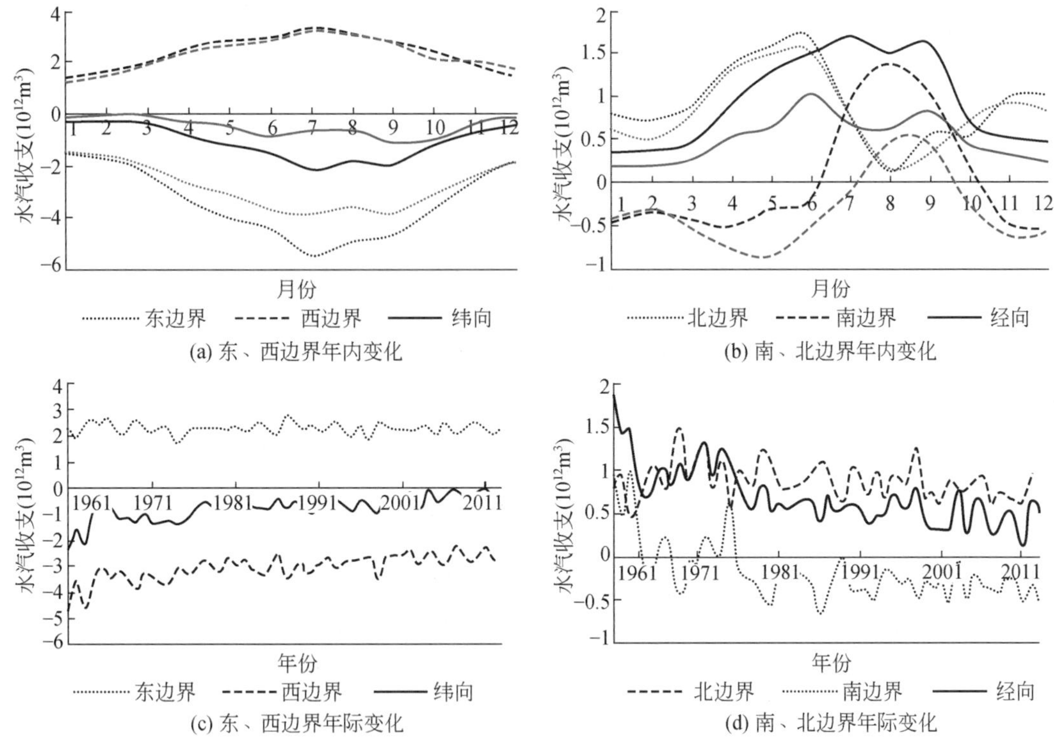

图 3-31　1961 ~ 2013 年中国大陆各边界水汽输送通量

注：黑线为 1961 ~ 1985 年；红线为 1986 ~ 2013 年

就平均流经向水汽输送而言［图 3-31（b）］，西北诸河的南、北边界水汽收支有明显的季节变化。总体上为北边界北风输入，南边界夏季南风输入，其余季节北风输出，经向水汽净收支全年均为正值，即为经向水汽输入大于输出，经向特征取决于南边界，有明显的双峰特征。南、北边界全年都有水汽输入和输出，但季节变化明显，北边界水汽净输入和南边界净输出在春季有极大值，夏、秋季节有极小值，冬季有次大值。对比 1961 ~ 1985 年和 1986 ~ 2013年的水汽经向特征可以看出，西北诸河的经向水汽收支季节分布与南边界类似，前 25 年与后 28 年相比，南边界水汽收支在 3 ~ 11 月减小较多，且年内最大值出现的月份出现延后，最大值出现的月份由原来的 8 月推迟到了 9 月；北边界略有减小，导致经向水汽收支第一峰值由 7 月提前到 6 月。

西北诸河东边界总的水汽收支 1961 ~ 2013 年各年均为西风输出，西边界各年为西风输入。西北诸河的纬向水汽输送决定于东边界的水汽输出，在 1961 ~ 2013 年各年均为西风输出［图 3-31（c）］。西北诸河北边界总的水汽收支在各年均为北风输入；北边界各年在 20 世纪 70 年代中期由南风输入转变为北风输出。西北诸河的经向水汽输送决定于北边界的水汽输入，在 1961 ~2013 年各年均为北风输入［图 3-31（d)］。

1961 ~2013 年，西北诸河的水汽东、南、北边界净水汽收支呈显著减小的趋势，西边界变化不显著。东边界的输出量减少趋势最严重，各边界水汽净收支变化趋势有明显的年代际变化特征，在 20 世纪 80 年代以前减少较显著，80 年代以后变化趋势不明显，且北边界在 60 ~70 年代有增加的趋势，80 年代后转变为减少的趋势。其中，纬向水汽净收支的下降趋势主要取决于东边界水汽输出的显著减少趋势，经向水汽净收支的下降趋势主要取决于北边界水汽输入的显著减少趋势［图 3-31（c)，(d)］。

根据图 3-1 中所划定的边界，各个边界的水汽输送量如图 3-32 所示。

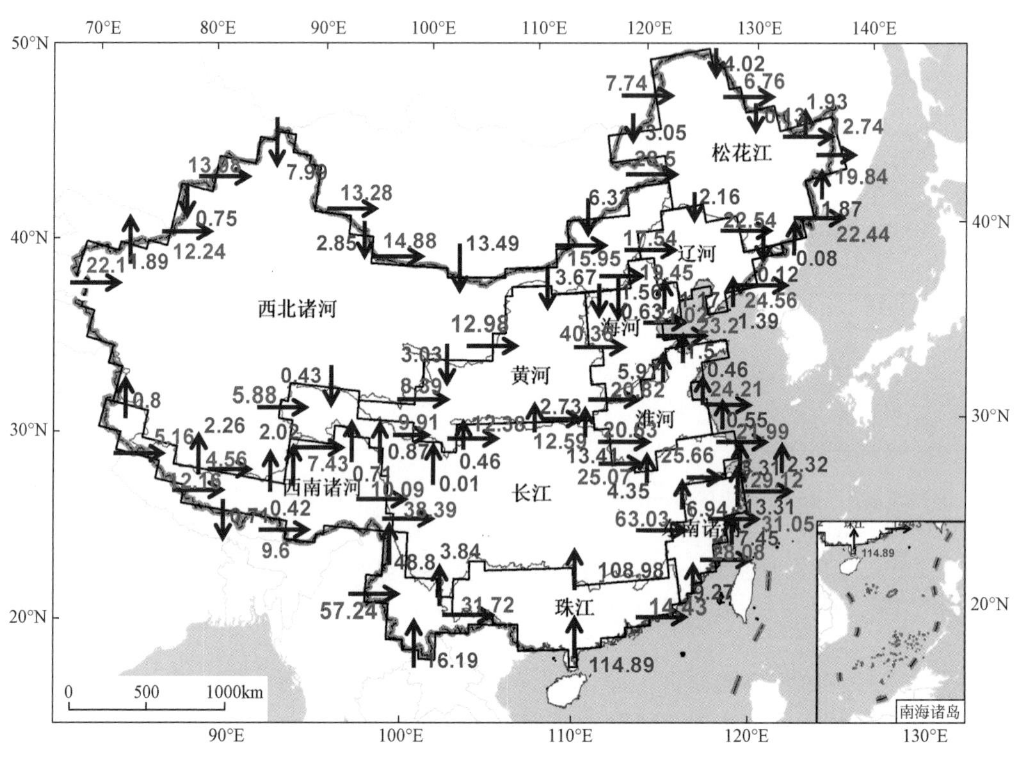

图 3-32　1961 ~2013 年中国各区域平均水汽收支状况（10^7kg/s）

注：蓝色为纬向输送水汽量，红色为经向输送水汽量

3.3.5　水汽通量

1961 ~2013 年整个中国水汽通量的区域平均由冬季的西偏北输送到夏季转变为西偏南输送，1 月最小，7 月达到最大。1986 ~2013 年相对于 1961 ~1985 年 10 月至次年 3 月的水汽通量变化不大，4 ~9 月的水汽通量显著减小，7 月减少最大，且整体方向偏北，1986 ~2013 年在 10 月已经转变为西北输送水汽为主，而 1961 ~1985 年的 10 月仍为西南输送水汽为主。NCEP/NCAR 和 ERA-Interim 计算值相比差别不大［图 3-33（a)］。

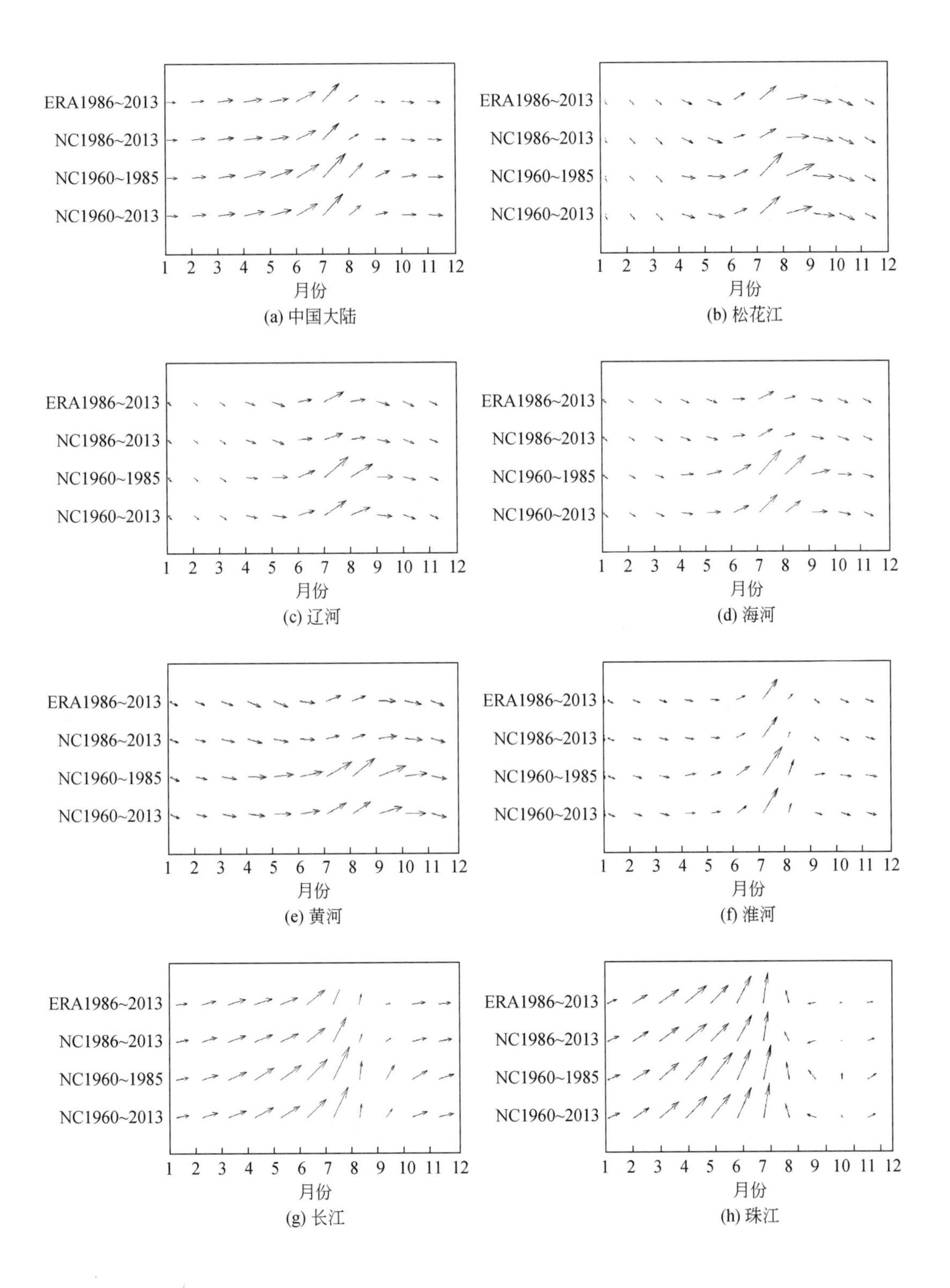

(a) 中国大陆

(b) 松花江

(c) 辽河

(d) 海河

(e) 黄河

(f) 淮河

(g) 长江

(h) 珠江

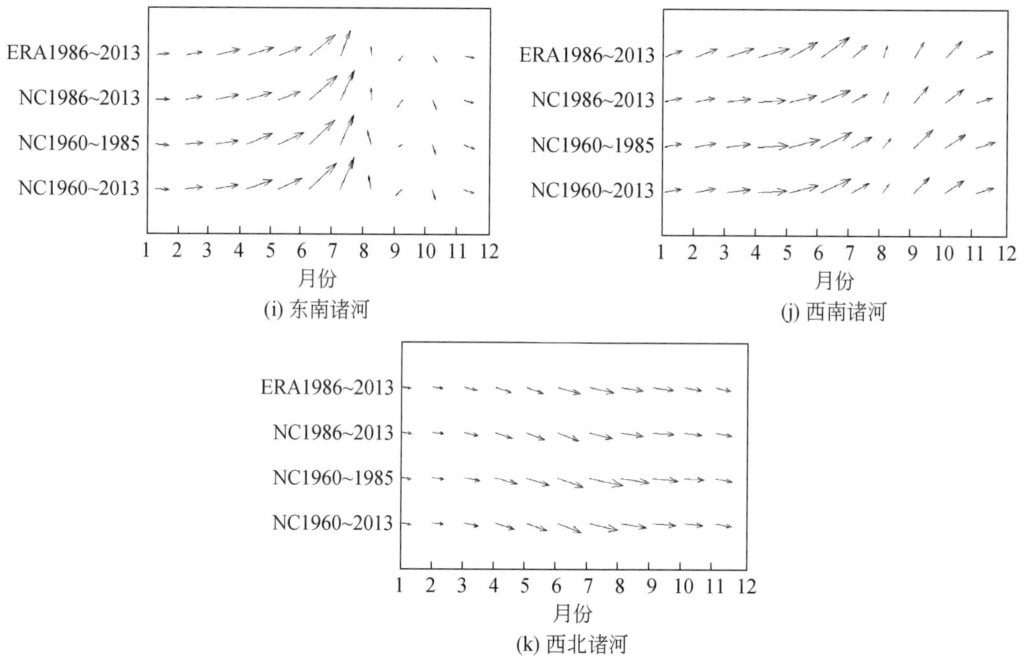

图 3-33 中国十大流域内平均的月水汽输送通量［kg/（m·s)］

1961～2013 年松花江流域的区域平均由冬季的西偏北输送到夏季转变为西偏南输送，其中，9～12 月水汽输送通量逐渐减小，方向由偏西转变为西北；1～3 月，水汽输送缓慢增大，方向变化不大；4～5 月，水汽通量为西北偏西方向；6 月转变为西南偏西方向，7 月达到最大,而后缓慢减小。1986～2013 年相对于 1961～1985 年 9 月至次年 3 月的水汽通量变化不大，4～8 月的水汽通量显著减小，7 月减少最大，且整体方向偏西；NCEP/NCAR 与 ERA-Interim 相比，在 7 月与 8 月的水汽通量略小，其余月份差别不大［图 3-33（b)］。辽河流域与松花江流域变化相似，但辽河流域的水汽通量的方向要比松花江流域略偏西［图 3-33（c)］。

1961～2013 年海河流域的区域平均季节变化与松花江流域类似。1986～2013 年相对于 1961～1985 年 11 月至次年 3 月的水汽通量变化不大，4～10 月的水汽通量显著减小，减少量要大于松花江和辽河流域，且整体方向偏西，1986～2013 年只有 6～8 月流域内主要为西南向水汽输送，而 1961～1985 年在 4～10 月都为西南向水汽输送；NCEP/NCAR 与 ERA-Interim 相比，7 月、8 月的水汽通量略小，其余月份差别不大［图 3-33（d)］。

1961～2013 年黄河流域的区域平均季节变化相对于北方三大流域要小，整个流域全年水汽通量在 10 月至次年 6 月变化量都很小。1986～2013 年相对于 1961～1985 年 11 月至次年 3 月的水汽通量变化不大，4～10 月的水汽通量显著减小，且整体方向偏西，1986～2013 年只有 7～9 月流域内主要为西南向水汽输送，且在 7 月没有明显的增大，而 1961～1985 年在 6～10月都为西南向水汽输送，且 7～9 月的水汽通量要显著大于年内其他月份；NCEP/NCAR 与 ERA-Interim 相比，7 月、8 月的水汽通量略小，其余月份差别不大［图3-33（e)］。

1961～2013 年淮河流域的区域平均季节变化在 9 月至次年 6 月变化量都很小，方向为偏西，7 月突然增大，方向为西南偏南。1986～2013 年相对于 1961～1985 年 10 月至次年 3 月的水汽通量变化不大，1986～2013 年只有 6～8 月流域内主要为西南向水汽输送，且在 8 月迅速减小，而 1961～1985 年在 4～9 月都为西南向水汽输送，且 6～8 月的水汽通量要显著大于年内其他月份；NCEP/NCAR 与 ERA-Interim 相比，8 月的水汽通量略小，但方向略偏南，其余月份差别不大［图 3-33（f）］。

1961～2013 年长江流域的区域平均季节变化在 10 月至次年 5 月变化量都很小，年内方向都为西南，5～7 月缓慢增大，方向逐渐向南偏，8 月方向最偏南，但由于有东向水汽通量，数值减小，9 月为全年最小值月份。1986～2013 年相对于 1961～1985 年 11 月至次年 3 月的水汽通量变化不大，其余月份水汽通量数值减小，方向略偏西，7 月水汽通量减小最多，9 月方向转变最多；NCEP/NCAR 与 ERA-Interim 相比，7 月、8 月的水汽通量略小，9 月方向略偏南，其余月份差别不大［图 3-33（g）］。

1961～2013 年珠江流域与其他流域不同，8～9 月东向水汽通量数值较大，导致整个流域平均的水汽通量方向为东南，但数值较小，从 11 月至次年 7 月水汽通量逐渐增大，7 月达到最大。1986～2013 年相对于 1961～1985 年 11 月至次年 3 月的水汽通量变化不大，其余月份数值都有一定的减小，其中 7 月的方向略偏东，8 月由东南转为东北向；NCEP/NCAR 与 ERA-Interim 相比，水汽通量略大［图 3-33（h）］。

1961～2013 年东南诸河的区域平均季节变化在 1 月至次年 3 月变化量都很小，方向为偏西，8～9 月东向水汽通量数值较大，导致整个流域平均的水汽通量方向为偏东，但数值较小，8 月为东南向，9 月为东北向，从 11 月至次年 7 月水汽通量逐渐增大，7 月达到最大。1986～2013 年相对于 1961～1985 年 11 月至次年 3 月的水汽通量变化不大，9 月略有增大，其余月份数值都有一定的减小，其方向变化不大；NCEP/NCAR 与 ERA-Interim 相比，水汽通量略大［图 3-33（i）］。

1961～2013 年西南诸河的区域平均全年都为西南向水汽通量，水汽输送量在 5～6 月达到最大，8 月份开始有东向水汽通量，导致 8 月水汽通量全年最小，但方向最偏南。1986～2013 年相对于 1961～1985 年水汽通量略有减小，8 月方向略偏西，其余月份变化不大；NCEP/NCAR 与 ERA-Interim 相比，1～6 月的水汽通量略小，年内方向略偏西［图 3-33（j）］。

1961～2013 年西北诸河的区域平均全年都为西北向水汽通量，水汽输送量在 4～8 月缓慢增大，其后缓慢减小，方向和数值的变化都不大。1986～2013 年相对于 1961～1985 年水汽通量略有减小，方向略偏西，其余月份变化不大；NCEP/NCAR 与 ERA-Interim 相比变化不大［图 3-33（k）］。

3.3.6 水汽输送影响范围

由图 3-34 可以看出，中国东部季风区的水汽通量以长江为界，南北差异很大。

1 月，东部季风区长江以北的流域主要水汽输送是以西风为主导由西北风输送而至，且在松花江、辽河以及包括部分西北诸河流域的内蒙古东部地区的水汽通量值较大。在松花江流域的北部有部分以北风为主导的西北风水汽输送地区，还有少量的南风为主导的东南风水汽输送地区。在长江以南地区水汽通量以西风为主的西南风输送为主。在长江流域的青藏高原西部有部分以北风为主的西北风水汽通量较大地区，这可能是大地形的扰流造成的。另外，长江流域还有部分以南风为主的西南风水汽通量较大地区［图 3-34（a），（c）］。

7 月，长江流域北部的水汽通量输送主要由西风为主的西南风控制；长江以南的水汽通量输送由南风为主的西南风控制；在松花江北部地区也有一部分由南风为主的西南风控制地区。由于副热带高压（以下简称副高）的影响，7 月江淮流域的水汽通量中南风分量较大［图 3-34（b），（d）］。

中国大陆上空水汽源地为 6 个，分别为南海；阿拉伯海、孟加拉湾；亚洲北方大陆；欧洲大陆及海域；黄海、东海、渤海；鄂霍次克海、日本海（崔玉琴，1997）。

南海位于西南太平洋西岸，水域面积为 360 万 km^2，水区气温为 15～28℃，年降水量为 1200～3300mm。由于大部分水域位于 10° N 以北，年均蒸发量超过降水，是水汽输出源地、太阳辐射剩余区（热源）。因此由南海飘来的热带海洋气团富含水汽，是进入中国陆地水汽量最大的水域，为中国第一水汽源地。南海上空水汽一般由东南或偏南气流卷携由东、南边界进入。东南气流，夏季一般来自副热带高压西南侧，为夏季风。由于副热带高压是一深厚的天气系统，东南季风可伸展至 500hPa 以上。冬季，当南下变性冷高压东移时，其西南侧东南气流也可将南海水汽飘送至中国南方大陆。冷性高压是一浅薄的天气系统，所以东南气流仅出现于较低的浅薄气层中。

孟加拉湾、阿拉伯海位于中国大陆西南方，是印度洋北部距中国最近的两个热带海域，其水域面积分别为 270 万 km^2、286 万 km^2。全年平均气温为 25℃，夏季为 25～27℃、冬季为 22～23℃。夏季受暖热赤道海洋气团控制，西南季风盛行，以 7 月、8 月两月最强，孟加拉湾 4～5 级，阿拉伯海 5～6 级。全年降水量在 2000mm 左右，是世界上热带季风气流显著的海域，蒸发量大于降水量，是水汽输出海域。此海域为中国第二水汽源地，其上空水汽夏季由印度洋西南季风、寒季由南支槽前西南气流卷携北上进入中国大陆。

亚洲北方大陆系中国大陆以北的亚洲大陆及其以北的北冰洋海域。其上自西向东流淌着南北走向的鄂毕河、叶尼塞河及勒拿河，这三条河最后均流入北冰洋。当高空环流形势为经向型时，如乌拉尔山高压脊强烈发展，北冰洋上空水汽由脊前西北气流卷携南下经亚洲北方大陆、由中国西北部边界入境。地面形势不外乎两种情况：一是冬季地面冷高压东移南下时，其东侧或西北气流或偏北气流或东北气流（由高压长轴方向而定）；二是北冰洋冷湿空气进入中国的卷携气流。由这一水汽源地进入中国的水汽量居第三位。

欧洲大陆及海域向北可追溯到欧洲大陆北部北冰洋的喀拉海、挪威海，向西可远溯至大西洋，其上空水汽一般由西北气流或西风气流挟带经西部边界入境。由此源地入境水汽量虽不及热带海域及亚洲大陆，但对干旱的西北地区来说却是最主要的水汽源地，可为该区提供 30% 以上的水汽量。西北地区水汽输入的高值带，可能是因其地理位置关系，一是常年处在西风气流带；二是该边界东北段——准噶尔西部山地，于喜马拉雅运动中形成一系列断块山地与山间断陷盆地，并多开口向西的“ V ”字形喇叭口地形及东西向山间盆地、宽坦河谷，这不仅构成西方水汽入流之天然地理通道，更主要是其“风洞效应”加大了水汽输送量。

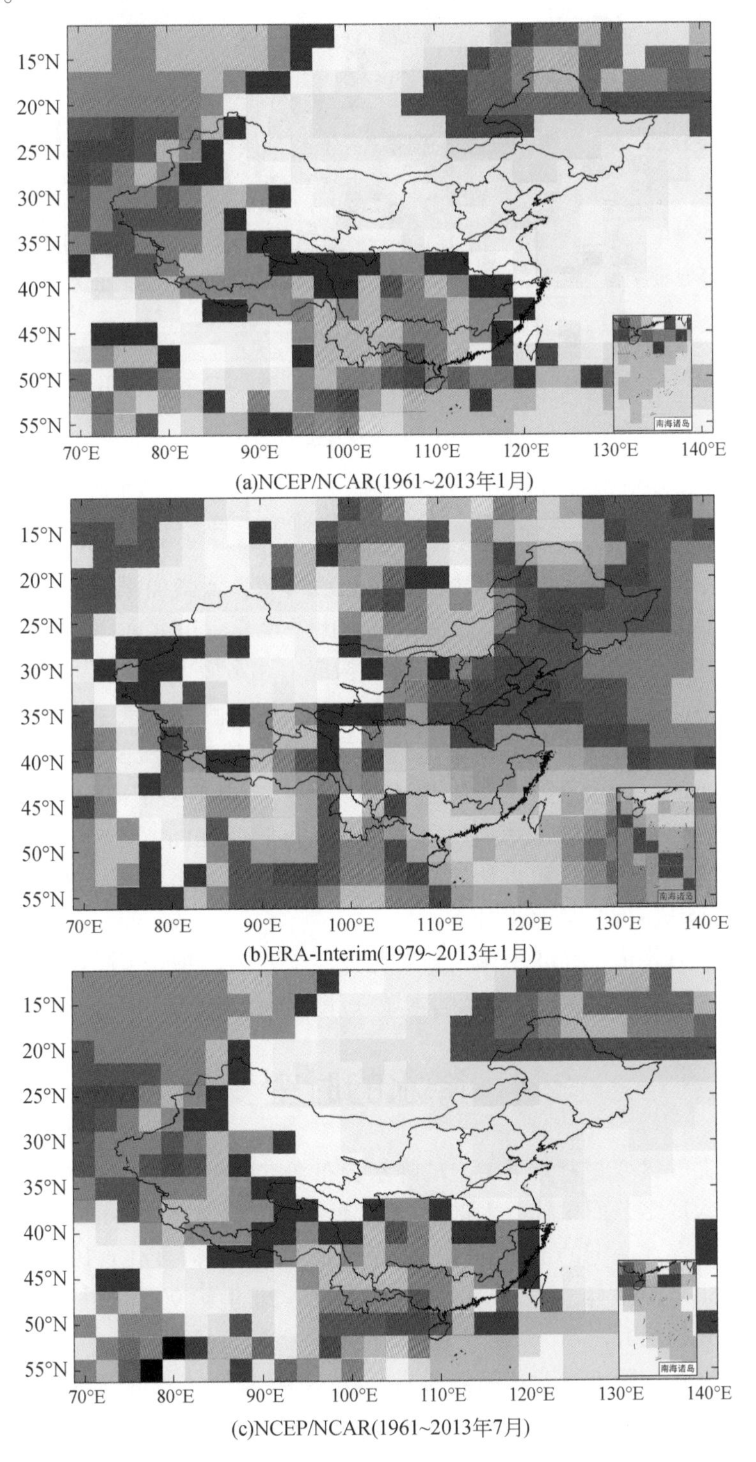

(a)NCEP/NCAR(1961~2013年1月)

(b)ERA-Interim(1979~2013年1月)

(c)NCEP/NCAR(1961~2013年7月)

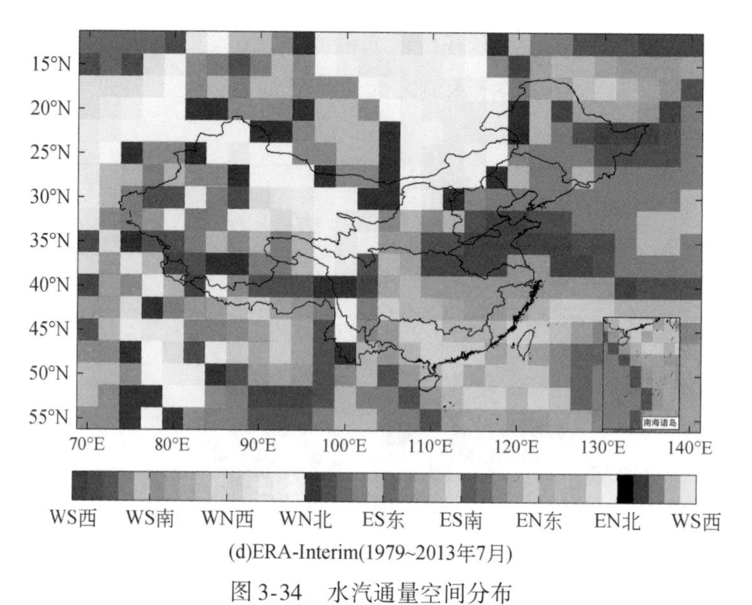

(d)ERA-Interim(1979~2013年7月)

图 3-34　水汽通量空间分布

注：不同颜色代表不同风向主导的水汽通量值；五个颜色等级代表主导风向的水汽通量所占百分比，从强到弱依次为：90% ~100%、80% ~90%、70% ~80%、60% ~70%、50% ~60%

渤海、黄海、东海三海，为中国大陆东部边缘海域，皆受黑潮暖流系统控制，为同一海流区，海域总面积为 122.7 万 km^2。海区气温由冬至夏、由北而南，为-2 ~28℃。年降水量由北而南、由西向东，为 500 ~2000mm。构成上述水域上空水汽入流中国大陆之水汽通道的天气形势或天气系统如下：①东移入海江淮气旋北侧偏东气流区；②南下变性冷高压南侧偏东气流区；③北上台风北侧偏东气流区；④副热带高压西伸脊南侧偏东气流区；⑤构成中国东部近海一带“北高南低”形势等。由于气旋、冷高压皆是浅薄天气系统，所以偏东气流只存在于近地面较浅薄的气层中，一般低于 700hPa；台风与副热带高压是深厚天气系统，与其伴随的偏东气流可从地面伸展至 500hPa，甚至更高。这个水汽源地由中国东边界进入中国大陆，但是量级十分小。

鄂霍次克海、日本海，位于中国大陆东北方、东方，属寒温带海域，是进入中国水汽量比重（暖季 11%、寒季 3%）最低的水域（崔玉琴，1997）。

3.4　降水的时空变化

近百年来，在气候变暖背景下，全球降水分布在空间上发生了变化，诸多低纬度地区和高纬度地区降水增多，而中纬度大部分地区降水则在减少（Groisman et al.，1999）。总体来讲，全球降水存在一定的上升趋势，并存在显著的年代际变化：1900 ~1950 年，降水量整体增长；1950 ~1980 年，全球处于相对多雨期；20 世纪 90 年代早期呈下降趋势；21 世纪初降水量又开始回升。

中国近百年来年均降水量变化趋势则不显著，但区域降水变化波动较大，降水强度偏高的区域出现了扩大趋势（翟盘茂等，2007）。研究表明，1961 ~2003 年年降水量在西北、长江中下游和华南地区具有明显的增加趋势，而在华北和四川盆地则具有明显的减少趋势；在西北和南方地区冬半年的降水日数和日降水强度呈增加趋势，华北和中部地区降水日数呈减少趋势（宁亮和钱永甫，2008；房巧敏等，2007）；1951～2004年最长无降水日数呈线性增加趋势，特别是在1960年和1994年前后显著增加（刘莉红等，2008）；1961～2008年中国东北地区降水在夏季占到全年降水的65.7%，98个气象站中77个气象站的年降水和80个气象站的夏季降水呈减少趋势，年降水和夏季降水在东北地区东南部呈减少趋势（Liang et al.，2011）。

3.4.1 降水的时空变化

1961～2013年中国大陆地区平均年降水量的空间分布极其不均，不仅受海陆季风的影响，也受地形影响，年降水量地区差异大。整个中国多年平均年降水量612.4mm，年降水量由东南向西北逐渐减小，东部大致与纬向平行，降水分布阶梯特征十分明显。降水最多的江南平原和东南沿海地区，年降水量大多在1500～2000mm；最少的西北内陆沙漠地区，年降水量多在200mm以下，年降水量最少的塔里木地区则不足25mm（图3-35）。

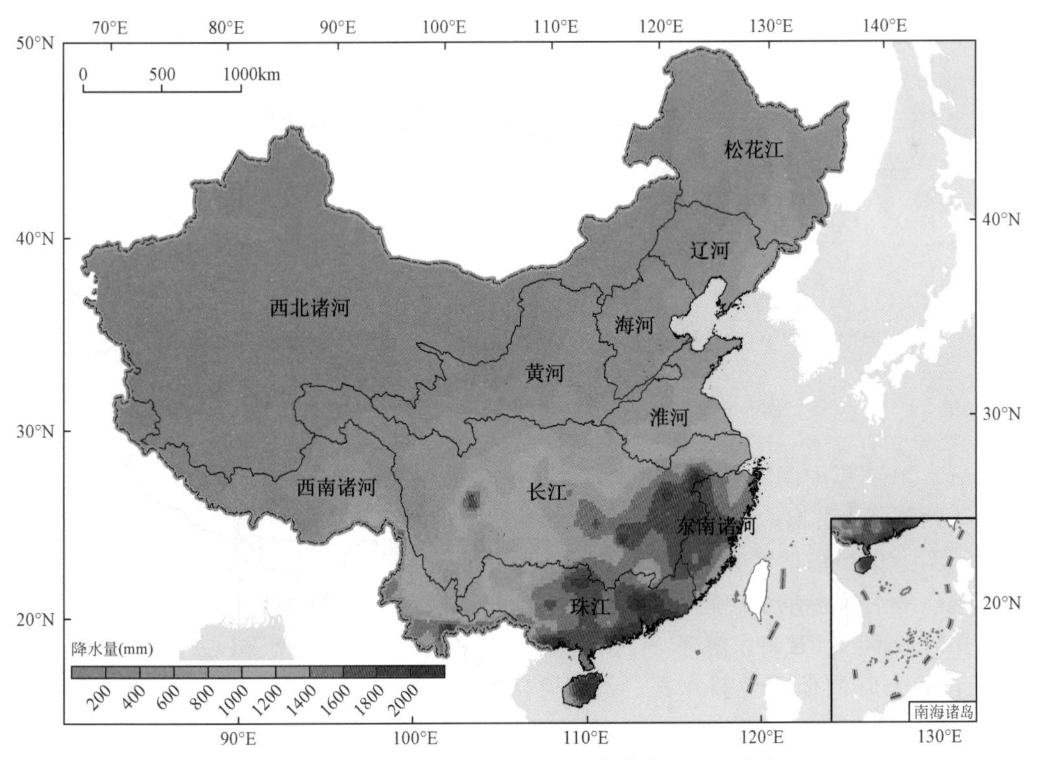

图3-35　1961～2013年多年平均年降水量空间分布

此外，中国十大水资源分区降水量差别同样较大（表 3-3），从东南向西北递减，北部和内陆降水量相对较少。降水量最小为西北诸河，其次为黄河、松花江、海河和辽河流域；江淮流域的降水量较大，淮河流域为 811.4mm，长江更是达到了 1151.6mm；最大的为东南诸河和珠江流域，多年平均降水量超过了 1500mm。

表 3-3　1961 ~ 2013 年中国十大水资源分区多年平均年降水量　（单位：mm）

水资源分区	松花江	辽河	海河	黄河	淮河	长江	珠江	东南诸河	西南诸河	西北诸河
年降水量	508.3	617.7	531.3	452.3	811.4	1151.6	1583.4	1469.7	943.4	161.9

1961 ~ 2013 年，中国区域年降水量呈弱增加趋势，变化趋势不显著，倾向率为 1.1mm/10a。但在年代际尺度上变化较大，20 世纪 60 年代、70 年代和 21 世纪前 13 年的年降水量较 1961 ~ 2013 年均值分别偏少 3.1mm、4.2mm 和 3.7mm，而 20 世纪 80 年代和 90 年代降水分别偏多 3.6mm 和 11.0mm，其中降水最少的年份是 2011 年（546.8mm），最多的年份是 1998 年（697.3mm）（图 3-36）。季节尺度上，冬季、春季降水量呈增加趋势，夏季、秋季趋势性变化不明显，但是在近 30 年冬春季降水量增加速率有所加快，秋季降水量也显现出增加的趋势（秦大河等，2012）。

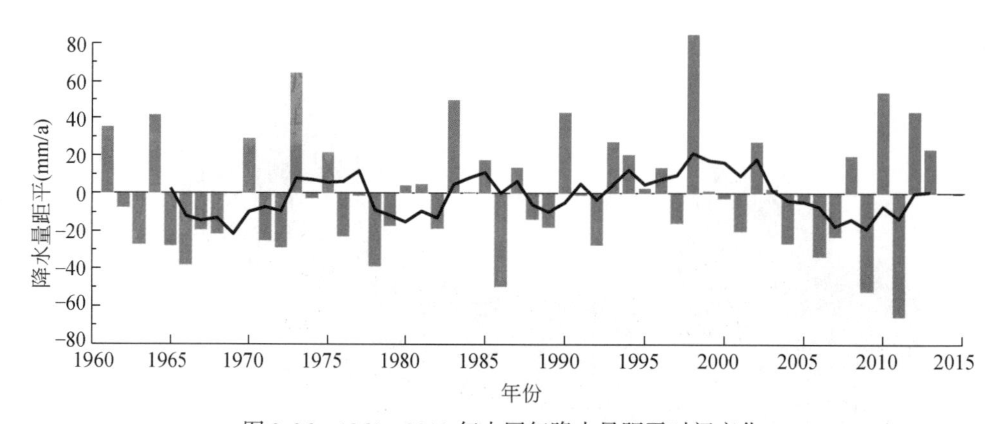

图 3-36　1961 ~ 2013 年中国年降水量距平时间变化

1961 ~ 2013 年中国降水变化趋势有明显的区域特征，1961 ~ 2013 年降水趋势系数表现为中国西部降水普遍增加，其中新疆大部、内蒙古西部、甘肃中部以及青海西部部分地区达到了至少 95% 的信度检验水平；中国东部大部（105°E 以东），除长江中下游，东北北部局地、华南局地有所增加外，其他地区降水以减少为主；西南地区中部和南部降水减少，其中陕西南部、甘肃东南部、江西南部、广西东部、云南西南部以及西藏中东部局地达到了至少 95% 的信度检验水平。最近 28 年（1986 ~ 2013 年）相对于之前的 25 年（1961 ~ 1985 年），东北南部、华北、西北东部、华东东部、华南大部、西南大部、青藏高原中东部降水减少，东北北部、长江中下游、华南地区西北部、西南地区东北部、青藏高原西部和东南部以及西北地区大部降水量增多（图 3-37）。

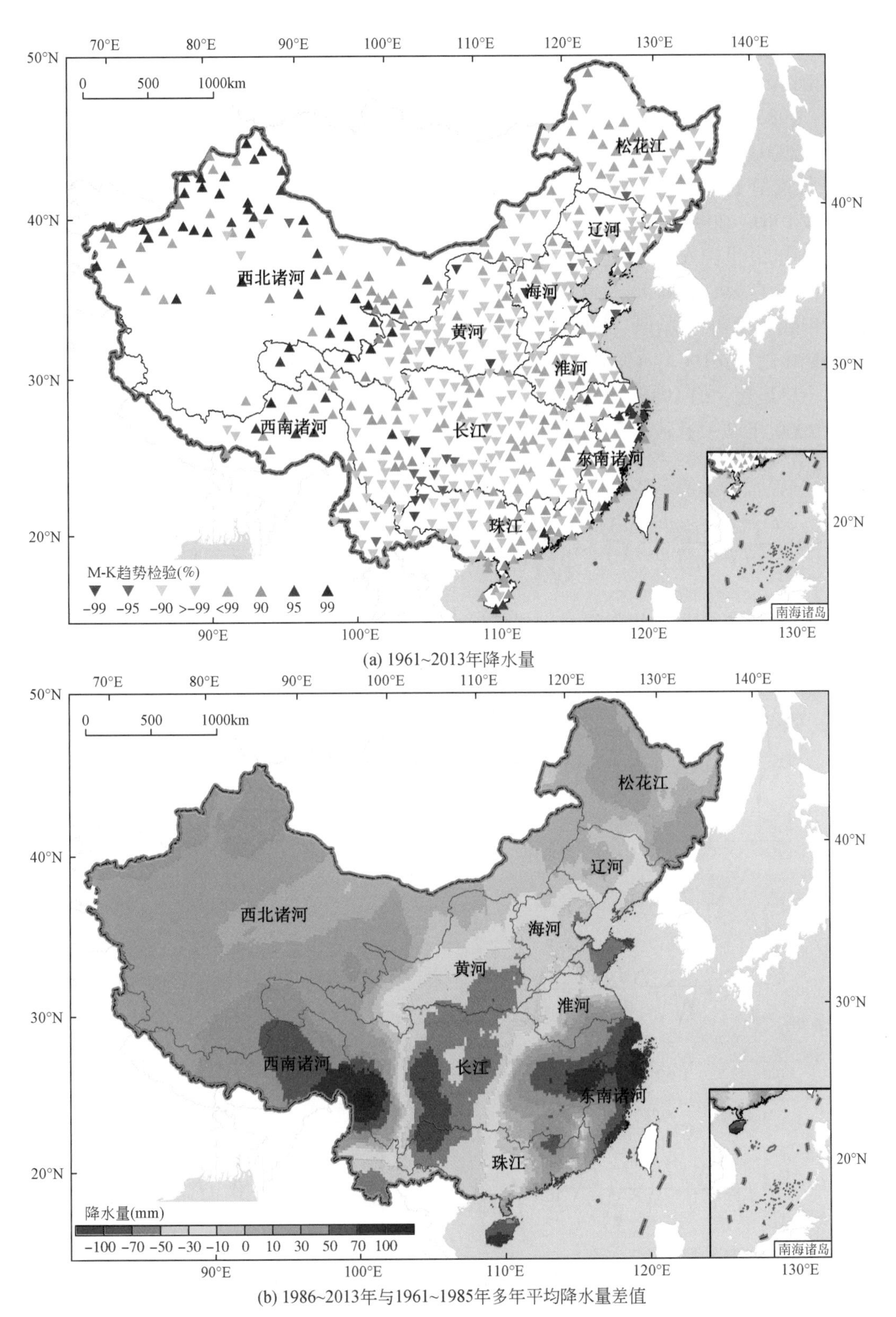

(a) 1961~2013年降水量

(b) 1986~2013年与1961~1985年多年平均降水量差值

图 3-37 1961 ~2013 年降水量时间变化

1961～2013年，十大水资源分区除西北诸河区年降水量显著上升，松花江、珠江、东南和西南诸河流域有弱上升趋势外，其余均为下降趋势。其中，松花江区表现出年代际变化特征：1980年前为降水减少阶段，1980～2000年降水则有较为明显的增加，1999年迅速下降，2001～2013年又开始显著增加；辽河流域降水总体上呈弱的下降趋势，20世纪60～80年代呈下降趋势，80～90年代年际变动较大，2000年后降水呈上升趋势；海河及黄河流域1961～2000年降水则呈现出一直减少的趋势，2000年以后有显著增加的趋势；淮河流域在20世纪60年代初降水值较大，但60年代中期降水迅速减少，其后又呈弱增加趋势；长江流域在20世纪60年代至80年代初，年际波动较大，80年代中期至90年代中期，年际波动明显减小，2000年以后呈弱下降趋势；珠江流域1961～2013年降水没有明显的变化趋势；1961～1985年东南诸河和西北诸河流域年降水呈增加趋势，西北诸河流域增加趋势显著，但1986～2013年上升趋势都在减缓；西南诸河流域降水呈现弱增加趋势，但2000年以后呈显著下降趋势（图3-38）。

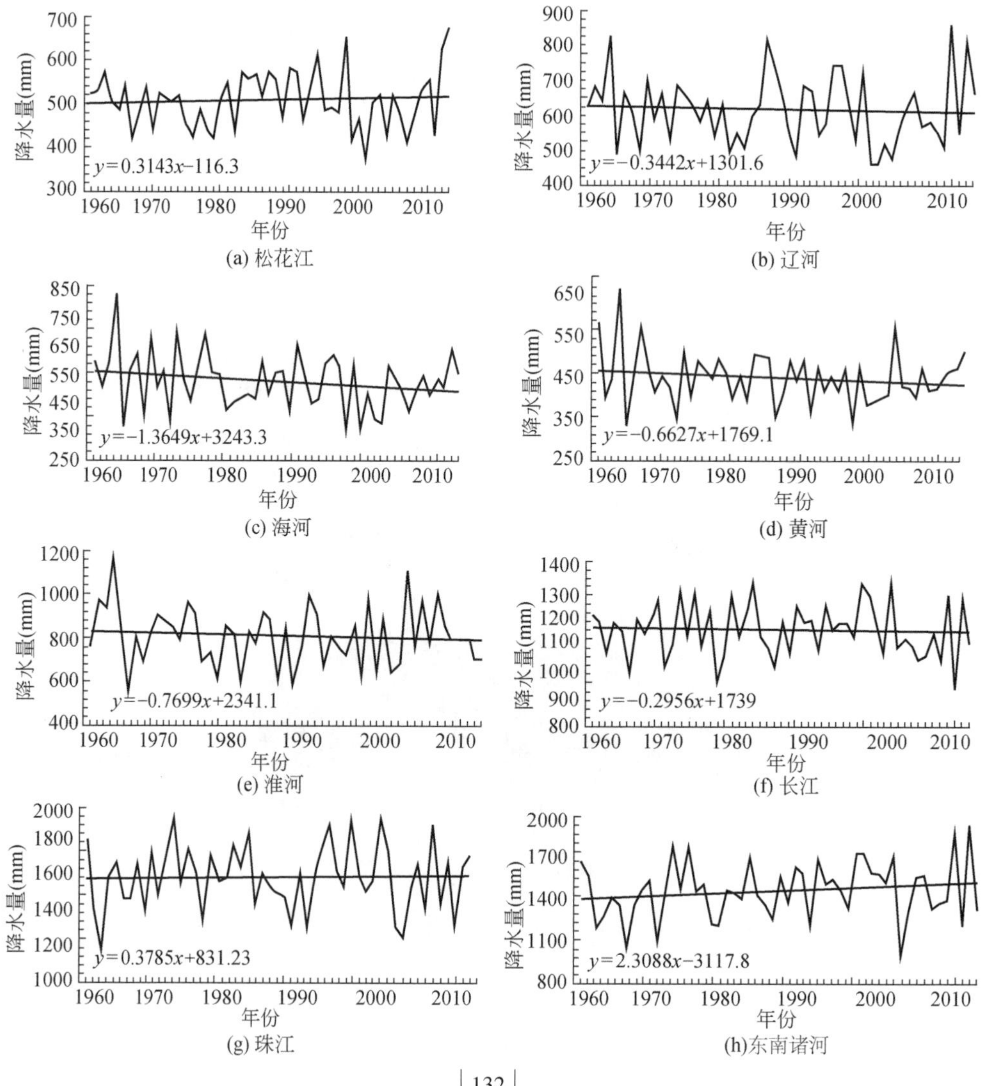

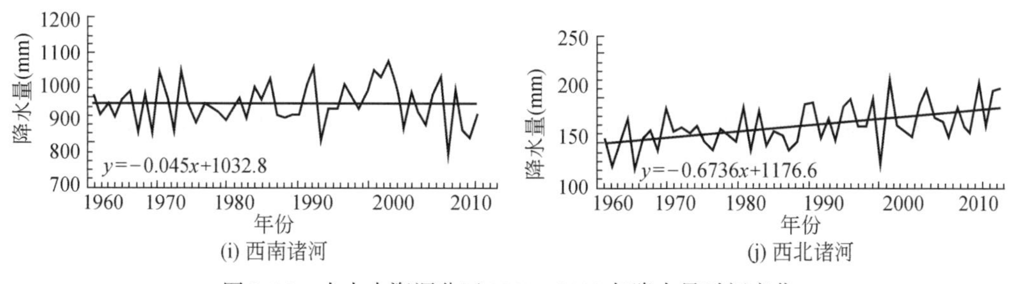

图 3-38 十大水资源分区 1961～2013 年降水量时间变化

中国接近 57% 的台站夏季降水平均持续时间最长，约 27% 的台站秋季降水平均持续时间最长，春冬季节降水平均持续时间最长的台站比例均低于 10%。最长降水平均持续时间出现在夏季的区域主要分布在东南沿海地区、华北北部、东北地区、内蒙古东部、西南地区的西南部和青藏高原地区，对应了这些地区的雨季；江淮和黄淮流域、关中盆地、汉水谷地、长江中游地区以及海南省秋季降水平均持续时间最长；江南地区春季降水持续时间最长，对应江南春雨。其中，江淮和黄淮以及长江中游地区的降水平均持续时间最长季节（秋季）与主雨季时间（夏季）不一致，秋季持续时间较长的降水事件发生比例高于夏季，而这些区域降水量和降水频率则均是夏季值最高。

基于连续小波转换（CWT）在时频域中分析十大水资源分区及中国降水周期变化。年降水的 CWT 分析表明，长江流域年降水在 1970～1990 年有着 6～9 年的周期变化，黄河流域年降水在 20 世纪 60 年代末期有着 2～4 年的周期变化，但其周期变化具有局部性特征。淮河和珠江流域年降水在 20 世纪 90 年代末期到 21 世纪初有着震荡周期，分别为 1～2 年和 3～5 年，其他时间段不明显。松花江流域在 20 世纪 90 年代有一个 4 年左右的震荡周期，其他时间段周期不明显。辽河流域 20 世纪 60 年代末有着 1～2 年的震荡周期，在 20 世纪 80 年代初到 90 年代末有着 8～10 年的震荡周期，其他时间段周期不明显。海河流域在 20 世纪 60 年代末有着 1～3 年的震荡周期变化。西北诸河流域在 20 世纪 90 年代末有着 1～3 年的周期变化。西南诸河流域分别在 20 世纪 70 年代初和 20 世纪 90 年代初分别有着 2～3 年和 5～6 年的震荡变化。而东南诸河流域在 20 世纪 60 年代到 21 世纪初无明显周期变化。就整个中国来说，年降水在 1996～2000 年有着 4 年的周期变化，在 2005～2010 年有着约为 1 年的周期变化。

3.4.2 不同等级日降水天数的分布特征

按照中央气象台标准将中国日降水量划分为 4 个等级：小雨（0.1～10mm），中雨（10～25mm），大雨（25～50mm）和暴雨（≥50mm），下面分析不同等级降水日数及无雨日（日降水量=0.0mm）和雨日（日降水量为>0.1mm）时空分布特征。

中国平均的无雨日数在 1961～2013 年里呈显著增加的趋势，线性倾向率为 7.5d/10a，波动范围在 172～230d。空间分布呈北多南少的趋势，北方大部分地区的年均无降水日数在 200d 以上，占到全年的 55% 以上，华北小于西北，西北内陆地区是无降水日数最多的地方，特别是塔里木盆地，年均无降水日数超过 300d；南方大部分地区的年均无降水日数小于 180d，占到全年的 50% 左右，其中无降水日数最少的位于四川盆地地区，年均无降水日数小于 100d；东部、北部的无降水日数要低于 180d，跟南部数值相当。1961～2013 年多年变化趋势只有在西北诸河的塔河西南部有显著减小的趋势，其余中国大部都呈显著增加的趋势。1986～2013 年相对于 1961～1985 年的变化率在中国东北部松花江区、中部的黄河和长江以及东南诸河增加率较大，在 40% 左右；在辽河中部、海河流域及黄河的河套地区、珠江以及长江中上游、西南诸河西部以及西北诸河的大部分地区无雨日都有所减小，其中海河区减小的最明显（图 3-39）。

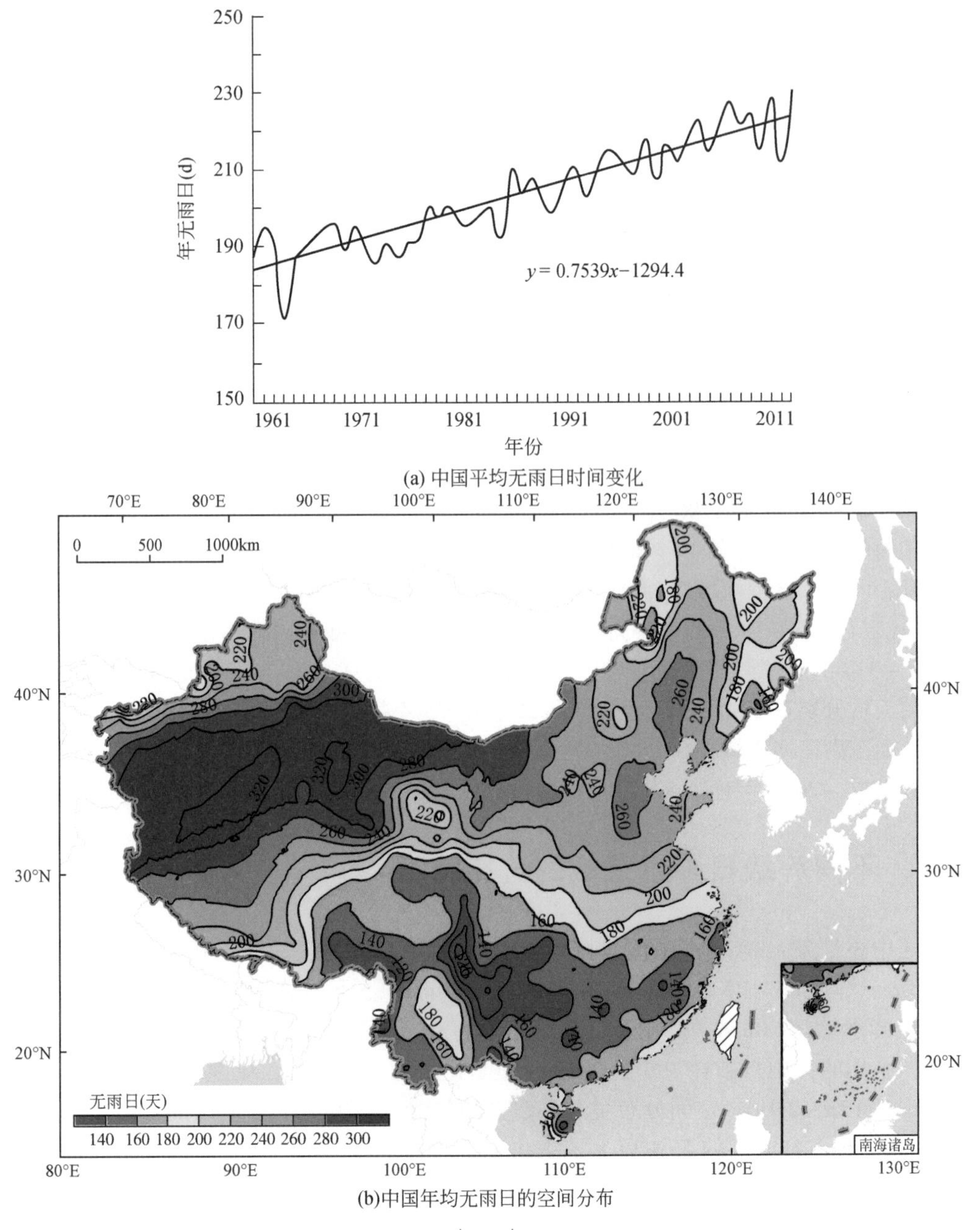

(a) 中国平均无雨日时间变化

(b)中国年均无雨日的空间分布

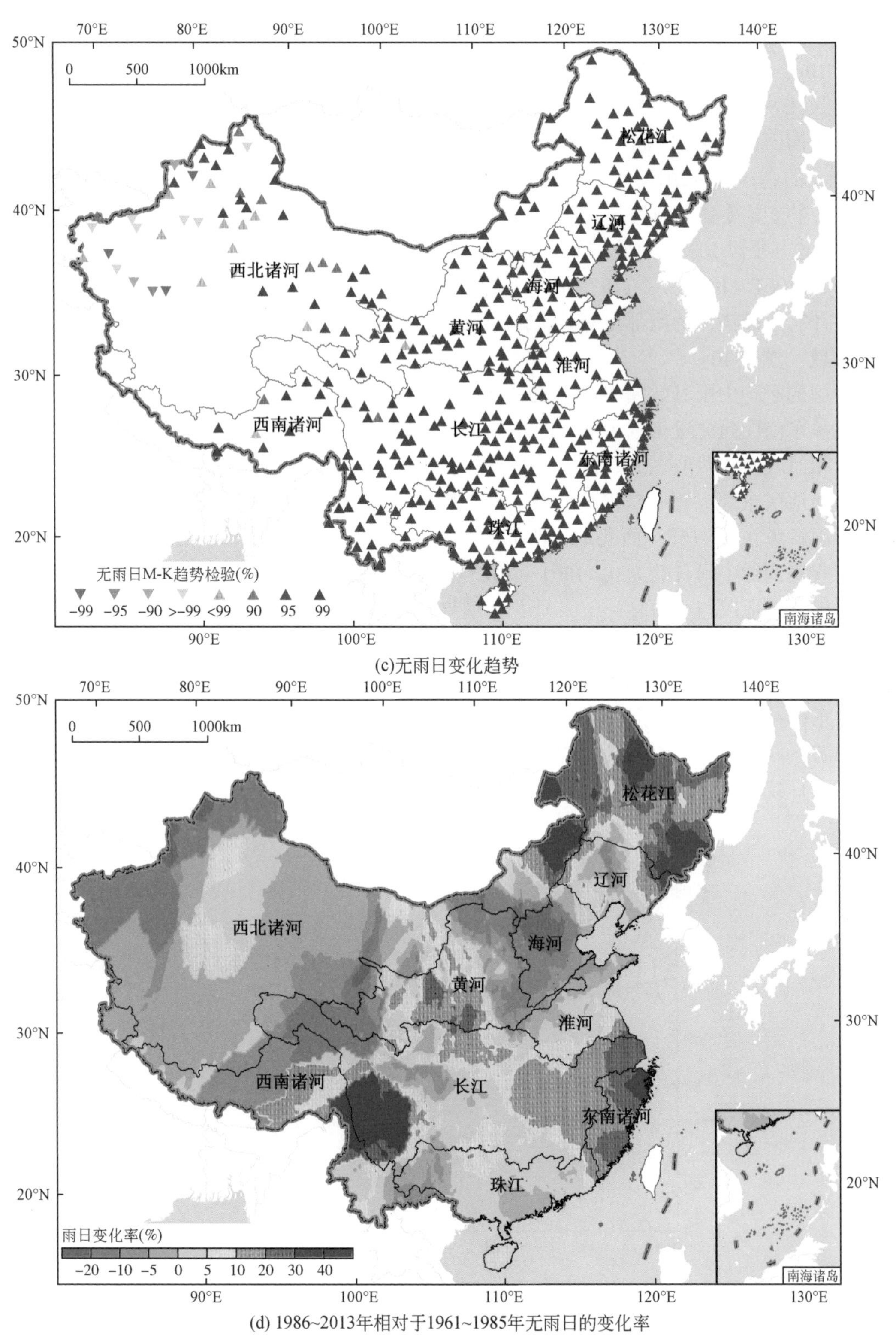

(c)无雨日变化趋势

(d) 1986~2013年相对于1961~1985年无雨日的变化率

图 3-39 1961 ~ 2013 年无雨日时空变化

中国平均的小雨日数在 1961 ~ 2013 年则是呈现显著下降趋势，线性倾向率为 -3.7d/10a，波动范围在 80 ~ 111d。空间分布正好和无雨日数的分布相反，呈南多北少的趋势，长江及以南地区的年均小雨日数普遍在 100d 以上，在西北地区东部和东北北部存在小雨日高值区，年均 90d 以上，华北地区则是在 60 ~ 80d，西北诸河的塔里木盆地地区则是最少的。1961 ~ 2013 年小雨日数多年变化趋势在 100°E 以西大部分地区显著增加，100°E 以东呈显著减少的趋势，越向南减少越显著。1986 ~ 2013 年相对于 1961 ~ 1985 年的变化率也几乎以 100°E 为界，在中国东部季风区的八大水资源分区小雨日数普遍为 1986 ~ 2013 年比 1961 ~ 1985 年少，减少最显著的区域为西南诸河的东南部和淮河区的山东半岛地区，另外，东南诸河的南部也有较大的减幅；西北诸河及西南诸河的西部为小雨日增加最多的区域（图 3-40）。

中国的平均中雨日数在 1961 ~ 2013 年呈现显著下降趋势，波动范围在 13 ~ 18d。空间分布也呈东南向西北逐步减少的分布格局，长江以南地区最多，其中西南和东南诸河的中雨日数相对较多，普遍在 30d 以上；另外在四川盆地也有一个高值区；与小雨日数分布类似，西北地区东部也有一个相对高值区，年均中雨日数超过了 10d；华北和东北大部分地区的中雨日数在 9 ~ 15d；西北地区西部的中雨日数是最少的，大部分在 3d 以下，很多站点多年观测到的中雨日数为 0。1961 ~ 2013 年多年变化趋势在西北诸河、西南诸河西北部和长江中上游地区与小雨日类似，呈上升趋势。在东部季风区的八大水资源分区大部分地区呈下降趋势，但也有部分站点呈上升趋势，尤其是在江淮地区和东南沿海的流域。1986 ~ 2013 年相较于1961 ~ 2013 年的中雨日数变化率空间分布与小雨日数变化率空间分布类似，大致呈东南—西北走向，但变化的中心有很大差异，中雨日数增加最多的区域位于黄河和长江中游；西北诸河中雨日增加的区域较小雨日偏东，在西北诸河东部小雨日呈增加的区域，中雨日减少，且减少的百分比较大（图 3-41）。

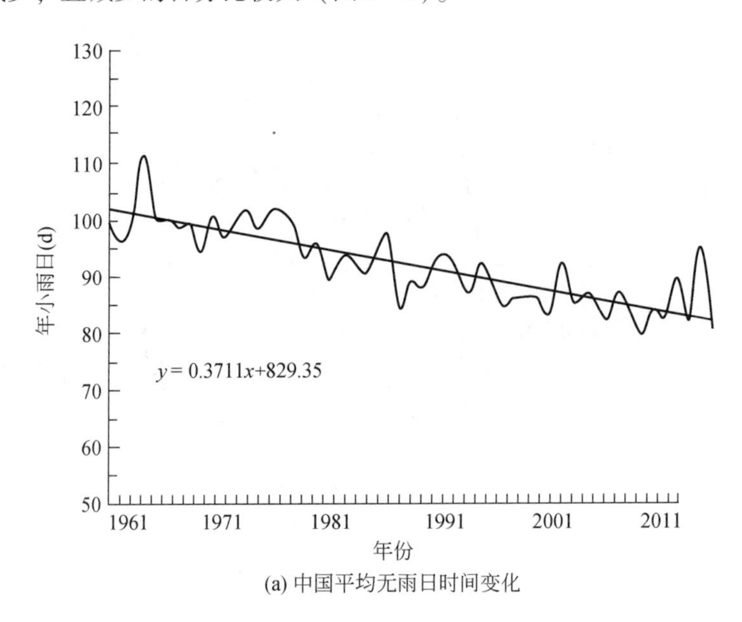

(a) 中国平均无雨日时间变化

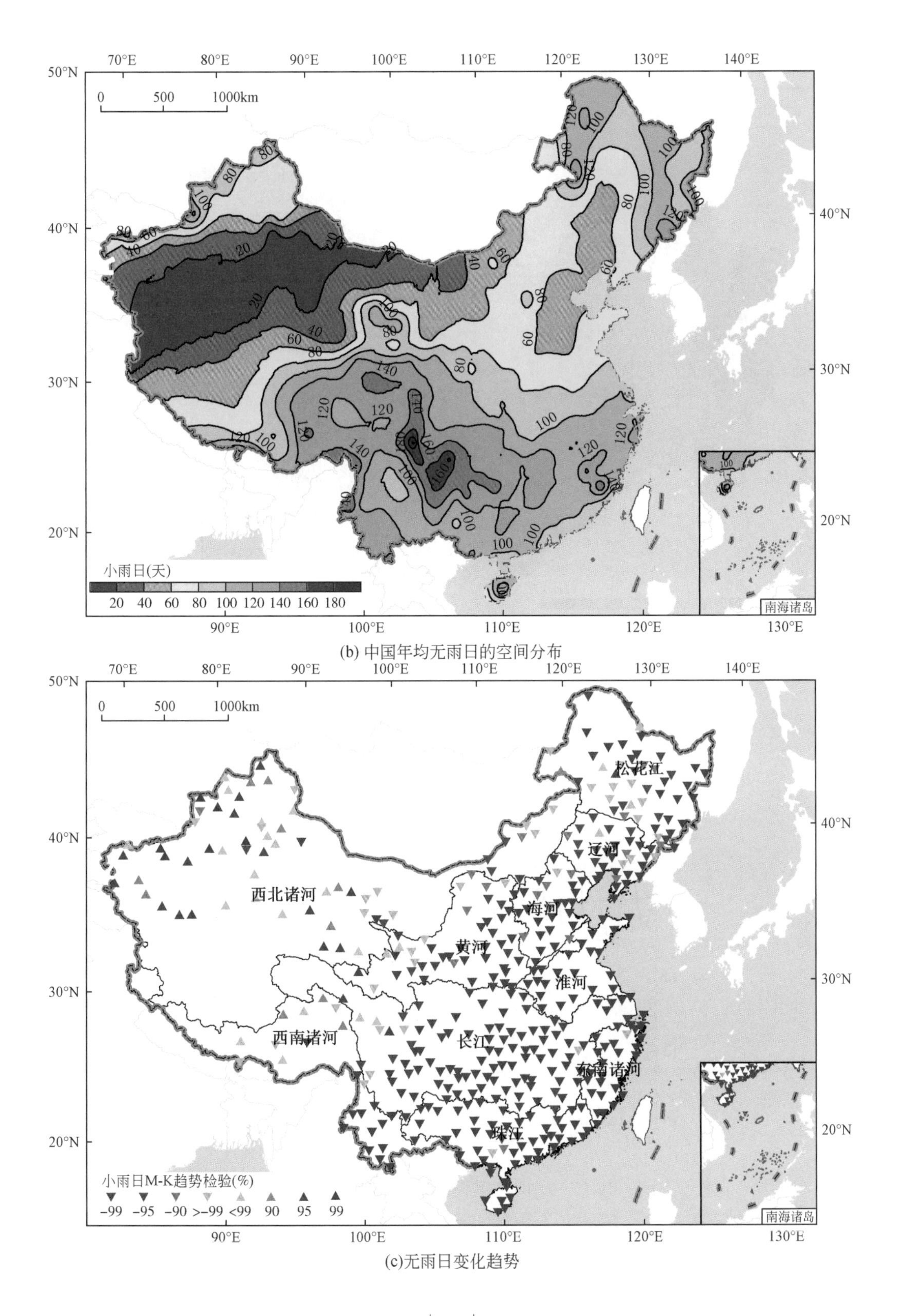

(b) 中国年均无雨日的空间分布

(c)无雨日变化趋势

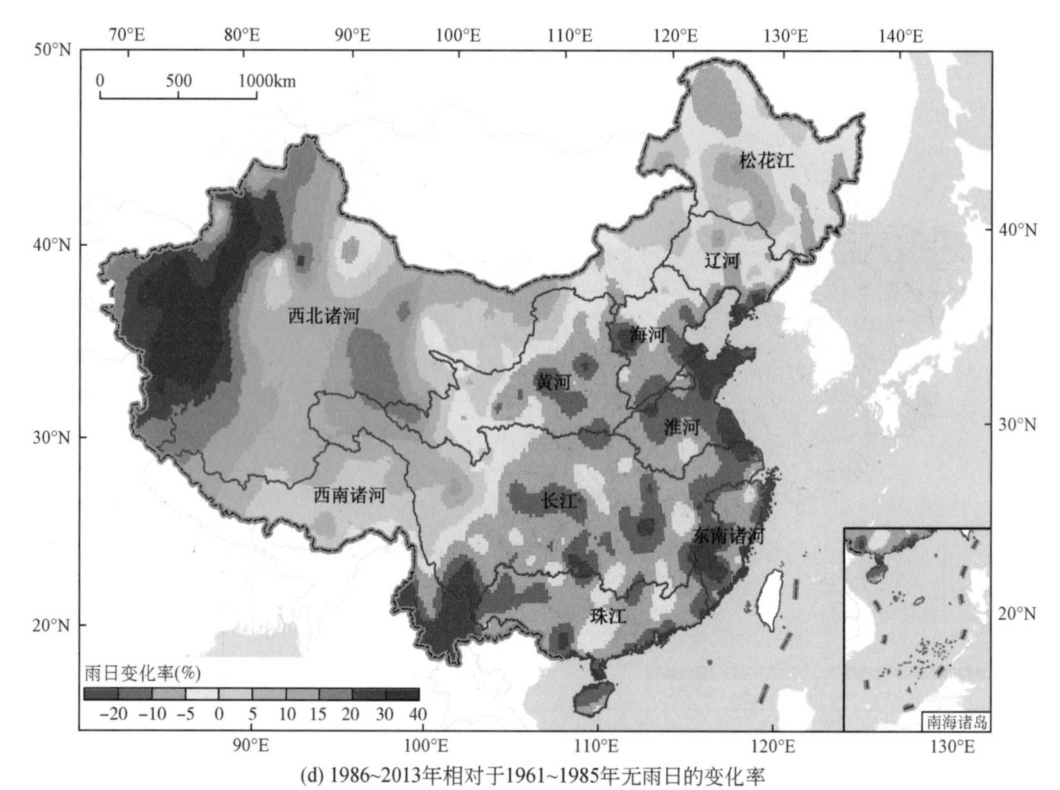

(d) 1986~2013年相对于1961~1985年无雨日的变化率

图 3-40　1961 ~ 2013 年小雨日的时空变化

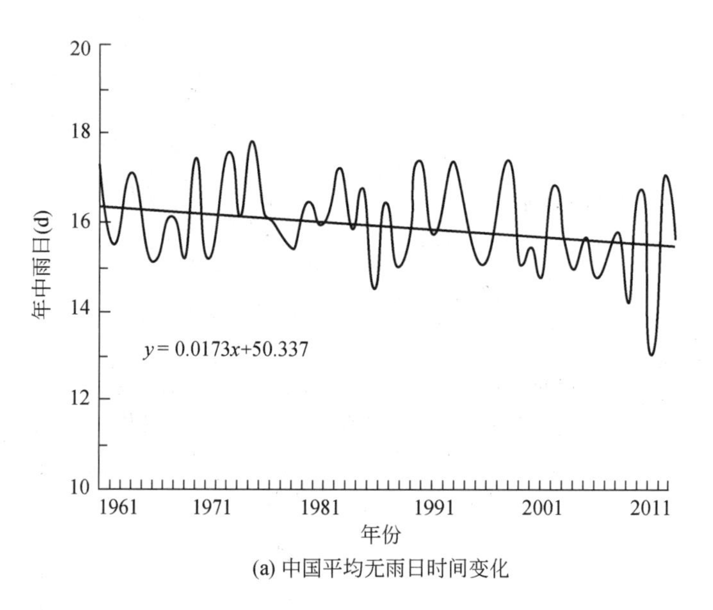

(a) 中国平均无雨日时间变化

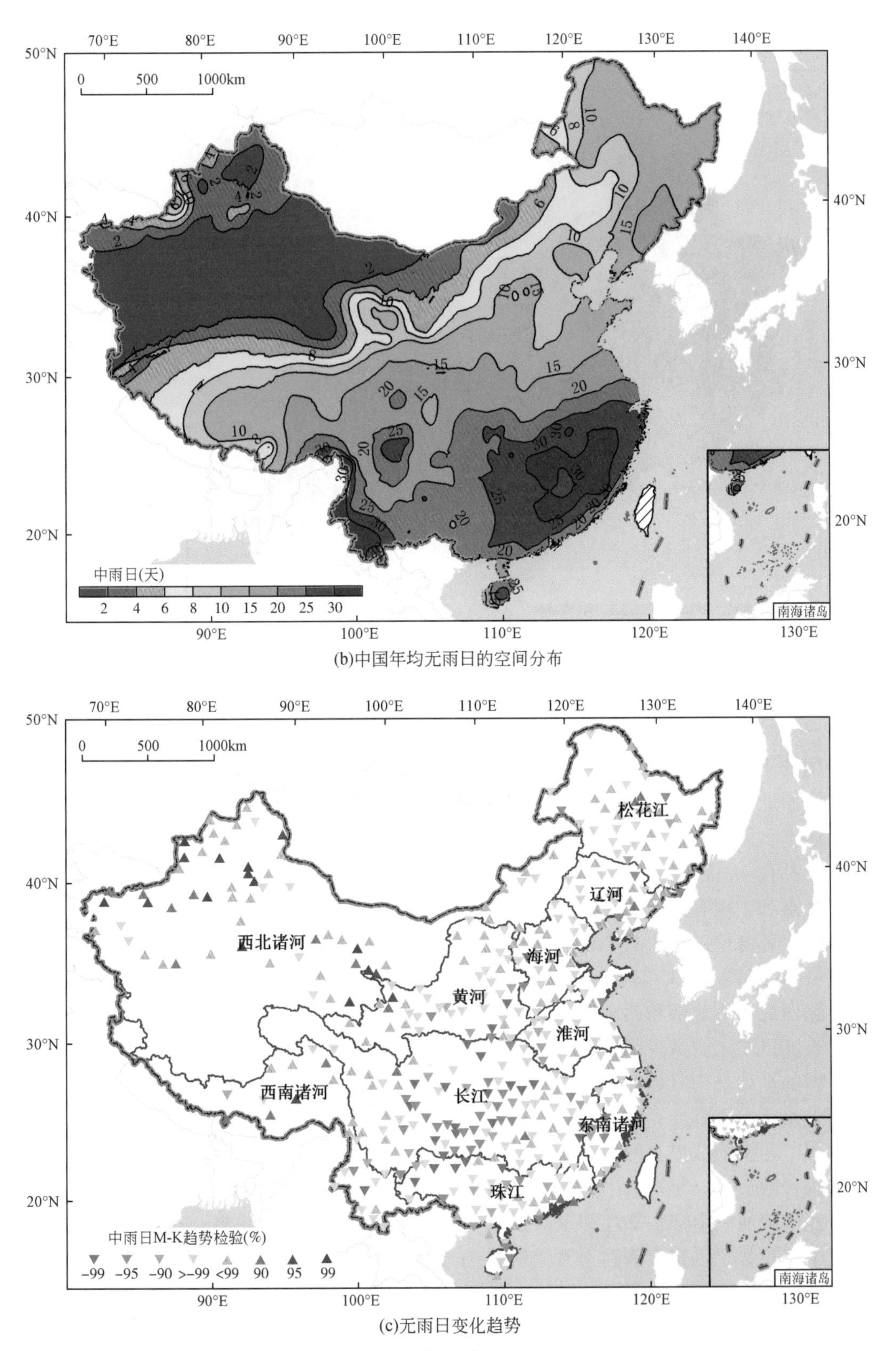

(b)中国年均无雨日的空间分布

(c)无雨日变化趋势

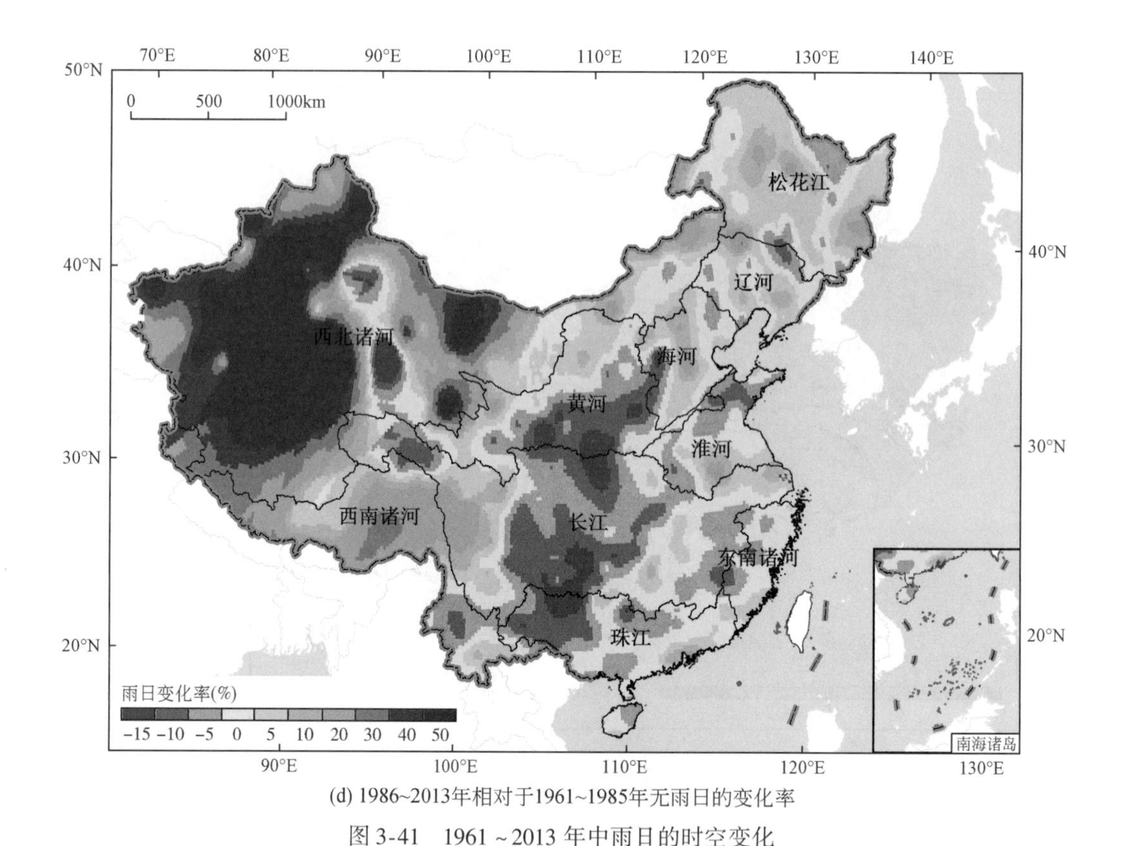

(d) 1986~2013年相对于1961~1985年无雨日的变化率

图 3-41　1961 ~ 2013 年中雨日的时空变化

中国的平均大雨日数在 1961 ~ 2013 年呈现弱上升趋势，波动范围在 5 ~ 7d。空间分布呈东南向西北逐步减少的分布格局，东南诸河和珠江区地区是大雨日数最多的区域，大多在 15d 以上，西北地区东部、华北和东北地区次之，为 2 ~ 6d，而西北地区中西部的绝大部分地区都在 1d 以下。1961 ~ 2013 年大雨日多年变化趋势在西北诸河仍为上升趋势，但相对于小雨和中雨有所减弱；西北东南走向的松花江、辽河、海河、黄淮、长江中上游及珠江西部大部分地区仍为减小趋势；东南沿海的大雨日增加趋势较中雨日显著，且站点向西北扩展。1986 ~ 2013 年较 1961 ~ 1985 年的大雨日变化率与小雨、中雨的空间分布有所差异，除西北诸河北部和西南部，整个中国大部分地区都在减少，其中以西北地区东部及黄河、长江区中上游减少量较多（图 3-42）。

中国的平均暴雨日数在 1961 ~ 2013 年里呈显著上升趋势，波动范围在 1 ~ 3d。空间分布上则是整个青藏高原、西北、内蒙古和东北几乎 1d 暴雨都没有出现过，东北南部、华北中南部、西南地区以及四川盆地有少量出现，江淮、华南出现的相对较多，其中以珠江流域暴雨日数最多，年均暴雨日数超过 6d。1961 ~ 2013 年多年变化趋势在淮河、长江中下游、西南诸河东南部、珠江和东南诸河大部分地区呈显著上升趋势，其他水资源分区大部分呈下降趋势，以东南诸河上升趋势最为显著。1986 ~ 2013 年较 1961 ~ 1985 年的暴雨日变化率除西北诸河和海河区，其他水资源分区大部分地区都在增加，其中东北的松花江和西南诸河的东南部增加量较多，海河减幅最大（图 3-43）。

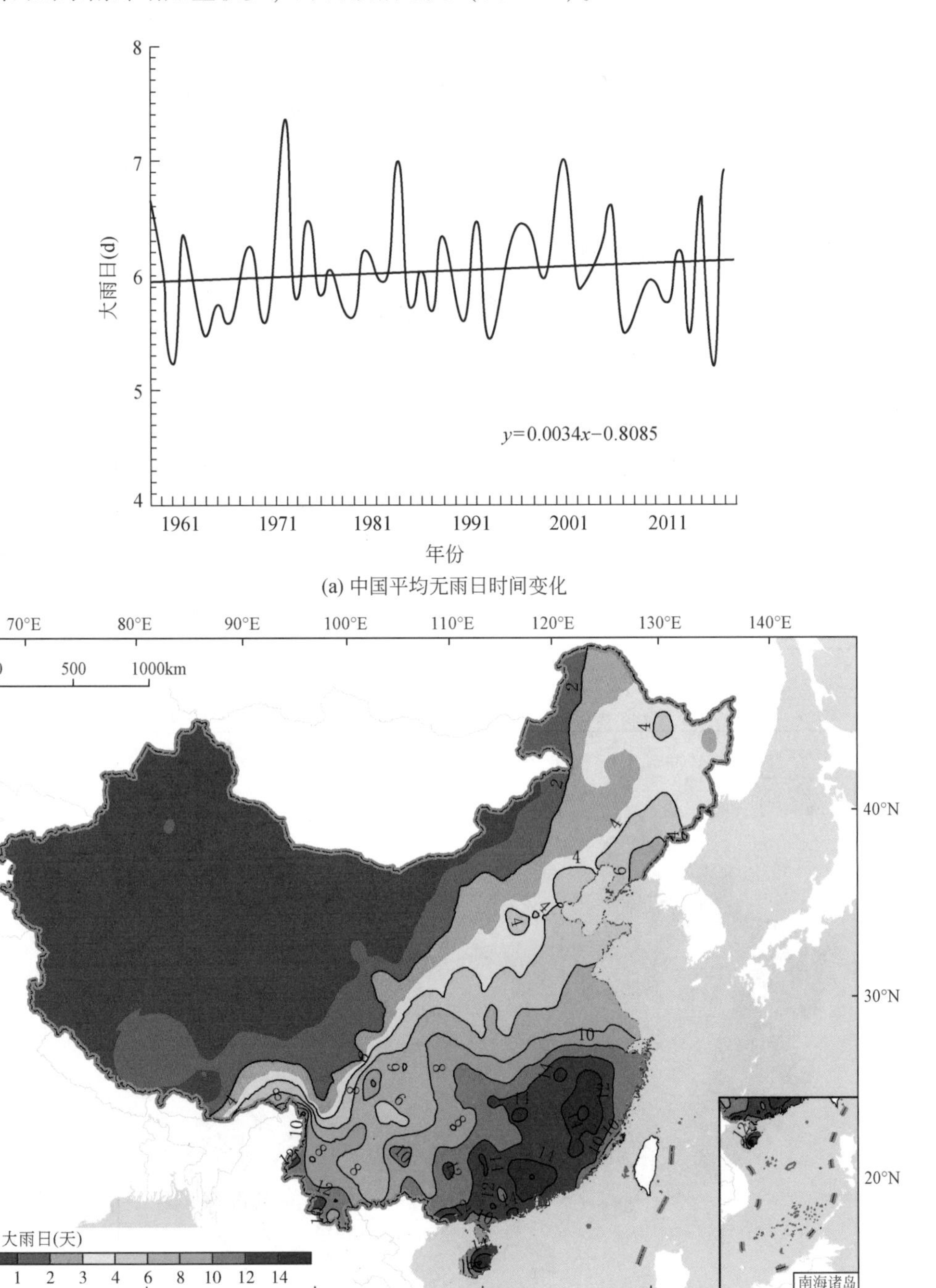

(a) 中国平均无雨日时间变化

(b) 中国年均无雨日时间变化

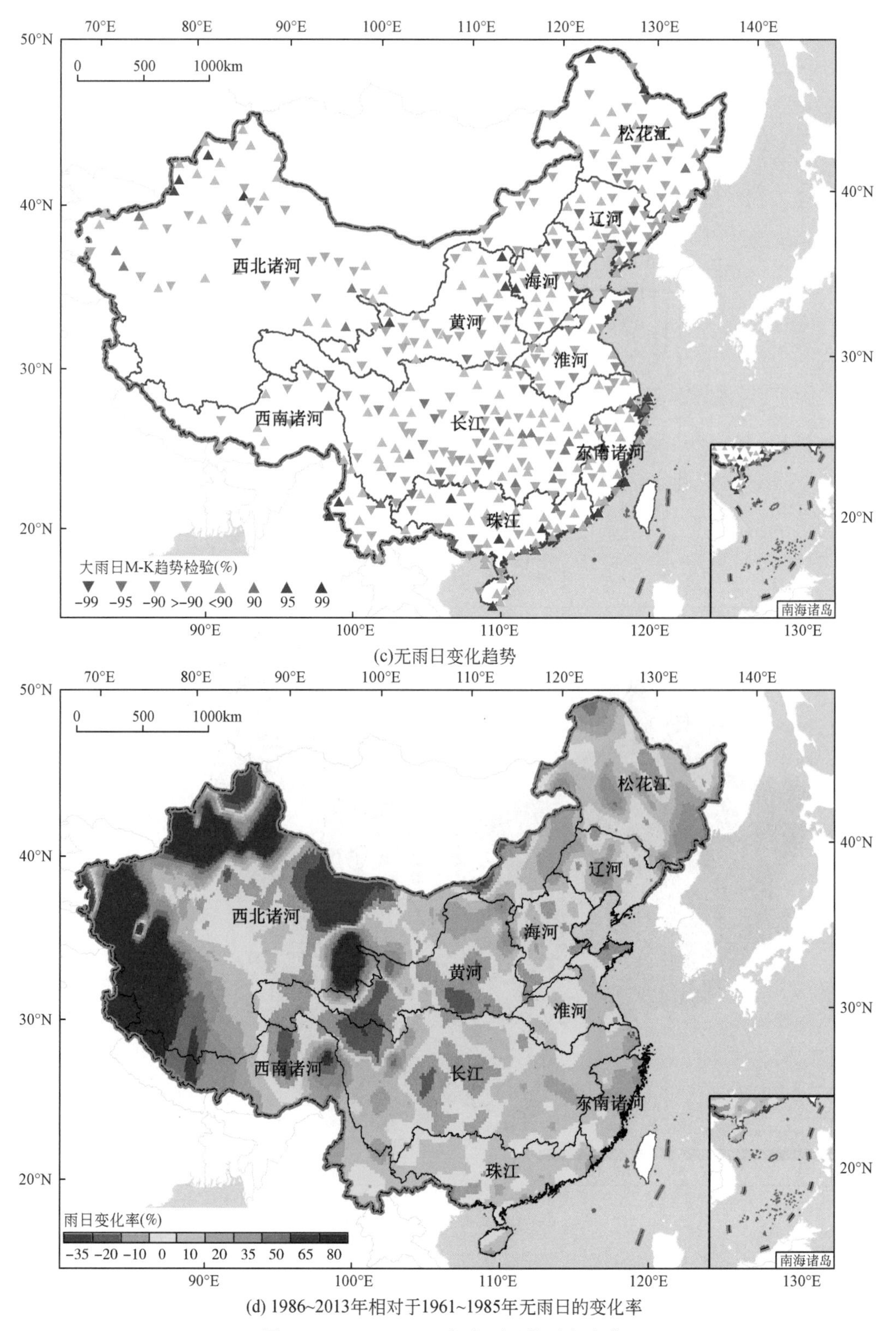

(c)无雨日变化趋势

(d) 1986~2013年相对于1961~1985年无雨日的变化率

图 3-42 1961 ~ 2013 年大雨日的时空变化

综上，中国无雨日数和小雨日数在中国不同等级日降水的天数中占主要的比例，空间分布格局正好相反，在北方地区，无雨日数占全年的55%以上，这是导致北方地区干旱的重要原因之一；中雨、大雨和暴雨日数大多出现在长江以南地区，华北和东北偶尔出现，这是导致南方经常出现洪涝的重要原因之一。在气候变化的背景下，虽然降水量和小雨日数在减少，但极端降水事件在增加，这给水循环过程带来了较大的影响。

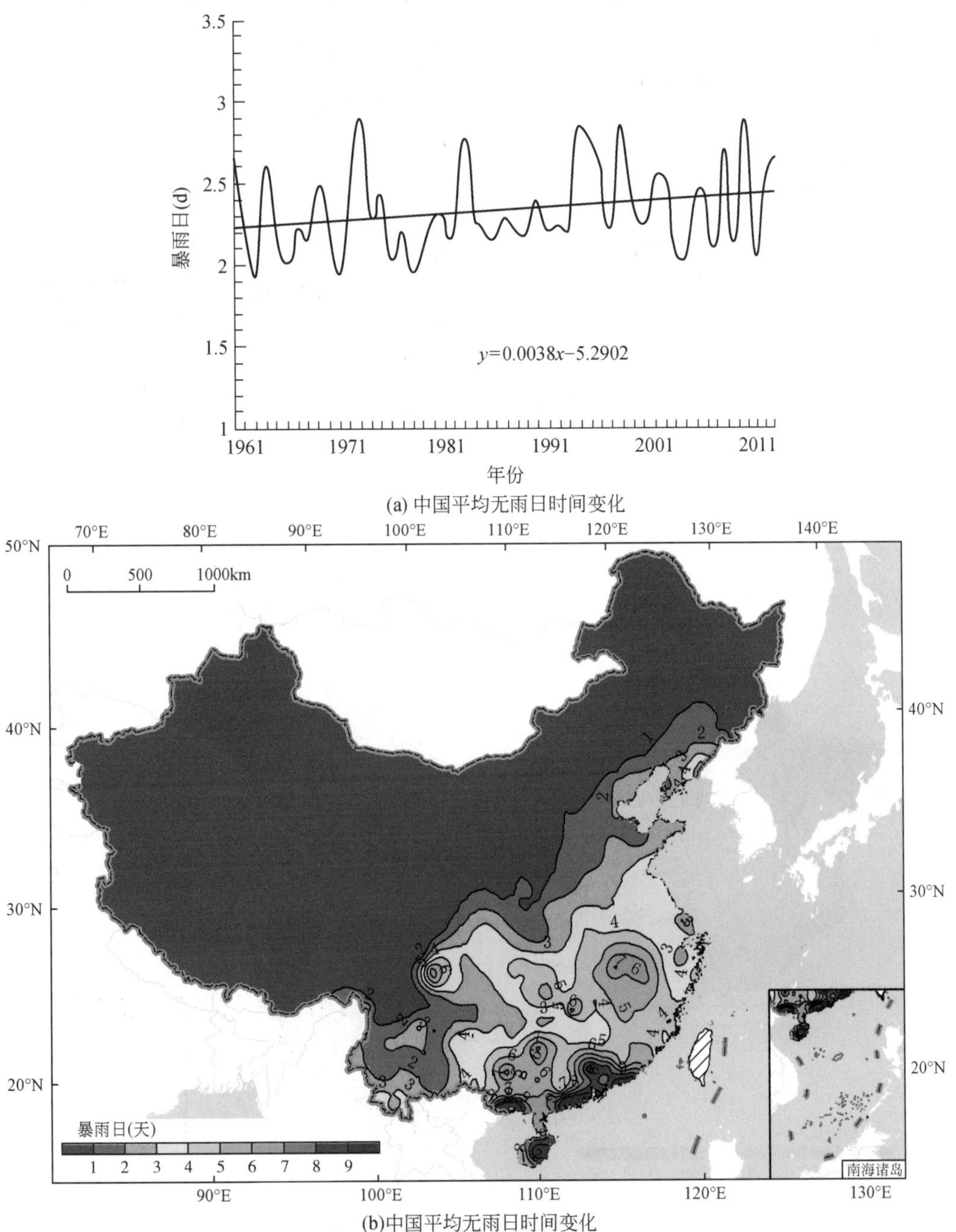

(a) 中国平均无雨日时间变化

(b)中国平均无雨日时间变化

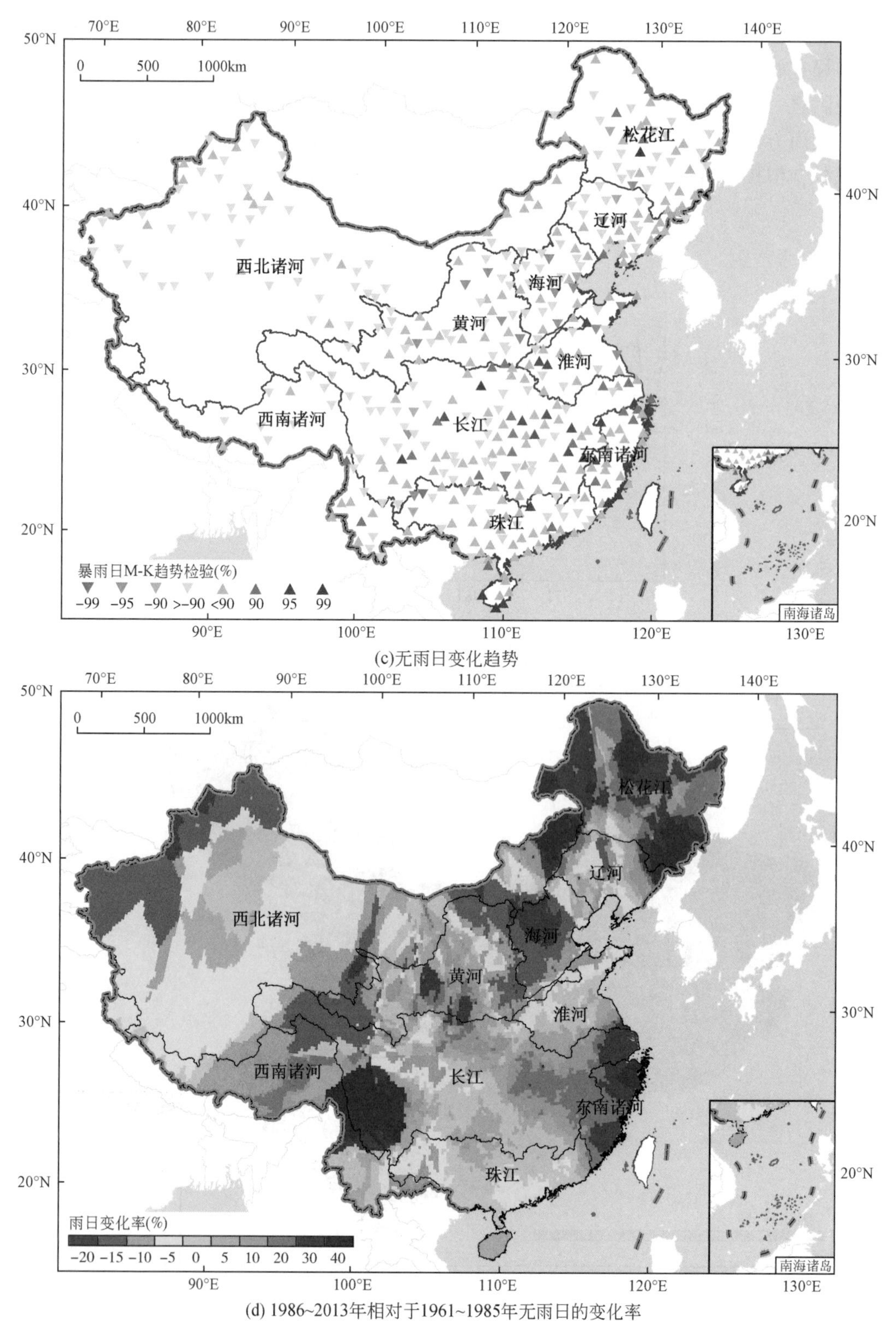

(c)无雨日变化趋势

(d) 1986~2013年相对于1961~1985年无雨日的变化率

图 3-43 1961 ~ 2013 年暴雨日的时空变化

3.5 蒸散发的时空变化

水面蒸发、陆面蒸发和植被蒸腾等共同构成陆面实际蒸散发。蒸散发过程将气候系统中的水循环、能量收支及碳循环等紧密联系起来，是气候系统的核心过程。实际蒸散发研究方面，由于很难通过仪器测定足够数量的、可靠的实际蒸发量数据，目前多依赖模型计算方式获取具有一定时空尺度的实际蒸散发量。采用改进的水量平衡模型计算结果表明，中国100°E以东的大部分地区实际蒸发量呈现下降趋势，100°E以西以及中国东北的北部区域实际蒸发量为增加趋势（Gao et al.，2007）。在区域/流域尺度上，蒸散发互补相关理论模型计算结果表明，中国的鄱阳湖流域及整个长江流域、海河流域、珠江流域实际蒸发量在过去50年间都呈现下降趋势（刘健等，2010；王艳君等，2010；Wang et al.，2011；Gao et al.，2012；Li et al.，2013；李修仓等，2014），而松花江流域、黄河流域、塔里木河流域及青藏高原地区等在过去40～50年都呈现增加趋势（温姗姗等，2014；曾燕，2004；李修仓，2013；Zhang et al.，2007；Yin et al.，2013）。

蒸散发互补相关理论模型计算结果表明，中国大陆地区1961～2013年多年平均年实际蒸发量为426.5mm。西北诸河位于内陆地区，常年降水量较少，故西北诸河的年蒸发量为十大水资源分区最小值，约为288.6mm。但要注意的是，西北诸河的年蒸发量要远大于降水量；东北地区的松花江流域（423.4mm）和辽河流域（426.2mm）与全国平均蒸发量相近；华北地区的海河流域（397.4mm）和黄河流域（381.1mm）略少于全国平均值；江淮地区的淮河流域（539.1mm）和长江流域（572.9mm）蒸发量较大，远高于全国平均值；东南沿海的东南诸河（529.8mm）和珠江（660.6mm），虽然流域面积小，但温度高，降水充沛，故蒸发量较大，甚至超过长江流域；西南诸河（571.6mm）位于西南季风区，其蒸发量也较大（表3-4）。

表3-4 中国十大水资源分区1961～2013年多年平均实际蒸散发及变化趋势

（单位：mm）

水资源分区	1961～2013年平均值	M-K统计值
松花江	423.4	2.58***
辽河	426.2	2.55***
海河	397.4	-4.89***
黄河	381.1	-0.61
淮河	539.1	-4.13***
长江	572.9	-4.50***
珠江	660.6	-7.35***
东南诸河	529.8	-6.73***
西南诸河	571.6	-0.84
西北诸河	288.6	2.85***
中国	426.5	0.12

***通过置信度99%检验

中国大陆地区 1961 ~2000 年蒸发量变化不明显，但与 1961 ~2000 年相比，21 世纪以来，整个中国的多年蒸发量由显著上升趋势转变为明显下降趋势，2001 ~2013 年多年平均值较 1961 ~2000 年减少了 5%。其中，淮河流域、西南诸河和西北诸河 21 世纪以来也发生了趋势转变，淮河流域由显著下降趋势转变为弱的上升趋势，但 2001 ~2013 年的多年平均值仍比 1961 ~2000 年小 8% 左右，总体上 1961 ~2013 年蒸发量呈现显著减少的趋势；西南诸河由上升趋势转变为明显的下降趋势，2001 ~2013 年的多年平均值比 1961 ~2000 年减少了 2%；西北诸河由显著上升趋势转变为明显下降趋势，2001 ~2013 年的多年平均值比 1961 ~2000 年减少了 5%。部分流域下降趋势减缓，如珠江、海河、长江和东南诸河，但总体上 1961 ~2013 年蒸发量仍呈显著减少的趋势。其中，东南诸河的下降趋势减缓最多，2001 ~2013 年的多年平均值比 1961 ~2000 年减少了 19%；珠江、海河和长江 2001 ~2013 年的多年平均值比 1961 ~2000 年分别减少了 12%，17% 和 7%。黄河流域上升趋势减缓，但年际波动增大，使得 2001 ~2013 年的多年平均值比 1961 ~2000 年减少了 4%；松花江流域变化趋势不明显，只是增加略有减缓，2001 ~2013 年的多年平均值比 1961 ~2000 年增加量了 4%。辽河流域上升趋势增加，2001 ~2013 年的多年平均值比 1961 ~2000 年增加了 4%（表 3-5，图 3-44）。

表 3-5　中国十大水资源分区 1961 ~2013 年多年平均实际蒸散发及变化趋势

水资源分区	多年平均实际蒸散发（mm）		实际蒸散发变化绝对量（mm）	实际蒸散发变化相对量（%）（相对 1961 ~2013 年平均值）
	1961 ~1985 年	1986 ~2013 年		
松花江	409.7	435.6	25.8	6.3
辽河	413.6	437.5	23.9	5.8
海河	415.6	381	-34.6	-8.3
黄河	380	382	2	0.5
淮河	560.6	520	-40.6	-7.2
长江	586.6	560.7	-25.9	-4.4
珠江	695.4	629.5	-65.9	-9.5
东南诸河	567.4	496.2	-71.2	-12.6
西南诸河	568.8	574.1	5.3	0.9
西北诸河	259.5	314.5	55	21.2
中国	419.9	432.3	12.4	3.0

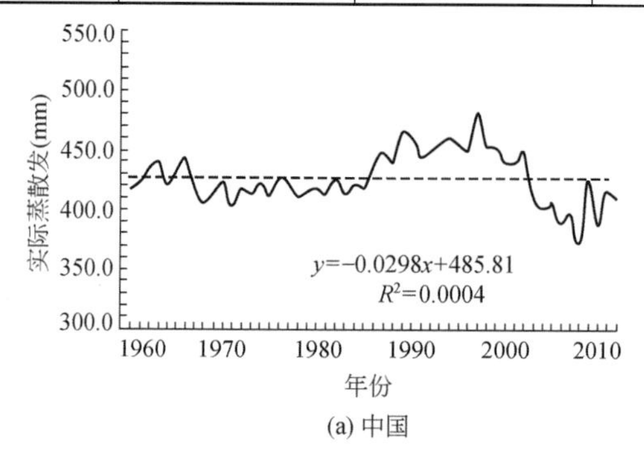

(a) 中国

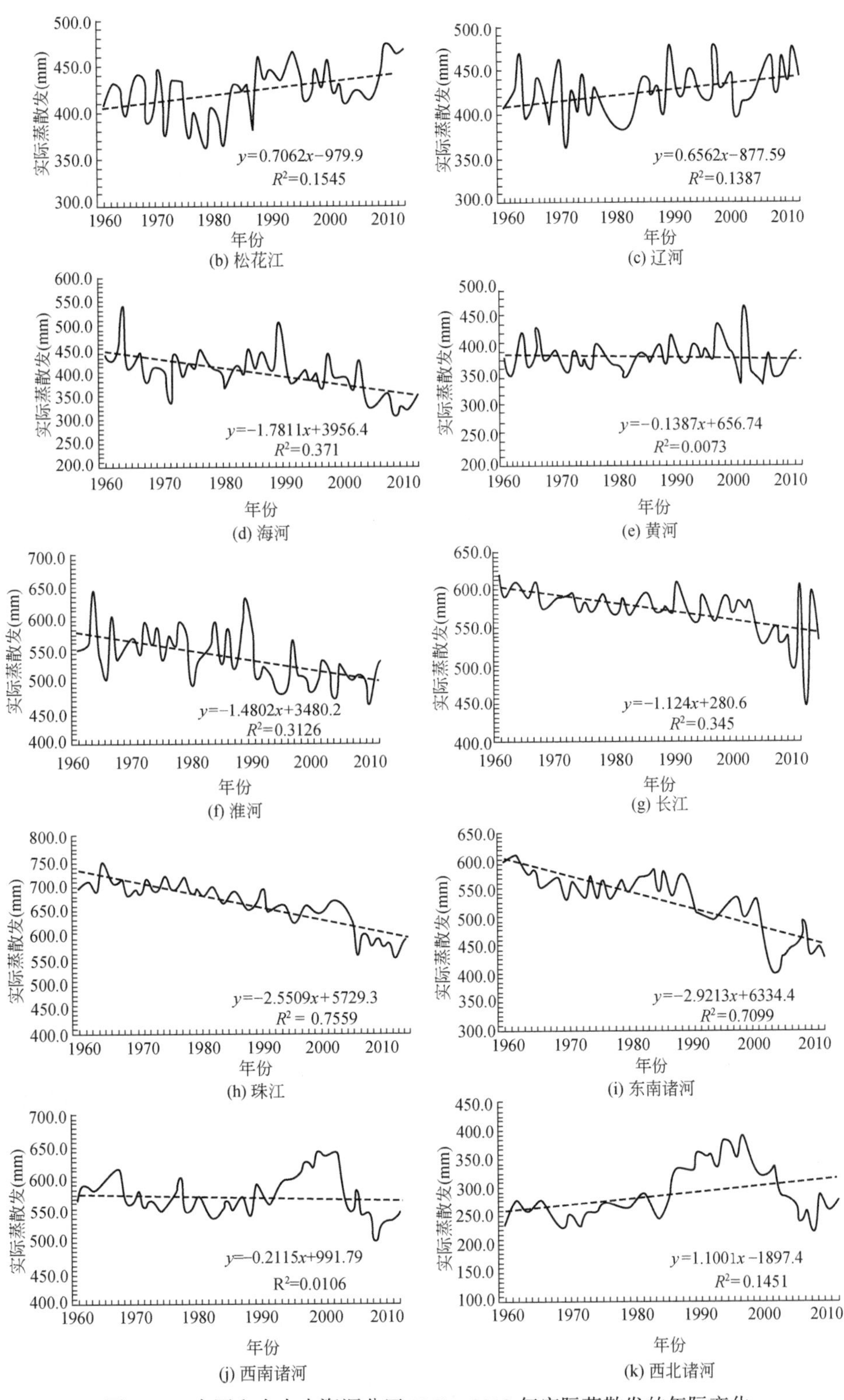

图 3-44　中国和十大水资源分区 1961 ~ 2013 年实际蒸散发的年际变化

松花江流域实际蒸散发的空间分布表明，在年尺度上，实际蒸散发高值普遍在450mm以上，主要出现在流域南部，包括西流松花江流域、松花江（三岔口以下）流域、图们江流域、绥芬河流域，如晨明水文站控制流域；低值区主要分布在流域西部，特别是嫩江下游和呼伦湖水系流域，如海拉尔、阿彦浅水文站控制流域。就流域平均来说，松花江流域的 ET_a 在50年来呈现出一定的上升趋势，春季和冬季尤为显著。对各站点1961～2010年的 ET_a 进行趋势分析可以看出，松花江流域绝大部分区域的 ET_a 均呈现上升趋势，其中松花江（三岔口以下）流域的增加最为显著，置信水平高于99.9%，仅在流域的西部和南部少数区域 ET_a 是减少的，显著下降的区域包括额尔古纳河流域和西流松花江流域。

海河流域西北山区容易出现蒸发的低值中心，而东北滦河子流域容易形成蒸发的高值中心。年值上，东南沿海及内陆平原地区 ET_a 总体高于西北部及西部山区，但高值中心仍然出现在东北部的滦河子流域。年总 ET_a 多年变化趋势的空间分布上看，同样呈现上述的规律，即流域中部平原区呈现较大的下降趋势，下降幅度由中部向四周逐渐递减。

珠江流域东南沿海地区实际蒸散发量较高，年实际蒸散发量在690mm以上。具有东西两个高值中心，其中，东部高值中心位于东江子流域的中上游，西部高值中心位于西江子流域的下游，与海岸线基本平行呈东北-西南走向的条带状区域。次高值中心位于流域东北部，年均实际蒸散发量在690mm以上，但实际蒸散发的空间变异较大。两处高值中间的珠江流域主水系的河口三角洲区域海拔较低、河网密布，为 ET_a 的相对低值区（年均660～690mm）。另一低值区由北部湾海岸向东北延伸到鄱阳湖流域的南缘，年均 ET_a 在630mm以下。季节实际蒸散发量的空间分布类似。春夏季节 ET_a 高值区和低值区由南向北延伸，而秋冬季节 ET_a 高值区和低值区的等值线走向为由北向南延伸。从年际尺度看，东部沿海区域实际蒸散发的高值区有显著下降趋势，流域中部年实际蒸散发的低值区域无显著变化趋势，流域西部总体呈现下降趋势。

塔里木河流域年及四季 ET_a 的空间分布格局基本一致，表现为流域北部（天山南麓）和西部及西南部 ET_a 较高，流域中部及东南部 ET_a 较低，围绕流域中部的塔克拉玛干沙漠腹地，ET_a 等值线呈环状分布。在流域北部的天山南麓地区，往往出现一至两处的高值中心。从塔里木河流域实际蒸散发线性变化趋势可以看出，就年均及季节 ET_a 来看，塔里木河大多数地区都呈现 ET_a 增加的趋势。流域中部出现一条东南—西北走向的显著增加带，大范围地区的 ET_a 增加趋势甚至达到了99.9%的置信度。在该条带两侧，即塔里木河流域的西南及东北区域，ET_a 增加趋势的置信度略低，在流域北部及西部小范围的个别区域，ET_a 表现为不太明显的减小趋势。

在实际蒸散发的归因方面，研究结果都表明，温度不是影响实际蒸散发时空变异的唯一要素，各种气象要素的综合作用最终造成了实际蒸散发的时间变化和空间格局。以珠江、海河等流域作为中国湿润、半湿润半干旱等两个气候区的代表流域，研究发现1961～2010年这两个区域日照时数（表征能量条件）是引起实际蒸散发变化的主要贡献量，其他气象要素的贡献量则相对较低。降水（表征下垫面供水条件）的变化对实际蒸散发的变化在湿润地区贡献较低，在半湿润半干旱地区贡献相对较大，如海河流域降水的下降对实际蒸散发的下降趋势有较大的贡献。

3.6 地表径流的时空变化

气候变化对径流的影响主要体现在两个方面，一个是降水变化直接影响产汇流，另一个是气温升高导致冰川融雪的增加和蒸散发的变化，进而影响径流。近年来，受气候变化和人类活动共同的影响，水资源情势和格局发生了较大演变，IPCC 第五次评估报告通过对全球模拟径流（1948～2004 年）结果分析可知，全球按径流量排名的前 200 条河流中，大约三分之一的河流有显著性变化趋势。其中，中低纬度的 45 条河流径流量呈下降趋势，这与这些地区近年来干旱化趋势一致，另外 19 条河流则由于流域内蒸发下降导致径流量表现为上升趋势（Dai et al.，2009）；欧洲南部和东部径流呈减小趋势，其他地区径流呈增加趋势（Stahl et al.，2010，2012）；在北美，密西西比河观测到的径流量在增加，而在美国西北太平洋和南大西洋湾地区的径流则呈现减少趋势（Kalra et al.，2008）；在中国，黄河流域径流呈现下降趋势，而长江流域则有一个微弱增加趋势（Piao et al.，2010）。

不考虑人类活动的影响，中国大陆地区 1961～2013 年的多年平均天然径流量为 2445.4 km^3，径流深为 237.7mm。由于中国地域辽阔，地形复杂，降水分布不均，故十大水资源分区的径流差别较大，分别为：松花江流域径流深为 106.8mm，径流量为 998.15×10^9m^3；辽河流域径流深为 130mm，径流量为 408.16×10^9m^3；海河流域径流深为 37.2mm，径流量为 118.88×10^9m^3；淮河流域径流深为 243.4mm，径流量为 803.11×10^9m^3；黄河流域径流深为 58.7mm，径流量为 466.88×10^9m^3；长江流域径流深为 564.1mm，径流量为 10 153.97×10^9m^3；珠江流域径流深为 792.1mm，径流量为 4586.16×10^9m^3；东南诸河流域径流深为 661.9mm，径流量为 1621.64×10^9m^3；西南诸河流域径流深为 595.5mm，径流量为 5025.60×10^9m^3；西北诸河流域径流深为 8.1mm，径流量为 271.45×10^9m^3（表 3-6）。

表 3-6　中国十大水资源分区 1961～2013 年多年平均径流量及变化趋势

水资源分区	多年平均径流量（×10^9m^3）	M-K 统计值
松花江	998.15	0.08
辽河	408.16	-0.63
海河	118.88	-1.20
黄河	466.88	-0.91
淮河	803.11	-0.83
长江	10 153.97	-0.97
珠江	4 586.16	0.14
东南诸河	1 621.64	1.11
西南诸河	5 025.60	0.25
西北诸河	271.45	3.36***

*** 表示通过置信度 99% 检验

1961～2013 年，中国十大水资源分区中，天然径流量表现为增加趋势的有松花江、珠江、东南诸河、西南诸河和西北诸河区，其余五大分区则表现为减少趋势。其中，仅有西北诸河区显著增加，其他分区的径流量变化趋势不显著（表 3-6）。可见，位于中国北方干旱区的河流径流量多年来呈现减少趋势，而位于南方的河流径流量多表现为增加趋势，此外，位于东北地区和西北地区的流域同样表现为径流量增加的趋势。

十大水资源分区的径流变化表现出年代际变化特征。松花江流域 1980 年前为径流减少阶段，1980 ~ 2000 年径流则有较为明显的增加，2000 年迅速下降，2001 ~ 2013 年又开始显著增加，由于 1999 ~ 2000 年松花江径流下降到 1961 ~ 2013 年的最小值，故虽然 21 世纪后松花江流域径流显著上升，但多年均值仍较 1961 ~ 2000 年小 2% 左右［图 3-45（a）］；辽河流域径流总体上呈弱的下降趋势，20 世纪 60 ~ 80 年代呈下降趋势，80 ~ 90 年代年际变动较大，2000 年后径流呈弱上升趋势［图 3-45（b）］；海河及黄河流域 1961 ~ 2000 年径流则呈现出一直减少的趋势，2000 年以后有显著增加的趋势，但增加的值小于 21 世纪以前 40 年减小的值，故 2001 ~ 2013 年的均值仍较 1961 ~ 2000 小［图 3-45（c），（d）］；淮河流域在 20 世纪 60 年代初径流值较大，但 60 年代中期径流迅速减少，其后又呈弱增加趋势［图 3-45（e）］；长江流域在 60 年代至 80 年代初年际波动较大，80 年代中期至 90 年代中期，年际波动明显减小，2000 年以后呈弱下降趋势［图 3-45（f）］；珠江流域 1961 ~ 2013 年径流没有明显的变化趋势［图 3-45（g）］；东南诸河和西北内陆河流域年径流呈增加趋势，尤其西北内陆河流域增加趋势显著，2001 ~ 2013 年的上升趋势都比 1961 ~ 2000 年减缓［图 3-45（h），（j）］。西南诸河径流呈现弱增加趋势，但 2000 年以后呈显著下降趋势［图 3-46（i）］。

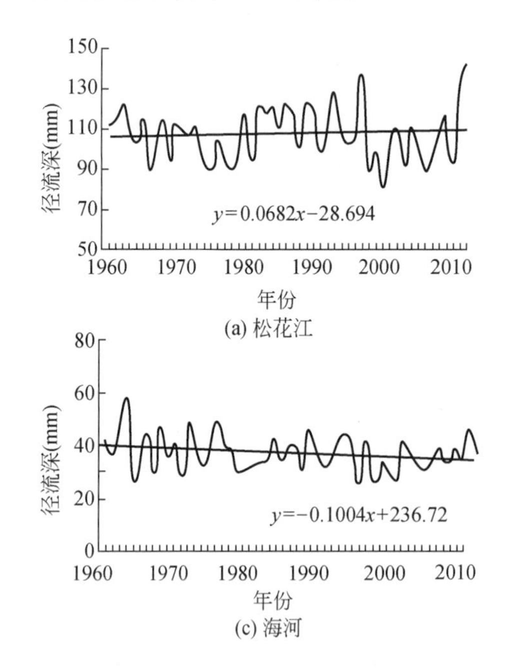

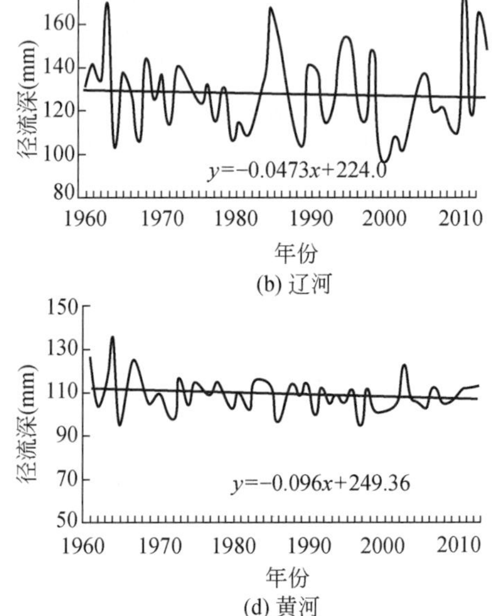

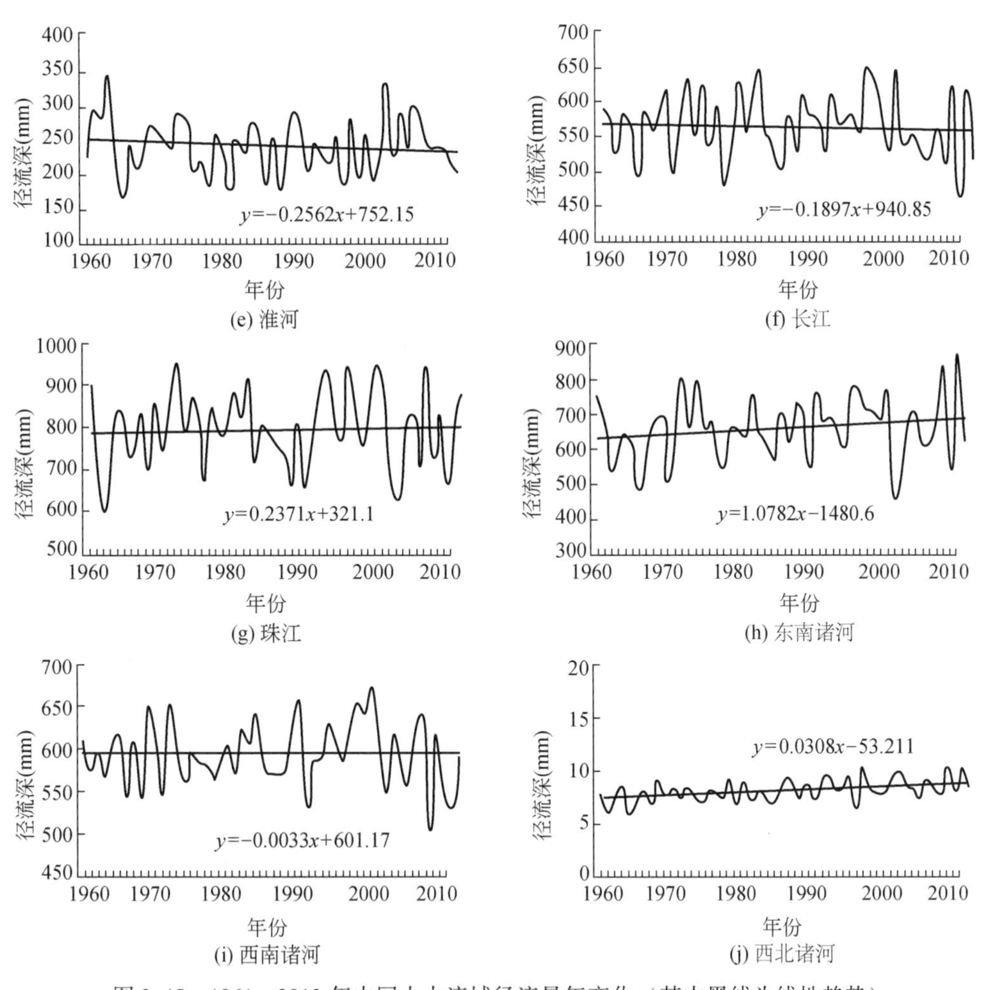

图 3-45　1961～2013 年中国十大流域径流量年变化（其中黑线为线性趋势）

分别计算 1961～1985 年（前期）和 1986～2013 年（后期）两个时段十大水资源分区径流量的多年平均值，由结果可知（表 3-7），仅有松花江、东南诸河和西北诸河区 1986～2013 年多年平均径流量较 1961～1985 年多年平均径流量表现为增加趋势，分别较 1961～2013 年多年平均径流量增加 2.60%、4.57% 和 10.96%；其余七大水资源分区则均表现为下降趋势，其中海河、黄河和淮河径流量下降百分率较高，分别达 6.73%、6.71% 和 3.73%。

表 3-7　中国十大水资源分区 1961～2013 年多年平均径流量及变化趋势

水资源分区	多年平均径流量（$\times10^9m^3$）		径流量变化绝对量（$\times10^9m^3$）	径流量变化相对量（%）（相对于 1961～2013 年平均值）
	1961～1985 年	1986～2013 年		
松花江	984.45	1 010.38	25.92	2.60
辽河	410.50	406.07	−4.44	−1.09
海河	123.11	115.11	−8.00	−6.73
黄河	483.43	452.11	−31.32	−6.71

续表

水资源分区	多年平均径流量（$\times10^9m^3$）		径流量变化绝对量（$\times10^9m^3$）	径流量变化相对量（%）（相对于1961～2013年平均值）
	1961～1985年	1986～2013年		
淮河	818.96	788.96	-30.00	-3.73
长江	10 182.74	10 124.42	-58.32	-0.57
珠江	4 610.23	4 564.67	-45.56	-0.99
东南诸河	1 582.45	1 656.63	74.18	4.57
西南诸河	5 026.12	5 025.14	-0.98	-0.02
西北诸河	254.90	284.66	29.76	10.96

通过对两时期径流深之差的空间分布分析可知（图3-46），松花江流域大部后期径流深大于前期径流深，一般在0～10mm，仅有少部地区径流深表现为减少，这是导致松花江区后期径流量增加的直接原因；辽河流域大部径流深后期较前期少了0～10mm；海河流域、黄河流域大部和淮河流域大部径流深都减少了0～10mm，淮河流域山东半岛径流深减少了10～30mm；长江流域上游和下游径流深都在增加，而中游大部地区径流深在减少，且大部减少了30mm以上，部分地区在50mm以上；珠江流域径流深都表现为减少，大部减少了10mm以上，西部地区减少了30mm以上，部分地区减少了50mm；而东南诸河、西南诸河和西北诸河流域径流深则表现为增加，尤其东南诸河流域大部径流深增加在10mm以上，东北部地区增加30mm以上。

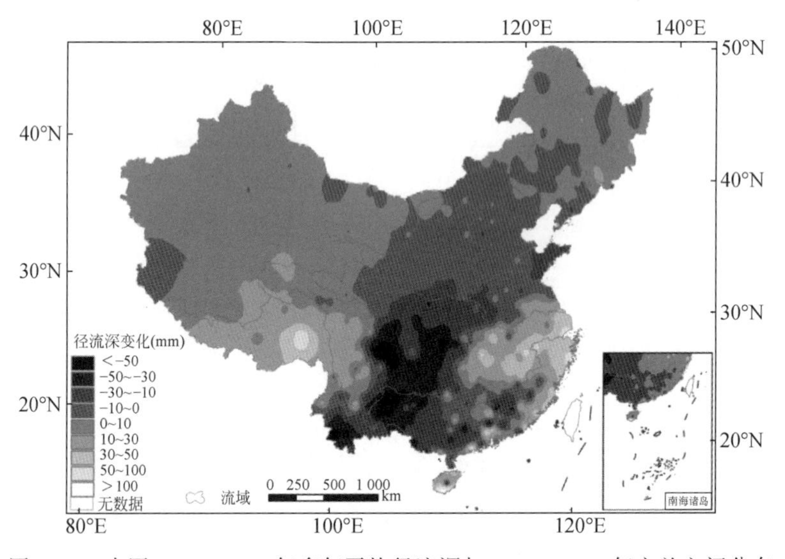

图3-46　中国1986～2013年多年平均径流深与1961～1985年之差空间分布

3.7　陆地水量平衡

周杰等（2013）对中国大陆地区水分循环诸要素的时空特征进行了计算与分析，表明蒸发量、纬向水汽通量和经向水汽通量均与大气可降水量的空间分布最相似，年降水量和蒸发量在 1979 ~2002 年呈现非常显著的上升趋势，在 2002 ~2011 年呈现显著的下降趋势；年蒸发量在这两个时段的变化趋势与年降水量一致，但均比年降水量明显；年蒸发量在 1979 ~2011 年呈现非常显著的上升趋势，其年际变化明显小于年降水量。可降水量和水汽通量散度在 1979 ~2011 年的长期变化趋势不明显，但可降水量的年际变化呈阶段式增大，水汽通量的年际变化一直较大。刘国纬和汪静萍（1997）、刘国纬（1997）利用探空站点资料计算了中国大陆地区 1972 ~1982 年多年平均的水量平衡，认为中国大陆上空大气可降水量为 0. 14 万亿 m^3，折合平均水深 15. 1mm；水汽年总输入量为 18. 2 万亿 m^3，折合平均水深 1909. 4mm；输出量为 15. 5 万亿 m^3，折合平均水深 1625. 3mm；净收支为 2. 7 万亿 m^3，折合平均水深 284. 1mm；中国大陆年总蒸发量 3. 5 万亿 m^3，折合平均水深 364mm；中国大陆年降水量 6. 2 万亿 m^3，折合平均水深 648. 4mm；中国大陆年径流量为 2. 7 万亿 m^3，径流深为 284. 1mm。由于刘国纬的计算结果是由少数探空站插值计算得到，且其蒸发量为降水减去径流量得到的结果，其计算值可能存在一定的误差。

根据 NCEP/NCAR 再分析资料和地面观测数据，1961 ~2013 年中国大陆上空大气可降水量为 0. 13 万亿 m^3，折合平均水深 14. 3mm；水汽年总输入量为 16. 2 万亿 m^3，折合平均水深 1698. 5mm，输出量为 12. 5 万亿 m^3，折合平均水深 1310. 3mm，净收支为 3. 7 万亿 m^3，折合平均水深 387. 8mm；中国大陆年总蒸发量为 4. 1 万亿 m^3，折合平均水深为 426. 5mm；中国大陆年降水量为 5. 9 万亿 m^3，折合平均水深为 612. 4mm；中国大陆年径流量为 2. 3 万亿 m^3，径流深为 237. 7mm；地下水资源储量为 0. 5 万亿 m^3，折合平均水深为 51. 9mm（图 1-2）。

根据本节对中国区域水循环各要素的计算结果，得到中国东部各大流域及平均的水量平衡及变化结果（表 3-8）。

表 3-8　中国十大水资源分区 1961 ~2013 年多年平均水分循环　（单位：mm）

时段 流域	降水量		蒸散发		输入水汽量		输出水汽量		水汽收支		地表水资源		地下水资源量	
	1961 ~1985 年	1986 ~2013 年	1961 ~1985 年	1986 ~2013 年	1961 ~1985 年	1986 ~2013 年	1961 ~1985 年	1986 ~2013 年	1961 ~1985 年	1986 ~2013 年	1961 ~1985 年	1986 ~2013 年	1961 ~1985 年	1986 ~2013 年
松花江	501	515	410	436	2 718	2 458	2 675	2 468	42	-10	105	108	-14	-29
辽河	622	614	414	438	6 274	4 959	6 523	5 543	-249	-584	131	129	78	47
海河	549	515	416	381	8 913	6 398	8 540	6 359	373	39	38	36	95	98
黄河	467	439	380	382	3 883	2 367	4 228	3 125	-845	-758	61	57	26	1
淮河	826	798	561	520	11 669	9 125	11 427	8 975	242	150	248	239	17	39
长江	1 154	1 149	587	561	5 153	4 381	4 389	3 653	763	728	566	562	2	26
珠江	1 592	1 575	695	630	13 942	11 799	15 046	12 852	-1 104	-1 073	796	788	101	158
东南诸河	1 434	1 502	567	496	10 560	9 525	13 934	13 225	-3 374	-3 731	646	676	221	329
西南诸河	943	944	569	574	6 698	6 220	4 472	4 226	2 227	1 994	596	595	-222	-226
西北诸河	152	171	260	315	1 185	1 066	1 219	1 061	-35	6	8	8	-115	-152

降水：1986～2013 年相对于 1961～1985 年中国各大流域多年平均降水量大都呈现减小的特点，分别为辽河流域减少 8mm，海河流域减少 33.8mm，黄河流域减少 28.1mm，淮河流域减少 27.6mm，长江流域减少 5.3mm，珠江流域减少 17mm，呈现增加的为松花江流域（13.9mm）、西北诸河（19.3mm）、东南诸河（67.6mm）和西南诸河（1.1mm），全国平均的结果为增加 2.1mm。

径流深：1986～2013 年相对于 1961～1985 年中国各大流域多年平均径流深大都呈现减小的特点，分别为辽河流域 1.41mm、海河流域 2.5mm、黄河流域 3.94mm、淮河流域 9.09mm、长江流域 4.04mm、珠江流域 7.87mm、西南诸河 0.12mm，呈现增加的为松花江流域 2.77mm、西北诸河 0.89mm）和东南诸河 30.28mm，全国平均的结果为减小 0.57mm。

蒸散发：1986～2013 年相对于 1961～1985 年中国各大流域多年平均蒸散发量大都呈现减小的特点，分别为海河流域（-34.6mm）、淮河流域（-40.6mm）、长江流域（-25.9mm）、珠江流域（-65.9mm）、东南诸河（-71.2mm），呈现增加的有松花江流域（25.9mm）、辽河流域（23.9mm）、黄河流域（2mm）、西南诸河（5.3mm）和西北诸河流域（55mm），全国平均的结果为增加（12.4mm）。

流域的大气水汽输入：1986～2013 年相对于 1961～1985 年中国各大流域多年平均大气水汽输入量都呈减小的特点，分别为松花江流域（-260.19mm）、辽河流域（-1315.68mm）、海河流域（-2514.98mm）、黄河流域（-1016.06mm）、淮河流域（-2543.45mm）、长江流域（-771.83mm）、珠江流域（-2162.65mm）、东南诸河（-1035.11mm）、西南诸河（-478.19mm）和西北诸河（-118.54mm），全国平均的结果为减小（-197.71mm）。

流域的大气水汽输出：1986～2013 年相对于 1961～1985 年中国各大流域多年平均大气水汽输出量都呈减小的特点，分别为松花江流域（-207.67mm）、辽河流域(-980mm)、海河流域（-2181.46mm）、黄河流域（-1102.81mm）、淮河流域（-2451.57mm）、长江流域（-736.88mm）、珠江流域（-2193.26mm）、东南诸河（-678.84mm）、西南诸河（-245.81mm）和西北诸河（-158.94mm），全国平均的结果为减小（-122.61mm）。

流域的大气水汽净收支：1986～2013 年相对于 1961～1985 年中国各大流域多年平均大气水汽净收支量呈减小的特点，分别为松花江流域（-52.53mm）、辽河流域（-335.67mm）、海河流域（-333.52mm）、淮河流域（-91.89mm）、长江流域（-34.95mm）、东南诸河（-356.27mm）、西南诸河（-232.38mm）；部分流域大气水汽净收支量呈增加的特点，分别为黄河流域（86.75mm）、珠江流域（30.61mm）和西北诸河（40.4mm），全国平均的结果为减小（-75.11mm）。

蓄水变量：这部分水量包括土壤水分变量，地下水变量以及人类活动引起的蓄排水变量等。较之降水量、径流量及蒸散发量等水循环要素，是很小的量，因此常假设其多年平均值为 0，但近年来随着人类活动对水资源的开发利用，河道兴修水利工程，会使其发生相应的变化。蓄水变量正值表示下垫面蓄水的盈余，负值表示下垫面蓄水的亏缺。1986～2013 年相对于 1961～1985 年中国各大流域多年平均蓄水变量下降的流域有松花江流域

(-14.77mm)、辽河流域(-30.39mm)、黄河流域(-26.16mm)、西南诸河(-4.08mm)和西北诸河(-36.59mm),增加的流域有海河流域(3.3mm)、淮河流域(22.09mm)、长江流域(24.64mm)、珠江流域(56.77mm)以及东南诸河(108.52mm),全国平均的结果为减小(9.77mm)。

水循环陆地分支水量平衡各要素的变化直接与陆地水资源量的变化息息相关。同时也应注意到,水与具有分水岭意义的流域边界不同,水循环大气分支的大气可降水量要素存在临近流域间的交换。尽管中国各流域空中大气可降水量的变化并不明显,但空中水汽的交换对陆地水循环及整个区域水量平衡的影响作用仍不容忽视。

第4章　中国蒸散发变化特征及其成因

蒸散发（evapotranspiration，ET）是水循环中最为关键的一个过程，其将水文循环、能量收支等紧密联系起来。蒸发量的准确测定和估算，对区域/流域水资源评价、农作物需水和生产管理、农业旱情监测、生态环境问题（如生态需水量）等方面都具有十分重要的应用价值。蒸散发把大约60%的降水量送回大气，不但可以影响陆面降水，而且与之紧密联系的潜热通量保证了陆面气温的稳定，进而影响到地球气候系统的变化。因此，蒸散发研究对于理解气候变化及其影响具有重要的意义。

本书第3章的3.5节，对50余年来中国蒸散发时空变化的基本特征进行了宏观上的总结，鉴于其复杂性，本书将蒸散发的内容单列一章，详述蒸散发研究的国内外进展以及本书蒸散发研究应用的模型、分析方法和十大水文分区的详细计算结果。

本章首先证明了蒸散发互补相关理论在中国十大水文分区的适用性，对基于该理论的平流-干旱实际蒸散发（AA）模型进行了严格的标定，并在此基础上计算和分析中国十大水文分区50余年来实际蒸散发的时间和空间变化。最后选取珠江、海河和塔里木河3个流域作为湿润区、半湿润半干旱区和干旱区的典型代表流域，采用相关分析和敏感性分析方法，研究了实际蒸散发时空变化的可能原因，分析了各气象要素对50余年来实际蒸散发增减变化的累积贡献（李修仓，2013）。

4.1　概　　述

4.1.1　蒸散发相关概念

蒸发（evaporation）是指水分从液态变为气态的过程。一般的“蒸发”概念中包括不同下垫面（如水面、陆面蒸发和植物蒸腾等）不同的过程，因此严格意义上应称为蒸散发，表示水分从陆面转化成水蒸气进入大气的所有过程的总和，包括各类自由水面蒸发、陆面蒸发和植被蒸腾。

自然状态下，蒸散发的下垫面通常是非充分供水的，由下垫面实际进入大气中的水量称为实际蒸散发（actual evapotranspiration，ET_a）。

与ET_a对应的是潜在蒸散发（potential evapotranspiration，ET_p）。潜在蒸散发一般指下垫面充分供水时的最大可能蒸散发量（Thornthwaite，1948）。

假设对非饱和陆面供水并使之充分湿润，陆面-大气系统的各物理量都可能发生变化并达到一种新的平衡状态，因此只确定“陆面充分供水”无法给出潜在蒸散发的精确定义及计算方法（邱新法，2003a）。在假设土壤热通量可以忽略不计的前提下，非饱和陆面获得的净辐射能量（R_n）将通过湍流作用以显热交换(H) 和潜热交换 ET_a的形式传输到近地层大气中，显热通量和潜热通量的大小取决于湍流交换系数及蒸发面温度（T_s）、饱和水汽压（e_s）与近地层大气温度（T_a）、实际水汽压（e_a）之间的梯度。确切定义非饱和陆面的潜在蒸散发就必须明确当非饱和陆面水分得到充分供应并成为饱和陆面的过程中以上各物理量的变化情况。在不同的假设条件下会出现不同含义的潜在蒸散发（Granger，1989；邱新法等，2003b）。通过对以上各物理量变化的不同假设及其组合，产生了下列具有本质差别的不同“潜在蒸散发”定义：①对非饱和陆面供水并使之充分湿润过程中，蒸发面及近地层大气中的各物理分量（R_n、T_s、T_a、e_s、e_a）都发生相应变化并达到一种新的平衡状态，新平衡状态下的蒸散发即为广义的潜在蒸散发，定义为“单位时间单位面积饱和陆面或自由水面能够逸出的水量”。②假设非饱和陆面的净辐射能量 R_n保持不变，在对非饱和陆面供水并使之充分湿润的过程中，蒸发面的温度 T_s与近地层大气的温度 T_a、水汽压 e_a都将发生变化并达到一种新的平衡状态，这时的蒸散发即为无平流潜在蒸散发。③假设在对非饱和陆面供水并使之充分湿润的过程中，非饱和陆面的净辐射能量、近地层大气温度和水汽压均保持不变，蒸发面的温度将发生变化并达到一种新的平衡状态。在上述假设条件下，Penman 通过联立能量平衡方程和水汽传输方程，求解新平衡状态下的蒸散速率，此时的蒸散即为 Penman 定义的“潜在蒸散发”。④假设在对非饱和陆面供水并使之充分湿润的过程中，近地层大气温度 T_a和水汽压 e_a及蒸发面温度 T_s均保持不变，此时的蒸散发称为 Van Bavel“潜在蒸散发”。⑤假设在对非饱和陆面供水并使之充分湿润的过程中，非饱和陆面的净辐射能量 R_n保持不变，且近地层大气趋于饱和。在上述假设条件下，通过简化 Penman“潜在蒸散发”的表达式，即可求得新平衡状态下的蒸散速率，称为“平衡蒸散发”(equilibrium evapotranspiration)。

在实际应用中，Penman 定义的潜在蒸散发概念获得了较多的使用，为了研究和计算的方便，又常常对充分供水条件下的下垫面植被条件做进一步假定，产生参考作物蒸散发(reference crop evapotranspiration，ET_0或 ET_r）的概念。Penman 最初根据湍流-热能量综合方法推导水面蒸发公式时，也尝试计算充分供水草地表面蒸散发。Wright 和 Jensen (1972）提出用具有固定作物高度、冠层阻力和反照率的假想作物蒸散到大气中的水量来计算潜在蒸散发。参考作物蒸散发的提出使潜在蒸散发的计算和比较成为可能。联合国粮食及农业组织（Food and Agriculture Organization，FAO）1998 年推荐 Penman-Monteith 公式作为计算 ET_0 的标准公式，并给出明确的参考作物条件，假设作物植株高度为 0.12m，固定的作物叶面阻力为70s/m，反射率为0.23，非常类似于表面开阔、高度一致、生长旺盛、完全遮盖地面而不缺水的绿色草地的蒸散量（Allen et al.，1998）。

4.1.2 蒸散发理论研究进展

1. 充分供水条件下的蒸散发

关于蒸散发的研究已有200 年的历史，最初以充分供水条件下的水面蒸发和潜在蒸散发研究为主，理论研究和模型推导以及野外观测试验为主要内容，许多经验公式至今仍在国内外广泛使用（表4-1）。

表 4-1　水面蒸发或潜在蒸散发理论研究的历史及进展

年代	研究内容和方法	出处
19 世纪 00 年代	Dalton 蒸发定律综合了空气温度、湿度、风速对蒸发的影响，对近代蒸发理论的创立有决定性的作用	Dalton（1802）
20 世纪 20 年代	通过地表能量平衡方程提出了计算蒸发的波文比能量平衡法	Bowen（1926）
20 世纪 40 年代	利用昼长、计算时段天数等参数提出了估算参考作物需水量的简易公式	Thomthwait（1948）
20 世纪 40 年代	通过联立能量平衡方程和水汽传输方程，提出计算水面、裸地和牧草蒸（散）发的 Penman 公式，后出现多种修正式	Penman（1948）
20 世纪 50 年代	利用日平均气温、日平均昼长时数占全年昼长时数百分比以及湿度、风速等气象资料和灌溉数据，提出了一个考虑因素较为全面的潜在蒸散发经验公式	Blaney-Criddle（1950）
20 世纪 50 年代	首次提出了单个叶片气孔蒸腾的计算模式	Penman（1953）
20 世纪 60 年代	提出适宜地中海沿岸地区气候条件的经验公式，该法具有较强的实用性和区域代表性	Turc（1961）
20 世纪 60 年代	根据美国西部气候条件给出以太阳辐射和平均温度为变量的计算公式，依此得出 10 天时段的参考作物需水量	Jensen 和 Haise（1963）
20 世纪 60 年代	在研究作物蒸散中引入表面阻力的概念，提出了以能量平衡和水汽扩散理论为基础的作物蒸腾量计算模式，即 Penman-Monteith 公式	Monteith（1965）
20 世纪 60 年代	提出了较完整的土壤–植物–大气连续体（soil-plant-atmosphere-continuum，SPAC）理论	Philip（1966）
20 世纪 70 年代	提出 Priestley-Taylor 潜在蒸散发公式	Priestley 和 Taylor（1972）
20 世纪 70 年代	在采用气温作为自变量的同时还引入温度来反映辐射的影响，这对于缺乏辐射资料的地区更具吸引力	Hargreaves（1974）
20 世纪 70 年代	FAO Penman 修正式	Doorenbos 和 Pruitt（1977）
20 世纪 90 年代	FAO 修正的 Penman-Monteith 公式	Allen 等（1998）

2. 非充分供水条件下

在蒸散发研究中，主要以获取实际蒸散发（ET_a）为基本目标。然而纵观国内外相关研究，蒸发皿蒸发（ET_{pan}）、潜在蒸散发（ET_p）及参考作物蒸散发（ET_0）的研究成果较多，而 ET_a研究相对较少。这是由于 ET_a是自然状况下非充分供水条件下的蒸发问题，性质较为复杂，不仅受能量平衡、饱和差、空气温度等气象要素的影响，而且还受下垫面因素影响。例如，裸土表面的蒸发不仅与大气状况有关，还与土壤因素有关。又如，自然植被的蒸腾作用，跟植被类型、生长状况等有关（朱岗昆，2000）。

地表实际蒸散量的点值可通过在固定的基地土壤湿度取样，测量土壤水分含量的变化来比较直接地估算，也可利用称重蒸渗仪对蒸散作更精确的测量。由于大中型蒸渗仪安装及维护成本较高，因此常常只能布点开展，缺乏区域尺度上的研究，其代表性也很难掌握。也有研究采用湍流测量（如涡动相关方法）及廓线测量［如在边界层中两个高度上的资料方法，以及波文（Bowen）比能量平衡方法］。这些方法同样造价很高，对测量水汽、风速和温度的特殊仪器和传感器要求较高。此类估测值可用作对所研究的各种类型的土壤和植冠条件下模拟蒸散量的经验关系式进行率定。在区域尺度上，虽然可以应用闭合流域内水量平衡方法来估算区域总蒸散发量，却难以给出其空间分布。

实际蒸散发的研究中，占主导地位的仍然是气候学计算方法，也涌现出一些著名的理论，如 Penman 正比假设理论、Bouchet 互补相关理论以及 Budyko 水热耦合理论等。关于实际蒸散发的研究历史见表 4-2。

表 4-2　实际蒸散发理论研究的历史及进展

年代	研究内容和方法	出处
20 世纪 00 年代	对于给定流域，当降水量下降时，径流量下降；当降水增加时，径流增加并趋向于降水量，但永远达不到降水量值。基于此思想并结合流域水量平衡原理，提出基于降水量的指数经验公式	Schreiber（1904）
20 世纪 10 年代	基本思想同 Schreiber（1904），提出基于辐射、降水的经验公式	Ol'dekop（1911）
20 世纪 30 年代	从空气动力学观点着手，假定近地面空气层中风速遵循所谓对数规律，提出了计算自然表面实际蒸散发的空气动力学方法	Thornthwaite 和 Holzman（1939）
20 世纪 40 年代	Penman 推导出计算广大自由水面蒸发量的公式，进一步推广应用于“充分供水下”的裸地及草地蒸（散）发，认为实际蒸散发与潜在蒸散发有简单的比例关系，提出的“正比假设”思想影响深远	Penman（1948，1956）
20 世纪 40 年代	对 Schreiber（1904）公式和 Ol'dekop（1911）公式求几何平均，得到基于辐射、降水求实际蒸散发的公式	Budyko（1948）
20 世纪 50 年代	提出基于降水、潜在蒸散发求年尺度实际蒸散发的经验公式，潜在蒸散发采用年均气温的幂函数求算	Truc（1954，1955）
20 世纪 50 年代	提出用涡度相关技术直接测量并计算蒸发量的涡度相关法，为非饱和下垫面蒸发研究开辟了一条新的途径	Swinbank（1955）
20 世纪 60 年代	在蒸散发中引入“空气动力学阻力”和“冠层阻力”的概念，从而导出 Penman-Monteith 实际蒸散发公式	Monteith（1963）
20 世纪 60 年代	提出“互补相关”（complementary relationship）理论	Bouchet（1963）
20 世纪 60 年代	提出基于蒸散发互补理论的模型，并逐渐发展和完善	Morton（1965）
20 世纪 70 年代	实际蒸散发是平衡蒸散发的线性函数	Denmead 和 McIlroy（1970）

续表

年代	研究内容和方法	出处
20 世纪 70 年代	提出基于互补理论的“平流-干旱”模型，以 Penman 公式作为潜在蒸散发的估算式，以 Priestley-Taylor 的平衡蒸散发公式作为湿润环境蒸散发公式	Brutsaert 和 Stricker（1979）
20 世纪 70 年代	利用热量平衡方程，根据一定的物理考虑和观测结果，提出基于降水、气温的月尺度实际蒸散发公式	高桥浩一郎（1979）
20 世纪 80 年代	根据对土壤蒸发过程的物理考虑和量纲分析，推导了适用于计算各阶段土壤蒸发的普遍公式	傅抱璞（1981）
20 世纪 80 年代	提出基于互补相关理论的 CRAE 模型	Morton（1983）
20 世纪 80 年代	重新定义了潜在蒸散法和湿润环境蒸散发，运用 Dolton 的蒸发定律，建立了一个根据能量平衡和空气动力学原理的潜在蒸散发模型，并引入了相对蒸散（实际蒸散与潜在蒸散发之比），推导出了基于互补理论的陆面实际蒸散发模型	Granger 和 Grey（1989）
21 世纪 00 年代	基于 Budyko 假设理论，给出根据降水、潜在蒸散发求实际蒸散发的经验公式	Zhang（2001）

早在 20 世纪 50 年代，朱岗昆和杨纫章（1955）就对中国蒸发量进行了初步研究，但由于当时资料年限较短，一些地区缺少资料，只得出了中国东部地区的蒸发量分布。70 年代高国栋等（1978）使用 Budyko 公式对中国最大可能的蒸发量进行了估算。80 年代，相关研究大都侧重于蒸发计算公式的推导、修正以及作物蒸散发的估算，如傅抱璞（1981）利用量纲分析和微分方程理论得出实际蒸散发和降水、潜在蒸散发的关系表达式；王本善（1980）对计算蒸发力的 Budyko 公式与 Penman 公式进行了比较并对 Budyko 公式进行了简化；康绍忠（1987）用热力学方法推导出一个计算水面蒸发量的半理论半经验公式。

随着遥感和地理信息系统的发展，近年来遥感技术开始应用到流域蒸发的估算（陈云浩等，2001；王介民等，2003；郭晓寅和程国栋，2004），但由于遥感资料为瞬时观测结果，结合常规地面观测资料应用时，存在时间尺度匹配问题和由点向面的尺度转换问题，且资料易受大气状态，如云与大气透明度等因素的影响，目前的技术手段在遥感资料反演、噪声消除等方面尚有待提高。

4.1.3 蒸散发时空变化研究进展

在过去 100 多年，蒸散发理论研究获得了长足的发展，但蒸散发研究往往局限于田间尺度，空间范围较小，时间尺度较短。近 20 年来，在全球气温普遍升高的气候背景下，国内外许多学者开始重视全球及区域尺度上蒸散发的时空变化及其原因的研究。

蒸发皿蒸发（ET_{pan}）由于测定简便，易于比较，因而研究成果较多。20 世纪中期至今，全球许多地区观测到的蒸发皿蒸发量呈现下降趋势，云量和气溶胶的增多使太阳总辐射及气温日较差的下降，多被认为是导致蒸发皿蒸发量下降的原因（Roderick et al.，2009，表 4-3）。

表 4-3　全球不同地区蒸发皿蒸发量的变化趋势

地区	ET_{pan}变化率（mm/a）	站点数	研究时段	出处
美国	-2.2	746	1948～1993 年	Lawrimore 和 Peterson（2000） Peterson 等（1995）
苏联	-3.7	10	1960～1990 年	Golubev 等（2001） Peterson 等（1995）
印度	-12.0	19	1961～1992 年	Chattopadhyay 和 Hulme（1997）
澳大利亚	-3.2[a]	61	1975～2002 年	Roderick 和 Farquhar（2004）
澳大利亚	-2.5	60	1970～2005 年	Jovanovic 等（2008）
澳大利亚	-0.7	28	1970～2004 年	Kirono 和 Jones（2007）
泰国	-10.5	27	1982～2001 年	Tebakari 等（2005）
新西兰	-2.0	19	1970～2000 年	Roderick 和 Farquhar（2005）
以色列	+4.3	1	1964～1998 年	Cohen 等（2002） Möller 和 Stanhill（2007）
土耳其	-24[b]	1	1979～2001 年	Ozdogan 和 Salvucci（2004）
加拿大	-1.0[c]	4	1965～2000 年	Burn 和 Hesch（2007）
科威特	+13.6	1	1962～2004 年	Salam 和 Mazrooei（2006）
爱尔兰	+0.6	1	1960～2004 年	Black 等（2006）
爱尔兰	-5.1	1	1976～2004 年	Black 等（2006）
爱尔兰	+0.8	8	1964～2004 年	Stanhill 和 Möller（2008）
英国	-1.2	7	1900～1968 年	Stanhill 和 Möller（2008）
英国	+2.1	1	1957～2005 年	Stanhill 和 Möller（2008）

注：①1975～2004 年同样 61 站变化速率为-2.4mm/a（Roderick et al.，2007）；②蒸发皿位于开阔的灌溉区域；③同文指出 1971～2000 年 48 站湖泊水面蒸发变化速率约为-1mm/a

Peterson 等（1995）分析美国和苏联 1950～1990 年的资料，发现蒸发皿蒸发量呈稳定下降的趋势（除中亚地区）的同时，气温日较差也呈下降趋势，且两者之间具有很好的相关性，得出了由于云量的增加使气温日较差减小从而使蒸发皿蒸发量下降的推断。2002 年，Roderiek 和 Farquhar（2002）发现过去 50 年全球许多地区观测到的蒸发皿蒸发量呈现下降趋势，并认为云量和气溶胶的增多使太阳总辐射下降，从而导致蒸发皿蒸发量下降。Brutsaert 和 Parlange（1998）考虑到地面蒸发与蒸发皿观测的蒸发量的区别，提出蒸发皿蒸发量的下降同全球云量和降水的增加有关，认为蒸发皿观测的蒸发量的减少是由于地面蒸发量增加的结果。Roderick 和 Fanquhan（2004）、Sumner 和 Jacobs（2005）也认为蒸发皿记录的蒸发与陆面实际蒸发存在着互补关系，当陆面实际蒸发增加时，作为蒸发皿环境的大气水汽含量会增多，抑制水面蒸发。Cohen 等（2002）认为至少在干旱区是这种情况，实际蒸发量会低于潜在蒸发量，地表能量中没有用于实际蒸发的那部分能量以感热的形式被释放出来。Ohmura 和 Martin（2002）认为蒸发皿蒸发量的变化趋势仅仅提供了认识实际蒸发变化方向的线索，最重要的问题是陆面实际蒸发量的变化趋势。在回答“蒸发悖论”的问题上，国内外许多学者指出，蒸发量变化趋势不是由温度唯一确定的，应该加强研究蒸发皿蒸发量、潜在蒸发量与实际蒸发量之间的关系与区别。关于实际蒸散发与潜在蒸散发之间关系，以及通过实际蒸散发与潜在蒸散发变化趋势分析气候和水文相互作用规律的研究已成为当今气候、水文科学领域的热点和难点问题。

在蒸散发的研究中，实际蒸散发与潜在蒸散发之间的关系对于分析气候与水文相互作用关系具有非常重要的作用。Budyko（1974）认为要揭示水循环的变化，必须区分实际蒸散发与潜在蒸散发之间的差别与联系。然而不同理论对两者之间关系的理解并不一致，这也引发了不同蒸散发理论之间的争论（Brutsaert and Parlange，1998；Ohmura and Martin，2002）。

由于测定困难和计算复杂的原因，有关全球各地陆面实际蒸散发变化趋势的研究成果仍然不多。Jung 等（2010）估算出全球多年平均陆面实际蒸散发量约为（65±3）$\times10^{12}$ m^3/a，在 1982~2008 年呈现总体增加趋势，但具有阶段性差异。其中 1982~1997 年增加趋势显著，增加速率为（7.1±1）mm/10a，而在 1998~2008 年则呈现下降趋势，下降速率约为-7.9mm/10a（图 4-1）。从空间上看，南半球的非洲、澳大利亚及南美洲陆面实际蒸散发具有显著的下降趋势，而北半球变化趋势相对较缓。从归因上分析，南半球及北美地区陆面实际蒸散发变化可能与陆面土壤湿度（下垫面供水条件）的变化关系密切，在北半球的亚洲更可能是土壤湿度及能量条件（包括温度、辐射、风速等）共同作用的结果（Jung et al.，2010）。

近年来，随着气候变化研究的深入，中国的蒸散发研究向综合性和深入性发展，注重全国性的综合分析和变化归因研究。左洪超等（2005）利用中国 62 个设有太阳辐射观测的常规气象站观测资料，详细分析了蒸发皿观测的蒸发量与环境因子的相互关系及其对全球气候变化的响应，发现蒸发皿观测的蒸发量与大气相对湿度的相关性最好；任国玉和郭军（2006）采用中国 600 余个气象台站资料，对中国及主要流域蒸发皿记录的蒸发量及相关气候要素变化趋势进行了分析，发现 1956~2000 年，中国水面蒸发量总体上呈显著下降趋势，其中长江、海河、淮河、珠江以及西北诸河流域的年平均水面蒸发量均明显减少，海河和淮河流域减少尤为显著，黄河和辽河流域减少也较明显，但松花江和西南诸河流域未见明显变化。在多数地区日照时数、平均风速和温度日较差同水面蒸发量具有显著的正相关性，并与水面蒸发呈同步减少，为引起大范围蒸发量趋向减少的直接气候因子；地表气温和相对湿度一般在蒸发减少不很显著的地区与蒸发量具有较好的相关性，绝大部分地区气温显著上升，相对湿度稳定或微弱下降，表明其对水面蒸发量趋势变化的影响是次要的。此外，曾燕等（2008）、王兆礼等（2010）、刘波等（2010）、申双和和盛琼（2010）、Liu 等（2004）、王艳君等（2010）和 Shen 等（2010）采用不同的站点或侧重不同的地区/流域对蒸发皿蒸发量的时空变化规律及原因进行了研究，也获得基本一致的研究结果（表 4-4）。

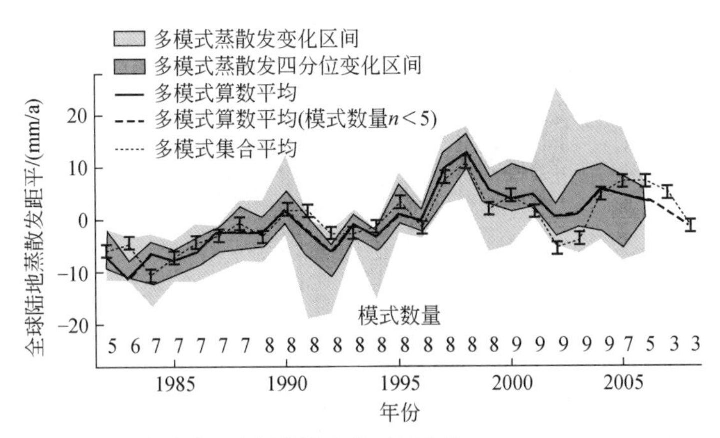

图 4-1　全球陆地实际蒸散发的时间变化（Jung et al.，2010）

表 4-4　中国地区蒸发皿蒸发量的变化趋势

地区/流域	变化率（mm/10a）	站点数	研究时段	出处
中国	-30.7	304	1956～2000 年	任国玉和郭军（2006）
长江	-37.5	—	1956～2000 年	任国玉和郭军（2006）
黄河	-21.1	—	1956～2000 年	任国玉和郭军（2006）
海河	-51.7	—	1956～2000 年	任国玉和郭军（2006）
淮河	-54.6	—	1956～2000 年	任国玉和郭军（2006）
珠江	-35.9	—	1956～2000 年	任国玉和郭军（2006）
辽河	-16.6	—	1956～2000 年	任国玉和郭军（2006）
松花江	-0.9	—	1956～2000 年	任国玉和郭军（2006）
西北诸河	-38.2	—	1956～2000 年	任国玉和郭军（2006）
东南诸河	-19.8	—	1956～2000 年	任国玉和郭军（2006）
西南诸河	-22.8	—	1956～2000 年	任国玉和郭军（2006）
中国	-37.0	664	1960～2000 年	曾燕等（2008）
珠江	-27.9	65	1960～2001 年	王兆礼等（2010）
中国	-34.1	460	1960～2004 年	刘波等（2010）
中国	-34.1	472	1957～2001 年	申双和和盛琼（2010）
中国	-29.3	85	1955～2000 年	Liu 等（2004）

潜在蒸散发反映下垫面在充分供水条件下的最大蒸散发量。中国地区的研究结果表明，1956～2000年，除松花江流域外，全国绝大多数流域的年潜在蒸散发量和四季潜在蒸散发量均呈现减少趋势，南方各流域（西南诸河流域除外）年潜在蒸散发量和夏季潜在蒸散发量减少趋势尤其明显。1980～2000年和1956～1979年两时段多年平均年潜在蒸散发量差值表明，中国大部地区1980～2000年时段较前一时段减少，山东半岛、黄河和长江源区、西南诸河的中西部以及宁夏等地则增多。从原因上看，全国及大多数流域的年潜在蒸散发量和四季潜在蒸散发量与日照时数、风速、相对湿度等要素关系密切，而1956～2000年日照时数和/或风速的明显减少可能是导致大多数地区潜在蒸散发量减少的主要原因（高歌等，2006）。最新研究结果进一步验证了潜在蒸散发的上述变化趋势（刘昌明和张丹，2011）。

中国实际蒸散发研究方面，由于很难通过仪器测定足够数量的、可靠的实际蒸发量的数据，目前多是依赖模型计算方式获取具有一定时空尺度的实际蒸散发量。Gao等（2007）采用改进的水量平衡模型计算的结果表明，中国100°E以东的大部分地区实际蒸发量呈现下降趋势，100°E以西以及中国东北的北部区域其实际蒸发量为增加趋势（图3-44）。

鉴于以上关于蒸散发方面国内外研究进展的分析，可以看出，目前国内外关于蒸发皿蒸发和潜在蒸散发的研究结果较多，而关于实际蒸散发的研究结果较少。基于同样的方法，分流域可比较的计算结果也较为缺乏。本章基于统一的模型计算方法，结合作者近年研究成果，整理汇总了中国十大水资源分区（流域）的实际蒸散发时空变化特征。

4.2 模型和计算方法

4.2.1 互补相关理论及互补关系判定

1. 互补相关理论

传统实际蒸散估算，将潜在蒸散看成是气候和下垫面条件综合作用的结果（它表征了在没有水分限制条件下给定地区水汽可能传输的上限值），而实际蒸散的研究可以主要集中在水汽传输的限定因子上。Penman（1948）认为，“当水分供应不充分时，实际蒸散量与可能蒸散量成正比，其大小取决于水分的有效性”。例如，地表或土壤湿度等土壤水分的有效性、影响植被根系到叶之间水分传输的生理过程等（Kovács，1987；Acs，1994）。这些研究将实际蒸散表示为可能蒸散的函数，采用某些变量作为限制因子，如土壤缺水量或相对土壤有效水等（Camillo and Gurney，1986；钱学伟和李秀珍，1996；沈卫明等，1993）。Penman的这一观点在估算农田实际蒸散中得到了广泛应用（Kotoda，1986），中国亦先后有一些学者提出各自的估算农田实际蒸散的方法（刘昌明等，1991；刘钰和

Pere, 1997；康绍忠, 1990）。这类方法的主要缺陷是模型中的参数随时间和空间变化较大，需要局地标定。计算区域或面积较大时，这类模型就面临参数化的瓶颈问题，难以求得大范围的计算结果。

互补相关理论是蒸散研究上一种重要的理论，与传统实际蒸散估算方法不同。Bouchet 于 1963 年提出，在长 1 ~ 10km、大而均匀的表面，外界能量不变，当水分充足时，表面上的蒸散可称为湿润环境蒸散（wet environment areal evapotranspiration, ET_w）。若土壤水分减少，则 ET_a 也将减小，原先用于蒸散的能量过剩。当蒸散减少时，若无平流存在，能量保持不变，ET_a 的减少将使该地区的近地层空气温度、湿度、湍流强度等发生变化，因而剩余能量将增加 ET_p，其增加量应与剩余能量相等。区域 ET_a 与 ET_p 之间的互补关系，是指 ET_a 增加（或减小）的速率与相应的 ET_p 减小（或增加）的速率相等。这种关系可表示为

$$\partial ET_a / \partial P + \partial ET_p / \partial P = 0 \tag{4-1}$$

对上式进行积分，利用完全湿润和完全干燥两种极端情况的边界条件，即在完全湿润的条件下

$$ET_a = ET_p = ET_w \tag{4-2}$$

在完全干燥的条件下

$$ET_a = 0 \text{ 及 } ET_p = 2ET_w \tag{4-3}$$

从而得出非充分供水条件下的一般形式（图 4-2）

$$ET_a + ET_p = 2ET_w \tag{4-4}$$

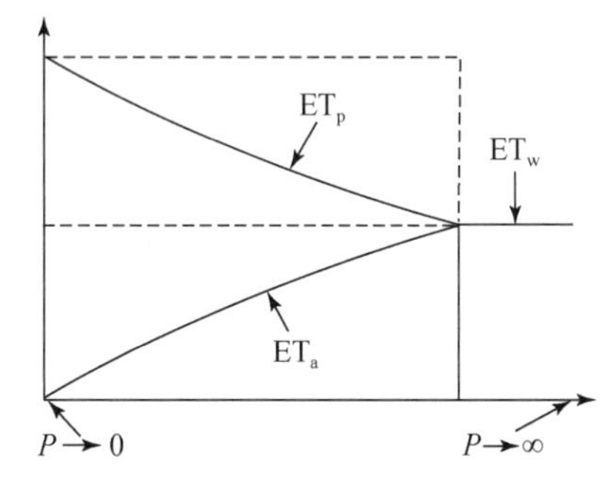

图 4-2 实际蒸散发与潜在蒸散发的互补相关关系

ET_p 为潜在蒸散发；ET_a 为实际蒸散发；ET_w 为湿润环境蒸散发；P 为降水量，表征下垫面供水条件

建立蒸散互补相关关系的最大困难之一，就是选择合适的“潜在蒸散量”和“湿润环境蒸散量”的估算式。最早基于蒸散互补理论的模型由 Morton（1965）给出，之后其他一些学者也相继做了一些探讨（Ledrew, 1979；Ben- Asher, 1981；Kovacs, 1987；Granger, 1989；Nash, 1989；McNaughton and Spriggs 1989；Lemeur and Zhang, 1990；Chiew and McMahon 1991；Parlange and Katul, 1992；Lhomme, 1997；Kim and Tntekhabi, 1997；Hobbins et al. , 2001）。Morton（1969, 1970, 1975, 1976, 1978）还详细探讨了该方法在不同气候条件下的适用性，并于 1983 年给出了经过改进的用于流域蒸散研究的

CRAE（complementary relationship areal evapotranspiration）模型和用于浅水湖面蒸发计算的CRLE（complementary relationship lake evaporation）模型，并应用CRAE模型计算了位于加拿大、美国、非洲、爱尔兰、澳大利亚、新西兰的143个流域的实际蒸散量，取得了非常好的效果。Doyle（1990）曾就流域蒸散的研究，分别对Penman和Morton的方法进行过比较。中国学者冯国章（1991）、郭生练和朱英浩（1993）、莫兴国（1995）等对此方法也做过探讨。另外Brutsaert和Stricker（1979）根据Bouchet的假设，以Penman公式作为区域可能蒸散ET_p的估算式，以Priestley-Taylor的平衡蒸散作为湿润环境下陆面蒸散ET_w的估算式，提出了非饱和陆面实际蒸散估算的平流–干旱模型（advection- aridity model）。Granger等于1989年重新定义了可能蒸散和湿润环境蒸散，运用Dolton的蒸发定律，建立了一个根据能量平衡和空气动力学原理的方程，并引入了相对蒸散（实际蒸散与可能蒸散之比），推导出了陆面实际蒸散估算式，他还系统地总结了现有各种不同“潜在蒸散”的定义，并指出，“潜在蒸散”定义的不确定性是造成运用蒸散互补相关理论估算非饱和陆面实际蒸散过程中存在争议的主要根源之一（Granger，1989；邱新法等，2003）。

近年来，蒸散互补理论在世界各地得到应用。此类方法避开了土壤–植被–大气系统的复杂性，只需要常规气象观测资料就可以求得陆面蒸散量，既适用于计算多年平均陆面实际蒸散量，又适用于计算旬、月、年的陆面实际蒸散量，便于大范围推广。

2. 互补关系判定

（1）珠江流域

珠江流域（图4-3）是中国华南地区的最大河系，是中国境内第三长河流，按年流量则为中国第二大河流。珠江全长为2400km，流域面积为69.06万km^2，由西江、北江、东江、韩江等主要水系组成。珠江流域地势北高南低、西高东低，总趋势由西北向东南倾斜。珠江流域多年平均温度在14～22℃，多年平均降水量为1200～2200mm。流域水资源丰富，人均水资源量为4700m^3，相当于全国人均占有水资源量的1.7倍，但年际变化大，时空分布不均匀，流域洪、涝、旱、咸等自然灾害频繁。

珠江流域水系支流众多，水道纵横交错。西江是水系主流，发源于云南省沾益县马雄山。干流上、中游各段分别称南盘江、红水河、黔江和浔江，在梧州以下称西江。干流全长为2129km，流域面积为35.5万km^2。主要支流有北盘江、柳江、郁江和桂江。总落差为2130m。北盘江上的黄果树大瀑布水头高达70m。北江的主源是浈水，源于江西省信丰县，在韶关附近与武水相会。韶关以上水流湍急，韶关以下河道顺直，沿途有滃江、连江汇入，在穿越育仔峡、飞来峡后进入平原，河宽水浅，至思贤窖流入珠江三角洲，干流长为582km。东江发源于江西省寻乌县大竹岭。上源称寻乌水，西南流入广东省。上游河窄水浅，两岸为山地，干流长为523km。

珠江流域已建成各类型水库工程近1.4万座，总库容约706亿m^3；修筑加固堤围2万余km，水闸8500多座；已建水电站总装机容量约950万kW，占可开发量的34.3%；治

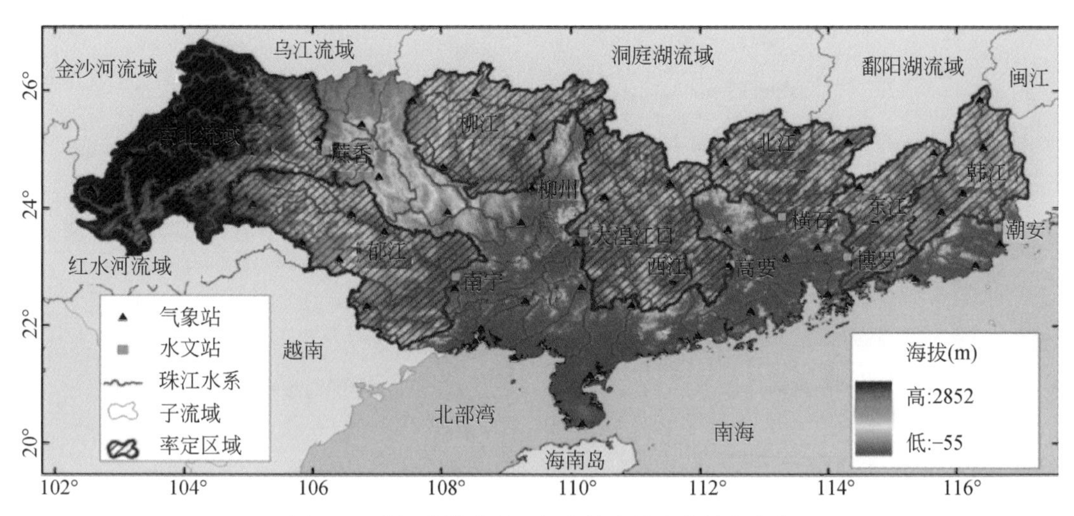

图 4-3　珠江流域水系、气象站点及水文站点分布

理水土流失面积 3.62 万 km^2；水利工程现有年供水能力 835 亿 m^3；现有灌溉面积 6392 万亩①，其中建成万亩以上灌区 780 处；水利化程度达 67%。

根据闭合流域水量平衡式（4-1）计算了珠江流域历年实际蒸散发 ET_a，并采用 Penman 公式计算了潜在蒸散发 ET_p，得到珠江流域 7 个子流域的蒸散发计算结果（李修仓，2013）。一般来讲，土壤含水量是下垫面供水条件的最直接表征要素，但在流域尺度上，土壤含水量数据的获取受到诸多限制，如监测点少、监测成本高、监测时间短等。土壤含水量与流域降水量密切相关，因而常用降水量来表征下垫面供水能力（Morton，1983）。

图 4-4 给出了珠江流域各子流域实际蒸散发 ET_a 和潜在蒸散发 ET_p 随降水量 P 变化而变化的示意图。可以得出，东江、西江、北江、柳江和盘江 5 个子流域，ET_a 和 ET_p 的关系倾向于符合互补相关理论（ET_a增、ET_p减）；韩江和郁江 2 个子流域，ET_a 对降水增加的响应不明显，但下垫面供水增加下 ET_p 呈现显著下降趋势这一点倾向于符合互补相关理论。7 个子流域平均情况下，ET_a 与 ET_p 的互补相关关系表现得比较明显。

（2）海河流域

海河流域位于中国北方半湿润与半干旱地带，东接渤海，西抵太行，南界黄河，北到蒙古高原，地理位置介于 112°～120°E，35°～43°N，流域总面积为 32 万 km^2，占全国陆地总面积的 3.3%。其中，平原区 13.1 万 km^2，山丘区 18.9 万 km^2（图 4-5）。流域内人口密集，城市众多，是中国政治、文化中心和经济最发达地区之一。流域年平均气温为 11.4℃，空间上表现为由南向北、由平原向山地降低。多年平均降水量为 538mm，具有地域差异大、年际变化大、年内集中程度高等特点。

① 1 亩≈666.67m^2。

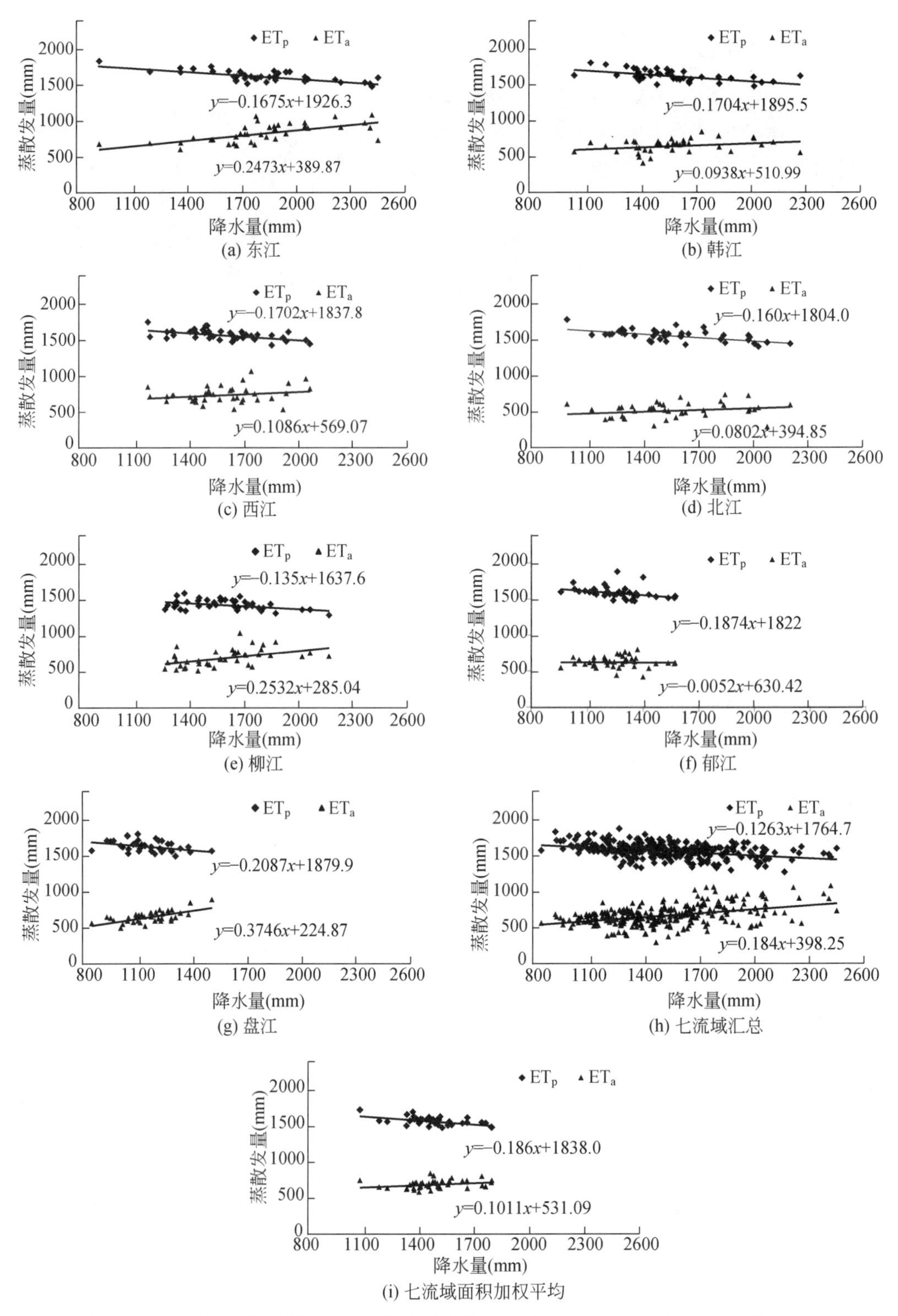

图 4-4　珠江流域实际蒸散发 ET_a 和潜在蒸散发 ET_p 随降水量 P 变化呈现互补相关关系

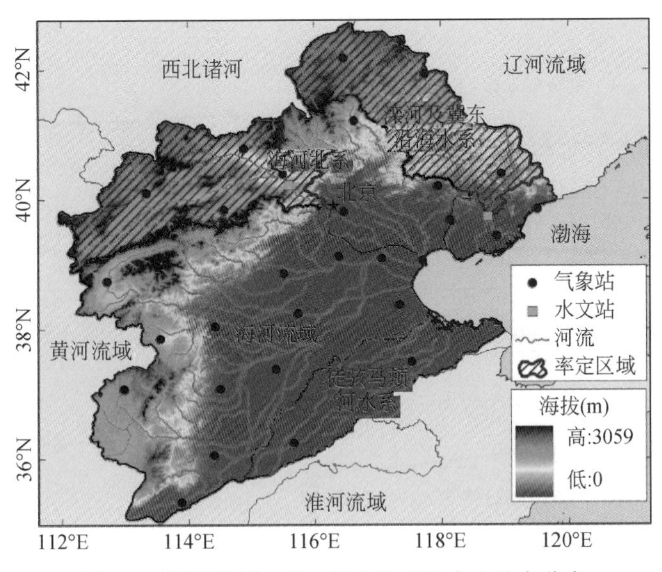

图 4-5　海河流域水系、气象站点及水文站点分布

1961～2007 年，海河流域年平均气温表现为明显上升的趋势，全流域升温趋势系数为 0.3℃/10a。由季节来看，冬季升温速率最快，为 0.57℃/10a；春季次之，为 0.30℃/10a；秋季升温速率为 0.22℃/10a；夏季最小，仅为 0.10℃/10a；从空间上来看，海河北系升温趋势最大，升温速率为 0.39℃/10a，海河南系升温速率最小，为 0.26℃/10a，但各区域升温趋势均通过了 0.05 显著性检验；流域内年平均最高气温和年平均最低气温也均呈上升趋势，全流域升温趋势系数分别为 0.18℃/10a、0.46℃/10a。

海河流域年平均降水量为 538mm，降水量具有地域差异大、年际变化大、年内集中程度高等 3 个特点；1961～2007 年流域年平均降水呈减少趋势，减少速率为 21.3mm/10a。四季中除春季降水略有增加外，其余季节降水均表现为减少趋势，尤以夏季减少最为明显；空间分布上，除滦河流域上游呈微弱增加外，其余区域均呈减少趋势，其中沿渤海湾区域减少趋势显著。降水量明显减少趋势主要是由于暴雨量减少引起。年降水量年代际空间分布变化特征明显，呈现出高值区强度、范围随年代逐渐减弱、缩小，低值区强度、范围扩大。

海河流域人均水资源量仅为 293m^3，加上天然来水与作物生理需水不相匹配使得流域水资源供需矛盾尤为突出，属于中国水资源最为匮乏的地区之一。作为地表水平衡的主要支出项之一，蒸散发直接影响到流域水资源可利用总量。例如，贾绍凤等（2003）曾估计海河流域蒸发每年可达到 80 亿 m^3，如果能够抑制并利用这 80 亿 m^{3}耗水，华北地区的水资源供需状况就会大为改善。目前有关海河流域蒸散发的研究多侧重水量平衡的计算和潜在蒸散发的估算。然而水量平衡的计算结果无法得出流域蒸散发的空间变化情况，潜在蒸散发的估算结果仅仅代表充分供水下的区域蒸散能力，无法直接应用到区域水资源及气候资源评价中。因此，对海河流域陆面实际蒸散发的研究具有重要的意义。

海河流域实际蒸散发 ET_a和潜在蒸散发 ET_p随降水量 P 的变化如图 4-6 所示。在滦河和官厅水库两个子流域，ET_p随 P 的增加呈现明显下降的趋势，ET_a随 P 的增加而呈明显增加趋势，对于汇总及两流域面积加权平均的情况，上述互补关系表现得也较为明显。

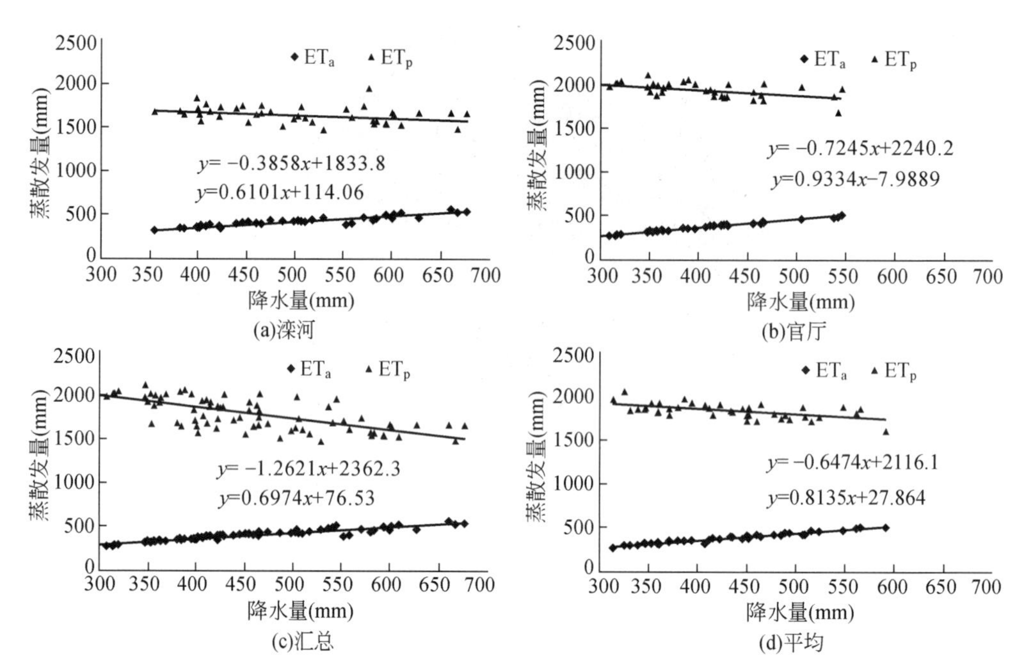

图 4-6　海河流域实际蒸散发 ET_a 和潜在蒸散发 ET_p 随降水量 P 变化呈现互补相关关系

（3）松花江流域

松花江流域（图 4-7）位于中国东北地区的北部（41°42′N ~ 51°38′N，119°52′E ~ 132°31′E），面积约为110. 50 万 km²，是中国重要的商品粮基地，作物产量高、品质好，也是中国面积最大的林区，木材蕴藏量达 15. 8 亿 m³。松花江流域是中国蒸散发研究中比较特殊的流域/区域之一，主要体现在其蒸发皿蒸发及潜在蒸散发的时间变化趋势与全国其他流域/区域有明显差异。已有研究表明，松花江流域多年平均蒸发皿蒸发量为 1281. 0mm，1956 ~ 2000 年的变化速率仅为-0. 9mm/10a，是中国唯一一个蒸发皿蒸发量减少不明显的大河流域（任国玉和郭军，2006）。此外，松花江流域多年平均潜在蒸散发量为 750mm 左右，为全国各大流域最低，而 1956 ~ 2000 年的潜在蒸散发变化速率为 2. 1mm/10a，是中国为数不多的潜在蒸散发出现增加趋势的流域（高歌等，2006）。相对于蒸发皿蒸发或者潜在蒸散发而言，反映自然条件下非充分供水下垫面的实际蒸散发更加值得关注。

松花江流域各子流域实际蒸散发 ET_a 和潜在蒸散发 ET_p 随降水量 P 变化见图 4-8。可以看出，在 7 个子流域，ET_a 和 ET_p 随着降水量 P 的增加，呈现明显的互补关系，7 个子流域平均的情况下，上述互补关系也非常明显。

（4）塔里木河流域

塔里木河流域中国最大的内陆河流域，它是环塔里木盆地的阿克苏河、喀什噶尔河、叶尔羌河、和田河、开都河–孔雀河、迪那河、渭干河与库车河小河、克里雅河以及车尔臣河九大水系 144 条河流的总称，流域总面积为 102 万 km²（国内流域面积为 99. 6 万 km²），其中山地占 47%，平原区占 20%，沙漠面积占 33%（图 4-9）。

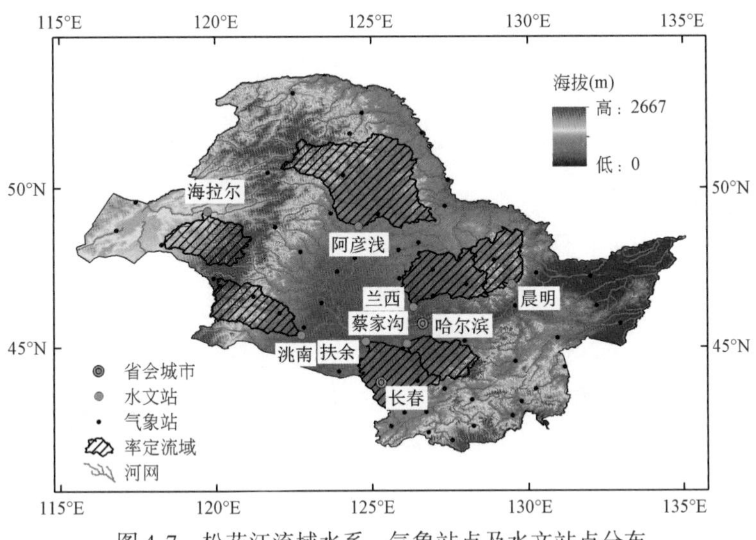

图 4-7　松花江流域水系、气象站点及水文站点分布

该区具有降水稀少且时空分布极不均匀、温差大、潜在蒸发量高等典型的大陆性干旱和半干旱的气候特征。流域年平均降水量随海拔高程增加而增加，海拔 2000 ~ 4500m 为中山带，年降水量为 200 ~ 400mm；海拔 4500mm 以上为高山带，年降水量可达 400 ~ 1000mm；平原区海拔为 50 ~ 80mm；东南缘海拔为 20 ~ 30mm；流域中心海拔约 10mm，且季节分配不均匀，其中夏季降水约占 60%。

塔里木河流域光热资源丰富，年辐射总量为 6000 ~ 6200MJ/m^2，其中生长季（4 ~ 10 月）为 4000 ~ 4500MJ/m^2；日照时数为 2800 ~ 3200h，其中生长季日照时数为 1600 ~ 1800 h，日照百分率在 60% 以上。大于 10℃以上的活动积温在 4000 ~ 4500，最热月平均气温在 25℃以上，15℃以上持续日数在 160d 以上，无霜期在 200 ~ 250d，年平均气温在 10 ~ 12℃，其中平原地区多年平均气温在 10℃以上，高山冰川作用区年平均气温在 0℃以下。塔里木河流域气候干燥，年平均相对湿度在 55% 以下，年均水气压在 7 ~ 8hPa。云雾天气少，全年阴天频率仅为 25% 左右。潜在蒸发能力强，年蒸发量为 2800 ~ 3500mm。沙暴、扬尘、浮尘天气多，年均沙暴、扬沙分别达 20d 左右，浮尘达 100d 左右。气象要素变幅大，气温年较差、日较差分别达 30 ~ 35℃和 13℃；辐射总量年变幅达 450MJ/m^2。

图 4-10 是塔里木河流域实际蒸散发 ET_a 和潜在蒸散发 ET_p 随降水量 P 变化示意图。可以看出，与海河流域相似，随降水量 P 的增加，阿克苏河子流域和和田河子流域实际蒸散发 ET_a 呈现显著的增加趋势，而潜在蒸散发则呈现显著的下降趋势，两个子流域 ET_a 与 ET_p 都呈现良好的互补相关关系。

（5）其他流域

采用上述判断方法，在辽河、淮河、长江、黄河、东南诸河、西南诸河等流域计算了实际蒸散发（ET_a）和潜在蒸散发（ET_p）（图略），总体来看，在全国十大流域，ET_a 随着降水量的增加都呈现明显的增加趋势，而 ET_p 随着降水的增加基本都呈现显著的下降趋势，这表明，在各大流域，ET_a 与 ET_p 存在着互补相关关系，即互补相关理论适用于各大

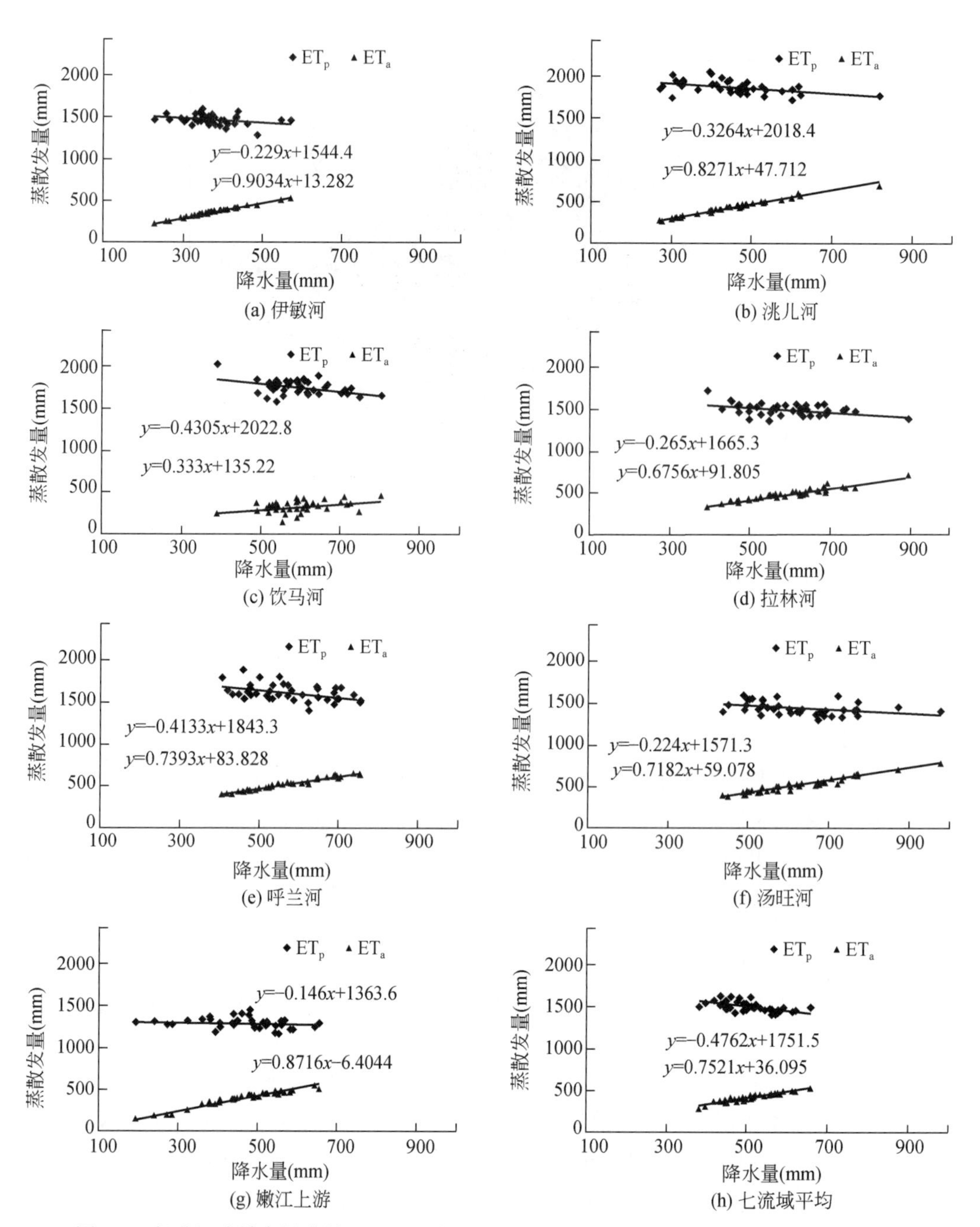

图 4-8　松花江流域实际蒸散发 ET_a 和潜在蒸散发 ET_p 随降水量 P 变化呈现互补相关关系

流域。由于各流域 ET_a 与 ET_p 互补关系具有不同的特征（随降水增加而增加/减小的速率有差异），因此需要在各流域使用不同参数的实际蒸散发模型。

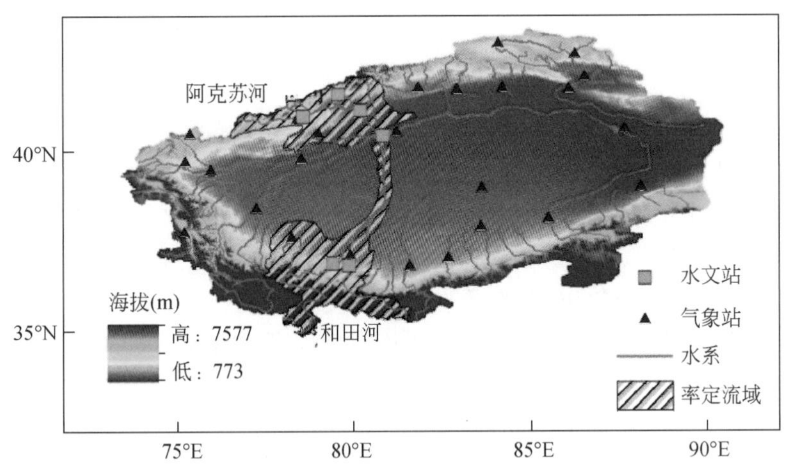

图 4-9　塔里木河流域水系、气象站点及水文站点分布

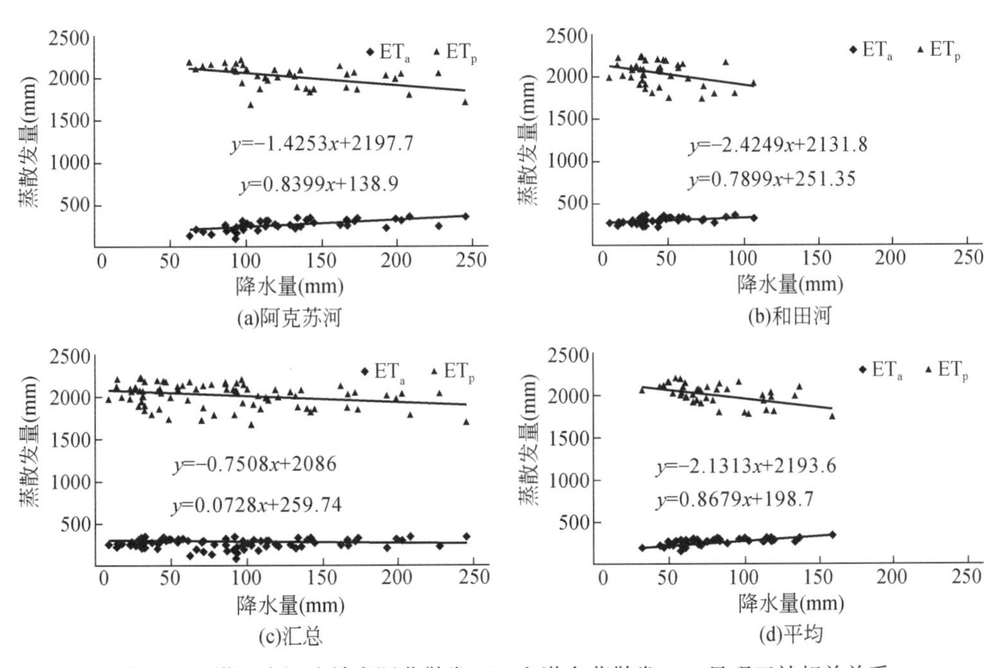

图 4-10　塔里木河流域实际蒸散发 ET_a 和潜在蒸散发 ET_p 呈现互补相关关系

4.2.2　实际蒸散发模型及其率定

1. 基于互补相关理论的平流-干旱模型

基于互补相关理论的平流-干旱模型（advection-aridity model，简称 AA 模型）的有关

计算方法请参见 3.2.2 节。

2. 率定结果

(1) 珠江流域

根据闭合流域水量平衡模型对 AA 模型中的 α 进行率定，同时考虑到 α 的空间变异特性，对不同的子流域分别率定时，给定步长 $\Delta\alpha=0.01$，令 α 由 1.00 变化至 2.00，分别计算各子流域的实际蒸散发，取子流域多年水量平衡闭合误差最小时的 α 值，流域内未率定区域则取已率定子流域 α 值的面积加权平均。

珠江流域 AA 模型率定结果见表 4-5，可以看出率定后的 AA 模型计算误差在所有子流域都控制在±5% 以内，率定结果是令人满意的。

表 4-5 珠江流域 AA 模型率定结果

所属子流域	水文站	控制面积(km^2)	α 值	模拟期（1961~1975 年）年均 ET_a				验证期（1976~1990 年）年均 ET_a			
				水量平衡(mm)	AA 模型(mm)	绝对误差(mm)	相对误差(%)	水量平衡(mm)	AA 模型(mm)	绝对误差(mm)	相对误差(%)
东江	博罗站	25 441.55	1.13	819.7	831.9	12.2	1.5	834.8	807.3	-27.5	-3.3
韩江	潮安站	29 045.07	1.04	666.4	657.2	-9.2	-1.4	642.0	639.3	-2.7	-0.4
西江	高要站	62 970.31	1.11	774.0	764.7	-9.3	-1.2	729.1	747.5	18.4	2.5
北江	横石站	33 902.21	1.00	513.8	537.5	23.6	4.6	518.1	502.1	-15.9	-3.1
柳江	柳州站	45 426.12	1.11	676.8	681.0	4.2	0.6	706.9	674.1	-32.9	-4.6
郁江	南宁站	62 362.13	1.04	639.8	643.3	3.4	0.5	618.7	632.6	13.9	2.2
南北盘江	蔗香站	86 143.84	1.13	691.8	680.7	-11.1	-1.6	650.3	677.4	27.1	4.2
其他地区	—	345 291.2	1.09	—	—	—	—	—	—	—	—

注：率定区域指水文站控制的所属子流域上游区域，西江率定区域指大湟江口站（上游）和高要站之间区域，“其他地区”指未参加率定区域，该区域 α 取值为率定区域 α 值的面积加权平均。率定时选择 1961~1975 年为模拟期，选择 1976~1990 年为验证期。闭合流域水量平衡模型采用 $ET_a=P-R$。式中，ET_a 表示年实际蒸散发量（mm）；P 表示年降水量（mm）；R 表示年径流深（mm）。该公式未考虑流域蓄水变量（如水利工程蓄排水量）的年际变化，根据作者调查，珠江流域多数大型水利工程大多建设于 20 世纪 80 年代后期，因此，该水量平衡计算结果在模拟期(1961~1975 年)有较高的可信度，在验证期（1976~1990 年）可能存在误差增加情况。作者根据水利部珠江水利委员会发布的 2001~2010 年珠江水资源公报资料，计算了全流域年蓄水变量占全流域年降水量的比例，发现该比例仅在±1% 上下，这是一很小的量，在利用水量平衡计算年际实际蒸散发时忽略该项的影响是应该可以接受的。

(2) 海河流域

海河流域参与率定的子流域为滦河和官厅水库两个子流域，率定结果见表 4-6，可以看出率定后的 AA 模型计算误差在两个子流域都控制在±2% 以内，具有非常高的精度。

表 4-6 海河流域 AA 模型率定结果

所属子流域	水文站	控制面积（km^2）	α 值	模拟期（1961～1980 年）年均 ET_a				验证期（1971～2000 年）年均 ET_a			
				水量平衡(mm)	AA 模型(mm)	绝对误差(mm)	相对误差(%)	水量平衡(mm)	AA 模型(mm)	绝对误差(mm)	相对误差(%)
滦河	滦县站	44 100	1. 13	423. 7	413. 8	-9. 8	-2. 0	421. 4	431. 3	9. 9	2. 0
永定河	官厅水库	43 400	1. 15	350. 2	346. 8	-3. 4	-1. 0	354. 8	355. 1	0. 3	0. 0
其他地区	—	230 700	1. 14	—	—	—	—	—	—	—	—

(3) 松花江流域

松花江流域有 7 个子流域参与率定，率定结果见表 4-7。可以看出几乎所有子流域都控制在±5% 以内（仅是扶余站的相对误差达到了-8%），因此认为，经过率定的 AA 模型可以用以推求松花江流域的实际蒸散发量（温姗姗等，2014）。

表 4-7 松花江流域 AA 模型率定结果

所在河流	水文站	控制面积（km^2）	α 值	模拟期（1961～1980 年）年均 ET_a				验证期（1981～2000 年）年均 ET_a			
				水量平衡(mm)	AA 模型(mm)	绝对误差(mm)	相对误差(%)	水量平衡(mm)	AA 模型(mm)	绝对误差(mm)	相对误差(%)
伊敏河	海拉尔站	51 127. 6	1. 18	336. 1	347. 4	11. 29	3. 0	364. 4	350. 1	-14. 22	-4. 0
洮儿河	洮南站	52 153. 8	1. 27	407. 9	425. 4	17. 47	4. 0	429. 6	412. 9	-16. 7	-4. 0
饮马河	扶余站	59 719. 2	1. 16	332. 5	349. 5	16. 98	5. 0	334. 2	308. 3	-25. 94	-8. 0
拉林河	蔡家沟站	33 682. 4	1. 26	477. 0	492. 3	15. 3	3. 0	508. 5	494. 2	-14. 29	-3. 0
呼兰河	兰西站	59 236. 5	1. 29	505. 2	496. 6	-8. 57	-2. 0	513. 2	520. 5	7. 38	1. 0
汤旺河	晨明站	41 576. 7	1. 24	504. 2	479. 1	-25. 03	-5. 0	515. 7	518. 6	2. 89	1. 0
嫩江上游	阿彦浅站	159 443. 0	1. 21	343. 3	353. 1	9. 83	3. 0	455. 0	436. 0	-19. 01	-4. 0
其他地区	—		1. 22	—	—	—	—	—	—	—	—

(4) 塔里木河流域

塔里木河流域 AA 模型率定结果见表 4-8，可以看出率定后的 AA 模型计算误差在两个子流域都控制在±10% 以内，在验证期阿克苏河流域多年平均 ET_a 拟合相对误差为 6%，和田河为 9%，都略高于前述流域的拟合误差，这是由于这两个子流域年均 ET_a 值都较小，拟合值微小的波动相对于平均值的比例都较大，但从绝对误差来看，阿克苏河流域 ET_a 拟合绝对误差平均不超过 20mm，和田河 ET_a 拟合绝对误差平均不超过 30mm，说明率定效果还是令人满意的。

表 4-8　塔里木河流域 AA 模型率定结果

所属子流域	水文站	控制面积（km^2）	α 值	模拟期（1961～1975 年）年均 ET_a				验证期（1976～1990 年）年均 ET_a			
				水量平衡(mm)	AA 模型(mm)	绝对误差(mm)	相对误差(%)	水量平衡(mm)	AA 模型(mm)	绝对误差(mm)	相对误差(%)
阿克苏河	阿克苏站（合成）	11 141	1.06	237.9	231.7	-6.19	-3	256.9	273.17	16.23	6
和田河	肖塔站	14 312	1.105	286.2	257.9	-28.3	-9.9	282.8	306.9	24.1	8.5
其他地区	—		1.088	—	—	—	—	—	—	—	—

注：阿克苏河子流域上游水文控制站为协和拉站和沙里桂兰克站，和田河子流域上游出山口水文控制站为同古孜洛克站和乌鲁瓦提站。

（5）长江流域

长江流域的率定结果采用王艳君等（2010）的结果，对于海拔高于 500m 的地区选定 $\alpha=1.01$，对其他地区选定 $\alpha=1.105$，将长江流域 147 个气象站点的逐日气象观测资料，利用 AA 模型计算各站点的逐日实际蒸发量，对计算结果在年和月时间尺度上进行累加求和，在空间上采用算术平均法计算面平均蒸发量。长江流域多年平均降水量为 1106.9mm，径流深为 523.1mm，根据水量平衡法计算得到的实际蒸发量为 583.8mm。根据 AA 模型估算的年实际蒸发量为 579.2mm，水量平衡闭合误差为-0.41%（表 4-9）。由于长江流域面积较大，自然地理条件空间差异显著。局限于径流资料，仅对嘉陵江流域、金沙江流域、乌江流域、长江上游流域、鄱阳湖流域、长江中下游流域等子流域 AA 模型估算的实际蒸发量进行了验证（表 4-9）。总体来说，参数调整后的 AA 模型对长江流域实际蒸发量的估算效果较好，且对长江上游降水量较小的地区估算效果好于长江中下游降水量较大地区。例如，嘉陵江流域多年平均降水量为 955.7mm，流域内水文控制站点北碚站多年平均实测径流量为 2100m^3/s，折合径流深为 413.9mm，对嘉陵江流域内的气象站点采用 AA 模型估算实际蒸发量，并通过算术平均法计算流域平均实际蒸发量为 540.1mm，由水量平衡得到的流域蒸发量为 541.8mm，二者相差 1.7mm，水量平衡闭合误差为-0.18%。长江中下游地区宜昌水文站以下、大通水文站以上流域多年平均降水量为 1277.1mm，流域多年平均径流深为 655.9mm，水量平衡估算流域平均蒸发量为 621.2mm，由 AA 模型估算的流域实际蒸发量为 644.9mm，二者相差 23.7mm，水量平衡闭合误差为 1.86%。鄱阳湖流域多年平均降水量为 1646.0mm，AA 模型估算的实际蒸发量偏小 36.9mm，水量平衡闭合误差最大为-2.24%。

表 4-9　长江流域 AA 模型率定结果

子流域	水文站	流域面积（km^2）	年平均径流深（mm）	年平均降水量（mm）	水量平衡蒸散量（mm）	AA 模型（mm）	绝对误差（mm）	相对误差（%）
嘉陵江	北碚	160 000	413.9	955.7	541.8	540.1	-1.7	-0.18
金沙江	屏山	485 100	294.5	725.3	430.8	446.5	15.7	2.16

续表

子流域	水文站	流域面积 (km^2)	年平均径流深 (mm)	年平均降水量 (mm)	水量平衡蒸散量 (mm)	AA 模型 (mm)	绝对误差 (mm)	相对误差 (%)
乌江	武隆	87 900	570.4	1 122.0	551.6	569.6	18	1.60
长江上游	宜昌	1 005 500	439.6	938.2	498.6	503.0	4.4	0.47
鄱阳湖	湖口	162 200	913.3	1 646.0	732.7	695.8	-36.9	-2.24
长江中下游	宜昌-大通	699 900	655.9	1 277.1	621.2	644.9	23.7	1.86
全流域	大通	1 705 400	523.1	1 106.9	583.8	579.2	-4.6	-0.41

注：海拔高于 500 m 的地区选定 α = 1.01，对其他地区选定 α =1.105，计算时段均为 1961 ~2005 年。

(6) 其他流域

淮河流域、辽河流域、东南诸河及西南诸河等区域的率定结果见表 4-10 ~ 表 4-13。可以看出，大多数子流域率定误差都控制在±10% 以内，表明 AA 模型在各流域具有较高的精度，可以用于计算各流域实际蒸散发。

表 4-10　淮河流域 AA 模型率定结果

子流域名称	水文站	控制面积 (km^2)	α 值	模拟期 ET_a (1961 ~1975 年)				验证期 ET_a (1976 ~1990 年)			
				水量平衡(mm)	AA 模型(mm)	绝对误差(mm)	相对误差(%)	水量平衡(mm)	AA 模型(mm)	绝对误差(mm)	相对误差(%)
大沽河	南村	4 218.3	1.14	567.8	555.0	-12.9	-2.3	532.0	545.4	13.4	2.5
沂河	临沂	10 651.7	1.12	463.0	453.4	-9.6	-2.1	465.2	463.1	-2.2	-0.5
涡河	蒙城	13 579.9	1.22	578.6	564.2	-14.5	-2.5	602.9	621.7	18.7	3.1
沙颍河	周口	23 312.9	1.19	552.6	518.7	-33.9	-6.1	549.1	575.6	26.5	4.8
淮河上游	淮滨	15 841.2	1.19	720.4	788.4	68.1	9.4	730.6	684.6	-46.0	-6.3
其他地区	—	67 604.0	1.18	—	—	—	—	—	—	—	—

表 4-11　辽河流域 AA 模型率定结果

子流域名称	水文站	控制面积 (km^2)	α 值	模拟期 ET_a (1961 ~1975 年)				验证期 ET_a (1976 ~1990 年)			
				水量平衡(mm)	AA 模型(mm)	绝对误差(mm)	相对误差(%)	水量平衡(mm)	AA 模型(mm)	绝对误差(mm)	相对误差(%)
西辽河上游	麦新	57 779.6	1.20	331.7	353.5	21.8	7.0	337.5	322.0	-15.5	-5.0
乌尔吉木伦河	梅林庙	22 184.5	1.20	343.5	359.5	16.0	5.0	373.6	353.4	-20.3	-5.0
大洋河	沙里寨	4 252.6	1.04	353.8	357.7	3.9	1.0	359.0	343.4	-15.7	-4.0
草河	梨树沟	5 607.0	1.00	331.8	370.4	38.5	12.0	349.2	359.8	10.6	3.0

续表

子流域名称	水文站	控制面积（km^2）	α 值	模拟期 ET_a（1961～1975 年）				验证期 ET_a（1976～1990 年）			
				水量平衡（mm）	AA 模型（mm）	绝对误差（mm）	相对误差（%）	水量平衡（mm）	AA 模型（mm）	绝对误差（mm）	相对误差（%）
三岔河	邢家窝棚	11 523.3	1.25	532.7	529.0	-3.7	-1.0	533.3	541.8	8.5	2.0
其他地区	—	101 347.0	1.19	—	—	—	—	—	—	—	—

表 4-12　东南诸河 AA 模型率定结果

子流域名称	水文站	控制面积（km^2）	α 值	模拟期 ET_a（1961～1975 年）				验证期 ET_a（1976～1990 年）			
				水量平衡（mm）	AA 模型（mm）	绝对误差（mm）	相对误差（%）	水量平衡（mm）	AA 模型（mm）	绝对误差（mm）	相对误差（%）
九龙江北溪	浦南	9 046.8	1.08	676.6	707.8	31.2	5.0	677.2	645.5	-31.7	-5.0
闽江建溪	七里街	15 315.1	1.07	771.4	690.3	-81.2	-11	650.6	725.1	74.5	11.0
兰江	衢州	5 340.1	1.05	496.8	520.9	24.1	5.0	508.9	469.1	-39.8	-8.0
瓯江上游	圩仁	14 042.3	1.00	514.6	498.2	-16.4	-3.0	512.8	524.6	11.8	2.0
福屯溪	洋口	13 084.0	1.05	726.9	738.6	11.7	2.0	741.1	752.3	11.3	2.0
其他地区	—	56 828.2	1.05	—	—	—	—	—	—	—	—

表 4-13　西南诸河 AA 模型率定结果

子流域名称	水文站	控制面积（km^2）	α 值	模拟期 ET_a（1961～1980 年）				验证期 ET_a（1981～2000 年）			
				水量平衡（mm）	AA 模型（mm）	绝对误差（mm）	相对误差（%）	水量平衡（mm）	AA 模型（mm）	绝对误差（mm）	相对误差（%）
拉萨河	拉萨	26 884.2	1.04	425.4	405.9	-19.5	-5.0	437.2	444.4	7.2	2.0
年楚河	日喀则	11 434.2	1.00	325.4	329.2	3.8	1.0	314.8	375.1	60.4	19.0
李仙江	李仙江（二）	16 145.5	1.13	804.1	836.6	32.5	4.0	875.3	848.8	-26.5	-3.0
怒江上游	嘉玉桥	69 230.3	1.02	450.4	435.3	-15.1	-3.0	450.4	466.8	16.4	4.0
怒江中游	道街坝	40 993.7	1.05	555.9	552.1	-3.9	-1.0	555.9	569.9	13.9	3.0
其他地区	—	164 687.9	1.04	—	—	—	—	—	—	—	—

注：道街坝站控制面积不含嘉玉桥站以上。

4.2.3　分析方法

1. 时间变化

目前常用的水文气象变化趋势分析方法有线性回归、距平累积、滑动平均、二次平滑、三次样条函数以及 Mann-Kendall 秩次相关法和 Spearman 秩次相关检验法等。在水文气象时间序列中，由于可能存在非正态分布的数据，因此通常使用非参数检验方法。本书采用多种方法相结合的途径对水文气象要素情势的变化进行诊断分析。

建立年、月尺度 ET_a 线性回归方程 $ET_a=a+bt$，采用最小二乘法计算回归系数 a 和 b。

$$b=\frac{\sum_{i=1}^{n}ET_{ai}t_i-\frac{1}{n}(\sum_{i=1}^{n}ET_{ai})(\sum_{i=1}^{n}t_i)}{\sum_{i=1}^{n}t^2{}_i-\frac{1}{n}(\sum_{i=1}^{n}t_i)^2} \tag{4-5}$$

$$a=\frac{1}{n}(\sum_{i=1}^{n}ET_{ai})-b\cdot\frac{1}{n}\frac{1}{n}(\sum_{i=1}^{n}t_i) \tag{4-6}$$

相关系数计算式为

$$r=\sqrt{\frac{\sum_{i=1}^{n}t_i^2-\frac{1}{n}(\sum_{i=1}^{n}t_i)^2}{\sum_{i=1}^{n}x_i^2-\frac{1}{n}(\sum_{i=1}^{n}x_i)^2}} \tag{4-7}$$

通过计算线性回归斜率分析年、季节尺度实际蒸散发量的长期变化率。一年中以 3～5 月为春季，6～8 月为夏季，9～11 月为秋季，12～2 月为冬季。

对长期变化趋势采用非参数 Mann-Kendall 方法进行显著性检验（Kendall and Gibbons，1981），对于时间变量 x_1，x_2，…，x_n，构造统计量：

$$Z=\begin{cases}\frac{S-1}{\sqrt{\mathrm{var}(S)}}, & S>0\\ 0\quad, & S=0\\ \frac{S+1}{\sqrt{\mathrm{var}(S)}}, & S<0\end{cases} \tag{4-8}$$

式中，$S=\sum_{k=1}^{n-1}\sum_{j=k+1}^{n}\mathrm{sgn}(x_j-x_i)$；$\mathrm{var}(S)=n(n-1)(2n+5)/18$。$Z$ 满足标准正态分布，根据 Z 统计量的正负判定时间变量 x_i 的增减趋势，给定相应的置信度（90%、95% 及 99% 等），判定时间变量 x_i 变化趋势的显著性水平（0.1、0.05 及 0.01）。

2. 空间分析方法

气候因子的空间差值分析方法采用确定性空间差值中的反距离加权（IDW）差值法，它是基于相近相似原理，即两个物体距离越近，其属性就越接近；反之，离得越远相似性越小。该方法以差值点与样本点间的距离为权重进行加权平均，距离越近样本点赋予的权重越大，一般公式为

$$Z(S_0)=\sum_{i=1}^{N}\lambda_iZ(S_i) \tag{4-9}$$

式中，Z 为 S_0 处的预测值；N 为预测计算过程中要使用的预测点周围样点的数量，λ_i 为预测

计算过程中使用的各样点的权重，该值随样点与预测点之间距离的增加而减少，$Z(S_i)$ 为 S_i 处获得的测量值。

权重的计算公式为

$$\lambda_i = d_{i0}^{-p} / \sum_{i=1}^{N} d_{i0}^{-p}, \quad \sum_{i=1}^{N} \lambda_i = 1 \tag{4-10}$$

式中，P 为指数值；d_{i0}为预测点 S_0与各已知样点 S_i之间的距离。

样点在预测点值的计算过程中所占的权重大小受参数 P 的影响，随着采样点与预测值之间距离的增加，采样点对预测点影响的权重按指数规律减少。在预测过程中，各权重值的总和为 1。

流域面降水量、面蒸散发量的计算采用泰森多边形方法，计算各站点所控制的泰森多边形面积，然后根据面积加权平均求取面降水量和面实际蒸散发量。

3. 时空变异原因分析

（1）相关分析及敏感性分析

通过相关分析，对可能影响实际蒸散发的气象要素的时空变化进行综合分析，寻找可能影响流域实际蒸散发时空变异的主要气象要素。采用敏感性分析方法，揭示流域实际蒸散发对主要气象要素时空变化的敏感程度。将实际蒸散发变化的气象要素敏感性系数定义为实际蒸散发变化率与气象要素变化率之比（Rana and Katerji，1998），即

$$S_x = \frac{\partial(\mathrm{ET_a})}{\mathrm{ET_a}} / \frac{\partial p_i}{p_i}, \partial p_i \to 0 \tag{4-11}$$

式中，p_i 表示第 i 个气候因子。将前面选定的实际蒸散发计算模型代入该式，若无相应的解析形式，则采用对 p_i 的百分比增减试验，来判定百分比增减对 $\mathrm{ET_a}$变化的贡献大小（Hamby，1994），即

$$S_x = \frac{\% \Delta \mathrm{ET_a}}{\% \Delta p_i} \tag{4-12}$$

如敏感系数等于 0.5，代表该变量增加（减少）10%，其他变量保持不变的情况下，$\mathrm{ET_a}$将增加（减少）5%。正/负敏感系数表示 $\mathrm{ET_a}$将与变量变化一致/相反，敏感系数越大，变量对 $\mathrm{ET_a}$的影响越大。敏感系数的优点在于无量纲性，方便对不同量纲的影响变量进行排序评价（尹云鹤等，2010）。

（2）能量条件和水分条件对实际蒸散发的影响

在实际应用中，基于 Penman 正比假设和基于互补相关的模型都各有弊端，如基于 Penman 正比假设的模型忽略了实际蒸散发减少下剩余能量对潜在蒸散发的影响，尤其是无法回答在干旱地区实际蒸散发很小而潜在蒸散发却很大的问题。基于互补相关理论的模型建立在下垫面供水条件变化条件下，但模型本身并没有引入下垫面供水变量，使这一理论无法定量化描述下垫面供水条件对实际蒸散发或潜在蒸散发的影响，也无法回答在短时间尺度（小时或日尺度）上实际蒸散发随潜在蒸散发增加而增加的现象。一些研究认为实际蒸散在干旱地区主要受下垫面供水条件（降水）影响，而在湿润区主要受能量条件影响

(Milly and Dunne，2001；Roderick and Farquhar，2004)。也有些研究认为实际蒸散与潜在蒸散之间存在非对称性互补关系（邱新法，2003)。

Budyko（1948）提出将水量平衡和能量平衡耦合的假设，即 $ET_a/P = f(ET_p/P)$，后期国内外科学家在实测数据的基础上验证了该假设，并提出许多经验公式。Yang 等(2006）提出根据 Budyko 水量-能量耦合方法和 Penman 正比假设理论对蒸散发互补相关理论进行统一解释的设想，并利用傅抱璞（1981）建立的基于 Budyko 假设的解析解模型进行初步研究。

图 4-11（a）显示了实际蒸散发与潜在蒸散发的比例关系随干燥度（E_0/P）增加的非线性减小趋势，图 4-11（b）则显示了蒸发量占降水的比例随干燥度（E_0/P）增加的非线性增加趋势。根据曲线的凸凹形态，可以看出，对于非湿润地区（$E_0/P < 1$)，实际蒸散发受供水条件（降水）的影响要比受能量条件（潜在蒸散发）的影响大，使得实际蒸散发与潜在蒸散发倾向于呈现互补关系；而在湿润地区（$E_0/P > 1$)，实际蒸散发受能量条件的影响则比受供水条件的影响大，使得实际蒸散发与潜在蒸散发倾向于呈现正比关系。

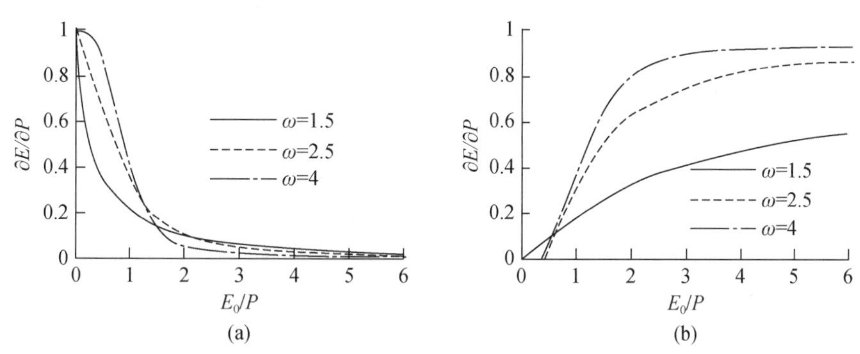

图 4-11　水分条件和能量条件对实际蒸散发的影响

注：E 为实际蒸散发；E_0 为潜在蒸散发；P 为降水量；ω 为傅抱璞蒸散发模型的经验常数，是表征下垫面地形地貌、土壤结构、植被生长状况的综合参数

本章实际蒸散发的研究涵盖了中国十大流域，包括湿润、半干旱半湿润及干旱地区等多个气候区，水分条件、能量条件与实际蒸散发的关系具有较好的广度和代表性。将基于 Budyko 水分/能量耦合假设的思路，考虑蒸散发互补相关理论与这一理论的共同之处，建立水分条件和能量条件在不同气候区的耦合模态，拟合典型区域的实际蒸散发水分/能量耦合模型，分析水量条件和能量条件对实际蒸散发的不同影响。

4.3　实际蒸散发时空变化

4.3.1　松花江流域

(1) 时间变化

本章采用率定后的 AA 模型计算了松花江流域 60 个气象站点 1961 ~2010 年的实际蒸

散发量。结果表明，松花江流域多年平均实际蒸散发量为 420.8mm/a。其中，夏季最高，为 212.8mm/a；秋季次之，为 106.3mm/a；春季和冬季最小，分别为 55.4mm/a 和 46.2mm/a（温姗姗等，2014）。流域 1961～2010 逐年的实际蒸散发的变化趋势如图 4-12 所示。1961～2010 年，珠江流域年实际蒸散发量大致以 4.9mm/10a 的趋势上升，且通过了 0.1 的显著性检验。进一步分析四季的实际蒸散发可知，春季和冬季呈现显著的上升趋势，增加幅度分别为 2.64mm/a 和 1.76mm/a，分别通过了 0.01 和 0.001 的显著性检验。夏季和秋季有明显的年代际差异，其中，1960～1979 年和 1990～2005 年实际蒸散发呈下降趋势，1980～1989 年和 2006 年以后呈上升趋势。但是就 50 年长尺度而言，增减趋势不明显。

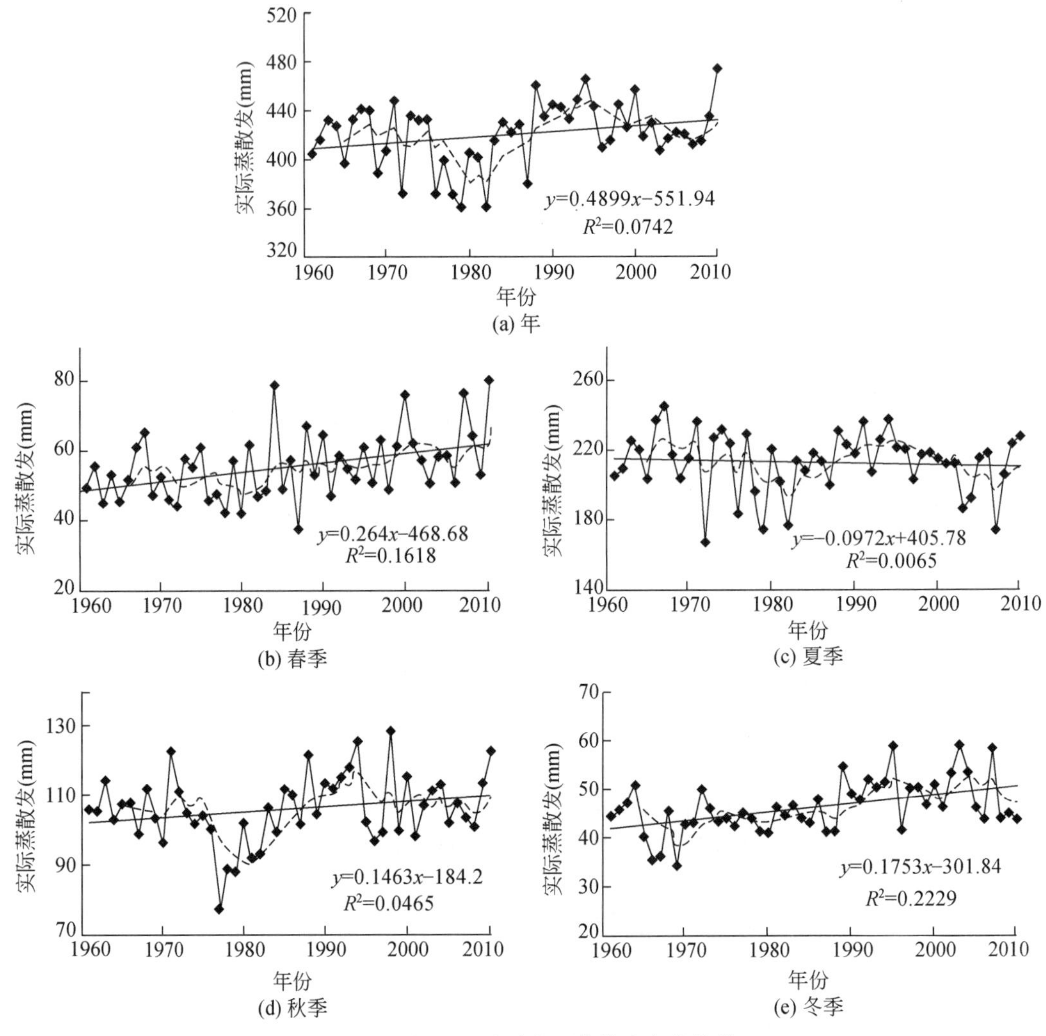

图 4-12　松花江流域实际蒸散发变化趋势

表 4-14 给出了各年代年均 ET_a 和四季 ET_a 的值及其变化情况。从季节上看，夏季和秋季是 ET_a 最高的两个季节，也呈现出较为相似的年代际尺度特征，较 20 世纪 60 年代而言，70 年代的 ET_a 下降了 5.1%，到 80 年代微弱上升 0.7%，并且持续直到 21 世纪 00 年代再次减少，比 20 世纪 90 年代夏季和秋季分别减少了 6.1% 和 2.9%。春季和冬季的 ET_a 的增加趋势在年代际上也得到较为明显的体现，春季 ET_a 持续上升，而松花江流域冬季的 ET_a 较 20 世纪 90 年代而言略有下降，这一特征在年均 ET_a 上也有体现。

表 4-14　松花江流域实际蒸散发（ET_a）的年代际变化

年代	春季 ET_a（mm）	变幅（%）	夏季 ET_a（mm）	变幅（%）	秋季 ET_a（mm）	变幅（%）	冬季 ET_a（mm）	变幅（%）	年均 ET_a（mm）	变幅（%）
20 世纪 60 年代	52.6	—	218.2	—	105.7	—	42.2	—	418.7	—
20 世纪 70 年代	49.8	-5.3	208.8	-4.3	100.4	-5.1	44.0	4.2	403.0	-3.8
20 世纪 80 年代	56.4	13.2	210.3	0.7	105.6	5.3	45.8	4.2	418.1	3.8
20 世纪 90 年代	57.2	1.6	220.2	4.7	111.5	5.5	50.0	9.1	438.9	5.0
21 世纪 00 年代	61.1	6.7	206.6	-6.1	108.2	-2.9	49.2	-1.4	425.2	-3.1
平均	55.4	4	212.8	-1.3	106.3	0.7	46.2	4	420.7	0.5

注：表中 20 世纪 60 年代是指 1961 ~ 1970 年，20 世纪 70 年代是指 1971 ~ 1980 年，以此类推。“变幅”指相对上一年代的变化百分率。后同

（2）空间变化

从松花江流域实际蒸散发的空间分布（图 4-13）可见，在年尺度上，实际蒸散发高值普遍在 450mm 以上，主要出现在流域南部，包括西流松花江流域、松花江（三岔口以下）流域、图们江流域、绥芬河流域，如晨明水文站控制流域；低值区主要分布在流域西部，特别是嫩江下游和呼伦湖水系流域，如海拉尔、阿彦浅水文站控制流域。就四季而言，春夏秋三季 ET_a 的空间分布和年 ET_a 的空间分布特征有很高的一致性，空间相关系数高于 0.88。其中，实际蒸散发量最高出现在夏季，区域差异也年内最大，在极值区等值线尤为密集。冬季全流域的蒸散发能力普遍很弱，地区差异也很小。

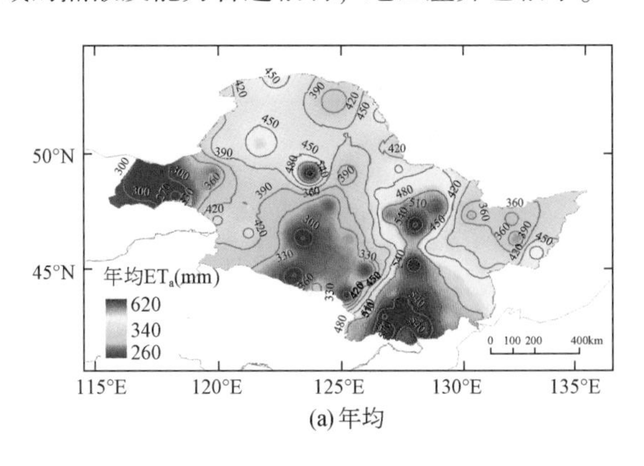

(a) 年均

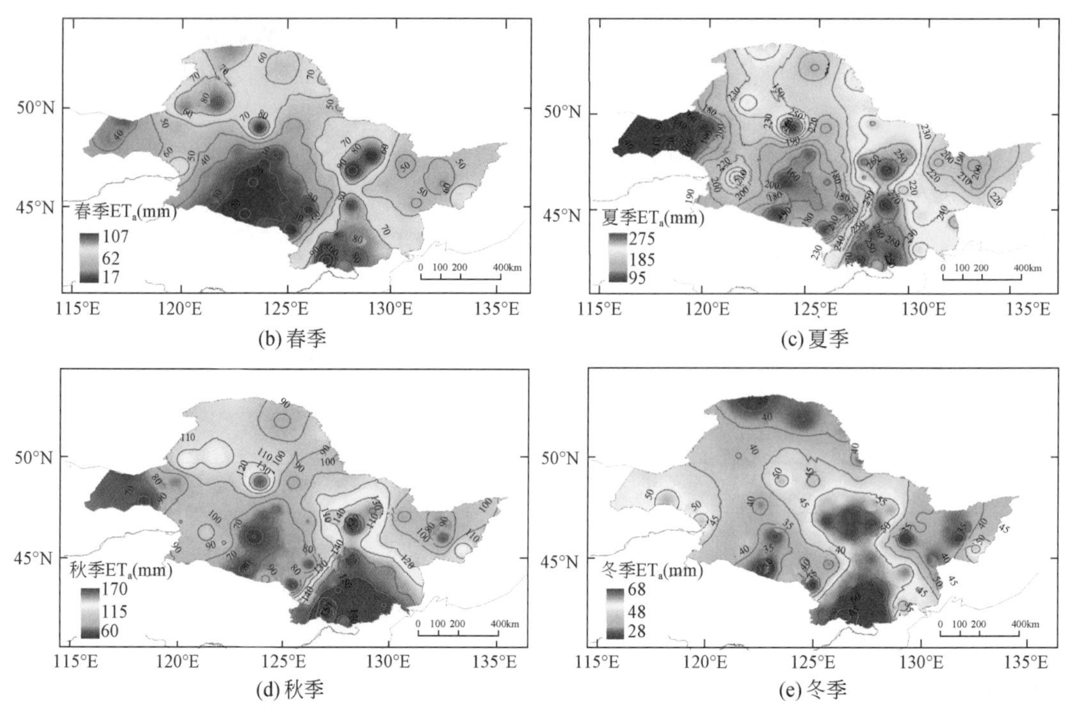

图 4-13 松花江流域实际蒸散发的空间分布

对各站点 1961 ~2010 年来的 ET_a 做 M-K 趋势分析得到图 4-14，可以看出，松花江流域绝大部分区域的 ET_a 均呈现上升趋势，其中松花江（三岔口以下）流域的增加最为显著，置信水平高于 99.9%，仅在流域的西部和南部少数区域 ET_a 是减少的，显著下降的区域包括额尔古纳河流域和西流松花江流域（图 4-15）。

对 1961 年以来松花江流域各站 ET_a 的变化趋势进行 M-K 趋势检验，结果表明，显著正趋势的站点数（28 站）明显高于显著负趋势的站点数（12 站）（置信水平高于 90%），尤其是春季和冬季绝大多数站点皆呈现出显著增加的趋势。图 4-15 给出了年和四季呈显著增减趋势的站点数占总站点数（60 站）的比例，可以看出松花江流域的春冬季 ET_a 的上升对年尺度上 ET_a 的上升有最大的贡献，但年 ET_a 的上升幅度和置信水平较春冬季来说都有降低，夏季 ET_a 的时空分布在削弱方面可能起了很大的作用。

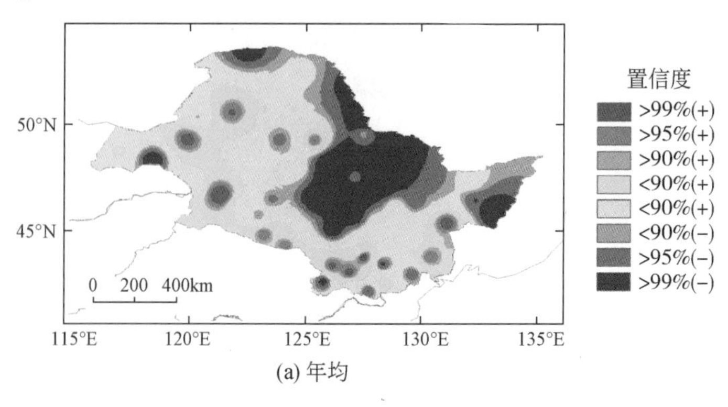

(a) 年均

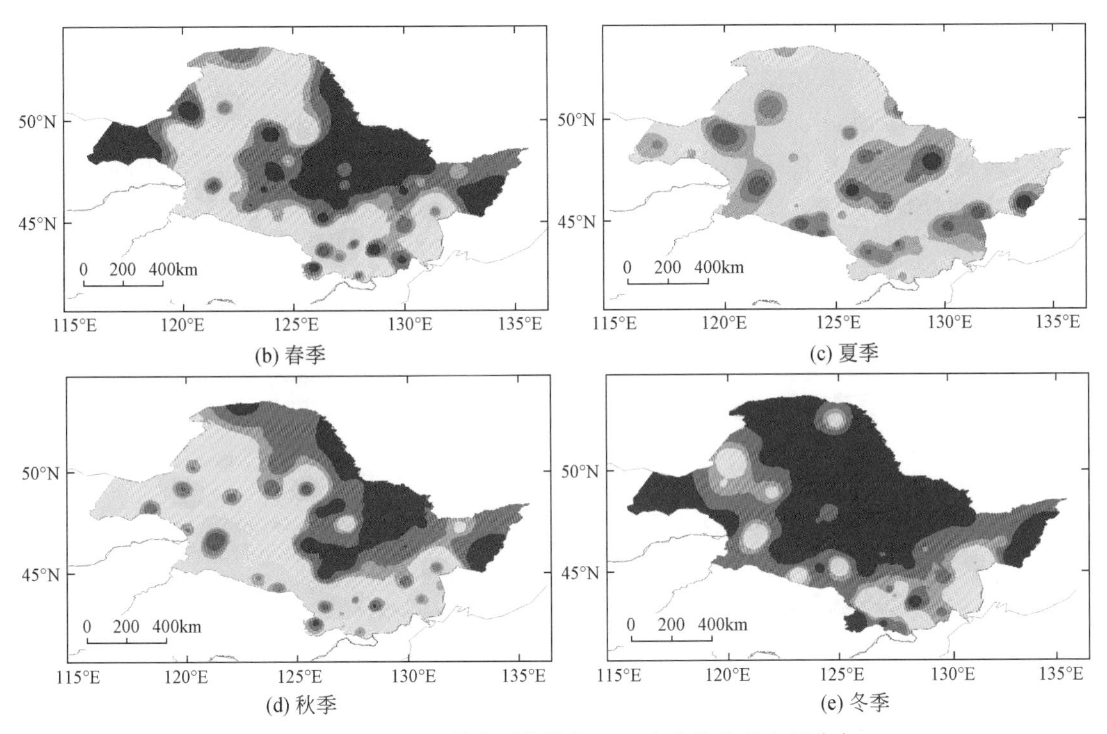

图 4-14 松花江流域实际蒸散发 M-K 变化趋势的空间分布

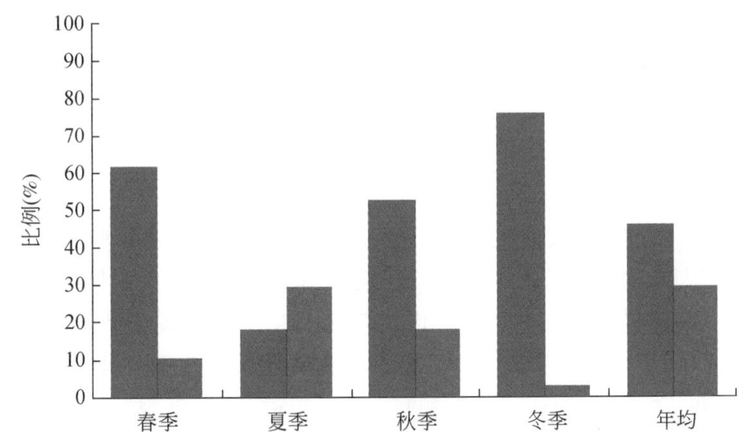

图 4-15 松花江流域实际蒸发量呈显著增/减趋势的站点数占流域总站点数的比例

注：红色：显著上升；蓝色：显著下降

4.3.2 海河流域

(1) 时间变化

海河流域实际蒸散发计算结果如下，多年平均 ET_a 为 400.2mm/a，夏季（6 ~ 8 月）

ET_a最高，达到182.9mm；秋季（9～11月）次之，为123.9mm；春季（3～5月）ET_a较低，为49.7mm；冬季（12月至翌年2月）最小，为43.7mm。从时间变化趋势上看（图4-16），海河流域年总ET_a及四季ET_a均呈现下降趋势，年下降速率为17.8mm/10a，夏季下降速率10.8mm/10a，秋季下降速率4.4mm/10a，春季下降速率和冬季下降速率都约为1.3mm/10a。其中，夏秋两季ET_a下降趋势都通过0.01的显著性检验，春季和冬季ET_a变化趋势未通过显著性检验。

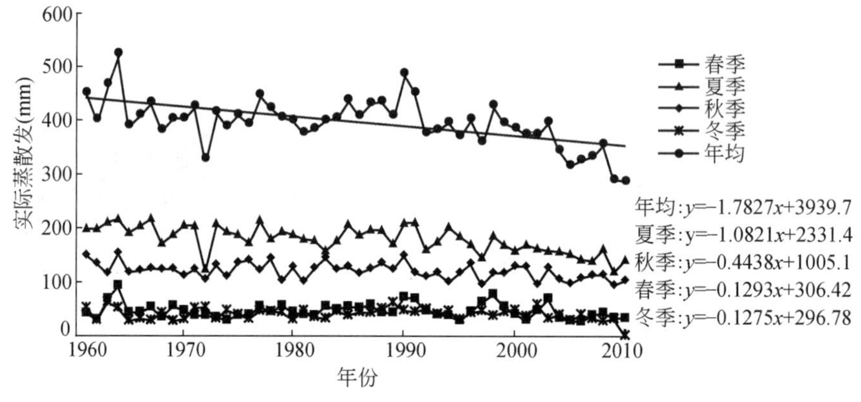

图4-16　海河流域实际蒸散发的年际及季节变化

海河流域年代际尺度上的年均和季节ET_a及其变化情况见表4-15。首先从季节上看，春季海河流域ET_a在20世纪70年代较之60年代有较大幅度的下降，至80年代又有较大幅度的增加，基本与60年代持平，90年代海河流域ET_a较之80年代基本无变化，21世纪00年代则有较大幅度下降，总体来说过去50年间，春季ET_a呈现下降—增加—下降的波动变化。夏季，除在80年代外，各年代ET_a都呈现下降趋势，特别是21世纪00年代，较之90年代下降幅度达到-14%。秋季与夏季类似，除80年代外，各年代ET_a都呈现下降趋势，下降幅度较大的是90年代，较之80年代下降幅度为-9%。冬季ET_a呈现先增后降的特点，即80年代以前，海河流域冬季ET_a呈现增加趋势，而90年代及21世纪00年代，冬季ET_a则呈现下降趋势。就年总ET_a来讲，较之上一年代表现为下降趋势的是70年代、90年代及21世纪00年代，其中21世纪00年代降幅最大，达到-14%。80年代，海河流域年总ET_a较之70年代略有增加，但增幅仅为3%。过去50年海河流域ET_a呈现总体下降趋势，并且近10年呈现加速下降的特点。

表4-15　海河流域实际蒸散发（ET_a）的年代际变化

年代	春季ET_a（mm）	变幅（%）	夏季ET_a（mm）	变幅（%）	秋季ET_a（mm）	变幅（%）	冬季ET_a（mm）	变幅（%）	年均ET_a（mm）	变幅（%）
20世纪60年代	54.2	—	203.2	—	130.7	—	41.8	—	429.9	—
20世纪70年代	44.8	-17	189.7	-7	127.4	-3	45.3	8	407.2	-5
20世纪80年代	53.7	20	188.9	0	130.5	2	47.9	6	421.0	3

续表

年代	春季 ET_a（mm）	变幅（%）	夏季 ET_a（mm）	变幅（%）	秋季 ET_a（mm）	变幅（%）	冬季 ET_a（mm）	变幅（%）	年均 ET_a（mm）	变幅（%）
20 世纪 90 年代	53.7	0	179.4	-5	118.9	-9	46.7	-2	398.7	-5
21 世纪 00 年代	42.0	-22	153.5	-14	112.0	-6	36.6	-22	344.1	-14
平均	49.7	-5	182.9	-7	123.9	-4	43.7	-3	400.2	-5

（2）空间变化

图 4-17 给出了海河流域 1961～2010 年 ET_a年、季空间分布情况。可以看出：①春季、冬季在面积较为广阔的东部平原区域 ET_a等值线的呈现西北-东南走向，即渤海湾向东北方向的平原区 ET_a 整体上要低于东北和西南部的山地丘陵地区，似乎存在一个“蒸散发低值走廊”。这一“走廊”延伸至东北山区，则向北或向南弯曲。夏、秋季节平原区 ET_a等值线较为稀疏，山区等值线相对密集，高值出现在滦河及冀东沿海水系的东北区域。②四季共同规律上，西北山区容易出现蒸散发的低值中心，而东北滦河子流域容易形成蒸散发的高值中心。③年值上，东南沿海及内陆平原地区 ET_a总体高于西北部及西部山区，但高值中心仍然出现在东北部的滦河子流域。

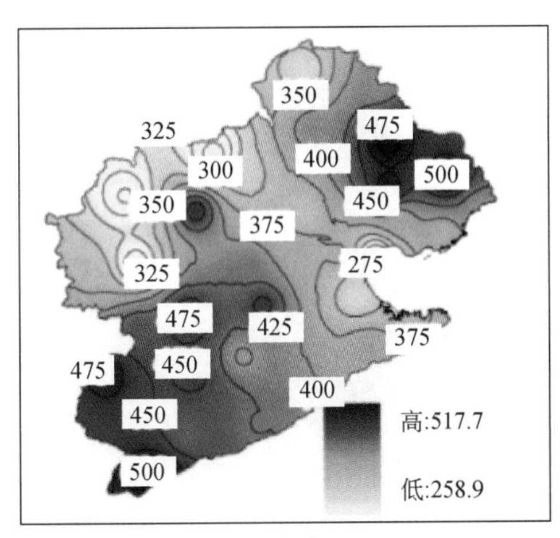

(a) 年均

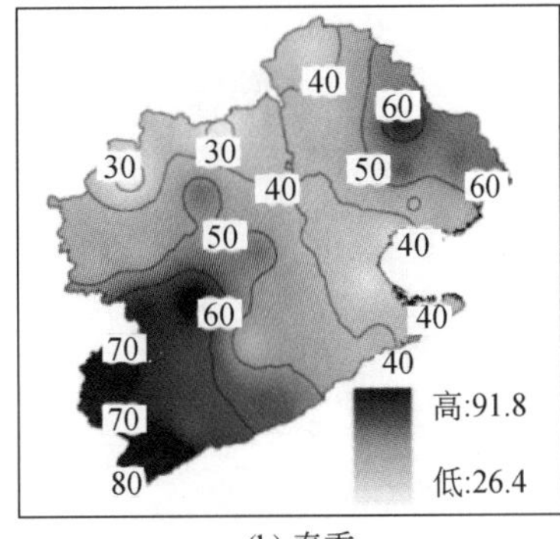

(b) 春季

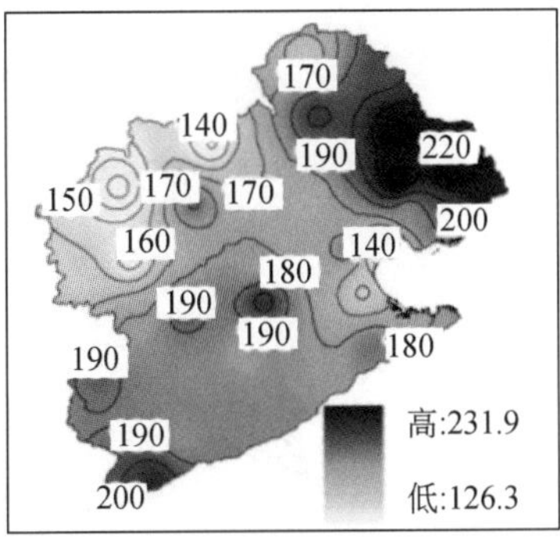

(c) 夏季

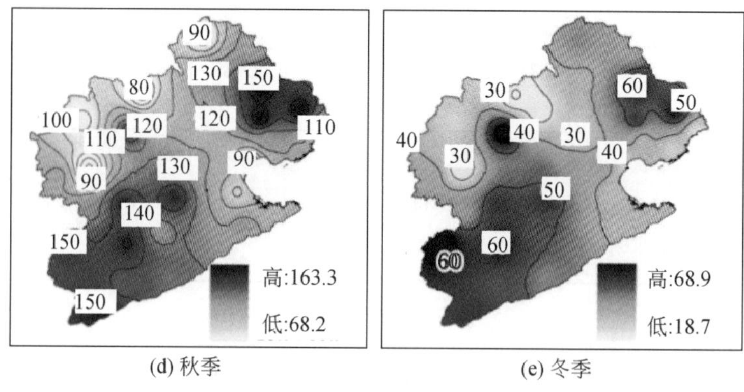

(d) 秋季　　(e) 冬季

图 4-17　海河流域年际、季节实际蒸散发量的空间分布

根据海河流域 31 个气象站 1961～2010 年年均 ET_a的线性倾向率，采用 IDW 插值方法得到变化趋势的空间分布情况（图 4-18）。可以看出，春季、冬季，海河流域大部分区域的 ET_a多年变化趋势不明显。夏季，大部分地区的 ET_a 呈现显著下降趋势，其中，中部平原区（以北京地区为中心）呈现最明显的下降趋势。秋季，东北及西北部山区的 ET_a多年变化趋势不明显，但中部平原区的下降趋势仍然很显著。从年总 ET_a多年变化趋势的空间分布上看，同样呈现上述的规律，即流域中部平原区呈现较大的下降趋势，下降幅度由中部向四周逐渐递减。

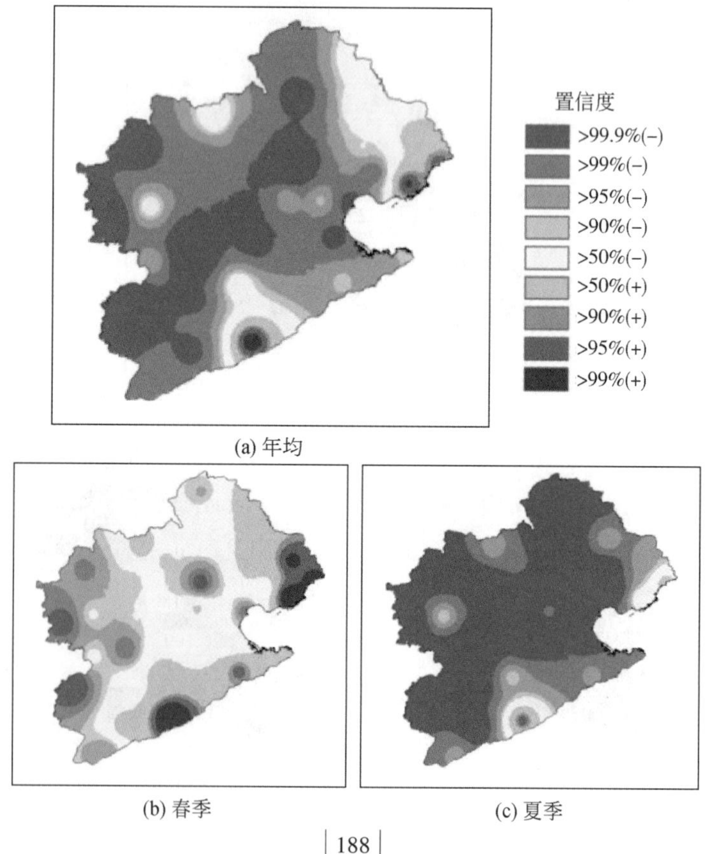

(a) 年均

(b) 春季　　(c) 夏季

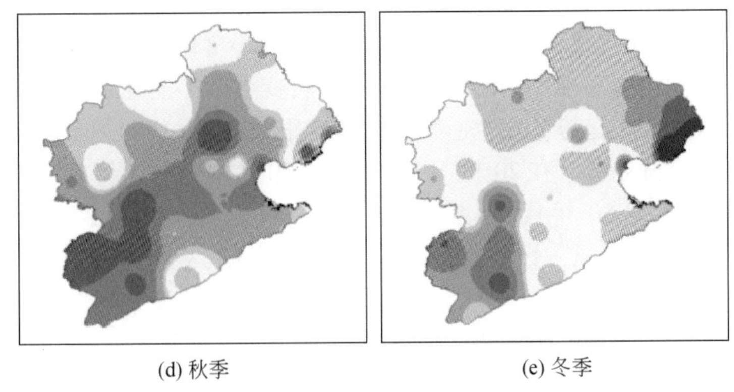

(d) 秋季　　(e) 冬季

图 4-18　海河流域实际蒸散发线性变化趋势的空间分布

4.3.3　珠江流域

(1) 时间变化

根据珠江流域60 个气象站资料，采用率定后的 AA 模型计算了珠江流域的实际蒸散发量。结果表明，珠江流域多年平均实际蒸散发量为 665.6mm/a。其中，夏季最高，为 232.6mm/a；秋季次之，为 184.1mm/a；其次为春季和冬季，多年平均值分别为 146.3mm/a 和 103.0mm/a（李修仓，2014）。图 4-19 给出了珠江流域 1961～2010 年实际蒸散发的年际和季节变化。可以看出，1961～2010 年，珠江流域年实际蒸散发量呈现明显的下降趋势，下降幅度为-24.3mm/10a。从季节蒸散发量的变化看，四季都呈现下降趋势，春夏秋冬各季的下降幅度分别为-4.3mm/10a、-10.4mm/10a、-8.2mm/10a 和-1.5mm/10a。M-K 趋势检验结果显示（图略），年均及春、夏、秋 3 个季节实际蒸散发的下降趋势达到了 0.01 显著性水平，冬季实际蒸散发的下降趋势达到了 0.1 显著性水平。

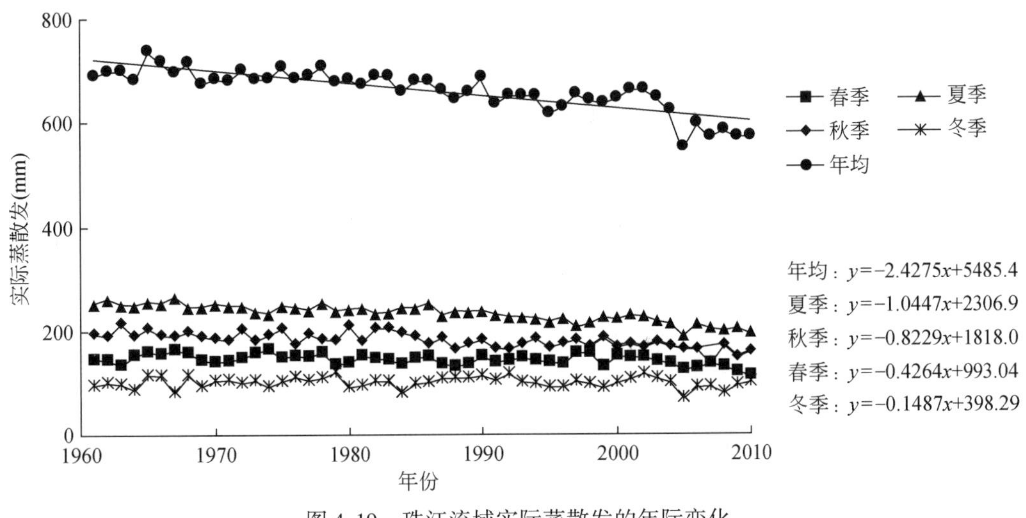

图 4-19　珠江流域实际蒸散发的年际变化

年代际尺度上的年均和季节 ET_a 及其变化情况见表 4-16。从季节上看，春季，20 世纪 70 年代 ET_a 相对于 80 年代成微弱下降趋势，但变幅很小（-0.2%），80 年代这种下降趋势突然加大，达到-4.4%，至 90 年代下降趋势却转变为微小上升趋势（变幅为+0.8%），至 21 世纪 00 年代，变化趋势又发生逆转，且幅度很大（-8.1%）。夏秋两季，所有年代都较上一年代呈现下降趋势。在 20 世纪 70 年代和 80 年代这种下降趋势相对稳定，甚至放缓（如夏季，20 世纪 80 年代）；至 90 年代，下降趋势突然有大幅增加，夏季达到-6.9%，秋季达到-6.4%；至 21 世纪 00 年代，这种下降趋势有所减小，但仍维持在较高值（夏季为-5.3%，秋季为-6.1%）。冬季，5 个年代的 ET_a 变化特征是有增有减，增少减多。这一点与春季 ET_a 的年代际变化特点类似，就春冬两季来说，由于这种变化特点，使得春冬两季多年变化呈现下降趋势，但平均变幅不大，同时由于春冬两季的 ET_a 值较低，因此实际变化量不大。就年均 ET_a 来说，所有年代都较上一年代呈现下降趋势，并且这种下降趋势不断增大，在 21 世纪 00 年代达到最大，这种下降的累积，使得 21 世纪 00 年代的年均 ET_a 比 20 世纪 60 年代的年均 ET_a 下降了近 100mm。从前面对季节 ET_a 的分析也可以看出，年均 ET_a 的下降主要是由于夏秋季节 ET_a 的下降贡献的。

表 4-16　珠江流域实际蒸散发（ET_a）的年代际变化

年代	春季 ET_a（mm）	变幅（%）	夏季 ET_a（mm）	变幅（%）	秋季 ET_a（mm）	变幅（%）	冬季 ET_a（mm）	变幅（%）	年均 ET_a（mm）	变幅（%）
20 世纪 60 年代	152.5	—	251.8	—	197.6	—	103.3	—	704.1	—
20 世纪 70 年代	152.2	-0.2	241.9	-3.9	193.2	-2.2	107.0	+3.6	694.3	-1.4
20 世纪 80 年代	145.5	-4.4	237.8	-1.7	188.2	-2.6	104.7	-2.2	676.2	-2.6
20 世纪 90 年代	146.7	+0.8	221.5	-6.9	176.1	-6.4	101.8	-2.7	645.4	-4.6
21 世纪 00 年代	134.8	-8.1	209.7	-5.3	165.3	-6.1	98.4	-3.4	608.2	-5.8
平均	146.3	-3.0	232.6	-4.5	184.1	-4.4	103.0	-1.2	665.6	-3.6

（2）空间变化

根据计算的各站年、季节实际蒸散发量，采用 IDW 方法进行空间插值，获得珠江流域实际蒸散发的空间分布（图 4-20）。在年尺度上，珠江流域东南沿海地区实际蒸散发量较高，年实际蒸散发量在 690mm 以上。值得注意的是，最高值区并未出现在近海岸地区，而是出现在距离海岸线 120km 左右与海岸线基本平行呈东北—西南走向的条带状区域，这一区域出现东西两处高值中心，东部高值中心位于东江子流域的中上游，西部高值中心位于西江子流域的下游。另外，这两处条带的中间是 ET_a 的相对低值区（年均 660 ~ 690mm），这里是珠江流域主水系的河口三角洲区域，海拔较低，河网密布。这一条带状区域北部及西部，出现一条同样呈东北—西南走向的条带状 ET_a 低值区，年均 ET_a 在 630mm 以下。上述两个条带状区域的边界，由南向北再折向东北贯通珠江流域，即由北部湾海岸向东北延伸到鄱阳湖流域的南缘。此外在，流域东北部出现 3 处高值中心，年均实际蒸散发量在 690mm 以上，围绕中心的等值线较为密集，说明该区域实际蒸散发的空间变异较大，其他地区则等值线较为稀疏，实际蒸散发的空间差异较小。对照季节实际蒸散发量的空间分布图来看，上述规律也有较好的体现。此外，根据 ET_a 等值线的走向可以看出，春夏季节 ET_a 高值区和低值区的基本走向是由南向北延伸，而秋冬季节 ET_a 高值区和低值区的等值线走向基本是由北向南延伸。

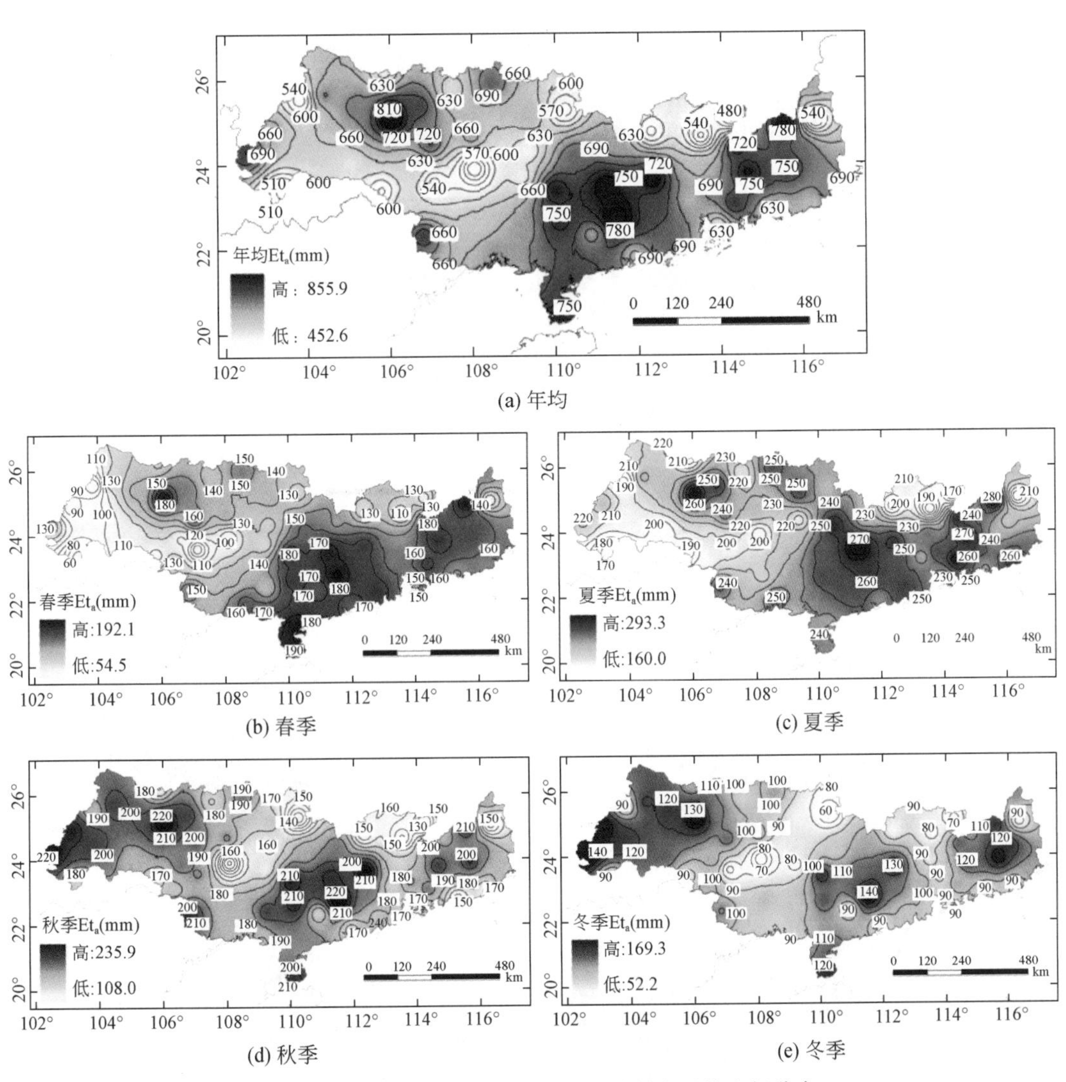

(a) 年均

(b) 春季　　(c) 夏季

(d) 秋季　　(e) 冬季

图 4-20　珠江流域年际、季节实际蒸散发量的空间分布

根据各站年际及季节 ET_a 的 M-K 变化趋势，采用 IDW 空间插值方法得到珠江流域 ET_a 的 M-K 变化趋势的空间分布情况（图 4-21）。从年际尺度看，东部沿海区域实际蒸散发具有非常明显的下降趋势（置信度 99.9%），这一区域对应于年际实际蒸散发的高值区域。流域中部存在一条东北—西南走向的无明显变化趋势区域，对应于年实际蒸散发的低值区

域。流域西部总体呈现下降趋势，有 3 处区域具有显著增加趋势，其中两处基本对应于年实际蒸散发的高值中心，一处对应于年 ET_a的低值中心。从季节 ET_a的变化趋势上看，春夏秋 3 个季节 ET_a的 M-K 趋势分布基本与年际 ET_a的 M-K 趋势分布一致，其中夏季呈现显著下降趋势的范围要最广，而春季呈现下降趋势的范围要狭小一些。冬季 ET_a的 M-K 趋势分布较为复杂，个别区域出现小范围的增减中心，增减趋势置信度达到 90% 的范围也比较小。从年际和四季的比较来看，夏秋季节 ET_a的下降对年际尺度 ET_a的下降具有明显的贡献，而春冬季节 ET_a变化趋势的分布比较复杂，也对年际尺度 ET_a的变化趋势造成一定程度的影响，一方面减弱了 ET_a显著下降区域的下降幅度，同时增强了珠江流域（主要是西江及上游）年际 ET_a的空间变异性。

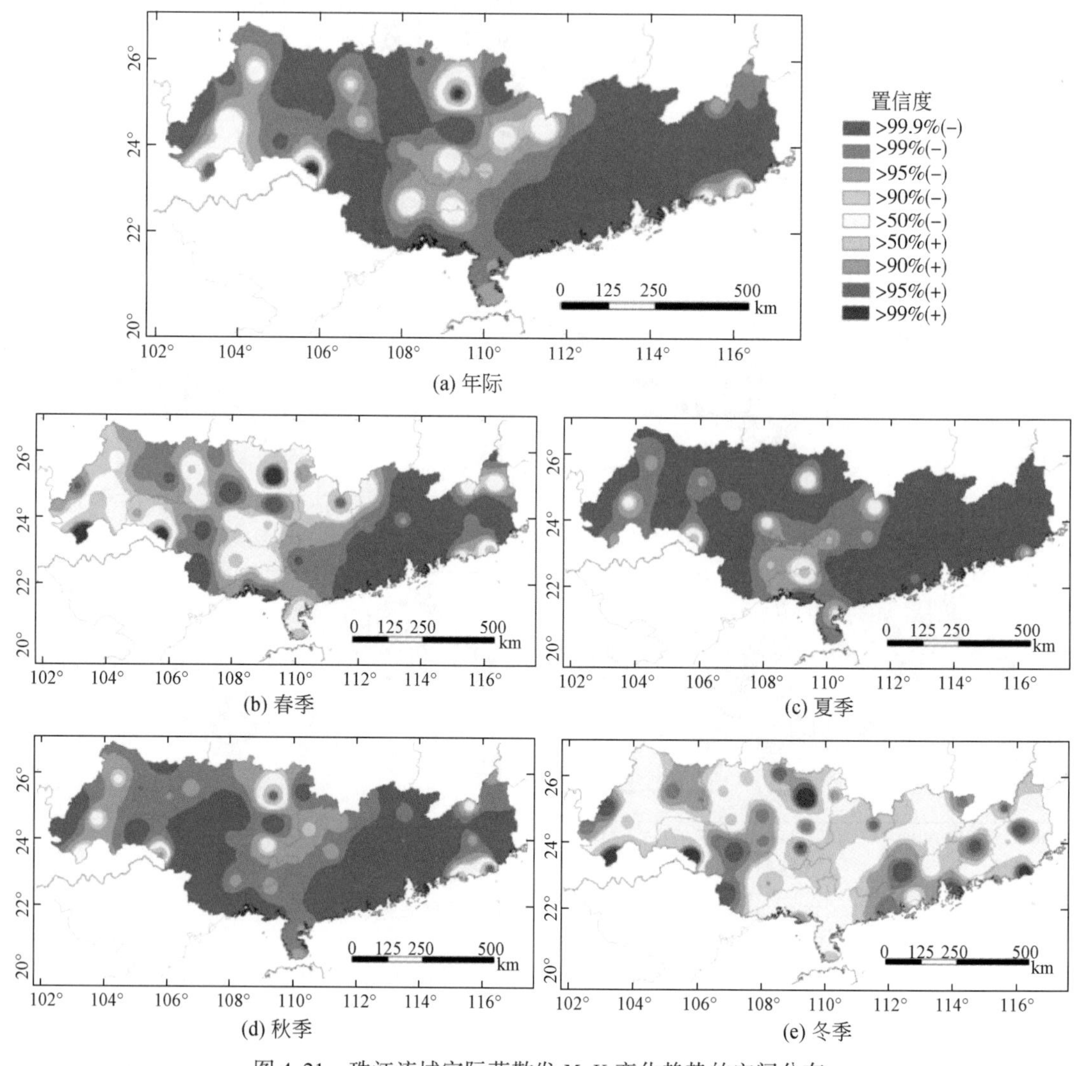

图 4-21　珠江流域实际蒸散发 M-K 变化趋势的空间分布

4.3.4 长江流域

(1) 时间变化

长江流域多年平均实际蒸散发量为 572.9mm/a，1961～2013 年呈现显著的下降趋势，下降速率为 11.2mm/10a。从季节上看，春夏秋冬四季都有不同程度的下降趋势，其中夏季最为明显，下降速率为 7.1mm/10a，其次为春季，下降速率约为 2.6mm/10a（图 4-22）。

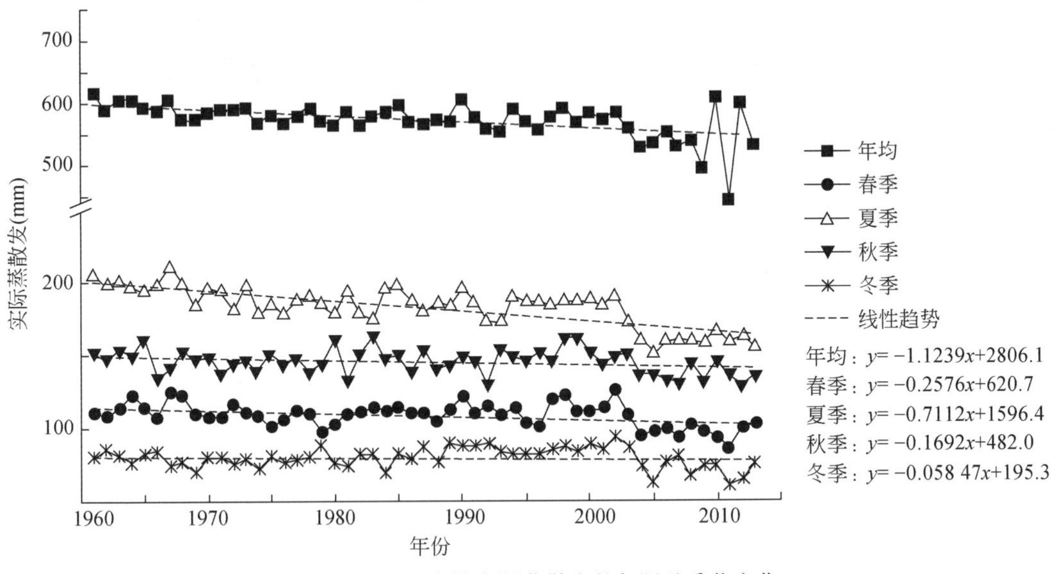

图 4-22　长江流域实际蒸散发的年际及季节变化

(2) 空间变化

长江流域实际蒸散发具有较为明显的空间分布特征，年均实际蒸发量和四季实际蒸散发高值区主要分布在长江流域中部，如干流宜宾至宜昌段、岷沱江和嘉陵江两子流域的下游、洞庭湖及鄱阳湖流域等，实际蒸散发的低值区主要分布在长江流域西部的上游，主要是金沙江子流域及岷沱江和嘉陵江两子流域的上游等区域（图 4-23）。

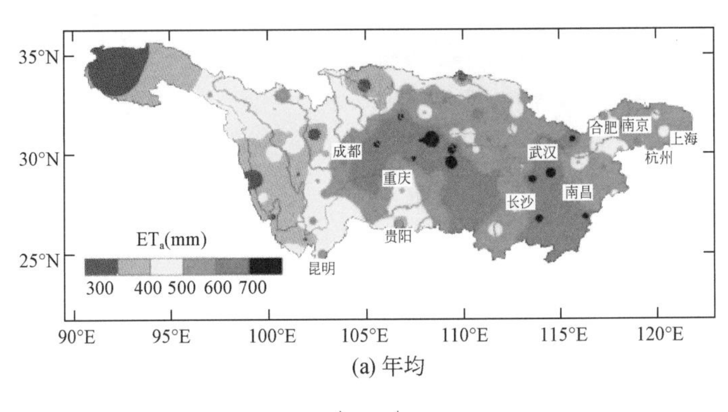

(a) 年均

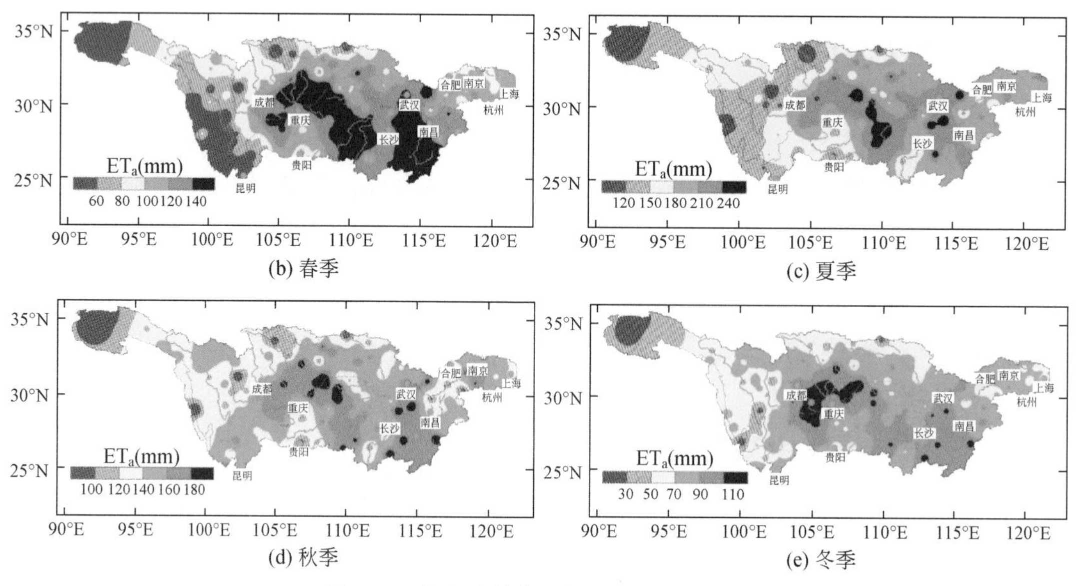

(b) 春季
(c) 夏季
(d) 秋季
(e) 冬季

图 4-23 长江流域实际蒸散发的空间分布

图 4-24 给出了长江流域实际蒸散发变化趋势的空间分布，总体来看，长江流域中游及下游大部分区域实际蒸散发基本呈现下降趋势，而上游的金沙江子流域及中下游鄱阳湖流域变化不明显或略有增加。

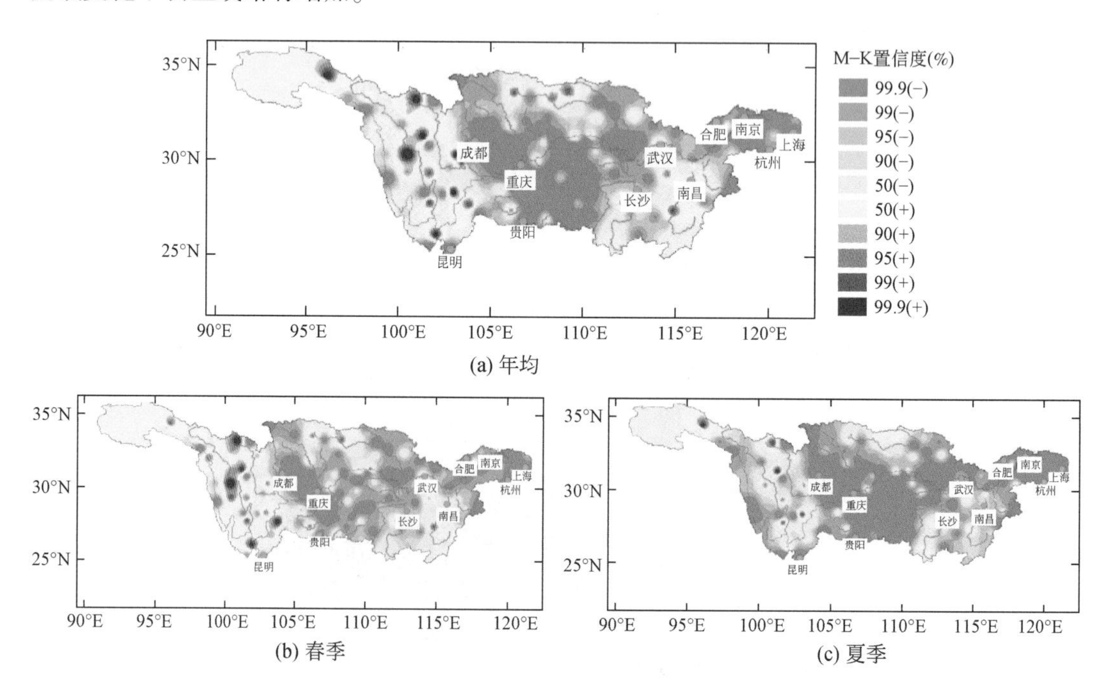

(a) 年均
(b) 春季
(c) 夏季

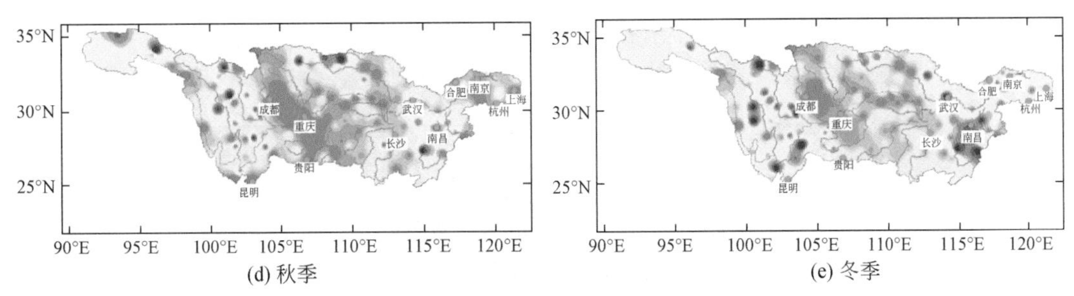

(d) 秋季 (e) 冬季

图 4-24 长江流域实际蒸散发 M-K 变化趋势的空间分布

4.3.5 黄河流域

(1) 时间变化

黄河流域多年平均实际蒸散发量为 383.1mm/a，1961～2013 年呈现波动变化，总体变化趋势不明显（变化速率为-1.3mm/10a），2000 年前呈现微弱的上升趋势，2000 年后则呈现微弱下降趋势。从季节上看，夏秋季节贡献了年实际蒸散发的绝大部分，其中夏季平均实际蒸散量约为 140mm/a，秋季约为 130mm/a，春季、冬季实际蒸散相对较少，基本在 50～100mm/a（图 4-25）。

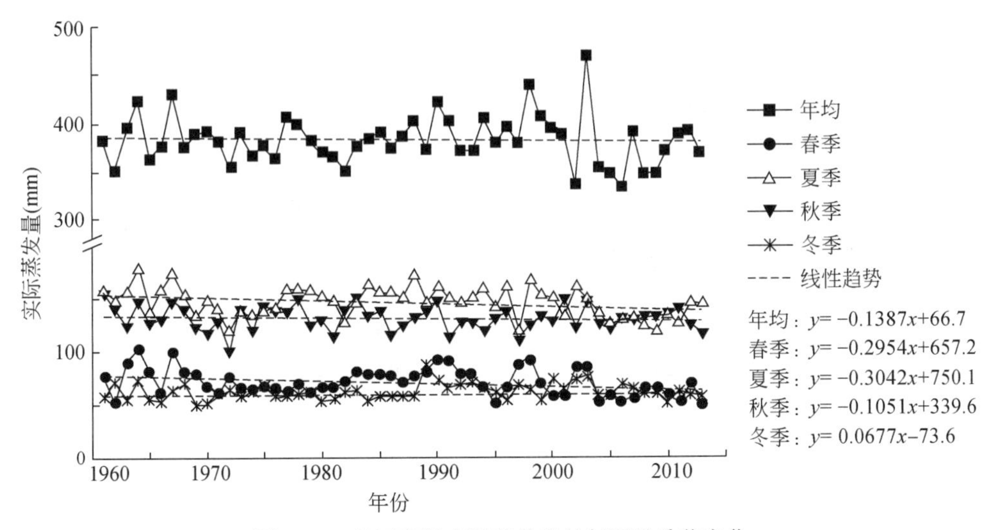

图 4-25 黄河流域实际蒸散发的年际及季节变化

(2) 空间变化

黄河流域实际蒸散发的空间分布如图 4-26 所示，可以看出，实际蒸散发的高值主要出现在兰州以上的黄河上游，年实际蒸散发多在 400mm/a 以上，部分区域超过 600mm/a；黄河流域中游实际蒸散量较低，大多在 400mm/a 以下。中游西北部的大片区域年实际蒸散量不足 300mm/a。值得一提的是，黄河中游有部分地区属于内流区，虽然从大的水文分区上属于黄河流域，但并无河网与黄河干流交汇，这部分区域的实际蒸散也处于较低的水平。从四季实际蒸散发的空间分布来看，上述特征表现得也较为明显。

黄河流域实际蒸散发变化趋势的空间分布如图 4-27 所示，整体上看，黄河流域实际

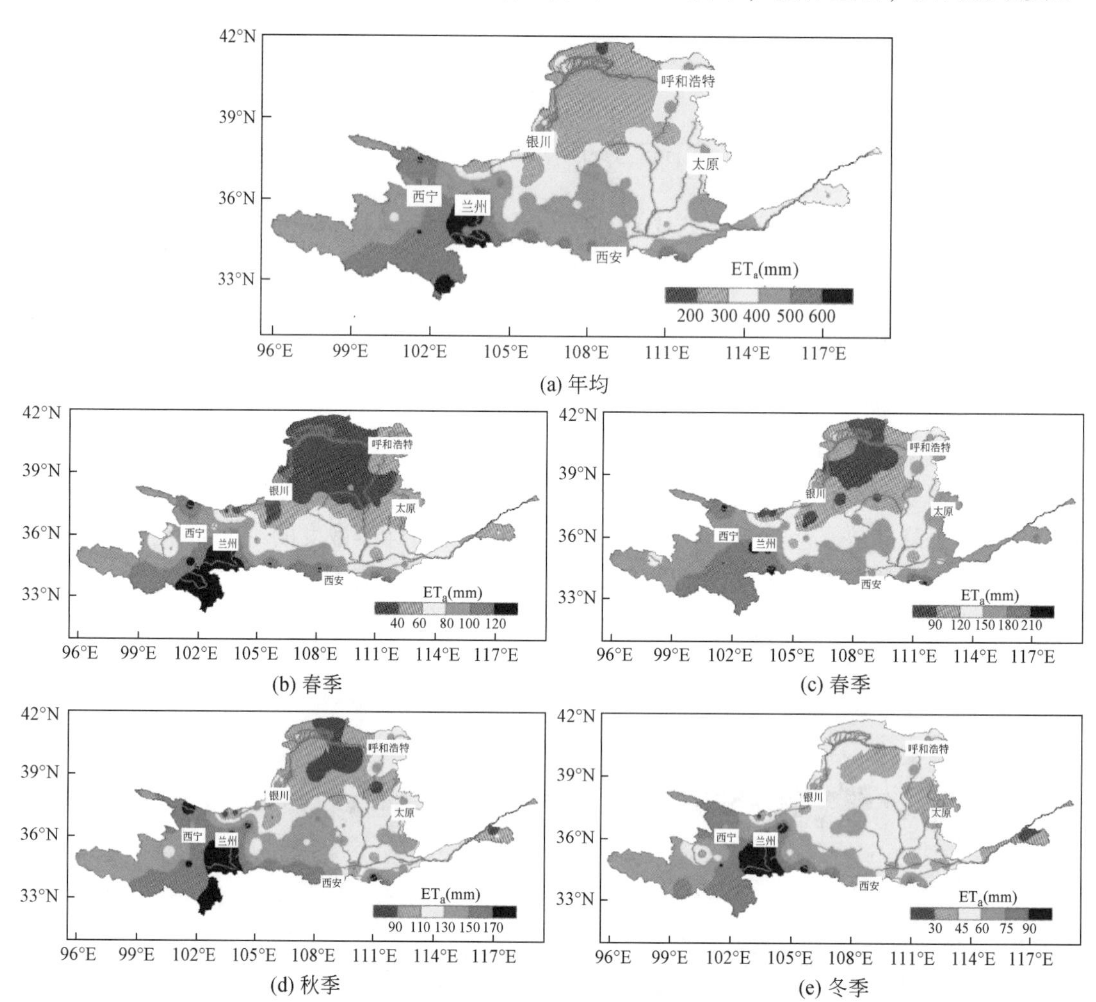

(a) 年均

(b) 春季 (c) 春季

(d) 秋季 (e) 冬季

图 4-26 黄河流域实际蒸散发的空间分布

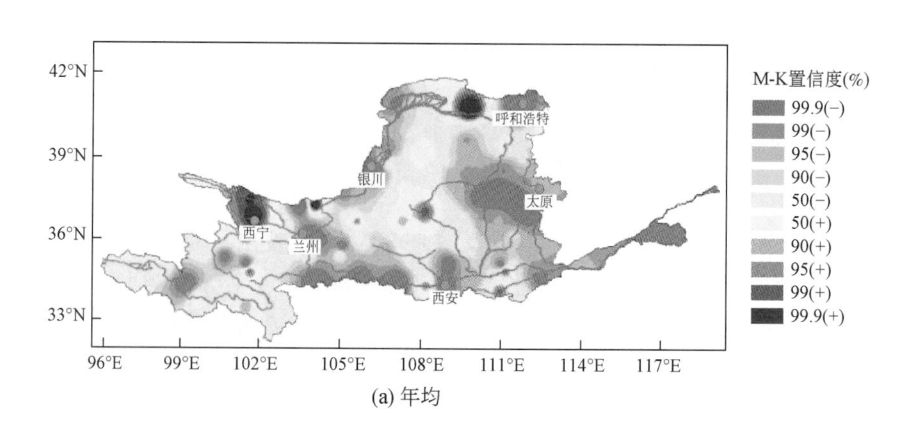

(a) 年均

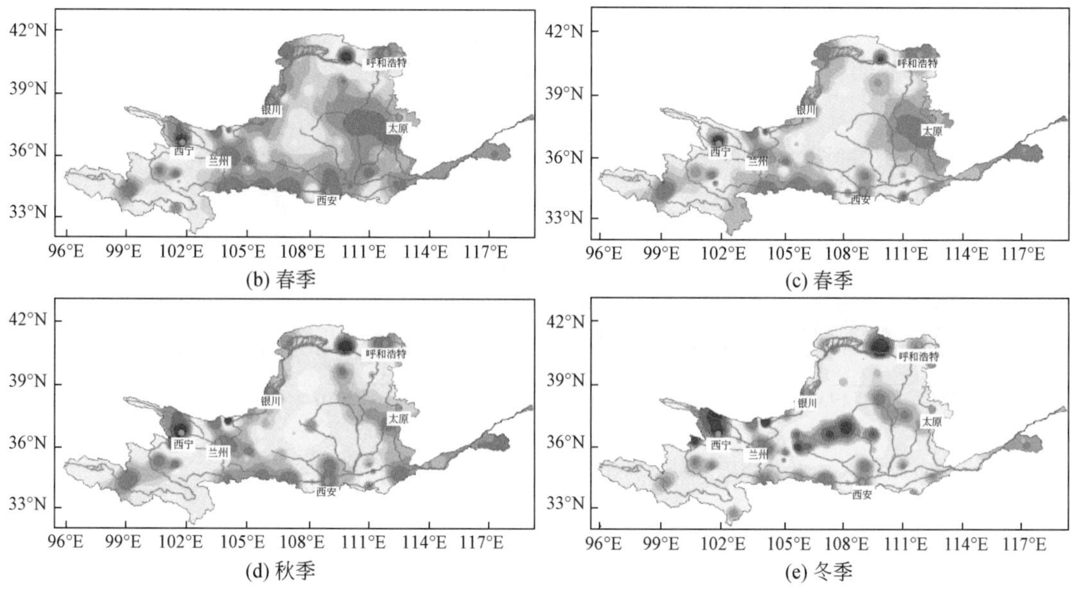

图 4-27　黄河流域实际蒸散发 M-K 变化趋势的空间分布

蒸散发下降的区域位于中下游沿河网分布的区域，上游及河网分布相对稀疏的中游区域实际蒸散发变化趋势不明显或存在斑块状的下降区域。春夏季节实际蒸散发下降的区域面积相对较大，秋冬季节呈现增加趋势的区域面积相对较大。

4.3.6　塔里木河流域

(1) 时间变化

塔里木河流域实际蒸散发 ET_a的计算结果如下，多年平均 ET_a为 278.0mm/a。其中，秋季最高，多年平均值为 101.3mm；夏季次之，多年平均值为 69.2mm，冬季多年平均值为 68.7mm，也出于相对较高的水平（略低于夏季），春季 ET_a最低，多年平均值为 38.8mm。塔里木河流域年总及各季节 ET_a都呈现上升趋势，年总 ET_a的上升趋势为 12.9mm/10a。其中，秋季贡献的上升量最大，升幅为 5.9mm/10a；其次为夏季，升幅为 3.4mm/10a；春冬季节塔里木河流域 ET_a的升幅较小，分别为 1.3mm/10a 和 1.8mm/10a（图 4-28）。

塔里木河流域年代际尺度上的年均和四季 ET_a及其变化情况列于表 4-17 中。从季节上看，春季 ET_a呈现减—增—减的波动变化，20 世纪 70 年代较之 60 年代有 10% 的减少，而 80 年代和 90 年代春季 ET_a都有较大幅度的增加，至 21 世纪 00 年代又有较大幅度的下降。夏季 ET_a 呈现先增后降的变化，20 世纪 80 年代和 90 年代较之上一年代都有较大幅度的增加，特别是 90 年代，增幅达 41%。21 世纪 00 年代，夏季 ET_a 呈现显著下降，降幅为 39%；秋季，塔里木河流域 ET_a各年代变化特点与夏季基本类似，但幅度略小于夏季；冬季，20 世纪 90 年代之前，各年代 ET_a都呈现增加趋势，并且增幅越来越大，至 21 世纪 00 年代，冬季 ET_a又有所下降。从年均 ET_a来看，20 世纪 60 ~ 70 年代，塔里木河流域 ET_a变

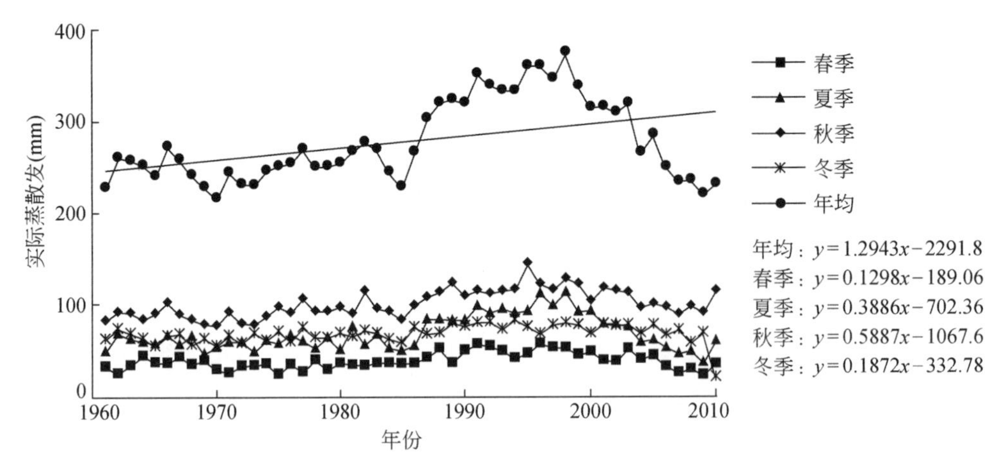

图 4-28　塔里木河流域实际蒸散发的年际及季节变化

化不大，20 世纪 80 ~ 90 年代，塔里木河流域 ET_a 有较大幅度增加，至 21 世纪 00 年代又出现较大幅度减小。结合图 4-29 来看，塔里木河流域 ET_a 总体呈现先增后降的趋势，1998 年之前的增加趋势和 1998 年之后的减小趋势都非常明显。

表 4-17　塔里木河流域实际蒸散发（ET_a）的年代际变化

年代	春季 ET_a (mm)	变幅 (%)	夏季 ET_a (mm)	变幅 (%)	秋季 ET_a (mm)	变幅 (%)	冬季 ET_a (mm)	变幅 (%)	年均 ET_a (mm)	变幅 (%)
20 世纪 60 年代	35.7	—	59.3	—	87.5	—	63.7	—	246.1	—
20 世纪 70 年代	32.1	-10	58.7	-1	91.9	5	66.1	4	248.8	1
20 世纪 80 年代	39.5	23	69.6	19	103.3	12	69.9	6	282.4	13
20 世纪 90 年代	50.8	29	98.2	41	119.8	16	76.8	10	345.6	22
21 世纪 00 年代	36.0	-29	60.3	-39	103.7	-13	66.9	-13	266.9	-23
平均	38.8	3	69.2	5	101.3	5	68.7	2	278.0	4

(2) 空间变化

塔里木河流域 1961 ~ 2010 年 ET_a 年均分布情况、四季空间分布情况如图 4-29 所示。

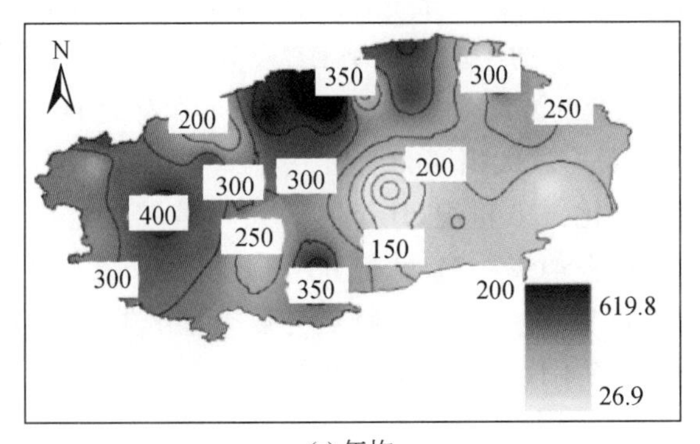

(a) 年均

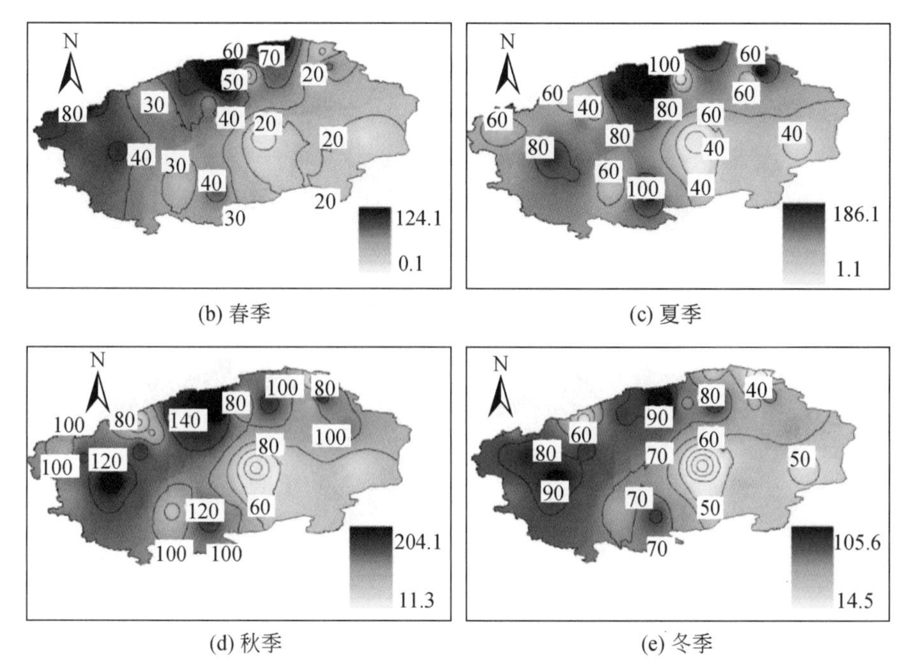

(b) 春季　　(c) 夏季

(d) 秋季　　(e) 冬季

图 4-29　塔里木河流域年均 ET_a 与四季 ET_a 的空间分布（mm）

可以看出，塔里木河流域年均 ET_a 及四季 ET_a 的空间分布格局基本一致，表现在流域北部（天山南麓）和流域西部及西南部 ET_a 较高，流域中部及东南部 ET_a 较低，围绕流域中部的塔克拉玛干沙漠腹地，ET_a 等值线呈环状分布。在流域北部的天山南麓地区，往往出现一至两处的高值中心。

从塔里木河流域实际蒸散发线性变化趋势的空间分布（图 4-30）可以看出，就年均 ET_a 及四季 ET_a 来看，塔里木河大多数地区都呈现 ET_a 增加的趋势。流域中部出现一条东南—西北走向的显著增加带，大范围地区的 ET_a 增加趋势甚至达到了 99.9% 的置信度。在该条带两侧，即塔里木河流域的西南及东北区域，ET_a 增加趋势的置信度略低，在流域北部及西部小范围的个别区域，ET_a 表现为不太明显的减小趋势。

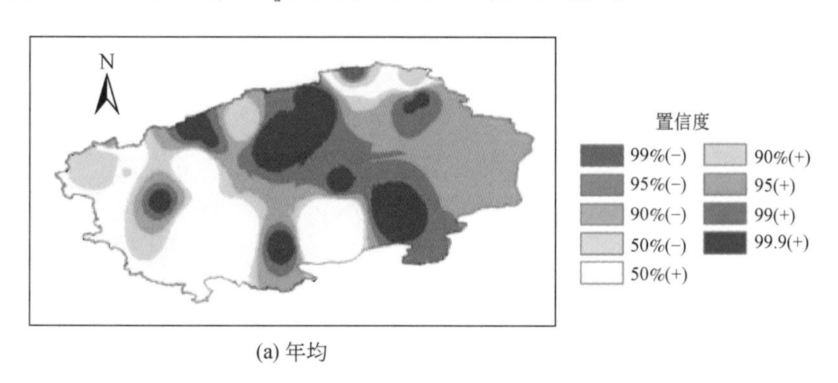

(a) 年均

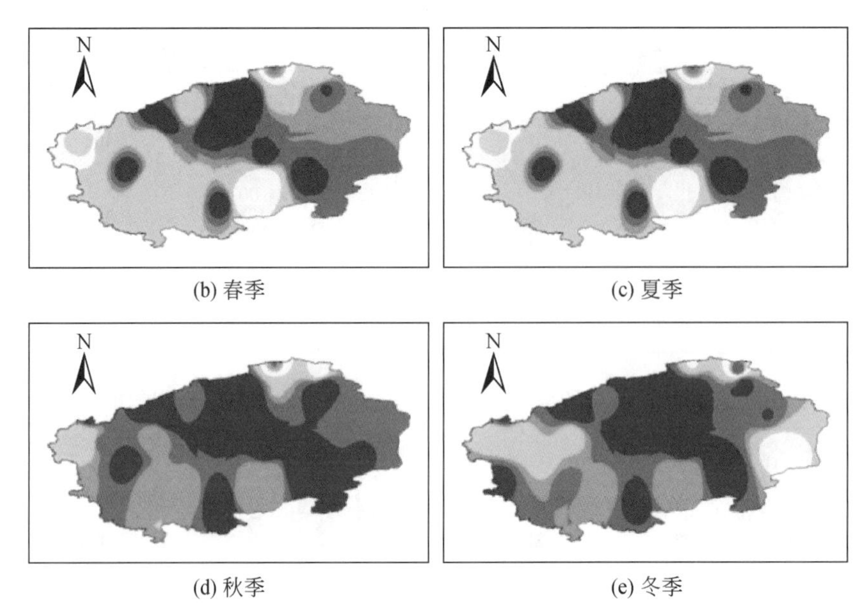

(b) 春季　　(c) 夏季

(d) 秋季　　(e) 冬季

图 4-30　塔里木河流域年均 ET_a 和四季 ET_a 线性变化趋势的空间分布

4.3.7　辽河、淮河、东南诸河及西南诸河等

辽河、淮河、东南诸河及西南诸河的计算结果如图 4-31 所示。可以看出除辽河流域年际 ET_a 具有一定程度的增加趋势外，淮河、东南诸河级西南诸河年际 ET_a 都具有不同程度的下降趋势。限于篇幅，本章不再一一细述。

空间上，本章汇总了十大流域分区的 ET_a 计算结果，绘制了年均 ET_a 和四季 ET_a 的空间分布（图 4-32）。从总体来看，ET_a 基本呈现由东南向西北递减的特征，最高值一般出现在海南岛和云南南部地区，最低值一般出现在内蒙古西部和新疆的沙漠地区。

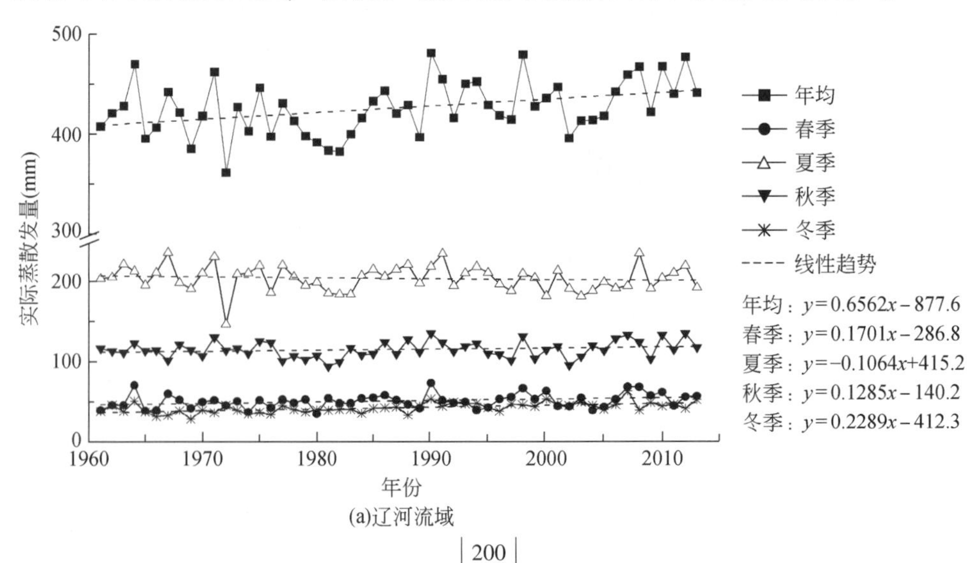

(a)辽河流域

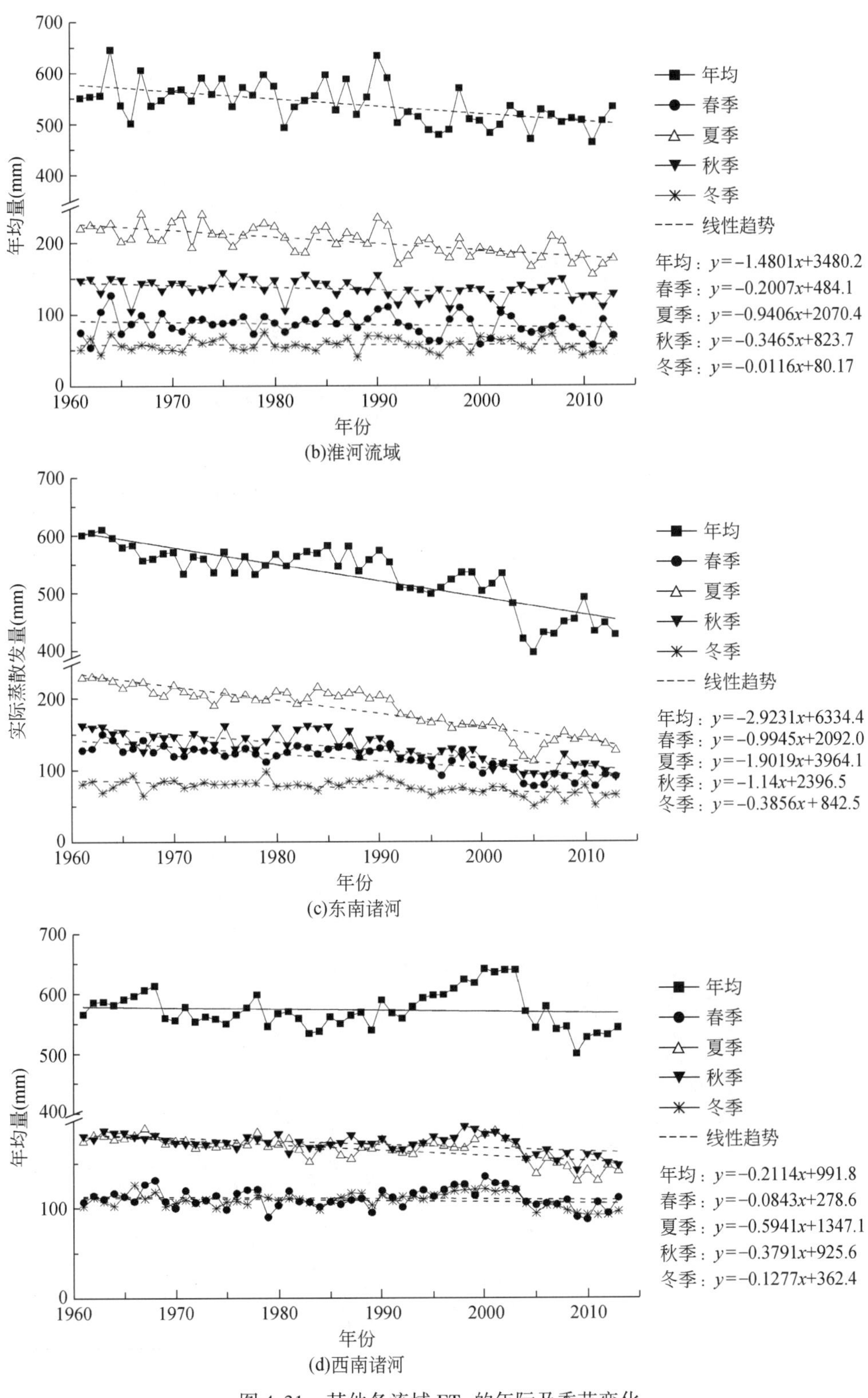

图 4-31　其他各流域 ET_a 的年际及季节变化

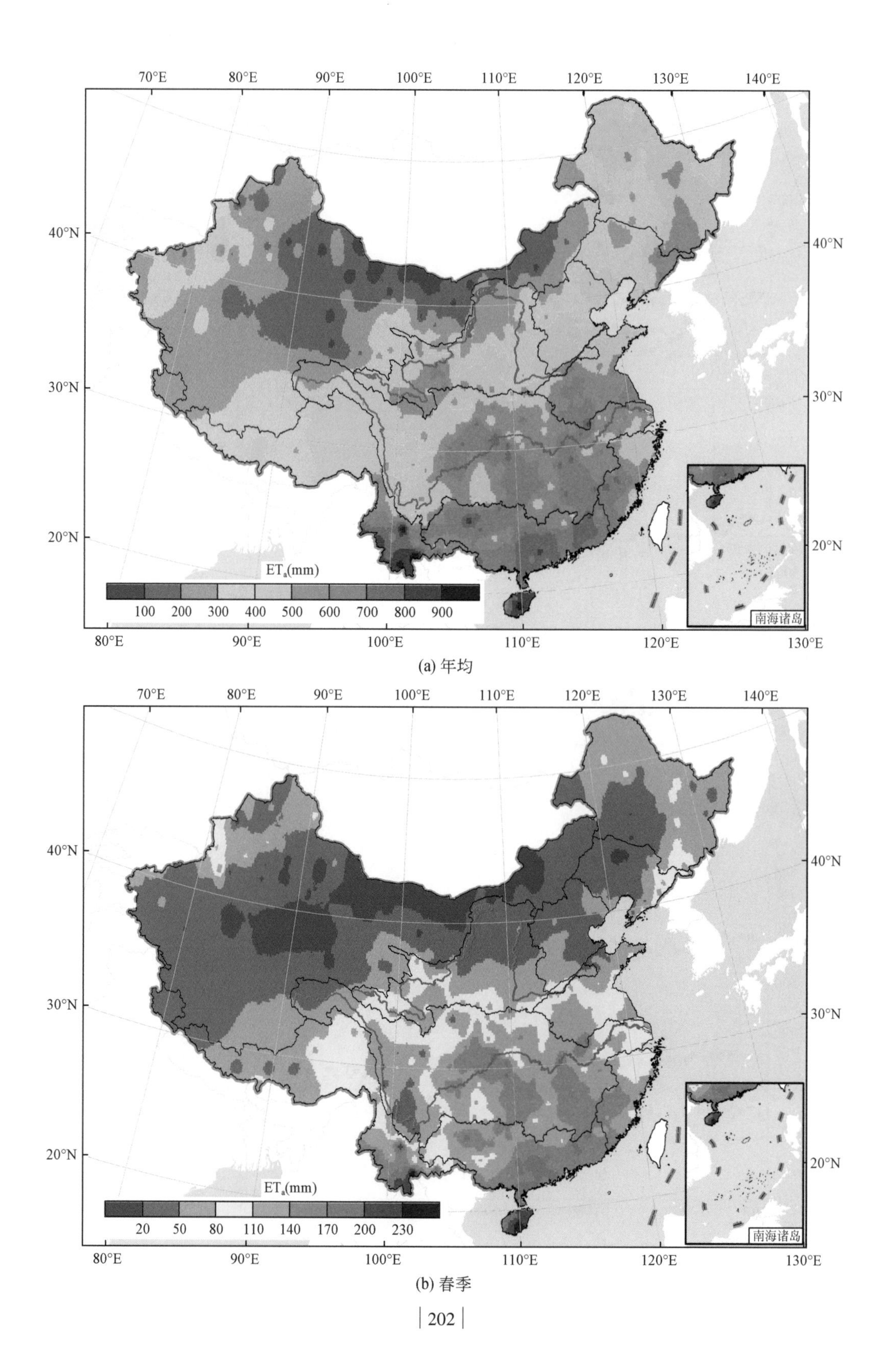
70°E
80°E
90°E
100°E
110°E
120°E
130°E
140°E
40°N
30°N
20°N
ET_a(mm)
100 200 300 400 500 600 700 800 900
南海诸岛
80°E
90°E
100°E
110°E
120°E
130°E
70°E
80°E
90°E
100°E
110°E
120°E
130°E
140°E
40°N
30°N
20°N
ET_a(mm)
20 50 80 110 140 170 200 230
南海诸岛
80°E
90°E
100°E
110°E
120°E
130°E

(a) 年均

(b) 春季

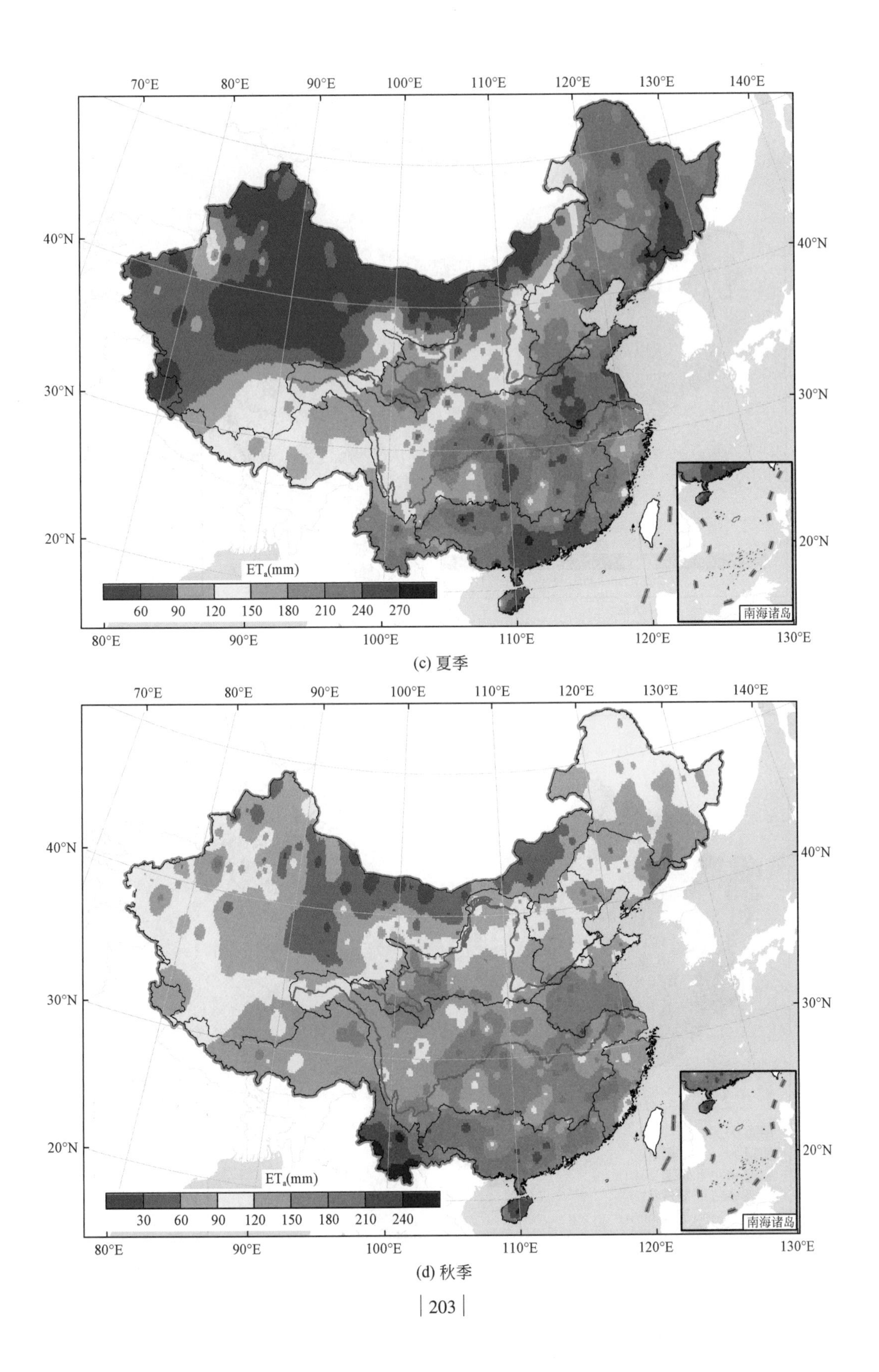
70°E
80°E
90°E
100°E
110°E
120°E
130°E
140°E
40°N
30°N
20°N
ETa(mm)
60 90 120 150 180 210 240 270
南海诸岛
80°E
90°E
100°E
110°E
120°E
130°E
ETa(mm)
30 60 90 120 150 180 210 240
南海诸岛

(c) 夏季

(d) 秋季

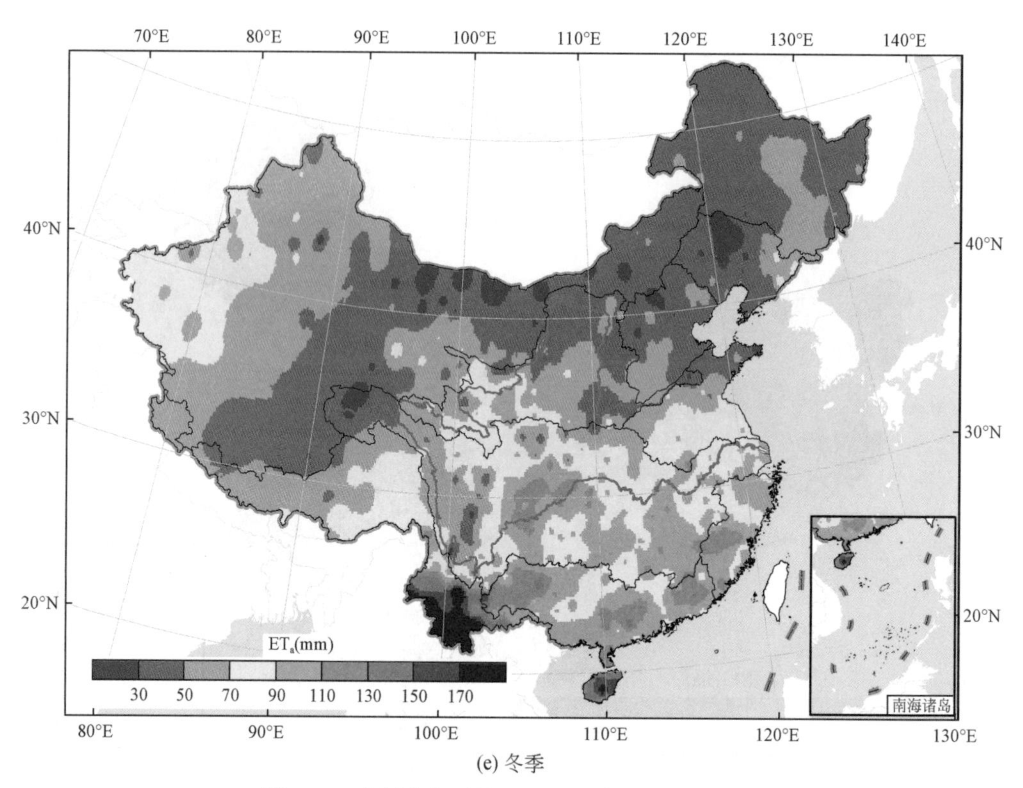

(e) 冬季

图 4-32　中国多年平均 ET_a 和四季 ET_a 空间分布

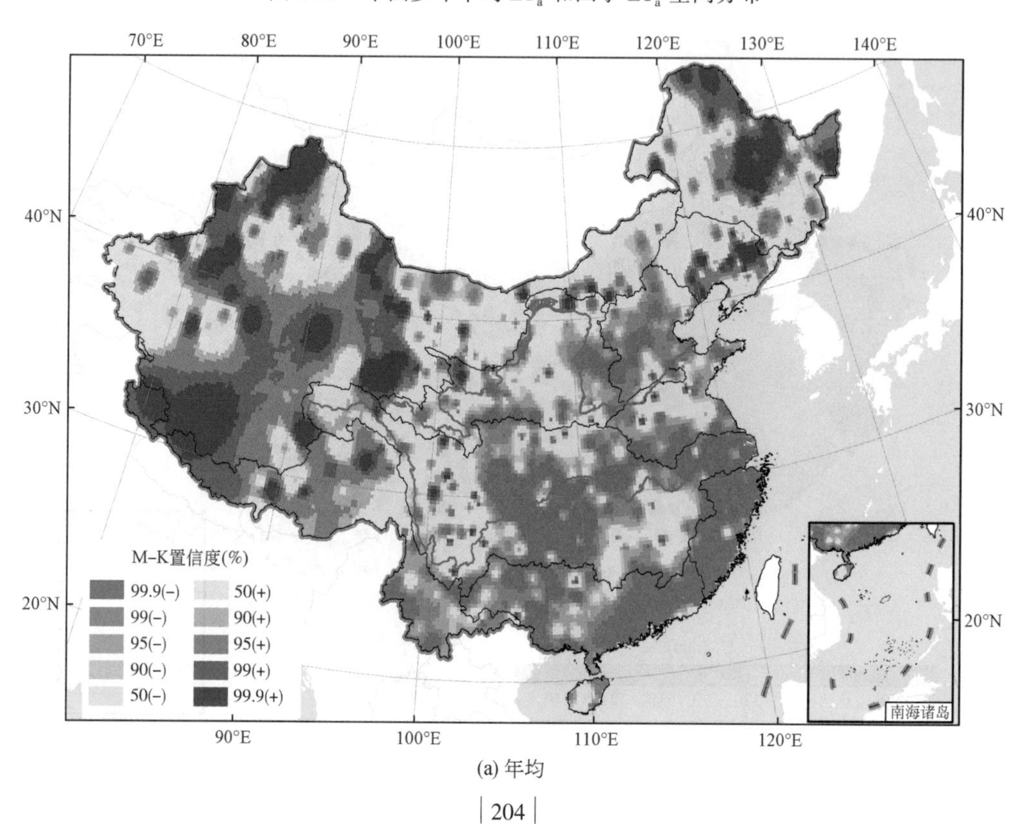

(a) 年均

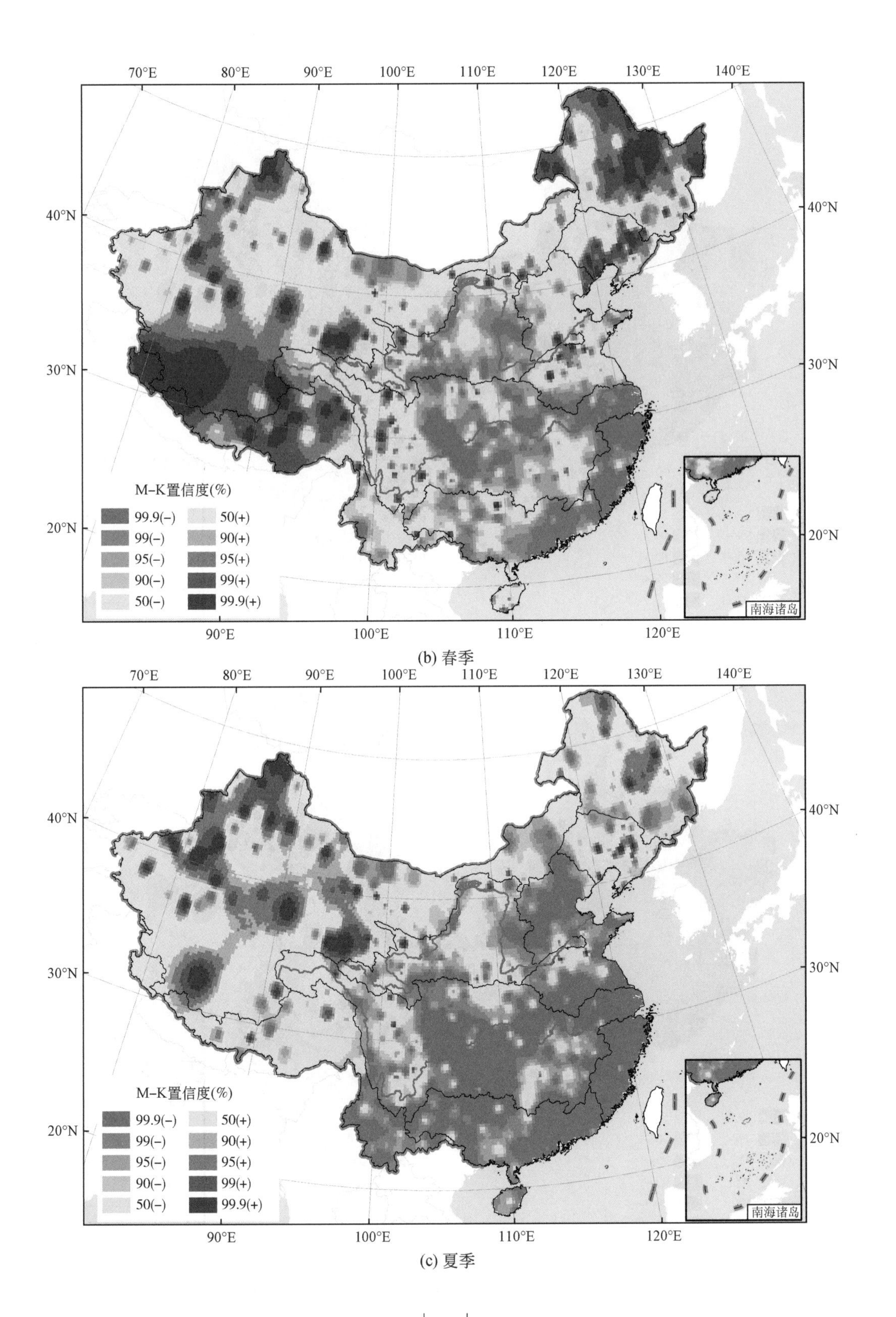

70°E
80°E
90°E
100°E
110°E
120°E
130°E
140°E
40°N
30°N
20°N
M-K置信度(%)
99.9(–)
99(–)
95(–)
90(–)
50(–)
50(+)
90(+)
95(+)
99(+)
99.9(+)
南海诸岛

(b) 春季

70°E
80°E
90°E
100°E
110°E
120°E
130°E
140°E
40°N
30°N
20°N
M-K置信度(%)
99.9(–)
99(–)
95(–)
90(–)
50(–)
50(+)
90(+)
95(+)
99(+)
99.9(+)
南海诸岛

(c) 夏季

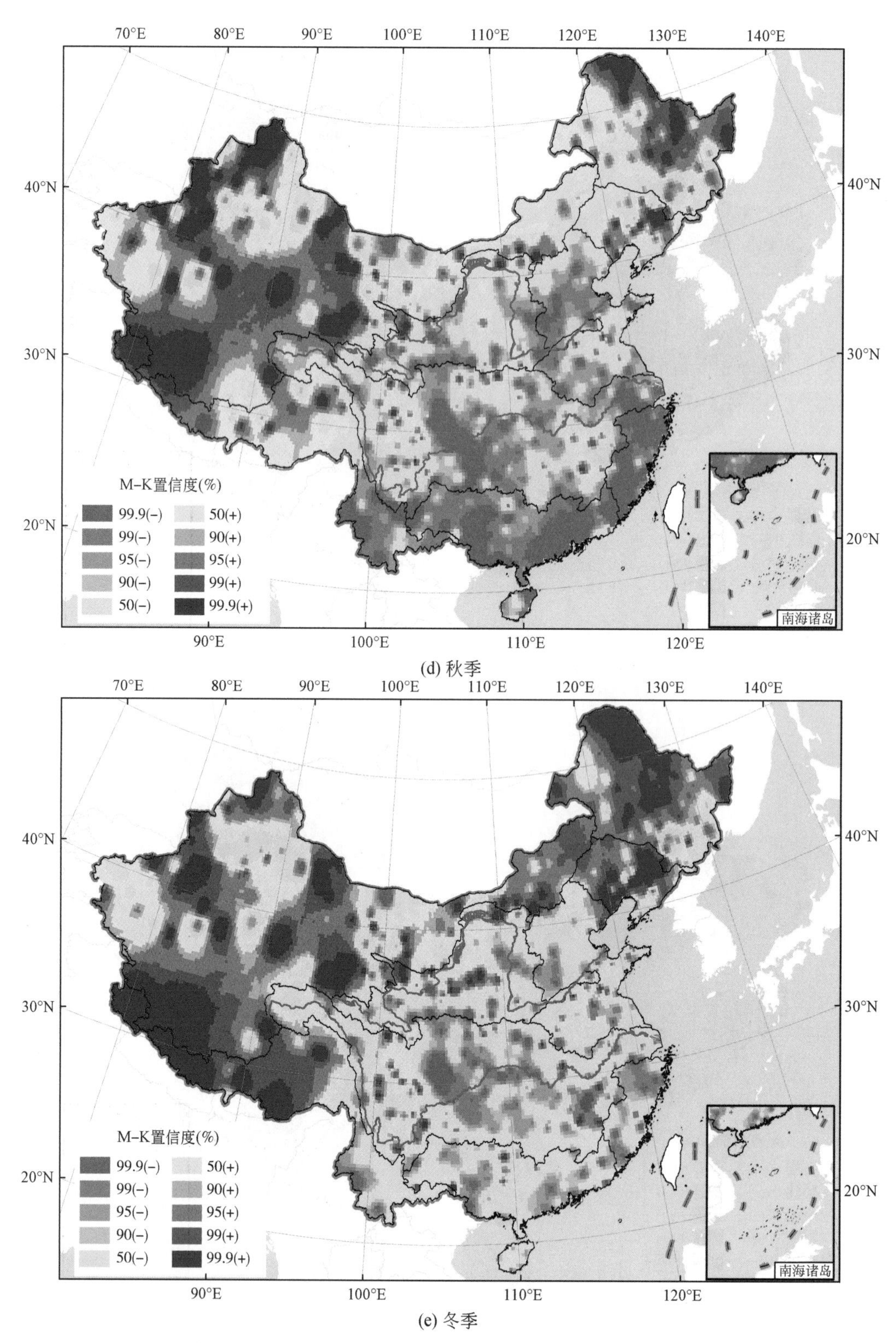

(d) 秋季

(e) 冬季

图 4-33　中国年均 ET_a 和四季 ET_a M-K 变化趋势的空间分布

中国 ET_a 变化趋势的空间分布如图 4-33 所示。从年实际变化上来看，西北和东北地区 ET_a 大都呈现显著的增加趋势，其他区域呈现显著的下降趋势。从季节上看，上述分布格局基本一致。不同的是，中国西北和东北地区 ET_a 增加的趋势在冬季更为明显，其他地区下降趋势在夏季更为明显。春秋季节，表现为东南区域 ET_a 呈现减小趋势的区域以及西北、东北区域 ET_a 呈现增加趋势的范围都有所缩小，而增加趋势不明显的区域范围明显增加。结合图 4-32，可以看出中国东南半部 ET_a 的高值区大都有减小的趋势，而西北、东北半部 ET_a 的低值区大都有增加的趋势，即 ET_a 的东南-西北区域差异呈现缩小的趋势。

4.3.8 典型流域之间比较

选取珠江、海河及塔里木河 3 个流域分别代表湿润地区、半湿润半干旱地区和干旱地区，比较不同气候区的实际蒸散发（ET_a）的变化差异。图 4-34 给出了 3 个典型流域多年年月尺度 ET_a 的比较。从月尺度 ET_a 变化的峰值和谷值来看，珠江流域和海河流域年内 ET_a 峰值一般都出现在每年的 8 月，谷值一般出现在每年的 1 月；塔里木河流域年内 ET_a 峰值和谷值则略靠后，峰值大都出现在 9 月，谷值则出现在 2 月。从前文统计结果可以看出，

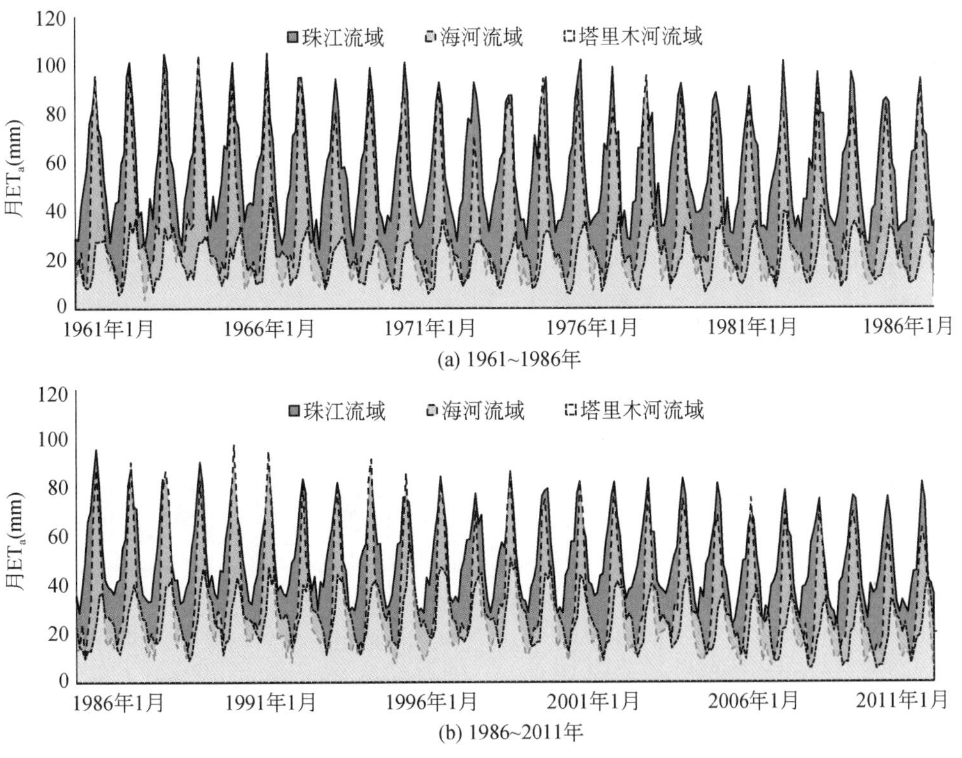

图 4-34 珠江、海河及塔里木河三流域年内 ET_a（月尺度）的差异

3 个流域年均 ET_a的大小如下，珠江流域>海河流域>塔里木河流域。从年内比较来看，珠江流域与海河流域年内夏秋季节（峰值前后）基本相等，两流域的差别主要在冬春季节，珠江流域冬春季节的 ET_a比海河流域要高很多；海河流域和塔里木河流域在冬春季节（谷值前后）ET_a相差基本不大，两流域的差别主要体现在夏秋季节。上述两个规律从季节尺度表现得更为明显（图 4-35）。从年内波动来看，海河流域 ET_a年内波动幅度最大，其次为珠江流域，塔里木河流域 ET_a年内波动相对较小。

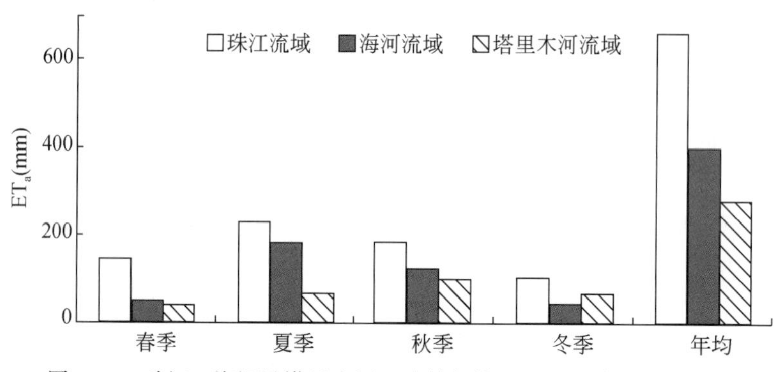

图 4-35　珠江、海河及塔里木河三流域年均 ET_a 和四季 ET_a 的比较

从时间变化趋势上来比较（图 4-36），春季珠江流域 ET_a相对较高，海河流域和塔里木河流域春季 ET_a较低，且差异不大。夏季 ET_a，珠江和海河流域变幅差异不大，都要明显大于塔里木河流域；秋季 ET_a，珠江流域变幅要大于海河和塔里木河流域，而后两者的变幅差异不大；冬季 ET_a三流域的变化幅度差异不大。全年 ET_a，三流域差异的特点基本与秋季 ET_a的差异一致［图 4-36（a）］。从变幅百分率（变幅/多年均值）来看，由于塔里木河流域年及四季平均 ET_a的绝对值较小，计算的相对变化幅度要大于珠江和海河流域［图 4-36（b）］。

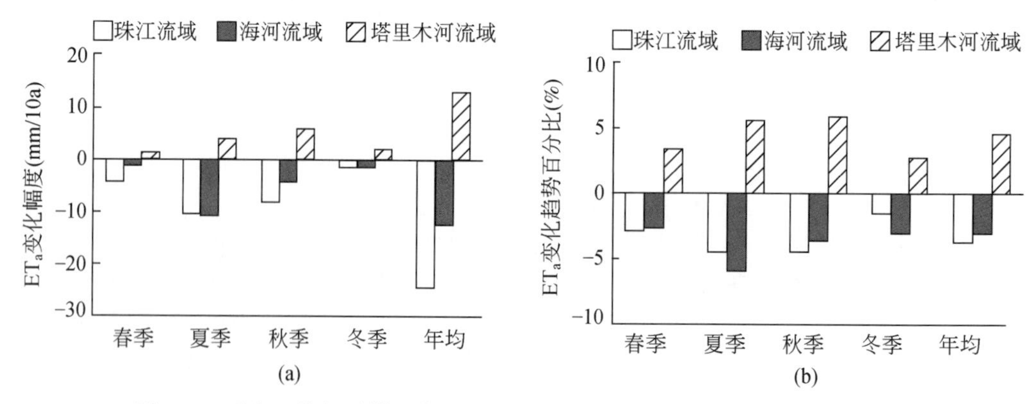

图 4-36　珠江、海河及塔里木河三流域年均 ET_a 及四季 ET_a 变化趋势的比较

4.4　实际蒸散发时空变异的原因分析

4.4.1　造成实际蒸散发时空变异的来源

根据蒸散发互补相关理论，下垫面供水条件变化下，实际蒸散发与潜在蒸散发呈现互补关系，因此实际蒸散发的时空变异原因可借助于潜在蒸散发和湿润环境蒸散发的时空变化来分析。根据实际蒸散发平流-干旱模型（AA 模型），可进一步归结为辐射能量项 $\frac{\Delta}{\Delta+\gamma}(R_n-G)$ 和空气动力学项 $\frac{\gamma}{\Delta+\gamma}E_a$ 的时空变异导致了实际蒸散发的时空变异。从 AA 模型的表达式看，辐射能量项与 ET_p、ET_w 及 ET_a的时间变化都呈正相关关系，空气动力学项与 ET_p呈正相关关系而与 ET_a呈负相关关系。另外，不同子流域 α 取值差异也可能对实际蒸散发的空间变化产生影响，但由于在 AA 模型中，α 被认为是一经验常数，退演至模型率定过程可知，ET_a的空间变化与下垫面供水状况有关（以降水量刻画）。表 4-18 归纳了可能影响 ET_a时空变化的主要气象和地理要素。相对于气象要素来说，地理要素（经纬度及海拔高度）是不变的，对 ET_a的影响可以通过气象要素的空间分布来反映。对实际蒸散发的辐射能量项及空气动力学项在年际和季节尺度上与主要气象要素进行敏感性分析和相关分析，同时根据气象要素的时间变化趋势，寻找导致实际蒸散发时空变化的主要因子。

表 4-18　导致 ET_a 时空变化的来源

名称	表达式	引起 ET_a 时空变化的气象或地理要素
辐射能量项	$\frac{\Delta}{\Delta+\gamma}(R_n-G)$	（1）饱和水汽压斜率（Δ）：平均温度（T_{mean}） （2）干湿表系数（γ）：气压(P) （3）净辐射（R_n）：最高、最低温度（T_{max}、T_{min}）、实际水汽压（e_a）、日照时数（Sunhour）、纬度（φ）、海拔（Alt）
空气动力学项	$\frac{\gamma}{\Delta+\gamma}E_a$	（1）饱和水汽压斜率（Δ）、干湿表系数（γ）同上 （2）干燥力（E_a）：风速（u_2）、平均温度（T_{mean}）、实际水汽压（e_a）
α 取值	$ET_a=P-Run$	降水量（P）

4.4.2　实际蒸散发对气象要素的敏感性

（1）珠江流域

采用前文给出的敏感性分析方法，计算并绘制了月和季节尺度 ET_a对平均气温、日最高及最低气温、平均风速、日照时数等 7 个气象要素变化的响应曲线（图 4-38）。平均气温变化 [图 4-37（a），（b）]，月和季节尺度上，若平均气温给定-20%、-15%、-10%、-5%、5%、10%、15%及 20%的变化，则 ET_a呈现先增后降的变化，这种特点在夏秋春季各月体现的较为明显，在冬季则主要体现为下降的变化。从各条曲线变幅来看，同样是夏秋春季节及各月 ET_a 对平均气温的变化，日最高气温及日最低气温变化［图 4-37（c）～（f）］，四季 ET_a 及各月 ET_a 对日最高气温及日最低气温变化的响应规律是，ET_a 随着日最高气温和日最低气温的增加而下降，这一特点与 ET_a 对平均气温的响应是相似的，但响应幅度要平缓一些。平均风速变化［图 4-37（g），（h）］：四季 ET_a 和月尺度 ET_a 对平均风速的增加的响应同气温要素类似，也是下降的，响应幅度较之对最低最高气温的响应幅度还要更小一些。日照时数变化［图 4-38（i），（j）］，四季 ET_a 和月尺度 ET_a 对日照时数的响应与对前几项要素的响应明显不同，随着日照时数的增加，四季 ET_a 和月尺度 ET_a 呈现明显的增加趋势。响应曲线随日照时数变幅的变化非常平稳，几乎为一直线。平均大气压变化［图 4-37（k），（l）］，四季 ET_a 和月尺度 ET_a 对平均大气压增加呈现下降的响应特点，响应幅度也较大，明显大于对日最高气温、日最低气温及平均风速的响应幅度。实际水汽压［图 4-37（m），（n）］：四季 ET_a 和月尺度 ET_a 随实际水汽压的增加呈现明显的增加趋势，ET_a 增幅要高于对平均大气压的响应。

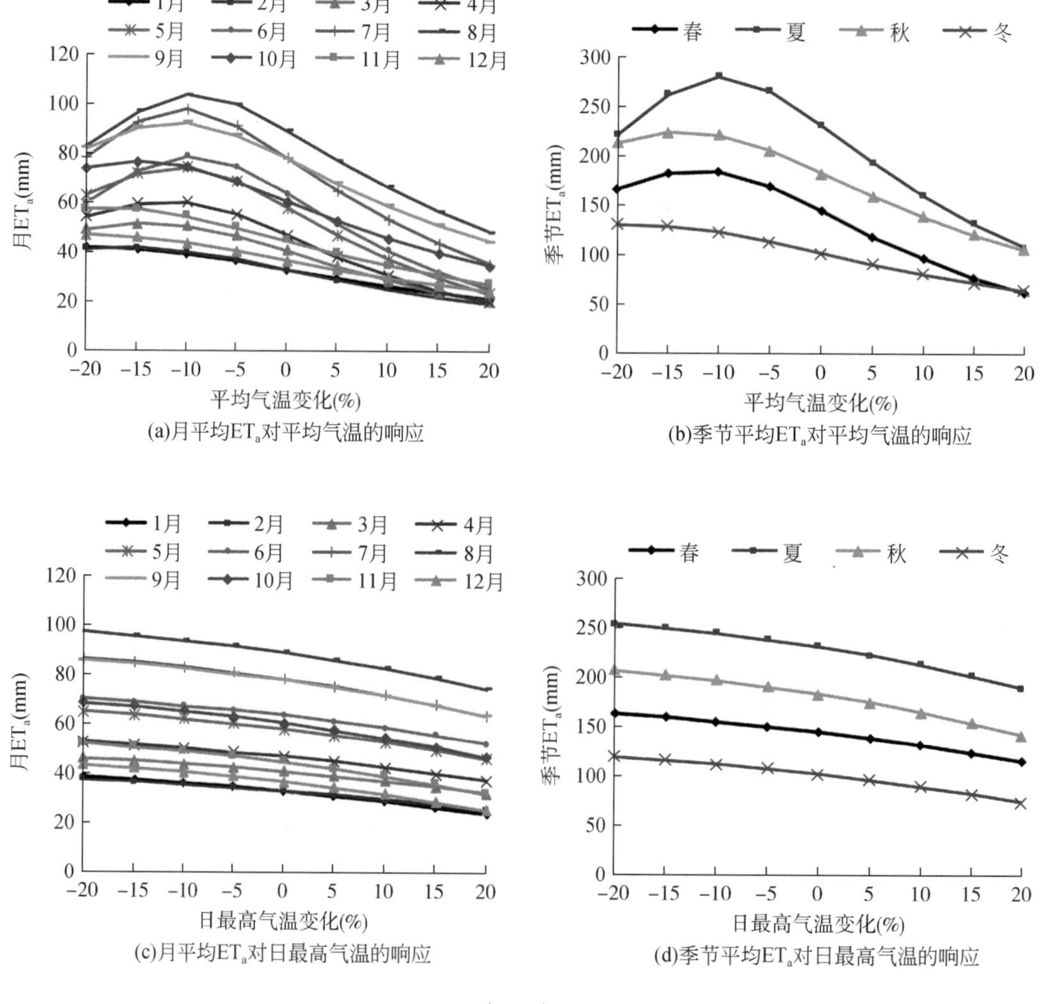

(a)月平均ET_a对平均气温的响应

(b)季节平均ET_a对平均气温的响应

(c)月平均ET_a对日最高气温的响应

(d)季节平均ET_a对日最高气温的响应

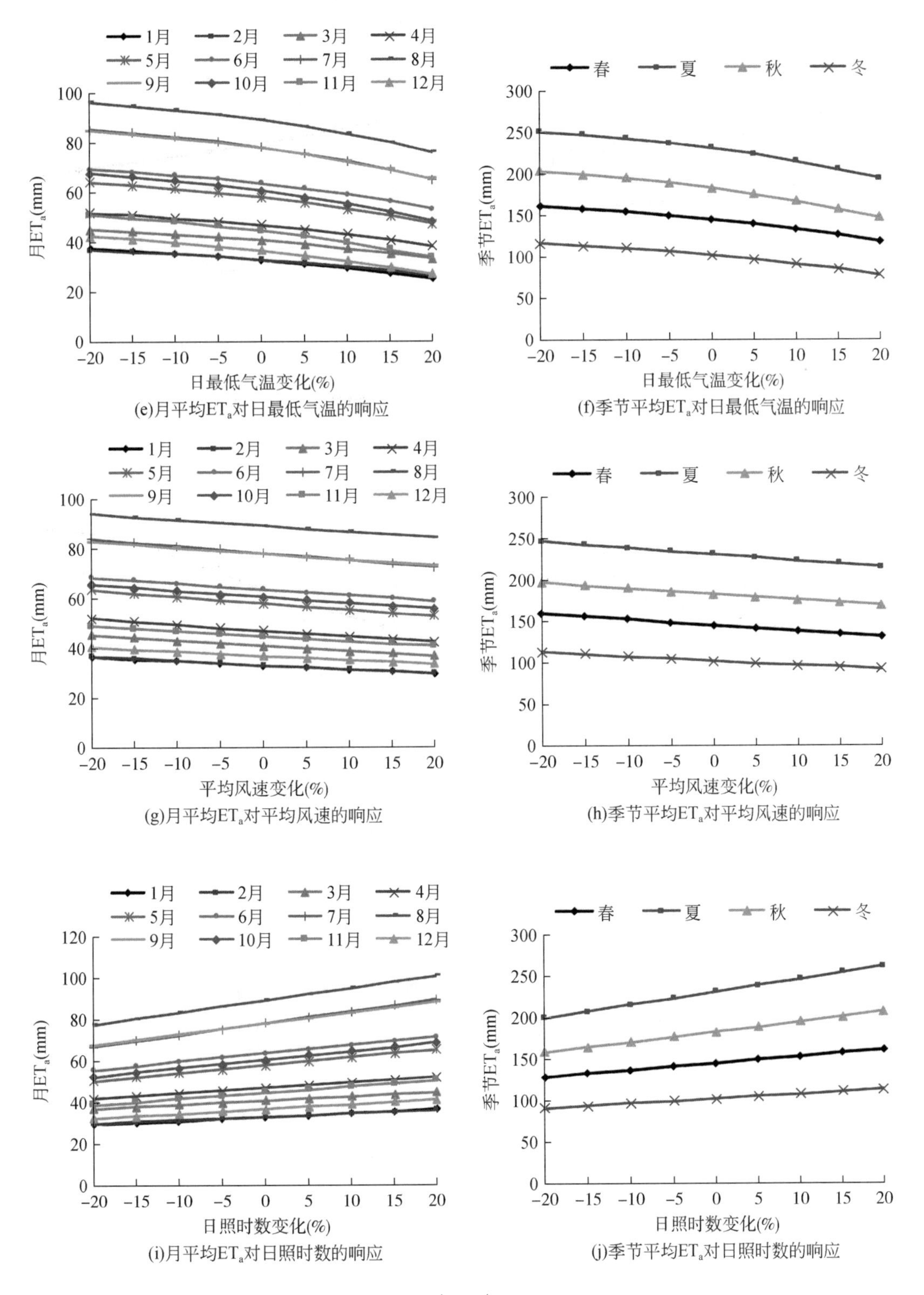

(e)月平均ET_a对日最低气温的响应

(f)季节平均ET_a对日最低气温的响应

(g)月平均ET_a对平均风速的响应

(h)季节平均ET_a对平均风速的响应

(i)月平均ET_a对日照时数的响应

(j)季节平均ET_a对日照时数的响应

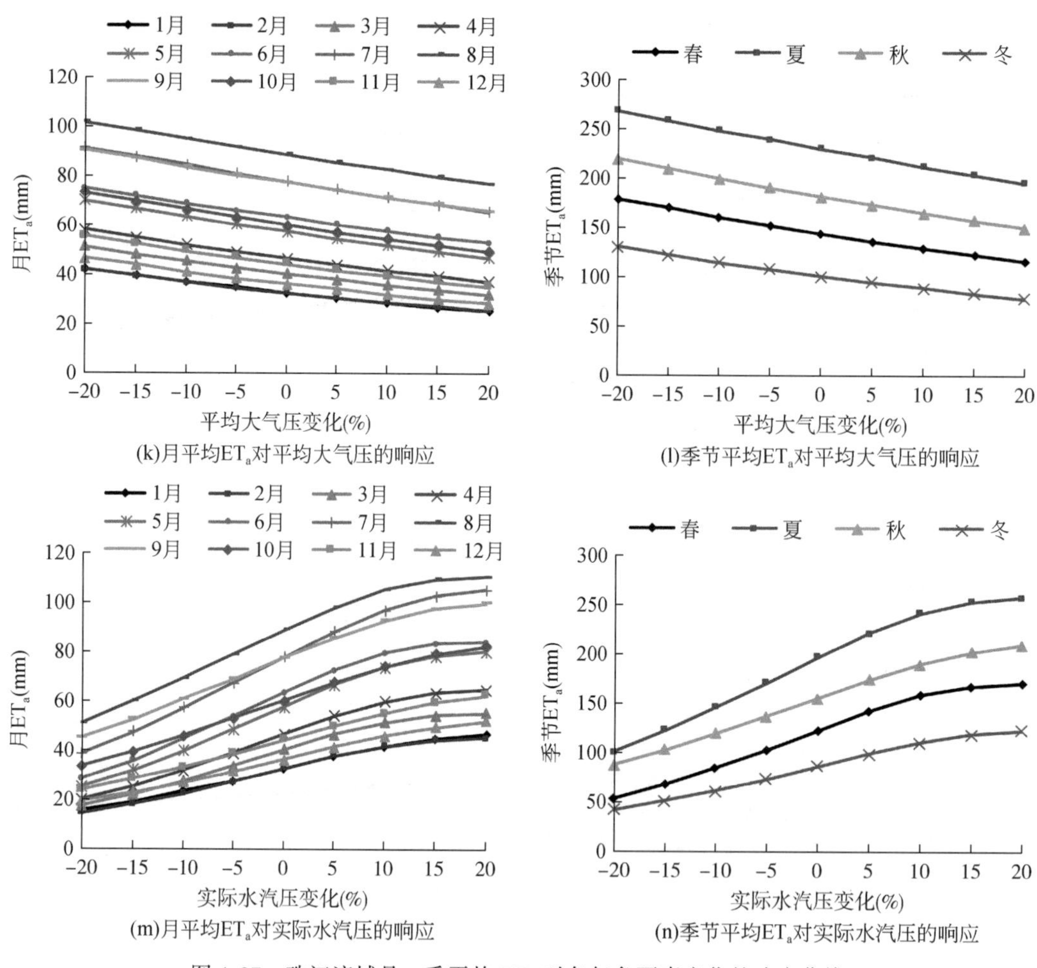

(k)月平均ET_a对平均大气压的响应

(l)季节平均ET_a对平均大气压的响应

(m)月平均ET_a对实际水汽压的响应

(n)季节平均ET_a对实际水汽压的响应

图 4-37 珠江流域月、季平均 ET_a 对各气象要素变化的响应曲线

图 4-38 给出了年和季节尺度 ET_a对 7 个气象要素的敏感性系数，可以看出珠江流域年

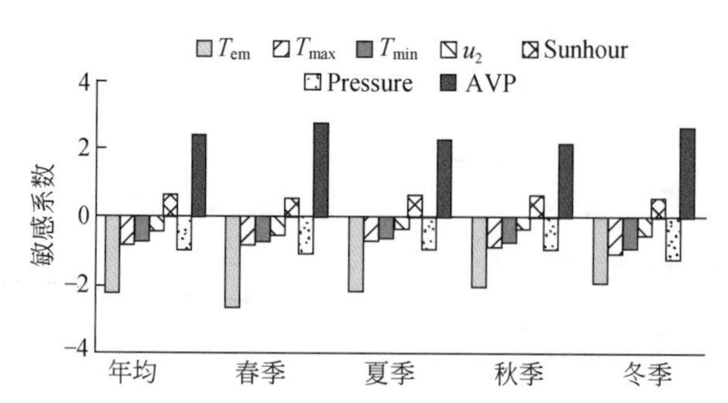

图 4-38 珠江流域年、季节 ET_a 对各气象要素的敏感性系数

注：T_{em}表示平均气温；T_{max}表示最高气温；T_{min}表示最低气温；u_2 表示平均风速；Sunhour 表示日照时数；Pressure 表示平均大气压；AVP 表示平均实际水汽压；后同

及四季 ET_a 对各气象要素的敏感性差异是一致的，由此可以给出珠江流域 ET_a 对不同气象要素的敏感度排序：实际水汽压（正）>平均气温（负）>平均大气压（负）>最高、最低气温>日照时数>平均风速。

（2）海河流域

根据海河流域月和季节尺度 ET_a 对平均气温、最高及最低气温、风速、日照时数等7个气象要素变化的响应曲线（图略），可以看出海河 ET_a 对各气象要素变化的响应曲线在形态上与珠江流域有诸多相似之处，在此不再赘述。

海河流域年和季节尺度 ET_a 对7个气象要素的敏感系数如图4-39所示，可以看出海河流域年及四季 ET_a 对各气象要素的敏感性差异基本是一致的，由此可以给出珠江流域 ET_a 对不同气象要素的敏感度排序：实际水汽压（正）>平均大气压（负）>平均、最高、最低气温>日照时数>平均风速。对照珠江流域的结果（图4-39），可以看出，海河流域对最高、最低气温、平均风速、日照时数平均大气压等气象要素的敏感性要明显高于珠江流域，而对平均气温的敏感性要略低于珠江流域。

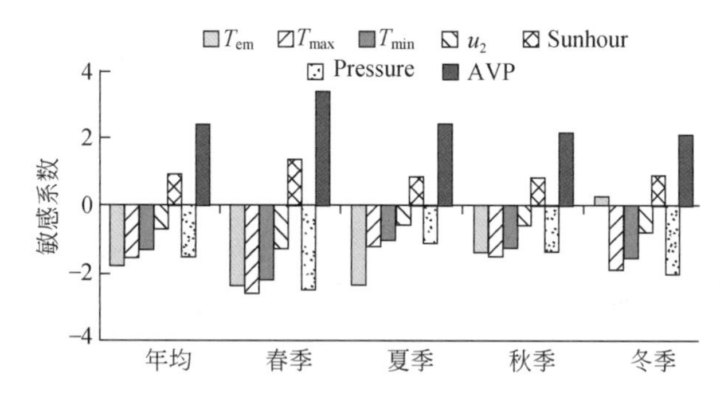

图4-39　海河流域年、季节 ET_a 对各气象要素的敏感性系数

（3）塔里木河流域

塔里木河流域月和季节尺度 ET_a 对平均气温、最高及最低气温、风速、日照时数等7个气象要素变化的响应曲线如图4-40所示。平均气温［图4-40（a），（b）］：夏季（6～8月）塔里木河流域 ET_a 对平均气温的响应非常明显，随着平均气温的升高，ET_a 呈现显著的下降趋势，下降幅度较之秋季（9～11月）及春季（3～5月）要显著很多，冬季（12月至翌年2月）ET_a 对气温升高的响应是略有增加，但响应幅度非常小。最高、最低气温［图4-40（c）～（f）］：塔里木河流域 ET_a 对最高、最低气温增加的响应要更明显于对平均气温的响应，下降幅度随最高最低气温的升高呈增大趋势。平均风速［图4-40（g），（h）］：塔里木河流域 ET_a 对平均风速增加的响应特点是略有下降，但下降幅度不大，且有减缓趋势。日照时数［图4-40（i），（j）］：塔里木河流域 ET_a 随日照时数的增加而增加，各月及各季节 ET_a 对日照时数响应的幅度差异基本不大。平均大气压［图4-40（k），（l）］：塔里木河流域 ET_a 随平均大气压的增加而呈现减小趋势，减小幅度逐渐平缓。实际水汽压［图4-40（m），（n）］：塔里木河流域 ET_a 随平均大气压的增加而呈现增加趋势，增加幅度变化不大。

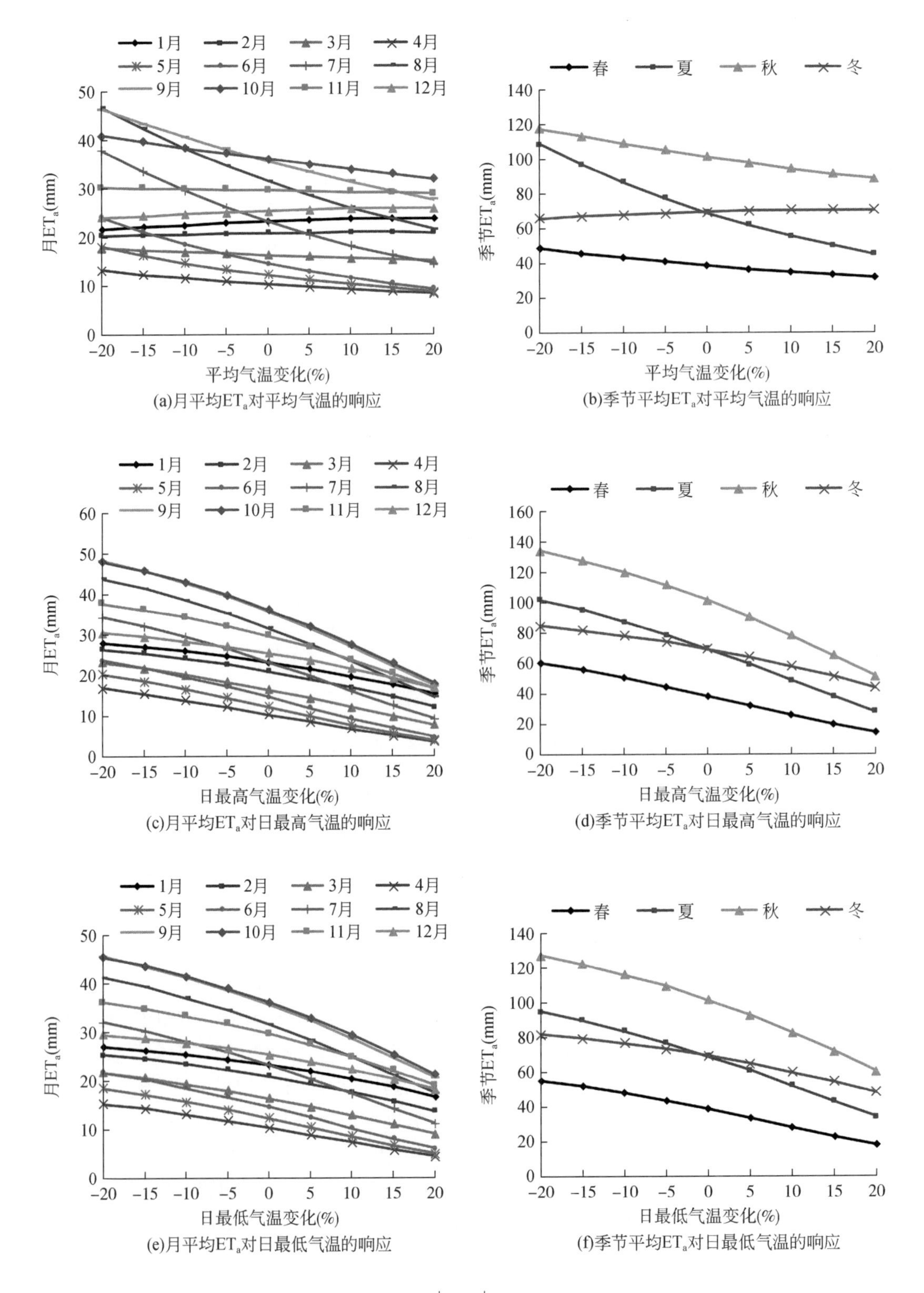

(a)月平均ET_a对平均气温的响应

(b)季节平均ET_a对平均气温的响应

(c)月平均ET_a对日最高气温的响应

(d)季节平均ET_a对日最高气温的响应

(e)月平均ET_a对日最低气温的响应

(f)季节平均ET_a对日最低气温的响应

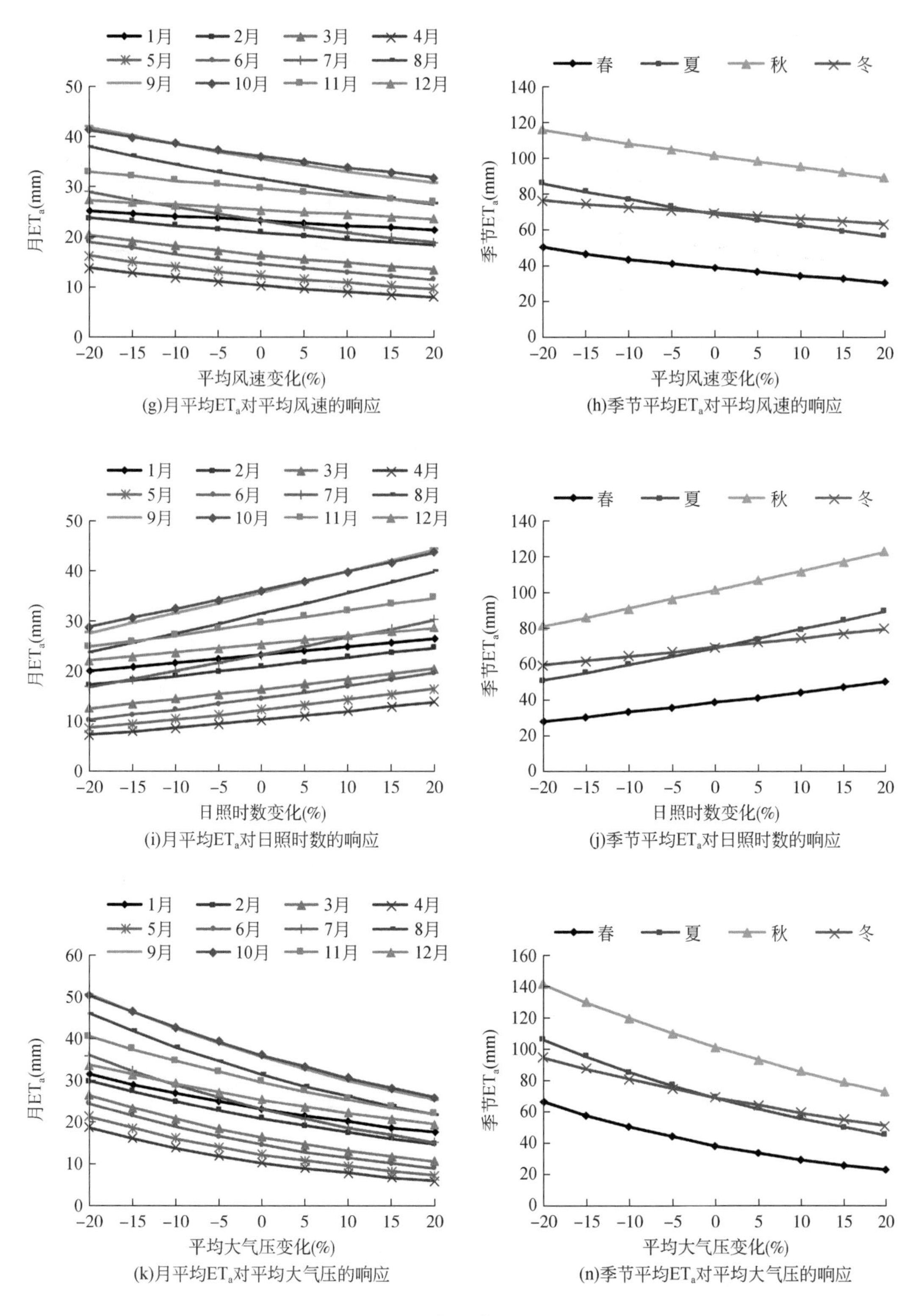

(g)月平均ET_a对平均风速的响应

(h)季节平均ET_a对平均风速的响应

(i)月平均ET_a对日照时数的响应

(j)季节平均ET_a对日照时数的响应

(k)月平均ET_a对平均大气压的响应

(n)季节平均ET_a对平均大气压的响应

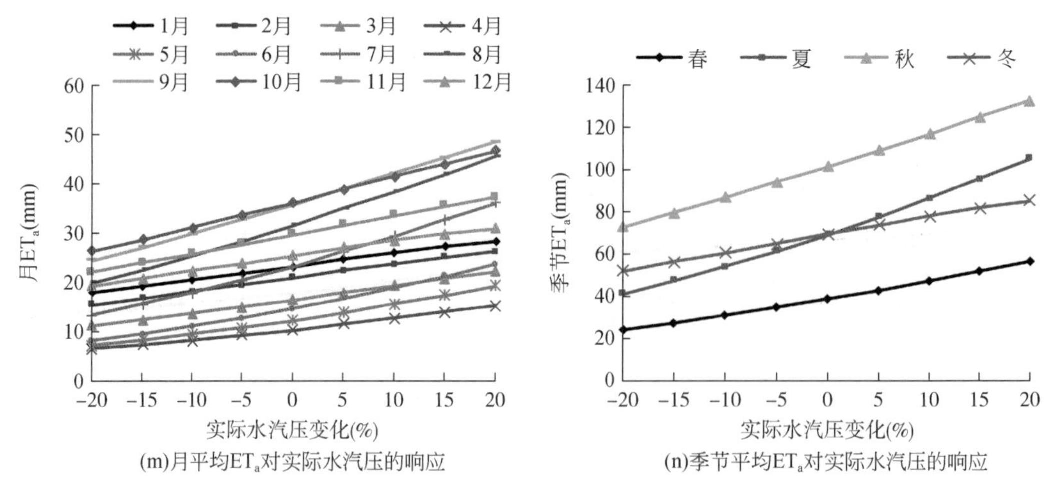

图 4-40　塔里木河流域月、季节 ET_a 对各气象要素变化的响应曲线

图 4-41 给出了塔里木河流域年和季节尺度 ET_a对 7 个气象要素的敏感系数，可以看出塔里木河流域 ET_a对气温、最高、最低气温、平均大气压、日照时数以及实际水汽的敏感系数都处在较高水平，特别是春夏季节，ET_a对多数气象要素的敏感系数绝对值达到 2.0 以上，表明若给定相应的气象要素增加 5%，则 ET_a的增减变化幅度将达到 10%。给出年尺度上塔里木河流域 ET_a对不同气象要素的敏感度排序：最高气温（负）>实际水汽压（正）>平均大气压（负）>最低气温（负）>日照时数（正）>平均气温（负）>平均风速。

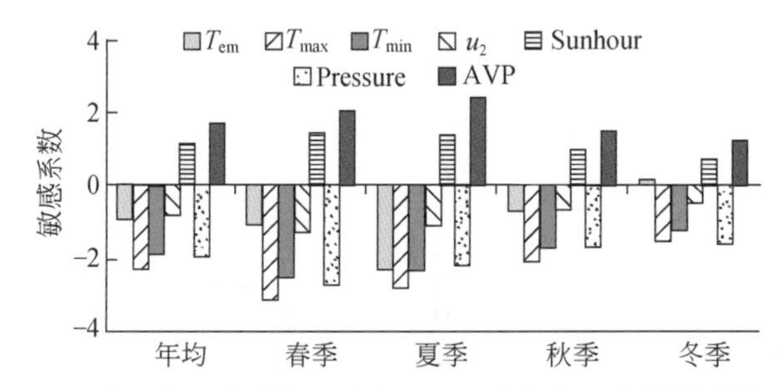

图 4-41　塔里木河流域年、季节 ET_a 对各气象要素的敏感性系数

4.4.3　实际蒸散发与主要气象要素的相关关系

(1) 珠江流域

根据前文的方法，表 4-19 给出了珠江流域主要气象要素与辐射能量项及空气动力学项的 Pearson 相关系数。由表 4-19 可以直观得出如下几条结论：①年尺度上与辐射能量项呈显著正相关的气象要素是气温日较差、日照时数，呈显著负相关的是最低温度和

大气压。与空气动力学项呈显著正相关的是平均气温、气温日较差，呈显著负相关的是实际水汽压。②春冬季气象要素与辐射能量项和空气动力学项的相关关系基本一致。除大气压和实际水汽压外（冬季还要排除最低气温），各要素均与辐射能量项和空气动力学项同时呈显著正相关。③夏秋季气象要素与辐射能量项和空气动力学项的相关关系基本一致。例如，最高气温、气温日较差和日照时数与辐射能量项呈显著正相关，而最低气温和大气压与之呈负相关（夏季通过显著性检验）；平均气温（夏季）、气温日较差及风速（夏季）与空气动力学项呈显著正相关，而实际水汽压与之呈显著负相关。表 4-19 还给出了年尺度及四季气象要素的时间变化趋势（即各要素与时间的 Pearson 相关系数）。可以看出，年尺度及四季，呈现升高趋势的气象要素有平均气温、最高最低气温、大气压，呈现下降趋势的有气温日较差、日照时数和风速，下降趋势或升高趋势的显著性水平各有差别。

表 4-19　珠江流域主要气象要素与实际蒸散发辐射能量项和空气动力学项的相关系数

时间尺度	项目	T_{mean}	T_{max}	T_{min}	T_{range}	P	e_a	日照时数	u_2	时间变化趋势
年尺度	辐射能量项	-0.238	0.085	-0.482**	0.794**	-0.422**	-0.112	0.922**	—	-0.728**
	空气动力学项	0.300*	0.523**	0.120	0.552**	-0.190	-0.439**	—	0.257	0.169
	时间变化趋势	0.607**	0.412**	0.722**	-0.447**	0.495**	-0.038	-0.586**	-0.697**	—
春季	辐射能量项	0.560**	0.709**	0.318*	0.853**	-0.344*	0.420**	0.957**	—	-0.543**
	空气动力学项	0.557**	0.683**	0.349*	0.763**	-0.329*	0.114	—	0.600**	-0.162
	时间变化趋势	0.181	0.057	0.353*	-0.379**	0.477**	-0.096	-0.459**	-0.756**	—
夏季	辐射能量项	0.041	0.291*	-0.362**	0.757**	-0.371**	-0.091	0.962**	—	-0.665**
	空气动力学项	0.757**	0.783**	0.556**	0.375**	0.058	-0.347*	—	0.443**	0.449**
	时间变化趋势	0.572**	0.380**	0.758**	-0.348*	0.478**	-0.086	-0.536**	0.051	—
秋季	辐射能量项	0.068	0.386**	-0.194	0.645**	-0.246	-0.038	0.851**	—	-0.502**
	空气动力学项	0.045	0.366**	-0.227	0.660**	0.110	-0.713**	—	0.187	0.342*
	时间变化趋势	0.469**	0.394**	0.444**	-0.060	0.488**	-0.148	-0.232	-0.353*	—
冬季	辐射能量项	0.490**	0.753**	0.224	0.833**	-0.114	0.266	0.882**	—	-0.241
	空气动力学项	-0.053	0.188	-0.232	0.604**	-0.260	-0.432**	—	0.286*	-0.136
	时间变化趋势	0.413**	0.250	0.521**	-0.338*	0.500**	0.213	-0.265	-0.691**	—

* 表示在 0.05 水平上显著相关，** 表示在 0.01 水平上显著相关。后同

（2）海河流域

根据前文的方法，表 4-20 给出了海河流域主要气象要素与辐射能量项及空气动力学项的 Pearson 相关系数。基本结论如下：①季节尺度上，冬季 ET_a 与平均气温表现为 90% 置信度水平的正相关，而夏季则表现为较强的负相关（置信度水平达到 99%）。春夏季的 ET_a 与最高气温表现为较强的负相关（置信度水平分别为 95% 和 99%），夏季 ET_a 与最低气温为负相关（置信度水平为 95%），而冬季 ET_a 与最低气温呈现正相关（置信度水平为

95%）；前文得出，ET_a日值与气温日较差无明显相关关系，但是从ET_a的季节值上看，四季ET_a值表现出与气温日较差不同程度的负相关关系。其中，春季、冬季ET_a与气温日较差的负相关关系都通过了置信度水平99%的显著性检验，秋季则通过置信度水平90%的显著性检验。春季和冬季ET_a保持与平均风速99%置信度水平的负相关，而夏秋季节ET_a与平均风速相关性不明显。四季ET_a保持与相对湿度的较强正相关（置信度水平99%）。春季及冬季ET_a与日照时数呈较强负相关（置信度水平99%），而夏季呈现较强正相关（置信度水平99%）；春季、秋季、冬季ET_a与平均云量呈正相关（置信度水平分别为99%、95%、95%）。春季ET_a与大气压呈现置信度水平95%的正相关，夏季ET_a则与大气压呈现置信度水平99%的负相关，秋冬季ET_a与大气压相关不明显。四季ET_a与水汽压都保持较强的正相关关系。②年尺度上，海河流域年ET_a与相对湿度、水汽压表现较强正相关（置信度水平99%），而与最高气温、大气压表现强负相关（置信度水平95%），与平均气温表现负相关（置信度水平90%），与最低气温、气温日较差呈现弱负相关（未通过检验），与日照时数呈现弱正相关（未通过检验），与平均风速和平均云量相关关系不明显。

表4-20　海河流域主要气象要素与实际蒸散发辐射能量项和空气动力学项的相关系数

时间尺度	项目	T_{mean}	T_{max}	T_{min}	T_{range}	P	e_a	日照时数	u_2	时间变化趋势
年尺度	辐射能量项	-0.016	0.261	-0.292*	0.786**	0.404**	-0.075	0.831**	—	-0.591**
	空气动力学项	-0.086	0.195	-0.334*	0.768**	-0.022	-0.679**	—	0.591**	-0.310*
	时间变化趋势	0.691**	0.483**	0.827**	-0.686**	-0.218	0.141	-0.807**	-0.849**	—
春季	辐射能量项	0.577**	0.778**	0.185	0.785**	0.254	-0.241	0.787**	—	-0.182
	空气动力学项	0.115	0.384**	-0.283*	0.843**	0.010	-0.785**	—	0.672**	-0.306*
	时间变化趋势	0.509**	0.291*	0.717**	-0.494**	-0.288*	0.157	-0.445**	-0.789**	—
夏季	辐射能量项	0.210	0.392**	-0.208	0.756**	0.205	0.028	0.954**	—	-0.688**
	空气动力学项	0.423**	0.624**	0.011	0.816**	-0.140	-0.629**	—	0.485**	-0.091
	时间变化趋势	0.363**	0.209	0.614**	-0.419**	-0.190	-0.025	-0.714**	-0.722**	—
秋季	辐射能量项	0.327*	0.568**	0.000	0.776**	0.399**	-0.023	0.807**	—	-0.425**
	空气动力学项	-0.004	0.268	-0.299*	0.764**	-0.002	-0.648**	—	0.531**	-0.085
	时间变化趋势	0.446**	0.313*	0.584**	-0.352*	-0.249	0.058	-0.608**	-0.726**	—
冬季	辐射能量项	0.756**	0.895**	0.597**	0.381**	0.135	0.337*	0.368**	—	0.125
	空气动力学项	0.012	0.255	-0.156	0.683**	-0.108	-0.530**	—	0.616**	-0.279*
	时间变化趋势	0.620**	0.398**	0.745**	-0.678**	-0.195	0.349*	-0.638**	-0.813**	—

从各气象要素的时间变化趋势可以看出，50年来，海河流域年平均气温、最高与最低气温、气压及水汽压等要素都呈现显著的上升趋势，显著性水平大都达到0.01（水汽压显著性水平为0.1）；而气温日较差、平均风速、相对湿度、日照时数等都呈显著的下降趋势，显著性水平达到0.01。季节尺度上，平均气温、日最低气温、大气压在四季都表

现出显著的上升趋势，气温日较差、平均风速、日照时数等要素在四季都表现出显著的下降趋势，且上述要素四季的上升或下降趋势都通过了 0.01 水平的显著性检验；日最高气温的升高主要表现在春秋冬季，3 个季节的上升趋势显著性水平也都达到0.01，夏季也呈现上升趋势，但显著性水平略低，为0.1；相对湿度的下降趋势主要表现在夏秋季节，显著性水平都达到0.05，而春冬季节虽也表现出下降趋势，但并未通过显著性检验。

(3) 松花江流域

松花江流域主要气象要素与辐射能量项及空气动力学项的 Pearson 相关系数见表 4-21。可以看出：①在年尺度上，与辐射能量项呈显著正相关的气象要素有平均温度、最高温度、日照时数和实际水汽压，呈显著负相关的是最低气温；与空气动力学项呈显著正相关的要素是风速和气温日较差，和其他温度要素的相关性没有通过显著性检验，与空气动力学项呈显著负相关的仅一项，即实际水汽压。②在春秋季节，各气象要素与辐射能量项和空气动力学项的相关关系基本一致，除实际水汽压与空气动力学项呈现显著负相关关系(通过了 0.01 的显著性检验）以外，其他各个气象要素大都有极强的正相关性。③在夏冬季节，各种温度要素、风速以及日照时数基本都与辐射能量项和空气动力学项呈显著的正相关关系，尤其是冬季，相关系数很高，如平均温度、最高温度、最低温度和辐射能量项的相关系数皆在0.93 以上，且置信度99% 以上。④表 4-21 分析的 8 种气象要素中，与辐射能量项和空气动力学项有很高相关性的主要是温度要素，而气压和各项基本不存在相关性。年际和各季节的趋势也不明显。⑤就 1961 ~2010 年以来的时间序列体现的趋势上看，除夏季以外，松花江流域的温度有显著上升，尤其是最低温度，过去 50 年的最低温度以 0.48℃/10a 的增幅变化,从而气温日较差的减小趋势也在表中得到体现。此外，近几十年来，年际和各季节的日照时数、风速也有显著的减少。

表 4-21　松花江流域主要气象要素与实际蒸散发辐射能量项和空气动力学项的相关系数

时间尺度	项目	T_{mean}	T_{max}	T_{min}	T_{range}	P	e_a	日照时数	u_2	时间变化趋势
年尺度	辐射能量项	0.677**	0.79*	-0.523*	0.207	-0.076	0.346**	0.479**	—	0.265
	空气动力学项	-0.169	0.078	-0.366	0.746**	-0.034	-0.56**	—	0.610*	-1.821**
	时间变化趋势	0.034**	0.021**	0.426**	-0.028**	-0.001	0.001	-3.3**	-0.032**	—
春季	辐射能量项	0.857**	0.910**	0.718**	0.367**	0.172	0.392**	0.339*	—	0.048
	空气动力学项	0.110	0.313*	-0.136	0.788**	0.251	-0.492**	—	0.718*	-1.5**
	时间变化趋势	0.034*	0.018	0.054**	-0.037**	-0.004*	0.001	-1.232**	-0.045**	—
夏季	辐射能量项	0.635**	0.807**	0.228	0.753**	0.156	0.073	0.933	—	-0.042
	空气动力学项	0.364**	0.594**	-0.077	0.81	-0.048	-0.53	—	0.404**	-0.107
	时间变化趋势	0.027	0.019	0.037**	-0.017	0	0.001	-0.739	-0.022	—
秋季	辐射能量项	0.828**	0.923**	0.625**	0.414**	0.130	0.27	0.613**	—	0.115
	空气动力学项	0.258	0.503**	-0.013	0.717**	0.176	-0.402**	—	0.368**	-0.206
	时间变化趋势	0.028*	0.017	0.041**	-0.024*	-0.003*	0	-0.429	-0.031**	—

续表

时间尺度	项目	T_{mean}	T_{max}	T_{min}	T_{range}	P	e_a	日照时数	u_2	时间变化趋势
冬季	辐射能量项	0.971**	0.975**	0.938**	0.037	0.068	0.875**	0.008	—	0.145*
	空气动力学项	0.647**	0.671**	0.591**	0.172	-0.236	0.432**	—	0.331*	0.175
	时间变化趋势	0.046*	0.03	0.063**	-0.033**	0.001	0	-0.897**	-0.029**	—

(4) 塔里木河流域

塔里木河流域主要气象要素与辐射能量项及空气动力学项的 Pearson 相关系数见表 4-22。可以看出，塔里木河流域 ET_a 辐射能量项和空气动力学项与主要气象要素的关系与珠江、海河两个流域相比，有较大的差异。主要表现在：气温要素（含平均气温、最高、最低气温）与辐射能量项的相关性表现为显著的正相关，而与空气动力学项表现为负相关关系，这在春、秋、冬 3 个季节表现得非常突出，在夏季表现相对较弱，但大都通过 0.01 水平的显著性检验。气温要素的时间变化趋势计算结果表明，塔里木河流域平均气温、最高最低气温及气温日较差都有增加趋势，表明塔里木河流域 ET_a 的变化受到气温要素的影响较大。平均大气压在各季节与辐射能量项及空气动力学项的相关系数都处在较低水平，而塔里木河流域过去 50 年平均大气压的时间变化趋势不显著，说明在塔里木河流域平均大气压的变化对 ET_a 变化的贡献不大。实际水汽压，在过去 50 年有显著的增加，并且与空气动力学项都有较为显著的负相关关系，表明实际水汽压的增加对塔里木河流域 ET_a 的增加有较多的贡献。日照时数在塔里木河流域年及四季尺度上都有下降趋势，与辐射能量项有显著的正相关趋势，风速在塔里木河流域有显著的下降趋势，与空气动力学项呈现显著的正相关关系。

表 4-22　塔里木河流域主要气象要素与实际蒸散发辐射能量项和空气动力学项的相关系数

时间尺度	项目	T_{mean}	T_{max}	T_{min}	T_{range}	P	e_a	日照时数	u_2	时间变化趋势
年尺度	辐射能量项	0.807**	0.864**	0.649**	0.128	0.289*	0.293*	0.424**	—	0.436**
	空气动力学项	-0.200	-0.034	-0.385**	0.568**	-0.147	-0.777**	—	0.909**	-0.610**
	时间变化趋势	0.722**	0.523**	0.863**	-0.670**	0.205	0.534**	-0.383**	-0.726**	—
春季	辐射能量项	0.796**	0.816**	0.610**	0.516**	0.110	0.255	0.887**	—	0.266
	空气动力学项	0.187	0.334*	-0.103	0.658**	-0.020	-0.534**	—	0.831**	-0.586**
	时间变化趋势	0.423**	0.264	0.662**	-0.422**	0.217	0.161	0.074	-0.789**	—
夏季	辐射能量项	0.436**	0.615**	0.106	0.595**	0.255	0.059	0.724**	—	0.027
	空气动力学项	0.077	0.149	-0.247	0.483**	-0.201	-0.823**	—	0.886**	-0.557**
	时间变化趋势	0.520**	0.379**	0.767**	-0.506**	0.183	0.396**	-0.334*	-0.714**	—
秋季	辐射能量项	0.842**	0.884**	0.641**	0.384**	0.179	0.330*	0.485**	—	0.342*
	空气动力学项	-0.134	-0.007	-0.341*	0.433**	-0.155	-0.717**	—	0.868**	-0.576**
	时间变化趋势	0.594**	0.482**	0.727**	-0.282*	0.238	0.552**	-0.319*	-0.692**	—

续表

时间尺度	项目	T_{mean}	T_{max}	T_{min}	T_{range}	P	e_a	日照时数	u_2	时间变化趋势
冬季	辐射能量项	0.916**	0.973**	0.766**	0.455**	-0.145	0.370**	0.539**	—	0.292*
	空气动力学项	0.517**	0.684**	0.307*	0.650**	-0.432**	-0.262	—	0.440**	-0.186
	时间变化趋势	0.474**	0.239	0.654**	-0.552**	-0.008	0.603**	-0.340*	-0.526**	—

4.4.4 实际蒸散发时空变异的可能原因

（1）珠江流域

从简单相关角度来看，可以认为，造成实际蒸散发下降的原因有两个方面，即由与实际蒸散发呈正相关关系的要素下降及呈负相关关系的要素升高引起。前文指出，从时间变化趋势上看，辐射能量项与珠江流域 ET_a 的变化呈正相关关系，而空气动力学项与 ET_a 呈负相关关系。因此，对珠江流域 ET_a 下降趋势的深入分析，可归结为寻找辐射能量项下降的原因或空气动力学项增加的原因。同时也应指出，在不同季节或时段，若辐射能量项增加或空气动力学项下降，实际上贡献于实际蒸散发的增加或对其下降趋势起减缓作用。

根据前文对辐射能量项、空气动力学项与各气象要素的相关关系以及各气象要素的时间变化趋势的分析，造成珠江流域实际蒸散发下降的原因可以归结为：①从年尺度上看，气温日较差和日照时数的下降以及大气压的增加造成了辐射能量项的下降，引起了实际蒸散发的下降；平均气温、最高气温、最低气温的上升，对空气动力学的贡献要明显高于对辐射能量项的贡献，使空气动力学项呈现增加趋势，而平均风速的下降则在一定程度上减弱了这种增加趋势，空气动力学项的增加，虽未通过显著性检验，但也在一定程度上贡献于实际蒸散发的下降。②春季，辐射能量项和空气动力学项都呈现下降趋势，但前者显著于后者。春季平均气温及最高气温的变化不甚明显，对辐射能量项和空气动力学项的贡献差异不大，但由于最低气温的升高，造成气温日较差的下降，这种下降对辐射能量项的贡献高于空气动力学项，加之春季日照时数的下降，造成了辐射能量项的总体下降，进而使得春季实际蒸散发的下降。春季风速的下降对空气动力学项贡献较多，这在一定程度上减缓了实际蒸散发的下降幅度。③夏秋季，与年尺度非常相似，实际蒸散发的下降可归因于气温日较差和日照时数的下降以及大气压的增加，平均气温、最高气温、最低气温的上升同样主要贡献于空气动力学项的增加，反而加剧了实际蒸散发的下降趋势。④冬季平均气温的增加对辐射能量项有显著贡献，但这种贡献受到气温日较差下降的影响。与春季类似，冬季风速的下降对空气动力学项贡献较多，这在一定程度上也减缓了实际蒸散发的下降幅度。

（2）海河流域

前文指出，海河流域年均实际蒸散发 ET_a 呈现显著的下降趋势，这种下降趋势主要是由夏秋季节 ET_a 下降贡献的。与海河流域 1961～2010 年夏秋季 ET_a 明显下降趋势相对应，出现下降趋势并与 ET_a的辐射能量项呈显著正相关或与空气动力学项呈现显著负相关的气象要素是气温日较差和日照时数，而出现上升趋势并与 ET_a的辐射能量项呈现显著负相关或与空气动力学项呈现显著正相关的，无符合条件的气象要素。由此可以得出的初步结论是，海河流域实际蒸散发 ET_a的下降主要是由于气温日较差和日照时数的下降引起的。

(3) 松花江流域

分析近 50 年来辐射能量项和空气动力学项的时间变化趋势可知，空气动力学项呈现显著下降趋势，辐射能量项略有上升，因而年尺度上松花江流域的 ET_a 呈上升趋势，对趋势进行显著性检验后发现，上升趋势的可信度高于 0.1，而前文的时间趋势序列已有体现，松花江流域春季和冬季的 ET_a 上升趋势较年际尺度上更显著，因此对松花江流域各季节的 ET_a 进行进一步的分析，并对前文所提到的与辐射能量项、空气动力学项有相关关系的各气象要素的时间变化趋势进一步分析，从而对各季节 ET_a 的变化状况有更深入的了解。①从年尺度上看，ET_a 的增加主要在于平均气温、最高气温、最低气温的上升以及风速的下降带来的辐射能量项增加的贡献，而日照时数的显著较大幅度的下降在一定程度上对年 ET_a 的增加趋势起了一定的削弱作用。实际水汽压虽然和辐射能量项和空气动力学项都有显著的相关性，但是从 50 年来看变化趋势很小，影响应该不大。②春季和冬季 ET_a 的增加的贡献要素分析基本和年尺度的分析一致，而究其增加趋势较年尺度而言更为显著的原因可能在于日照时数的下降趋势春冬季比年平均要略小，年尺度上以-33h/10a 的倾向率减少，而春冬季的下降率分别是 -12.32h/10a 和 8.97/10a。③夏季和秋季体现的特征较为相似，流域的平均温度和最高温度变化趋势不明显，除了最低气温有显著的上升以外，其他各相关气象要素几十年来没有明显的变化趋势。平均温度、最高温度和辐射能量项以及空气动力学项都有显著的贡献，其中对辐射能量项的贡献略多。此外，在日照时数、风速等的综合作用下，年尺度上反映出来的 ET_a 上升趋势在这两个季节并没有显著的体现。

(4) 塔里木河流域

塔里木河流域实际蒸散发在过去 50 年呈现显著的上升趋势，同样夏秋季节 ET_a的上升对年均 ET_a的上升有较大的贡献。从表 4-22 中寻找呈现上升趋势并与 ET_a的辐射能量项呈现显著正相关或与空气动力学项呈现显著负相关的气象要素，可以看出气温（含平均气温、最高气温、最低气温）以及实际水汽压的上升对塔里木河流域 ET_a的增加有较为明显的贡献。可以注意到，日照时数在年和季节尺度上都呈现下降趋势，而与辐射能量项呈现较为显著的正相关，平均风速在年和季节尺度上呈现下降趋势，而与空气动力学项呈现显著的正相关，这说明塔里木河日照时数的变化减缓了辐射能量项的增加对 ET_a的增加幅度起减缓作用，平均风速的下降则对 ET_a的变化起加强的作用。

综上，将珠江、海河及塔里木河 3 个典型流域实际蒸散发的变化原因归结于表 4-23。

表 4-23　珠江、海河及塔里木河三个典型流域实际蒸散发（ET_a）的变化原因

流域	ET_a变化趋势	ET_a变化原因	辐射能量项（R）变化原因	空气动力学项（A）变化原因
珠江	显著减小，夏秋季节较明显	辐射能量项下降；空气动力学项增加	气温日较差、日照时数的下降导致 R 的下降	气温（含平均/最高/最低气温）的升高导致 A 的增加；平均风速的下降降低了 A 的增加幅度
海河	显著减小，夏秋季节较明显	辐射能量项下降	气温日较差、日照时数的下降导致 R 的下降	无
松花江	增加明显，春冬较明显	辐射能量项增加；空气动力学项下降	气温升高；日照时数的下降降低了 R 的增加幅度	平均风速的下降导致 A 的下降
塔里木河	显著增加，夏秋季节较明显	辐射能量项增加；空气动力学项下降	气温（含平均/最高/最低气温）、实际水汽压的上升导致 R 的增加；日照时数的下降降低了 R 的增加幅度	平均风速的下降导致 A 的下降

注：辐射能量项的增加（减小）贡献于 ET_a 的增加（减小），空气动力学项的增加（减小）贡献于 ET_a 的减小（增加），根据互补理论，两者对 ET_a 的贡献作用是相反的

4.4.5　主要气象要素对实际蒸散发变化的定量化贡献

前文通过敏感性分析和相关性分析方法归纳了影响实际蒸散发的主要气象要素，可以看出不同的气象要素对于实际蒸散发的影响在不同的流域有着明显的差异。气候变化条件下，1961～2010 年，各流域各气象要素表现出不同的变化特征。那么在这 50 年间，每个气象要素对各个流域实际蒸散发变化的具体贡献是多少，这是归因研究必须解决的问题。

根据珠江、海河、塔里木河 3 个流域实际蒸散发及主要气象要素的线性变化趋势系数，乘以计算时间长度 50 年（1961～2010 年），得到 3 个流域实际蒸散发及主要气象要素在 1961～2010 年的总计变幅（图 4-42）。前文已对实际蒸散发及主要气象要素的时间变化进行了分析，在此对图 4-43 反映的变化特征不再赘述。

将各气象要素的总变幅乘以前文得到的实际蒸散发对各对应要素的敏感性系数，即得到计算时段内各气象要素的变化对实际蒸散发变化的具体贡献量（图 4-43）。可以看出，在 3 个流域，日照时数的下降贡献了实际蒸散发绝大部分的变化，其他气象要素的贡献相对来说非常弱。在珠江流域，春季实际水汽压（AVP）的增加对实际蒸散发的贡献是正值，但由于日照时数的下降对实际蒸散发的下降贡献更大，使得整体上珠江流域春季实际蒸散发呈现一定程度的下降。

此外，需要指出的是，这里仅计算了平均气温、最高气温、最低气温、大气压、实际水汽压、日照时数及风速等 7 个气象要素对实际蒸散发的各自贡献，图 4-44 中的总贡献为这7 个气象要素贡献量的求和，由图中可以看出 7 要素总贡献并不完全等于利用 AA 模型计算的实际蒸散发在 50 年时间的实际变幅，这是由于气象要素对实际蒸散发的影响不

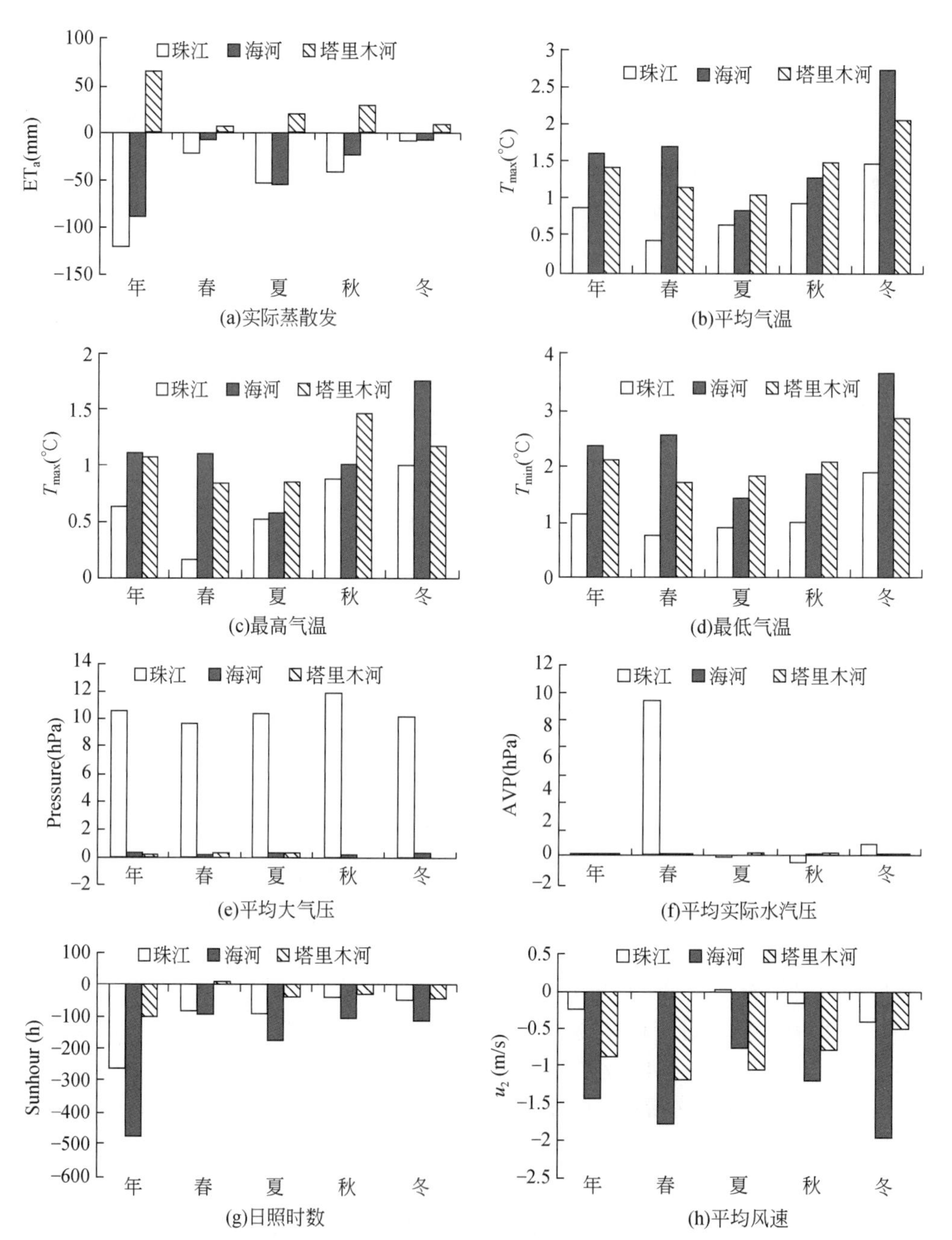

图 4-42　珠江、海河、塔里木河三流域实际蒸散发及主要气象要素的变幅比较

注：T_{mean} 表示平均气温；T_{max} 表示最高气温；T_{min} 表示最低气温；u_2 表示平均风速；Sunhour 表示日照时数；Pressure 表示平均大气压；AVP 表示平均实际水汽压

是简单的累加关系，各要素相互作用、综合影响的贡献往往会出现抵消作用，使得实际蒸散发的实际变幅通常要小于各要素贡献量之和。例如，前文提到的气温日较差跟实际蒸散发关系密切，反映了最高气温和最低气温对实际蒸散发的综合影响。又如，云量、气溶胶

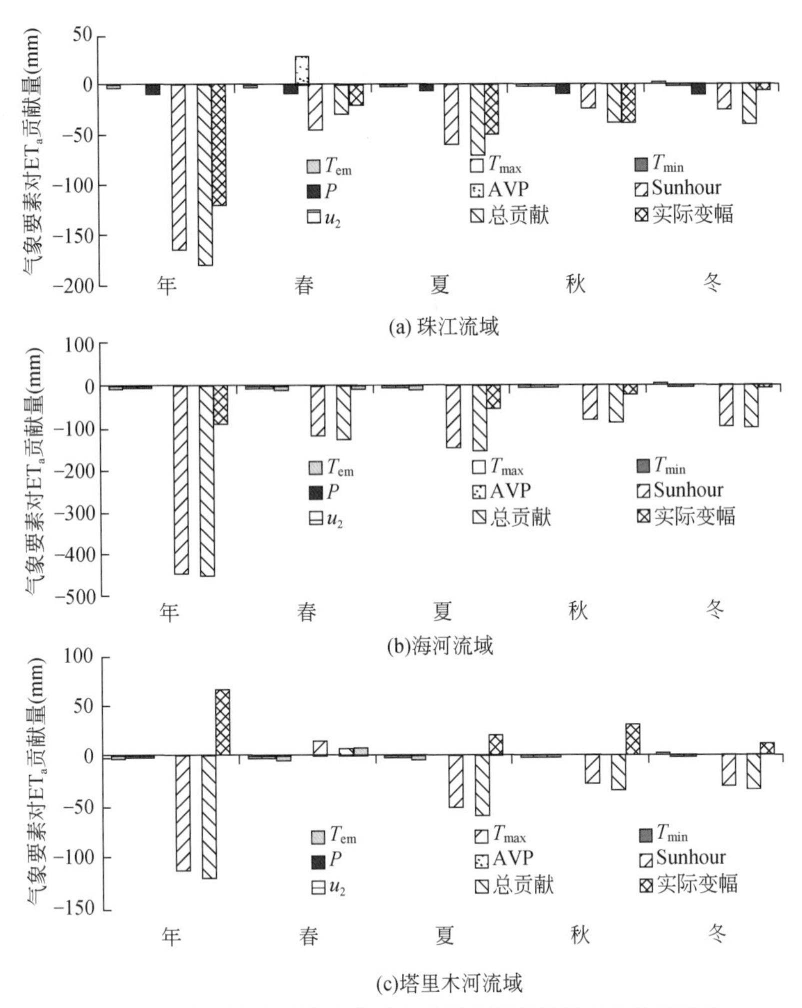

(a) 珠江流域

(b)海河流域

(c)塔里木河流域

图 4-43　主要气象要素变化对各流域实际蒸散发变化的贡献量

注：T_{mean} 表示平均气温；T_{max} 表示最高气温；T_{min} 表示最低气温；u_2 表示平均风速；Sunhour 表示日照时数；Pressure 表示平均大气压；AVP 表示平均实际水汽压；总贡献指个气象要素贡献率之和；实际变幅是指 AA 模型计算的 50 年间实际蒸散发的实际变化量

等要素也会通过与太阳辐射（日照时数）的交互作用对实际蒸散发产生复杂印象。上述要素由于未引入本书的 AA 模型，因此暂时无法求出实际蒸散发对这些要素项的敏感性系数，也无法定量给出这些要素对实际蒸散发变化的贡献量。

塔里木河流域是个比较特殊的流域，由图 4-43（c）可以看出，塔里木河流域日照时数的下降对实际蒸散发的影响是会导致其大幅度的下降，但实际计算的结果显示（前文也给出相应结论），气象要素贡献量累加与实际计算结果相差巨大，甚至连符号都是相反的。近年来，由于流域气温的上升，塔里木河流域出山口径流呈现较为明显的增加趋势（刘时银等，2006），对于内陆河流域来说，只要区域未改变内陆河的特征，则全部径流及其增量都会完全消耗于蒸散发。下垫面供水条件等因素的贡献此处暂未考虑，将在本书 4.5 节进一步论述。

4.5 水分条件对实际蒸散发的定量化影响

4.5.1 蒸散发互补相关理论与 Budyko 水热耦合理论的内在联系

从发生学的观点来看，决定陆面蒸散发的主要因素是水分的供应条件或蒸发面的湿润程度和在水分充分供应条件下的最大可能蒸发能力（即蒸发力），而降水量是反映陆面水分供应条件或湿润程度的一个指标，辐射差额（净辐射）是代表可能供应蒸发的潜在热能，可以近似地反映蒸发力的大小（傅抱璞，1981）。本章第4节主要是对影响 ET_a 的能量项（热能和动能）进行分析，由于互补相关理论模型未将下垫面供水条件引入模型，使互补理论模型无法直接给出下垫面供水条件对 ET_a 的定量化影响。本节将借助基于能量和下垫面供水条件耦合的实际蒸散发理论来解决这一问题。

基于能量条件和下垫面供水条件的实际蒸散发理论（通常称作水热耦合方法）其实早就发展起来，但与蒸散发互补相关理论并无交叉。

对于简化的流域水量平衡方程 $P=R+ET$，Schreiber（1904）分析记录曾发现当降水量 P 减少时，径流量 R 亦减少，但当 P 增加时，R 仍保持相同数值，为此对中欧河流的年径流量，提出如式（4-13）所示的内插公式：

$$R = P \times \exp(-\frac{a}{P}) \tag{4-13}$$

式中，a 为流域参数；利用前述水量平衡方程，则有式（4-14）：

$$ET_a = P \times [1 - \exp(-\frac{a}{P})] \tag{4-14}$$

Ol'dekop（1911）认为式（4-14）中的 a 可由潜在蒸散发 ET_p 推出，提出实际蒸散发 ET_a 可由式（4-15）计算：

$$ET_a = ET_p \cdot \tanh(\frac{P}{ET_p}) \tag{4-15}$$

Budyko（1948，1974）假设两种边界条件：极端干旱下 $\frac{R}{P} \to 0$ 或 $\frac{ET_a}{P} \to 1$，极端湿润下 $ET_p \to R_n$（R_n 为净辐射），则两种条件下 ET_a 分别表示为

$$ET_a = P \times [1 - \exp(-\frac{R_n}{P})] \tag{4-16}$$

$$ET_a = R_n \cdot \tanh(\frac{P}{R_n}) \tag{4-17}$$

对于介于两边界条件之中的普遍情况，Budyko 建议采用几何平均的形式，即

$$ET_a = \left\{R_n \cdot P \cdot \tanh(\frac{P}{R_n})[1 - \exp(-\frac{R_n}{P})\right\}^{1/2} \tag{4-18}$$

此即利用能量条件和下垫面供水条件耦合求解实际蒸散发 ET_a 的来历。中国气象学家傅抱璞（1981）根据对蒸散发物理过程的深入研究，通过量纲分析和微分方程理论推导出如下水热耦合理论的解析形式：

$$ET_a = P\left\{1 + \frac{ET_p}{P} - \left[1 + \left(\frac{ET_p}{P}\right)^m\right]^{\frac{1}{m}}\right\} = ET_p\left\{1 + \frac{P}{ET_p} - \left[1 + \left(\frac{P}{ET_p}\right)^m\right]^{\frac{1}{m}}\right\} \quad (4\text{-}19)$$

式中，m 为积分常数，反映了区域间差异。根据式（4-28），实际蒸散发（ET_a）、潜在蒸散发（ET_p）（反映能量条件）与降水量（P）（反映下垫面供水条件）的关系可表示为如图 4-44 所示的曲线组，前述的 Schreiber（1904）公式、Ol'dekop（1911）公式和 Budyko（1948）公式正是 m 取特定值时的形式（图 4-45）。

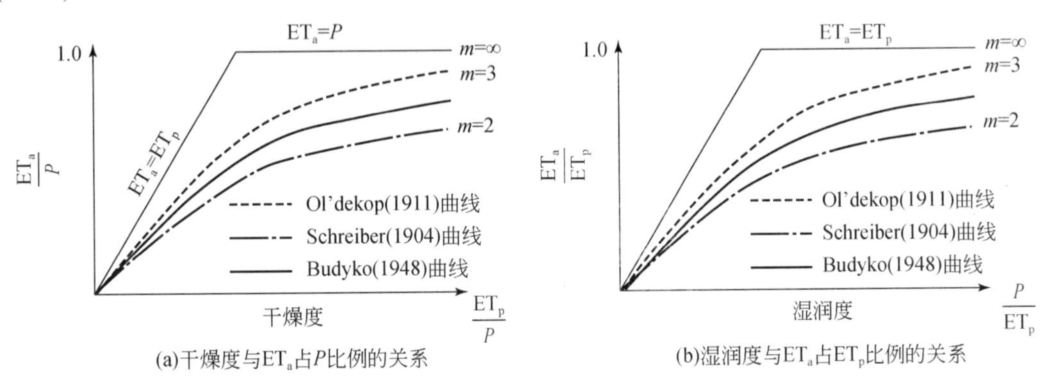

图 4-44　Budyko-傅抱璞水热耦合实际蒸散发模型的曲线形式

图 4-44（a）表示随着干燥度的增加，实际蒸散发 ET_a 占降水量 P 的比例呈增加趋势并最终 ET_a 与 P 倾向于相等，图 4-44（b）表示随着湿润度的增加实际蒸散发耗热占可利用能量（即潜在蒸散发 ET_p）的比例呈增加趋势并最终趋向于 $ET_a = ET_p$。干燥度（或湿润度）的变化即可体现不同地区（干旱区、湿润区）的实际蒸散发与潜在蒸散发的关系，也可体现同一地区不同的蒸散发阶段下的实际蒸散发与潜在蒸散发的关系。不同曲率的曲线则主要体现了不同区域的差异。可以看出，Budyko-傅抱璞水热耦合理论与蒸散发互补理论在曲线形式上是一致的（图 4-45）。

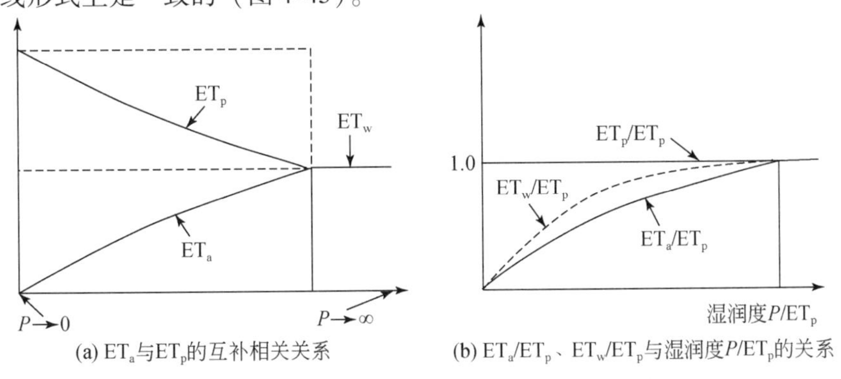

图 4-45　互补相关理论与 Budyko-傅抱璞水热耦合理论的内在联系

4.5.2 下垫面供水条件对实际蒸散发的影响

由于 Budyko-傅抱璞水热耦合理论将年降水量引入实际蒸散发计算模型，因此此处借用该理论对珠江、海河、塔里木河 3 个流域 ET_a/ET_p和 P/ET_p关系进行曲线拟合，拟合结果如图 4-46 所示（珠江：$m=1.65$；海河：$m=2.0$；塔里木河：$m=\infty$）。

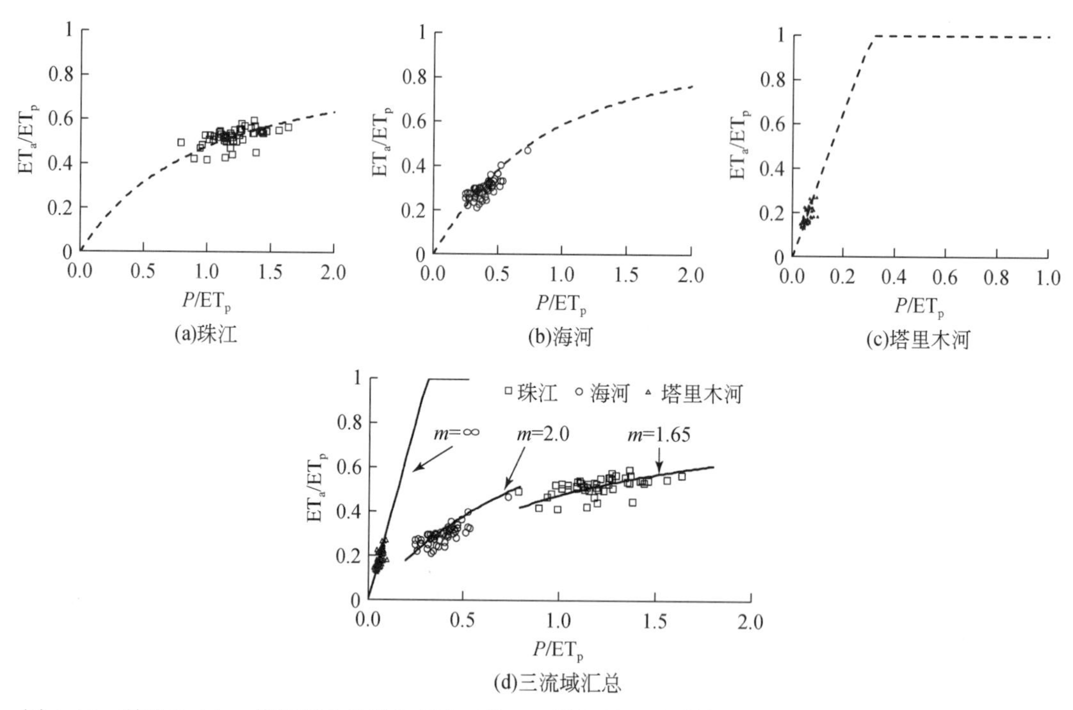

图 4-46 利用 Budyko-傅抱璞水热耦合理论对基于互补相关理论计算的实际蒸散发结果进行曲线拟合

利用拟合的水热耦合实际蒸散发模型，对珠江、海河和塔里木河 3 个流域实际蒸散发对降水的敏感性进行研究（图 4-47）。可以看出，随着年降水量的增加（减小），3 个流域的年实际蒸散发量都呈现明显的增加（减小）。珠江流域平均每增加 5% 的降水，实际蒸散发约增加 2.3%；海河流域平均每增加 5% 的降水，实际蒸散发约增加 4.5%，远远大于珠江流域；塔里木河流域较为特殊，根据拟合的水热耦合实际蒸散发模型，在塔里木河流域的降水及其增加量将全部用于实际蒸散发的消耗（即 $ET_a=P$，$\Delta ET_a=\Delta P$），若不考虑出山口径流对下垫面供水条件的影响，则每增加 5% 的降水，实际蒸散发将同样增加 5%。塔里木河流域实际蒸发中出山口径流所占比重较大，从全流域角度来讲，只要塔里木河流域未改变内流河流域的性质，则无论径流增加多少，最终也会全部消耗于蒸散发，若从上游子流域来讲，只要上游子流域向塔里木河干流输水，则实际蒸散发的变化率将小于径流量的变化率，即若径流增加 5%，则实际蒸散发的增加率略小于 5%。但无论如何，塔里木河流域都是 3 个流域中对降水（或径流）的变化最为敏感的流域。

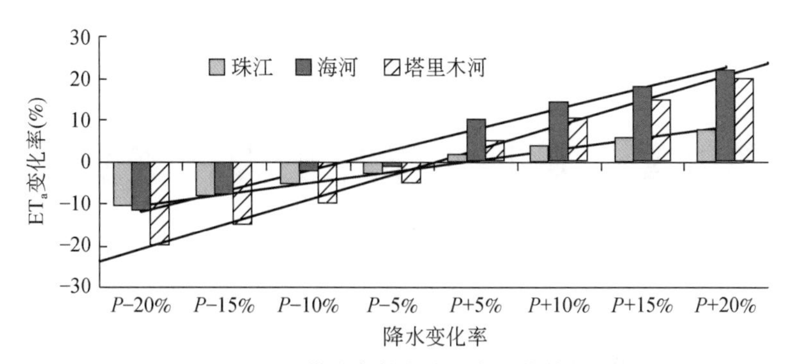

图 4-47　下垫面供水条件变化对实际蒸散发的影响

根据实测的 1961 ~ 2010 年 3 个流域降水量的变化可以求得 50 年间降水变化对实际蒸散发的贡献量，其中珠江约有 4. 3mm 的增加，相对于前文分析的气象要素对实际蒸散发的影响程度来看，这是一个很小的量，无法改变珠江流域实际蒸散发的整体下降趋势和幅度；海河流域 50 年间降水量约减少了 102. 3mm，下垫面供水条件的限制，导致了流域实际蒸散发的下降，累积贡献下降幅度为 92mm 左右；塔里木河流域 50 年间降水平均约增加了 32. 5mm，这部分降水全部贡献于实际蒸散发的增加（图 4-48）。值得一提的是，结合前文计算的 50 年间各气象要素对实际蒸散发变化的贡献量可以发现，珠江和海河流域实际蒸散发的变化幅度基本持平，但是塔里木河流域前述气象要素和本节降水对实际蒸散发的累加贡献量与 AA 模型计算的实际蒸散发累积变幅仍有不少差额，这是由于塔里木河流域出山口径流在实际蒸散发中的比例非常高，由于气候变暖的影响，近年来塔里木河流域出山口径流呈现显著增加的趋势，这部分增加值甚至比降水量的增加还要大一些，而且最终也完全贡献于流域的蒸散发，其具体所占的份额还有待于进一步深入研究。

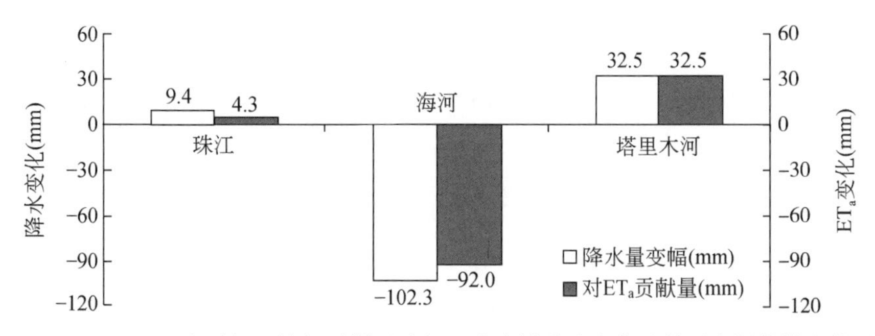

图 4-48　1961 ~ 2010 年珠江、海河及塔里木河 3 个流域降水变化及其对实际蒸散发的贡献量

第5章　陆地水循环要素极值变化

1960～2013年中国极端降水强度和频率均有上升趋势，但在东北-西南有着显著的变干趋势带，干旱发生的频率增加，雨涝发生的频率减少。各大流域的旱涝月比重年际变化较大。多种分布函数计算的不同重现期下日最大降水量空间分布基本一致，均呈东南向西北减小的分布特征。日极端流量强度在长江中下游、珠江流域、淮河流域和西北诸河有上升趋势，在西南诸河、长江中游、黄河流域和中国东北部流域呈下降趋势。但极端流量的频率有较大不同，在珠江、西南和西北诸河地区有下降趋势，其余地区为弱的上升趋势。

5.1　概　　述

政府间气候变化专门委员会第五次评估报告（IPCC AR5）指出，1880～2012年全球陆地表面平均气温上升幅度达0.85℃（IPCC，2013）。在气候变暖的大背景下，全球的下垫面能量和水分循环特征发生了很大变化，导致暴雨洪涝、干旱等极端事件频发，给人民的人身和财产造成了巨大的损失。

近年来，对于极端水文事件的研究在全球引起了广泛的关注，并取得了一定的成果(Jha and Singh, 2013；Saeed et al.，2013；Rajczak et al.，2013；Wang et al.，2014；汪宝龙等, 2012；李运刚等, 2012)。例如，美国极端降水事件发生频率总体上呈显著上升趋势，加拿大地区呈不显著上升趋势（Kunkel and Andsager, 1999）。中国降水频率、年降水量和平均降水强度均存在明显的区域特征，但极端降水的变化最为明显，降水量的趋势变化主要由强降水量的变化所引起。自20世纪90年代以来，极端降水量比例呈增加趋势，尤其在西北西部和长江流域及以南地区极端降水量呈增加趋势，强度在加强，频率也有上升(潘晓华, 2002；Zhai and Pan, 2003；Zhai et al. 2005)。在降水总量不变或增加情况下，频率减少意味着降水过程可能存在强化的趋势，洪涝和干旱可能会增多（翟盘茂和任福民，1999；IPCl，2014b)。

水利设施的建设对洪水风险管理、生活和和生产用水的调节和分配有着重要的意义。而重现期降水的计算是水利水电工程设计中的一个非常重要的参数，同时也是研究极值分布规律的一个重要目的。目前，在动力数值模拟尚不能较准确地预测极端气候事件情况下，研究极值概率函数仍然是非常有效的方法。但数理统计局限于大样本范畴，利用短短几十年的实测资料，很难揭示其统计规律。另外，频率计算的两大主要问题是拟合函数线型的选择与参数估计，即如何选用能够较好地拟合数据尾部序列的最优函数和如何寻求统计上较优的参数估计方法。近些年频率计算方面取得显著进展，样本选择方面提出了超门限峰值法（peaks over threshold，POT）；参数估计方面开发了最小二乘法、经典矩法（conventional moment，CM）和最大似然法（aaximum likelihood estimation，MLE）、概率权重矩（probability weighted moment PWM）、线性矩（L-moment）法，并发展了 40 余种的分布函数。

世界各国在制定有关设计洪水规范或手册时，根据与当地许多长期洪水系列经验点据拟合情况，选定一种能较好地拟合大多数系列的线型，在有关规范或手册中予以规定，以供本国或本地区有关工程设计使用。英国、法国及其原殖民地国家选用广义极值分布（generalized extreme value，GEV）分布，但英国的最新设计洪水估算手册提出采用广义逻辑分布（generalized logistic，GLO）分布；美国、加拿大、澳大利亚、印度等国采用 Gumbel 分布；日本采用对数正态（log normal，LN）分布（Robson and Reed，2008）。根据中国许多长期洪水系列分析结果和多年来设计工作的实践经验，自 20 世纪 60 年代以来，中国一直采用皮尔逊Ⅲ型（Pearson-Ⅲ，P3）曲线，特殊情况经分析论证后也可采用其他线型［《堤防工程设计规范（GB50286—98）》，1998；《水利水电工程设计洪水计算规范（SL44—2008）》，2006］。但当 $C_s < 2C_v$时，其下限小于零，这显然不符合江河洪水现象特征，江河洪水不应为负值。又当 $C_s \geq 2C_v$ 时，皮尔逊Ⅲ型频率曲线中下段变得很平坦，以至难以与实际经验点据拟合好。

中国诸多学者也对极端事件展开了研究，主要集中在 3 个方面：①在极端径流频率的变化规律方面，采用 GEV 和 GP 分布，拟合径流量的年最大值（annual maximum，AM）序列和超门限峰值（peak over threshold，POT）序列，发现 POT 序列和 AM 序列的频率特征分别能较好地服从 GP 和 GEV 分布（杜鸿等，2012；佘敦先，2011）。②在分布函数参数估计方法方面，金光炎（2005）利用 P3 型分布为例分析了矩、概率权重矩与线性矩之间的关系，指出概率权重矩和线性矩均与指定的频率分布型式和作为权重的概率有关，结果的敏感性较差。李宏伟（2009）利用矩法、最大似然法和概率权重矩法 3 种不同参数估计方法，编制了一套水文频率分析系统。③在最优函数选取方面，苏布达等（2008）基于长江流域 147 个气象站 1960 ~ 2005 年的逐日降水的极端序列（AM 和 POT 序列），选取四大类 20 种不同分布，经柯尔莫洛夫-斯米尔诺夫检验（kolmogorov-smirnov，K-S），确定了降水极值的最优概率模型，得出五参数 Wakeby 分布函数能够较好的拟合长江流域降水极值的概率分布。Fischer 等（2011）利用 P3、GEV、GPD 和 Wakeby 函数对珠江流域 1961 ~ 2007 年 192 个气象站的极端降水进行了分析，讨论不同函数对珠江流域的适用性。

本章分析了过去 50 年中国降水和径流序列的时空分布特征以及极端降水和流量的可能变化趋势及其区域分布特征；采用无界概率分布、有界概率分布、非负概率分布和广义分布四大类共 47 种分布拟合函数，对降水和径流的极值序列进行拟合，探索适合于中国降水和径流极值序列的最优分布函数，估算给定重现期水平下的降水、径流极值，并探讨重现期计算时由于取样方法、函数选择及参数估计方法造成的不确定性，为防洪抗涝水利工程的规划设计和加固以及政府部门市政建设规划和防汛决策提供参考依据。

5.2 数据与方法

5.2.1 数据

本章所用气象数据采用由中国气象局国家气象信息中心整理的 1960 ~ 2013 年的日降水量。所用的水文控制站径流数据来自历年的《中国水文年鉴》，包括十大水资源分区内的 17 个水文站的逐日流量数据，水文站的空间分布见图 5-1。对各站资料进行的质量检验表明，上述站点的径流资料具有较好的可靠性、一致性、代表性，可以用作极端值分析。各个流域内水文站数据序列的时间长度和多年均值见表 5-1。

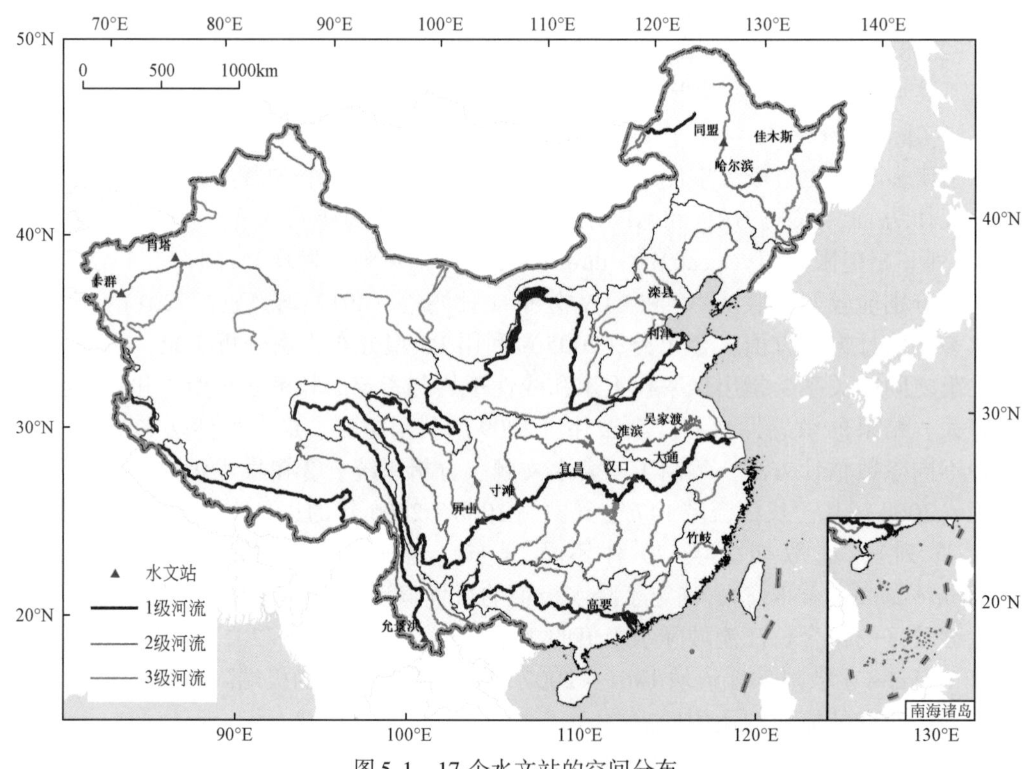

图 5-1　17 个水文站的空间分布

表 5-1　各水文站主要统计参数

站点名	起止年份	年数（年）	一级流域	均值（m^3/s）	标准差	年径流量均值（$10^{13}m^3$）	观测最大值（m^3/s）	最大值出现时间
哈尔滨	1953 ~ 2013 年	61	松花江	1 284.3	1 302.8	1.48	16 500	1998 年 8 月 19 日
佳木斯	1954 ~ 2013 年	60	松花江	1 967.0	1 933.8	2.27	18 300	1960 年 8 月 27 日

续表

站点名	起止年份	年数（年）	一级流域	均值（m^3/s）	标准差	年径流量均值（$10^{13}m^3$）	观测最大值（m^3/s）	最大值出现时间
同盟	1954～2013 年	60	松花江	489.9	768.3	5.66	12 000	1998 年 8 月 12 日
滦县	1960～2007 年	48	海河	88.0	253.9	1.01	9 120	1964 年 8 月 14 日
利津	1964～2001 年	38	黄河	898.0	1 141.6	1.03	8 510	1964 年 8 月 1 日
吴家渡	1950～2008 年	59	淮河	878.8	1 259.3	1.01	11 600	1954 年 8 月 5 日
淮滨	1959～2012 年	55	淮河	1 944.0	481.5	0.22	14 900	1968 年 7 月 16 日
屏山	1940～2011 年	72	长江	4 516.3	3 872.3	5.55	28 600	1966 年 9 月 1 日
寸滩	1893～2012 年	120	长江	11 169.0	9 564.0	12.8	84 300	1981 年 7 月 16 日
宜昌	1945～2008 年	64	长江	13 678.0	10 923.0	15.8	69 500	1981 年 7 月 19 日
汉口	1952～2008 年	57	长江	22 491.0	13 353.0	25.9	75 900	1954 年 8 月 14 日
大通	1947～2000 年	54	长江	28 919.0	15 659.0	3.31	111 000	1992 年 1 月 8 日
高要	1960～2006 年	47	珠江	6 985.0	6 759.4	8.04	84 900	1968 年 4 月 18 日
竹岐	1958～1979 年	22	东南诸河	1 638.3	2 105.9	1.89	27 100	1968 年 6 月 19 日
允景洪	1955～1984 年	30	西南诸河	1 824.2	1 481.4	2.06	12 700	1966 年 9 月 1 日
卡群	1964～1988 年	25	西北诸河	1 427.9	2 217.9	2.33	2 450	1971 年 8 月 2 日
肖塔	1964～1988 年	25	西北诸河	37.8	111.5	0.042	985	1966 年 8 月 24 日

5.2.2 方法

1. 极端数据取样方法

通常，降水和径流极值以日观测资料超过某一强度（如降水超过 50mm/d 等）或超过某一分位点（>95th）或达到某一重现期数值为标准（苏布达，2008；Groisman，1999）。年最大值序列序列由每年的最大日降水量、流量组成，由于各地的气候条件不同，出现日降水量、径流量极大值的频次，在多雨年份可能不止一次，不但年最大值可能形成强降水和高流量，次大值或者第三极大值也有可能形成暴雨或洪涝，而有些干旱年份，即使是年最大值也难以形成强降水和较大流量。因此，仅仅考虑 AM 序列，可能会舍掉许多有价值的信息或者混入一些无价值的信息（丁裕国，2009），所以本章还考虑了以日降水、日径流超过某一门限或阈值的极值序列，即超门限峰值序列。POT 序列的获得很大程度上依赖于阈值的选择，为了与 AM 数据序列进行比较，这里选取与观测资料年限（N）一致，即与 AM 序列长度 N 相同的 POT 数据序列。

图 5-2（a）给出的单个气象站 AM 和 POT 序列对比结果表明，AM 序列每年都对应一

个日最大降水量值，序列的长度和考虑年限的长度一致。但 AM 序列中有些年份的最大日降水量甚至低于其他年份的次大或者第三大降水量，如 1975 年的最大日降水量为 34.9mm，而 POT 序列中 1985 年所考虑的 4 场极端降水事件中的最小降水量为 50.8mm。图 5-2（b）给出了单个水文站日径流年极值的 AM 和 POT 序列。同样，AM 序列中有些年份的最大日径流量甚至低于其他年份的次大或者第三大值，如 1942 年的最大日径流为 28 700m³/s，而 POT 序列中 1921 年所考虑的 4 次极端径流事件中的最小流量为 47 500m³/s，显然，这也是一次极值事件,而 AM 序列并未包括。从图 5-2 中还可看出，POT 序列的均值要略大于 AM 序列的均值，而标准差要低于 AM 序列。AM 序列用于极端降水、径流强度的变化规律进行分析，而 POT 序列用于分析极端降水、径流的频率特征。

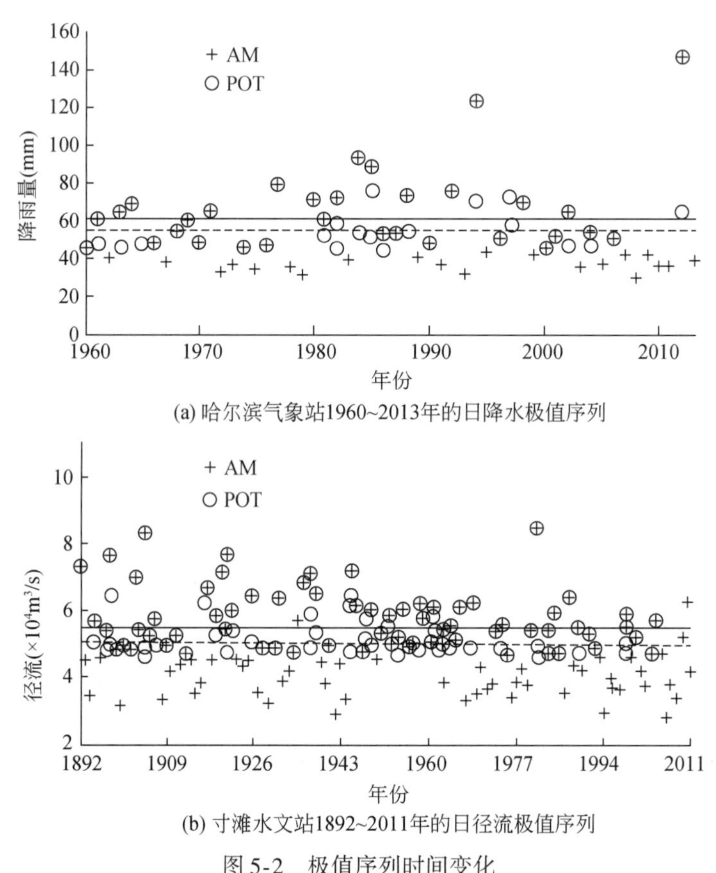

(a) 哈尔滨气象站1960~2013年的日降水极值序列

(b) 寸滩水文站1892~2011年的日径流极值序列

图 5-2　极值序列时间变化

2. 分布函数

目前国内外常用于概率统计拟合的分布函数主要有四大类，分别是广义概率分布函数（advanced distribution）（表 5-2），非负分布函数（non-negative distribution）（表 5-3），无界分布函数（unbounded distribution）（表 5-4）以及有界分布函数（bounded distribution）（表 5-5）。本章运用这四大类中的 47 个分布函数，分析了中国降水和径流极值的分布规律，函数列表如表 5-2 ~ 表 5-5 所示（详见附录一）。

表 5-2　广义概率分布函数（Advanced Distributions）

函数名称	函数参数	边界
Generalized Extreme Value	k, σ (>0), μ	1) $1+k(x-\mu)/\sigma>0$, $k\neq0$ 2) $-\infty<x<+\infty$, $k=0$
Generalized Logistic	k, σ (>0), μ	1) $1+k(x-\mu)/\sigma>0$, $k\neq0$ 2) $-\infty<x<+\infty$, $k=0$
Generalized Pareto	k, σ (>0), μ	1) $\mu\leqslant x<+\infty$, $k\geqslant0$ 2) $\mu\leqslant x\leqslant\mu-\sigma/k$, $k<0$
Log-Pearson-Ⅲ	α (>0), β ($\neq0$), γ	1) $0<x\leqslant e^{\gamma}$, $\beta<0$ 2) $e^{\gamma}\leqslant x<+\infty$, $\beta>0$
Wakeby	α, β, γ, δ, ζ 1) $\alpha\neq0$ or $\gamma\neq0$ 2) $\beta+\delta>0$ or $\beta=\delta=\gamma=0$ 3) if $\alpha=0$ then $\beta=0$ 4) if $\gamma=0$ then $\delta=0$ 5) $\gamma\geqslant0$ and $\alpha+\gamma\geqslant0$	1) $\zeta\leqslant x\leqslant+\infty$ if $\delta\geqslant0$ and $\gamma>0$ 2) $\zeta\leqslant x\leqslant\zeta+\alpha/\beta-\gamma/\delta$ if $\delta<0$ or $\gamma=0$

表 5-3　非负分布函数

函数名称	函数参数		边界
	简化形式	全参数形式	
Burr	k, α, β, ($\gamma\equiv0$)	k (>0), α (>0), β (>0), γ	[γ, +∞)
Chi-Squared	ν, ($\gamma\equiv0$)	v (positive integer), γ	[γ, +∞)
Dagum	k, α, β, ($\gamma\equiv0$)	k (>0), α (>0), β (>0), γ	[γ, +∞)
Erlang	m, β, ($\gamma\equiv0$)	m(positive integer), β (>0), γ	[γ, +∞)
Exponential	λ, ($\gamma\equiv0$)	λ, γ	[γ, +∞)
F Distribution	ν_1 (positive integer), ν_2 (positive integer)		[0, +∞)
Fatigue Life (Birnbaum-Saunders)	α, β, ($\gamma\equiv0$)	α (>0), β (>0), γ	(γ, +∞)
Frechet	α, β, ($\gamma\equiv0$)	α (>0), β (>0), γ	(γ, +∞)
Gamma	α, β, ($\gamma\equiv0$)	α (>0), β (>0), γ	[γ, +∞)
Generalized Gamma	k, α, β, ($\gamma\equiv0$)	k (>0), α (>0), β (>0), γ	[γ, +∞)
Inverse Gaussian	λ, μ, ($\gamma\equiv0$)	λ (>0), μ (>0), γ	(γ, +∞)
Levy	σ, ($\gamma\equiv0$)	σ (>0), γ	(γ, +∞)
Log-Gamma	α (>0), β (>0)		[0, +∞)
Log-Logistic	α, β, ($\gamma\equiv0$)	α (>0), β (>0), γ	[γ, +∞)
Lognormal	σ, μ, ($\gamma\equiv0$)	σ (>0), μ, γ	(γ, +∞)

续表

函数名称	函数参数		边界
	简化形式	全参数形式	
Nakagami	m (≥0.5), Ω (>0)		[0, +∞)
Pareto (First Kind)	α (>0), β (>0)		[β, +∞)
Pareto (Second Kind)	α (>0), β (>0)		[0, +∞)
Pearson-Ⅴ	α, β, (γ≡0)	α (>0), β (>0), γ	(γ, +∞)
Pearson-Ⅵ	α_1, α_2, β, (γ≡0)	α_1(>0), α_2(>0), β(>0), γ	[γ, +∞)
Rayleigh	σ, (γ≡0)	σ (>0), γ	[γ, +∞)
Rice	ν (≥0), σ (>0)		[0, +∞)
Weibull	α, β, (γ≡0)	α (>0), β (>0), γ	[γ, +∞)

注：对于非负分布函数，当 γ≡0 时，函数变为简化形式

表 5-4　无界分布函数

函数名称	函数参数	边界
Cauchy	σ (>0), μ	(-∞, +∞)
Error	k, σ (>0), μ	(-∞, +∞)
Error Function	h (>0)	(-∞, +∞)
Gumbel Max	σ (>0), μ	(-∞, +∞)
Gumbel Min	σ (>0), μ	(-∞, +∞)
Hyperbolic Secant	σ (>0), μ	(-∞, +∞)
Johnson SU	γ, δ (>0), λ (>0), ζ	(-∞, +∞)
Laplace (Double Exponential)	λ (>0), μ	(-∞, +∞)
Logistic	σ (>0), μ	(-∞, +∞)
Normal	σ (>0), μ	(-∞, +∞)
Student's t	ν (positive integer)	(-∞, +∞)

表 5-5　有界分布函数

函数名称	函数参数	边界
Beta	α_1 (>0), α_2 (>0)	[a, b]
Johnson SB	γ (>0), δ	[ζ, ζ+λ] (λ>0)
Kumaraswamy	α_1 (>0), α_2 (>0)	[a, b]
Pert	$m\in$ [a, b]	[a, b]
Power Function	α (>0)	[a, b]
Reciprocal		[a, b] (a>0)
Triangular	$m\in$ [a, b]	[a, b]
Uniform		[a, b]

3. 函数参数估计方法

目前用于参数估计的方法已有很多，常用的方法有最小二乘法、经典矩法和最大似然

法等。每种参数估计方法都有其优劣，其中经典矩法是最为直观通用的参数估计方法。但最大似然法通用性较好，能适用不同极值模型参数估计的需求。最大似然法对任何总体都可以使用，而且在大样本情形有很好的渐进性质，已成为最常用、最重要的参数估计方法之一（Fisher, 1925）。近年来一些新的估计方法如概率权重矩估计法和在其基础上发展起来的线性矩估计法有了长足的发展（Hosking, 1990）。线性矩法对各种概率分布的参数估计，不但以较高的精度可与最大似然法相媲美，并且计算简单易行，不需要最大似然法的繁琐迭代计算。因此本章采用最大似然法和线性矩，开展了分布函数的参数估计。

对于一个概率密度函数 $f(x)$，其 r 阶原点矩 μ'_r 及其中心矩 μ_r 定义如下：

$$\mu'_r = \int_{-\infty}^{\infty} x^r f(x)\,\mathrm{d}x,\ \mu'_1 = \mu = \text{mean} \tag{5-1}$$

$$\mu_r = \int_{-\infty}^{\infty} (x - \mu'_1)^r f(x)\,\mathrm{d}x,\ \mu_1 = 0 \tag{5-2}$$

同样地，样本原点矩 m'_r 和样本中心矩 m_r 可以由式（5-3）和式（5-4）计算：

$$m'_r = \frac{1}{n}\sum_{i=1}^{n} x_i,\ m'_1 = \bar{x} = \text{样本均值} \tag{5-3}$$

$$m_r = \frac{1}{n}\sum_{i=1}^{n} (x_i - \bar{x})^r,\ m_1 = 0 \tag{5-4}$$

式中，x_i 为容量为 n 的观测序列。

变差系数定义为

$$C_v = z = \frac{\mu_2^{1/2}}{\mu'_1} \tag{5-5}$$

偏态系数定义为

$$C_s = \gamma_1 = \frac{\mu_3}{\mu_2^{3/2}} \tag{5-6}$$

（1）最大似然法

最大似然法是通过选取参数 θ 使子样观察结果出现的概率最大的方法。极大似然原理的基本观点是：一个随机试验如有若干个可能的结果 A，B，C，…。若在一次试验中，结果 A 出现，则一般认为试验条件对 A 出现有利，也即 A 出现的概率很大。

极大似然函数推求估计值的一般步骤为：①写出似然函数；②对似然函数取对数并整理；③求导数；④解似然方程。

设总体 X 的概率密度形式 $f(x;\theta)$ 为已知；样本观测值为 $\{x_0, x_1, \cdots, x_n\}$。则，样本观测值出现的概率（似然函数）为

$$L(x_1, x_2, \cdots, x_n;\theta) = \prod f(x_i;\theta) \quad (\theta \subseteq \varnothing) \tag{5-7}$$

选取 $\hat{\theta}$ 使得 $L(x_1, x_2, \cdots, x_n;\hat{\theta}) = \max\limits_{\theta\subseteq\varnothing} L(x_1, x_2, \cdots, x_n;\hat{\theta})$ 式中 $\hat{\theta}$ 为 θ 的极大似然估计值。

（2）线性矩法

线性矩法是由 Hosking（1990）在概率权重法的基础上发展起来的。线性矩估计的最

大特点是对序列的极大值和极小值没有常规矩那么敏感，求得的参数估计值比较稳健。本章利用线性矩法来估计分布函数的参数，并与最大似然法进行对比。对于给定的样本序列 $\{x_0, x_1, \cdots, x_n\}$，将样本按照从小到大的顺序排列，即 $x_{1,n} \leqslant x_{2,n} \leqslant \cdots \leqslant x_{n,n}$，则样本的前4阶矩可以如下计算：

$$\begin{cases} l_1 = b_0 \\ l_2 = 2b_1 - b_0 \\ l_3 = 6b_2 - 6b_1 + b_0 \\ l_4 = 20b_3 - 30b_2 + 12b_1 - b_0 \end{cases} \tag{5-8}$$

其中，$b_0 = \frac{1}{n}\sum_{j=1}^{n} x_{j,n}$，$b_1 = \frac{1}{n}\sum_{j=2}^{n} \frac{j-1}{n-1} x_{j,n}$，$b_2 = \frac{1}{n}\sum_{j=3}^{n} \frac{(j-1)(j-2)}{(n-1)(n-2)} x_{j,n}$，$b_3 = \frac{1}{n}\sum_{j=4}^{n} \frac{(j-1)(j-2)(j-3)}{(n-1)(n-2)(n-3)} x_{j,n}$。

变差系数 τ_2、偏态系数 τ_3 和峰度系数 τ_4 的样本估计 t_2、t_3 和 t_4 可以分别定义为

$$t_2 = l_2/l_1,\ t_3 = l_3/l_2,\ t_4 = l_4/l_2 \tag{5-9}$$

利用 t_2、t_3 就可以实现分布参数的估计。

本章开展的重现期估算（5.7节），选择国内外广泛应用于极端降水和径流拟合的8个概率分布模型。其中三参数函数有广义极值分布、广义帕累托分布、广义逻辑分布（generalized logistic，Gen. Logistic）、皮尔逊Ⅲ型分布（Pearson-Ⅲ）、二参数有逻辑分布（Logistic）、正态分布（Normal）、对数正态分布（Lognormal）、耿贝尔分布（Gumbel）。表5-6为8个函数的线性矩估计参数公式。

表5-6 线性矩估计参数公式列表

函数名	线性矩估计参数公式
Gen. Extrem Value	$z = 2/(3+t_3) - \log2/\log3$，$\hat{k} = -7.8590z - 2.9554z^2$ $\hat{\sigma} = l_2\hat{k}/(1-2^{-\hat{k}})\Gamma(1+\hat{k})$，$\hat{\mu} = l_1 + \hat{\sigma}[\Gamma(1+\hat{k}) - 1]/\hat{k}$
Gumbel	$\hat{\sigma} = l_2/\log2$，$\hat{\mu} = l_1 - \gamma\hat{\sigma}$
Weibull	$z = 2/(3+t_3) - \log2/\log3$，$\hat{\alpha} = (7.8590z + 2.9554z^2)^{-1}$ $\hat{\beta} = l_2/[\Gamma(1+\hat{\alpha}^{-1})(1-2^{-1/\hat{\alpha}})]$，$\hat{\gamma} = l_1 - \hat{\beta}\Gamma(1+\hat{\alpha}^{-1})$
Gamma (Pearson-Ⅲ)	如果 $t_3 \geqslant \frac{1}{3}$，令 $t_m = 1 - t_3$，则，$\hat{\alpha} \approx \frac{(0.36067t_m - 0.5967t_m^2 + 0.25361^3 t_m)}{(1 - 2.78861t_m + 2.56096t_m^2 - 0.77045t_m^3)}$； 如果 $t_3 \leqslant \frac{1}{3}$，令 $t_m = 3\pi t_3{}^2$，则，$\hat{\alpha} \approx \frac{(1+0.2906t_m)}{(t_m + 0.1882t_m^2 + 0.0442t_m^3)}$； $\hat{\beta} = \sqrt{\pi} l_2 \frac{\Gamma(\hat{\alpha})}{\Gamma(\hat{\alpha}+1/2)}$；$\hat{\gamma} = l_1 - \hat{\alpha}\hat{\beta}$
Normal	$\hat{\sigma} = \pi^{1/2} l_2$，$\hat{\mu} = l_1$
Logistic	$\hat{\sigma} = l_2$，$\hat{\mu} = l_1$
Gen. Logistic	$\hat{k} = t_3$，$\hat{\sigma} = l_2/\Gamma(1+\hat{k})\Gamma(1-\hat{k})$，$\hat{\mu} = l_1 + (l_2 - \hat{\sigma})/\hat{k}$
Gen. Pareto	$\hat{k} = -\frac{1-3t_3}{1+t_3}$；$\hat{\sigma} = l_2(1+\hat{k})(2+\hat{k})$；$\hat{\mu} = l_1 - l_2(2+\hat{k})$

4. 重现期计算

根据概率论，假定 X 为连续型随机变量，对于任意实数 x 来说，$X<x$ 的概率为

$$F(X) = P(X < x) = \int_{-\infty}^{x} f(x)\mathrm{d}x \tag{5-10}$$

则有，$T = \frac{1}{1 - F(x)}$。如果变量 X 代表某要素的极值变量，x 表示它们的某一可能取值（如年的最大值或最小值），那么，最大值（或最小值）的重现期对应的极端事件要素值为

$$x_T = X(P) = x\left(\frac{1}{1 - T}\right) \tag{5-11}$$

5. 拟合优度检验

非参数检验（nonparametric tests）是统计分析方法的重要组成部分，它是无法对总体分布形态进行简单假定，并对总体方差未知或知道甚少的情况下，利用样本数据对总体分布形态等进行推断的方法。由于非参数检验方法在推断过程中不涉及有关总体分布的参数，故称“非参数”检验。本章选用较常用的 3 种非参数检验法对拟合优度进行检验。

（1）柯尔莫洛夫–斯米尔诺夫（Kolmogorov-Smirnov，K-S）检验法

K-S 检验法通过比较样本经验分布函数和特定理论分布函数来判断样本所在的总体是否遵循某一分布。假设理论分布函数为 $F(x)$，样本分布函数为 $F_n(x)$，则 K-S 检验结果的统计量 $D = \max|F(x) - F_n(x)|$。显著性水平为 α，样本容量为 n 时的 K-S 检验临界值 $D_\alpha(n)$ 可以通过查阅 K-S 检验临界值表获得。若 $D < D_\alpha(n)$，则认为理论分布函数对样本序列的拟合效果较好，无显著差异，样本所在总体能较好地遵循理论分布函数。

$$F_n(x) = \frac{1}{n}[\text{Number of observations} \leqslant x] \tag{5-12}$$

$$D = \max_{1 \leqslant i \leqslant n}\left[F(x_i) - \frac{i-1}{n} \cdot \frac{i}{n} - F(x_i)\right] \tag{5-13}$$

（2）安德森–达林（Anderson-Darling，A-D）检验法

A-D 检验计算样本分布函数和经验概率密度函数之间的二次 A-D 距离来衡量样本是否属于某一特点分布簇，即判断原假设 H_0 是否成立。假设理论分布函数为 $F(x)$，样本分布函数为 $F_n(x)$，原假设 H_0 为真则表示样本 $\{x_1, x_2, \cdots, x_n\}$ 同分布且分布函数为 $F(x;\theta)$，θ 为分布函数参数向量。

A-D 距离 A_n^2 为

$$A_n^2 = n\int_{-\infty}^{\infty} \frac{[F_n(x) - F(x)]^2}{F(x)[1 - F(x)]}\mathrm{d}F(x) \tag{5-14}$$

A-D 检验通过比较 A_n^2 和各分布簇临界值的大小，在显著度水平 α 下，接受或拒绝原假设 H_0。实际工程应用中，常用离散表达式来计算 A-D 距离：

$$A^2 = -n - \frac{1}{n}\sum_{i=1}^{n}(2i-1) \cdot \{\ln F(X_i) + \ln[1 - F(X_{n-i+1})]\} \tag{5-15}$$

(3) 卡方检验（Chi-Squared）检验法

卡方检验，国际上通常用希腊字母χ^2 表示（Pearson，1900）。卡方检验是对样本的频数分布所来自的总体分布是否服从某种理论分布或某种假设分布所作的假设检验，即根据样本的频数分布来推断总体的分布。

计算卡方值的公式一般可表示为

$$\chi^2 = \sum_{i=1}^{k} \frac{(O_i - E_i)^2}{E_i} \tag{5-16}$$

式中，O_i代表 i 水平的观察次数；E_i代表 i 水平的理论次数。

$$E_i = F(x_2) - F(x_1) \tag{5-17}$$

式中，F 为分布函数的 CDF（累积概率函数）；x_1，x_2为 i 水平的分布范围。

由卡方的计算公式可知，观察频数与期望频数越接近，χ^2 值越小；反之，χ^2 值越大。χ^2 在每个具体研究中究竟要大到什么程度才拒绝假设 H_0，则要借助卡方分布求出所对应的 P 值来确定。

卡方分布本身是连续型分布，但在统计分析中，频数只能以整数形式出现，因此计算出的统计量是非连续的。只有当样本量比较充足时，才可以忽略两者间的差异，否则将可能导致较大的偏差。一般认为，对于卡方检验中的每一个单元格，要求其最小期望频数均大于1，且至少有 4/5 的单元格期望频数大于 5，此时使用卡方分布计算出的概率值才是准确的。

6. 标准化降水指数

标准化降水指数（standardized precipitation index，SPI）能反映不用地区、不同时间尺度的旱涝情况。其计算方法如下（Mckee，1993）。

对某一时段的降水量 x 进行 Γ 分布拟合。Γ 分布的概率密度函数为

$$g(x) = \frac{1}{\beta^{\alpha}\Gamma(\alpha)} x^{\alpha-1} e^{-x/\beta} \quad (x > 0) \tag{5-18}$$

$$\Gamma(\alpha) = \int_0^{\infty} x^{\alpha-1} e^{-x} dx \tag{5-19}$$

式中，α 为形状参数；β 为尺度参数；$\Gamma(\alpha)$ 是 Gamma 函数。最佳的 α 、β 估计值可采用极大似然估计方法求得，即

$$\alpha = \frac{1 + \sqrt{1 + 4A/3}}{4A} \tag{5-20}$$

$$\beta = \frac{\bar{x}}{\alpha} \tag{5-21}$$

其中，$A = \ln(\bar{x}) - \frac{\sum \ln(x)}{n}$，$n$ 为计算序列的长度。

于是，给定时间尺度的累积概率可计算如下：

$$G(x) = \int_0^x g(x)\,\mathrm{d}x = \frac{1}{\beta^{\alpha}\Gamma(\alpha)}\int_0^x x^{\alpha-1}\mathrm{e}^{-x/\beta}\mathrm{d}x \tag{5-22}$$

令 $t = x/\beta$，式（5-22）可变为不完全的 Gamma 方程：

$$G(x) = \frac{1}{\Gamma(\alpha)}\int_0^x t^{\alpha-1}\mathrm{e}^{-t}\mathrm{d}t \tag{5-23}$$

由于 Gamma 方程不包含 $x = 0$ 的情况，而实际降水量可以为 0，所以累积概率表示为

$$H(x) = q + (1 - q)G(x) \tag{5-24}$$

式中，q 为降水量为 0 的概率。如果 m 表示降水时间序列中降水量为 0 的数量，则 $q = m/n$。

累积概率 $H(x)$ 可以通过式（5-25）~式（5-27）转换为标准正态分布函数。

当 $0 < H(x) \leqslant 0.5$ 时：

$$Z = \mathrm{SPI} = -\left(t - \frac{c_0 + c_1 t + c_2 t}{1 + d_1 t + d_2 t^2 + d_3 t^3}\right) \tag{5-25}$$

$$t = \sqrt{\ln\left[\frac{1}{H(x)^2}\right]} \tag{5-26}$$

当 $0.5 < H(x) < 1$ 时：

$$Z = \mathrm{SPI} = \left(t - \frac{c_0 + c_1 t + c_2 t}{1 + d_1 t + d_2 t^2 + d_3 t^3}\right) \tag{5-27}$$

式中，$c_0 = 2.515\,517$；$c_1 = 0.802\,853$；$c_2 = 0.010\,328$；$d_1 = 1.432\,788$；$d_2 = 0.189\,269$；$d_3 = 0.001\,308$。

1 ~2 月短期尺度 SPI 主要受每月的水分变化影响，可以准确地反映土壤水分状况，能反映气象干旱状况；3 ~6 月尺度 SPI 可反映农业旱涝；6 ~24 月尺度 SPI 对于下层土壤水分和河流径流量等有着较好的反映。因此，12 月尺度 SPI（SPI12）常用于水文旱涝的特征分析。旱涝等级划分见表 5-7。

表 5-7　旱涝等级划分

干湿等级	SPI 值
特涝	SPI≥2
重涝	1.5≤SPI<2
中涝	1≤SPI<1.5
正常	-1<SPI<1
中旱	-1.5<SPI≤-1
重旱	-2<SPI≤-1.5
特旱	SPI≤-2

7. 峰度和偏度

为更好地描述中国日降水和极端降水的分布特征，本章引入了两个指标，峰度

(Kurtosis) 和偏度 (Skewness)。

峰度是用于衡量随机变量概率分布的峰态，能够反映随机变量的分布形状，可以度量分布尾部的厚度，是一个没有量纲的数值。根据变量值的集中与分散程度，峰度一般可表现为3种形态：尖顶峰度、平顶峰度和标准峰度。当峰度为0时，表示总体数据分布与正态分布的陡缓程度相同，即标准峰度；当峰度大于0时，表示总体数据分布与正态分布相比较为陡峭，为尖顶峰度；当峰度小于0时，表示总体数据分布与正态分布相比较为平坦，为平顶峰度。峰度的绝对值数值越大表示其分布形态的陡缓程度与正态分布的差异程度越大。计算公式如下：

$$\text{Kurtosis} = \frac{1}{n-1}\sum_{i=1}^{n}(x_i - \bar{x})^4/\text{SD}^4 - 3 \tag{5-28}$$

式中，n 为样本总量；x_i 为第 i 个样本；$\bar{x}$ 为样本平均值；SD为样本标准差。

偏度与峰度类似，也是描述数据分布形态的统计量，它是用来衡量实数随机变量概率分布的不对称性或偏斜的程度，是一个无量纲的数值。一般偏度分为两种：负偏（负偏态或左偏态）和正偏（正偏态或右偏态）。若偏度为负（负偏态）就意味着在概率密度函数左侧的尾部比右侧的长，绝大多数的值（包括中位数在内）位于平均值的右侧；若偏度为正（正偏态）就意味着在概率密度函数右侧的尾部比左侧的长，绝大多数的值（包括中位数在内）位于平均值的左侧。偏度为零就表示数值相对均匀地分布在平均值的两侧，但不一定意味着其为对称分布。计算公式：

$$\text{Skewness} = \frac{1}{n-1}\sum_{i=1}^{n}(x_i - \bar{x})^3/\text{SD}^3 \tag{5-29}$$

式中，n 为样本总量；x_i 为第 i 个样本；$\bar{x}$ 为样本平均值；SD为样本标准差。

5.3 旱涝变化

5.3.1 空间分布

旱涝变化以指示水文干旱的12月尺度的SPI分析获得。在统计时间内，干旱或雨涝频次为干旱（SPI<-1）月份或雨涝（SPI>1）月份数在占总月数的比重。

中国1960～2013年干旱频次基本都在14%以上［图5-3（a）］，干旱比重较大的区域主要位于长江流域的金沙江、西南诸河流域北部、海河流域北部以及辽河流域中部。干旱月中，中等干旱频次主要为8%～12%［图5-3（b）］，比重较大的区域位于长江流域金沙江上游、长江中下游、黑龙江北部、辽河流域、海河流域北部和西南诸河流域中部，比重较小的区域主要位于长江流域中金沙江下游和岷沱江流域。严重干旱的频次基本位于2%～6%［图5-3（c）］。极端干旱频次基本都在2.5%以上［图5-3（d）］，比重相对较大的区域主要位于黑龙江北部、辽河流域、长江中下游地区和云南西部和南部。

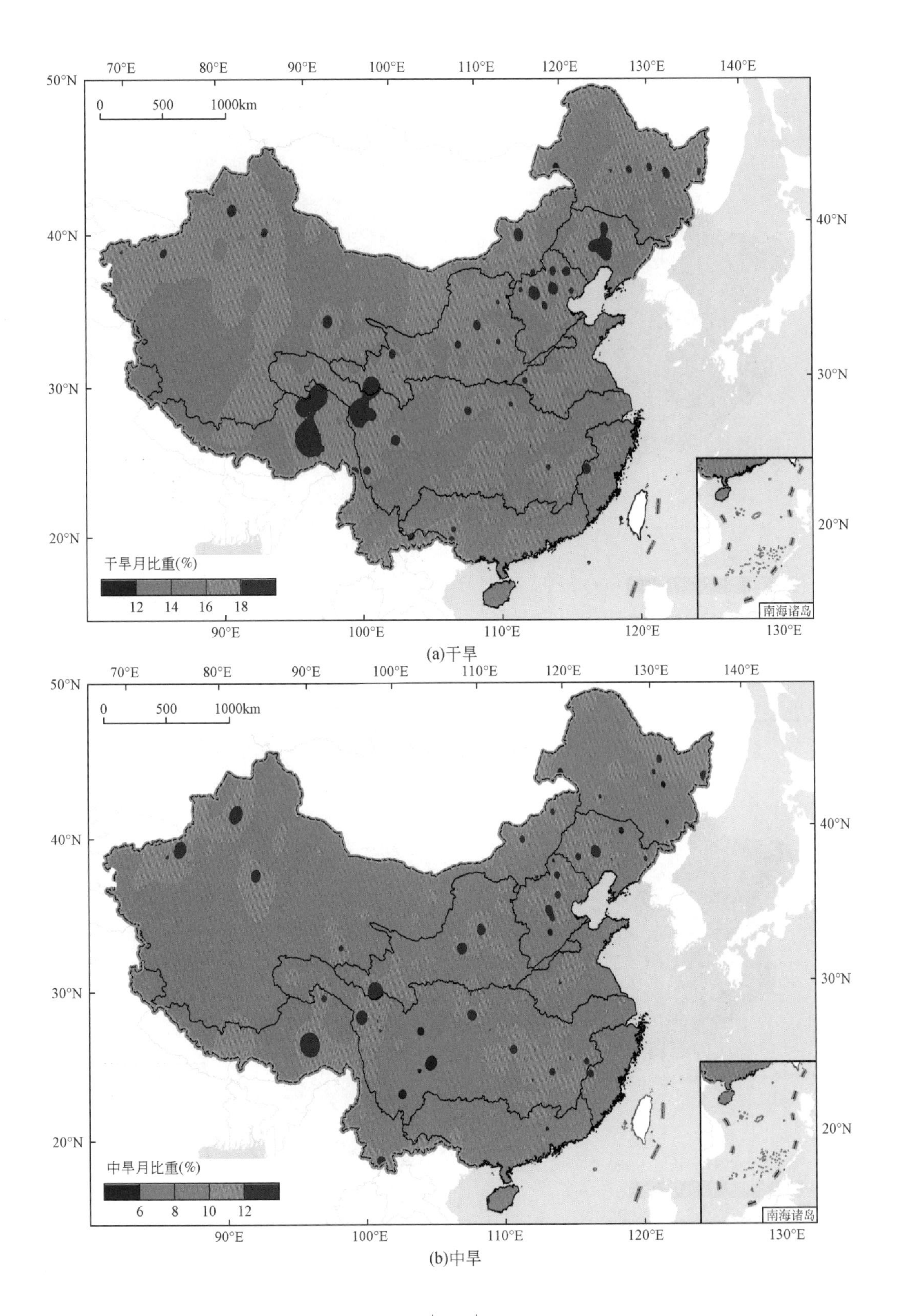

70°E
80°E
90°E
100°E
110°E
120°E
130°E
140°E
50°N
40°N
30°N
20°N
0
500
1000km
干旱月比重(%)
12
14
16
18
南海诸岛
中旱月比重(%)
6
8
10
12

(a)干旱

(b)中旱

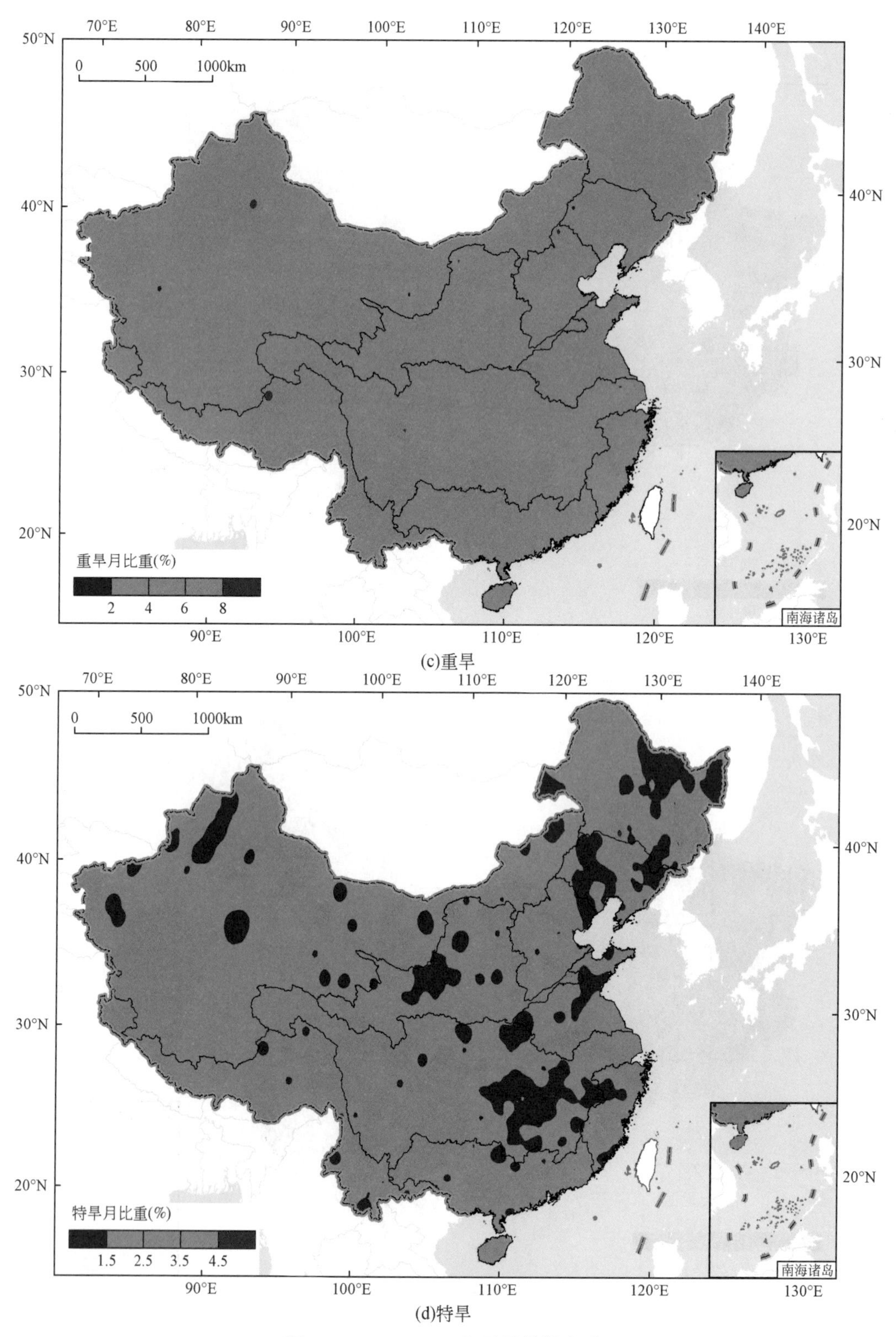

图 5-3　1960～2013 年干旱月份比重

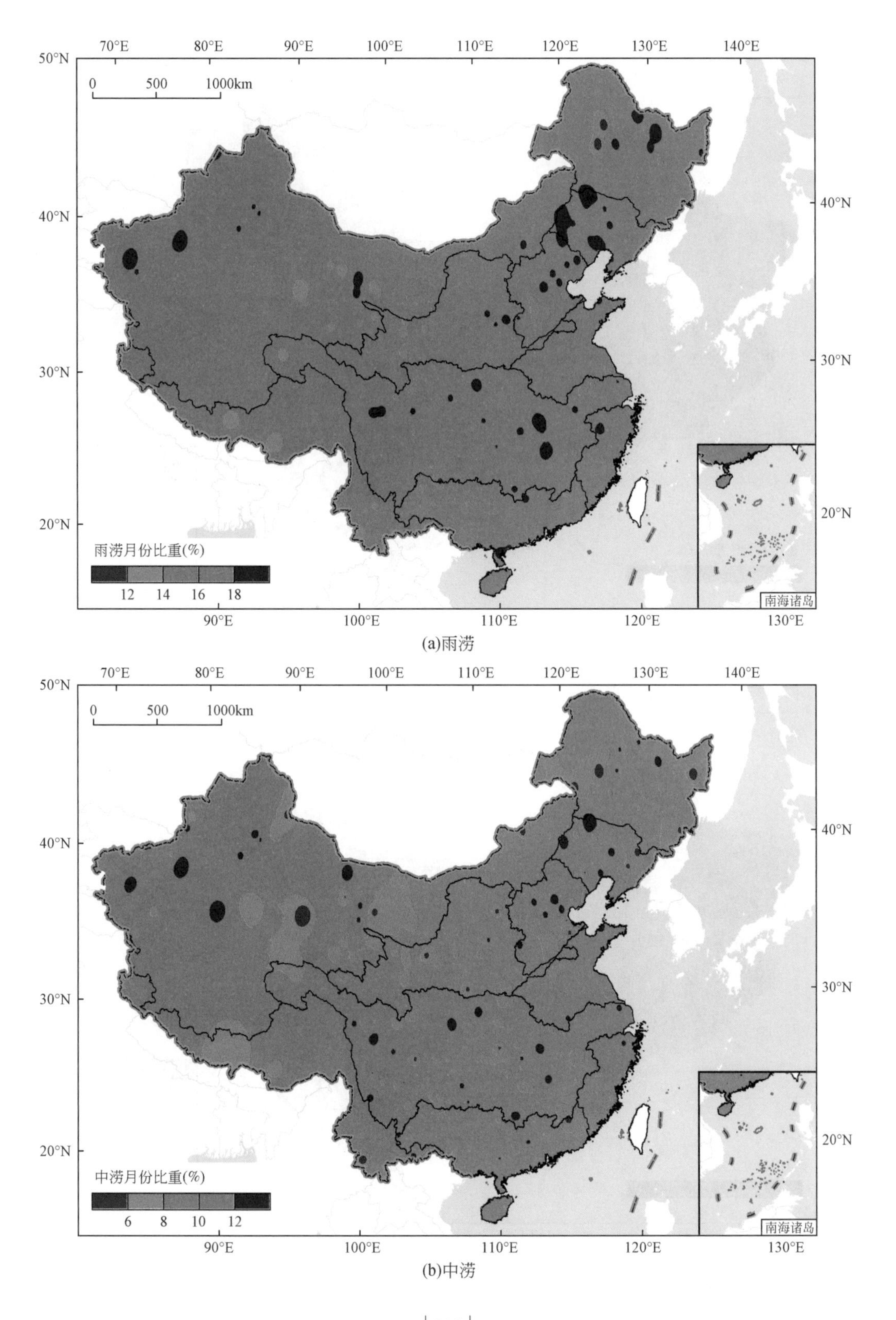

70°E
80°E
90°E
100°E
110°E
120°E
130°E
140°E
50°N
40°N
30°N
20°N
0
500
1000km
雨涝月份比重(%)
12
14
16
18
南海诸岛
中涝月份比重(%)
6
8
10
12

(a)雨涝

(b)中涝

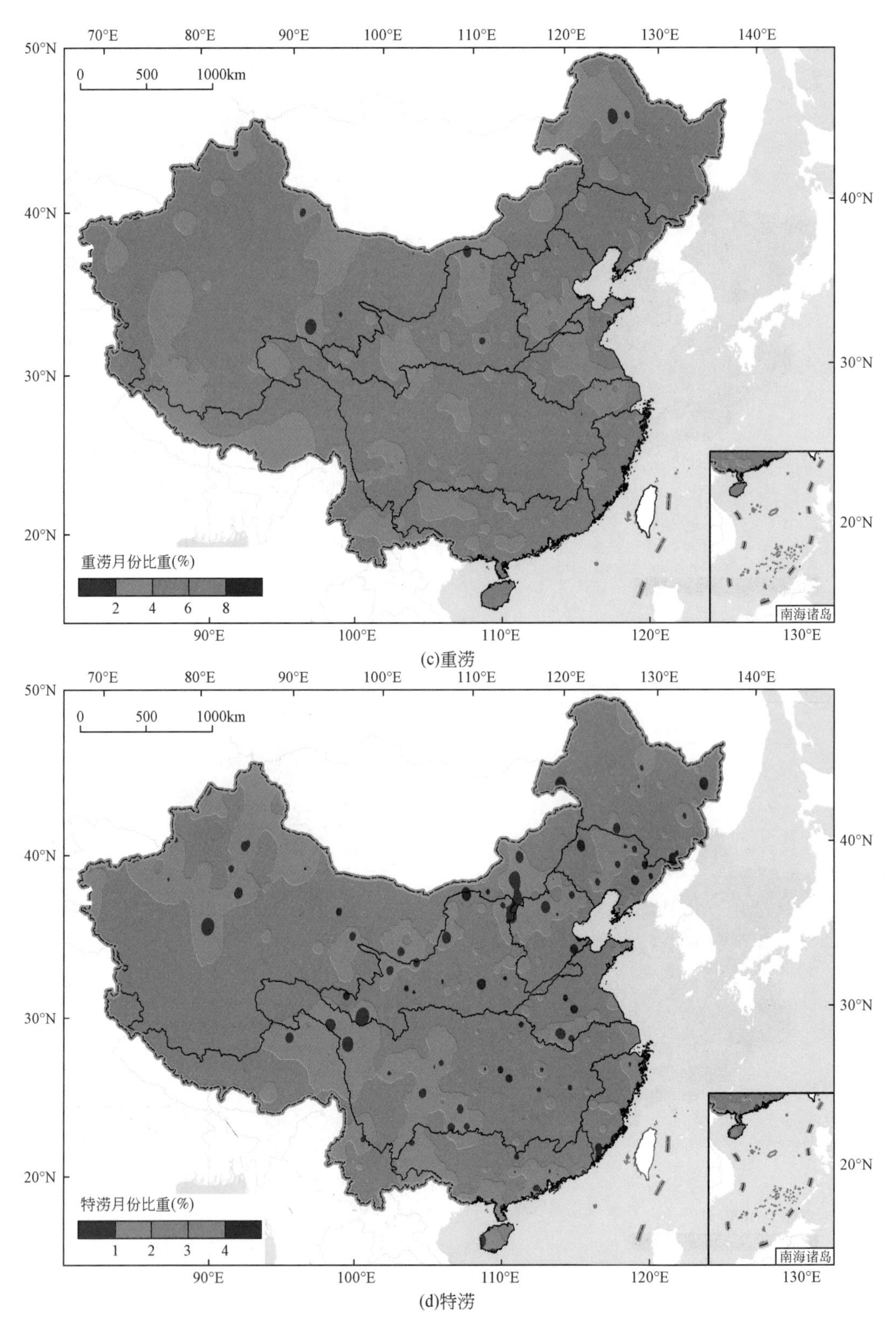

(c)重涝

(d)特涝

图 5-4　1960～2013 年雨涝月份比重

中国 1960～2013 年雨涝频次基本也都在 14% 以上［图 5-4（a)］，雨涝比重较大的区域主要位于长江流域的金沙江流域、长江中下游地区、黑龙江北部、辽河西部、海河北部、西北诸河流域西北部。雨涝月中，中等涝的频次主要为 8%～12%［图 5-4（b)］，比重较大的区域位于长江流域金沙江流域、辽河流域西部、海河流域北部和西北诸河流域西北部。严重涝的基本为 2%～6%［图 5-4（c)］。极端涝的频次全区基本为 1%～4%［图 5-4（d)］，比重相对较大的区域主要位于辽河流域东部、长江中下游地区。

5.3.2 趋势变化

1960～2013 年中国有着弱的变湿趋势，发生极端涝事件时段分别为 1973 年 6 月～1974 年 3 月、1983 年 5～7 月、1983 年 10 月和 1998 年 6～12 月，发生极端干旱事件月份分别为 1963 年 6 月、1979 年 5 月、1993 年 4 月和 2011 年 8 月～2012 年 2 月［图 5-5（a)］。空间上，大多站点 SPI 都有着显著的变化，空间差异明显，显著下降的站点主要位于中国的东南部和西北部地区，而从西南到东北有着一个显著下降的趋势带［图 5-5（b)］。可知，西北和东南区域基本呈现显著的变湿趋势，而从西南到东北有着显著的变干趋势带。

十大流域（表 5-8）中，松花江流域呈现弱的变干趋势，未通过显著性检验。气象站点中，变湿趋势的占 39%（通过 0.05 显著性水平检验的站点占 17%）；变干趋势的占 61%（通过 0.05 显著性水平检验的站点占 30%）。显著变干的站点主要位于松花江南部，显著变湿的站点位于流域的中部［图 5-5（b)］。辽河流域平均状况来看，呈显著的变干趋势（0.05 显著性水平）。辽河流域站点中，有变湿趋势的站点占 19%，显著变湿的站点占 3%，而呈现变干趋势的站点占 81%，显著变干趋势的站点占 46%。变干的站点遍布整个辽河流域，变湿的站点主要位于辽河流域的中部［图 5-5（b)］。海河流域与辽河流域一致，也呈现出显著的变干趋势（0.05 显著性水平）。海河流域站点中，有变湿趋势的站

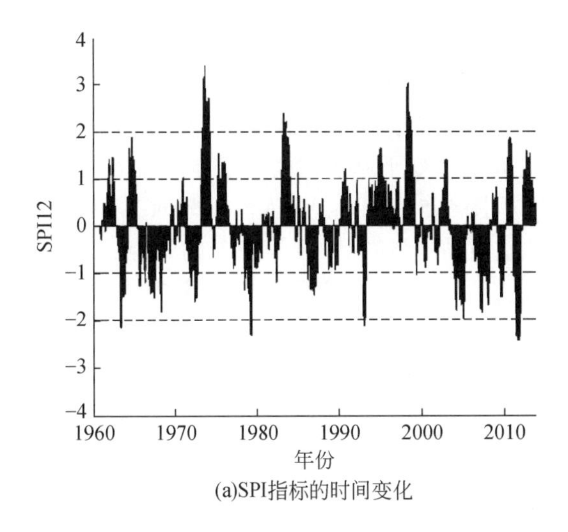

(a)SPI指标的时间变化

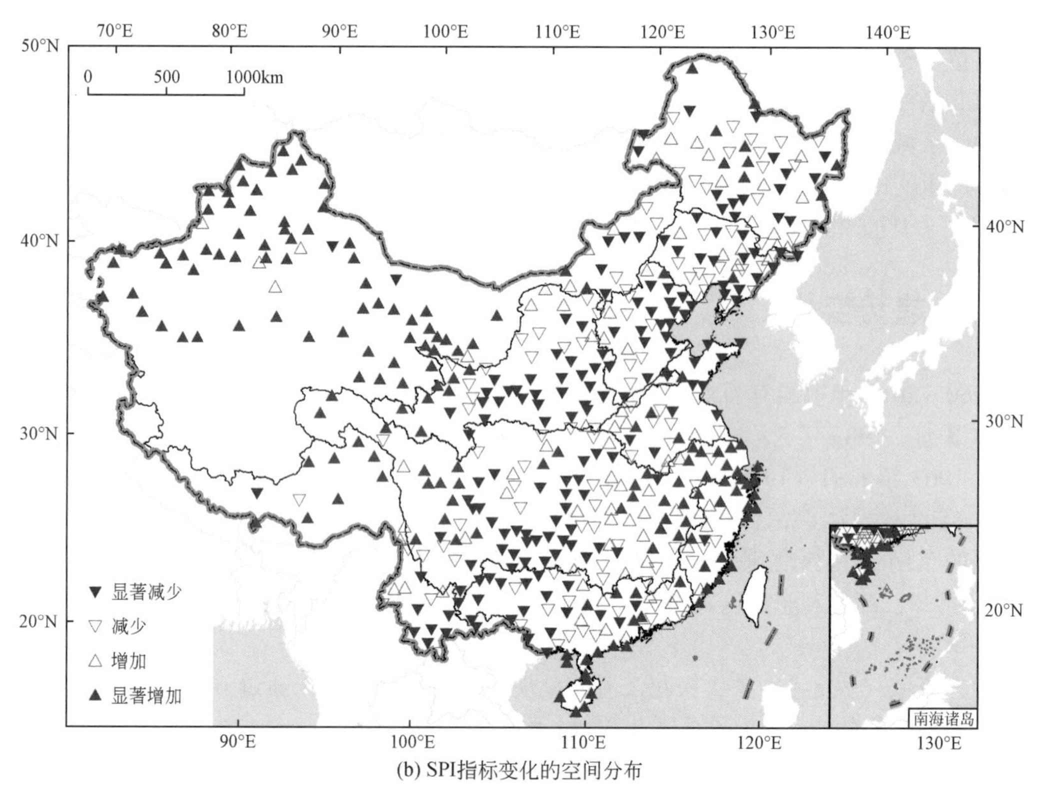

(b) SPI指标变化的空间分布

图 5-5　1960～2013 年旱涝时空变化（基于 SPI 指标）

点占 17%，显著变湿的站点占 3%，而呈现变干趋势的站点占了 83%，显著变干趋势的站点占 63%。空间上，变干的站点也遍布于海河流域，变湿的站点位于海河流域的北部和西部［图 5-5（b）］。黄河流域也呈现显著的变干趋势（0.05 的显著性水平）。黄河流域内的站点中，变湿的站点占了 21%，显著变湿的站点占了 11%，而变干的站点占了 79%，显著变干的站点占了 55%。空间上，变湿的区域主要位于黄河流域上游，变干的区域位于黄河中下游［图 5-5（b）］。淮河流域在时间上也呈现显著的变干趋势。淮河流域站点中，变干趋势的占了 63%，33% 的站点为显著变干；变湿的站点占了 37%，通过 0.05 显著性检验的站点占了 33%。空间上，变干站点主要位于淮河流域的北部和南部，变湿区域主要位于淮河流域的中部地区［图 5-5（b）］。长江流域呈现出不明显的变干趋势。长江流域站点中，呈现变干趋势的站点占了 51%，显著变干的站点占了 31%；表现为变湿的站点占了 49%，显著变湿的站点占了 31%。变湿的区域主要位于长江流域上游和下游，而长江流域中游呈现变干趋势，且大部分都通过了显著性检验［图 5-5（b）］。珠江流域也有着弱的变干趋势。珠江流域变干趋势的站点占了 56%，其中显著变干的站点占了流域站点的 30%；变湿趋势的站点占了 44%，其中显著变湿的站点占了 27%。变干的站点主要位于珠江流域西部区域，变湿的站点主要位于珠江流域东部和南部区域［图 5-5（b）］。东南诸河有着显著的变湿趋势（0.05 的显著性水平）。流域内，86% 的站点都呈现出变湿趋势，且 68% 的站点通过了显著性水平检验；变干的站点占了 14%，4% 的流域站点呈现出显著变干的趋势。空间上，变湿区域主要位于流域的北部和南部，而流域中部有着变干的趋势［图5-5（b）］。西南诸河呈弱的变干趋势。流域站点中，变干站点占了流域的54%，有着显著变干趋势的站点占了35%；变湿站点占了46%，显著变湿的站点占了31%。空间上，变干区域主要位于流域东南部的云南境内，变湿区域位于流域的西北部和北部地区［图5-5（b）］。西北诸河流域有着显著的变湿趋势（0.05的显著性水平）。流域变湿的站点占了总数的87%，且有78%的站点有着显著的变湿趋势；变干的站点只占了13%，显著变干的站点占了流域的8%。显著变湿趋势站点遍布于西北地区，流域东部内蒙古的东北部地区有着变干的区域，其位于西南向东北的变干趋势带上［图5-5（b）］。

表5-8　十大流域旱涝趋势变化（基于SPI指标）

M-K变化趋势	松花江	辽河	海河	黄河	淮河	长江	珠江	东南诸河	西南诸河	西北诸河
上升（变湿）（%）	39	19	17	21	37	49	44	86	46	87
显著上升(%)	17	3	3	11	16	30	27	68	31	78
下降（变干）（%）	61	81	83	79	63	51	56	14	54	13
显著下降(%)	30	46	63	55	33	31	30	4	35	8
M-K统计量(%)	-1.42	-3.53**	-4.68**	-4.25**	-2.07**	-1.05	-0.59	5.34**	-1.20	12.65**

**表示通过了0.05的显著性水平检验，百分数为占各流域的站点比重

发生干旱（SPI<-1）和发生雨涝（SPI>1）频次变化趋势的空间分布［图5-6（a），（b）］与旱涝趋势空间变化［图5-5（b）］的分布类似，干旱发生次数在中国东南和西北部呈减少趋势，在西南向东北的变干趋势化带上呈现增加的趋势；雨涝发生的频率减少区域主要位于西南向东北的变干趋势化带上，增加区域主要位于中国东南和西北部地区。十大流域（表5-9）中，松花江流域干旱频次呈现弱的增加趋势，空间上频次增加的站点遍布整个流域，增加较显著的主要位于流域西部和南部地区［图5-6（a）］。干旱频次年际变化中，重旱和特旱的频次有着弱增加趋势，而中旱的频次有着弱的减少趋势。对于发生雨涝频数变化上，松花江流域也是弱的增加趋势，增加区域主要位于流域的中部［图5-6（b）］。发生雨涝频数中，重涝和特涝有着弱的增加，而中涝频数有着一定的减少。辽河流域年际干旱月数呈现弱的增加趋势，空间上增加站点遍布整个流域，增加较显著的主要位于流域的北部和中部地区［图5-6（a）］。干旱频次年际变化中，中旱、重旱、特旱都有着弱的增加趋势。对于发生雨涝频次年际变化上，辽河流域也是弱的增加趋势，增加区域主要位于流域的东部区域［图5-6（b）］。发生雨涝频数中，中涝、重涝和特涝都有着弱的增加，重涝变化更明显。海河流域年际干旱频次呈现弱的增加趋势，空间上增加站点主要位于流域东部［图5-6（a）］。发生干旱频次中，中旱、特旱都有着弱的增加趋势，重旱有着弱的减少趋势。对于发生雨涝月数年际变化上，海河流域有着显著的减少趋势，减少站点遍布整个流域，减少较显著的主要位于流域的中部［图5-6（b）］。发生雨涝频次年际变化中，中涝、重涝和特涝都有着减少的趋势，重涝变化通过了0.05显著性水平检验。黄河流域年际干旱频次呈现弱的增加趋势，空间上增加站点主要位于流域的中下游地区［图5-6（a）］。干旱频次年

际变化中，中旱、重旱都有着弱的增加趋势，特旱有着弱的减少趋势。对于发生雨涝频次年际变化上，黄河流域有着显著的减少趋势，减少站点遍布整个流域，减少较显著的主要位于流域的中部［图 5-6（b）］。发生雨涝频次年际变化中，中涝、重涝和特涝都有着减少的趋势，中涝减少趋势通过了 0.1 的显著性水平检验，特涝减少趋势通过了 0.05 显著性水平检验。淮河流域年际干旱频次呈现弱的减少趋势，空间上增加站点主要位于流域的东北部地区［图 5-6（a）］。干旱频次年际变化中，中旱、重旱都有着弱的增加趋势，特旱无趋势。对于发生雨涝频次年际变化上，淮河流域有着弱的减少趋势，减少站点主要位于流域的东北部［图 5-6（b）］。发生雨涝频次年际变化中，重涝和特涝都有着减少的趋势，中涝有着不显著的增加趋势。长江流域年际干旱频次呈现弱的增加趋势，增加站点主要位于长江中游地区，长江上游和下游地区站点基本呈减少趋势［图 5-6（a）］。干旱年际频次变化中，中旱、特旱都有着弱的增加趋势，重旱有着弱的减少趋势。对于发生雨涝年际频次变化上，长江流域有着不显著的减少趋势，减少趋势站点主要位于流域的中部，流域上游和下游站点有着一定的增加趋势［图 5-6（b）］。发生雨涝年际频次变化中，中涝、特涝有着不显著的减少趋势，重涝有着不显著的增加趋势。珠江流域年际干旱月数呈现弱的增加趋势，增加站点主要位于流域西部地区［图 5-6（a）］。干旱年际频次变化中，中旱、重旱都有着弱的增加趋势，特旱有着弱的减少趋势。对于发生雨涝年际频次变化上，珠江流域有着不显著的减少趋势，减少趋势站点主要位于流域的西部［图 5-6（b）］。发生雨涝年际频次变化中，中涝、特涝有着不显著的减少趋势，重涝有着不显著的增加趋势。东南诸河流域年际干旱月数呈现弱的减少趋势，减少站点主要位于流域的中部和南部［图 5-6（a）］。发生干旱的年际频次变化中，中旱、重旱和特旱都有着弱的减少趋势。对于发生雨涝月数年际变化上，东南诸河流域有着显著的增加趋势，通过了 0.1 的显著性水平检验，增加显著的站点主要位于流域的北部［图 5-6（b）］。发生雨涝的年际频次变化中，中涝、重涝和特涝都有着增加趋势，中涝增加趋势通过了 0.1 的显著性水平检验。西南诸河流域年际干旱月数呈现不显著的增加趋势，减少站点主要位于流域的北部，增加站点主要位于流域东南部的云南境内［图 5-6（a）］。发生干旱的年际频次变化中，中旱、重旱和特旱都有着弱的增加趋势。对于发生雨涝的年际频次变化上，西南诸河流域有着不显著的增加趋势，增加显著的站点主要位于流域的北部［图 5-6（b）］。发生雨涝的年际频次变化中，中涝、特涝都有着不显著增加趋势，重涝有着弱的减少趋势。西北诸河流域年际干旱月数呈现显著的减少趋势，通过了 0.05 的显著性水平，减少站点基本遍布中国西北地区［图 5-6（a）］。发生干旱的年际频次变化中，中旱、重旱和特旱都有着减少趋势，中旱减少趋势通过了 0.1 的显著性水平，重旱减少趋势通过了 0.05 的显著性水平。对于发生雨涝的年际频次变化上，西北诸河流域有着显著的增加趋势，通过了 0.05 的显著性水平检验，增加显著的站点主要位于流域的西北部［图 5-6（b）］。发生雨涝的年际频次变化中，中涝、重涝和特涝都有着增加趋势，中涝增加趋势通过了 0.05 的显著性水平，重涝增加趋势也通过了 0.05 的显著性水平。

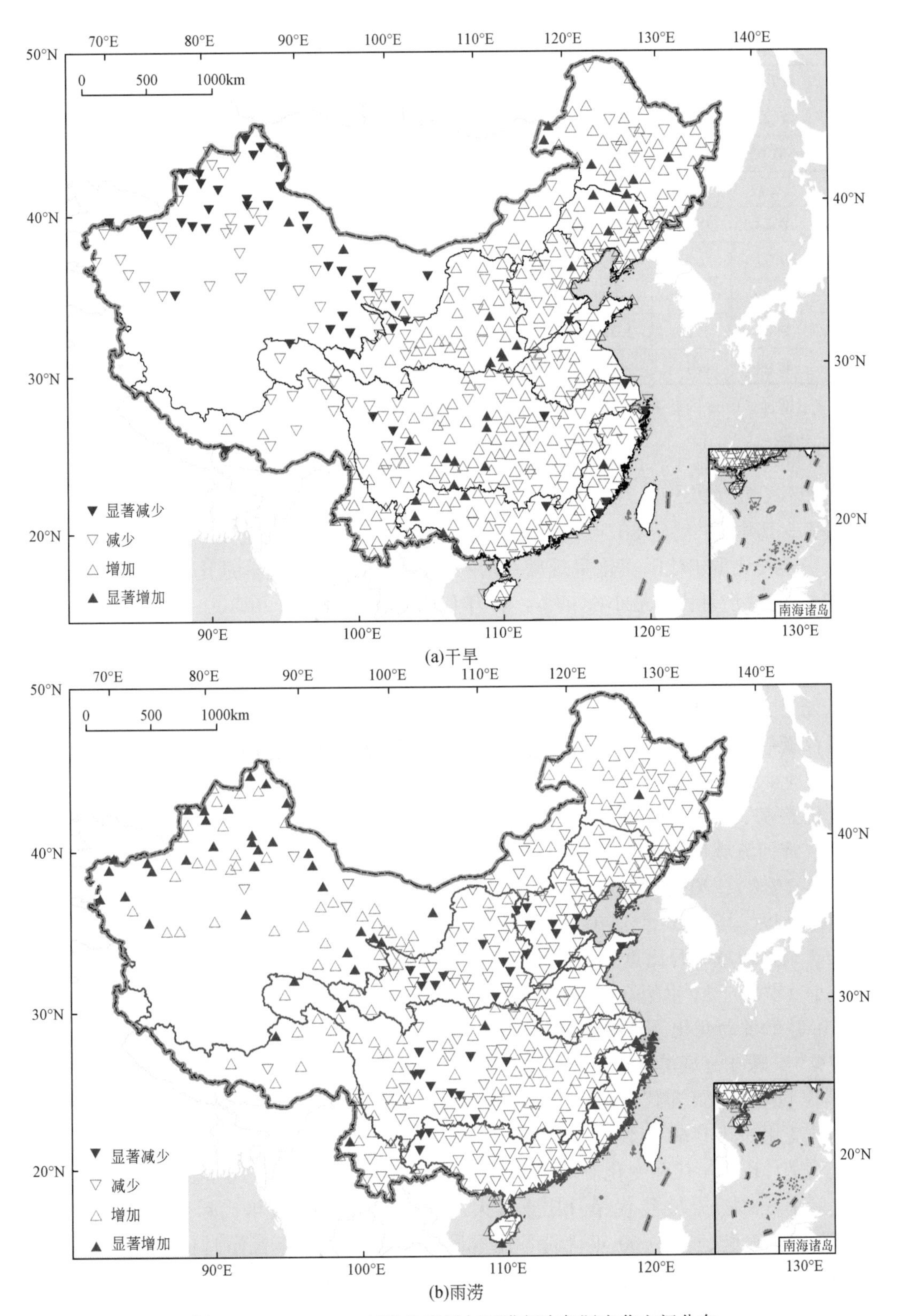

(a)干旱

(b)雨涝

图 5-6　1961～2013 年发生干旱与雨涝频次年际变化空间分布

表 5-9　1961 ~ 2013 年十大流域各年际旱/涝月数 M-K 趋势检验统计值

项目	松花江	辽河	海河	黄河	淮河	长江	珠江	东南诸河	西南诸河	西北诸河
干旱	1.22	0.74	0.59	0.15	-0.61	0.97	0.15	-0.54	0.97	-3.16**
中旱	-0.03	0.04	0.11	0.33	0.03	1.01	0.08	-0.44	0.35	-1.93*
重旱	1.4	0.56	-0.02	0.04	0.05	-0.09	0.04	-0.95	0.52	-2.37**
特旱	0.74	0.41	0.35	-0.2	0	0.77	-0.43	-0.51	0.8	-1.15
雨涝	0.77	0.51	-2.19**	-2.04**	-0.08	0.5	-0.13	1.79*	0.15	3.93**
中涝	-0.26	0.12	-0.88	-1.73*	0.11	0.21	-0.41	1.67*	0.31	3.18**
重涝	0.84	1.33	-2.36**	-0.5	-0.29	-0.02	1.14	1.07	-0.02	2.92**
特涝	0.94	0.44	-0.85	-1.97**	-0.59	0.31	-0.08	0.29	0.28	1.07

** 表示通过了 0.05 的显著性水平检验，* 表示通过了 0.1 的显著性水平检验

年代际尺度上，十大流域发生干旱（SPI12<-1）和雨涝（SPI12>1）频次变化上，各流域变化不一致（表 5-10 和表 5-11）。松花江流域旱月比重年代际变化有着增—减—增的变化趋势，其中 20 世纪 80 年代旱月比重最小（3%），20 世纪 70 年代旱月比重最大（33%）；涝月比重年代际变化呈现减—增—减的变化趋势，与旱月比重变化相反，其中 20 世纪 70 年代涝月比重最小（3%），80 年代涝月比重最大（30%）。辽河流域旱月比重年代际变化有着减—增的变化趋势，其中 70 年代旱月比重最小（8%），21 世纪 00 年代旱月比重最大（30%）；涝月比重年代际变化呈现减—增—减的变化趋势，其中 20 世纪 70 年代涝月比重最小（3%），90 年代涝月比重最大（23%）。海河流域旱月比重年代际变化有着减—增的变化趋势，各年代旱月比重都在 13% 以上，其中 70 年代和 80 年代比重最小（13%），21 世纪 00 年代旱月比重最大（26%）；涝月比重年代际变化呈现减—增—减的变化趋势，其中 20 世纪 80 年代涝月比重最小（5%），60 年代涝月比重最大（29%）。淮河流域旱月比重年代际变化有着减—增—减的变化趋势，其中 21 世纪 00 年代比重最小（7%），20 世纪 80 年代旱月比重最大（23%）；涝月比重年代际变化呈现减—增的变化趋势，其中 20 世纪 70 年代涝月比重最小（6%），21 世纪 00 年代涝月比重最大（30%）。长江流域旱月比重年代际变化有着增—减—增的变化趋势，其中 20 世纪 90 年代比重最小（4%），21 世纪 00 年代旱月比重最大（27%）；涝月比重年代际变化呈现增—减—增—减的波动变化，其中 20 世纪 60 年代涝月比重最小（8%），90 年代涝月比重最大（27%）。珠江流域旱月比重年代际变化有着减—增的变化趋势，其中 20 世纪 70 年代比重最小（6%），60 年代旱月比重最大（24%）；涝月比重年代际变化呈现增—减—增—减的波动变化，其中 60 年代涝月比重最小（7%），90 年代涝月比重最大（22%）。东南诸河流域旱月比重年代际变化有着增—减—增的变化趋势，其中 20 世纪 80 年代和 90 年代比重最小（8%），70 年代旱月比重最大（26%）；涝月比重年代际变化呈现增—减—增—减的波动变化，其中 60 年代涝月比重最小（3%），70 年代涝月比重最大（22%）。西南诸河流域旱月比重年代际变化有着增—减—增的变化趋势，其中 20 世纪 80 年代比重最小（6%），21 世纪 00 年代旱月比重最大（19%）；涝月比重年代际变化呈现增—减—

增—减的波动变化，涝月比重都在 12% 以上，其中 20 世纪 60 年代和 80 年代涝月比重最小（12%），90 年代涝月比重最大（25%）。西北诸河流域旱月比重年代际变化呈现减少趋势，涝月比重年代际变化呈现增加的变化，90 年代涝月比重最大（33%）。

表 5-10　十大流域各年代际干旱月比重　　（单位：%）

时间	松花江	辽河	海河	黄河	淮河	长江	珠江	东南诸河	西南诸河	西北诸河
1961～1970 年	17	18	15	9	18	13	24	20	13	37
1971～1980 年	33	8	13	12	13	24	6	26	16	17
1981～1990 年	3	22	13	15	23	12	8	8	6	21
1991～2000 年	21	22	23	33	19	4	10	8	12	8
2001～2010 年	24	30	26	5	7	27	22	16	19	2

表 5-11　十大流域各年代际涝月比重　　（单位：%）

时间	松花江	辽河	海河	黄河	淮河	长江	珠江	东南诸河	西南诸河	西北诸河
1961～1970 年	8	20	29	31	26	8	7	3	12	0
1971～1980 年	3	3	25	5	6	20	14	22	15	3
1981～1990 年	30	19	5	5	10	19	11	11	12	19
1991～2000 年	20	23	13	0	13	27	22	18	25	33
2001～2010 年	5	8	1	10	30	13	18	17	23	25

5.4　极值分布特征

5.4.1　空间分布

1. 降水

1960～2013 年中国日降水最大值的空间分布与降雨总量类似，呈东南-西北走向，在珠江流域的中部及南部，日降水极值超过了 250mm；另外在长江中上游的四川盆地附件也有日降水极值最大值中心，中心日降水最大值超过 280mm；在长江中下游日降水极值最大值中心超过 300mm；在东北地区由沿海向内陆递减，日降水极值从辽东半岛的 250mm 减小到内蒙中东部的 80mm；黄河流域的河套地区的日降水极值有 80～160mm，在 113°E 左右有日降水极值等值线密集带，能迅速增加到 240mm 以上，淮河、海河流域一带日降水极值大部分在 200～250mm；西北地区 90°E 左右有日降水极值最小值中心，小于 40mm（图 5-7）。

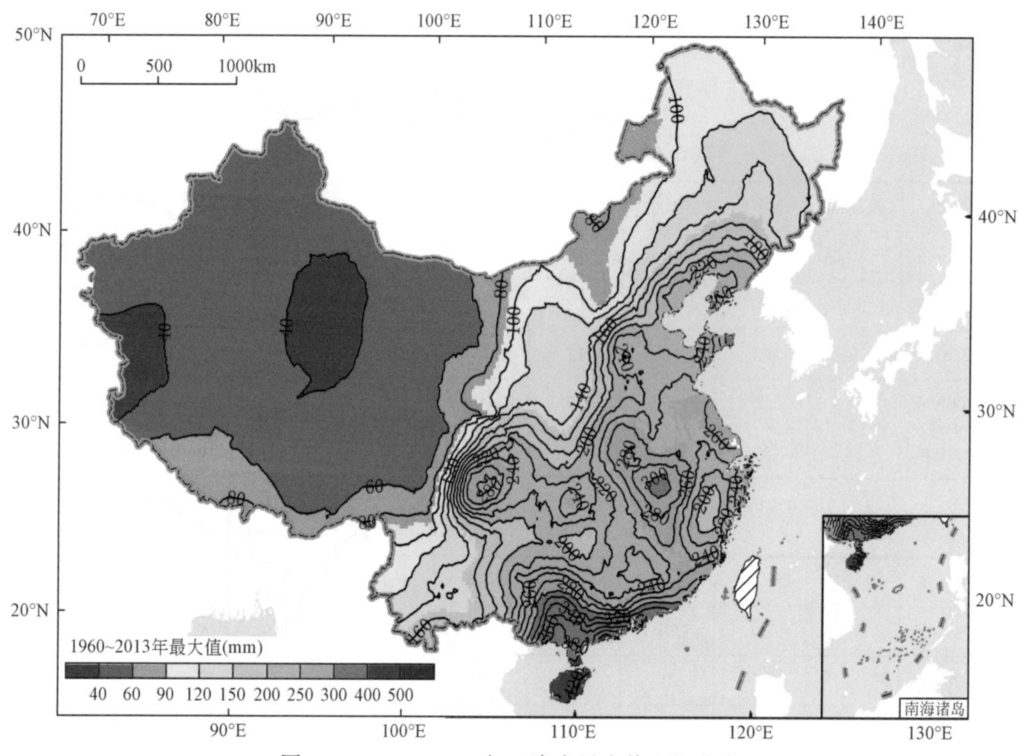

图 5-7　1961 ~ 2013 年日降水最大值空间分布

利用 AM 和 POT 取样方法得到的中国 1960 ~ 2013 年日降水量极值序列的均值分布规律类似 [图 5-8 (a)，(b)]，都是从东南沿海向西北内陆递减。其中 AM 序列在珠江流域南部超过 210mm；四川盆地及江淮地区也有极大值中心，超过 120mm；在东北三大流域，为 40 ~ 50mm，但在辽东半岛等沿海地区超过了 80mm；在华北大部为 40 ~ 90mm；在西北新疆地区有最小值中心，小于 10mm。POT 序列的均值要大于 AM 序列，在珠江流域南部超过 210mm，珠江大部分地区都超过了 150mm；四川盆地及江淮地区也有最大值中心，但超过 120mm 的范围要远大于 AM 序列；东北三大流域，极值的均值在 50mm 左右，但在辽东半岛等沿海地区超过了 120mm；在华北大部为 40 ~ 90mm；在西北新疆地区小于 10mm。

从全国 AM 和 POT 序列标准差对比来看，POT 序列的标准差要低于 AM 序列。AM 和 POT 序列的标准差也都是从东南沿海向西北内陆递减。其中，AM 序列在珠江流域南部超过 40；四川盆地及江淮地区也有极大值中心都超过 40；东北三大流域，极值的均值在 20 ~ 35，但在辽东半岛等沿海地区超过 40；华北大部为 15 ~ 40；西北新疆地区小于 5。POT 序列在珠江流域南部超过 35；四川盆地及江淮地区也有最大值中心，但最大也只到 40，四川盆地最大只有 35；东北三大流域，极值的均值在 10 ~ 30，在辽东半岛等沿海地区也只超过了 30；华北大部约为 10 ~ 30；在西北新疆地区小于 5 的范围大大增多 [图 5-8 (c)，(d)]。

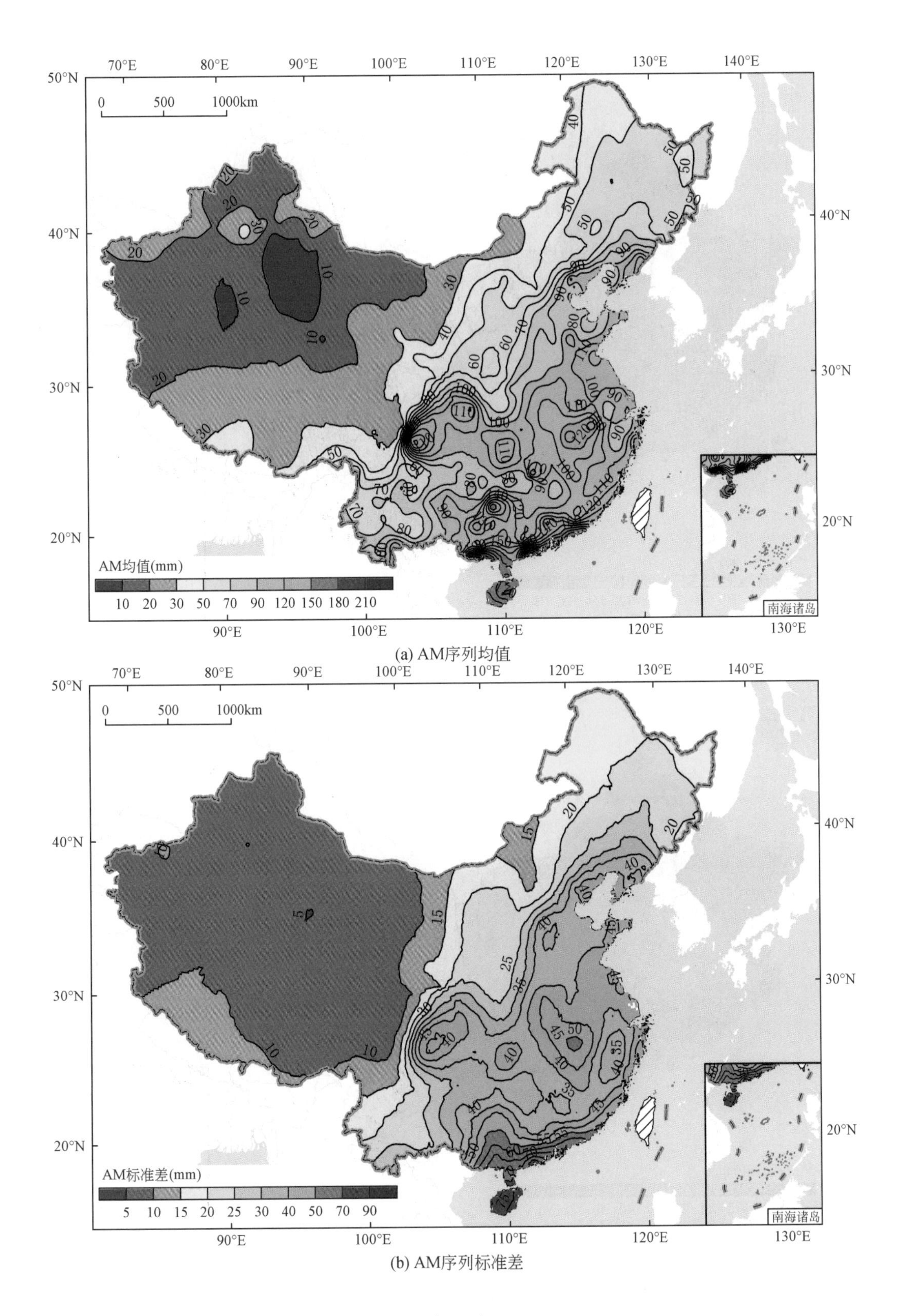

(a) AM序列均值

(b) AM序列标准差

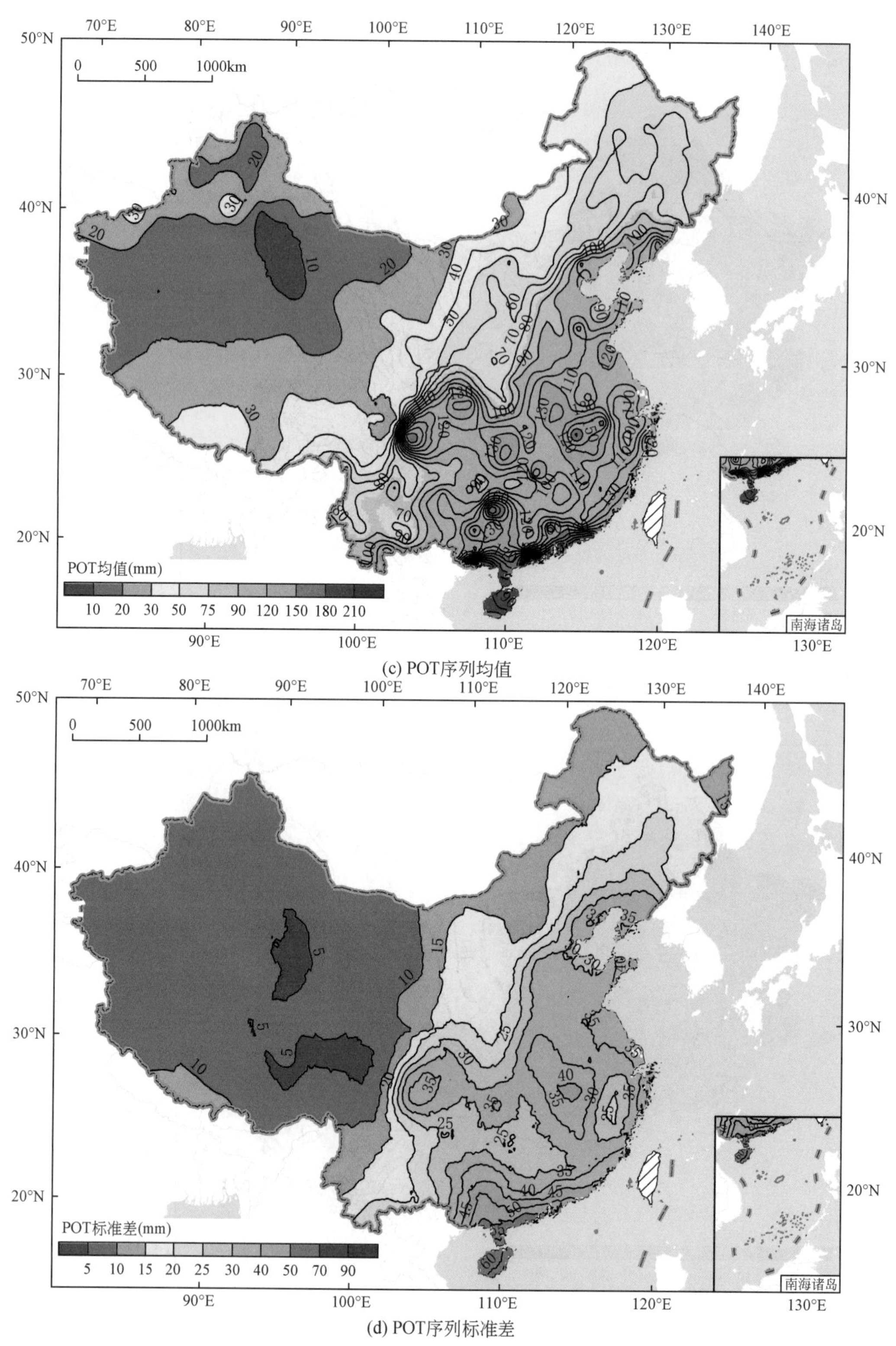

(c) POT序列均值

(d) POT序列标准差

图 5-8　1960～2013 年中国日降水极值 AM、POT 序列的均值和标准差的空间分布

对中国降水 AM 序列进行趋势检验发现，中国区域平均的极端降水强度在时间上呈显著的上升趋势［图 5-10（a）］。其中，极端降水强度在时间上表现为上升趋势的站点占 59%，通过 0.1 的显著性检验的站点占 15%；极端降水强度在时间上表现为下降趋势的占 41%，通过 0.1 的显著性检验的站点占 6%。显著下降趋势的站点主要位于中国的东北、华北及西南部分地区，显著上升的趋势的站点主要位于华中、华南及西北一带［图 5-9（a）］。

对中国降水 POT 序列进行趋势检验，发现中国区域平均的极端降水频次在时间上呈微弱的上升趋势，未通过显著性检验［图 5.10（b）］。其中，极端降水频次表现为上升趋势的占 56%，通过 0.1 显著性检验的站点占 13%；极端降水频次表现为下降趋势的占 43%，通过 0.1 显著性检验的站点占 6%。中国极端降水频次趋势的空间分布与强度趋势的分布相似，显著下降趋势的站点主要位于中国的东北南部及西南部分地区，显著上升的趋势的站点主要位于华中、华南及西北一带［图 5-9（b）］。

综上所述，可以得出，不论是极端降水的强度还是频次，都有一个东北-西南的减小带，而东南和西北大部分地区都在增加，可能与西南季风减弱有关。

松花江流域的流域平均极端降水强度在时间上呈微弱的下降趋势，未通过显著性检验。站点上，极端降水强度呈下降趋势的占 56%，通过 0.1 的显著性检验的站点占 9%；极端降水强度呈上升趋势的占 44%，通过 0.1 的显著性检验的站点占 6%（表 5-12）。上升趋势的站点主要位于松花江流域的东部，显著下降趋势的站点位于松花江流域的西部

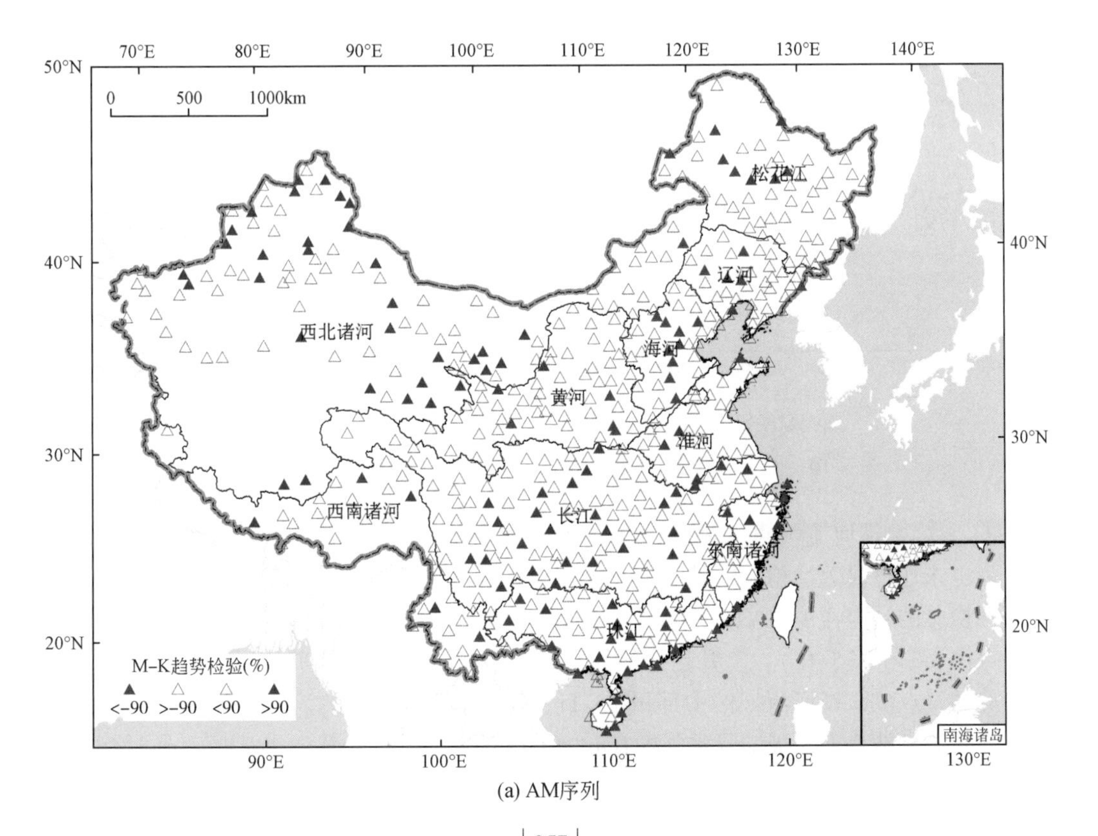

(a) AM序列

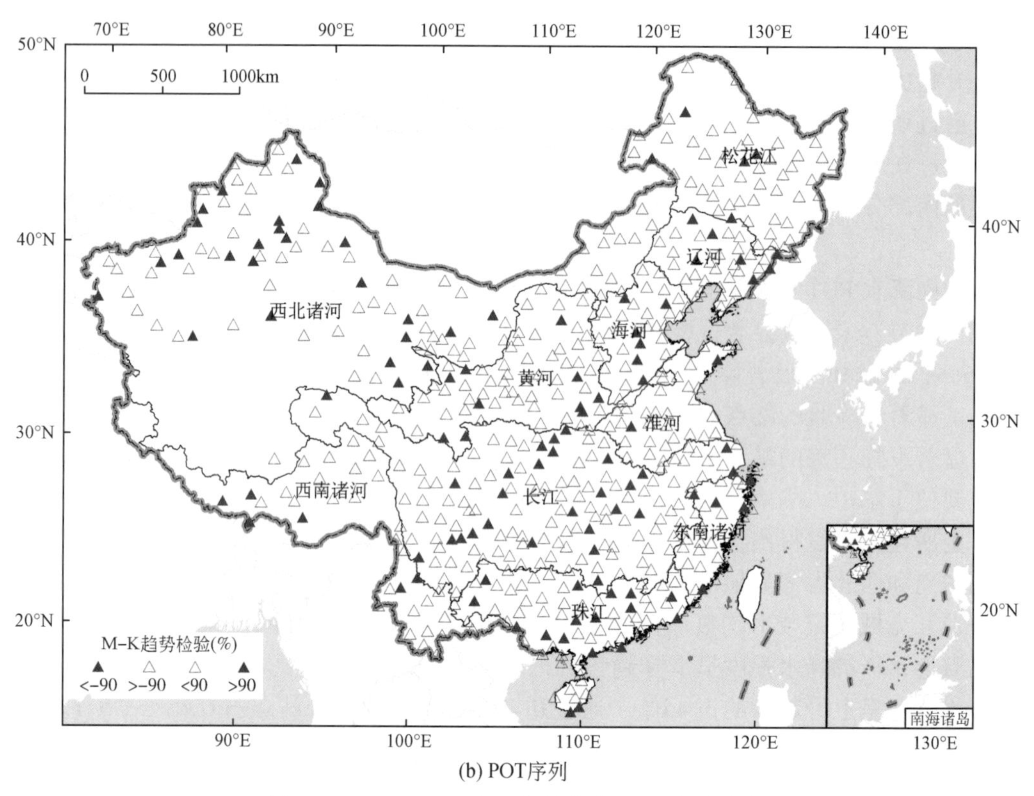

(b) POT序列

图 5-9　1960 ~ 2013 年日极端降水 M-K 变化趋势

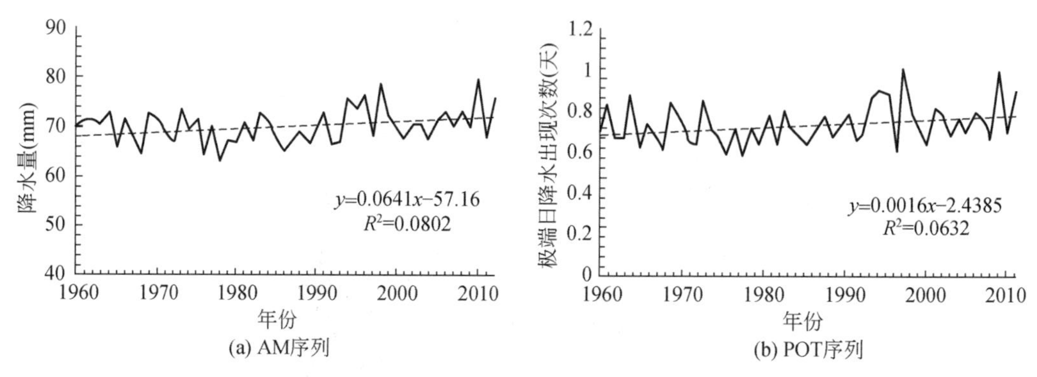

(a) AM序列　　(b) POT序列

图 5-10　图 1960 ~ 2013 年中国平均日降水极值序列时间变化趋势

[图 5-11 (a)]。辽河流域的流域平均极端降水强度呈弱下降趋势，下降趋势略大于松花江流域，但也未通过显著性检验。站点上，极端降水强度表现为下降趋势的占 53%，通过 0.1 的显著性检验的站点占 14%；极端降水强度表现为上升趋势的占 47%，通过 0.1 的显著性检验的站点占 3%（表 5-12）。上升趋势的站点主要位于辽河流域的东部辽东半岛区域，显著下降趋势的站点位于辽河流域的中部[图 5-11 (b)]。海河流域的流域平均极端降水强度呈显著下降趋势。站点上，极端降水强度在时间上的表现为下降趋势的占 72%，通过 0.1 的显著性检验的站点占 31%；极端降水强度表现为上升趋势的占 28%，没有显著上升的站点

(表 5-12)。上升趋势的站点主要位于海河流域的东南边界位置，显著下降趋势的站点位于海河流域的中部 [图 5-11 (c)]。黄河流域的流域平均极端降水强度呈微弱的上升趋势，未通过显著性检验。站点上，极端降水强度表现为上升趋势的占 49%，通过 0.1 的显著性检验的站点占 6%；极端降水强度表现为下降趋势的占 51%，通过 0.1 的显著性检验的站点占 2% (表 5-12)。上升趋势的站点主要位于黄河流域的中上游地区，显著下降趋势的站点位于松花江流域的中下游地区 [图 5-11 (d)]。淮河流域的流域平均极端降水强度呈微弱的下降趋势，未通过显著性检验。站点上，极端降水强度表现为上升趋势的占 38%；极端降水强度表现为下降趋势的占 62%，通过 0.1 的显著性检验的站点占 12% (表 5-12)。上升趋势的站点主要位于淮河流域的西南部和沿海地区，显著下降趋势的站点位于淮河流域的西北部 [图 5-11 (e)]。长江流域的流域平均极端降水强度呈显著上升趋势。站点上，极端降水强度表现为上升趋势的占 74%，通过 0.1 的显著性检验的站点占 17%；极端降水强度表现为下降趋势的占 25%，通过 0.1 的显著性检验的站点占 1% (表 5-12)。显著上升趋势的站点主要位于长江流域的中下游地区 [图 5-11 (f)]。珠江流域的流域平均极端降水强度呈显著上升趋势。站点上，极端降水强度表现为上升趋势的占 62%，通过 0.1 的显著性检验的站点占 21%；极端降水强度表现为下降趋势的占 38%，通过 0.1 的显著性检验的站点占 9% (表 5-12)。显著上升趋势的站点主要位于珠江流域的中部地区，显著下降趋势的站点位于珠江流域的西部和东部地区，整个珠江流域从西向东呈减加减的空间分布特征 [图 5-11 (g)]。东南诸河的流域平均极端降水强度呈显著上升趋势。站点上，极端降水强度表现为上升趋势的占 43%，通过 0.1 的显著性检验的站点占 21%；极端降水强度表现为下降趋势的占 54% (表 5-12)。上升趋势的站点主要位于东南诸河的北部和南部地区，下降趋势的站点位于东南诸河的中部地区 [图 5-11 (h)]。西南诸河的流域平均极端降水强度呈弱的上升趋势，未通过显著性检验。站点上，极端降水强度表现为上升趋势的占 44%，通过 0.1 的显著性检验的站点占 9%；极端降水强度表现为下降趋势的占 53%，通过 0.1 的显著性检验的站点占 6% (表 5-12)。西北诸河的流域平均极端降水强度呈显著上升趋势。站点上，极端降水强度表现为上升趋势的占 70%，通过 0.1 的显著性检验的站点占 31%；极端降水强度表现为下降趋势的占 30%，通过 0.1 的显著性检验的站点占 3% (表 5-12)。流域内大部分站点都为上升趋势，下降趋势的站点主要位于西北诸河内内蒙古的西北部，另外只少量位于塔里木盆地的西北部和西北诸河的北部部分地区 [图 5-11 (j)]。

表 5-12　AM 极端降水序列趋势检验

M-K 变化趋势	松花江	辽河	海河	黄河	淮河	长江	珠江	东南诸河	西南诸河	西北诸河
上升 (%)	44	47	28	51	62	74	62	43	44	70
显著上升 (%)	6	3	0	2	12	17	21	21	9	31
下降 (%)	56	53	72	49	38	25	38	54	53	30
显著下降 (%)	9	14	31	6	0	1	9	0	6	3
M-K 统计量	-0.16	-0.88	-2.11**	0.31	0.67	2.39***	1.42*	1.48*	0.79	3.01***

* 表示通过了 0.1 的显著性水平检验；** 表示通过了 0.05 的显著性水平检验；*** 表示通过了 0.01 的显著性水平检验。后同

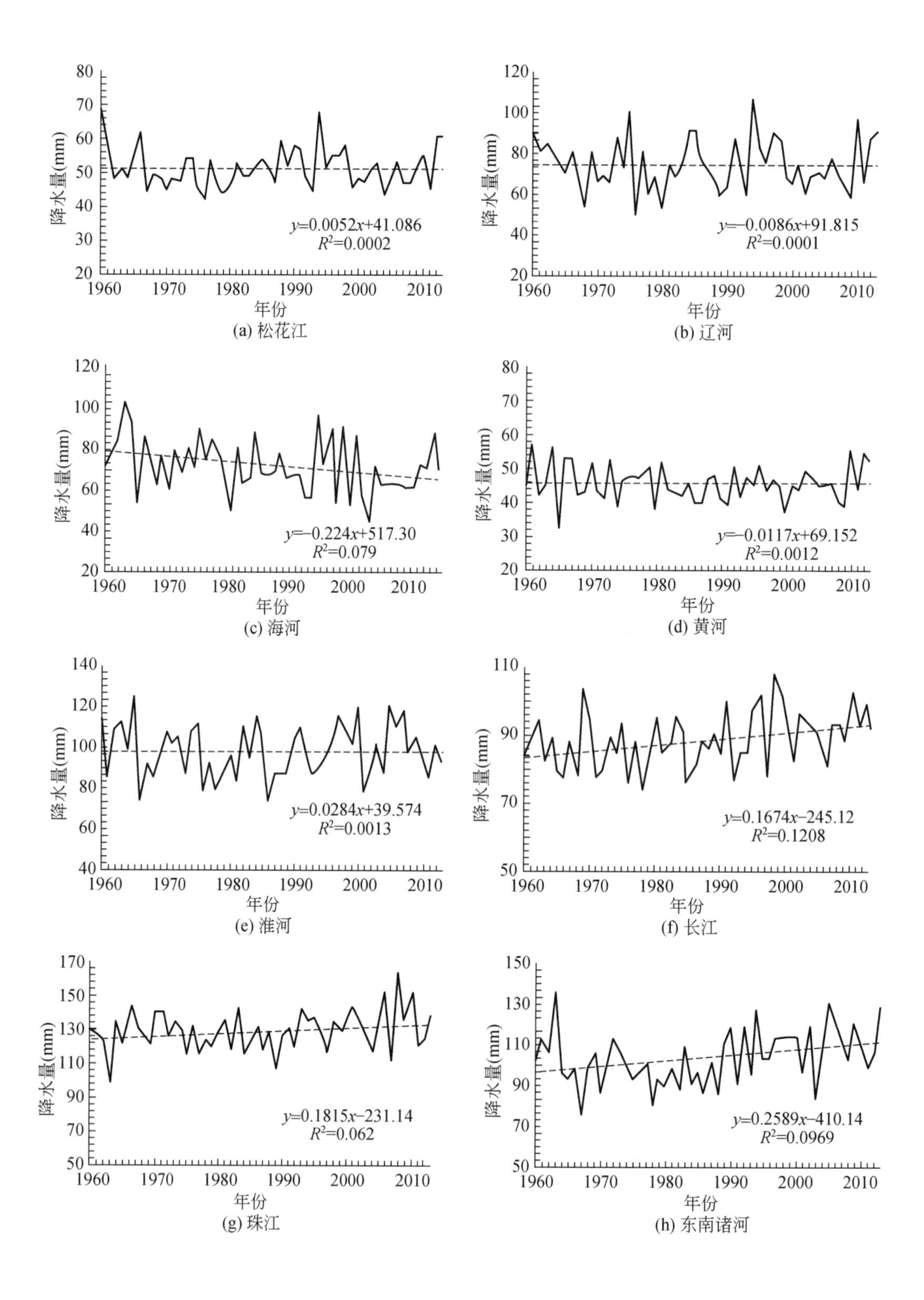

降水量(mm)
年份
y=0.0052x+41.086
R2=0.0002
(a) 松花江
y=−0.0086x+91.815
R2=0.0001
(b) 辽河
y=−0.224x+517.30
R2=0.079
(c) 海河
y=−0.0117x+69.152
R2=0.0012
(d) 黄河
y=0.0284x+39.574
R2=0.0013
(e) 淮河
y=0.1674x−245.12
R2=0.1208
(f) 长江
y=0.1815x−231.14
R2=0.062
(g) 珠江
y=0.2589x−410.14
R2=0.0969
(h) 东南诸河

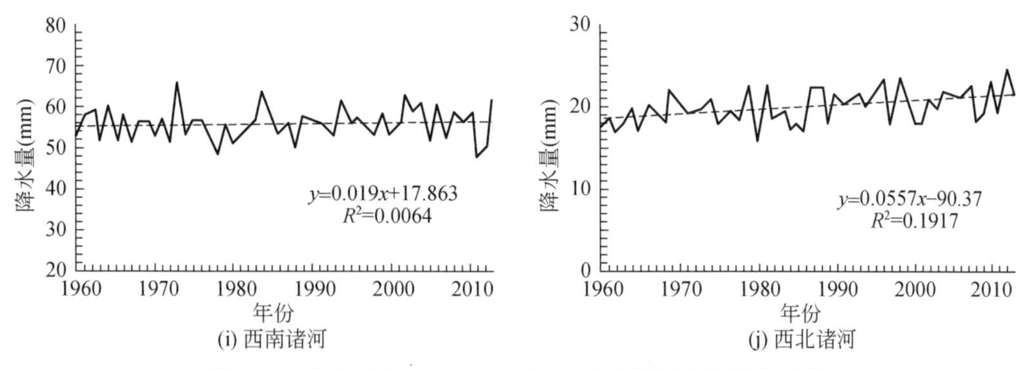

图5-11　十大流域1960～2013年AM极端降水序列变化趋势

松花江流域的流域平均极端降水频次呈微弱的下降趋势，未通过显著性检验。站点上，极端降水频次表现为下降趋势的占57%，通过0.1的显著性检验的站点占6%；极端降水频次表现为上升趋势的占41%，通过0.1的显著性检验的站点占4%（表5-13）。上升趋势的站点主要位于松花江流域的中部偏东和东南部分站点［图5-9（b）］。辽河流域的流域平均极端降水频次呈弱下降趋势，下降趋势略大于松花江流域，但也未通过显著性检验。站点上，极端降水频次在时间上的表现为下降趋势的占53%，通过α为0.1的显著性检验的站点占17%；极端降水频次在时间上的表现为上升趋势的占44%（表5-13）。上升趋势的站点主要位于辽河流域的东北部，显著下降趋势的站点位于辽河流域的北部［图5-9（b）］。整海河流域的流域平均极端降水频次呈显著下降趋势。站点上，极端降水频次表现为下降趋势的占76%，通过0.1的显著性检验的站点占21%；极端降水频次表现为上升趋势的占24%，没有显著上升的站点（表5-13）。上升趋势的站点主要位于海河流域的东南边界位置，显著下降趋势的站点位于海河流域的中部［图5-9（b）］。黄河流域的流域平均极端降水频次呈微弱的上升趋势，未通过显著性检验。站点上，极端降水频次表现为上升趋势的占40%，通过0.1的显著性检验的站点占3%；极端降水频次表现为下降趋势的占60%，通过0.1的显著性检验的站点占11%（表5-13）。上升趋势的站点主要位于黄河流域的中上游地区及河套部分地区，显著下降趋势的站点位于松花江流域的中下游地区［图5-9（b）］。淮河流域的流域平均极端降水频次呈微弱的上升趋势，未通过显著性检验。站点上，极端降水频次表现为下降趋势的占45%，通过0.1的显著性检验的站点占3%；极端降水频次表现为下降趋势的占55%，通过0.1的显著性检验的站点占3%（表5-13）。下降趋势的站点主要位于淮河流域的西南部和山东半岛等沿海地区，显著下降趋势的站点位于淮河流域的西北部［图5-9（b）］。长江流域的流域平均极端降水频次呈显著上升趋势。站点上，极端降水频次表现为上升趋势的占70%，通过0.1的显著性检验的站点占18%；极端降水频次表现为下降趋势的占30%，通过0.1的显著性检验的站点占1%（表5-13）。显著上升趋势的站点主要位于长江流域的中下游地区［图5-9（b）］。珠江流域的流域平均极端降水频次呈弱上升趋势。站点上，极端降水频次表现为上升趋势的占53%，通过0.1的显著性检验的站点占 16%；极端降水频次表现为下降趋势的占 46%，通过 0.1 的显著性检验的站点占 9%（表 5-13）。显著上升趋势的站点主要位于珠江流域的中部地区，显著下降趋势的站点位于珠江流域的西部和东部地区，整个珠江流域从西向东呈减加减的空间分布特征［图 5-9（b）］。东南诸河流域平均极端降水频次呈显著上升趋势。站点上，极端降水频次表现为上升趋势的占 68%，通过 0.1 的显著性检验的站点占 18%；极端降水频次表现为下降趋势的占 32%（表 5-13）。上升趋势的站点主要位于东南诸河的北部和南部地区，下降趋势的站点位于东南诸河的中部地区，整个东南诸河从北向南呈加减加的空间分布特征［图 5-9（b）］。西南诸河流域平均极端降水频次呈弱的上升趋势，未通过显著性检验。站点上，极端降水频次表现为上升趋势的占 44%，通过 0.1 的显著性检验的站点占 9%；极端降水频次表现为下降趋势的占 53%，通过 0.1 的显著性检验的站点占 6%（表 5-13）。西北诸河流域平均极端降水频次呈显著上升趋势。站点上，极端降水频次表现为上升趋势的占 72%，通过 0.1 的显著性检验的站点占 28%；极端降水频次表现为下降趋势的占 26%，通过 0.1 的显著性检验的站点占 1%（表 5-13）。流域内大部分站点都为上升趋势，下降趋势的站点主要位于西北诸河内蒙古的西北部［图 5-9（b）］。

表 5-13　极端降水 POT 序列趋势检验

M-K 变化趋势	松花江	辽河	海河	黄河	淮河	长江	珠江	东南诸河	西南诸河	西北诸河
上升（%）	41	44	24	40	55	70	53	68	47	72
显著上升(%)	4	0	0	3	3	18	16	18	13	28
下降(%)	57	53	76	60	45	30	46	32	53	26
显著下降(%)	6	17	21	11	3	1	9	0	6	1
M-K 统计量	-0.20	-1.09	-1.58*	0.26	-0.44	2.65***	0.71	1.67**	0.35	2.94***

2. 径流

9 个一级水资源区的 17 个水文站中，日极端径流强度显著上升的有长江中下游的汉口站和大通站以及珠江流域的高要站。大通站比汉口站上升的更明显，气候倾向率达到了 2507.3m^3/（s·10a）；高要站也达到了 1467.9m^3/（s·10a）。淮河流域的吴家渡站，长江流域的屏山站，西北诸河的卡群和肖塔有弱的上升趋势，但不显著。显著下降的站点有松花江流域的哈尔滨、佳木斯和同盟站，同盟站下降最显著，但佳木斯的气候倾向率最大；海河流域的滦县和黄河流域的利津站在所有 17 站中下降趋势最显著；长江流域上游的寸滩站和西南诸河的允景洪站也有显著下降的趋势。淮河流域的淮滨站和珠江的高要站有弱的下降趋势，但不显著（表 5-14）。

表 5-14　径流 AM 序列极值特征

站点	M-K 统计量	气候倾向率 [m^3/(s·10a)]	均值 (m^3/s)	标准差 (m^3/s)	偏度	峰度
哈尔滨	-1.9**	-334.5	7100.8	3631.5	1.16	1.06
佳木斯	-2.3**	-578.3	49 708.0	11 719.0	0.52	0.12
同盟	-2.4***	-252.6	54 179.0	8 841.2	0.15	-0.21
滦县	-3.9***	-563.5	603.3	207.0	-0.05	-0.2
利津	-4.7***	-1234.1	33 283.0	12 279.0	1.67	5.54
吴家渡	0.2	-16.6	2 696.7	2 279.5	3.07	14.75
淮滨	-0.9	-282.9	4 372.7	2 199.0	0.72	0.67
屏山	1.2	1 164.6	18 138.0	8 061.5	3.51	15.09
寸滩	-1.5*	-541.6	1 807.2	2 234.7	1.48	1.52
宜昌	-2.4***	-1 183.5	4 219.3	1 960.4	0.20	-0.47
汉口	1.4*	661.9	3 213.3	2 297.3	1.87	4.17
大通	2.3**	2 507.3	1 397.8	329.4	1.45	3.23
高要	1.7**	1 467.9	14 800.0	5 350.3	0.95	0.39
竹岐	-0.6	-1 772.6	49 780.0	8 383.8	-0.26	-0.17
允景洪	-1.5*	-339.4	61 081.0	12 936.0	1.28	3.21
卡群	0.3	1.3	4 463.2	2 960.3	1.88	4.22
肖塔	0.9	37.2	7 059.0	1 677.3	1.42	2.98

日极端径流频率显著上升的有长江宜昌站。其余站点中，松花江流域的哈尔滨站和同盟站，黄河流域的利津站，淮河流域的淮滨站，长江流域的屏山、寸滩、汉口站都有弱的上升趋势，但不显著。显著下降的站点有海河流域的滦县站。其他站点中长江流域的大通站，珠江流域的高要站，松花江流域的佳木斯站，淮河流域的吴家渡站，西北诸河的卡群和肖塔站，西南诸河的允景洪站，东南诸河的竹岐站都有弱的下降趋势，但不显著（表 5-15）。

表 5-15　径流 POT 极值序列统计特征

站点	M-K 统计量	气候倾向率	标准差	偏度	峰度
哈尔滨	0.05	-0.069	1.86	2.05	3.9
佳木斯	-0.55	0.052	1.72	1.52	0.92

续表

站点	M-K 统计量	气候倾向率	标准差	偏度	峰度
同盟	1. 24	0. 12	1. 34	1. 66	2. 9
滦县	-2. 10***	-0. 13	1. 31	1. 14	0. 57
利津	0. 29	0. 079	2. 11	3. 45	14. 05
吴家渡	-1. 13	-0. 026	1. 79	2. 11	4. 21
淮滨	0. 66	0. 24	1. 43	1. 19	0. 26
屏山	1. 05	0. 093	1. 27	1. 90	5. 79
寸滩	0. 92	0. 17	1. 05	0. 85	-0. 25
宜昌	1. 85**	0. 12	1. 20	1. 96	5. 22
汉口	0. 52	-0. 037	1. 72	2. 74	8. 39
大通	-0. 99	-0. 38	2. 06	2. 96	9. 82
高要	-0. 96	-1. 27	1. 20	1. 35	1. 78
竹岐	-0. 56	-0. 26	1. 02	0. 88	-0. 13
允景洪	-1. 03	-0. 21	1. 26	1. 11	0. 27
卡群	-0. 66	-0. 12	0. 82	1. 00	1. 4
肖塔	-0. 93	-0. 11	1. 00	0. 54	-0. 85

5. 4. 2 最优函数的选取

1. 降水

中国 530 个气象观测站的 1960 ~ 2013 年降水极值的样本序列长度为 54 年，显著性水平 α 为 0. 05 的 K-S 临界值为 0. 181，A-D 临界值为 2. 502，C-S 临界值为 11. 07。

(1) AM 序列最优函数

经过 47 个分布函数的拟合，序列疲劳寿命（Fatigue Life）分布、Frechet 分布、广义极值分布（GEV）、广义帕累托（Gen. Pareto）分布、广义逻辑（Gen. Logistic）分布、逆高斯（Inv. Gaussian）分布、对数正态（LogNormal）分布、对数逻辑（Log-Logistic）分布、皮尔逊Ⅴ型（Pearson-Ⅴ）分布、威布尔（Weibull）分布对全部 530 个气象站的 AM 拟合结果都通过了 0. 05 的 K-S 拟合优度检验；剩余函数中，伽马（Gamma）分布、对数皮尔逊Ⅲ型（Log-Pearson-Ⅲ）分布、对数伽马（Log-Gamma）分布、广义伽马（Gen. Gamma）分布、皮尔逊Ⅵ型（Pearson-Ⅵ）分布、冈贝尔（Gumbel Max）分布对 99% 站的拟合结果也通过了 0.05 的 K-S 拟合优度检验；其余函数中，Pert 分布、韦克比（Wakeby）分布、柯西分布（Cauchy）、卡方（Chi-Squared）分布、Johnson SB 分布、莱斯（Rice）分布、瑞利（Rayleigh）分布对 90% 的站点的拟合结果通过了 0.05 的 K-S 拟合优度检验。

经过 47 个分布函数的拟合，疲劳寿命（Fatigue Life）分布、广义极值分布（GEV）、逆高斯（Inv. Gaussian）分布、对数逻辑（Log-Logistic）分布、对数正态（LogNormal）对 530 个站点 AM 序列的拟合通过了 0.05 的 A-D 拟合优度检验；剩余函数中，Frechet 分布、皮尔逊Ⅴ型（Pearson-Ⅴ）分布、广义逻辑（Gen. Logistic）分布、对数伽马（Log-Gamma）分布、皮尔逊Ⅵ型（Pearson-Ⅵ）分布对 99% 站的拟合通过了 0.05 的 A-D 优度检验；其余函数中，伽马（Gamma）分布、冈贝尔（Gumbel Max）分布、威布尔（Weibull）分布、对数皮尔逊Ⅲ型（Log-Pearson-Ⅲ）分布、卡方（Chi-Squared）分布、瑞利（Rayleigh）分布、柯西分布（Cauchy）、Hypersecant 分布、莱斯（Rice）分布和逻辑（Logistic）分布拟合结果通过了约 90% 的站点的 0.05 的 A-D 拟合优度检验。

经过 47 个分布函数的拟合，疲劳寿命（Fatigue Life）分布、广义极值分布（GEV）、逆高斯（Inv. Gaussian）分布、Frechet 分布、皮尔逊Ⅴ型（Pearson-Ⅴ）分布、广义逻辑（Gen. Logistic）分布、对数逻辑（Log-Logistic）分布、对数正态（LogNormal）分布对 530 个站点 AM 序列的拟合通过了 0.05 的 C-S 拟合优度检验；剩余函数中，对数伽马（Log-Gamma）分布、对数皮尔逊Ⅲ型（Log-Pearson-Ⅲ）分布、伽马（Gamma）分布、皮尔逊Ⅵ型（Pearson-Ⅵ）分布、威布尔（Weibull）分布、冈贝尔（Gumbel Max）分布、柯西分布（Cauchy）、瑞利（Rayleigh）分布、Pert 分布、卡方（Chi-Squared）分布对 99% 站的拟合通过了 0.05 的 C-S 拟合优度检验。

综上所述，疲劳寿命（Fatigue Life）分布、广义极值分布（GEV）、Frechet 分布、广义逻辑（Gen. Logistic）分布、逆高斯（Inv. Gaussian）分布、对数逻辑（Log-Logistic）分布、皮尔逊Ⅴ型（Pearson-Ⅴ）分布、对数正态（LogNormal）分布对全国 99% 的站点的拟合结果均通过了 K-S、A-D 和 C-S 拟合优度检验；剩余函数中，对数伽马（Log-Gamma）分布、对数皮尔逊Ⅲ型（Log-Pearson-Ⅲ）分布、伽马（Gamma）分布、皮尔逊Ⅵ型（Pearson-Ⅵ）分布、威布尔（Weibull）分布、冈贝尔（Gumbel Max）分布的拟合结果通过了 95% 的站点的 K-S、A-D 和 C-S 拟合优度检验。这表明中国降水极值的 AM 序列总体能较好地服从上述 14 种分布函数（表 5-16）。

对逐个气象站的 47 种分布函数拟合统计量 D_n 进行排序，得到对全部 530 个气象站拟合效果最优的前五种函数。K-S 拟合优度检验得出，对全国 66% 的站点 AM 序列拟合较好的是韦克比函数，对 39% 的站点拟合较好的是广义极值和对数逻辑函数，对 38% 的站点拟合较好的是广义逻辑函数（表 5-17）。A-D 拟合优度检验下，对全国 54% 站点极值 AM 序列拟合较好的是广义极值函数，对 36% 的站点拟合较好的函数是对数逻辑函数，35% 的站点拟合较好的函数是广义逻辑函数（表 5-18）。C-S 拟合优度检验得出，对全国 28% 站点极值 AM 序列拟合较好的函数是广义逻辑函数、广义极值和广义逻辑函数（表 5-19）。

表 5-16　中国地区 1960～2013 年极端降水 AM 序列各拟各分布函数通过检验的站点数

分布函数	$D_n < D_{n,\alpha}$			$D_n < D_{n,\alpha}$	分布函数	$D_n < D_{n,\alpha}$			$D_n < D_{n,\alpha}$
	K-S	A-D	C-S			K-S	A-D	C-S	
Fatigue Life	530	530	529	529	Erlang	17	6	41	16
GEV	530	530	528	528	Error	13	5	37	10
Frechet	529	529	527	527	Logistic	5	4	39	9
Gen. Logistic	528	528	527	527	Normal	3	1	38	9
Inv. Gaussian	530	530	527	527	Rice	8	1	37	7
Log-Logistic	530	530	526	526	Cauchy	4	2	130	5
Pearson-Ⅴ	529	529	527	526	Gen. Pareto	7	7	4	5
Lognormal	530	530	525	525	Johnson SU	7	9	3	5
Log-Gamma	527	527	522	522	Kumaraswamy	11	2	11	5
Log-Pearson-Ⅲ	521	521	520	520	Triangular	10	3	22	4
Gamma	524	524	519	519	Hypersecant	4	0	27	3
Pearson-Ⅵ	525	525	517	517	Exponential	4	0	7	2
Weibull	522	522	513	513	Laplace	2	2	17	2
Gumbel Max	522	522	506	506	Error Function	0	0	0	0
Rayleigh	495	495	497	480	F	0	0	0	0
Cauchy	485	485	504	477	Gumbel Min	0	0	2	0
Chi-Squared	495	495	478	473	Levy	0	0	0	0
Gen. Gamma	461	461	462	459	Pareto	0	0	0	0
Hypersecant	484	484	467	450	Pareto 2	0	0	0	0
Logistic	478	478	467	447	Power Function	0	0	0	0
Error	468	468	476	443	Reciprocal	1	0	3	0
Erlang	427	427	471	421	Student′s	0	0	0	0
Rice	480	480	426	419	Uniform	0	0	0	0
Rayleigh	17	9	54	18					

注：D_n <表示的是经验分布函数 $F_n(x)$ 与理论 $D_{n,\alpha}$ 分布函数 $F(x)$ 的最大差值 D_n 小于显著性水平为0.05的各个假设检验临界值 $D_{n,\alpha}$ 的气象站的个数

表 5-17　K-S 拟合优度下 AM 序列的最优函数

分布函数	R5 站点数	分布函数	R5 站点数	分布函数	R5 站点数	分布函数	R5 站点数
Wakeby	350	Pearson- Ⅴ	98	Weibull	77	Pert	39
GEV	209	Pearson- Ⅵ	89	LogNormal	76	Chi-Squared	25
Log-Logistic	205	Log-Pearson- Ⅲ	84	Inv. Gaussian	68	Rayleigh	11
Gen. Logistic	200	Log-Gamma	80	Gamma	64	Rice	5
Frechet	132	Gen. Gamma	79	Gen. Pareto	63	Cauchy	4
Johnson SB	130	Fatigue Life	78	Gumbel Max	53		

表 5-18　A-D 拟合优度下 AM 序列的最优函数

分布函数	R5 站点数	分布函数	R5 站点数	分布函数	R5 站点数	分布函数	R5 站点数
GEV	287	Pearson- Ⅴ	133	LogNormal	91	Logistic	4
Log-Logistic	192	Fatigue Life	109	Weibull	82	Cauchy	2
Gen. Logistic	183	Gamma	99	Log-Gamma	71	Rice	1
Frechet	147	Inv. Gaussian	96	Gumbel Max	29	Chi-Squared	0
Log-Pearson- Ⅲ	136	Pearson- Ⅵ	94	Rayleigh	9	Hypersecant	0

表 5-19　C-S 拟合优度下 AM 序列的最优函数

分布函数	R5 站点数	分布函数	R5 站点数	分布函数	R5 站点数	分布函数	R5 站点数
Gen. Logistic	150	Log-Gamma	102	Log-Pearson- Ⅲ	91	Chi-Squared	59
GEV	149	Pearson- Ⅵ	100	LogNormal	88	Pert	56
Log-Logistic	146	Pearson- Ⅴ	99	Gamma	79	Rayleigh	52
Cauchy	131	Fatigue Life	92	Gumbel Max	76		
Frechet	106	Inv. Gaussian	91	Weibull	66		

根据 3 种优度检验，适用全国 45% 的站点 AM 序列的最优函数是广义极值函数，适用 33% 的站点 AM 序列的函数还有对数逻辑分布，适用 32% 的站点 AM 序列的函数也包含广义逻辑分布函数（表 5-20）。

表 5-20　3 种拟合优度统计量加和下 AM 序列的最优函数

分布函数	R5 站点数	分布函数	R5 站点数	分布函数	R5 站点数	分布函数	R5 站点数
GEV	237	Log-Pearson- Ⅲ	144	Inv. Gaussian	120	Weibull	55
Log-Logistic	177	Pearson- Ⅴ	144	Fatigue Life	111	Gumbel Max	48
Gen. Logistic	172	Pearson- Ⅵ	136	Log-Gamma	107		
Frechet	148	LogNormal	134	Gamma	89		

综上所述，得到适用中国极端降水 AM 序列的最优函数为广义极值分布函数，对数逻

辑分布函数，广义逻辑分布函数和韦克比分布函数。

（2）POT 序列最优函数

经过 47 个分布函数的拟合，Frechet 分布、广义极值分布（GEV）、广义逻辑（Gen. Logistic）分布、广义帕累托（Gen. Pareto）分布、对数正态（LogNormal）分布、对数皮尔逊Ⅲ型（Log-Pearson-Ⅲ）分布、皮尔逊Ⅴ型（Pearson-Ⅴ）分布对全部 530 个站点 POT 序列的拟合通过了 0.05 显著水平的 K-S 优度检验；剩余函数中，逆高斯（Inv. Gaussian）分布、对数逻辑（Log-Logistic）分布、疲劳寿命（Fatigue Life）分布、威布尔（Weibull）分布通过了 99% 的站点 POT 序列的拟合通过了 K-S 优度检验；其余函数中，指数（Exponential）分布、广义伽马（Gen. Gamma）分布、韦克比（Wakeby）分布、伽马（Gamma）分布、帕累托（Pareto）分布、Johnson SB 分布对 90% 站点 POT 序列的拟合通过了 K-S 优度检验。

经过 47 个分布函数的拟合，疲劳寿命（Fatigue Life）分布、广义极值分布（GEV）、广义逻辑（Gen. Logistic）分布、对数正态（LogNormal）分布、皮尔逊Ⅴ型（Pearson-Ⅴ）分布、Frechet 分布对全部 530 个站点 POT 序列的拟合通过了 0.05 显著水平的 A-D 拟合优度检验；剩余函数中，逆高斯（Inv. Gaussian）分布、对数逻辑（Log-Logistic）分布、对数皮尔逊Ⅲ型（Log-Pearson-Ⅲ）分布对 90% 站点 POT 序列的拟合通过了 A–D 拟合优度检验。

经过 47 个分布函数的拟合，疲劳寿命（Fatigue Life）分布、广义极值分布（GEV）、广义逻辑（Gen. Logistic）分布、对数正态（LogNormal）分布、皮尔逊Ⅴ型（Pearson-Ⅴ）分布、逆高斯（Inv. Gaussian）分布、Frechet 分布、指数（Exponential）分布、对数逻辑（Log-Logistic）分布、帕累托（Pareto）分布、对数皮尔逊Ⅲ型（Log-Pearson-Ⅲ）分布、对数伽马（Log-Gamma）分布对 90% 以上站点 POT 序列的拟合通过了 C-S 优度检验。

根据 3 种假设检验，广义极值分布（GEV）、广义逻辑（Gen. Logistic）分布、对数正态（LogNormal）分布、皮尔逊Ⅴ型（Pearson-Ⅴ）分布、疲劳寿命（Fatigue Life）分布、Frechet 分布、逆高斯（Inv. Gaussian）分布、对数逻辑（Log-Logistic）分布通过了 95% 的站点 POT 序列的拟合优度检验；数皮尔逊Ⅲ型（Log-Pearson-Ⅲ）分布通过了 90% 的站点的 K-S、A-D 和 C-S 拟合优度检验。表明中国地区降水极值的 POT 序列总体能较好的服从上述 9 种分布函数（表 5-21）。

表 5-21　中国地区 1960 ~ 2013 年极端降水 POT 序列各拟合分布函数通过检验的站点数

分布函数	$D_n < D_{n,\alpha}$			$D_n < D_{n,\alpha}$	分布函数	$D_n < D_{n,\alpha}$			$D_n < D_{n,\alpha}$
	K-S	A-D	C-S			K-S	A-D	C-S	
Fatigue Life	530	530	524	524	Gamma	169	169	184	169
Gen. Extreme Value	530	530	523	523	Nakagami	153	153	349	148
Gen. Logistic	530	530	521	521	Cauchy	146	146	429	143
LogNormal	530	530	521	521	Rice	145	145	368	137
Pearson-Ⅴ	530	530	521	521	Logistic	144	144	350	135

续表

分布函数	$D_n < D_{n,\alpha}$			$D_n < D_{n,\alpha}$	分布函数	$D_n < D_{n,\alpha}$			$D_n < D_{n,\alpha}$
	K-S	A-D	C-S			K-S	A-D	C-S	
Frechet	530	530	519	519	Pert	135	135	394	134
Inv. Gaussian	528	528	521	519	Rayleigh	140	140	317	133
Log-Logistic	518	518	510	509	Normal	127	127	366	120
Log-Pearson-Ⅲ	496	496	487	487	Hypersecant	123	123	311	114
Log-Gamma	460	460	485	436	Error	105	105	234	96
Exponential	430	430	518	424	Levy	96	96	168	67
Erlang	413	413	435	408	Kumaraswamy	67	67	67	60
Gumbel Max	418	418	457	392	Laplace	59	59	163	46
Gen. Pareto	370	370	368	368	Power Function	62	62	69	43
Wakeby	353	353	403	351	Triangular	17	17	63	17
Johnson SB	276	276	273	273	Gumbel Min	1	1	56	1
Pearson-Ⅵ	269	269	274	266	Error Function	5	0	0	0
Chi-Squared	268	268	439	258	F	0	0	0	0
Pareto	244	244	507	244	Johnson SU	0	0	0	0
Burr	230	230	237	227	Pareto 2	0	0	0	0
Dagum	220	220	234	218	Reciprocal	0	0	5	0
Weibull	211	211	214	208	Student's	0	0	0	0
Beta	217	217	288	195	Uniform	0	0	0	0
Gen. Gamma	189	189	205	188					

注：$D_n < D_{n,\alpha}$ 表示的是经验分布函数 $F_n(x)$ 与理论分布函数 $F(x)$ 的最大差值 D_n 小于显著性水平为0.05的各个假设检验临界值 $D_{n,\alpha}$ 的气象站的个数

在K-S拟合优度检验下，对全国74%的站点POT序列拟合较好的函数是韦克比分布函数；对66%的站点拟合较好的函数还包含广义帕累托分布函数；对39%的站点拟合较好的函数还有Johnson SB函数；对30%的站点拟合较好的函数还包含广义极值和对数逻辑分布函数（表5-22）。在A-D拟合优度检验下，对全国59%的站点拟合较好的函数是疲劳寿命分布函数；对48%的站点拟合较好的函数还包含逆高斯分布函数、对数正态分布函数；对34%的站点拟合较好的函数中也包含广义极值分布函数（表5-23）。在C-S拟合优度检验下，对全国29%的站点拟合较好的函数是对数逻辑分布函数、疲劳寿命分布函数和对数皮尔逊Ⅲ型分布函数；对27%的站点拟合较好的函数中还包含对数正态分布函数；对25%的站点拟合较好的函数也有Frechet分布函数（表5-24）。

表 5-22　K-S 拟合优度下 POT 序列的最优函数

分布函数	R5 站点数	分布函数	R5 站点数	分布函数	R5 站点数	分布函数	R5 站点数
Wakeby	391	Weibull	126	Pearson- V	84	Inv. Gaussian	69
Gen. Pareto	348	Fatigue Life	111	LogNormal	83	Gen. Gamma	63
Johnson SB	205	Log-Pearson-Ⅲ	111	Frechet	82		
GEV	158	Exponential	96	Gamma	79		
Log-Logistic	158	Gen. Logistic	88	Pareto	75		

表 5-23　A-D 拟合优度下 POT 序列的最优函数

分布函数	R5 站点数	分布函数	R5 站点数	分布函数	R5 站点数
Fatigue Life	315	GEV	182	Frechet	92
Inv. Gaussian	259	Log-Pearson-Ⅲ	140	Log-Logistic	88
LogNormal	256	Pearson- V	112	Gen. Logistic	73

表 5-24　C-S 拟合优度下 POT 序列的最优函数

分布函数	R5 站点数	分布函数	R5 站点数	分布函数	R5 站点数	分布函数	R5 站点数
Log-Logistic	156	LogNormal	142	Gen. Logistic	126	Pearson 5	111
Fatigue Life	152	Frechet	134	Inv. Gaussian	123	Pareto	108
Log-Pearson-Ⅲ	152	GEV	131	Exponential	117	Log-Gamma	35

根据 3 种优度检验，对全国 41% 的站点拟合较好的函数是对数正态分布函数；对 38% 的站点拟合较好的函数还有疲劳寿命分布函数；对 36% 的站点拟合较好的函数也包含对数逻辑分布函数；对 33% 的站点拟合较好的函数为逆高斯分布函数（表 5-25）。

表 5-25　3 种拟合优度统计量加和下 POT 序列的最优函数

分布函数	R5 站点数	分布函数	R5 站点数	分布函数	R5 站点数
LogNormal	216	Inv. Gaussian	176	Log-Pearson-Ⅲ	158
Fatigue Life	201	GEV	173	Pearson- V	150
Log-Logistic	191	Frechet	161	Gen. Logistic	128

综上所述，适用中国极端降水 POT 序列的最优函数为疲劳寿命分布函数、对数正态分布函数、韦克比分布函数和广义帕累托分布函数。

2. 径流

对 9 个一级水资源区的 17 个水文站的极端径流序列进行分布函数拟合，得到每个水文站的最优函数。

哈尔滨站 AM 序列实测概率密度（直方图）和理论概率密度曲线的对比表明［图 5-12（a）］，所有 47 种函数中拟合优度前五的函数是对数皮尔逊Ⅲ型分布、皮尔逊Ⅴ型分布、皮尔逊Ⅵ型分布、Frechet 分布和韦克比分布拟合。此五类分布函数的概率密度曲线非常接近，但在峰值位置，对数皮尔逊Ⅲ型分布拟合比其他几个分布函数要好，故认为对数皮尔逊Ⅲ型分布是哈尔滨站径流 AM 序列的最优拟合函数。

佳木斯站 AM 序列实测概率密度（直方图）和理论概率密度曲线的对比表明［图 5-12（b）］，所有 47 种函数中拟合优度前五的函数是威布尔分布、广义极值分布、对数皮尔逊Ⅲ型分布、对数伽马分布、皮尔逊Ⅴ型分布拟合 AM 序列。除威布尔分布外，其他 4 个分布函数的概率密度曲线非常接近，威布尔分布函数的 C-S 统计值要远小于其他 4 个分布函数，故威布尔分布拟合结果优于其他几个分布函数。

同盟站 AM 序列实测概率密度（直方图）和理论概率密度曲线的对比表明［图 5-12（c）］，所有 47 种函数中拟合优度前五的函数是广义逻辑分布、韦克比分布、皮尔逊Ⅴ型分布、皮尔逊Ⅵ型分布和广义极值分布。除韦克比分布外，其他 4 个分布函数的概率密度曲线非常接近，韦克比分布的 K-S 和 A-D 统计值都较小，但 C-S 的统计值较大，故没有选择韦克比为最优函数；而广义逻辑分布要比其他 3 个分布函数拟合优度统计值的均值略大，故认为广义逻辑分布为拟合同盟站径流极值 AM 序列的最优函数。

滦县站 AM 序列实测概率密度（直方图）和理论概率密度曲线的对比表明［图 5-12（d）］，所有 47 种函数中拟合优度前五的函数是广义伽马分布、对数正态分布、疲劳寿命分布、Reciprocal 分布、对数皮尔逊Ⅲ型分布。综合对比 3 种拟合优度统计量，广义伽马分布的 C-S 统计量要远比其他 4 种分布函数小，故认为广义伽马分布为拟合滦县站径流极值 AM 序列的最优函数。

利津站 AM 序列实测概率密度（直方图）和理论概率密度曲线的对比表明［图 5-12（e）］，所有 47 种函数中拟合优度前五的函数是韦克比分布、对数皮尔逊Ⅲ型分布、对数逻辑分布、广义极值分布、皮尔逊Ⅵ型分布。韦克比分布的曲线与实测概率密度拟合较好，其余 4 种分布相似，故认为韦克比分布为拟合利津站径流极值 AM 序列的最优函数。

吴家渡站 AM 序列实测概率密度（直方图）和理论概率密度曲线的对比表明［图 5-12（f）］，所有 47 种函数中拟合优度前五的函数是 Johnson SB 分布、广义极值分布、瑞利分布、对数正态分布、皮尔逊Ⅴ型分布。5 种分布函数的概率密度曲线比较相似，Johnson SB 分布的 3 种拟合优度检验的统计量之和是最小的，故认为 Johnson SB 分布为拟合吴家渡站径流极值 AM 序列的最优函数。

淮滨站 AM 序列实测概率密度（直方图）和理论概率密度曲线的对比表明［图 5-12（g）］，所有 47 种函数中拟合优度前五的函数是广义极值分布、对数正态分布、Frechet 分布、皮尔逊Ⅴ型分布、皮尔逊Ⅵ型分布。5 种分布函数的概率密度曲线比较相似，但对数正态分布的峰度和偏度更接近实测分布，故认为广义极值分布为拟合淮滨站径流极值 AM 序列的最优函数。

屏山站 AM 序列实测概率密度（直方图）和理论概率密度曲线的对比表明［图 5-12（h）］，所有 47 种函数中拟合优度前五的函数是皮尔逊Ⅲ型分布、Johnson SB 分布、Erlang 分布、广义极值分布、对数皮尔逊Ⅲ型分布。5 种分布函数的概率密度曲线比较相似，皮尔逊Ⅲ型（伽马分布）的拟合优度检验统计量最小，但广义极值分布的峰度和偏度更接近实测分布，故认为广义极值分布为拟合屏山站径流极值 AM 序列的最优函数。

寸滩站 AM 序列实测概率密度（直方图）和理论概率密度曲线的对比表明［图 5-12（i）］，所有 47 种函数中拟合优度前五的函数是威布尔分布、广义极值分布、Johnson SB 分布、广义伽马分布、对数皮尔逊Ⅲ型分布。5 种分布函数的概率密度曲线比较相似，但威布尔分布 3 种拟合优度检验的统计量是最小的，且其峰度和偏度更接近实测分布，故认为威布尔分布为拟合寸滩站径流极值 AM 序列的最优函数。

宜昌站 AM 序列实测概率密度（直方图）和理论概率密度曲线的对比表明［图 5-12（j）］，所有 47 种函数中拟合优度前五的函数是韦克比分布、广义伽马分布、对数皮尔逊Ⅲ型分布、Johnson SB 分布、广义逻辑分布。韦克比、广义伽马、对数皮尔逊Ⅲ分布函数的概率密度曲线比较相似，Johnson SB、广义逻辑分布函数的概率密度曲线比较相似，但综合 3 种拟合优度检验韦克比函数的统计量最小，故认为韦克比分布为拟合宜昌站径流极值 AM 序列的最优函数。

汉口站 AM 序列实测概率密度（直方图）和理论概率密度曲线的对比表明［图 5-12（k）］，所有 47 种函数中拟合优度前五的函数是广义极值分布、Johnson SB 型分布、正态分布、Error 分布、威布尔分布。5 种分布函数的概率密度曲线比较相似，但广义极值分布 3 种拟合优度检验的统计量是最小的，且其峰度和偏度与实测分布比较接近，故认为广义极值分布为拟合汉口站径流极值 AM 序列的最优函数。

大通站 AM 序列实测概率密度（直方图）和理论概率密度曲线的对比表明［图 5-12（l）］，所有 47 种函数中拟合优度前五的函数是对数逻辑分布、广义逻辑分布、皮尔逊Ⅲ型分布、广义伽马分布、疲劳寿命分布。5 种分布函数的概率密度曲线比较相似，但对数逻辑分布和广义极值分布的峰度要略大于其他 3 种函数，更接近实测分布，且对数逻辑分布的 3 种拟合优度检验的统计量之和是最小的，故认为对数逻辑分布为拟合大通站径流极值 AM 序列的最优函数。

高要站 AM 序列实测概率密度（直方图）和理论概率密度曲线的对比表明［图 5-12（n）］，所有 47 种函数中拟合优度前五的函数是广义伽马分布、皮尔逊Ⅲ型分布、冈贝尔分布、对数正态分布、皮尔逊Ⅴ型分布。5 种分布函数的概率密度曲线比较相似，但广义伽马分布的 3 种拟合优度检验的统计量之和是最小的，故认为广义伽马分布为拟合高要站径流极值 AM 序列的最优函数。

竹岐站 AM 序列实测概率密度（直方图）和理论概率密度曲线的对比表明［图 5-12（m）］，所有 47 种函数中拟合优度前五的函数是 Johnson SB 分布、广义帕累托分布、韦克比分布、冈贝尔分布、对数伽马分布。韦克比和广义帕累托分布的概率密度曲线相似，冈贝尔和对数伽马分布的概率密度曲线相似，而 Johnson SB 分布概率密度曲线与实测概率密度曲线更接近，且其 3 种拟合优度检验的统计量之和是最小的，故认为 Johnson SB 分布为拟合竹岐站径流极值 AM 序列的最优函数。

允景洪站 AM 序列实测概率密度（直方图）和理论概率密度曲线的对比表明［图 5-12（q）］，所有 47 种函数中拟合优度前五的函数是 Frechet 分布、对数逻辑分布、对数皮尔逊Ⅲ型分布、广义极值分布、韦克比分布。Frechet 分布和对数逻辑分布的峰度要略高于其他 3 种函数，韦克比分布又与对数皮尔逊Ⅲ型分布、广义极值分布略有区别，但总体上 Frechet 分布的 3 种拟合优度检验的统计量之和是最小的，且其概率密度曲线与实测分布最一致，故认为 Frechet 分布为拟合允景洪站径流极值 AM 序列的最优函数。

卡群站 AM 序列实测概率密度（直方图）和理论概率密度曲线的对比表明［图 5-12 (o)］，所有 47 种函数中拟合优度前五的函数是韦克比分布、广义极值分布、广义逻辑分布、对数逻辑分布、Frechet 分布。除韦克比函数外，其余 4 种分布函数的概率密度曲线比较相似，但韦克比分布的 3 种拟合优度检验的统计量之和是最小的，故认为韦克比分布为拟合卡群站径流极值 AM 序列的最优函数。

肖塔站 AM 序列实测概率密度（直方图）和理论概率密度曲线的对比表明［图 5-12 (p)］，所有 47 种函数中拟合优度前五的函数是韦克比分布、广义逻辑分布、Error 分布、疲劳寿命分布、Johnson SB 分布。除韦克比函数外，其余 4 种分布函数的概率密度曲线比较相似，但韦克比分布的 3 种拟合优度检验的统计量之和是最小的，故认为韦克比分布为拟合肖塔站径流极值 AM 序列的最优函数。

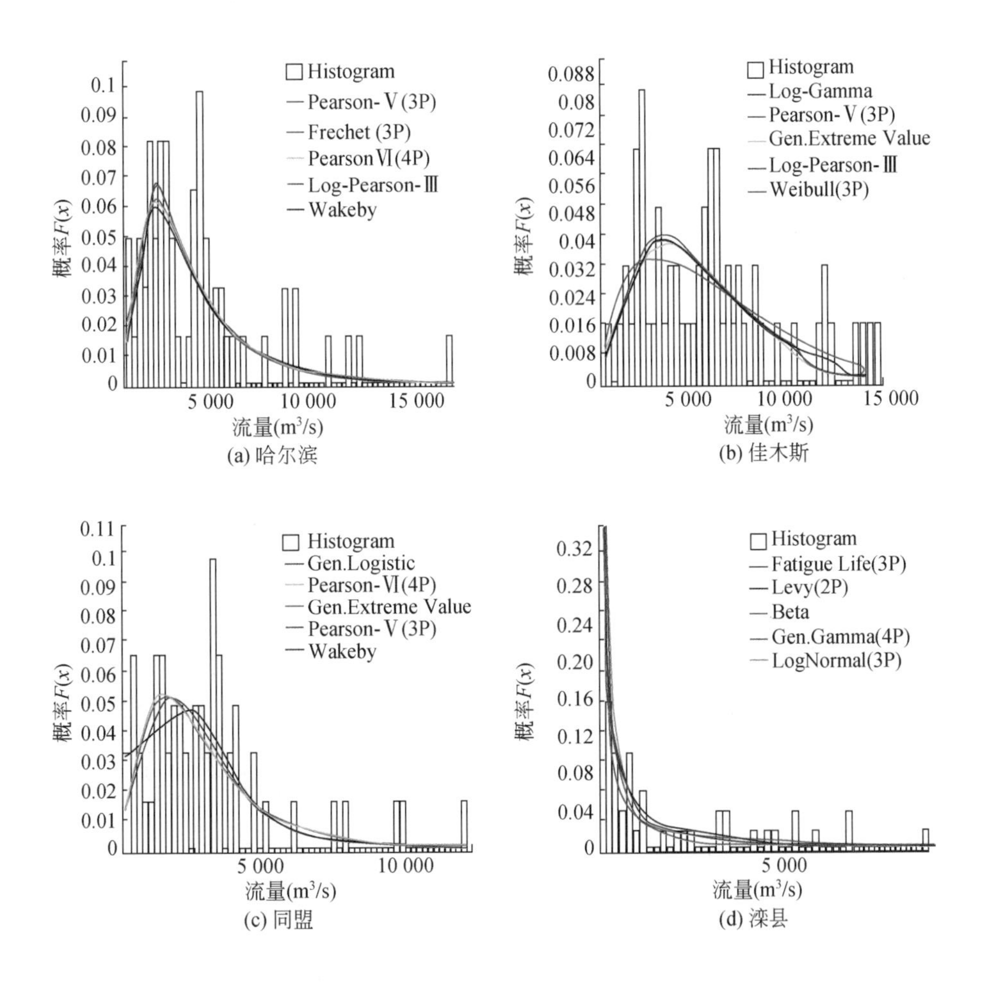

(a) 哈尔滨 (b) 佳木斯 (c) 同盟 (d) 滦县

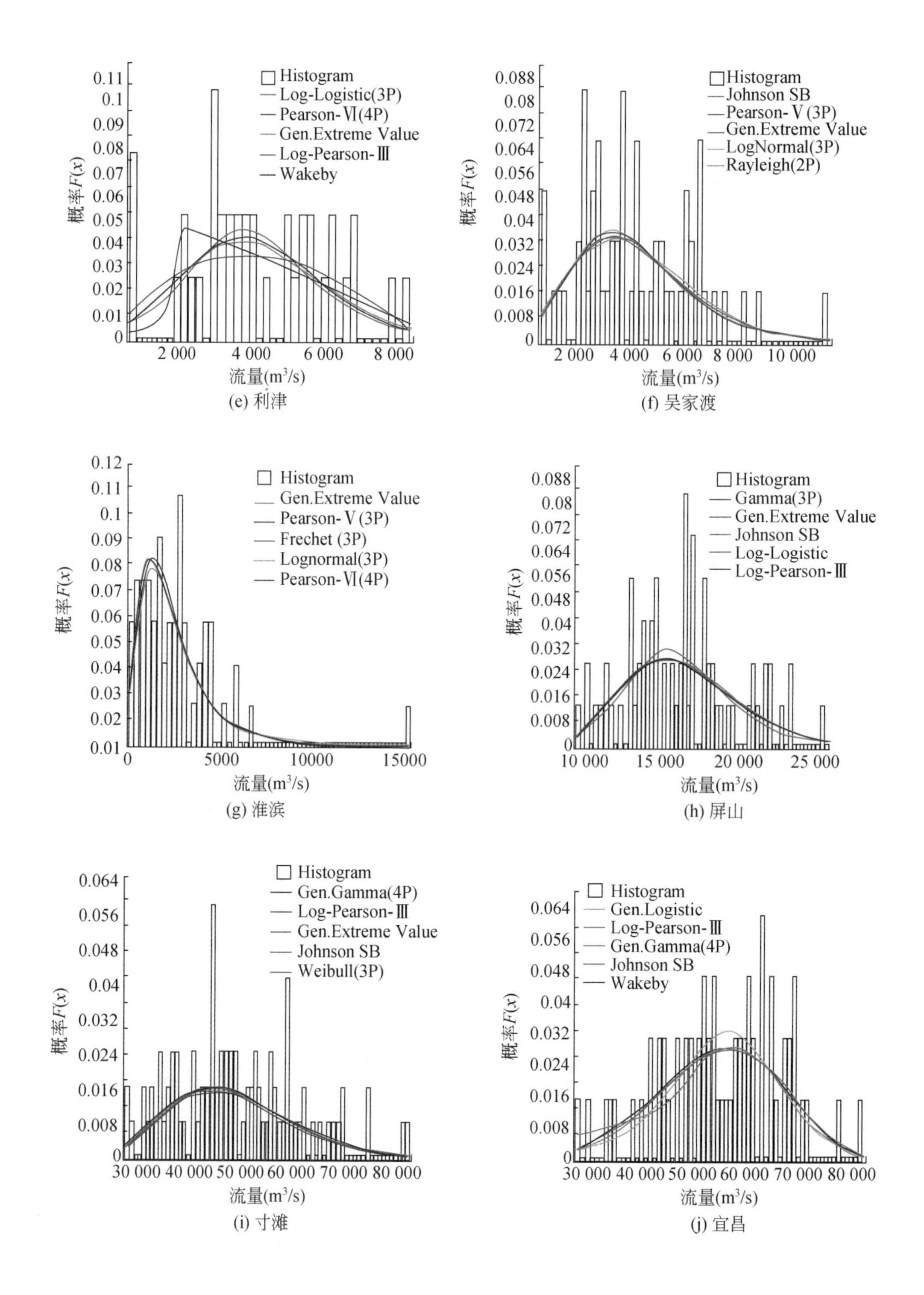

(e) 利津

(f) 吴家渡

(g) 淮滨

(h) 屏山

(i) 寸滩

(j) 宜昌

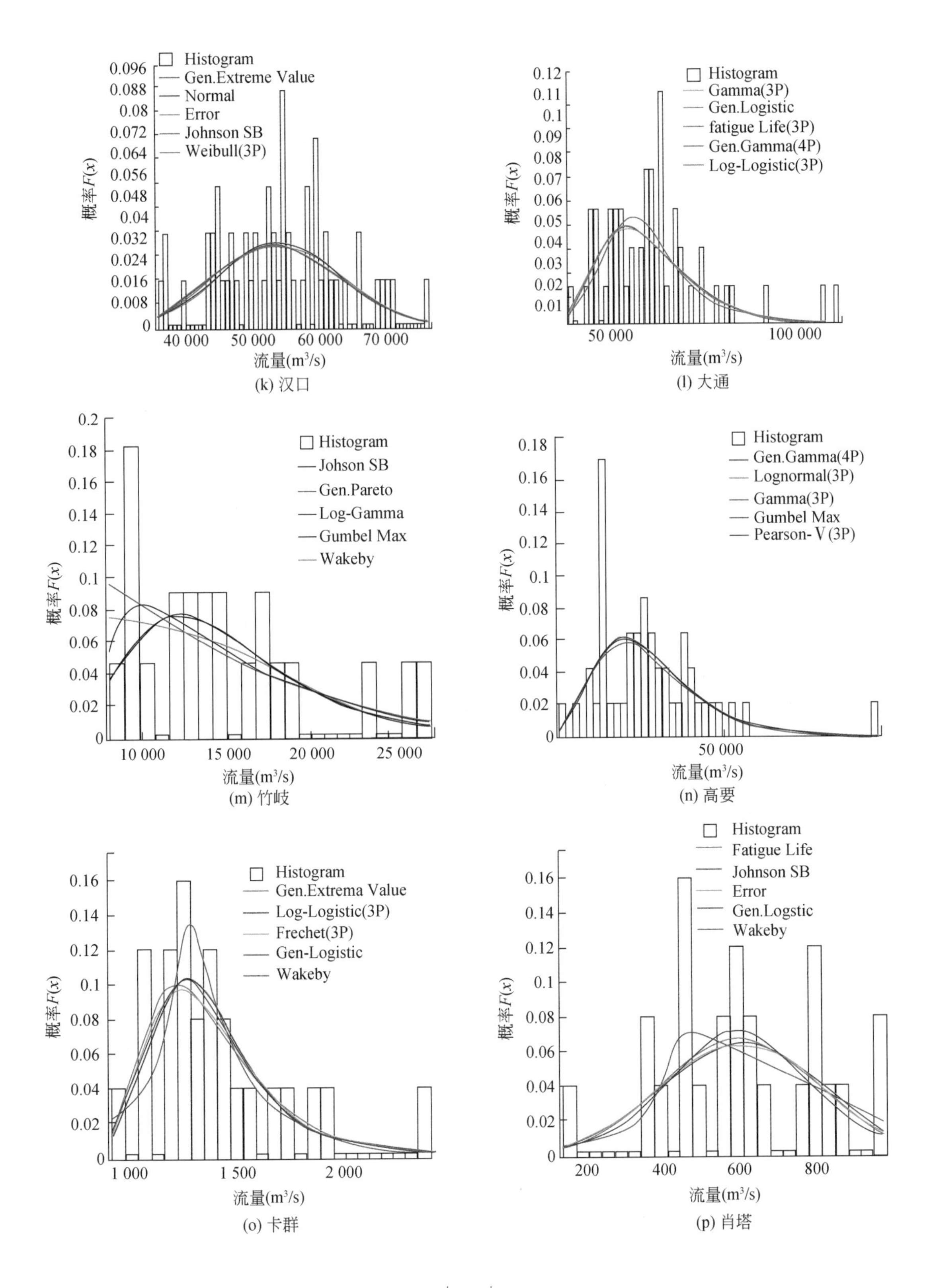
Histogram
Gen.Extreme Value
Normal
Error
Johnson SB
Weibull(3P)
概率F(x)
流量(m³/s)
(k) 汉口
Histogram
Gamma(3P)
Gen.Logistic
fatigue Life(3P)
Gen.Gamma(4P)
Log-Logistic(3P)
概率F(x)
流量(m³/s)
(l) 大通
Histogram
Johson SB
Gen.Pareto
Log-Gamma
Gumbel Max
Wakeby
概率F(x)
流量(m³/s)
(m) 竹岐
Histogram
Gen.Gamma(4P)
Lognormal(3P)
Gamma(3P)
Gumbel Max
Pearson-Ⅴ(3P)
概率F(x)
流量(m³/s)
(n) 高要
Histogram
Gen.Extrema Value
Log-Logistic(3P)
Frechet(3P)
Gen-Logistic
Wakeby
概率F(x)
流量(m³/s)
(o) 卡群
Histogram
Fatigue Life
Johnson SB
Error
Gen.Logstic
Wakeby
概率F(x)
流量(m³/s)
(p) 肖塔

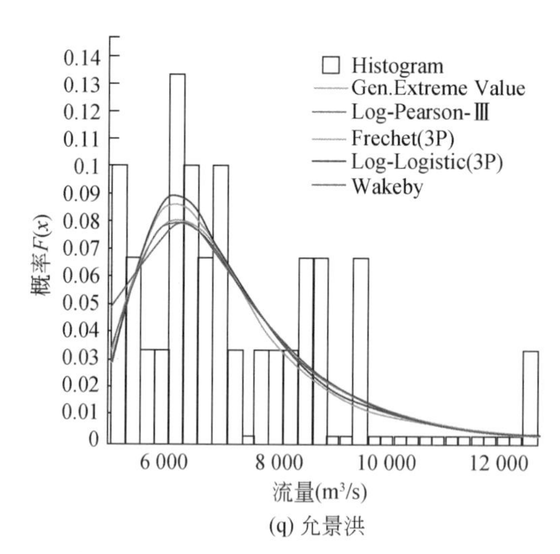

(q) 允景洪

图 5-12　极端径流 AM 序列排名前五分布函数概率密度分布曲线

哈尔滨站 POT 序列实测概率密度（直方图）和理论概率密度曲线的对比表明［图 5-13（a)］，所有 47 种函数中拟合优度前五的函数是疲劳寿命分布、对数逻辑分布、Johnson SB 分布、对数正态分布和广义帕累托分布。疲劳寿命的峰度最大，对数逻辑和对数正态分布的概率密度曲线非常接近，略低于疲劳寿命，Johnson SB 和广义帕累托分布峰值较小，但在中部的概率密度略大于其他 3 种分布。疲劳寿命分布 3 种拟合优度检验的统计量是最小的，故认为疲劳寿命分布为拟合哈尔滨站径流极值 POT 序列的最优函数。

佳木斯站 POT 序列实测概率密度（直方图）和理论概率密度曲线的对比表明［图 5-13（b)］，所有 47 种函数中拟合优度前五的函数是 Johnson SB 分布、广义帕累托分布、韦克比分布、贝塔分布、疲劳寿命分布。Johnson SB 分布 3 种拟合优度检验的统计量是最小的，故认为疲劳寿命分布为拟合佳木斯站径流极值 POT 序列的最优函数。

同盟站 POT 序列实测概率密度（直方图）和理论概率密度曲线的对比表明［图 5-13（c)］，所有 47 种函数中拟合优度前五的 Frechet 分布、对数逻辑分布、皮尔逊Ⅴ型分布、皮尔逊Ⅵ型分布、对数正态分布。5 种分布函数的概率密度曲线非常接近，Frechet 分布 3 种拟合优度检验的统计量是最小的，故认为疲劳寿命分布为拟合同盟站径流极值 POT 序列的最优函数。

滦县站 POT 序列实测概率密度（直方图）和理论概率密度曲线的对比表明［图 5-13（d)］，所有 47 种函数中拟合优度前五的函数是 Nakagami 分布、冈贝尔分布、广义帕累托分布、韦克比分布、Johnson SB 分布。虽然 Nakagami 分布的 3 种拟合优度检验的统计量之和是最小的，但是其 K-S 和 A-D 拟合优度检验的统计量并不小，只是因为其 C-S 拟合优度的统计量要大大的小于其他 4 种分布，且 Nakagami 分布的概率密度曲线与实测概率密度也略有差距，故综合考虑认为广义帕累托分布为拟合滦县站径流极值 POT 序列的最优函数。

利津站 POT 序列实测概率密度（直方图）和理论概率密度曲线的对比表明［图 5-13（e)］，所有 47 种函数中拟合优度前五的函数是韦克比分布、Johnson SB 分布、广义帕累托分布、对数逻辑分布、广义极值分布。韦克比分布的曲线与实测概率密度拟合较好，其余 4 种分布与实测概率密度分布有一定的偏差，且韦克比分布 3 种拟合优度检验的统计量是最小的，故认为韦克比分布为拟合利津站径流极值 POT 序列的最优函数。

吴家渡站 POT 序列实测概率密度（直方图）和理论概率密度曲线的对比表明［图 5-13（f）］，所有 47 种函数中拟合优度前五的函数是韦克比分布、对数逻辑分布、Frechet 分布、皮尔逊Ⅴ型分布、皮尔逊Ⅵ型分布。韦克比分布的曲线与实测概率密度拟合较好，其余 4 种分布函数的概率密度曲线比较相似，且韦克比分布的 3 种拟合优度检验的统计量之和是最小的，故认为韦克比分布为拟合吴家渡站径流极值 POT 序列的最优函数。

淮滨站 POT 序列实测概率密度（直方图）和理论概率密度曲线的对比表明［图 5-13（g）］，所有 47 种函数中拟合优度前五的函数是广义逻辑分布、韦克比分布、广义极值分布、皮尔逊Ⅴ型分布、皮尔逊Ⅵ型分布。5 种分布函数的概率密度曲线比较相似，但广义逻辑分布的 3 种拟合优度检验的统计量之和是最小的，故认为广义逻辑分布为拟合淮滨站径流极值 POT 序列的最优函数。

屏山站 POT 序列实测概率密度（直方图）和理论概率密度曲线的对比表明［图 5-13（h）］，所有 47 种函数中拟合优度前五的函数是逆高斯分布、对数逻辑分布、皮尔逊Ⅲ型分布、皮尔逊Ⅴ型分布、对数正态分布。虽然逆高斯分布的 3 种拟合优度检验的统计量之和是最小的，但是其 K-S 拟合优度检验的统计量并不小，只是因为其 C-S 拟合优度的统计量要大大的小于其他 4 种分布，且逆高斯分布的概率密度曲线与实测概率密度也略有差距，故综合考虑认为皮尔逊Ⅲ型分布为拟合屏山站径流极值 POT 序列的最优函数。

寸滩站 POT 序列实测概率密度（直方图）和理论概率密度曲线的对比表明［图 5-13（i）］，所有 47 种函数中拟合优度前五的函数是 Johnson SB 分布、皮尔逊Ⅲ型分布、对数皮尔逊Ⅲ型分布、疲劳寿命分布、威布尔分布。Johnson SB 分布函数 3 种拟合优度检验的统计量是最小的，故认为 Johnson SB 分布为拟合寸滩站径流极值 POT 序列的最优函数。

宜昌站 POT 序列实测概率密度（直方图）和理论概率密度曲线的对比［图 5-13（j）］，所有 47 种函数中拟合优度前五的函数是 Johnson SB 分布、威布尔分布、韦克比分布、对数正态分布、逆高斯分布。Johnson SB 分布函数 3 种拟合优度检验的统计量是最小的，故认为 Johnson SB 分布为拟合宜昌站径流极值 POT 序列的最优函数。

汉口站 POT 序列实测概率密度（直方图）和理论概率密度曲线的对比表明［图 5-13（k）］，所有 47 种函数中拟合优度前五的函数是对数伽马分布、逆高斯分布、三角分布、广义逻辑分布、对数正态分布。除三角分布外，4 种分布函数的概率密度曲线比较相似，但对数伽马分布 3 种拟合优度检验的统计量是最小的，且其峰度和偏度与实测分布比较接近，故认为对数伽马分布为拟合汉口站径流极值 POT 序列的最优函数。

大通站 POT 序列实测概率密度（直方图）和理论概率密度曲线的对比表明［图 5-13（l）］，所有 47 种函数中拟合优度前五的函数是广义极值分布、Johnson SB 分布、冈贝尔分布、Frechet 分布、皮尔逊Ⅴ型分布。除冈贝尔外，其余 4 种分布函数的概率密度曲线比较相似，但广义极值分布的 3 种拟合优度检验的统计量之和是最小的，故认为广义极值分布为拟合大通站径流极值 POT 序列的最优函数。

高要站 POT 序列实测概率密度（直方图）和理论概率密度曲线的对比表明［图 5-13（n）］，所有 47 种函数中拟合优度前五的函数是广义逻辑分布、广义极值分布、韦克比分布、皮尔逊Ⅴ型分布和 Frechet 分布。韦克比分布的概率密度曲线与其他 4 种有差异，无单峰特点，广义逻辑分布的概率密度曲线与实测接近，且其 3 种拟合优度检验的统计量之和是在 5 种分布中是最小的，故认为广义逻辑分布为拟合高要站径流极值 POT 序列的最优函数。

竹岐站 POT 序列实测概率密度（直方图）和理论概率密度曲线的对比表明［图 5-13（m）］，所有 47 种函数中拟合优度前五的函数是皮尔逊Ⅲ型分布、威布尔分布、对数皮尔逊Ⅲ型分布、对数正态分布、逆高斯分布。逆高斯和对数正态分布的概率密度曲线相似，威布尔和皮尔逊Ⅲ分布的概率密度曲线相似，而对数皮尔逊Ⅲ型分布概率密度曲线与实测概率密度曲线较其他分布函数相差略大，皮尔逊Ⅲ型的 3 种拟合优度检验的统计量最小，但其 A-D 拟合优度检验值较高，综合考虑，认为对数正态分布为拟合竹岐站径流极值 POT 序列的最优函数。

允景洪站 POT 序列实测概率密度（直方图）和理论概率密度曲线的对比表明［图 5-13（q）］，所有 47 种函数中拟合优度前五的函数是冈贝尔分布、对数逻辑分布、广义极值分布、对数皮尔逊Ⅲ型分布、Johnson SB 分布。虽然冈贝尔分布的 3 种拟合优度检验的统计量之和是最小的，但其 K-S 拟合优度的统计量过大，且在图中可以看出冈贝尔分布较其他函数峰度偏小。其余 4 种分布函数，Johnson SB 分布的峰度偏大，对数逻辑分布、广义极值分布、对数皮尔逊Ⅲ型分布比较相似，综合考虑认为对数皮尔逊Ⅲ型为拟合允景洪站径流极值 POT 序列的最优函数。

卡群站 POT 序列实测概率密度（直方图）和理论概率密度曲线的对比表明［图 5-13（o）］，所有 47 种函数中拟合优度前五的函数是广义帕累托分布、Johnson SB 分布、对数皮尔逊Ⅲ型分布、广义逻辑分布、广义极值分布。除广义帕累托分布外，其余 4 种分布函数的概率密度曲线都为单峰分布，但广义帕累托分布的 3 种拟合优度检验的统计量之和是最小的，故认为广义帕累托分布为拟合卡群站径流极值 POT 序列的最优函数。

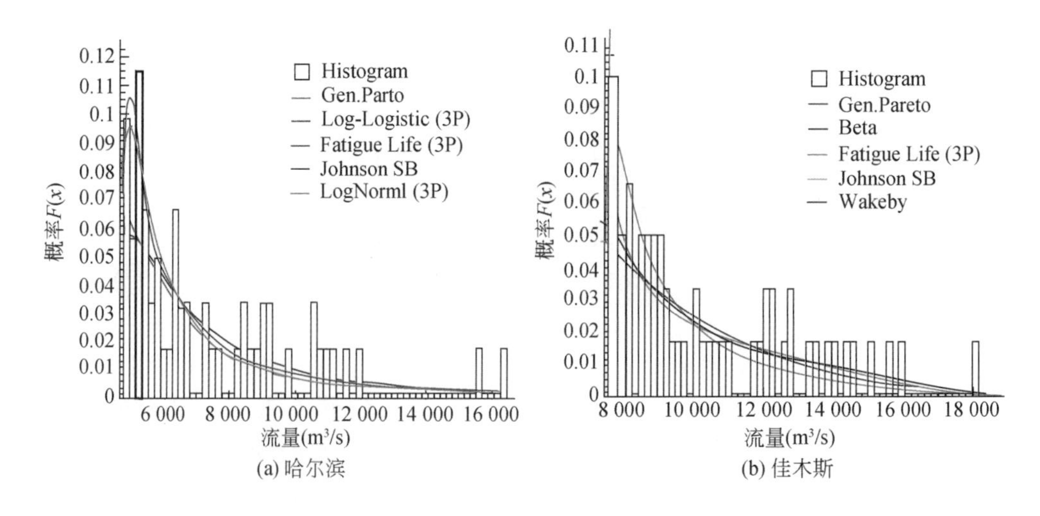

(a) 哈尔滨　　(b) 佳木斯

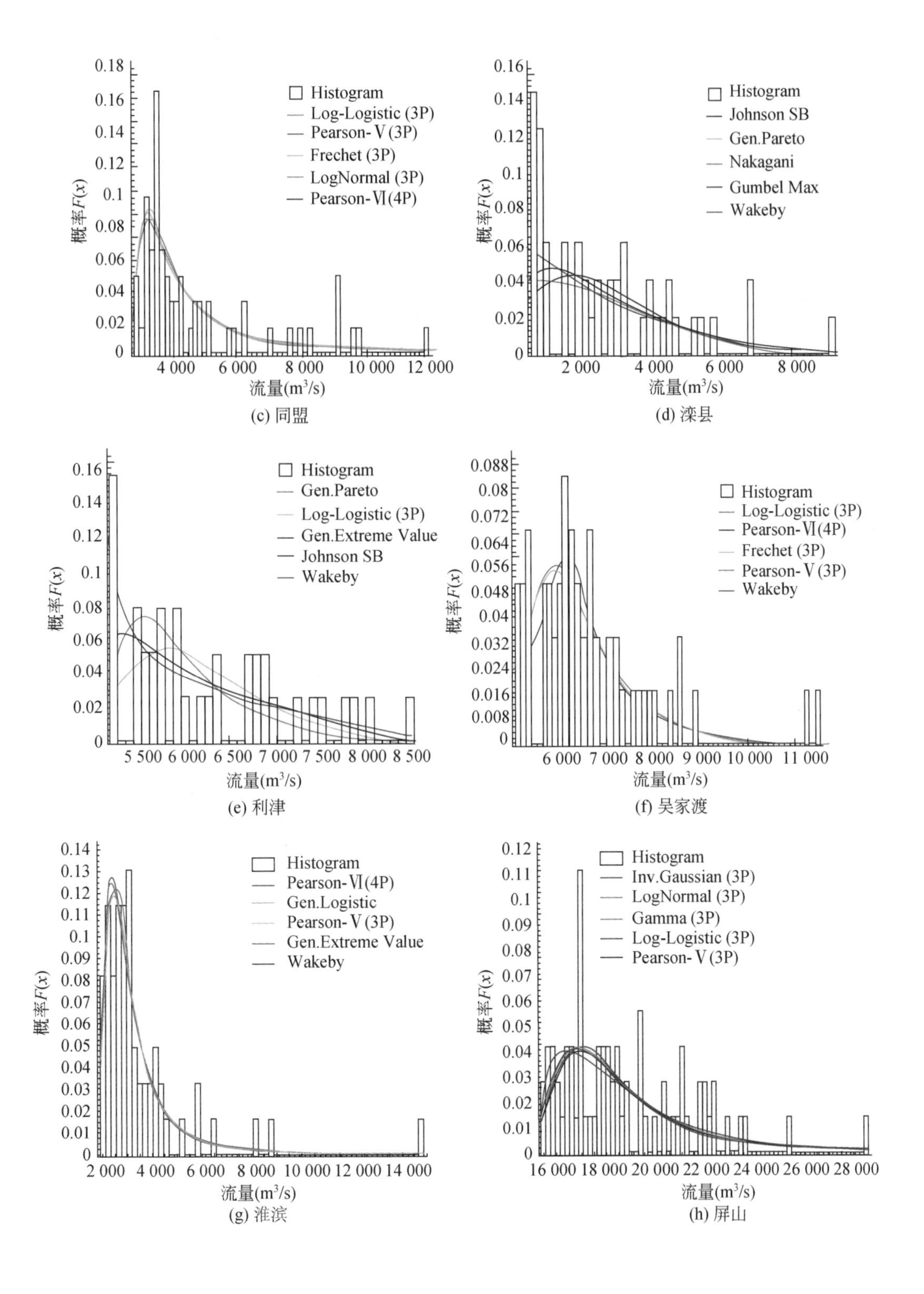

(c) 同盟

(d) 滦县

(e) 利津

(f) 吴家渡

(g) 淮滨

(h) 屏山

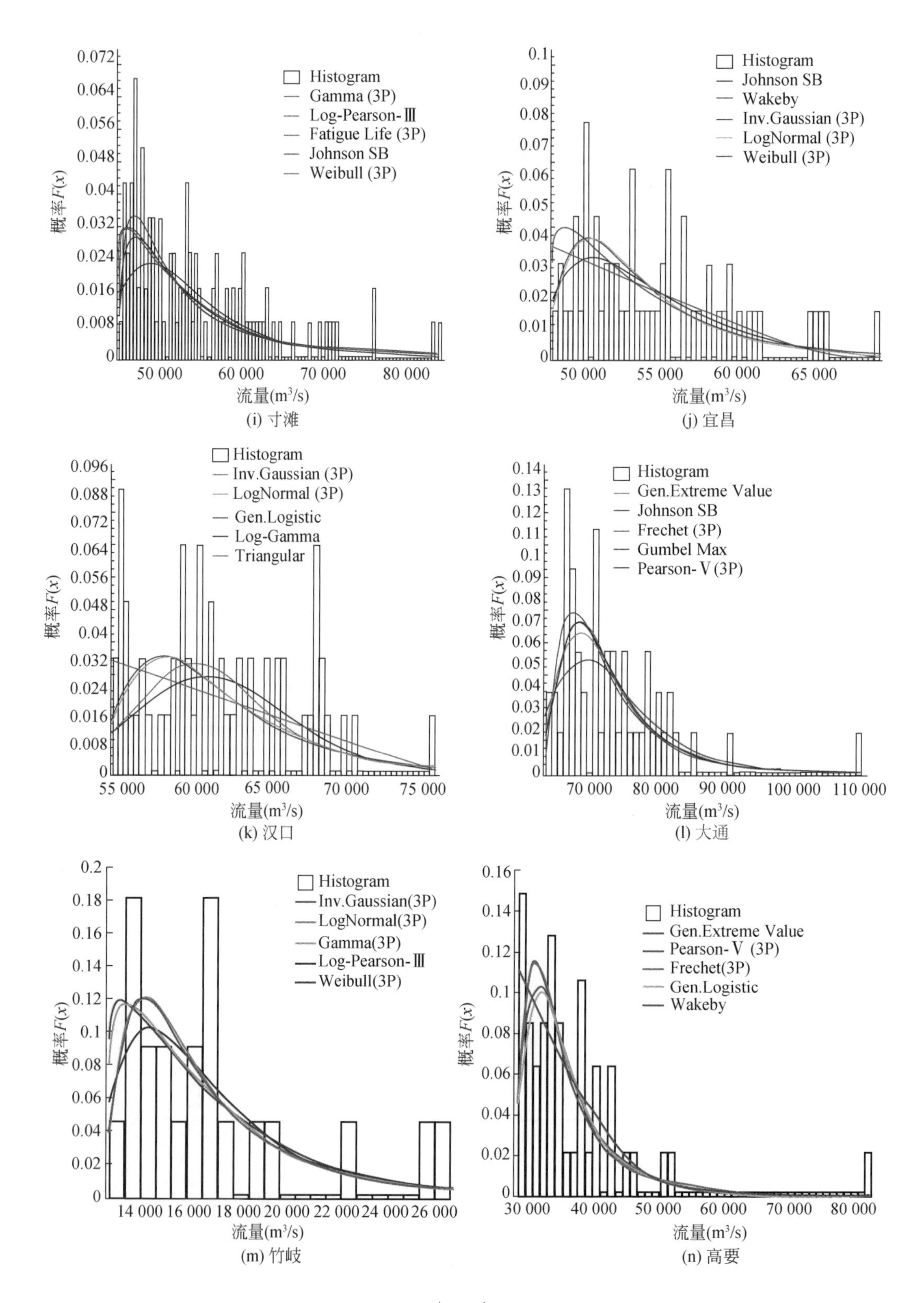

(i) 寸滩　(j) 宜昌　(k) 汉口　(l) 大通　(m) 竹岐　(n) 高要

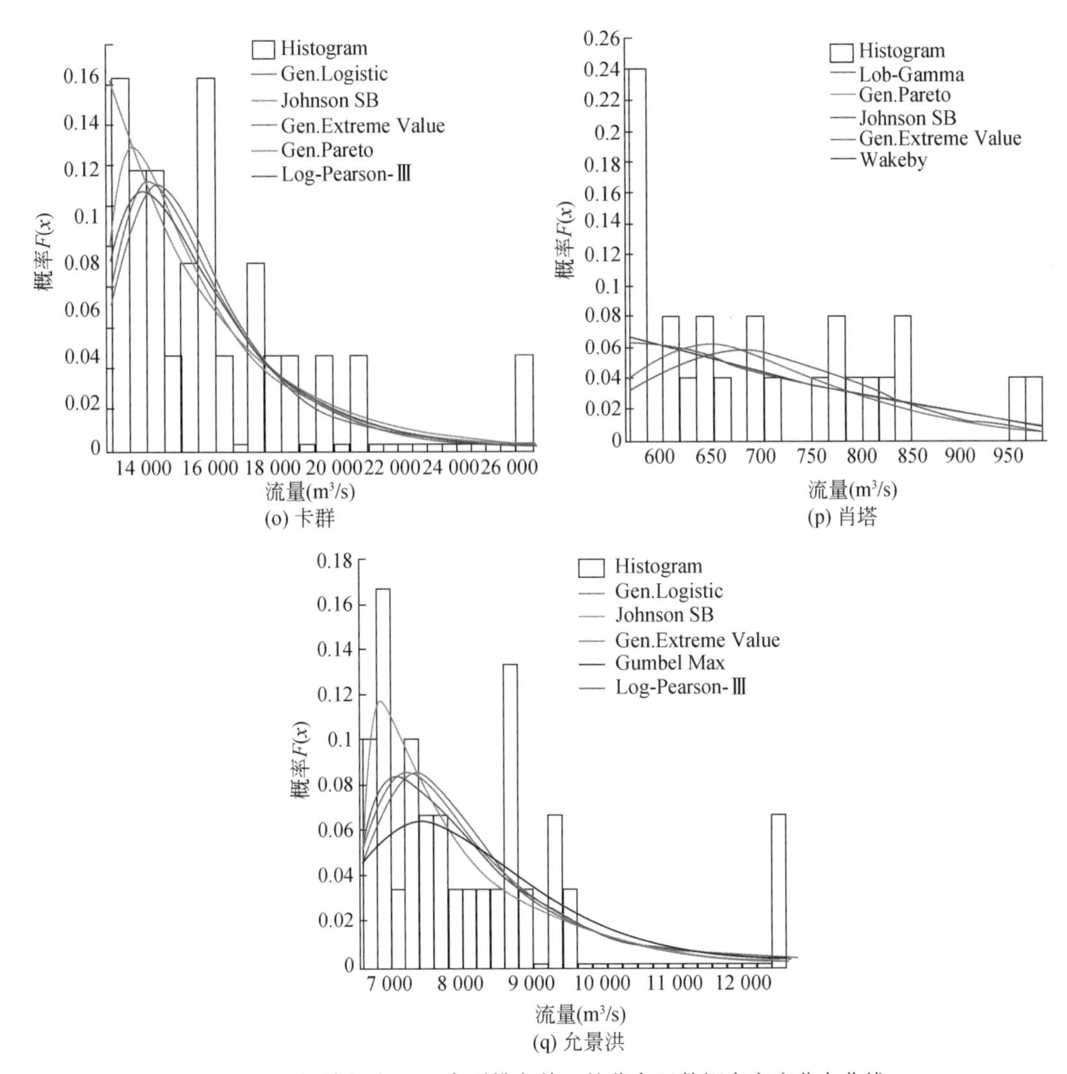

图 5-13 极端径流 POT 序列排名前 5 的分布函数概率密度分布曲线

肖塔站 POT 序列实测概率密度（直方图）和理论概率密度曲线的对比表明［图 5-13（p）］，所有 47 种函数中拟合优度前五的函数是 Johnson SB 分布、广义帕累托分布、韦克比分布、广义极值分布、对数伽马分布。其中，广义极值分布和对数伽马分布的概率密度曲线类似，呈单峰分布；Johnson SB 分布、广义帕累托分布、韦克比分布的概率密度曲线类似。Johnson SB 分布的 3 种拟合优度检验的统计量之和是最小的，故认为 Johnson SB 分布为拟合肖塔站径流极值 POT 序列的最优函数。

通过 47 个函数对 17 个水文站的 AM 和 POT 极值序列拟合分析发现，AM 和 POT 序列的最优函数体现出了较大差别。其中，AM 序列 Wakeby 分布函数为最优函数的站点有 4 个，分别为黄河流域的利津站、长江中下游的宜昌站、西北诸河的卡群站和肖塔站；GEV 分布为最优函数的站点有 2 个，分别为淮河流域的淮滨站和长江中下游的汉口站；Weibull

分布为最优函数的站点有 2 个，分别为松花江流域的佳木斯站和长江上游的寸滩站；广义伽马分布为最优函数的站点有 2 个，分别为海河流域的滦县站和长江流域的高要站；Johnson SB 分布为最优函数的站点有 2 个，分别为淮河流域的吴家渡站和东南诸河的竹岐站；剩余站点中 Gamma（P-Ⅲ）分布为最优函数的站点为长江流域上游的屏山站，广义逻辑分布为最优函数的站点为松花江流域的同盟站，对数逻辑分布为最优函数的站点为长江流域的大通站（表 5-26）。而 POT 序列 Johnson SB 分布函数为最优函数的站点有 4 个，分别为松花江流域的佳木斯站，长江中下游的宜昌站，长江上游的寸滩站，西北诸河的肖塔站；Wakeby 分布为最优函数的站点有 2 个，分别为淮河流域的吴家渡站和黄河流域的利津站；广义帕累托分布为最优函数的站点有 2 个，分别为西北诸河的卡群站和海河流域的滦县站；广义逻辑分布为最优函数的站点有 2 个，分别为珠江流域的高要站和淮河流域的淮滨站；剩余站点中对数正态分布为最优函数的站点为东南诸河的竹岐站，对数伽马分布为最优函数的站点为长江流域的汉口站，GEV 分布为最优函数的站点为长江流域的大通站，Gamma 分布为最优函数的站点为长江流域的屏山站，疲劳寿命分布为最优函数的站点为松花江流域的哈尔滨站（表 5-26）。

表 5-26　径流极值的最优拟合函数

站点	AM 序列最优函数	POT 序列最优函数
哈尔滨	Log-Pearson-Ⅲ	Fatigue Life
佳木斯	Weibull	Johnson SB
同盟	Gen. Logistic	Log-Logistic
滦县	Gen. Gamma	Gen. Pareto
利津	Wakeby	Wakeby
吴家渡	Johnson SB	Wakeby
淮滨	GEV	Gen. Logistic
屏山	Gamma	Gamma
寸滩	Weibull	Johnson SB
宜昌	Wakeby	Johnson SB
汉口	GEV	Log-Gamma
大通	Log-Logistic	GEV
高要	Gen. Gamma	Gen. Logistic
竹岐	Johnson SB	Lognormal
允景洪	Log-Pearson-Ⅲ	Log-Pearson-Ⅲ
卡群	Wakeby	Gen. Pareto
肖塔	Wakeby	Johnson SB

5.4.3 极端事件的重现期

1. 降水

(1) 给定重现期水平下的 AM 序列估算的极端日降水

重现期降水是推算水利水电工程设计洪水的一个重要参数，也是研究极值分布规律的一个重要目的。通过上一节分析得出广义极值分布、广义逻辑分布、对数逻辑分布和韦克比分布在拟合中国的极端降水 AM 序列时在全国都有较好的拟合优度，因而选用此 4 种分布，分别计算了中国 530 个气象站 5 个重现期（10 年、20 年、50 年、100 年、500 年）的日最大降水量。4 种分布函数所估计的 5 个重现期日最大降水的空间分布格局基本一致，均呈现东南向西北减小的分布特征，而且南北差异较大，南方的极端降水为北方的两倍甚至两倍以上。随着重现期的增大，多年一遇的极端降水强度随之增加，但是这种增加趋势不是随着时间尺度成倍加大而增加的，而是呈现一种非线性的变化过程。

4 种分布函数估算的 10 年一遇重现期降水量的空间分布基本一致（图 5-14），华南、东南大部分地区都超过了 175mm，华南沿海地区甚至超过了 245mm，最大值则达到了 350mm 以上，出现在广东、海南等地；西南、四川盆地、华北和东北地区都超过了 60mm；

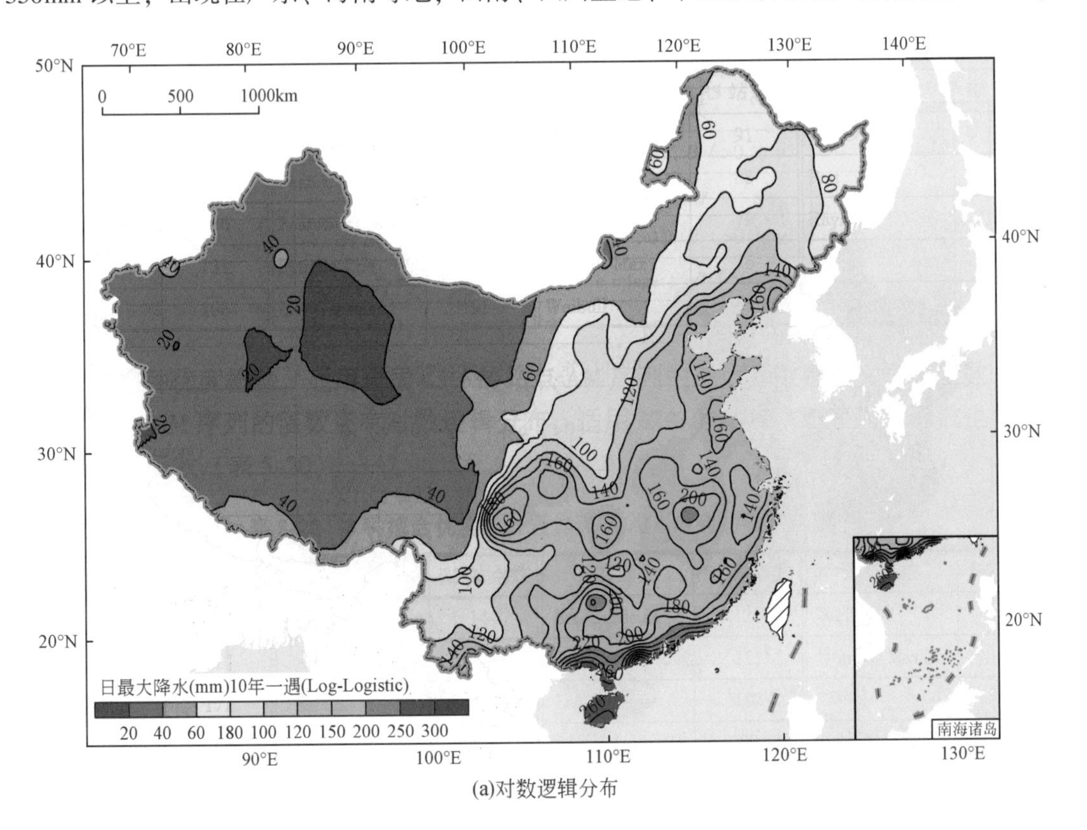

(a)对数逻辑分布

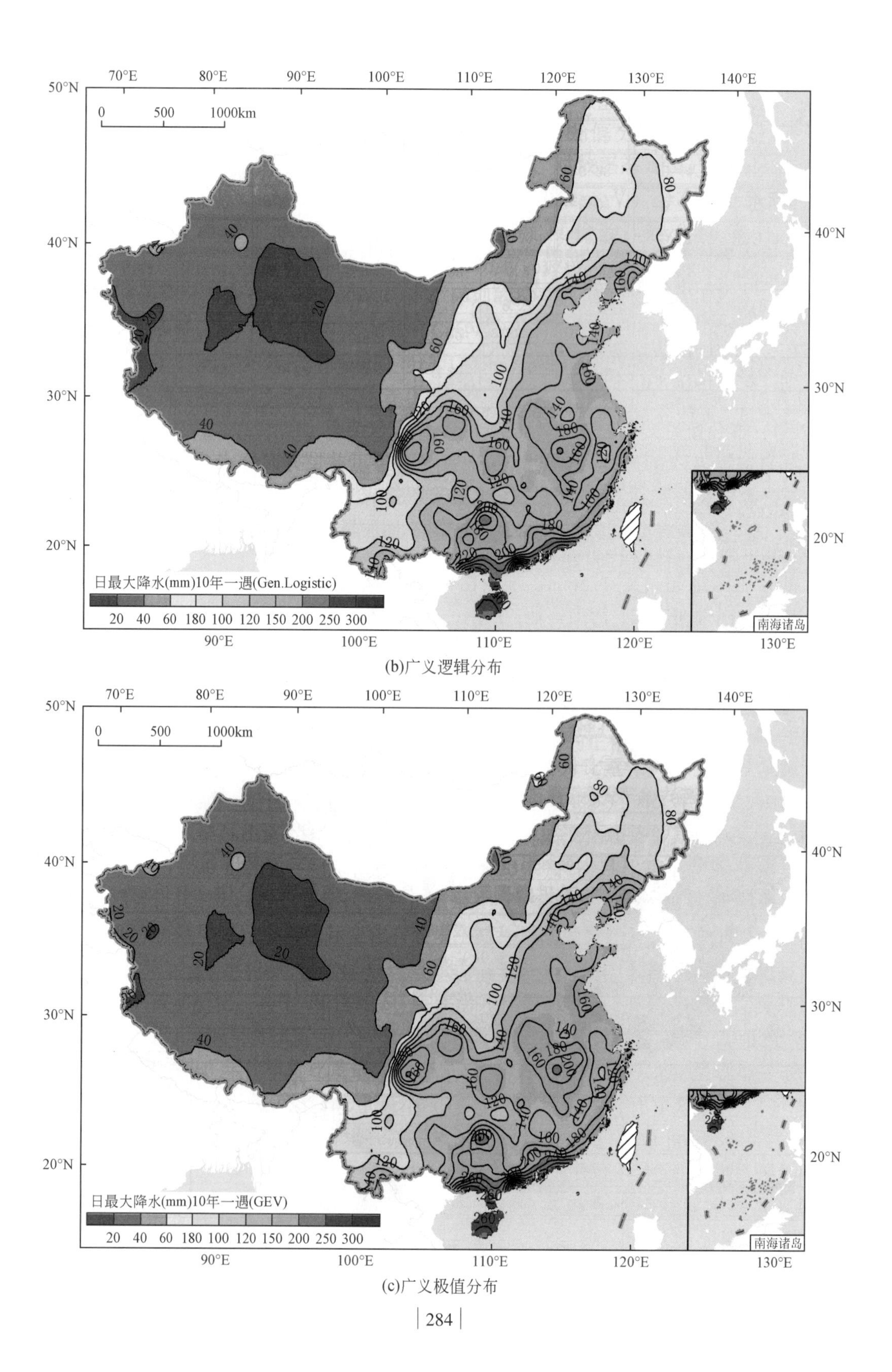

(b)广义逻辑分布

(c)广义极值分布

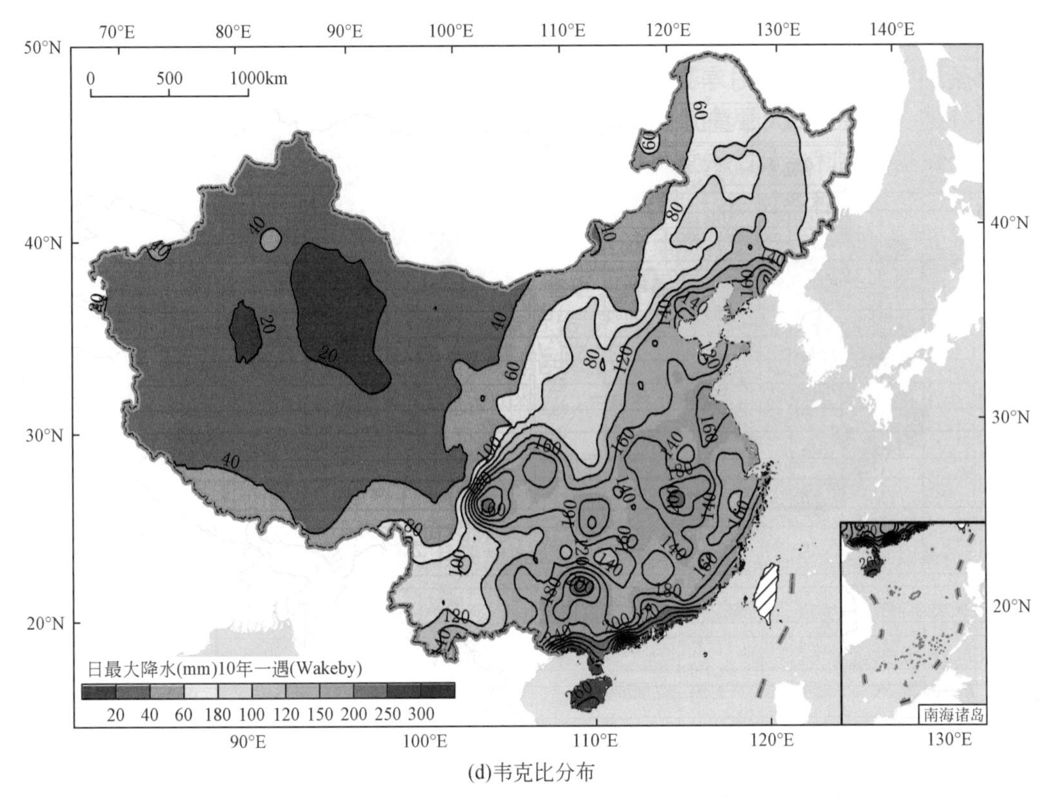

(d)韦克比分布

图 5-14 四种函数基于 AM 序列拟合的 10 年一遇降水空间分布

在西北地区最小值为 10mm 左右。相比之下，4 种函数的拟合结果在西北地区略有不同，广义逻辑分布估算的 10 年一遇降水量在西北西部略小于其他 3 个函数，韦克比函数在西北地区的估算值最大；而在华南地区，广义逻辑分布估算的日最大降水量的最大值也是 4 种分布函数中最小的，比最大的对数逻辑分布要小 30mm 左右。

在 20 年一遇的重现期水平上（图 5-15），4 种分布函数拟合结果的空间分布仍然差异不大，但略大于 10 年一遇重现期的水平。华南、东南大部分地区 20 年一遇事件强度都超过了 210mm，华南沿海地区甚至超过了 270mm，最大值则超过了 400mm，出现在广东、海南等地；西南、四川盆地、华北和东北地区都超过了 80mm；在西北部分地区不足 15mm。其中，对数逻辑分布要比其他 3 种分布函数拟合的日最大降水量略大，广义逻辑分布估算的 20 年一遇降水量仍是最小的，在西北地区小于 30mm 的面积要远大于对数逻辑分布，且在华南沿海地区要比对数逻辑分布小 50mm 左右。

对于 50 年一遇的强降水（图 5-16），4 种分布函数的拟合结果空间格局依然十分相似，最小值低于 20mm，出现在西北内陆地区；华南、东南大部分地区超过 250mm，华南沿海地区甚至超过了 400mm，最大值则达到 500mm，出现在广东、海南等地；西南、四川盆地、华北和东北地区都超过了 90mm。其中，对数逻辑分布要比其他 3 种分布估计的重现期降水量略大，广义逻辑分布估算的 50 年一遇降水量仍是最小的，在西北地区小于 30mm 的面积要远大于对数逻辑分布，在华南沿海地区要比对数逻辑分布小 100mm 左右。

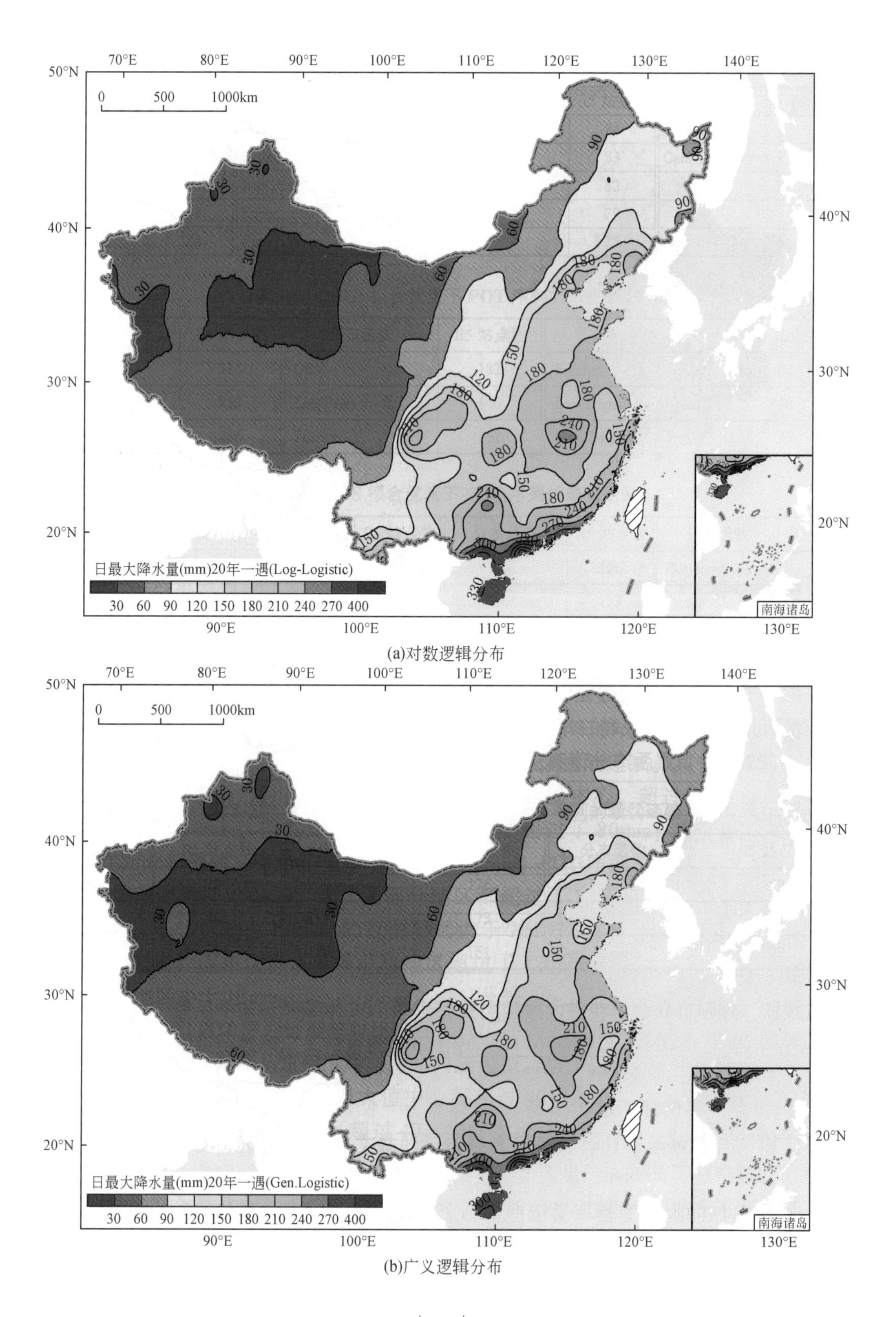

(a)对数逻辑分布

(b)广义逻辑分布

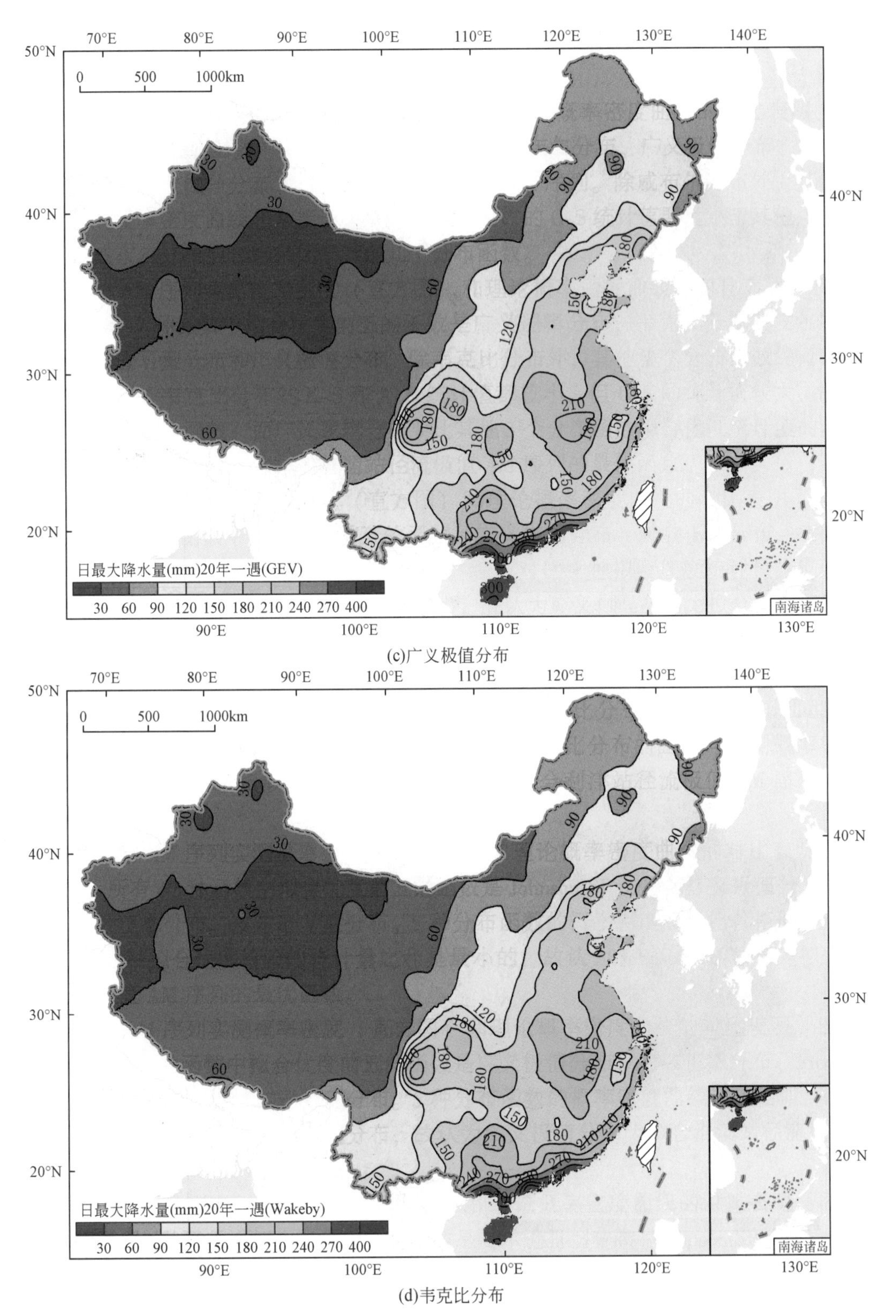

(c)广义极值分布

(d)韦克比分布

图 5-15 降水极值 AM 序列 20 年一遇重现期空间分布

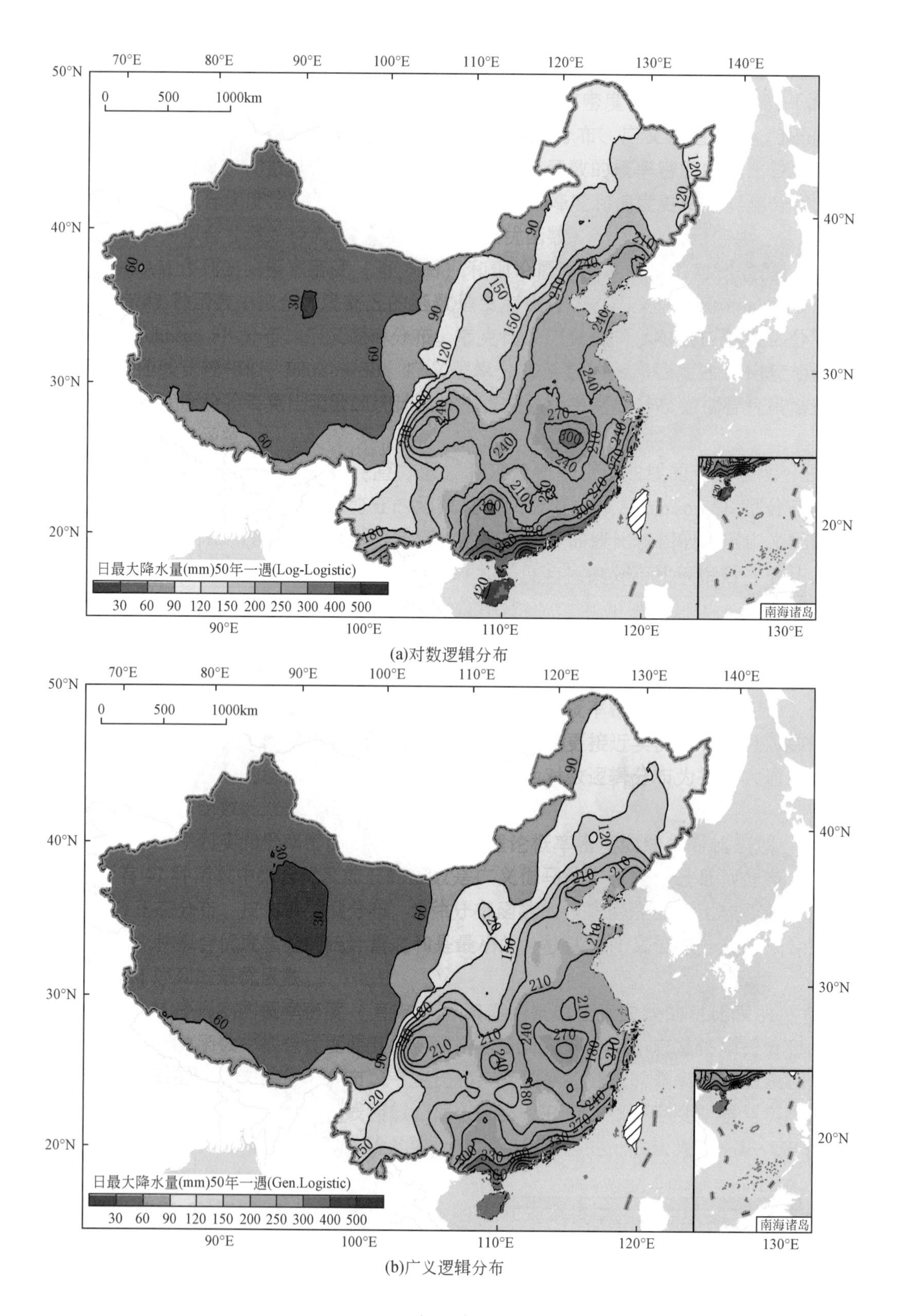

(a)对数逻辑分布

(b)广义逻辑分布

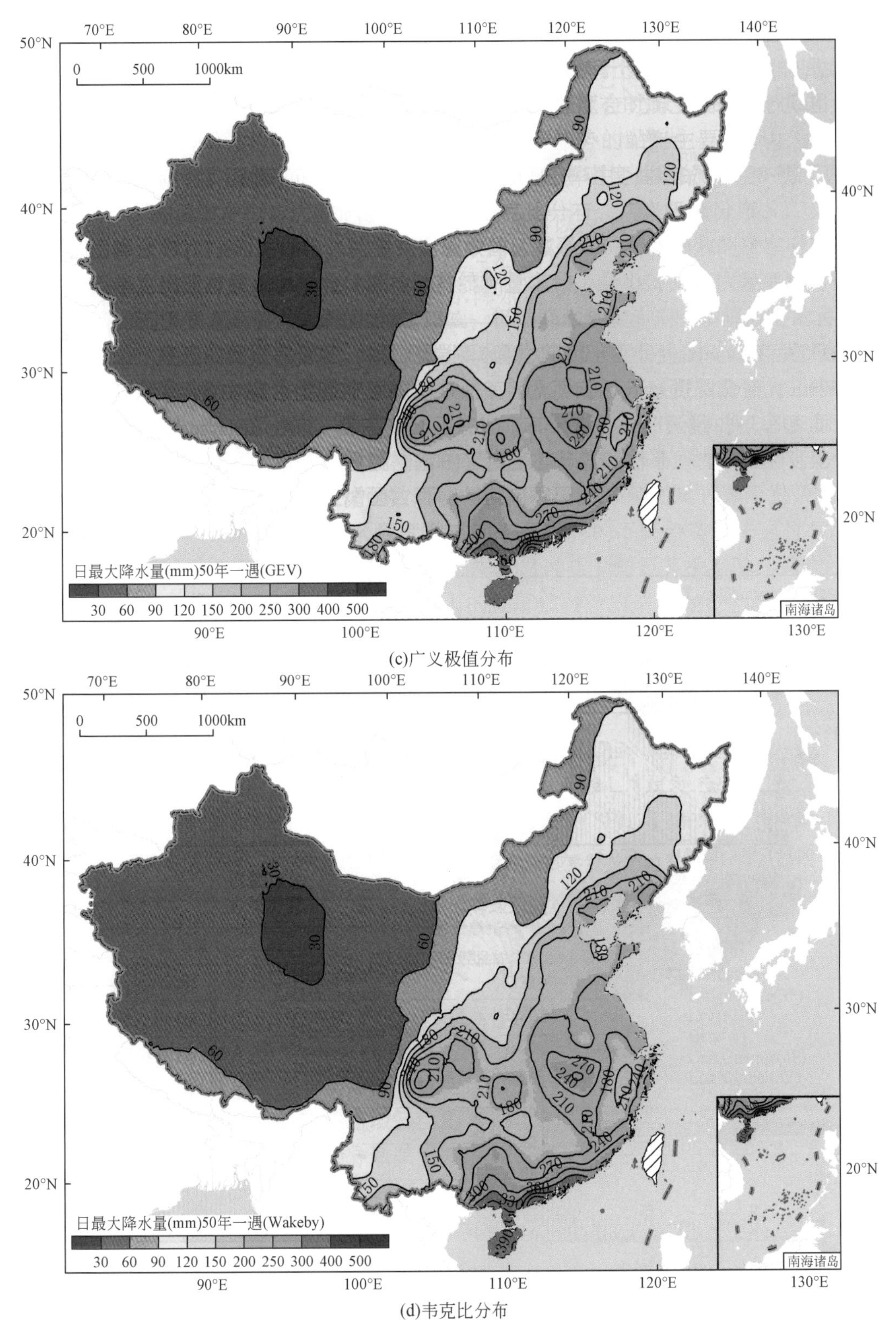

(c)广义极值分布

(d)韦克比分布

图 5-16　降水极值 AM 序列 50 年一遇重现期空间分布

100 年一遇的强降水拟合结果来看（图 5-17），最小值在 20mm 左右，出现在西北内陆地区；华南、东南大部分地区都超过了 300mm，华南沿海地区甚至超过了 500mm，最大则达到 600mm，出现在广东、海南等地；西南、四川盆地、华北和东北地区都超过了 120mm。其中，对数逻辑分布要比其他 3 种分布估计的日最大降水量略大，广义逻辑分布估算的 100 年一遇降水量不再是最小的，广义极值分布和韦克比分布估算的降水量都要小于广义逻辑估算值，在华南沿海地区要韦克比分布比对数逻辑分布小 200mm 以上。

4 种分布函数拟合的 500 年一遇强降水的空间差异较大（图 5-18），尤其是对数逻辑分布，远大于其他 3 种分布。对数逻辑在 90°E 以西地区大部分超过 100mm，而 90°E ~ 100°E 在 50 ~ 100mm，小于 50mm 的只有个别站点，而其余 3 种函数在 100°E 以西基本都小于 100mm；广义逻辑分布在华南，东南大部分地区都超过了 510mm，最大达到 1000mm 以上，而其他 3 种函数在 400 ~ 700mm，最大值未超过 900mm；在江淮大部分对数逻辑函数可以达到 600mm，而其他函数只能达到 450mm。可见，基于短短 54 年降水极值数据拟合得到的最优函数对 500 年一遇事件的估算出现的偏差较大。

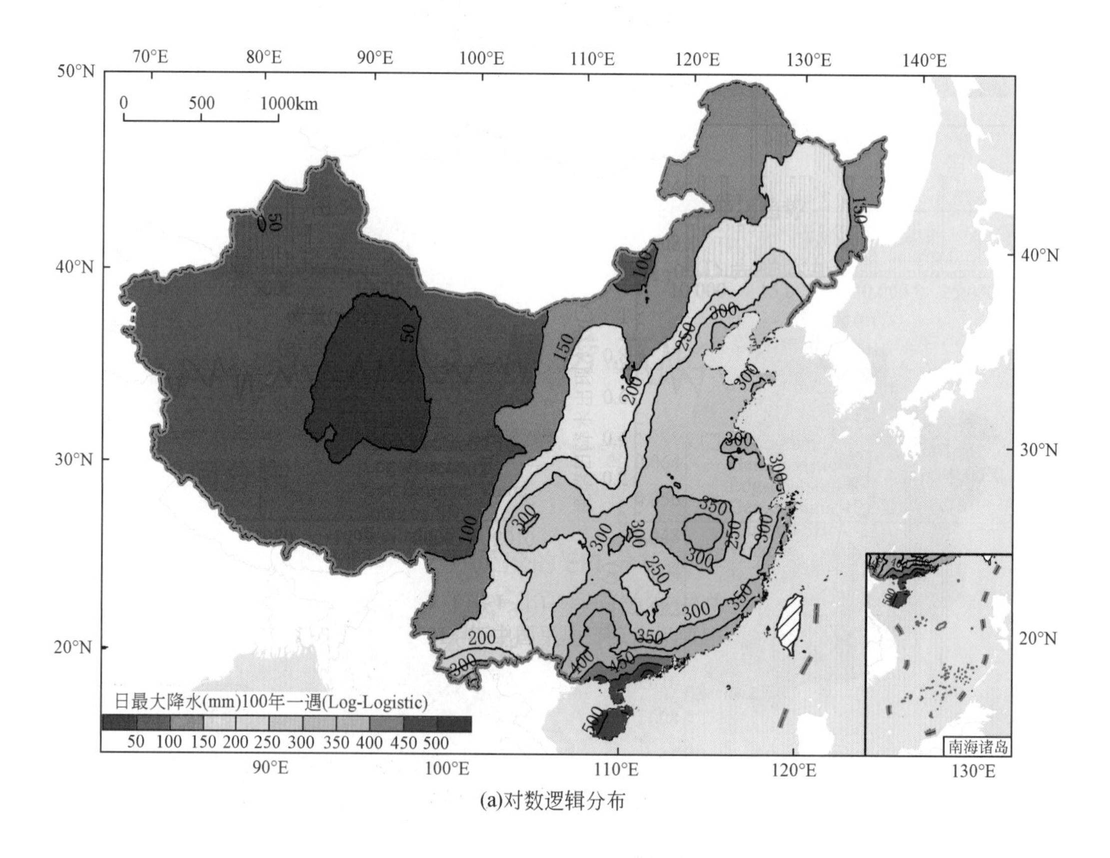

(a)对数逻辑分布

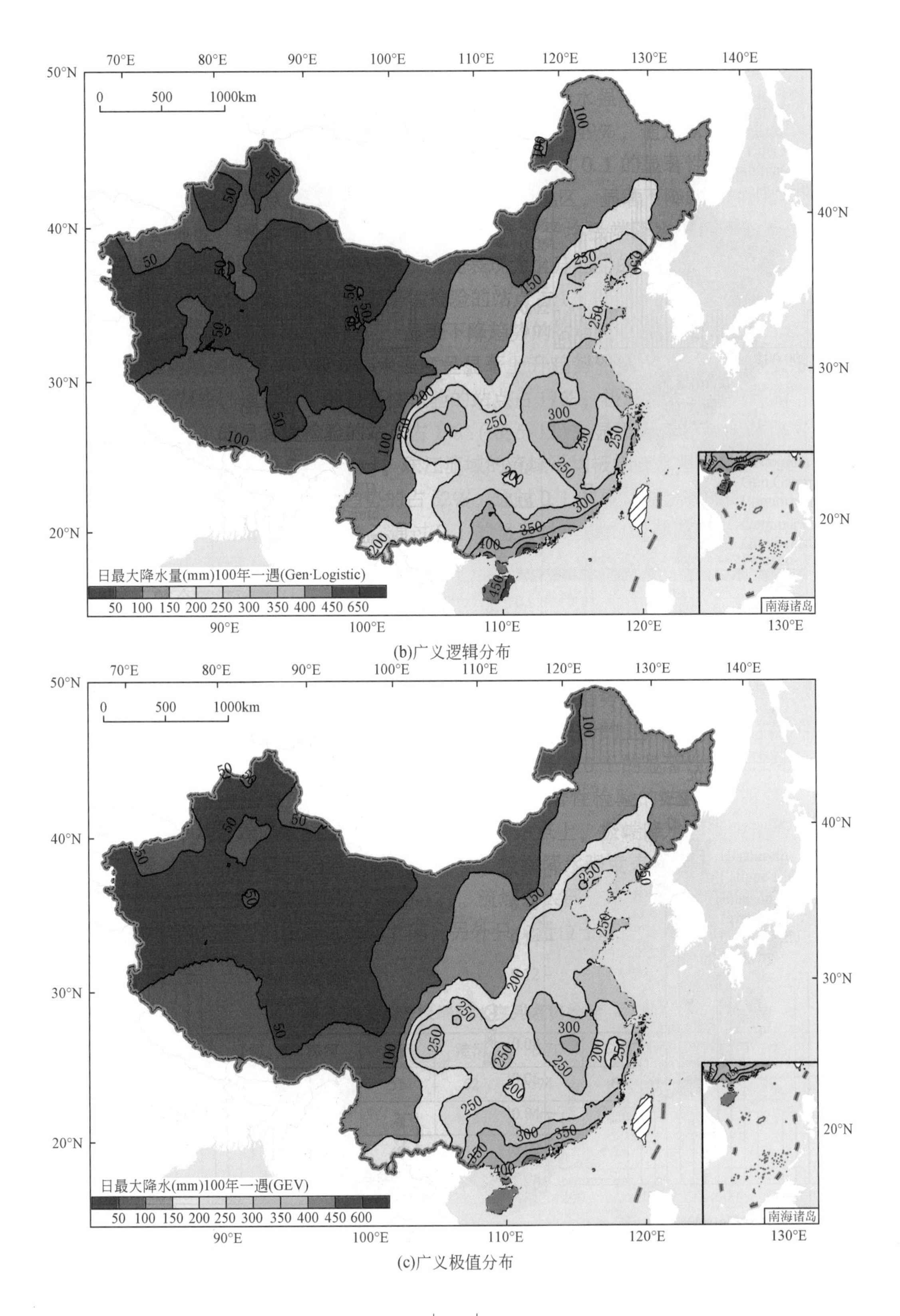

(b)广义逻辑分布

(c)广义极值分布

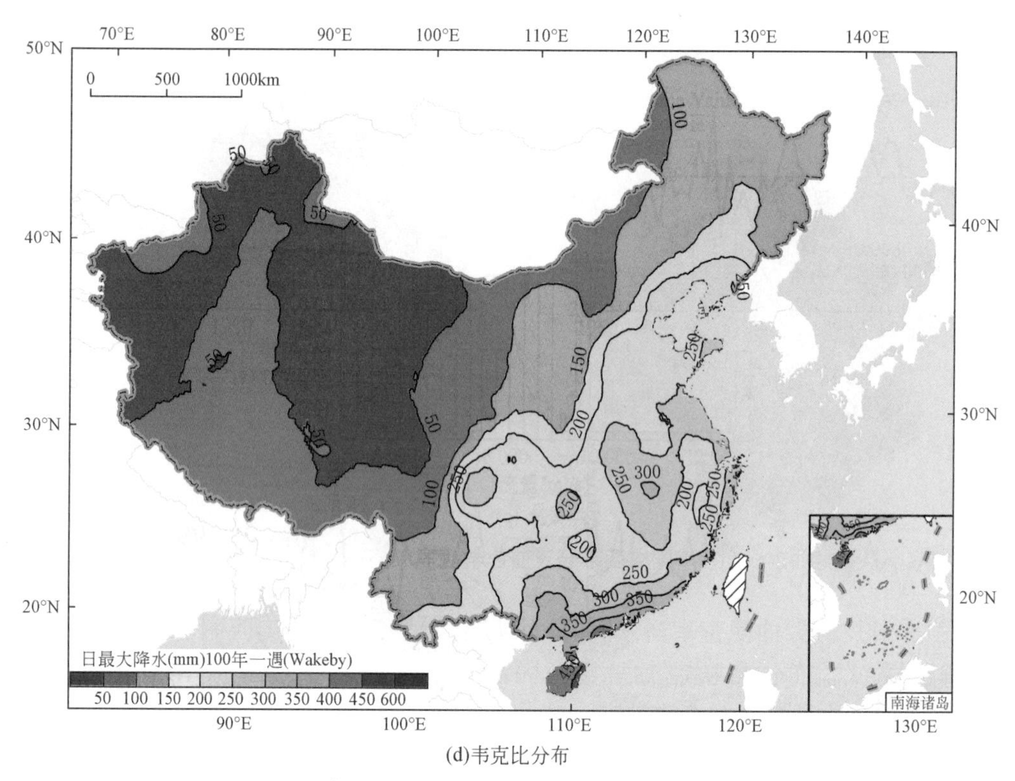

(d)韦克比分布

图 5-17 降水极值 AM 序列 100 年一遇重现期空间分布

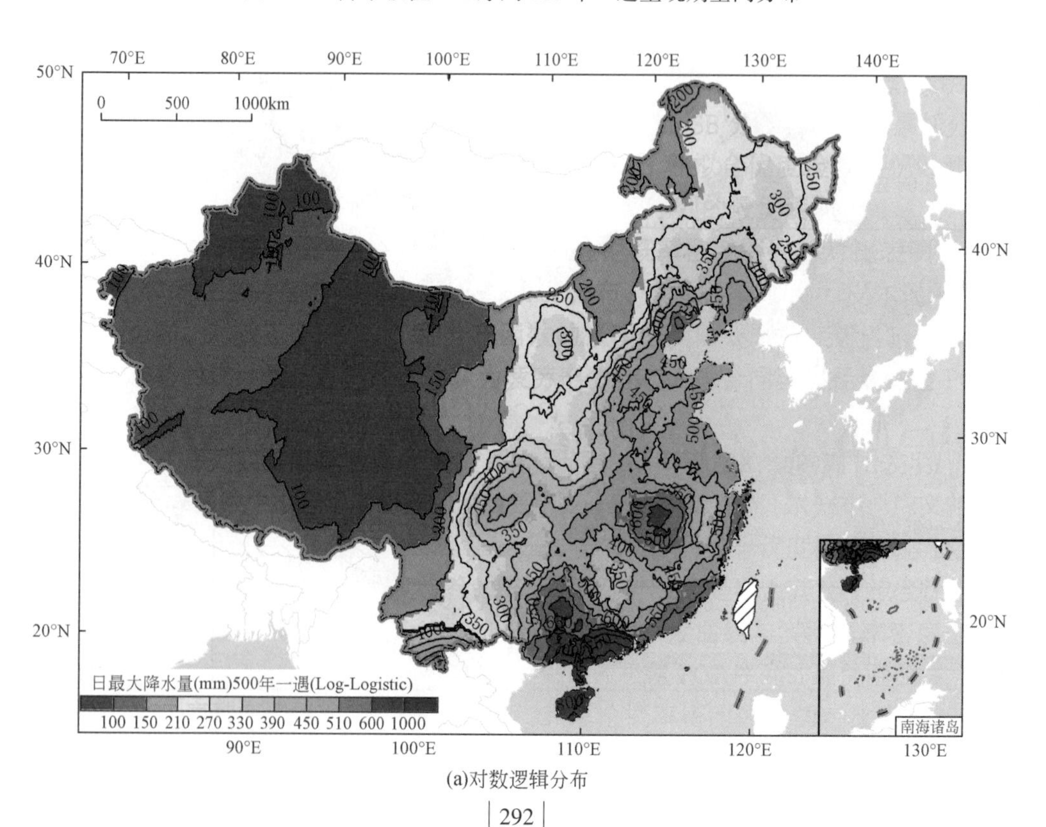

(a)对数逻辑分布

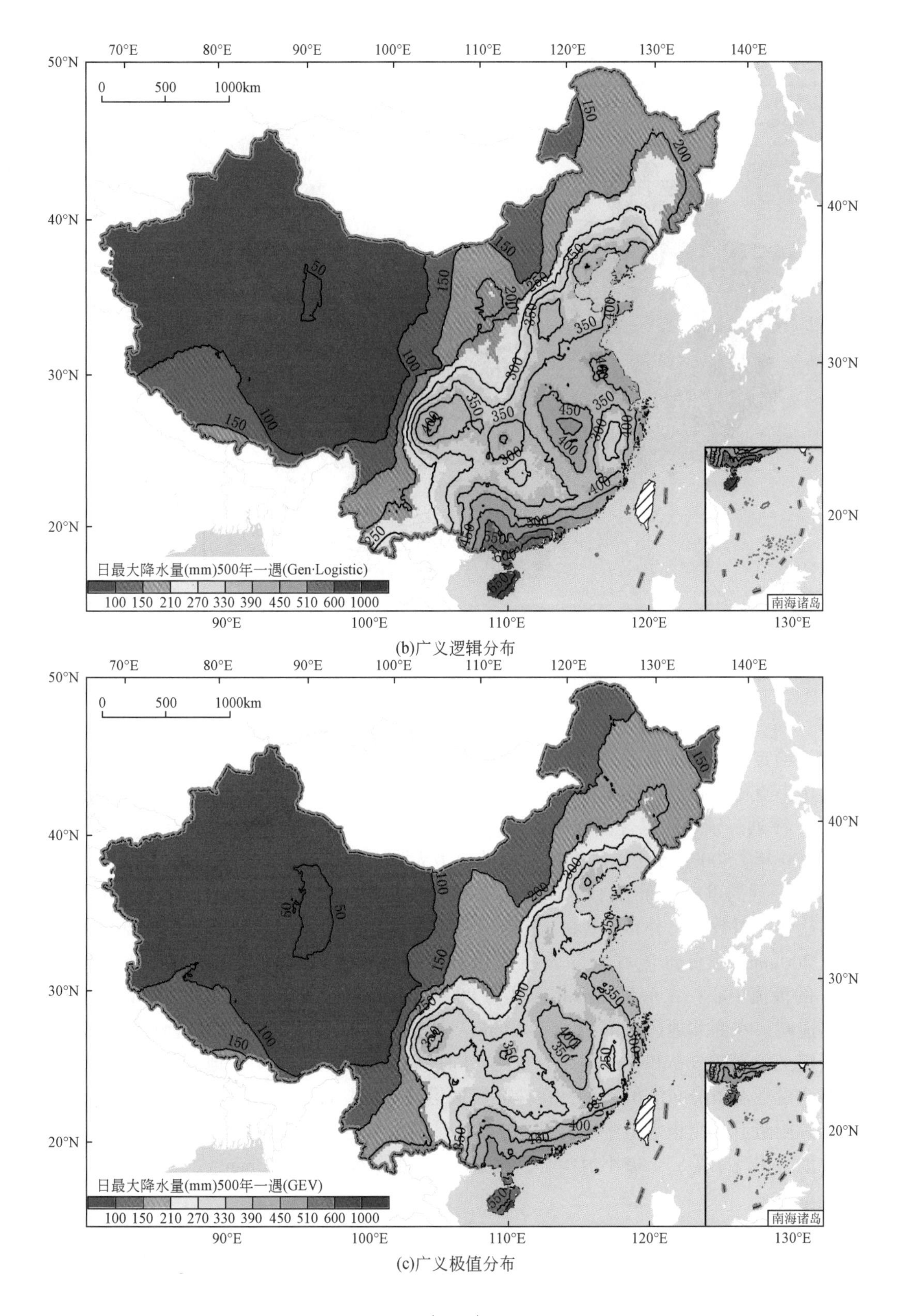

(b)广义逻辑分布

(c)广义极值分布

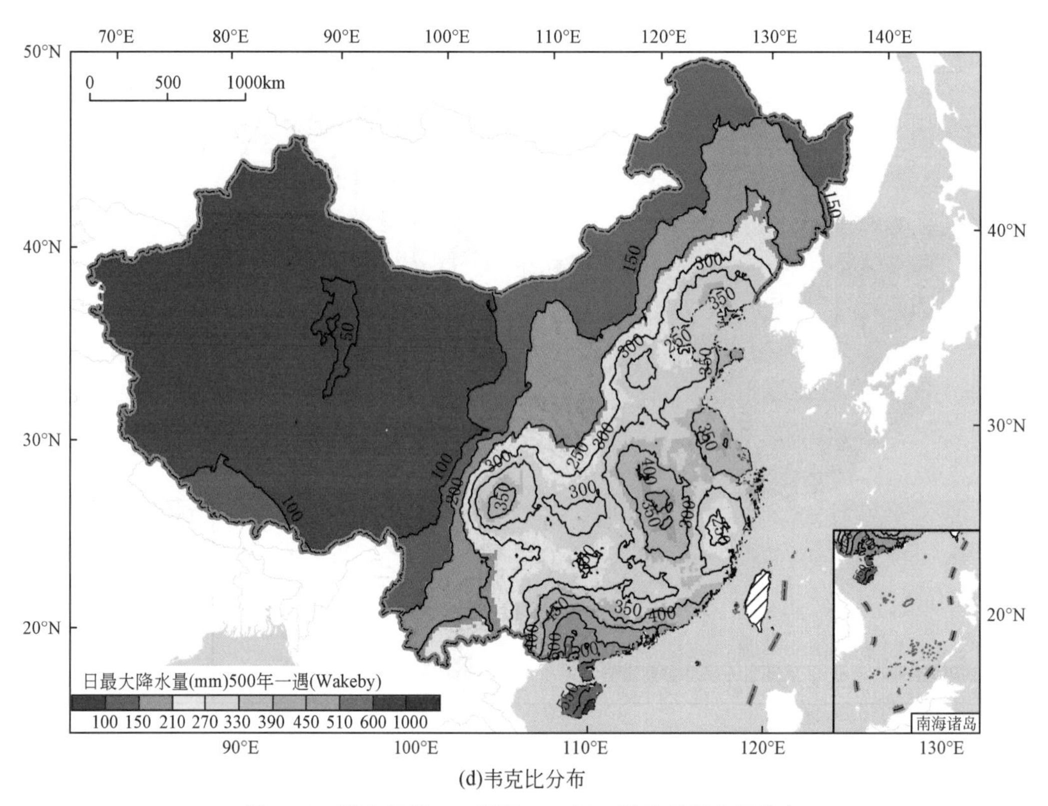

(d)韦克比分布

图 5-18 降水极值 AM 序列 500 年一遇重现期空间分布

(2)给定重现期水平下的 POT 序列估算的极端日降水

选用韦克比分布、广义帕累托分布、疲劳寿命分布、对数正态分布 4 种对中国的极端降水 POT 序列有较好的拟合优度的函数，分别计算了中国 530 个气象站的 10 年、20 年、50 年、100 年、500 年 5 个重现期所对应的日最大降水量。

10 年一遇的重现期降水（图 5-19），4 种分布函数的空间分布类似，都呈东南向西北递减的趋势。对数正态分布计算的 10 年一遇降水量比其他 3 个函数略大，在珠江流域普遍超过 200mm；在江淮流域大部分地区超过 160mm，在四川盆地和长江中下游有超过 200mm 的极值中心；在东北和华北地区为 80 ~ 160mm，辽东半岛超过了 200mm。由沿海向内陆递减，在西北地区大部分小于 40mm，新疆北部有小于 20mm 的极值中心。韦克比分布、广义帕累托分布和疲劳寿命分布的空间格局十分相似，在东北地区的略有差异；总体上要比对数逻辑分布的值略小，在珠江流域沿海地区超过 240mm，但在珠江流域的中北部 110°E 附近有一个极大值中心，其 10 年一遇降水量达到 220mm；另外，在新疆的塔里木盆地地区出现了第二个极小值中心，其 10 年一遇降水量小于 20mm。

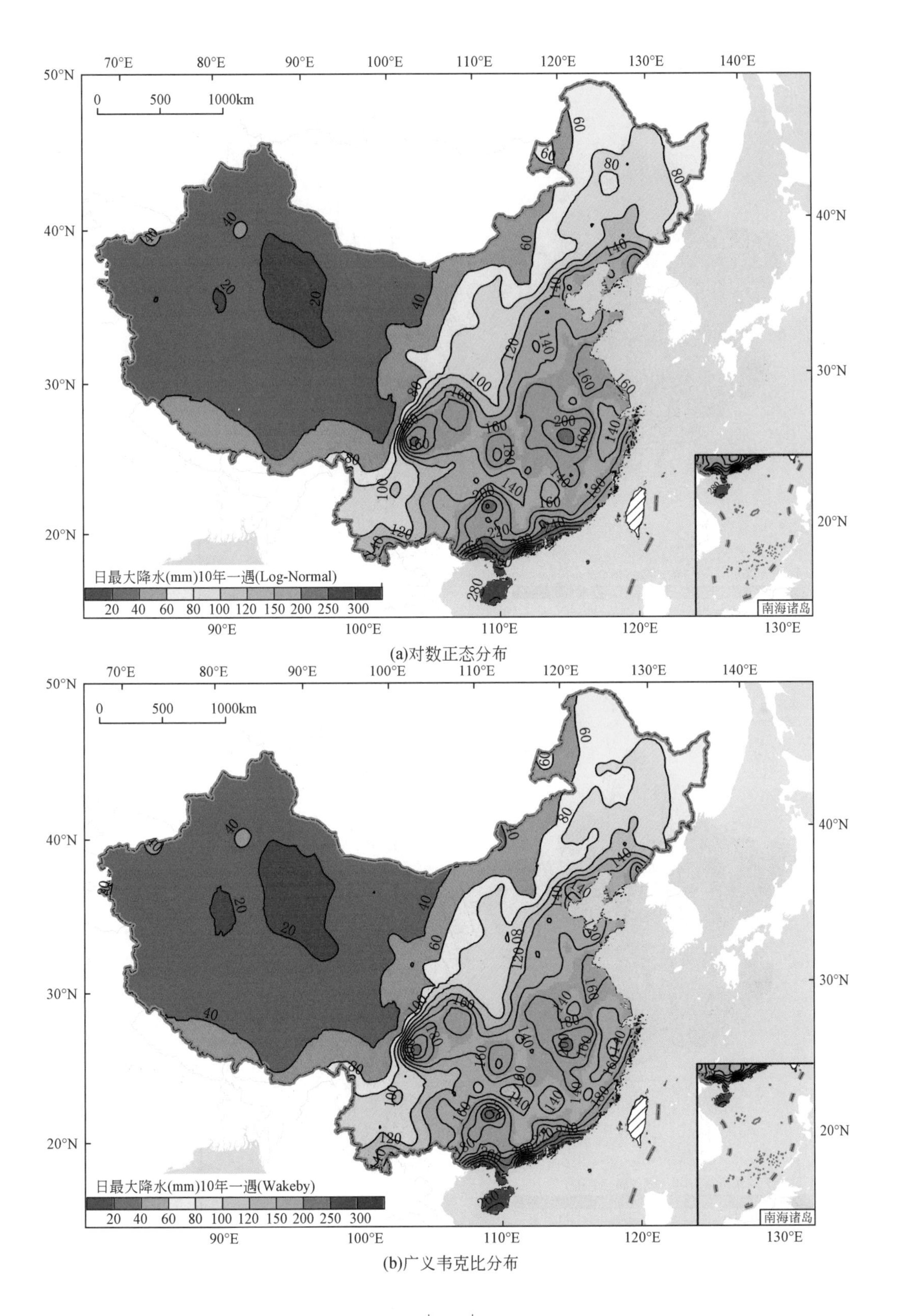

(a)对数正态分布

(b)广义韦克比分布

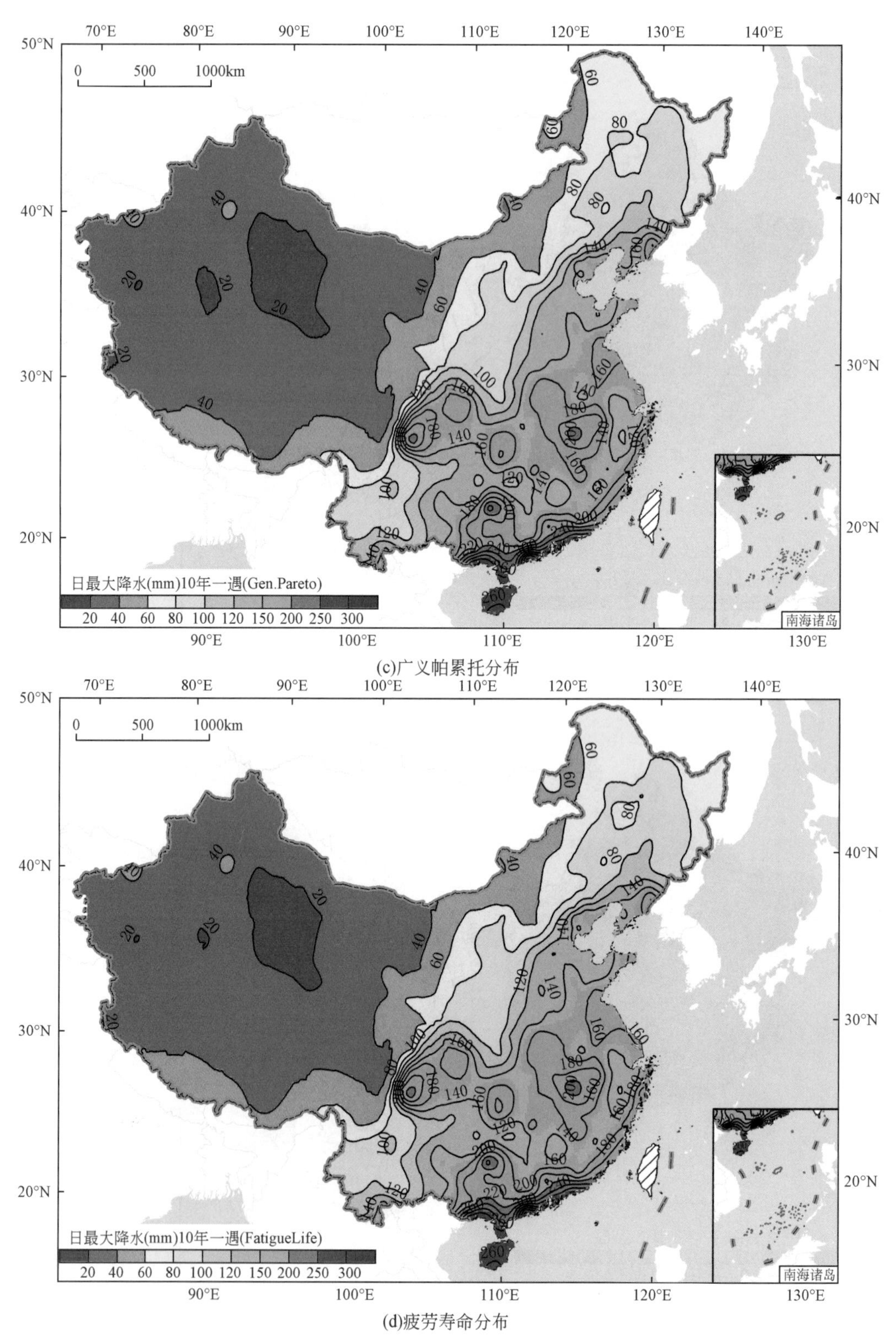

(c)广义帕累托分布

(d)疲劳寿命分布

图 5-19 降水极值 POT 序列 10 年一遇重现期空间分布

20 年一遇重现期降水（图 5-20），对数正态分布计算的 20 一遇降水量比其他 3 个函数略大，在珠江流域普遍超过 240mm；在江淮流域大部分地区超过 210mm，在四川盆地和长江中下游有超过 270mm 的极值中心；在东北和华北地区为 60 ~ 210mm，辽东半岛超过 240mm；在西北地区大部分地区小于 60mm，新疆北部有小于 30mm 的极值中心。韦克比分布、广义帕累托分布和疲劳寿命分布的空间格局十分相似，但与 10 年一遇重现期不同，三种分布函数在东北地区差异较小，在西北地区的差异较大；总体上要比对数逻辑分布的值略小，疲劳寿命分布在 3 种分布中的 20 年重现期降水量最大，韦克比分布计算的重现期最小，在珠江流域沿海地区也超过了 270mm，与 10 年一遇重现期空间分布类似，在珠江流域的中北部 110°E 附近也有一个极大值中心；另外，在西北地区超过 50% 的站点 20 年一遇降水量小于 30mm；3 种分布 20 年一遇降水量在辽东半岛并没有比内陆显著增大。

50 年一遇重现期降水（图 5-21），对数正态分布计算的 50 年一遇降水量比其他 3 个函数略大，在珠江流域普遍超过 240mm；在江淮流域大部分地区超过 210mm，在四川盆地和长江中下游有超过 240mm 的极值中心；在东北和华北地区为 60 ~ 210mm，辽东半岛甚至超过了 240mm；在西北地区大部分地区小于 60mm，新疆北部有小于 30mm 的极值中心。韦克比分布、广义帕累托分布和疲劳寿命分布的空间格局十分相似，3 种分布函数在东北地区差异较大，疲劳寿命分布要略小于韦克比和广义帕累托分布，总体上要比对数正态分布的值略小，疲劳寿命分布在 3 种分布中的 50 年重现期降水量最小，韦克比分布计算的重现期最大，在珠江流域沿海地区超过了 270mm。

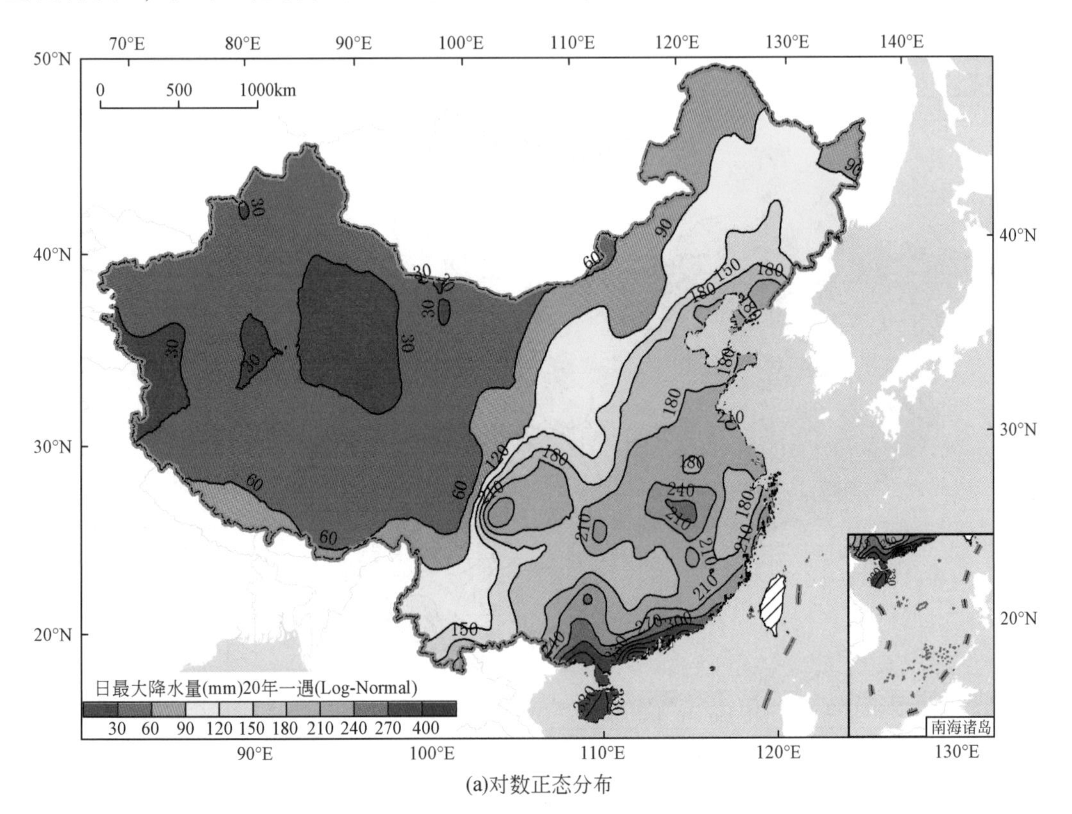

(a)对数正态分布

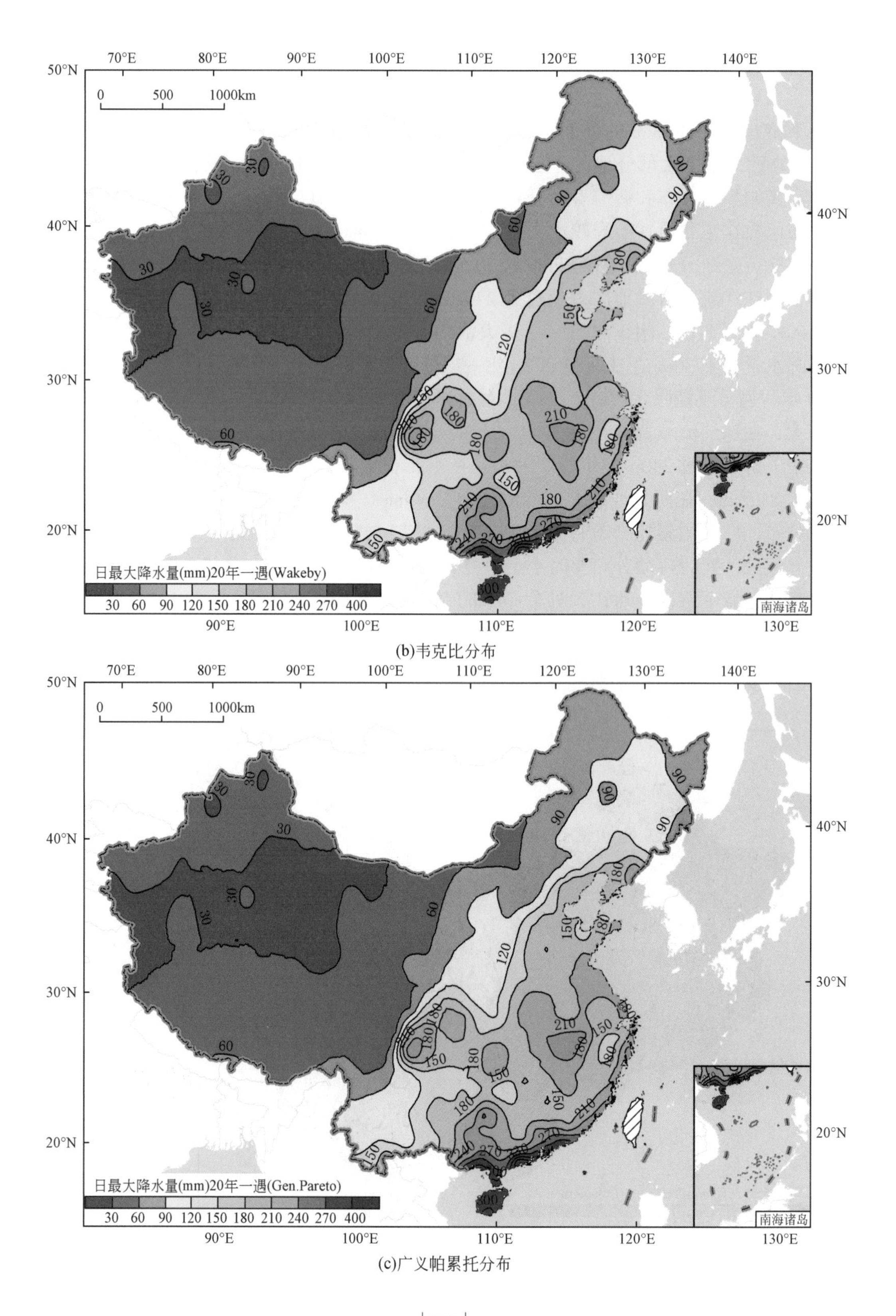

(b)韦克比分布

(c)广义帕累托分布

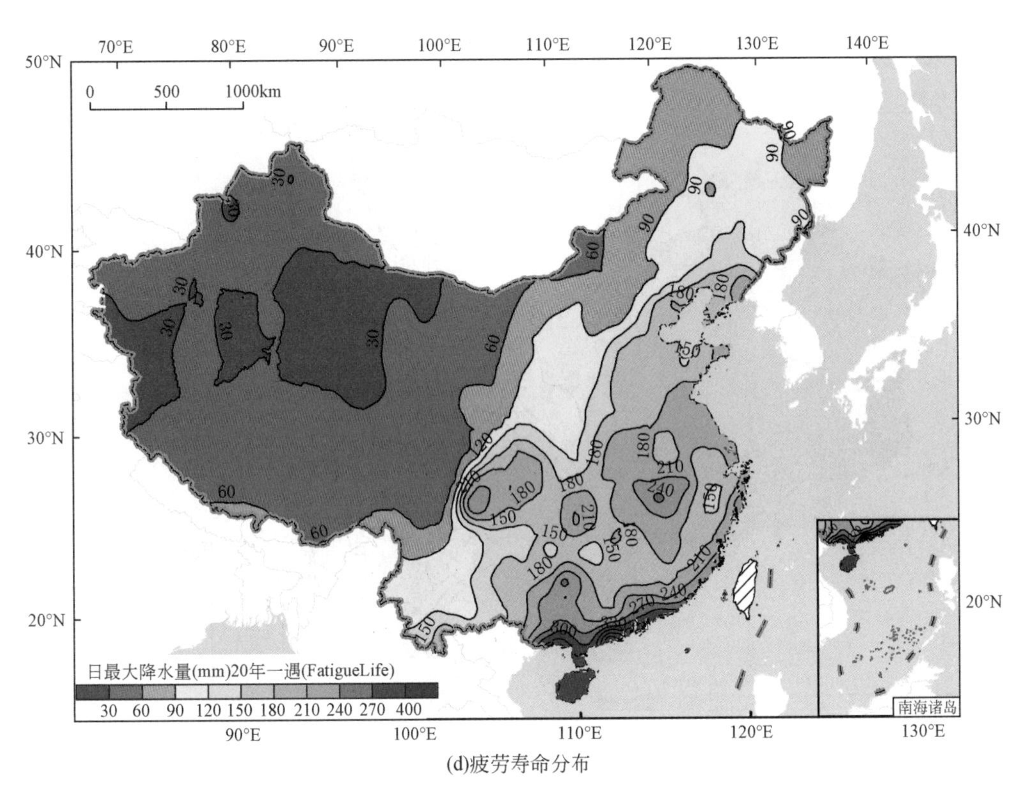

(d)疲劳寿命分布

图 5-20　降水极值 POT 序列 20 年一遇重现期空间分布

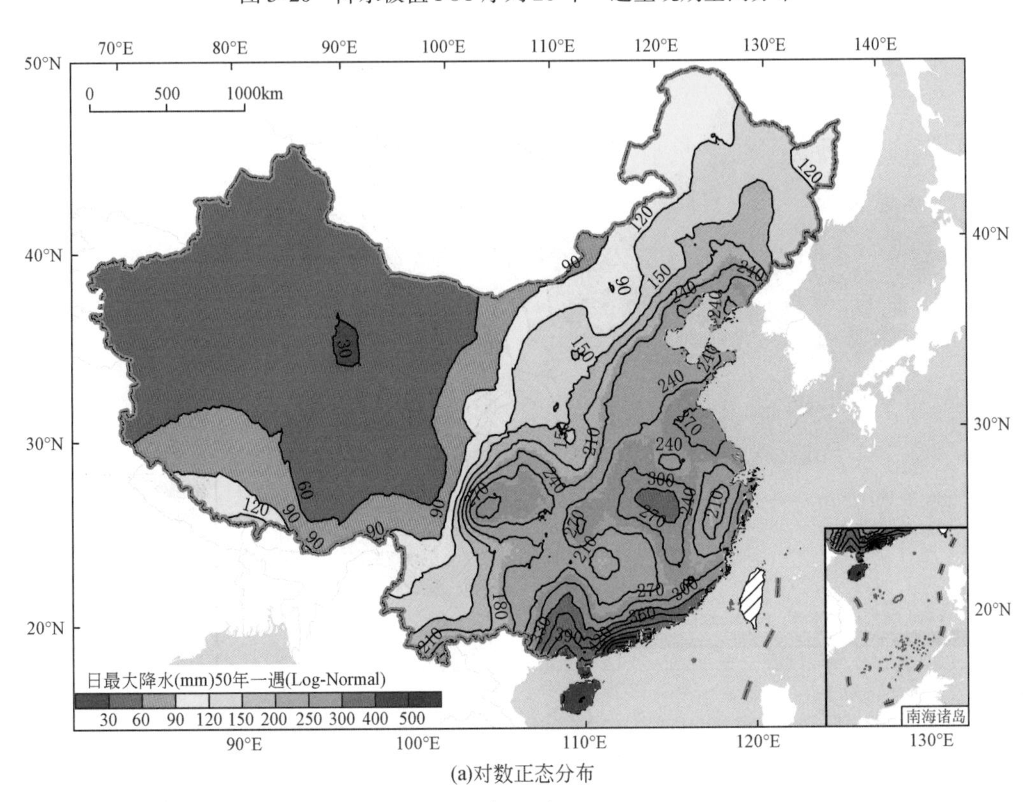

(a)对数正态分布

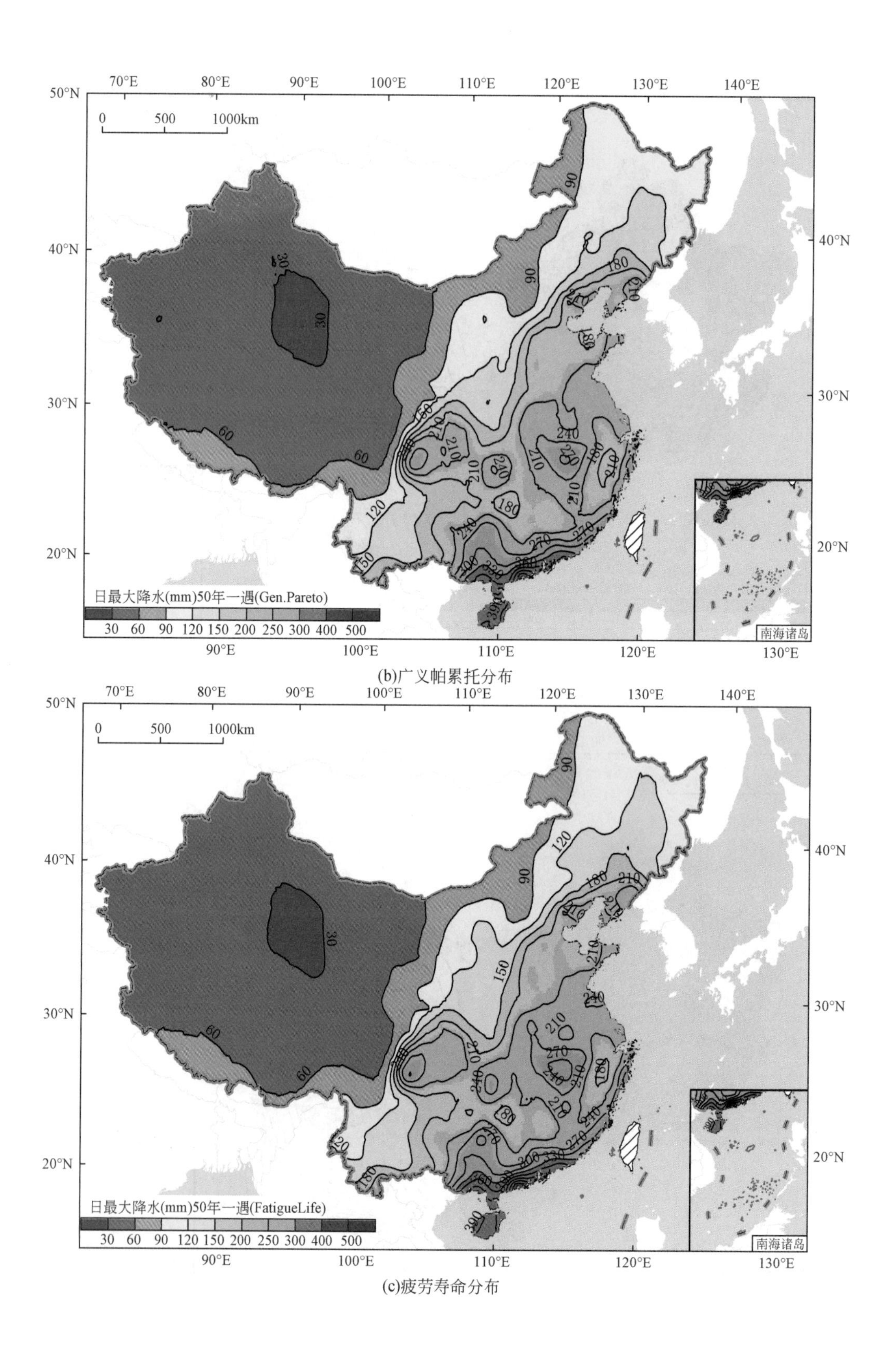

(b)广义帕累托分布

(c)疲劳寿命分布

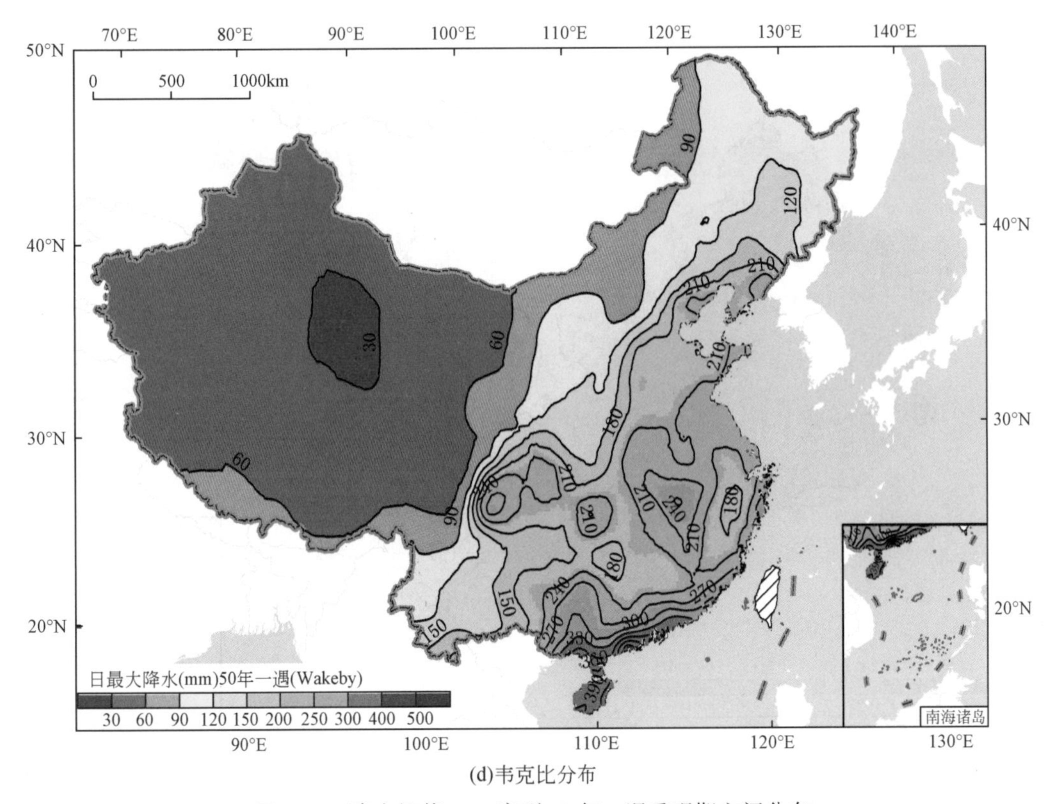

(d)韦克比分布

图 5-21　降水极值 POT 序列 50 年一遇重现期空间分布

100 年一遇重现期降水（图 5-22），对数正态分布计算的 100 年一遇降水量要比其他 3 个函数超出较多，在珠江流域及江淮流域大部分地区普遍超过 350mm；在四川盆地和长江中下游有超过 300mm 的极值中心；在东北和华北地区为 100 ~ 300mm，辽东半岛甚至超过了 350mm；在西北地区大部小于 100mm，新疆北部有小于 50mm 的极值中心，最小值为 30mm 左右，而其余 3 种分布的最小值约为 20mm。韦克比分布、广义帕累托分布和疲劳寿命分布的空间格局十分相似，但疲劳寿命函数估算结果略小于韦克比和广义帕累托分布，但在江淮地区的中心强度广义帕累托函数最小。

500 年一遇重现期降水（图 5-23），4 种分布的空间差异较大，尤其是对数正态分布，要远大于其他 3 种分布。最小的西北内陆地区，对数正态分布最小值在 40mm 左右，而其他 3 种函数都在 30mm 左右，对数正态在 90°E 以西地区大部分超过 100mm，而 90°E ~ 100°E 在 50 ~ 100mm，小于 50mm 的只有个别站点，而其余 3 种函数在 100°E 以西基本都小于 100mm；对数正态分布在西南地区有超过 300mm 的高值区，其余 3 个函数虽然也有大于 100mm 的高值区，但面积较小；对数正态分布在华南、东南大部分地区都超过了 600mm，最大达到 1000mm 以上，而其他 3 种函数在 400 ~ 700mm，最大也不过 900mm，在江淮大部分对数正态函数可以达到 1000mm，而其他函数只能达到 400mm。

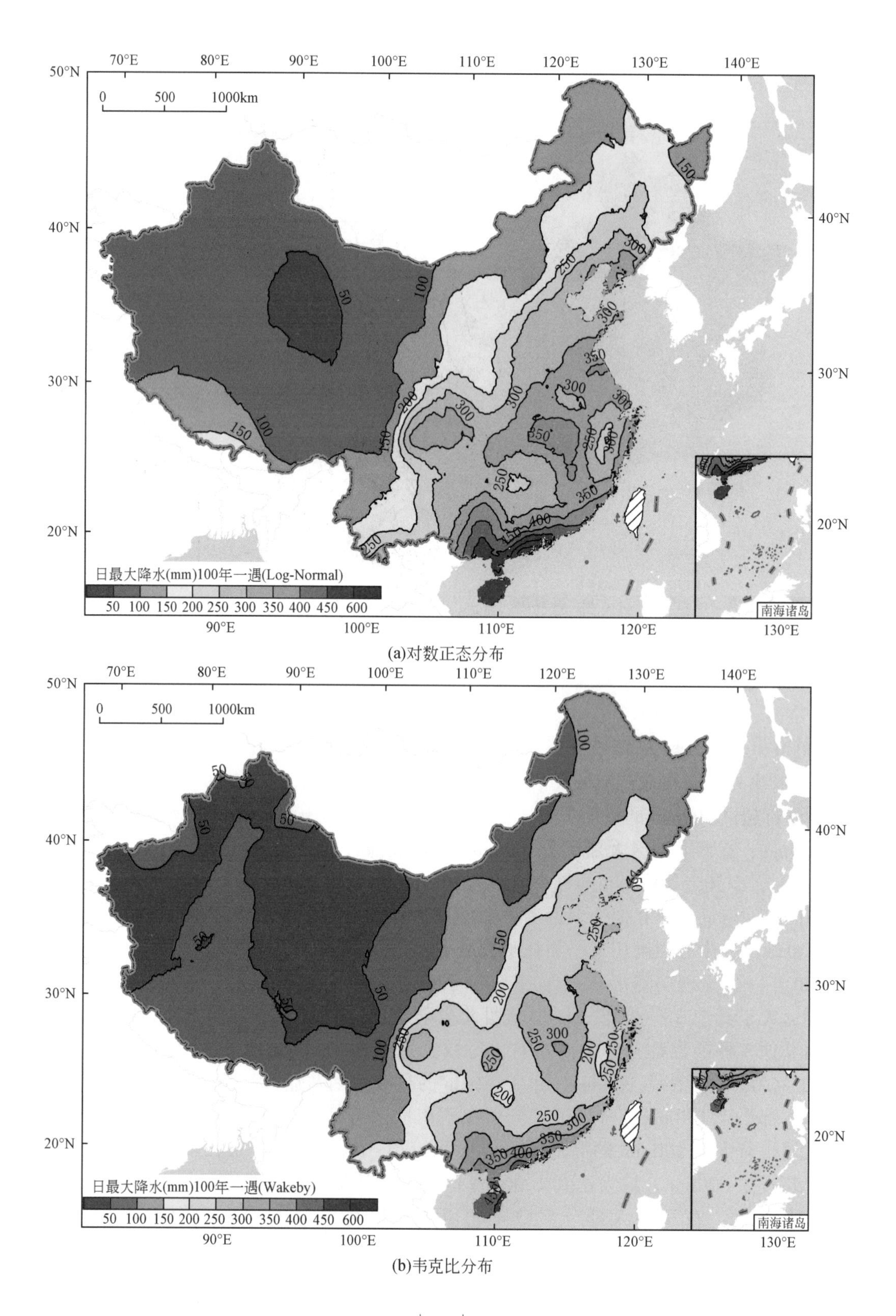

(a)对数正态分布

(b)韦克比分布

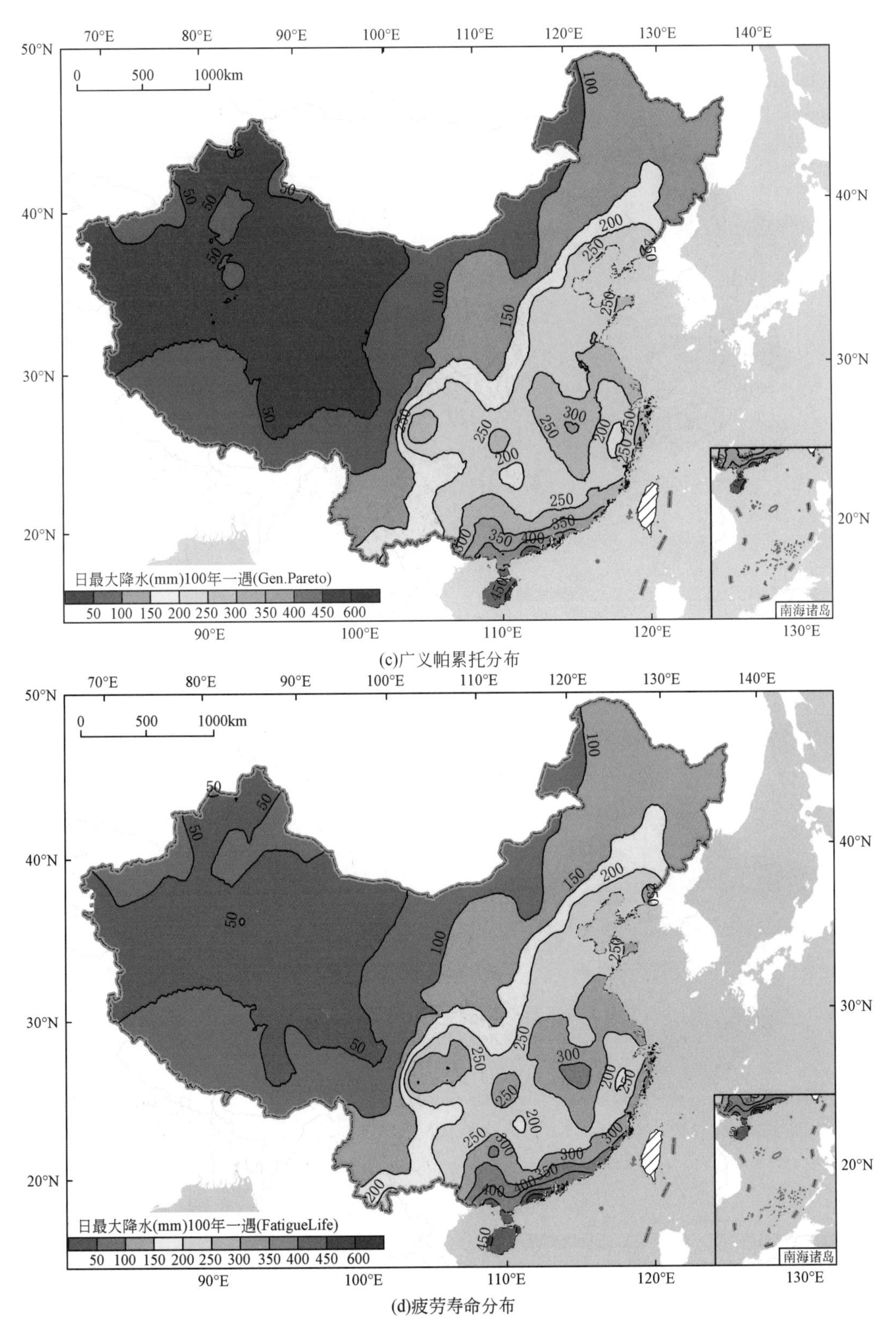

(c)广义帕累托分布

(d)疲劳寿命分布

图 5-22 降水极值 POT 序列 100 年一遇重现期空间分布

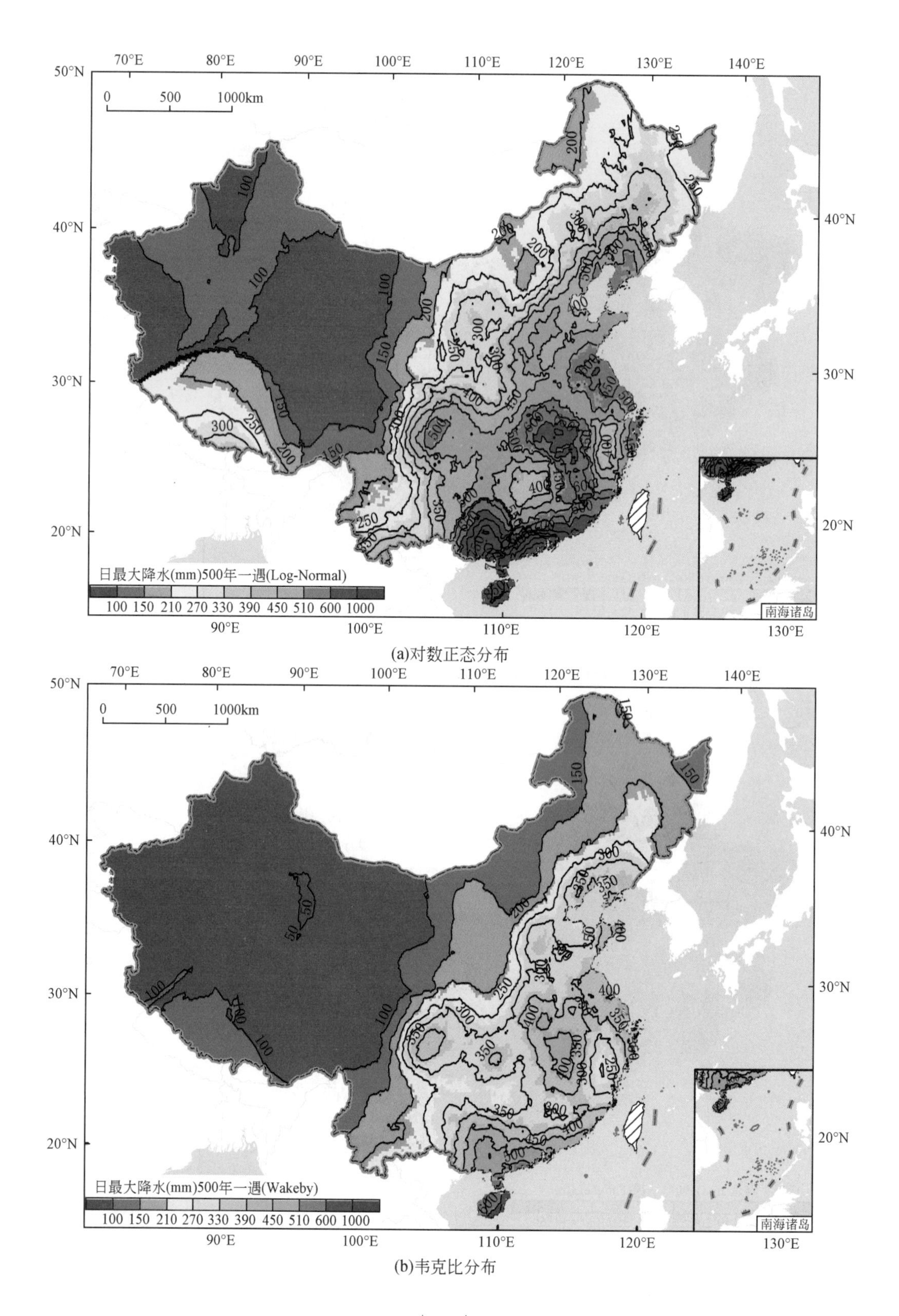

(a)对数正态分布

(b)韦克比分布

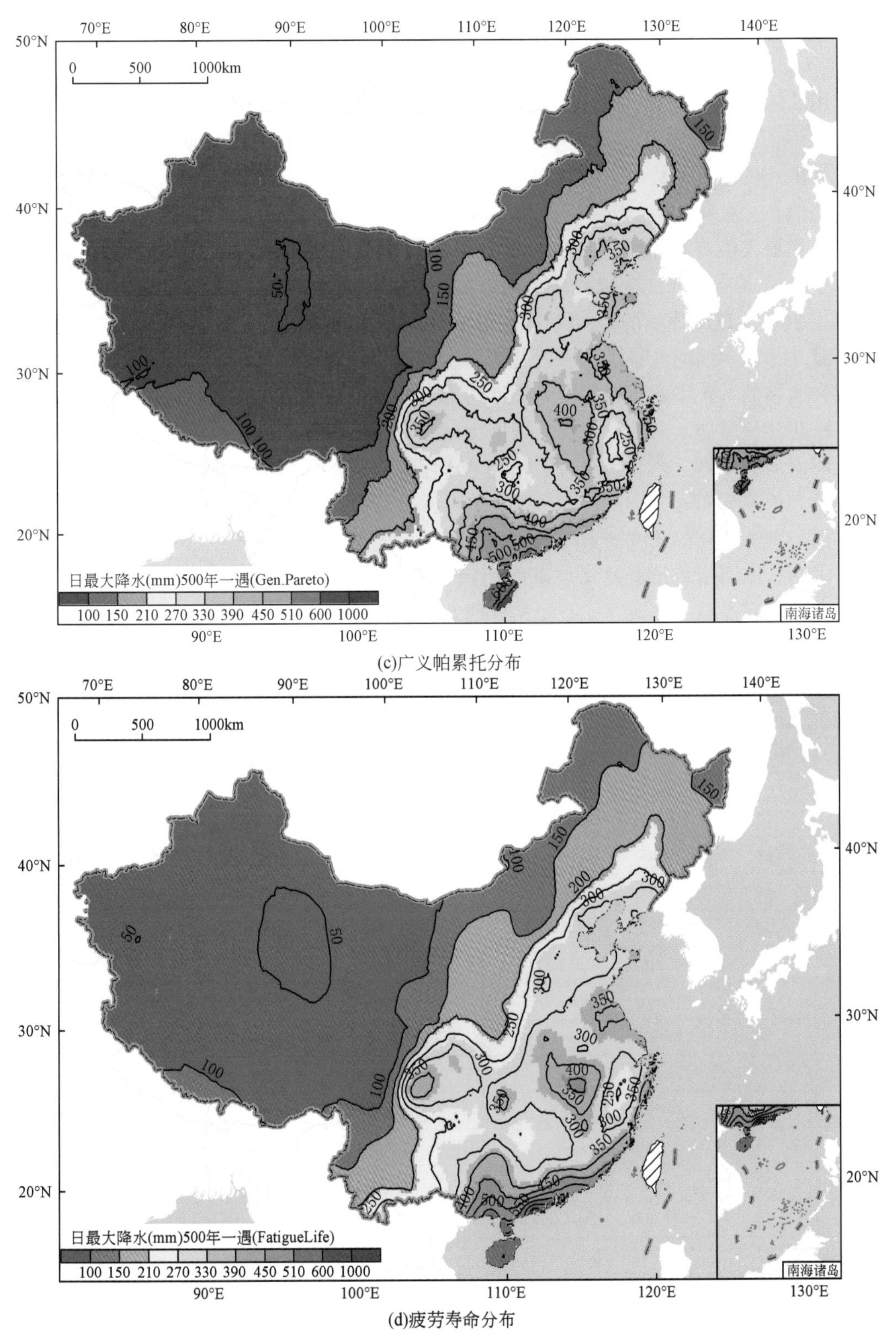

图 5-23　降水极值 POT 序列 500 年一遇重现期空间分布

2. 径流

利用5.4.2节中得到的拟合优度排名前五的函数计算各个水文站的极端径流10年、20年、50年、100年、500年重现期，发现POT序列计算得到的重现期流量要略大于AM序列计算得到的重现期数值。与观测年份等长的重现期的极端流量值要略小于观测到的极大值，差值在1%～39%。其中，淮河流域的淮滨站差异最大，AM序列54年一遇流量估计值与实测最大值差异达到了39%，其POT序列54年一遇流量估计值与实测最大值差异达到了36%；其次为珠江流域的高要站，AM序列47年一遇流量估计值与实测最大值差异达到了26%，POT序列的47年一遇流量估计值与实测最大值差异达到了25%；淮河流域吴家渡站、西南诸河允景洪站、西北诸河卡群站、松花江流域的哈尔滨站与同盟站、长江流域大通站的AM序列与观测相等长度的重现期流量估计值与实测最大值差异在11%～14%；松花江流域佳木斯站、长江流域屏山站、宜昌站、汉口站、寸滩站、东南诸河竹岐站、黄河流域利津站、西北诸河肖塔站的AM序列与观测期相等长度的重现期流量估计值与实测最大值差异都小于8%；海河流域滦县站、西北诸河卡群站、长江流域大通站的POT序列与观测期相等长度的重现期流量估计值与实测最大值差异在13%～14%；西南诸河允景洪站、淮河流域吴家渡站、东南诸河竹岐站、松花江流域佳木斯、长江流域屏山站、汉口站、宜昌站、寸滩站、利津站、西北诸河肖塔站的POT序列与观测期相等长度的重现期流量估计值与实测最大值差异都小于8%（表5-27）。

表5-27　最优函数与观测最大值

站点	数据序列长度（年）	观测最大值（m^3/s）	AM序列		POT序列	
			最优函数	计算重现期（m^3/s）	最优函数	计算重现期（m^3/s）
哈尔滨	61	16 500	Log-Pearson-Ⅲ	14 280	Fatigue Life	17 814
佳木斯	60	18 300	Weibull	16 794	Johnson SB	17 246
同盟	60	12 000	Gen. Logistic	10 478	Log-Logistic	16 779
滦县	48	9 120	Gen. Gamma	10 372	Gen. Pareto	7 868.4
利津	38	8 510	Wakeby	8 160	Wakeby	8 319.9
吴家渡	59	11 600	Johnson SB	9 930.6	Wakeby	10 782
淮滨	54	14 900	GEV	9 028.6	Gen. Logistic	9 542.2
屏山	72	28 600	Gamma	26 535	Gamma	27 477
寸滩	120	84 300	Weibull	81 997	Johnson SB	82 329
宜昌	64	69 500	Wakeby	65 863	Johnson SB	67 112
汉口	57	75 900	GEV	73 308	Log-Gamma	72 947
大通	54	111 000	Log-Logistic	98 645	GEV	96 989
竹岐	22	27 100	Johnson SB	25 855	LogNormal	25 308
高要	47	84 900	Gen. Gamma	62 608	Gen. Logistic	63 413
卡群	25	2 450	Wakeby	2 116.9	Gen. Pareto	2 120.6

续表

站点	数据序列长度（年）	观测最大值（m^3/s）	AM 序列		POT 序列	
			最优函数	计算重现期（m^3/s）	最优函数	计算重现期（m^3/s）
肖塔	25	985	Wakeby	979.8	Johnson SB	959.4
允景洪	30	12 700	Log-Pearson-Ⅲ	10880	Log-Pearson-Ⅲ	11662

图 5-24 给出了 5.4.2 节中分析得到的 17 个水文站点 AM 序列的前五最优函数的累积概率密度分布，可以对不同重现期（T=10 年，20 年，50 年，100 年，500 年）下的计算径流进行对比分析。

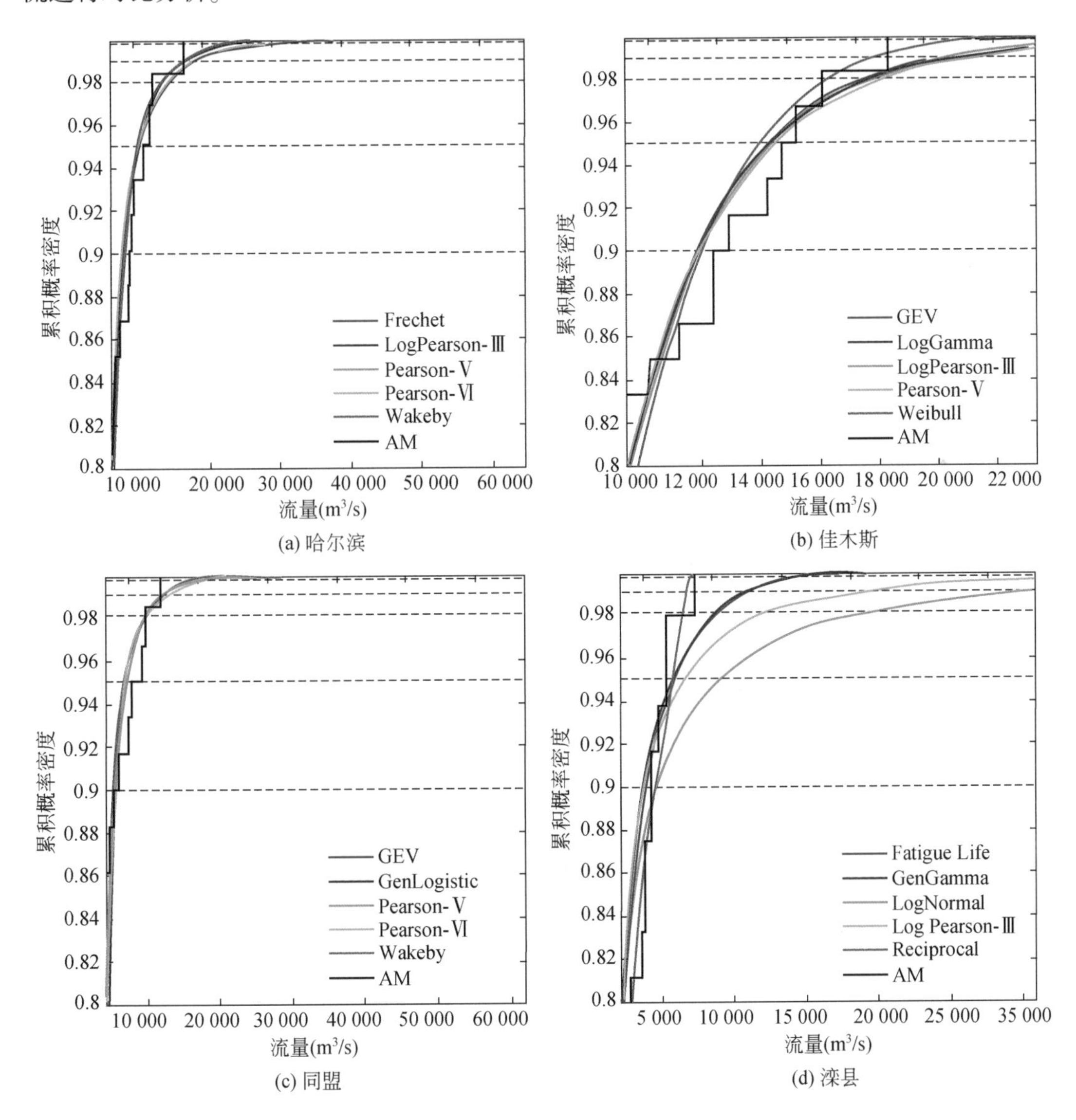

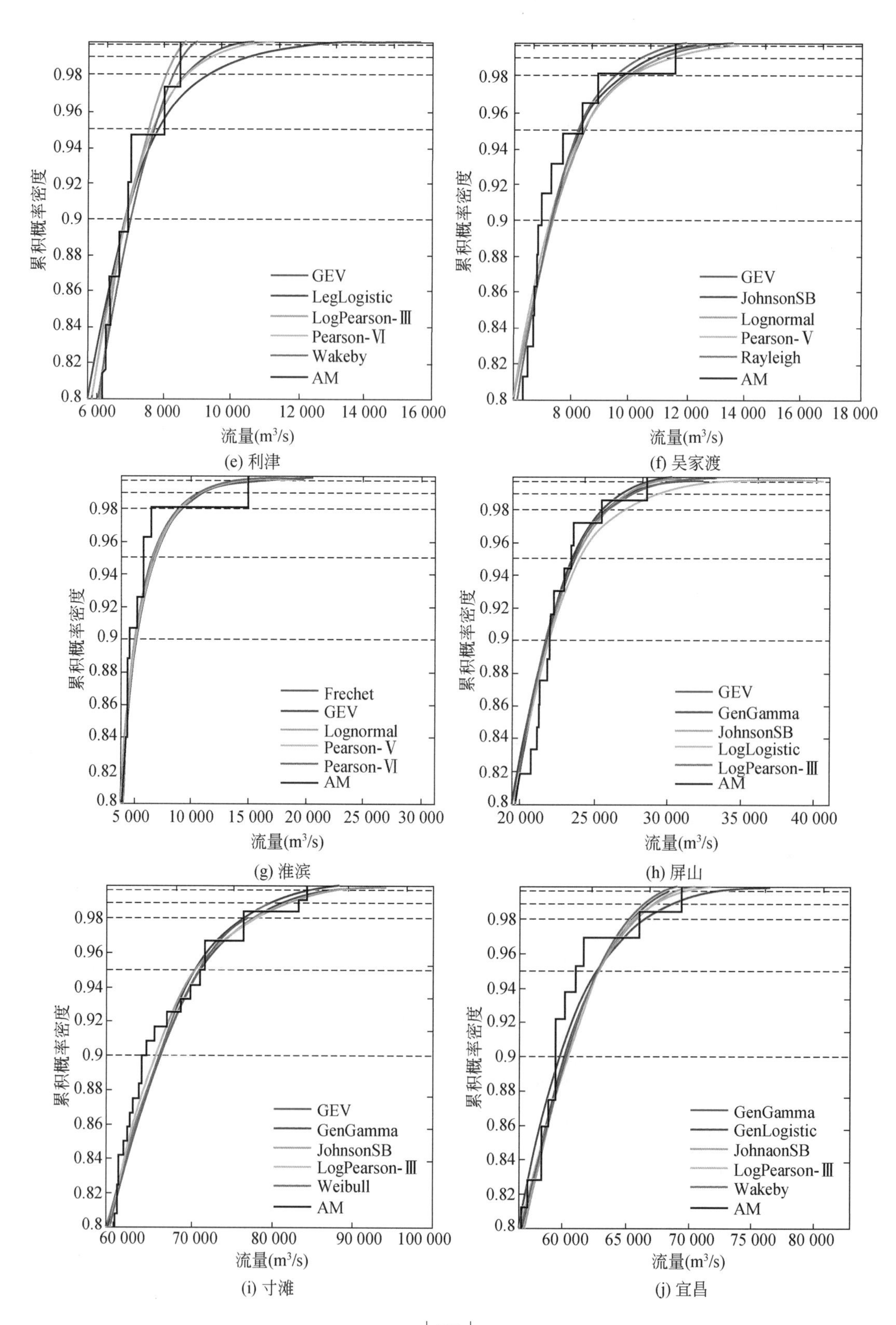

累积概率密度
流量(m³/s)
GEV
LegLogistic
LogPearson-Ⅲ
Pearson-Ⅵ
Wakeby
AM
(e) 利津
GEV
JohnsonSB
Lognormal
Pearson-Ⅴ
Rayleigh
AM
(f) 吴家渡
Frechet
GEV
Lognormal
Pearson-Ⅴ
Pearson-Ⅵ
AM
(g) 淮滨
GEV
GenGamma
JohnsonSB
LogLogistic
LogPearson-Ⅲ
AM
(h) 屏山
GEV
GenGamma
JohnsonSB
LogPearson-Ⅲ
Weibull
AM
(i) 寸滩
GenGamma
GenLogistic
JohnaonSB
LogPearson-Ⅲ
Wakeby
AM
(j) 宜昌

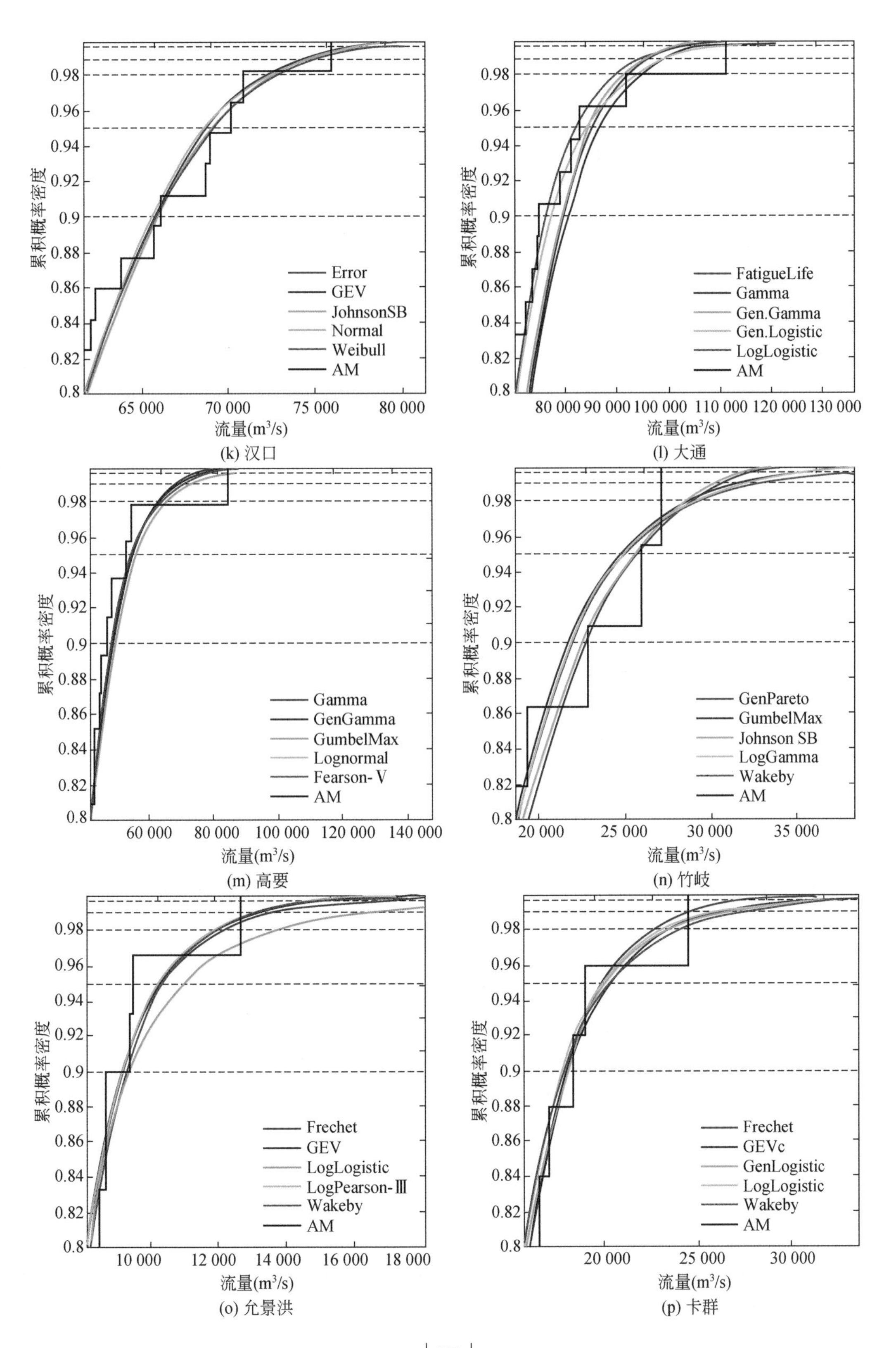

(k) 汉口

(l) 大通

(m) 高要

(n) 竹岐

(o) 允景洪

(p) 卡群

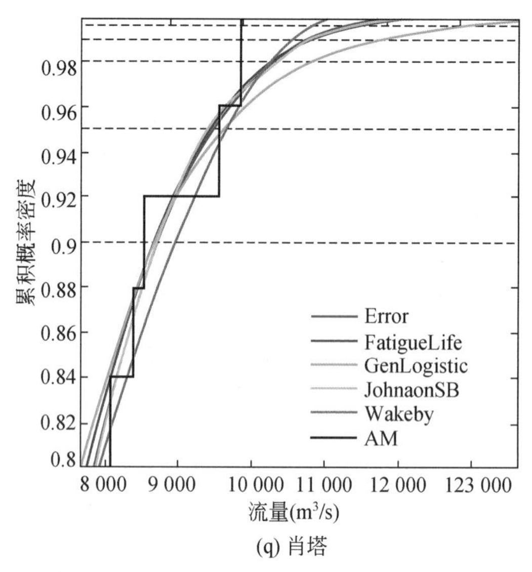

(q) 肖塔

图 5-24　17 水文站点 AM 序列的前五最优函数的累积概率密度分布

松花江流域哈尔滨站的 5 种拟合较优函数累积概率密度曲线比较相近。虽然在 10 年一遇重现期下，韦克比分布计算的径流要大于其他 4 个分布计算值，但 Frechet 分布的计算径流随着重现期增加很快增大，在 20 年一遇的重现期下比对数皮尔逊Ⅲ型分布大约 125m^3/s；5 种分布计算径流的最大值与最小值之差与 5 分布函数均值之间的差异 10 年一遇到 500 年一遇由 2% 增长到 25%，其中 20 年一遇最小。拟合最优的对数皮尔逊Ⅲ型分布计算径流与5 种分布计算径流的均值之间比较接近，在 500 年一遇的重现期下也只相差约 8%。

松花江流域佳木斯站的威布尔分布函数的累积概率密度曲线与其他 4 种拟合较优分布略有差异，在小于 20 年一遇重现期以下的计算径流要大于其他 4 种分布，而随着重现期增大，威布尔分布的计算径流要小于其他 4 种分布。5 种分布计算径流的最大值与最小值之差与 5 种分布函数均值的差异 10 年一遇到 500 年一遇由 2% 增长到 32%，佳木斯站的计算径流在 100 年一遇以下的重现期下要略大于哈尔滨站，但在 500 年一遇重现期与哈尔滨站相差不大。拟合最优的威布尔分布计算径流与 5 种分布计算径流的均值之间的差异较哈尔滨大，在 500 年一遇的重现期下相差约 20%。

松花江流域同盟站种拟合较优累积概率密度曲线比较相近。虽然在 10 年和 20 年一遇重现期下，韦克比分布计算的径流要小于其他 4 个分布计算径流，但随着重现期增大，其计算径流其增长较快，在 100 ~ 500 年一遇的重现期下，韦克比分布计算的径流为 5 种分布函数中的最大值；皮尔逊Ⅴ型分布在 10 ~ 50 年一遇重现期下计算的径流为 5 种分布函数中的最大值；广义极值分布在 50 ~ 500 年一遇重现期下计算的径流为最小值。5 种分布计算径流的最大值与最小值之差与 5 种分布函数均值的差异 10 年一遇到 500 年一遇由 7% 增长到 24%，其中 50 年一遇最小。拟合的广义逻辑分布计算径流与 5 种分布计算径流的均值之间比较接近，10 ~ 500 年一遇的重现期相差 1% ~ 4%。

海河流域滦县站的5种拟合较优函数累积概率密度曲线差异较大，其中广义伽马和疲劳寿命分布的累积概率密度曲线类似，Reciprocal分布的计算径流随重现期增大增长最缓，对数正态分布增长较快。5种分布计算径流的最大值与最小值之差与5种分布函数均值之间的差异10年一遇到500年一遇由21%增长到200%，在17个站点中差异最大。拟合最优的广义伽马分布计算径流与5种分布计算径流的均值之间的差异也较大，10~500年一遇的重现期相差1% ~50%。

黄河流域利津站的5种拟合较优函数累积概率密度曲线差异也较大，在20年一遇重现期以上，5种分布函数计算径流的差异增大，对数皮尔逊Ⅲ型分布的计算径流随重现期增大增加较缓，对数逻辑分布增加较快。5种分布计算径流的最大值与最小值之差与5种分布函数均值之间的差异10年一遇到500年一遇由4%增长到44%。拟合最优的韦克比分布计算径流与5种分布计算的径流均值之间的差异也略大，10~500年一遇的重现期下相差2% ~14%。

淮河流域吴家渡站的除瑞利分布略有差异外，其余4种拟合较优的分布函数累积概率密度曲线差异较小。5种分布计算径流的最大值与最小值之差与5种分布函数均值之间的差异10年一遇到500年一遇由1%增长到15%。拟合最优的Johnson SB分布计算径流与5种分布计算径流的均值之间的差异较小，10~500年一遇的重现期相差0.1% ~3%。

淮河流域淮滨站的5种拟合较优函数累积概率密度曲线差异也较小，对数正态分布在20年一遇以下在5种分布中计算径流较大，在100年以上随重现期增大，计算径流增加较缓，变为5种分布中计算径流最小值；在50年一遇以上，Frechet分布的计算径流为5种分布中最大值。5种分布计算径流的最大值与最小值之差与5种分布函数均值之间的差异10年一遇到500年一遇由2%增长到12%，其中20年一遇最小。拟合最优的广义极值分布计算径流与5种分布计算径流的均值之间的差异较小，10~500年一遇的重现期下相差0.1% ~2%。

长江流域屏山站的5种拟合较优函数累积概率密度曲线差异较小，在20年一遇重现期以上，对数逻辑分布计算径流随重现期增大增加略快，与其他4种分布的累积概率密度曲线略有差异。5种分布计算径流的最大值与最小值之差与5种分布函数均值之间的差异10年一遇到500年一遇由0.3%增长到2%。拟合最优的广义极值分布计算径流与5种分布计算径流的均值之间的差异较小，在10~500年一遇的重现期下相差0.1% ~0.4%。

长江流域寸滩站的5种拟合较优函数累积概率密度曲线差异较小，对数皮尔逊Ⅲ型分布在10年一遇重现期下为5种分布的计算径流最小值，广义伽马分布为最大值；在20~500年一遇重现期下，对数皮尔逊Ⅲ型的计算径流转变为最大值，而广义伽马分布的计算径流转变为最小值。5种分布计算径流的最大值与最小值之差与5种分布函数均值之间的差异10年一遇到500年一遇由0.3%增长到2%，其中20年一遇最小。拟合最优的威布尔分布计算径流与5种分布计算径流的均值之间的差异较小，10~500年一遇的重现期相差0.04% ~0.5%。

长江流域宜昌站的5种拟合较优函数累积概率密度曲线差异较小，在20年一遇重现期以上，广义逻辑分布计算径流随重现期增长增加较快，与其他4种分布的累积概率密度曲线略有差异。5种分布计算径流的最大值与最小值之差与5种分布函数均值之间的差异10年一遇到500年一遇由1%增长到8%，其中20年一遇最小。拟合的韦克比分布计算的不同重现期下的径流与 5 种分布计算的得到的均值之间的差异较小，10～500 年一遇的重现期相差 0.02%～3%。

长江流域汉口站的 5 种拟合较优函数累积概率密度曲线差异较小。5 种分布计算径流的最大值与最小值之差与 5 种分布函数均值之间的差异 10 年一遇到 500 年一遇由 1% 增长到 2%。拟合最优的广义极值分布计算径流与 5 种分布计算径流的均值之间的差异较小，在 10～500 年一遇的重现期相差 0.2%～0.6%，其中 100 年一遇的最小。

长江流域大通站的 5 种拟合较优函数累积概率密度曲线差异略大于长江其余 4 个站点。5 种分布计算径流的最大值与最小值之差与 5 种分布函数均值之间的差异 10 年一遇到 500 年一遇由 1% 增长到 22%。拟合最优的对数逻辑分布计算径流与 5 种分布计算径流的均值之间的差异也略大于长江其余 4 个站点，10～500 年一遇的重现期相差 0.3%～14%。

珠江流域高要站的 5 种拟合较优分布函数累积概率密度曲线十分相似，不同重现期下计算径流最大值为冈贝尔分布，最小值为皮尔逊Ⅲ型分布。5 种分布计算径流的最大值与最小值之差与 5 种分布函数均值之间差异 10 年一遇到 500 年一遇由 2% 增长到 9%。拟合最优的广义伽马分布不同重现期下的计算径流与 5 种分布计算径流的均值十分接近，最大也只有 2% 的差异。

东南诸河竹岐站的 5 种拟合较优分布函数累积概率密度曲线差异略大，在 50 年一遇重现期以上，5 种分布函数计算径流的差异最小，广义帕累托分布虽然在 10～20 年一遇重现期下的计算径流较大，但其随重现期增大，计算径流增加较缓，在 50 年一遇重现期以上的计算径流变为 5 种分布中的最小值，韦克比增速最大，在 50～500 年一遇重现期下的计算径流为 5 种分布的最大值。5 种分布计算径流的最大值与最小值之差与 5 种分布函数均值之间的差异 10 年一遇到 500 年一遇由 3% 增长到 30%。拟合最优的 Johnson SB 分布计算径流与 5 种分布计算径流的均值之间的差异略大，10～500 年一遇的重现期相差 1%～13%。

西南诸河允景洪站的对数逻辑分布的计算径流随重现期增大增加较快外，其余 4 种拟合较优分布函数累积概率密度曲线差异较小。5 种分布计算径流的最大值与最小值之差与 5 种分布函数均值之间的差异 10 年一遇到 500 年一遇由 2% 增长到 55%，主要是由于对数逻辑分布造成的。拟合最优的 Frechet 分布计算径流与 5 种分布计算径流的均值之间的差异较小，10～500 年一遇的重现期相差 1%～4%。

西北诸河卡群洪站的 5 种拟合较优分布函数累积概率密度曲线差异小于肖塔站。5 种分布计算径流的最大值与最小值之差与 5 种分布函数均值之间的差异 10 年一遇到 500 年一遇由 2% 增长到 21%。拟合最优的韦克比分布计算径流与 5 种分布计算径流的均值之间的差异在 10～500 年一遇的重现期相差 0.3%～7%。

西北诸河流域肖塔站的 5 种拟合较优分布函数累积概率密度曲线差异较大，在 20 年一遇重现期以上，韦克比分布的计算径流随重现期增加增长较缓，广义逻辑分布增加较快。5 种分布计算径流的最大值与最小值之差与 5 种分布函数均值之间的差异 10 年一遇到 500 年一遇由 2% 增长到 25%，其中 20 年一遇的差异最小。拟合最优的韦克比分布计算径流与 5 种分布计算径流的均值之间的差异略大，10～500 年一遇的重现期相差1%～9%。

综上所述，淮河流域吴家渡和淮滨两站点以及长江流域的屏山、寸滩、宜昌和汉口四站点的拟合较优的 5 种分布函数的计算径流差异要远小于其他流域的各站点。

图 5-25 给出了第 2 小节中分析得到的 17 水文站点 POT 序列的前五最优函数的累积概率密度分布，可以对不同重现期（T =10 年，20 年，50 年，100 年，500 年）下的计算径流进行对比分析，总的来看，POT 序列得到的 5 种拟合较好的分布函数不同重现期下计算径流的差异要远大于 AM 序列。

松花江流域哈尔滨站的 5 种拟合较优函数累积概率密度曲线差异较大。对数逻辑分布的计算径流随重现期增大增长最快，Johnson SB 分布增长最缓。5 种分布计算径流的最大值与最小值之差与 5 种分布函数均值之间的差异 10 年一遇到 500 年一遇由 18% 增长到 300%。拟合最优的疲劳寿命分布计算径流与 5 种分布计算径流的均值之间的差异较大，10 ~500 年一遇的重现期下由 4% 增长到 61%。

松花江流域佳木斯站的 5 种拟合较优函数累积概率密度曲线差异较大，但小于哈尔滨站。疲劳寿命分布的计算径流随重现期增大增长最快，贝塔分布的增长最缓。5 种分布计算的径流最大值与最小值之差与 5 种分布函数均值之间的差异 10 年一遇到 500 年一遇由 2% 增长到 56%，其中 10 年一遇最小。拟合最优的 Johnson SB 分布计算径流与 5 种分布计算径流的均值之间的差异远小于哈尔滨站，10 ~500 年一遇的重现期下由 1% 增长到 17%。

松花江流域同盟的除对数正态分布的计算径流随重现期增大增长较缓外，其余 4 种拟合较优函数累积概率密度曲线比较相近。5 种分布计算的径流最大值与最小值之差与 5 种分布函数均值之间的差异 10 年一遇到 500 年一遇由 0.3% 增长到 70%。拟合最优的 Frechet 分布计算径流与 5 种分布计算径流的均值之间的差异也小于哈尔滨站，10 ~500 年一遇的重现期相差 0.2% ~22%。

海河流域的滦县站的 5 种拟合较优函数累积概率密度曲线差异较小。5 种分布计算的径流最大值与最小值之差与 5 种分布函数均值之间的差异从 10 年一遇到 500 年一遇由 5% 增长到 10%，与 AM 序列差异较大。拟合最优的广义帕累托分布计算径流与 5 种分布计算径流的均值之间的差异也较小，10 ~500 年一遇的重现期下的计算径流相差 0.4% ~2%，其中 100 年一遇的差异最小。

黄河流域的利津站的 5 种拟合较优函数累积概率密度曲线差异也较大，但在 20 年一遇重现期以下，5 种分布累积概率密度曲线差异较小；20 年一遇重现期以上，5 种分布函数计算径流的差异增大，Johnson SB 分布的计算径流随重现期增大增加较缓，对数逻辑分布增加较快。5 种分布计算的径流最大值与最小值之差与 5 种分布函数均值之间的差异从 10 年一遇到 500 年一遇由 7% 增长到 160%。拟合最优的韦克比分布计算径流与 5 种分布计算径流的均值之间的差异也略大，10 ~500 年一遇的重现期下的计算径流相差 0.4% ~36%。

淮河流域吴家渡站的 5 种拟合较优分布函数累积概率密度曲线差异较小，但也大于 AM 序列的 5 种分布的差异。5 种分布计算径流的最大值与最小值之差与 5 种分布函数均值之间的差异 10 年一遇到 500 年一遇由 1% 增长到 27%。但拟合最优的韦克比分布计算径流与 5 种分布计算径流的均值之间的差异略小于 AM 序列，10 ~500 年一遇的重现期相差 0.1% ~1%。

淮河流域的淮滨站的 5 种拟合较优函数累积概率密度曲线差异也小于 AM 序列的 5 种分布函数之间是差异。5 种分布计算径流的最大值与最小值之差与 5 种分布函数均值之间的差异 10 年一遇到 500 年一遇由 3% 增长到 4%，其中 100 年一遇最小。拟合最优的广义逻辑分布计算径流与 5 种分布计算径流的均值之间的差异要略大于 AM 序列，10 ~ 500 年一遇的重现期相差 1% ~3%。

长江流域屏山站的 5 种拟合较优函数累积概率密度曲线差异较大，主要是对数逻辑分布的计算径流随重现期增大增长较快。5 种分布计算径流的最大值与最小值之差与 5 种分布函数均值之间的差异 10 年一遇到 500 年一遇由 2% 增长到 64%，其中最小的为 50 年一遇的差异。拟合最优的皮尔逊Ⅲ型分布计算径流与 5 种分布计算径流的均值之间的差异较大，10 ~ 500 年一遇的重现期相差 0. 09% ~18%。

长江流域寸滩站的 5 种拟合较优函数累积概率密度曲线差异较小，但略大于 AM 序列 5 种分布的差异。5 种分布计算径流的最大值与最小值之差与 5 种分布函数均值之间的差异 10 年一遇到 500 年一遇由 1% 增长到 17%。拟合最优的 Johnson SB 分布计算径流与 5 种分布计算径流的均值之间的差异也略大，10 ~ 500 年一遇的重现期相差 0. 2% ~8%。

长江流域宜昌站的 5 种拟合较优函数累积概率密度曲线在 10 年一遇以下计算径流间差异较小，在 20 年一遇重现期以上计算径流差异较大，韦克比分布的计算径流随重现期增大增长较缓。5 种分布计算径流的最大值与最小值之差与 5 种分布函数均值之间的差异 10 年一遇到 500 年一遇由 1% 增长到 18%。拟合最优的 Johnson SB 分布计算径流与 5 种分布计算径流的均值之间的差异也略大，10 ~ 500 年一遇的重现期相差 0. 1% ~8%。

长江流域汉口站的 5 种拟合较优函数累积概率密度曲线差异较大，逆高斯和对数正态分布计算径流随重现期增大增长较快，而三角分布虽然在 10 一遇重现期下的计算径流要比其余 4 种分布都大，但增长最缓。5 种分布计算径流的最大值与最小值之差与 5 种分布函数均值之间的差异 10 年一遇到 500 年一遇由 2% 增长到 19%。拟合最优的对数伽马分布计算径流与 5 种分布计算径流的均值之间的差异也略大，10 ~ 500 年一遇的重现期相差 0. 8% ~8%。

长江流域大通站与 AM 序列分布规律相反，5 种拟合较优函数累积概率密度曲线差异也较小，略小于长江其余 4 个站点。5 种分布计算径流的最大值与最小值之差与 5 种分布函数均值之间的差异 10 年一遇到 500 年一遇由 1% 增长到 16%。拟合最优的广义极值分布计算径流与 5 种分布计算径流的均值之间的差异也略大于长江其余 4 个站点，10 ~ 500 年一遇的重现期相差 0. 1% ~0. 3%，其中 500 年一遇的最小。

珠江流域高要站的 5 种拟合较优函数累积概率密度曲线差异十分相似，计算径流较大的为 Frechet 和皮尔逊Ⅴ型分布，较小值为广义极值和韦克比分布。5 种分布计算径流的最大值与最小值之差与 5 种分布函数均值之间的差异 10 年一遇到 500 年一遇由 3% 增长到 22%。拟合最优的广义逻辑分布计算径流与 5 种分布计算径流的均值十分接近，最大也只有 2% 的差异。

东南诸河流域竹岐站的 5 种拟合较优函数累积概率密度曲线差异较小。5 种分布计算径流的最大值与最小值之差与 5 种分布函数均值之间的差异 10 年一遇到 500 年一遇由 1% 增长到 21%。拟合最优的皮尔逊Ⅲ分布计算径流与 5 种分布计算径流的均值之间的差异略大，10 ~ 500 年一遇的重现期相差 0. 06% ~6%，其中 20 年一遇的差异最小。

西南诸河流域允景洪站的冈贝尔分布的计算径流随重现期增大增加较慢，对数逻辑增大较快，远大于其余 4 种拟合较优分布的计算径流。5 种分布计算径流的最大值与最小值之差与 5 种分布函数均值之间的差异 10 年一遇到 500 年一遇由 7% 增长到 150%，主要是由于对数逻辑分布造成的。拟合最优的对数皮尔逊Ⅲ型分布计算径流与 5 种分布计算径流的均值之间的差异较小，10 ~ 500 年一遇的重现期相差 2% ~ 28%。

西北诸河流域卡群洪站的 5 种拟合较优函数累积概率密度曲线差异较小。5 种分布计算径流的最大值与最小值之差与 5 种分布函数均值之间的差异 10 年一遇到 500 年一遇由 2% 增长到 29%，其中 20 年一遇的差异最小。拟合最优是广义帕累托分布计算径流与 5 种分布计算径流的均值之间的差异也略大，在 10 ~ 500 年一遇的重现期相差 0.8% ~ 10%，其中 50 一遇的差异是最小的。

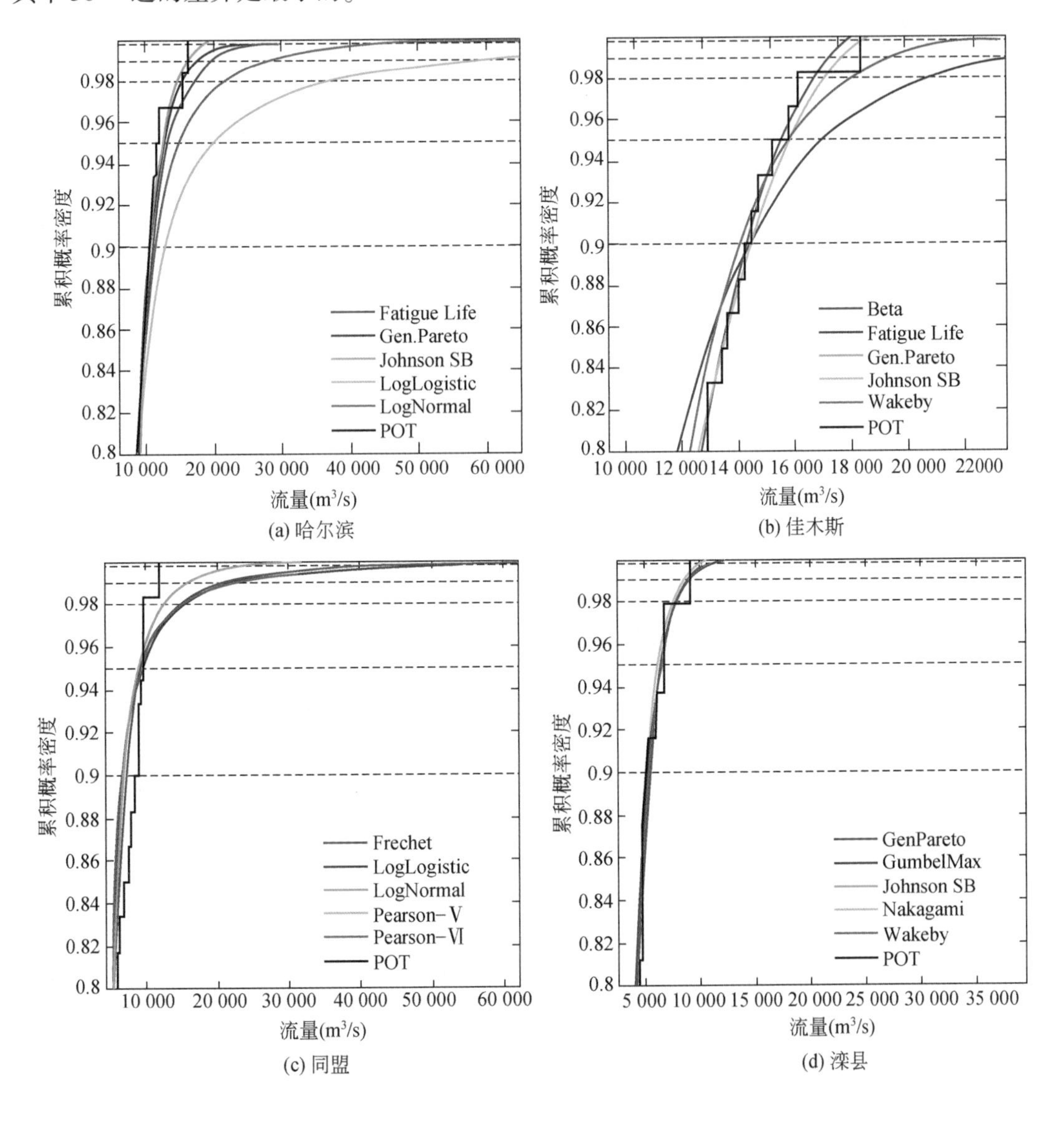

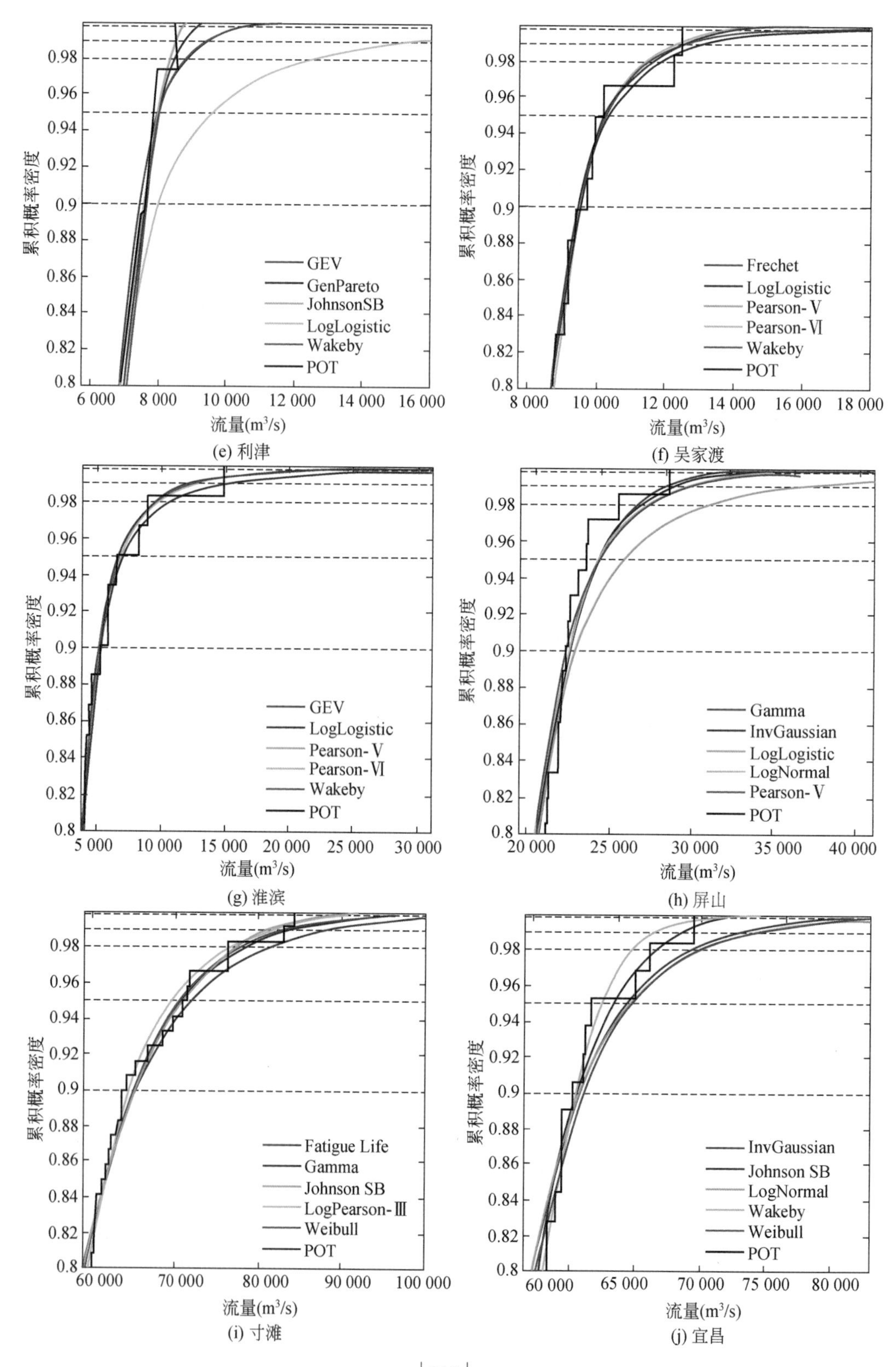

(e) 利津

(f) 吴家渡

(g) 淮滨

(h) 屏山

(i) 寸滩

(j) 宜昌

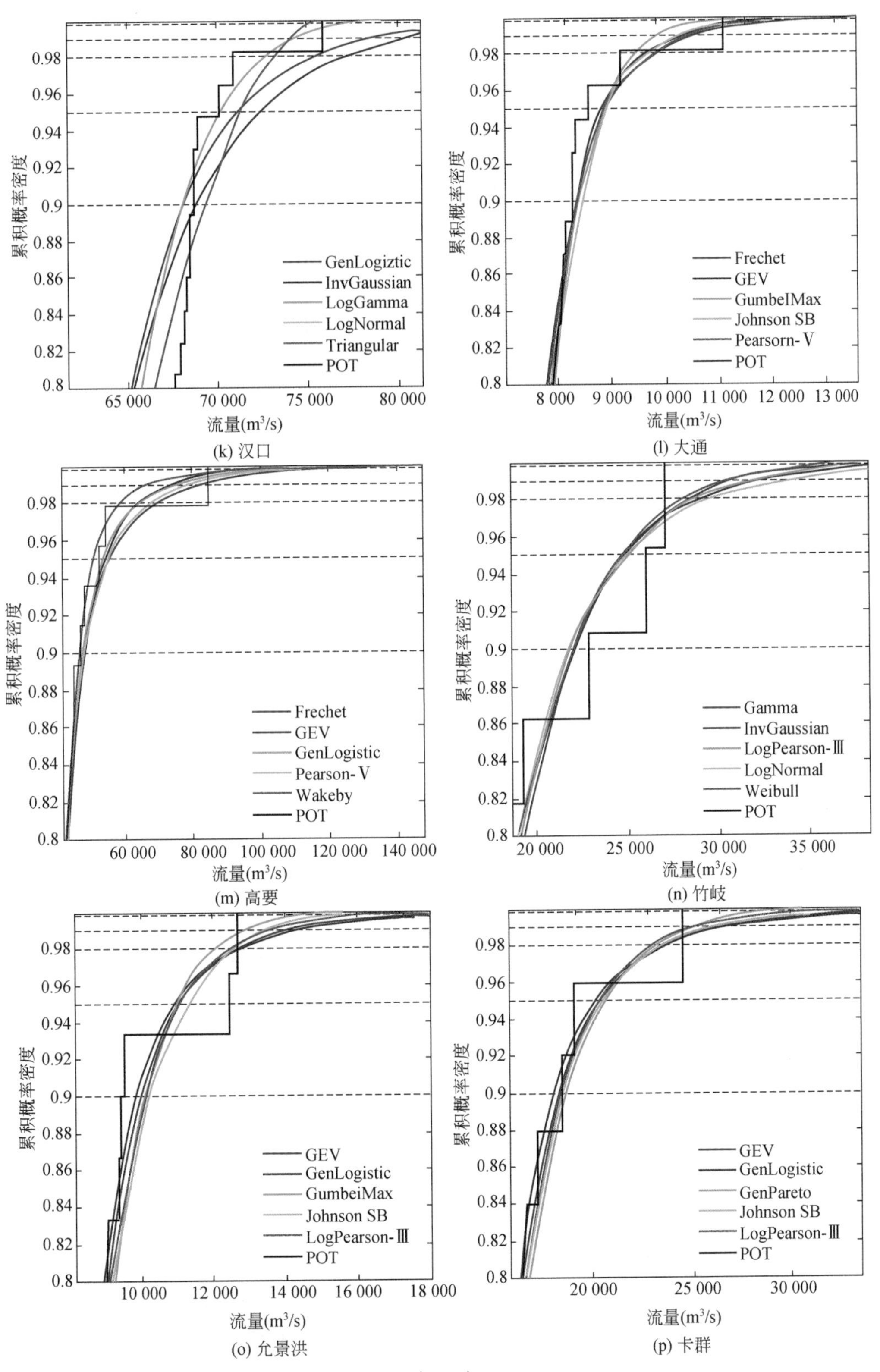

累积概率密度
流量(m³/s)
GenLogiztic
InvGaussian
LogGamma
LogNormal
Triangular
POT
(k) 汉口
Frechet
GEV
GumbelMax
Johnson SB
Pearsorn-Ⅴ
POT
(l) 大通
Frechet
GEV
GenLogistic
Pearson-Ⅴ
Wakeby
POT
(m) 高要
Gamma
InvGaussian
LogPearson-Ⅲ
LogNormal
Weibull
POT
(n) 竹岐
GEV
GenLogistic
GumbeiMax
Johnson SB
LogPearson-Ⅲ
POT
(o) 允景洪
GEV
GenLogistic
GenPareto
Johnson SB
LogPearson-Ⅲ
POT
(p) 卡群

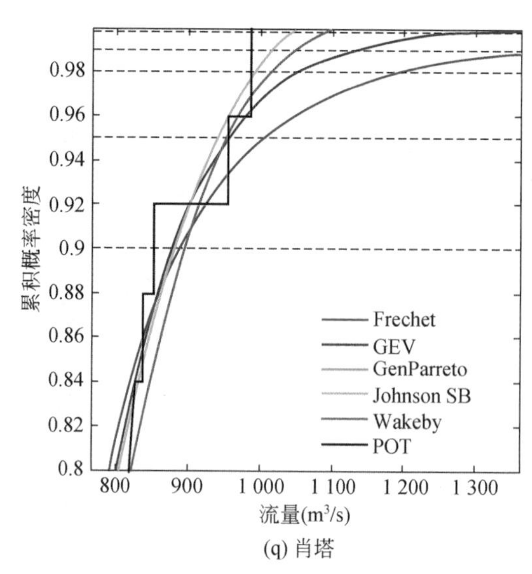

(q) 肖塔

图 5-25　17 水文站点 POT 序列的前五最优函数的累积概率密度分布

西北诸河流域肖塔站的 5 种拟合较优函数累积概率密度曲线差异较大，韦克比和 Johnson SB 分布的计算径流随重现期增大增加较缓，广义极值分布增加较快。5 种分布计算径流的最大值与最小值之差与 5 种分布函数均值之间的差异 10 年一遇到 500 年一遇由 3% 增长到 22%，其中 20 年一遇的差异最小。拟合最优的 Johnson SB 分布计算径流与 5 种分布计算径流的均值之间的差异较小，10 ~ 500 年一遇的重现期相差 0.07% ~ 8%。

5.4.4　重现期估算的不确定性

中国水文、气象统计计算，一般侧重于单站频率计算与参数估计。根据《堤防工程设计规范》（GB50286—98）（1998）、《水利水电工程设计洪水计算规范》（SL44—2008）（2006），对极端水文重现期的计算广泛采用年最大值取样法，利用最大似然法开展参数估计，采用 Pearson-Ⅲ分布或极值-Ⅰ型（即 Gumbel）分布进行估算。但由于气象、水文序列的复杂性、数据序列取样方法、参数估计方法和分布函数的选取不同，多年一遇的重现期结果往往有所不同。

1. 降水

为了分析采样方法造成重现期估算的不确定性，在 1960 ~ 2013 年的日降水观测资料中，选取了年最大值 AM 序列和不属于同一降水过程的极值事件组成的 POT50 序列；1985 ~ 2013年的日降水观测资料中选取 POT30 序列。

以目前防洪工程标准普遍采用的 Pearson-Ⅲ型分布函数、MLE 参数估计方法为例，分析不同样本序列 AM、POT50、POT30 对重现期估计造成的不确定性。对于 3 种数据序列计算得到的 50 年一遇的极端降水量（图 5-26），AM 序列计算出的降水量在全国范围内较 POT50 序列计算出的降水量偏小，但东北和华南、西北等部分地区偏大；POT30 估计的值在全国范围内要明显小于 POT50 估计的值（图 5-26）。

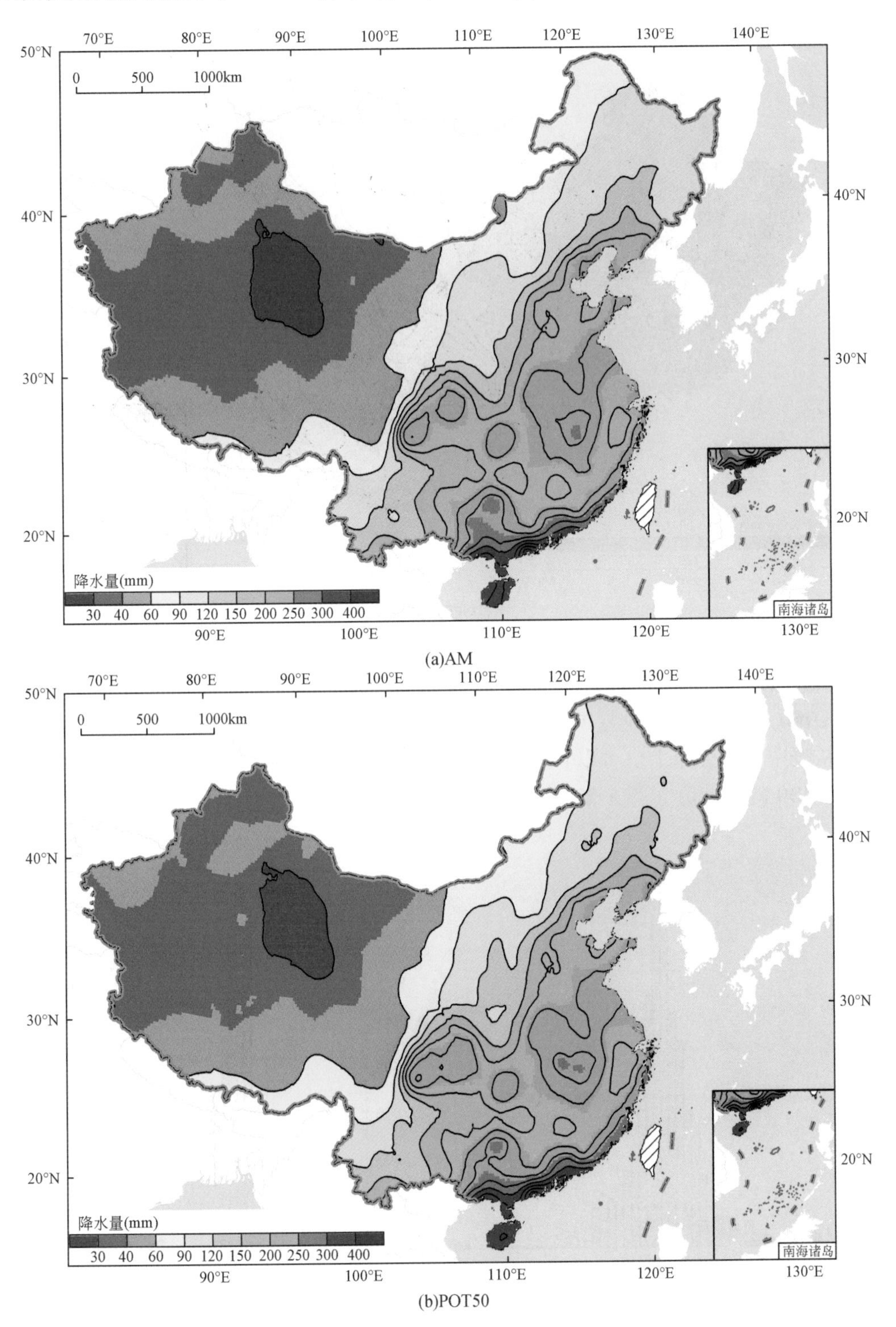

(a)AM

(b)POT50

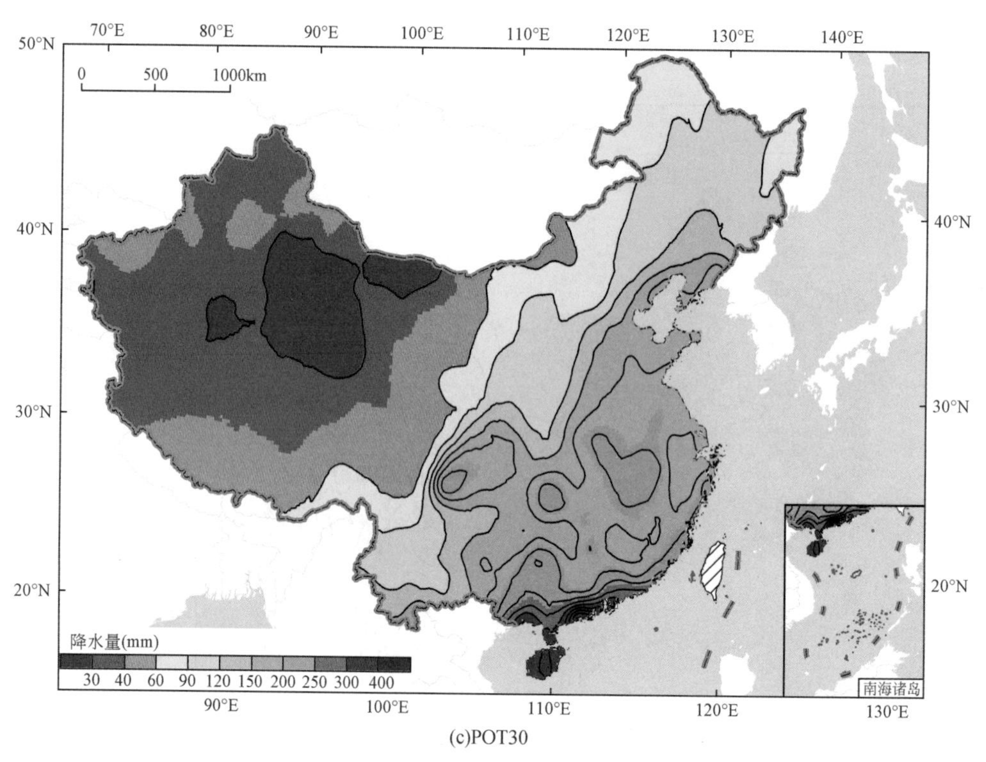

(c)POT30

图 5-26　基于不同采样方法估算的 50 年一遇降水量的空间分布

全国范围内通过 K-S 假设检验的气象站点来看，AM 序列基础上计算的 50 年重现期的降水量与 POT50 序列不确定性范围为-56 ~ 64mm，POT50 和 POT30 不确定性范围为-73 ~ 161mm。从概率密度分布上也可以看出 AM 与 POT50 序列估计值有大有小，而 POT50 要明显大于 POT30 的估计值（图 5-27 和图 5-28）。

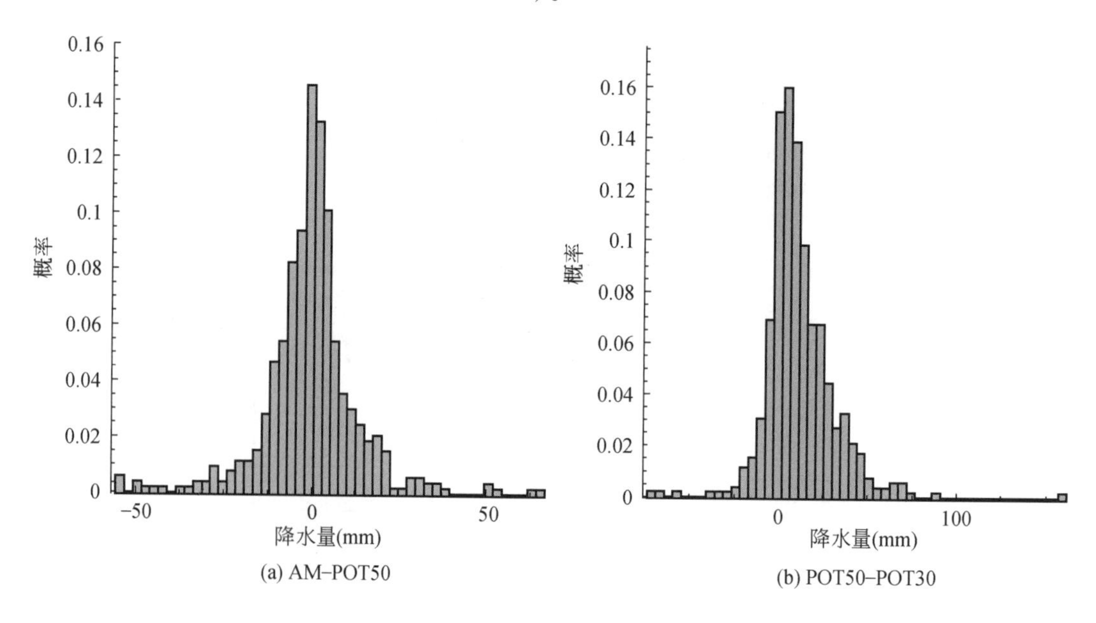

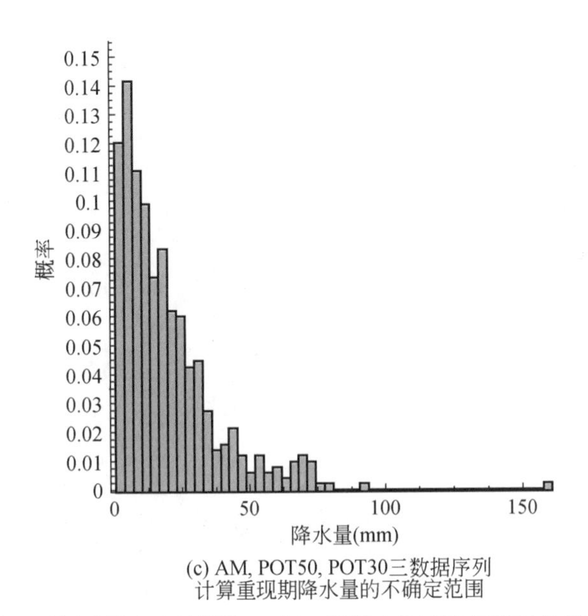

(c) AM, POT50, POT30三数据序列
计算重现期降水量的不确定范围

图 5-27　基于不同采样方法计算的 50 年一遇降水量不确定范围的概率密度分布

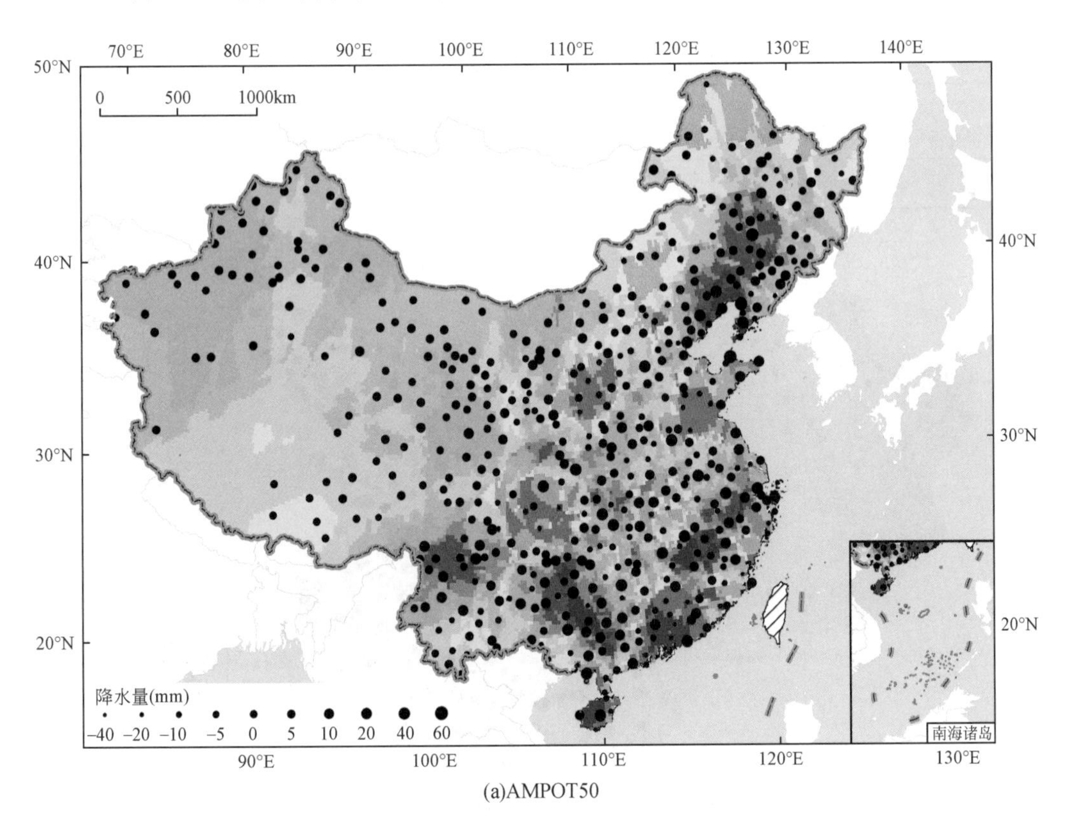

(a)AMPOT50

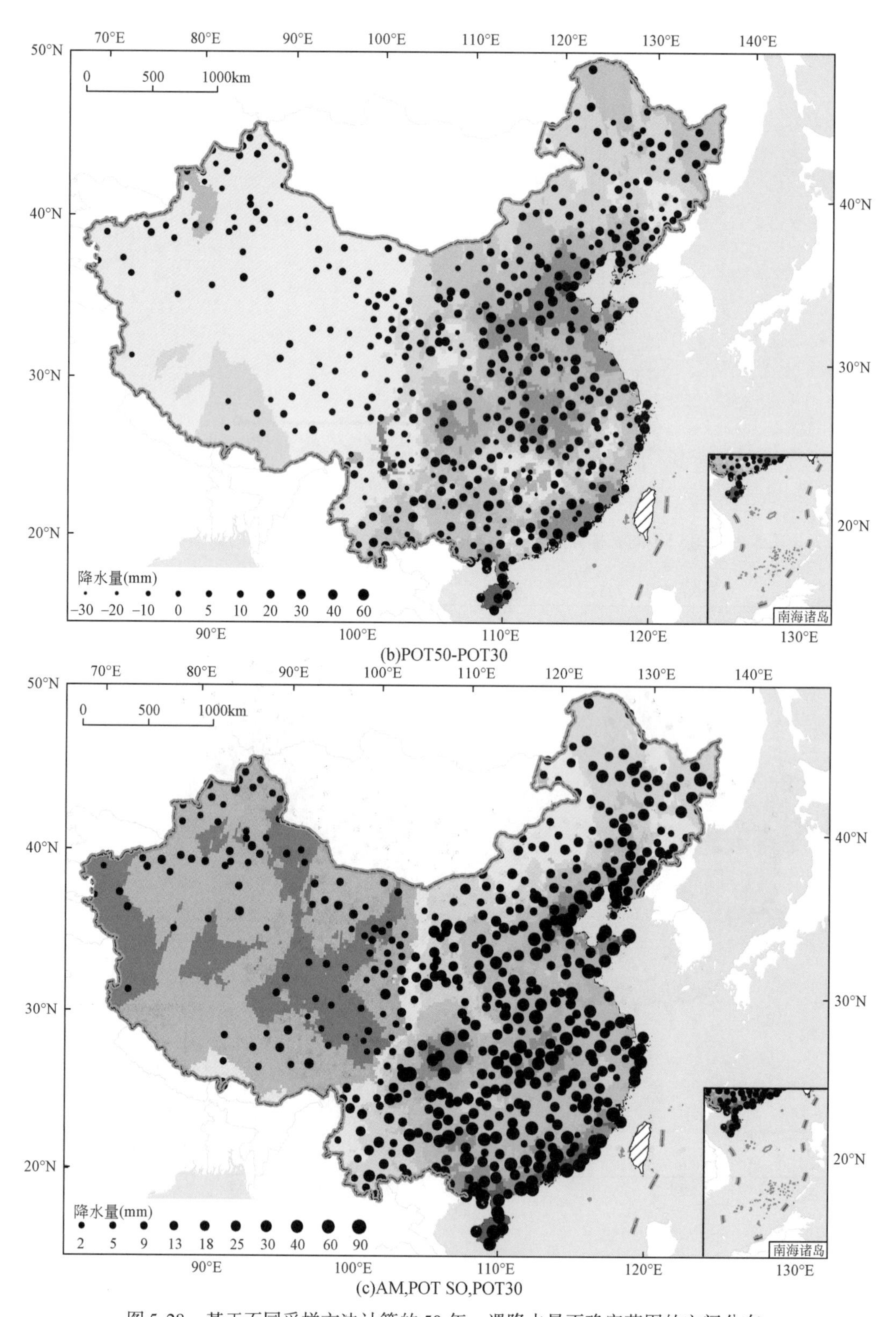

图 5-28 基于不同采样方法计算的 50 年一遇降水量不确定范围的空间分布

以 Pearson-Ⅲ型函数为例，分析 MLE 估计和 LM 参数估计对重现期估计造成的不确定性。图 5-29 给出了 MLE 估算的参数与 LM 参数估计估算得到的三参数差值，可以看出，在全国范围内，MLE 估计的形状参数和尺度参数都要略大于 LM 估计值，而位置参数的不确定范围在-50 ~ 10mm。Pearson-Ⅲ函数采用 LM 参数估计法计算的 50 年一遇重现期降水量与 MLE 的估算重现期降水空间分布格局类似，降水量从东南向西北递减，也与 50 年观测最大值的空间分布一致，但 LM 估计的重现期降水量值略偏大（图 5-30）。不确定范围呈西北东南走向随着降水量的增加增大，即降水量极值较大的区域，不确定范围也较大。在全国范围内，由参数估计方法造成的不确定范围为-170 ~ 2mm（图 5-31）。

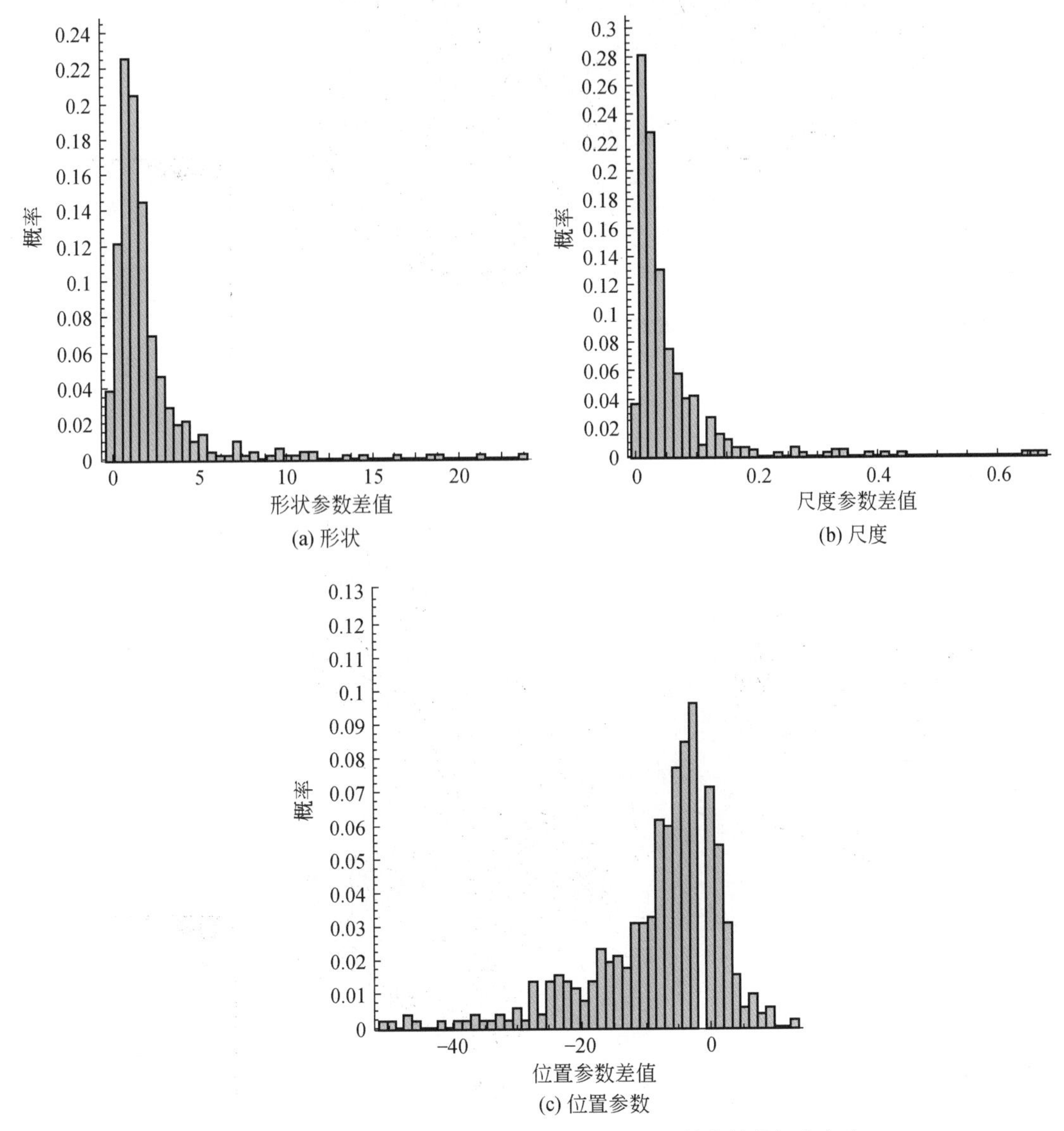

图 5-29 MLE 与 LM 估计得到的 Pearson-Ⅲ函数参数的概率密度

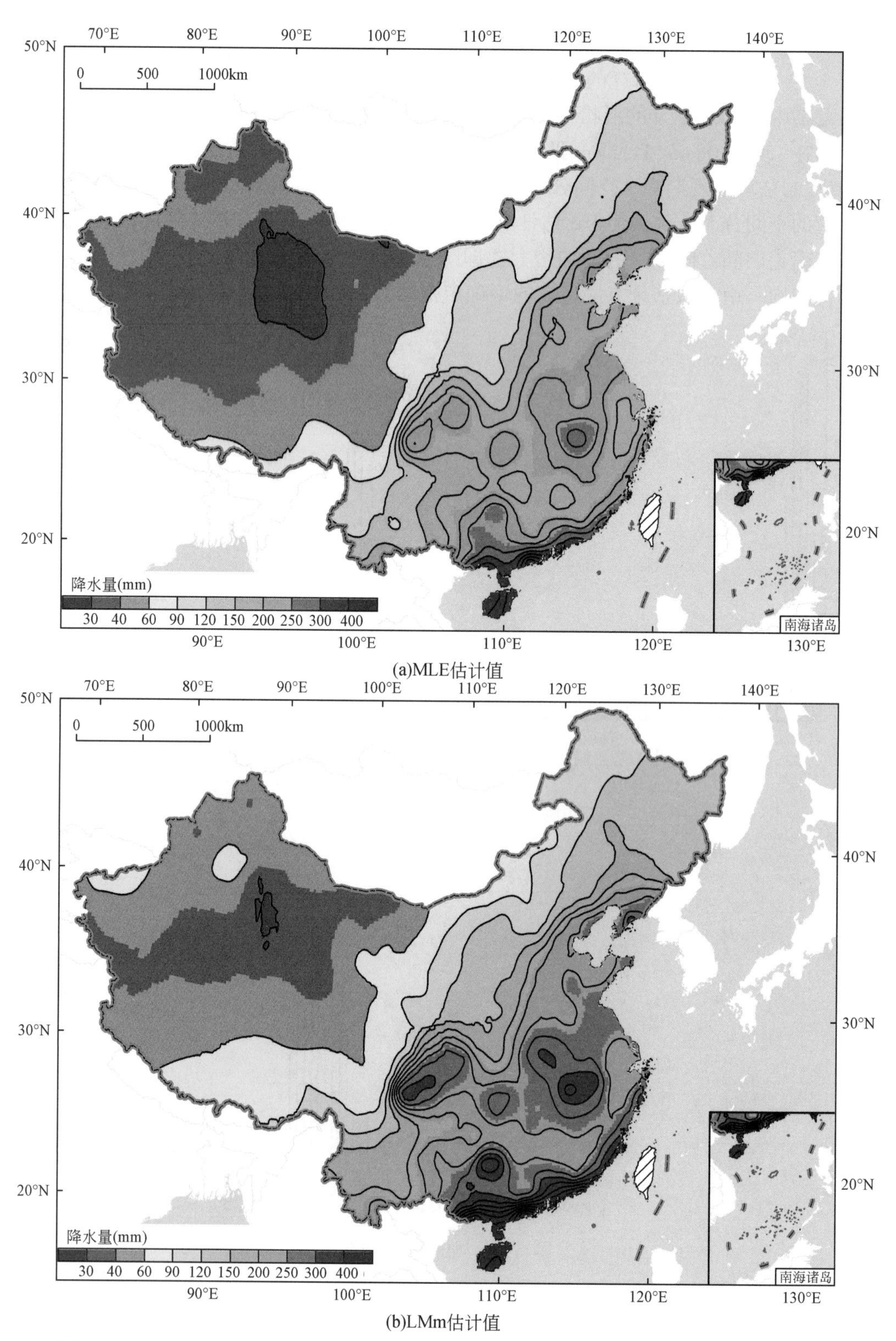

图 5-30 Pearson-Ⅲ函数 MLE、LM 参数估计 AM 序列 50 年重现期降水量的空间分布分布

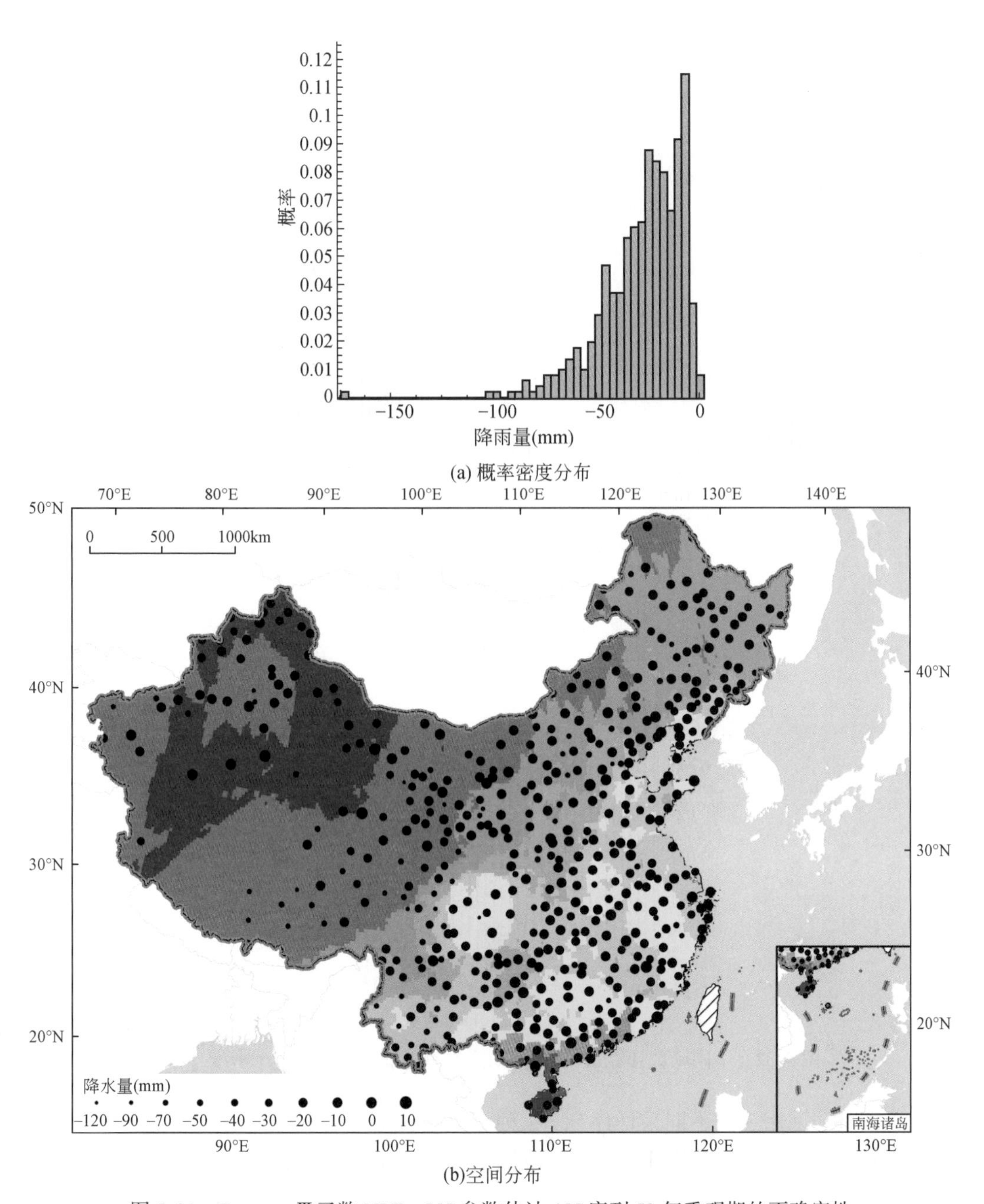

图 5-31 Pearson-Ⅲ函数 MLE、LM 参数估计 AM 序列 50 年重现期的不确定性

图 5-32、图 5-33 分别给出了 4 个三参数函数、4 个二参数函数、8 种不同函数对 AM 序列运用 MLE 参数估计法计算的 50 年一遇降水量不确定性的概率密度和空间分布。可以看出，不确定范围也都呈西北东南走向，随着降水量的增加增大。在全国范围内，由 8 种不同函数造成的不确定范围为 2 ~ 70mm，但三参数函数的不确定性范围主要集中在 2 ~ 30mm，要小于二参数函数的不确定性范围（2 ~ 50mm）。

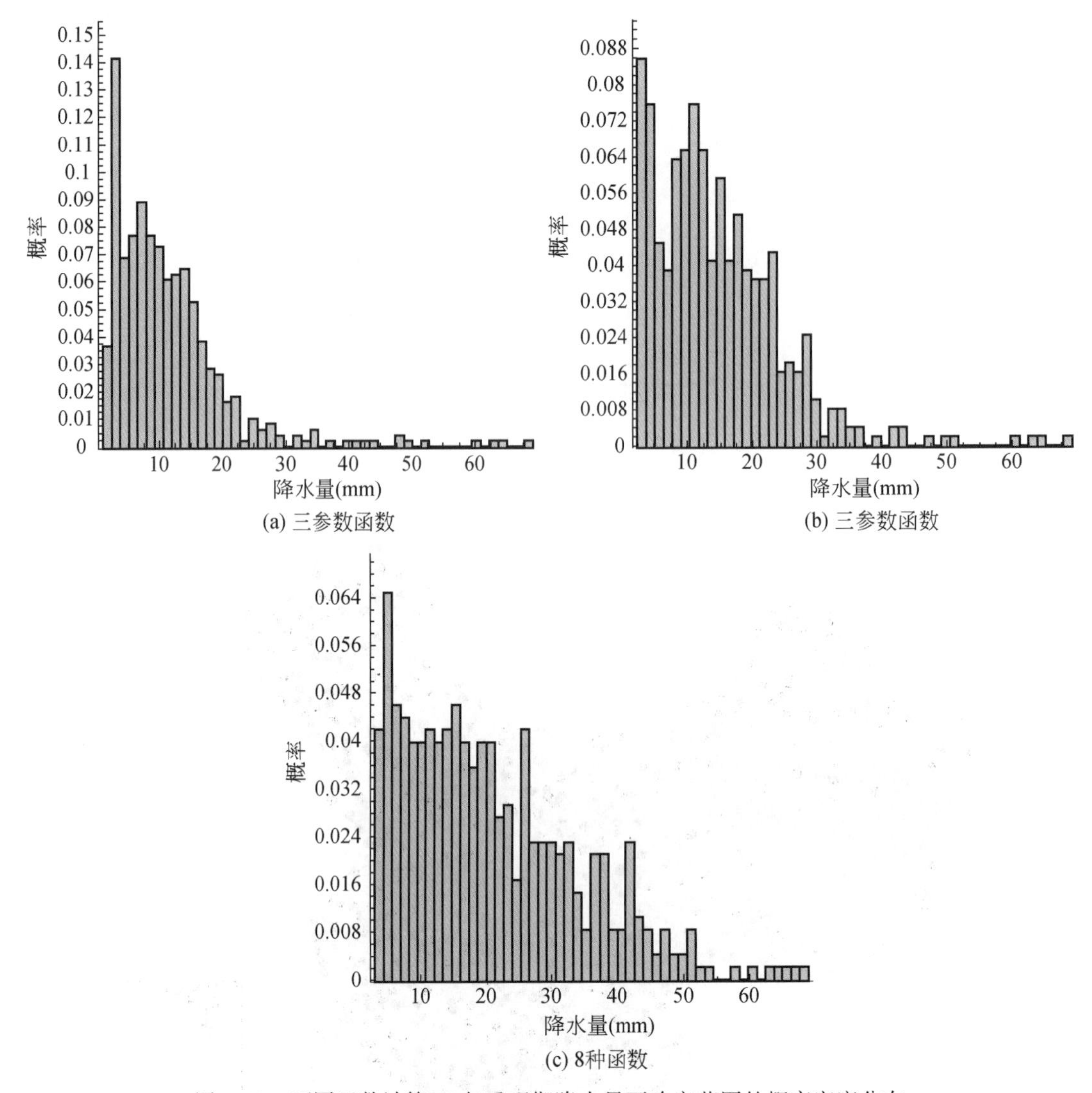

(a) 三参数函数

(b) 三参数函数

(c) 8种函数

图 5-32　不同函数计算 50 年重现期降水量不确定范围的概率密度分布

综上所述，采用 3 种不同采样序列、2 种参数估计方法、8 种函数拟合的中国 50 年一遇日降水量的共 48 个估算序列的不确定范围为 0～180mm［图 5-34（a）］。空间分布上，由东南向西北减少［图 5-34（b）］

表 5-28 所列为基于 8 种函数对单站（长江流域安庆站为例）AM 和 POT 序列采用两种参数化方案计算的 50 年一遇重现期降水的估算对比。可见，50 年一遇降水量最大为 307mm，由 GEV 函数采用 LM 参数估算方法，拟合其 AM 序列所得；最小值为 212mm，是 Normal 函数采用 MLE 参数估计方法，拟合 POT30 序列所得。总的来说，函数造成的不确定性比不同数据序列和不同参数估计方法造成的不确定性更大。其中，MLE 参数估计方法造成的不确定性比 LM 法要相对较小。

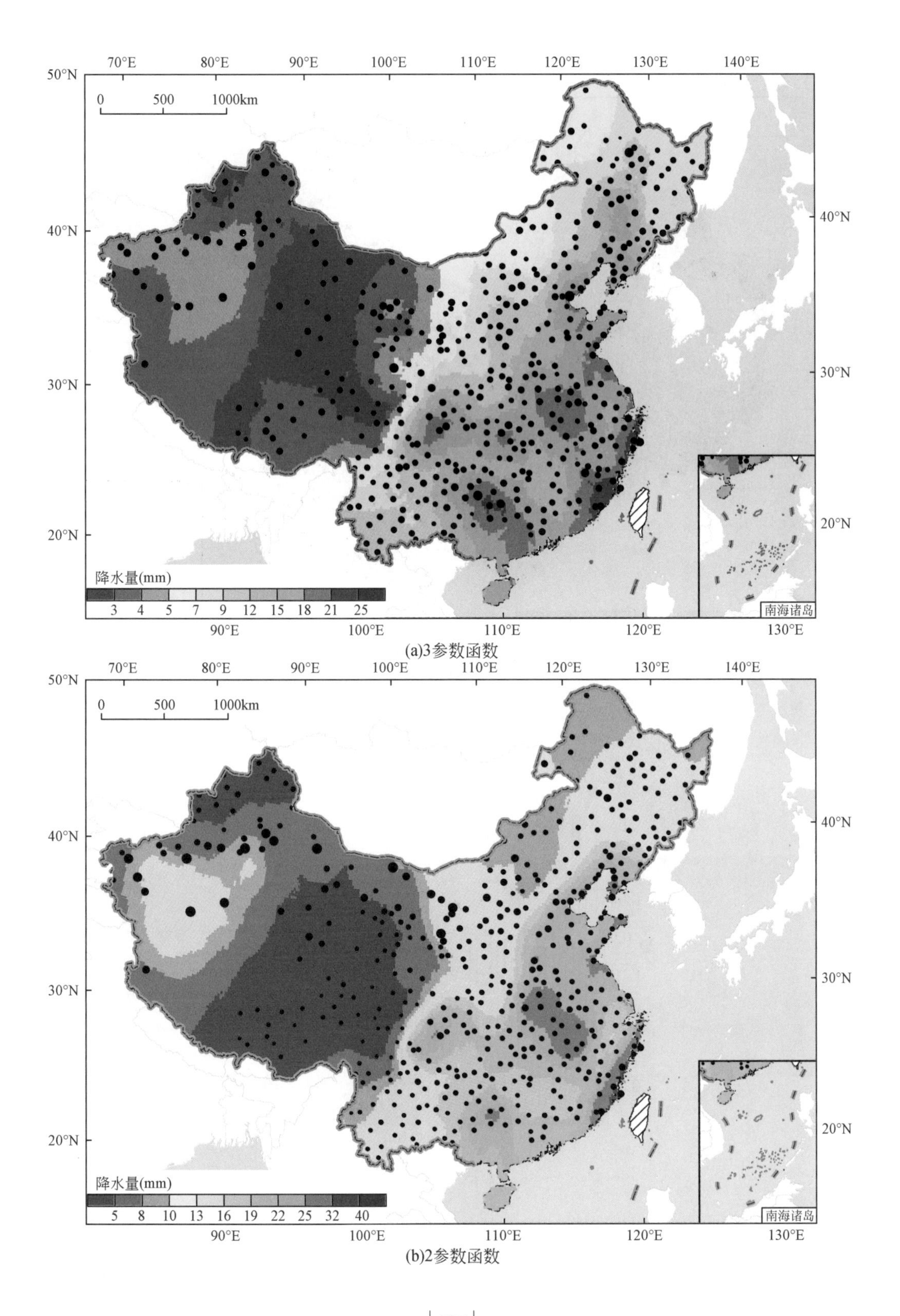

(a)3参数函数

(b)2参数函数

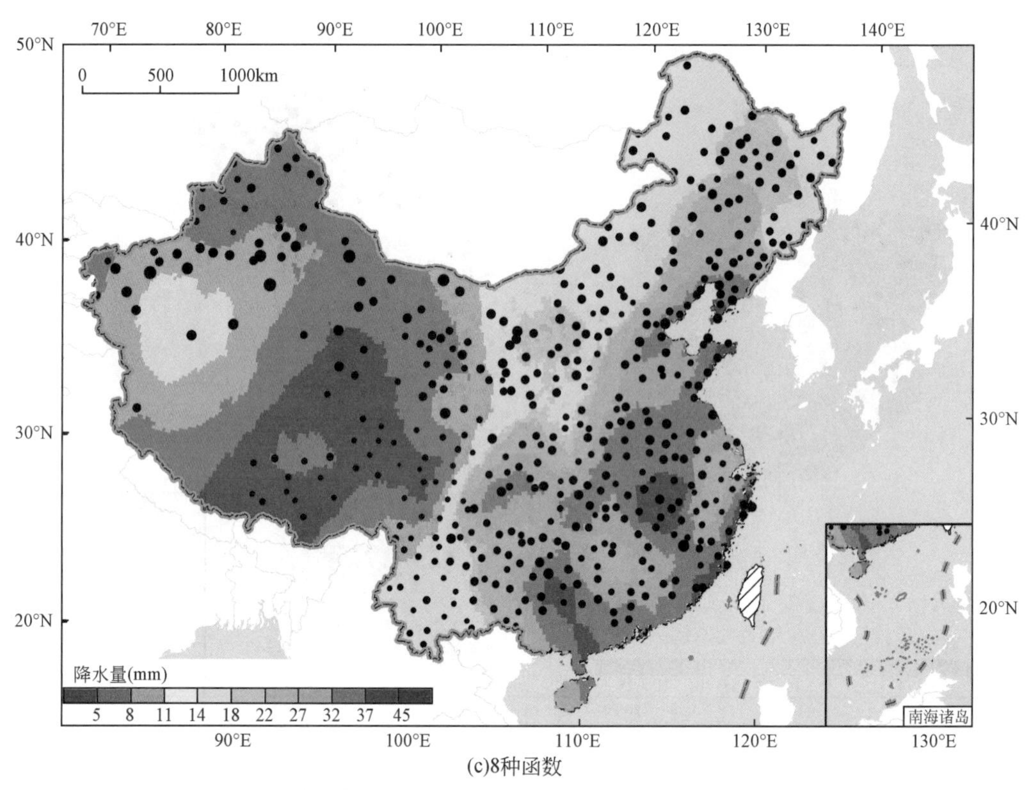

(c)8种函数

图 5-33　不同函数计算 50 年重现期降水量不确定范围的空间分布

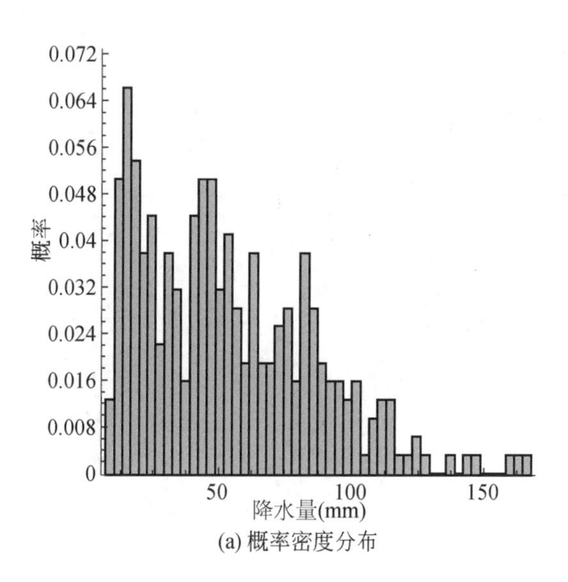

(a) 概率密度分布

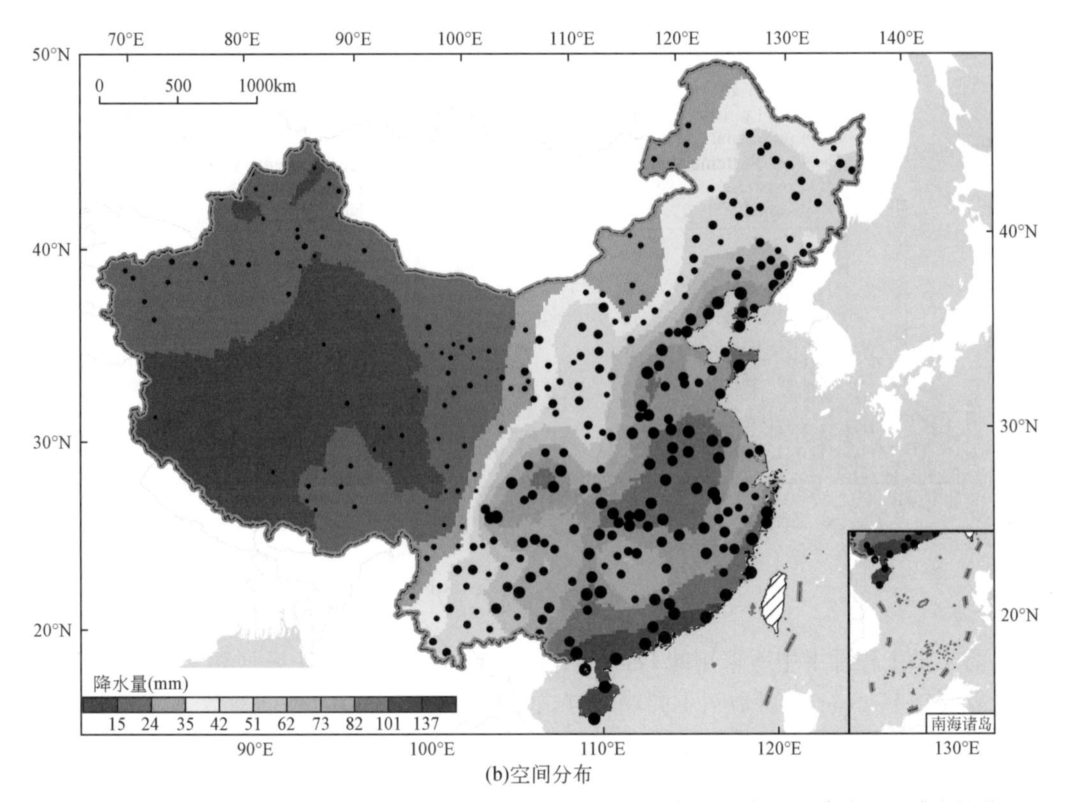

(b)空间分布

图 5-34 3 种不同采样序列、2 种参数估计方法、8 种函数拟合的 50 年一遇降水的不确定性范围

表 5-28 安徽安庆站 50 年重现期计算降水量的不确定性

数据序列	参数估计方法	Pearson-Ⅲ	GEV	GPD	Gen. Log	LogNormal	Gumbel	Logistic	Normal
AM	MLE	253.17	260.63	247.37	263.33	241.41	248.46	226.55	222.04
POT		261.81	253.43	246.92	253.60	218.85	238.92	221.62	218.06
AM	LM	298.55	307.17	297.26	307.01	264.27	270.20	242.10	223.92
POT		289.54	296.12	291.20	294.73	236.88	258.32	235.72	221.09

2. 径流

寸滩水文站是长江上游流域的主要控制站之一，位于 106°36′E，29°37′N，距长江嘉陵江汇口处的重庆朝天门港约 7.5km，控制着长江上游 60% 以上的水量，为担负防汛重任的各级领导提供无以计数的重要信息。其径流观测时间序列长，可用于重现期的不确定性估算。

防洪工程标准中所采用的 Pearson-Ⅲ型分布函数［图 5-35 中 Gamma (3P)］对于 AM 序列和 POT 序列均拟合的较好，故利用 Pearson-Ⅲ函数对不同数据序列 AM、POT 以及不同参数估计方法 MLE 和线性矩法造成的极端径流重现期不确定性进行分析。

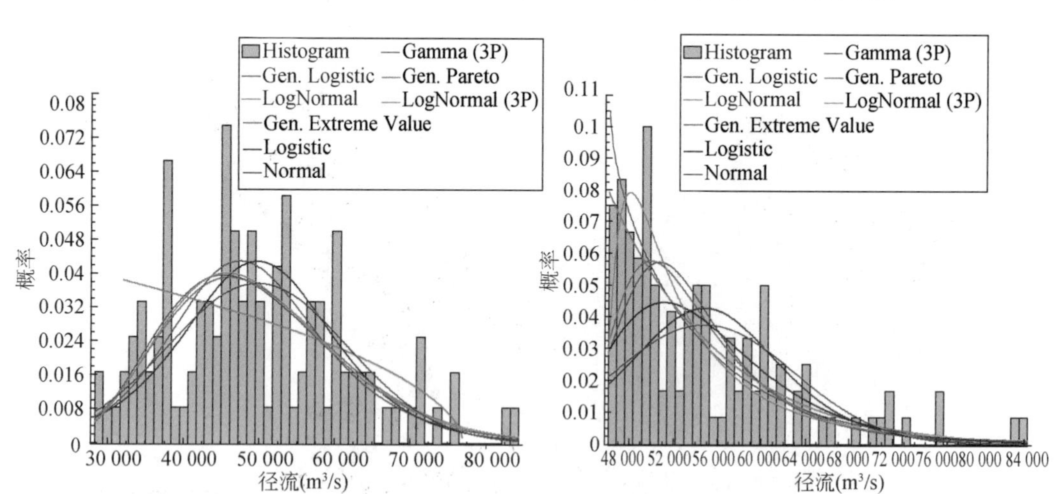

图 5-35　不同函数概率密度分布

目前防洪工程标准中所采用的 Pearson-Ⅲ型分布函数对于 AM 序列和 POT 序列均拟合较好，故利用 Pearson-Ⅲ函数对不同取样方式（AM、POT）以及不同参数估计方法造成的极端流量重现期不确定性进行分析。由图 5-36 给出的极端流量重现期的累积概率密度分布可见，随着重现期年限的增大，估算的不确定性范围也随之增大。在采用 MEL 参数估计方法时，POT 序列［图 5-36（a）虚线］计算出的重现期值要大于 AM 序列［图 5-36（a）实线］计算出的重现期值，在重现期为 120 年时，二者的差值达到了 2683m³/s，相当于 1892～2011 年最大值的 3%。而随着重现期增大，不确定性范围增长很快，从 50 年一遇的差距 1313m³/s 增长至 1000 年一遇时已达到 7558m³/s。采用 AM 数据取样时，线性矩参数估计方法［图 5-36（b）虚线］计算出的重现期值要大于 MLE 参数估计方法［图 5-36（b）实线］计算出的重现期值，在重现期为 120 年时，二者的差值达到了 5876m³/s，相当于 1892～2011 年最大值的 7%。而随着重现期增大，不确定性范围也有增长，从 50 年一遇的差距 4414m³/s 增长至 1000 年一遇时已达到 8251m³/s。虽然参数估计方法造成的不确定性范围要略大于取样方法造成的不确定性范围，但其不确定性范围随重现期的增长不如取样方法造成的不确定性增长快。

若只拟合 AM 取样序列，则参数估计方法为 MEL 时，8 种不同的函数计算的重现期值有较大的不确定性，其中冈贝尔和广义逻辑分布函数对序列重现期的计算值偏大，而逻辑分布函数的计算结果偏小。在重现期为 120 年时，估计最大值（冈贝尔分布）与最小值（广义帕累托分布）［图 5-36（c）粗实线］的差值达到了 13 677m³/s，相当于 1892～2011 年最大值的 16%。而随着重现期增大，广义逻辑分布函数估计值成为最大值，不确定性范围也迅速增长，从 50 年一遇的差距 7031m³/s 增长至 1000 年一遇时已达到 36 650m³/s，这一差距相当于 8 种函数均值的 9%～38%。另外，GEV 估计值最接近 8 种函数的均值，其次对数正态和 Pearson-Ⅲ函数的估计值也较接近均值。除去广义逻辑和广义帕累托分布函数外，其他 6 种分布函数中 3 参数函数的不确定范围要小于二参数函数。

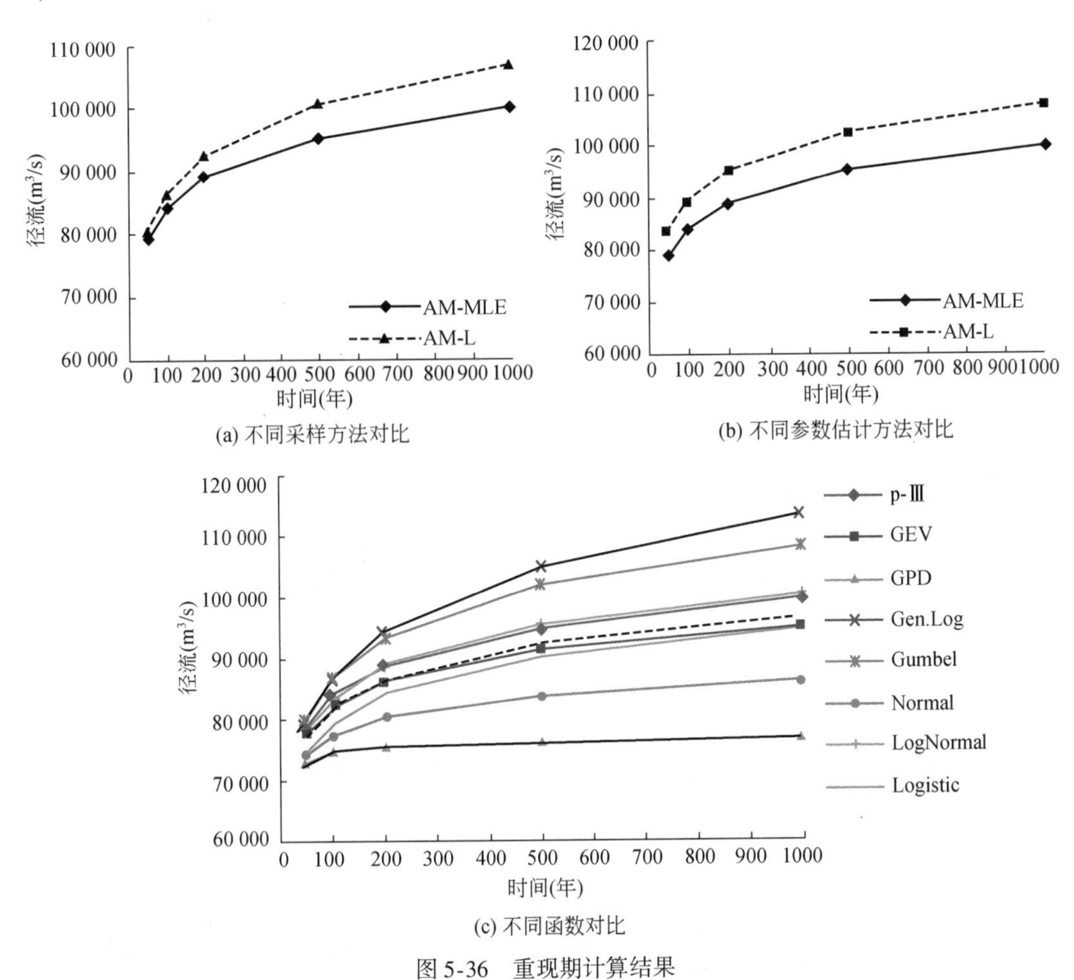

(a) 不同采样方法对比

(b) 不同参数估计方法对比

(c) 不同函数对比

图 5-36 重现期计算结果

表 5-29 给出了上述 2 个不同采样方法、2 种参数估计方法、8 种函数估计的共 32 种拟合结果的 K-S 假设检验值。可以看出，各个函数对 AM 序列的拟合优于 POT 序列。MLE 方法虽然计算较复杂，但计算结果相对于线性矩法的准确度要高。8 种函数对 POT 序列的拟合，若采用线性矩法估算，除 GEV 外的其余 7 种函数未通过假设检验，说明线性矩法对 POT 序列适用性较差。8 种函数中，广义极值分布函数的重现期估算结果较稳定，受采用方法和参数估算方法的影响较小。

表 5-29 AM、POT 序列利用不同函数拟合的 K-S 假设检验值

函数名	AM-MLE	K-S Statistic	POT-MLE	K-S Statistic	AM-L	K-S Statistic	POT-L	K-S Statistic
Pearson-Ⅲ	2	0.052	2	0.066	4	0.073	3	0.16**
GEV	1	0.052	3	0.10	2	0.071	1	0.14*

续表

函数名	AM-MLE	K-S Statistic	POT-MLE	K-S Statistic	AM-L	K-S Statistic	POT-L	K-S Statistic
GPD	8	0.076	1	0.062	8	0.11	5	0.17 **
Gen. Log	4	0.065	5	0.12	6	0.096	8	0.24 **
Normal	5	0.070	6	0.14 *	3	0.071	6	0.17 **
LogNormal	3	0.056	7	0.14 *	7	0.097	7	0.18 **
Logistic	6	0.070	8	0.17 **	1	0.070	2	0.16 **
Gumbel	7	0.074	4	0.12	5	0.082	4	0.16 **

* 表示为未通过 0.05 的 K-S 假设检验，** 表示未通过 0.01 的 K-S 假设检验。

不同采样序列、参数估计方法和不同函数估算的共 32 个 120 年一遇的径流值要略小于 1892 ~ 2011 年观测的最大日径流。其中，逻辑分布函数的 4 种不同方法的计算值与观测最大值最接近，但其 K-S 假设检验并不是最好的。因数据序列长度的有限，与观测最接近的估算并不一定对推算未来重现期事件最合理（表 5-29 和图 5-37）。

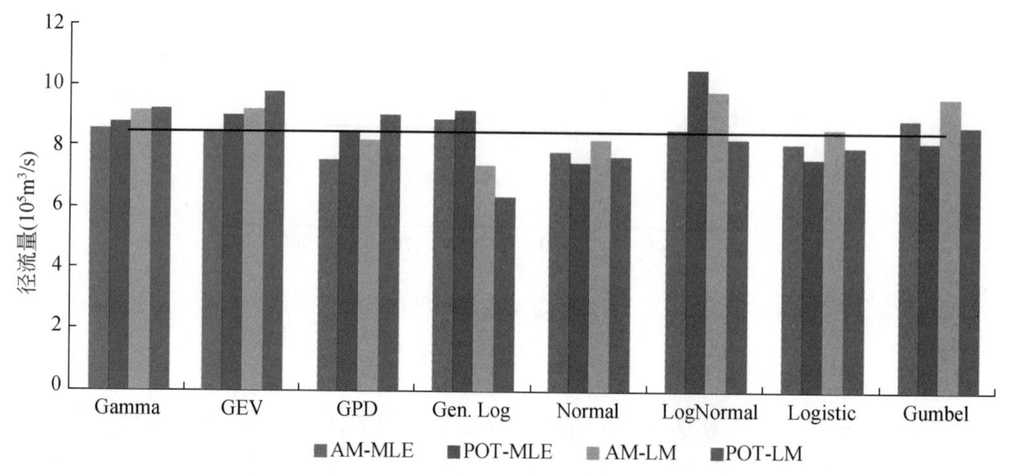

图 5-37　2 种取样序列、2 种参数估计方法和 8 种不同函数计算的 120 年一遇的径流

注：图中横线为观测的最大日径流量

32 种重现期估计序列中通过 K-S 假设检验的 24 种重现期估计序列总的不确定范围，即重现期估计序列中的最大值与最小值的差值与均值，随着重现期的增大而增大。最大值为 AM 序列，线性矩参数估计方法的冈贝尔函数和广义逻辑函数计算得到，最小值为 AM 序列，MLE 参数估计方法的广义帕累托函数计算得到，不确定性范围从 50 年一遇到 1000 年一遇的差距为 12 343.7 ~ 54 745.9m^3/s，占到均值的 15% ~ 53%（图 5-38）。

综上所述，重现期降水和径流的不确定性范围是十分大的。在洪水设计计算中，一定要针对不同特征的时间序列，选取不同的函数综合比对，对比分析不同计算结果，尽量采取多参数函数（4 参数或 5 参数函数）以充分发挥分布函数的灵活性。

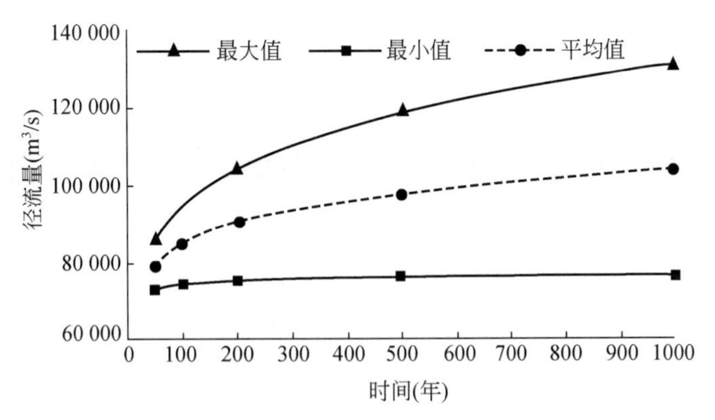

图 5-38　不同取样方法、参数估计方法、函数组合的总的重现期计算不确定性范围

第6章　陆地水循环要素变化成因

本章综述了积雪、海冰等下垫面强迫信号对中国降水及大气环流影响的研究进展，回顾了水文归因的研究方法和主要结论；研究了ENSO信号与黄河流域降水的关系，探讨了黄河雨日的气候变化特征，揭示了长江流域春夏季降水的变化特点，分析了2011年旱涝急转的环流成因；用区域气候模式的模拟结果归因了自然变化和人类活动对中国气候的贡献。

6.1　资料和方法

6.1.1　气候要素和再分析资料

选取1961～2010年黄河流域143个测站经质量控制后的降水和雨日资料，上、中、下游的划分按照黄河水利委员会的划分方案，即内蒙古托克托县河口镇以上的黄河河段为黄河上游；内蒙古托克托县河口镇至河南孟津的黄河河段为黄河中游；河南孟津以下的黄河河段为黄河下游，然后根据测站降水最终要流入的河段归属其所在流域。其中，上游53个站点，中游78个站点，下游12个站点。雨日定义为：日降水量≥0.1mm的降水日数。

NCEP/NCAR再分析资料中的月平均高度、风场资料，水平分辨率为2.5°×2.5°；全球月平均海温资料，水平分辨率为2°×2°；国家气候中心74项环流特征量指数。气候平均值为1971～2000年。

考虑到Nino3区（15°N～15°S，90°W～150°W）涵盖了赤道东太平洋的大部海域，其海温变化在厄尔尼诺和拉尼娜事件中具有很好的代表性，因为厄尔尼诺（拉尼娜）事件往往在年末到次年年初达到盛期，Nino3区海温从秋季到春季的变化可以间接地反映暖事件或冷事件发展或减弱的趋势，这里以10月代表秋季，4月代表春季，用4月（I_4）减上年10月（I_{-10}）的Nino3区海温作为海温变化指数，记为$\Delta ISST3=I_4-I_{-10}$，并标准化处理，取1倍标准差作为正负异常标准，得到10个正异常年（1963年、1965年、1972年、1974年、1976年、1989年、1993年、2000年、2008年、2011年）和11个负异常年（1964年、1966年、1970年、1973年、1977年、1978年、1988年、1995年、1998年、2003年、2007年）。

模式使用的植被覆盖在中国区域内使用实测资料（刘纪远等，2002），中国区域外使用USGS基于卫星观测反演的GLCC（global land cover characterization）。用于检验模式所模拟地面气温和降水分布及其历史变化的观测资料，分别采用了同期0.5°×0.5°分辨率的

CN05.1 格点数据，数据基于 2400 余气象台站的观测资料，通过“距平逼近法”制作而成（吴佳和高学杰，2013）。

6.1.2 模式、试验设计和方法

试验所使用的区域气候模式为国际理论物理中心（ICTP，The Abdus Salam International Center for Theoretical Physics）区域气候模式 RegCM4.0（Giorgi et al.，2012），运行模式所需的驱动场由 BCC_CSM1.1 全球模式的历史试验（GCM-hist）和气候归因试验（GCM-nat）提供，这些试验由 1850 年开始积分至当代的 2005 年，其中 GCM-hist 中考虑了人类活动和自然因子的共同影响，GCM-nat 则只包含自然因子的作用。BCC_CSM1.1 的水平分辨率为 T42（~2.8°×2.8°），垂直方向为 26 层，关于模式和试验更多的信息，请参考 Wu 等（2010）和 Xin 等（2013）的论述。本章选取全球模式两个试验结果中的 1960~2005 年时段，作为试验运行所需的初始和侧边界场，分别进行 RegCM4.0 由 1960 年 1 月 1 日~2005 年 12 月 31 日的积分，其中除 1960 年作为模式初始化时段不参加分析外，其余时段分别称为区域模式的历史试验 RCM-hist 和区域模式的归因试验 RCM-nat，以 RCM-hist 和 RCM-nat 差别的比较，讨论人类活动和自然强迫对中国及各大流域气候的影响。其中，RCM-hist 试验结果曾被用来作为中国区域气候变化预估的参照时段，分析表明，RegCM4.0 较全球模式驱动场，在很大程度上提高了对中国区域气候的模拟效果（Gao et al.，2013）。

在 RCM-hist 和 RCM-nat 的试验中，RegCM4.0 的范围覆盖中国大陆及周边地区，分辨率为 50km，垂直方向分成 18 层，层顶高度为 10hPa。各物理过程选择为辐射使用 NCAR CCM3 方案，行星边界层方案使用 Holtslag 方案，大尺度降水采用 SUBEX，积云对流参数化选择基于 AS 闭合假设的 Grell 方案，陆面过程使用 BATS1e。图 6-1 给出东亚地区全球模式的地形、RegCM4.0 模拟范围以及中国各流域分区。

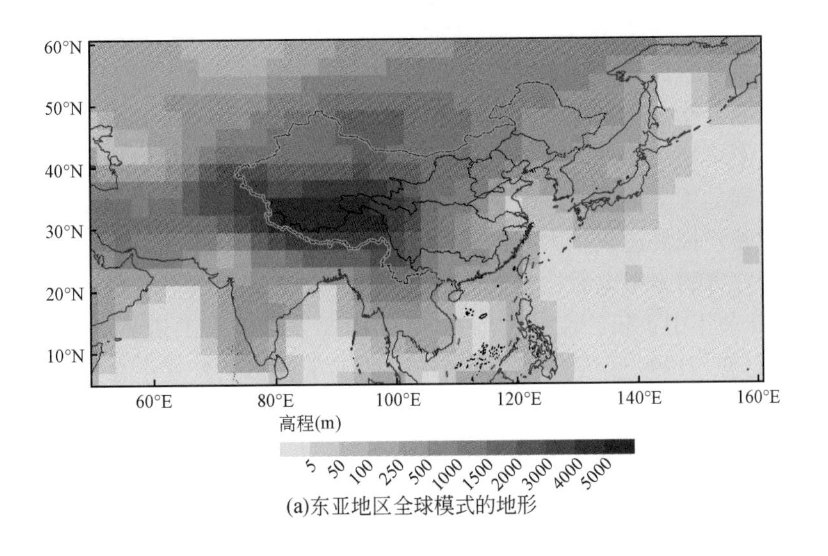

(a)东亚地区全球模式的地形

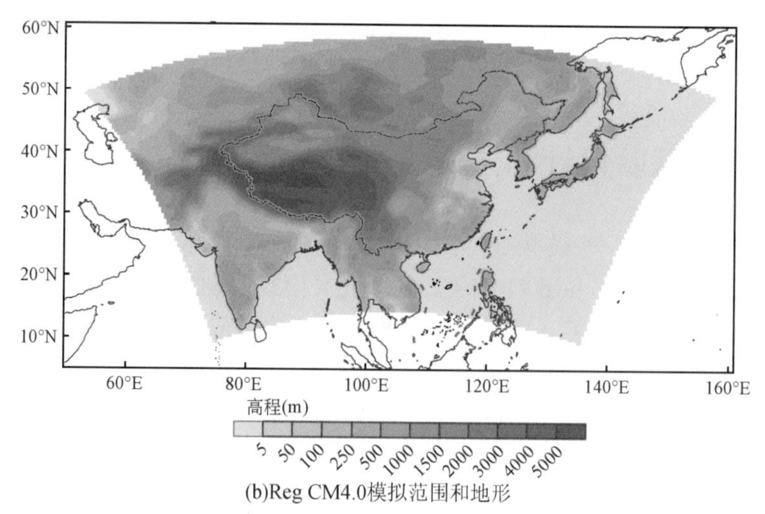

图 6-1　东亚地区全球模式的地形、RegCM4.0 模拟范围和地形以及中国各流域分区

注：Songhuajiang 松花江流域，Liaohe 辽河流域，Haihe 海河流域，Huanghe 黄河流域，Huaihe 淮河流域，Yangtze River 长江流域，Dongnan 东南诸河，Zhujiang 珠江流域，Xibei 西北诸河，Xinan 西南诸河

线性变化趋势计算采取最小二乘法，并通过相关性的显著性统计检验进行判断；突变分析采取 Mann-Kendall 和滑动 t 检验法相结合的方法来确定突变点，这样做是为了克服单一方法的局限性，两种方法同时满足显著性时可以相互印证，具体计算见相关文献（魏凤英，1999；黄嘉佑，2004；马开玉等，2004）。

6.2　季节内变化特征及成因分析

6.2.1　长江流域春夏季降水量变化特征

中国地处于东亚季风区，降水的空间分布十分不均匀，总体上看东部降水丰富而西部匮乏。降水的时间分布也极不均匀，降水主要集中在夏季，而且年际变率大，容易引起旱涝灾害的发生。干旱是由于长时间缺乏降水而造成的，长时间干旱将导致农作物绝收、饮用水匮乏等一系列危害。相反，洪涝灾害则是由于降水偏多造成，导致江河泛滥、建筑农田被淹、交通中断且极易造成重大人员伤亡。

从中国旱涝灾害的分布上看，长江流域是中国旱涝灾害最为频发的区域之一。有研究表明在过去 1000 余年中，长江流域平均每 50 年内要发生多雨洪涝年 15.8 次，少雨干旱年 14.4 次（黄忠恕，1999）。近 60 年来，中国的洪涝灾害主要发生在长江中、下游地区和东南沿海地区，夏季淮河及长江中、下游地区极易发生洪涝灾害，且具有强度大、范围广等特点（黄荣辉等，1997）。1954 年长江大水受灾人口 1800 多万，死亡数万人，京广铁路中断近 3 个月。1998 年夏季长江发生了特大洪水，据不完全统计，死亡千余人，倒塌房屋 400 余万间，直接经济损失超过 1400 亿元。1978 年长江中下游地区发生特大干旱，持续时间长达数月，其中江西受灾面积 100 多万 hm^2，粮食损失约 100 万 t。

2011 年长江流域发生了罕见的“旱涝急转”事件，从 1 月到 5 月，中下游地区出现了大范围干旱，造成农业、渔业遭到重创，人畜饮水困难，经济损失超百亿元，然而随着 6 月初一次强降水过程的到来，降水量迅速增加，在短短 1 周时间内就由干旱转变为洪涝，10 多条河流发生超警戒洪水，上百万人受灾，农田被淹，房屋倒塌。

目前为止国内外开展了大量关于长江流域降水变化的研究工作。2011 年长江流域的这次“旱涝急转”事件让中国遭受巨大损失的同时，更暴露出我们对季节间降水异常转换规律的认识还严重不足。长江流域位于东亚季风区，深受季风气候影响，降水主要集中在夏季，而干旱常发生在春季。因此首先认识长江流域春、夏季降水特征将有助于深入了解长江流域降水规律，为长江流域防洪抗旱及水资源管理提供科学依据。

1. 长江流域春夏季降水量时间变化规律

根据长江流域范围内 21 个常规气象站 1880 ~ 2011 年降水资料计算得到长江流域春、夏季降水量。由于站点有限，无法覆盖长江上游的高原地区，所以本章节中所涉及的长江流域不包括西昌站以西的上游高原地区。

首先给出 132 年来长江流域春、夏季降水量各自的变化特征。132 年来春、夏季降水量有显著的年际和年代际变化特征。从长期趋势变化来看，春、夏季降水无明显的线性趋势（图略），线性趋势系数均接近于 0，这说明长江流域春、夏季降水量主要是表现为波动变化，并无长期线性变化趋势。通过 11 年移动平均滤掉高频变化后，春季降水量在 19 世纪 90 年代至 20 世纪 20 年代持续减少，从 20 世纪 30 年代开始上升，在 50 年代末期到达 132 年来的最高峰，此后一直维持着正距平状态，在 80 年代之后降水开始逐渐较少，2011 年是这 132 年来春季降水最少的一年。在夏季降水量方面，19 世纪 90 年代至 20 世纪 30 年代有一次明显的波动，1890 ~ 1910 年属于降水偏少期，此后 10 多年降水量则转变为正距平，从 20 世纪 50 年代开始直到 80 年代末期降水处于长期偏少阶段，此后开始增加，20 世纪 90 年代夏季降水明显偏多，而最近 10 年夏季降水又有所减少。

在 1880 ~ 1950 年这段时期内，春、夏季降水变化趋势较为一致，而较为特殊的一段时期发生在 20 世纪 50 年代初期至 80 年代初期，春季降水处于基本处于一个正位相，而夏季则处在负位相阶段，也就说明在这个时期内可能容易出现春季降水偏多而夏季降水偏少的年份，80 年代末期后两者变化又趋于一致。这就充分反映出春、夏季降水相互之间不仅能表现出一致性，而且具有一定相互独立性，也进一步说明对春、夏季间降水量异常转换进行研究是十分有意义的。

将长江流域春季降水量经过 EMD 分解后分别得到 5 个内在模函数（IMF1-5）和一个趋势项（IMF6），夏季得到 6 个内在模函数（IMF1-6）和一个趋势项（IMF7）。表 6-1 和表 6-2 分别给出了春季、夏季逐个 IMF 与原始序列的相关系数。时间序列长度为 132 年，相关系数只要大于 0. 20 就能达到 0. 05 显著性水平。表 6-1 中能看出春季前 4 个分量的相关系数都能大于 0. 20，也就是超过 0. 05 显著性水平。同样的，从表 6-2 中也能发现前 5 个分量可以超过 0. 05 显著性水平。这就说明这几个分量与原序列相关性较好，可以较准确地反映原序列的主要信息，具有比较明确的物理意义。而其余没能通过检验的分量可能是虚假的信号，因此在下面的分析中只给出春季前 4 个、夏季前 5 个能通过检验的 IMF 分量。

表 6-1　春季降水 IMF 分量与原降水序列的相关系数

分量	IMF1	IMF2	IMF3	IMF4	IMF5	IMF6
相关系数	0. 76	0. 41	0. 24	0. 20	0. 10	0. 00

表 6-2　夏季降水 IMF 分量与原降水序列的相关系数

分量	IMF1	IMF2	IMF3	IMF4	IMF5	IMF6	IMF7
相关系数	0. 65	0. 47	0. 40	0. 29	0. 22	0. 14	0. 03

春季降水量第一个 IMF 分量，其振幅最大，波长最短，主要表现出准 2 年振荡周期，其相关系数也是最大的，说明春季降水主要表现出的是高频变化特征，在最近 20 年来也反映出较大的年际波动；第二个分量主要体现出的是 5 年左右的周期变化，在 1960 ~ 1990 年间的振幅很小；第三个分量呈现出 10 年左右的振荡周期，最近的一次周期即将结束，这个周期在未来 5 年（半波长）对降水的贡献可能为正；第四分量代表 40 年左右尺度的振荡，从长期来说这个分量的波动在逐步减弱，从最近一次周期看来，此周期对未来 2020 ~ 2040 年（半波长）的降水量可能会有正的贡献。

夏季降水量第一个 IMF 分量反映出 2 年左右的周期规律，最近 10 年来此分量振幅在逐渐收窄；第二分量也表现出 5 年左右振荡周期，但是在最近几十年来看这个周期一直在减弱，近 10 年波动已经很弱；第三、第四分量分别为 11 年、22 年左右的周期，有趣的是这与太阳活动的平均周期相吻合，分别从最近一次周期规律来看未来 5 或 6 年降水将呈现减少趋势，而未来 11 年左右降水有增加趋势；第五分量是 40 年左右的振荡，最近一次周期已经结束或者即将结束，判断未来 20 年总体降水量可能会增加。

为了更显著地体现春、夏季降水异常转换关系，将春、夏季降水标准化序列构成散点图（图略）。132 个样本分布在四个象限内，每个象限对应一类典型事件。第一类即春夏季降水连续偏多事件（涝—涝），大约占总体样本的 22. 7%；第二类即春季偏少夏季偏多事件（旱—涝），占总体样本的 15. 2%；第三类即春夏季降水连续偏少事件（旱—旱），占总体样本的 34. 8%；第四类即春季偏多夏季偏少事件（涝—旱），占总体样本的 25. 0%。第一类和第三类代表着春、夏降水一致性（偏多、偏少）转换类型，共占总体样本的 57. 5%，而第二类和第四类代表异常反向转换事件约占 40%。这表明过去 132 年中主要是降水一致性异常转换事件为主。将春季、夏季降水量异常绝对值均大于 1 个标准差的年份定义为极端事件。132 年总共发生 9 次极端事件，其中有三次发在最近 20 年中，这是否意味着极端事件更为频繁发生，还有待进一步研究。值得注意的是，2011 年春季降水量是 132 年中最少的一年，大约为-3. 5 倍标准差。

由于降水资料是由 1950 年前的重建资料和 1950 年后的观测资料构成，本章将 132 年分成 1880 ~ 1950 年和 1951 ~ 2011 年两个资料时段分析各类事件的变化趋势。可以发现，1880 ~ 1950 年样本主要分布在第一象限（29. 6%）和第三象限（35. 6%），总共约占总体的65.2%，最少的是第二象限（14.1%）。而1951～2011年中多数样本集中分布第三象限（34.4%）和第四象限（31.1%），总共约占总体的65.5%，最少样本的是第一象限（16.4%）。这表明了在1950年前长江流域春、夏季降水演变主要表现出持续旱—旱和涝—涝的格局，而1950后主要发生旱—旱和涝—旱事件，而且涝—涝的事件则发生最少。

春、夏两季降水量之间的变化关系并不是一成不变的。从春季、夏季降水量11年滑动相关系数随时间的变化可以看出，1880～1920年两者的相关系数呈现出的是振荡形势，并没有一段稳定的正相关或者负相关时期，而1920年开始相关系数开始上升进入一个较明显正相关阶段，这个阶段中相关系数维持在一个相对较高正值区间，直到1960年左右，相关系数开始大幅度减小，进入负相关区间，1960～1970年和1985～1995年这两个时段出现较强的负相关，在这两个时段之间相关系数有过一段时期的上升，但是并没能持续稳定。从1995年开始相关系数大幅度上升，在最近15年内一直稳定在正相关状态，可能在未来春季、夏季降水量还将维持这种关系。

2. 长江流域春夏季降水量空间分布规律

长江流域春季降水主要呈现东南多西北少的格局，降水最集中的区域位于鄱阳湖和洞庭湖一带的两湖流域，该地区春季降水量达到600mm以上，而中上游地区尤其是西北部地区的降水最为匮乏，降水量不足100mm，如果降水量一旦持续偏少该地区容易引发春旱。总体上看，长江流域春季降水的空间分布差异较大，降水最多和最少地区之间差距可以达到6倍左右。

到了夏季，随着东亚夏季风爆发，全流域降水量都大幅增加，且分布变得较为均匀。基本上整个长江流域降水量都较为丰富，降水最少的汉中地区也有200mm，降水最多的地区接近700mm。比较特殊的是在长江中下游南部地区有个相对降水较少的区域（300mm左右），而该地区春季降水能达到600mm，说明该地区春季降水比夏季降水还要丰富，这是一个比较有趣的现象。

图6-2给出了长江流域春、夏季降水量变差系数的空间分布。长江流域春季降水变差系数表现出中下游相对较小，大约为0.2，而中上游较大，最大值达到0.5，长江中下游平原地区春季降水变差系数仅为0.3左右，低值中心位于洞庭湖和鄱阳湖以南地区，而在西部四川盆地和云贵高原一带 C_v 高达0.5［图6-2（a）］。结合降水量的分布了来看，春季降水量大的区域降水较为稳定，而降水量较少的区域变化较大。

到了夏季［图6-2（b）］，变差系数的分布与春季截然相反。长江流域西部四川盆地和云贵高原地区 C_v 则只有0.3左右，而最大值范围集中在洞庭湖、鄱阳湖及武汉一带地区，数值也不足0.4。说明长江流域夏季变差系数的空间差异较小。

综合来看长江流域春季降水量变差系数空间差异较大，四川、云贵地区降水变率大，而夏季整个流域降水量稳定程度较为接近。

认识空间上春、夏季降水量的相互关系是分析其异常转换的基础。从21个站点132年来春季、夏季降水量相关系数的分布上看，可以发现大量站点都呈现出正相关关系，只有中游3个站和下游的上海站存在负相关。这表明了在长江流域各站点中春、夏季降水量主要体现为正相关，也就是两者变化有一致性的特征。

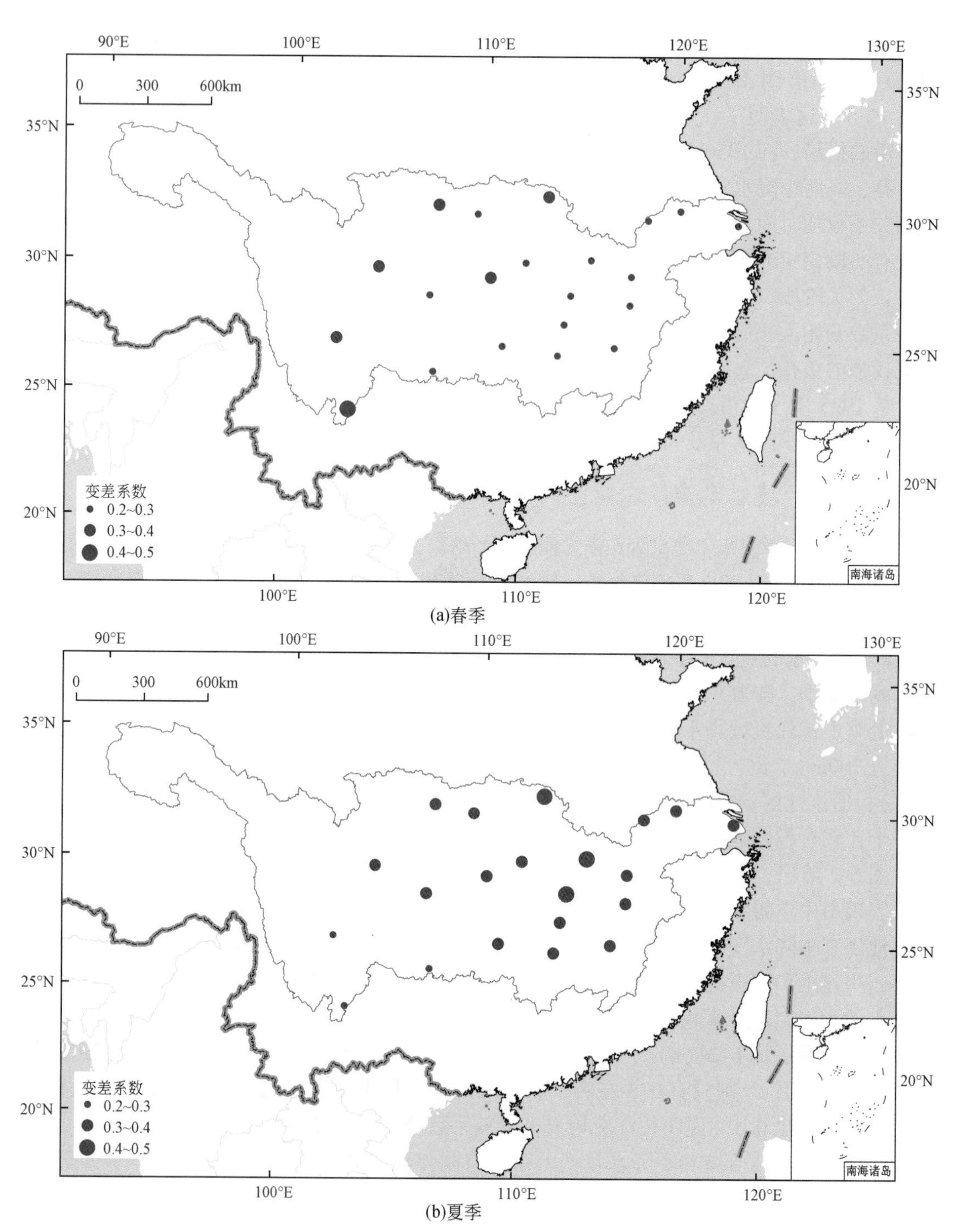

图 6-2　长江流域春季、夏季降水量变差系数 C_v 的空间分布

降水量的空间分布具有一定的固定模态，经验正交分解方法（EOF）可以用来识别其主要模态。此方法已经广泛应用于气候诊断研究中。

通过 EOF 分解，给出长江流域春季降水量前三个主要模态及其时间系数。这三个模态的方差贡献分别为 28.8%、14.9% 和 10.6%。对于第一模态，春季最大的正值区位于中下游地区，而负值区位于中上游地区，这说明中下游地区与中上游地区降水量异常相反。时间系数表现出年代际变化特征，1880 ~ 1930 年持续下降，1930 年开始上升，1960 年有呈现出下降趋势。

第二模态表现出是流域西北部为正值区，东南部为负值区，也就是说两湖地区与汉中一带降水量异常相反，时间系数在 20 世纪 50 年代以前主要表现出的是年际波动，在 50 年代开始振幅变大，年际波动更为剧烈。在最近 10 年中略有上升。

第三模态反映出长江三角洲地区为负值中心，四川和云贵高原地区为正值中心。从时间系数看，1890 年到 1940 年是上升趋势，过后一段时间呈现为波动变化，在 1980 年开始出现下降趋势，在近 10 年又开始上升。

长江流域夏季降水 EOF 前三个模态的方差贡献分别为 24.7%、15.5% 和 9.0%。第一模态表现出整个流域都为正值，其正值中心位于中下游地区。从时间系数看，1910 年开始将出现下降趋势且长期处于负值，直到 1960 年以来才出现上升趋势，这说明在最近 50 年来整个流域的夏季降水主要表现为正异常。

第二模态中与春季第二模态形态相反，西北为负值区，东南为正值区。时间系数也有明显的年代际变化，1880 ~ 1940 年出现持续上升，然后从 20 世纪 50 年代开始震荡下降，在 90 年代有过短暂的上升后最近 10 年又出现显著的下降且处于负值区间，这表现出在最近 10 年中两湖地区夏季降水负异常，而汉中一带地区降水为正异常的格局。

第三模态的长三角地区为明显的负值，长江中上游为正值，正值中心在武汉和四川地区。时间系数 1900 ~ 1940 年处于上升阶段，1940 年开始长期表现出震荡下降走势，这说明近 70 年来长江三角洲地区降水正异常，而四川和武汉一带地区降水负异常的分布很显著。

S-EOF 是由 EOF 演变而来用于识别季节演变模态的统计方法。S-EOF 方法主要是将春夏两个季节的空间格点组成一组新的格点再对其进行 EOF 分解得到其共同的演变模态。本章也利用 S-EOF 方法对长江流域春、夏两季降水量进行分解，得到的模态能反映出季节演变的空间特征，时间系数则体现出各模态随时间的变化。图 6-3 是长江流域春、夏两季降水量 S-EOF 分解的前三个模态，方差贡献分别为 15.9%、12.1% 和 8.1%。

第一模态［图 6-3（a），（d）］，春季整个流域都为正值，正值中心位于长江中下游地区，上游地区的正值则相对较小；到了夏季，整个流域基本保持了春季的格局，整个流域都是正值区，正值中心同样位于长江中下游地区，中上游和下游的正值相对较小。第一模态呈现出的是整个长江流域春、夏两季降水量异常为一致性的演变形态。

第二模态［图 6-3（b），（e）］，春季全流域都为负值，中心位于长江中游的北部，而两湖地区的负值较小。到了夏季整个长江流域都转变为正值，中心位于长江中下游地区。因此第二模态的演变过程表现出的是全流域春季降水负异常向夏季正异常的转变。

第三模态［图 6-3（c），（f）］中春季表现为流域北部为负值区而南部为正值区，夏季仍然持续着这样的格局。

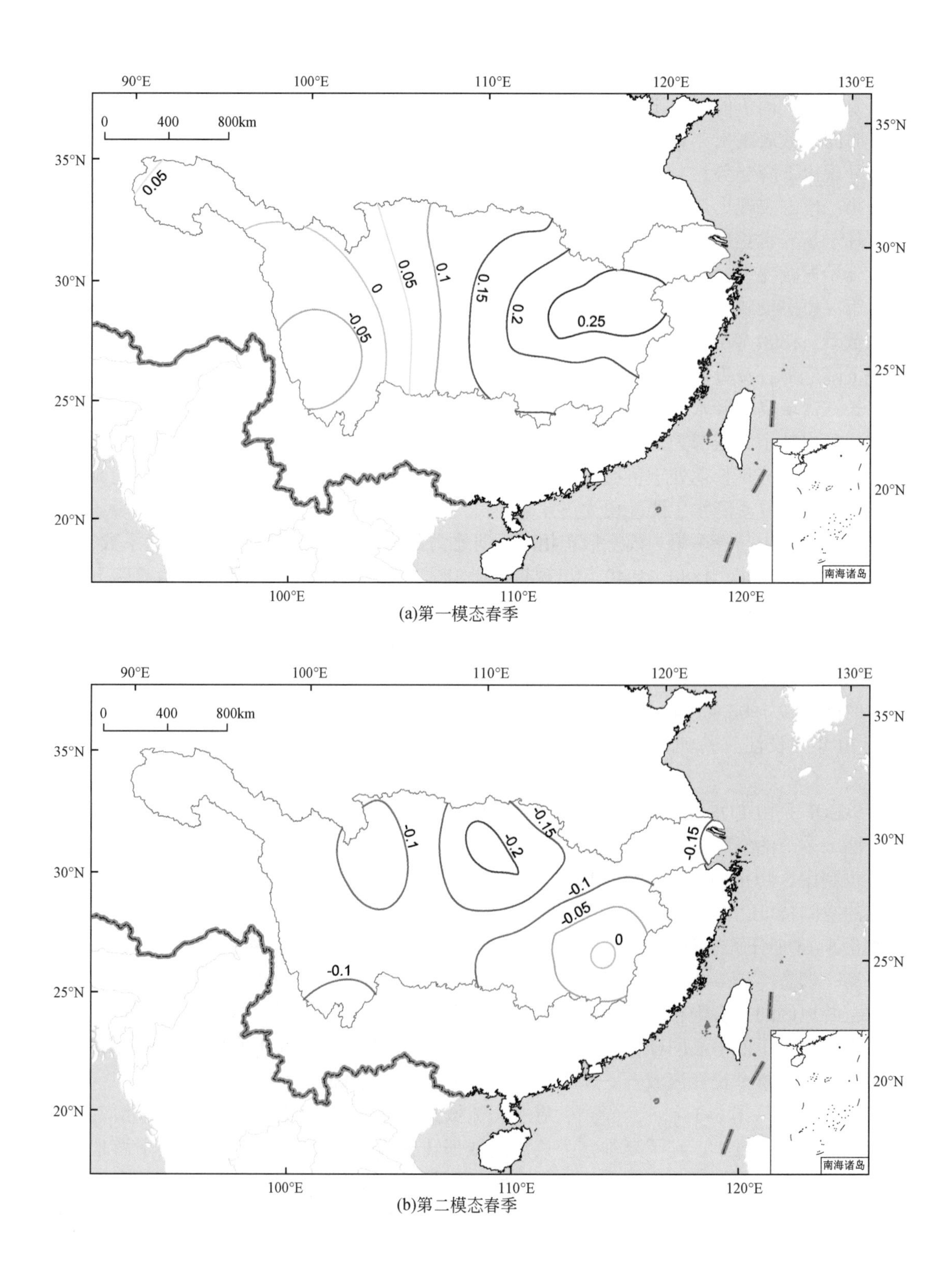

(a)第一模态春季

(b)第二模态春季

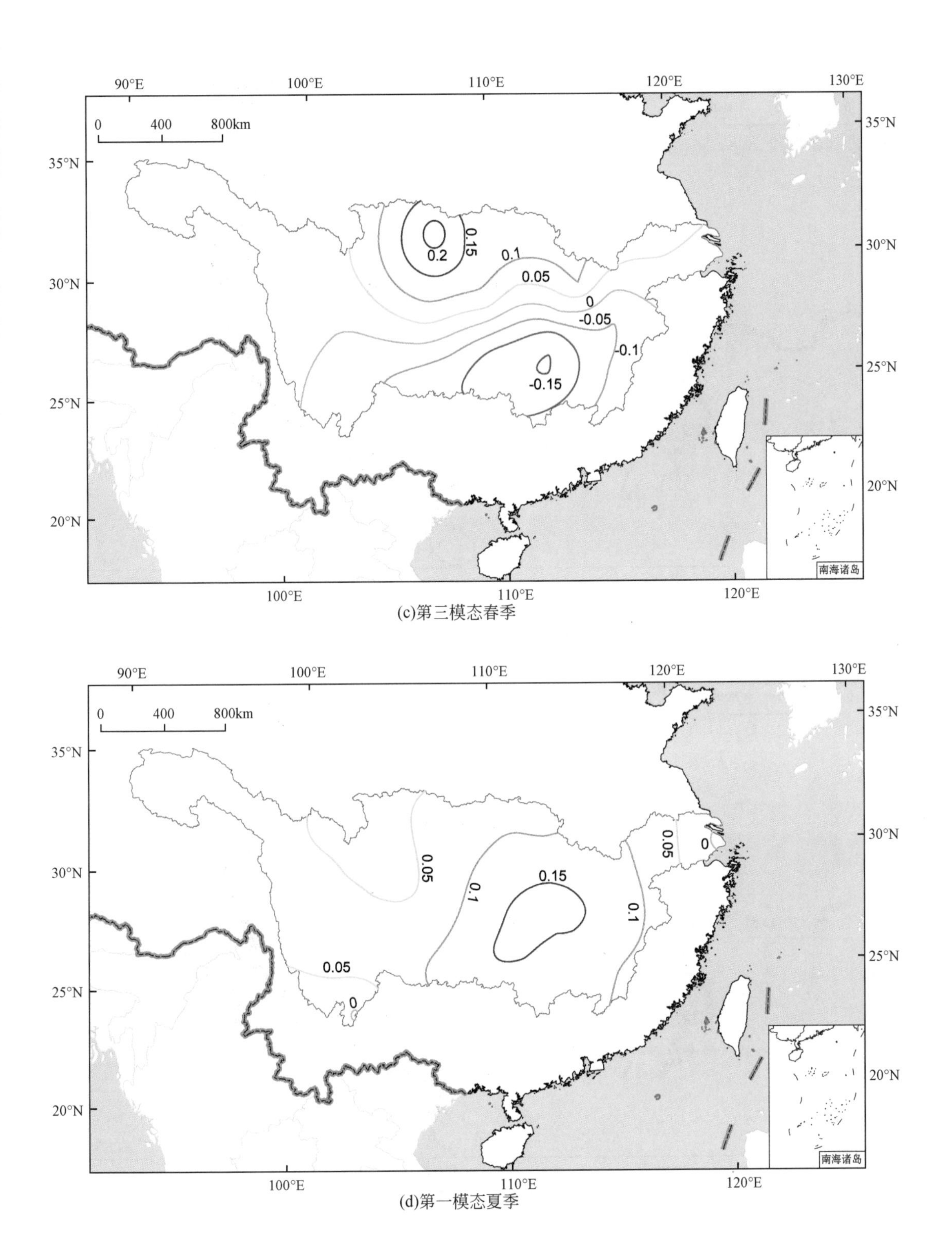

(c)第三模态春季

(d)第一模态夏季

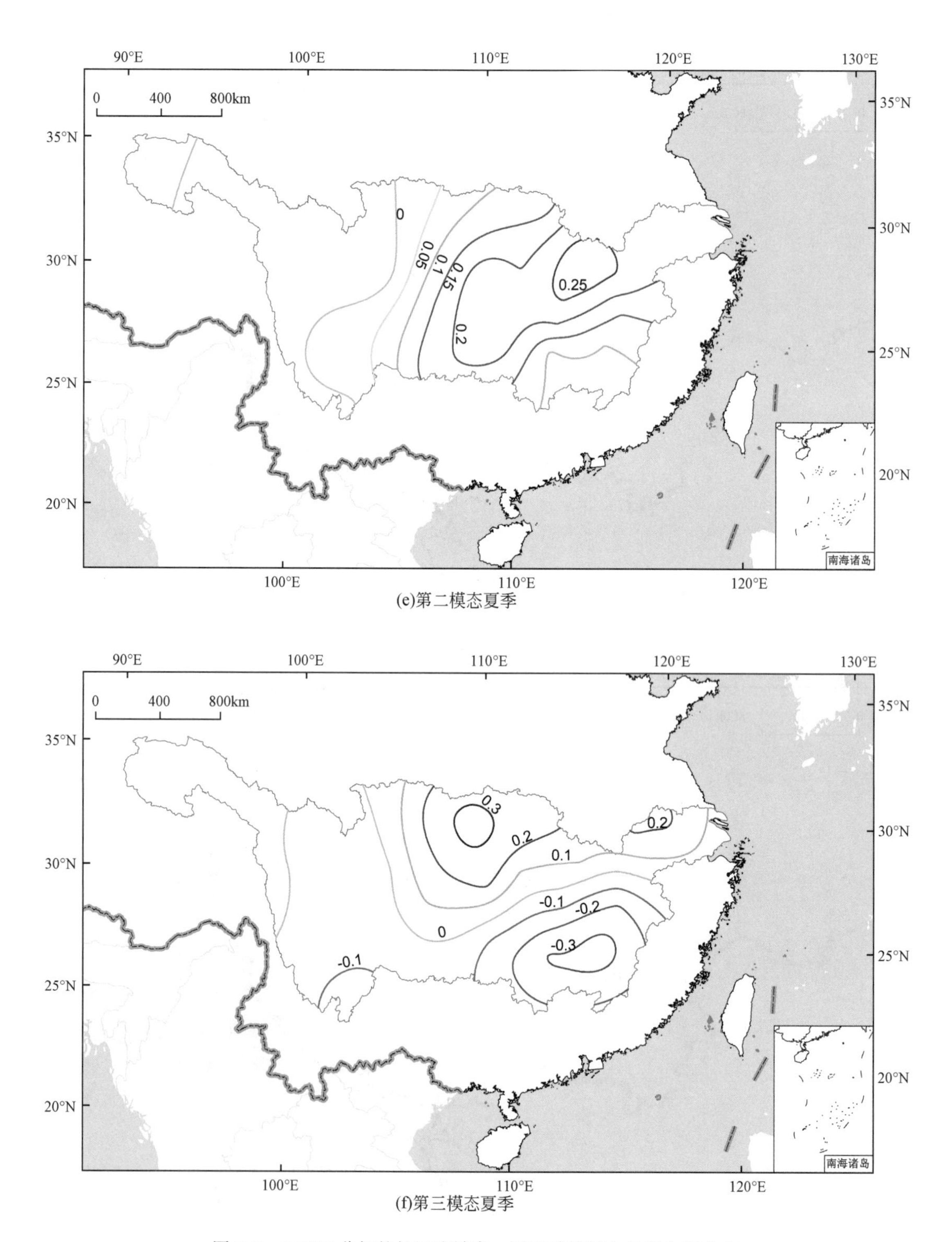

(e)第二模态夏季

(f)第三模态夏季

图 6-3　S-EOF 分解的长江流域春、夏两季特征向量的空间分布

S-EOF 前三个模态的时间系数也都表现出明显的年代际变化特征。第一模态的时间系数主要表现出较高频的波动，在 20 世纪 20 年代前基本都表现为年际震荡走势，20 年代到 60 年代开始逐渐由负转正，60 年代开始表现出持续下降的趋势，在最近 10 年的年际波动较大，近几年来主要表现为负值，这就说明最近几年第一模态体现出的是春、夏两季降水持续负异常的演变。对于第二模态来说，1890 ~ 1920 年是由负值转为正值的上升阶段，1920 年前后开始出现下降趋势，直到 70 年代开始持续回升。第三模态的时间系数在 40 年代以后波动较为明显，在 90 年代以后呈现出明显下降趋势，在最近几年正处于负值区，表现为南部降水负异常而北部正异常格局在春、夏两季持续出现。

由于不同年代中春、夏两季降水量演变模态也会发生变化，这里给出 1880 ~ 1950 年和 1951 ~ 2011 年两个时间段 S-EOF 前两个模态的对比。之所以只考虑比较前两个模态，是因为其在全流域上能反映出最典型的春季、夏季降水转换关系。因此在接下来的研究中也只选用前两个模态进行讨论。

从第一模态的对比看来，1880 ~ 1950 年时段方差贡献为 16.8%，1951 ~ 2011 年为 17.3%，两段时间第一模态的方差贡献基本相当，说明春季、夏季最典型的降水演变格局并无显著变化。从特征向量上对比来看，1880 ~ 1950 年的春季整个流域都为正值区且中下游数值较大，而夏季的正值中心位于中下游。1951 ~ 2011 年春季正值中心主要集中在下游，夏季中游地区的正值最大。

比较第二模态，两个时段的方差贡献分别为 12.0% 和 13.1%，差异同样不大。1880 ~ 1950 年第二模态的春季与 1951 ~ 2011 年第二模态春季较为类似，全流域降水的异常分布类似，中游的降水异常最为一致，负值中心都在中游。两者夏季模态则有明显差异，1880 ~ 1950 年夏季模态在全流域都表现为正值，而 1951 ~ 2011 年的夏季模态则反映出中下游为正值与上游为负值的降水异常。

3. 长江流域春夏季水汽输送及收支变化

由于 1951 年前缺乏再分析资料，因此本章只研究 1951 ~ 2011 年长江流域春季、夏季整层（1000 ~ 300hPa）水汽输送及其收支平衡变化，计算整层水汽收支平衡先要定义长江流域箱体的东、南、西和北边界范围。长江流域整层水汽收支“箱体”模型计算范围是：25°N ~ 35°N，105°E ~ 120°E，此范围参考了张增信等（2008）研究中所选取的长江流域范围。水汽收支定义为

$$Q = Q_W - Q_E + Q_S - Q_N \tag{6-1}$$

式中，Q 为水汽输送的总收支；Q_W 是西边界（25°N ~ 35°N，105°E），为水汽输入；Q_E 是东边界（25°N ~ 35°N，120°E），为水汽输出；Q_S 是南边界（25°N，105°E ~ 120°E），为水汽输入；Q_N 是北边界（35°N，105°E ~ 120°E），为水汽输出。

春季、夏季水汽主要来源于印度洋和西北太平洋，这与前人的研究结果相类似。具体来看，春季西北太平洋和印度洋输送的水汽量基本相当。由于夏季风的爆发，孟加拉湾和南海的水汽输送迅速增长，明显强过于西北太平洋的水汽，因此中国东部上空的水汽主要来自于印度洋的西南风水汽输送的贡献，而西北太平洋的东南风水汽输送则为次要的水汽

通道。

春季西边界共有135个单位水汽输入，东边界输出224个单位，南边界有169个单位水汽输入，北边界有-17个单位输出，总体上净收入97个单位，也就是表明有97个单位的水汽留在了长江流域内。从夏季来看，西边界共输入37个单位水汽，东边界输出155个单位水汽，南边界输入265个单位水汽，北边界输出54个单位水汽，净收入93单位。对比两季节各边界的水汽输入输出可以发现，春季西边界和南边界水汽输入量基本相当，而到了夏季西边的水汽输入大幅减弱，南边界的水汽大幅度增加，因此夏季水汽输入基本来自于南边界。值得注意的是，春季水汽净收入要比夏季略大。要理解这个现象就需要给出逐月的水汽净收支变化，长江流域的水汽净收支从1月到6月都在逐步增加，在6月达到全年峰值，这与梅雨期丰富的降水量是相对应的。从7月收支就开始逐步减少，9月达到全年最低谷，10月、11月和12月略有增加。本章定义的春季为3月、4月和5月，夏季为6月、7月和8月，由于7月、8月的减少幅度较大，受其影响整个夏季净收支才会比春季略少。

从1951～2011年春、夏季长江流域整层水汽净收支标准化序列（相对于1986～2005年）可以看出，春季水汽净收支从1951年开始就表现出显著的线性减少趋势，而夏季水汽净收支则出现显著增加趋势，两个季节的线性变化趋势都能超过0.01显著性水平。相对应时期的春、夏季降水也有一致性的变化，只是变化趋势不够显著（图略）。长江流域春、夏两季水汽净收支与其相对应的降水量有着很好相关性，相关系数分别为0.62和0.59，均可超过0.01显著性水平（图略）。

由于春季、夏季水汽净收支在1970年前后都发生了突变（图略），水汽净收支的转换也将随之改变。1970年前后春季、夏季水汽净收支演变的对比可以发现，在1970年前，样本主要分布在第四象限，也就是春季水汽净收支偏多、夏季偏少的模态。而1970年后样本开始向第二象限转移的趋势，就是向春季收支偏少、夏季收支偏多的模态发展。

长江流域上空整层总体水汽净收支应该是由纬向和经向上的收支所组成。春季经向水汽收支表现出显著的线性减少趋势，趋势系数为0.57，远超过0.01显著性水平，这与总体上水汽净收支变化相一致，而纬向上水汽收支略有增加趋势，但是无法通过检验。在夏季，纬向和经向收支都呈现出线性增加趋势，它们都与夏季总收支变化相符合，经向收支的上升趋势可以通过0.05显著性水平，纬向的增加趋势则通不过检验。

表6-3给出了春、夏两季整层水汽总收支与经向和纬向收支的线性变化率。春季总体收支增长率为每10年-26.8个单位，经向增长率为每10年-20个单位，纬向增长率为每10年6.8个单位。这也表明了经向收支决定了春季总体收支的变化。夏季总体收支增长率为每10年12.6个单位，经向增长率为每10年9.2个单位，纬向增长率为每10年3.3个单位。明显能发现经向收支的增长幅度远大于纬向收支的增长，因此也说明夏季水汽总收支变化主要由经向收支所贡献。总体上看春季、夏季长江流域的水汽净收支变化主要由经向上的收支所决定。

表 6-3　春季、夏季整层水汽总收支与经向和纬向收支的线性变化率

季节	纬向收支线性变化率	经向收支变化率	总收支变率
春季	3. 3/10a	9. 2/10a	12. 6/10a
夏季	6. 8/10a	-20/10a	-26. 8/10a

春季，西边界水汽输入量在 1965 年左右开始发生了明显减少，最近 10 年中水汽输入处于一个较弱时期；东边界在 1990 年以前水汽输出量变化主要变现出的是年际震荡，而 1990 年后则出现了显著减弱，最近 10 年也是水汽输出最弱的阶段。夏季，西边界在 1955 ~ 1965 年水汽输入偏强，而后水汽输入量减弱且波动较小；东边界水汽输入量体现的是年际震荡特征。

从南、北边界的水汽通量随时间的演变来看，春季，1951 ~ 1975 年南边界水汽输入的正距平中心位于 107°E ~ 114°E，在 1975 年以后这个正距平中心逐渐消失，最近 20 年整个边界上的水汽输入量都表现出负距平；北边界输出量看来，只有在 1965 年前水汽输出量较大，而 1965 年以来输出量的波动较小。夏季，南边界的水汽输入与春季情况类似，1951 年以来水汽输入量一直在持续减少；与春季基本相同，夏季北边界水汽输出自 1965 年以来变化较为平稳。

从水汽输入量来看，最近这 61 年来春季南边界和西边界的水汽输入量是在逐渐减少，这可以解释春季水汽净收支的下降，而夏季南边界和西边界的水汽输入量也在减少，这与夏季净收支增加趋势相反。

6. 2. 2　大气环流

要认识天气气候灾害的成因不仅要知道导致其发生的大气内部过程，还要了解海温等大气外强迫对大气环流的影响。关于长江流域降水异常变化成因的研究已经取得了较多成果（王绍武，2001；张庆云等，2003；黄燕燕和钱永甫，2004；赵振国等，2000；况雪源和张耀存，2006）。中国的旱涝灾害主要受到东亚季风系统中各成员的变化及其相互作用的影响（黄荣辉和杜振彩，2010）。针对长江流域降水降水异常转换成因的研究还很少见报道。异常降水的形成机制是十分复杂的，要深入了解季节转换事件中的成因还需要进一步细致的工作。

长江中下游地区 5 ~ 8 月“旱涝并存”事件在最近 50 年有增长趋势，而“旱涝急转”事件频率在减弱，“全旱”或“全涝”事件的发生频次有所上升，这些变化都与大尺度环流有密切关系（Wu et al.，2006；吴志伟等，2006）。

封国林等（2012）对 2011 年长江流域春、夏季“旱涝急转”事件进行了初步分析，认为此次事件是近 60 年来最为严重的一次转换事件，前冬赤道中东太平洋海温偏低，受其影响副高位置偏东，Walk 环流偏强，同期赤道印度洋海温也偏低，印度洋上空 Hardly 环流较弱，从西南和东南方向上输送到长江中下游地区的水汽不足，导致长期干旱发生，随着后期太平洋和印度洋海温回升，Walk 环流减弱，印度洋 Hardly 环流加强，副高在 6

月突然西伸，水汽条件由弱转强，配合中高纬度冷空气不断向南输送流，长江中下游降水开始持续增加，从而形成“旱涝急转”格局。

沈柏竹等（2012）发现前期冬季风偏强，春季东亚大槽偏强导致季风转换推迟，南方水汽难以向北输送导致长江流域出现大范围干旱，6 月初大气环流系统的迅速调整使冷暖空气在长江中下游交汇产生了强降水是 2011 年“旱涝急转”的主要原因。

1. 长江流域春、夏两季水汽输送异常

水汽输送对长江流域春、夏两季降水演变有着显著影响，从春、夏两季降水 S-EOF 分解的第一、第二模态的时间系数与整层春、夏两季水汽通量的相关分布（图略）可以看出，对应第一模态，春季长江流域为西南风水汽输送异常，孟加拉湾和高原东部都有西南风水汽异常，西北太平洋为东南风水汽异常，三股水汽在长江流域汇集，但是影响长江的水汽主要来自于西北太平洋。夏季，西北太平洋和高原南部水汽异常依然维持，影响长江流域的水汽也还是主要来源于西北太平洋。

对应第二模态，春季主要特征为春季孟加拉湾输送东北风水汽异常，西北太平洋上空有异常的西北风水汽异常，到了夏季，西太平洋地区转变为东南风水汽异常，高原东部也有西南风水汽输送异常，长江流域的上空的西南风水汽输送异常主要来自于孟加拉湾经过青藏高原南部水汽通道输送来的西南风水汽和西北太平洋东南风水汽汇合而成。

总的来说，春、夏两季降水一致性转换的形成与西北太平洋水汽输送异常关系最密切，而春季、夏季降水反向转换则是由于春季、夏季孟加拉湾和西北太平洋水汽输送异常突变所共同导致。

2. 500hPa 位势高度场

通过计算长江流域春季、夏季降水演变的前两个模态 S-EOF1 和 S-EOF2 时间系数与北半球春季、夏季 500hPa 位势高度场相关系数的演变，来探讨 500hPa 位势高度场的变化与长江流域降水异常的密切联系。

从第一模态来看，春季，从北大西洋、西伯利亚地区、东亚沿岸及日本有明显的欧亚遥相关型（EU）存在。当西伯利亚上空位势高度下降，即西伯利亚高压减弱，东亚大槽减弱，有利于东亚地区春季降水增加；夏季，欧亚遥相关型并不显著，只有在蒙古到中国东北一带有很弱的负相关，台湾以东洋面有弱正相关。这可能说明春季 500hPa 位势高度场的欧亚遥相关型对第一模态有所贡献，而夏季位势高度场对第一模态夏季降水异常无显著作用。

从第二模态来看，春季，西北太平洋中高纬度地区的 500hPa 位势高度场有显著的负相关中心，而中低纬度地区则有显著的正相关中心。这个分布与李勇等（2007）和 Wallace 等（1981）所研究的西北太平洋遥相关型（WP）类似，只是整体位置略微偏南一些。日本和朝鲜半岛一带有很显著的负相关中心，当该地区位势高度为负距平，东亚大槽容易得到加强并向南伸展，从而阻止副热带高热西伸，不利于低纬度的水汽向中国东部输送，导致长江流域春季降水偏少。夏季，低纬度西北太平洋地区及中国东南沿海有十分显

著的正相关中心，当该地区位势高度为正距平，西北太平洋副热带高压偏强，将有利于把丰富的水汽从海洋输送到长江流域，导致夏季降水增加。

3. 对流层高低层风场

从降水第一模态时间系数与春季、夏季300hPa纬向风场和850hPa经向风场相关系数演变中可以看到，春季，300hPa纬向风场中贝加尔湖北部上空存在显著负相关中心存在，新疆到西北太平洋一带有显著正相关中心，中国东南沿岸和西北太平洋地区有显著的负相关中心。这表明有一个欧亚大陆上空存在一个自西向东传播的波列。30°N附近中国东南沿岸到西北太平洋上空的副热带西风急流减弱（增强），东亚大槽减弱（加强），中国东部地区降水增加（减少）。850hPa的经向风场来看，东亚地区上空有显著的正相关中心，也就是说春季东亚上空有南风异常，东亚冬季风减弱（增强），引起中国东部地区降水增加（减少）。

从夏季来看，300hPa上赤道印度洋和西北太平洋地区有一个带状分布的负相关区。徐忠峰和钱永甫（2005）发现对流层高层的东风异常能反映出南亚季风强弱，当东风正异常时，南亚季风偏强。因此夏季300hPa上赤道东风带有正距平，南亚季风偏强，大量水汽可以输送到长江流域，导致降水增加。850hPa上可以发现，东南亚及南海地区有显著的正相关区域，这表明当南海季风偏强时，长江流域降水偏多。

从S-EOF第二模态时间系数与春、夏两季风场的相关系数演变来看，春季300hPa纬向风场上，东亚地区有大范围正相关中心，说明副热带西风急流加强，东亚大槽加深，副高西伸受阻，导致中国东部降水偏少。850hPa上，东亚大陆地区有大范围的负相关中心，当有北风异常存在时，冬季风偏强，中国东部地区春季降水偏少。

夏季，300hPa中纬度（25°N~35°N）地区有正相关，高纬度（35°N~45°N）为负相关，这表明副热带急流位置偏南时中纬度西风加强，高纬度西风减弱。孙凤华等（2009）认为副热带急流偏南时长江降水增加。此外赤道印度洋有负相关区域，说明赤道印度洋东风加强时，南亚夏季风偏强，长江流域降水也偏多。850hPa上，华北地区上空有负相关中心，说明存在异常北风时，东亚夏季风偏弱，水汽很难到达中高纬度地区，雨带停留在长江流域，也容易导致降水增加。

赵振国（2000）利用热带环流指数来体现季风环流与沃克环流的综合作用：TCI = STMI- EZWI，其中TCI为（热带环流指数），STMI（南海热带季风指数）定义为0°N~10°N，100°E~130°E区域里850hPa和200hPa纬向风距平差，EZWI（近赤道纬向风指数）定义为5°S~5°N，160°E~100°W区域里850hPa和200hPa纬向风的距平差。当夏季STMI>0（<0）代表南海夏季风偏强（偏弱），低层越赤道的热带西南季风偏强（偏弱）；冬季STMI>0（<0）代表南海夏季风偏弱（偏强），低层越赤道的热带西南季风偏弱（偏强）。当EZWI>0（<0）表示沃克环流偏弱（偏强）。

为了能具体分析风场对春、夏两季降水演变的关系，表6-4给出春、夏两季各指数分别与春、夏两季降水S-EOF第一模态和第二模态时间系数的相关系数表。从表6-4中可以看出第一模态的春季降水主由南海季风（STMI）和热带环流（EZWI）的相对大小来决定，也就是 TCI，相关系数为-0.33，达到 0.01 显著性水平；夏季降水可能与 STMI 有一定关系，但是显著性不强。在第二模态中，TCI 对春季降水异常有一定作用，但相关性也很弱；TCI 和 STMI 对夏季降水异常的作用却十分显著，相关系数为-0.37 和-0.44，远超过 0.01 显著性水平。

表 6-4　春、夏两季降水 S-EOF 第一和第二模态时间系数与春、夏两季 TCI、STMI 和 EZWI 指数的相关系数

项目	TCI	STMI	EZWI
春季（S-EOF1）	-0.33	-0.19	0.30
夏季（S-EOF1）	-0.08	-0.20	-0.11
春季（S-EOF2）	0.10	0.07	-0.07
夏季（S-EOF2）	-0.37	-0.44	0.00

4. 大气热源（汇）

大气热源（汇）变化与天气气候异常有重要联系。为了验证我们所计算大气热源的正确性，首先给出 1951～2011 年春季、夏季亚洲及西北太平洋地区大气热源的气候态。春季赤道印度洋、东南亚和赤道太平洋有显著的热源中心分布，强度均在 $200W/m^2$ 左右。此外中国华南上空也有较强的热源中心，只有北印度洋地区有较强的热汇存在，强度大约为 $-150W/m^2$。

夏季印度洋上的热源向北移动，位于孟加拉湾北部，印度北部的热汇消失。印度洋在南北方向上有 3 个显著的热源中心，其中最强的中心位于孟加拉湾北部和青藏高原南部地区，中心强度超过 $400W/m^2$，其余两个中心强度也均超过 $300W/m^2$，分别位于中南半岛西部和赤道印度洋。太平洋上空热源也移动到了南海和菲律宾以东洋面。此外，印度大陆西部、中国华南也有较强的热源中心存在，总体来看，我们所计算的热源（汇）气候态分布与陈玉英等（2008）的研究结果比较类似，说明本书利用倒算法计算的热源（汇）较为可靠，能准确反映出亚洲和西北太平洋几个重要热源（汇）位置。

从第一模态来看，春季［图 6-4（a）］最显著正相关区域位于中国东部，说明当中国东部大陆热源增强，长江流域春季降水偏多。这可能是热源增强后，海陆热力差异减小，冬季风减弱所导致。从夏季来看［图 6-4（b）］，青藏高原东部热源有正相关，而菲律宾以东暖池热源表现出负相关。简茂球等（2004）发现当夏季高原东部热源增强，会引起垂直运动场异常，从而使得长江流域夏季降水增加，且认为高原东部热源对中国夏季降水的影响要大于西北太平洋暖池热源。当菲律宾以东西北太平洋暖池变冷，其上空对流活动减弱，导致副高偏南，长江流域夏季降水增加（黄荣辉等，1994）。总的来看，春季中国东部大陆上空热源和夏季高原东部及西北太平洋暖池热源的共同作用是造成长江流域春、夏两季降水持续异常的原因。

在第二模态看来，春季［图 6-4（c）］只有中国台湾和菲律宾以东热源有比较明显的正相关，这可能是由于该地区春季海温上升，造成海陆温差加大，冬季风偏强，从而造成长江春季降水偏少。夏季［图 6-4（d）］，青藏高原东部热源有显著正相关，而暖池上空热源相关性较弱，中国东部与西北太平洋上空热力差异显著。因此，春季降水偏少的原因可能是东亚沿岸和暖池海温异常，而夏季降水异常突变可能与青藏高原东部夏季热源增强和中国东亚地区海陆热力差异加大有关。

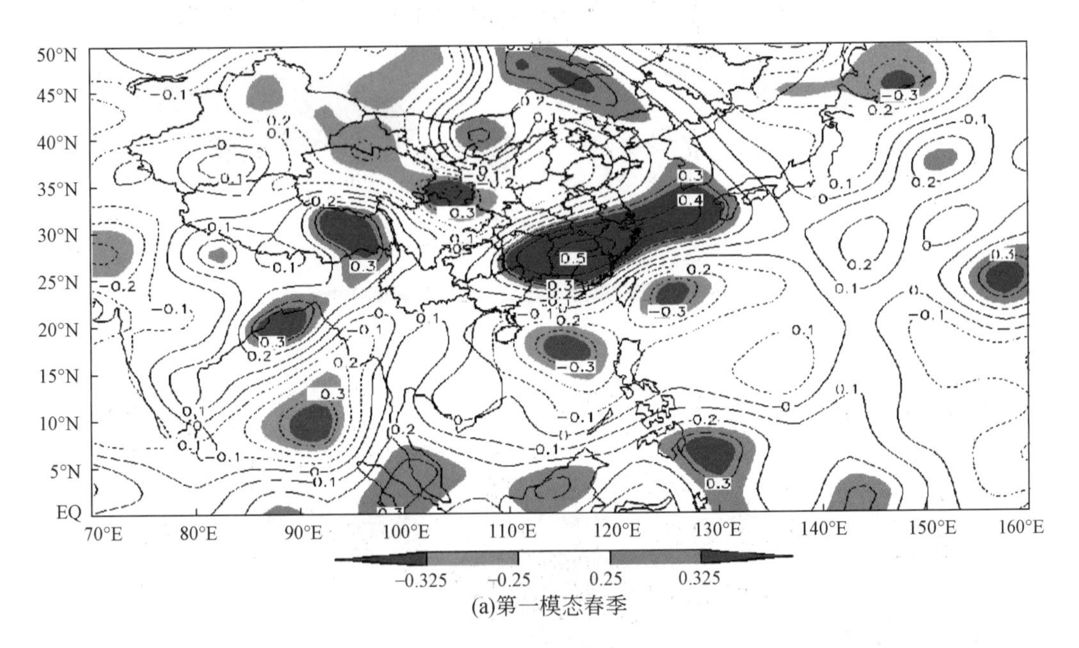

(a)第一模态春季

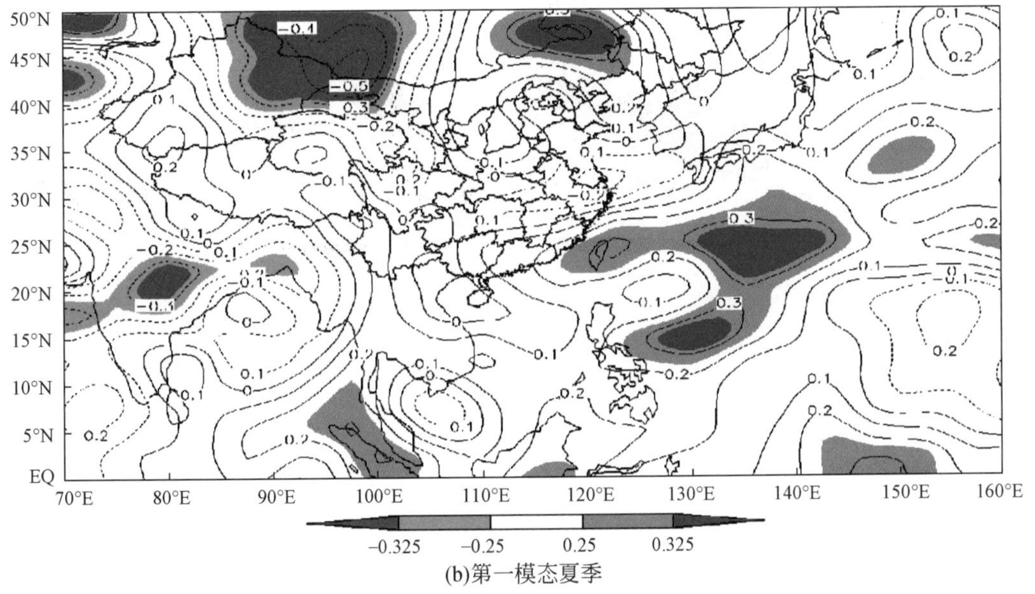

(b)第一模态夏季

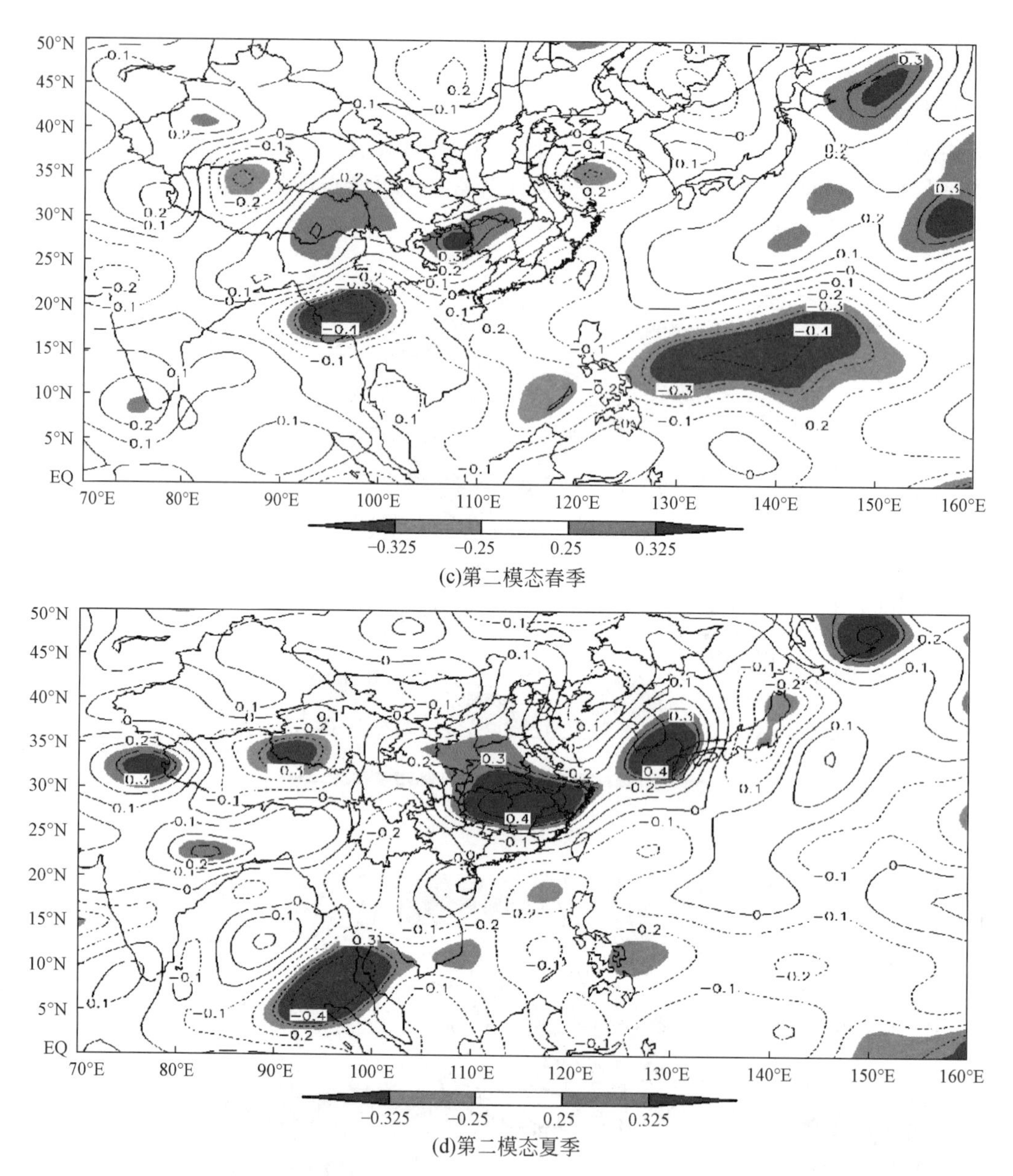

(c)第二模态春季

(d)第二模态夏季

图6-4　春、夏两季降水 S-EOF 第一、第二模态时间系数与春、夏两季大气热源相关系数分布

注：阴影表示达到 0.05 显著性水平

5. 异常转换典型年的合成分析

研究每类典型转换事件的成因规律，需要首先对其进行分类。本章从 1880 ~ 2011 年春季、夏季降水的标准化序列中按照春夏季降水异常均大于等于 0.5 个标准差的标准提取 1951 ~ 2011 年中 21 个典型转换年份（表 6-5）。一类：持续涝年（春季≥0.5，夏季≥

0.5)；二类：先旱后涝年（春季≤0.5，夏季≥0.5)；三类：持续旱年（春季≤0.5，夏季≤0.5)；四类：先涝后旱年（春季≥0.5，夏季≤0.5)。

表 6-5　四类典型转换年份

分类	年份
一类	1954、1998、1999、2010
二类	1993、1996
三类	1965、1966、1971、1976、1988、2001、2005
四类	1957、1958、1964、1967、1970、1975、1992、2003

从典型异常年份在不同年代的分布（图略）发现，第三类降水持续偏少（旱—旱）和第四类春季降水偏多而夏季偏少（涝—旱）的发生频率最大，第二类春季降水偏少而夏季偏多（旱—涝）发生最少，只发生了两年。从不同年代的分布上看，1951～1970年，总共有8次典型转换年，其中5次为第四类春季降水偏多而夏季偏少（涝—旱）年份；1971～1990年，典型年份最少，只有4次，第三类降水持续偏少（旱—旱）发生了3次；1991年以来，典型年份发生最多，共有9次，它们的分布在每个象限分布均匀，无明显优势的异常类型。这可能说明最近20年来典型事件发生较为频繁，且无规律性特征。

根据典型年合成四类典型年份降水异常的空间分布特征。第一类中，春季降水异常主要集中在长江中下游地区，到了夏季，长江中下游降水持续偏多，最多的地区比均值偏多40%左右；第二类里，春季长江流域内降水大范围偏少的区域主要集中在中上游，只有长三角地区和南部降水略微偏多。到了夏季，整个长江中下游降水大幅度增加，这就形成了由旱转涝的格局；第三类中表现出来的是长江中下游春季降水偏少，而到了夏季，该地区降水将持续偏少；第四类则是长江流域中游春季降水偏多，而中下游夏季降水变为偏少的状态，这就形成了由涝转旱的演变。

6. 各类典型年份中的环流特征

首先给出四类典型年份春、夏两季异常的整层水汽输送。第一类，春季，有西南风异常的水汽输送到中国东部，水汽主要来自于西北太平洋；到了夏季，西南风异常水汽进一步加强，水汽源地仍然是西北太平洋。第二类，春季，中国东部有北风异常水汽输送，说明水汽不足；而到了夏季，东部地区又表现出西南风异常水汽输送，主要来自于西北太平洋地区，丰富的水汽有利于降水增加。第三类；春季，中国东部有较弱的异常北风水汽输送，说明到达长江流域的水汽不足；而夏季却变成了西南风异常水汽输送，水汽较为丰富，但是降水仍然不足。第四类，春季，表现出有西南风异常的水汽输送到中国东部，水汽条件比较充足；到了夏季依然有西南风异常的水汽输送到中国东部，水汽主要来源于孟加拉湾和南海地区，水汽条件较好而降水却是偏少的。综合来看，水汽条件能解释第一类和第二类典型年份，而第三类和第四类中的夏季水汽条件却与降水变化相反。因此，在分析典型年份成因的时候只考虑水汽条件是不够的，还需综合考虑其他一些因素的共同作用。

接下来给出各类典型年份中春季、夏季副热带高压位置的异常。第一类中，春季，4个典型年中有两年偏北，两年偏南；夏季，也是两年偏东，而两年偏西。第一类事件并不能完全用副高位置异常来解释。第二类中，典型年副高位置由春季的偏东转换成夏季的偏西形态，这可能是导致春季降水偏少夏季降水又增加的原因。第三类中，大部分年中春季的副高位置偏西且强度偏弱，过渡到夏季，大多数年副高位置持续偏西，这都不利于春季、夏季降水形成。第四类中，春季副高位置基本上表现出异常偏东，夏季副高位置持续偏东。这说明第四类事件中春季副高位置偏东无法解释降水偏多的事实，而夏季副高位置能解释降水偏少的成因。

为了比较不同因子对各类典型年份的作用，我们构造了不同因子的解释能力图（图6-5）。需要说明的是我们将解释能力定义为：（可解释年份/总年份）×100%。也就是值越大说明这个因子在此类中发挥作用的年份越多。春季表6-6，我们选取了整层水汽输入量、季风、TCI、EZWI、Nino3.4海温指数、副高西伸脊点这6个因子来解释四类典型事件，灰色方块表示此类事件中只有25%～50%的某类典型年份可以用某个因子的异常来解释，橘色则表示51%～99%的某类年份能用某个因子的异常解释，红色代表所有的某类典型年份均能用某一个因子的异常来解释。

表6-6　不同因子对春、夏两季各类典型年份解释能力的比较　（单位:%）

季节	因子	Ⅰ类	Ⅱ类	Ⅲ类	Ⅳ类
春季	水汽	51～99	100		100
	季风	100	100	51～99	100
	TCI			51～99	
	EZWI	51～99		51～99	51～99
	Nino3.4	51～99		51～99	51～99
	西伸脊点	51～99	100	51～99	
夏季	水汽	51～99			51～99
	季风		100	51～99	51～99
	TCI		100	51～99	51～99
	STMI		100	51～99	51～99
	西伸脊点	51～99			51～99
	高原热源	100		51～99	51～99
	Nino3.4			51～99	

注：空白表示25%～50%解释能力，解释能力越大表明某因子能发挥作用年份越多

从单个因子的能力比较来看季风和水汽输入量的解释能力最好，最差的是TCI，其中有三类事件的解释能力均差。从各类事件来说看，第二类最难解释，只有两个解释能力较好因子，其余三类均有4个因子对其解释的效果较好。

夏季（表6-6），相对来看季风、TCI、STMI和高原热源（90°E～100°E，30°N～35°N）的解释能力较好，Nino3.4区海温指数解释能力最差。从这四类年份来看，三类和四类有较

多因子能解释，而第一类中能用于解释的因子最少。

7. 统计试验

综合以上的分析，我们挑选了 6 种物理因子，即水汽输入量、Nino3.4 海温指数、季风、高原东部热源（90°E ~ 100°E，30°N ~ 35°N）、TCI 和副高西伸脊点分别与春、夏两季整层降水演变的第一和第二模态时间系数进行了多元线性回归分析。表 6-7 给出了各组试验结果：第一模态的试验中，除了西伸脊点的回归方程不够线显著外，其余方程都超过 0.05 显著性水平，其中水汽输入量方程的显著性最高。从各因子来看，春季水汽输入量、TCI、热源和前冬 Nino3.4 海温对各自回归方程有显著的作用，而夏季风和夏季热源对回归方程的作用较为显著。

第二模态试验中，只有水汽输入量、季风和 TCI 的回归方程较显著，且这 3 个方程中的春、夏两季因子作用都十分显著（表 6-8）。因为这是统计方法得出的结果，不能完全反映出各因子的实际作用及其之间相互作用对因变量的贡献。因此还需要更为深入的进行数值模拟实验才能明确各因子的实际作用。

表 6-7　各因子组合与长江流域春、夏两季降水 S-EOF 第一模态时间系数的多元回归结果

影响因子	F	T_1	T_2
水汽（S-EOF1）	12.94*	4.34*	-1.27
Nino3.4（S-EOF1）	6.04*	3.00*	-1.20
季风（S-EOF1）	8.18*	-1.97	-3.45
热源（S-EOF1）	9.34*	-3.37	3.55*
TCI（S-EOF1）	3.83*	-2.70	0.92*
脊点（S-EOF1）	2.76	-1.36	-0.94

注：F 为 F 检验值，T_1 为春季自变量的 t 检验值（Nino3.4 为前冬季），T_2 为夏季自变量的 t 检验（Nino3.4 为当年春季），* 表示能达到 0.05 显著性水平

表 6-8　各因子组合与长江流域春、夏两季降水 S-EOF 第二模态时间系数的多元回归结果

影响因子	F	T_1	T_2
水汽（S-EOF2）	10.55*	-4.56*	3.69*
Nino3.4（S-EOF2）	0.41	-0.88	0.54
季风（S-EOF2）	8.89*	3.27*	-2.79*
热源（S-EOF2）	1.50	-0.29	1.66
TCI（S-EOF2）	10.58*	3.20*	-4.50*
脊点（S-EOF2）	1.88	-0.61	-1.27

注：F 为 F 检验值，T_1 为春季自变量的 t 检验值（Nino3.4 为前冬季），T_2 为夏季自变量的 t 检验（Nino3.4 为当年春季），* 表示能达到 0.05 显著性水平

8. 2011 年长江流域“旱涝急转”特征分析

2011 年长江中下游地区从春季开始爆发大范围干旱灾害，一直持续到夏季初，随着梅

雨的爆发，短短的2周时间内，几轮强降水使得长江中下游迅速由春季的干旱转换成洪涝灾害，这是一次典型的旱涝转换事件。此次事件的主要有3个显著特点：①干旱持续时间长；②旱涝转换速度快；③6月初的几场降水强度都很大。以上几章我们着重分析长江流域春、夏两季降水的转换规律和成因，基于2011年“旱涝急转”事件所导致的严重灾害，我们认为十分有必要对2011年“旱涝急转”的事实和成因进一步分析，这可以为将来防灾减灾提供有力依据。

图6-5为长江流域2011年3～8月降水量与基准期（1986～2005年）的比较。从图6-5中可以看到，从基准期的演变来看，3～6月降水量逐月增加，到了6月达到最大值，7月份开始递减，8月持续减少。2011年实际情况为3月降水量只有基准期的50%左右，4月份降水基本与3月持平，只相当于基准期的40%左右，5月降水增加，但还是比基准期偏少40%，6月继续增加，比基准期偏多了20%，由前几个月降水持续负距平转变为正距平，7月开始降水又变为负距平，8月两者的降水量基本相当。由此看出，“旱涝急转”事实上是春季（3～5月）降水量负距平向6月降水量正距平的转换，而整个夏季（6～8月）降水量总量与基准期大致相当，略微偏少9%（图略）。

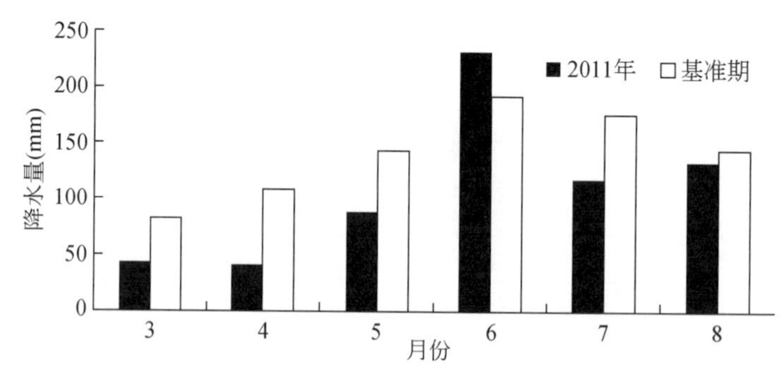

图6-5 长江流域2011年3～8月逐月降水量与基准期的比较

2011年长江流域3～8月逐月降水量与基准期（1986～2005年）的比较发现，3月整个长江中下游降水量都比基准期偏少。4月长江中下游降水偏少的格局依然在持续发展，中上游地区也由3月的正距平转变为负距平，整个流域都处在降水偏少的状态下。到了5月，长江中下游降水量与基准期的差距有所减小，但是大部分地区降水仍然偏少。6月，长江中下游地区降水增加，已经明显超过了基准期降水量。7月，长江中游降水量由变为偏少的状态，而长三角和西北地区降水偏多。8月当中，长三角降水偏多，西南地区降水偏少，中游大部分地区降水量与基准期大体相当。因此从空间上看，“旱涝急转”主要发生长江中下游地区，春季降水量大幅偏少，而6月降水量突然增加导致了“旱涝急转”的发生。

从春季和6月850 hPa异常风场和水汽含量（比湿）的距平分布可以看到，长江流域上空存在东北风异常，并且伴随着水汽含量负距平，这表明了春季长江流域上空水汽条件不足，而到了6月长江流域长空850 hPa上由春季的东北风异常转变为西南风异常，水汽含量也由负距平转为正距平，台湾以东有一个异常的反气旋性环流，这有利于将太平洋上的水汽输送到长江中下游地区。由此分析得出，水汽条件突变是 2011 年长江流域“旱涝急转”事件的主要原因。

北半球 500hPa 位势高度场异常演变可见，春季，朝鲜半岛和日本上空位势高度场为负距平，说明东亚大槽偏强，西北太平洋副热带高压西伸受阻，不利于西北太平洋的水汽输送到长江流域。夏季，太平洋和亚洲上空有类似亚洲-太平洋涛动的形势存在，中高纬度中东太平洋上空位势高度场有正距平，而东亚上空则是负距平中心。有研究表明，亚洲-太平洋涛动对长江中下游 6 月降水有重要影响，而其变化主要是与亚洲大陆加热作用有关，而与太平洋海温异常关系不大（刘舸等，2012）。

春季副高中心位置用 5870gpm 和 5880gpm 等值线表示，而 6 月则用 5880gpm 和 5890gpm 等值线表示。2011 春季的副高位置有显著异常，相比于基准期春季副热带高位置要偏东。而 6 月副热带高压高位置比基准期偏西、偏北。这表明，春季和 6 月副热带高压位置异常演变导致“旱涝急转”格局的成因之一。

从 2011 年亚洲地区春季、6 月 200hPa 纬向风的异常演变来看，春季，30°N ~ 35°N 有带状的西风异常区域，这说明春季副热带急流偏强，造成东亚大槽加深，不利于长江流域春季降水形成。6 月，30°N 以北的中亚上空有异常的东风，30°N 以南孟加拉湾地区有西风异常，这种亚洲中纬度西风减弱，中低纬度西风增强是由于副热西风急流位置偏南所导致。孙凤华等（2009）对比了副热带西风急流位置与中国夏季降水的关系，认为当夏季副热带西风急流位置偏南（偏北）时，长江流域降水偏多（偏少）。

2011 年春季、6 月长江流域上空纬向（25°N ~ 35°N）垂直环流特征，春季，整个流域从地面到对流层高层都有异常下沉运动，其中上升运动最强的地区位于 110°E ~ 120°E 的长江中下游流域。6 月的情况正好与春季相反，长江流域上空有异常上升运动，上升运动最强的区域在中下游地区上空。

6.3 年际尺度变化特征及成因分析

6.3.1 北半球积雪

积雪既是大气环流的产物，其变化又反过来对天气气候有重要影响。它除了可以通过改变海陆热力差异来影响亚洲夏季风系统外，其异常还可激发出大气行星波，影响位势高度场和大气环流遥相关型，进而改变冬季风、北极涛动和亚洲夏季风等系统的活动强度（陈海山等，2003；孙照渤等，2000；陈乾金等，2000；Gong et al.，2003），进而对中国降水产生显著影响。影响的机制主要有两种：一种是积雪反照率反馈机制，另一种是积雪-土壤湿度反馈机制。积雪反照率机制可能是影响春季低纬度天气气候变化的主要控制因子，而积雪-土壤湿度机制则是对夏季中纬度气候的影响占主要地位（吴统文和钱正安，2000）。积雪的高反照率使地表直接吸收的太阳辐射减少，融雪时所需的高相变潜热亦使地表温度降低，积雪对地表和近地层大气的这种冷却作用导致后期大陆温度偏低，海陆热力差异减弱，进而影响亚洲夏季风和降水（Sankar-Rao et al.，1996）。通过积雪的水文效应和反照率效应，降雪、土壤湿度和地表温度相互作用，引起热通量和水汽通量的改变，激发大气环流做出相应的调整，使得冬、春季青藏高原和欧亚大陆积雪异常可以影响到后期夏季中国东部降水的年际变化。欧亚大陆积雪对中国降水影响的研究工作很少，而青藏高原因其特殊的地形、地势和地理位置，上覆积雪对中国降水影响的研究比欧亚大陆积雪多，且二者的影响有较大差异。

1. 青藏高原积雪对中国降水的影响

青藏高原积雪一个最显著的气候效应，便是通过影响地表和低层大气辐射及能量收支，从而降低对流层温度，进而影响亚洲夏季风和中国夏季降水，因而它是长期天气预报的重要因子。青藏高原由于其所处的地理位置和特殊的地形地势，其上的积雪作为预测气候变化的信号受到了足够的重视。早在1884年，Blanford就指出，喜马拉雅山积雪与印度季风降水存在反相关关系；之后的研究进一步证实了这一观点。然而，由于喜马拉雅地区观测台站稀疏，直到遥感资料广泛使用，这一方面的工作才又有所进展。

青藏高原积雪对中国夏季降水的影响比较复杂。早期的研究认为，当高原积雪偏多时，印度季风减弱，华南季风加强，华南前汛期降水增多，长江中上游降水减少（陈烈庭和阎志新，1979）；当前冬高原积雪面积偏大和积雪日数偏多时，初夏高原季风较弱，大陆低压、副热带高压和热带东风急流均较弱，东亚夏季风减弱，导致长江中下游和淮河地区降水偏少，东南地区降水偏多（郭其蕴和王继琴，1986；Zhao et al.，2007）。而后期的研究（吴统文和钱正安，2000；Chen and Wu，2000；Wu and Qian，2003）则大都认为，高原积雪偏多时，次年夏季长江和江南北部降水偏多，华北和华南降水偏少，西北干旱区降水偏少。陈兴芳和宋文玲（2000a，b）研究也表明，冬季高原积雪异常偏多时，夏季长江流域较易发生洪涝灾害；高原积雪与后期春夏季的500hPa高度场相关系数的分布型为东亚地区南北方向的“+-+”型，且这种分布型在春季更为显著，到夏季就变得不显著了，这意味着高原积雪主要影响南亚地区的春季环流及其相应的季节转换，这可能与青藏高原地区积雪反照率效应在春季较强有关，因此高原积雪比欧亚积雪在春季作用更加明显。

20世纪70～90年代青藏高原冬春积雪偏多，用20世纪70年代中期之后冬春积雪深度超过±0.8个标准差的年份，对中国夏季降水实况进行合成分析（图略）表明，前冬春青藏高原积雪偏深时，夏季长江中下游和华北降水偏多、华南降水偏少；反过来，前冬春高原积雪偏浅时，长江中下游和华北降水偏少，华南降水偏多。除华北地区外，这基本符合上述高原前冬春积雪影响中国夏季降水的理论模型，即青藏高原冬春积雪面积增大和深度增加，春末夏初的5月和6月积雪融化期间，异常“湿土壤”作为异常冷源，削弱了春夏季高原热源的加热作用，东亚季风系统的季节变化进程较常年偏晚，初夏华南降水偏多，夏季长江中下游及江南北部降水偏多，华南、华北夏季降水异常偏少；反之则出现反向变化。

近年来，青藏高原积雪对东亚季风和中国夏季降水的数值模拟研究也取得了很大进展：当高原积雪面积偏大时，冬季感热汇向感热源的转换推迟了一个月；高原积雪深度比积雪面积对气候的影响更加显著；高原积雪与各月降水的关系并不稳定。

上述研究结果出现不一致的原因，可能与所关注的积雪区和降水区域不一致有关，也可能与研究基于不同的积雪产品（如遥感产品或台站观测数据），或采用不同的积雪变量（如雪深或积雪面积等）有关。这也促进了学者对于前期高原积雪影响中国夏季降水的机理研究。研究基本认为：高原积雪仅靠积雪反照率机制并不能控制季风（刘华强等，2003）；而由于大范围的冻土分布，融雪径流只能停留在表面，土壤湿度变化也只能维持较短的时间。因此，青藏高原积雪对地表温度的影响能否持续到夏季风爆发的 5 月，将是决定青藏高原积雪对夏季风影响程度的关键问题（陈乾金等，2000）。青藏高原积雪与东亚夏季风和降水存在隔季相关，仅靠冬春季积雪的持续性效应难以为继（郭其蕴和王继琴，1986）。青藏高原地区秋季–初冬积雪偏多的年份，能引起冬季北半球类似太平洋–北美遥相关型（PNA）的大气环流异常。陈乾金等（2000）提出了高原积雪–东亚冬季风–东亚 Hadley 环流–赤道太平洋纬向风–SST–东亚夏季风–雨带的影响路径；张顺利和陶诗言（2001）提出了高原积雪多–春夏感热和上升运动弱–对流层加热弱–高原南侧温度对比弱–夏季风弱–长江流域涝的影响路径；钱永甫等（2003）、左志燕等（2007）和 Zhao 等（2007）提出了土壤湿度、土壤温度及其辐射状况异常是联系积雪和夏季风变化的桥梁。20 世纪 70 ~ 90 年代，青藏高原冬春季积雪呈现增加趋势，从而引起高原上空对流层温度降低以及亚洲–太平洋涛动的负位相特征（即东亚与其周边海域大气热力差异减弱），东亚低层低压系统减弱，西太平洋副热带高压位置偏南，使得中国东部雨带主要停滞在南方，向北移动特征不明显，即东部地区出现“南涝北旱”。气候模拟进一步证明了青藏高原积雪偏多是引起中国东部夏季“南涝北旱”的重要原因。

然而，讨论前冬春积雪对中国夏季降水的影响，不应将青藏高原与欧亚大陆积雪剥离开来。20 世纪 70 ~ 90 年代，欧亚大陆积雪分布的主导模态为大部分地区偏少，而东亚和高原的部分地区偏多，这种形势有利于在较高纬度激发波列，华北异常高压，华南异常低压，对应中国南部和东南部降水偏多，而黄河上游地区降水偏少（Wu et al.，2009）。因此，20 世纪后二十几年欧亚大陆积雪的减少和高原积雪的增加均与中国“南涝北旱”格局的形成关系密切。

2. 欧亚大陆积雪对中国降水的影响

作为一种重要的陆面强迫因子，积雪的变化除了对局地大气产生直接的重要影响以外，大范围积雪的持续变化则可以通过行星波的传播，导致更大范围内的大气环流异常。

赵臻（1984）最早分析了 1971 ~ 1980 年欧亚大陆积雪与中国夏季风的关系，指出二者在华北地区存在反相关关系。翟盘茂等（1997）的研究指出欧亚大陆冬季积雪与湖南汛期、江苏梅雨和长江中下游地区夏季降水存在反相关关系，但与沿江地区的夏季降水相关并不明显；另外，欧亚大陆春季积雪与新疆北部和东北北部的夏季降水亦为反相关关系。Yang 和 Xu（1994）指出欧亚大陆积雪与夏季中国平均降水关系并不密切，但从区域角度讲，欧亚大陆积雪与华北和华南区域降水呈正相关，与西部、华中和东北地区降水呈负相关。

近年来，有学者从机理角度分析欧亚大陆积雪对中国降水的影响，发现其变化会引起中高纬大气环流系统的转变，进而影响中国降水变化。Zuo 等（2011）的分析发现，欧亚大陆冬季（1～3 月）积雪和中国华南地区春季降水在 20 世纪 90 年代末均存在年代际转型，转型后，欧亚大陆前冬积雪减少，中国华南地区出现异常的东北气流，来自海洋的暖湿气流减弱，春季华南地区降水随之减少。此外，欧亚大陆春季积雪和中国南方春季降水均在 20 世纪 80 年代末出现了显著的年代际转型，转型后，欧亚大陆北部积雪减少，中国东南地区降水明显减少，西南地区降水明显增多。通过机理研究发现，正是西伯利亚地区的积雪异常激发了中高纬大气环流的异常波列，从而导致了中国南方降水出现年代际转型。分析其影响过程可知，当西伯利亚地区积雪减少时，地表向上的热通量减少，大气向土壤输送的热通量增多，边界层高度增加；在热动力作用下，积雪表面向上和向极方向的波活动通量减少，北极地区出现高度场负异常，中纬度地区出现高度场正异常，这种北极涛动（AO）正位相分布型导致了西伯利亚地区的反气旋结构。另外，伴随着西太平洋副热带高压减弱，中国东部地区出现异常北风，西北地区出现异常西风，这种风场结构导致中国东北和东南地区辐合减弱、降水减少，西南和西北辐散减弱、降水增多（Zuo et al.，2011，2012；左志燕和张人禾，2012）。进一步研究发现，欧亚大陆春季积雪的这种异常所激发出的大气遥相关波列可以从春季一直持续到夏季，其中，中国北方地区出现高压型异常，南方地区出现低压型异常，这种环流型使得中国黄河中上游地区降水明显减少、南方夏季降水增加（张人禾等，2008；Wu et al.，2009）。

穆松宁和周广庆（2012）从土壤温度作为季节桥梁的角度，研究了冬季欧亚大陆北部新增积雪与中国夏季气候的关系。结果表明，当新增积雪偏多时，夏季积雪和冻土的融化均异常强烈，导致土壤温度异常偏低；与此同时，由于东亚中高纬度存在异常北风，温度异常偏低，在南北向的温度梯度作用下，副热带高空急流增强，在其阻挡作用下，西太平洋副热带高压加强西伸，长江以南地区干热少雨。

西西伯利亚和青藏高原春季积雪均是影响中国春季、夏季降水的关键区（Wu and Kirtman，2007），但二者对中国夏季旱涝关系的影响显著不同，甚至为反相变化，尤其是长江流域（陈兴芳和宋文玲，2000a）。陈兴芳和宋文玲（2000a，b）从积雪反照率和水文效应的角度，详细分析了欧亚大陆和青藏高原积雪与中国降水和大气环流关系的演变。研究表明，冬季欧亚大陆积雪偏多时，春季、夏季大气 500hPa 高度场异常在西风带比较显著，在北半球呈三波型分布，在东亚地区为东西向的“-+”型，中国华北地区为高度负异常，朝鲜-日本为高度正异常，且这种型在夏季比春季更为显著；春季，在积雪反照率效应作用下，欧亚大陆高度场在冷气柱作用下降低，到了夏季积雪水文效应更为重要，积雪融化使得土壤湿度增加，地表感热输送减少，局地高度场降低，在西风带平流输送作用下，高度场的异常低中心位于冷源下游；与此同时，高度场的降低也不利于阻塞高压的发展和加强，这种东亚大槽环流型非常有利于雨带的北上，易造成中国北方地区降水偏多，长江流域降水偏少。此外，欧亚大陆和青藏高原积雪均与同期华南降水存在正相关关系（Wu and Kirtman，2007）。

欧亚大陆和青藏高原积雪与东亚季风以负相关的关系为主，但二者之间的关系并不一定是稳定的，还经常受到其他气候因子，如厄尔尼诺与南方涛动（ENSO）和北大西洋涛动（NAO）的影响。一方面，ENSO 对积雪有显著的影响作用；另一方面，积雪异常会引发东南亚季风和赤道太平洋海温型异常，因此积雪与季风和降水的关系中存在着海温的间接作用（Wu and Kirtman，2007；左志燕和张人禾，2012）。在厄尔尼诺年，欧亚地区积雪面积和积雪量均增加，海陆温差减小，东亚夏季风减弱。虽然陆面过程可以影响南亚夏季风的变化，但不足以改变季风异常的符号，正是 ENSO 改变了 Walker 环流从而影响南亚夏季风（Shen et al.，1998）。

与以上研究结论不同，对积雪进行低通滤波，去除 ENSO 影响后，积雪与亚洲夏季风的负相关更为显著（Liu and Yanai，2002）。在 ENSO 暖位相时，积雪水文效应不存在，而在其他位相年，积雪水文效应存在；印度夏季风降水与积雪水文效应有密切的关系（Matsuyama et al.，1998）。在非 ENSO 或者弱 ENSO 年，在积雪水文效应的作用下，积雪与亚洲夏季风反相关更为显著（Sankar-Rao et al，1996；Liu and Yanai，2002），尤其是西南亚和青藏高原冬春季积雪与印度夏季降水的反相关（Fasullo，2004）以及冬季增雪与长江以南降水的反相关关系（穆松宁和周广庆，2012）。还有研究表明，在积雪-季风关系中厄尔尼诺对欧亚大陆冬春季大气环流的影响是种假象，虽然欧亚大陆积雪异常可以从冬季持续到夏季，但这个异常与赤道太平洋厄尔尼诺并没有关系（Corti et al.，2000）。可见，在考虑了 ENSO 影响后，积雪与季风和降水的关系变得复杂了，在 ENSO 年二者的关系明显变强或者变弱，而且在不同地区它们之间的关系也不一致。同样，考虑 NAO 在积雪与降水之间的作用时发现，强印度夏季风降水的前期信号为：前冬欧洲和北美地区、前春西亚地区地表气温偏高，青藏高原地区地表气温偏低，其中欧洲地表气温的偏高与 NAO 正位相有密切关系。前期大气环流异常以及这种地表气温异常对应着欧洲冬季积雪和中亚春季积雪的偏少。虽然积雪反照率效应持续存在，但积雪本身很难影响季风，而且由于土壤记忆力短，积雪对地表气温的作用亦无法通过土壤湿度来维持，且土壤湿度和季风并无明显关系。因此，只有在 NAO 年际变化比较强的年份，青藏高原冬季积雪与亚洲夏季风降水的正相关关系才会显著（Robock et al.，2003）。

6.3.2 海冰对中国降水的影响

海冰变化对大气的反馈作用主要表现在其作为冷源对大气下垫面的强迫过程。这种下垫面强迫作用可以造成不同时间尺度的影响，包括季节尺度、年际尺度甚至年代际时间尺度。首先，海冰的存在，显著地改变了海洋和大气之间的热量、动量和物质交换。大范围的海冰覆盖，大大抑制了海洋的蒸发，减少了海洋的热损失，相应大气从海洋获得的热量也减少，大气低层云系的形成也受到了抑制。其次，海冰的高反照率减少了极地对太阳辐射的吸收，使得极地地区成为全球气候系统的冷源以及冷空气的源地。再者，海冰的冻结和融化可以改变海洋上层温盐垂直结构，进而潜在地影响海洋表层的垂直混合和温盐环流。海冰的这些效应，可以通过大气环流和海洋的热力、动力过程对遥远地区的气候产生影响（张若楠，2011）。研究结果表明，海冰下垫面强迫不仅与同期的大气环流关系密切，而且与后期大气环流和气候有显著的相关关系。因此，模拟和诊断海冰对全球大气环流的影响过程，预测海冰的变化规律和趋势，对中国气候是非常重要的。

1. 北半球海冰与中国夏季降水的关系

彭公炳等（1992）通过天气学统计分析得出：长江上、下游两个区域降水与北极的白令海区、Ⅴ区（20°W～25°E 区域）及整个北极地区的海冰面积有密切关系，长江上游汛期降水与北极Ⅴ区的海冰面积有滞后 5 个月左右的负相关关系，而与整个北极海冰面积有滞后 6 个月左右的负相关关系；长江下游汛期降水与白令海区海冰面积有滞后 5 个月的正相关关系，与北极Ⅴ区海冰面积有滞后 7 个月左右的负相关关系。杨修群等（1994）研究发现，格陵兰海-巴伦支海极冰偏多，导致亚洲夏季风环流特别是东亚季风环流的增强，中国东南部降水偏多；东西伯利亚海-波弗特海海冰偏多，导致东亚夏季风环流减弱，中国东南部降水偏少。还有学者发现，春季白令海和鄂霍次克海海冰范围异常与中国降水有密切的关系，该海域海冰范围缩小将可能导致中国东南部春末夏初（5～6 月）降水的增加（Niu et al.，2003；Zhao et al.，2004）；春季北极海冰面积与华北夏季降水呈正相关关系，春季北极海冰面积偏大（小），夏季华北大部分地区偏涝（旱）（宋华和孙兆渤，2003）。Wu 等（2009a，b）揭示了春季北极海冰密集度（sea ice concentration，SIC）和后期中国夏季降水在年际和年代际时间尺度上存在紧密联系，春季北冰洋大部分地区有负的 SIC 异常，而巴伦支海、喀拉海、白令海、鄂霍次克海北部、西北欧亚沿海以及拉布拉多海区有正的 SIC 异常，对应东北和长江、黄河之间降水偏多，华南和黄河中下游地区偏少；反之亦然。陈明轩等（2003）指出，春季格陵兰海冰面积偏大（偏小），则 6 月中国江南汛期降水偏多（偏少），而长江以北特别是黄河中上游地区降水明显偏少（偏多）。春季格陵兰海冰偏多（偏少），8 月在河北北部、京津地区、辽宁西部以及湖南西部、贵州等地降水显著偏多（偏少）。华北夏季降水与哈得孙湾 5～8 月的海冰呈负相关，该海区海冰与亚洲季风呈负相关，与西太平洋副热带高压的强度也呈负相关，而与副高西伸脊点呈正相关。这说明哈得孙湾海冰是通过这两个系统来影响华北夏季降水的（谢付莹，2003）。欧亚沿岸一区（40°N～90°N，40°E～50°E）海冰分别与落后其 6 个月的春季降水、24 个月的冬季降水相关性最好，夏季（秋季）降水则与超前 24（9）个月的二区（50°E～140°E，40°N～90°N）海冰关系密切（董新宁，2005）。秋季海冰的第一模态（SVD1）以减少趋势为主，这种趋势变化造成长江、黄河之间的中部地区和华南地区夏季降水偏多，北方偏少；去掉这种由全球变暖造成的趋势变化后，秋季海冰以自然变率变化，造成长江、黄河之间降水显著偏多，华北和华南偏少，这与春季海冰影响的夏季降水分布型相似。秋季海冰对应正位相的第二模态（SVD2）秋季海冰空间分布型为西半球偏多、东半球偏少，中国降水分布为中国中部和西部偏多，南方和北方偏少，其中东北地区和华南地区降水显著偏少（张若楠，2011）。

2. 北半球海冰对夏季环流的影响

北极海冰异常对大气环流和气候的影响是通过激发全球大气异常遥相关型来实现的，

它表现出具有与赤道太平洋海温异常同样重要的作用，在某些情况下，甚至海冰的作用可能更大（谢倩和黄士松，1990；杨修群和黄士松，1993；黄士松等，1995）；这种遥相关型其实可以看作二维 Rossby 波，具有相当正压结构，并沿一定的波导传播，从而影响到亚洲和北美的环流和气候。Honda 等（1999）指出，鄂霍次克海和欧亚大陆边缘海域的海冰异常减少可以产生异常湍流热通量，通过动力和热力机制进而对大气环流和气候产生影响，仅存在鄂霍次克海地区的局地响应，还可以对下游的白令海、阿拉斯加和北美地区产生遥相关作用。

北极海冰面积异常数值试验也得到类似的结果：北极海冰面积偏大（与北极海冰面积偏小相比），南亚高压、西太平洋副高、亚洲大陆低压、夏季西南季风等影响中国的主要大气环流系统都有所减弱，造成中国东部地区的降水量有所减少。武炳义等（1999）揭示了冬季北极巴伦支海-喀拉海海冰异常可以影响西伯利亚高压和东亚冬季风，即该海区冬季海冰偏多，则冬季西伯利亚高压和东亚冬季风偏弱，中国冷空气活动偏少。

冬季喀拉海和巴伦支海海冰面积与春夏季各季节各区域（西太平洋、北美、北美大西洋）副热带高压面积和强度均存在 10 年尺度周期性变化，且变化趋势相同，海冰变化超前副热带高压变化 0 ~ 1 年，大气位势高度场 10 年尺度周期性变化的振源分布均与某一海区（洋区）有关，喀拉海、巴伦支海海冰所激发的大气振荡源的中心位于 70°E、65°N 附近。另外 3 个大气振源分别位于中太平洋、阿拉伯海至南中国海以及斯瓦巴德群岛的西南方（高登义，1998）。赵玉春等（2000）指出，北极海冰年际变率有较强的季节差异，春季年际变率最大，冬季次之，秋季年际变率最小，夏季年际变率稍大。此外，不同季节海冰变化趋势存在显著的海域差异，大多数海区海冰逐渐减少，少数海域的海冰早现显著上升趋势。Wu 等（2009a，b）提出了两种可能的联系机理：①春季北极海冰和欧亚大陆积雪一致性变化，对后期夏季欧亚大陆纬向遥相关波列异常的影响可以解释春季北极海冰与中国夏季降水异常空间分布的关系；②春季海冰密集度的减少可能导致夏季北极偶极子的异常，而偶极子异常很好地反映了北极极涡中心位置在东西半球之间的交替变化，对中国东北夏季降水有重要影响（Wu et al.，2008）。因此，春季北极海冰可能通过影响夏季北极偶极子异常，进而影响中国夏季降水。春季 SIC 异常与春夏季北半球大气环流、地表温度以及降水异常有显著关系，尤其是对春季中国东部降水负异常、夏季东北部和东南沿海降水正异常有很大贡献。北极 SIC 异常首先通过直接热力强迫过程来改变表层热通量空间分布，再通过与大气环流的相互作用可以激发出大尺度罗斯贝波。在初始斜压区的低层有波动能量向上传播，并在对流层中高层向南传播，最后通过直接热力强迫和大气内部动力学相互作用引发的遥相关过程，将能量频散到东亚地区，进而影响东亚地区的天气和气候（张若楠和武炳义，2011）。

春季格陵兰多冰年、少冰年春季 500hPa 位势高度存在明显差异：在北太平洋地区和格陵兰南部是显著正差异区，而在北大西洋西部、欧洲东北部、亚洲西南部等地是显著负差异区。结合 Walsh（1979）的研究可以看出，春季格陵兰海冰异常明显对应着大气环流遥相关型的变化（尽管春季这些遥相关型稍有减弱）：海冰异常增大（减小），PNA 型遥相关减弱（加强），WA 型遥相关偏弱（偏强），WP 型遥相关也减弱（加强）。到了夏季，多冰年在格陵兰北部极区、格陵兰海区及北欧和北大西洋西部等地位势高度明显上升，而在北美地区及从地中海经亚洲大陆到北太平洋地区位势高度则明显下降；在少冰年，基本上是相反的趋势。对差值场进行统计显著性检验，格陵兰北部北极中心区及欧洲是正的差异显著区，而在北太平洋地区、墨西哥湾地区、北大西洋低纬地区、地中海、贝加尔湖北部以及东亚地区，则均是负的差异显著区，特别是在中国大陆地区，差异远远超过了99%置信水平。可见，春季格陵兰海冰异常确实与夏季东亚地区环流异常存在密切关系：在多（少）冰年时，高度场显著下降（上升）（陈明轩等，2003）。冬春季格陵兰海两侧海冰变化使得北半球高纬环流特别是极涡产生持续异常，当格陵兰–挪威海海冰异常偏多而戴维斯海峡–拉布拉多海海冰异常偏少时，北极极涡环流从冬到夏持续减弱，西伯利亚阻塞高压和鄂霍次克海阻塞高压明显偏弱，北半球经向环流减弱，而纬向环流加强，不利于高纬的冷空气向南爆发，中国黄河流域一带偏暖，降水偏少。当格陵兰–挪威海海冰异常偏少而戴维斯海峡–拉布拉多海海冰异常偏多时，则几乎是相反的变化形势（陈明轩等，2003）。秋季，当SIC在北极大部分地区偏少，夏季500hPa位势高度有南欧、乌拉尔山、贝加尔湖的波列异常结构，高度场的这种遥相关结构利于干冷空气向南方的侵袭，导致长江、黄河之间的中国中部地区和华南地区降水偏多，而北方偏少；SIC在60°E以西偏多、60°E以东偏少，夏季500hPa位势高度有正的异常中心位于乌拉尔山和鄂霍茨克海附近，这种双阻型异常结构阻挡了西风带低值系统向东移动，导致河套以东和中国中南地区降水偏多，东北地区降水偏少（张若楠和武炳义，2011）。冬季，当SIC和夏季降水处于SVD分析正位相时，SIC异常空间分布的第一模态在大西洋和太平洋的极地海域偏少，北冰洋其他海域偏多，500hPa位势高度有北欧、喀拉海、中国东北地区的欧亚波列异常型遥相关，导致在中国南部、淮河流域降水偏多，东北、河套地区降水偏少；SIC异常空间分布的第三模态在格陵兰海、喀拉海和白令海偏多，其他海域偏少，与秋季SIC分析相似，冬季SIC影响的夏季高度场上同样存在中心位于乌拉尔山和鄂霍茨克海的双阻型异常结构，中国北方地区为低压带控制，这种双阻型异常有利于江南梅雨期降水的增多，造成在东北、华北、江南地区降水偏多，华南地区显著偏少（张若楠和武炳义，2011）。哈得孙湾海冰也对中高纬度环流有明显的影响，该海区的海冰异常造成中、高纬度环流的异常，在极区与欧亚高纬地区之间存在距平波列，其中心分别位于极区（格陵兰岛周围）、东西伯利亚、北太平洋，这一波列会影响中国华北地区的降水。同时，哈得孙湾5月海冰的多少会造成格陵兰及其周围地区的高度场异常，这种异常从春季持续到夏季（谢付莹，2003）。在北极气候系统的年代际变化中，喀拉海、巴伦支海海冰变化起着关键性的作用。

3. 南极海冰与中国夏季降水的关系

冬季（12月至次年2月，北半球，下同）南极海冰涛动指数和中国汛期（6～8月）降水存在较好的相关关系，正相关主要在长江流域及其以南地区，其中长江中下游及以南地区的相关系数已超过0.05信度，长江流域以北为负相关。冬季南极海冰涛动指数低值年时，影响5月环流：澳大利亚高压强，东亚越赤道气流强，南海夏季风爆发早（在5月第 4 候前)；进一步影响夏季环流：850hPa 风场上，夏季（6 ~ 8 月）澳大利亚东部有一异常的反气旋性环流。在 105°E ~ 120°E 赤道附近有一异常南风，使该地区的低空越赤道气流较常年偏强。其北部，有一风速辐合带，其位置在 0°N ~ 10°N，说明南海季风槽（ITCZ）位置较常年偏北。中国大陆低纬度（20°E ~ 25°E）为异常的气旋性环流，低压中心在云贵地区；而高纬度（40°E ~ 50°E）为强大异常气旋性环流，低压中心在贝加尔湖南部，梅雨锋偏北（30°N ~ 38°N）。在这两个低压之间为异常的反气旋气流，副热带高压西伸。汛期中国雨带位置偏北（在黄河流域）（卞林根，2008）。南极海冰的变化和全球大气环流关系密切，南极各区海冰的不同变化，对南北半球大气环流有着不同的影响，可以超前 6 ~ 10 个月作用于西太平洋副热带高压，南极海冰北界涛动指数（ASEOI）对中国长江中下游降水及全国大部分地区温度具有指示意义。若前一年 10 月 ASEOI 偏低，则当年 7 月中国长江中下游降水偏多，引发洪涝灾害的可能性很大；温度场上，中国北方气温偏高，南方气温偏低，而高温往往伴随着少雨，这无疑会加剧华北的干旱（马丽娟，2007）。4 月罗斯海海冰异常偏少（偏多）会使南极绕极低压带偏深（减弱），使南极涛动加强（减弱），5 月马斯克林高压加强（减弱），越赤道气流加强（减弱），最后导致 6 月中国北方地区降水偏少（偏多），江淮、江南降水偏多（偏少）。平均而言，春季马斯克林高压超前一个月对东亚夏季风环流和降水产生显著影响。因此，4 月份罗斯海海冰的变化可以作为当年东亚夏季风爆发时间和强弱的先兆（窦挺峰，2009）。

4. 南极海冰对夏季环流的影响

方之芳（1986）指出冬季南极极冰与夏季西北太平洋副高强度呈负相关关系。吴尚森等（1996）利用数值模拟对比分析了海冰异常情况，南极海冰面积偏大（与南极海冰面积偏小相比），南亚高压、西北太平洋副高、亚洲夏季风以及影响中国的夏季风垂直环流圈等主要环流系统都有不同程度的减弱，使得中国黄河-长江之间降水量减少。彭公炳等（1992）还指出当南极海冰面积偏大时，西太平洋副高面积偏小、强度偏弱且西脊点偏东，黄河中上游地区降水量减少，长江流域出梅早、梅期短、降水量少，华北及黄河下游降水量增多，南极海冰面积偏小时情况相反。

6.3.3 海温对中国降水的影响

ENSO 对中国气候异常的影响一直为中国气象工作者所关注。例如，董婕等（2000）认为厄尔尼诺和拉尼娜事件与中国温度、降水有一定关系，与秋季降水关相关性最好。施能（1991）认为南方涛动强度与来年夏季黄河长江中下游降水关系呈北正南负的相关，与当年秋季降水北正南负相关更明显。陈桂英（2000）认为厄尔尼诺和拉尼娜（La Niña）发生以后，其不同发展阶段，大气环流、西太平洋副热带高压和东亚季风有不同的响应，中国夏季降水和旱涝有不同的分布型。张志华等（2008）以正 SSTA 首先出现的区域及其传播特征作为分类的依据，将厄尔尼诺事件分成 3 种类型：①西部型，发展年，黄河中上游流域降水偏少；在衰减年则相反，黄河中上游流域降水异常偏多；②东部型，发展年和衰减年的夏季降水没有明显的反位相关系，发展年中国主要以少雨为特征，而多雨区主要集中在黄淮流域；③驻波型，发展年黄河夏季大部偏少，衰减年北部多（励申申和寿绍文，2000）。根据ENSO事件发生时间研究与降水的关系发现，秋冬季增暖的厄尔尼诺事件对应次年夏季江淮流域降水偏多，春夏季开始发展的ENSO事件对应当年夏季江淮流域降水偏少。赵振国（1996）认为厄尔尼诺开始年的春夏季，中国东部地区大范围少雨，秋季到次年夏季，大部分月份降水大都为南多北少的分布型，尤其是在开始年秋季南多北少最典型。赖比星（2005）认为，厄尔尼诺事件的发生导致黄河流域降水的减少和蒸发的增加，从而造成该流域径流减少。叶笃正和黄荣辉（1990）认为，ENSO处于发展阶段，该年中国江淮流域夏季降水偏多，而黄河流域、华北及江南等地降水偏少，出现干旱；当处于衰减阶段时正好相反。陶诗言等（1998）认为厄尔尼诺事件发生后的冬季，亚洲中高纬度地区盛行纬向环流，东亚上空的东亚大槽强度比常年偏弱。陶亦为等（2011）认为，当冬春季Nino3区SST为正常偏暖（正常偏冷）的年份或者略偏暖（略偏冷）的年份，夏季雨带与Nino3区SST异常对应关系不显著，主要雨带偏北和偏南的概率相当；当冬春季Nino3区SST为强暖事件（强冷事件）时，夏季雨带一般偏南（偏北）。吴正华和储锁龙（1999）通过ENSO事件对北京汛期旱涝的影响分析，认为ENSO北京汛期降水影响是复杂的，ENSO事件的冷暖性质、强度、持续长度和起始时间的不同，都会对北京汛期旱涝产生不同的影响。从前人的研究可以看出，ENSO事件的性质和发展状态与降水的关系非常复杂，研究结论都以定性描述为主。据国际气候中心统计，1961年以来的共发生24次ENSO事件，其中12次厄尔尼诺事件，12次拉尼娜事件，若按ENSO事件的性质、发生的季节或发展状态再划分，每一种类型所占的样本更少，况且没有达到ENSO事件的年份占多数。以上主要是侧重ENSO事件与降水的同期统计关系及机理方面的研究。本章试图用一个指标来描述前期海温的发展状态，并与后期预测对象建立一个定量的统计关系，以期为每年的汛期预测中提供参考。

1. 海温对黄河流域降水的影响

（1）前期Nino3区海温变化指数和夏季海温的关系

ΔI_{SST3}指数与随后的夏季赤道中东太平洋海温有显著的正相关关系，这个区域的相关系数大都通过0.05信度检验，正中心为0.6左右，而与中国南海到菲律宾半岛海区为显著负相关，负中心为-0.5左右，也就是说从上年秋季到次年春季Nino3海温升高（降低）时，未来夏季赤道中东太平洋海温易偏暖（冷），中国南海到菲律宾半岛海区易偏冷（暖）。虽然ΔI_{SST3}正（负）异常不等同于厄尔尼诺（拉尼娜），但将1961年以来发生的历次厄尔尼诺（拉尼娜）事件进行对比分析，发现Nino3区海温的升高或降低与ENSO循环有着密切的联系，显著升高与厄尔尼诺的发展或拉尼娜的衰减有很好的对应，而显著降低则与厄尔尼诺的衰减或拉尼娜的发展关系密切，即ΔI_{SST3}正异常易发展成厄尔尼诺，ΔI_{SST3}负异常易发展成拉尼娜（常军等，2013）。

（2）ΔI_{SST3}指数与夏季大气环流的关系

为了揭示ΔI_{SST3}指数的异常与夏季大气环流的关系，用定义的ΔI_{SST3}指数与夏季500hPa

高度场求相关，ΔI_{SST3}指数与北半球500hPa高度场100°E～80°W范围的副热带地区呈显著的负相关关系，负中心-0.5左右，也就是说Nino3海温从上年秋季到次年春季升高，未来夏季500hPa高度场副热带地区高度易偏低，副高偏弱、偏南，夏季风也偏弱，而降低时结论相反。

对ΔI_{SST3}指数10个正异常年和11个负异常年的夏季500hPa高度场、850hPa风场的差值场进行分析，并进行显著性检验（这里用ΔI_{SST3}正异常年减负异常年），来进一步揭示黄河流域夏季降水差异的环流成因。

图6-6（a）显示，500hPa高度差值场上，在中国大陆、热带和副热带太平洋地区高度场为负，鄂霍次克海地区高度场为正，说明正异常年，在中国大陆、热带和副热带太平洋地区高度场偏低，鄂霍次克海地区高度场偏高；负异常年则相反。正负差异最显著的地区在副热带太平洋地区，表明从上年秋季到次年春季Nino3海温显著升温可导致次年夏季副热带太平洋地区的500hPa高度场偏低，西太平洋副热带高压偏弱、偏东、偏南。

图6-6（b）显示，850hPa风差值场上，110°E～120°E附近有一支西南气流向北输送，并与高原南侧来的偏西气流汇合，在6°N～15°N一带形成一支异常的西风距平，经海上扰动分别在菲律宾半岛西北部和热带西太平洋地区形成2个异常的气旋性环流，而在西北太平洋激发一个反气旋性环流，中国东部沿海上海附近生成一个气旋性环流，使得中国东部大陆出现异常东北风距平。另外，中高纬度大陆上形成一个明显的蒙古气旋，黄河流域处于蒙古气旋南侧的反气旋环流中。这种环流形势的配置反映东亚夏季风偏弱，西南暖湿气流很难到达黄河流域，恰好与张志华和黄刚（2008）总结的西部型厄尔尼诺事件的发展年的850hPa风场形势相似，此形势有利于黄河流域降水偏少，而负异常年则相反。

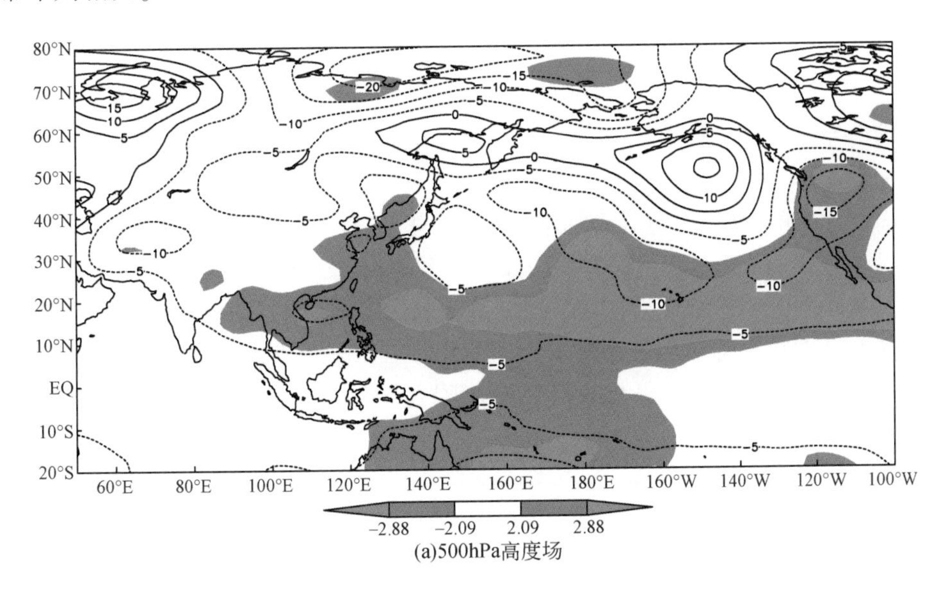

(a)500hPa高度场

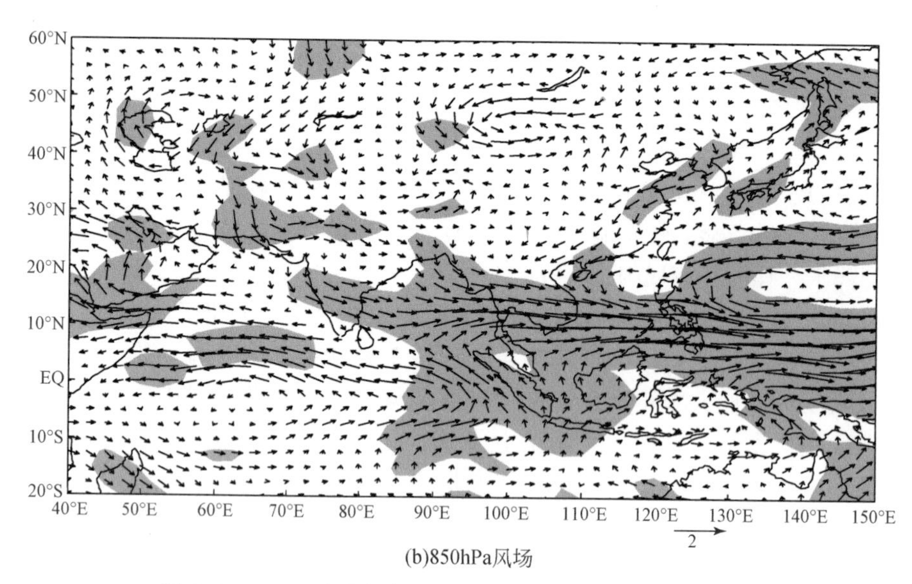

(b)850hPa风场

图 6-6　500hPa 高度场与 850hPa 风场 I_{SST3} 正-负异常差值场

注：实（虚）线正（负）值，阴影区表示通过 0.05 以上统计 t 检验

(3) 黄河流域夏季降水与 ΔI_{SST3} 指数的关系

经计算，黄河流域夏季降水与 ΔI_{SST3} 指数呈显著的负相关关系，相关系数达-0.51，通过了 0.01 信度检验，这表明 ΔI_{SST3} 升高时，黄河流域夏季降水将减少，降低时，黄河流域夏季降水将增加。从 ΔI_{SST3} 与夏季黄河流域降水相关的空间分布来看，除黄河源头呈正相关外，其他区域均呈负相关，中游相关最好，大部分区域都通过了 0.05 的信度检验。

将 ΔI_{SST3} 指数与副高强度、面积、西伸脊点、北界位置这 4 个序列求相关，其相关系数分别为：-0.33、-0.35、0.37、-0.13，其中，ΔI_{SST3} 指数与副高面积、西伸脊点的相关通过了 0.01 的显著性水平检验，与副高强度的相关也通过了 0.05 的显著性水平检验，与北界位置的关系不显著。也就是说 ΔI_{SST3} 表现为升温时，夏季副高易偏弱、偏小、偏西，降温时则相反。

按照前面定义的 ΔI_{SST3} 正负异常标准，分别分析正负异常年黄河流域夏季降水和副高是否正在显著差异。从表 6-9 可以看出，10 个正异常年中，黄河流域平均夏季降水距平为 -24.8mm，负距平的年份有 8 年，夏季副高以偏弱、偏东为主，10 次 ΔI_{SST3} 正异常年份的降水合成图上（图略）除黄河源头降水为正距平外，其他大部分区域都为负距平，负距平中心在上游的甘肃和宁夏境内以及河套东北部地区。

表 6-9　ΔI_{SST3} 正（负）异常年对夏季副高指数和黄河流域降水的影响和统计检验

项目		$\Delta I_{SST3}\geqslant 1$ 正异常	降水距平	副高强度距平	西伸脊点距平
n_1	1963 年	1.1	-5.9	0	-4
	1965 年	1.3	-96.2	-17	-5
	1972 年	1.7	-49.2	-22	13

续表

项目		$\Delta I_{SST3}\geqslant 1$ 正异常	降水距平	副高强度距平	西伸脊点距平
n_1	1974 年	1	-50.3	-31	19
	1976 年	1.2	34.4	-18	8
	1989 年	1.1	-6.9	-8	4
	1993 年	1.4	1.4	28	-17
	2000 年	1.3	-2.7	-26	11
	2008 年	1.1	-22.2	2	0
	2011 年	1.2	-50.2	6	3
n_2	1964 年	-1.8	54.5	-17	-13
	1966 年	-1.3	16.6	9	-15
	1970 年	-1	26.7	4	5
	1973 年	-2.6	24.9	-9	-4
	1977 年	-1.5	12.9	-17	1
	1978 年	-1.2	27.4	-19	8
	1988 年	-1.7	47.3	16	-9
	1995 年	-1	45.5	57	-20
	1998 年	-1.5	19.5	46	-24
	2003 年	-1.2	61.5	39	-20
	2007 年	-1.6	34.2	22	-4
$\bar{x}_1$（n_1平均值）			-24.8	-8.6	3.2
$\bar{x}_2$（n_2平均值）			33.7	11.9	-8.6
S_1^2（n_1方差）			1372.5	320.3	107.5
S_2^2（n_2方差）			262.3	718.3	115.3
μ（51 年平均）			240.9	3.1	-2.4
t_1			-1.71	-1.96	1.61
t_2			7.31*	1.04	-1.85

* 为通过 0.01 信度检验，$t_{1\ a=0.05}=2.26$，$t_{1\ a=0.01}=3.25$；$t_{2\ a=0.05}=2.23$，$t_{2\ a=0.01}=3.17$

ΔI_{SST3}负异常的 11 年中，黄河流域平均夏季降水距平为 33.7mm，距平全部为正，夏季副高以偏强、偏西为主，11 次 ΔI_{SST3}负异常年份夏季降水合成图（图略）上除黄河源头降水为负距平外，其他大部分区域都为正距平。

经对 ΔI_{SST3}正负异常年夏季降水及副高特征量与其多年平均值差异的显著性检验（表 6-8），虽然正负异常年之间 t_1、t_2符号完全相反，但只有负异常年的夏季降水通过了显著性水平检验，副高特征量和正异常年降水均没有通过显著性水平检验，表明负异常年对黄河流域夏季降水影响显著，正异常年对降水的影响相对不明显，而正负异常年对夏季副高特征量的影响均没有达到显著性水平。

在 ΔI_{SST3}正负异常年降水差值场（正减负）的空间分布上（图 6-7），可以看出，最显著的地区位于黄河流域上游甘肃和宁夏境内、河套东北部以及陕西、山西、河南三省交界处，与前面相关性分布检验比较略有差异。

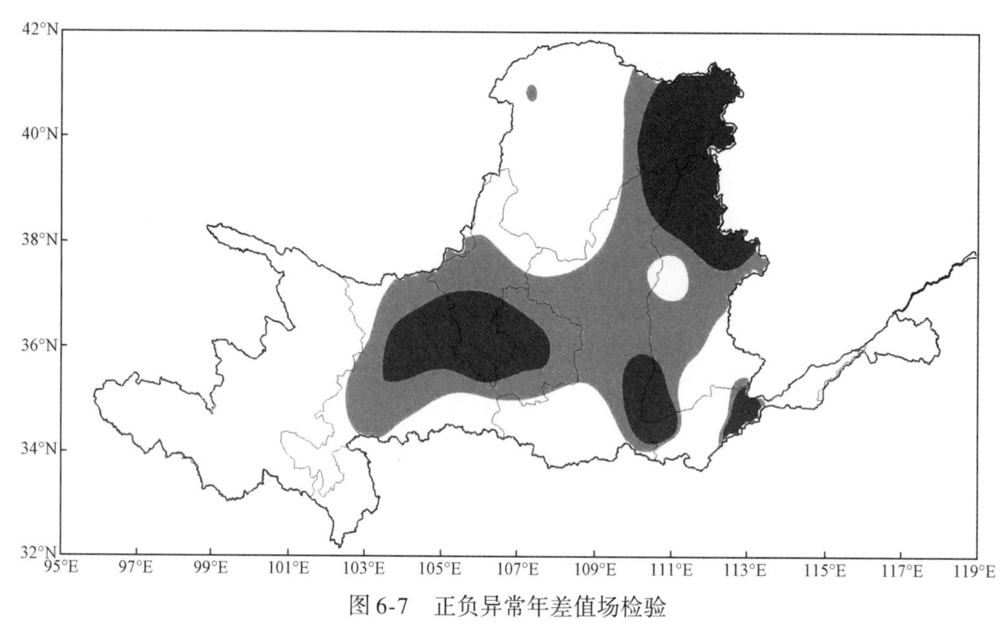

图 6-7　正负异常年差值场检验

注：阴影区为通过 0.05（浅）和 0.01（深）统计 t 检验

（4）结论

通过分析前期 Nino3 区海温的升降变化，探讨其对后期海温和大气环流以及降水的影响，得到如下结论。

1）夏季海温对 ΔI_{SST3} 指数的升降有较好的响应，ΔI_{SST3} 显著升温（降温），夏季赤道中东太平洋海温易偏暖（冷），中国南海到菲律宾半岛海区易偏冷（暖）。这说明 Nino3 区海温的升降与 ENSO 循环有着密切的联系，显著增温与厄尔尼诺发展或拉尼娜的衰减有很好的对应，即 ΔI_{SST3} 正异常易发展成厄尔尼诺，而显著降温则与厄尔尼诺衰减或拉尼娜发展关系密切，即 ΔI_{SST3} 负异常易发展成拉尼娜。

2）ΔI_{SST3} 升温（降温）时，500hPa 高度场上，夏季热带和太平洋副热带地区的高度场偏低（高）；850hPa 风场差值场上，在赤道北侧西风（东风）距平异常。也就是说，ΔI_{SST3} 升温（降温）时，西太平洋副热带高压偏弱（强），中国东部盛行偏北（南）气流，暖湿气流不活跃（活跃），季风偏弱（强），大陆上蒙古北部气旋（反气旋）发展，河套地区处在反气旋性（气旋性）环流中。

3）ΔI_{SST3} 指数与夏季黄河流域降水呈显著的负相关关系，ΔI_{SST3} 正异常时，夏季黄河流域降水易偏少；负异常时，夏季黄河流域降水易偏多。ΔI_{SST3} 指数可以作为夏季黄河流域降水的先兆信号之一，特别是负异常对夏季降水的影响更显著，对预测的指示意义更大。

4）由于影响黄河流域夏季降水的因素比较复杂，今后还要加强其他外强迫信号对流域降水影响的研究，进一步提高预测准确率。

6.3.4　海温异常对长江流域降水的影响

海温可以通过海气相互作用使后期的大气环流发生异常，从而引起气候异常。图 6-8

和图 6-9 分别给出了春季、夏季降水量 S-EOF 第一模态和第二模态时间系数与前年秋季、冬季和当年春季全球海温的相关系数分布。

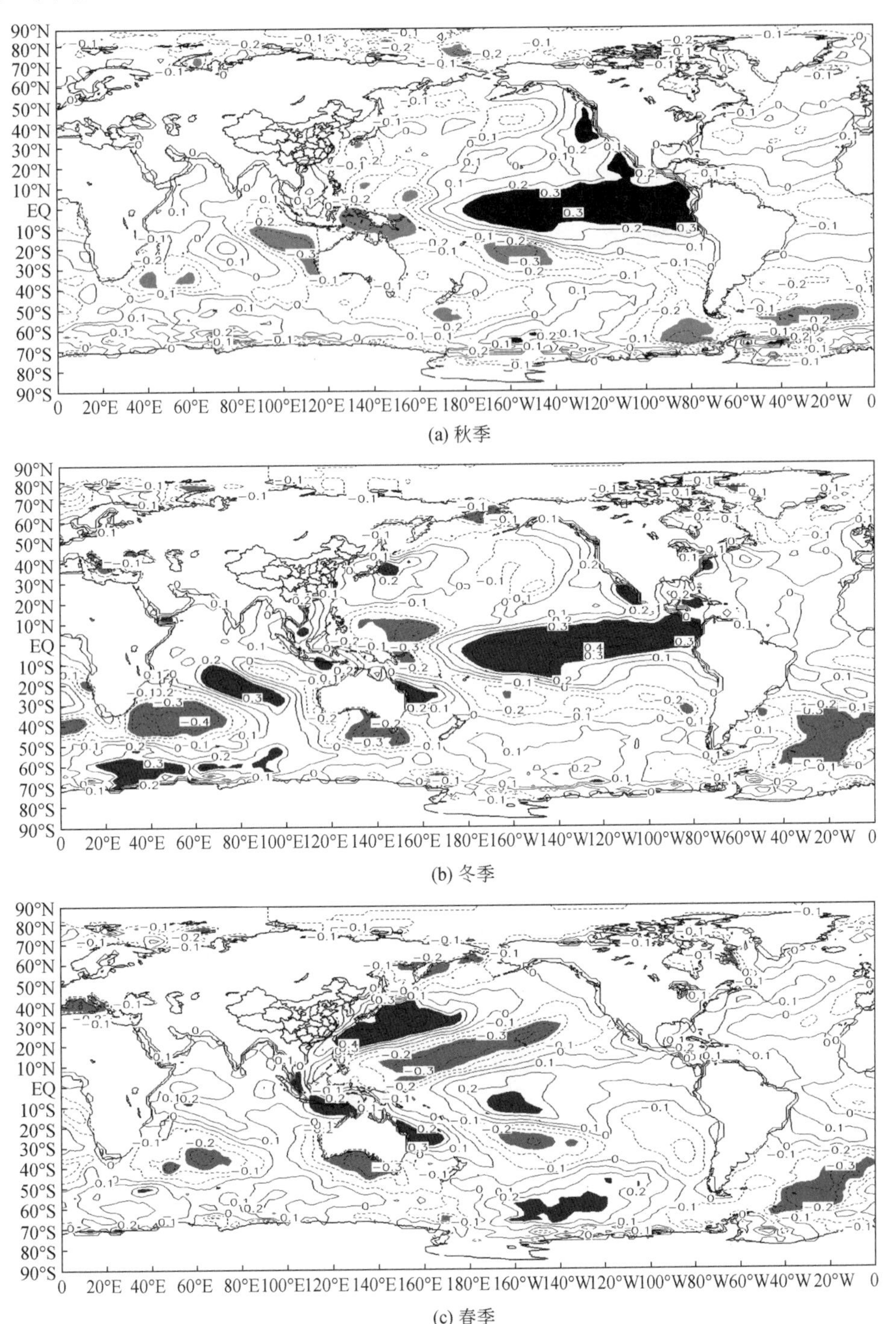

(a) 秋季

(b) 冬季

(c) 春季

图 6-8　春季、夏季降水 S-EOF 第一模态时间系数与上一年秋季、冬季和当年春季全球海温的相关系数

注：阴影区域表示达到 0.05 显著性水平

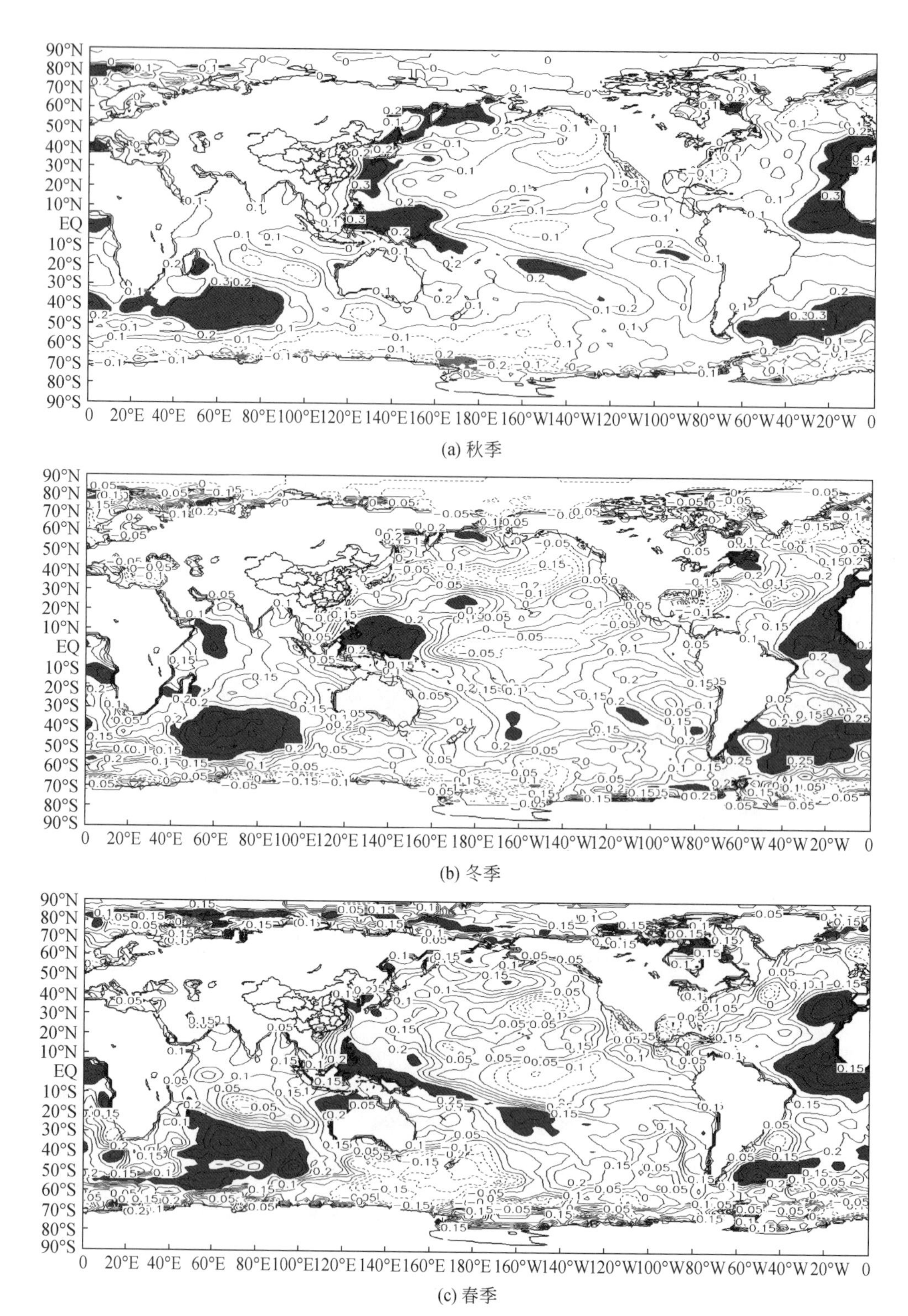

图 6-9 春季、夏季降水 S-EOF 第二模态时间系数与上一年秋季、冬季和当年春季全球海温的相关系数

注：阴影区域表示达到 0.05 显著性水平

从图 6-8 对应的第一模态相关系数看来，海温的显著相关区域主要集中在赤道东太平洋地区，其中上一年秋季和冬季表现得最为显著。具体演变过程是在上一年秋季赤道东太平洋海温异常升高（降低），发生厄尔尼诺（拉尼娜）现象［图 6-8（a）］；然后到了上一年冬季，厄尔尼诺（拉尼娜）现象持续发展，高相关区域遍布整个赤道东太平洋［图 6-8（b）］；到了当年春季［图 6-8（c）］，厄尔尼诺（拉尼娜）现象消失，赤道东太平洋地区的海温基本恢复正常，此时位于北太平洋西部海域的黑潮海温显著上升（下降）。这个演变过程可能是导致长江流域春、夏季降水一致性异常的原因。

从图 6-9 对应的第二模态相关分布来看，与第一模态有很大区别，相关性较高的区域集中在南印度洋，可以发现南印度洋海温有明显偶极子分布，在马达加斯加以东洋面有大面积显著的正相关区域，而 10°S ~ 20°S 的印度洋东部地区有负相关中心存在，只是不太显著。此外菲律宾以东赤道西北太平洋暖池海温也存在显著正相关关系。这样的偶极型分布在前年秋季［图 6-9（a）］和冬季［图 6-9（b）］最为明显。具体的演变过程是：前年秋季印度洋海温偶极型开始形成，到前年冬季开始减弱，到当年春季消失［图 6-9（c）］，变成单极型分布。暖池的海温相关性从前年秋季就开始持续增强，到当年春季达到最高。贾小龙和李崇银（2005）的研究也认识到了这种偶极模，并认为其与长江夏季降水为正相关关系。在西北太平洋暖池区域，海温从前年秋季开始异常上升，前年冬季仍然持续发展，到了当年春季发展到成熟阶段，这可能通过海气相互作用影响后期的大气环流，从而使得长江春季降水减少（陈艺敏和钱永甫，2005）。

图 6-10 为 S-EOF 前两个模态与前年 3 月至当年 8 月 Nino3. 4 区海温指数的相关系数的演变。从图 6-10 中看到，第一模态从前年 6 月开始与 Nino3. 4 区海温就有显著相关性，一直可以持续到当年 3 月，而第二模态与逐月 Nino3. 4 区海温均无较好的关系。

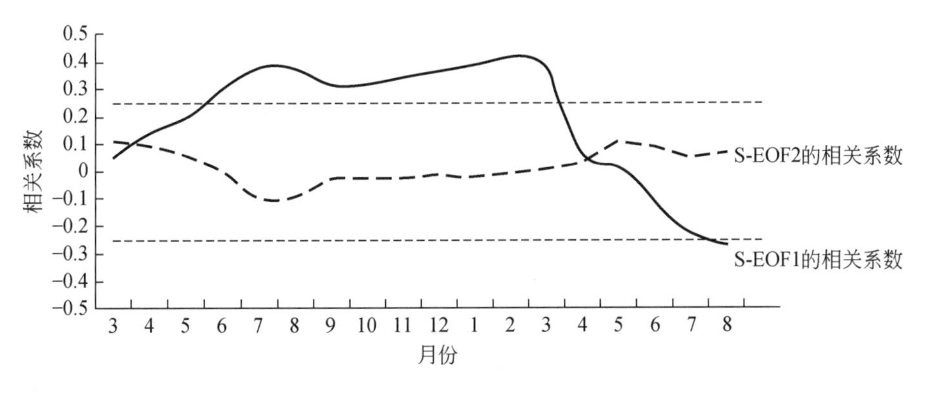

图 6-10 春季、夏季降水 S-EOF 第一、第二模态时间系数与上一年 3 月至当年 8 月逐月 Nino3. 4 区海温指数的相关系数演变

注：虚线代表 0. 05 显著性水平

综合来看，前期赤道东太平洋海温异常变换是导致春季流域春、夏季降水异常一致性演变原因，而前期西北太平洋暖池和南印度洋偶极子的异常变化可能导致了长江流域春、夏季降水异常出现反向转换。

6.4 年代际尺度变化特征及成因分析

6.4.1 近50年黄河流域降水量及雨日的气候变化特征

近年来的研究表明，在全球变暖的气候背景下中国不同地区的降水气候特征出现了明显的变化，所以气候变化研究一直都是气象学者研究的重点且已取得大量的研究成果（任国玉等，2000；张启龙等，2001；马镜娴和戴彩娣等，2001；左洪超等，2004；黄玉霞等，2004；王志伟等，2007；赵传成等，2011；杨晓玲等，2011）。年降水量变化趋势存在显著的区域性差异，左洪超等（2004）认为华中-华北地区的降水则存在明显地减少趋势；任国玉等（2000）研究得到黄河流域降水表现出微弱减少趋势，1997年黄河史无前例的断流和1998年长江特大洪水的发生，均有其相应的区域长期降水气候趋势作为背景条件。研究还表明，中国一些地区降水的季节性也发生了变化，其中黄河中上游地区和长江中游地区春、秋季雨量占全年比例均有显著减少；西北地区在降水变化方面的研究较多，钟海玲等（2006）、李茜和李栋梁（2007）认为中国西北地区东部区域（即黄河上游到中游西部）降水呈减少趋势；徐宗学和张楠（2006）研究认为黄河流域年降水多数站呈现下降趋势，春、夏、秋3个季节降水均有所减少；祝青林等（2005）研究认为黄河流域总降水量呈下降趋势，空间上表现为北半部以增加为主，南半部以减少为主，春、夏季节大部分地区降水量有不显著的增加趋势，秋、冬季节的降水有减少趋势；邵晓梅等（2006）的研究结论与上面的有所不同，认为黄河流域年、冬、春、夏降水气候倾向率都为正值，只有秋季为负值。而对雨日特征及变化的研究相对降水来说较少，降水和雨日的变化趋势在不同的地区趋势既有相同，也有相反，如王大钧（2006）研究认为，1961～2000年黄河流域和华北地区年降水量和年雨日数的趋势系数是负值，二者变化趋势一致，而顾俊强等（2002）对浙江省年季月降水总量与雨日数进行统计分析，得到的结论是年降水量增加的同时雨日数没有同步增加，在分析时段内浙江省总降水量与年总雨日长期趋势变化的空间分布几乎相反；符传博等（2011）对云南省年降水与雨日数进行分析，其结果是云南年降水量在近50年来总体变化不大，但年总雨日出现明显地减少趋势。

6.4.2 年降水量和雨日的平均特征及长期变化

黄河流域年降水量总的分布是北少南多，自西北向东南逐渐增加，最大值出现在黄河中游河南境内的栾川，为849.6mm，最小值出现在黄河上游内蒙古境内的磴口，为143.3mm，最大值与最小值相差近6倍。其中，上游北部在140～378mm，上游南部在378～732mm；中游北部在260～500mm，中游南部在500～850mm；下游在500～800mm。表6-10给出了流域年降水量不同年代的平均值、相关系数和气候倾向率，可以看出降水有较明显的年代际变化，20 世纪 60 年代降水最多，90 年代最少，60 年代、90 年代和 21 世纪 00 年代气候倾向率均是负值，说明在其年代内总体前多后少分布。

表 6-10　黄河流域降水量逐年代平均变化

年代	平均值（mm）	相关系数	气候倾向率（mm/10a）
20 世纪 60 年代	509	-0. 281	-89. 9
20 世纪 70 年代	477. 7	0. 059	8. 3
20 世纪 80 年代	481. 9	0. 002	0. 3
20 世纪 90 年代	446. 5	-0. 172	-29. 0
21 世纪 00 年代	473. 4	-0. 004	-0. 9

从黄河流域年雨日的空间分布［图 6-11（d）］可看出：平均雨日的分布总体也是北少南多，但和降水分布不同的是自北向西南增加，最大值出现在黄河上游青海境内的久治，为 172. 9d，最小值出现在黄河上游内蒙古境内的磴口，为 35. 9d，最大值与最小值都出现在上游，且相差近 5 倍。其中，上游北部在 35 ~ 82d，上游南部在 82 ~ 173d；中游北部在 58 ~ 82d，中游南部在 82 ~ 127d；下游在 58 ~ 82d。表 6-11 是年雨日不同年代的平均值、相关系数和气候倾向率，可以看出雨日有较明显的年代际变化，与降水量的变化比较相似，也是 20 世纪 60 年代最多，90 年代最少，除 80 年代外，其他年代气候倾向率均是负值。就流域平均来讲，年降水和雨日的相关系数为 0. 87，通过了 0. 005 显著性水平检验，年降水量与年雨日的空间分布在 35°N 以北有较好的一致性（常军等，2014）。

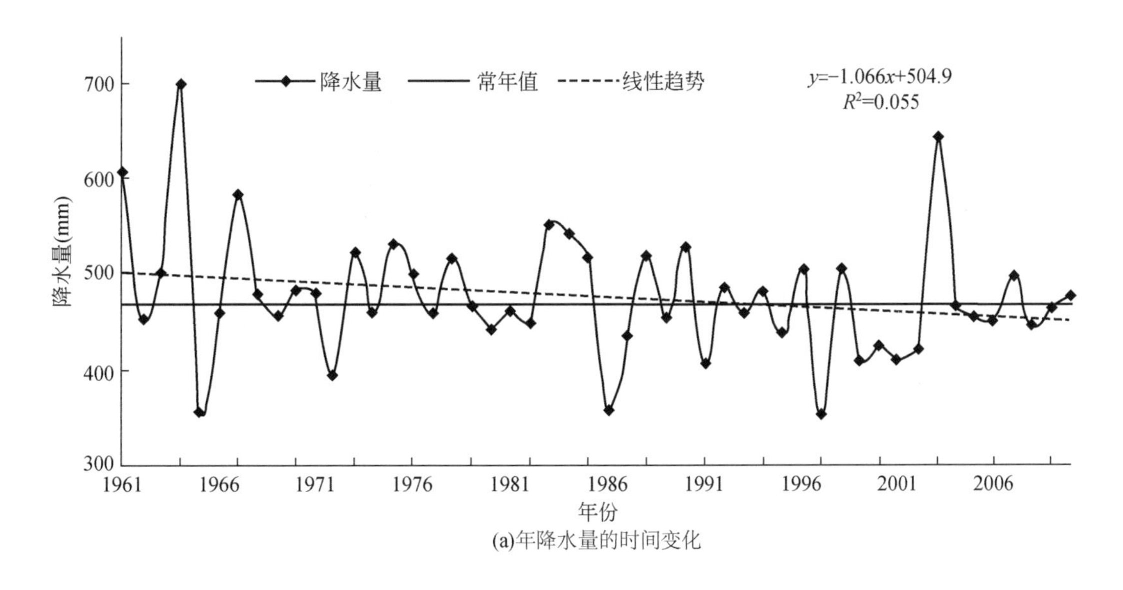

(a)年降水量的时间变化

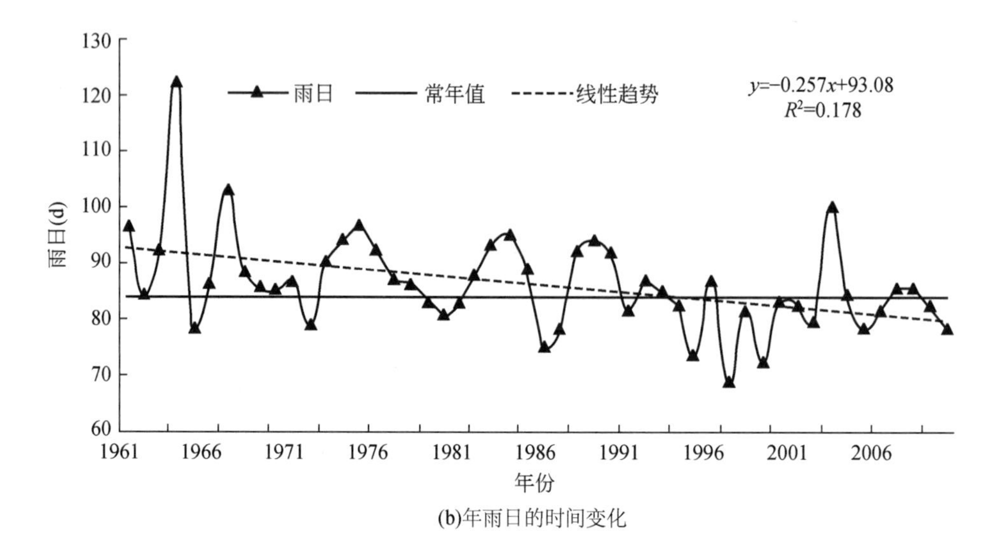

(b)年雨日的时间变化

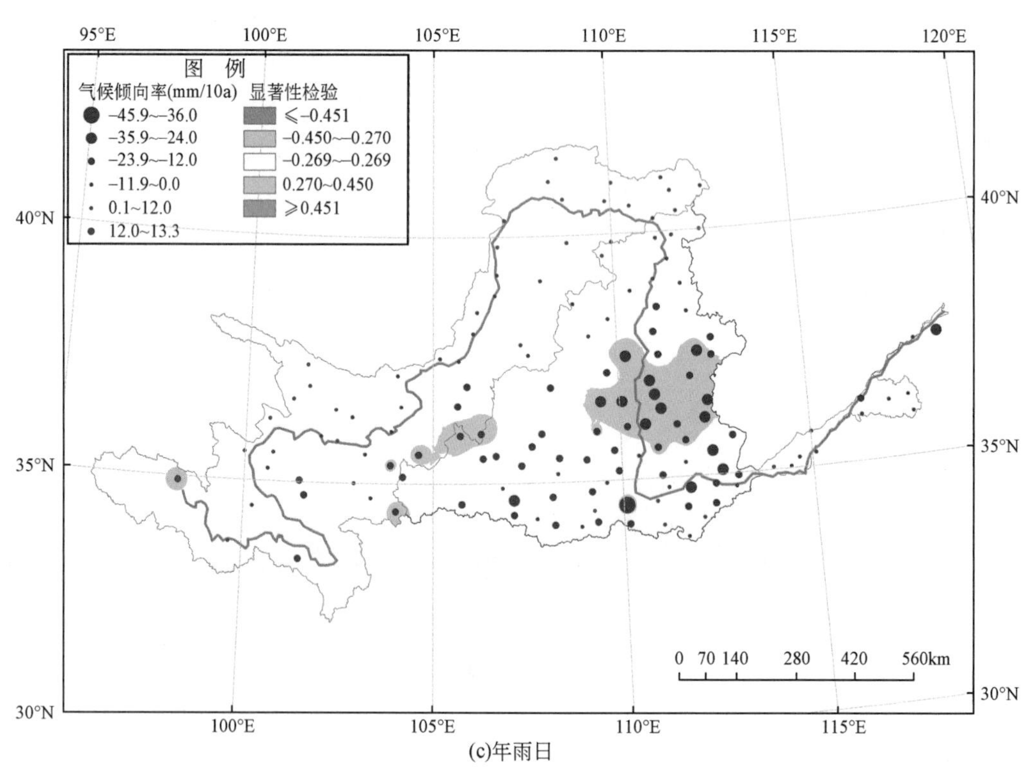

(c)年雨日

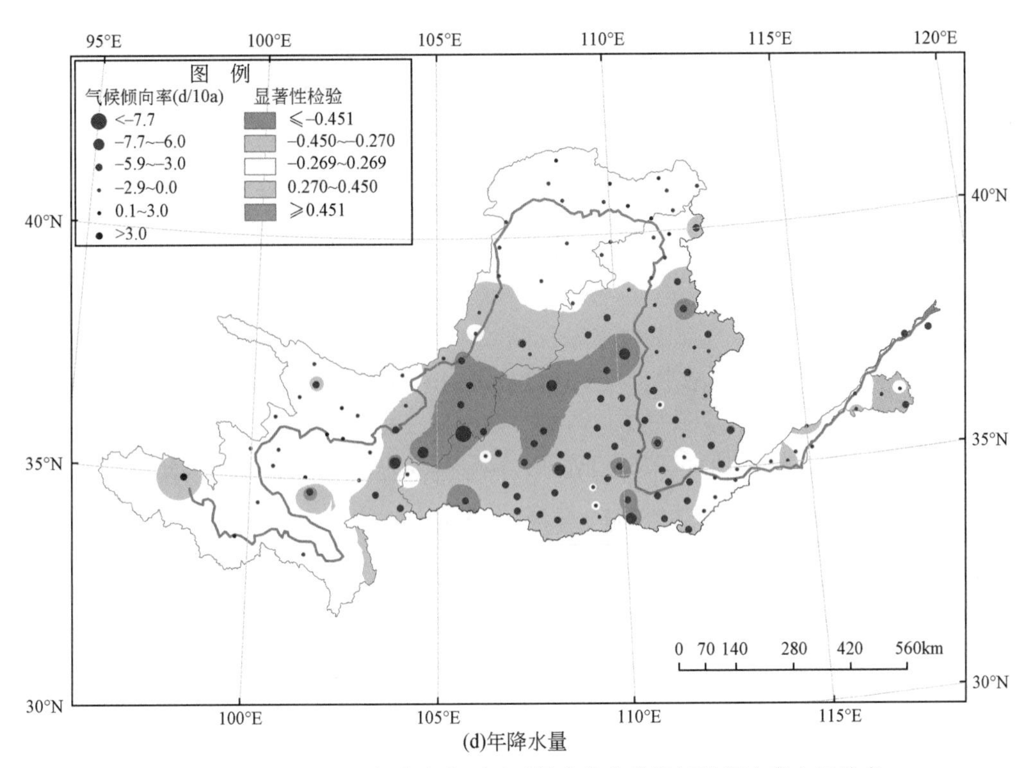

图 6-11 1961~2010 年降水和雨日时间变化曲线及气候倾向率空间分布

注：阴影区为通过 0.05（浅色）和 0.001（深色）信度检验的区域

表 6-11 黄河流域雨日逐年代平均变化

年代	平均值（d）	相关系数	气候倾向率（d/10a）
20 世纪 60 年代	92.5	-0.244	-10.4
20 世纪 70 年代	87.8	-0.231	-4.5
20 世纪 80 年代	88.2	0.156	3.6
20 世纪 90 年代	80.3	-0.37	-7.9
21 世纪 00 年代	84.4	-0.217	-4.6

图 6-11（a）是 143 站空间平均后的年降水量时间序列，从图中可以看出，黄河流域平均年降水量为 477.8mm，最大值为 700.8mm，出现在 1964 年，最小值为 350.3mm，出现在 1997 年。近 50 年黄河流域年降水量具有较显著的减少趋势，减少速度为 10.7mm/10a（通过了 0.1 信度检验）。上、中、下游年平均降水均在减少，减少速度分别为度 3.5mm/10a、16.8mm/10a（通过了 0.05 信度检验）、9.8mm/10a，以中游减少最为显著。具体到年降水量变化的空间分布上［图 6-11（c）］，除黄河源头、河西走廊和河套北部地区降水微增外，其他大部分地区降水量都在减少。由表 6-12 可以看出，年降水负趋势的站数占总站数的 81.8%，其中有 15.4% 站点通过了 0.05 显著性水平检验，有 16 个站减少速度超过 24mm/10a，减少最明显的地区在中游的山西、陕西和河南境内，减少速率在

24～45.9mm/10a。图6-11（b）是黄河流域143站空间平均后的年雨日时间序列，年雨日平均为86.5d，最大值为123.3d，出现在1964年；最小值为68.8d，出现在1997年，雨日最大最小值出现的时间与降水量相同。近50年黄河流域年平均雨日较降水量减少趋势更显著，减少速度达2.6d/10a，通过了0.005信度检验。从年雨日变化空间分布［图6-11（d）］上来看，除上游的青海、甘肃和内蒙古部分地区雨日微增外，其他绝大部分地区雨日都在减少。由表6-12可以看出，年雨日负趋势的站数达88.8%，其中有58.7%的站点通过了0.05显著性水平检验，超过总站数一半以上，减少较明显的地区位于河套中南部，减少速度在3～7.7d/10a。这说明黄河流域年雨日的减少程度和范围均较年降水量减少更显著。上、中、下游年平均雨日均在减少，减少速度分别为1.4d/10a、3.4d/10a（通过了0.001信度检验）、0.2d/10a，中游减少最显著。再对照图6-11（c）和图6-11（d）可以看出，位于河套西部的宁夏南部、陕西西部、甘肃东部雨日减少速度大大超过降水量的减少速度。

表6-12　黄河流域各季节降水量和雨日正负趋势站数的百分比及倾向率

项目	春季	夏季	秋季	冬季	年平均
负趋势的站数百分比（%）	60.8（81.8）	63.6（69.2）	85.3（67.1）	10.4（30.1）	81.8（88.8）
正趋势的站数百分比（%）	39.2（18.2）	36.4（30.7）	14.6（32.9）	89.5（69.9）	18.2（11.1）
通过0.05显著性水平检验负站数百分比（%）	7.7（25.9）	0.1（29.4）	30.1（51.1）	0（0）	15.4（58.7）
通过0.05显著性水平检验正站数百分比（%）	0.1（0）	0.3（0）	0（0）	18.2（0.6）	0.1（0）
流域季节气候倾向率mm/10a	-2.6（-0.7**）	-1.8（-0.7**）	-7.5**（-13.4***）	0.7（0.2）	-10.7*（-2.6***）

注：括号内为雨日，最后一行括号内单位为d/10a；*为通过0.1信度检验，**为通过0.05信度检验，***为通过0.005信度检验

6.4.3　雨日长期变化的季节特征

黄河流域春、夏、秋、冬季降水占年降水的比例分别为：18.1%、54.7%、24.3%、2.9%，夏季降水占年降水的一半以上；春、夏、秋、冬季雨日占年雨日的百分比分别为：23.8%、40.5%、25.0%、10.7%，雨日也以夏季最多。表6-13、表6-14是黄河流域1961～2010年季节降水量和雨日逐年代平均变化。

表6-13　黄河流域季节降水量逐年代平均变化　（单位：mm）

年代	春季	夏季	秋季	冬季
20世纪60年代	98.4	259.9	140.1	11.4
20世纪70年代	77.3	268	116.7	15.1
20世纪80年代	91.0	266.2	110.1	14.5
20世纪90年代	84.0	256.9	94.6	12.1

续表

年代	春季	夏季	秋季	冬季
21 世纪 00 年代	80.7	254.9	120.1	16.5
1961 ~ 2010 年	86.6	261.4	116.0	13.9

表 6-14　黄河流域季节雨日逐年代平均变化　（单位：d）

年代	春季	夏季	秋季	冬季
20 世纪 60 年代	22.4	35.7	26.2	8.5
20 世纪 70 年代	19.5	35.5	22.9	9.8
20 世纪 80 年代	21.3	35.5	21.8	9.7
20 世纪 90 年代	19.6	33.4	19.5	8.1
21 世纪 00 年代	18.7	33.2	21.9	10.2
1961 ~ 2010 年	20.4	34.6	22.4	9.2

1961 ~ 2010 年春季平均降水量为 86.6mm，最大值为 174.8mm，出现在 1964 年；最小值为 33.9mm，出现在 1962 年，降水年际变化较大，20 世纪 60 年代偏多，70 年代偏少；春季平均雨日 20.4d，60 年代和 80 年代雨日相对偏多，21 世纪 00 年代最少。

1961 ~ 2010 年夏季平均降水量为 261.4mm，最大值为 328mm，出现在 1988 年；最小值为 175.1mm，出现在 1997 年。降水年代际变化不大，总的来说 20 世纪 70 年代偏多，90 年代以来偏少；夏季平均雨日为 34.6d，年代际变化不大。

1961 ~ 2010 年秋季平均降水量为 116mm，最大值为 200.9mm，出现在 1961 年；最小值为 49.7mm，出现在 1998 年，降水年代际变化在四季中最大，20 世纪 60 年代显著偏多，90 年代偏少，21 世纪 00 年代有增加趋势，秋季平均雨日 22.4d，年代际变化和降水相似，也是 20 世纪 60 年代雨日最多，90 年代最少。

1961 ~ 2010 年冬季平均降水量为 13.9mm，最大值为 35.4mm，出现在 1989 年；1998 年降水最少，仅为 1.9mm，降水年代际变化较大，20 世纪 70 年代、80 年代末和 21 世纪 00 年代偏多，20 世纪 90 年代偏少。冬季平均雨日为 9.2d，年代际变化较大，21 世纪 00 年代偏多，20 世纪 90 年代偏少。

近 50 年黄河流域春季降水量具有不显著的减少趋势，减少速度为 2.6mm/10a；而春季雨日减少速度较降水量显著，减少速度为 0.7d/10a，通过了 0.05 信度检验。在空间分布上［图 6-12（a），（b）］，春季降水量和雨日减少最明显的地区主要位于黄河中游的南部，且雨日减少明显的范围较降水量大，降水量负趋势的站数占 60.8%，超过了一半以上，通过 0.05 信度检验的站数占 7.7%，正趋势的站数虽然占 39.2%，但通过 0.05 信度检验的站数只有 0.1%；雨日负趋势的站数达 81.8%，较降水量负趋势的站数明显偏多，通过 0.05 信度检验的站数占 25.9%，而正趋势的站数只占 18.2%，且都没有通过信度检验。从上、中、下游的划分来看，春季上、下游降水变化为正趋势，上升速度分别为 0.3mm/10a、1.3mm/10a，而中游降水变化为负趋势，下降速度为 3.1mm/10a；春季雨日变化趋势在上、下游与降水变化趋势不同，都为负趋势，减少速度分别为 0.2d/10a、0.6d/10a，而中游雨日变化趋势与降水变化趋势相同，减少速度为 1d/10a（通过了 0.05 信度检验）。

近 50 年黄河流域夏季降水具有不显著的减少趋势，减少速度为 1.8mm/10a；而夏季雨日减少速度也较降水量显著，减少速度为 0.7d/10a，通过了 0.05 信度检验。从空间分布上看［图 6-12（c），（d）］，夏季降水量大部分地区都在减少，只有在黄河中游的南部降水是增加的，负趋势的站数占 63.6%，但通过 0.05 信度检验的站数不足 0.1%，说明变化趋势不显著，正趋势的站数占 36.4%，通过 0.05 信度检验的站数占 0.3%，均位于黄河中游南部的渭水流域，这说明渭水流域夏季降水增加较显著；而夏季雨日减少明显的地区位于河套中部，呈东北西南向分布，雨日负趋势的站数占近 70%，通过 0.05 信度检验的站数有 29.4%，较降水量负趋势显著的站数明显偏多，正趋势的站数虽然有 30.7%，但都没有通过信度检验。对比［图 6-12（c），（d）］可以看出渭水流域大部夏季降水量在增加，而雨日变化趋势不显著，说明这里降水强度在增加，出现强降水或暴雨的概率有增大的可能。夏季上、中、下游降水变化均是负趋势，下降速度分别为 3.3mm/10a、3.2mm/10a、0.6mm/10a；夏季上、中、下游雨日变化与降水变化趋势相同也都为负趋势，减少速度分别为 0.8d/10a、0.6d/10a、0.5d/10a，上游减少最显著（通过了 0.05 信度显著性检验）。

近 50 年黄河流域秋季降水具有显著的减少趋势，减少速度为 7.5mm/10a，通过了 0.05 信度检验，而秋季雨日减少趋势较降水更显著，减少速度达 13.4d/10a，通过了 0.005 信度检验。从空间分布上看［图 6-12（e），（f）］，秋季降水量和雨日减少最明显的地区位于黄河中游，且雨日减少显著的范围较降水量减少显著的范围明显偏大，秋季降水量负趋势的站数达到 85.3%，通过 0.05 信度检验的站数有 30.1%，正趋势的站数只有 14.6%，都没有通过信度检验；秋季雨日负趋势的站数为 67.1%，虽然没有降水量负趋势的站数多，但通过 0.05 信度检验的站数远远超过了降水量，达 51.1%，超过了一半以上，正趋势的站数有 32.9%，也都没有通过信度检验。对照［图 6-12（e），（f）］，可看出在黄河中游的西部秋季雨日的减少速度较降水量的减少速度偏快。秋季上、中、下游降水变化也都是负趋势，下降速度分别为 2.7mm/10a、11.2mm/10a、8.0mm/10a，其中，中、下游秋季降水下降趋势显著（通过了 0.05 信度显著性检验）；秋季上、中、下游雨日变化与降水变化趋势相同，均具有显著的减少趋势（都通过了 0.05 信度显著性检验），减少速度分别为 1d/10a、1.7d/10a、1.0d/10a。

近 50 年黄河流域冬季降水量和雨日均具有不显著的上升趋势，上升速度分别为 0.7mm/10a、0.2d/10a，从空间分布上看［图 6-12（g），（h）］冬季降水量和雨日大部分地区都在增加，但增加较显著的区域比较少，主要位于上游和中游的西部，虽然冬季降水量正趋势的站数达占总站数 89.5%，通过 0.05 信度检验的站数只占 18.2%，负趋势的站数仅为 10.5%，都没有通过信度检验；冬季雨日正趋势的站数占近 70%，通过 0.05 信度检验的站数只有 0.6%，负趋势的站数有 30%，均没有通过信度检验。冬季上、中、下游降水变化都为正趋势，上升速度分别为 0.5mm/10a、1.1mm/10a、0.02mm/10a。上、中、下游雨日变化与降水变化趋势相同也都为正趋势，增加速度分别为 0.2d/10a、0.3d/10a、0.1d/10a。

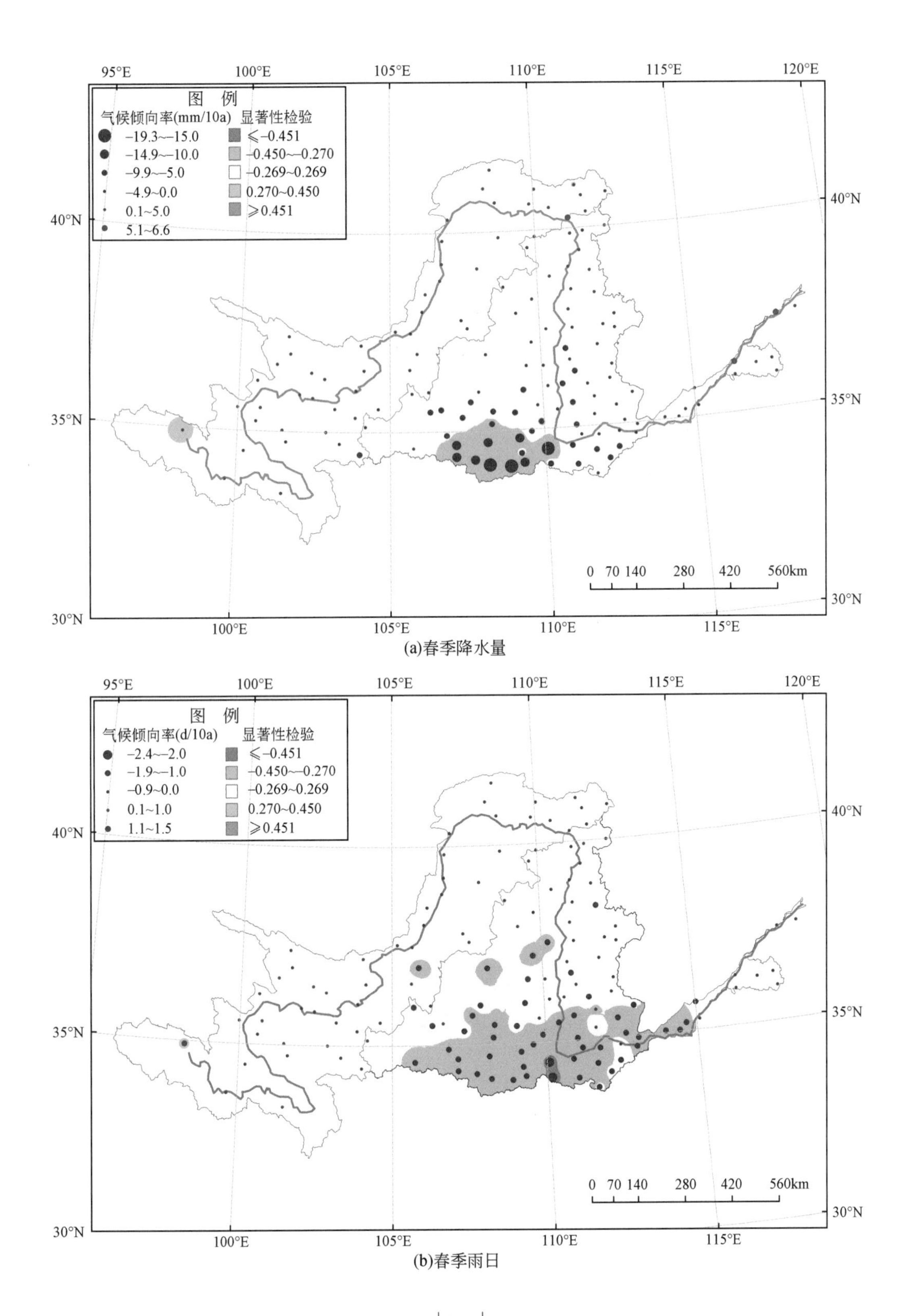

(a)春季降水量

(b)春季雨日

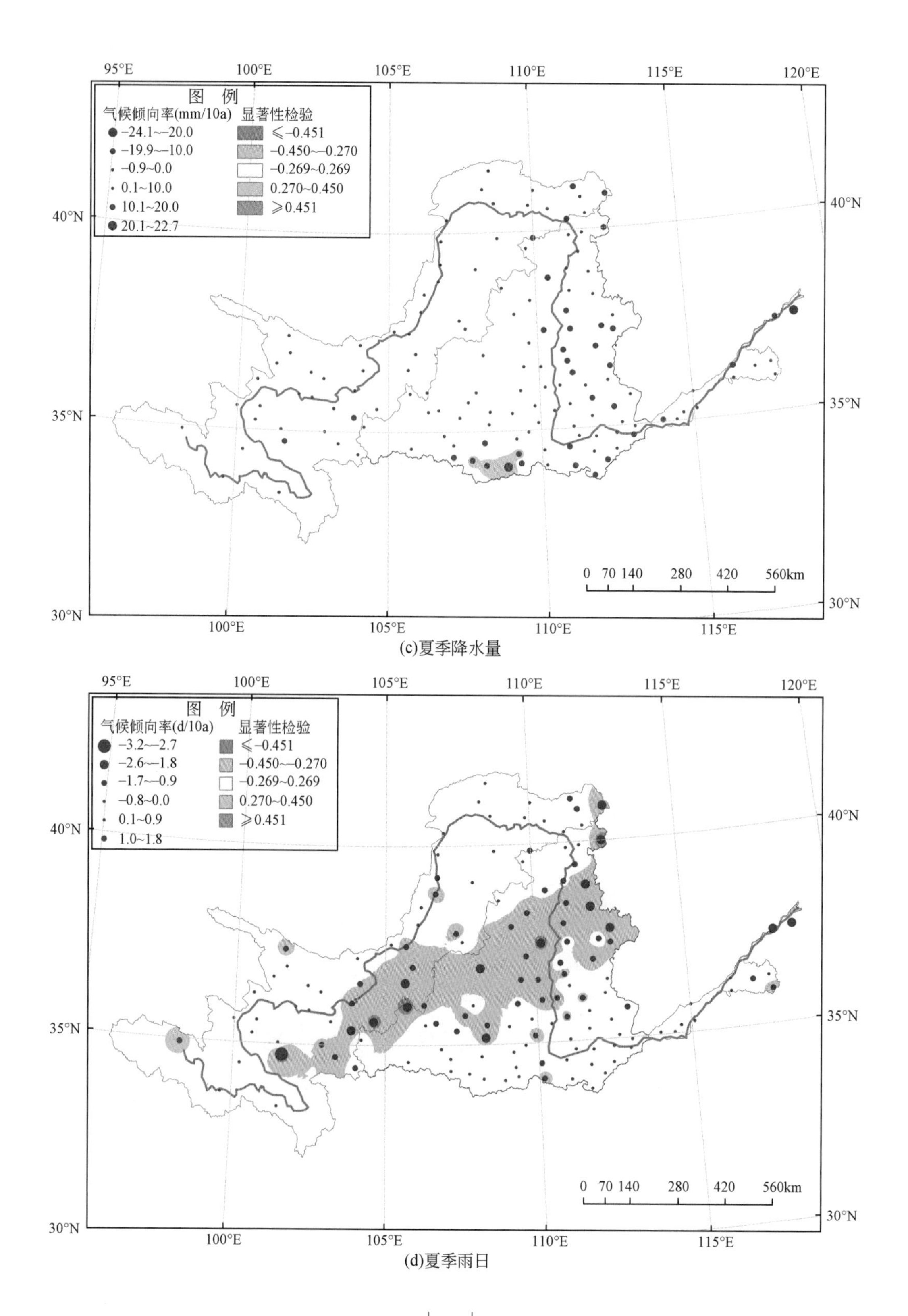

(c)夏季降水量

(d)夏季雨日

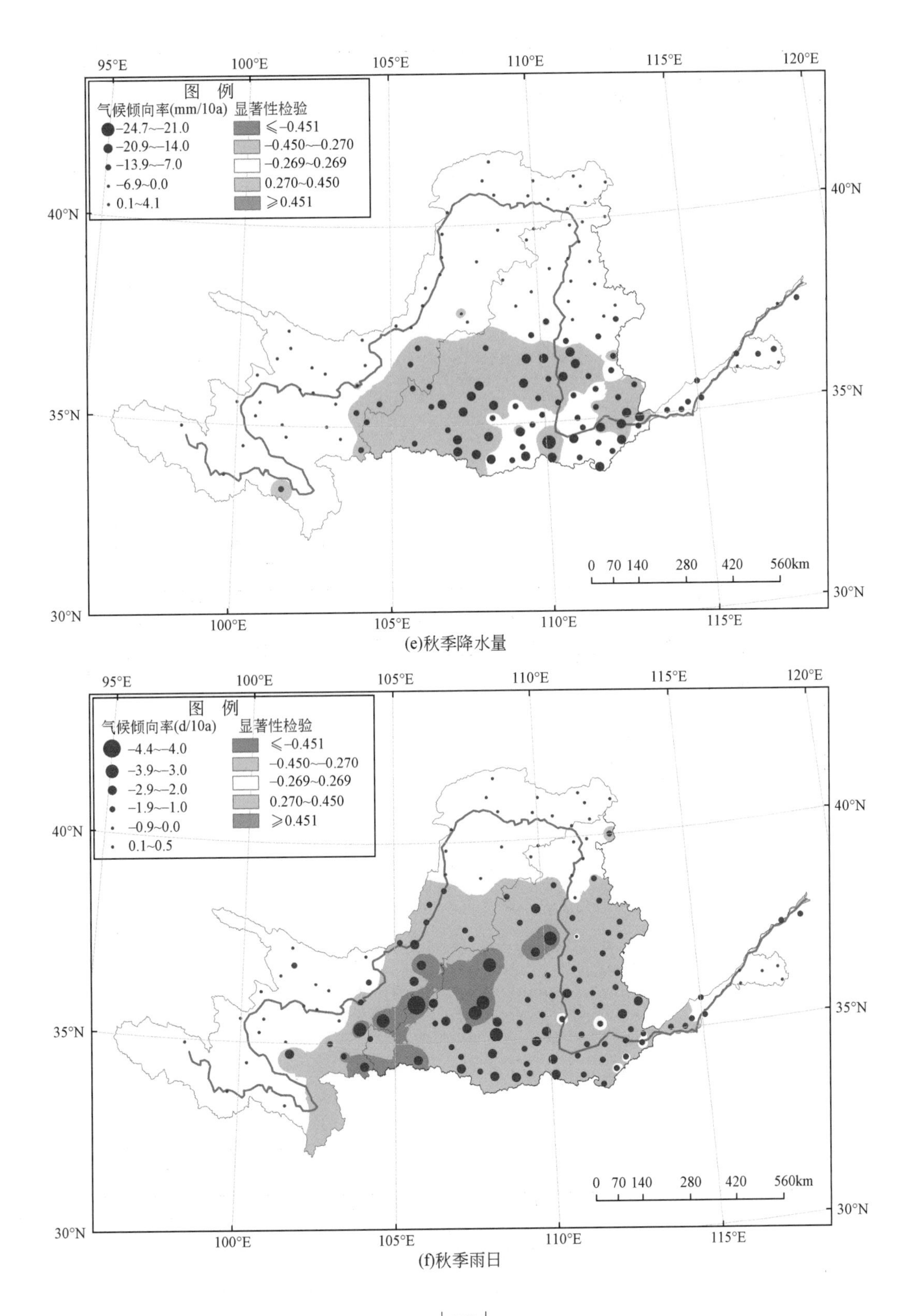

(e)秋季降水量

(f)秋季雨日

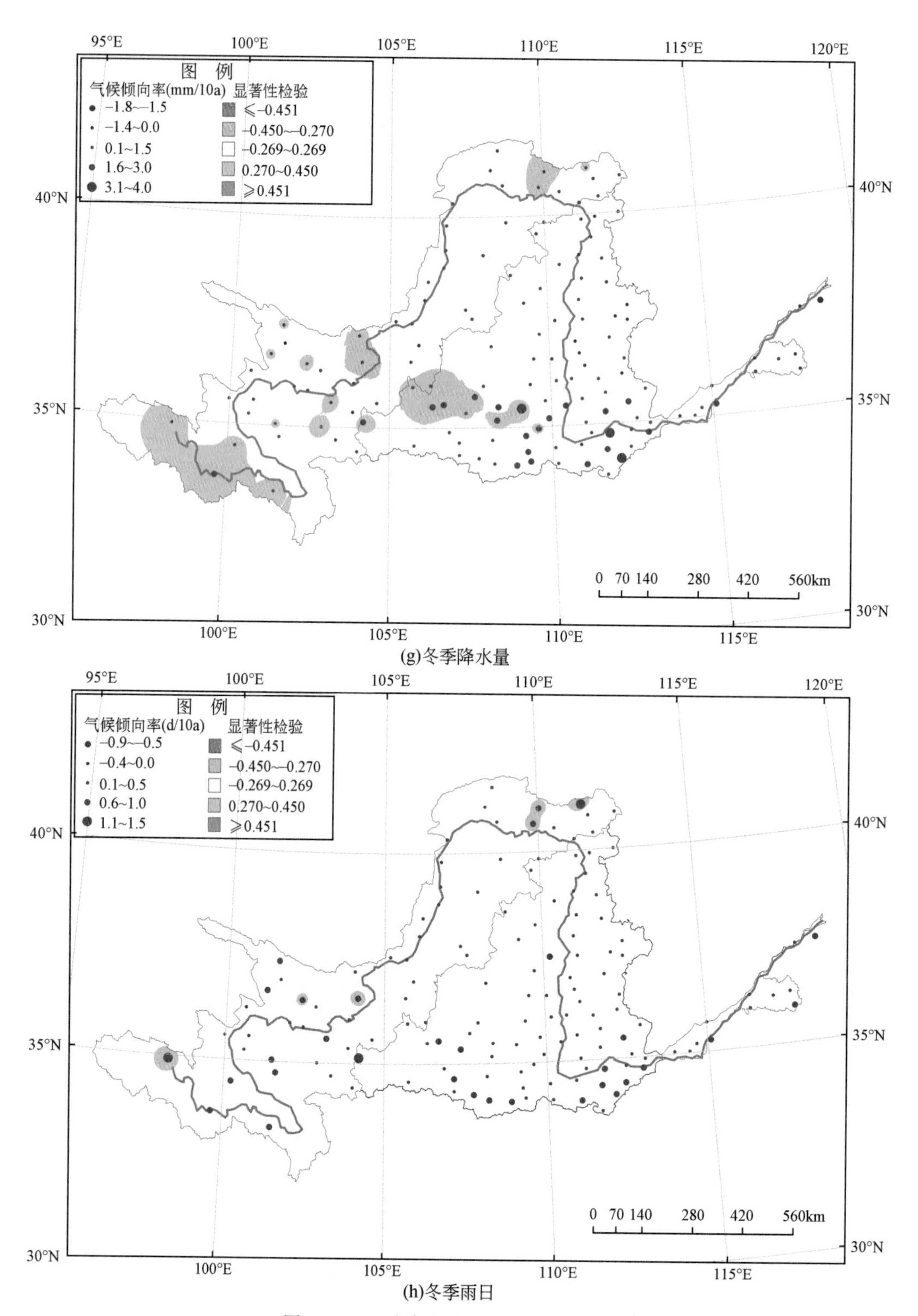

(g)冬季降水量

(h)冬季雨日

图 6-12　四季降水量和雨日气候倾向率

注：阴影区为通过 0.05（浅色）和 0.001（深色）信度检验的区域

通过以上的对比分析可以看出：黄河流域除了冬季外其他三季降水量和雨日都是大范围的负趋势，且无论是降水量还是雨日秋季都是四季中减少最显著的季节，表明秋季降水和雨日的减少对年降水和雨日的减少贡献最大，四季降水通过显著性水平检验的负趋势站点数从多到少的排列为秋季>春季>夏季>冬季，而四季雨日通过显著性水平检验的负趋势站点数从多到少的排列与降水相比略有不同，为秋季>夏季>春季>冬季。

6.4.4 降水量和雨日突变分析

年降水量和雨日在下降时是否有突变？由 Mann-Kendall 检验结果［图 6-13（a）］可以看出，年降水量 UF、UB 曲线在 1980 年、1985 年前后两次相交，初步判断疑是突变点，再进一步通过滑动 t 检验来验证，经计算第一次突变前降水平均值为 493.4mm、均方差为 5563.5mm，突变后平均值为 467.4mm、均方差为 3478.7mm，计算 t 值为 1.37，用 t 分布的数值表进行检验，第一次突变没有通过显著性水平检验，不是一次真正的突变；第二次突变前平均值为 495.5mm、均方差为 4776.3mm，突变后平均值为 460mm、均方差为 3514.0mm，计算 t 值为 1.95；第二次突变在 $\alpha=0.1$ 的显著性水平上（$t_\alpha=1.675$），两种检验方法都证明年降水量在 1985 年前后存在突变。

由图 6-13（b）可以看出，年雨日 UF、UB 曲线在 1986 年、1991 年前后两次相交，也初步判断疑是突变点，同样通过滑动 t 检验来进一步验证，经计算第一次突变前后 t 值为 2.60，在 α=0.05 的显著性水平上（t_α=2.01）；第二次突变前后 t 值为 2.98，在 α=0.01 的显著性水平上（t_α=2.68），两种检验方法都证明年雨日在 1986 年和 1991 年前后确实存在两个突变点。

用同样的方法分别检验上、中、下游年降水量和雨日在下降时是否存在的突变［图 6-13（c）~（h）］，其中，上游年降水量没有发生突变，年雨日在 1995 年前后发生突变；中游年降水量在 1971 年、1977 年前后发生两次突变，年雨日在 1978 年前后发生突变；下游年降水量在 1965 年前后发生突变，而年雨日在 1976 年前后发生突变。

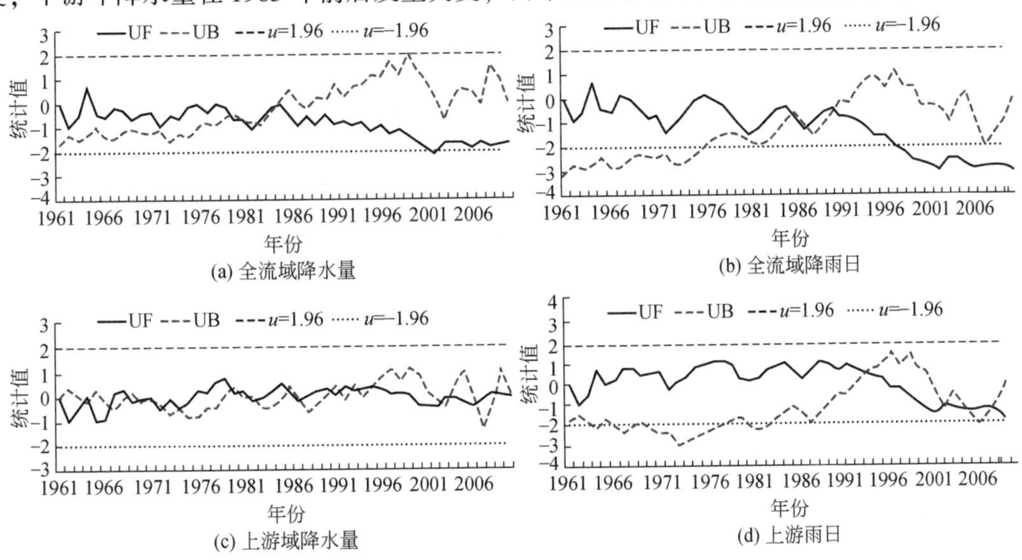

(a) 全流域降水量

(b) 全流域降雨日

(c) 上游域降水量

(d) 上游雨日

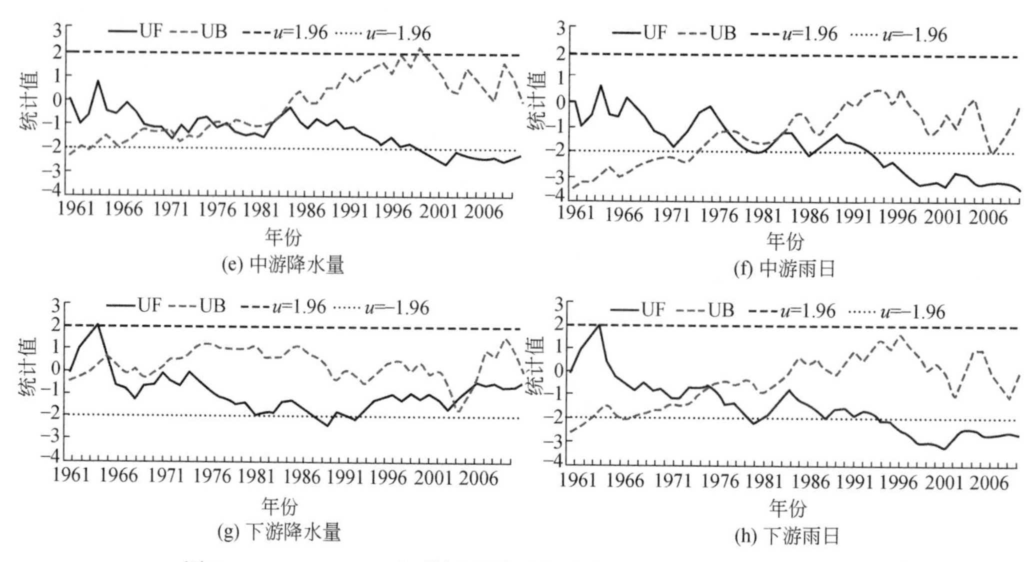

图 6-13　1961～2010 年黄河流域平均降水量和雨日 M-K 曲线变化

6.4.5　年降水量及雨日减少的成因分析

引起降水量及雨日减少成因涉及多种因素（左洪超等，2004；李春晖等，2010；郝立生等，2010），但最终都会通过大气环流的响应和变化来影响降水的变化，故这里对黄河流域年降水（年雨日）突变前后环流的变化进行分析，以期揭示降水和雨日减少的物理成因。由于年降水和年雨日突变时间比较一致的时间是 1985～1986 年，取阶段Ⅰ为 1961～1985 年，阶段Ⅱ为 1986～2010 年。黄河流域夏秋季降水占年降水近 80%，这里分别分析夏季、秋季 500hPa 高度、SLP、700hPa 风场相对多年平均场（1961～2010 年）的差值场特征。

突变前夏季 500hPa 高度、SLP 差值场欧亚地区均以负距平为主，中心都位于蒙古，表明贝湖低槽较强，有利于经向环流发展，冷暖空气南北交换明显，700hPa 东亚夏季风一直吹到中国东北地区，黄河流域为异常偏南风距平。另外，在亚洲高纬的蒙古河套地区存在明显的气旋性环流，在河套西北部产生风向辐合，有利于黄河流域降水量和雨日偏多；而突变后形势正好相反，500hPa 高度、SLP 差值场在欧亚地区为异常正距平，表明贝加尔湖到蒙古地区高度场偏高，贝湖低槽较浅，有利于纬向环流发展，黄河流域到华北地区为异常偏北风距平，东亚夏季风偏弱。再者，在亚洲高纬蒙古地区变为反气旋性环流，不利于水汽向黄河流域输送，造成降水量和雨日减少。秋季与夏季环流突变前后差值场总体基本相似，只是 500hPa 高度差值场上欧亚中高纬度异常正负距平中心轴向由东北-西南向转为西北-东南向，突变前正（突变后负）距平中心位于乌拉尔山到新疆北部。所以，突变前黄河流域降水和雨日偏多是由于季风较强，使水汽得到有效输送和河套西北部的风向辐合造成的，而突变后降水和雨日减少与季风偏弱、缺乏有效的水汽输送和蒙古至河套的反气旋环流有关。

6.4.6 结论

利用 143 个测站降水资料分析了近 50 年来黄河流域年、季降水和雨日的时空特征得到以下结论。

1）年降水量和年雨日多年平均空间分布特征都为北少南多分布，年降水量与年雨日的空间分布在 35°N 以北有较好的一致性。年降水和年雨日在空间分布上差异很大，最大值和最小值相差分别为 6 倍和 5 倍。

2）近 50 年黄河流域年降水量和年雨日变化趋势具有较好的一致性，二者都呈减少趋势，流域年降水负趋势的站达 81.8%，年雨日负趋势的站数达到 88.8%，具体到流域来看，上、中、下游年降水和年雨日均在减少，都以中游减少最为显著。这与文献（任国玉等，2000；顾俊强等，2002；祝青林等，2005；徐宗学等，2006；王大钧等，2006）的结论基本一致。

3）黄河流域降水和雨日在季节变化方面，除了冬季外其他三季降水量和雨日都是大范围的负趋势。通过显著性水平检验的负趋势站点数从多到少的排列降水量为：秋季>春季>夏季>冬季，雨日为：秋季>夏季>春季>冬季。具体到流域来看，春季降水变化上、下游为正趋势，中游为负趋势，而雨日变化趋势在上、下游都为负趋势，与降水变化趋势不同，中游雨日变化趋势与降水变化趋势相同，为负趋势；夏季降水变化上、中、下游都为负趋势，雨日与降水趋势相同；秋季降水变化上、中、下游均具为负趋势，雨日变化与降水趋势相同，且减少趋势更显著；冬季上、中、下游降水变化与雨日变化趋势相同，都为正趋势。与前人研究结果比较既有一致的地方，在空间分布和变化速度上也有一定的差异。

4）黄河流域年降水在 1985 年前后有一个突变点，年雨日在 1986 年和 1991 年前后发生两次突变，流域年降水和年雨日一致突变点为 1985～1986 年。流域降水量及雨日减少主要原因是大气环流发生了变化，1986 年以前黄河流域降水和雨日偏多是由于季风较强，使水汽得到有效输送和河套西北部的风向辐合造成的，而 1986 年以后降水和雨日减少与季风偏弱、缺乏有效的水汽输送和蒙古至河套的反气旋环流有关。

6.5 百年尺度变化特征及成因分析

6.5.1 水文归因

从气候的角度看，任何一个观测到的区域或流域尺度的气候要素，包括降水、径流、洪水、干旱极端事件的变化都是气候系统内部的自然变率、太阳活动和火山活动构成的自然强迫以及温室气体、气溶胶等大气成分变化和土地利用变化等人为强迫共同作用的结果。根据 IPCC 给出的定义，评价多种因子对一个具有显著性变化趋势变量的相对贡献的过程属于检测与归因研究范畴。对观测的水文要素序列变化趋势的检测与归因研究是一项具有重要科学意义与实际应用价值的研究。因为只有正确认识已经发生的水文现象随时间变化的原因才有可能正确的预估未来洪水、干旱及水资源的变化趋势。也只有了解当前气候发生了怎样的变化，其变化的原因以及何时何地以何种方式对水文水资源产生了影响，水管理及决策者才有可能针对性地制定相应的应对措施与风险管理。

水文要素变化趋势的归因研究是在 20 世纪末。21 世纪初，当 IPCC 第一工作组（气候变化科学基础）的第二次评估报告明确揭示出近 100 年观测到的全球平均气温升高不像是自然变率引起，人为强迫信号已从自然变率中浮现出来，人类活动导致的温室气体排放已经对全球变暖产生影响之后开展起来的。

1. 气温和降水归因进展

近 10 多年来国内外气候学家对气温与降水变化趋势的检测与归因的研究取得了长足的进展，并不断深化，从对 20 世纪全球或大陆尺度地面气温的升高主要归因于温室气体排放人为强迫的归因研究，发展至对北半球陆地降水的检测与归因研究，得到大尺度纬度带年平均降水变化，如中高纬度降水增加，副热带地区降水减少，主要归因于人为强迫。这种大尺度的气候平均态变化的归因研究一般是采用海气耦合模式，分别模拟自然强迫（太阳辐射和火山气溶胶）、人为强迫（温室气体和硫酸盐等气溶胶排放，土地利用变化）以及气候系统内部变率对所研究要素的影响，并通过模拟值与基准期观测值的对比给出其贡献的大小，或者采用气候模式与统计方法结合的气候强迫指纹方法。Zhang 等（2007）采用最优指纹法得到人为气候强迫已对 20 世纪全球纬度带平均的降水分布形态产生了可检测到的影响，如中高纬度降水增加，副热带地区降水减少。近年来，中国气候学家采用 CMIP3 模式对东亚季风区的降水分布的模拟指出，近 20 年来中国出现的“南涝北旱”及与其对应的东亚夏季风减弱，可能更多的是气候系统本身的年代际自然变率，如 PDO（太平洋年代际振荡）的变化引起。张冬峰等（2015）采用区域气候模式对中国近 50 年来降水变化趋势的归因研究进一步定量地给出了人为强迫与自然变率对中国降水变化格局的贡献，结果表明，中国东部降水的“南涝北旱”分布变化，可能主要是自然变率起了主导作用，人为温室气体排放在一定程度上减弱了这种变化的强度；中国西北地区的降水增加，可能主要源于人为温室气体排放的贡献，自然变率的作用与其相反，是导致降水减少的。

自 2013 年开始，从大尺度降水平均气候态的变化研究进一步扩展至对 20 世纪后 50 年全球陆地大尺度极端降水及极端气温变化的归因研究。研究结果表明，极端降水的增加及极端气温的升高主要归因于温室气体排放的人为强迫。

2. 水文要素归因进展

对水文要素长期变化趋势的检测与归因研究也经历了从全球尺度，大陆尺度气候平均态变化趋势到流域尺度的年径流，月径流及洪水过程等的研究历程。Milly 等（2005）采用了多个 GCMs 集合模型、水文模型以及统计显著性检验技术模拟了 1900 ~ 1998 年全球径流及可用水量变化趋势分布，揭示出人为气候强迫已经对 1970 年以后全球大尺度径流变化的空间分布（高纬度径流增加，低纬度径流减少）产生影响，而且气候强迫信号在欧亚大陆北部和北美西北部的高纬度地区尤为显著。Reichert 等（2011）采用气候模型与影响模型结合的方法揭示出冰冻圈的极地流量变化，以冰川积雪融化补给为主流域的天然流量的变化以及春季洪峰流量的提前出现主要归因于人为强迫变暖。Barnett 等（2008）采用多种人为强迫因子作用下的两个气候模式、高分辨率水文模型及单变量的检测归因方法研究了美国西部三大流域的水文变化，得到 1950 ~ 1999 年河流流量、冬季气温及积雪的变化趋势中 60% 以上是人为强迫引起的结论。Pall 等（2011）研制了一个有物理基础的“概率事件”归因框架。他们采用了一个季节预报分辨率的气候模型（HadAN3- N144），通过对生成的数千个时间段的模拟来考虑人为变化的变异性，同时构建了两个驱动情景，另一个是描写实际气候条件的真实情景，另一个是假设 20 世纪没有人为温室气体排放的气候情景，将两个情景的模拟结果输入降雨径流模型，得到了极端的日径流事件。研究结果指出，20 世纪人为温室气排放已使得英格兰和威尔士 2000 年秋季暴雨洪水的风险增加了 20%。

3. 非天然流域的径流变化趋势的归因

近年来，对人类活动强度较大，且以降水补给为主的非天然流域的径流变化趋势的归因研究也开展起来。这是一项难度较大的研究，其难度在于一个较长的水文观测系列中，既有自然气候变率和人为气候变化，还有众多的人类活动，诸如水保措施、森林砍伐、农田灌溉等土地利用/土地覆被变化的响应以及人工取用水等非气候因素对径流的影响等。陆地人类活动对水文过程的影响主要发生在降落到地面后，通过蒸发、入渗、产流和汇流变化改变降水径流关系以及洪水的传播速度，洪峰出现的时间等。它们对气候反作用的大小依赖于人为干扰的空间与时间尺度。而人为排放导致的温室气体、气溶胶等大气成分变化以及大范围的土地利用/土地覆被变化等人类活动，是通过温室效应以及陆面对长波辐射反照率的变化，引起陆-气系统水量平衡、热量平衡的变化以及全球尺度和区域尺度水文循环的变化，最终导致可再生水资源各个组成部分，包括径流、洪水、干旱等极端事件的变化。

目前，气候模型，无论是全球海气耦合的或区域尺度的模型对区域或流域尺度降水的模拟精度都较低，很难用气候模型将自然气候变率、人为气候强迫对水文过程的影响从其他强迫或外驱动力的影响分离出来。近年来，出现了一种从水循环的陆地分支，即陆地水量平衡原理研究气候变化（包括人为气候强迫及自然气候变率）及人类活动对水文变量趋势变化影响的方法。这种仅仅基于陆地水文模型研究水文序列变化的归因方法实际上是将气候、人与水相互作用的复杂问题简化为人与水的相互作用。其主要思路如下：首先诊断出降水、径流及蒸发序列的突变点，如果降水和蒸发序列没有发生突变，则径流的突变完全由人类活动引起；如果降水和蒸发序列有突变点，则径流变化的突变是由气候变化与人类活动共同作用产生。然后将径流系列分成两部分，一部分是突变发生前，人类活动影响较小的基准期，另一部分为突变后人类活动干扰较大的研究期，建立基准期的降水-天然径流关系，并将此关系应用于突变后的研究期，得到研究期的天然径流，最后认为研究期的实测径流与计算的天然径流之差为人类活动影响产生的径流，它占总径流变化的份额即为人类活动对径流变化的贡献。用此方法研究流域尺度上气候变化与人类活动对径流变化贡献的成果很多。大致可归纳为在北方水资源匮乏地区，人类活动对径流衰减的贡献率一般要大于气候变化的影响，而在南方多水地区气候变化对径流变化的贡献往往大于人类活动。

应该指出，由某一基准期的气候数据建立的模型，无论是概念性的水文模型或降雨径流统计模型，所描写的都是水文过程对该基准期平均气候条件的响应。如果所选的基准期为湿润丰水期或一般平水期，则将此期间建立的降水径流关系，外延至所选的研究期（可能已经转为干旱期），可能夸大或缩小研究期的天然径流，并由此导致缩小或夸大人为干扰对径流的影响。这种方法由于没有考虑基准期与研究期所处的气候背景，既没有考虑气候变暖的水文效应，也没有考虑气候自然变率对水文过程的影响，且流域上人类活动的水文效应没有显示地反映在模型相关的参数中，由此得到的结果必然包含了各种混淆因子产生的误差，在一定程度上夸大或缩小了流域人类活动对水文的影响。

刘家宏等（2010）将水循环的大气分支与陆地分支结合起来，采用二元水循环模式，针对人类活动干扰最为显著的海河流域，研究了天然水循环与社会水循环的演变规律。研究结果表明：20 世纪 90 年代后，由于东亚夏季风的减弱，夏季水汽净输入量减少，降水量比 60 年代减少 306 亿 m^3，大气的干燥程度加剧。海河流域水循环的垂向分量加大，内循环通量占降水量的份额从 20 世纪 60 年代的 23%，增至 90 年代后的 83%。外调水量与地下水超采量之和达到 83.5 亿 m^3，人工取水引起的蒸发量达 260 亿 m^3，占总蒸发量的 16.5%，入海水量从 60 年代的 304 亿 m^3 减至 14 亿 m^3。虽然海河流域内的一些小流域，如潮河、白河、永定河由于上游大量的引用水导致下游河流断流，人类活动影响超出了气候变化的影响。但是对于面积约 40 万 km^2 的海河流域，气候的暖干化是导致水循环变化的主要因素。

4. 自然气候变率对水资源量及洪水和干旱变化趋势的影响

在东亚季风区受季风波动的影响，降水径流具有明显的丰水期、平水期与枯水期并相伴有洪水干旱高发期和低发期。中国 20 世纪 50 ~ 60 年代，主要江河洪水重、干旱轻，70 ~ 80年代干旱重、洪水轻，90 年代至 21 世纪初又转入洪水高发期，同时干旱也明显加重。这种以丰、平、枯为代表的周期性波动是由很多不同频率，不同振幅的简谐波叠加而成。张先恭（1969）的研究指出近 500 年来，中国有 3 个干湿阶段，每个阶段维持约 200 年，其中偏枯和偏丰的转换有 30 ~ 40 年、80 年和 200 年左右。朱锦红等（2003）对中国降水等级资料的分析指出中国华北夏季和东亚夏季风存在 80 年周期的振荡。丁一汇等（2009）对 1880 ~ 2002 年中国东部夏季降水的周期性变化研究指出，在 20 世纪 40 ~ 70 年华北降水为较大的正距平，自 19 世纪 90 年代至 20 世纪 30 年代以及 80 ~ 90 年代降水转变为负距平，存在 60 ~ 80 年的振荡并具有较短的年代际变化。在长江中下游及淮河存在较显著的 20 年及 30 ~ 40 年的周期变化，最大的降雨发生在 20 世纪 10 年代及 90 年代，自

50年代中期至70年代末降雨呈减少趋势，70年代末以后至90年代呈增加趋势。20世纪50年代，在华南存在30年及60~80年的振荡周期，最大降雨发生在19世纪80年代，20世纪10年代及30年代初期、70年代中期及90年代末期。70年代末至90年代初降水转变为负距平，此后出现正距平突变，有一个明显的30年振荡。

早在IPCC第一工作组第二次及第三次评价报告中明确指出海洋与大气的相互作用对气候的年际、年代际和世纪尺度，甚至千年时间尺度的自然变异起着至关重要的作用。在第四次评价报告中进一步指出，气候系统具有很多可以直接影响水文循环分量的大尺度变异形态。通过遥相关作用，区域气候的位相发生变化，并导致洪水干旱异常（详见WGI AR4 3.6）。气候科学的进步，促进了水文气候研究。自IPCC第二工作组第二次评鉴报告以后，水文现象与气候低频振荡间联系的研究在全球范围内开展起来，特别是用厄尔尼诺、拉尼娜、北大西洋涛动、太平洋10年震荡等现象的海气相互作用来揭示水文现象随时间的变化研究取得了很大的进展。

Yihui Ding等（2013）从青藏高原冬春积雪的年代际变化和西太平洋海温的变化两方面研究了对东亚夏季风强弱变化的影响，并指出，20世纪70年代末青紫高原积雪的突然增加导致青藏高原上空大气加热场在70年代后显著减弱以及大气温度降低，同时中东部太平洋海温自60年代中期，70年代末期与90年代初期发生了明显的年代际增温变化，在海洋-大气-陆地之间相互作用的影响下亚洲地区海陆温差减少，东亚夏季风减弱，进而引起向北输送的水汽减少，北方干旱少雨，南方水汽充沛，洪涝频发。马柱国（2007）对中国华北干旱化趋势及转折性变化与太平洋海温的年代际变化的关系研究后指出，太平洋年代际振荡（PDO）处于暖位相时，对应较弱的夏季风，并造成华北地区高温少雨。PDO又是厄尔尼诺-南方涛动（ENSO）年际变化的气候背景，对ENSO发生的频率和强度有重要的调制作用。高辉（2006）基于中国台站降水观测资料、NCEP/NCAR再分析资料和NOAA的ERSST资料，讨论了淮河夏季降水与赤道东太平洋海表温度对应关系的年代际变化。张静等（2007）研究了北太平洋涛动（NPO）与淮河流域夏季降水异常的关系，发现冬季北太平洋涛动与翌年夏季中国淮河流域降水异常呈明显的负相关：强（弱）涛动年，翌年夏季淮河流域降水偏少（多）。张强等（2004）研究了ENSO对东江流域降水及长江流域年最大流量的影响。

受人为气候强迫的影响，气候的自然周期变化不是一成不变的。董璐等（2014）对20世纪太平洋海温变化中人为因子与自然因子贡献的模拟研究指出，人为因子是导致20世纪70年代后太平洋海温迅速增暖的主要原因。在没有人为因子的影响下，PDO是太平洋海温变化的主导模态，其年代际的转变应发生在20世纪60年代中期，温室气体排放的人为因子使其年代际转型发生在20世纪70年代末，滞后了10年，即自然因子是导致SST年代际转型中的主导因子，但人为因子有“调谐”作用。

气候变化引起的水文变量年际与年代际变异性随时间变化的评估，只能建立在气候模型对气候低频现象变异性的正确描述基础上（刘春蓁，2008）。在2014年，IPCC-WGI的AR5第14章进一步给出了气候现象的定义，如果一种气候现象被认为对区域气候变化有关，必须满足两个条件：一个是有证据表明这种现象对区域气候有影响，另一个是在典型浓度路径（RCP）4.5 或更高的 RCP 下，气候现象发生了显著变化。虽然东亚季风降水的年际与年代际变化与太平洋年代际振荡（PDO）、厄尔尼诺-南方涛动（ENSO）、北极涛动（AO）、北太平洋涛动（NPO）以及北大西洋涛动（NAO）等大尺度气候模态都有密切的关系，但是，当人们利用这些相关关系预估未来时，必须了解这些表征气候自然变率的大尺度气候模态各自的时空尺度和位相变化的规律以及全球变暖对它们的可能影响。为此，全球气候模型对这些气候模态是否具有一定的模拟能力，以及这些气候现象在 RCP4.5 或更高的 RCP 下能否发生显著变化是降水、径流、洪水、干旱变化的归因研究与未来预估的两个十分重要的条件。遗憾的是，虽然目前 CMIP5 模式对全球尺度的气候现象变化的模拟能力较强，但对区域尺度的气候现象及其相关的区域气候模拟能力存在较大区域差异，尤其对季风系统的模拟能力较差。

5. 小结

1）对观测的水文要素序列变化趋势的检测与归因研究是一项具有重要科学意义与实际应用价值的研究。因为只有正确认识已经发生的水文现象随时间变化的原因，才有可能正确的预估未来洪水、干旱及水资源的变化趋势。也只有了解当前气候发生了怎样的变化，其变化的原因以及何时何地以何种方式对水文水资源产生了影响，水管理及决策者才有可能针对性地制订相应的应对措施与风险管理。

2）水文的归因研究是长序列观测的水文要素变化趋势中甄别出气候系统内部的自然变率、太阳活动和火山活动构成的自然强迫以及温室气体、气溶胶等大气成分变化和土地利用变化等人为强迫的贡献大小。

3）水文变量的归因研究应将水文循环的大气分支与陆地分支结合起来，建立在对水文循环演变规律完整的正确的描写基础上。

4）对长系列水文气候数据进行综合性的统计分析，研究影响径流、洪水、干旱年际与年代际变化与区域气候现象之间的相关关系，为水文归因研究提高事实依据。

5）改进并提高海-陆-气耦合的气候模式，提高其对区域降水时空变化的模拟能力以及分离人为气候强迫、自然气候变率、流域人类活动对水文循环变化的影响是水文变量归因研究的重要途径。

6.5.2 人为活动归因

观测表明，全球平均气温在 1880~2012 年升高了 0.85℃（0.65~1.06℃），其中 1951~2012 年每十年升高了 0.12℃（0.08~0.14℃），空间分布上以北半球中高纬度大陆升温最明显；全球陆地区域平均的降水变化不大，但在北半球中纬度地区降水量发生了整体增长（Hartmann et al.，2013）。近几十年中国地区也同样经历着以气候变暖为主要特征的气候变化，以北方地区增暖更加显著；中国地区区域平均年降水量近几十年没有明显的变化趋势，但空间分布上出现较大差异，如东部季风区出现所谓的“南涝北旱”现象（华北地区降水减少和长江中下游地区降水增加），西北特别是新疆地区表现出明显变湿等（施雅风等，2002；任国玉等，2005；Zhai et al.，2005）。

气候变化的原因一般包括自然强迫（地球轨道参数变化、太阳常数和火山活动等）、气候系统的内部变率和人类活动（温室气体和气溶胶排放、植被覆盖和土地利用变化等）等。对气候变化的归因研究目前多数使用气候模式进行，利用自然和人为强迫等因子分别和共同驱动全球气候模式（GCM）比较不同强迫下模拟结果与观测的差别，从而区分不同强迫因子的贡献。例如，在以温室气体和自然变率的共同作用下，模式能够较好地模拟出全球平均地表气温的变化，而仅在自然变率的作用下，模拟结果不能表现出观测中的增暖，从而说明温室气体排放是气候变暖的主要原因。基于类似的大量模拟试验，IPCC AR5（第 5 次评估报告）指出，极有可能（95% 以上信度）的是 1951～2010 年观测到的全球平均表面温度上升中，一半以上是由温室气体浓度的人为增加和其他人为强迫共同导致的，定量来说，温室气体造成的增温可能在 0.5～1.3℃，包括气溶胶降温效应在内的其他人为强迫的贡献可能在-0.6～0.1℃，自然强迫的贡献可能在-0.1～0.1℃。降水变化的归因相对气温较难，IPCC AR5 指出，可能（>66% 信度）人为活动影响了 1960 年以来的全球水循环，引起全球尺度陆地降水分布的变化（中等信度）。

区域尺度的气候变化归因问题相对全球难度更大，具体到中国地区，通过 GCM 的模拟，同样可以发现以温室气体排放为主的人类活动，对中国气候变暖可能起到非常重要的作用（王绍武等，2012；Zhou et al.，2013）。

中国地处东亚季风区，一般全球模式很少能较好地模拟这一地区的降水分布（Xu et al.，2010；Gao et al.，2013），大部分全球模式也不能再现最近几十年观测中的“南涝北旱”现象，如姜大膀和王会军（2005）对 CMIP3 模式（耦合模式比较计划第 3 阶段）和 Zhou 等（2013）对 CMIP5 模式（耦合模式比较计划第 5 阶段）的分析等。很多研究指出，“南涝北旱”及与其对应的东亚夏季风减弱，可能更多的是由于气候系统本身的年代际自然变率，如海温、PDO（太平洋年代际震荡）的变化引起的（姜大膀和王会军，2005；Zhou et al.，2009；Qian and Zhou，2014）。在气候变化预估方面，大部分基于全球模式的分析表明，在全球变暖背景下中国区域降水将普遍增加，北方较南方增加更明显，呈现某种“北涝南旱”的特征（Xu et al.，2010），而基于更高分辨率的区域气候模式结果则指出，温室效应对中国东部降水的作用存在较大不确定性（Gao et al.，2012）。此外，作为人类活动对气候影响的另外两个因子，气溶胶排放和土地利用等也被认为可能是导致这一现象的原因之一（高学杰等，2007；Mahmood and Li，2011）。Wang 等（2013）使用一个气候系统模式，通过一系列模拟试验，指出只有考虑了所有温室气体和气溶胶强迫，耦合模式才能合理地模拟出东亚夏季风 20 世纪 70 年代末的减弱，海表温度变化本身也是这些强迫的结果。

研究表明，一般全球模式对中国降水分布模拟能力偏弱的原因主要是由于其较低的分辨率，高分辨率的区域气候模式则能在很大程度上改善这种误差，同时由于其更大和更真实的地形强迫，所得到的气候变化预估结果也与全球模式驱动场有较大不同（Gao et al.，2012）。Gao 等（2013）在使用一个 CMIP5 全球模式驱动 RegCM4.0 区域气候模式的气候变化预估试验中，得到了同样的结论。更进一步，区域模式在能够更好地模拟当代气候，并给出未来气候变化可能更可靠预估的同时，它对过去气候变化的模拟情况怎样？可否用于气候变化归因研究？为解决这一问题，张冬峰等（2015）在对 Gao 等（2013）试验进一步分析的基础上，使用 RegCM4.0，通过更多数值试验，进行了中国区域过去气候变化的成因和归因分析。

1. 试验设计

试验所使用的区域气候模式为国际理论物理中心（The Abdus Salam International Center for Theoretical Physics，ICTP）区域气候模式 RegCM4.0（Giorgi et al.，2012），运行模式所需的驱动场由 BCC_CSM1.1 全球模式的历史试验（GCM-hist）和气候归因试验（GCM-nat）提供，这些试验由 1850 年开始积分至当代的 2005 年，其中 GCM-hist 中考虑了人类活动和自然因子的共同影响，GCM-nat 则只包含自然因子的作用。研究选取全球模式两个试验结果中的 1960 ~ 2005 年时段，作为试验运行所需的初始和侧边界场，分别进行 RegCM4.0 由 1960 年 1 月 1 日 ~2005 年 12 月 31 日的积分，其中除 1960 年作为模式初始化时段不参加分析外，其余时段分别称为区域模式的历史试验 RCM-hist 和区域模式的归因试验 RCM-nat，以 RCM-hist 和 RCM-nat 差别的比较，讨论人类活动和自然强迫对中国及各大流域气候的影响。

首先检验 GCM-hist 和 RCM-hist 对中国地区气候平均态和气候变化趋势的模拟性能，然后比较 RCM-hist 和 RCM-nat 模拟气候要素的变化趋势及多年均值差别。

2. 模式检验

（1）气候平均态

检验 GCM-hist 和 RCM-hist 对中国地区气候平均态的模拟性能。图 6-14 给出了中国地区 1961 ~2005 年平均地面气温的观测、模拟气温和观测的差、观测和模拟降水。RCM-hist 模拟中国范围地面气温比 GCM-hist 有较大的改进，和观测［图 6-14（a）］相比，GCM-hist 模拟气温在中国大部分地区偏低，特别在西部地势较低的地区如西北塔里木盆地、吐鲁番盆地和长江流域四川盆地等偏低超过 5℃［图 6-14（b）］。RCM-hist 模拟气温和观测的偏差除青藏高原外，大部分地区在±1℃ 之间［图 6-14（c）］。

观测中年平均降水整体呈现从东南向西北递减的分布特点，东部地区降水南北差异明显，如区域南部长江流域东南部、珠江流域和东南沿海地区年降水量大于 1500mm，北部松花江流域和辽河流域西部年降水量为 250 ~ 500mm［图 6-14（d）］。GCM-hist 基本上能够模拟出中国降水从东南向西北递减的空间分布特点，但和大部分的全球模式一样（Xu et al.，2010），在青藏高原东部长江流域西部有一虚假高值降水中心，另外模拟降水数值西北地区偏多，东南地区偏少［图 6-14（e）］。RCM-hist 试验对于观测降水的空间分布和数值有更好的模拟，和以往的高分辨率 RegCM 模拟相似（Gao et al.，2006；高学杰等，2012），RCM-hist 试验中青藏高原东部、西南地区到长江流域西部的虚假高值降水中心减弱消失，模拟长江流域东南部、珠江流域和东南沿海地区年降水量大于 1500mm，对西北地区地形引起的降水如柴达木盆地的降水低值区和祁连山脉的降水高值区等有较好的描述，与观测更接近［图 6-14（f）］。

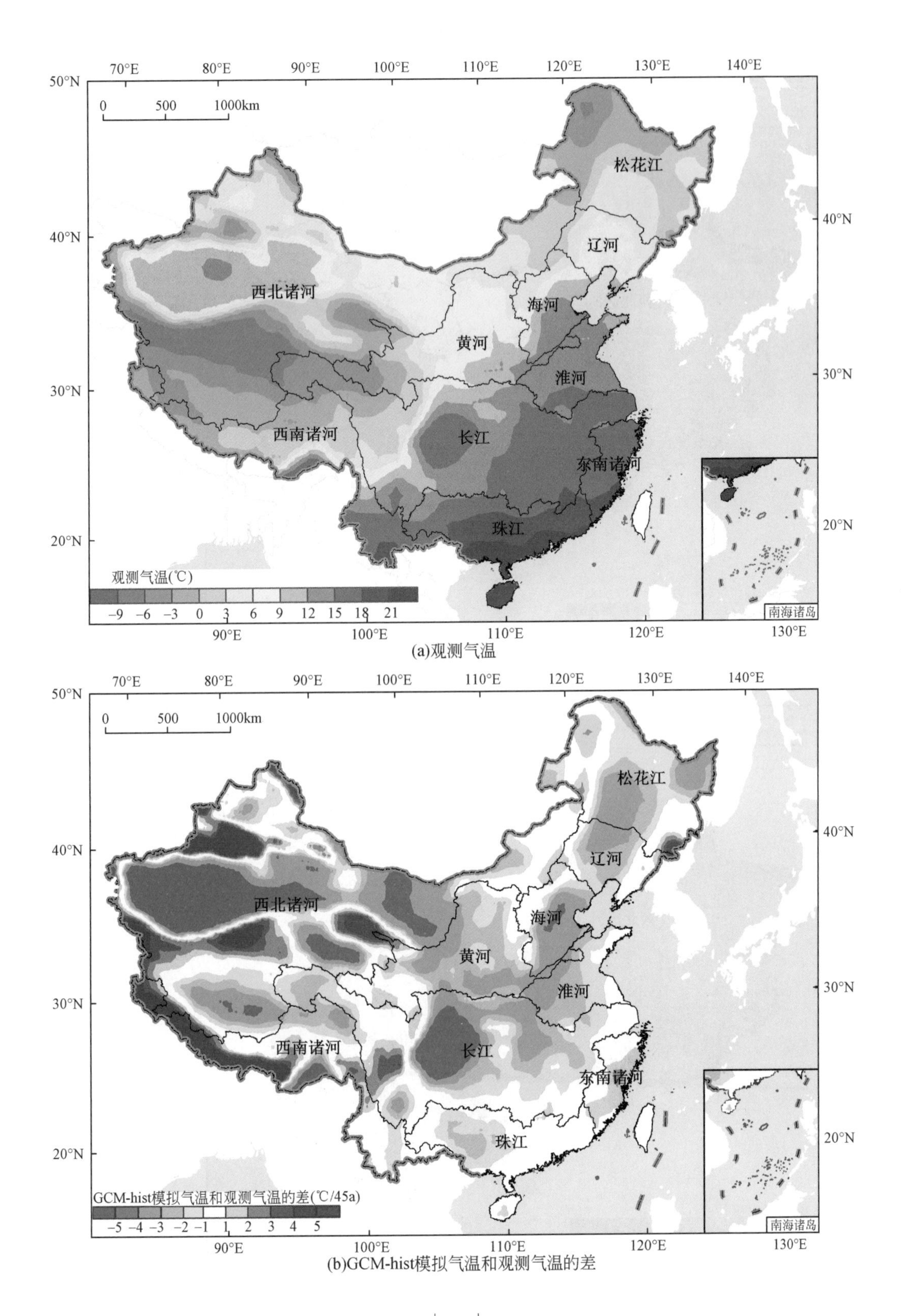

(a)观测气温

(b)GCM-hist模拟气温和观测气温的差

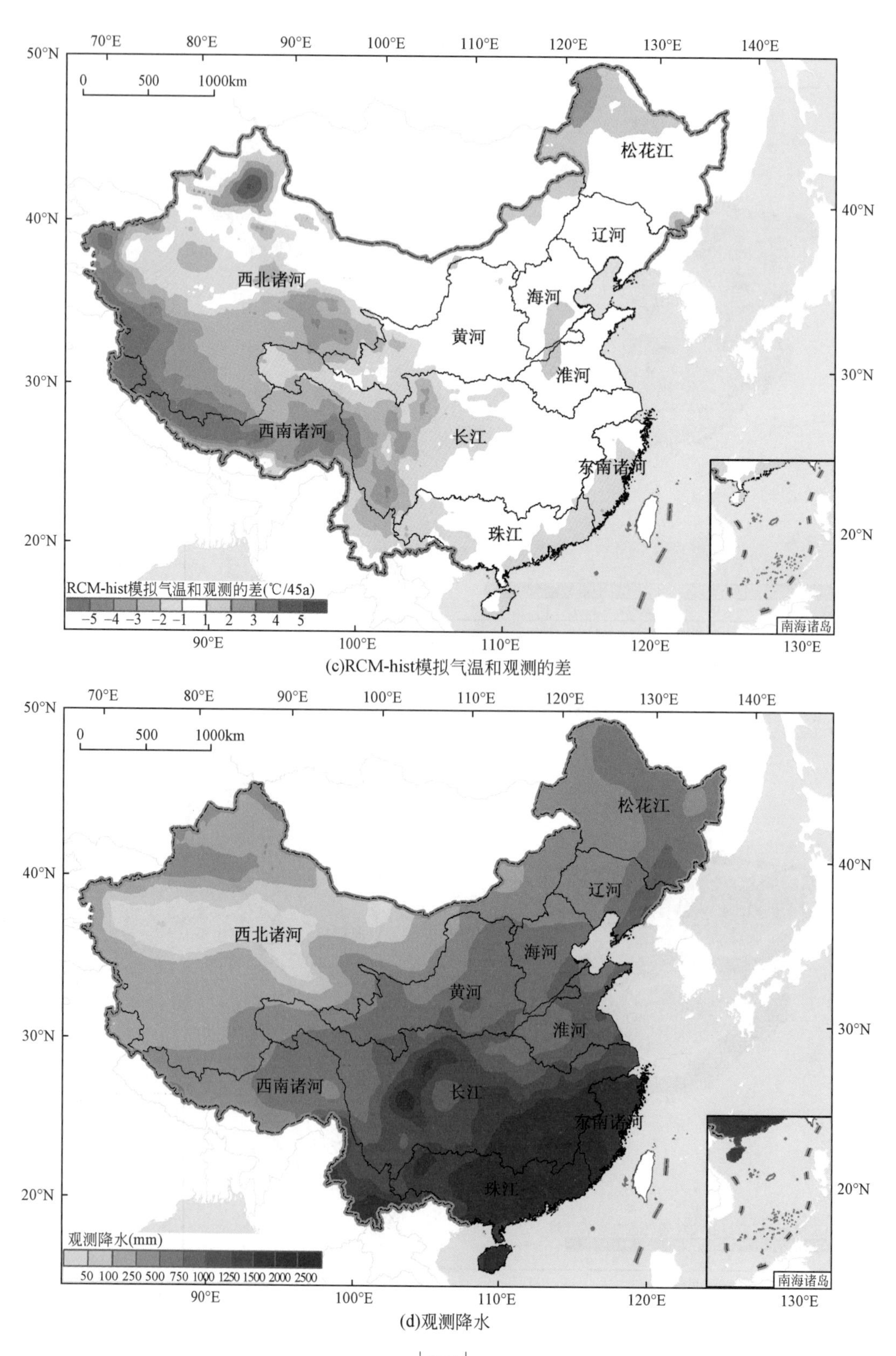

(c)RCM-hist模拟气温和观测的差

(d)观测降水

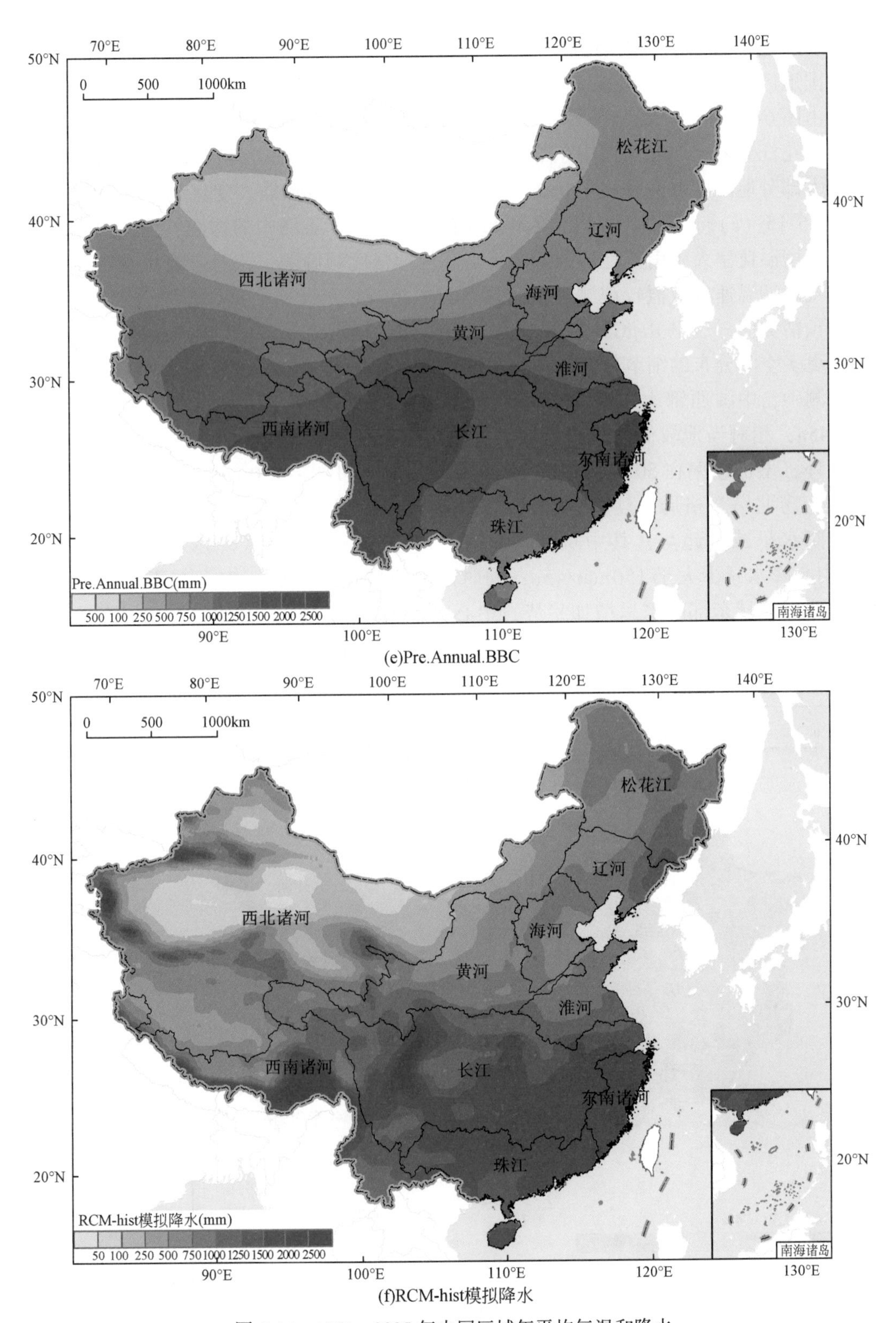

图 6-14 1961 ~ 2005 年中国区域年平均气温和降水

(2) 气温和降水的历史趋势

中国地区1961~2005年的逐年平均气温、降水变化趋势的观测和两个模式模拟的空间分布由图6-15给出。观测中大部分地区呈现增温趋势，北方地区增温趋势大于南方地区，如松花江流域、西北诸河中东部45年增温大于1.5℃，部分地区增温大于2.0℃；长江流域大部分地区增温速率小于0.5℃/45a，局部地区气温降低，变化趋势为-0.5~0℃/45a［图6-15（a）］。GCM-hist和RCM-hist模拟均呈现了观测中的增温特征，但对观测中北方地区增温速率大于南方地区的分布特点和模拟强度均偏弱，松花江流域和西北诸河等地模拟气温增温速率数值较观测明显偏低［图6-15（b），（c）］。注意到和以往进行的气候变化预估类似，这里RegCM4.0对过去气温变化的模拟结果和驱动场全球模式相比，除了提供更多空间分布的细节外，总体分布性差别不是很大（Gao et al.，2012）。

观测中，中国西部大部分地区年平均降水呈增加趋势，其中西北增加速率在1~50mm/45a，相对当地较低的降水基数表现出明显的变湿（施雅风等，2002）；西南流域除云南外，增加速率在50~100mm/45a，部分地区在100~150mm/45a。东部表现出明显的“南涝北旱”格局，辽河、黄河、海河、淮河北部、长江中游流域和珠江流域西部地区降水呈减少趋势，其中黄河、海河、长江流域部分地区降水减少50~100mm/45a，中心降水减少大于150mm/45a；同时淮河流域南部、长江中下游流域东部、东南沿海和珠江流域东部降水呈增加趋势，中心大于150mm/45a。此外，松花江流域大部分地区降水呈增加趋势［图6-15（d）］。GCM-hist模拟的年平均降水变化趋势基本表现了

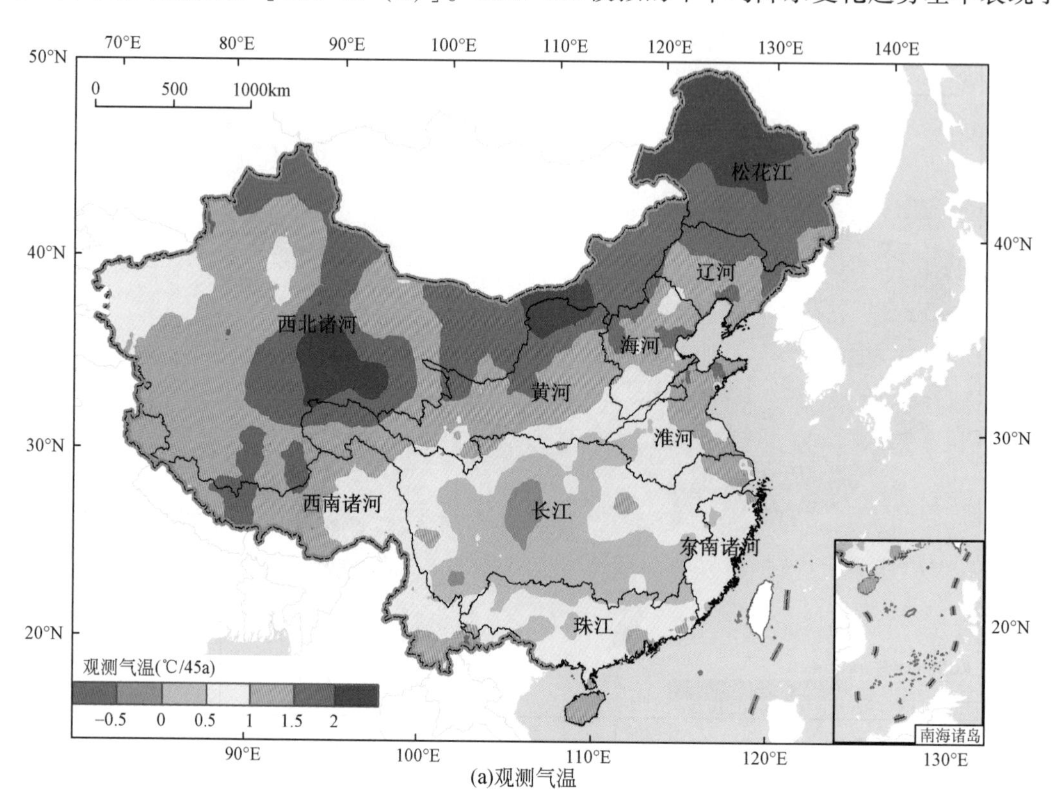

(a)观测气温

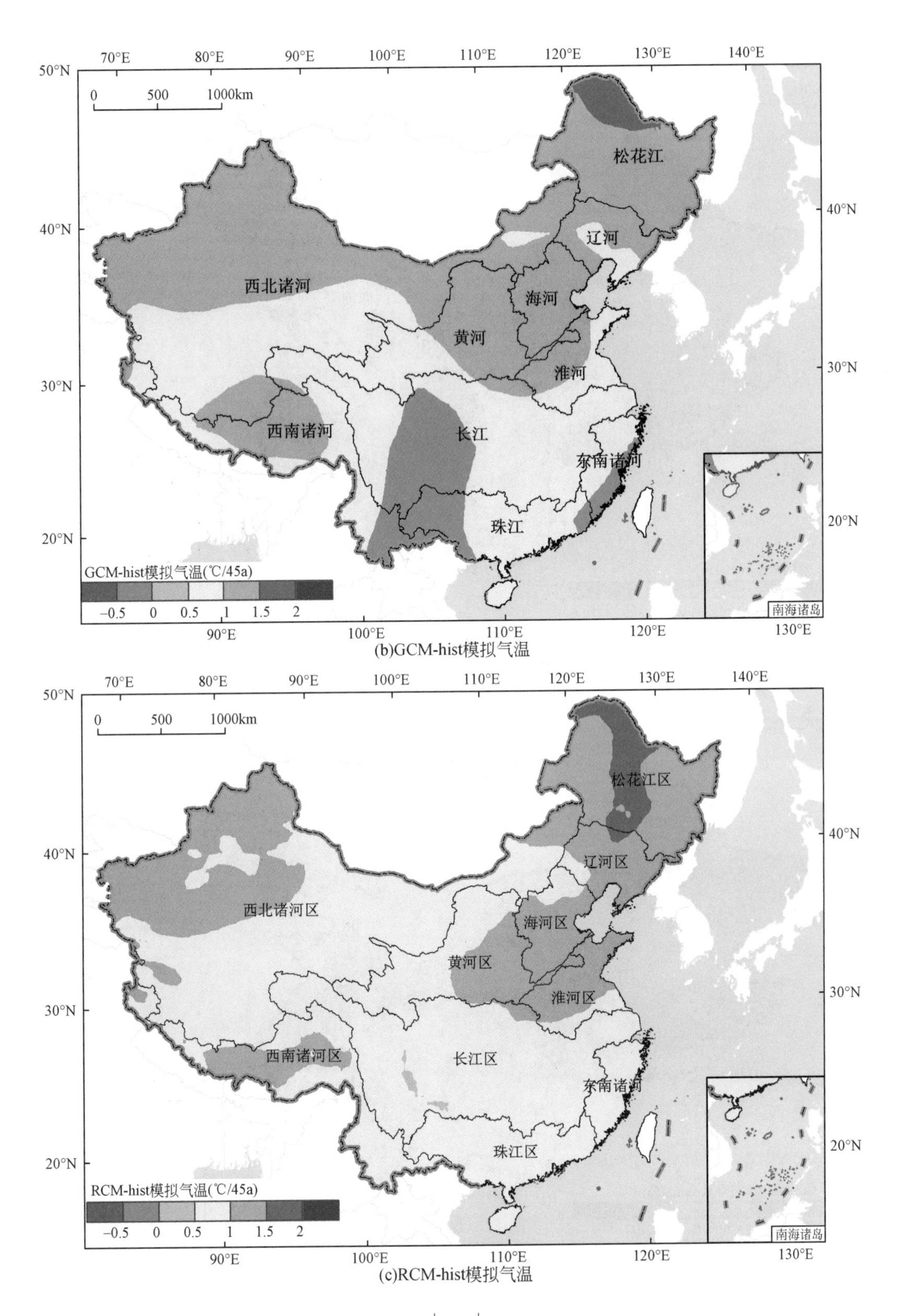

(b)GCM-hist模拟气温

(c)RCM-hist模拟气温

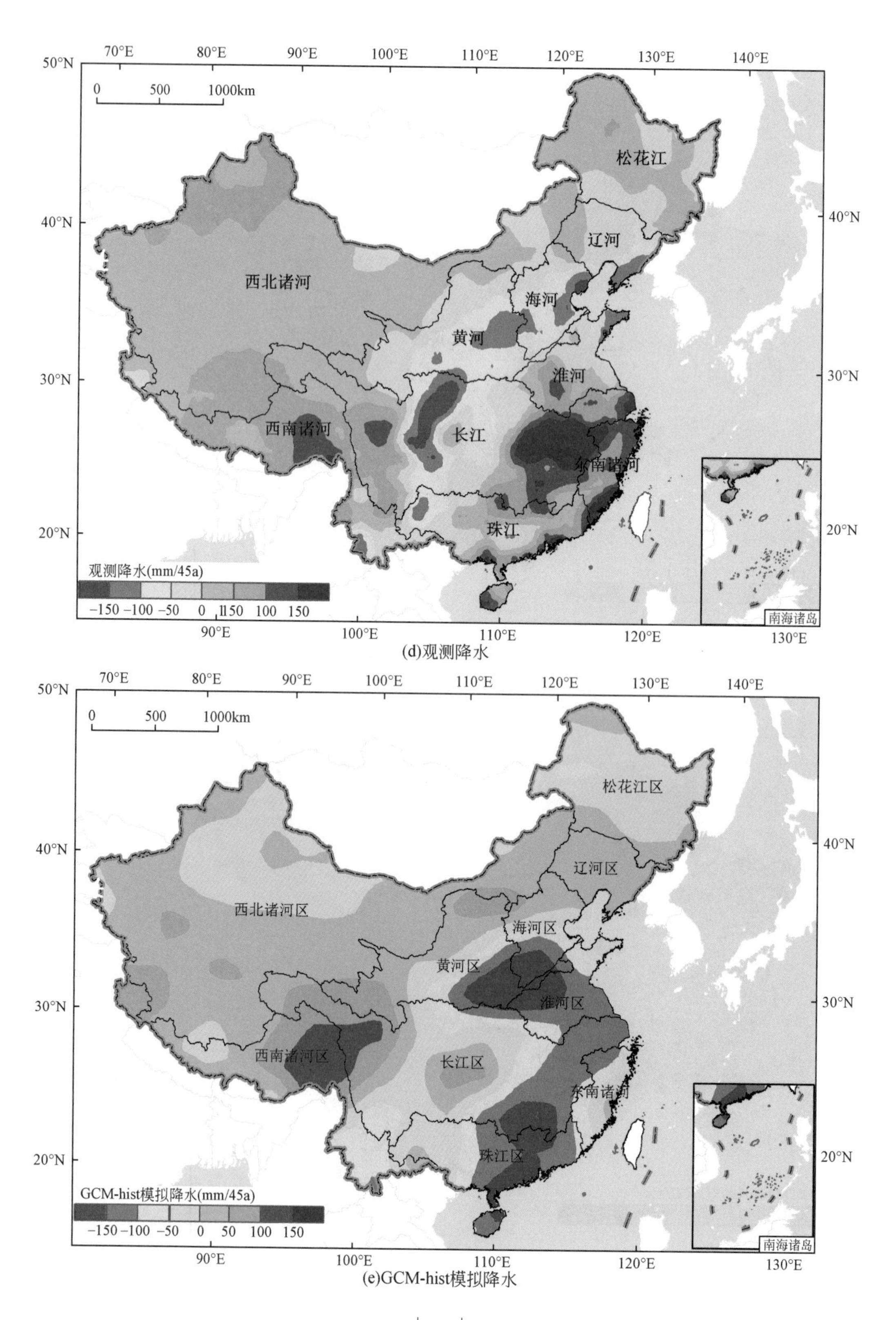

(d)观测降水

(e)GCM-hist模拟降水

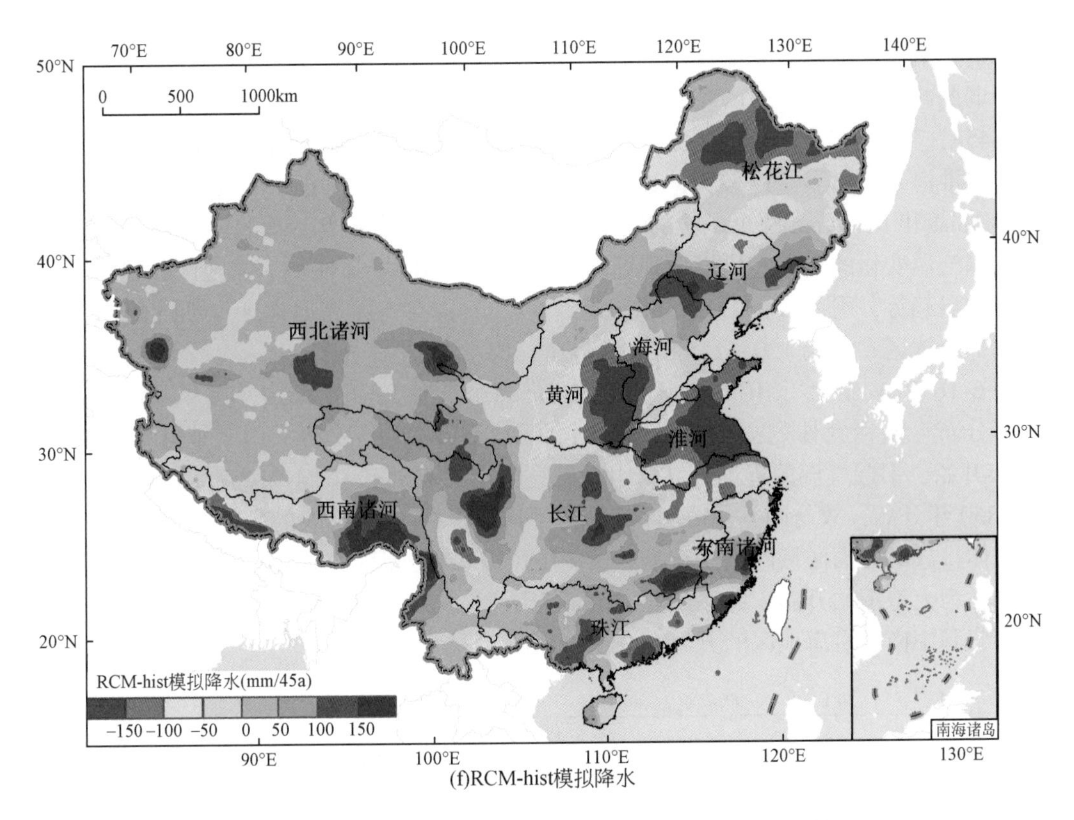

图 6-15　1961 ~ 2005 年中国区域年平均气温和降水趋势

中国西南降水的增加趋势和东部黄河流域南部、海河流域南部及淮河流域北部的“旱”，但对西北诸河变湿的降水增加趋势和东部淮河流域南部、长江中下游流域东部、东南沿海和珠江流域东部等的“涝”没有模拟能力，模拟结果中上述地区降水呈减少趋势，和观测趋势相反，其中长江中下游和珠江流域东部地区降水减少 100 ~ 150mm/45a，局部地区减少大于 150mm/45a，模拟和观测趋势相反。另外，松花江和辽河流域模拟的降水变化趋势也和观测相反［图 6-15（e）］。RCM-hist 模拟则除了较好地模拟了黄河、海河以及淮河流域北部的降水减少，一定程度上模拟出了西北诸河、长江中下游流域、东南沿海和珠江流域的降水增加趋势，对中国西部“转湿”和东部“南涝北旱”降水格局的模拟较 GCM-hist 好［图 6-15（f）］。

综上所述，RegCM4.0 比驱动模式 BCC_CSM1.1 无论在气候态还是历史趋势的模拟上均有较大程度提高，我们将主要基于 RegCM4.0 的试验结果，讨论人类活动和自然变率对中国及各大流域气候变化的贡献。

3. 人类活动和自然变率的贡献分析

(1) 气温

图 6-16（a）和图 6-16（b）分别给出了 RCM-nat 试验所模拟的 1961 ~ 2005 年逐年平

均气温的变化趋势及其与 RCM-hist 试验模拟的同期气温变化趋势之差，后者被认为是人类活动的影响。在自然变率的作用下，强迫的影响（RCM-nat）使得中国地区气温除青藏高原为弱的减低（0～-0.5℃/45a）外，其他大部分地区为弱的增温趋势，速率在为 0～0.5℃/45a，其中位于高纬度地区的西北北部、松花江和辽河以及中纬度的海河东部、黄河南部和淮海北部增温幅度较大，速率在 0.5～1.0℃/45a［图 6-16（a）］。图 6-16（b）为 RCM-hist 和 RCM-nat 两个试验的气温趋势之差，反映了人类活动的影响在 1961～2005 年对中国气温变化的贡献，可以看到近几十年温室气体的增加使得中国地区普遍变暖，为一致的增温趋势，引起大部分地区增温 0.5～1.0℃，在青藏高原地区（西北地区南部和西南大部分地区）增温 1.0～1.5℃［图 6-16（b）］。

图 6-16（c）给出了 RCM-hist 和 RCM-nat 两个试验 1961～2005 年多年平均气温差别的空间分布。温室气体的人为排放（即本书中所称的人类活动）由工业化革命时期的 1850 年开始，引起气温的逐渐升高，由于研究使用的驱动场 GCM-hist 和 GCM-nat 两个试验从 1850 年开始，故与图 6-16（b）不同，图 6-16（c）所反映的是 1850～2005 年累积温室气体排放对中国区域的增温贡献。由图中可以看到，温室效应总体对中国区域气温的影响同样为大范围的升温，并以西北地区最为明显，幅度一般达到 2℃以上，东部升温相对较小，其中南方沿海地区的升温在 0.5℃以下。

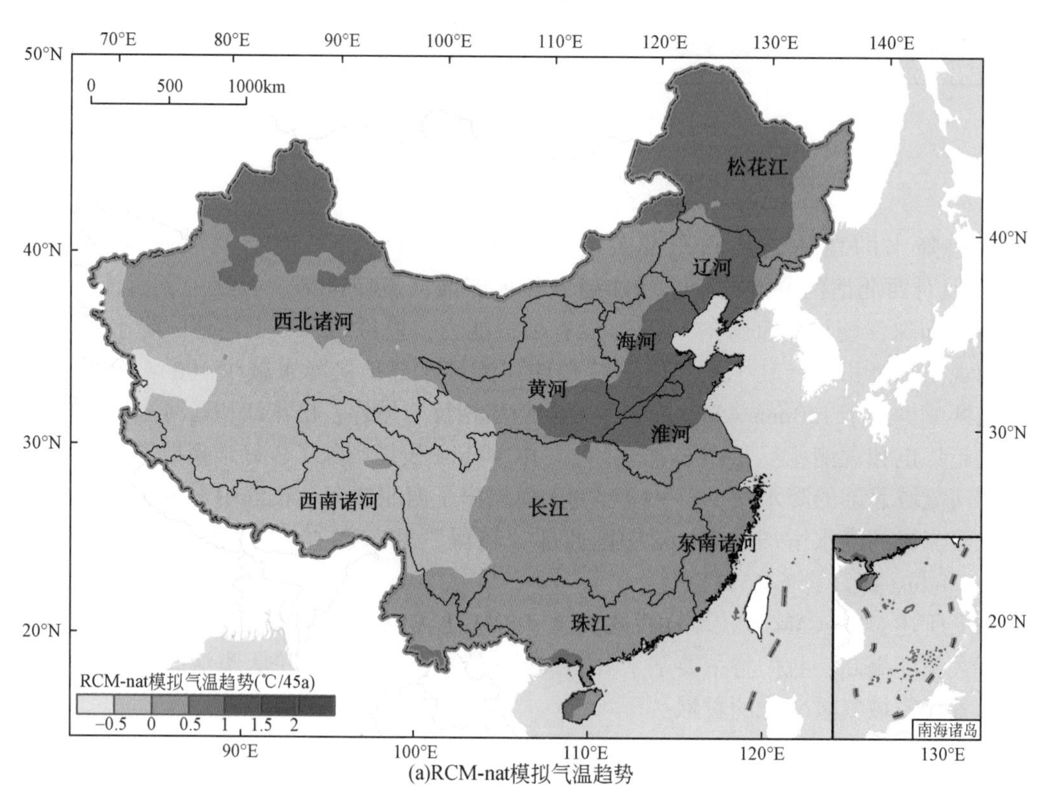

(a)RCM-nat模拟气温趋势

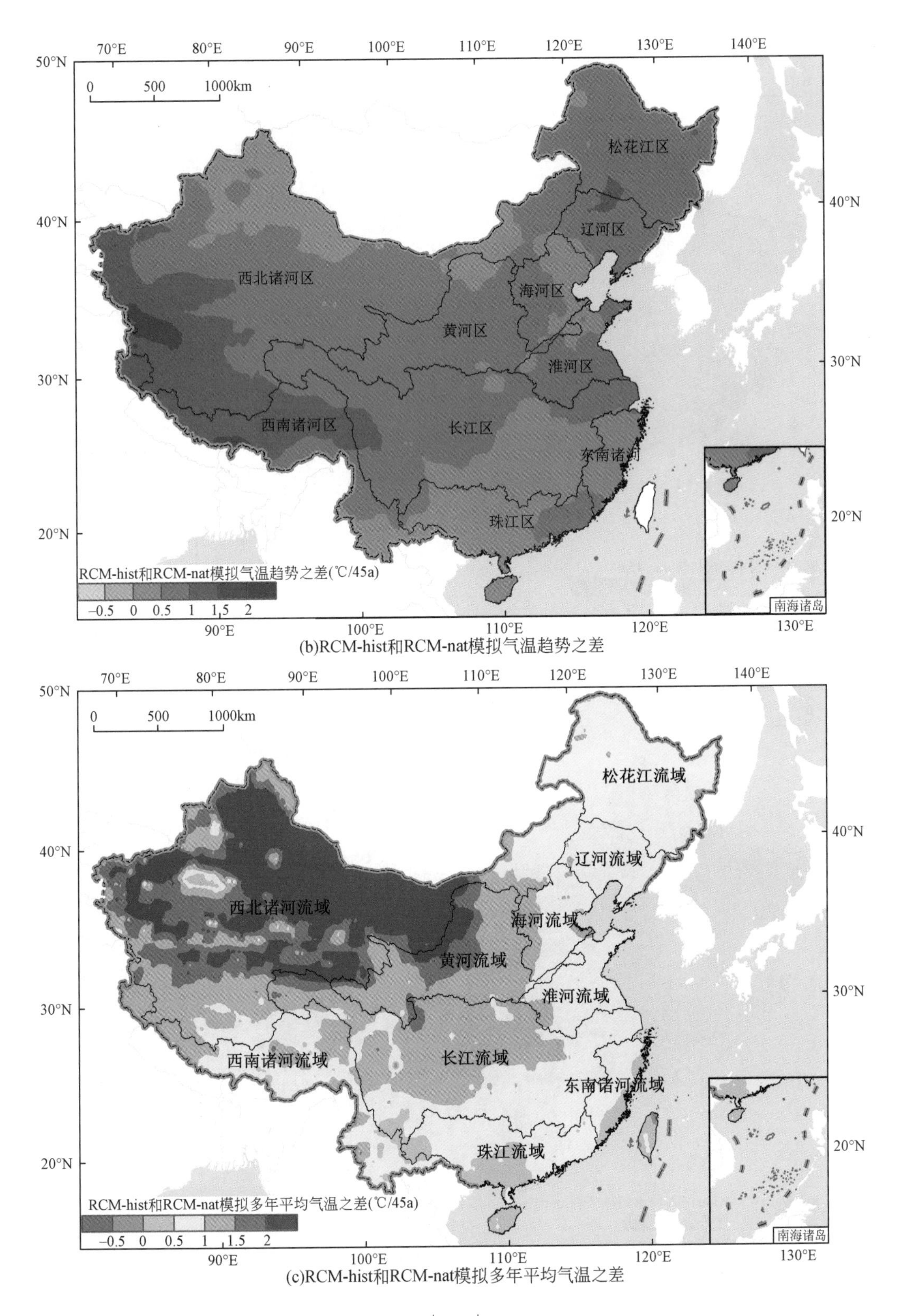

(b)RCM-hist和RCM-nat模拟气温趋势之差

(c)RCM-hist和RCM-nat模拟多年平均气温之差

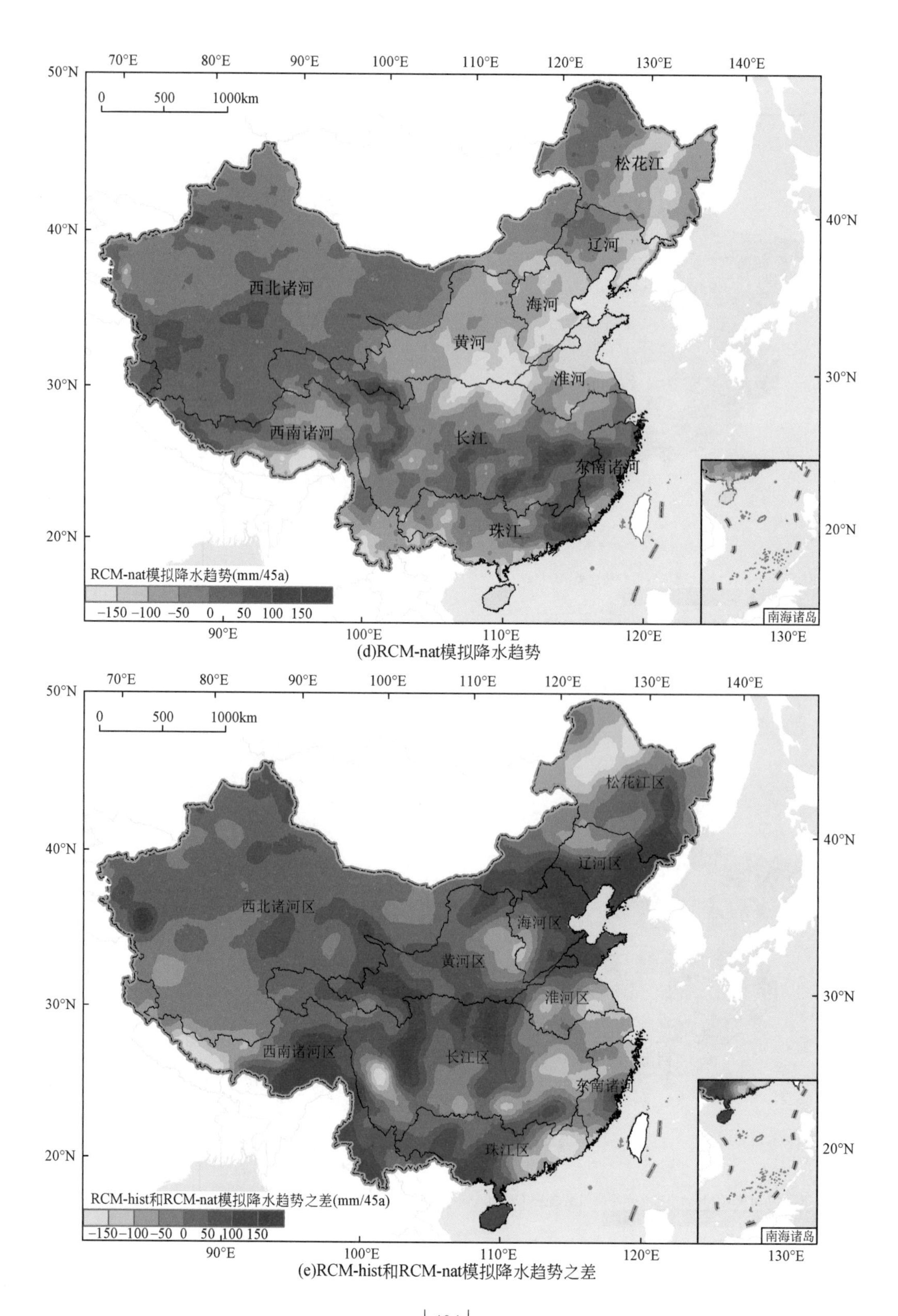

(d)RCM-nat模拟降水趋势

(e)RCM-hist和RCM-nat模拟降水趋势之差

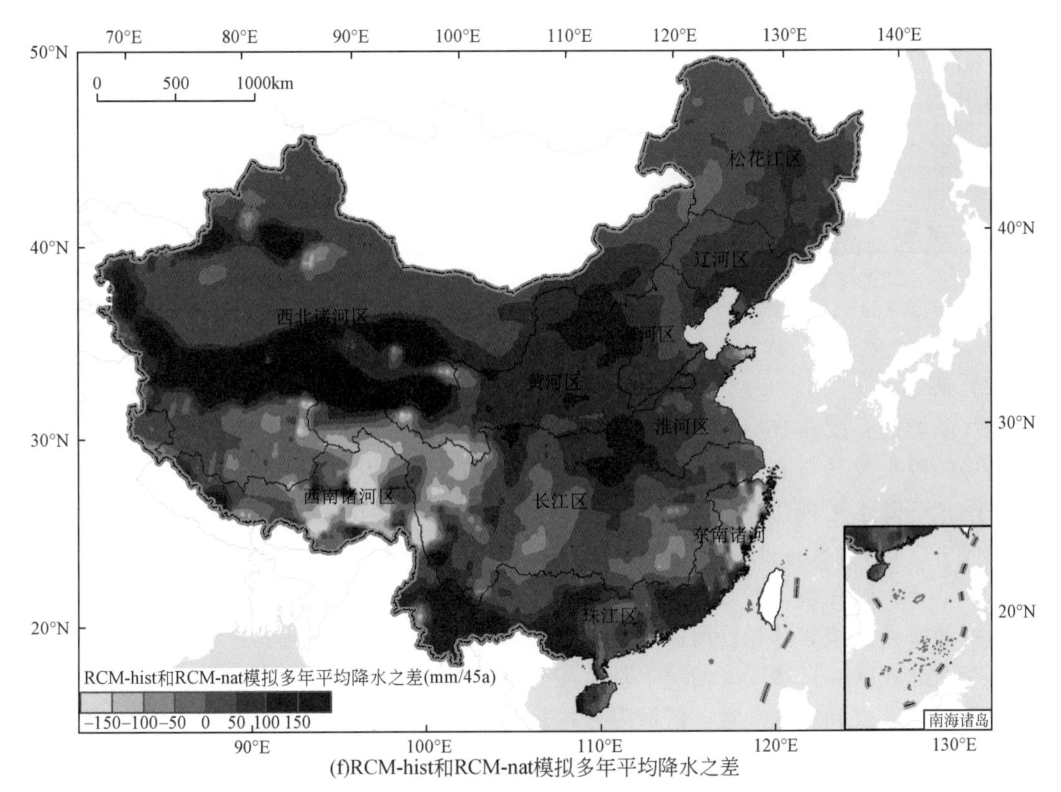

(f)RCM-hist和RCM-nat模拟多年平均降水之差

图 6-16 人类活动和自然变率对 1961 ~ 2005 年气温和降水变化趋势的影响以及累积温室气体排放引起的气温和降水变化分布

表 6-15 给出了 1961 ~ 2005 年各流域和全国区域平均的观测（OBS）、人类活动和自然变率强迫共同作用（RCM-hist）下、人类活动（ANT，RCM-hist 与 RCM-nat 之差）以及自然变率强迫（RCM-nat）下气温的变化趋势，同时给出了人类活动和自然变率对气温总体变化贡献所占的比例（ANT/RCM-hist 和 RCM-nat/RCM-hist）。其中，OBS 和 RCM-hist 用于检验模式对于历史气温变化趋势的模拟能力。由表 6-14 中可以看到，模式在松花江流域、西北和黄河流域 RCM-hist 模拟的流域平均增温幅度小于观测，其余流域模拟值和观测相近，全国平均观测和模拟增温速率分别为 1.2℃/45a 和 0.9℃/45a。在多数流域和全国平均的情况下，人类活动引起的增温幅度贡献都比自然变率大，一般占到总比例的 50% 以上，全国区域平均人类活动的贡献率为 80%（0.7℃/45a），自然变率为 20%（0.2℃/45a），即目前所观测到的中国区域增温现象，大部分可以归因于人类活动引起的温室气体排放增加的影响。

表 6-15 人类活动、自然变率对气温变化的影响

区域	松花江	辽河	海河	黄河	淮河	长江	东南诸河	珠江	西北诸河	西南诸河	全国
OBS（℃/45a）	1.9	1.4	1.2	1.3	0.9	0.6	0.5	0.6	1.4	1.0	1.2
RCM-hist（℃/45a）	1.4	1.2	1.1	0.9	1.2	0.7	0.6	0.6	0.9	0.9	0.9

续表

区域	松花江	辽河	海河	黄河	淮河	长江	东南诸河	珠江	西北诸河	西南诸河	全国
ANT（℃/45a）	0.8	0.7	0.5	0.6	0.6	0.6	0.5	0.4	0.8	1.0	0.7
RCM-nat（℃/45a）	0.6	0.5	0.6	0.3	0.5	0.1	0.1	0.3	0.1	-0.1	0.2
ANT/RCM-hist	0.5	0.6	0.5	0.7	0.5	0.9	0.8	0.6	0.9	1.1	0.8
RCM-nat/RCM-hist	0.5	0.4	0.5	0.3	0.5	0.1	0.2	0.4	0.1	-0.1	0.2

注：第一栏，OBS 为观测、RCM-hist 为人类活动和自然变率强迫共同作用、ANT 为人类活动、RCM-nat 为自然变率强迫下气温的变化趋势，ANT/RCM-hist 和 RCM-nat/RCM-hist 分别为人类活动和自然变率对气温总体变化贡献所占的比例

（2）降水

和气温类似，图6-16（d）和（e）分别给出 RCM-nat 对 1961 ~ 2005 年逐年平均降水变化趋势的模拟及其与 RCM-hist 之差。由图6-16（d）可以清楚看到，在自然变率的作用下，中国东部降水呈现明显的“南涝北旱”分布，海河、黄河和淮河等流域降水减少明显，最大可以达到 150mm/45a，长江和东南诸河流域则以增加为主。同时人类活动的影响［图6-16（e）］则在某种程度上与之相反，在东部地区呈现一定程度的“北涝南旱”现象，使得如海河流域北部和辽河流域南部等地降水明显增加，淮河和长江中下游流域降水减少。在西北地区，自然变率情况下降水减少，人类活动则引起降水增加，后者起主导地位，使得模拟结果和观测一致，区域降水增加［图6-16（f）］。注意到在大部分的气候变化预估模拟中，未来西部地区的降水都是增加的（Xu et al.，2010；Gao et al.，2012）。1850 年以来温室气体排放对中国降水总的影响为使得大部分地区降水增多，但青藏高原和江南部分地区降水减少［图6-16（f）］。

表6-16 同表6-15，但给出了降水的情况。降水本身的模拟难度较气温大很多，尤其是在具有复杂天气气候系统的东亚区域。对全国十大流域，在 RCM-hist 降水趋势变化模拟中，海河和黄河降水减少，长江、东南沿海、珠江、西北诸河和西南诸河流域降水增加，上述 7 个流域模拟降水变化趋势和观测一致，可以认为模拟结果在这些流域相对更加可靠。其他如松花江、辽河和淮河流域，模拟和观测的趋势相反，模拟结果的不确定性相对较高。全国的情况，模拟中的降水趋势变化不大，但实际观测降水为增加。

表6-16　人类活动、自然变率对降水变化的影响

区域	松花江	辽河	海河	黄河	淮河	长江	东南诸河	珠江	西北诸河	西南诸河	全国
OBS（mm/45a）	8	-33	-71	-48	10	26	110	18	27	44	16
RCM-hist（mm/45a）	-72	26	-26	-38	-147	22	5	15	24	18	0
ANT（mm/45a）	-25	95	93	46	-11	21	-27	49	20	48	27
RCM-nat（mm/45a）	-48	-69	-119	-83	-136	2	32	-33	4	-30	-27
ANT/RCM-hist	0.3	3.6	-3.6	-1.2	0.1	0.9	-6.0	3.1	0.8	2.6	—
RCM-nat/RCM-hist	0.7	-2.6	4.6	2.2	0.9	0.1	7.0	-2.1	0.2	-1.6	0.7

由表 6-16 中的第 6 ~ 7 行可以看到，人类活动引起的降水变化在半数流域起到主导作用，包括长江、珠江、西北诸河和西南诸河（可靠性相对较高）以及辽河流域（不确定性较大）；自然变率占到主导作用的流域，包括海河和黄河（可靠性相对较高）、松花江、淮河及东南诸河（不确定性较大）流域。此外还可以看到在辽河、海河、黄河、东南诸河和珠江流域，存在人类活动和自然变化的作用都很大，最终产生一个较小的综合结果的情况，如在模拟和观测降水变化一致的流域中，人类活动引起海河和黄河流域降水分别增加 93mm/45a 和 46mm/45a，自然变率情况下使得降水减少 119mm/45a 和 83mm/45a，两者共同作用下降水减少 26mm/45a 和 38mm/45a。

4. 结论与讨论

使用区域气候模式 RegCM4.0，单向嵌套一个全球模式，进行了中国及其各主要水文流域气候变化成因的模拟试验。区域气候模式较高的分辨率，使得它在改进全球模式气候态模拟的基础上，所模拟的历史气候变化趋势也和观测更加接近。在 RegCM4.0“有”和“无”人类活动两个试验对比的基础上，进行了人类活动（温室气体排放）和自然变率对中国地区历史气候变化的成因分析。

结果表明，在最近 45 年（1961 ~ 2005 年）观测的变暖中，自然变率除引起青藏高原等地的气温降低外，在中国大部分地区都起到增温的作用，增温幅度在新疆北部、东北和华北等地最大，同一时期温室气体排放引起的增温则在青藏高原最大，且其作用在大部分地区大于自然变率，全国平均的增温中，80% 的贡献来源于温室气体排放。

在观测中，近几十年中国东部降水呈现“南涝北旱”特征，西北有转湿趋势。对模式结果的分析表明，东部地区的“南涝北旱”可能主要是自然变率起到了主导，温室效应的作用实际呈现某种“北涝南旱”的特征。在自然变率情况下，西部地区降水为减少，观测中的增加主要是由于人类活动引起的温室气体排放造成的。但总体来说，降水由于其复杂性及目前气候模式的不完善，其归因分析的不确定性相对气温较大。

需要指出的是，对于区域级气候变化的成因分析是一个非常复杂和困难的问题，我们在这里仅做了一些初步的探讨。其中尚存在的问题，首先包括如严格意义上的检测和归因研究，需要多模式和多样本的集合，确定其统计意义上的显著性，并给出信度范围（Bindoff et al.，2013；Zhang et al.，2013），而目前区域模式虽然已有广泛应用，如在气候变化模拟和预估等方面，但开展的相关归因试验的数目还非常少，不能进行相关的统计分析。其次，本书仅考虑了人类活动中温室效应的作用，其他如气溶胶排放和土地利用改变等，也是影响气候变化的重要因子，尤其是在区域尺度上，如这两者在中国地区即为非常突出的问题。因此，本书的意义更多在于提供一个方法进行区域气候变化成因的研究，所得的结论也具有更多定性的性质。更全面和正确的认识和了解中国区域气候变化的成因，尚需开展大量的区域气候变化模拟和分析工作。

第7章　陆地水循环要素预估及其不确定性

本章从陆地水循环要素预估的方法、预估的不确定性以及存在的挑战等方面综述了该领域的研究现状；在我国松花江、海河、黄河、淮河、长江以及珠江等主要流域及典型子流域，利用多模式多情景的气候模式预估结果驱动不同水文模型，开展气候变化对流域尺度降水、气温、径流量等要素的预估，部分流域进一步开展了不确定性评估；预估结果揭示出了各流域一致性的变暖，变暖的程度因流域地理位置、全球模式和排放情景不同而存在差异，而降水和径流的预估结果在各流域之间的差异就更大，即使在同一流域也因采用的全球模式和排放情景不同而存在变化量级甚至是变化趋势上的不同。定量预估气候变化对陆地水循环要素的影响并量化预估的不确定性，对于流域水资源规划、管理、利用和适应气候变化具有重要意义。

7.1　研究进展

7.1.1　概述

1. 水循环预估的进展

在过去20年中，气候变化已经成为多学科研究的重点。由于气候系统与水循环的交互作用，使得气候变暖最重要和最直接的效应就是局地和区域水资源的可利用性的改变（Roger，2006）。水资源与社会经济发展密切相关，这使得气候变化对水循环的影响成为国际水科学研究的前沿问题（Covich，1993；刘昌明，1999；王根绪等，2005），为此政府间气候变化组织（IPCC）第四次评估报告特别出版了《气候变化与水》技术报告，以凸显各国政府和研究机构对气候变化的水文效应的重视。

IPCC AR5（IPCC，2014）中不论全球还是区域气候模式的评估结果都表明，随着气候变暖，大部分陆地区域的潜在蒸发在更暖的气候条件下极有可能呈现增加的趋势，而这将加速水文循环，对实际蒸发的长期预估则仍存在较大不确定性。基于6种不同方法分析均发现全球变暖将会导致潜在蒸发的增加，并导致干旱发展频率增加。多年冻土的面积预计在21世纪前半叶将持续缩小。此外，所有预估结果均显示21世纪冰川将会持续萎缩。对全球尺度的径流预估表明年均径流量在高纬度及热带湿润地区将增加，而在大部分热带干燥地区则减少。一些地区径流量的预估结果无论量级还是变化趋势上均存在相当的不确定性，尤其在中国、南亚和南美洲的大部分地区，这些不确定性很大程度上是由降水预估的不确定性造成的。对冰川融水和积雪融水地区的径流预估结果显示出绝大多数地区年最大径流量峰值有提前趋势。利用多个 CMIP5 全球气候模式耦合全球水文模式和陆面模式预估全球大约一半以上的地方洪水灾害将增加，但在流域尺度存在较大的变化及不确定性。预计即使灾害保持不变，但由于暴露度和脆弱性的增加，洪水和干旱的影响仍会增加。

2. 流域尺度水循环预估的意义

虽然气候变化问题以及人类对水文过程的影响发生在从局部到全球的所有空间尺度，但区域和流域尺度是全球变化最重要的来源和驱动力。气候变化研究越来越重视全球问题与区域和流域问题的结合，强调全球变化的问题主要通过区域研究来解决。开展区域尺度气候变化对水文水资源的影响研究，对于流域水资源的合理管理和调配至关重要。

20 世纪下半叶，强烈的人类活动与全球变暖背景叠加，使得我国气候带明显摆动，降水南增北减，并导致南方洪涝增加、北方干旱日趋严重，天然水文过程发生重大改变（葛全胜等，2005）。流域是与水有关的区域尺度研究的最佳单元，因为它代表了水与自然特征、人类水土资源利用相关的物质迁移的自然空间综合体（Lahmer et al.，2001）。在人类活动和气候变化的共同影响下，中国主要流域的实测径流量整体呈减少态势。气候变化导致水循环过程加速，引起了水资源及其空间分布变化。根据 1951～2010 年的资料序列分析，受气候变化和人类活动等多重因素的影响，20 世纪 80 年代以来，中国主要流域的实测径流量总体上呈下降趋势，北方地区水资源量明显减少。其中，海河流域实测径流量减少了 40%～60%，黄河中下游减少了 30%～60%。受气候变化对水文的影响，干旱、洪涝等极端水文事件频繁发生，特别是近 20 多年来，形成了“北旱南涝”的局面，北方的干旱缺水与南方的洪涝灾害同时成为制约我国经济社会可持续发展的主要因素之一（第二次气候变化国家评估报告编写组，2011）。

7.1.2 预估方法

1. 流域水文模型

复杂的气候系统与水循环的作用机制、多方面交互作用的环境因素，跨越微观到宏观的时空尺度 3 个方面，决定了气候变化的水文效应研究不能仅仅依靠试验和野外观测，而水文模型和计算机模拟成为必不可少的重要手段（Yu et al.，1999）。同时，现代计算机技术的发展也为流域水文过程模拟提供了条件。

流域水文模型是模拟流域水文过程和认识流域水文规律的重要理论基础，对流域产汇流计算、洪水分析与预报以及水资源优化配置与调度等具有重大意义。经过半个多世纪的发展，国内外水文学者从不同的侧重点上建立了多种不同的水文模型，并得到了广泛应用。从反映水流运动物理规律的科学性和复杂程度而言，这些模型可以分为系统模型、概念模型和物理模型。从反映水流运动空间变化的能力而言，流域水文模型又可分为集总式模型、半分布式和分布式模型。世界气象组织曾经于 1974 年、1986 年和 1992 年开展过对各种水文模型的验证和比较。其基本结论为：对于湿润流域，所有模型都能得到较好的结果；对于干旱半干旱流域，显式模型（如水量平衡模型）要明显优于其他模型；当资料质量较差时，简单模型的计算结果要优于复杂的水文模型；结构不定的模型适应性好，能应用于各种气候与地形条件；不能根据对比结果，肯定推荐使用某一种模型。

1997 年举办的我国首次水文预报技术竞赛中对 10 个水文模型进行了对比分析（李琪，1998）。此后，针对新安江模型、SLM 模型、LMP 模型、TOPMODEL、比利时水量模型和两参数月水量平衡模型、HBV 模型、HEC 模型、SIMH YD 模型、TOPMODEL 模型、SMAR 模型的模型结构以及模型在不同流域的模拟效果进行了比较（王渺林和郭生练，2000；胡彩虹和郭生练，2003；黄沛和张秋文，2006；李致家等，2006；董小涛等，2006）。国际上，Boorman 和 Sefton（Boorman et al.，1997）用两个概念性水文模型比较了由于模型不同导致气候变化的水文效应模拟的不同，Jiang 等（2007）对比了 6 个月水文模型对水分平衡要素的模拟效果。

大量结果表明：在特定流域进行水文模拟分析时，应该根据该流域的具体条件，选取合适的水文模型；而在应用特定的水文模型进行流域水文模拟研究时，也应该根据该模型的建模思想，选取合适的试验应用流域。综合国内和国际的研究可以发现，水文模型的比较主要集中在概念性模型上，由于分布式水文物理过程模型涉及参数众多，实际应用较少，开展比较研究也较少。

2. 气候模式预估

（1）气候系统模式

气候模式是理解气候系统的变化规律，再现其过去演变过程、预测和预估其未来变化的重要工具，同时也是开展气候变化影响研究，获得未来气候变化情景的重要工具。世界气候研究计划（WCRP）在推动气候模式发展中发挥了重要作用。再过去 20 多年中，WCRP 相继组织了从“大气模式比较计划”（AMIP）（Gates et al.，1992）到“耦合模式比较计划”（CMIP）（Meehl et al.，1997，2000）等一系列国际模式比较计划。利用 CMIP 计划的气候模式和预估结果所发表的大量学术论文，构成了“政府间气候变化专门委员会”（IPCC）科学评估报告的重要组成部分（周天军等，2014）。

WCRP 通过其联合科学委员会/气候变率和可预报性国际计划（JSC/CLIVAR）“耦合模拟工作组”（WGCM），于 1995 年推出第 1 次国际耦合模式比较计划 CMIP1，并在随后的近 20 年时间里陆续推出了第 2 ~5 次比较计划。参加 CMIP1、CMIP2 和 CMIP3 的国际模式分别有 10 个、18 个和 23 个（Meehl et al.，1997，2000，2005）。在 CMIP3 之后，WCRP WGCM 又组织了 CMIP4，它实际是 CMIP3 和 CMIP5 的过渡计划，影响力相对较少。CIMP5 计划有来自全球的 20 多个研究组、40 余个气候系统模式和地球系统模式参加（Taylor et al.，2012）。

从 CMIP1 到 CMIP5，气候系统模式从结构到物理过程都取得了飞速的发展。在气候变化研究中，各个全球气候模式对不同区域的模拟效果不尽相同，许多科学家的研究证明多个模式的平均效果优于单个模式的效果。

（2）温室气体排放情景

情景在气候变化研究中的应用有助于评估人类对气候变化贡献的不确定性，地球系统对人类活动的响应，未来气候变化的影响以及不同减排和适应途径的意义。温室气体排放情景是对未来气候变化预估的基础。预估未来全球和区域气候变化需要构建未来社会经济变化的情景，并由此衍生出温室气体排放情景。国际上在对未来社会经济可能发展途径做出一定假设的基础上，定量估计了未来温室气体的排放情景，并借助各种不同的气候系统模式对未来不同排放情景下的气候变化进行了预估，以其为评估气候变化影响，进而提出适应对策等提供依据。

模式基于的温室气通排放情景主要是要代表大气中二氧化碳浓度增加这一特征，因此最初主要采用二氧化碳浓度加倍或增加四倍作为输入去驱动早期气候模式。1990 年，IPCC 构建了第一套温室气体排放情景（90 情景），作为气候模式的输入以推动对气候变化影响的科学评估。90 情景共包括 4 种情景（A、B、C、D），所有情景的人口和经济增长假设都相同，情景之间的唯一差异是能源消费。90 情景是 IPCC 第一次评估报告的基础。

两年以后，IPCC 又推出了 6 种新的排放情景（IS92 情景），提供 1990 ~ 2100 年的各种温室气体排放路径（Pepper et al.，1992；Alcamo et al.，1995）。在 IS92a、b、c、d、e 和 f 情景中，分别考虑了高、中、低的人口和经济增长以及不同的排放预测，得到科学家们的广泛使用。其中 IS92a 情景成为众多气候变化模拟和影响研究的参照情景。IS92a 情景构成了 IPCC 第二次评估报告的基础。

IPCC 于 1996 年又启动了对新的排放情景的构建，并于 2000 年出版了排放情景特别报告（SRES）。SRES 情景避免了 IS92 情景的缺陷，预测了与社会经济发展相联系的温室气体排放。SRES 情景包括 4 个系列 A1、A2、B1 和 B2，其中 A1 由 3 组情景 A1FI、A1B、A1T 组成，分别表示能源技术发展的不同选择，A2、B1 和 B2 各由 1 组情景组成，总共 40 个情景。SRES 情景考虑的影响温室气体排放的主要因子包括人口、经济、技术、能源和农业（土地利用）。根据 SRES 情景，未来温室气体排放在很大程度上取决于人们的选择。例如，经济结构的调整、对不同能源的偏爱及如何利用土地资源等。SRES 情景为 IPCC 第三次和第四次评估报告提供了评估未来气候变化及其潜在影响和可能响应策略的基础（IPCC，2001），因而得到科学团体和决策团体的广泛应用。

在 IPCC 第 4 次评估报告中提出了对情景的更新和补充的需求，Moss 等也在 2010 年对其必要性进行了深入讨论（Moss et al.，2010）。通过 2 ~ 3 年的工作，新一代排放情景已经形成。新一代情景称为典型浓度路径（representative concentration pathways，RCPs）。这里 representative 表示只是许多种可能性中的一种可能性，用 concentration 而不用辐射强迫是要强调以浓度为目标，pathways 则不仅仅指某一个量，还包括达到这个量的过程。4 种情景分别称为 RCP8.5、RCP6、RCP4.5 及 RCP2.6，其中前 3 个情景大体同 2000 年方案中的 SRES A2、A1B 和 B1 相对应。

（3）降尺度方法

目前开展的气候变化的水文效应研究，多采用全球模式输出的气候情景驱动水文模型。但由于计算条件限制，现有全球气候模式的分辨率一般较粗，不能恰当地描述复杂地形、地表状况和某些物理过程，从而在区域尺度的气候模拟及气候变化试验等方面产生较大偏差。因此，也很难适用于区域尺度水文过程模拟研究。为了开展区域气候变化的水文效应研究，通常采用降尺度技术（Wilby，1998；Dibike，2005；范丽军等，2005）得到适合于区域尺度的气候变化情景（Christensenet al.，2007）。一般来说降尺度包括统计降尺度和动力降尺度两种方法。

统计降尺度方法主要包括：转换函数法、环流分型技术和天气发生器（WG）。转换函数法是在观测的当地气候变量（预报量）和大尺度的 GCM 输出（预报因子）之间建立的统计线性或非线性关系。它们的应用相对容易，主要缺点是在预报因子和预报量之间可能缺乏稳定的关系。环流分型技术是对与区域气候变化有关的大气环流因子进行分类，主要优点是局部变量与大气环流因子密切相关，但可靠性取决于大尺度环流和当地气候稳定的关系，尤其是对降水、日降水量和大尺度环流之间往往没有强烈的相互关系。天气发生器根据气候模型预测的变化因素的扰动为基础，其优点是能够为研究罕见的气候事件的影响和自然变异性迅速产生一系列气候情景。统计降尺度方法尽管无实际物理意义，但是计算量较小，节省机时，可以很快地模拟出百年尺度的区域气候信息，同时很容易应用于不同的 GCM 模式。

动力降尺度通常用区域气候模式（RCM）与 AOGCM 嵌套，来模拟和预估区域气候和气候变化。其基本思路是，在 GCMs 提供的大尺度强迫下，用高分辨率有限区域数值模式模拟区域范围内对次网格尺度强迫（如复杂地形特征和陆面非均匀性）的响应，从而在精细空间尺度上增强大气环流的细节。相比统计降尺度方法而言，动力降尺度有比较明确的物理意义，可以捕捉到较小尺度的非线性作用，所提供的气候变量之间具有协调性，能应用于全球任何地方而不受观测资料的限制。此外，动力降尺度能够再现非均匀下垫面对中尺度环流系统的触发，体现大尺度背景场和局地强迫之间的非线性相互作用。但它的缺点就是计算量大、费机时；区域模式的性能受 AOGCM 提供的边界条件的影响很大，区域耦合模式在应用于不同的区域时需要重新调整参数。

7.1.3 不确定性

分析气候变化对水循环的影响主要包括 3 个步骤：①利用气候模式开展不同温室气体排放情景下未来的气候预估；②利用降尺度方法建立气候模式和流域尺度水文模型之间的关系，或者为水文模型提供流域尺度气候情景；③利用水文模式模拟气候变化的水文效应。在这一过程中，每一步都存在着误差，这对减少气候变化对水文过程影响模拟的不确定性提出了挑战。

1. 气候预估的不确定性

气候模式是开展气候模拟和气候变化研究，获得未来气候变化情景的重要工具。气候变化预估的不确定性是一个非常重要的问题，它决定着气候变化预估的可靠性与准确度。

鉴于地球气候系统的复杂性，现阶段人类对其的理解有限，因此国际上现有各种不同复杂程度的气候模式本身亦存在着较大的不确定性，目前气候变化预估结果给出的只是一种可能变化的趋势和方向，还包含很大的不确定性。产生不确定性的原因很多，归纳起来主要有主要来自 5 个方面。

第一，对气候系统过程与反馈认识的不确定性。气候系统本身极其复杂，目前尚无法完全了解气候变化的内在规律。对碳循环中地球物理化学过程认识及各种碳库估算、各种反馈作用及其相对地位的认识存在不确定性。

第二，可用于气候研究和模拟的气候系统资料不足。海洋、高山、极地台站分布稀少，因而从站网布局、观测内容等方面都不能满足气候系统和气候变化模拟的要求。

第三，温室气体的气候效应认识不足。目前我们对温室气体、气溶胶的源汇和分布及其与辐射强迫的非线性关系并不完全清楚。在气候模式模拟预估过程中，各种强迫因子的强度只能给出一个可能的变化范围，同时各种参数化方案也会引起预估结果的不确定性问题。不能排除气候的自然变率是造成气温升高主要原因的可能性。气候长期自然变化的噪音和一些关键因素的不确定使得定量确定人类对全球气候变化影响仍存在一定困难。

第四，气候模式的代表性和可靠性。气候的复杂特性和资料的有限性决定了气候模拟中必然存在缺陷。由于对气候系统内部过程与反馈缺乏足够认识，导致了气候模式对这些过程与反馈的描述存在不确定性。首先，气候模式采用有限时空网格的形式来刻画现实中的无限时空，而用次网格结构的物理量参数化代替真实的物理过程，影响利用气候模式预估未来气候变化的可信度。其次，准确的初边值难于获得。气候模式还存在另一类不确定性问题，主要包括模式的计算稳定性、参数化的有效性、物理过程描述的合理性等，也就是目前通常说的模式不确定性问题。另一个问题是关于气候模式的气候敏感度。气候敏感度是指全球平均表面温度在大气中 CO_2 浓度加倍后的平衡变化。而水汽反馈、陆面反馈，尤其是云反馈机制的复杂性被认为是影响气候敏感度的最大不确定源。IPCC 第三次评估报告所使用气候模式的平衡气候敏感度在 1.5 ~4.5℃。IPCC 第四次评估报告所使用气候模式的气候平衡敏感度是在 2.0 ~4.5℃，最可能的值是 3℃，对瞬变气候响应的限制优于平衡气候敏感性的限制，很可能大于 1℃，很不可能大于 3℃。各种云反馈是模式间平衡气候敏感性差异的主要原因，低云是最主要的原因。现在对不同模式平衡气候敏感性的差异原因已有较好的认识，但还需进一步完善。

第五，未来温室气体排放情景的不确定性。由于人类活动变化的复杂性，温室气体的排放情景研究还存在很大的不确定性。鉴于未来经济发展、技术进步和政策等方面的不确定性，温室气体的排放情景还只是一系列假设前提下的估计。人类社会经济发展路径不同、政府政策干预程度不同以及人类自身对环境意识的改变，都会对未来温室气体排放情景产生影响，从而进一步影响到未来气候变化。

2. 降尺度的不确定性

无论是动力降尺度还是统计降尺度，每一种降尺度方法特有的优点和缺点都会导致未来气候预估的不同，尤其是一些降尺度方法无法预估水文学中的极端事件，未来气候预估的差异意味着降尺度方法增加了量化气候变化对水文影响的不确定性。尽管关于降尺度的科学认识已经有所提升，但是在影响研究中，对于由于降尺度信息的选择和使用所带来的影响考虑确很少。已有研究结果表明：在气候变化影响评估中，降尺度方法的选择很重要，在任何气候变化影响研究中都不能忽略与降尺度方法的选择有关的不确定性；降尺度方法也不能一概而论，在进行气候变化影响研究时，该根据具体情况对选择的一个或多个方法进行评价。从不同气候区的流域（特别是干旱和半干旱气候）得到结果是很有价值的，因为水文对特定的降尺度方法的选择可能与特定的气候有关，在现阶段不可能为特定的用途推荐一种确定的方法，或者使用多种降尺度方法为水文模型产生一个总的驱动。

降尺度技术的问题主要包括：无论是统计降尺度还是动力降尺度，都依赖于全球气候系统模式的气候预估作为其输入。全球模式本身的很多不确定性问题没有得到解决，并且有可能会在降尺度过程中被放大。由于降尺度方法对观测数据的依赖，也导致观测数据将对降尺度结果产生影响。此外，由于降尺度方法对稳态的脆弱性，使得在用降尺度技术开展气候变化预估的降尺度中，当面临非稳态过程时存在不确定（Hewitson et al.，2014）。

3. 水文模拟的不确定性

水文模型一般采用确定性方法，根据物质平衡和能量平衡，对水文参数进行一定的概化处理，对结果采用均值等方式进行表达。由于受水文过程的复杂多变以及各种水文地质参数的空间异质性等因素的影响，致使水文模拟的结果具有很大的不确定性，出现“异参同效”的现象（Bven and Propheey，1993；熊立华和郭生练，2004），使得在利用水文模型开展气候变化的水文效应模拟和评估时存在很大的风险性。

水文模型的不确定性有 4 个来源（Refsgaard et al.，1996）：第一是模型输入数据的不确定性。例如，降水、蒸散、温度、前期土壤湿度等水文模型的主要输入数据，如这些数据存在不均一性、观测误差、数据缺失等问题，就会影响水文模拟的结果。第二是模型率定数据的不确定性。例如，观测的径流量、土壤湿度等用于和模拟值比较的数据，如上述用于模型率定的数据存在误差，则会对水文模拟带来不确定性。第三是模型参数的不确定性，模型的参数化方案不是模型的最优化参数值。第四是模型结构的不确定性，任何水文模型都是对现实水文过程的数学表达，由于水文过程的复杂性导致不同水文模型在建立过程中会对其涉及的水文过程存在不同的简化，而这一过程中会导致模型结构是否能否包含关键的水文过程。

为了解决上述问题，从 20 世纪 90 年代中期开始，出现了一些知名的研究成果。其中，Beven 和 Binley 在 1992 提出的 GLUE 方法（Beven and Binley，1992）应用十分广泛，并且不断发展（Romanowicz et al.，2006；Beven et al.，2007；李胜和梁忠明，2006；Hyung et al.，2007），后来出现了 Markov 链 Monte Carle 采样算法（Bates and Campbell，2001），再就是基于 Bayes 统计的水文模拟不确定性估计方法开始广泛地被应用在模拟方法、参数估计、水文预报方面（Krzysztofowicz，1985；Freer and Ambroise，1996）。大量研究成果表明，加强对水文过程的直接观测和同化数据的使用，提高对水文过程机理的认识以完善水文模型的结构以及探讨新方法的应用都能有效减少不确定性（武震等，2007；尹雄锐等，2006；Aleix，2007；John et al.，2006；Mazdak et al.，2007；Jonathan et al.，2006；Mantovan and Todini，2006）。

已经有大量的研究定量评估不同来源的不确定性对水循环的影响，涉及的不确定性来源包括温室气体排放情景、全球模式结构（不同的全球模式）、降尺度方法，水文模型结构、水文模型参数和气候系统内部变率等。结果表明，与 GCM 结构有关的不确定性是最大的，但如果不考虑 GCM 结构的影响，其他来源的不确定性则很重要。综上所述，在开展气候变化对水循环影响研究中，比较和定量区分不同来源的不确定性的量级和范围，对流域水资源管理尤为重要。

7.1.4 挑战

21 世纪，局地、区域和全球尺度的可持续水资源管理面临严重的挑战。水是生命的基本需求，有效的水资源管理可以提供社会最基本的需要。但是随着人口的增加和经济发展，对水资源的需求不断增加，同时全球水资源也受到多度使用和污染的威胁。这增加了局地、区域和全球尺度对水资源的竞争。环境变化为水资源带来了额外的压力，导致水资源的脆弱性和可获得性等方面的一系列问题，而这两者都与社会密切相关。土地利用变化、人口增长、农业强度增加以及工业化通过不同的途径改变了水文系统，世界主要河流，水资源管理正在改变径流量，并严重影响下游的用户、生态系统和流入海洋的淡水流量产生。在这些压力之上，气候变化对水资源影响预估的主要挑战体现在，如何能够更好地理解和预测降水的变率和变化，以及地表和水文过程的变化如何影响过去和未来的水资源有效性和水资源安全。

气候变化对水文极端事件影响预估面临的主要挑战表现在，气候变暖如何影响干旱、洪涝、高温热浪等极端气候事件，特别是量化陆面过程在气候变化对上述极端事件影响中贡献。

7.2 松花江流域水循环预估

松花江流域位于中国东北地区的北部，41°42′N～51°38′N、119°52′E～132°31′E，流域面积为 55.68 万 km^2，覆盖了黑龙江全省和吉林省大部以及内蒙古自治区东北部。松花江有南北两源：北源嫩江发源于大兴安岭伊勒呼里山，自北向南流至三岔河；南源西流松花江是松花江的正源，它发源于长白山的白头山。两源在黑龙江省和吉林省交界的三岔河（属吉林扶余县）汇合以后始称松花江。松花江自三岔河附近向东北方向奔流，江面开阔、平缓、水深，沿途又接纳了呼兰河、汤旺河、拉林河、牡丹江等许多支流。它穿过小兴安岭南端谷地，在黑龙江省同江市附近注入黑龙江，全长为 1045km（于宏敏等，2012）。

松花江流域是我国纬度位置最高、经度位置最偏东地区，东北面与素称“太平洋冰窖”的鄂霍次克海相距不远，春夏季节从这里发源的东北季风常沿黑龙江下游谷地进入松花江流域（孙凤华，2008）。受极锋辐合带季风环流系统影响，流域具有显著的大陆性季风气候特点，四季分明，雨热同季。春季干燥风大，夏季高温多雨，秋季天高气爽，冬季寒冷漫长。

气候观测数据显示东北地区是我国变暖最早和幅度最大的地区，同时松花江流域又是径流变化最为敏感的地区之一（陈宜瑜等，2005；丁一汇等，2006；曾小凡等，2009），松花江流域所在的松辽流域整体上存在缺水现象，局部地区还很严重（刘卓等，2006）。松花江流域地处中国的最东北部，北半球的中纬地带，是一个易受全球气候变化影响的区域，在全球气候变化背景下，松花江流域也有自己的区域变化特征和演变规律，在不同气候模式和排放情景下的水循环预估结果也有所不同。

7.2.1 数据及方法

1. 实测数据

松花江流域范围如图 7-1 所示，佳木斯水文站是松花江干流的下游控制站，控制流域面积 55 万 km^2。实测气象数据为中国气象局国家气象信息中心提供的流域内 43 个气象站点 1961 ~2000 年的月降水量和月平均温度。实测流量数据为 1964 ~1987 年佳木斯站逐月流量，来源于水文年鉴资料。根据该时段流量资料，佳木斯站年平均流量为 1890 m^3/s。

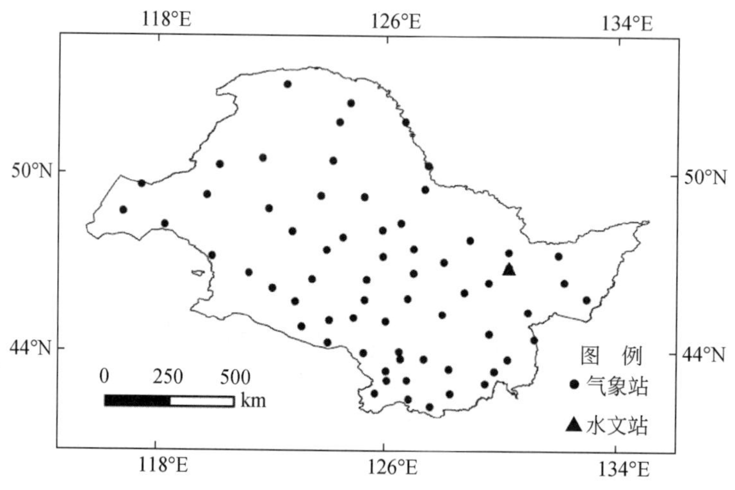

图 7-1 松花江流域及气象站、水文站位置（曾小凡等，2009）

2. SRES 情景下的预估数据

SRES 情景下的气候预估数据来源于 ECHAM5/MPI-OM 模式（Roeckner et al.，2003；Arpe et al.，2005）的计算结果，其中 SRES 情景包括 IPCC 提出的 3 种排放情景：SRES A2（高排放，注重经济增长的区域发展情景），SRES A1B（中排放，注重经济增长的全球共同发展情景），SRES B1（低排放，强调环境可持续开发的全球共同发展情景）。

ECHAM5/MPI OM 模式计算了松花江流域 2001～2050 年逐日气候要素。ECHAM5 的大气模式采用 T63 网格，水平网格分辨率为 1.875°×1.875°，垂直分 31 层。

3. RCPs 情景下的模拟和预估数据

RCPs 情景下的气候预估数据来源于 WCRP 的耦合模式比较计划第五阶段的新一代全球气候模式的计算结果。预估数据是将 21 个 CMIP5 全球气候模式（表 2-5）的预估结果经过插值计算将其统一降尺度到同一分辨率下（分辨率为 1.0°× 1.0°），再利用简单平均方法进行多模式集合。RCPs 情景包括 RCP8.5、RCP4.5 和 RCP2.6（Weyant et al.，2009；Van Vuuren et al.，2011a，b）。RCP8.5 情景：假定人口最多、技术革新率不高、能源改善缓慢，所以收入增长慢。这将导致长时间高能源需求及高温室气体排放，而缺少应对气候变化的政策。2100 年辐射强迫上升至 8.5W/m^2。RCP4.5 情景：2100 年辐射强迫稳定在 4.5W/m^2。RCP2.6 情景：把全球平均温度上升限制在 2.0℃之内，其中 21 世纪后半叶能源应用为负排放。辐射强迫在 2100 年之前达到峰值，到 2100 年下降至 2.6W/m^2。

4. 采用方法

松花江流域气候要素的时间变化主要采用 Mann-Kendall 方法和线性分析方法，空间变化特征的描述采用 IDW（反距离插值）方法进行空间插值并在地理信息系统软件中显示。另外，还利用谱分析方法分析 3 种 SRES 排放情景下佳木斯站 2001～2050 年年平均流量的周期特征。

松花江流域流量预估通过将气象要素和流量建立对应关系并采用 ANNs 进行建模预估。人工神经网络（artificial neural networks，ANNs）是对人脑若干基本特性通过数学方法进行的抽象和模拟，是一种模仿人脑结构及其功能的非线性信息处理系统。20 世纪 90 年代以来，人工神经网络在水文预报中的应用逐渐多（苑希民等，2002）。ANNs 相当于“黑箱”模型，人工神经网络模型的非线性、自适应性、强大的计算能力等特性使其非常适合复杂系统和非线性系统，很适用于预估气候变化对大流域的影响（Zhu et al.，2008）。

5. ANNs 建模

利用算术平均法将流域内 43 个气象站点的月降水量和月平均温度转化为流域面平均，计算佳木斯站月平均流量与流域面平均的月降水量和月平均温度的相关系数发现，月降水量和月平均温度对月平均流量有两个月左右的滞后影响。因此，将松花江流域前第 2 个月、前 1 个月和当月的月降水量和月平均温度的面平均值作为输入因子，与流域下游控制站佳木斯站的月平均流量建立关系。

ANNs 网络拓扑结构选择在水文领域最为广泛应用的前馈网络，训练算法为多层感知器，1 个隐含层，隐含层节点数为 4。训练后的 ANNs 能很好地模拟松花江流域面平均雨量和温度与佳木斯站月平均流量的关系。在基于实测数据率定的基础上，通过建立的 ANN 模型预估松花江流域佳木斯站在不同排放情景下的未来流量变化趋势。

7.2.2 气温和降水预估

曾小凡等（2009）根据 ECHAM5 气候模型的预估结果，分析了 3 种排放情景下 21 世纪前 50 年松花江流域平均气温和降水量的变化，也有学者利用 IPCC AR4 中对松花江流域地面降水和气温的模拟效果较好的 MIROC3、CNRMCM3、GISS_AOM、MRI_CGCM2 等多模式对松花江流域 2011 ~ 2050 年气候变化情景（SRES A2、SRES A1B、SRES B1）进行了预估（于宏敏等，2012）。这两种研究得到的气候预估变化趋势基本一致，只数值略有不同。此外，Su 等（2012）也对 RCPs 情景下松花江流域的气候预估进行了研究，并将其与 SRES 情景下的气候预估进行比较。

1. 年平均温度和年平均降水变化

相对于 1961 ~ 1990 年年平均温度均值，2011 ~ 2050 年松花江流域年平均气温在 3 种情景下均呈现一定的增加趋势（图 7-2），且 SRES A2 情景下升温幅度基本上大于其他两种情景，仅在 21 世纪 40 年代气温增加幅度小于 SRES A1B 情景，SRES B1 情景下气温增加幅度最小（曾小凡等，2009）。多模式分析结果表明，对于温度变化来说，2011 年到 21 世纪 30 年代中期，3 种 SRES 情景下变化趋势基本一致，平均增幅为 1℃左右，到 21 世纪 30 年代末期开始出现差异。21 世纪 30 年代末期到 2050 年，SRES A2 及 SRES A1B 情景下平均温度增幅分别为 1.9℃、1.8℃，SRES B1 情景为 1.3℃（于宏敏等，2012）。

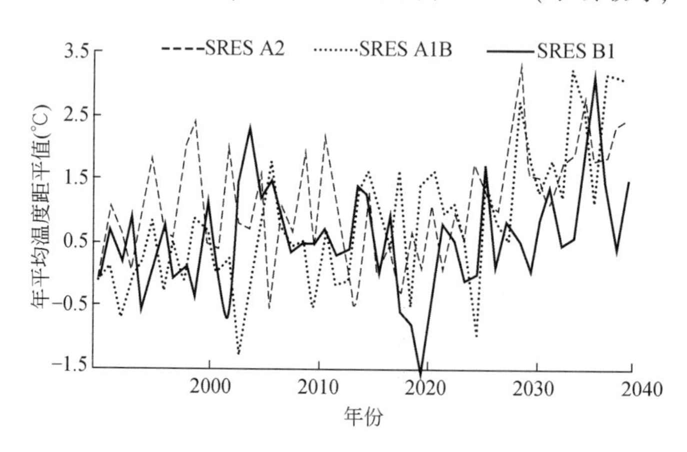

图 7-2 松花江流域 21 世纪前 50 年 3 种 SRES 情景下年平均温度距平值（曾小凡等，2009）

对年平均降水量而言，相对于 1961 ~ 1990 年年降水量均值，3 种情景下预估的松花江流域年降水量无明显变化趋势，但 SRES B1 情景下自 21 世纪 20 年代开始呈微弱增加趋势（图 7-3）。多模式结果也显示，3 种 SRES 情景下松花江流域年平均降水变化趋势不明显，只是 SRES B1 情景下在 2031 年之前呈现明显的下降趋势（于宏敏等，2012）。但在 RCPs 情景下，预估的 2011 ~ 2050 年松花江流域年平均降水的变化幅度小于在 SRES 情景下的变化幅度（Su et al.，2014）。

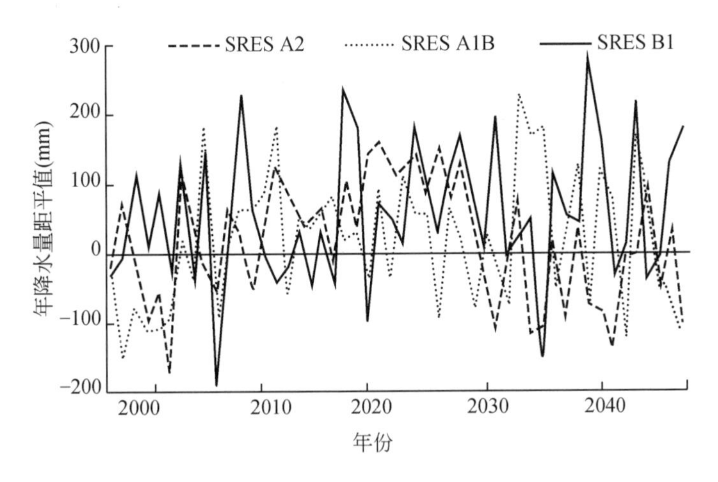

图 7-3　松花江流域 21 世纪前 50 年 3 种 SRES 情景下年平均降水距平值（曾小凡等，2009）

不同排放情景下，预估的松花江流域年平均降水的空间变化特征有所不同。总体上来看，流域年平均降水在 SRES 情景下主要呈增加趋势，特别是流域东北部地区。SRES A2 情景下的变化幅度最小，只有流域东北部小部分地区有一定的增加趋势。SRES A1B 情景下，流域绝大部分地区年平均降水增加，流域东北部增加幅度最大。SRES B1 情景下，全流域基本上都呈现增加趋势，而且增加幅度也是 3 种 SRES 情景中最大的。在 RCPs 情景下，松花江流域 2011 ~ 2050 年年平均降水都表现为增加趋势，特别是流域北部地区。但和 SRES 情景下的预估结果相比，RCPs 情景下年平均降水增加幅度要略小。此外，3 种 RCPs 情景下的年平均降水空间变化特征非常相似，但 RCP4. 5 情景下空间变异程度较大（Su et al. , 2012）。

总体上，松花江流域未来几十年内年降水量无显著变化趋势，但变化幅度加大，在一定程度上表明，未来几十年发生极端降水事件的可能性要大，而且流域气温将持续升高，流域蒸发量也会随着温度升高而增加，导致有效水分供给将减少，对流域农牧业生产及植被保护可能会带来不利影响，以及对流域整个生态系统甚至经济生产会带来一定影响。

2. 季节平均温度和降水变化

对季节尺度上的气温预估表明，不同季节的平均气温变化趋势并不相同。

SRES 情景下，松花江流域春季平均气温在 3 种 SRES 情景下变化趋势并不一致，SRES A2 情景下一直呈增加趋势，SRES A1B 情景下在 20 世纪 40 年代增加幅度最大达 2. 30℃，在其他 4 个年代增减幅度不大，SRES B1 情景下减少趋势多于增加趋势，且增加幅度也小于其他两个情景。夏季、秋季和冬季平均气温在 3 种排放情景下变化基本一致，均呈增加趋势（仅秋季 SRES A1B 情景下在 21 世纪 00 年代呈微弱减少），其中冬季平均气温增加幅度大于夏季和秋季，与观测冬季平均气温在 1961 ~ 2000 年变暖最为显著保持一致（图 7-4）。

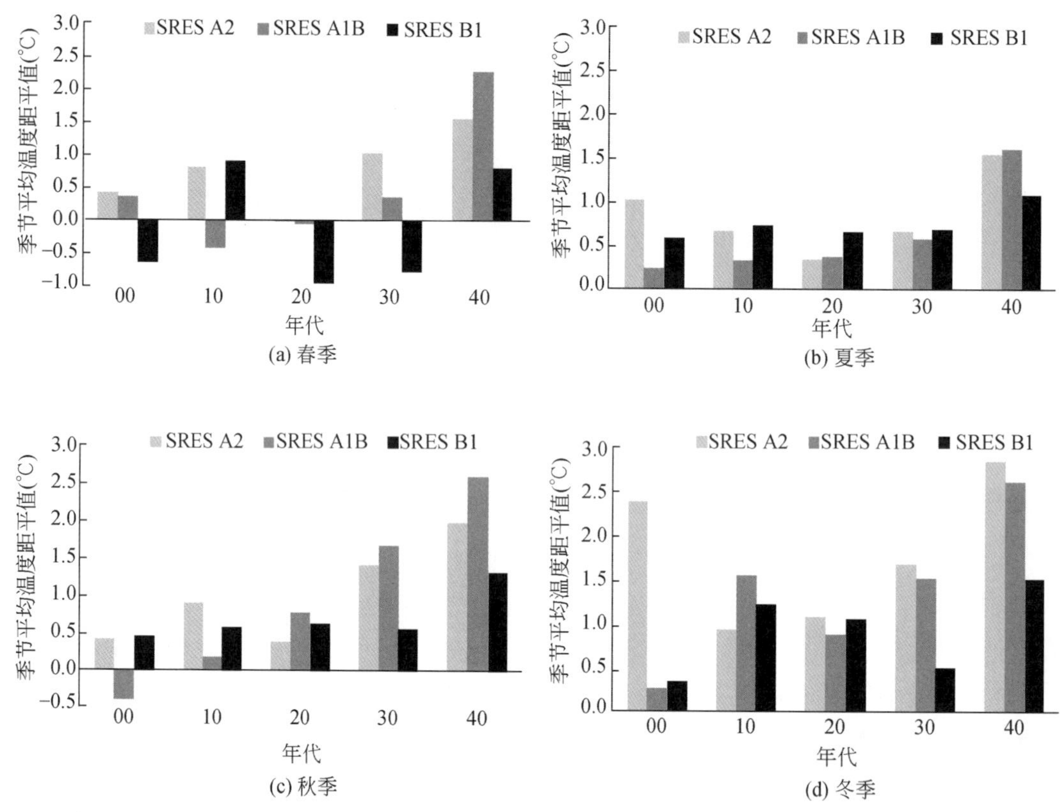

图 7-4　松花江流域 21 世纪前 50 年 3 种 SRES 情景下季节平均温度距平值（曾小凡等，2009）

多模式预估结果表明，SRES 情景下松花江流域 2011～2050 年冬季增温幅度较大，分别为平均 1.9℃/10a（SRES A2）、1.7℃/10a（SRES A1B）、1.6℃/10a（SRES B1）；SRES A2、SRES A1B 情景下各季在 21 世纪 40 年代均达到最大值。总的来说，除冬季外，其他各季温度增幅在各年代基本上在 1.5℃以下（表 7-1）。

表 7-1　3 种 SRES 排放情景下松花江流域年及季节平均温度变化　（单位：℃）

排放情景	时间	春	夏	秋	冬
A2	2011～2020 年	0.6	0.2	0.4	1.3
	2021～2030 年	0.9	0.8	1.2	1.6
	2031～2040 年	1.3	0.9	1.4	2.1
	2041～2050 年	1.9	1.2	1.4	2.7
A1B	2011～2020 年	0.5	0.4	0.7	0.6
	2021～2030 年	1.0	0.8	1.1	1.5
	2031～2040 年	1.1	1.0	1.4	2.1
	2041～2050 年	1.7	1.6	2.2	2.8

续表

排放情景	时间	春	夏	秋	冬
B1	2011 ~ 2020 年	1.2	0.8	0.9	1.0
	2021 ~ 2030 年	1.2	0.6	1.2	2.0
	2031 ~ 2040 年	1.4	1.1	1.3	1.6
	2041 ~ 2050 年	1.1	1.0	1.5	1.7

资料来源：于宏敏等，2012。

对季节尺度上的降水预估表明，不同季节的降水变化趋势也不一致。SRES 情景下，相对于 1961 ~ 1990 年均值，松花江流域春季降水量在 3 种排放情景下均为增加趋势，增加的幅度在 4 个季节中最大。夏季降水量 SRES A2 情景下在 20 世纪 30 年代和 40 年代减少趋势比较明显，距平值分别为 -54.9mm 和 -63.3mm，SRES A1B 情景下变化幅度不大，SRES B1 情景下仅 21 世纪 40 年代增加比较明显，距平值为 48.6mm。秋季降水量在 3 种排放情景下变化都不显著，仅 21 世纪 00 年代在 SRES A1B 情景下增加，距平值为 41.1mm。冬季降水量基本上呈增加趋势，但增加幅度不大，距平值均小于 20mm，与观测冬季降水量呈增加趋势保持一致（图 7-5）。对于季节平均降水在 2011 ~ 2050 年的变化趋势而言，夏季降水在 SRES A2 情景下的减少幅度最为明显，通过 95% 置信度检验，冬季降水则在 SRES A2 情景下的增加幅度通过 95% 置信度检验，其他未通过置信度检验。

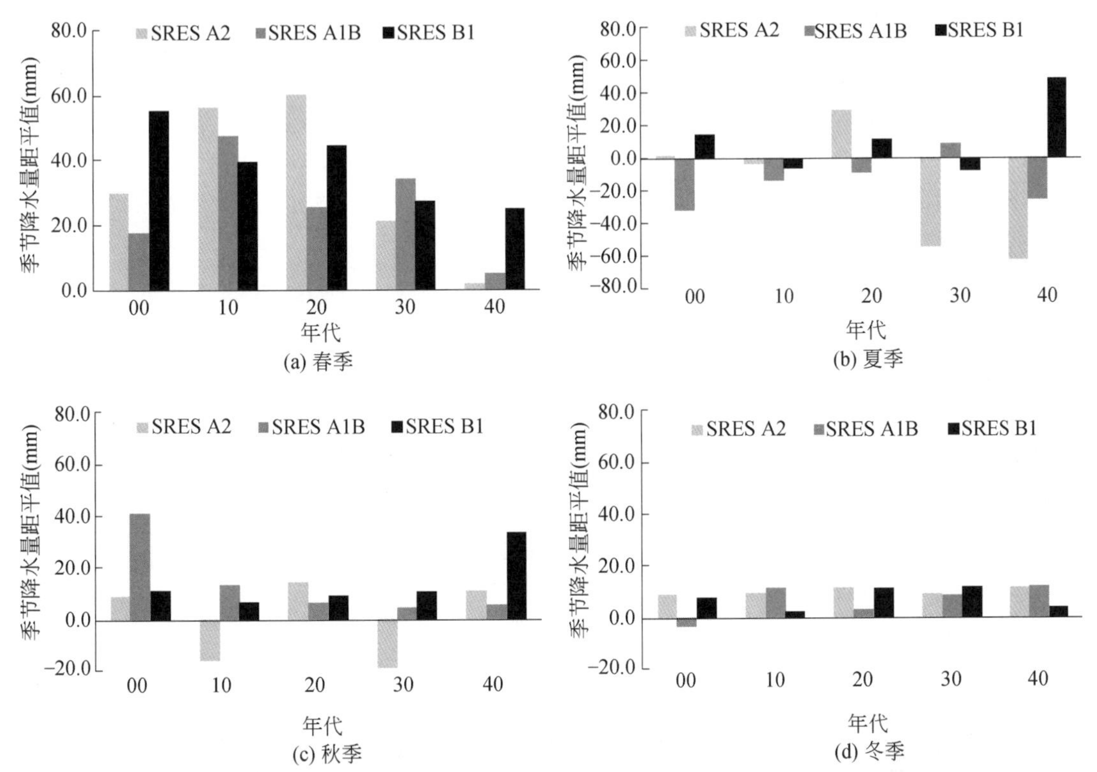

图 7-5　松花江流域 21 世纪前 50 年 3 种 SRES 情景下季节降水量距平值（曾小凡等，2009）

多模式预估结果表明，对于季节尺度上的降水变化来说（表7-2），各情景下，冬季降水量增幅较大，尤其是SRES A1B情景下，降水量增幅平均每10年为23.8%；夏季基本上表现为负增幅，SRES A2、SRES A1B、SRES B1 3种情景下平均增幅分别为-7.4%/10a、-1.8%/10a、-2.9%/10a，春秋两季变化特征不明显。

表7-2　3种SRES排放情景下松花江流域年及季节平均降水变化百分率（单位:%）

排放情景	时间	春	夏	秋	冬
A2	2011～2020年	-0.3	-7.7	-0.1	2.5
	2021～2030年	9.8	-7.7	-2.0	19.4
	2031～2040年	8.6	-7.7	6.0	32.3
	2041～2050年	6.5	-6.4	6.9	17.1
A1B	2011～2020年	10.6	-1.0	-2.1	10.8
	2021～2030年	15.7	-7.7	15.1	20.9
	2031～2040年	-0.1	-0.4	11.0	27.1
	2041～2050年	9.2	1.9	-2.1	36.4
B1	2011～2020年	10.1	-3.0	9.9	-2.9
	2021～2030年	4.6	-14.5	-0.2	8.2
	2031～2040年	9.0	3.1	1.4	32.8
	2041～2050年	-0.3	2.6	7.9	17.5

资料来源：于宏敏等，2012。

RCPs情景下，对于季节平均降水在2011～2050年的变化趋势而言，春季降水在RCP8.5情景下的增加幅度最为明显，全部通过95%置信度检验，夏季降水仅在RCP4.5情景下的增加幅度通过95%置信度检验，冬季降水则在RCP4.5情景下的减少幅度通过95%置信度检验，其他未通过置信度检验。

3. 年代际温度和降水变化

对年平均气温的年代际变化而言，相对于1961～1990年年平均温度均值，SRES A2情景下在21世纪40年代之前增加幅度最显著，SRES A1B情景下在21世纪20年代之前升温趋势最小，在40年代时增加幅度最大达2.37℃，SRES B1情景下自21世纪20年代增加幅度一直小于其他两种情景（表7-3）。

表7-3　SRES情景下各年代的年平均温度距平值（单位:℃）

SRES	A2	A1B	B1
2000s	1.13	0.25	0.27
2010s	1.03	0.50	0.99
2020s	0.61	0.64	0.52
2030s	1.28	1.14	0.37
2040s	2.03	2.37	1.25

对年平均降水的年代际变化而言，SRES 情景下，相对于 1961 ~ 1990 年年降水量均值，松花江流域年降水量在 21 世纪 00 年代微弱减少，仅在 SRES B1 情景下稍有增加，增幅为 18.6mm；21 世纪 10 年代和 20 年代，年降水量在 3 种情景下都呈增加趋势；21 世纪 30 年代和 40 年代，SRES A2 情景下年降水量减少，而其他两种情景则增加。SRES B1 情景下年代际降水量一直为增加趋势，自 21 世纪 20 年代开始增加幅度大于前两个年代（表 7-4）。

表 7-4 SRES 情景下各年代的年降水量距平值 （单位：mm）

SRES	A2	A1B	B1
2000s	-35.1	-56.1	13.1
2010s	38.9	53.2	8.5
2020s	108.0	21.5	81.4
2030s	-39.0	42.2	50.5
2040s	-32.4	10.3	89.7

SRES 情景下松花江流域不同年代际的降水量距平百分率显示，相对于 1971 ~ 2000 年均值，2011 ~ 2050 年年代际降水基本上呈现增加趋势。RCPs 情景下松花江流域不同年代际的降水量距平百分率的变化幅度要小于 SRES 情景，但 RCPs 情景下 2011 ~ 2050 年年代际降水均呈现增加趋势。

7.2.3 径流量预估

1. 年平均流量变化

SRES 情景下，相对于 1971 ~ 2000 年根据 ECHAM5 模式的试验期气象数据计算的年平均流量均值，3 种排放情景下 2011 ~ 2050 年松花江流域年际变化幅度并不大，SRES A2 下仅有 1 年变化率超过 25%，SRES A1B 和 SRES B1 下分别有 4 年和 5 年变化率超过 25%（图 7-6）。SRES A2 下年平均流量变化率的范围为 27.7% ~23.1%，SRES A1B 下变化率范围为-22.7% ~31.4%，SRES B1 下变化率范围最大，为-28.5% ~38.0%。

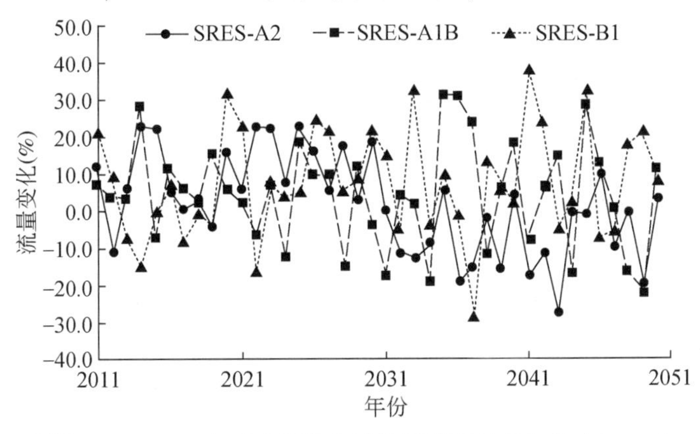

图 7-6 预估 2011 ~ 2050 年佳木斯站年平均流量距平变化率（Su et al.，2012）

佳木斯站年平均流量在 RCPs 情景下的变化幅度要小于 SRES 情景下的变化幅度，最大增幅 21.5% 出现在 RCP4.5 情景下的 2035 年，最大减幅 8.3% 出现在 RCP8.5 情景下的 2045 年（图 7-7）。

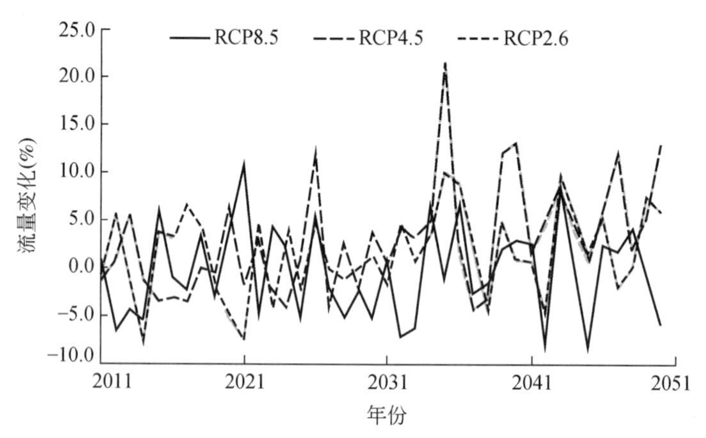

图 7-7　预估 2011 ~ 2050 年佳木斯站年平均流量距平变化率（Su et al.，2012）

对 SRES 情景下 2001 ~ 2050 年的流量预估结果进行周期特征分析可知（表 7-5），2001 ~ 2050 年，SRES A2 和 SRES A1B 下佳木斯站年平均流量周期特征基本一致，第一周期为 25 年，第二周期为 2 年，而 SRES B1 情景则有所不同，第一周期为 3 年，第二周期为 7 年。李想等（2005）研究认为，松花江流域年降水量存在 27 年左右的周期。可见，年平均流量在 SRES A2 和 SRES A1B 下表现出与年降水量基本一致的主周期，而 SRES B1 下并不一致，说明排放情景的改变可能会影响降水量周期从而引起年平均流量的周期改变。

表 7-5　3 种排放情景下 2001 ~ 2050 年松花江流域年平均流量周期特征

排放情景	第一周期		第二周期	
	频率	周期（年）	频率（年）	周期（年）
SRES A2	0.04	25	0.50	2
SRES A1B	0.04	25	0.48	2
SRES B1	0.32	3	0.14	7

资料来源：曾小凡等，2009。

2. 季节平均流量变化

SRES 情景下，春季平均流量均呈增加趋势，增加范围为 8.2% ~ 19.6%；夏季平均流量在 21 世纪 10 年代和 20 年代呈增加趋势，增加幅度最大值为 12.1%，30 年代在 SRES A2 下减少 9.3%，其他两个情景下变化不明显，40 年代在 SRES A2 和 SRES B1 下呈相反趋势，前者减少 14.6%，后者增加 16.2%，而 SRES A1B 下无明显变化；秋季平均流量在 2010 ~ 2050 年减少趋势比较明显，仅 20 年代在 SRES A1 下增加 17.4%，减小范围为

-18.6% ~ -1.7%；冬季平均流量基本上呈增加趋势，增加范围为 0.1% ~25.2%，最大值为 SRES A2 下在 21 世纪 40 年代增加 25.2%（图 7-8）。

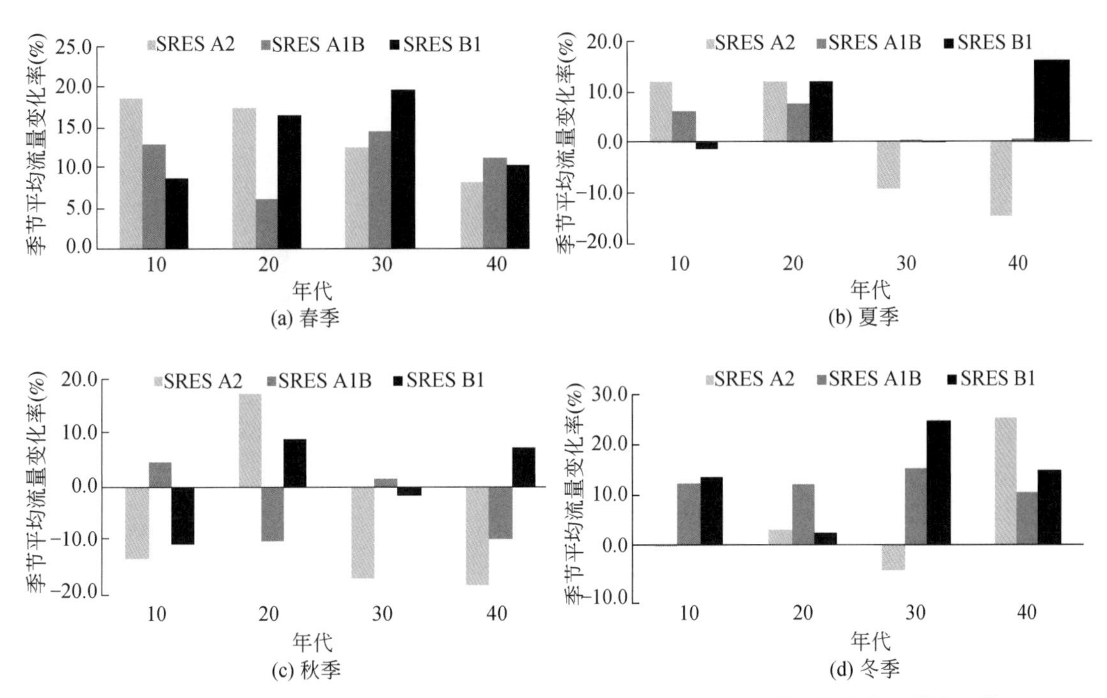

图 7-8　3 种 SRES 排放情景下 2011 ~2050 年佳木斯站季节平均流量的年代际变化率（曾小凡等，2009）

SRES 情景下，2011 ~2050 年佳木斯站春季平均流量变化趋势未通过置信度检验。夏季平均流量增加趋势在 SRES A2 情景下通过 95% 置信度检验，但在另外两种 SRES 情景下变化趋势不显著。秋季平均流量在 3 种 SRES 情景下均变化幅度不明显。与夏季平均流量的变化趋势相同，冬季平均流量增加趋势在 SRES A2 情景下通过置信度 95% 检验，在另外两种 SRES 情景下变化幅度不大。

RCPs 情景下，佳木斯站秋季平均流量和冬季平均流量的变化幅度要小于春季和夏季平均流量的变化程度。2011 ~2050 年，春季平均流量在 3 种 RCP 情景下的增加趋势均通过 95% 置信度检验。夏季平均流量在 RCP4.5 情景下增加趋势通过 95% 置信度检验，在其他两种 RCP 情景下变化不明显。秋季平均流量在 RCPs 情景下无明显变化趋势。冬季平均流量在 3 种 RCP 情景下均呈减少趋势，但仅 RCP4.5 情景下减少趋势通过 95% 置信度检验（Su et al.，2012）。

3. 年代际流量变化

SRES 情景下，2011 ~2050 年松花江流域年平均流量的年代际变化表明（图 7-9），3 种排放情景下年代际变化幅度不大，增加最大值为 SRES A2 情景下 20 年代增加 13.9%，减小最大值为 SRES A2 情景下 40 年代减少 7.5%。总体而言，平均流量在 21 世纪 10 年代和 20 年代呈一定的增加趋势；在 30 年代和 40 年代，SRES A2 下减少，其他两种情景则继续增加，且 SRES B1 下增加幅度较大。RCPs 情景下，佳木斯站年代际尺度上流量变化小于 SRES 情景下的变化幅度。RCP8.5 情景下佳木斯站在 2011 ~ 2050 年年代际平均流量呈微弱减少趋势，在 RCP4.5 和 RCP2.6 情景下则称微弱增加趋势，特别是在 30 年代和 40 年代（Su et al.，2012）。

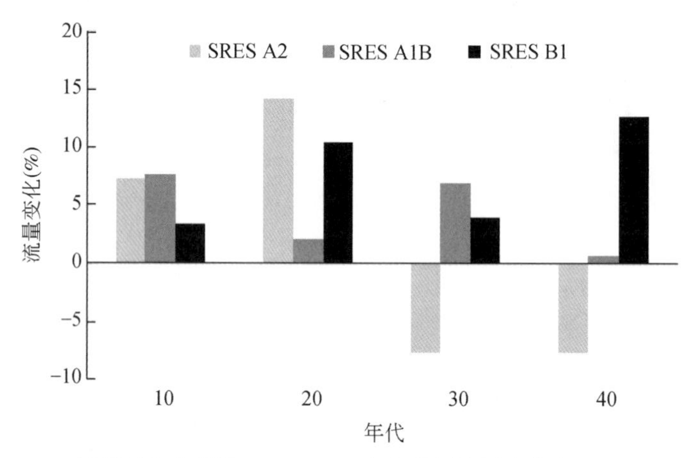

图 7-9　SRES 情景下佳木斯站 2011 ~ 2050 年年代际流量变化率（Su et al.，2012）

7.2.4　小结

松花江流域所在的东北地区是我国变暖最早和幅度最大的地区，同时松花江流域又是径流变化最为敏感的地区之一。在全球气候变化背景下，松花江流域的气候水文条件也发生时空演变，在不同气候模式和排放情景下的水循环预估结果也有所不同。

年平均尺度上，未来几十年松花江流域年平均气温仍呈现一定的增加趋势，年平均降水则无明显变化。佳木斯站年平均流量也没有明显变化趋势，但呈现年际间的振荡变化特征。年内尺度上，季节平均气温均呈增加趋势，且松花江流域冬季增温幅度大于其他季节。季节降水量和季节平均流量在年内的分配发生一定的变化，其中春季降水和流量呈一定的增加趋势。年代际尺度上，气温在 21 世纪 40 年代增温幅度最明显，降水和流量在不同年代际之间的变化并无明显规律。

7.3　海河流域水循环预估

海河流域是中国政治、文化和经济最发达的地区之一。其流域总面积约 31.82 万 km^2，包括海河、滦河和徒骇马颊河三大水系，流域横跨山西、河北、内蒙古、辽宁、山东、河南、北京和天津共 8 个省（自治区、直辖市），33 个地级市（盟），256 个县（区），城市众多，人口密集。

7.3.1 数据及方法

预估海河流域气温和降水主要采用国家气候中心提供的中国地区气候变化预估数据集 V1.0 和由德国马普气象研究所提供的 ECHAM5 模式数据，其中中国地区气候变化预估数据集 V1.0 由国家气候中心对参与 IPCC 第四次评估报告的 20 多个不同分辨率的全球气候系统模式模拟结果经过插值降尺度计算，将其统一到同一分辨率下（空间分辨率为 1°），而德国马普气象研究所提供的 ECHAM5 模式数据则采用双线性插值方法插值到 0.5°的格点上。中国地区气候变化预估数据集 V1.0 的原始数据源于 WCRP 耦合模式比较——阶段 3 的多模式数据（CMIP3），该数据集合包括集合 A（对应 A2 情景）、集合 B（对应 A1B 情景）和集合 C（对应 B1 情景）3 套数据，不同集合选用的模式不同（表 7-6）。

表 7-6　不同集合选用的模式

集合 A	集合 B	集合 C
BCCR_BCM2_0	CCCMA_3	BCCR_BCM2_0
CCCMA_3	CNRMCM3	CCCMA_3
CNRMCM3	CSIRO_MK3	CNRMCM3
CSIRO_MK3	GFDL_CM2_0	CSIRO_MK3
GFDL_CM2_0	GFDL_CM2_1	GFDL_CM2_0
GFDL_CM2_1	GISS_AOM	GISS_AOM
GISS_E_R	GISS_E_H	GISS_E_R
INMCM3	IAP_FGOALS	IAP_FGOALS
IPSL_CM4	INMCM3	INMCM3
MIROC3	IPSL_CM4	IPSL_CM4
MIUB_ECHO_G	MIROC3	MIROC3
MPI_ECHAM5	MIROC3_H	MIROC3_H
MRI_CGCM2	MIUB_ECHO_G	MIUB_ECHO_G
NCAR_CCSM	MPI_ECHAM5	MPI_ECHAM5
NCAR_PCM1	MRI_CGCM2	MRI_CGCM2
UKMO_HADCM3	NCAR_CCSM	NCAR_CCSM
	UKMO_HADCM3	UKMO_HADCM3

基于全球 20 个气候模式，对比分析其对海河流域气温和降水的模拟效果，选取了模拟效果较好的气候模式和中国地区气候变化预估数据对海河流域 2011 ~ 2050 年气温和降水变化特征进行了预估，同时还根据 ECHAM5 模式数据对海河流域未来气候变化特征进

行了预估。关于各全球气候模式的详细说明可从网站①上获取。

海河流域径流预估则选取官厅流域和滦河流域为代表，分别开展其径流的预估工作（图7-10）。官厅流域由妫水河、桑干河、洋河及其支流共同汇集而成，流域内径流量最终汇聚于官厅水库，该水库位于北京市西北约80km处，是1954年建成的新中国首座大型水库，为首都北京的主要供水源地之一。滦河流域位于海河流域东北部，为海河流域重要水系，流域面积为43 000km²，年降水量为400～700mm，并通过引滦入津工程向天津市供水。对官厅流域径流量预估主要利用德国波茨坦气候变化研究所（the Potsdam Institute for Climate Impact Research，PIK）提供的ECHAM5驱动CCLM区域气候模式输出的SERS A1B、SRES B1情景及由ECHAM6驱动的CCLM区域气候模式输出的RCP4.5情景下模式数据来预估官厅流域径流变化，主要预估期为2014～2040年；而滦河流域则利用ECHAM5/MPI-OM模式在3种排放情景下（A2高排放、A1B中等排放、B1低排放）下预估数据来分析滦河流域2010～2100年的径流变化情况。

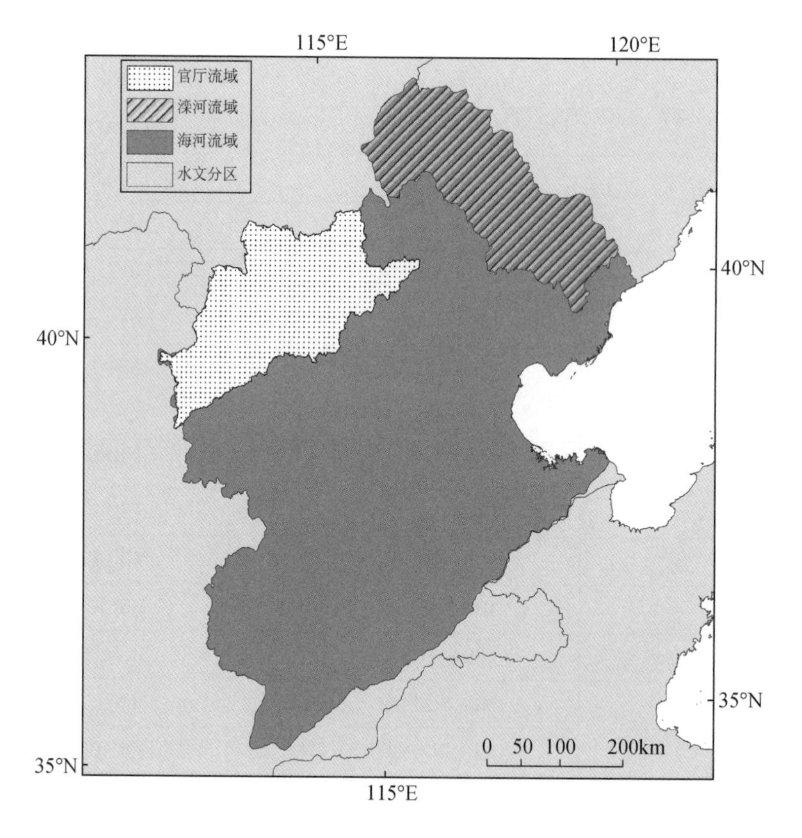

图7-10　海河流域、官厅流域和滦河流域位置示意

① 网址：https：//esg.llnl.gov：8443/index.jsp.

CCLM 模型，即 COSMO 模型气候模式版（COSMO model in Climate Mode，COSMO-CLM 或 CCLM）是由德国气象局（German Weather Service，GWD）的局部模型（the local model，LM）发展而来的非静力区域气候模式，该模式模拟时间尺度可达百年，空间分辨率为 1 ~ 50km①。

径流预估使用由瑞典国家水文气象局（Swedish Meteorological and Hydrological Institute，SMHI）开发研制的 HBV 水文模型（Bergstorm S，1976）。该模型相较其他模型，所需参数较少，对输入数据要求较低，在各种复杂气候条件下都有较好的水文模拟能力，尤其比较适合较大面积的流域，目前在其基础上，各国又开发多种版本，在全世界 40 多个位于不同气候区的国家，如印度、瑞典、哥伦比亚、津巴布韦和中国等国家的水资源评估、洪水预报、营养盐负荷估算等领域广泛应用。其中，由德国 PIK 研究所 Krysanova 博士改进的 HBV D 模型（Krysanova，1999）是由气候资料插值、积雪和融化、蒸散发估算、土壤湿度计算、产汇流过程等子模块组成。

为进行水文模型的构建，还需要一些必要的地理信息数据。其中，数字高程模型（digital elevation model，DEM）为美国宇航局（NASA）和美国国防部国家测绘局（NIMA）以及意、德航天机构联合进行的航天飞机雷达地形测量（shuttle radar topography mission，SRTM）结果，空间分辨率为 90m×90m。土壤数据为中国科学院南京土壤研究所制作，比例尺 1∶100 万。土地利用数据来自于中国科学院资源与环境科学数据中心提供，比例尺 1∶10 万，时间为 2000 年。土壤持水力（FC）是表征产流量大小的基本因子之一。降水、冰雪融水及地下水是土壤水的主要来源，实际蒸散发、渗透是土壤水的主要消耗，土壤最大持水力（FC）数据由德国波茨坦气候变化影响（PIK）研究所水文组依据联合国粮食与农业组织（FAO）土壤分类标准推算而制成的。

7.3.2 气温和降水预估

1. 气温

选取对海河流域气温和降水模拟能力较高的 MIUB_ECHO_G 模式，同时考虑中国地区气候变化预估数据集模式集合平均结果可知，不论是单一模式还是模式集合结果都表明，3 种情景下，海河流域在 2011 ~ 2050 年年平均气温均呈现出上升的趋势（图 7-11）。从四季来看，除 MIUB_ECHO_G 模式 B1 情景下的春季外，各个季节气温也呈现明显的上升趋势（表 7-7）。此外，对比全国平均增温率（第二次气候变化国家评估报告编写委员会，2011），海河流域仅在 A1B 情景下升温率高于全国水平（MIUB_ECHO_G 模式和模式集合平均结果），分别为 0.47℃/10a 和 0.41℃/10a，而在 A2 高排放情景和 B1 低排放情景下升温率均低于全国平均水平（方玉等，2013）。

① 网址：http：//www.clm-communtiy.eu/.

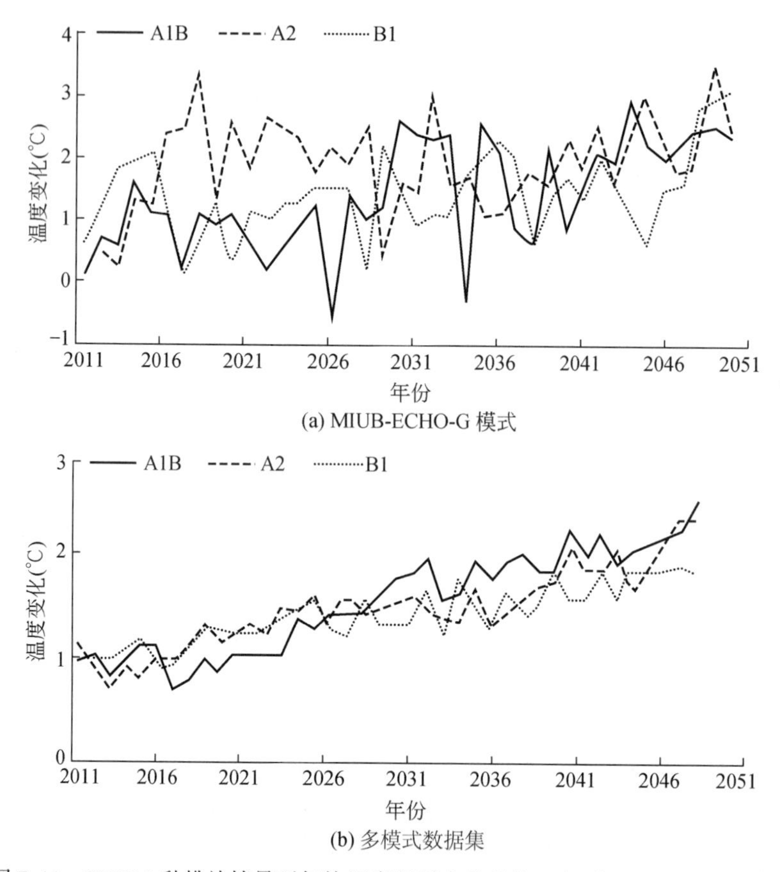

(a) MIUB-ECHO-G 模式

(b) 多模式数据集

图 7-11　SRES 3 种排放情景下年均温度距平变化趋势（相对于 1961 ~ 1990 年）

表 7-7　3 种排放情景下 2011 ~ 2050 年升温率和多年平均气温

情景		升温率（℃/10a）		年平均气温（℃）	
		MIUB_ECHO_G	多模式集合	MIUB_ECHO_G	多模式集合
A2	年	0. 24	0. 31	8. 18	8. 20
	春	0. 25	0. 24	8. 18	8. 55
	夏	0. 26	0. 34	20. 45	22. 33
	秋	0. 20	0. 27	9. 74	8. 66
	冬	0. 26	0. 38	-5. 64	-6. 74
A1B	年	0. 47	0. 41	7. 68	8. 84
	春	0. 40	0. 35	7. 28	9. 23
	夏	0. 37	0. 47	19. 85	23. 11
	秋	0. 54	0. 44	9. 58	9. 14
	冬	0. 57	0. 38	-5. 99	-6. 10

续表

情景		升温率（℃/10a）		年平均气温（℃）	
		MIUB_ECHO_G	多模式集合	MIUB_ECHO_G	多模式集合
B1	年	0.25	0.22	7.74	8.55
	春	-0.03	0.19	7.57	8.97
	夏	0.37	0.24	19.83	22.80
	秋	0.41	0.21	9.69	8.84
	冬	0.25	0.22	-6.12	-6.40

A2 情景下，MIUB_ECHO_G 模式结果显示海河流域升温率在 0.20 ~ 0.26℃/10a，其中冬季和夏季增温迅速，都达到了 0.26℃/10a；多模式集合平均结果则表明海河流域升温率在 0.24 ~ 0.38℃/10a，其中冬季升温最快。A1B 情景下，MIUB_ECHO_G 模式显示海河流域冬季增温率最高，达 0.57℃/10a，多模式集合则是夏季增温最快。B1 情景下，MIUB_ECHO_G 模式是秋季的增温最快，多模式集合是夏季增温最快，增温率分别为 0.41℃/10a 和 0.24℃/10a。3 种排放情景下，MIUB_ECHO_G 模式的年平均气温在 7.68 ~ 8.18℃，而模式集合的年平均气温都在 8.20 ~ 8.84℃，模式集合的年均温要略高于 MIUB_ECHO_G 模式。A1B 排放情景下，夏季升温最为显著，40 年上升 2.48℃，冬季升温最弱，约 1.64℃。A2 排放情景下，春季和夏季升温最明显，40 年约上升 1.64℃，秋季升温最弱，约 0.92℃。B1 排放情景下，春季升温显著，40 年约上升 1.28℃，夏季升温最弱，约 0.56℃（方玉等，2013）。

而对 ECHAM5 模式输出的海河流域 3 种情景下 2001 ~ 2050 年气温预估数据分析结果表明：2001 年以来，海河流域年平均气温在 3 种情景下同样呈升温趋势，其中 A1B 情景下升温幅度比较大，线性倾向率达 0.51℃/10a，A2 情景下为 0.32℃/10a，B1 情景下为 0.15℃/10a。A2 情景下，21 世纪 10 年代海河流域处于高温期，30 年代后升温显著，其中 40 年代年均温度距平值达到 1.8℃；A1B 情景下，30 年代升温比较显著，其中 40 年代年均温度距平为 2.4℃；B1 情景下，温度变化相对缓慢，直到 40 年代年均温度距平才达到 1.1℃（表 7-8）。

表 7-8　2050 年前海河流域年均气温距平（相对于 1961 ~ 2000 年均值）（单位：℃）

时间	SRES A2	SRES A1B	SRES B1
2001 ~ 2010 年	0.3	0.2	0.2
2011 ~ 2020 年	1.1	0.8	0.6
2021 ~ 2030 年	0.7	0.9	0.5
2031 ~ 2040 年	1.2	1.7	0.5
2041 ~ 2050 年	1.8	2.4	1.1

气温在 3 种情景下四季都为升温趋势，除 A2 情景冬季和 B1 情景春季没有通过 90% 置信水平检验，其余都通过置信水平检验。其中 A2 情景下，秋季升温最显著；A1B 和 B1 情景下，则都为夏季升温最显著（图 7-12）。

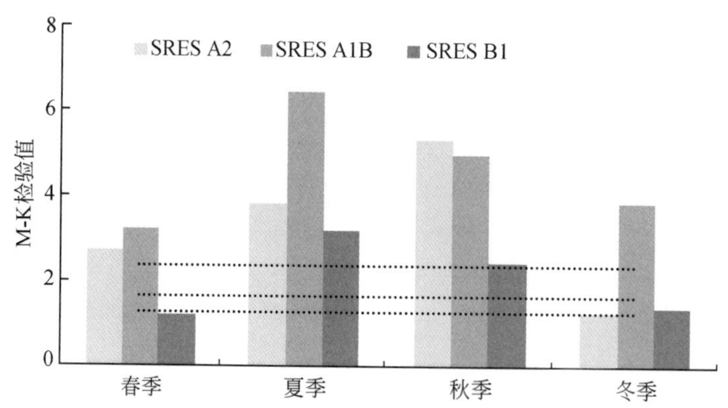

图 7-12　3 种情景下 2050 年前海河流域四季气温趋势 M-K 检验

注：虚线分别代表 99%、95% 和 90% 置信度水平

2. 降水

通过对单一模式 MIUB_ECHO_G 和多模式集合结果分析可知，海河流域降水在 3 种排放情景下都呈现增加趋势（除 MIUB_ECHO_G 模式 B1 情景）（图 7-13 和表 7-9）。A1B 情景下，各模式都为夏季降水增加显著，变化率分别为 1.08mm/a 和 0.87mm/a，其次为春季。同一情景下，MIUB_ECHO_G 模式秋冬季呈现减少趋势，变化率分别为-0.20mm/a 和-0.15mm/a。A2 情景下，MIUB_ECHO_G 模式和模式集合体现的变化特征是基本一致的，春季降水增加最显著，其次为夏季、秋季，不同点在于 MIUB_ECHO_G 模式冬季降水呈现微弱减少，而模式集合的冬季则基本不变。B1 情景下，各模式在秋季都呈现减少趋势，MIUB_ECHO_G 模式秋季降水减少更为明显，在夏季各模式的降水增长最显著。3 种排放情景下，MIUB_ECHO_G 模式预估的多年平均要低于模式集合的预估值，降水的年内分配并未发生显著的变化，降水仍然主要集中于夏季。对各模式的降水进行突变检验，A1B 情景下，MIUB_ECHO_G 模式模拟的降水量以 2013 年为突变点，出现显著增长。A2 情景下，MIUB_ECHO_G 模式和模式集合模拟的降水量分别以 2031 年和 2001 年为突变点，出现了显著增长（方玉等，2013）。

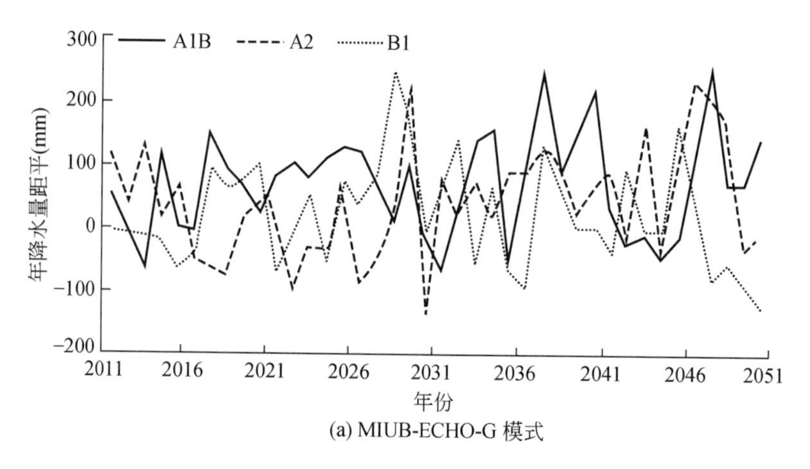

(a) MIUB-ECHO-G 模式

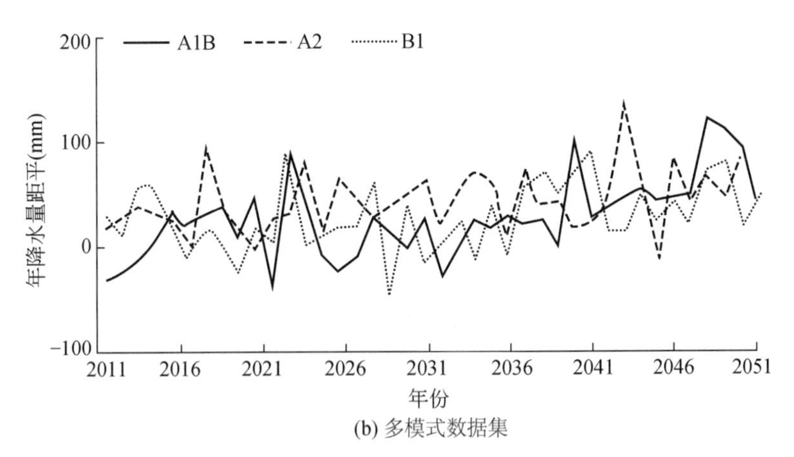

(b) 多模式数据集

图 7-13　3 种排放情景下年均降水距平变化趋势（相对于 1961 ~ 1990 年）

表 7-9　3 种排放情景下 2011 ~ 2050 年降水变化率和多年平均降水量

情景		降水变化率（mm/a）		多年平均降水（mm）	
		MIUB_ECHO_G	多模式集合	MIUB_ECHO_G	多模式集合
A2	年	2. 05	0. 97	678	748
	春	0. 53	0. 29	181	208
	夏	0. 39	0. 22	293	365
	秋	1. 23	0. 43	142	128
	冬	−0. 09	0	62	46
A1B	年	1. 27	1. 91	711	753
	春	0. 55	0. 41	208	204
	夏	1. 08	0. 87	289	369
	秋	−0. 2	0. 35	147	134
	冬	−0. 15	0. 28	65	46
B1	年	−0. 92	0. 89	662	769
	春	0. 47	0. 41	184	205
	夏	−0. 26	0. 41	292	380
	秋	−0. 89	−0. 01	126	138
	冬	−0. 14	0. 07	59	45

而 ECHAM5 模式预估 2050 年前海河流域年均降水在 A2 情景下为减少趋势，线性倾向率为−16mm/10a，A1B 和 B1 情景下年降水量呈增加趋势，线性倾向率分别为 12mm/10a 和 25mm/10a。年降水量的年际变化上，A2 情景下，21 世纪 10 年代、30 年代和 40 年代都为少雨时期；A1B 情景下 2001 ~ 2040 年都为少雨时期，只有 21 世纪 40 年代为多雨时期，年降水距平值为 30. 3mm；B1 情景下，2010 年以后都为多雨期，其中 21 世纪 40 年代年均降水距平值为 120mm（表 7-10）。

表 7-10　2050 年前海河流域年均降水距平（相对于 1961 ~ 2000 年均值）　（单位：mm）

时间	SRES A2	SRES A1B	SRES B1
2001 ~ 2010 年	63.7	-29.7	-12.7
2011 ~ 2020 年	-33.8	-53.4	60.9
2021 ~ 2030 年	98.8	-14.9	51.1
2031 ~ 2040 年	-18.7	-112.7	43.4
2041 ~ 2050 年	-13.3	30.3	120.0

降水的季节变化上，A2 情景下，只有冬季降水为上升趋势，其他 3 个季节都为减少趋势，只有夏季减少趋势通过 90% 置信度检验；A1B 情景下，春季和秋季为上升趋势，但没有达到置信度水平；B1 情景下，四季均为上升趋势，其中秋季和冬季分别通过 95% 和 90% 的置信度检验（图 7-14）。

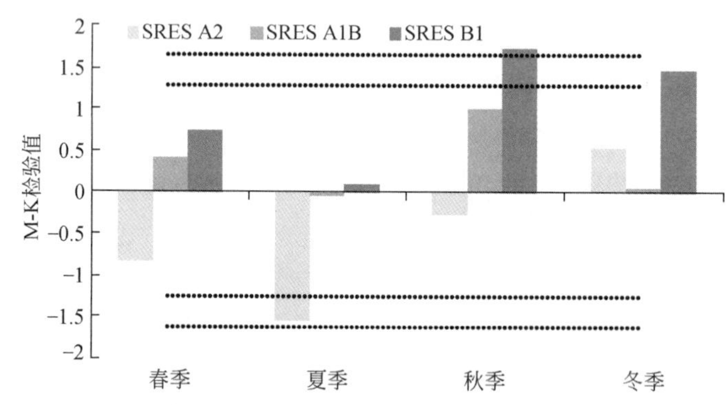

图 7-14　3 种情景下 2050 年前海河流域四季降水趋势 M-K 检验

注：虚线分别代表 90% 和 95% 置信度水平

海河流域年降水量空间变化趋势则为：A2 情景下，2050 年前海河流域中部地区年降水量呈减少趋势，且通过置信度检验；A1B 情景下，海河流域大部年降水量没有明显变化趋势，只有西南一部降水有增加趋势，且通过了置信度检验；B1 情景下，海河流域降水增加趋势明显，主要集中在海河流域西南部，并有由西南向东北逐渐减弱的趋势（图 7-15）。

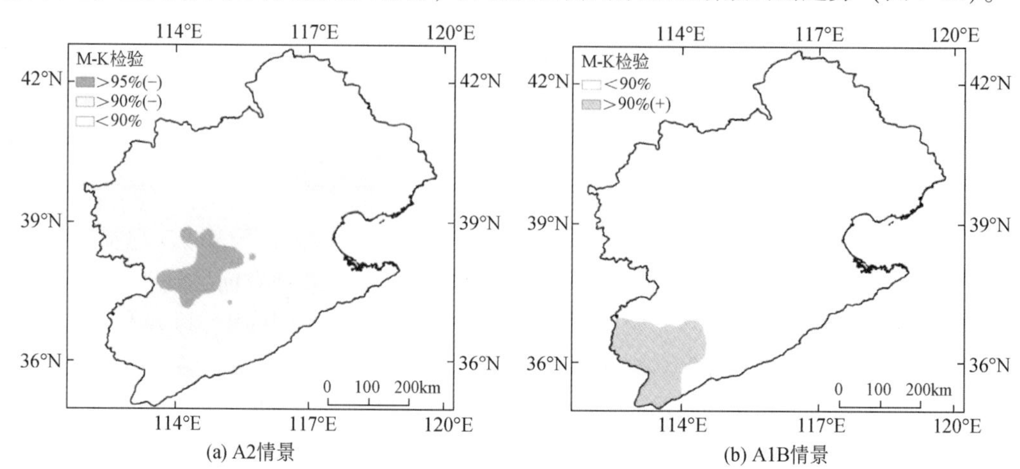

(a) A2情景

(b) A1B情景

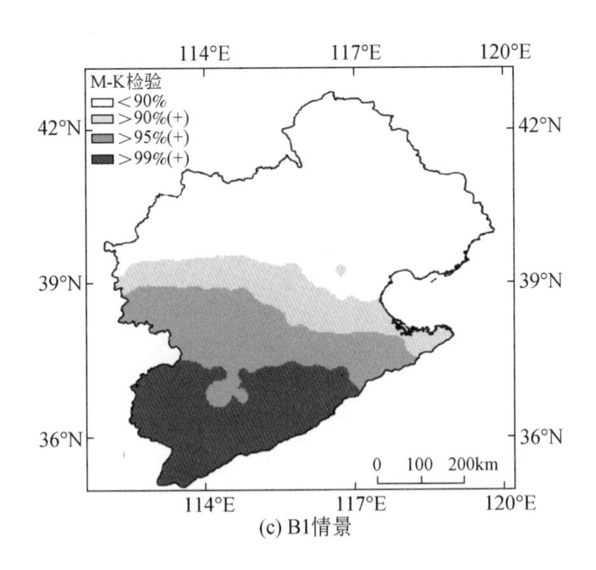

图 7-15 3 种情景下 2050 年前海河流域年降水趋势 M-K 检验

7.3.3 径流量

海河流域径流量预估主要以官厅流域和滦河流域为代表，首先分析官厅流域 2014 ~ 2040 年年径流量相对于试验期（1971 ~ 2000 年）的变化百分率，以响水堡水文站为流域控制水文站，建立及率定官厅流域 HBV 水文模型，应用 SRES A1B、SRES B1、RCP4.5 3 种情景下的 CCLM 气候模式输出逐日降水、温度数据来驱动 HBV，获得模式模拟的逐日径流数据以及降水数据，对官厅流域未来的水文状况，以及枯水期、丰水期流域的径流演变作以分析。可以看出，与试验期相比，2014 ~ 2040 年年径流量在 3 种情景下皆减少。其中，RCP4.5 情景下径流量变化百分率最小，相较试验期，约减少 4.4%；B1 情景下则减少约 5.4%；A1B 情景下变化百分率最大，减少了 30.5%（表 7-11）。

表 7-11 2014 ~ 2040 年官厅流域年径流量相对于试验期（1971 ~ 2000 年）的变化百分率

（单位：%）

气候情景	A1B	B1	RCP4.5
径流变化百分率	-30.5	-5.4	-4.4

对于官厅流域径流量的年内分配来说，3 种情景下，2014 ~ 2040 年，官厅流域各月的径流量变化差异较明显，A1B 情景下各月径流量均以减少为主要特征；而在 B1 情景下，径流量则明显以增加为主，但由于 B1 情景下径流量绝对值相对较低，故较试验期而言，2014 ~ 2040 年径流量未显著增多，B1 情景下，各月径流量基本上与 RCP4.5 情景下呈相反的趋势。趋势检验结果显示，在 RCP4.5 情景下，流域春季的降水量呈减少趋势，而在夏秋冬三季节以及年尺度上，径流量呈现不显著的增加趋势（图 7-16）。

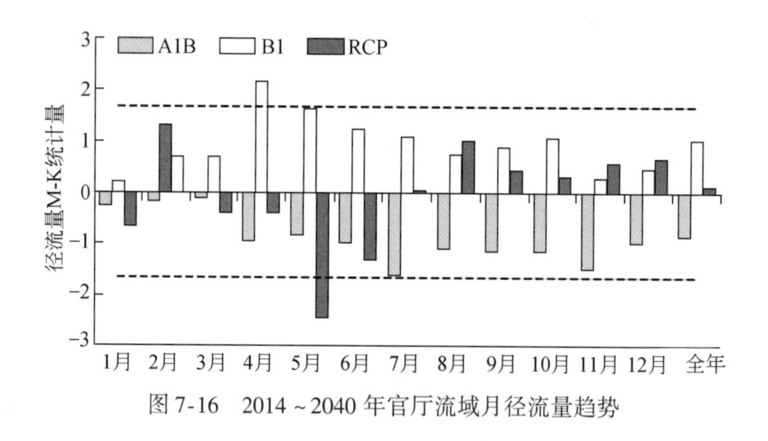

图 7-16　2014～2040 年官厅流域月径流量趋势

官厅流域径流量夏季占比最大，因此，用 6～9 月径流量构建丰水期径流序列，12 月至次年 2 月径流构建枯水期径流序列，对流域丰水期、枯水期的径流量变化进行分析。

与试验期相比，2014～2040 年流域的丰水期径流量在多个情景下的模拟值均有减少，其中 A1B 情景下变幅最大，减少了 37.8%，B1 情景下次之，减少 15.7%，而在 RCP4.5 情景下径流量减少最少，相对于试验期仅减少 4.9%。枯水期径流量在 3 种情景下则增减异，期中 A1B 和 RCP4.5 情景下，年均径流量减少，而在 B1 情景下，年均径流量增加（表 7-12）。

表 7-12　2014～2040 年丰/枯水期径流量相对于试验期的变化百分率　（单位：%）

气候情景	A1B	B1	RCP4.5
丰水期	−37.8	−15.7	−4.9
枯水期	−12.2	21.6	−3.5

3 种排放情景下，流域未来丰水期径流量的变化趋势在 21 世纪 30 年代以前较为一致，径流量较试验期（1971～2000 年）而言均减少，30 年代以后，A1B 情景下的径流量依旧表现为减少的趋势，而在 RCP4.5 和 B1 情景下，丰水期径流量较试验期而言有所增加。

流域枯水期径流量同样以减少趋势为主，但在某些情景下的某些年份，径流量的增加幅度较大，如 B1 情景下的 2015 年、2030～2031 年，RCP4.5 情景下的 2036～2037 年，A1B 情景下的 2039～2040 年（图 7-17）。

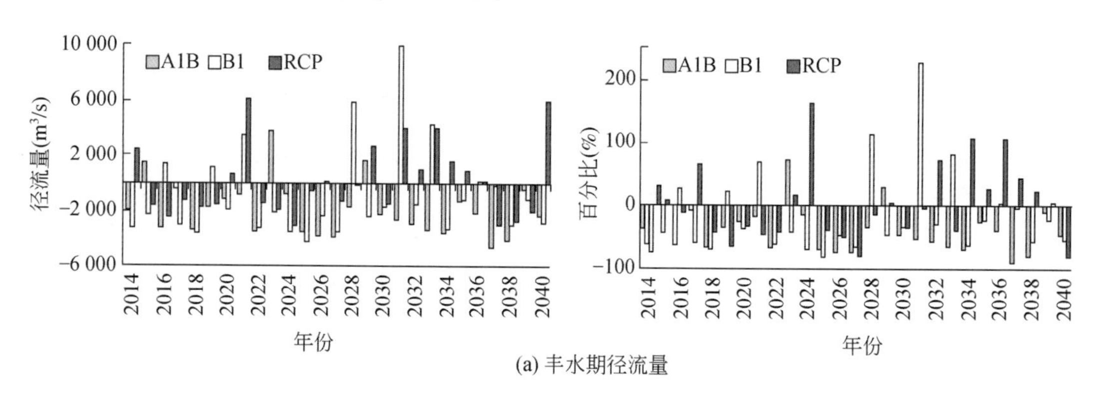

(a) 丰水期径流量

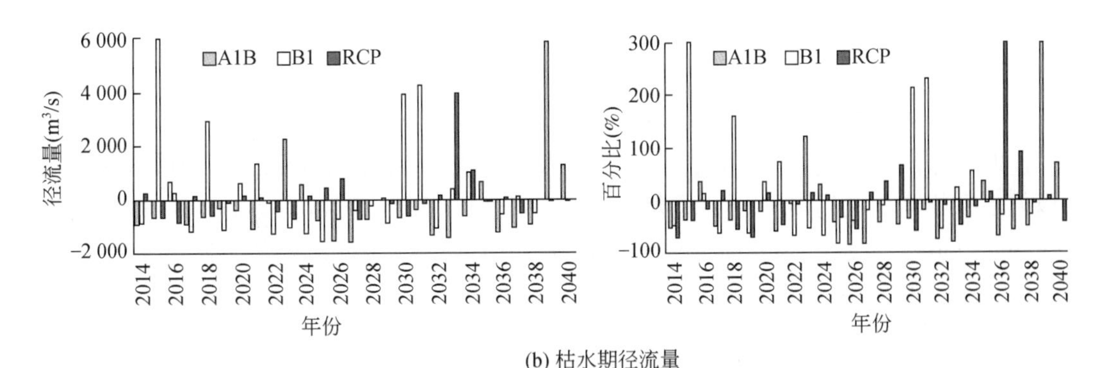

(b) 枯水期径流量

图 7-17　2014～2040 年官厅流域径流量年值相对于试验期的情况

以滦县水文站为流域控制水文站，建立滦河流域 HBV 水文模型，应用 SRES A2、A1B 和 B1 3 种情景下 ECHAM5 气候模式输出的逐日降水、温度数据来驱动 HBV，获得模式模拟的逐日径流数据以及降水数据，预估滦河流域未来的水文状况。可以看出，3 种排放情景下，2010～2100 年，滦河流域的平均径流量基本相同（A2 情景下平均径流深为 157mm，A1B 为 145mm，B1 为 136.9mm），但其变化趋势不同，尤以年际变化较为明显。在 A2 情景下，径流量波动比较大，且呈现出缓慢增加的趋势，倾向率为 4.7mm/10a，但其增加趋势没有通过信度检验；在 A1B 排放情景下，前 50a 径流量变化幅度相对后 50a 较小，流域径流量呈现增加趋势，倾向率为 8.0mm/10a，较 A2 情景下增加较快，且通过了 $\alpha=0.05$ 的信度检验；在 B1 情景下，流域径流量的波动整体较小，同样呈增加趋势，但由于在 2080 年以后径流量增加趋势明显，其线性倾向率达 9.9mm/10a，且通过了 $\alpha=0.05$ 的信度检验（图 7-18）。

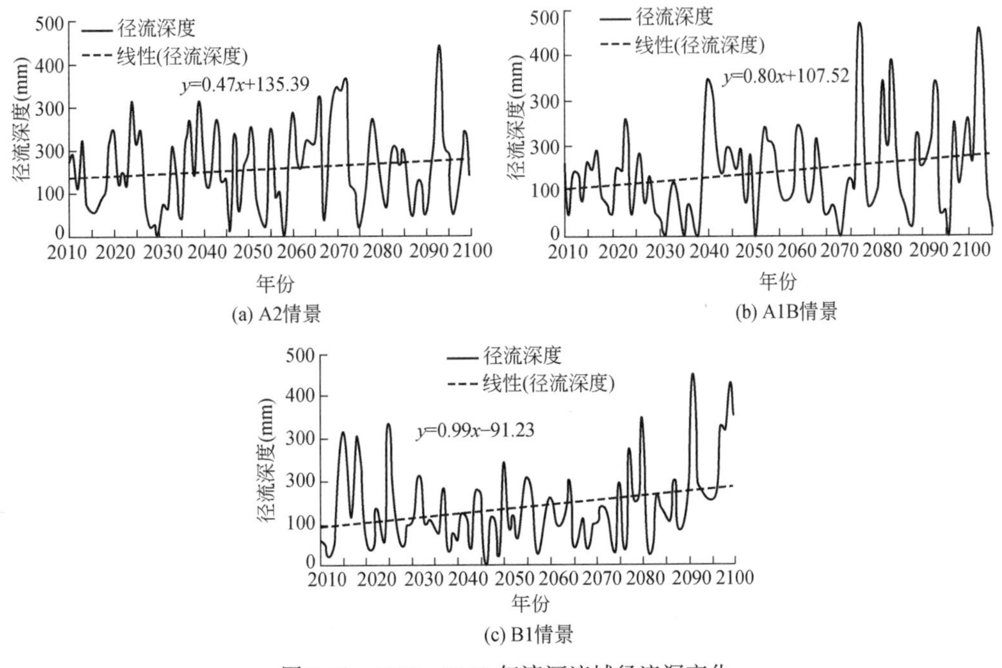

图 7-18　2010～2100 年滦河流域径流深变化

7.3.4 洪水强度和洪水频率

选取逐年的年最大 1 天洪量，即日径流量最大值（annual maximum，AM）建立径流量极值序列样本，利用多种分布函数对 AM 序列进行拟合，以 Kolmogorov-Smirnov 检验、Anderson-Darling 检验、Chi-Squared 检验对拟合结果进行评价，对分布函数进行排序，选出拟合较好的函数，分析径流量极值的概率分布特征。基于不同气候情景下试验期（1971～2000 年）和预估期（2014～2040 年）径流量，分析重现期洪水在未来的频率变化。

基于对流域日径流量 AM 序列的拟合，不同分布函数下洪水重现期的变化结果表明：在 B1 情景下，洪水频率增加，相同重现期下，未来的径流量可能达到试验期径流量的一倍，过去 20 年一遇的洪水在未来可能 10 年就遭遇一次，50 年一遇的变成约 15 年一遇；在 RCP4.5 情景下，洪水频率同样增加，只是增加的幅度要小于 B1 情景的结果，过去 20 年一遇的洪水在未来可能 9 年就遭遇一次，50 年一遇的洪水可能变成 20 年一遇；不同于前两种情景的结果，在 A1B 情景下，洪水频率减少，过去 10 年一遇的洪水可能在 20 年左右发生，过去 20 年一遇的可能在 35 年左右遭遇。

由此可见，在气候变化背景下，A1B 情景未来洪水发生的可能性减少，而 B1 和 RCP4.5 情景洪水发生的可能性则会增加（表 7-13 和表 7-14）。

表 7-13　2014～2040 年官厅流域洪水重现期结果

分布函数	重现期（年）	试验期	A1B（m^3/s）	B1（m^3/s）
Log-Logistic（LL）	10	1 545.3	909.25	2 349.5
	20	2 351.1	1 448.6	5 011.4
	50	4 001.4	2 629.8	13 357
Frechet	10	1 444.5	896.81	2 059.4
	20	2 092.3	1 431.9	4 586.5
	50	3 288.3	2 592	13 185

表 7-14　2014～2040 年官厅流域洪水重现期结果

分布函数	重现期（年）	试验期	RCP4.5（m^3/s）
广义极值分布（GEV）	10	938.64	1 413.3
	20	1 316.9	1 942.1
	50	1 988.3	2 809.8
广义帕累托分布（GP）	10	1 005.5	1 518.9
	20	1 389.6	2 030.9
	50	1 995.7	2 749.8

7.3.5 小结

利用单一模式和多模式集合输出的海河流域气温和降水预估数据，分析海河流域未来气温和降水演变特征，并结合 HBV 水文模型对海河流域（官厅流域和滦河流域）径流量开展预估，结果表明：不论是单一模式还是多模式集合，海河流域在 2011 ~ 2050 年年平均气温都表现为升温趋势，而降水量则表现出不同的变化趋势，除 MIUB_ECHO_G 模式 B1 情景和 ECHAM5 模式 A2 情景下年降水量呈现减少的趋势外，其余情景下都表现为年降水量增加的趋势。虽然降水量表现出增加的趋势，但可能随着温度的升高蒸发量增加，官厅流域 2014 ~ 2040 年年径流量在 3 种情景下皆减少，而滦河流域在 3 种情景下未来径流量都表现为增加趋势。

7.4 黄河流域水循环预估

黄河是我国第二大河流，自 20 世纪 80 年代以来，黄河下游断流现象不断发生，1991 ~ 1998 年连续 8 年发生断流，发生的频次、天数、断流河段长度都有增大的趋势，使沿黄地区的工农业生产及生态环境受到很大的影响。

7.4.1 数据及方法

1. 观测数据

数字高程（DEM）来源于1∶25 万中国数字化地形数据集，土地利用数据来源于1∶50 万土地利用基础数据集。气候观测数据来源于中国气象局国家气象信息中心提供的归一化观测气候数据，确定了黄河流域上中游 64 个气象站点（图 7-19）、1960 ~ 2000 年逐日降水、最高气温、最低气温和平均气温。水文观测数据为花园口站 1971 ~ 1990 年月天然流量序列和皇甫川流域出口控制站皇甫水文站 1989 ~ 1991 年逐月流量。

2. 再分析数据与 GCM 数据

再分析数据为 NCEP/NCAR 提供的 1961 ~ 2000 年 26 个因子的逐日序列，包括地表平均气温、平均海平面气压、地表比湿、500hPa 和 850hPa 位势高度以及地表、500hPa 高度和 850hPa 高度的相对湿度、地转风速、风向、纬向风速、经向风速、涡度、散度等。利用这些数据与站点观测数据建立统计降尺度模型。建立 SDSM 模型前先将 NCEP 网格点数据转换成与 2.50°×3.75°经经纬网格数据，以便与 HadCM2 数据格式相同，在黄河流域上中游地区共有 12 个格点（图 7-19）。

GCM 模拟数据为英国哈德莱中心 HadCM3 模式输出的 1961 ~ 2099 年逐日气象要素序列，网格大小为 2.50°×3.75°，选用的气候要素与 NCEP 再分析数据一致，气候变化情景

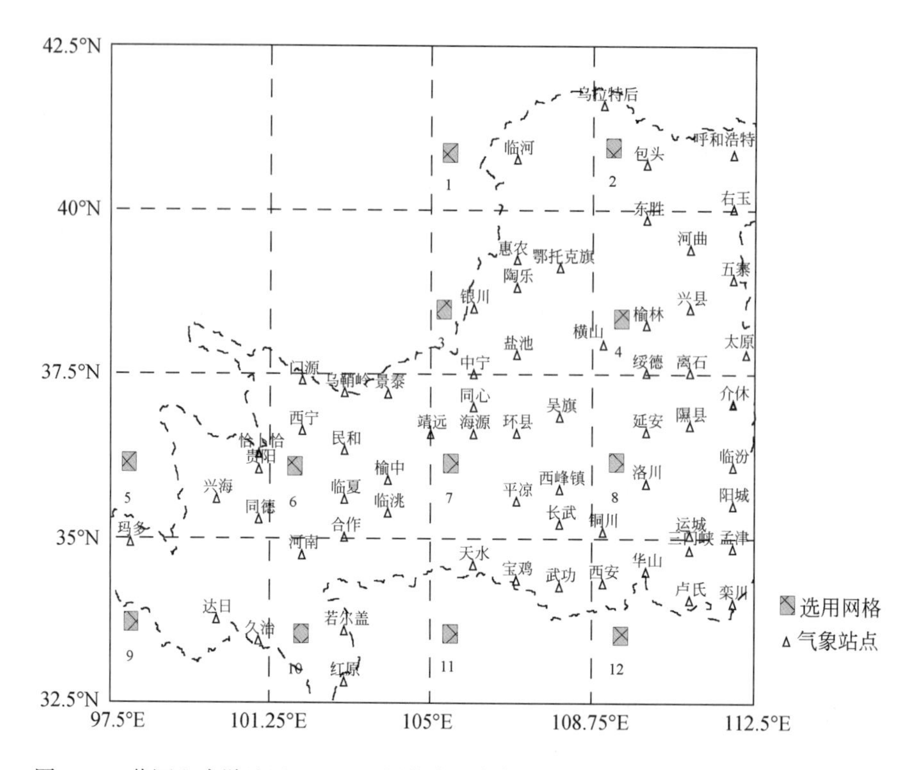

图 7-19 黄河上中游地区 HadCM3 网格点和气候观测站地理位置（刘绿柳等，2008）

为 SRES A2、B2 情景。此外，还有 HadGEM1、CCSM3.0、ECHAM5、IPSL、CSIRO、CCCMA 等 6 个 GCMs 的 1961 ~2100 年的月模拟数据。

3. 统计降尺度方法

应用 SDSM 统计降尺度模型（Wilby et al.，2003）对 HadCM3 输出的大尺度气候信息进行降尺度处理，生成较高分辨率、模拟偏差较小的站点尺度气候信息，作为水文模型的气候输入。SDSM 是一个综合统计降尺度模型，结合了天气发生器和多元回归两种方法。首先利用 NCEP 再分析数据和观测数据建立预报量和预报因子间的函数关系，确定模型参数，然后利用 GCM 数据和 SDSM 模型生成预报量的日序列，即统计降尺度数据。刘绿柳等（2008）应用该方法建立了黄河上中游地区 64 个气候观测站的 SDSM 模型，预估了黄河上中游地区 21 世纪最高气温、最低气温和降水量变化。

4. 水文模拟方法

应用 SWAT 水文模型进行降水-径流模拟。首先率定模型参数，验证模型在黄河流域的适用性。然后应用 SRES 情景下 CGMs 降尺度气候数据驱动率定好的水文模型，模拟流域径流过程，预估黄河流域径流变化。

SWAT（soil and water assessment tool）水文模型是一个集遥感、地理信息系统和数字高程模型技术的具有较强物理机制的分布式水文模型，由美国农业部农业研究中心

(USDA-ARS) 开发，可以预测在不同的土壤条件、土地利用类型和管理措施下人类活动对流域水文过程、河道产输沙变化、农药化学污染在流域内的传播、迁移等的长期影响。该模型于20世纪90年代早期正式推出，很快在水资源和环境领域中得到广泛承认和普及，已被广泛应用于多个国家（Arnold and Fohrer，2005）及多个领域，在中国的长江流域（Chen and Chen，2004；朱利和张万昌，2005）、黄河流域（李道锋等，2005；Xu et al.，2009；Liu et al.，2011）、淮河流域（竹磊磊等，2008）内的不同子流域也获得应用。SWAT先后推出了不同的版本，本节研究所用的版本为基于Arcview开发的AVSWAT2000，能完成前处理、过程模拟和后处理过程。

Liu等（2011）对SWAT模型在黄河上中游地区的花园口站、兰州站和华县站的模拟效果进行了评估，指出可以应用该模型模拟花园口的降水-径流过程，并预估了21世纪黄河上中游地区的气候和径流变化。Xu等（2009，2010）应用SWAT预估了21世纪黄河源区和皇甫川流域的径流变化。

7.4.2 黄河上中游水循环变化预估

1. 气温变化预估

SRES A2和B2两种气候变化情景下，黄河上中游地区流域平均的年平均最高气温与年均最低气温均呈升高趋势，A2变化更为显著。21世纪前期[①]年均最高气温在A2、B2两种情景均升高1.4℃，中期分别升高2.8℃、2.4℃，末期分别升高5.0℃、3.5℃。前期高低两种情景下年均最低气温均升高1.3℃，中期分别升高2.7℃、2.4℃，末期分别升高4.9℃、3.5℃。季节平均气温相应地表现为上升趋势，上升范围为1.0~5.7℃，其中A2情景下夏季升温最显著（Liu et al.，2011）。

在空间分布格局上，A2、B2两种情景下黄河上中游地区年均最高和最低气温变化的空间分布形态基本一致，均表现为西部升温幅度明显大于东部。年平均最高气温以景泰站为中心的区域升高最明显，A2情景下3个时段依次升高2.3℃、4.2℃、6.7℃。年平均最低气温以河曲站周围区域升温最显著，A2情景下3个时段依次升高3.5℃、4.9℃、6.8℃（刘绿柳等，2008）。

2. 降水变化预估

黄河上中游地区未来年降水量变化十分明显，3个时段流域平均的年降水量变化范围为-18%~13%。B2情景年降水量显著减少，其中21世纪前期减少最明显，约为18%。A2情景仅在前期略有减少，中期略有增加，末期增加最明显，约为13%（刘绿柳等，2008）。降水量的季节分布在未来可能会发生变化，夏季降水贡献率从54%增加到60%~64%，其中3个季节降水贡献率将相对减少（Liu et al.，2011）。

---

① 21世纪前期指2011~2039年，中期指2040~2069年，末期指2070~2099年。后同

从空间分布看，A2 情景下黄河上中游降水量变化的空间分布格局中相似，均表现为西北部和东北部地区增加，而源区和中部地区减少，且增加和减少的面积相当，且变化量相差不大。而 B2 情景下大部分区域降水减少，且减少量明显大于增加量，其中西峰镇降水减少最显著。A2 情景下宝鸡站年降水增加最多，3 个时期分别增加 25mm、30mm 和 40mm。B2 情景下西峰镇年降水量分别减少 13mm、48mm 和 48mm（刘绿柳等，2008）。

3. 径流变化预估

以 HadCM3 的 SDSM 降尺度最高气温、最低气温和降水为气候驱动，应用 SWAT 模型模拟了花园口站在控制实验期和 SRES A2 和 B2 情景下 21 世纪的逐日径流过程，预估了 21 世纪前期、中期、末期 3 个时段相对基准期（1961 ~ 1990 年）的径流变化。

（1）月径流变化预估

未来 3 个时段不同情景下多年平均月径流变化量和变化方向在不同月份存在较大差异（图 7-20），其中 5 ~ 8 月各月呈增加趋势，其中 7 月、8 月径流增加最为显著。10 ~ 12 月 3 个月减少，其他各月变化存在不确定性，而中长期 2、3 月的径流增加有可能引起更大春汛。未来最大流量出现时间将由现在的 9 月提前到 7 月或 8 月，可能对夏季防汛产生影响。

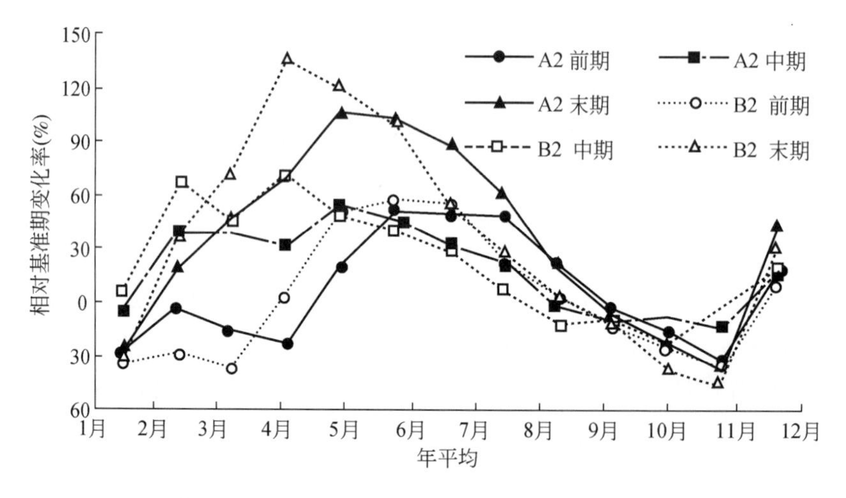

图 7-20 黄河花园口月径流相对基准期（相对 1961 ~ 1990 年）变化

（2）年和季节径流变化预估

SRES A2 情景下未来 3 个时段花园口年径流将增加，前两个时段约增加 18%，后一时段给增加 43%，B2 情景相对 A2 增加略缓，前两个时段增加 10% ~ 16%，后一时段约增加 35%。但不同季节径流变化方向不同，夏季径流增加最为显著。春季增加量低于夏季，除 A2 情景下的 21 世纪前期，其余大部分情景均增多。秋、冬两季径流变化方向存在一定不确定性，部分预估情景增加，部分情景减少（Liu et al.，2011）。

7.4.3　皇甫川子流域水循环变化预估

皇甫川流域是黄河中游上段的一个子流域，流域面积为 3240km²，地处半干旱气候区，年平均气温为 7.5℃，年平均降雨量为 390mm，年径流总量为 1.582 亿 m³，年地表径流总量为 0.480 亿 m³。流域内设有黄甫（1954 年设站）、沙圪堵（1960 年设站）两个水文站，其中出口控制站皇甫站控制面积为 3175km²。1970 年黄河水利委员会将皇甫川流域列为 7 条重点治理流域之一，1982 年国家又将皇甫川流域列为全国 8 个水土流失重点治理区之一，开始了连续综合治理。

1. 月径流变化预估

皇甫川流域月径流量在 1 ~ 6℃ 升温情景、SRES 排放情景和 2℃ 阈值情景下表现为一致增加，其中汛期峰值流量增加幅度更大，同时峰值径流出现时间提前（图 7-21）。

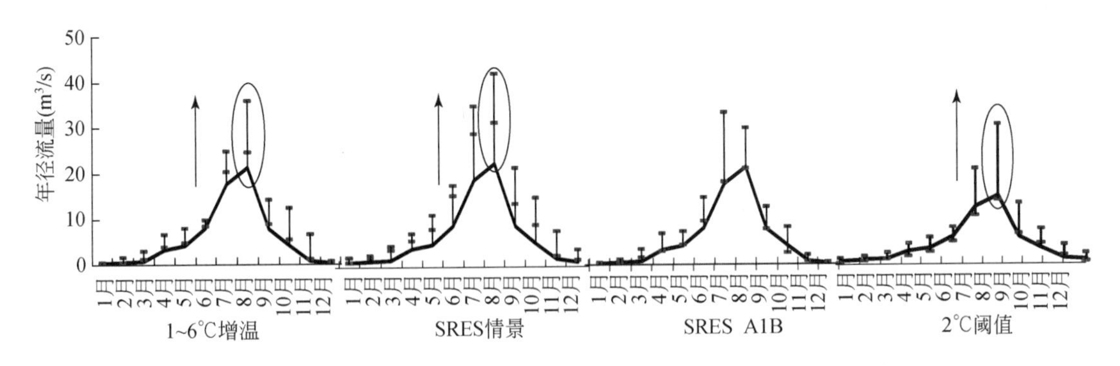

图 7-21　皇甫川流域径流季节分配曲线变化（相对于 1961 ~ 1990 年）

2. 年和季节径流变化预估

月径流增加使得年径流也表现为一致性增加，其中 2℃ 阈值增加量最小，SRES 高排放情景增加最显著（图 7-22），增加的幅度在 21 世纪前期、中期和末期分别为 5% ~ 29%、12% ~ 73%、17% ~ 142%。季节流量预估结果表明，未来 3 个时段都表现为春季径流量增加最多，但不同模式之间的差异也更大。秋季径流量的增加仅次于春季径流量。

3. 极端月流量变化预估

除 CSRIO 预估的洪水流量和平均流量在 21 世纪前期减少外，其余 7 个全球模式在 3 个时段预估的洪水流量都呈现不同程度增加，并且洪水流量的增加程度随着时间的推移而增大（图 7-23）。7 个全球模式预估的皇甫川流域洪水流量和平均流量变化的中值在 21 世纪前期为 15%（IPSL）和 32%（HadGEM1），而在 50 年代和末期预估的洪水流量变化的最大值为 70% 和 146%（HadCM3），预估的平均流量的变化的最大值为 119% 和 304%（HadCM3）。

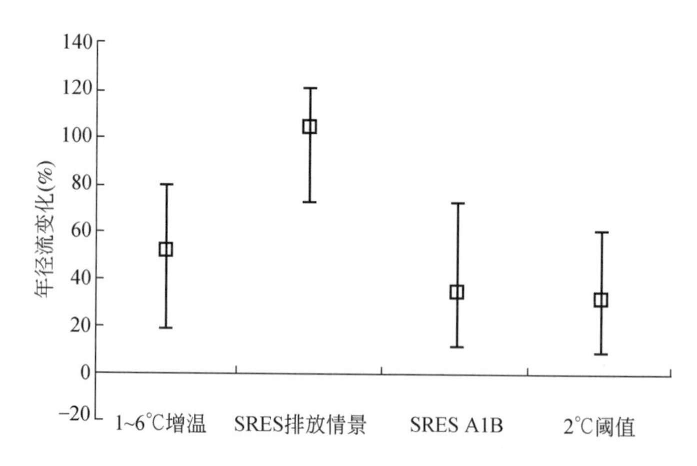

图 7-22　皇甫川流域径流量季节变化（相对于 1961 ~ 1990 年）

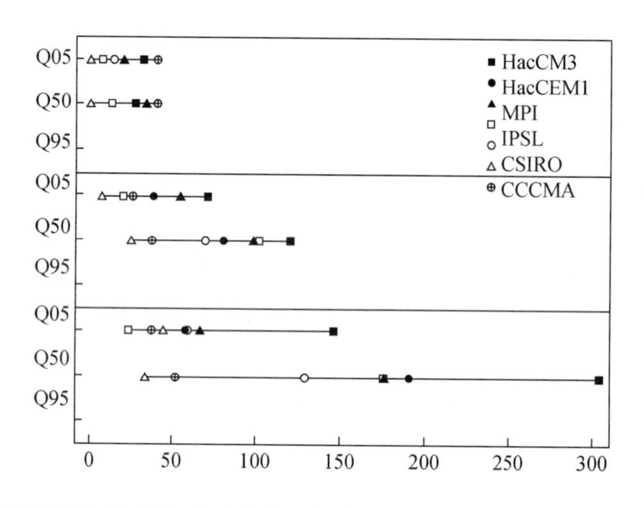

图 7-23　皇甫川流域极端径流量变化（相对于 1961 ~ 1990 年）（Xu et al.，2010）

总体来说，皇甫川流域预估的极端流量在未来都不同程度地增加，增加的幅度随时间推移而增大，并且皇甫川洪水流量增加的幅度低于平均流量。表明未来该流域水资源量将有所增加，同时洪水流量也将增大，发生洪涝事件的可能性将增加。

4. 径流预估的不确定性

年平均径流量概率密度函数揭示出，随着时间的推移 PDFs 集中度降低大，不同模式之间的差异变大，径流预估的不确定性都增加（图 7-24）。不同全球模式预估的皇甫川流域年平均径流量在 3 个时段表现为一致性地增加，并且增加幅度较大，但不同模式之间的差异也较大，到 21 世纪末期，近一半的年份预估的年平均径流量要高于基准期的最大年平均径流量。

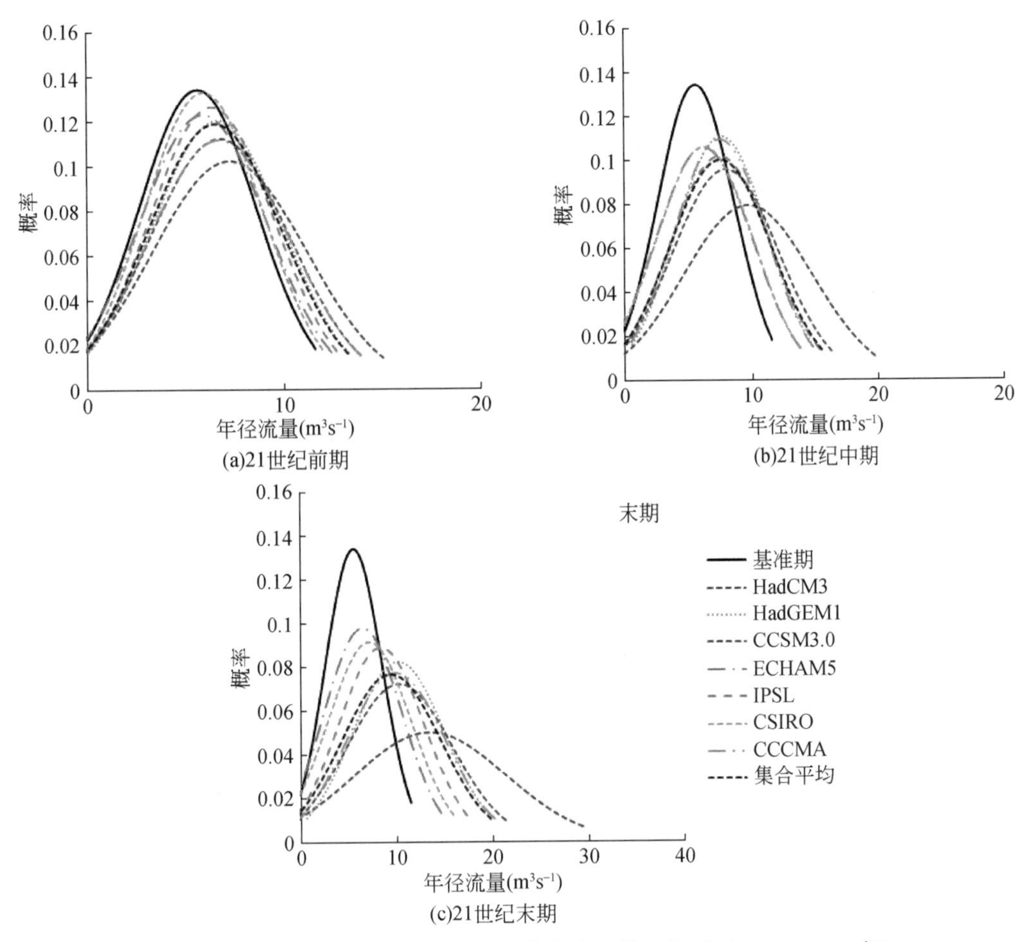

图 7-24　皇甫川流域平均年径流量概率密度函数（相对于 1961 ~ 1990 年）

7.4.4　小结

SRES A2 和 B2 两种气候变化情景下，黄河上中游地区流域平均的年均最高气温与年均最低气温均呈升高趋势，与 B2 相比，A2 情景下升温更显著。年均最高和最低气温变化的空间分布形态基本一致，均表现为西部升温幅度明显大于东部。

SRES B2 情景下，黄河上中游地区年降水量显著减少，其中 21 世纪前期减少最明显，约为 18%。A2 情景仅在前期略有减少。降水季节分配将发生变化，夏季贡献率从 54% 增加到 60% ~64%，其中 3 个季节减少。从空间分布看，A2 情景下西北部和东北部地区增加，而源区和中部地区减少，增加和减少量相当。B2 情景下大部分区域降水减少，且减少量明显大于增加量。

未来花园口年径流将增加，其中 7 月、8 月径流增加最为显著，枯水期各月径流变化存在较大不确定性。中游上段的皇甫川子流域年径流将增加，汛期各月径流增加最为显著，多模式集合预估有利于量化和减少预估的不确定性。

7.5 淮河流域水循环预估

7.5.1 数据及方法

1. 实测数据

淮河流域水循环预估的实测数据为中国气象局国家气象信息中心提供的1958~2010年流域内176个加密气象站点的逐日气温和降水量数据。淮河中上游干流径流变化分析选用控制站蚌埠水文站的逐日径流数据。序列长度为蚌埠站1958~2007年，由淮河水利委员会水文局提供。蚌埠水文站是淮河干流中游重要的控制站，控制流域面积为$1.213\times10^5 km^2$，约占全流域的2/3，多年平均径流量为$3.05\times10^{10} m^3$，径流量年内分配不均，年际变化较大。

2. 全球气候系统模式

根据对IPCC AR4中AOGCM对东亚地区（或中国区）当代气候模拟能力的评估（刘敏等，2009；许崇海等，2007），研究中选择了模拟效果较好的MIROC 3.2（medres）、BCCR-BCM 2.0、ECHAM5/MPI-OM、CSIRO-Mk 3.0、GFDL-CM 2.1、UKMO-HadCM3、CCSM3、ECHO-G等8个全球海气耦合模式。各模式相关详细信息可参见PCMDI的网址①，耦合模式所有数据来自世界气候研究计划（WCRP）的“耦合模式比较计划第3阶段”（CMIP3）多模式数据库（Meehl GA et al.，2007）。

3. 区域气候模式

模式数据源于德国波茨坦气候影响研究所（PIK）基于德国气象局的LM（the local model）发展而来的区域气候模式CCLM。CCLM模式是一种动力降尺度的区域模式，以全球模式ECHAM5的输出结果作为边界条件，模拟时间尺度可达百年，分辨率为1~50km。选择ECHAM5是由于该模式同时应用于IPCC AR4和AR5，且在全球模式对比计划中模拟效果相对较好，可以说CCLM设计的目的就是为了ECHAM5的降尺度使用，用于天气和气候预报使用（Burkhard et al.，2008）。

目前IPCC已识别了4类RCPs（RCP8.5、RCP6、RCP4.5、RCP3-PD），其中，RCP6和RCP4.5都为中间稳定路径，其路径形式均没有超过目标水平达到稳定，但RCP4.5的优先性大于RCP6，其相当浓度约为650CO_2-eq，低于RCP6的860CO_2-eq（IPCC，2007）。另外就未来三大主要温室气体的排放量、浓度和辐射强迫时间变化趋势来看，在RCP4.5情景下其走势将在2040年达到目标水平，在2070年趋于稳定（Riahi et al.，2007），其时

① http：//www.pcmdi.llnl.gov/ipcc/about_ipcc.php.

间变化与中国未来经济发展趋势较为一致，适合中国国情，符合政府对未来经济发展、应对气候变化的政策措施。且RCP4.5较之中排放SRES A1B情景能更好地模拟综合情景开发过程，将社会经济情景与气候变化结果有机统一起来，因而研究选取RCP4.5情景数据（高超等，2014）。目前，PIK已经完成了CCLM区域气候模式在SRES A1B下对中国地区主要气候要素的逐日模拟，空间分辨率为0.5°×0.5°（谈丰等，2012）。

4. 水文模型

新安江月分布式水文模型是由郝振纯等（2000）研制开发的淮河流域新安江月分布式水文模型，该水文模型已在有代表性的流域上经过参数率定和校验以及模式输出结果检验。2001~2004年，国家气候中心经过进一步业务应用研究，已将该模型与实测气候资料和预测资料相连接，进行实时监测评估和预评估（高歌，2004）。

5. 人工神经网络

人工神经网络（artificial neural networks，ANNs）是对人脑若干基本特性通过数学方法进行的抽象和模拟，是一种模仿人脑结构及其功能的非线性信息处理系统。人工神经网络在20世纪90年代广泛应用于各个领域，取得了丰硕的成果，相关学者（胡铁松等，1995；Zhu et al.，2008）研究认为人工神经网络为一些复杂水文水资源问题的研究提供了一条有效途径。人工神经网络模型以其非线性、自适应性、强大的计算能力等优势适合复杂系统和非线性系统模拟运算，可以尝试应用到预估气候变化对大流域的影响等方面的研究。目前，已有学者（Zhu et al.，2008）将其用来预估不同气候情景下的泥沙响应。研究将淮河流域的月降水量和月平均温度的面平均值作为输入因子，与流域控制站蚌埠水文站的月平均流量建立关系，通过ANNs模型来预估淮河流域蚌埠站未来流量变化趋势。

7.5.2 气温和降水预估

1. 年平均温度和降水变化

吴迪等（2013）采用偏差修正/空间降尺度方法处理后的IPCC AR4中8个全球海气耦合模式的集合平均结果，分析了SRES A2、A1B和B1情景下淮河流域未来30年（2011~2040年）相对于现状（1961~1990年）地面温度和降水的可能变化。

3种情景下多模式集合对淮河流域未来30年地面温度的预估结果表明，不同情景下流域年、季平均温度均呈增加趋势（表7-15）。A2情景下年、季温度增加相对较高，其次是A1B情景，而B1情景下年、季温度增加相对较低，表现出温度增幅随排放强度增加而增加的特点。A2、A1B、B1情景下未来流域年平均温度分别增加了1.12℃、1.02℃和0.85℃。从温度季节变化上看，3种情景下流域冬、春季温度增加幅度相对较大，其次是秋季，而夏季温度增加幅度相对较低。

不同情景下多模式集合对淮河流域未来30年降水的预估结果表明，3种情景下流域年平均降水均呈增加趋势，但增加幅度不明显（表7-16）。A2情景下，年降水增加相对较少，增幅仅为0.13%；而A1B和B1情景下，年降水分别增加了5.88%和5.24%。从季节变化上看，不同情景、不同季节降水增减变化并不一致，表现较为复杂。A2情景下，冬季降水增加相对较多，达到12.37%；而夏季、春季和秋季降水增减变化并不显著。A1B和B1情景下，冬季降水增加明显，分别增加了16.76%和13.02%；而其他季节降水增加幅度基本在5%左右。

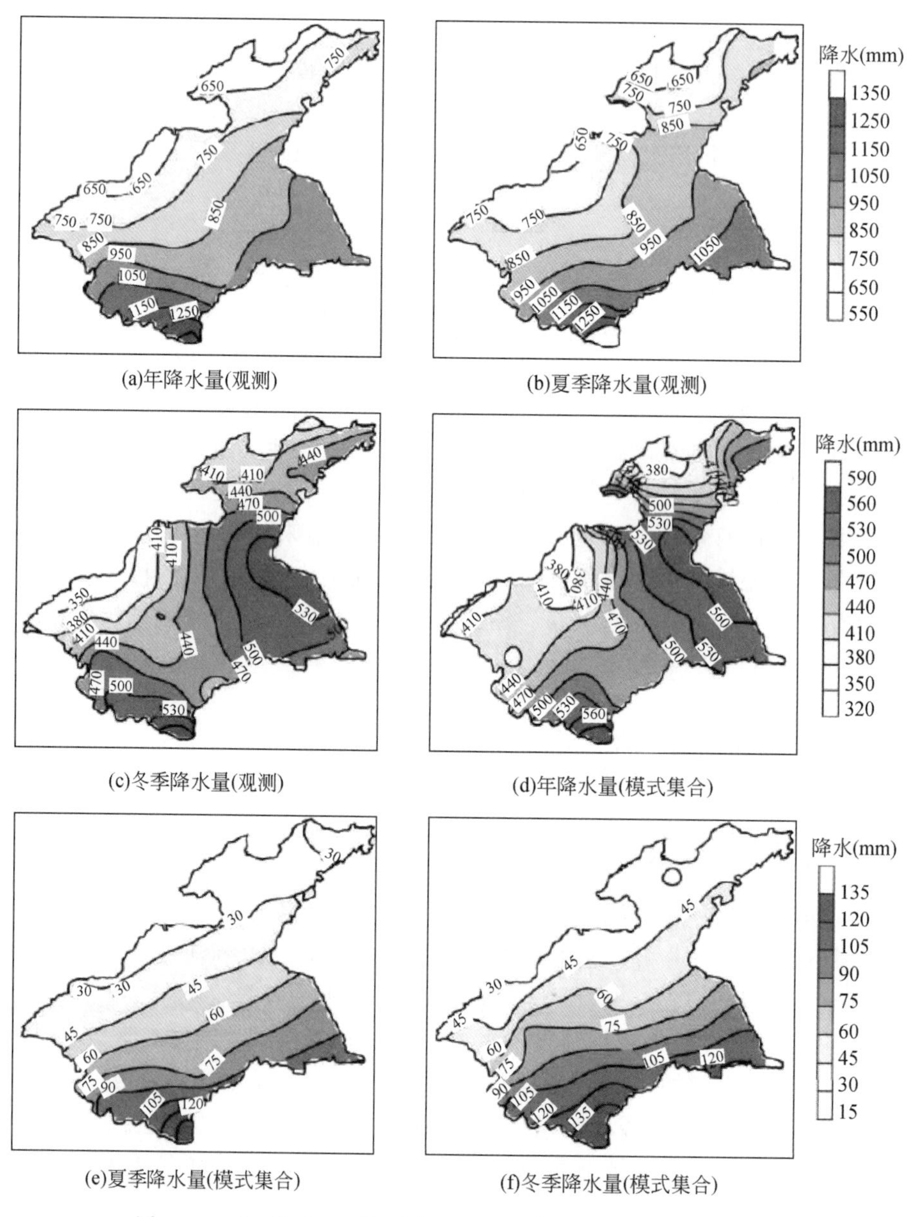

(a)年降水量(观测)　(b)夏季降水量(观测)

(c)冬季降水量(观测)　(d)年降水量(模式集合)

(e)夏季降水量(模式集合)　(f)冬季降水量(模式集合)

图7-25　基准时段观测和多模式集合的年和季节降水空间分布

表 7-15　淮河流域年、季地表温度变化　　（单位:℃）

时段	基准时段 (1961～1990 年)		未来时段 (2011～2040 年)		变化		
	实际排放情景	A2	A1B	B1	A2	A1B	B1
年	14.06	15.18	15.08	14.90	1.12	1.02	0.85
春季	13.73	14.90	14.73	14.60	1.17	1.00	0.87
夏季	25.73	26.73	26.67	26.53	1.00	0.94	0.80
秋季	15.08	16.18	16.06	15.94	1.10	0.98	0.86
冬季	1.69	2.88	2.86	2.55	1.19	1.17	0.86

表 7-16　淮河流域年、季降水变化　　（单位：mm）

时段	基准时段 (1961～1990 年)		未来时段 (2011～2040 年)		变化		
	实际排放情景	A2	A1B	B1	A2	A1B	B1
年	875	877	927	921	0.13	5.85	5.24
春季	176	174	183	185	-1.30	4.04	5.40
夏季	471	475	499	491	0.85	5.94	4.25
秋季	158	149	163	166	-5.82	2.93	4.56
冬季	70	79	82	79	12.37	16.76	13.02

不同情景下，流域不同区域年平均降水增减变化趋势并不一致，表现较为复杂（图 7-26）。A2 情景下，流域北部和西部山丘区年平均降水有增加趋势，增加幅度为 0.46%～3.25%，增幅并不明显；而东部沿海地区和南部平原区降水呈减少趋势，减少幅度为 0.27%～2.04%。A1B 情景下，流域降水由东部平原区向西部山区逐渐增加，呈弧形带状分布，增加幅度为 3.35%～6.98%；B1 情景下，流域降水由南向北逐渐增加，基本呈带状分布，降水增加幅度为 7.01%～26.72%，流域北部和西部降水增加幅度相对较多。

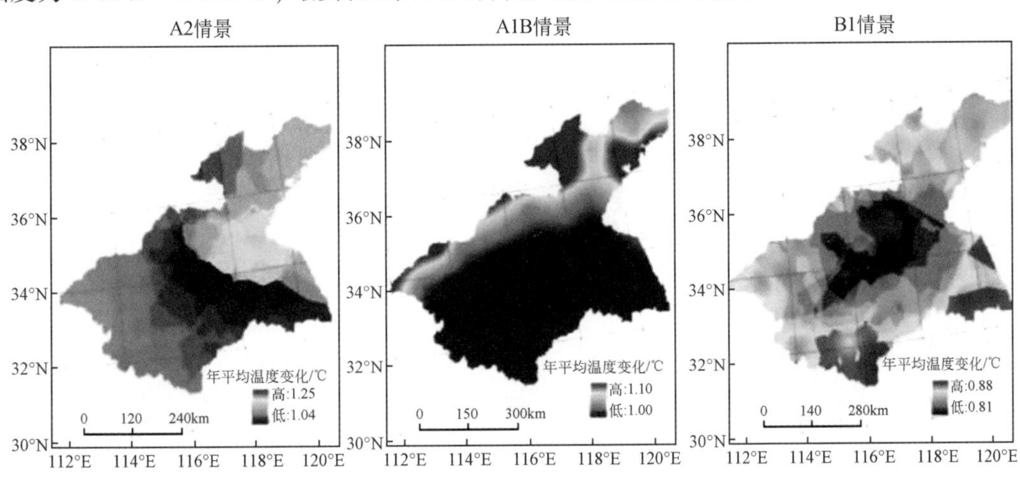

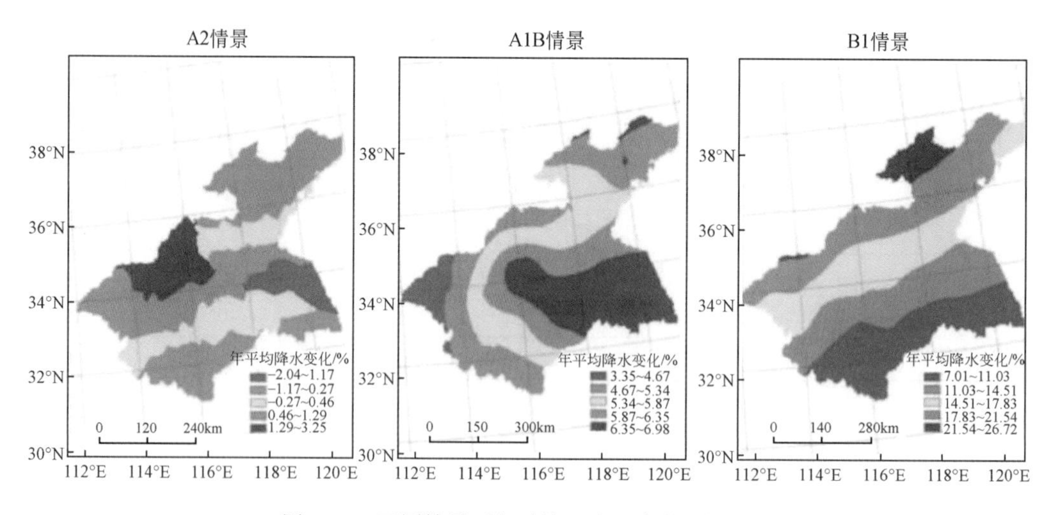

图 7-26　不同情景下年平均温度和降水空间变化

高超等（2012）根据 ECHAM5/MPI-OM 模式对淮河流域 2011 ~ 2060 年气温和降水量变化趋势进行预估。相对于 EACHM5 试验期 1961 ~ 1990 年的年平均温度均值，3 种情景下预估的淮河流域年平均气温均呈不同程度增加趋势（图 7-27），仅有极少数年份流域内温度距平百分率为负值，其余均为正值。其中，A1B 情景在 2035 年之后增温幅度尤其明显，甚至高于 A2 情景，这与气候变化情景设定中对辐射强迫、CO_2 浓度和人口增加等的具体设置有关，如在 A1B 情景中世界人口规模在 2050 年前后达峰值等，因而在 3 种排放情景中，A1B 情景的气温增幅在 21 世纪前半叶的速度要比 A2 情景快，后期 A2 增幅快于 A1B 并超过 A1B 情景的排放（张雪芹等，2008；IPCC，2007）。

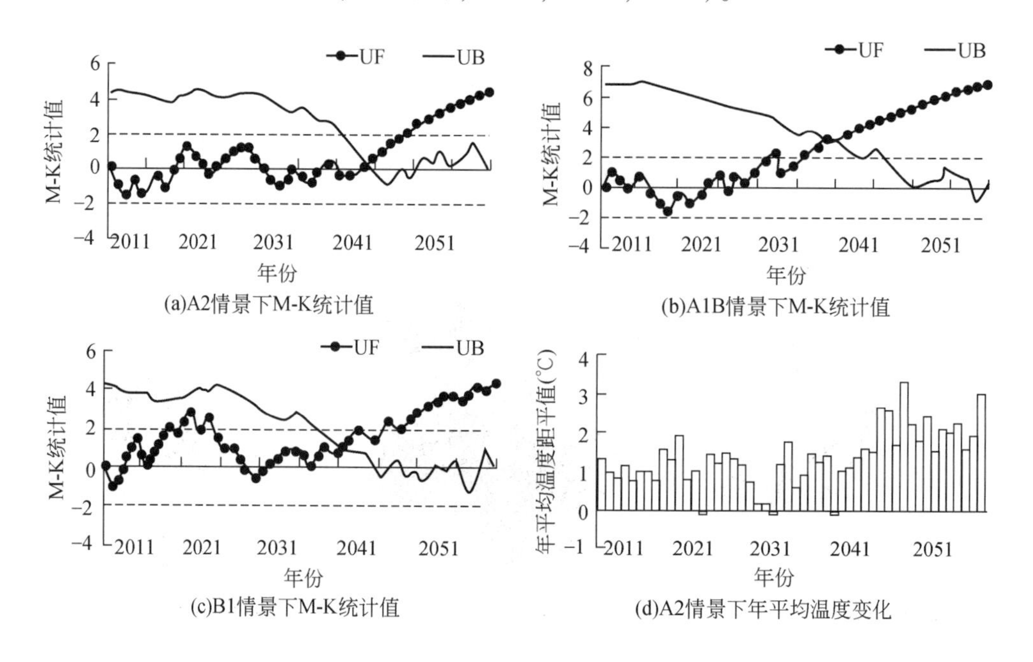

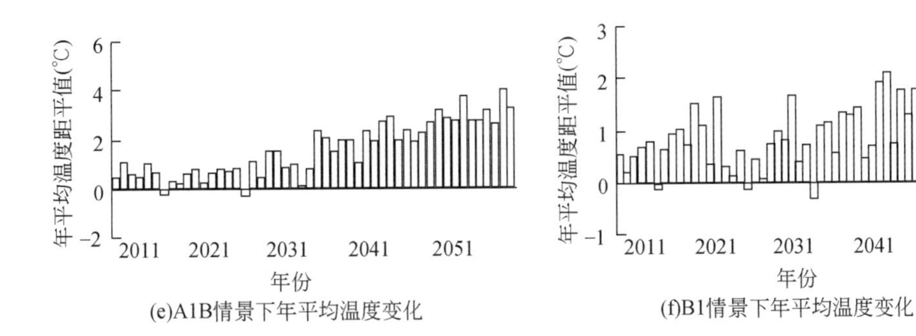

(e)A1B情景下年平均温度变化

(f)B1情景下年平均温度变化

图 7-27 淮河流域 2011 ~ 2060 年 3 种情景下 M-K 统计值及年平均温度距平

注：虚线代表 α = 0. 05 显著性水平临界值

从 M-K 统计值图可以看出（图 7-27），SRES A2 情景下，2049 年 UF 值到达 2. 00，超过 95% 置信度的 1. 96，反映增温趋势显著，即从前一 UF 与 UB 交点 2044 年开始突变增温；SRES A1B 情景下则是在 2040 年达 3. 16，超过 99% 置信度的 2. 56，即自 2025 年 A1B 情景增温趋势明显，到 2040 年突变增温；SRES B1 情景下 2032 年温度增加趋势明显，至 2040 年左右显著增温。

相对于 EACHM5 试验期 1961 ~ 1990 年年降水量均值，3 种情景下预估的淮河流域年降水量有微弱的增加，但 M-K 检测均无显著变化趋势（图 7-28）。从降水距平图可知，SRES A2 的极端降水年份在 2030 年之后频繁，在 2056 年比多年平均高出 703. 5mm。SRES B1 情景波动时间分布比较均匀但振荡幅度不大，而 SRES A1B 情景则波动最为平缓。

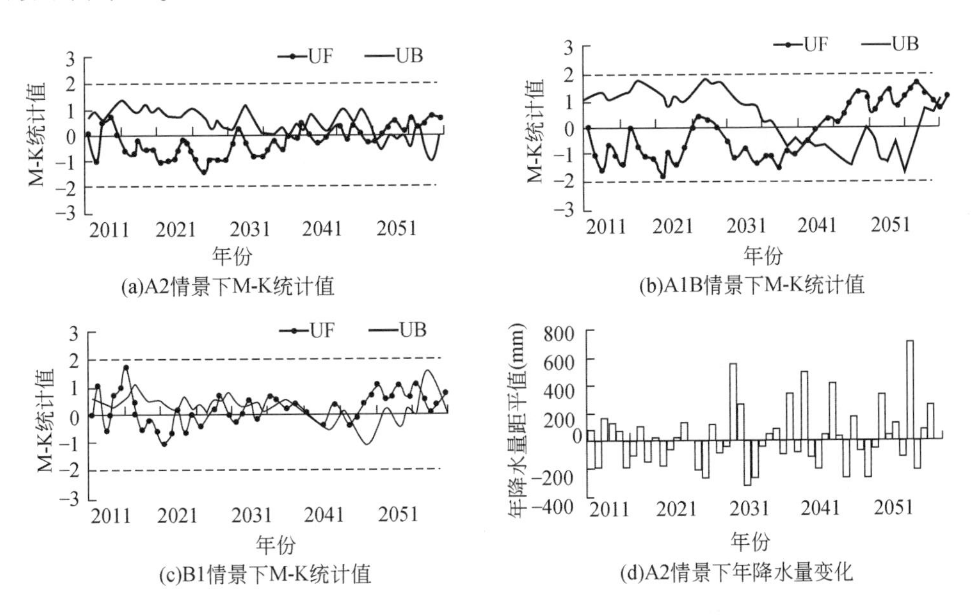

(a)A2情景下M-K统计值

(b)A1B情景下M-K统计值

(c)B1情景下M-K统计值

(d)A2情景下年降水量变化

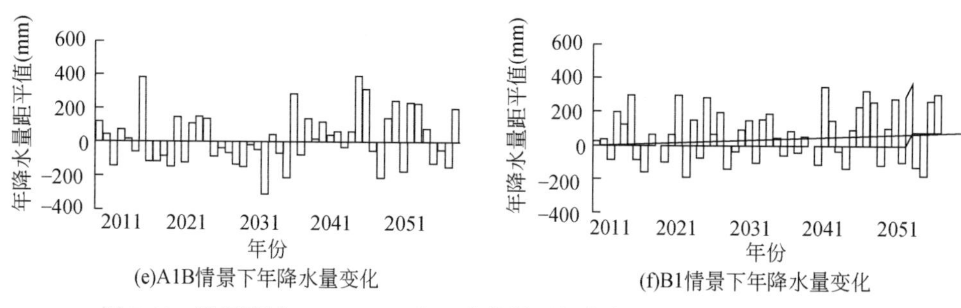

图 7-28　淮河流域 2011 ~ 2060 年 3 种情景下年降水量距平值及 M-K 统计值

注：虚线代表 α = 0.05 显著性水平临界值

谈丰等（2012）运用区域气候模式对比计划（CORDEX）的高精度区域气候模式——CCLM 模式，通过对淮河流域降水的观测数据和模拟数据进行对比分析，综合评估模式在淮河流域对降水的模拟能力，并在 SRES A1B 情景下对流域未来降水的时空特征进行预估。

以 CCLM 模式 1961 ~ 2000 年降水均值作为气候基准值，采用 CCLM 模式在 SRES A1B 情景下的降水预估数据分析了淮河流域未来的降水可能变化趋势。

淮河流域 2011 ~ 2050 年降水变化趋势［图 7-29（a）］显示，SRES A1B 情景下淮河流域未来 40 年降水将呈增加趋势，气候倾向率为 16.8mm/10a。从图 7-29（a）可以看出，在 21 世纪 30 年代中期以前，年降水量在均值附近波动，未显示明显的单调变化趋势，期间会出现两个年降水波峰，之后年降水量呈显著增加趋势，40 年代中期以后降水量将出现一个峰值。总体来看，流域未来 40 年降水量的年际变率较大，波动范围达 −40% ~ 60%，可能导致未来流域内旱涝灾害的频繁发生。

淮河流域 2011 ~ 2050 年的年降水距平百分率的空间分布［图 7-29（b）］显示，在 SRES A1B 情景下，流域南部和中部的降水在未来 40 年这段时间内，整体上呈增加趋势，增幅不超过 6.7%，其他区域则呈减少趋势，减幅不超过 10.6%。可见，虽然未来 40 年流域整体年降水量呈增加趋势，但并不是流域内各个地方降水量都会增加。

2. 月平均温度和降水变化

吴迪等（2013）采用偏差修正/空间降尺度方法处理后的 IPCC AR4 中 8 个全球海气耦合模式的集合平均结果，分析了 SRES A2、A1B 和 B1 情景下淮河流域未来 30 年（2011 ~ 2040 年）相对于现状（1961 ~ 1990 年）地面温度和降水的可能变化。

从月温度变化看［图 7-30（a）］，3 种情景下，基准和未来时段温度年内分配过程基本一致，未来各月温度均呈增加趋势。其中，A2 和 A1B 情景下各月温度增加幅度比 B2 情景明显，而 B2 情景下温度变化相对平缓。从月降水变化看［图 7-30（b）］，3 种情景下，基准和未来时段降水年内分配过程基本一致，未来各月降水增减变化并不一致，表现较为复杂。其中 A2 情景下，除 2 月和 7 月外，各月降水都呈减少趋势；而 A1B 和 B1 情景下各月降水基本呈增加趋势。A1B 和 B1 情景降水增加幅度比 B2 情景明显，B2 情景下降水变化相对平缓。

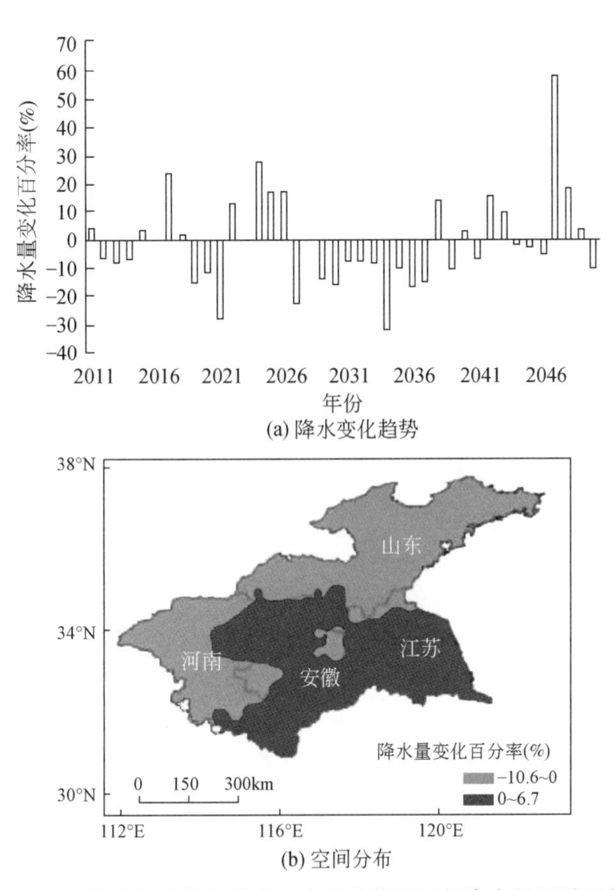

(a) 降水变化趋势

(b) 空间分布

图 7-29　2011 ~ 2050 年淮河流域年降水量变化趋势图及年降水量距平百分率空间分布

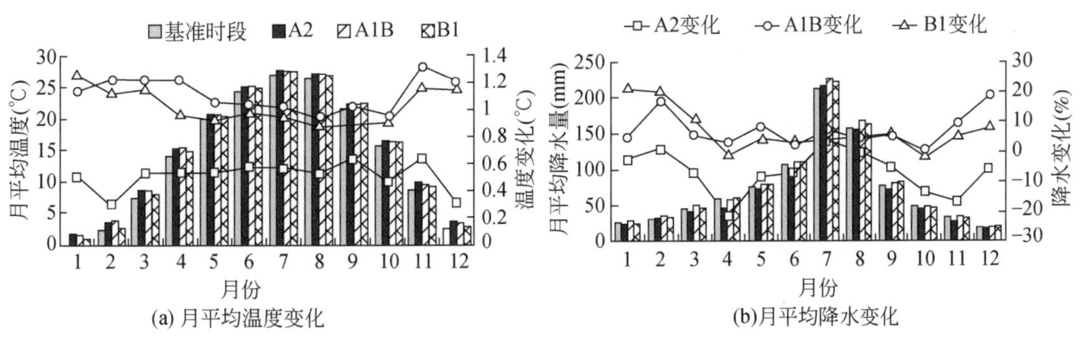

(a) 月平均温度变化

(b)月平均降水变化

图 7-30　淮河流域年内月平均温度和降水的变化

3. 季节平均温度和降水变化

高超等（2012）根据 ECHAM5/MPI-OM 模式对淮河流域 2011 ~ 2060 年季节平均温度和降水进行预估，结果如下。

表7-17 给出了2011 ~2060 年50 年平均温度距平值、线性变化率和标准差，用于描述温度变化幅度、变化速率和年际变率大小。从表7-18 中可知年均温度整体呈上升趋势，与基期（1961 ~ 1990 年）相比，A2、A1B、B1 情景下未来 50 年年均温度分别升高1.27℃、1.53℃、0.91℃，四季平均温度上升幅度也在1.2℃左右。A2 情景下冬季升温最快0.54℃/10a，则50 年约上升2.7℃，同时标准差也最大，反映年际变率也较大，而夏季升温最弱仅0.32℃/10a，同时标准差也是四季最小。同样，A1B 情景下，冬季升温也是最大，50 年达5.2℃为3 种情景之首，相比较而言，B1 情景四季升温幅度相对温和。

表7-17　淮河流域3 种排放情景下2011 ~2060 年温度距平、升温率和标准差

情景	项目	年	春季	夏季	秋季	冬季
A2	距平（℃）	1.27	1.24	0.95	1.23	1.67
	升温率(℃/10a)	0.30	0.47	0.32	0.34	0.54
	标准差（℃）	0.75	1.19	0.82	0.87	1.38
A1B	距平（℃）	1.53	1.47	1.18	1.46	2.03
	升温率（℃/10a)	0.65	0.87	0.73	0.59	1.04
	标准差（℃）	1.09	1.45	1.23	0.99	1.75
B1	距平（℃）	0.91	0.63	0.89	0.98	1.14
	升温率（℃/10a)	0.25	0.44	0.28	0.37	0.62
	标准差（℃）	0.63	1.09	0.69	0.94	1.55

3 种排放情景下降水季节分配、变化率等参数见表7-19。可以看出，降水总体上仍呈现增加趋势，但是A1B 排放情景下降水量增加最大，平均每年增加9.61mm。夏季降水3 种情景下都是最高的，A2、A1B、B1 情景变化率分别为5.46mm/a、5.96mm/a 和4.45mm/a，冬季降水变化最小，3 种情景下变化率分别为2.43mm/a、4.87mm/a 和2.52mm/a，A2 情景最小。总体而言，淮河流域未来50 年降水仍以春季、夏季为主，占全年降水的70%左右。

表7-18　淮河流域3 种排放情景下2011 ~2060 年降水季节分配、变化率和标准差

情景	项目	年	春季	夏季	秋季	冬季
A2	季节分配（%）		30	41	18	12
	变化率（mm/a）	8.73	4.07	5.46	3.67	2.43
	标准差（mm）	222	103	139	93	61
A1B	季节分配（%）		29	42	17	13
	变化率（mm/a）	9.61	5.40	5.96	5.66	4.87
	标准差（mm）	160	90	99	94	81
B1	季节分配（%）		27	42	18	13
	变化率（mm/a）	6.68	4.17	4.45	3.59	2.52
	标准差（mm）	166	103	110	89	62

4. 年际和年代际温度和降水变化

吴迪等（2013）采用偏差修正/空间降尺度方法处理后的 IPCC AR4 中 8 个全球海气耦合模式的集合平均结果，分析了 SRES A2、A1B 和 B1 情景下淮河流域未来 30 年（2011 ~ 2040 年）相对于现状（1961 ~ 1990 年）地面温度和降水的可能变化。

从温度年际变化上看［图 7-31（a）］，相对于基准时段（1961 ~ 1990 年），3 种情景下流域年平均温度均呈明显增加趋势。其中，A1B 情景下年平均温度增幅较大，线性倾向率为 0. 47℃/10a；A2 情景下年平均温度线性倾向率为 0. 21℃/10a；而 B1 情景下年平均温度线性倾向率为 0. 17℃/10a。从温度年代际变化上看［图 7-31（a）］，3 种情景下，温度年代际变化也呈增加趋势，增温幅度随排放情景的增加而增大。相对于基准时段，A2 情景下，21 世纪 20 年代流域年平均温度增幅为 0. 86℃；30 年代年平均温度增幅为 1. 24℃，而 40 年代年平均温度增幅为 1. 25℃；A1B 情景下，20 年代年平均温度增幅为 0. 56℃；30 年代年平均温度增幅为 0. 98℃，而 40 年代年平均温度增幅为 1. 51℃；B1 情景下，20 年代年平均温度增幅为 0. 68℃；30 年代年平均温度增幅为 0. 86℃，而 40 年代年平均温度增幅为 1. 01℃。

从降水年际变化上看［图 7-31（b）］，相对于基准时段（1961 ~ 1990 年），3 种情景下降水年际间变化波动较大，增减趋势不明显，都没有通过 0. 05 的显著性水平检验。其中 A2 情景下年平均降水增幅较大，线性倾向率为 11mm/10a；B1 情景下年平均降水线性倾向率为 7mm/10a；而 A1B 情景下，年平均降水呈减少趋势，线性倾向率为-4mm/10a。从降水年代际变化上看［图 7-31（b）］，除 A2 情景下，30 年代降水为减少趋势外，20 年代和 40 年代降水年代际变化均呈增加趋势，但增加并不显著；20 年代年平均降水增幅为 3mm；30 年代年平均降水减少了 25mm，而 40 年代年平均降水增幅为 25mm。A1B 情景下，20 年代年平均降水增幅为 63mm；30 年代年平均降水增幅为 41mm，而 40 年代年平均降水增幅为 50mm；B1 情景下，20 年代年平均降水增幅为 31mm；30 年代年平均降水增幅为 66mm，而 40 年代年平均降水增幅为 41mm。整体来看，不同情景、不同年代降水增减幅度并不一致，没有一致的规律性。

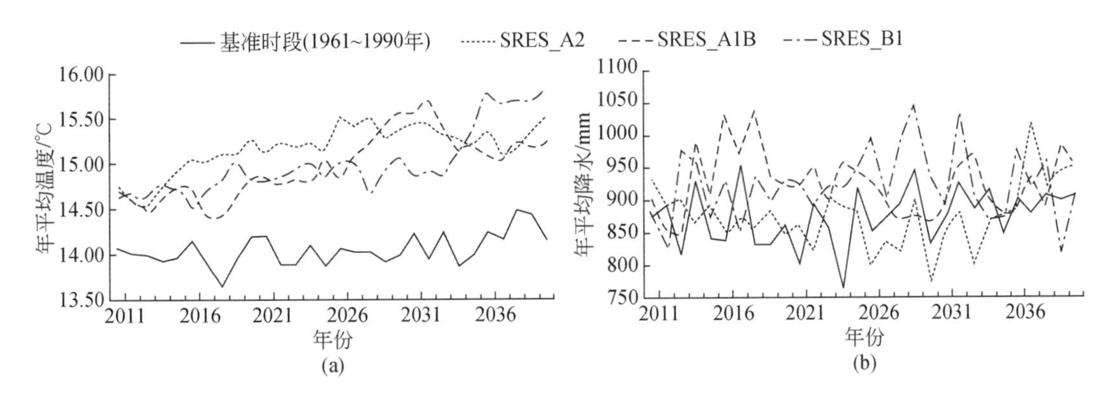

图 7-31　不同情景下年平均温度和年平均降水年际变化

5. 极端气温和强降水变化

高超等（2014）采用由 ECHAM6 驱动的区域气候模式 CCLM 的 RCP4.5 情景数据，对流域 2006 ~2040 年气候变化进行预估，实现 RCP4.5 情景下淮河流域气候变化的高分辨模拟研究。在 RCP4.5 情景下，未来淮河流域温度波动较试验期大致相同，标准差分别为试验期 0.670 和预估期 0.667，波动变化相比而言不大。就流域整体而言，年平均温度仍呈现温度逐年上升的趋势，预估期总体年均温度为 17.28℃，其平均气温年际变化率约为 0.21℃/10a。

RCP4.5 情景下，未来淮河流域温度时空变化不大，较观测期没有明显变化，空间相关系数为 0.72。预估年均温为 13.89 ~ 18.79℃，而观测期年均温为 12.20 ~ 15.81℃，说明到 21 世纪 40 年代，淮河流域温度整体升高，与观测期各站点平均温度相比，升高幅度约为 2.79℃。淮河流域高温和低温中心时空分布仍与试验期保持一致。从温度数值上看，预估期极端高温为 33.09 ~ 41.52℃，观测期为 29.70 ~ 35.19℃；预估期极端低温为 -8.13 ~ 1.20℃，观测期为 -9.79 ~ 2.30℃，表明流域极端高温的温度变幅要明显高于极端低温温度变幅，极端高温增长速率也因此高于极端低温，总体表现为高温持续增长，低温持续降低。

相对于 CCLM 试验期年降水量均值，RCP4.5 情景下预估的淮河流域降水量振荡幅度有所减少，标准差分别为试验期 148.13 和预估期 113.39，表明出现极端洪涝灾害的次数可能有所减少。同时预估期年平均降水量约为 663.49mm，与试验期年均降水量 666.15mm 持平，预估期年均降水量为 468.12 ~ 904.94mm，试验期为 390.43 ~ 979.70mm，说明未来淮河流域年均降水量不会有太大变化。

在 RCP4.5 情景下，未来淮河流域降水主要集中在流域南岸和沿海地区，与试验期年均降水量空间分布相同。对于极端强降水空间分布，流域未来强降水中心不会出现太大变化，即分布在流域南岸，沿海地区，而流域北岸和流域内陆地区降水强度小，其时空分布与观测期十分一致。

7.5.3 径流量预估

1. 2011 ~2060 年年平均及季节平均流量变化

高超等（2010）根据淮河流域 14 个气象站点 1964 ~2007 年观测降水量与温度数据和 ECHAM5/MPI-OM 模式在 3 种排放情景下对该流域 2001 ~2100 年的气候预估，利用人工神经网络模型预估淮河蚌埠站 2011 ~2100 年逐月径流量变化。

SRES A2 情景下相对于 1961 ~1990 年模拟值，2011 ~2060 年淮河年平均流量年际变化幅度较大，SRES A2 情景下 50 年间有 18 年变化率超过 25% ［图 7-32（b）］，其中流量增大 25% 以上的年份为 8 年，减少量超过 25% 的年份占 10 年，总体处于波动上升趋势。从 2011 ~2060 年年平均流量 M-K 统计量曲线［图 7-32（a）］可知，淮河平均流量在

2011 ~ 2060 年未发生显著的突变等变化，总体呈现不显著的下降趋势。

SRES A1B 情景。SRES A1B 情景下，2011 ~ 2060 年淮河径流量年际变化幅度相对 SRES A2 则小得多 [图 7-32 (d)]。50 年间，流量增大变幅超过 25% 的仅有 5 年，下降变幅超过 25% 的仅有 3 年，且变幅较大年份也相对分散。2011 ~ 2060 年淮河流域 M-K 统计曲线 [图 7-32 (c)] 总体较为平缓，在 2037 年其 M-K 统计值达到-2.03，达到 95% 置信度，在 UF 与 UB 交点 2024 年流量发生突变下降，即从 2024 ~ 2037 年流域年平均流量显著降低，但很快进入波动状态。

SRES B1 情景。相对于前两种情景，SRES B1 情景淮河年平均流量的变氏率最小，几乎没有变化，在 2011 ~ 2060 年的 50 年间没有任何一年的距平百分率超过 25%，波动甚小，仅在-23.3% ~ 19.7% 变化。其 Mann-Kendall 统计曲线 [图 7-32 (e)] 亦显示其在情景期没有突变情况发生。

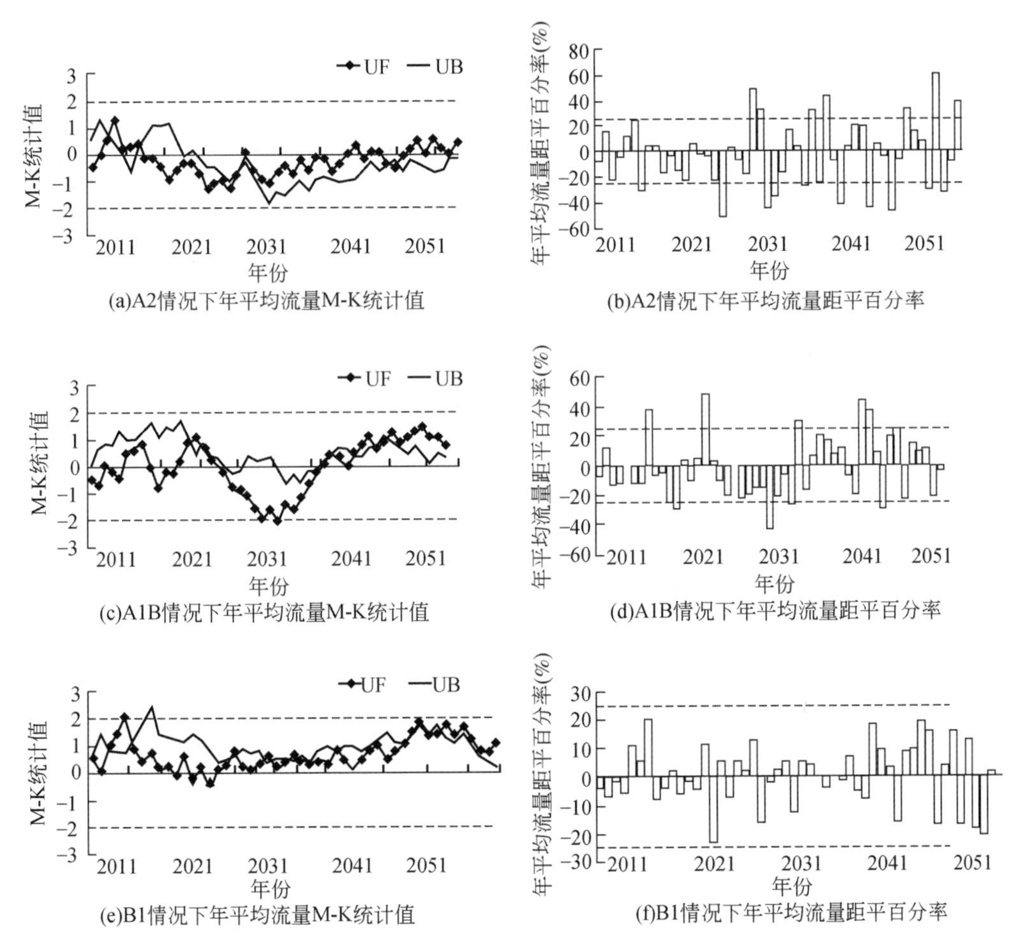

图 7-32　蚌埠站 3 种情景下 2011 ~ 2060 年年平均流量距平百分率及 M-K 统计值

注：M-K 统计值图中虚线表示 95% 置信度的 M-K 统计值大小，年平均流量距平百分率图中虚线表示±25% 百分率

淮河 4 个季节平均流量在 3 种排放情景下的年代际分析表明：春季平均流量年代际距

平百分率在 2011 ~ 2060 年变幅最小，在-15.1% ~ 18.6% 小幅波动，3 种情景下平均流量多数呈现持续下降趋势；夏季平均流量在 21 世纪 40 年代前均呈下降趋势，之后以上升趋势为主，但是变幅均不大，其中，SRES A2 情景下在 50 年代增幅达 25% 以上，SRES A1B 情景下在 30 年代降幅度达 25% 以上；秋季平均流量变幅也是 SRES A2 和 SRES A1B 情景比较明显，SRES A1B 情景下从 20 年代开始的流量增加逐步转变为 60 年代开始的流量下降，而 SRES A2 情景在 60 年代变化率达-50.6%，为 3 种情景下 4 个季节平均流量下降幅度之最；冬季平均流量 SRES A2 和 SRES A1B 情景波动明显，均呈现先下降再升高后复下降趋势，但总体上呈增加趋势，其中 SRES A1B 情景在 50 年代流量增幅达到 54.7%，亦为 3 种情景下 4 个季节平均流量上升幅度之最。

总的来说，2011 ~ 2060 年，模式预估淮河夏季和冬季平均流量在 3 种情景下呈先减少再增加，后下降趋势；秋季平均流量各情景变化趋势不一致，总体呈减少趋势；春季变化幅度小于其他季节。

2. 未来气候变化对淮河流域径流的影响

高歌等（2008）采用新安江月分布式水文模型，结合 1961 ~ 2000 年历史月气候资料和 4 个 CGCMs 的 3 个 SRES 排放情景下（B1，A2，A1B）未来降水和气温情景模拟结果，对过去淮河流域的径流进行模拟检验并对未来 2011 ~ 2040 年的径流影响进行评估，为水资源管理和规划提供依据。表 7-19 给出了未来时期淮河流域各水文控制站以上流域地区及洪泽湖区、平原区和整个流域采用不同 CGCMs 模式和排放情景下的年径流量的可能变化范围以及年径流量呈现增加或减少趋势的试验个数占所有试验个数（11 次试验）的比率。比率值的大小反映 11 次试验中未来趋势的确定性，如为 100%，表示所有试验结果都反映统一增加或减少变化趋势，该变化趋势确定性大，为主导变化趋势；如接近 50%，表示径流未来增加和减少趋势的试验次数相当，不太确定未来变化以增加趋势还是以减少趋势为主。

表 7-19　淮河流域不同区域 2011 ~ 2040 年各模式和情景 11 次试验、年径流量可能变化范围及主导变化趋势的比率　（单位:%）

水文控制站以上地区及区域名称	年径流呈增加趋势的最大变幅	年径流呈减少趋势的最大变幅	主导变化趋势的比率
息县	8	-21	-73
班台	12	-17	-73
漯河	16	-18	-55
周口	16	-16	-64
亳县	21	-16	-55
蒋家集	13	-27	-64
横排头	7	-22	-73
阜阳	17	-17	-64

续表

水文控制站以上地区及区域名称	年径流呈增加趋势的最大变幅	年径流呈减少趋势的最大变幅	主导变化趋势的比率
王家坝	10	-21	-73
鲁台子	12	-21	-73
蚌埠	13	-21	-73
明光	17	-25	-55
固镇宿县	24	-20	-64
临沂	14	-19	-73
大官庄	13	-18	-64
洪泽湖区	17	-16	-64
平原区	14	-13	-55
全流域	14	-17	-64

2011 ~ 2040 年，淮河流域各区域年径流量增加的最大变幅一般为 8% ~ 24%，减少的最大变幅为-16% ~ 27%，减少最大变幅大于增加的最大变幅。

11 个试验中，各区域年径流量呈现增加趋势的比率较小，均没有超过 50%，而出现减少趋势的比率较大，为 54% ~ 72%，表明 2011 ~ 2040 年各区域均可能以年径流量减少变化趋势为主，这种变化趋势不利于该时期的淮河流域地区的水资源开发利用，对淮河地区水资源的可持续发展以及东线调水工程水资源统一调配和管理提出了较大的挑战，应抓住有利时段进行合理调度。就整个淮河流域而言，2011 ~ 2040 年与 1961 ~ 1990 年相比，大多数情况下年径流量有不同程度的减小，最大降幅为 GFDL- A2 情景下，年径流将减少 17%，主要是由于未来降水量减幅较大造成的；在 MRI-B1、MPI-B1、UKMO-A1B、GFDL-A1B 排放情景下，年径流量有 1% ~ 14% 的增加，与未来降水量增加有关。由未来降水量和气温对径流的综合影响分析表明，如果降水量变化幅度大，径流量的变化主要由降水量的变化决定，且径流量变化幅度超过降水量的变化幅度；如果降水量变幅小，径流量变化趋势可能出现与降水量变化相反的趋势，尤其当降水量略呈增加趋势时，由于气温增暖蒸发加大对径流量增加具有一定的副作用，从而导致径流量减少。

在 11 次试验结果中，当月径流量出现增加或减少趋势的试验次数比率超过 50% 的变化趋势作为该月未来可能的主导变化趋势。由表 7-20 可见，2011 ~ 2040 年，淮河流域大部分区域月径流量减少将主要发生在 1 月和 7 ~ 12 月，且比率值一般较大，部分地区和月份比率达 100%，未来径流呈减少趋势比较确定。4 ~ 6 月，径流量将以增加趋势为主，6 月比率值总体较 4 ~ 5 月高，6 月为该地区梅雨季节，洪涝可能增加。4 ~ 5 月是淮河流域及华北地区的作物需水关键期，如果径流增加，将为调水提供有利条件，可在一定程度上缓和华北地区水资源矛盾。2 ~ 3 月，淮河以北地区径流具有增加趋势，将有可能增加水源，并减少淮河流域南方地区的调水压力；淮河干流及以南地区和洪泽湖、平原区呈现减少趋势，比率值一般不高，增加或减少趋势的不确定性较大。

表 7-20　淮河流域不同区域 2011 ~ 2040 年各 CGCMs 模式和情景下各月径流量可能的主导变化趋势比率

（单位:%）

水文控制站以上流域地区及区域名称	1月	2月	3月	4月	5月	6月	7月	8月	9月	10月	11月	12月
息县	-81	-72	-54	-54	63	81	-72	-81	-54	-81	-100	-81
班台	-63	63	54	63	63	81	54	-81	-63	-81	-90	-81
漯河	-72	54	63	63	54	72	54	-63	-54	-81	-90	-81
周口	-72	72	63	63	54	72	54	-72	-63	-81	-90	-72
亳县	-72	72	90	81	63	90	54	-72	-54	-90	-81	-81
蒋家集	-81	-72	-54	54	63	54	-81	-81	-72	-81	-90	-81
横排头	-90	-81	-63	54	72	54	-72	-63	-72	-72	-90	-81
阜阳	-63	63	63	63	54	72	-54	-81	-63	-90	-90	-81
王家坝	-81	-54	-54	-54	63	81	-63	-81	-54	-81	-100	-81
鲁台子	-81	-54	-54	-54	63	81	-63	-72	-54	-81	-100	-81
蚌埠	-90	-54	-54	-54	63	81	-63	-72	-63	-81	-100	-81
明光	-72	-72	-54	54	63	81	-63	-63	-54	-72	-81	-72
固镇宿县	-63	63	72	81	72	90	-63	-81	-72	-100	-100	-72
临沂	-72	72	90	90	72	72	-63	-81	-90	-90	-90	-63
大官庄	-81	63	81	100	72	81	-63	-81	-81	-81	-100	-81
洪泽湖区	-72	54	-54	63	54	81	-63	-72	-72	-72	-81	-54
平原区	-72	-54	-54	72	54	81	-54	-72	-72	-72	-90	-54
全流域	-90	54	-54	63	54	72	-63	-72	-72	-90	-90	-81

注：“-”表示减少趋势

不同 CGCMs 模式和排放情景下，各月径流的变化范围如图 7-33 所示。春季 3 ~ 5 月，径流增加趋势的最大变幅均超过 50%，秋季 9 ~ 10 月，所有情况下径流增加趋势的最大变幅较小，不足 8%，11 月增加幅度接近 0；减少趋势的最大变幅出现在 1 ~ 5 月，为-25% ~ 35%，其他各月在-21% ~ 12%。由不同 CGCMs 模式和排放情景下的径流变化结果看，春季径流可能变化的范围最大，主导趋势的不确定性较大。

3. 未来气候变化下极端洪水预估

郝振纯等（2011）利用 IPCC 第 4 次评估公开发布的 22 个全球气候模式在 A1B、A2 和 B1 3 种典型排放情景下的未来气温和降水预测结果，结合新安江月分布式水文模型，在对模型验证效果良好的基础上，参照集合预报方法，对未来 90 年（2010 ~ 2099 年）气候变化下淮河流域的极端洪水进行预估。IPCC 未来 GCMs 预估结果中，比较系统的有逐月

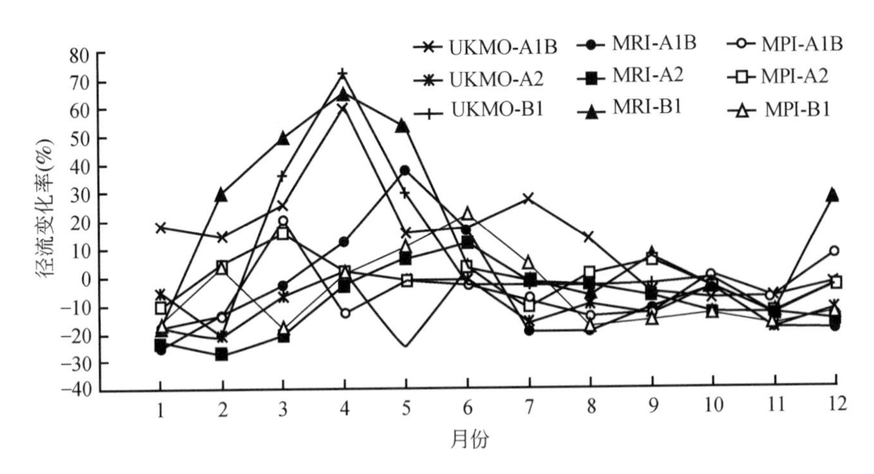

图 7-33　不同 CGCMs 模式和排放情景下 2011 ~ 2040 年淮河流域各月径流可能变化范围（相对 1961 ~ 1990 年）

降水和气温数据，模型中所需要的未来蒸发数据，是通过分析各气象站 1951 ~ 2005 年的月水面蒸发与月平均气温实测资料的相关关系得到的，详细介绍见文献，本书中拟合的是指数函数。由于 GCM 的空间分辨率较低，对区域模拟有一定的系统偏差，利用 IPCC AR4 提供的基准期月平均气温、降水资料和同时段研究区域 13 个主要气象站点实测资料，采用 δ 方法对未来 2001 ~ 2099 年 GCMs 模拟资料进行偏差订正，校正后的所有模式气候预测数据作为一个气象数据集合。分别输入新安江月分布式水文模型进行径流预测，对应于每个模式的径流数据作为未来 90 年径流各种可能过程的集合，建立未来径流预估集合，从中分析极端洪水的发生规律。

IPCC 第 4 次报告基于气象要素的概率分布，定义小于等于第 10 个（大于等于第 90 个）百分位的事件为极端事件。美国气候变化科学项目综合评估报告中给出的极端事件的定义阈值为出现概率小于或等于 10% 的事件。2008 年水利部水文局提出的《流域性洪水定义及量化指标研究》以水文要素重现期将洪水划分为特大洪水、大洪水、中等洪水和小洪水 4 个量级，重现期超过 50 年为特大洪水，重现期 20 ~ 50 年为大洪水，重现期 5 ~ 20 年为中等洪水，重现期在 5 年以下为小洪水。综合国际上对极端事件的普遍定义和水利部洪水量化指标，也考虑到对逐月气候情景资料充分利用。本书中的极端洪水初步定为 Pearson-Ⅲ型频率曲线中最大月洪量出现频率在 10% 以内的洪水，即最大月洪量重现期大于 10 年的洪水为极端洪水，在极端洪水的范围内根据重现期划定为 3 个洪水量级，表 7-21 为蚌埠站极端洪水量级划分结果，蚌埠站极端洪量阈值为 148.3 亿 m^3，当蚌埠站出现月洪量大于 207.2 亿 m^3 时，即认为是一级极端洪水。统计蚌埠站历史上主要大洪水月洪量及频率见表 7-22，1954 年的月洪量为 232.8 亿 m^3，归类为一级极端洪水。2003 年的月洪量为 183.5 亿 m^3，归类为二级极端洪水。2007 年的月洪量为 161.1 亿 m^3，归类为三级极端洪水。2003 年和 2007 年都发生了全流域性大洪水，间隔时间很短，表明最近极端洪水事件发生的频率可能增加。

表 7-21　蚌埠站极端洪水量级划分

量级	重现期（频率）	阈值（亿 m^3）
一级	>50 年（<2%）	>207.2
二级	20～50 年（2%～5%）	169.3～207.2
三级	10～20 年（5%～10%）	139.6～169.3

表 7-22　蚌埠站各次大洪水最大月洪量及频率统计

年份	1954	1916	2003	2007	1991	1975	1931	1963	1950	1982	1956
洪量（亿 m^3）	232.8	194.4	183.5	161.1	157.1	151.8	145.1	142.4	135.6	104.1	100.8
频率（%）	1.06	2.73	3.60	6.08	6.60	7.54	8.80	9.35	10.90	21.80	23.40

极端洪水出现概率分析。未来洪水预估中利用 A1B、A2 和 B13 种气候情景结果，根据资料的完备性，每个情景各有不同个数的 GCMs 模式参与模拟，其中 A1B 情景包含 20 个模式，A2 情景包含 13 个模式，B1 情景包含 15 个模式。

根据本书中给定的极端洪水划分标准，对 3 种情景下各模式模拟预估出现极端洪水的次数进行统计。每年出现极端洪水的概率为预估该年出现极端洪水的模式个数与模式总个数之比，计算公式如下

$$P_i = \frac{N_{Ei}}{N_M} \tag{7-1}$$

式中，P_i为第 i 年极端洪水发生概率；N_{Ei}为预估第 i 年发生极端洪水的模式个数；N_M为参与预估模拟模式的总个数。

图 7-34 是 3 种情景下未来 90 年（2010～2099 年）每年极端洪水（蚌埠站极端洪量阈值为 148.3 亿 m^3）出现的概率统计图，表明 A1B 情景下，各年极端洪水出现概率在 0～0.25。概率在 0.1 以上的有 6 年，其中最大的是 2010 年 0.25，其次是 2080 年 0.2，其他 4 年均发生在 21 世纪 60 年代中期以前。2050 年以后可能出现极端洪水的年份比 2050 年以前集中，21 世纪 20 年代中后期和 40 年代发生极端洪水的可能较小。A2 情景各年概率在0～0.25，其中 0.1 以上的年份主要分布在 40～50 年代以及 90 年代，共 22 次，其中包括 2094 年和 2096 年这两年概率在 0.25 的年份。2035～2065 年以及 2085 年以后是极端洪水发生较为集中的时期。B1 情景各年概率除 2010 年和 2099 年以外均小于 0.15，概率为 0 的年份与 A1B 和 A2 情景相比较多，可能出现极端洪水的年份间隔较长，相对来说，70 年代左右可能发生极端洪水的年份较为集中。总体上，A2 情景各年的概率比另外两个情景总体偏大，B1 情景下极端洪水发生可能性为 0 的年份明显多于另外两个情景。由此说明，在 A2 情景代表的温室气体高排放量情况下，极端洪水发生的可能性较大，以 B1 为代表的温室气体的排放量情景下，极端洪水发生的可能性较小。

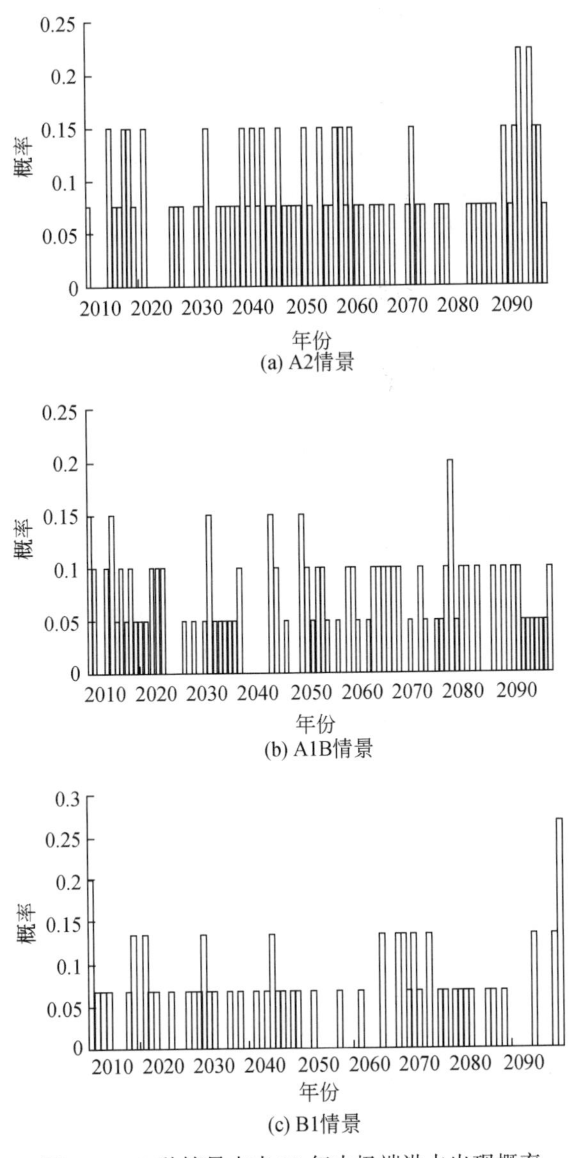

图 7-34　3 种情景未来 90 年内极端洪水出现概率

极端洪水量级分析。以 10 年为一个年代（如 2010 ~ 2019 年为 10 年代），对各年代 3 个量级极端洪水和没有发生极端洪水的年次数进行统计，同时与历史（1915 ~ 2005 年 90 年的极端洪水统计进行比较，不同情景下各年次数占该年代总年次数的比例如图 7-27 所示。A1B 情景下，各年代极端洪水所占比例在 3% ~ 8.5%，10 年代极端洪水相比其他年代发生最多，占 8.5%，其中一级和三级极端洪水所占比例较大。20 年代和 40 年代极端洪水所占比例较小，分别为 4.5% 和 3%，这两个年代没有一级极端洪水出现。10 年代、50 年代和 80 年代发生一级极端洪水比例比历史上的平均比例要高很多，但是未来发生三级极端洪水的比例明显减少。A2 情景的极端洪水所占比例呈波动状态，在 20 年代发生比例最小，为3.8%，随后逐渐增加，在40年代达到10.8%，比历史要高，之后3个年代呈减少趋势，在21世纪末猛增到12.3%。30年代、40年代和90年发生一级极端洪水比例非常大，明显高于历史状态。二级极端洪水发生比例略低于历史状态。相对于A1B情景，三级极端洪水所占比例偏大。B1情景下，除50年代极端洪水所占比例仅为1.4%，其他年代极端洪水所占比例在4%~6%波动。20年代的一级极端洪水明显高于历史，其他年代的与历史发生比例差不多或者没有偏小。二级极端洪水在各年代比例不超过2.0%，均低于历史状态。B1情景下极端洪水所占比例明显低于A1B和A2情景，超1954年的一级极端洪水所占比例较小。

与历史极端洪水综合比较，3种情景未来一级极端洪水发生比例都比历史上偏大，A2情景下增加最多。二级极端洪水都较历史略有减少，三级极端洪水减少最显著。对不同量级的极端洪水进行统计，A2情景预估极端洪水的平均洪量最大，B1情景最小。A1B和A2情景二级以上极端洪水出现比例较大，B1情景出现的极端洪水量级多为三级，超1954年的一级极端洪水所占比例较小。在高排放A2情景下，温度在未来增幅最多，降水变化率较大，发生极端洪水的可能性也最大，达到一级极端标准的洪水最多；在低排放B1情景下，降水和气温增加幅度较小，发生极端洪水的可能性最小。淮河流域历史上洪涝灾害频繁，近年来先后发生2003年、2007年流域性大洪水，科学评估未来极端洪水的强度和频率，有利于流域洪水调度，以科学的决策调度减少灾害损失，有望对今后的淮河水资源管理工作提供参考。

7.5.4 小结

高超、郝振纯、高歌、吴迪、谈丰等利用多个气候模式不同情景下的未来气温和降水预测结果，对淮河流域未来气候及径流变化进行了预估，得到如下结论：时间序列上，未来40~50年淮河流域的气温将处于上升的趋势，而降水则会出现不显著的上升或者略微下降的趋势，相对湿度变化较小，具体变化幅度因预估方法和排放情景的不同而不同；未来淮河流域的气温、降水在空间上的分布变化较小；未来淮河流域径流的波动变化明显，不确定性较大，季节径流的变幅因研究方法不同而有显著差异；未来气候变化下各个排放情景下的一级极端洪水发生比例都显著增加，而二、三级极端洪水的发生比例则相对减少。

7.6 长江流域水循环预估

长江流域，尤其是长江上游流域，既受季风的影响，又受青藏高原影响，是气候变化的敏感区域。寸滩站是长江上游最重要的控制站之一，是三峡水库的入库站，其径流量的变化研究对于三峡水库水资源管理、长江中下游及重庆市水资源利用和防汛方面具有重要意义。文中基于高分辨率区域气候模式CCLM，采用概念性HBV和具有物理机制的SWAT两类水文模型，开展了典型浓度路径RCP4.5情景下长江寸滩以上流域未来气候变化及其对径流的可能影响研究。

7.6.1 数据及方法

1. 数据

气候模式数据为气候模式数据采用德国马普气象研究所 MPI-ESM-LR 模式驱动的 CCLM 数据。MPI-ESM-LR 为马普气象研究所的地球系统模式，由大气环流模式、海洋模式、海洋生物地球化学模式和陆地生物圈模式组成，被用于耦合模式比较计划-阶段 5（CMIP5）中。其大气模式采用 T63 的网格，网格分辨率为 1.9°×1.9°，垂直分层分 47 层，海洋模式采用双极网格，分辨率为 1.5°×1.5°，垂直分层 40 层，路面采用动态植被过程。CCLM 是由德国气象局的天气预测 LM 发展而来的动力降尺度区域模式，它基于水热动力学方程在 1～50km 分辨率上描述大气环流。该气候模式数据集的分辨率为 0.5°×0.5°。CCLM 模拟数据的时间为 1961～2040 年，其中，1961～2005 年为试验期数据，2006～2040 年为 RCP4.5 情景下的模拟数据。采用的 RCP4.5 为中等稳定化情景，需要通过能源体系改变、碳捕获等技术的应用对温室气体排放进行限制，较符合应对气候变化的政策措施和未来发展愿景。为了便于对比国内外的最新结果，研究选取的基准期为 1986～2005 年。

流域内及附近 50 个气象站 1961～2010 年的逐日气温、降水实测数据由中国气象局国家气象信息中心提供。1961～2010 年长江寸滩水文站逐日径流数据由长江水利委员会提供（图 7-35）。数字地形采用了 90m×90m 的美国太空总署（NASA）和国防部国家测绘局

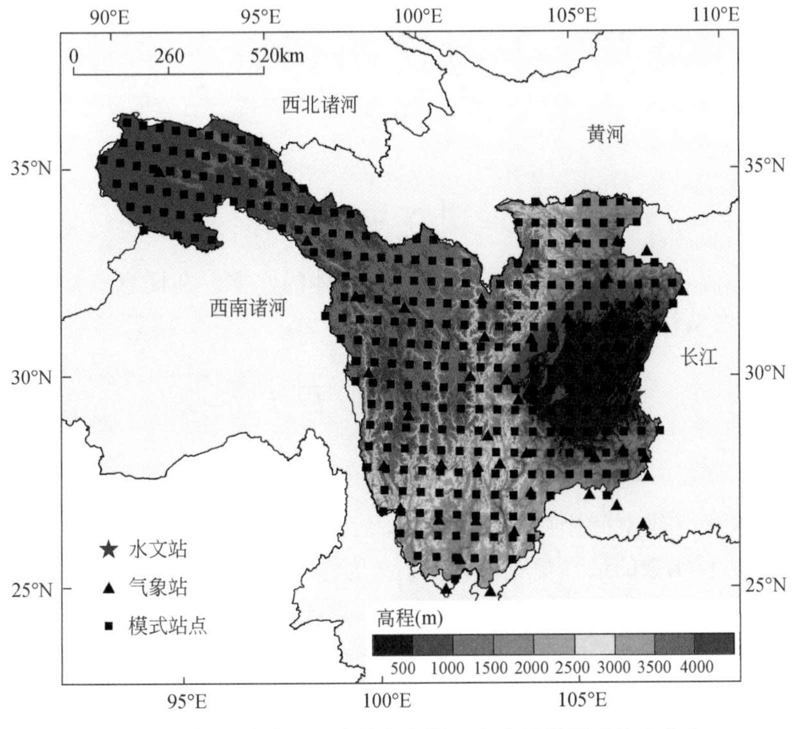

图 7-35 长江寸滩以上流域气象站、水文站及模式格点分布

（NIMA）联合测量的SRTM（shuttle radar topography mission）数据，土地利用类型数据采用中国科学院资源与环境科学数据中心提供的2000年1：10万资料，土壤矢量图采用中国科学院南京土壤所提供的2004年1：100万资料。

2. 模型评价方法

水文模型模拟结果的评价采用决定系数（R^2）和NASH-SUTTCLIFFE效率系数（ME）方法，计算公式如下：

$$R^2 = \frac{(\sum(Q_{\text{obs}} - Q_{\text{obs\_mean}})(Q_{\text{sim}} - Q_{\text{sim\_mean}}))^2}{\sum(Q_{\text{obs}} - Q_{\text{obs\_mean}})^2 \sum(Q_{\text{sim}} - Q_{\text{sim\_mean}})^2} \tag{7-2}$$

$$\text{ME} = 1 - \frac{\sum(Q_{\text{obs}} - Q_{\text{sim}})^2}{\sum(Q_{\text{obs}} - Q_{\text{obs\_mean}})^2} \tag{7-3}$$

式中，Q_{obs} 为实测径流值；$Q_{\text{obs\_mean}}$ 为实测径流模拟平均值；Q_{sim} 为模拟径流值；$Q_{\text{obs\_mean}}$ 为模拟径流平均值。

模式的模拟评估采用多年平均值偏差、均方根误差、空间相关系数、线性趋势和非参数内核密度分布估计法，公式如下：

偏差：

$$\text{BIAS} = \frac{1}{N}\sum_{n=1}^{N}(f_n - r_n) = \bar{f} - \bar{r} \tag{7-4}$$

相关系数：

$$r = \frac{\frac{1}{N} \pm \sum_{n=1}^{N}(f_n - \bar{f})(r_n - \bar{r})}{\sigma_f \sigma_r} \tag{7-5}$$

均方根误差：

$$\text{RMSE} = [\frac{1}{N}\sum_{n=1}^{N}(f_n - r_n)^2]^{\frac{1}{2}} \tag{7-6}$$

核密度：设 x_1，x_2，…，x_n 是取自一元连续总体的样本，在任意点 x 处的总体密度函数 f（x）的核密度估计定义为

$$f(x) = \frac{1}{Nh^d}\sum_{n=1}^{N}K\left(\frac{x - x_n}{h}\right) \tag{7-7}$$

$$h = \left(\frac{4}{3}\right)^{\frac{1}{5}}\sigma\, n^{-\frac{1}{5}} \tag{7-8}$$

式中，$\{x_n\}$ 是 N 个 d 维空间中的点集合，$n=1$，…，N；K（x）为Gaussian（高斯或正态）核函数；h 为核函数的最佳窗宽估计值；σ 为样本标准差。

3. 偏差订正方法

对于长江上游流域，时间上，年平均温度、最高气温、最低气温的CCLM模拟值要低于实测，年降水的模拟值要高于实测。但气温、降水有着相同的变化趋势，且气温每十年

趋势变化较一致（表 7-23，图 7-36）。空间上，流域气温、降水模拟较好的区域在地势较低的下游区，模拟较差的区域主要位于流域内地势较高的金沙江流域和岷沱江流域，此区域的模拟气温都较实测偏小，模拟降水都较实测偏大。整个流域年平均气温模拟比实测偏小 3. 5℃（变幅-13. 97 ~ 10. 34℃），年最高气温模拟比实测偏小 5. 36℃（变幅-18. 60 ~ 8. 80℃），年最低气温模拟比实测偏小 2. 84℃（变幅-11. 11 ~ 10. 59℃），年降水量偏高 232. 09mm（变幅-394. 31 ~1018. 6mm）（图 7-36，图 7-37）。

表 7-23 长江寸滩断面以上流域年 1961 ~ 2005 年模拟与实测气温、降水变化趋势

项目	平均气温（℃/10a）	最高气温（℃/10a）	最低气温（℃/10a）	降水（mm/10a）
实测	0. 14	0. 09	0. 21	-14. 83
模拟	0. 16	0. 16	0. 16	-2. 30

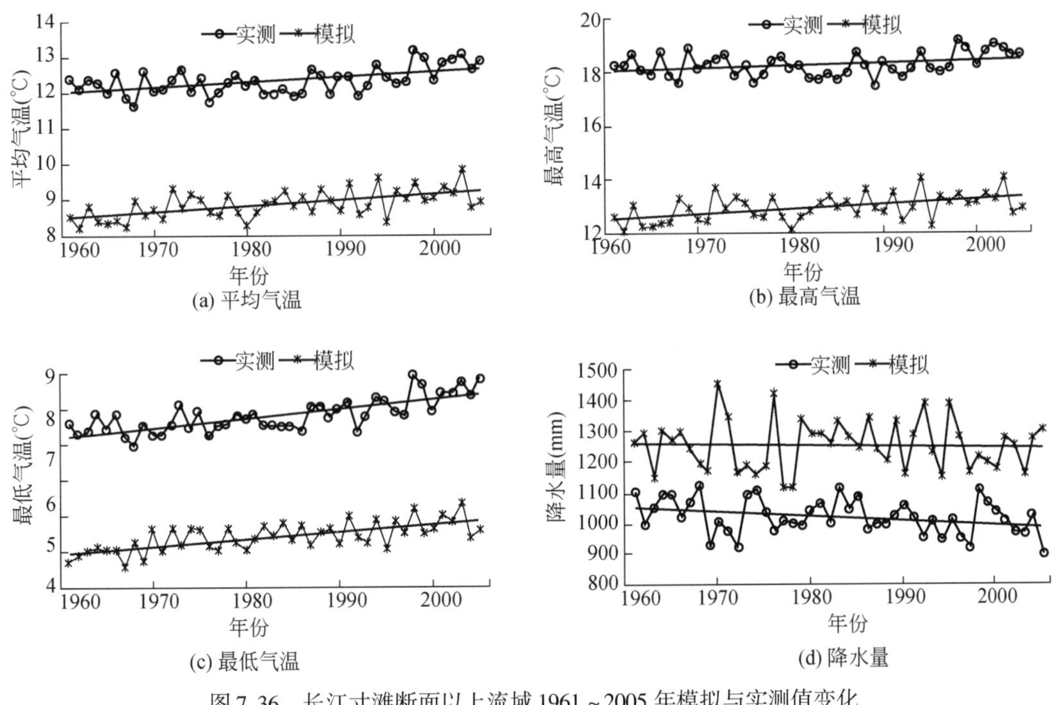

(a) 平均气温
(b) 最高气温
(c) 最低气温
(d) 降水量

图 7-36 长江寸滩断面以上流域 1961 ~ 2005 年模拟与实测值变化

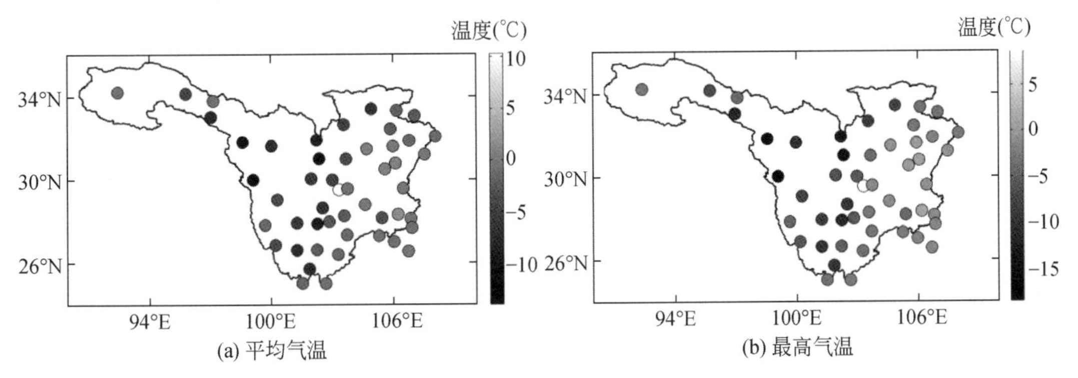

(a) 平均气温
(b) 最高气温

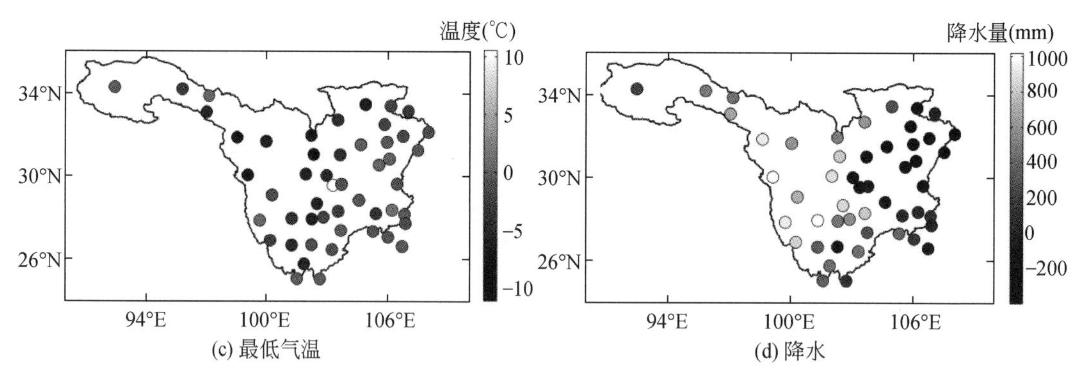

图 7-37　长江寸滩断面以上流域 1961～2005 年模拟与实测差值空间分布

气候模式难于精确地模拟出气候变量的量值，在进行未来气候变化影响评估时，气候模式的偏差订正是很重要的一步。统计偏差订正是建立历史时期的模型输出的模拟结果与观测结果间的统计关系或转换函数，用来推断模型预估的未来实测轨迹。EDCDF（equidistant cumulative distribution functions）法，首先建立实测、模拟、预估数据的累积概率分布函数（CDF），计算未来的某一值对应的累积概率，并假定在此累积概率下对应的实测和模拟值的差值在未来时段保持不变，最终通过这一差值达到对未来预测值的订正。公式如下：

$$x_{\mathrm{m-p.\,adj}} = x_{\mathrm{m-p}} + F_{\mathrm{o-c}}^{-1}[F_{\mathrm{m-p}}(x_{\mathrm{m-p}})] - F_{\mathrm{m-c}}^{-1}[F_{\mathrm{m-p}}(x_{\mathrm{m-p}})] \tag{7-9}$$

式中，x 为变量值；F 为累积概率分布函数；o-c 代表基准期实测；m-c 代表基准期模拟；m-p 代表预估期模拟；$x_{\mathrm{m-p.\,adj}}$为预测值的订正结果。图 7-38 为四川稻城站（100°18′E，29°3′N）的偏差纠正图，根据降水、气温同一累积概率下模拟与实测的差值更正未来的预测值。

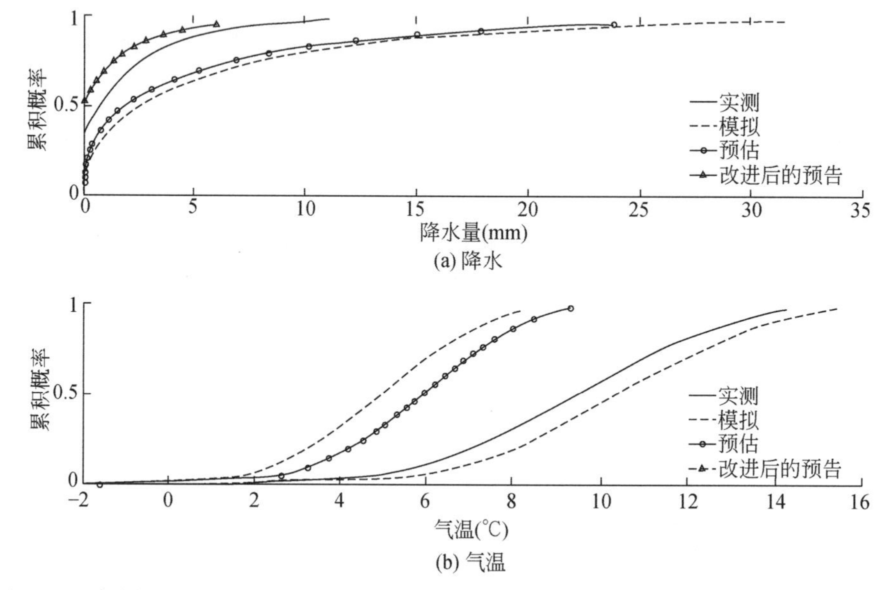

图 7-38　降水与平均气温预估期（2006～2040 年）的偏差校正（以四川稻城站 5 月为例）

表7-24为流域气温、降水进过偏差纠正后的对比结果，不论是偏差（BIAS）、均方根误差（RMSE）还是空间相关系数都有着进一步的提升，特别是降水上的改进，可见纠正方法对模式的偏差改进效果比较明显。

表7-24　长江上游流域年平均气温、最高气温、最低气温和降水模拟的校正前后对比

变量	模拟与实测对比			校正后模拟与实测对比		
	BIAS	RMSE	空间相关系数	BIAS	RMSE	空间相关系数
T（℃）	-3.46	3.49	0.83 **	0.003	0.36	1.00 **
T_{max}（℃）	-5.35	5.38	0.68 **	-0.03	0.50	1.00 **
T_{min}（℃）	-2.83	2.85	0.97 **	0.01	0.34	1.00 **
P（mm）	232.09	253.60	0.06	-1.16	109.32	1.00 **

4. 水文模型及率定

降水径流关系采用的是HBV和SWAT水文模型。

HBV水文模型是由德国波茨坦气候影响（PIK）研究所Krysanova博士改进。该模型是由子气候资料插值、蒸散发估算、积雪和融化、土壤湿度计算过程、产流过程、汇流过程等子模块组成。此版本的HBV模型具有Routing（汇流时间）模块，能够将基于DEM划分的子流域，模拟各子流域的径流过程，最后通过河道汇流形成流域出口断面的径流。该模型在应用方面较简便，易推广和实现，且适合于大流域的水文模拟。HBV模型的输入数据主要为研究区数字高程、逐日降水量、逐日平均气温、土地利用、土壤最大含水量以及河流汇流时间等参数。模型的总水量平衡方程为

$$P - E - Q = \frac{d}{dt}[SP+SM+UZ+LZ+lakes] \tag{7-10}$$

式中，P为降水（mm）；E为蒸散发（mm）；Q为径流（mm）；SP为积雪（mm）；SM为土壤含水量（mm）；UZ为表层地下含水层含水量（mm）；LZ为深层地下含水层含水量（mm）；lakes为湖泊水体容量，以湖泊水深表示（mm）；t为时间（d）。

SWAT水文模型是具有较强物理机制的流域综合分布式水文模型。SWAT模型是美国农业部（USDA）农业研究中心（ARS）Jeff Arnold博士在20世纪90年代吸取了CREAMS、GLEAMS、EPIC、SWRRB等模型的优点，将SWRRB和ROTO整合而成的新模型。在数据的需求上，SWAT模型要多于HBV水文模型，其需要输入大量的不同类型的数据，主要包括地形、气象、土壤类型、土地利用等类型的数据。模型的水量平衡基本公式如下：

$$SW_t = SW_0 + \sum_{i=1}^{t}(R_{day} - Q_{surf} - E_a - w_{seep} - Q_{gw})_i \tag{7-11}$$

式中，SW_t为最终土壤含水量（mm）；SW_0为土壤初始含水量（mm）；t为时间（d）；R_{day}是第i天的降水量（mm）；Q_{surf}为第i天的地表径流量（mm）；E_a是第i天的蒸发量（mm）；w_{seep}是第i天存在于土壤坡面底层的渗透量和侧向径流量（mm）；Q_{gw}是第i天地下含水量（mm）。

分别选取1961～1980年和1981～2000年作为为水文模型的率定期和验证期。将实测气象数据输入到HBV和SWAT水文模型进行径流的模拟，通过模拟结果与实测径流的对比，进行水文模型的调参率定，并对率定的参数进行验证，结果表明两类水文模型对流域径流量的模拟能力均较强，都适用于气候变化影响评估。率定期（1961～1980年），HBV水文模型模拟的月径流的Nash效率系数为0.91，决定系数为0.93，SWAT水文模型输出结果的Nash效率系数为0.94，决定系数为0.95。验证期（1981～2000年），HBV水文模型模拟的月径流的Nash效率系数为0.91，决定系数为0.94，SWAT水文模型输出结果的Nash效率系数为0.93，决定系数为0.94（图7-39）。通过分位数径流对比不难发现（图7-40），SWAT对90%分位数和50%分位数的径流量模拟较好，但对于10%分位数的径流量模拟偏低。HBV对于10%分位数径流量的模拟较好优于SWAT。同时，HBV对于90%和50%分位数径流量也有一定的模拟能力，但相比于实测90%分位数径流量的模拟偏高，50%分位数径流量模拟偏低。SWAT对于峰值极端径流的模拟较好，HBV对于枯水极端径流的模拟较好。

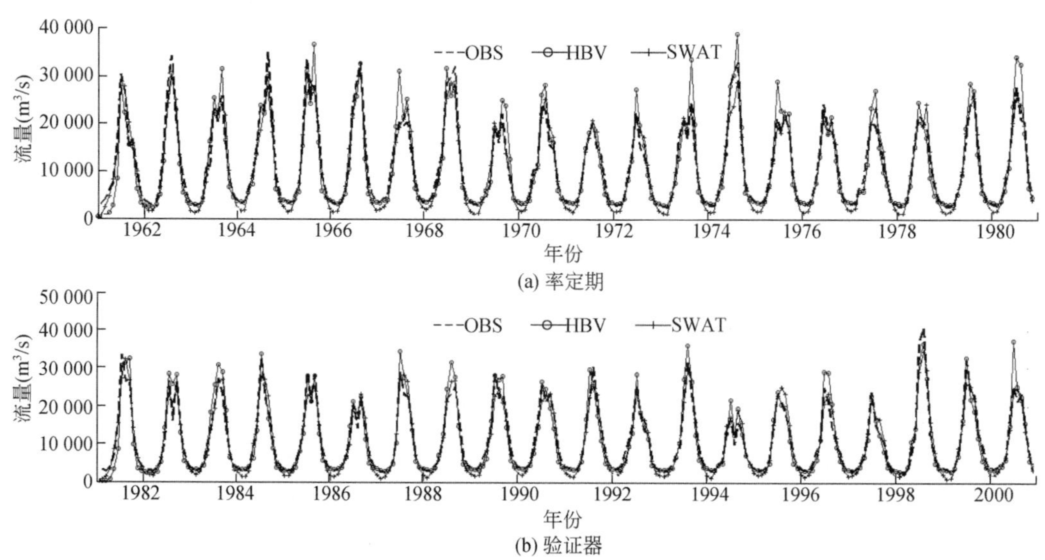

图7-39　寸滩站模拟径流量与实测径流量对比

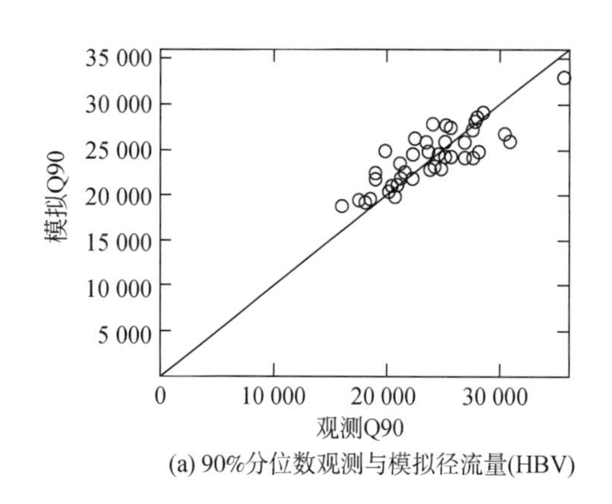

(a) 90%分位数观测与模拟径流量(HBV)

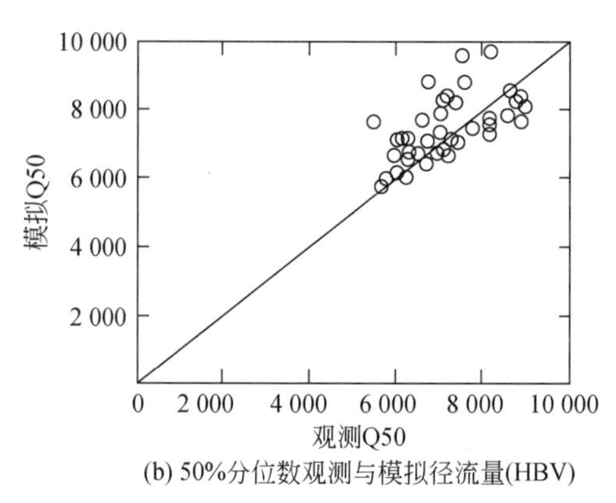

(b) 50%分位数观测与模拟径流量(HBV)

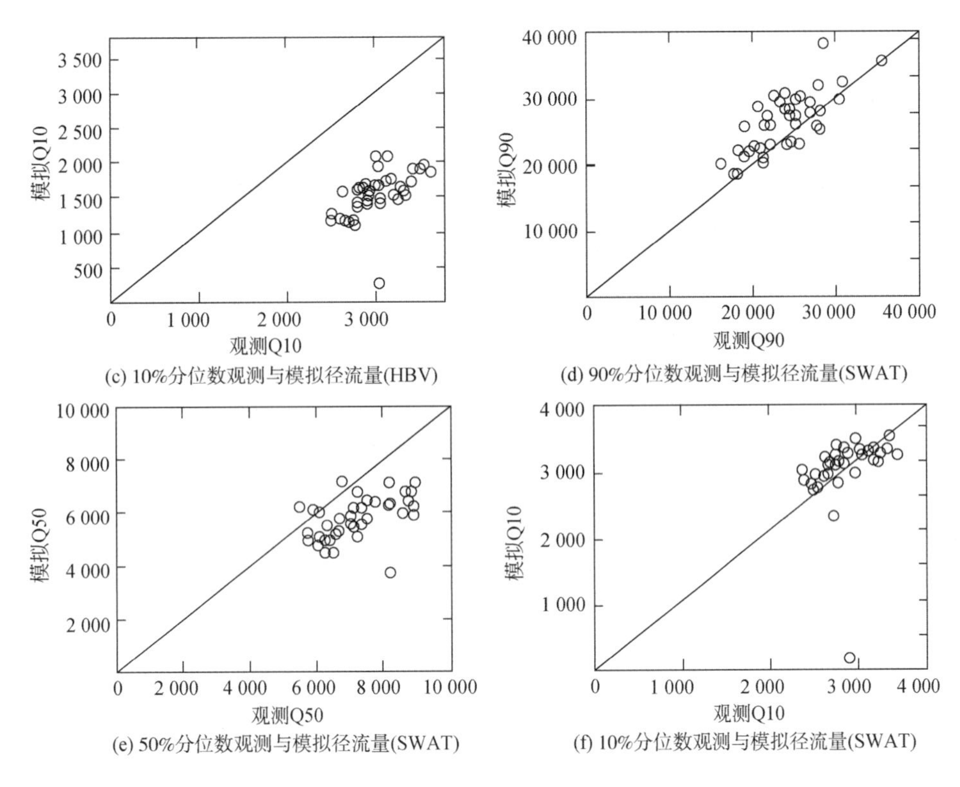

(c) 10%分位数观测与模拟径流量(HBV)

(d) 90%分位数观测与模拟径流量(SWAT)

(e) 50%分位数观测与模拟径流量(SWAT)

(f) 10%分位数观测与模拟径流量(SWAT)

图 7-40 寸滩站模拟 90%、50%、10%分位数径流量与实测分位数径流量对比（1961 ~2000 年）

7.6.2 气温和降水预估

1. 月平均变化特征

从月气温、降水的预估结果来看（图 7-41），RCP4.5 情境下 2011 ~2040 年平均气温、最高气温、最低气温都在夏季达到最高，各月平均气温、最高气温、最低气温都较基准期有着一定的升高。RCP4.5 情景下 2011 ~2040 年各月降水除 1 月、2 月、11 月相对于基准期有着一定上升外，其他月份降水量都低于基准期。从月气温、降水的概率密度分布上看，预估期与基准期的平均气温、最高气温、最低气温都有着不均匀的双峰型分布。气温概率密度分布表明，RCP4.5 情景下相对于基准期，2011 ~2040 年月平均气温在 10 ~20℃的概率有所下降，≥20℃的概率在上升；2011 ~2040 年月最高气温在 15 ~25℃的概率有所下降，≥25℃的概率在上升；2011 ~2040 年月最低气温≤2℃的概率有所下降，2 ~7℃的概率在上升，7 ~15℃的概率在下降，≥15℃的概率在上升。温度在上升，暖事件可能增多，冷事件可能减少。预估期与基准期的月降水概率密度都为单峰型，尾部较长。降水概率密度分布表明，RCP4.5 情景下相对于基准期，2011 ~2040 年 0 ~119mm 的月降水量概率上升了，119 ~263mm 的降水量概率在下降。小降水量的概率在上升，干旱的可能性

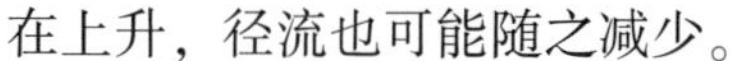

在上升，径流也可能随之减少。

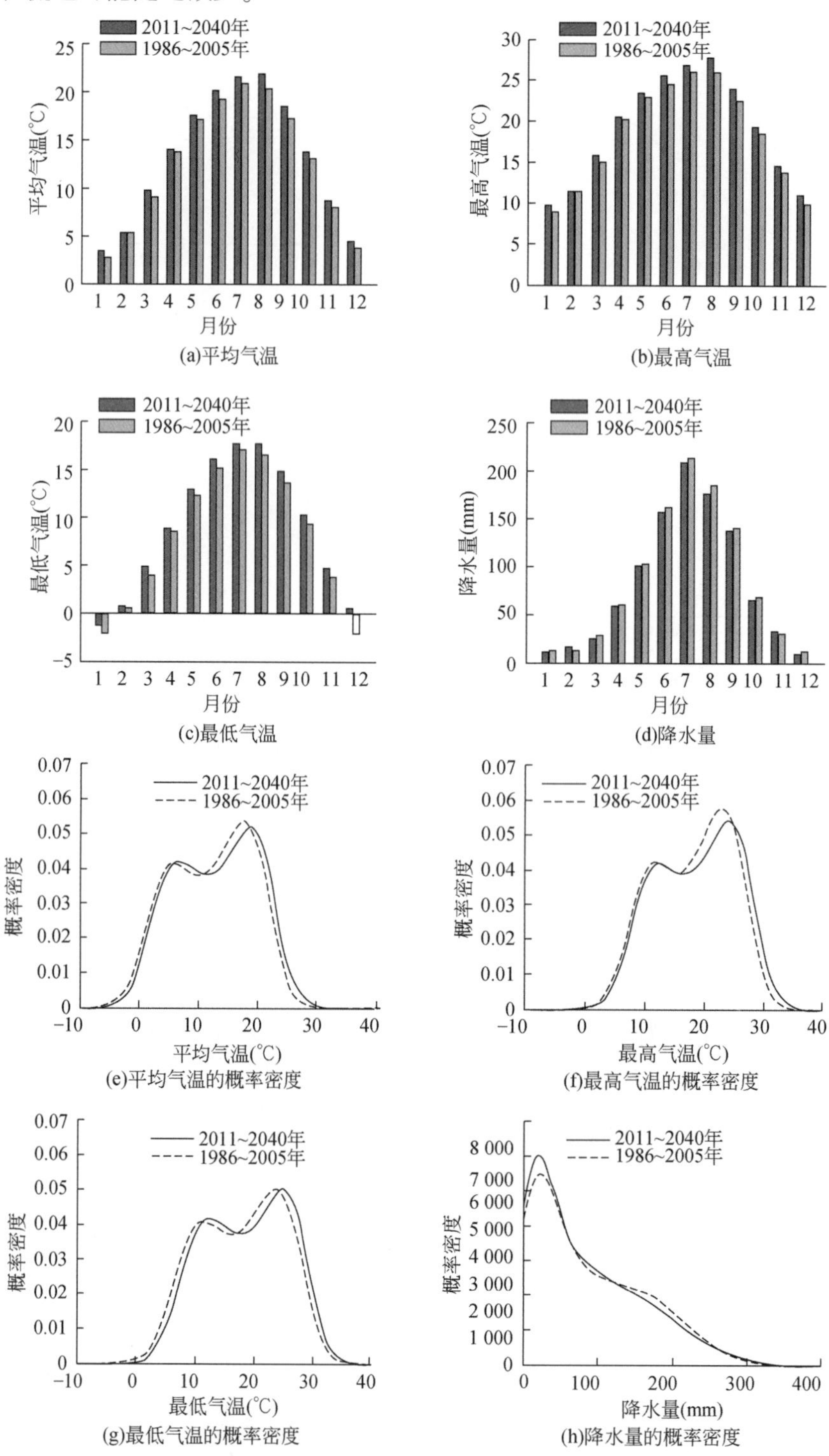

图 7-41 长江寸滩断面以上流域月气温和月降水的预估（2011～2040 年平均）与基准期（1986～2005 年平均）对比及其概率密度

2. 年际和年代际变化特征

从气温、降水年际和年代际变化可以看出（图7-42），平均气温、最高气温、最低气温有着显著的上升趋势，线性趋势分别为0.32℃/10a、0.39℃/10a和0.31℃/10a。从21世纪10～30年代，平均气温、最低气温、最高气温都在增加，且相对于前一年代增加的幅度也在增大。而年降水量仅有微弱的下降趋势，下降趋势为0.47mm/10a。10～30年代，年平均降水量在1000mm左右波动。

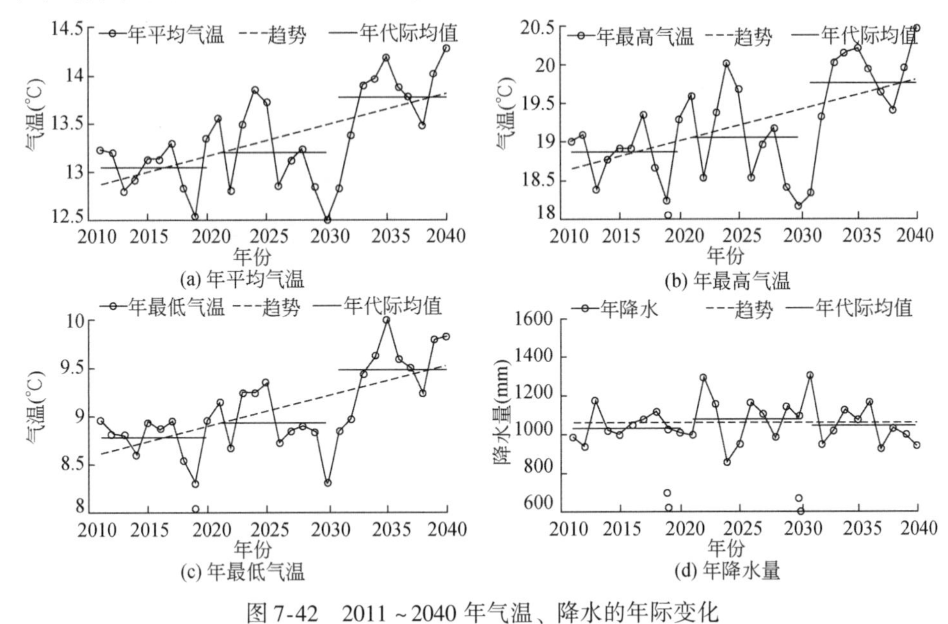

图7-42　2011～2040年气温、降水的年际变化

3. 空间变化特征

从2011～2040年及各年代的气温、降水的空间变化特征可以看出（图7-43），相对于1986～2005年，RCP4.5情景下长江流域源区气温、降水都呈现增加的趋势，金沙江流域下游和嘉陵江流域降水量有着减少的趋势。整个流域未来（2011～2040年）平均气温将升高0.77℃（变幅-0.05～1.25℃），最高气温将升高0.78℃（变幅-0.11～1.52℃），最低气温将升高0.72℃（变幅-0.20～1.37℃），降水量将升高2.72mm（变幅-156.96～97.77mm）。相对于基准期，21世纪10年代平均气温将上升0.47℃（变幅-0.35～0.86℃），最高气温上升0.42℃（变幅-0.38～1.06℃），最低气温上升0.44℃（变幅-0.44～1.00℃），降水量下降14.08mm（变幅-198.27～108.41mm）；20年代平均气温将上升0.62℃（变幅-0.25～1.19℃），最高气温上升0.60℃（变幅-0.28～1.34℃），最低气温上升0.59℃（变幅-0.44～1.19℃），降水量上升21.73mm（变幅-107.41～147.25mm）；30年代平均气温将上升1.20℃（变幅0.45～2.00℃），最高气温上升1.31℃（变幅0.31～2.26℃），最低气温上升1.15℃（变幅0.27～2.17℃），降水量上升0.50mm（变幅-168.53～131.65mm）。2011～2040年中平均气温、最高气温、最低气温在30年代上升幅度最大。

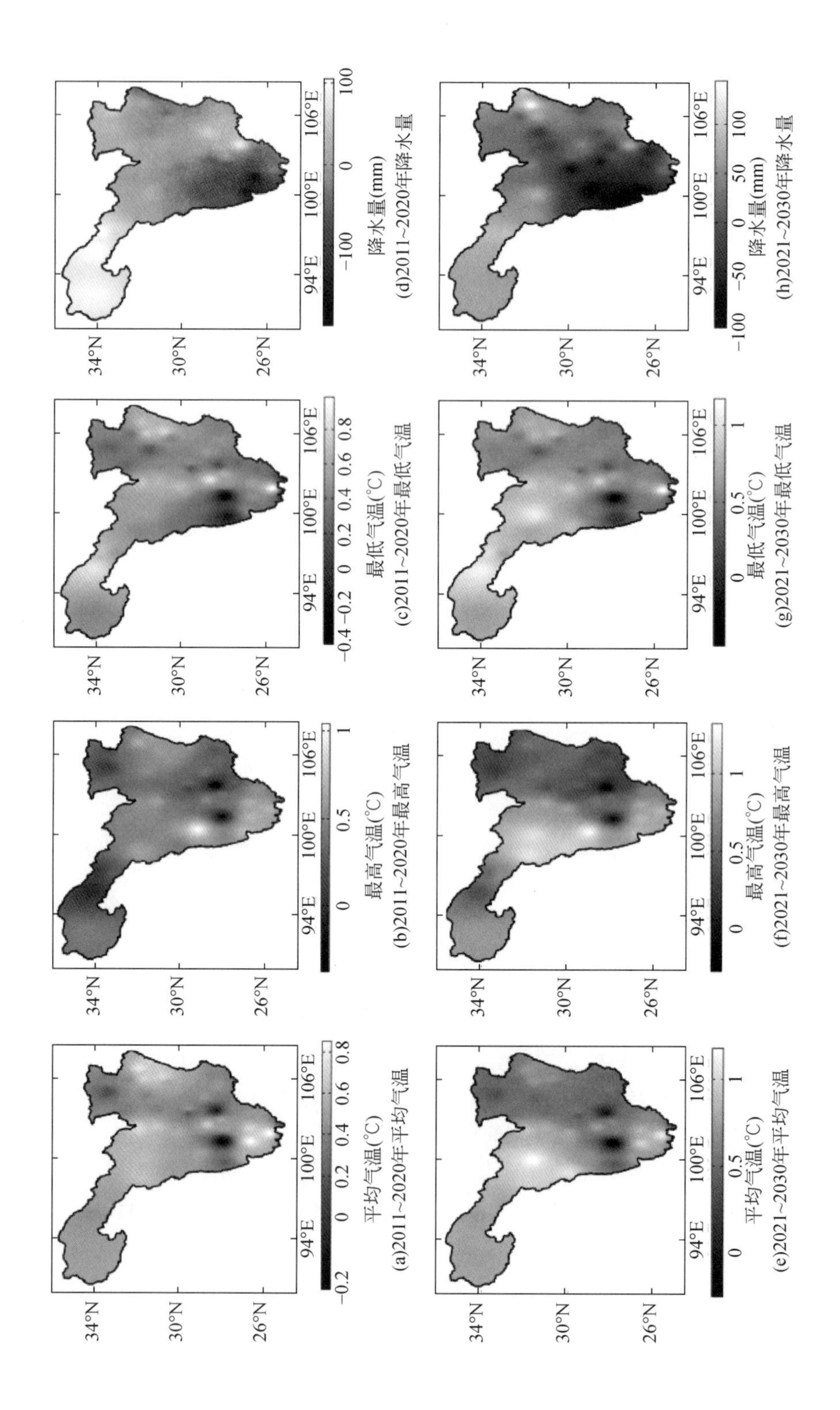

平均气温(°C)
(a)2011~2020年平均气温
最高气温(°C)
(b)2011~2020年最高气温
最低气温(°C)
(c)2011~2020年最低气温
降水量(mm)
(d)2011~2020年降水量
平均气温(°C)
(e)2021~2030年平均气温
最高气温(°C)
(f)2021~2030年最高气温
最低气温(°C)
(g)2021~2030年最低气温
降水量(mm)
(h)2021~2030年降水量

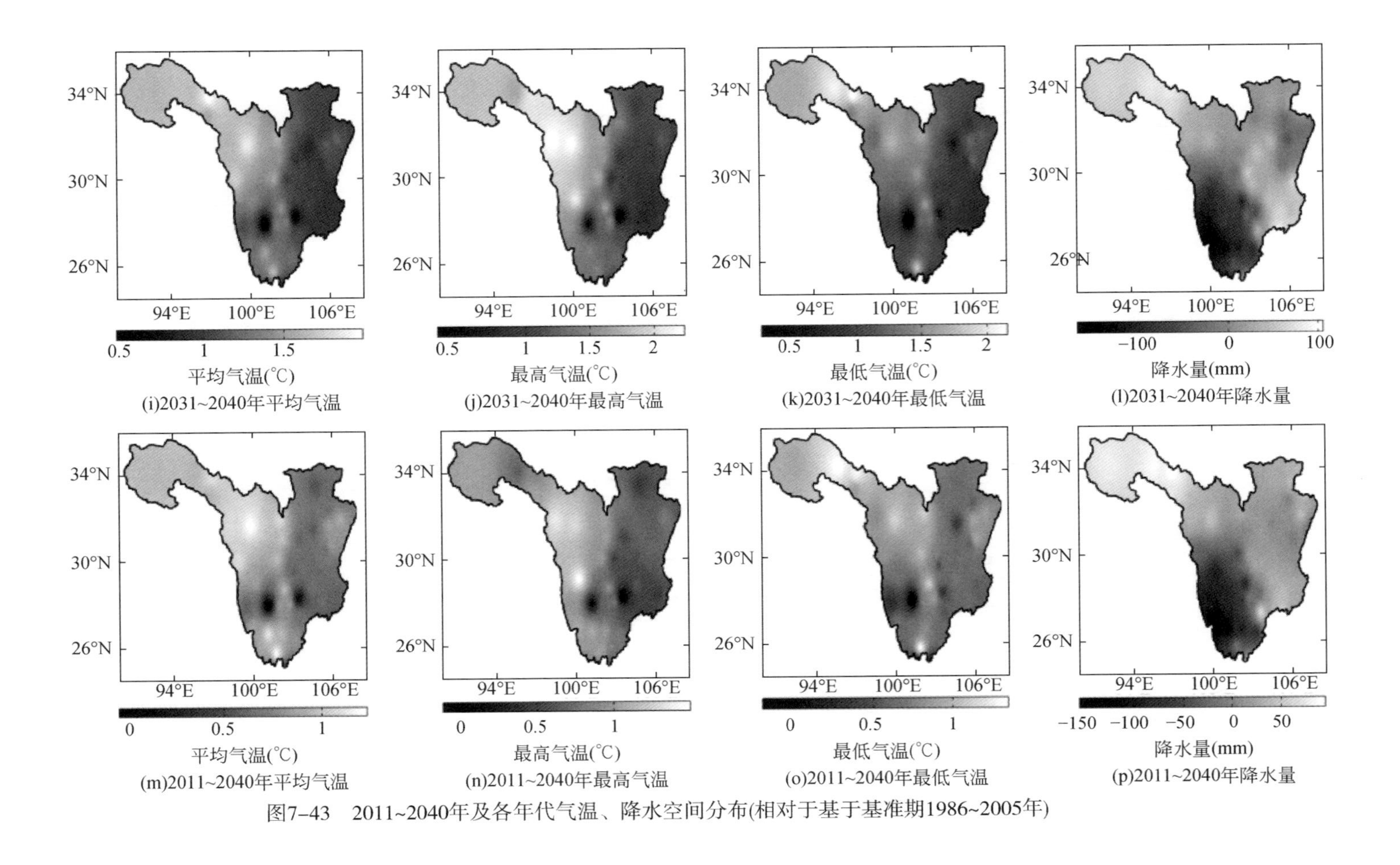

图7-43 2011~2040年及各年代气温、降水空间分布(相对于基于基准期1986~2005年)

7.6.3 径流量预估

1. 月、年平均径流量变化

RCP4.5 情景下，长江上游流域气温都在上升，整体降水量有微弱的减少，小降水量的概率将增加，降水量的增加主要区域在长江源区，这些可能的气候变化将会对长江上游流域水资源变化产生影响。

将订正后的未来气候要素输入率定好的水文模型进而获取寸滩站未来径流量变化。从表 7-25 中可看出，各时段 SWAT 的模拟结果低于基准期（1986～2005 年），而 HBV 模拟的径流量高于基准期。但两水文模型的模拟结果在 2011～2040 年的年代际变化较一致都是先增加再减少，总的来说，2011～2040 年 SWAT 模拟结果较基准期偏低 6.1%，HBV 模拟结果较基准期增加了 34.4%。图 7-44～图 7-46 为 2011～2040 年日、月、年平均径流量变化，预估时间段内径流最高值出现在 2022 年，第二高值出现在 2031 年，出现月份都为

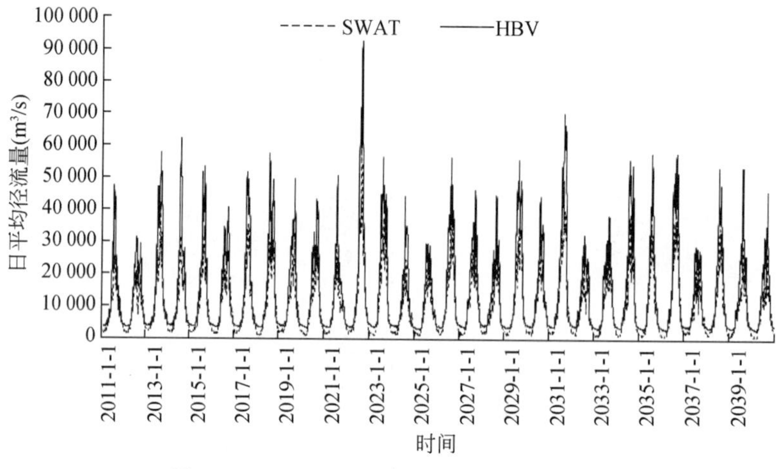

图 7-44　2011～2040 年日平均径流量变化

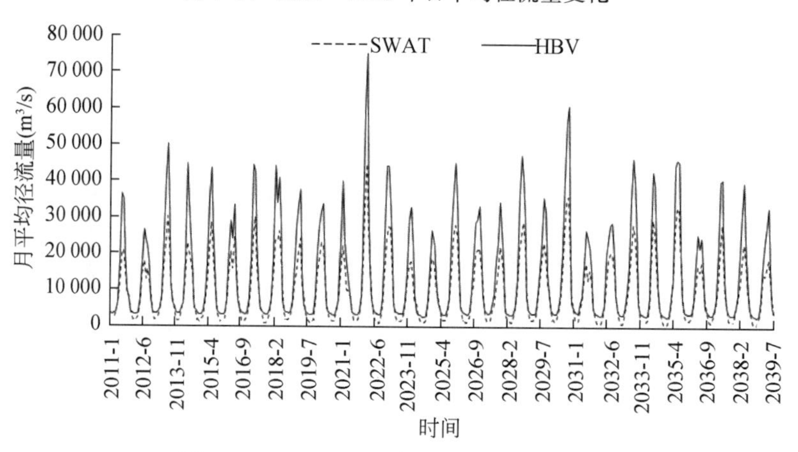

图 7-45　2011～2040 年月平均径流量变化

8 月，年内呈周期波动，其中 SWAT 枯水期流量低于 HBV 模拟结果，年内极值流量也低于 HBV 模拟结果，年平均径流量 HBV 模拟结果高于 SWAT 水文模型模拟结果，两模型集合后年平均径流量的变化为 9553.8 ~ 17 202.8m^3/s。

表 7-25　2011 ~ 2040 年各年代际年径流相对基准期变化（1986 ~ 2005 年）百分率

（单位：%）

时间段	SWAT	HBV	集合平均
2011 ~ 2020 年	-7.5	31.7	21.1
2021 ~ 2030 年	-4.8	36.7	16.0
2031 ~ 2040 年	-6.1	34.7	14.3
2011 ~ 2040 年	-6.1	34.4	14.2

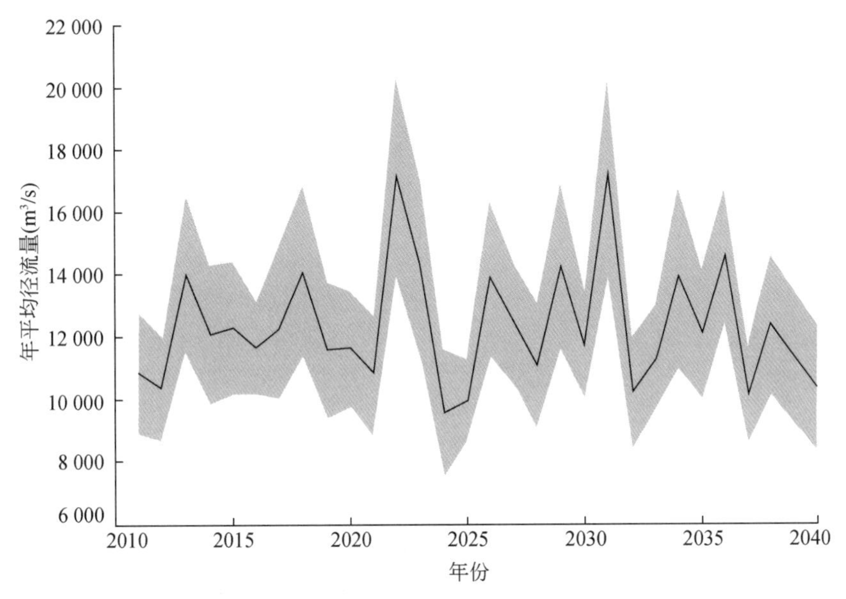

图 7-46　2011 ~ 2040 年年平均径流量变化

注：阴影上限为 HBV 模拟结果，下限为 SWAT 模拟结果；粗实线为两水文模型集合平均

2011 ~ 2040 年模型集合平均各月及年平均径流量趋势检验结果显示，5 月、8 ~ 10 月径流量有增加的趋势，而 1 ~ 4 月、6 月、7 月、11 月、12 月呈减少趋势，年际变化也呈减少趋势（图 7-47）。但各月及年径流的趋势变化并不明显，未通过 0.05 的显著性水平检验。

2011 ~ 2040 年水文模型集合多年平均径流量较基准期（1986 ~ 2005 年）增加了 14.2%，但时间段内年平均径流量年际变化呈不显著的下降趋势。从月径流量的概率分布上来看（图 7-48），月平均径流量的变化主要位于 2943 ~ 26 000m^3/s，其出现的概率较基准期要低，但预估期月径流量的概率分布的尾部要长于基准期，未来的高峰值流量可能出现更频繁。

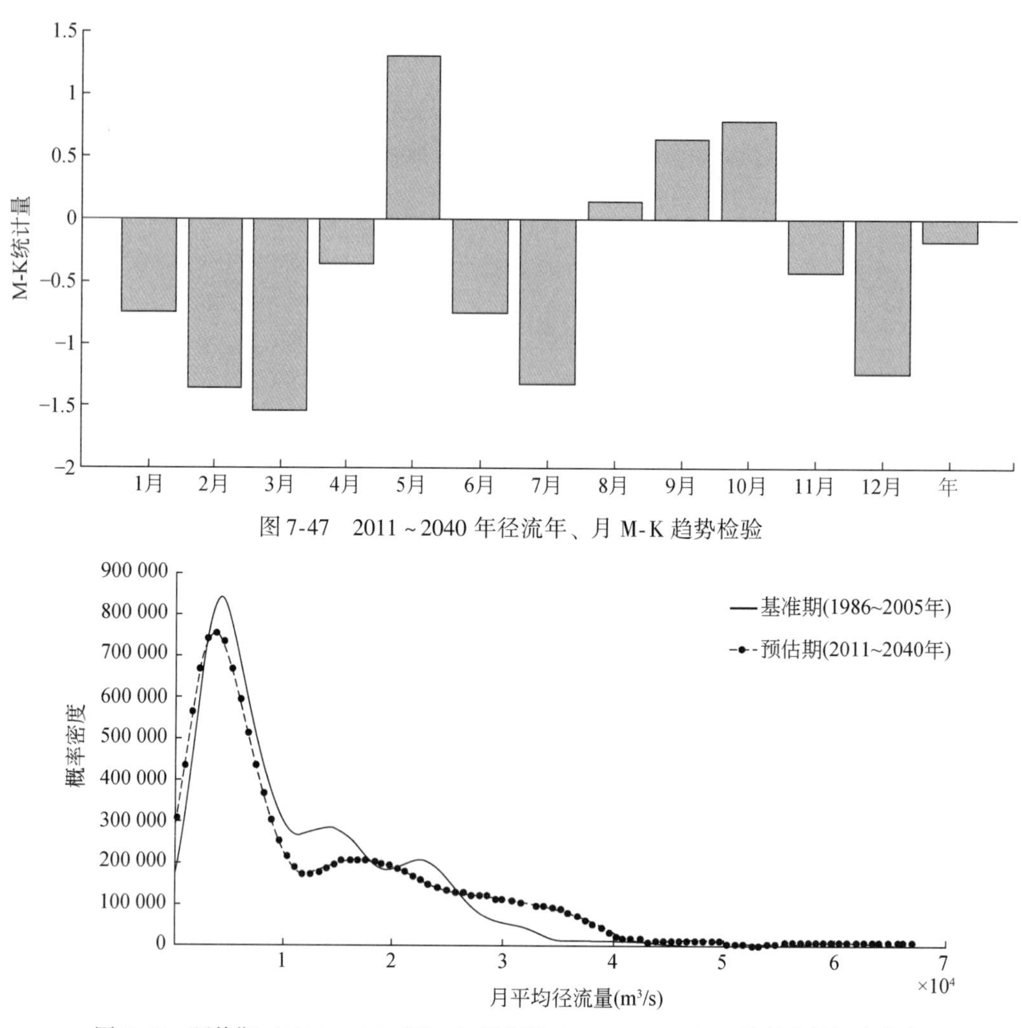

图 7-47　2011 ~ 2040 年径流年、月 M-K 趋势检验

图 7-48　预估期（2011 ~ 2040 年）和基准期（1986 ~ 2005 年）月径流量概率分布

2. 分位数径流量变化

通常 90%、95% 和 99% 分位数径流量（Q90、Q95、Q99）的变化能反映峰值极端径流的变化，10%、5% 和 1% 分位数径流量（Q10、Q5、Q1）的变化能反映枯水极端径流的变化。SWAT 模拟结果表明，相对于基准期 1986 ~ 2005 年，未来 RCP4.5 情景下，2011 ~ 2040 年反映峰值极端径流的 Q90 分位数径流在增加，而 Q95 和 Q99 在减少，反映枯水极端径流的 Q10、Q5 和 Q1 都在减少。相对于基准期，各年代际枯水极端径流都在减少，而峰值极端径流变化不一致。2011 ~ 2020 年，Q90、Q95 和 Q99 都在减少；2021 ~ 2030 年，Q95 和 Q99 在减少，而 Q90 有一定的增加；2031 ~ 2040 年，Q90 和 Q95 都在增加，而最为极端的 Q99 分位数径流在减少，表明最极端的流域洪水会有所减少，但仍然有洪涝发生的风险存在。从 3 个年代际的时间变化来看，2011 ~ 2040 年内峰值极端径流有上升趋势，

而枯水极端径流呈现增—减的变化。HBV 模拟结果表明，相对于基准期 1986 ~ 2005 年，未来 RCP4. 5 情景下，2011 ~ 2040 年及各年代际反映峰值极端径流的 Q90、Q95、Q99 分位数径流都有较大的增加，反映枯水极值径流的 Q10、Q5、Q1 分位数径流都有着一定的增加。从 3 个年代际的时间变化来看，2011 ~ 2040 年内峰值极端径流与 SWAT 结果一致，呈现出上升趋势，而枯水极端径流呈现减少的变化趋势（表 7-26）。鉴于 HBV 和 SWAT 对于极端径流的模拟能力，RCP4. 5 情景下，相对于基准期，未来较极端的流域洪水可能有一定的减少，但仍然有洪涝发生的风险存在，同时随着时间推移，极端洪水呈增加趋势；相对于基准期，枯水期径流将有一定增加，但在未来时间变化上有着减少的趋势。

表 7-26　2011 ~ 2040 年各年代际分位数径流相对基准期变化（1986 ~ 2005 年）百分率

（单位:%）

时间段	模型	Q90	Q95	Q99	Q10	Q5	Q1
2011 ~ 2020 年	SWAT	-1. 8	-8. 8	-19. 7	-47. 3	-52. 1	-60. 9
	HBV	54. 2	50. 9	28. 9	13. 6	20. 1	27. 6
2021 ~ 2030 年	SWAT	1. 5	-2. 3	-8. 5	-47. 1	-48. 3	-52. 6
	HBV	52. 3	52. 2	57. 0	12. 1	16. 8	15. 3
2031 ~ 2040 年	SWAT	2. 3	4. 4	-7. 4	-57. 6	-64. 3	-71. 3
	HBV	56. 7	61. 9	46. 4	7. 7	11. 0	12. 0
2011 ~ 2040 年	SWAT	0. 8	-2. 8	-13. 1	-49. 7	-55. 1	-66. 3
	HBV	54. 2	54. 4	40. 6	11. 5	16. 5	14. 9

7. 6. 4　小结

与基准期（1986 ~ 2005 年）相比，RCP4. 5 情景下，流域未来（2011 ~ 2040 年）多年平均气温、最高气温、最低气温都将升高，气温表现出全区一致上升，特别是长江源区气温增加较明显，气温的升高不仅能增加蒸散也能增加冰雪融水对长江流域地表水资源的补给。2011 ~ 2040 年多年平均降水也将增加，而降水有着较明显的空间差异，降水减少区域主要位于流域的西南部，其余大部分区域降水量有着一定的上升，特别是流域的上游，这对于冰川的累积和水资源的增加有着积极的作用。在此气候变化背景下，相对于基准期，RCP4. 5 情景下，寸滩站未来（2011 ~ 2040 年）多年平均径流量有所增加，但 2011 ~ 2040 年年内呈减少趋势。2011 ~ 2040 年未来较极端的流域洪水相对于基准期可能有一定的减弱，但随着时间推移，极端洪水呈增加趋势；而枯水期径流将有一定增加，但在未来时间变化上有着减少的趋势。

7.7 珠江流域水循环预估

7.7.1 研究区及数据概况

1. 研究区概况

珠江是我国七大江河之一。根据国家水利部规划计划司和珠江水利委员会的定义，珠江流域片位于97°39′E～117°18′E，3°1′1N～29°15′N，主要由西江、东江、北江等水系构成，流域面积为45.369km²，其中我国境内面积为44.21万km²。本书中的珠江流域范围为98°E以东，29.6°N以南，不包括海南岛及台湾岛在内的我国大陆地区（刘艳群等，2008），如图7-49所示。

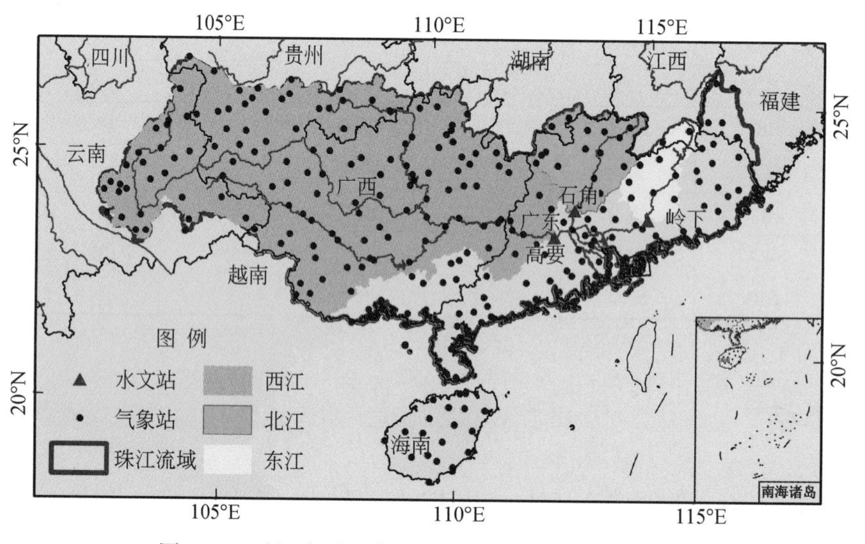

图7-49 珠江水系三大流域地理位置及气象站点分布

2. 观测数据

数字高程（DEM）来源于1∶25万中国数字化地形数据集，土地利用数据来源于1∶50万土地利用基础数据集。气候观测数据来源于中国气象局国家气象信息中心192站的1957～2007年逐日降水与平均气温。水文观测数据为西江高要站1961～2000年、北江石角站和东江岭下站1960～1990年逐日流量序列。其中，高要站集水面积35.1535万km²，石角站集水面积为3.8363万km²，岭下站集水面积为2.0557万km²。各观测站地理位置见图7-49。

3. 气候模拟数据

包括全球气候模式和区域模式两种尺度的模拟数据。世界气候研究计划（World

Climate Research Program，WCRP）的耦合模式比较计划（CMIP3）提供了多个全球气候模式。其中，4 个 GCMs（表 7-27）具有控制试验期与 21 世纪降水和平均气温的完整逐日序列。未来气候情景预估采用 IPCC AR4 假定的对应注重经济增长的区域发展情景（高排放，SRES A2）、注重经济增长的全球共同发展情景（中等排放，SRES A1B）和注重全球可持续发展情景（低排放，SRES B1）。

区域尺度的气候模拟数据包括区域气候模式模拟和统计降尺度模拟两类数据。区域气候模式采用 COSMO-CLM（CCLM），用于嵌套全球气候模式 ECHAM5 以模拟珠江流域气候变化。Fischer 等（2013）分析认为，区域气候模式能够再现珠江流域 1961 ~ 2000 年降水和气温空间分布及变化趋势，甚至极端气候的变化。统计降尺度数据采用刘绿柳和任国玉（2012）应用百分位订正方法对 GCM 模拟降水量进行订正的结果，分析表明订正后的降水偏差小于 GCM 直接模拟偏差。

表 7-27　3 个 GCMs 气候模式基本特征描述及排放情景

序号	GCM	国家	大气分量	海洋分量	海冰分量	陆地分量	排放情景
1	CSIRO/MK3_5	澳大利亚	T63 L18 1. 875°×1. 875°	MOM2. 2 L31 1. 875°×0. 925°	n/a	n/a	A2/A1B/B1
2	MPI-OM5/ECHAM5	德国	ECHAM5 T63 L32 2°×2°	OM L41 1. 0°×1. 0°	EHCAM5	n/a	A1B
3	NCAR/CCSM3	美国	CAM3 T85 L26 1. 4°×1. 4°	POP1. 4. 3 L40 1. 0°×1. 0°	CSIM5. 0 T85	CLM3. 0	A2/A1B/B1
4	MIROC3_2/HIRES	日本	T106L56 1. 125°×1°	L47 0. 2812°×0. 1875°	0. 2812°×0. 1875°	0. 5625°×0. 5625°	A1B

7. 7. 2　研究方法

1. 水文模拟

应用半分布式水文模型 HBV 进行流域降水-径流模拟，分析气候变化对径流的影响。HBV 水文模型最初由瑞典国家水文气象局（SMHI）开发，之后不断改进，由于其参数少、对输入数据要求较低的特点已经在世界 30 多个国家上百个流域的洪水预报、设计洪水模拟、水资源评估、营养物质输移等方面得到广泛应用。模型以子流域为模拟单元，可以处理多种土地利用类型，包含冰雪补给、土壤湿度、蒸发计算等过程。模拟时，首先根据地形、植被或气候带将流域分成若干个子流域，每个子流域又根据不同土地利用类型分成若干个水文响应单元，各单元间和各子流域通过河道相连接，降水产生的径流经过坡面流、壤中流和河道汇流过程最终到达流域出口。

刘绿柳等（2012a，b）对 HBV 水文模型在西江流域的适用性进行了验证，结果表明该模型能够很好地模拟西江日径流过程。该模型对东江、北江流域径流也具有较高模拟能力。表 7-28 给出了对东江流域流域月流量过程模拟效率统计值，率定期和验证期 Nash-Sutcliffe 效率系数大或接近于 0.6，径流量偏差给 10%，相关系数通过了 95% 信度检验，表明模型能较好地模拟东江月径流过程。图 7-50 展示了模拟与观测月径流深频率曲线拟合效果，除对个别峰值流量模拟略偏低，对大部分月径流值拟合程度均较高，且与降水匹配较好，进一步说明 HBV-D 模型在该流域有较好的适用性。

表 7-28　HBV-D 对东江月流量模拟效率

模拟时段	Nash-Sutcliffe	径流量偏差（%）	相关系数
1960～1975 年（率定期）	0.652	6.6	0.815
1976～1990 年（验证期）	0.587	-0.8	0.805

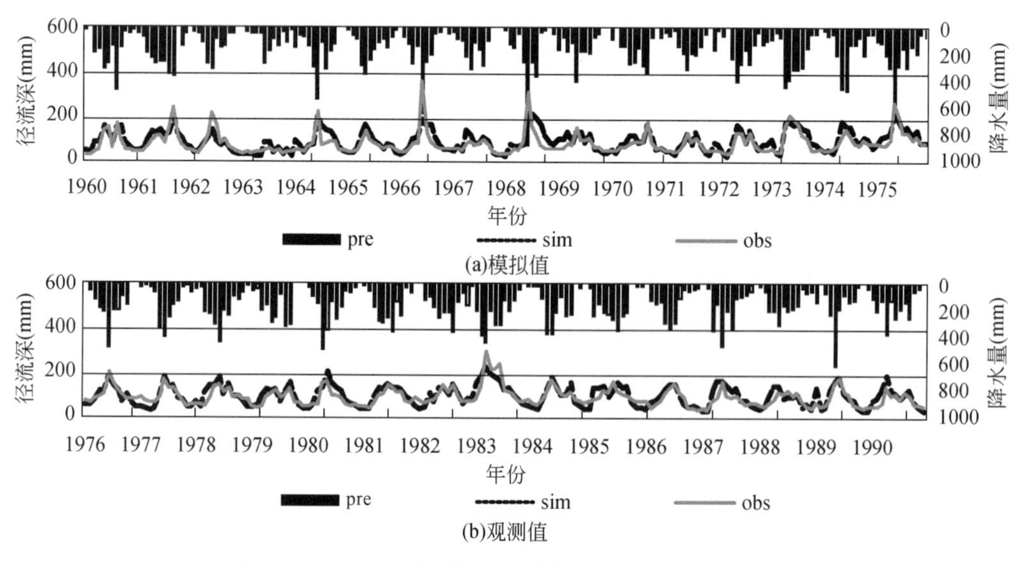

图 7-50　东江岭下站模拟/观测月径流深、降水量曲线

表 7-29 给出了对北江流域逐月流量模拟效率统计值，率定期和验证期 Nash-Sutcliffe 效率系数大于 0.85，径流量偏差低于 10%，相关系数通过了 95% 信度检验，表明模拟能很好地再现北江月径流过程。图 7-51 中的模拟与观测月径流曲线拟合非常好，且与降水具有高匹配度，进一步表明 HBV-D 在该流域具有较高模拟性能。

表 7-29　HBV-D 对北江月流量模拟效率

模拟时段	Nash-Sutcliffe	径流量偏差（%）	相关系数
1960～1975 年（率定期）	0.879	3.7	0.957
1976～1990 年（验证期）	0.918	5.8	0.966

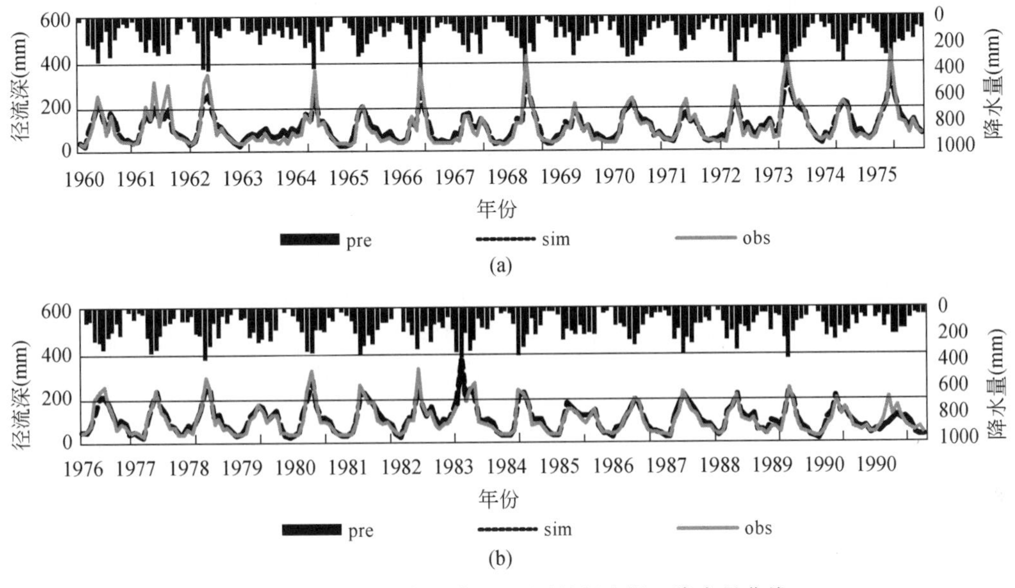

图 7-51　北江石角站模拟/观测月径流深、降水量曲线

2. 径流预估与洪水序列构建

以表 2-5 中的全球气候模式和统计降尺度处理的逐日降水、温度序列驱动 HBV-D 水文模型模拟 20 世纪 1961 ~2000 年和 SRES A2、A1B 和 B1 3 种温室气候排放情景下 2001 ~2009年的逐日径流过程。基于20 年滑动平均序列，分析未来3 个时段21 世纪前期、中期和末期降水量和径流量相对基准期（1961 ~1990 年）的变化，季节分布形态的变化。参照前人对珠江流域的研究，将 4 ~9 月为定义为汛期（何兰，2003），4 ~6 月为前汛期（简茂球和罗会邦，1996），10 月至次年 3 月定义为枯季（王钊，2003），其中 10 ~12 月为前枯水期，1 ~3 月为后枯水期（赖荣康等，2010）。

利用 HBV 直接模拟的逐日径流序列，基于径流模拟序列应用“年极值抽样”（annual maxima）方法即抽取研究时段内每年最大 1 天流水流量和最大 3 天（或 7 天）洪水量、平均每年出现 3 次超阈值（at the average rate of 3 peaks over threshold，POTs）洪水几种方法分别构建洪水序列，预估洪水频率和强度变化。

3. 趋势与极值分析

应用世界气象组织（WMO）推荐的非参数统计 Mann-Kendall 方法（Kendall，1975）及线性趋势分析方法对流域降水、气温和径流变化进行显著性检验 M-K 非线性趋势检验方法分析 2011 ~2100 年变化趋势。

应用有界概率分布模型、无界概率分布模型、非负分布模型、广义分布模型四大类水文气象统计模型拟合洪水极值分布，找到合适的极值分布拟合函数用于估算洪水频率。应用非参数的柯尔莫哥洛夫–斯米尔诺夫（Kolmogorov-Smirnov test，KS）方法和

AD（Anderson-Darling test）两种方法评估随机样本与理论概率分布函数的拟合优度。当序列长度 $n=30$，$\alpha=0.05$ 时，KS 检验的临界值为 0.248，AD 检验的临界值为 2.502。对基准期及 SRES A2、A1B、B1 3 种情景未来 3 个时段对应的样本序列进行函数拟合及拟合优度检验，确定最优拟合函数。然后预估前期、中期、末期 3 个时段径流量和洪水变化趋势。

4. 不确定性分析

水文情景预估结果不确定性产生的来源是多方面的，如观测数据的不确定性、温室气候排放情景的不确定性、气候模式结构、初值和参数的不确定性、降尺度方法的不确定性、水文模型结构和参数的不确定性。本节只讨论温室气体排放情景、GCM 结构和初值、降尺度方法对的洪水频率变化预估结果不确定性影响的重要性。

排放情景不确定性研究使用 3 种 SRES 排放情景下 MK3_5 和 CCSM3 两个模式模拟结果，CGMs 结构不确定性研究使用 MK3_5、ECHAM5、CCSM3、HIRES 4 个模式模拟结果，降尺度不确定性研究使用 SRES A1B 情景下 ECHAM5 模式的月 delta 法、日百分位 delta 和 CCLM 降尺度结果。GCM 初值不确定性即气候系统自然变率研究，应用自引导技术月重采样方法生成 100 个逐日降水序列，然后驱动水文模型生成 100 个随机模拟流量序列，应用 GDP 极值分布函数拟合模拟流量序列对应的 POT3 洪水序列，进而分析不同重现期洪水频率的可能变化。

为了比较各种不确定性源对洪水频率变化预估结果不确定性的影响程度大小，分别计算排放情景不确定性/气候系统自然变率不确定性、GCM 结构不确定性/气候系统自然变率不确定性、降尺度不确定性/气候系统自然变率不确定性各比值，比值越大表明影响越大。

7.7.3 气温和降水变化预估

1. 珠江流域气温和降水变化

根据 ECHAM5 模拟结果，SRES A2、A1B、B1 3 种排放情景下 2011～2060 年珠江流域年平均气温呈上升趋势，A1B 情景下较基准期上升约 1.9℃，且年际变化增强。A2 和 B1 情景下秋季升温最显著，50 年内线性升温均为 1.6℃，冬季升温最弱，高低排放情景分别升高 0.9℃和 0.5℃ 。与此相反，A1B 排放情景下冬季升温最显著，达 2.5℃，秋季升温最弱，仅升高 1.6℃。年降水呈增加趋势且年际变化增强。3 种情景下降水季节分配未发生明显变化，降水仍集中在夏季，占全年降水的 46%～47%，冬季最少，约占 10%，但冬季降水年际变率增强，秋季减弱（刘绿柳等，2009）。

从空间分布上看，CCLM 预估结果表明 2011～2050 年珠江流域北部和南部将变得更为暖湿，冬春两季最为突出，同时更多强降水事件的发生有可能增加流域中部冬春两季洪水风险。而流域西部和东部将变得更为暖干，夏秋两季最为突出。更少的降水量与更高的气温可能导致蒸发量增加，从而增加干旱发生风险（Fischer et al.，2013）。

2. 西江流域气温和降水变化

21 世纪（2011 ~ 2099 年）流域年平均气温和各月平均气温均呈显著上升趋势，且大部分情景通过 0.01 显著性水平检验，其中 7 月、8 月和年平均气温变化最为显著。年平均气温从基准期的 19.4℃逐渐升高，到 21 世纪前期升高 0.34 ~ 1.51℃，中期升高 1.48 ~ 3.48℃，末期升高 1.68 ~ 3.98℃，即中后期高排放情景升温趋势显著高于中低排放情景，低排放情景升温最弱（刘绿柳，2012b）。这一变化趋势与全球及中国变化趋势一致（Gednery et al.，2006；江介伦等，2010）。

3 种排放情景下西江流域 21 世纪降水量 M-K 趋势分析表明，年降水量呈增加趋势，且通过 0.01 显著性水平（图 7-52）。其中，21 世纪 20 年代和 50 年代较基准期变化不显著，80 年代增加 9.4%（刘绿柳等，2012b）。由于 GCMs 结构和排放情景不同，预估降水量变化方向和变化率均存在一定不确定性，随预估时间延长变化方向不确定性逐渐降低，到 21 世纪后期均表现为正变化（图 7-53）。4 ~ 9 月各月降水量增加趋势显著，11 月、12 月和 1 月呈减少趋势，且 3 种情景变化趋势一致，其他几个月降水变化趋势不同情景存在一定程度的不确定性。具体表现为，汛期降水量逐渐增加，21 世纪前期、中期和末期由基准期的 1238mm 依次增加 6% ~ 10%、20% ~ 25%、28% ~ 32%（表 7-30），枯季降水量减少。汛期降水比例相应增加，枯季降水比例相应降低，即未来西江流域的径流将出现枯季更枯，汛期更丰的特点，这一点可从图 7-54 更为直观地反映出来。刘绿柳等（2012a，b）利用 GCMs 直接模拟降水分析了西江流域 21 世纪年/月降水变化规律，其降水变化趋势与本书结论一致。

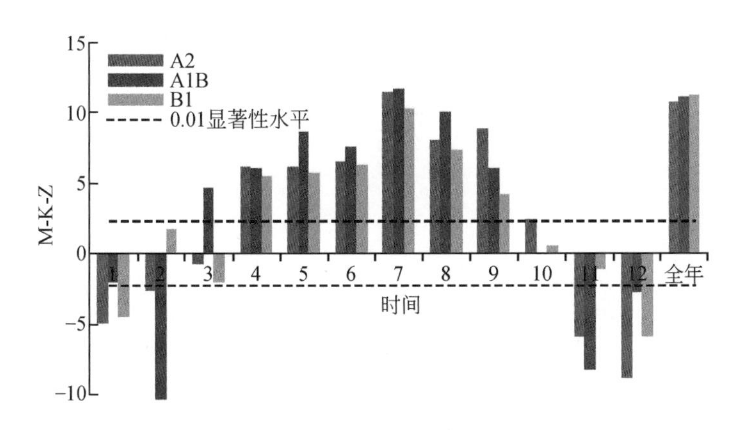

图 7-52　西江流域 20 年滑动平均 2011 ~ 2099 年降水量变化趋势（M-K-Z 统计值）

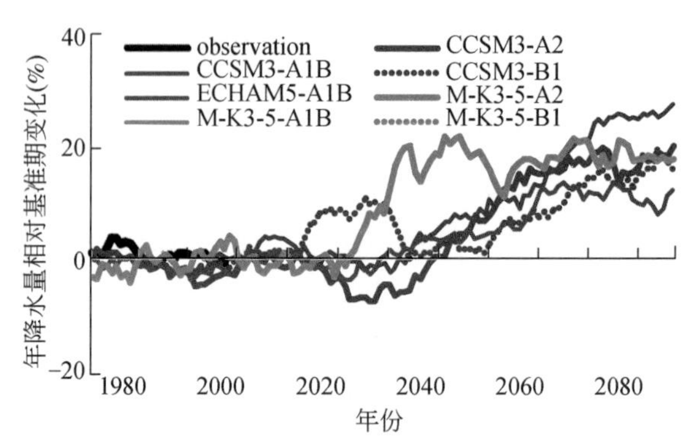

图 7-53　西江流域 20 年滑动平均的年降水量相对基准期变化

注：图中年份为 20 年滑动平均的最后一年

表 7-30　西江流域降水量相对基准期变化

项目	基准期降水量（mm）	A2（%）			A1B（%）			B1（%）		
		前期	中期	末期	前期	中期	末期	前期	中期	末期
汛期	1238	6.6	24.7	31.9	5.5	20.2	30.0	9.9	22.0	28.1
枯季	320	−22.0	−29.6	−25.3	−14.4	−22.2	−19.8	−16.7	−23.9	−20.1

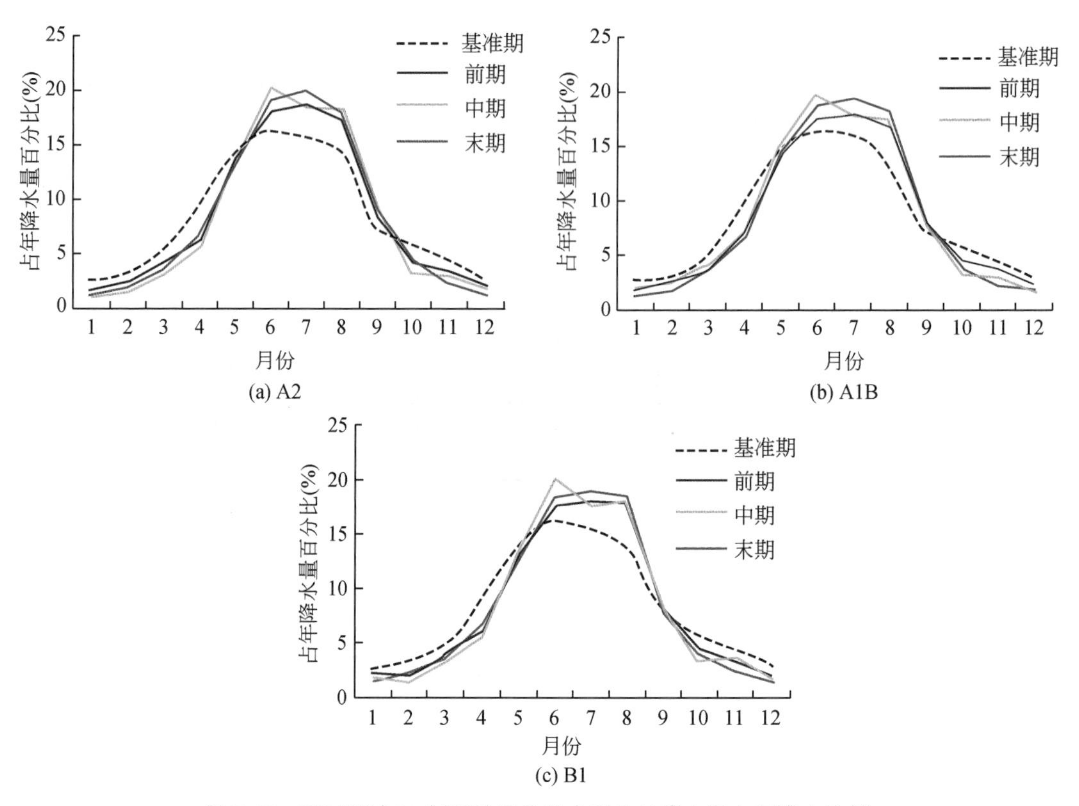

图 7-54　西江流域 20 年滑动平均集合平均月降水量占年降水比例

3. 东江流域降水变化

3 种排放情景下东江流域 2011～2099 年年降水量呈增加趋势，且通过 0.01 显著性水平（图 7-55），其中前期变化不显著，中期较基准期增加约 5%，末期增加 10% 左右（表 7-31）。由于 GCMs 结构和排放情景不同，预估降水量变化方向和变化率均存在一定不确定性，随预估时间延长变化方向不确定性逐渐降低，到 21 世纪末期均表现为正变化（图 7-56）。从图 7-55 还可以看出，21 世纪 5～9 月各月降水量增加趋势显著，4 月、11 月、12 月降水量呈减少趋势，且 3 种情景变化趋势一致，其他几个月降水变化趋势不同情景存在一定程度的不确定性。具体表现为，汛期降水量逐渐增加，前期、中期、末期由基准期的 1452mm 依次增加 7%～22%、18～23%、26%～30%（表 7-31），枯季降水量减少，高低两种排放情景较中等两种情景变化更为显著。汛期降水比例相应地增加，枯季降水比例相应降低，即未来北江流域的径流将出现枯季更枯，汛期更丰的特点。在汛期降水比例增加的同时，4 月降水量减少，因此 5～9 月的降水更加集中。高、低两种排放情景更为显著，这一点可从图 7-57 更为直观地反映出来。

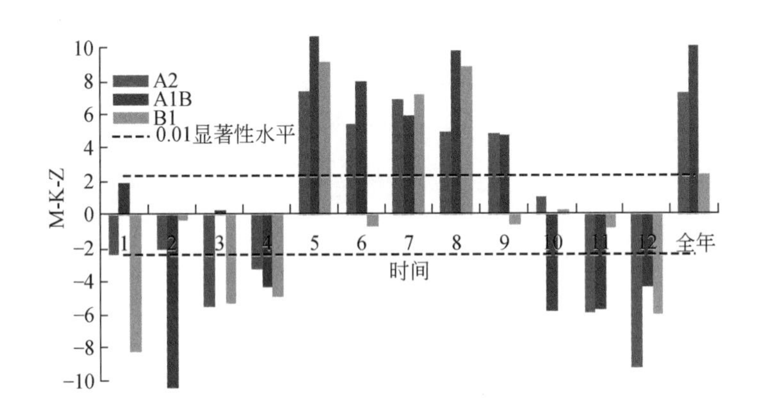

图 7-55　东江流域 20 年滑动平均 2011～2099 年降水量变化趋势（M-K-Z 统计值）

表 7-31　东江流域降水量相对基准期变化

项目	基准期降水量（mm）	A2（%）			A1B（%）			B1（%）		
		前期	中期	末期	前期	中期	末期	前期	中期	末期
汛期	1452	13.3	23.2	30.0	7.4	18.5	26.4	22.5	23.4	28.5
枯季	416	-27.9	-37.8	-36.8	-16.5	-21.7	-23.0	-22.0	-34.4	-30.2
年	1868	1.3	5.4	10.5	0.4	6.7	11.9	9.5	6.6	11.4

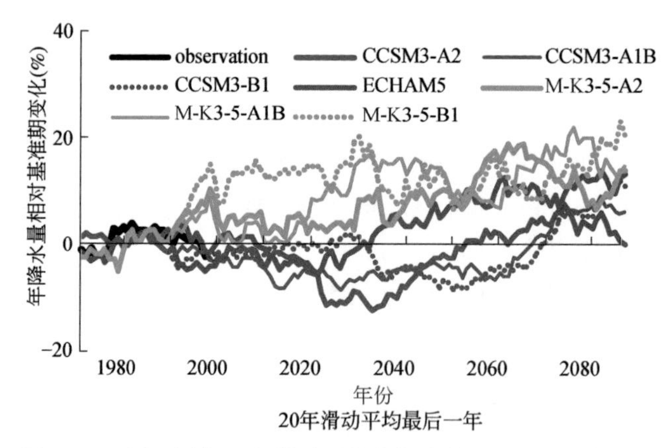

图 7-56　东江流域 20 年滑动平均的年降水量相对基准期变化

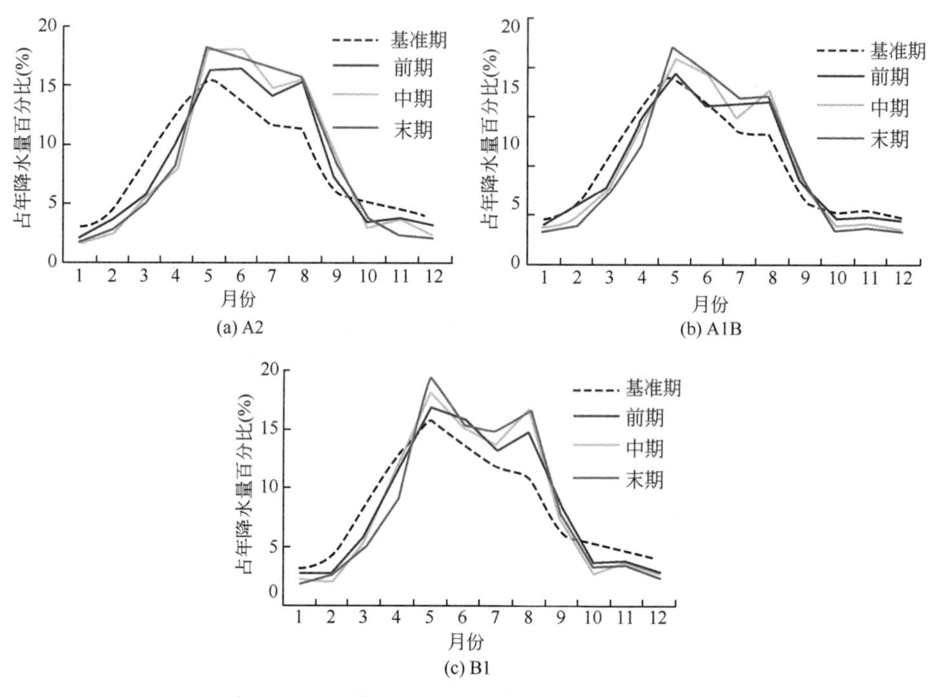

图 7-57　东江流域 20 年滑动平均集合平均月降水量占年降水比例

4. 北江流域降水变化

3 种排放情景下北江流域 2011 ~2099 年年降水量呈增加趋势，通过 0.01 显著性水平，其中前期和中期变化不显著（图 7-58），末期较基准期增加 8% ~10% （表 7-32）。由于 GCMs 结构和排放情景不同，预估降水量变化存在一定不确定性，到 21 世纪末期变化方向一致性最高，均表现为正变化（图 7-59）。从图 7-58 还可以看出，2011 ~2099 年5 ~9月各月降水量增加趋势显著，12 月至次年 2 月各月降水量减少趋势显著，且 3 种情景变化趋势一致，其他几个月降水变化趋势不同情景存在一定程度的不确定性，A1B 与 B1 两种情景一致，均表现为 10 月、11 月降水呈增加趋势，3 月、4 月降水则呈减少趋势。具体表现为，汛期降水量逐渐增加，前期、中期、末期由基准期的 1190mm 依次增加5% ~14%、14 ~16%、20% ~23%（表 7-32），枯季降水最减少。汛期降水比例相应地由基准期 72% 增加到前期的 77%，中期和末期的 80% 左右，枯季降水比例则由基准期的 28% 逐渐减少到 24% ~20%，即未来北江流域的径流将出现枯季更枯，汛期更丰的特点，且高排放情景变化较其他两种情景显著（图 7-60）。在汛期降水比例增加的同时，4 月降水量减少，因此 5 ~9 月的降水更加集中。

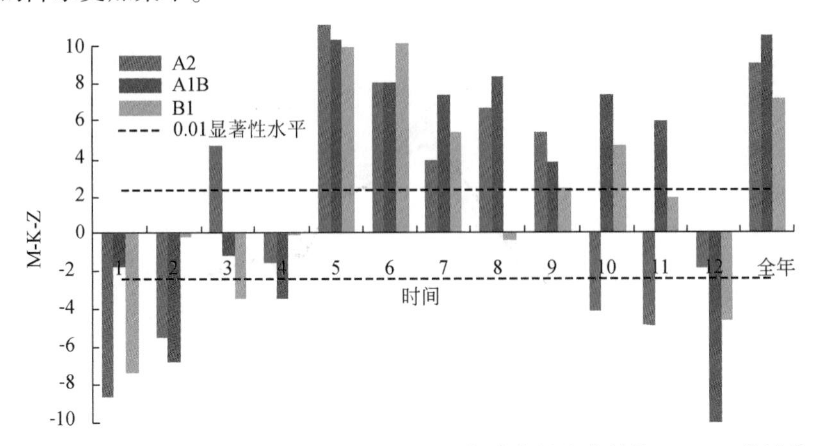

图 7-58　北江流域 20 年滑动平均 2011 ~2099 年降水量变化趋势（MK-Z 统计值）

表 7-32　北江流域降水量相对基准期变化

项目	基准期降水量（mm）	A2（%）			A1B（%）			B1（%）		
		前期	中期	末期	前期	中期	末期	前期	中期	末期
汛期	1190	6. 8	16. 2	22. 9	5. 5	14. 1	23. 2	14. 1	14. 0	19. 9
枯季	456	-18. 9	-29. 7	-24. 9	-16. 0	-19. 7	-19. 7	-13. 6	-24. 4	-17. 0
年	1647	-1. 0	2. 3	8. 4	-1. 1	3. 9	10. 2	5. 7	2. 3	8. 7

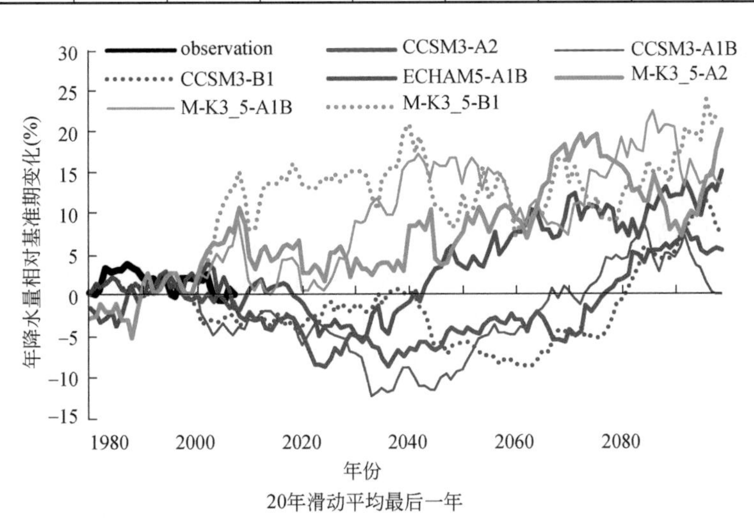

图 7-59　北江流域 20 年滑动平均的年降水量相对基准期变化

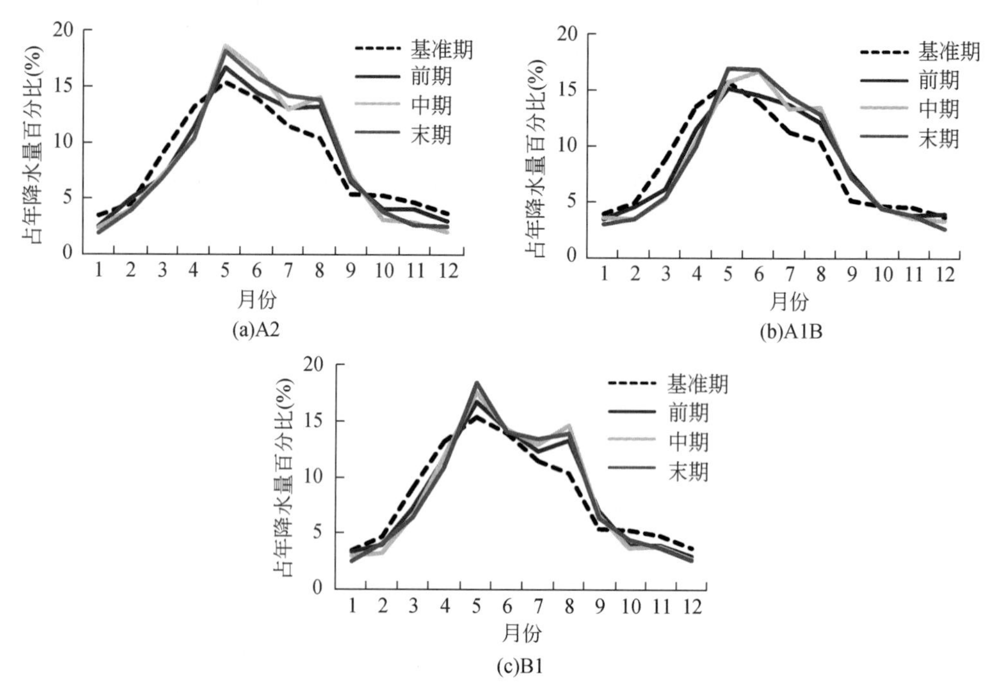

图 7-60　北江流域 20 年滑动平均集合平均月降水量占年降水比例

7.7.4　径流变化预估

1. 径流变化趋势预估

(1) 西江流域径流变化趋势

与降水量变化趋势相似，3 种排放情景下西江流域 21 世纪年径流均呈增加趋势，且通过 0.01 显著性水平检验（图 7-61），与刘绿柳（2012a）的研究结论一致，其中前期和中期径流较基准期变化不显著，末期增加 17.6% 左右。不同预估情景间径流量变化量及变化方向存在一定不确定性，随预估时间延长，变化方向的一致性增加，到 21 世纪末期所有预估情景均较基准期增加（图 7-62）。

5 ~ 10 月各月径流量增加趋势显著，12 ~ 2 月径流量为减少趋势，且 3 种情景变化趋势一致，其他几个月径流变化趋势在不同情景间存在不确定性（图 7-61）。前期中、高排放情景较基准期略有减少，中期 3 种排放情景均较基准期增加，到末期增加 12% ~ 18%。末期由于不同月份径流量变化率和变化趋势不一致，导致径流季节分配略有变化（图 7-63），枯季径流较基准期略有增加，低排放情景增加最显著，约 12%（表 7-33）。年/月径流变化趋势与刘绿柳等（2012a）分析结论一致，但相对基准期变化量存在一定差异。

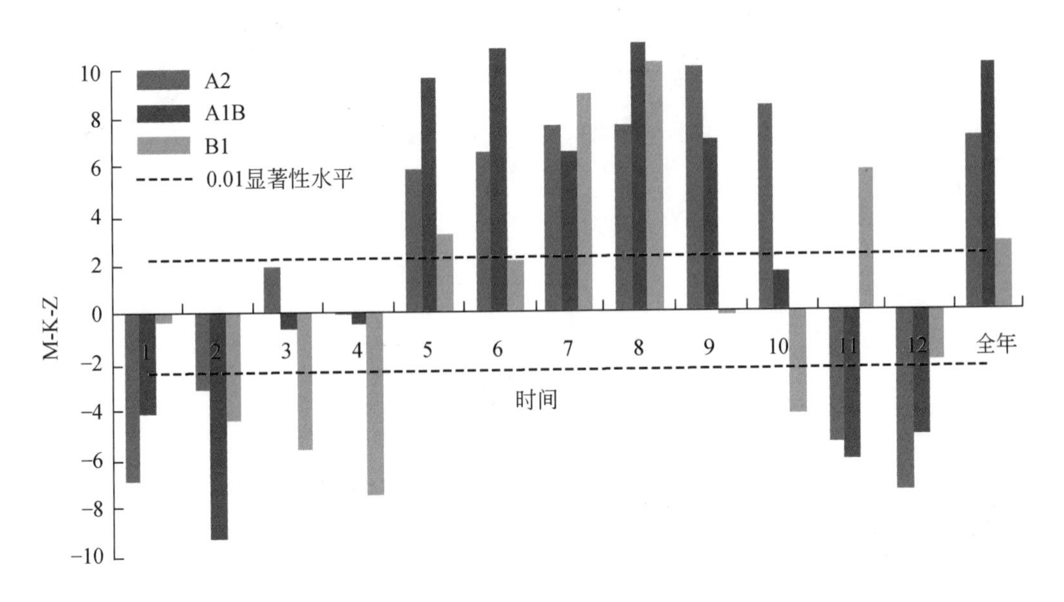

图 7-61　西江流域 20 年滑动平均 2011 ~ 2099 年径流变化趋势
（M-K-Z 统计值）

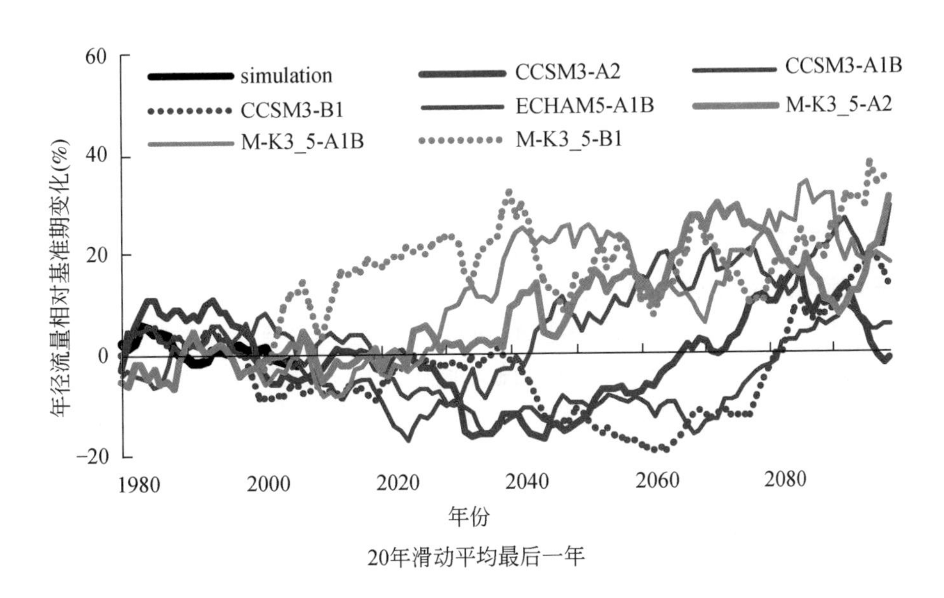

图 7-62　西江流域 20 年滑动平均的年径流量相对基准期
（1961 ~ 1990 年）变化率

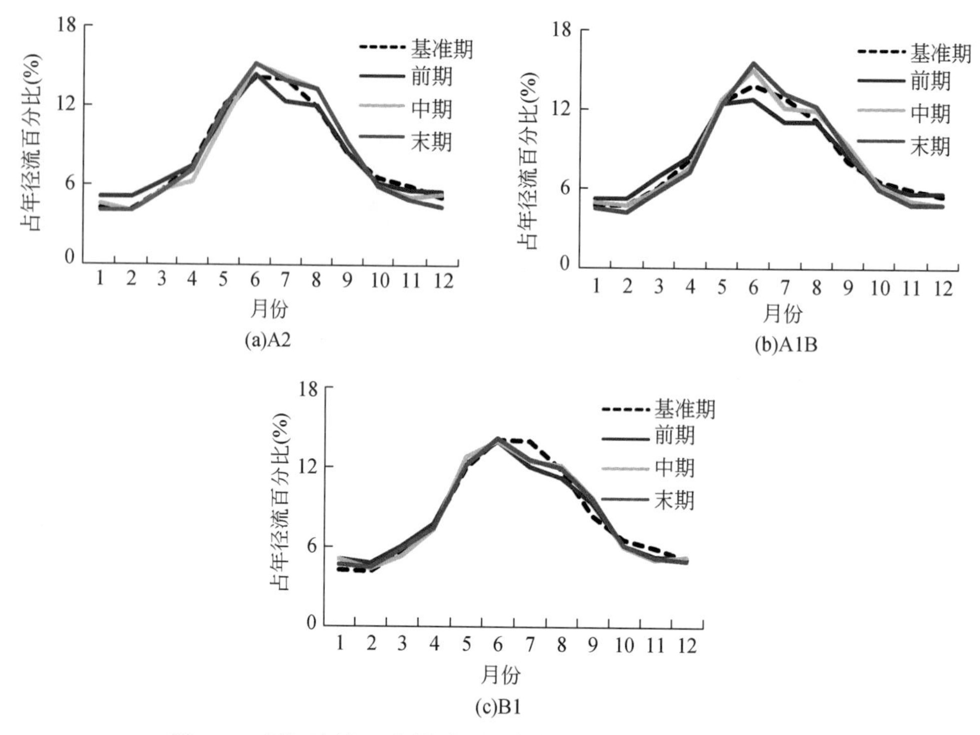

图 7-63　西江流域 20 年滑动平均集合平均月径流占年径流比例

表 7-33　西江流域径流量相对基准期变化

项目	基准期径流深（mm）	A2（%）			A1B（%）			B1（%）		
		前期	中期	末期	前期	中期	末期	前期	中期	末期
汛期	483	-8.2	0.5	14.5	-7.6	7.2	17.9	4.8	1.0	12.0
枯季	138	1.6	-2.9	1.5	2.0	-1.3	2.6	11.2	-0.8	11.8

（2）东江流域径流变化趋势

3 种排放情景下 21 世纪年径流呈增加趋势，且通过 0.01 显著性水平检验（图 7-64）。与基准期相比前期高、中两种情景下年径流无明显变化，低排放下增加 11.3% 左右；中期变化不明显，变化范围在 2.5% ～5.8%，末期变化较为显著，增加了 10.8% ～12.5%，且低排放情景较其他两种情景变化显著（表 7-35）。但不同情景间存在一定不确定性，随预估时间延长，变化方向的一致性增加，到 21 世纪末期所有预估情景均较基准期增加（图 7-65）。2011～2099 年 5～10 月各月径流量增加趋势显著，12 月至次年 2 月径流量为减少趋势，且 3 种情景变化趋势一致，其他几个月径流变化趋势在不同情景间存在不确定性。基准期汛期径流深为 646mm，前期增加了 2.9% ～16.6%，中期增加了 13.1% ～14.99%，到末期增加了 22.9% ～23.9%。枯季径流则较基准期减少，到末期减少 14.0% ～17.1%（表 7-34）。由于不同月份径流量变化幅度和变化趋势不一致，导致汛期径流所占比例增加，所占年径流比例相应地由基准期 68% 逐渐增加到末期的 80% 左右。枯季径流所占比例由基准期的32%逐渐减少到末期的20%左右，即未来东江流域径流枯季更枯，汛期更丰，5~9月来水量更为集中（图7-66）。

表 7-34　东江流域径流量相对基准期变化

项目	基准期径流深（mm）	A2（%）			A1B（%）			B1（%）		
		前期	中期	末期	前期	中期	末期	前期	中期	末期
汛期	646	4.9	13.1	22.9	2.9	15.4	23.9	16.6	14.9	23.8
枯季	506	-15.4	-21.7	-16.9	-8.3	-16.5	-14.0	-13.4	-22.8	-17.1
年	961	-1.3	2.5	10.8	-0.4	5.8	12.5	7.5	3.4	11.3

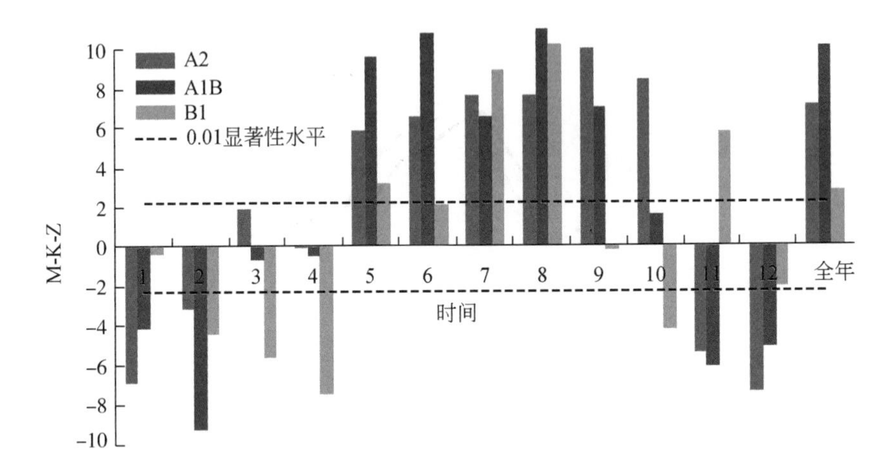

图 7-64　东江流域 20 年滑动平均 2011 ~ 2099 年径流变化趋势（M-K-Z 统计值）

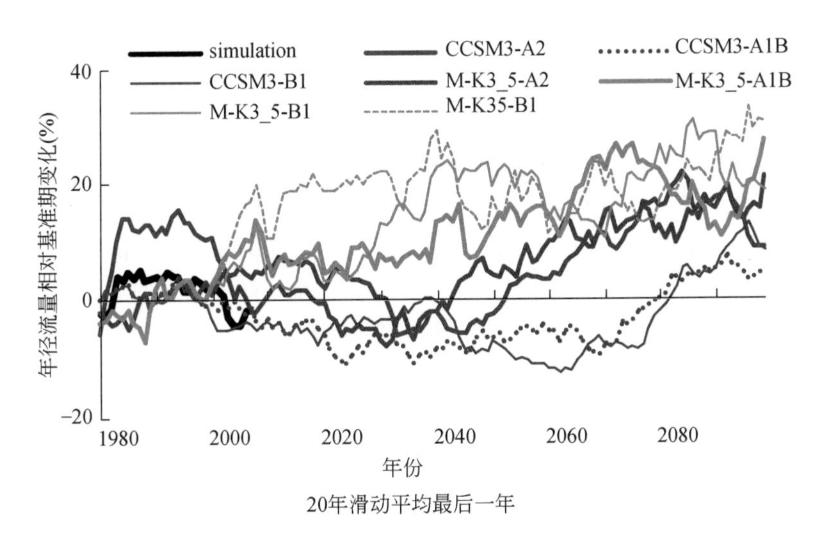

图 7-65　东江流域 20 年滑动平均的年径流量相对基准期（1961 ~ 1990 年）变化率

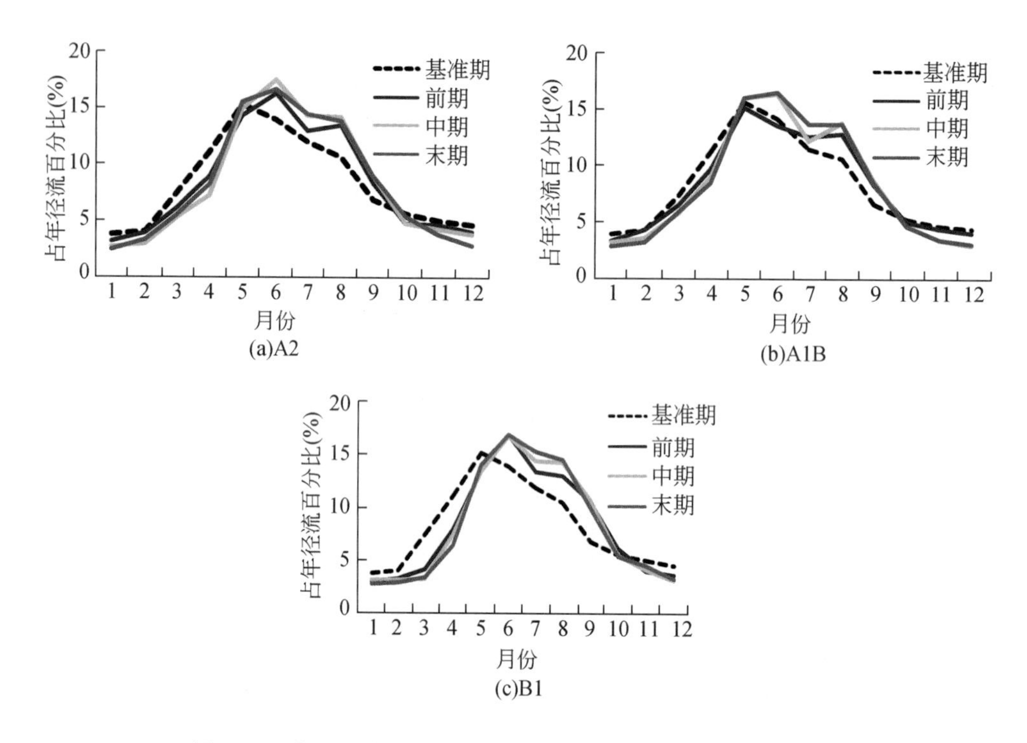

图 7-66　东江流域 20 年滑动平均集合平均月径流占年径流比例

(3) 北江流域径流变化趋势

3 种排放情景下北江流域 21 世纪年径流呈增加趋势，且通过 0.01 显著性水平检验（图 7-67）。前期年较基准期增加 9% ~28%，中期增加 20% 左右，末期增加 30% ~35%，低排放情景较其他两种情景变化显著（表 7-36）。但年径流量变化存在一定不确定性，M-K35 预估径流量在 21 世纪均较基准期增加，而 ECHAM5 在 2041 年后、CCSM3 到 21 世纪末期才超过基准期径流量（图 7-68）。4 ~10 月各月径流量增加趋势显著，1 月、2 月径流量为减少趋势，且 3 种情景变化趋势一致，其他几个月径流变化趋势在不同情景间存在不确定性（图 7-67）。基准期汛期径流深为 347mm，3 种排放情景下，前期、中期和末期分别增加 16% ~43%、37 ~40%、50% ~58%。枯季径流在高、中两种排放情景下较基准期略有减少，而低排放情景下在 21 世纪前后两个时段略有增加（表 7-35）。由于不同月份径流量变化幅度和变化趋势不一致，导致汛期径流所占比例增加，所占年径流比例相应地由基准期 76% 增加到 80% 以上，枯季径流所占比例由基准期的 32% 逐渐减少到 20% 以下，即未来北江流域径流枯季更枯，汛期更丰，5 ~9 月来水量更为集中，且高排放情景变化更为显著（图 7-69）。

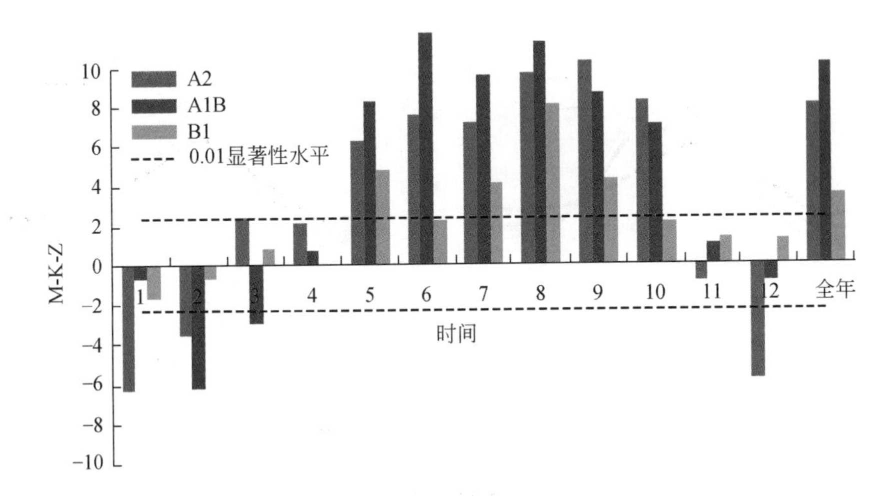

图 7-67 北江流域 20 年滑动平均 2011 ~ 2099 年径流变化趋势（M-K-Z 统计值）

表 7-35 北江流域径流量相对基准期变化

项目	基准期径流深（mm）	A2（%）			A1B（%）			B1（%）		
		前期	中期	末期	前期	中期	末期	前期	中期	末期
汛期	823	25.0	39.0	58.3	16.3	36.5	50.1	43.0	39.6	54.9
枯季	257	-3.7	-8.2	-4.0	-1.9	-5.2	-1.5	5.4	-6.2	5.7
年	1080	13.4	20.0	33.1	9.0	20.0	29.6	27.8	21.1	35.0

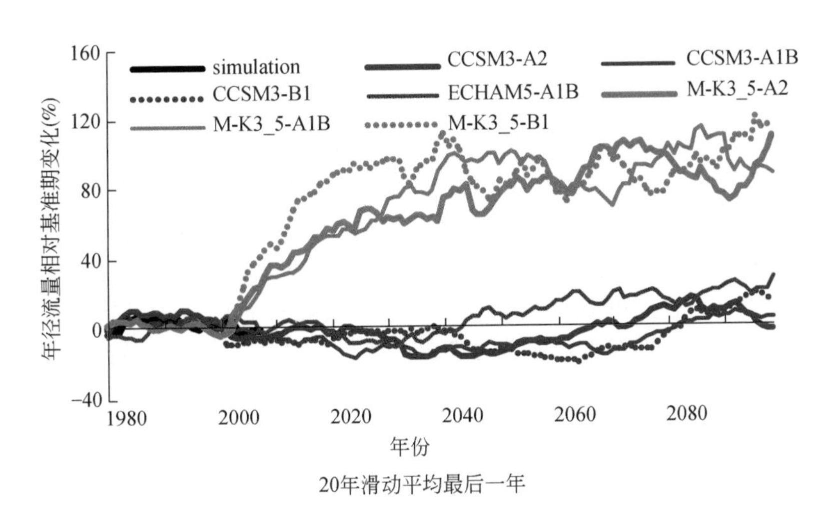

图 7-68 北江流域 20 年滑动平均的年径流量相对基准期（1961 ~ 1990 年）变化率

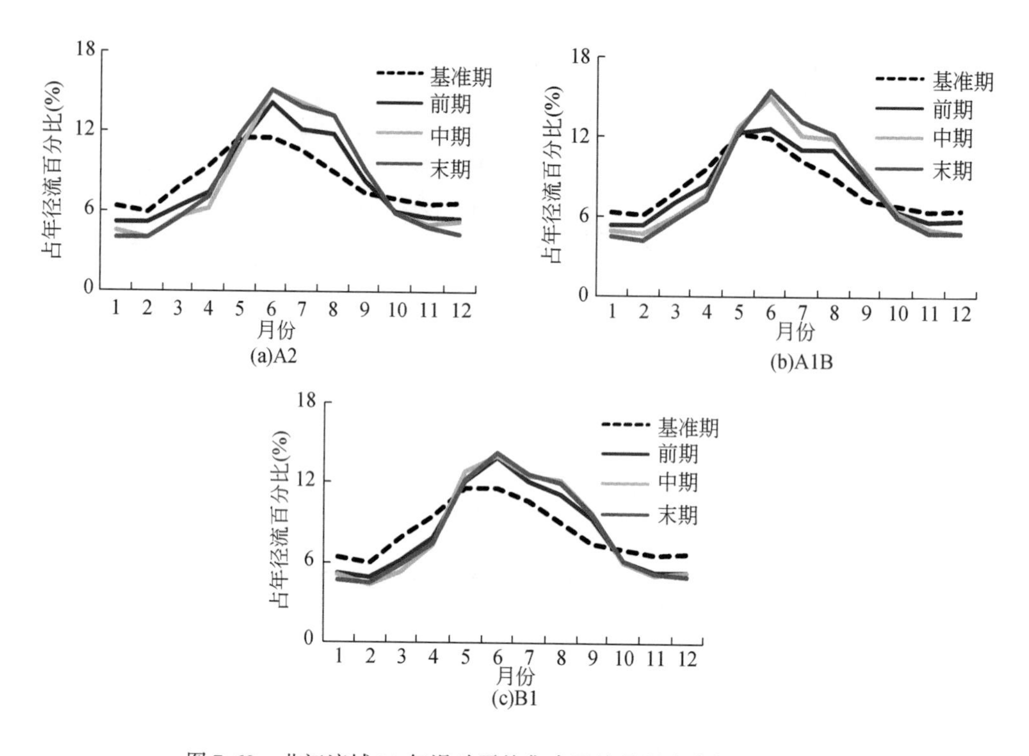

图 7-69　北江流域 20 年滑动平均集合平均月径流占年径流比例

2. 洪水变化趋势预估

(1) 西江流域洪水变化预估

3 种排放情景下 21 世纪西江流域年最大 1 日、7 日洪水强度均呈显著增加趋势，且均通过 0.01 显著性水平检验（表 7-36）。与基准期相比，高、低两种排放情景变化最显著，前期最大 1 天、7 天洪水流量较基准期增加 30% 以上，中期增加 40% 以上，末期增加 50% 以上（表 7-37）。但预估情景间存在较大不确定性，特别是 GCM 结构引起的不确定性较大，到 21 世纪末期所有预估情景均表现为正变化，21 世纪后期 M-K35 对应的洪水强度为基准期 2 倍（图 7-70），这可能与 M-K35 订正降水对极端强降水模拟偏高所致。因为 M-K35 直接模拟降水对应的同时期洪水强度不超过基准期的 30%（刘绿柳等，2012a），但变化趋势基本一致。

基准期 30 年一遇洪水在未来大部分情景下强度增强，频率增加，并且随预估时间延长发生更为频繁，到末期时重现期缩短到 10 年以下（表 7-38）。这与刘绿柳等（2012a，b）应用 GCMs 直接输出降水驱动水文模型的研究结论一致，只是洪水强度变化较之前研究结果更为明显。

表 7-36 西江流域 20 年滑动平均 2011 ~ 2099 年洪水变化趋势（M-K-Z 统计值）

洪水	A2	A1B	B1
1 天	8. 15	8. 85	10. 97
7 天	9. 36	9. 35	10. 55

表 7-37 西江流域 20 年滑动平均年最大 1 天、7 天洪量相对基准期变化（单位:%）

时段	1 天洪水			7 天洪水		
	A2	A1B	B1	A2	A1B	B1
前期	30. 1	8. 0	32. 4	33. 9	10. 1	34. 5
中期	64. 7	21. 2	40. 8	69. 2	24. 1	43. 7
末期	76. 3	41. 7	54. 5	81. 5	44. 8	57. 3

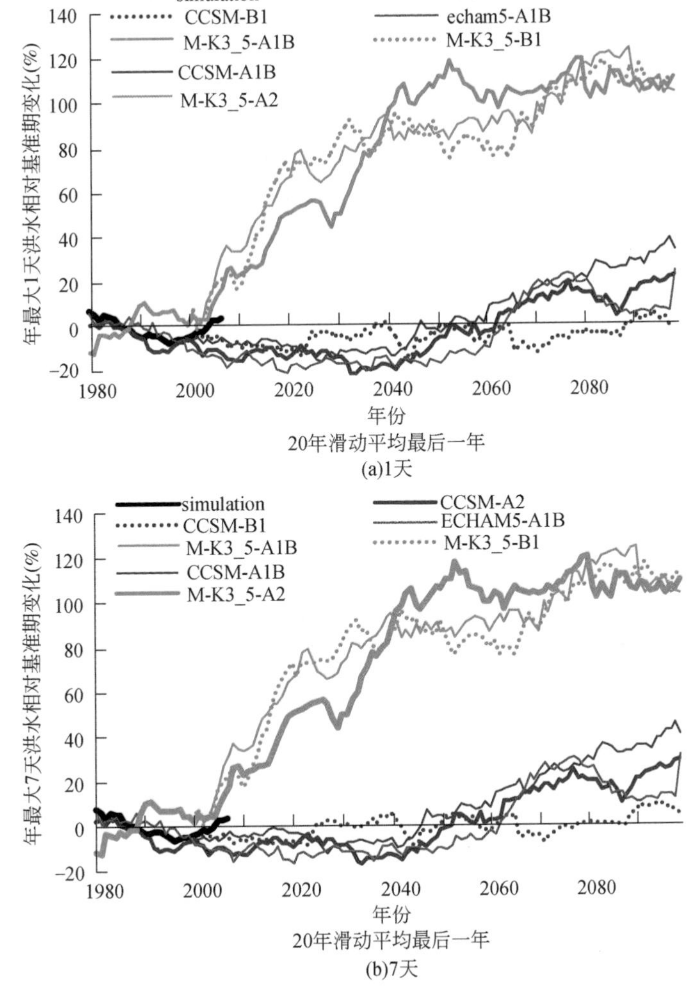

图 7-70 西江流域 20 年滑动平均年最大 1 天、7 天洪水强度

表 7-38　西江流域基准期 30 年一遇 1 天、7 天洪水在未来 3 个时段的重现期

（单位：年）

时段	洪水	CCSM3			EEHAM5	M-K3_5			A2	A1B	B1
		A2	A1B	B1	A1B	A2	A1B	B1			
前期	1 天	34.5	49.2	11.6	—	3.3	1.5	2.5	18.9	25.3	7.0
	7 天	—	26.9	9.0	—	3.8	3.3	2.8	3.8	15.1	5.9
中期	1 天	11.1	8.2	14.6	—	2.0	2.5	2.5	6.5	5.3	8.6
	7 天	9.0	6.8	13.2	44.0	2.1	2.5	2.8	5.6	17.8	8.0
末期	1 天	4.0	3.4	20.3	18.1	1.6	1.7	1.9	2.8	7.7	11.1
	7 天	2.9	3.0	1.2	16.3	1.7	1.8	2.0	2.3	7.0	1.6

注：表中“-”表示重现期远超过 30 年

（2）东江流域洪水变化预估

3 种排放情景下 21 世纪东江流域年最大 1 天、3 天洪水强度呈增加趋势，且中、高排放情景超过 0.01 显著性水平检验（表 7-39）。与基准期相比，高排放情景增加最显著，前期最大 1 天、3 天洪量增加接近 20%，中期增加 26% 左右，末期增加 36%（表 7-40）。中等排放情景变化较小，到末期增加 14% 左右。但预估情景间存在不确定性，GCM 结构引起的不确定性较大，情景间不确定性较小，到 21 世纪末期所有预估情况均表现为正变化（图 7-71）。

大部分情景下基准期 30 年一遇洪水在 21 世纪将随预估时间延长发生越来越频繁，到末期时重现期缩短到 10 年甚至更短时间，前期和末期的不确定性较大（图 7-72）。

表 7-39　东江流域 20 年滑动平均 2011～2099 年洪水变化趋势（M-K-Z 统计值）

洪水	A2	A1B	B1
1 天	10.88	11.54	2.00
3 天	10.86	11.43	1.55

表 7-40　东江流域 20 年滑动平均年最大 1 天、3 天洪量相对基准期变化　（单位：%）

时段	1 天洪水			3 天洪水		
	A2	A1B	B1	A2	A1B	B1
前期	18.3	1.1	17.2	19.1	1.1	18.1
中期	26.3	6.4	12.5	27.4	6.5	13.2
末期	36.4	13.6	23.5	37.8	13.9	24.0

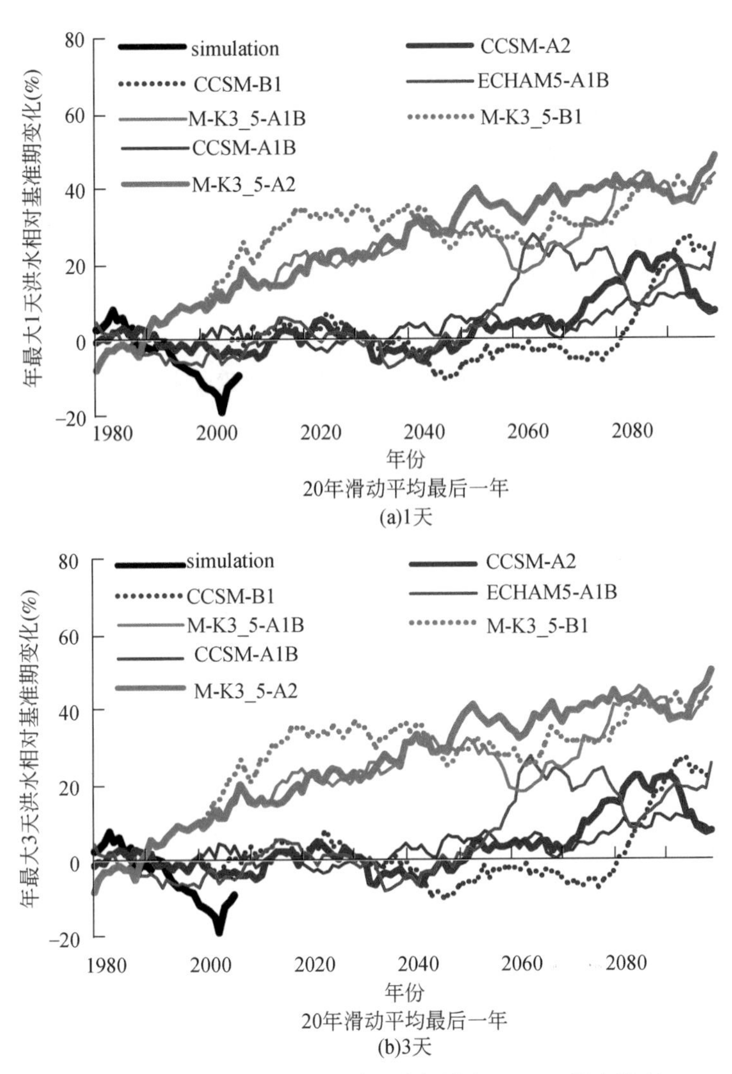

图 7-71　东江流域 20 年滑动平均年最大 1d、3d 洪水强度

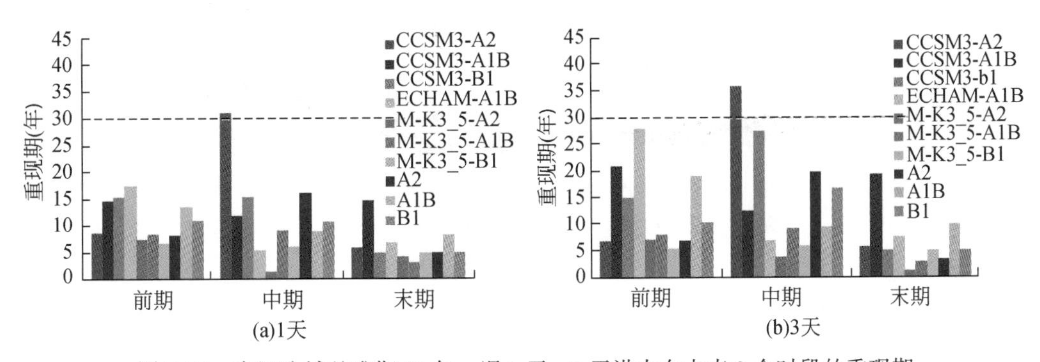

图 7-72　东江流域基准期 30 年一遇 1 天、3 天洪水在未来 3 个时段的重现期

（3）北江流域洪水变化预估

21 世纪北江流域年最大 1 天、3 天洪水强度呈增加趋势，且超过 0.01 显著性水平检验（表 7-41）。与基准期相比，高排放情景增加最显著，前期最大 1 天、3 天洪量约增加 28%，中期约增加 40%，末期约增加 60%，中等排放情景变化最小，到末期增加 23% 左右（表 7-42），但不同模式相差较大，特别是 21 世纪中前期（图 7-73）。

集合平均值表明，基准期 30 年一遇洪量在 3 种排放情景下均随预估时间延长发生越频繁，到末期 7 年甚至更短时间就将遭遇一次，但不同模式间存在一定差异（图 7-74）。

表 7-41　北江流域 20 年滑动平均 2011～2099 年洪水变化趋势（M-K-Z 统计值）

洪水	A2	A1B	B1
1 天	9.47	9.16	3.69
3 天	9.31	9.16	3.56

表 7-42　北江流域 20 年滑动平均年最大 1 天、3 天洪量相对基准期变化　　（单位:%）

时段	1 天洪水			3 天洪水		
	A2	A1B	B1	A2	A1B	B1
前期	27.5	0.2	26.1	27.6	0.1	26.2
中期	39.7	14.2	22.1	39.9	14.1	22.1
末期	60.4	23.2	37.6	60.5	23.1	37.6

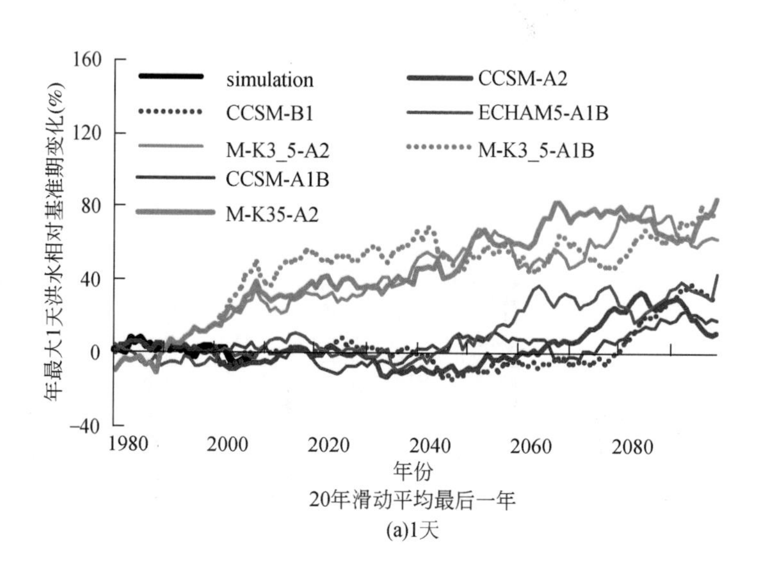

(a)1天

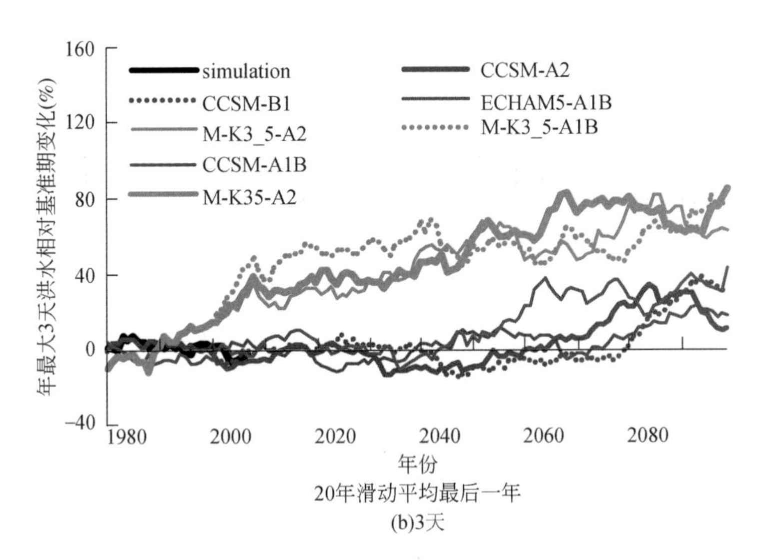

(b)3天

图 7-73　北江流域 20 年滑动平均年最大 1 天、3 天洪水强度

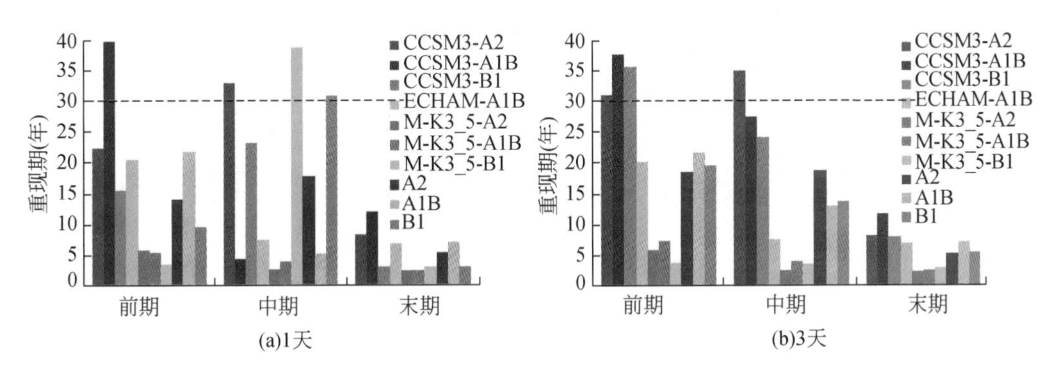

(a)1天　(b)3天

图 7-74　北江流域基准期 30 年一遇 1 天、3 天洪水在未来 3 个时段的重现期

7.7.5　不确定性分析

图 7-75 显示了未来 3 个时段排放情景不确定性均大于气候系统自然变率不确定性，对于同一重现期洪水，排放情景不确定性在末期期间最大，前期期间最小。

图 7-76 显示了对于同一重现期洪水，GCM 结构不确定性在末期期间最大。末期期间 GCM 结构引起的洪水频率变化预估结果的不确定性大于气候系统自然变率不确定性。而对于 10 年、20 年和 50 年重现期洪水，中期期间 GCM 结构不确定性小于气候系统自然变率不确定性（Liu et al.，2013）。考虑到 M-K35 模拟变化明显大于其他几个 GCMs，去掉 M-K35 只考虑其他 3 个 GCMs 时，GCM 结构不确定性则小于气候系统自然变率不确定性。

从图 7-77 可以看出，与其他两种方法相比，月 Delta 方法对应的洪水增加最为明显。对于同一重现期洪水，降尺度不确定性随预估时间延长逐温增大，末期最大。与气候系统自然变化相率不确定性相比，降尺度不确定性明显偏大。

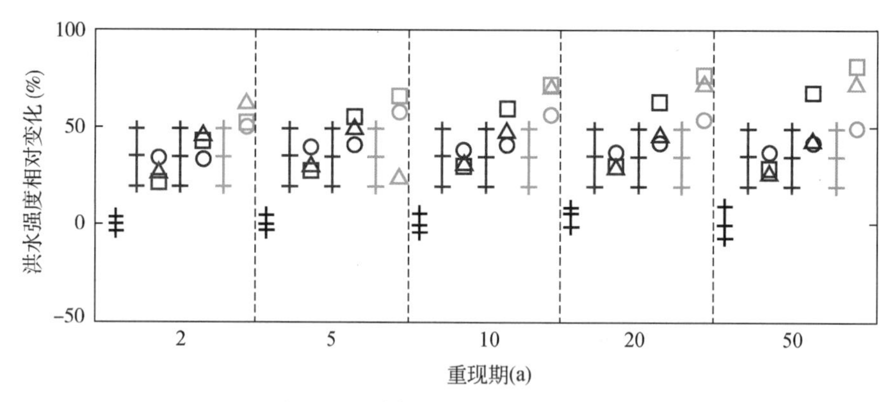

图 7-75　洪水强度相对基准期变化

注：每个重现期自左至右依次为基准期观测自然变率、前期自然变率和情景模拟、中期自然变率和情景模拟、末期自然变率和情景模拟；A2-方形；A1B-三角；B1-圆形

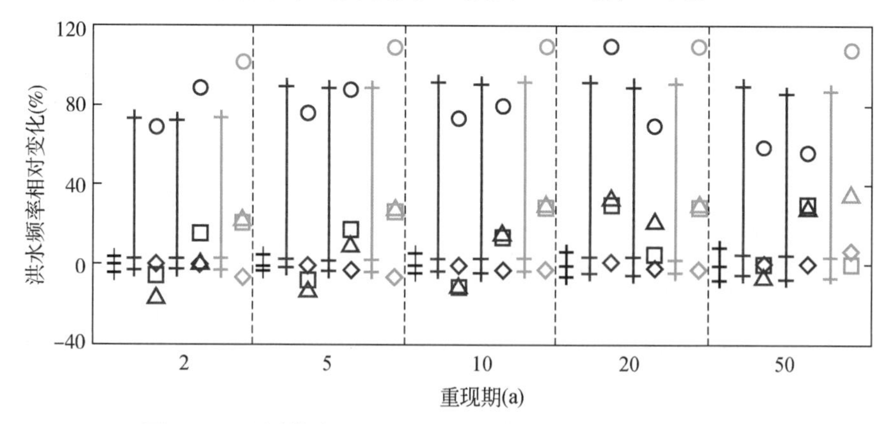

图 7-76　不同模式 SRES A1B 情景洪水频率相对基准期变化

注：每个重现期自左至右依次为基准期观测自然变率、前期自然变率和 GCM 模拟、中期自然变率和 GCM 模拟、末期自然变率和 GCM 模拟；CCSM3-三角；HIRES-菱形；M-K3_5-圆形；ECHAM5-方形

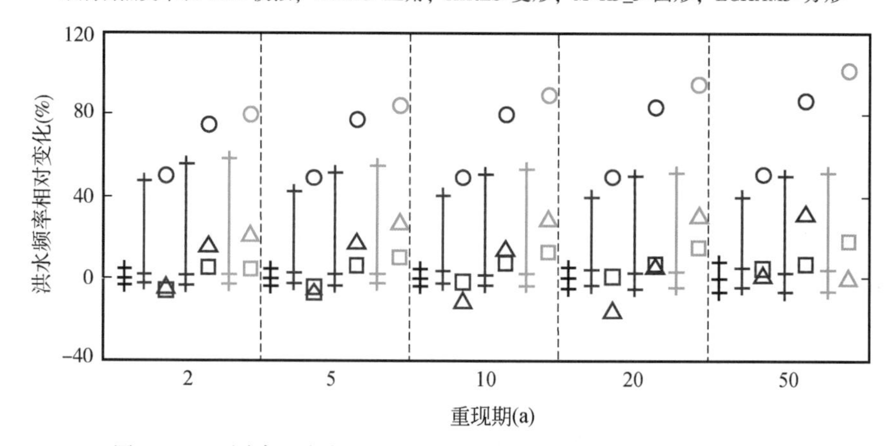

图 7-77　不同降尺度方法 SRES A1B 情景洪水频率相对基准期变化

注：每个重现期自左至右依次为基准期观测自然变率、前期自然变率和降尺度模拟、中期自然变率和降尺度模拟、末期自然变率和降尺度模拟；日百分位订正法-三角；月 Delta 法-圆形；CCLM-方形

进一步分析表明，21 世纪前期排放情景和降尺度技术是长重现期洪水变化不确定性的两个主要来源，GCM 结构是短重现期洪水不确定性的主要来源。中期和末期排放情景对不确定性影响较小，而降尺度和 GCM 结构对不确定性影响相当（图 7-78）。如果去掉 M-K3_5 后再比较两种不确定性，则降尺度为主要不确定性来源，排放情景不确定性相对较小（图 7-79）（Liu et al.，2013）。

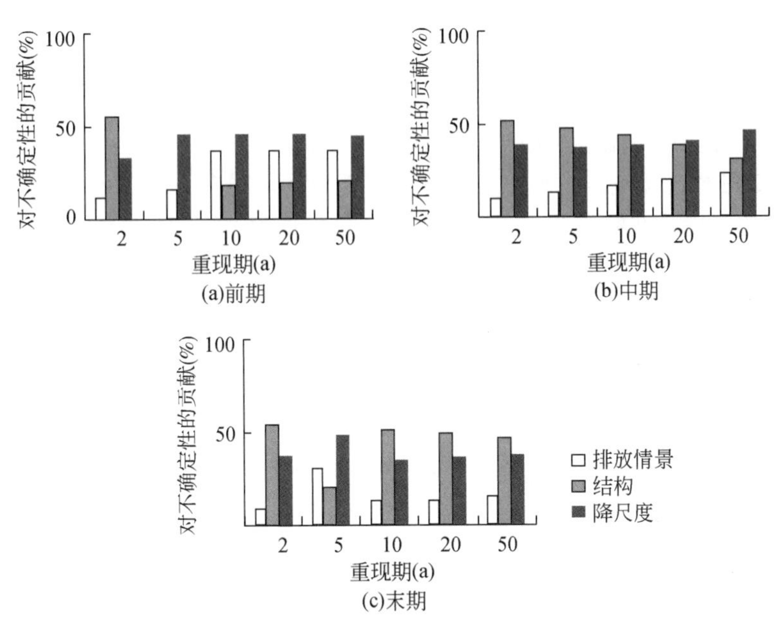

图 7-78　排放情景、GCM 结构和降尺度对洪水频率变化不确定性的相对贡献（含 M-K3_5 的 4 个 GCMs）

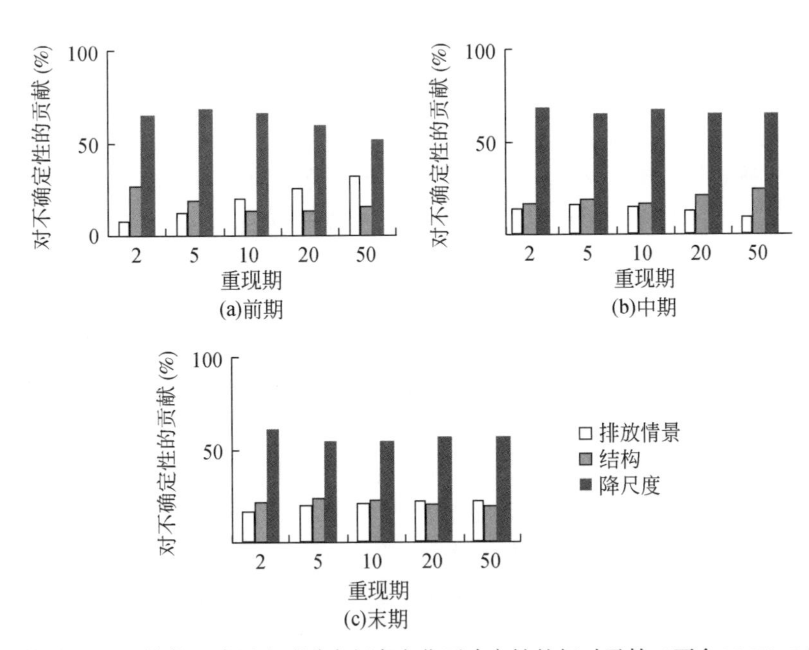

图 7-79　排放情景、GCM 结构和降尺度对洪水频率变化不确定性的相对贡献（不含 M-K3_5 的 3 个 GCMs）

7.7.6 小结

21 世纪 3 种排放情景下西江流域、东江流域、北江流域年降水量，西江流域 4 ~9 月各月、东江和北江流域 5 ~9 月各月降水量增加趋势显著。西江流域 11 月至次年 1 月，东江流域 4 月、11 月、12 月，北江流域 12 月至次年 2 月降水减少趋势显著。未来 3 个流域降水都将出现枯季更枯，汛期更丰的特点。

21 世纪 3 种排放情景下 3 个流域的年径流量，西江流域 5 ~10 月、东江流域 5 ~9 月、北江流域 4 ~10 月各月径流量增加趋势显著。西江流域、东江流域 12 月至次年 2 月和北江流域 1 月、2 月径流量呈减少趋势显著。西江流域径流季节分配没有显著变化，北江和东江枯季径流比例较基准期降低，汛期来水量将更加集中，特别是 5 ~9 月。

与基准期相比，3 种排放情景下中期、末期年降水量和年径流量均有不同程度增加，且长期变化略大于中期变化。到末期年西江流域年降水增加 17% ~19%，年径流增加 10% 左右；东江流域年降水增加 8% ~10%，年径流增加 30% ~35%；北江流域年降水增加 8% ~10%，年径流增加 30% ~35%。其中，东江流域和北江流域年径流变化显著。

21 世纪 3 种排放情景的集合平均洪水强度呈增加趋势，30 年一遇洪水重现期缩短，到末期可能不到 10 年就遭遇一次同等强度的洪水。但不同预估情景间存在较大不确定性，部分情景显示，21 世纪前期或中期洪水强度可能降低，频率可能减少。但末期年洪水强度和频率增加存在较高一致性。

汛期来水量增加、洪水发生频率和强度增加，可能对现有一些防洪工程造成威胁。西江末期枯季径流较基准期略有增加，低排放情景下北江前期、末期枯水期径流较基准期略有增加，可能在一定程度上有助于缓解枯水期用水压力。未来东江枯水期径流较基准期进一步减少，将进一步加大枯水期用水压力。在进行未来水资源规划调度及防洪措施时应适当考虑汛期、枯水期水资源量以及洪水强度和频率的可能变化。

不同预估情景间存在较大的不确定性，特别是近期和中期两个时段，水资源量和变化方向均存在较大不确定性，但到 21 世纪末期各情景的变化方向基本一致。Liu 等（2013）研究表明当考虑 4 个 GCMs 时，前期降尺度技术和排放情景是大部分重现期洪水变化不确定性的主要影响因素，GCMs 结构是次要影响因素。中期和末期降尺度技术影响较大，排放情景影响较小。当考虑 3 个 GCMs 时，降尺度影响最大，GCMs 结构和排放情景影响相当。

虽然水文模拟时降水驱动采用了百分位 Delta 降水订正序列，但未来预估仍存在较大不确定性。另外，水文模型对月流量拟合效果较好，对洪水模拟的偏差大于月径流模拟，这在一定程度上造成洪水预估结果存在较大不确定性。在进行洪水频率估算时，使用不同的分布函数也可能导致概率密度分布函数和重现期估算结果的不同，使得洪水分析结果具有更大的不确定性。同时，由于人类对气候复杂系统认识的局限性，未来气候变化对流域水文循环过程的影响是一个复杂过程，其研究存在不同程度的不确定性。在进行未来水资源规、制定相应水资源管理和适应措施时，应谨慎使用未来气候预估及其对各行业影响的预估结果。

参考文献

《中华人民共和国气候图集》编委会 . 2002. 中华人民共和国气候图集 . 北京：气象出版社 .

白虎志，李栋梁，陆登荣 . 2005. 西北地区东部夏季降水日数的变化趋势及其气候特征 . 干旱地区农业研究，25（3）：134-139.

白虎志 . 2006. 西北地区东部秋季降水日数时空特征分析 . 气象科技，34（1）：48-50.

卞林根，林学椿 . 2008. 南极海冰涛动及其对东亚季风和我国夏季降水的可能影响 . 冰川冻土，30（2）：196-203.

曹立国，潘少明，贾培宏，等 . 2014. 1960 ~ 2009 年河西地区极端干湿事件的演变特征 . 自然资源学报，29（3）：480-489.

曹丽娟，董文杰，张勇 . 2013. 气候变化对黄河和长江流域极端径流影响的预估研究 . 大气科学，37（3）：634-644.

曹丽娟，严中伟 . 2011. 地面气候资料均一性研究进展 . 气候变化研究进展，7（2）：129-135.

常军，王永光，赵宇，等 . 2014. 近 50 年黄河流域降水量及雨日的气候变化特征 . 高原气象，33（1）：43-54.

常军，王永光，赵宇 . 2013. 区海温的变化对黄河流域夏季降水的影响 . 气象，39（9）：1133-1138.

陈桂英 . 2000. El Nino 和 La Nina 冬季增强型和减弱型及其对中国夏季旱涝的影响 . 应用气象学报，11（2）：155-163.

陈海山，孙照渤，朱伟军 . 2003. 欧亚积雪异常分布对冬季大气环流的影响 Ⅰ . 数值模拟 . 大气科学，27（5）：848-860.

陈丽娟，吕世华，罗四维 . 1996. 青藏高原春季积雪异常对亚洲季风降水影响的数值试验 . 高原气象，15（1）：122-130.

陈烈庭，阎志新 . 1979. 青藏高原冬春季积雪对大气环流和我国南方汛期降水的影响//长江流域规划办公室 . 中长期水文气象预报讨论会文集（第一集）. 北京：水利电力出版社 .

陈明轩，管兆勇，徐海明 . 2003. 冬春季格陵兰海冰变化与初夏中国气温/降水关系的初步分析 . 高原气象，22（1）：7-13.

陈乾金，高波，张强 . 2000. 青藏高原冬季雪盖异常与冬夏季风变异及其相互联系的物理诊断研究 . 大气科学，24（4）：478-492.

陈兴芳，宋文玲 . 2000a. 冬季高原积雪和欧亚积雪对我国夏季旱涝不同影响关系的环流特征分析 . 大气科学，24（5）：585-592.

陈兴芳，宋文玲 . 2000b. 欧亚和青藏高原冬春季积雪与我国夏季降水关系的分析和预测应用 . 高原气象，19（2）：214-224.

陈宜瑜，丁永建，佘之祥，等 . 2005. 中国气候与环境演变（下卷）——气候与环境变化的影响与适应、减缓对策 . 北京：科学出版社 .

陈艺敏，钱永甫 . 2005. 西北太平洋暖池海温对华南前汛期降水影响的数值试验 . 热带气象学报，21（1）：13-23.

陈玉英，巩远发，魏娜 . 2008. 亚洲季风区大气热源汇的气候特征 . 气象科学，28（3）：251-257.

陈云浩，李晓兵，史培军 . 2001. 中国西北地区蒸发散量计算的遥感研究 . 地理学报，56（3）：261-268.

程炳炎，谢晓丽，朱业玉，等 . 2003. 降水概率模型在旱涝监测评价中的应用研究，灾害学，18（1）：20-25.

储开凤，汪静萍 . 2007. 中国水文循环与水体研究进展 . 水科学进展，18（3）：468-474.

崔玉琴 . 1997. 中国大陆上空水汽资源 . 水文，1：12-18.
戴永久，曾庆存 . 1996. 陆面过程研究 . 水科学进展，7（1）：40-53.
邓汗青 . 2013. 长江流域春夏季降水异常转换规律及成因分析 . 南京：南京信息工程大学博士学位论文 .
第二次气候变化国家评估报告编写组 . 2011. 第二次气候变化国家评估报告 . 北京：科学出版社 .
第三次气候变化国家评估报告编写委员会 . 2015. 第三次气候变化国家评估报告 . 北京：科学出版社 .
丁一汇 . 2010. 气候变化（大学教材）. 北京：气象出版社 .
丁一汇，胡国权 . 2003. 1998 年中国大洪水时期的水汽收支研究 . 气象学报，61（2）：129-145.
丁一汇，任国玉，石广玉，等 . 2006. 气候变化国家评估报告（I）：中国气候变化的历史和未来趋势 . 气候变化研究进展，2（1）：3-9.
丁一汇，孙颖，王遵娅，等 . 2009. 亚洲夏季风的变化及其对中国水资源的影响 . Collection of 2009 International Forum on Water Resources and Sustainable Development.
丁一汇 . 2005. 高等天气学 . 北京：气象出版社 .
丁一汇 . 2008. 人类活动与全球气候变化及其对水资源的影响 . 中国水利，2：20-27.
丁裕国，江志红 . 2009. 极端气候研究方法导论 . 北京：气象出版社 .
丁裕国，李佳耕，江志红，等 . 2011. 极值统计理论的进展及其在气候变化研究中的应用 . 气候变化研究进展，7（4）：248-252.
董婕，刘丽敏 . 2000. 赤道东太平洋海温与中国温度、降水的关系 . 气象，26（2）：25-28.
董璐，周天军 . 2014. 20 世纪太平洋海温变化中人为因子与自然因子贡献的模拟研究 . 海洋学报，36（3）：48-60.
董全，陈星，王铁喜，等 . 2009. 淮河流域极端降水与极端流量关系的研究 . 南京大学学报（自然科学），45（6）：790-801.
董小涛，李致家，李利琴 . 2006. 不同水文模型在半干旱地区的应用比较研 . 河海大学学报（自然科学版），34（2）：132-135.
董新宁 . 2005. 欧亚沿岸海冰变化及其与中国气温和降水关系的诊断分析研究 . 南京：南京信息工程大学硕士学位论文 .
窦挺峰 . 2009. 南极海冰对南半球大气环流和气候影响的数值模拟与诊断 . 北京：中国气象科学研究院硕士学位论文 .
杜鸿，夏军，曾思栋，等 . 2012. 淮河流域极端径流的时空变化规律及统计模拟 . 地理学报，67（3）：398-409.
范丽军，符淙斌，陈德亮 . 2005. 统计降尺度法对未来区域气候变化情景预估的研究进展 . 地球科学进展，20（3）：320-329.
方玉，姜彤，翟建青，等 . 2013. IPCC AR4 多模式对海河流域气候模拟能力的评估及预估 . 南京信息工程大学学报（自然科学版），5（3）：201-208.
方之芳 . 1986. 北半球副热带高压与极地海冰的相互作用 . 科学通报，31：286-289.
房巧敏，龚道溢，毛睿 . 2007. 中国近 46 年来冬半年日降水变化特征分析 . 地理科学，27（5）：711-717.
封国林，杨涵洧，张世轩，等 . 2011. 2011 年春末夏初长江中下游地区旱涝急转成因初探 . 大气科学，36（5）：1009-1026.
冯国章 . 1991. 计算区域蒸散发量的互补关系法及其应用 . 西北水资源与水工程，2（3）：11-23.
符传博，吴涧，丹利 . 2011. 近 50 年云南省雨日及降水量的气候变化 . 高原气象，30（4）：1027-1033.
傅抱璞 . 1981. 土壤蒸发的计算 . 气象学报，39（2）：226-236.

高超，姜彤，翟建青. 2012. 过去（1958～2007）和未来（2011～2060）50年淮河流域气候变化趋势分析. 中国农业气象，33（1）：8-17.
高超，曾小凡，苏布达，等. 2010. 2010～2100年淮河径流量变化情景预估. 气候变化研究进展，6（1）：15-21.
高超，张正涛，陈实，等. 2014. RCP4.5情景下淮河流域气候变化的高分辨率模拟. 地理研究，33（3）：467-477.
高登义，武炳义. 1998. 北半球海-冰-气系统的10年振荡及其振源初探. 大气科学，22（2）：137-145.
高歌，陈德亮，任国玉，等. 2006. 1956～2000年中国潜在蒸散量变化趋势. 地理研究，25（3）：378-387.
高歌，陈德亮，徐影. 2008. 未来气候变化对淮河流域径流的可能影响. 应用气象学报，19（6）：741-748.
高歌. 2004. 气候变化对水资源影响模式评估业务应用研究//课题执行专家组课题办公室编. 短期气候预测系统的总装与业务化试验研究. 北京：气象出版社.
高国栋，陆渝蓉，李怀瑾. 1978. 我国最大可能蒸发量的计算和分布. 地理学报，（2），102-111.
高国栋，陆渝蓉，李怀瑾. 1980. 我国陆面蒸发量和蒸发耗热量的研究. 气象学报，38（2）：165-176.
高辉. 2006. 淮河夏季降水与赤道东太平洋海温对应关系的年代际变化. 应用气象学报，17（1）：1-9.
高桥浩一郎. 1979. 从月平均气温、月降水量来推算蒸发量的公式. 天气，26（12）：29-32.
高学杰，石英，Giorgi F. 2010. 中国区域气候变化的一个高分辨率数值模拟. 中国科学（D辑），40（7）：911-922.
高学杰，石英，张冬峰，等. 2012. RegCM3对21世纪中国区域气候变化的高分辨率模拟. 科学通报，57：374-381.
高学杰，张冬峰，陈仲新，等. 2007. 中国当代土地利用对区域气候影响的数值模拟. 中国科学（D辑），37（3）：397-404.
葛全胜，方修琦，张雪芹，等. 2005. 20世纪下半叶中国地理环境的巨大变化——关于全球环境变化区域研究的思考. 地理研究，24（3）：345-358.
龚道溢，王绍武. 2003. 全球气候变暖研究中的不确定性. 地学前沿，9（2）：371-376.
顾俊强，施能，薛根元，等. 2002. 近40年浙江省降水量、雨日的气候变化. 应用气象学报，13（3）：322-329.
郭靖，郭生练，张俊，等. 2009. 汉江流域未来降水径流预测分析研究. 水文，29（5）：18-22.
郭其蕴，王继琴. 1986. 青藏高原的积雪及其对东亚季风的影响. 高原气象，5（2）：608-611.
郭生练，朱英浩. 1993. 互补相关蒸散发理论与应用研究. 地理研究，12（4）：32-38.
郭晓寅，程国栋. 2004. 遥感技术应用于地表面蒸散发的研究进展. 地球科学进展，19（1）：107-114.
韩振宇，周天军. 2012. APHRODITE高分辨率逐日降水资料在中国大陆地区的适用性. 大气科学，36（2）：361-373.
郝立生，闵锦忠，顾光芹. 2010. 华北夏季降水减少与北半球大气环流异常的关系. 大气科学学报，33（4）：420-426.
郝振纯，鞠琴，王璐，等. 2011. 气候变化下淮河流域极端洪水情景预估. 水科学进展，22（5）：605-614.
郝振纯，苏凤阁. 2000. 分布式月水文模型研究及其在淮河流域的应用，水科学进展，11（增刊），36-43.
何兰，陈伟宇. 2003. 北江下游河段的水文特性分析. 佛山科学技术学院学报（自然科学版），21（2）：

67-69
胡彩虹，郭生练，等.2003. 半干旱半湿润地区流域水文模型比较分析研究. 武汉大学学报（工学版），36（5）：38-42.
胡铁松，袁鹏，丁晶.1995. 人工神经网络在水文水资源中的应用. 水科学进展，6（1）：76-82.
胡婷，周江兴，代刊.2012. USCRN 气候基准站网布局理论在我国的应用. 应用气象学报，23（1）：40-46
黄嘉佑.2004. 气象统计分析与预报方法. 北京：气象出版社.
黄沛，张秋文.2006. 几种典型流域水文模型类比分析. 水资源与水工程学报，17（5）：27-30.
黄荣辉，杜振彩.2010. 全球变暖背景下中国旱涝气候灾害的演变特征及趋势. 自然杂志，32（4）：187-195.
黄荣辉，郭其蕴，孙安建，等.1997. 中国气候灾害图集. 北京：海洋出版社.
黄荣辉，孙凤英.1994. 热带西北太平洋暖池的热状态及其上空的对流活动对东亚夏季气候异常的影. 大气科学，18（2）：141-151.
黄士松，杨修群，蒋全荣.1995. 极地海冰变化对气候的影响. 气象科学，15（4）：46-56.
黄燕燕，钱永甫.2004. 长江流域、华北降水特征与南亚高压的关系分析. 高原气象，23（1）：68-74.
黄玉霞，李栋梁，王宝鉴，等.2004. 西北地区近40年年降水异常的时空特征分析. 高原气象，23（2）：245-252.
黄忠恕.2003. 长江流域历史水旱灾害分析. 人民长江，234（2）：1-3.
吉振明.2012. 新排放情景下中国气候变化的高分辨率数值模拟研究. 北京：中国科学院研究生院博士学位论文.
贾绍凤，张士锋.2003. 海河流域水资源安全评价. 地理科学进展，22（4）：379-387.
贾小龙，李崇银.2005. 南印度洋海温偶极子型振荡及其气候影响. 地球物理学报，48（6）：1238-1249.
简茂球，罗会邦，乔云亭.1994. 青藏高原东部和西北太平洋暖池区大气热源与中国夏季降水的关系. 热带气象学报，20（4）：355-364.
简茂球，罗会邦.1996. 前汛期北江洪水过程水汽汇与河水流量的关系. 热带地理，16（2）：130-135.
江介伦，刘子明，童庆斌，等.2010. 基于不同大气环流域模型评估气候变迁对高屏溪流域河川流量的影响. 水利学报，41（2）：148-154.
姜大膀，王会军.2005. 20 世纪后期东亚夏季风年代际减弱的自然属性. 科学通报，50（20）：2256-2262.
姜立鹏，师春香，张涛.2012. CLDAS 土壤湿度分析产品（V1.0）评估报告，11.
姜彤，苏布达，Marco Gemmer. 2008. 长江流域降水极值的变化趋势. 水科学进展，19（5）：650-655.
金光炎.2005. 矩、概率权重矩、线性矩的关系分析. 水文，25（5）：1-6.
康绍忠，熊运章.1990. 干旱缺水条件下麦田蒸散量的计算方法. 地理学报，45（4）：475-483.
康绍忠.1987. 农田土壤水分计算和预报方法，北京气象，（1）：33-39.
况雪源，张耀存.2006. 东亚副热带西风急流位置异常对长江中下游夏季降水的影响. 高原象气，25（3）：382-389.
赖比星.2005. 黄河断流与 El Nino 事件的遥相关. 气象科学，25（6）：594-608.
赖荣康，黄根华，魏晓宇.2010. 枯水期西江径流及流域降水对 ENSO 事件的响应性. 云南大学学报（自然科学版），32（S2）：217-221.
李春晖，万齐林，林爱兰，等.2010. 1976 年大气环流突变前后中国四季降水和温度的年代际变化及其影响因子. 气象学报，68（4）：529-538.

李道锋，吴悦颖，刘昌明 . 2005. 分布式流域水文模型水量过程模拟——以黄河河源区为例 . 地理科学，25（3）：299-304.
李峰平，章光新，董李勤 . 2013. 气候变化对水循环与水资源的影响研究综述地理科学，33（4）：457-464.
李宏伟 . 2009. 水文频率参数计算方法与应用研究 . 咸阳：西北农林科技大学硕士学位论文 .
李丽娟，姜德娟，李九一，等 . 2007. 土地利用/覆被变化的水文效应研究进展 . 自然资源学报，22（2）：211-224.
李琪 . 1998. 全国水文预报技术竞赛参赛流域水文模型分析 . 水科学进展，9（2）：191-195.
李茜，李栋梁 . 2007. 河套及邻近地区 530 年旱涝基本气候特征与演变 . 高原气象，26（4）：716-721.
李生宇，雷加强，徐新文，等 . 2006. 塔克拉玛干沙漠腹地沙尘暴特征——以塔中地区为例 . 自然灾害学报，15（2）：14-19
李胜，梁忠明 . 2006. GLUE 方法分析新安江模型参数不确定性的应用研究 . 东北水利水电，24：259-261.
李想，李维京，赵振国 . 2005. 我国松花江流域和辽河流域降水的长期变化规律和未来趋势分析 . 应用气象学报，16（5）：593-599.
李小亚，张勃 . 2013. 1960 ~ 2011 年甘肃河东地区极端降水变化 . 中国沙漠，33（6）：1884-1890.
李晓林，薛联青，宋佳佳，等 . 2013. 降水和温度极端事件的季节性变化趋势分析 . 水电能源科学，31（10）：6-8.
李修仓，姜彤，温姗姗，等 . 2014. 珠江流域实际蒸散发的时空变化及影响要素分析 . 热带气象学报，30（3）：483-494.
李修仓 . 2013. 中国典型流域实际蒸散发的时空变异研究 . 南京：南京信息工程大学博士学位论文 .
李勇，何金海，姜爱军，等 . 2007. 冬季西北太平洋遥相关型的环流结构特征及其与我国冬季气温和降水的关系 . 气象科学，27（2）：119-125.
李运刚，何大明，胡金明，等 . 2012. 红河流域 1960 ~ 2007 年极端降水事件的时空变化特征 . 自然资源学报，27（11）：1908-1917.
李志，郑粉莉，刘文兆，等 . 2010. 1961 ~ 2007 年黄土高原极端降水事件的时空变化分析 . 自然资源学报，25（2）：24-34.
李致家，姚成，汪中华 . 2006. 基于栅格的新安江模型的构建和应用 . 河海大学学报（自然科学版），35（2）：131-134.
李致家，张珂，姚成 . 2006. 基于 GIS 的 DEM 和分布式水文模型的应用比较 . 水利学报，37（8）：1022-1028.
励申申，寿绍文 . 2000. 赤道东太平洋海温与我国江淮流域夏季旱涝的成因分析 . 应用气象学报，11（3）：331-338.
刘波，肖子牛，马柱国 . 2010. 中国不同干湿区蒸发皿蒸发和实际蒸发之间关系的研究 . 高原气象，29（3）：629-636.
刘波，翟建青，高超，等 . 2012. 1960 ~ 2005 年长江上游水文循环变化特征 . 河海大学学报（自然科学版），40（1）：95-98.
刘昌明，洪嘉琏，金淮 . 1991. 农田蒸散量计算 . 北京：气象出版社 .
刘昌明，张丹 . 2011. 中国地表潜在蒸散发敏感性的时空变化特征分析 . 地理学报，66（5）：579-588.
刘昌明 . 1999. 中国 21 世纪水供需平衡分析：生态水利研究 . 中国水利，（10）：18-20.
刘春蓁 . 2003. 气候变异与气候变化对水循环影响研究综述 . 水文，23（4）：1-7.
刘春蓁 . 2004. 气候变化对陆地水循环影响研究的问题 . 地球科学进展，19（1）：115-119.

刘春蓁．2008. 气候自然变异与气候强迫变化对径流影响研究进展．河南水利与南水北调，2008（2）：41-46.
刘舸，赵平，陈军明，等．2012. 6月长江中下游旱涝的一个前兆信号——亚洲-太平洋涛动．气象学报，70（5）：1064-1073.
刘国纬，崔一峰．1991. 中国上空的涡动水汽输送．水科学进展，2（3）．
刘国纬，汪静萍．1997. 中国陆地-大气系统水分循环研究．水科学进展，8（2）：99-107.
刘国纬，周仪．1985. 中国大陆上空的水汽输送．水利学报，11：1-14.
刘国纬．1985. 中国大陆上空可降水的时空分布．水利学报，5：1-9.
刘国纬．1997. 水文循环的大气过程．北京：科学出版社．
刘华强，孙照渤，朱伟军．2003. 青藏高原积雪与亚洲季风环流年代际变化的关系．南京气象学院学报，26（6）：733-739.
刘家宏，秦大庸，王浩，等．2010. 海河流域二元水循环模式及其演化规律．科学通报，55（6）：512-521.
刘健，张奇，许崇育，等．2010. 近50年鄱阳湖流域实际蒸发量的变化及影响因素．长江流域资源与环境，19（2）：139-145.
刘莉红，翟盘茂，郑祖光．2008. 中国北方下半年最长连续无语日的变化特征．气象学报，66（3）：474-477.
刘绿柳，姜彤，徐金阁，等．2012a. 21世纪珠江流域水文过程对气候变化的响应．气候变化研究进展，8（1）：28-34.
刘绿柳，姜彤，徐金阁，等．2012b. 西江流域水文过程的多气候模式多情景研究．水利学报，（12）：1413-1421.
刘绿柳，姜彤，原峰．2009. 珠江流域1961～2007年气候变化及2011～2060年预估分析．气候变化研究进展，5（4）：1673-1719.
刘绿柳，刘兆飞，徐宗学．2008. 21世纪黄河流域上中游地区气候变化趋势分析．气候变化研究进展，4（3）：167-172.
刘绿柳，任国玉．2012. 百分位统计降尺度方法及在GCMs日降水订正中的应用．高原气象，31（3）：715-722.
刘敏，江志红．2009. 13个IPCC AR4模式对中国区域近40a气候模拟能力的评估．南京气象学院学报，32（2）：256-268.
刘绍民，孙中平，李小文，等．2003. 蒸散量测定与估算方法的对比研究．自然资源学报，18（2）：161-167.
刘时银，丁永建，张勇，等．2006. 塔里木河流域冰川变化及其对水资源影响．地理学报，61（5）：482-490.
刘小宁，任芝花．2005. 地面气象资料质量控制方法研究概述．气象科技，33（31）：199-203.
刘艳群，陈创买，郑勇．2008. 珠江流域4～9月降水空间分布特征和类型．热带气象学报，24（1）：67-73.
刘钰，Pere L S. 1997. 参照腾发量的新定义及计算方法对比．水利学报，（6）：27-33.
刘卓，刘昌明．2006. 东北地区水资源利用与生态和环境问题分析．自然资源学报，21（5）：700-708.
柳艳菊，丁一汇，宋艳玲．2005. 1998年夏季风爆发前后南海地区的水汽输送和水汽收支．热带气象学报，21（1）：55-62.
陆桂华，何海．2006. 全球水循环研究进展．水科学进展，17（3）：419-424.

马镜娴，戴彩娣 . 2001. 西北地区东部降水量年际和年代际变化的若干特征 . 高原气象，20（4）：362-367.
马丽娟，陆龙骅，卞林根 . 2007. 南极海冰北界涛动指数及其与我国夏季天气气候的关系 . 应用气象学报，18（4）：568-572.
马柱国 . 2007. 华北干旱化趋势及转折性变化与太平洋年代际振荡的关系 . 科学通报，52（10）：1199-1206.
茆诗松，王静龙，史定华，等 . 2003. 统计手册 . 北京：科学出版社 .
么枕生，丁裕国 . 1990. 气候统计 . 北京：气象出版社 .
缪启龙 . 2010. 现代气候学 . 北京：气象出版社 .
莫兴国 . 1995. 用平流-干旱模型估算麦田潜热及平流，中国农业气象，16（6）：1-4.
穆松宁，周广庆 . 2012. 欧亚北部冬季增雪“影响”我国夏季气候异常的机理研究——陆面季节演变异常的“纽带”作用 . 大气科学，36（2）：297-315.
宁亮，钱永甫 . 2008. 中国年和季各等级日降水量的变化趋势分析 . 高原气象，27（5）：1010-1020.
潘晓华 . 2002. 近五十年中国极端温度和降水事件变化规律的研究 . 北京：中国气象科学研究院硕士学位论文 .
彭公炳，李倩，钱步东 . 1992. 气候与冰雪覆盖 . 北京：气象出版社 .
钱学伟，李秀珍 . 1996. 陆面蒸发计算方法述评 . 水文，6：24-30.
钱永甫，张艳，郑益群 . 2003. 青藏高原冬春季积雪异常对中国春夏季降水的影响 . 干旱气象，21（3）：1-7.
秦大河 . 2012. 中国气候与环境演变 . 北京：气象出版社 .
秦育婧，卢楚翰 . 2013. 利用高分辨率 ERA-Interim 再分析资料对 2011 年夏季江淮区域水汽汇的诊断分析. 大气科学，37（6）：1210-1218.
邱新法，曾燕，刘昌明 . 2003. 陆面实际蒸散研究 . 地理科学进展，22（2）：118-124.
邱新法，曾燕，缪启龙，等 . 2003. 用常规气象资料计算陆面年实际蒸散量 . 中国科学，33（3）：281-288.
任国玉，郭军，徐铭志，等 . 2005. 近 50 年中国地面气候变化基本特征 . 气象学报，63（6）：948-952.
任国玉，郭军 . 2006. 中国水面蒸发量的变化 . 自然资源学报，21（1）：31-44.
任国玉，吴虹，陈正洪 . 2000. 我国降水变化趋势的空间特征 . 应用气象学报，11（3）：322-327.
任芝花，邹凤玲，余予，等 . 2012. 中国国家级地面气象站基本气象要素日值数据集（V3.0）评估报告，24.
邵晓梅，许月卿，严昌荣 . 2006. 黄河流域降水序列变化的小波分析 . 北京大学学报，42（4）：505-508.
佘敦先，夏军，张永勇，等 . 2011. 近 50 年来淮河流域极端降水的时空变化及统计特征 . 地理学报，66（9）：1200-1210.
申双和，盛琼 . 2008. 45 年来中国蒸发皿蒸发量的变化特征及其成因 . 气象学报，66（3）：452-460.
沈柏竹，张世轩，杨涵洧，等 . 2012. 2011 年春、夏季长江中下游地区旱涝急转特征分析 . 物理学报，61（10）：109-202.
沈卫明，姚德良，李家春 . 1993. 阿克苏地区陆面蒸发的数值研究 . 地理学报，48（5）：457-467.
沈艳，冯明农，张洪政，等 . 2010. 我国逐日降水量格点化方法 . 应用气象学报，21（3）：279-286.
沈永平，梁红 . 2004. 高山冰川区大降水带的成因探讨 . 冰川冻土，26（6）：806-809.
施雅风，沈永平，胡汝骥 . 2002. 西北气候由暖干向暖湿转型的信号、影响和前景初步探讨 . 冰川冻土，14（3）：219-226.
石英，高学杰 . 2008. 温室效应对我国东部地区气候影响的高分辨率数值试验 . 大气科学，32（5）：

1006-1018.
石英 . 2007. 中国区域气候变化的高分辨率数值模拟 . 北京：中国气象科学研究院硕士学位论文 .
石英 . 2010. RegCM3 对 21 世纪中国区域气候变化的高分辨率数值模拟 . 北京：中国科学院大气物理研究所博士学位论文 .
宋华，孙照渤 . 2003. 华北地区夏季旱涝的时空分布特征及其与北极海冰的关系 . 南京气象学院学报，26（3）：289-295.
苏布达，姜彤，董文杰 . 2008. 水分布特征的统计拟合 . 气象科学，28（6）：625-629.
苏布达，姜彤 . 2008. 值时间序列的分布特征 . 科学，20（1）：123-128.
孙凤华，张耀存，郭兰丽 . 2009. 中国东部夏季降水与同期东亚副热带急流年代际异常的关系 . 高原气象，28（6）：1308-1315.
孙凤华 . 2008. 东北气候变化与极端气象事件 . 北京：气象出版社 .
孙照渤，闵锦忠，陈海山 . 2000. 冬季积雪的异常分布型及其与冬、夏大气环流的耦合关系 . 南京气象学院学报，23（4）：463-468.
谈丰，苏布达，高超，等 . 2012. 高精度区域气候模式对淮河流域降水的模拟评估 . 长江流域资源与环境，21（10）：1236-1242.
谈丰，苏布达，高超，等 . 2012. 高精度区域气候模式对淮河流域降水的模拟评估 . 长江流域资源与环境，21（10）：1236-1242.
唐国利，曹丽娟，朱亚妮，等 . 中国温度观测序列的均一化及气候变化趋势（待发表）。
陶诗言，张庆云 . 1998. 亚洲冬夏季风对 ENSO 事件的响应 . 大气科学，22（4）：399-407.
陶亦为，孙照渤，李维京，等 . 2011. ENSO 与青藏高原积雪的关系及其对我国夏季降水异常的影响 . 气象，37（8）：919-928.
田烨，许月萍，徐晓，等 . 2013. 气候变化对钱塘江常山港流域极端径流的影响 . 中南大学学报（自然科学版），44（12）：5154-5159.
汪宝龙，张明军，魏军林，等 . 2012. 西北地区近 50a 气温和降水极端事件的变化特征 . 自然资源学报，27（10）：1720-1733.
王本善 . 1980. 计算蒸发力的 МИ БудьIко 方法之化简及与 HL Penman 法的比较 . 地理学报，（4），348-355.
王大钧，陈列，丁裕国，等 . 2006. 近 40 年来中国降水量、雨日变化趋势及与全球温度变化的关系 . 热带气象学报，22（3）：283-289.
王根绪，刘桂民，常娟 . 2005. 流域尺度生态水文研究评述 . 生态学报，25（4）：892-903.
王国庆，王兴泽，张建云，等 . 2011. 中国东北地区典型流域水文变化特性及其对气候变化的响应 . 地理科学，31（6）：641-46.
王国庆，张建云，刘九夫，等 . 2008. 类活动对河川径流影响的定量分析 . 中国水利，（2）：55-8.
王佳强，赵煜飞 . 2013. 土壤水分数据集质量评估报告，18.
王剑峰，李宏伟，宋松柏，等 . 基于 Matlab GUI 技术的水文频率计算，人民黄河，32（10）：42-44.
王介民，高峰，刘绍民 . 2003. 流域尺度 ET 的遥感反演 . 遥感技术与应用，18（5）：332-338.
王军邦，刘纪远，邵全琴，等 . 2009. 基于遥感过程耦合模型的 1988-2004 年青海三江源区净初级生产力模拟 . 植物生态学报，33（2）：254-269.
王渺林，郭生练 . 2000. 月水量平衡模型比较分析及其应用 . 人民长江，31（6）：32-33.
王绍武，罗勇，赵宗慈，等 . 2012. 气候变暖的归因研究 . 气候变化研究进展，8（4）：308-312.
王绍武 . 2001. 现代气候学研究进展 . 北京：气象出版社 .

王树舟. 2012. 基于 MIROC/WRF 嵌套模式的我国长期气候变化降尺度模拟和预估研究. 北京：中国科学院研究生院博士学位论文.
王艳君，姜彤，刘波. 2010. 长江流域实际蒸发量的变化趋势. 地理学报，65（9）：1079-1088.
王艳君，姜彤，许崇育. 2005. 长江流域蒸发皿蒸发量及影响因素变化趋势. 自然资源学报，20（6）：864-870.
王钊. 2003. 西、北江下游枯季流量分析. 广东水利水电，6（3）：39-43.
王兆礼，覃杰香，陈晓宏. 2010. 珠江流域蒸发皿蒸发量的变化特征及其原因分析. 农业工程学报，26（11）：73-77.
王志伟，翟盘茂，武永利. 2007. 近 55 年来中国 10 大水文区域干旱化分析. 高原气象，26（4）：876-877.
魏凤英. 1999. 现代气候统计诊断预测技术. 北京：气象出版社.
温姗姗，姜彤，李修仓，等. 2014. 1961 ~ 2010 年松花江流域实际蒸散发时空变化及影响要素分析. 气候变化研究进展，10（2）：79-86.
吴迪，严登华. 2013. SRES 情景下多模式集合对淮河流域未来气候变化的预估. 湖泊科学，25（4）：565-575.
吴洪宝，王盘兴，林开平. 2004. 广西夏季日最大降水的概率分布. 热带气象学报，20（5）：586-592.
吴佳，高学杰. 2013. 一套格点化的中国区域逐日观测资料及与其他资料的对比. 地球物理学报，56（4）：1102-1111.
吴佳. 2012. 东亚-东南亚区域气候变化的数值模拟及不确定性分析. 北京：中国气象科学研究院博士学位论文.
吴尚森，梁建茵，纪忠萍. 1996. 地海冰异常对我国夏季大气环流和降水影响的数值研究. 热带海洋学报，12（2）：105-113.
吴统文，钱正安. 2000. 青藏高原冬春积雪异常与我国东部地区夏季降水关系的进一步分析. 气象学报，58（5）：570-581.
吴正华，储锁龙. 1999. 百余年的 ENSO 事件与北京汛期旱涝的统计关系. 气象，25（9）：3-6.
吴志伟，李建平，何金海，等. 2006. 大尺度大气环流异常与长江中下游夏季长周期旱涝急转. 科学通报，51（14）：1717-1724.
武炳义，黄荣辉，高登义. 1999. 冬季北极喀拉海、巴伦支海海冰面积变化对东亚冬季风的影响. 大气科学，23（3）：267-275.
武震，张世强，丁永建. 2007. 水文系统模拟不确定性研究进展. 中国沙漠，27（5）：890-896.
夏军. 2004. 水问题的复杂性与不确定性研究与进展. 北京：中国水利水电出版社.
谢付莹. 2003. 华北夏季旱涝发生的规律及其与北极海冰的相关分析. 南京：南京气象学院硕士学位论文.
谢倩，黄士松. 1990. 冬季赤道中东太平洋海温和北极海冰异常对大气环流影响研究. 气象科学，10：325-338.
熊立华，郭生练. 2004. 三水源新安江模型异参同效现象的研究. 北京：全国水问题研究学术研究会.
徐明等. 1997. 青藏高原冬季积雪对华东梅汛期降水影响的数值试验. 应用气象学报，8（增刊）：110-115.
徐淑英. 1958. 我国的水汽输送和水分平衡. 气象学报，29（1），33-43.
徐忠峰，钱永甫. 2005. 热带地区 100 hPa 东风气流的气候效应（Ⅱ）：与华北夏季降水的关系. 高原气象，24（4）：570-576.
徐宗学，张楠. 2006. 黄河流域近 50 年降水变化趋势分析. 地理研究，25（1）：28-30.

许崇海，沈新勇，徐影．2007. IPCC AR4 模式对东亚地区气候模拟能力的分析．气候变化研究进展，3（5）：287-292.
许吟隆，黄晓莹，张勇，等．2005. 中国 21 世纪气候变化情景的统计分析．气候变化研究进展，1（2）：80-83.
许吟隆，张勇，林一骅．2006. 利用 PRECIS 分析 SRES B2 情景下中国区域的气候变化响应．科学通报，51（17）：2068-2074.
杨溯，李庆祥．2014. 中国降水量序列均一性分析方法及数据集更新完善．气候变化研究进展，10（4）：276-281.
杨晓玲，丁文魁，杨金虎，等．2011. 河西走廊东部近 50 年气候变化特征及区内 5 站对比分析．干旱地区农业研究，29（5）：265-267.
杨修群，黄士松．1993. 外强迫引起的夏季大气环流异常及其机制讨论．大气科学，17（6）：697-702.
杨修群，谢倩，黄士松．1994. 北极冰异常对亚洲夏季风影响的数值模拟．海洋学报，16（5）：35-40.
幺枕生，丁裕国．1990. 气候统计．北京：气象出版社
叶柏生，成鹏，杨大庆，等．2008. 降水观测误差修正对降水变化趋势的影响．冰川冻土，30（5）：717-725.
叶笃正，黄荣辉．1990. 旱涝气候研究进展．北京：气象出版社．
尹雄锐，夏军，张翔，等．2006. 水文模拟与预测中的不确定性研究现状与展望．水力发电，32（10）：27-31.
尹云鹤，吴绍洪，戴尔阜．2010. 1971 ~ 2008 年我国潜在蒸散时空演变的归因．科学通报，55（22）：2226-2234.
于宏敏，刘玉莲，高永刚，等．2012. 松花江流域气候变化影响评估报告．北京：气象出版社．
於琍，李克让，陶波，等．2010. 植被地理分布对气候变化的适应性研究．地理科学进展，29（11）：1326-1332
袁飞，谢正辉，任立良，等．2005. 气候变化对海河流域水文特性的影响．水利学报，36（3）：274-279.
苑希民，李鸿雁，刘树坤，等．2002. 神经网络和遗传算法在水科学领域的应用．北京：中国水利水电出版社．
曾小凡，李巧萍，苏布达，等．2009. 松花江流域气候变化及 ECHAM5 模式预估．气候变化研究进展，5（4）：215-219.
曾小凡，周建中．2010. 2011-2050 年松花江径流预估．水电能源科学，28（10）：13-15，165.
曾燕，邱新法，刘昌明，等．2007. 1960 ~ 2000 年中国蒸发皿蒸发量的气候变化特征．水科学进展，18（3）：311-318.
曾燕．2004. 黄河流域实际蒸散分布式模型研究．北京：中国科学院研究生院博士学位论文．
翟建青，占明锦，苏布达，等．2014. 对 IPCC 第五次评估报告第二工作组淡水资源相关结论的解读．气候变化研究进展，10（4）：240-245.
翟盘茂，任福民．1999. 中国降水极值变化趋势检测．气象学报，57（002）：208-216.
翟盘茂，王萃萃，李威．2007. 极端降水事件变化的观测研究．气候变化研究进展，3（3）：144-184.
翟盘茂，周琴芳．1997. 北半球雪盖变化与我国夏季降水．应用气象学报，8（2）：230-235.
张冬峰，高学杰，罗勇，等．2015. RegCM4.0 对一个全球模式 20 世纪气候变化试验的中国区域降尺度：温室气体和自然变率的贡献．科学通报，60（17）：1631-1642.
张家诚，张先恭．1979. 近五百年来我国气候的几种震动及其相互关系．气象学报，37（2）：50-57.
张敬平，黄强，赵雪花．2014. 漳泽水库径流时间序列变化特征与突变分析．干旱区资源与环境，

28（1）：131-135.
张静，朱伟军，李忠贤 . 2007. 北太平洋涛动与淮河流域夏季降水异常的关系 . 南京气象学院学报，30（4）：546-550.
张利平，杜鸿，夏军，等 . 2011b. 气候变化下极端水文事件研究进展 . 地理科学进展，30（11）：1370-1379.
张利平，曾思栋，夏军，等 . 2011a. 漳卫河流域水文循环过程对气候变化的响应 . 自然资源学报，26（7）：1217-1226.
张启龙，翁学传，程明华 . 2001. 我国华北地区汛期降水变化趋势的初步预测 . 高原气象，20（2）：121-126.
张强，姜彤，吴宜进 . 2004. ENSO 事件对长江上游 1470-2003 年旱涝灾害影响分析 . 冰川冻土，26（6）：691-696.
张庆云，陶诗言，张顺利 . 2003. 夏季长江流域暴雨洪涝灾害的天气气候条件 . 大气科学，27（6）：1018-1030.
张人禾，武炳义，赵平，等 . 2008. 中国东部夏季气候 20 世纪 80 年代后期的年代际转型及其可能成因 . 气象学报，22（4）：435-445.
张若楠，武炳义 . 2011. 北半球大气对春季北极海冰异常响应的数值模拟 . 大气科学，35（5）：847-862.
张若楠 . 2011. 北极海冰异常对中国夏季气候的可能影响 . 北京：中国气象科学研究院硕士学位论文 .
张顺利，陶诗言 . 2001. 青藏高原积雪对亚洲夏季风影响的诊断及数值研究 . 大气科学，25（3）：372-390.
张学文 . 2004. 可降水量与地面水汽压的关系 . 气象，30（2）：9-11.
张雪芹，彭莉莉，林朝晖 . 2008. 未来不同排放情景下气候变化预估研究进展 . 地球科学进展，23（2）：174-185.
张志华，黄刚 . 2008. 不同类型 El Nino 事件及其与我国夏季气候异常的关系 . 南京气象学院学报，31（6）：783-788.
赵传成，王雁，丁永建，等 . 2011. 西北地区近 50 年气温及降水的时空变化 . 高原气象，30（2）：385-390.
赵立成 . 2011. 气象信息系统 . 北京：气象出版社 .
赵丽娜，宋松柏，郝博，等 . 2010. 年径流序列趋势识别研究 . 西北农林科技大学学报（自然科学版），35（3）：194-205.
赵溱 . 1984. 亚欧大陆雪盖与东亚夏季风 . 气象，7（1）：27-29.
赵玉春，孙照渤，倪东鸿 . 2000. 南、北极海冰的时空演变特征 . 南京气象学院学报，23（3）：330-337.
赵振国，李维京，陈国珍，等 . 2000. 1998 年长江嫩江流域特大暴雨的成因及预报应用研究 . 北京：气象出版社 .
赵振国 . 1996. 厄尔尼诺现象对北半球大气环流和中国降水的影响 . 大气科学，20（4）：422-428.
赵振国 . 2000. 中国夏季旱涝及环境场 . 北京：气象出版社 .
赵志平，刘纪远，邵全琴 . 2010. 近 30 年来中国气候湿润程度变化的空间差异及其对生态系统脆弱性的影响 . 自然资源学报，25（12）：2091-2100.
郑祚芳，王在文，高华 . 2013. 北京地区夏季极端降水变化特征及城市化的影响 . 气象，39（12）：1635-1641.
中国气象局 . 2003. 地面气象观测规范 . 北京：气象出版社 .
中华人民共和国水文年鉴 . 1961-2013. 北京：中国水利水电出版社 .

钟海玲，李栋梁，陈晓光 . 2006. 近 40 年来河套及其邻近地区降水变化趋势的初步研究 . 高原气象，26（2）：309-318.

周杰，吴永萍，封国林，等 . 2013. ERA-Interim 中的中国地区水分循环要素的时空演变特征分析 . 物理学报，62（19）：199-202.

周天军，邹立维，吴波，等 . 2014. 中国地球气候系统模式研究进展：CMIP 计划实施近 20 年回顾 . 气象学报，72：892-907.

朱岗昆，杨纫章 . 1955. 气象记录在经济建设中的应用（2）：中国各地蒸发量的初步研究 . 气象学报，26（1-2）：1-28.

朱岗崑 . 2000. 自然蒸发的理论及应用 . 北京：气象出版社 .

朱锦红，王绍武，慕巧珍 . 2003. 华北夏季降水 80 年振荡及其与东亚夏季风的关系 . 自然科学进展，13（11）：1205-1209.

朱利，张万昌 . 2005. 基于径流模拟的汉江上游区水资源对气候变化响应的研究 . 资源科学，27（2）：16-22.

竹磊磊，李娜，常军 . 2010. SWAT 模型在半湿润区径流模拟中的适用性研究 . 人民黄河，32（12）：59-61.

祝青林，张留柱，于贵瑞，等 . 2005. 近 30 年黄河流域降水量的时空演变特征 . 自然资源学报，20（4）：478-481.

左洪超，李栋梁，胡隐樵，等 . 2005. 近 40a 中国气候变化趋势及其同蒸发皿观测的蒸发量变化的关系 . 科学通报，50（11）：1125-1130.

左洪超，吕世华，胡隐樵 . 2004. 中国近 50 年气温及降水量的变化趋势分析 . 高原气象，23（2）：240-243.

左志燕，张人禾 . 2007. 中国东部夏季降水与春季土壤湿度的联系 . 科学通报，52（14）：1722-1724.

左志燕，张人禾 . 2012. 中国春季降水异常及其与热带太平洋海面温度和欧亚大陆积雪的联系 . 大气科学，36（1）：185-194.

Acs F. 1994. A coupled soil-vegetation scheme：description，parameters，validation，and sensitivity studies. J. Appl. Meteor.，33：268-284.

Adam J C，Lettenmaier D P. 2003. Adjustment of global gridded precipitation for systematic bias. J. Geophys. Res.，108：4257.

Alcamo J A，Bouman J，Edmonds A，et al. 1995. An evaluation of the IPCC IS92 emission scenarios//Houghton J T，Meira Filho L G，Bruce J，et al. Climate Change 1994：Radiative forcing of climate change and an evaluation of the IPCC IS92 emissions scenarios. Cambridge：Cambridge University Press.

Allen R G，Pereira L S，Raes D，et al. 1998. Crop evapotranspiration- Guidelines for computing crop water requirements. FAO Irrigation and drainage paper 56.

Arabi M，Govindaraju R S，Hantush M M. 2007. A probabilistic approach for analysis of uncertainty in the evaluation of watershed management practices. Journal of Hydrology，333：459-471.

Arnell N W. 2004. Climate change and global water resources：SRES emissions and socioeconomic scenarios. Global Environmental Change，14（1）：31-52.

Arnold J G，Fohrer N. 2005. SWAT2000：current capabilities and research pportunities in applied watershed modeling. Hydrological Processes，19：563-572.

Arpe K，Hagemann S，Jacob D，et al. 2005. The realism of the ECHAM5 models to simulate the hydrological cycle in the Arctic and North European area. Nordic Hydrology，36：349-367.

Bannon J K , Matthewman A G , Murray R. 1961. The flux of water vapour due to the mean winds and the convergence of this flux over the Northern Hemisphere in January and July. Quart J Roy Meteor Soc, 87: 502-512.

Barnett T P, Pierce D W, Hidalgo H G, et al. 2008. Human-induced changes in the hydrology of the western United States. Science, 319 (5866): 1080-1083.

Bates B C, Campbell E P. A Markov chain Monte Carlo scheme for parameter estimation and inference in conceptual rainfall-runoff modeling. Water Resources Research, 37 (4): 937-947.

Bates B C, Kundzewicz Z W, Wu S, et al. 2008. Climate Change and Water. Technical Paper of the Intergovernmental Panel on Climate Change. Geneva: IPCC Secretariat.

Ben-Asher J. 1981. Estimating evapotranspiration form the Sonoita Creek watershed near Patagonia, Arizona. Water Resour. Res. , 17 (4): 901-906.

Bergstrom S. 1976. Development and application of a conceptual runoff model for Scandinavian catchments. Norrkoping: SMHI RHO 7.

Berrisford P, Dee D, Fielding K, et al. 2011. The ERA-Interim archive Version 1. 0.

Beven K J, Binley A. 1992. The future of dist ributed models: Model calibration and uncertainty prediction. Hydrological Processes, 6 (3): 279-298.

Beven K J, Smith P, Freer J. 2007. Comment on ' 'Hydrological forecasting uncertainty assessment: Incoherence of the GLUE methodology' ' by Pietro Mantovan and Ezio Todini. Journal of Hydrology, 338: 315-318.

Bindoff N L, Stott P A, AchutaRao K M, et al. 2013. Detection and attribution of climate change: From global to regional//Stocker T F, Qin D, Plattner G K, et al. Climate Change 2013: The Physical Science Basis. Contribution of Working Group I to the Fifth Assessment Report of the Intergovernmental Panel on Climate Change. Cambridge: Cambridge University Press: 867-952.

Black K, et al. 2006. Long-term trends in solar irradiance in Ireland and their potential effects on gross primary productivity. Agricultural and Forest Meteorology, 141: 118-132.

Blaney H F, Criddle W D. 1950. Determining Water Requirements in Irrigated Areas from Climatological Irrigation Data. Technical Paper No. 96. Washington D C: US Department of Agriculture, Soil Conservation Service.

Blanford H F. 1884. The connection of Himalayan snowfall with dry winds and seasons of drought in India. Proc. Roy. Soc. , 37: 3-22.

Boorman D B, Sefton C E. 1997. Recognizing the uncertainty in the quantification of the effects of climate change on hydrological response. Climatic Change, 35: 415-434.

Bouchet R J. 1963. Evapotranspiration reele et potentielle, signification climatique. Iahs Publ, 62: 134-142.

Bowen I S. 1926. The ratio of heat losses by conduction and by evaporation from any water surface. Physical review, 27 (6): 779.

Brutsaert W, Parlange M B. 1998. Hydrologic cycle explains the evaporation paradox. Nature, 396: 30.

Brutsaert W, Stricker H. 1979. An advection-aridity approach to estimate actural regional evaporation. Water Resources Research, 4 (15): 443-450.

Budyko M I. 1948. Evaporation under natural conditions, Gidrometeorizdat, Leningrad. Jerusalem: English translation by IPST.

Budyko M I. 1974. Climate and life. New York and London: Academic Press.

Burkhard R, Andras W, Andras H. 2009. The regional climate model COSMO-CLM (CCLM). Meterorologische Zeitschrift, 17 (4): 347-348.

Burkhard Rockel, Andreas Will, Andreas Hense, et al. 2008. The regional climate model COSMO- CLM (CCLM). Meteorologische Zeitschrift, 17 (4) : 347-348.

Burn D H, Hesch N M. 2007. Trends in evaporation for the Canadian Prairies. Journal of Hydrology, 336: 61-73.

Bven K J, Propheey. 1993. Rality and uncertainty in distributed hydrological modeling. Advanees in Water Resourees, 16 (1): 41-51.

Camillo P J, Gurney R J. 1986. A resistance parameter for bare soil evaporation models. Soil Science, 141 (2): 95-105.

Chattopadhyay N, Hulme M. 1997. Evaporation and potential evapotranspiration in India under conditions of recent and future climate change. Agricultural and Forest Meteorology, 87: 55-73.

Chen D L, Ou T H, Gong L B, et al. 2010. Spatial interpolation of daily precipitation in China: 1951-2005. Adv. Atmos. Sci. , 27 (6): 1221-1232.

Chen J F, Chen W X. 2004. Water balance of the SWAT model and its application in the Suomo Basin. Acta Scientiarum Naturalism Universiatis Pekinensis 40 (2): 265-270.

Chen L T, Wu R. 2000. Interannual and decadal variations of snow cover over Qinghai- Xizang Plateau and their relationships to summer monsoon rainfall in China. Atmos. Sci. , 17: 18-30.

Chiew F H S, McMahon T A. 1991. The Applicability of Morton's and Penman's Evapotranspiration Estimates in Rainfall- Runoff Modeling. Journal of the American Water Resources Association, 27: 611-620.

Choi H T, Beven K. 2007. Multi-period and multi-criteria model conditioning to reduce prediction uncertainty in an application. Journal of Hydrology, 332: 316-336.

Christensen J H, Hewitson B, Busuioc A, et al. 2007. Regional climate projections//Solomon S, Qin D, Manning M, et al. Climate Change 2007: The Physical Science Basis. Contribution of Working Group I to the Fourth Assessment Report of the Intergovernmental Panel on Climate Change. Cambridge, United Kingdom and New York, NY, USA: Cambridge University Press.

Cohen S, Ianetz A, Stanhill G. 2002. Evaporative climate changes at Bet Dagan, Israel, 1964-1998. Agricultural and Forest Meteorology, 111: 83-91.

Corti S, Molteni F, Brankovic C. 2000. Predictability of snow depth anomalies over Eurasia and associated circulation patterns. Q J R MeteorolSoc, 126: 241-262.

Covich A. 1993. Water and ecosystems//Gleck P H. Water crisis: A guid to the world's fresh water resource. New York, USA: Oxford University Press.

Dai A, Qian T, Trenberth K E, et al. 2009. Changes in continental freshwater discharge from 1948 to 2004. Journal of Climate, 22 (10): 2773-2793.

Dalton J. 1802. Experimental essays on the constitution of mixed gases, on the force of steam or vapor from water and other liquids in different temperatures, both in a Torricellian vacuum and in air, on evaporation, and on the expansion of gases by heat. Manchester Lit. Philos. Soc. Mem. Proc. , 5: 536-602.

Daly C, Gibson W P, Taylor G H, et al. 2002. A knowledge- based approach to the statistical mapping of climate. Climate Res. , 22: 99-113.

Daly C, Neilsen R P, Phillips D L. 1994. A statistical topographic model for mapping climatological precipitation over mountainous terrain. J. Appl. Meteor., 33: 140-158.

Denmead O T, Mcllroy I C. 1970. Measurements of nonpotential evaporation from wheat, Agric. Meteorol. , 7: 285-302.

Dibike Y B, Coulibaly P. 2005. Hydrologic impact of climate change in the Saguenay watershed: comparison of downscaling methods and hydrologic model. Journal of Hydrology, 307: 145-163.

Ding Y, Sun Y, Liu Y, et al. 2013. Interdecadal and interannual variabilities of the Asian summer monsoon and its projection of future change. Chinese Journal of Atmospheric Sciences, 37 (2): 253-280.

Dong Q, Chen X, Chen T X. 2011. Journal of Climate, 24 (4): 3781-3795.

Doorenbos J, Pruitt W O. 1977. Crop water requirements. Irrigation and Drainage Paper No. 24. (rev.) Rome, Italy: 144.

Doyle P. 1990. Modeling catchment evaporation: An objective comparison of the Penman and Morton approaches. J. Hydrol. , 12: 257-276.

Ewen J, O'Donnell G, et al. 2006. Errors and uncertainty in physically-based rainfall-runoff modelling of catchment change effects. Journal of Hydrology, 330: 641-650.

Fasullo J. 2004. A stratified diagnosis of the Indian monsoon—Eurasian snow cover relationship. J. Climate, 17 (5): 1110-1122.

Feng L, Zhou T J, Wu B, et al. 2011. Projection of future precipitation change over China with a high-resolution global atmospheric model. Adv. Atmos. Sci. , 28 (2): 464-476.

Fischer T, Gemmer M, Liu L, et al. 2011. Temperature and precipitation trends and dryness/wetness pattern in the Zhujiang River Basin, South China, 1961-2007. Quaternary International, 244 (2): 138-148.

Fischer T, Menz C, Su B, et al. 2013. Simulated and projected climate extremes in the Zhujiang River Basin, South China, using the regional climate model COSMO- CLM. International Journal of Climatology, 33 (14): 2988-3001.

Fischer T, Su B D, Luo Y, et al. 2011. Probability Distribution of Precipitation Extremes for Weather Index-BasedInsurance in the Zhujiang River Basin, South China. J. HydroMeteo. , 13: 1023-1037.

Fischer T, Su B, Luo Y, et al. 2012. Probability distribution of precipitation extremes for weather-index based insurance in tne zhuangjiang river basn, China. Journal of Hydrometeorology, 10: 1175-1207.

Fisher R A. 1925. Theory of statistical estimation. Proceedings of the Cambridge Philosophical Society, 22: 700-715.

Freer J, Ambroise B B. 1996. Bayesian estimation of uncertainty in runoff prediction and the value of data: an application of the GLUE approach. Water Resource Research, 32 (7): 2161-2173.

Gandin L S. 1965. Objective Analysis of Meteorological Fields. Israel Program for Scientific Translations.

Gao G, Chen D L, Xu C Y, et al. 2007. Trend of estimated actual evapotranspiration over China during 1960-2002. Journal of Geophysical Research, 112 (11): 11-16.

Gao G, Xu C Y, Chen D L. 2012a. Spatial and temporal characteristics of actual evapotranspirationover Haihe River basin in China. Stochastic Environmental Research and Risk Assessment, 26 (5): 655-669.

Gao X J, Shi Y, Song R Y, et al. 2008. Reduction of future monsoon precipitation over China: Comparison between a high resolution RCM simulation and the driving GCM. Meteor. Atmos. Phys. , 100: 73-86.

Gao X J, Shi Y, Zhang D F, et al. 2012b. Climate change in China in the 21st century as simulated by a high resolution regional climate model. Chinese Science Bulletin, 57 (10): 1188-1195.

Gao X J, Shi Y, Zhang D F, et al. 2012c. Uncertainties of monsoon precipitation projection over China: Results from two high resolution RCM simulations. Clim Res, 52: 213-226.

Gao X J, Wang M L, Giorgi F. 2013. Climate change over China in the 21st century as simulated by BCC_CSM1. 1-RegCM4. 0. Atmos Ocean Sci Lett, 6 (5): 381-386.

Gao X J, Xu Y, Zhao Z C, et al. 2006. On the role of resolution and topography in the simulation of East Asia precipitation. Theor Appl Climatol, 86: 173-185.

Gates W L, Mitchell J F B, Boer G J, et al. 1992. Climate modeling, climate prediction and model validation// Climate Change 1992: The Supplementary Report to the IPCC Scientific Assessment. Houghton JT.

Gedney N, Cox P M, Betts R A, et al. 2006. Detection of a direct carbon dioxide effect in continental river runoff records. Nature, 439 (7078): 835-838.

Giorgi F, Coppola E, Solmon F, et al. 2012. RegCM4: Model description and preliminary tests over multiple CORDEX domains. Clim. Res. , 52: 7-29.

Golubev V S, et al. 2001. Evaporation changes over the contiguous United States and the former USSR: a reassessment. Geophysical Research Letters, 28: 2665-2668.

Gong G D, Entekhabi, Cohen J. 2003. Modeled Northern Hemisphere winter climate response to realistic Siberian snow anomalies. J. Climate, 16: 3917-3931.

Goosse H, Barriat P Y, Lefebvre W, et al. 2008- 2010. Introduction to climate dynamics and climate modeling. Online textbook available at http: //www. climate. be/textbook.

Granger R J, Gray D M. 1989. Evaporation from natural non-saturated surfaces. Journal of Hydrology, 111: 21-29.

Granger R J. 1989. A complementary relationship approach for evaporation from non- saturatedsurfaces. Journal of Hydrology, 111: 31-38.

Groisman P, Karl T, Easterling D, et al. 1999. Changes in the probability of extreme precipitation: important indicators of climate change. Climate Change, 42: 243-283.

Hamby D M. 1994. A review of techniques for parameter sensitivity analysis of environmental models. Environmental Monitoring and Assessment, 32 (9), 135-154.

Hartmann D L, Klein Tank A M G, Rusticucci M, et al. 2013. Observations: atmosphere and surface//Stocker T F, Qin D, Plattner G K, et al. Climate Change 2013: The Physical Science Basis. Contribution of Working Group I to the Fifth Assessment Report of the Intergovernmental Panel on Climate Change. Cambridge: Cambridge University Press: 159-254.

Hewitson B C, Daron J, Crane R G, et al. 2013. Interrogating empirical-statistical downscaling. Climatic Change, 122 (4): 359-554.

Hobbins M T, Ramirez J A, Brown T C. 2001. The complementary relationship in estimation of regional evapotranspiration: An enhanced Advection-Aridity model. Water resources research, 37 (5): 1389-1403.

Honda M, Yamazaki K, Nakamura H. 1999. Dynamic and thermodynamic characteristics of atmospheric response to Anomalous Sea—SIC extent in the Sea of Okhotsk. Journal of Climate, 12: 3347-3358.

Hosking J R M, Wallis J R. 1997. Regional Frequency Analysis. Cambridge: Cambridge University Press.

Hosking J R. 1990. L-moments: Analysis and estimation of distributions using linear combinations of order statistics. Journal of the Royal Statistical Society: Series B (Methodological), 52 (1): 105-124.

Huntington T G. 2006. Evidence for intensification of the global water cycle: Review and synthesis. Journal of Hydrology, 319 (1-4): 83-95.

Hutchinson M F. 1995. Interpolating mean rainfall using thin plate smoothing splines. Int. J. Geogr. Inf. Sys. , 9: 385-403.

Hutchinson M F. 1999. ANUSPLIN Version 4. 0 user guide. Centre for Resources and Environmental Studies. Canberra: Australian National University.

IPCC. 2000. Emissions scenarios: a special report of working group III of the Intergovernmental Panel on Climate

Change. Cambridge: Cambridge University Press.

IPCC. 2001. Climate Change 2001: The Scientific Basic//Houghton J T, Ding Y, et al. Third assessment report of working group I. Cambridge, UK: Cambridge University Press.

IPCC. 2007. Climate Change 2007: The Physical Science Basis. Contribution of Working Group I to the Fourth Assessment Report of the Intergovernmental Panel on Climate Change. Cambridge, UK and New York, USA: Cambridge University Press.

IPCC. 2013. Climate Change 2013: The Physical Science Basis. Contribution of Working Group I to the Fifth Assessment Report of the Intergovernmental Panel on Climate Change. Cambridge: Cambridge University Press.

IPCC. 2014a: Climate Change 2014: Impacts, Adaptation, and Vulnerability. Part A: Global and Sectoral Aspects. Contribution of Working Group II to the Fifth Assessment Report of the Intergovernmental Panel on Climate Change. Cambridge, United Kingdom and New York: Cambridge University Press.

IPCC. 2014b. Climate Change 2014: Synthesis report. Cambridge, UK and New York, NY, USA: Cambridge University Press.

Jensen M E, Haise H R. 1963. Estimating evapotranspiration from solar radiation. J. Irrig. Drain. Div., 89 (IR4): 15-41.

Jha M K, Singh A K. 2013. Trend analysis of extreme runoff events in major river basins of Peninsular Malaysia. International Journal of Water, 7 (1-2): 142-158.

Jonathan J, Gourley, Baxter E, et al. 2006. A method for identifying sources of model uncertainty in rainfall-runoff simulations. Journal of Hydrology, 327: 68-80.

Jovanovic B, Jones D, Collins D. 2008. A high-quality monthly pan evaporation dataset for Australia. Climatic Change, 87: 517-535.

Ju L X, Lang X M. 2011. Hindcast experiment of extraseasonal short-term summer climate prediction over China with RegCM3-IAP9L-AGCM. Acta Meteor. Sinica, 25 (3): 376-385.

Jung M, Reichstein M, Ciais P, et al. 2010. Recent decline in the global land evapotranspiration trend due to limited moisture supply. Nature, 467: 951-954.

Kalra A, Piechota T C, Davies R, et al. 2008. Changes in US streamflow and western US snowpack. Journal of Hydrologic Engineering, 13 (3): 156-163.

Katz R. 1977. Precipitation as a Chain-dependent progress. J Apply Meteorological, 16 (7): 617-676.

Kendall M G, Gibbons J D. 1981. Rank Correlation Methods, fifth ed. London: Edward Arnold.

Kendall M G. 1975. Rank correlation methods. London: Griffin.

Kim C P, Tntekhabi D. 1997. Examination of two methods for estimating regional evaporation using a coupled mixed layer and land surface model. Water Resour. Res., 33 (9): 2109-2116.

Kirono D G C, Jones R N. 2007. A bivariate test for detecting inhomogeneities in pan evaporation time series. Australian Meteorological Magazine, 56: 93-103.

Koster R D, Dirmeyer P A, Guo Z, et al. 2004. Regions of strong coupling between soil moisture and precipitation. Science, 305 (5687): 1138-1140.

Kotoda K. 1986. Estimation of river basin evapotranspiration, Environ. Res. Centr., The Univ. of Tsukuba, 8: 66.

Kovάcs G. 1987. Estimation of average areal evapotranspiration—proposal to modify Morton′s model based on the complementary character of actual and potential evapotranspiration. Journal of hydrology, 95 (3): 227-240.

Krysanova V, Bronstert A, Wohlfeil D I. 1999. Modelling river discharge for large drainage basins: from lumped to distributed approach. Hydrological Science Journal, 44 (2), 313-331.

Krysanova V, Wechsung F, Hattermann F. 2005. Development of the ecohydrological model SWIM for regional impact studies and vulnerability assessment. Hydrol. Processes, 19: 763-783.

Krzysztofowicz R. 1985. Bayesian model of forecasted time series . Water Resource Research, 21 (5) : 805 - 814.

Kunkel K E, Andsager K. 1999. Long-Term trends in extreme precipitation events over the conterminous United States and Canada. Journal of Climate, 12: 2515-2527.

Lahmer W, Pfützner B, Becker A. 2001. Assessment of land use and climate change impacts on the Mesoscale. Physics and Chemistry, 26 (7): 567-575.

Lawrimore J, Peterson T C. 2000. Pan evaporation trends in dry and humid regions of the United States. Journal of Hydrometeorology, 1: 543-546.

Ledrew E F. 1979. A diagnostic examination of a complementary relationship between actualand potential evapotranspiration. Journal of Applied Meteorology, 18: 495-501.

Lemeur R, Zhang L. 1990. Evaluation of three evapotranspiration models in terms of their applicability for an arid region. J. Hydrol. , 114: 395-411.

Lhomme J P. 1997. A theoretical basis for the Priestley-Taylor coefficient. Boundary Layer Meteorl, 82: 179-191.

Li X C, Gemmer M, Zhai J Q, et al. 2013. Spatio-temporal variation of actual evapotranspiration in the Haihe River Basin of the past 50 years. Quaternary International, 304 (5): 133-141.

Li Z, Yan Z W. 2010. Application of multiple analysis of series for homogenization to Beijing daily temperature series (1960-2006) . Adv. Atmos. Sci. , 27 (4): 777-787.

Liang L Q, Liu L J, Liu Q. 2011. Precipitation variability in northeast China from 1961 to 2008. Journal of Hydrology, 404: 67-76.

Liu B H, Xu M, Henderson M, et al. 2004. A spatial analysis of pan evaporation trends in China, 1955-2004. J. Geophys. Res. , 109: 1-9.

Liu L L, Liu Z F, Ren X Y, et al. 2011. Hydrological impacts of climate change in the Yellow River Basin for the 21st century using hydrological model and statistical downscaling model. Quaternary International, 244: 211-220.

Liu L, Fischer T, Jiang T, et al. 2013. Comparison of uncertainties in projected flood frequency of the Zhujiang River, South China. Quaternary International, 304 (9): 51-61.

Liu X, Yanai M. 2002. Influence of Eurasian spring snow cover on Asian summer rainfall. Int. J. Climatol. , 22 (9): 1075.

Mahmood R, Li S L. 2011. Modeled influence of East Asian black carbonon interdecadal shifts in East China summer rainfall. Atmos Ocean Sci Lett, 4 (6): 349-355.

Mantovan P, Todini E. 2006. Hydrological forecasting uncertainty assessment: Incoherence of the GLUE methodology. Journal of Hydrology, 330: 368-381.

Matsuyama H, Masuda K. 1998. Seasonal/interannual variations of soil moisture in the former USSR and Its relationship to Indian summer monsoon rainfall. J. Climate, 11: 652-658.

McKee T B, Doesken N J, Kleist J. 1993. Drought monitoring with multiple timescales. Preprints. Eighth conf. On applied Climatology, Anaheim, CA, Amer. Meteor. Soc. , 179-184.

McNaughton K G, Spriggs T W. 1989. An evaluation of the Priestley and Taylor equation and the complementary relationship using results from a mixed-layer model of the convective boundary layer. Estimation of Areal Evapotranspiration, 177: 89-104.

Meehl G A, Boer G J, Covey C, et al. 1997. Intercomparison makes for a better climate model. Eos. Trans. Amer. Geophys. Union, 78: 445-451.

Meehl G A, Covey C, Delworth T, et al. 2007. The WCRP CMIP3 multimodel dataset: A new era in climate change research. Bulletin of the American Meteorological Society, 88: 1383-1394.

Meehl G J, Boer C, Covey, et al. 2000. The Coupled Model Intercomparison Project (CMIP). Bull. Amer. Meteor. Soc., 81: 313-318.

Milly P C D, Dunne K A. 2001. Trends in evaporation and surface cooling in the Mississippi River basin. Geophysical Research Letters, 28 (7): 1219-1222.

Milly P C D, Dunne, K A, Vecchia A V. 2005. Global pattern of trends in stream flow and water availability in a changing climate. Nature, 438: 347-350.

Monteith J L. 1963. Environmental control of plant growth. New York: Aeademic press.

Monteith J L. 1965. Evaporation and environment//Fogg G E. The State and Movement of Water in Living Organism. Cambridge: Cambridge University Press.

Mooly D A, Crutche H L. 1968. An Application of the Gamma Distribution Function to Indian Rainfall. ESSA Technical Report EDSS, U. S. Department of commerce, Environmental DATA Service, silver Spring, Md, July, 47: 52-58.

Mooly D A. 1973. Gamma distribution probability model for Asian summer monsoon monthly rainfall. Mon Was Rev, 101 (2): 160-176.

Morton F I. 1965. Potential evaporation and river basin evaporation. J. Hydraul. Div., Proc. Amer. Soc. Civil Eng., 91 (HY6): 67-97.

Morton F I. 1969. Potential evaporation as a manifestation of regional evaporation. Water Resour. Res., 5: 1244-1255.

Morton F I. 1975. Estimating evaporation and transpiration from climatological observations, J. Appl. Meteorol., 14: 488-497.

Morton F I. 1976. Climatological estimates of evapotranspiration. J. Hydraul. Div., Proc. Amer. Soc. Civil Eng., 102 (HY3): 275-291.

Morton F I. 1978. Estimating evapotranspiration from potential evaporation: practicability of aniconoclastic approach. J. Hydrol., 38: 1-32.

Morton F I. 1983a. Operational estimates of areal evapotranspiration and their significance to the science and practice of hydrology. Journal of Hydrology, (66): 1-76.

Morton F I. 1983b. Operational estimates of lake evaporation. J. Hydrol., 66: 77-100.

Moss R H, Edmonds J A, Hibbard K A, et al. 2010. The next generation of scenarios for climate change research and assessment. Nature, 463: 747-756.

Möller M, Stanhill G. 2007. Hydrological impacts of changes in evapotranspiration and precipitation: two case studies in semi-arid and humid climates. Hydrological Sciences, 52: 1216-1231.

Nash J E. 1989. Potential evaporation and The complementary relationship. Journal of Hydrology, 111: 1-7.

New M, Hulme M, Jones P. 1999. Representing twentieth-century space-time climate variability. Part 1: Development of a 1961-90 mean monthly terrestrial climatology. J. Climate, 12: 829-856.

New M, Hulme M, Jones P. 2000. Representing twentieth-century space-time climate variability. Part 2: Development of a 1901-1996 monthly terrestrial climate field. J. Climate, 13: 2217-2238.

New M, Lister D, Hulme M, et al. 2002. A high- resolution data set of surface climate over global land areas. Clim. Res. , 21: 1-25.

Niu T, Zhao P, Chen L. 2003. Effects of the sea—SIC along the North Pacific on summer rainfall in China. Acta Meteorological Sinica, 17: 52-64.

Ohmura A, Martin W. 2002. Is the Hydrological Cycle Accelerating? Science, 298: 1345-1346.

Oki T, Kanae S. 2006. Global Hydrological Cycles and World Water Resources. Science, 313: 1608-1072.

Ol'dekop E M. 1911. Ob Isparenii s Poverkhnosti Rechnykh Basseinov (On evaporation from the surface of river basins), Tr. Meteorol. Observ. Iur'evskogo Univ. Tartu, 4.

Ozdogan M, Salvucci G D. 2004. Irrigation-induced changes in potential evapotranspiration in southeastern Turkey: test and application of Bouchet's complementary hypothesis. Water Resources Research, 40: W04301.

Pall P, Aina T, Stone D A, et al. 2011. Anthropogenic greenhouse gas contribution to flood risk in England and Wales in autumn 2000. Nature, 470: 382-385.

Parlange M B, Katul G G. 1992. An advection- aridity evaporation model. Water Resources Research, 28 (1): 127-132.

Peixoto J P, Oort A H. 1983. The atmospheric branch of the hydrological cycle and climate//Street- Perrott A, Beran M, Ratcliffe R. Variations in the Global Water Budget. Springer Netherlands.

Penman H L. 1948. Natural evaporation from open water, bare soil and grass. Proceedings of the Royal Society of London. Series A, Mathematical and Physical, 193 (1032): 120-145.

Penman H L. 1952. The physical bases of irrigation control. 13th International hort. London: Congress.

Penman H L. 1956. Estimating evaporation. Eos, Transactions American Geophysical Union, 37 (1): 43-50.

Pepper W J, Leggett J, Swart R, et al. 1992. Emissions scenarios for the IPCC. Anupdat e: Assumptions, methodology, and results. Support document for Chapter A3//Houghton J T, Callandar B A, Varney S K. Climate Change 1992: the Supplementary report to the IPCC scientific assessment. Cambridge: Cambridge University Press.

Pepper W J, Leggett R J, Swart RJ, et al. 1992. Emission Scenarios for the IPCC An Update, Assumptions, Methodology, and Results. US Environmental Protection Agency, Washington, D. C.

Peterson T C, Golubev V S, Groisman P Y. 1995. Evaporation losing its strength. Nature, 377: 687-688.

Philip J R. 1966. Plant water relations: some physical aspects. Annual Review of Plant Physiology, 17 (1): 245-268.

Piao S, Ciais P, Huang Y, et al. 2010. The impact of climate change on water resources and agriculture in China. Nature, 467: 43-51.

Priestley C H B, Taylor R J. 1972. On the assessment of surface heat flux and evaporation using large-scale parameters. Monthly weather review, 100 (2): 81-92.

Qian C, Zhou T J. 2014. Multidecadal variability of North China aridity and its relationship to PDO during 1900-2010. J. Clim. , 27 (3): 1210-1222.

Rajczak J, Pall P, Schar C. 2013. Projections of extreme precipitation events in regional climate simulations for Europe and the Alpine Region. Journal of Geophysical Research: Atmospheres, 118 (9): 3610-3626.

Rana G, Katerji N. 1998. A measurement based sensitivity analysis of the Penman- Monteith Actual Evapotranspiration Model for crops of different height and in contrasting water status. Theoretical and Applied Climatology, 60: 141-149.

Refsgaard J C, Storm B, Abbott M B. 1996. Comment on "A discussion of distributed hydrological modelling" by Beven, K. J. Distributed Hydrological Modelling. Dordrecht, Netherlands, 279-287.

Reichert B K, Bengtsson L, Oerlemans J. 2001. Midlatitude forcing mechanisms for glacier mass balance investigated using general circulation models. Journal of Climate, 14 (17) 3767-3784.

Riahi K, Nakicenovic N. 2007. Greenhouse gases-integrated assessment. Technological Forecasting and Social Change, 74 (7): 231-239.

Roads J O, A Betts. 2001. NCEP-NCAR&ECMWF Reanalyses surface water and energy budgets for the Mississippi river basin. Hydrometerorology, (3): 369-375.

Roads J, Betts A. 2000. NCEP-NCAR and ECMWF reanalysis surface water and energy budgets for the Mississippi river basin. J. Hydromet. , 1: 88-94.

Robock A, Mu M, Vinnikov K, et al. 2003. Land surface conditions over Eurasia and Indian summer monsoon rainfall. J. Geophys. Res. , 108 (D4): 4131.

Roderick M L, Farquhar G D. 2002. The cause of decreased pan evaporation over the past 50 years. Science, 298 (5597): 1410-1411.

Roderick M L, Farquhar G D. 2004. Changes in Australian pan evaporation from 1970 to 2002. International Journal of Climatology, 24: 1077-1090.

Roderick M L, Farquhar G D. 2005. Changes in New Zealand pan evaporation since the 1970s. International Journal of Climatology, 25: 2031-2039.

Roderick M L, Hobbins M T, Farquhar G D. 2009. Pan evaporation trends and the terrestrial water balance. I. Principles and observations. Geography Compass, 3 (2): 746-760.

Roeckner E, Bäuml G, Bonavetura L, et al. 2003. The atomospheric general circulation model ECHAM 5. Technical Report. PART I: Model description MPI Report No. 349. Hamburg: Max-Planck-Institute for Meteorology.

Roger N J, Francis H S, et al. 2006. Estimating the sensitivity of mean annual runoff to climate change using selected hydrological model. Advances in Water Resource, 29: 1419-1429.

Romanowicz R J, Keit H J, Beven K J. 2006. Comments on generalized likelihood uncertainty estimation. Journal of Hydrology, 6 (1): 1315-1321.

Saeed F, Haensler A, Weber T, et al. 2013. Representation of extreme precipitation events leading to opposite climate change signals over the congo basin. Atmosphere, 4: 254-271.

Salam M A, Mazrooei S A. 2006. Changing patterns of climate in Kuwait. Asian Journal of Water, Environment and Pollution, 4: 119-124.

Salam M A, Mazrooei S A. 2006. Crop water and irrigation water requirements of date palm (Phoenix dactylifera) in the loamy sands of Kuwait Acta Horticalturae, 736 (72): 309-315.

Sankar-Rao, Lau M K M, Yang S. 1996. On the relationship between Eurasian snow cover and the Asian summer monsoon. Int. J. Climatol. , 16: 605-616.

Schreiber P. 1904. Uber die Beziehungen zwischen dem Niederschlag und der Wasserfuhrung der Flusse in Mitteleuropa. Z. Meteorol. , 21 (10): 441-452.

Seneviratne S I, Lüthi D, Litschi M, et al. 2006. Land-atmosphere coupling and climate change in Europe. Nature, 443 (14): 205-209.

Serrat-Capdevila A, Valde's J B, et al. 2007. Modeling climate change impacts-and uncertainty-on the hydrology of a riparian system: The San Pedro Basin (Arizona/Sonora) . Journal of Hydrology, 347: 48-66.

Shen X S, Masahide K, Akimasa S. 1998. Role of land surface processes associated with interannual variability of broad-scale Summer Monsoon as simulated by the CCSR/NIES AGCM. J. Meteoro. Soc. Japan, 76 (2):

217-236.

Shen Y, Liu C, Liu M, et al. 2010. Change in pan evaporation over the past 50 years in the arid region of China. Hydrological Processes, 24: 225-231.

Shepard D. 1984. Computer mapping: The SYMAP interpolation algorithm//Gaile G L, Willmott C J D. Dordrecht: Spatial Statistics and Models. Reidel Publishing.

Shukla J, Mintz Y. 1982. Influence of Land-Surface Evapotranspiration on the Earth's Climate-Science. Science, New Series, 215 (4539): 1498-1501.

Stahl K, Hisdal H, Hannaford J, et al. 2010. Steamflow trends in Europe: Evidence from a dataset of near-natural catchments. Hydrology and Earth System Sciences, 14: 2367-2382.

Stahl K, Tallaksen L M, Hannaford J, et al. 2012. Filling the white space on maps of European runoff trends: Estimates from a multi-model ensemble. Hydrology and Earth System Sciences, 16 (7): 2035-2047.

Stanhill G, Möller M. 2008. Evaporative climate change in the British Isles. International Journal of Climatology, 28 (9): 1127-1137.

Stanhill G. 1976. The CIMO international evaporimeter comparisons. WMO Report No. 449. Geneva, Switzerland: World Meteorological Organisation.

Starr V P, Peixoto J P. 1964. The hemisphere eddy of water vapor and its implication for the mechanics of the general circulation. Arch Meteorol Gepgraphys Bioklimatol, A14 : 111-130.

Starr V, Peixoto J. 1958. On the meridional flux of water vapor in the Northern Hemishpere. Geof. Purae Appl. , 39: 174-185.

Stewart R E, Crawford R W, Leighton H G, et al. 1998. The Mackenzie GEWEX Study: The Water and Energy Cycles of a Major North American River Basin. Bull. Amer. Meteor. Soc. , 79: 2665-2683.

Stewart R E, Crawford R W, Leighton H G, et al. 1998. The Mackenzie GEWEX Study: The Water and Energy Cycles of a Major North American River Basin. Bulletin of the American Meteorological Society, 79: 2665-2683.

Stockton C W, Boggess W R. 1979. Geohydrological implications of climate change on water resource development. http: //www. dtic. mil/cgi-bin/GetTRDoc? AD=ADA204483.

Su B D, Zeng X F, Zhai J Q, et al. 2014. Projected precipitation and streamflow under SRES and RCP emission scenarios in the Songhuajiang River basin, China. Quaternary International, 380-381: 95-105.

Sumner D M, Jacobs J M. 2005. Utility of Penman-Monteith, Priestley-Taylor, reference evapotranspiration, and pan evaporation methods to estimate pasture evapotranspiration. Journal of Hydrology, 308: 81-104.

Swinbank W C. 1955. Eddy transport in the lower atmosphere, Division of meteorological physics, CSIRO, Melbourne, Technical Paper, 2.

Taikan Oki, Shinjiro Kanae. 2006. Global hydrological cycles and world water resources. Science, 313 (5790): 1068-1072.

Takala M, Pulliainen J, Metsamaki S J, et al. 2009. Detection of snowmelt using spaceborne microwave radiometer data in Eurasia from 1979 to 2007. IEEE Transactions on Geoscience and Remote Sensing, 47 (9): 2996-3007.

Taylor K E, Stouffer B J, Meehl G A. 2012. An overview of CMIP5 and the experiment design. Bulletin of the American Meteorological Society, 93: 485-498.

Tebakari T, Yoshitani J, Suvanpimol C. 2005. Time-space trend analysis in pan evaporation over Kingdom of Thailand. Journal of Hydrologic Engineering, 10: 205-215.

Thames. 2006. UK. Water Resource Res, 42 (2): W02419.

Thornthwaite C W, 1948. An approach toward a rational classification of climate. Geographical Review, 38: 55-94.

Thornthwaite C W, Holzman B. 1939. The determination of evaporation from land and water surfaces. Monthly Weather Review, 67 (1), 4-11.

Thornthwaite C W. 1948. An approach toward a rational classification of climate. Geographical Review, 38: 55-94.

Trenberth K E, Asrar G R. 2014. Challenges and Opportunities in Water Cycle Research: WCRP Contributions. Surveys in Geophysics, 35: 515-532.

Trenberth K E, Smith L, Qian T T, et al. 2007. Estimates of the global water budget and its annual cycle using observational and model data. Journal of Hydrometeorology, 8 (4): 758-769.

Turc L. 1955. Le bilan de láue des sols. Relations entre les precipitations, lévaporation et lécoulement. Paris: INRA.

Turc L. 1961. Estimation of irrigation water requirements, potential evapotranspiration: a simple climatic formula evolved up to date. Ann Agron, 12 (1): 13-49.

Van Vuuren D P, Edmonds J A, Kainuma M, et al. 2011a. A special issue on the RCPs. Climatic Change, 109 (1-2): 1-4.

Van Vuuren D, Edmonds J, Kainuma M, et al. 2011b. The representative concentration pathways: An overview. Climatic Change, 109: 5-31

Wallace J M, Gutzler D S. 1981. Teleconnections in the geopotential height field during the northern hemisphere winter. Monthly Weather Review, 109 (4): 784-812.

Walsh J E, Johnson C M. 1979. Interannual atmospheric variability and associated fluctuations in arctic sea ice extent. J. Geophys. Res. , 84 (C11): 6915-6928.

Wang A, Lettenmaier D P, Sheffield J. 2011. Soil Moisture Drought in China, 1950-2006. Journal of Climate, 24 (13): 3257-3271

Wang A, Zeng X. 2011. Sensitivities of terrestrial water cycle simulations to the variations of precipitation and air temperature in China. J. Geophys. Res. , 116: D02107.

Wang H, Chen Y, Li W. 2014. Hydrological extreme variability in the headwater of Tarim River: Iinks with atmospheric teleconnection and regional climate. Stochastic Environmental Research and Risk Assessment, 28 (2): 443-453.

Wang T, Wang H J, Otter O H, et al. 2013. Anthropogenic forcing of shift in precipitation in Eastern China in late 1970s. Atmos Chem Phys Discuss, 13: 11997-12032

Wang X L, Wen Q H, Wu Y. 2007. Penalized maximal t test for detecting undocumented mean change in climate data series. Journal of Applied Meteorology and Climatology, 46: 916-931.

Wang X L. 2008. Accounting for autocorrelation in detecting mean-shifts in climate data series using the penalized maximal t or F test. Journal of Applied Meteorology and Climatology, 47: 2423-2444.

Wang Y J, Liu B, Su B D, et al. 2011. Trends of calculated and simulated actual evappration in Yangtze River Basin. Journal of Climate, 24: 4494-4507.

Weyant J P, Azar C, Kainuma M, et al. 2009. Report of 2.6 Versus 2.9 Watts/m2 RCP Evaluation Panel. Integrated Assessment Modeling Consortium.

Wilby R L, Harris I. 2006. A framework for assessing uncertainties in climate change impacts: Low-flow scenarios for the River Thames, UK. Water Resources Research, 42 (2): 563-575.

Wilby R L, Hassan H, Hanaki K. 1998. Statistical downscaling of hydrometeorological variables using general circulation model output. Journal of Hydrology, 205: 1-19.

Wilby R L, Tomlinson O J, Dawson C W. 2003. Multi-site simulation of precipitation byconditional resampling. Climate Research, 23: 183-194.

Wright J L, Jensen M E. 1972. Peak water requirements of crops in southern Idaho. Proceedings of the American Society of Civil Engineers. Journal of the Irrigation and Drainage Division, 98 (IR2): 193-201.

Wu B Y, Yang K, Zhang R H. 2009a. Eurasian snow cover variability and its association with summer rainfall in China. Adv. Atmos. Sci, 26: 31-44.

Wu B Y, Zhang R H, Ding Y. 2008. Distinct Modes of the East Asian Summer Monsoon. J. Climate, 21: 1122-1138.

Wu B Y, Zhang R H, Wang B. 2009b. On the association between spring Arctic sea SIC concentration and Chinese summer rainfall. Geophys. Res. Lett. , 36 (9): 666-678.

Wu R, Kirtman B P. 2007. Observed relationship of spring and summer East Asian rainfall with winter and spring Eurasian snow. J. Climate, 20: 1285-1304.

Wu T W, Qian Z G. 2003. The relation between the Tibetan winter snow and the Asian summer monsoon and rainfall: An Observational investigation. J. Climate, 16: 2038-2051.

Wu T W, Yu R C, Zhang F, et al. 2010. The Beijing climate center for atmospheric general circulation model (BCC-AGCM2. 0. 1): Description and its performance for the present-day climate. Clim Dyn, 34: 123-147

Wu Z W, Li J P, He J H, et al. 2006. Occurrence of droughts and floods during the normal summer monsoons in the mid-and lower reaches of the Yangtze River. Geophysical Research Letters, 33: L05813.

Xie P P, Chen M Y, Yang S, et al. 2007. A gauge-based analysis of daily precipitation over East Asia. Journal of Hydrometeorology, 8 (3): 607-626.

Xin X G, Wu T W, Li J L, et al. 2013. How well does BCC_CSM1. 1 reproduce the 20th century climate change over China? Atmos Ocean Sci Lett, 6 (1): 21-26.

Xiong A Y, Liao J, Xu L. 2012. Reconstruction of a daily large-pan evaporation dataset over China. J. Appl. Meteor. Climatol, 51: 1265-1275.

Xu H M, Taylor R G, Xu Y. 2010a. Quantifying uncertainty in the impacts of climate change onriver discharge in sub-cathments of the River Yangtze and Yellow Basins, China. Hydrology and Earth System Sciences, 15 (5): 6823-6850.

Xu Y, Gao X J, Giorgi F. 2010b. Upgrades to the REA method for producing probabilistic climate change predictions. Climate Research, 41: 61-81.

Xu Y, Gao X J, Giorgi F. 2010c. Upgrades to the reliability ensemble averaging method for producing probabilistic climate-change projections. Clim Res, 41: 61-81.

Xu Y, Gao X J, Shen Y, et al. 2009a. A daily temperature dataset over China and its application in validating a RCM simulation. Advances in Atmospheric Sciences, 26 (4): 763-772.

Xu Z X, Zhao F F, Li J Y. 2009b. Response of stramflow to climate change in the headwater catchment of the Yellow River basin. Quaternary International, 208: 62-75.

Yang D, Sun F, Liu Z, et al. 2006. Interpreting the complementary relationship in non-humid environments based on the Budyko and Penman hypotheses. Geophysical Research Letters, 33 (18): 122-140.

Yang, S, Xu Li. 1994. Linkage between Eurasian snow cover and regional Chinese summer rainfall. Int. J. Climatol. , 14 (6): 737-750.

Yatagai A, Arakawa O, Kamiguchi K, et al. 2009. A 44-year daily gridded precipitation dataset for Asia based on a dense network of rain gauges. SOLA, 5: 137-140

Yin Y H, Wu S H, Zhao D S, et al. 2013. Modeled effects of climate change on actual evapotranspiration in different eco-geographical regions in the Tibetan Plateau. Journal of Geographical Sciences, 23 (2): 195-207.

Yu E T, Wang H J, Sun J Q. 2011. A quick report on a dynamical downscaling simulation over china using the nested model. Atmos. Oceanic Sci. Lett. , 3 (6): 325-329.

Yu Z, Lakhtakia M N, Yarnal B, et al. 1999. Simulating the river-basin response to atmospheric forcing by link a mesocale meteorological model and hydrologic model system. Journal of Hydrology, 218: 72-91.

Zhai E, Pan X. 2003. Trends in temperature extremes during 1951-1999 in China. Geophys. Res. Lett, 30 (17): 19-13.

Zhai P, Zhang X, Wan H, et al. 2005. Trends in total precipitation and frequency of dailyprecipitation extremes over China. Journal of Climate, 18 (7): 1096-1108.

Zhang L, Dawes W R, Walker G R. 2001. Response of mean annual evapotranspiration to vegetaion changes at catchment scale. Water Resour. Res. , 37 (3): 701-708.

Zhang X B, Wan H, Zwiers F W, et al. 2013. Attributing intensification of precipitation extremes to human influence. Geophys. Res. Lett. , 40: 5252-5257.

Zhang X, Zwiers F W, Hegerl G C, et al. 2007. Detection of human influence on twentieth-century precipitation trends. Nature, 448 (7152): 461-465.

Zhang Y Q, Liu C M, Tang Y H, et al. 2007. Trends in pan evaporation and reference and actual evapotranspiration across the Tibetan Plateau. Journal of Geophysical Research: Atmospheres (1984-2012). Journal of Geophysical Research, 112 (12): 1103-1118.

Zhao P, Zhang R H, Liu J P, et al. 2007. Onset of southwesterly wind over eastern China and associated atmospheric circulation and rainfall. ClimDyn, 28: 797-811.

Zhao P, Zhang X D, Zhou M. 2004. The sea SIC extent anomaly in the North Pacific and its impact on the East Asian summer monsoon rainfall. J. Climate, 17: 3434-3447.

Zhou T J, Gong D Y, Li J, et al. 2009. Detecting and understanding the multi-decadal variability of the East Asian summer monsoon-Recent progress and state of affairs. Meteorol Z, 18 (4): 455-467.

Zhou T J, Song F, Chen F. 2013. Historical evolutions of global and regional surface air temperature simulated by FGOALS-s2 and FGOALS-g2: How reliable are the model results? Adv Atoms Sci, 30 (3): 638-657.

Zhu Y M, Lu X X, Zhou Y. 2008. Sediment flux sensitivity to climate change: A case study in the Longchuanjiang catchment of the upper Yangtze River, China. Global and Planetary Change, 60 (3-4): 429-442.

Zuo Z Y, Yang S, Wang W Q, et al. 2011. Relationship between anomalies of Eurasian snow and southern China rainfall in winter. Environmental Research Letters, 6 (4): 045402.

Zuo Z Y, Zhang R H, Wu B Y, et al. 2012. Decadal variability in springtime snow over Eurasia: Relation with circulation and possible influence on springtime rainfall over China. Int. J. Climatol, 32 (9): 1336-1345.

附　　录

附录一：函数列表

1. Beta 分布函数

参数：α_1，α_2，a，b（$\alpha_1 > 0$，$\alpha_2 > 0$，$a < b$）

范围：$a \leqslant x \leqslant b$

概率密度函数：$f(x) = \dfrac{1}{B(\alpha_1, \alpha_2)} \dfrac{(x-a)^{\alpha_1 - 1}(b-x)^{\alpha_2 - 1}}{(b-a)^{\alpha_1 + \alpha_2 - 1}}$

累计概率密度函数：$F(x) = I_z(\alpha_1, \alpha_2)$

其中，$z \equiv \dfrac{x-a}{b-a}$，B 和 I_z 见附录二。

2. Burr 分布函数

参数：k，α，β，γ（$k > 0$，$\alpha > 0$，$\beta > 0$；当 $\gamma \equiv 0$ 时为三参数 Burr 分布）

范围：$\gamma \leqslant x < +\infty$

概率密度函数：$f(x) = \dfrac{\alpha k \left(\dfrac{x-\gamma}{\beta}\right)^{\alpha-1}}{\beta\left[1+\left(\dfrac{x-\gamma}{\beta}\right)^{\alpha}\right]^{k+1}}$

累计概率密度函数：$F(x) = 1 - \left[1+\left(\dfrac{x-\gamma}{\beta}\right)^{\alpha}\right]^{-k}$

3. Cauchy 分布函数

参数：σ，μ（$\sigma > 0$）

范围：$-\infty < x < +\infty$

概率密度函数：$f(x) = \left\{\pi\sigma\left[1+\left(\dfrac{x-\mu}{\sigma}\right)^{2}\right]\right\}^{-1}$

累计概率密度函数：$F(x) = \dfrac{1}{\pi}\arctan\left(\dfrac{x-\mu}{\sigma}\right) + 0.5$

4. Chi-Squared 分布函数

参数：ν，γ（$\gamma \equiv 0$ 为一参数 Chi-Squared 分布）

范围：$\gamma \leqslant x < +\infty$

概率密度函数：$f(x) = \dfrac{(x-\gamma)^{\nu/2-1}\exp[-(x-\gamma)/2]}{2^{\nu/2}\Gamma(\nu/2)}$

累计概率密度函数：$F(x)=\frac{\Gamma_{(x-\gamma)/2}(\nu/2)}{\Gamma(\nu/2)}$

其中，Γ 和 Γ_z 详见附录二。

5. Dagum 分布函数

参数：k，α，β，γ（$k>0$，$\alpha>0$，$\beta>0$；当 $\gamma\equiv 0$ 时为三参数 Dagum 分布）

范围：$\gamma\leqslant x<+\infty$

概率密度函数：$f(x)=\frac{\alpha k\left(\frac{x-\gamma}{\beta}\right)^{\alpha k-1}}{\beta\left[1+\left(\frac{x-\gamma}{\beta}\right)^{\alpha}\right]^{k+1}}$

累计概率密度函数：$F(x)=1-\left[1+\left(\frac{x-\gamma}{\beta}\right)^{-\alpha}\right]^{-k}$

6. Erlang 分布函数

参数：m，β，γ（$\beta>0$；当 $\gamma\equiv 0$ 时为二参数 Erlang 分布）

范围：$\gamma\leqslant x<+\infty$

概率密度函数：$f(x)=\frac{(x-\gamma)^{m-1}}{\beta^m\Gamma(m)}\exp[-(x-\gamma)/\beta]$

累计概率密度函数：$F(x)=\frac{\Gamma_{(x-\gamma)/\beta}(m)}{\Gamma(m)}$

其中，Γ 和 Γ_z 详见附录二。

7. Error 分布函数

参数：k，σ，μ（$\sigma>0$）

范围：$-\infty<x<+\infty$

概率密度函数：$f(x)=c_1\sigma^{-1}\exp(-|c_0 z|^k)$

累计概率密度函数：$F(x)=\begin{cases}0.5\left[1+\frac{\Gamma_{|c_0 z|^k}(1/k)}{\Gamma(1/k)}\right], & x\geqslant\mu\\ 0.5\left[1-\frac{\Gamma_{|c_0 z|^k}(1/k)}{\Gamma(1/k)}\right], & x<\mu\end{cases}$

其中，$c_0=\left[\frac{\Gamma(3/k)}{\Gamma(1/k)}\right]^{1/2}$，$c_1=\frac{kc_0}{2\Gamma(1/k)}$，$z\equiv\frac{x-\mu}{\sigma}$，$\Gamma$ 和 Γ_z 详见附录二。

8. Error 2 分布函数

参数：h（$h>0$）

范围：$-\infty<x<+\infty$

概率密度函数：$f(x)=\frac{h}{\sqrt{\pi}}\exp[-(hx)^2]$

累计概率密度函数：$F(x)=\Phi(\sqrt{2}hx)$

其中，Φ 见附录二。

9. Exponential 分布函数

参数：λ，γ（$\lambda > 0$；当 $\gamma \equiv 0$ 时为一参数 Exponential 分布）

范围：$\gamma \leqslant x < +\infty$

概率密度函数：$f(x) = \lambda \exp[-\lambda(x-\gamma)]$

累计概率密度函数：$F(x) = 1 - \exp[-\lambda(x-\gamma)]$

10. F 分布函数

参数：ν_1，ν_2（$\nu_1 > 0$，$\nu_2 > 0$）

范围：$0 \leqslant x < +\infty$

概率密度函数：$f(x) = \dfrac{1}{XB(\nu_1, \nu_2)} \sqrt{\dfrac{(\nu_1 x)^{\nu_1} \nu_2{}^{\nu_2}}{(\nu_1 x + \nu_2)^{\nu_1+\nu_2}}}$

累计概率密度函数：$F(x) = I_z(\nu_1, \nu_2)$

其中，$z \equiv \dfrac{\nu_1 x}{\nu_1 x + \nu_2}$，B 和 I_z 见附录二。

11. Fatigue Life（Birnbaum-Saunders）分布函数

参数：α，β，γ（$\alpha > 0$，$\beta > 0$；当 $\gamma \equiv 0$ 时为二参数 Fatigue Life 分布）

范围：$a \leqslant x \leqslant b$

概率密度函数：$f(x) = \dfrac{1}{B(\alpha_1, \alpha_2)} \dfrac{(x-a)^{\alpha_1-1}(b-x)^{\alpha_2-1}}{(b-a)^{\alpha_1+\alpha_2-1}}$

累计概率密度函数：$F(x) = I_z(\alpha_1, \alpha_2)$

其中，$z \equiv \dfrac{x-a}{b-a}$，$B$ 和 I_z 见附录二。

12. Frechet 分布函数

参数：α，β，γ（$\alpha > 0$，$\beta > 0$；当 $\gamma \equiv 0$ 时为二参数 Frechet 分布）

范围：$\gamma < x < +\infty$

概率密度函数：$f(x) = \dfrac{\alpha}{\beta}\left(\dfrac{\beta}{x-\gamma}\right)^{\alpha+1} \exp\left[-\left(\dfrac{\beta}{x-\gamma}\right)^{\alpha}\right]$

累计概率密度函数：$F(x) = \exp\left[-\left(\dfrac{\beta}{x-\gamma}\right)^{\alpha}\right]$

13. Gamma（Perason-Ⅲ）分布函数

参数：α，β，γ（$\alpha > 0$，$\beta > 0$；当 $\gamma \equiv 0$ 时为二参数 Gamma 分布）

范围：$\gamma \leqslant x < +\infty$

概率密度函数：$f(x) = \dfrac{(x-\gamma)^{\alpha-1}}{\beta^{\alpha}\Gamma(\alpha)} \exp\left(-\dfrac{x-\gamma}{\beta}\right)$

累计概率密度函数：$F(x) = \dfrac{\Gamma_{(x-\gamma)/\beta}(\alpha)}{\Gamma(\alpha)}$

其中，Γ 和 Γ_z 详见附录二。

14. Generalized Extreme Value 分布函数

参数：k，σ，μ（$\sigma > 0$）

范围：$1+k\dfrac{x-\mu}{\sigma}>0$，如果 $k\neq 0$

$-\infty<x<+\infty$，如果 $k=0$

概率密度函数：$f(x)=\begin{cases}\dfrac{1}{\sigma}\exp[-(1+kz)^{-1/k}](1+kz)^{-1-1/k}, & k\neq 0\\ \dfrac{1}{\sigma}\exp[-z-\exp(-z)], & k=0\end{cases}$

累计概率密度函数：$F(x)=\begin{cases}\exp[-(1+kz)^{-1/k}], & k\neq 0\\ \exp[-\exp(-z)], & k=0\end{cases}$

其中，$z\equiv\dfrac{x-\mu}{\sigma}$。

15. Generalized Gamma 分布函数

参数：k，α，β，γ（$k>0$，$\alpha>0$，$\beta>0$；当 $\gamma\equiv 0$ 时为三参数 Generalized Gamma 分布）

范围：$\gamma\leqslant x<+\infty$

概率密度函数：$f(x)=\dfrac{k(x-\gamma)^{\alpha k-1}}{\beta^{\alpha k}\Gamma(\alpha)}\exp\{-[(x-\gamma)/\beta]^{k}\}$

累计概率密度函数：$F(x)=\dfrac{\Gamma_{((x-\gamma)/\beta)^{k}}(\alpha)}{\Gamma(\alpha)}$

其中，Γ 和 Γ_z 详见附录二。

16. Generalized Logistic 分布函数

参数：k，σ，μ（$\sigma>0$）

范围：$1+k\dfrac{x-\mu}{\sigma}>0$，　如果 $k\neq 0$

$-\infty<x<+\infty$，　如果 $k=0$

概率密度函数：$f(x)=\begin{cases}\dfrac{(1+kz)^{-1-1/k}}{\sigma[1+(1+kz)^{-1/k}]^{2}}, & k\neq 0\\ \dfrac{\exp(-z)}{\sigma[1+\exp(-z)]^{2}}, & k=0\end{cases}$

累计概率密度函数：$F(x)=\begin{cases}\dfrac{1}{1+(1+kz)^{-1/k}}, & k\neq 0\\ \dfrac{1}{1+\exp(-z)}, & k=0\end{cases}$

其中，$z\equiv\dfrac{x-\mu}{\sigma}$。

17. Generalized Pareto 分布函数

参数：k，σ，μ（$\sigma>0$）

范围：$\mu\leqslant x<+\infty$，如果 $k\geqslant 0$

$\mu\leqslant x\leqslant\mu-\sigma/k$，如果 $k<0$

$$概率密度函数: f(x)=\begin{cases}\dfrac{1}{\sigma}\left(1+k\dfrac{x-\mu}{\sigma}\right)^{-1-1/k}, & k\neq 0\\ \dfrac{1}{\sigma}\exp\left(-\dfrac{x-\mu}{\sigma}\right), & k=0\end{cases}$$

$$累计概率密度函数: F(x)=\begin{cases}1-\left(1+k\dfrac{x-\mu}{\sigma}\right)^{-1/k}, & k\neq 0\\ 1-\exp\left(-\dfrac{x-\mu}{\sigma}\right), & k=0\end{cases}$$

18. Gumbel Max（Maximum Extreme Value Type 1）分布函数

参数：σ，$\mu(\sigma>0)$

范围：$-\infty<x<+\infty$

概率密度函数：$f(x)=\dfrac{1}{\sigma}\exp[-z-\exp(-z)]$

累计概率密度函数：$F(x)=\exp[-\exp(-z)]$

其中，$z\equiv\dfrac{x-\mu}{\sigma}$。

19. Gumbel Max（Minimum Extreme Value Type 1）分布函数

参数：σ，$\mu(\sigma>0)$

范围：$-\infty<x<+\infty$

概率密度函数：$f(x)=\dfrac{1}{\sigma}\exp[z-\exp(z)]$

累计概率密度函数：$F(x)=1-\exp[-\exp(z)]$

其中，$z\equiv\dfrac{x-\mu}{\sigma}$。

20. Hyperbolic Secant 分布函数

参数：σ，$\mu(\sigma>0)$

范围：$-\infty<x<+\infty$

概率密度函数：$f(x)=\dfrac{\operatorname{sech}\left[\dfrac{\pi(x-\mu)}{2\sigma}\right]}{2\sigma}$

累计概率密度函数：$F(x)=\dfrac{2}{\pi}\arctan\left\{\exp\left[\dfrac{\pi(x-\mu)}{2\sigma}\right]\right\}$

其中，$z\equiv\dfrac{x-\mu}{\sigma}$。

21. Inverse Gaussian 分布函数

参数：λ，μ，$\gamma(\lambda>0$，$\mu>0$；当 $\gamma\equiv 0$ 时为二参数 Inverse Gaussian 分布）

范围：$\gamma<x<+\infty$

概率密度函数：$f(x)=\sqrt{\dfrac{\lambda}{2\pi(x-\gamma)^3}}\exp\left[-\dfrac{\lambda(x-\gamma-\mu)^2}{2\mu^2(x-\gamma)}\right]$

累计概率密度函数：

$$F(x)=\Phi\left[\sqrt{\frac{\lambda}{x-\gamma}}\left(\frac{x-\gamma}{\mu}-1\right)\right]+\Phi\left[-\sqrt{\frac{\lambda}{x-\gamma}}\left(\frac{x-\gamma}{\mu}+1\right)\right]\exp\left(\frac{2\lambda}{\mu}\right)$$

其中，Φ 见附录二。

22. Johnson SB 分布函数

参数：$\gamma,\ \delta,\ \lambda,\ \zeta(\delta>0,\ \lambda>0)$

范围：$\zeta \leqslant x \leqslant \zeta+\lambda$

概率密度函数：$f(x)=\dfrac{\delta}{\lambda\sqrt{2\pi}z(1-z)}\exp\left\{-\dfrac{1}{2}\left[\gamma+\delta\ln\left(\dfrac{z}{1-z}\right)\right]^2\right\}$

累计概率密度函数：$F(x)=\Phi\left[\gamma+\delta\ln\left(\dfrac{z}{1-z}\right)\right]$

其中，$z\equiv\dfrac{x-\zeta}{\lambda}$，$\Phi$ 见附录二。

23. Johnson SU 分布函数

参数：$\gamma,\ \delta,\ \lambda,\ \zeta(\delta>0,\ \lambda>0)$

范围：$-\infty<x<+\infty$

概率密度函数：$f(x)=\dfrac{\delta}{\lambda\sqrt{2\pi}\sqrt{z^2+1}}\exp\left\{-\dfrac{1}{2}\left[\gamma+\delta\ln\left(z+\sqrt{z^2+1}\right)\right]^2\right\}$

累计概率密度函数：$F(x)=\Phi\left(\gamma+\delta\ln\left(z+\sqrt{z^2+1}\right)\right)$

其中，$z\equiv\dfrac{x-\zeta}{\lambda}$，$\Phi$ 见附录二。

24. Kumaraswamy 分布函数

参数：$\alpha_1,\ \alpha_2,\ a,\ b(\alpha_1>0,\ \alpha_2>0,\ a<b)$

范围：$a\leqslant x\leqslant b$

概率密度函数：$f(x)=\dfrac{\alpha_1\alpha_2 z^{\alpha_1-1}(1-z^{\alpha_1})^{\alpha_2-1}}{(b-a)}$

累计概率密度函数：$F(x)=1-(1-z^{\alpha_1})^{\alpha_2}$

其中，$z\equiv\dfrac{x-a}{b-a}$。

25. Laplace（Double Exponential）分布函数

参数：$\lambda,\ \mu(\lambda>0)$

范围：$-\infty<x<+\infty$

概率密度函数：$f(x)=\dfrac{\lambda}{2}\exp(-\lambda|x-\mu|)$

累计概率密度函数：$F(x)=\begin{cases}\dfrac{1}{2}\exp[-\lambda(\mu-x)],\ x\leqslant\mu\\ 1-\dfrac{1}{2}\exp[-\lambda(x-\mu)],\ x>\mu\end{cases}$

26. Levy 分布函数

参数：σ，γ（$\sigma > 0$；当 $\gamma \equiv 0$ 时为一参数 Levy 分布）

范围：$\gamma < x < +\infty$

概率密度函数：$f(x) = \sqrt{\frac{\sigma}{2\pi}} \frac{\exp[-0.5\sigma/(x-\gamma)]}{(x-\gamma)^{3/2}}$

累计概率密度函数：$F(x) = 2 - 2\Phi(\sqrt{\sigma/(x-\gamma)})$

其中，Φ 见附录二。

27. Log-Gamma 分布函数

参数：α，β（$\alpha > 0$，$\beta > 0$）

范围：$0 < x < +\infty$

概率密度函数：$f(x) = \frac{[\ln(x)]^{\alpha-1}}{x\beta^{\alpha}\Gamma(\alpha)} \exp[-\ln(x)/\beta]$

累计概率密度函数：$F(x) = \frac{\Gamma_{\ln(x)/\beta}(\alpha)}{\Gamma(\alpha)}$

其中，$z \equiv \frac{x-a}{b-a}$，B 和 I_z 见附录二。

28. Logistic 分布函数

参数：σ，μ（$\sigma > 0$）

范围：$-\infty < x < +\infty$

概率密度函数：$f(x) = \frac{\exp(-z)}{\sigma[1+\exp(-z)]^2}$

累计概率密度函数：$F(x) = \frac{1}{1+\exp(-z)}$

其中，$z \equiv \frac{x-\mu}{\sigma}$。

29. Log-Logistic 分布函数

参数：α，β，γ（$\alpha > 0$，$\beta > 0$；当 $\gamma \equiv 0$ 时为二参数 Log-Logistic 分布）

范围：$a \leqslant x < +\infty$

概率密度函数：$f(x) = \frac{\alpha}{\beta}\left(\frac{x-\gamma}{\beta}\right)^{\alpha-1}\left[1+\left(\frac{x-\gamma}{\beta}\right)^{\alpha}\right]^{-2}$

累计概率密度函数：$F(x) = \left[1+\left(\frac{\beta}{x-\gamma}\right)^{\alpha}\right]^{-1}$

30. LogNormal 分布函数

参数：σ，μ，γ（$\sigma > 0$；当 $\gamma \equiv 0$ 时为二参数 Lognormal 分布）

范围：$\gamma < x < +\infty$

概率密度函数：$f(x) = \frac{\exp\left\{-\frac{1}{2}\left[\frac{\ln(x-\gamma)-\mu}{\sigma}\right]^2\right\}}{(x-\gamma)\sigma\sqrt{2\pi}}$

累计概率密度函数：$F(x)=\Phi\left[\frac{\ln(x-\gamma)-\mu}{\sigma}\right]$

其中，Φ 见附录二。

31. Log-Pearson-Ⅲ分布函数

参数：$\alpha,\ \beta,\ \gamma(\alpha>0,\ \beta\neq 0)$

范围：$0<x\leqslant e^{\gamma}\quad \beta<0$
$e^{\gamma}\leqslant x<+\infty\quad \beta>0$

概率密度函数：$f(x)=\frac{1}{x|\beta|\Gamma(\alpha)}\left[\frac{\ln(x)-\gamma}{\beta}\right]^{\alpha-1}\exp\left[-\frac{\ln(x)-\gamma}{\beta}\right]$

累计概率密度函数：$F(x)=\frac{\Gamma_{(\ln(x)-\gamma)/\beta}(\alpha)}{\Gamma(\alpha)}$

32. Nakagami 分布函数

参数：$m,\ \Omega(m\geqslant 0.5,\ \Omega>0)$

范围：$0\leqslant x<+\infty$

概率密度函数：$f(x)=\frac{2m^{m}}{\Gamma(m)\Omega^{m}}x^{2m-1}\exp\left(-\frac{m}{\Omega}x^{2}\right)$

累计概率密度函数：$F(x)=\frac{\Gamma_{mx^2/\Omega}(m)}{\Gamma(m)}$

其中，Γ 和 Γ_z 详见附录二。

33. Normal 分布函数

参数：$\sigma,\ \mu(\sigma>0)$

范围：$-\infty<x<+\infty$

概率密度函数：$f(x)=\frac{\exp\left[-\frac{1}{2}\left(\frac{x-\mu}{\sigma}\right)^{2}\right]}{\sigma\sqrt{2\pi}}$

累计概率密度函数：$F(x)=\Phi\left(\frac{x-\mu}{\sigma}\right)$

其中，Φ 见附录二。

34. Pareto（第一种形式）分布函数

参数：$\alpha,\ \beta(\alpha>0,\ \beta>0)$

范围：$\beta\leqslant x<+\infty$

概率密度函数：$f(x)=\frac{\alpha\beta^{\alpha}}{x^{\alpha+1}}$

累计概率密度函数：$F(x)=1-\left(\frac{\beta}{x}\right)^{\alpha}$

35. Pareto（第二种形式）分布函数

参数：$\alpha,\ \beta(\alpha>0,\ \beta>0)$

范围：$0\leqslant x<+\infty$

概率密度函数：$f(x)=\dfrac{\alpha\beta^{\alpha}}{(x+\beta)^{\alpha+1}}$

累计概率密度函数：$F(x)=1-\left(\dfrac{\beta}{x+\beta}\right)^{\alpha}$

36. Pearson-V分布函数

参数：$\alpha,\ \beta,\ \gamma(\alpha>0,\ \beta>0$；当 $\gamma\equiv 0$ 时为二参数 Pearson-V 分布)

范围：$\gamma<x<+\infty$

概率密度函数：$f(x)=\dfrac{\exp[-\beta/(x-\gamma)]}{\beta\Gamma(\alpha)[(x-\gamma)/\beta]^{\alpha+1}}$

累计概率密度函数：$F(x)=1-\dfrac{\Gamma_{\beta/(x-\gamma)}(\alpha)}{\Gamma(\alpha)}$

其中，Γ 和 Γ_z 详见附录二。

37. Pearson-Ⅵ分布函数

参数：$\alpha_1,\ \alpha_2,\ \beta,\ \gamma(\alpha_1>0,\ \alpha_2>0,\ \beta>0$；当 $\gamma\equiv 0$ 时为三参数 Pearson-Ⅵ 分布)

范围：$\gamma\leqslant x<+\infty$

概率密度函数：$f(x)=\dfrac{1}{B(\alpha_1,\ \alpha_2)}\dfrac{[(x-\gamma)/\beta]^{\alpha_1-1}}{\beta[1+(x-\gamma)/\beta]^{\alpha_1+\alpha_2}}$

累计概率密度函数：$F(x)=I_{(x-\gamma)/(x-\gamma+\beta)}(\alpha_1,\ \alpha_2)$

其中，$z\equiv\dfrac{x-a}{b-a}$，B 和 I_z 见附录二。

38. Pert 分布函数

参数：$m,\ a,\ b(a<b,\ a\leqslant m\leqslant b)$

范围：$a\leqslant x\leqslant b$

概率密度函数：$f(x)=\dfrac{1}{B(\alpha_1,\ \alpha_2)}\dfrac{(x-a)^{\alpha_1-1}(b-x)^{\alpha_2-1}}{(b-a)^{\alpha_1+\alpha_2-1}}$

累计概率密度函数：$F(x)=I_z(\alpha_1,\ \alpha_2)$

其中，$\alpha_1=\dfrac{4m+b-5a}{b-a}$，$\alpha_2=\dfrac{5b-a-4m}{b-a}$，$B$ 和 I_z 见附录二。

39. Power Function 分布函数

参数：$\alpha,\ a,\ b(\alpha>0,\ a<b)$

范围：$a\leqslant x\leqslant b$

概率密度函数：$f(x)=\dfrac{\alpha(x-a)^{\alpha-1}}{(b-a)^{\alpha}}$

累计概率密度函数：$F(x)=\left(\dfrac{x-a}{b-a}\right)^{\alpha}$

40. Rayleigh 分布函数

参数：$\sigma,\ \gamma(\sigma>0$；当 $\gamma\equiv 0$ 时为三参数 Rayleigh 分布)

范围：$\gamma\leqslant x<+\infty$

概率密度函数：$f(x)=\frac{x-\gamma}{\sigma^2}\exp\left[-\frac{1}{2}\left(\frac{x-\gamma}{\sigma}\right)^2\right]$

累计概率密度函数：$F(x)=1-\exp\left(-\frac{1}{2}\left[\frac{x-\gamma}{\sigma}\right]^2\right)$

41. Reciprocal 分布函数

参数：a, $b(0<a<b)$

范围：$a\leqslant x\leqslant b$

概率密度函数：$f(x)=\frac{1}{x[\ln(b)-\ln(a)]}$

累计概率密度函数：$F(x)=\frac{\ln(x)-\ln(a)}{\ln(b)-\ln(a)}$

42. Rice 分布函数

参数：ν, $\sigma(\nu\geqslant 0, \sigma>0)$

范围：$0\leqslant x<+\infty$

概率密度函数：$f(x)=\frac{x}{\sigma^2}\exp\left[\frac{-(x^2+\upsilon^2)}{2\sigma^2}\right]I_0\left(\frac{x\upsilon}{\sigma^2}\right)$

累计概率密度函数：$F(x)=1-Q_1\left(\frac{\upsilon}{\sigma}, \frac{x}{\sigma}\right)$

其中，I_0 和 Q_1 见附录二。

43. Student's 分布函数

参数：$\nu(\nu>0)$

范围：$-\infty<x<+\infty$

概率密度函数：$f(x)=\frac{1}{\sqrt{\pi\nu}}\frac{\Gamma[(\nu+1)/2]}{\Gamma(\nu/2)}\left(\frac{\nu}{\nu+x^2}\right)^{\frac{\nu+1}{2}}$

累计概率密度函数：$F(x)=\begin{cases}\frac{1}{2}-\frac{1}{2}I_Z\left(\frac{1}{2}, \frac{\nu}{2}\right), & x<0\\ \frac{1}{2}+\frac{1}{2}I_Z\left(\frac{1}{2}, \frac{\nu}{2}\right), & x\geqslant 0\end{cases}$

其中，$z\equiv\frac{x^2}{\nu+x^2}$，$\Gamma$ 和 I_z 见附录二。

44. Triangular 分布函数

参数：m, a, $b(a<b, a\leqslant m\leqslant b)$

范围：$a\leqslant x\leqslant b$

概率密度函数：$f(x)=\begin{cases}\frac{2(x-a)}{(m-a)(b-a)}, & a\leqslant x\leqslant m\\ \frac{2(b-x)}{(b-m)(b-a)}, & m<x\leqslant b\end{cases}$

累计概率密度函数：$F(x)=\begin{cases}\dfrac{(x-a)^2}{(m-a)(b-a)}, & a \leqslant x \leqslant m \\ 1-\dfrac{(b-x)^2}{(b-m)(b-a)}, & m < x \leqslant b\end{cases}$

45. Uniform 分布函数

参数：a, $b(a < b)$

范围：$a \leqslant x \leqslant b$

概率密度函数：$f(x)=\dfrac{1}{b-a}$

累计概率密度函数：$F(x)=\dfrac{x-a}{b-a}$

46. Wakeby 分布函数

参数：
α, β, γ, δ, ζ
($\alpha \neq 0$ 或 $\gamma \neq 0$,
$\beta+\delta>0$ 或 $\beta=\gamma=\delta=0$,
如果 $\alpha=0$ 则 $\beta=0$,
如果 $\gamma=0$ 则 $\delta=0$,
$\gamma \geqslant 0$ 并且 $\alpha+\gamma \geqslant 0$)

范围：
$\zeta \leqslant x < \infty$ 如果 $\delta \geqslant 0$ 并且 $\gamma \geqslant 0$
$\zeta \leqslant x \leqslant \zeta+\alpha/\beta-\gamma/\delta$ 如果 $\delta < 0$ 或者 $\gamma=0$

累计概率密度函数：$x(F)=\zeta+\dfrac{\alpha}{\beta}[1-(1-F)^{\beta}]-\dfrac{\gamma}{\delta}[1-(1-F)^{-\delta}]$

47. Weibull 分布函数

参数：α, β, γ($\alpha>0$, $\beta>0$；当 $\gamma \equiv 0$ 时为二参数 Weibull 分布)

范围：$\gamma \leqslant x < +\infty$

概率密度函数：$f(x)=\dfrac{\alpha}{\beta}\left(\dfrac{x-\gamma}{\beta}\right)^{\alpha-1}\exp\left[-\left(\dfrac{x-\gamma}{\beta}\right)^{\alpha}\right]$

累计概率密度函数：$F(x)=1-\exp\left[-\left(\dfrac{x-\gamma}{\beta}\right)^{\alpha}\right]$

附录二：引用函数列表

1. Beta 函数

$$B(\alpha_1, \alpha_2)=\int_0^1 t^{\alpha_1-1}(1-t)^{\alpha_2-1}\mathrm{d}t \quad (\alpha_1, \alpha_2>0)$$

2. Gamma 函数

$$\Gamma(\alpha)=\int_0^{\infty} t^{\alpha-1}e^{t}\mathrm{d}t(\alpha>0)$$

3. Incomplete Beta 函数

$$B_x(\alpha_1,\ \alpha_2) = \int_0^x t^{\alpha_1 - 1}(1-t)^{\alpha_2 - 1}\mathrm{d}t \quad (\alpha_1,\ \alpha_2 > 0,\ 0 \leqslant x \leqslant 1)$$

4. Incomplete Gamma 函数

$$\Gamma_x(\alpha) = \int_0^x t^{\alpha-1}e^{-t}\mathrm{d}t \quad (\alpha > 0)$$

5. Laplace Integral 函数

$$\Phi(x) = \frac{1}{\sqrt{2\pi}}\int_0^x e^{-t^2/2}\mathrm{d}t$$

6. Standard Normal Distribution 的概率密度分布函数

$$\phi(x) = \frac{\mathrm{e}^{-x^2/2}}{\sqrt{2\pi}}$$

7. Regularized Incomplete Beta 函数

$$I_x(\alpha_1,\ \alpha_2) = \frac{B_x(\alpha_1,\ \alpha_2)}{B(\alpha_1,\ \alpha_2)}$$

8. Modified Bessel Function of the first kind of order zero 函数

$$I_0(x) = \sum_{k=0}^{\infty}\frac{(x/2)^{2k}}{(k!)^2}$$

9. Marcum Q 函数

$$Q_1(\alpha,\ \beta) = \int_\beta^\infty x\mathrm{e}^{-(x^2+\alpha^2)/2}I_0(\alpha x)\mathrm{d}x$$